HANDBOOK OF CHEMICAL PRODUCTS

化工产品手册 第六版

清洗化学品

张淑谦 主编
范立红 张建玲 副主编

化学工业出版社
·北京·

“化工产品手册”（第六版）新增清洗化学品分册，与一般的清洗技术书比较，最突出的特点是：反映清洗化学产品的最基本、最完整、最符合实际的内容。本册包含清洗化学产品的产品名称、性状、结构和组成、质量标准、用途、规格、生产、安全性及有关信息。在技术方面简单介绍了成功的应用案例，反映了工业清洗技术在国内的动态与成果。

工业清洗近年来在清洗行业中的地位越来越重要，工业清洗剂作为工业清洗的重要组成部分，其配方的设计和配制工艺是清洗剂开发的关键。本书以清洗剂为主线，介绍了在各领域应用的工业清洗剂的配方与工艺，包括石油炼油工业清洗剂，油墨、塑橡工业清洗剂，冶金工业清洗剂，电子工业清洗剂，建筑工业清洗剂，交通工业清洗剂，民航工业清洗剂，家用电器工业清洗剂，化学工业清洗剂，机械工业清洗剂，食品工业清洗剂以及其他工业清洗剂。

本书可供所有从事工业清洗行业工作的人员阅读，也可为工业清洗行业技术研究人员以及工业清洗行业企事业单位工程技术人员、管理人员使用，也是相关大专院校学生及相关专业的工程技术人员的参考资料。

图书在版编目（CIP）数据

化工产品手册．清洗化学品/张淑谦主编．—6版．北京：化学工业出版社，2015.12（2019.6重印）
ISBN 978-7-122-25474-0

Ⅰ.①化…　Ⅱ.①张…　Ⅲ.①化学清洗-化工产品-手册　Ⅳ.①TQ072-62

中国版本图书馆CIP数据核字（2015）第253295号

责任编辑：夏叶清　　文字编辑：向　东
责任校对：边　涛　　装帧设计：尹琳琳

出版发行：化学工业出版社（北京市东城区青年湖南街13号　邮政编码100011）
印　　装：北京盛通数码印刷有限公司
880mm×1230mm　1/32　印张27　字数1279千字　2019年6月北京第6版第3次印刷

购书咨询：010-64518888　　售后服务：010-64518899
网　　址：http://www.cip.com.cn
凡购买本书，如有缺损质量问题，本社销售中心负责调换。

定　　价：99.00元

编写委员会名单

主　编： 张淑谦

副主编： 范立红　张建玲

编　委： 于新光　于凤文　王世荣　叶三纯

刘晓瑜　刘嘉奇　朱鸿祥　朱才根

岑冠军　於林辉　陈　羽　高　洋

张美玲　张邦亭　杨水荣　赵振儒

梅国琴　吴爱金　魏子佩　蒋　洁

滕　凯　潘信路　韩翼祥　童忠东

鲁家声　董志敏

前言

工业清洗行业作为新兴的工业服务领域，伴随我国国民经济的发展与石油化工行业的发展而不断壮大，在节能降耗、安全稳产、提高产品质量、提高生产效率、降低环境污染、减少污染物排放，以及增加设备外表美观和提高人类的卫生健康水平等方面发挥了重要作用。同时，清洗技术广泛用于石油、建筑、食品、冶金、城市管理、汽车、航空、船舶、电力、造纸、水泥等多方面领域。

目前，我国各类规模从事工业清洗与服务的企业和单位大部分属于中小型工业服务企业和单位。工业清洗是专业清洗的一种方法，是从材料表面除去污垢的方法。工业清洗方式都有一个共同点：高效、无腐蚀、安全、环保，因此对工业清洗的研究越来越受到人们的重视。

2014 年，我国工业清洗与服务的产值超过 160 亿元人民币，占全球工业清洗与服务市场的 16.6% 左右。全国从事工业清洗研究的科研院所、高等院校近 100 家，工业清洗与服务的生产企业达 1000 余家，工程公司超过 280 家，已初步建立了较完整的新兴的工业服务领域创新链和产业链。

目前，我国清洗化学品用量呈逐年明显上升的趋势，对高质量与品种的要求也日益迫切，因此清洗化学品的生产和新品种的开发将在我国有更大的发展。总体上讲，我国的工业清洗行业与国外尚有较大差距，除清洗化学品的商品加工外，还体现在各行业应用配套的清洗化学品、工业原材料、由化工过程生产及合成的工艺和新产品开发等方面。

“化工产品手册”第六版新增了清洗化学品分册，本书的主要特点是突出反映了清洗化学产品的最基本、最完整、最符合实际的内容，包括清洗化学产品的产品名称、性状、结构和组成、质量标准、用途、规格、生产、安全性及有关信息。在技术方面简单介绍成功的应用案例，反映了工业清洗技术在国内动态与成果。

工业清洗近年来在清洗行业中的地位越来越重要，工业清洗剂作为工业清洗的重要组成部分，其配方的设计和配制工艺是清洗剂开发的关键。本书以清洗剂为主线，介绍了在各领域应用的工业清洗剂的配方与工艺，包括石油炼油工业清洗剂，油墨、塑橡工业清洗剂，冶金工业清洗剂，电子工业清洗剂，建筑工业清洗剂，交通工业清洗剂，民航工业清洗剂，家用电器工业清洗剂，化学工业清洗剂，机械工业清洗剂，食品工业清洗剂以及其他工业清洗剂。

清洗化学品分册编写过程中，参考了大量国内外有关文献，尤其向顾大明、刘辉、刘李丽、康维、窦照英、李东光、赵晨阳、朱领地，黎钢等相关作者表示感谢。黄雪艳、杨经伟、王书乐、高新、周雯、耿鑫、刘晖、董桂霞、张萱、杜高翔、丰云、蒋洁、王素丽、王瑜、王月春、韩文彬、俞俊、周国栋、陈小磊、方芳、高巍等同志协助收集了部分素材，一并感谢。

由于编者水平有限，疏漏和不足之处在所难免，敬请读者批评指正。

编者
2015. 6

目录

A 总论

B 石油炼油工业清洗剂

Ba 钻井平台清洗用化学品

Bb 石油石化装置清洗用化学品

E 电子工业清洗剂

Eh 电子封装材料

F 建筑工业清洗剂

Fa 建筑石材清洗剂

Fb 搪瓷、混凝土表面清洗剂

Fc 建筑瓷砖清洗剂

Fd 建筑物室内清洗剂

Fe 建筑物外墙清洗剂

Ff 市政工程与物业楼宇清洗剂

G　交通工业清洗剂

H 民航工业清洗剂

Ha 飞机表面清洗剂

Hb 机舱内饰清洗剂

Hc 机场跑道清洗剂

Hd 其他飞机清洗剂

I 家用电器工业清洗剂

Ia 精密家用电器清洁剂

J 化学工业清洗剂

L 食品工业清洗剂

M 化学清洗剂材料与产品

Mf　有机酸清洗剂

Mg　碳氢清洗剂

Mh　氧化-还原剂

Mi　表面活性剂

N 水处理化学清洗剂

Na 絮凝剂

Nb 杀菌灭藻剂

Nc 缓蚀剂

■ Nd 缓释剂

■ Ne 水垢清洗剂

■ Nf 其他水处理药剂

参考文献

产品名称中文索引

产品名称英文索引

A 总论

20 世纪 70 年代中期，国外相对先进的化学清洗技术随着进口的大型设备进入我国，进而垄断了我国清洗市场 10 余年。1992 年，“中国清洗协会”成立后，具有我国自主知识产权的清洗剂和清洗技术不断占据市场。目前，我国的工业清洗已经成为“朝阳产业”，各种绿色、环保的清洗技术不断地推出，新产品和新的机械设备不断涌现，使得整个清洗产业已经渗透到几乎所有的工业领域，清洗产业的全面进步正在成为国家市场经济发展不可缺少的推动力。

1 清洗剂定义

(1) 清洗剂（水系） 由表面活性剂（如烷基苯磺酸钠、脂肪醇硫酸钠）和各种助剂（如三聚磷酸钠）、辅助剂配制成的，在洗涤物体表面上的污垢时，能降低水溶液的表面张力，提高去污效果的物质。按产品外观形态分为固体洗涤剂、液体洗涤剂。固体洗涤剂产量最大，习惯上称洗衣粉，包括细粉状、颗粒状和空心颗粒状等。还有介于二者之间的膏状洗涤剂，也称洗衣膏。各类合成洗涤剂有不同的生产工艺，其中以固体洗涤剂最为复杂。世界各国普遍生产空心颗粒状固体洗涤剂，采用高塔喷雾干燥法，其主要工序有料浆制备、喷雾干燥、风送老化和包装。液体洗涤剂制造简便，只需将表面活性剂、助剂和其他添加剂，以及经处理的水，送入混合机进行混合即可。

(2) 清洗剂（半水系） 由细颗粒状弱碱性吸附各种助剂合成的药剂的新型清洗剂产品，采用天然界面活性磨粒为原料，配合多种活性剂及杀菌剂、抛光剂、进口渗透剂以及独特光亮因子等环保技术高科技配制而成的，是一种多功能、高效的综合性环保清洗护理产品，是现代新型的去污产品，去污效果独特，用途广，对人体皮肤没有任何副作用。由活性磨粒为助剂与磨粒里含有独特的清洁药剂配合，清洗时带有轻微软摩擦更能快速彻底清除各类严重的顽固污垢污染，如灰垢、重油污垢、水泥垢、填缝剂垢、金属划痕、锈垢、茶渍、饮品渍、胶锤印、皮鞋划痕、顽固蜡渍、铝痕、木痕、方格痕、水印、鞋印、墨水印等污垢，环保、不损砖面、不伤手。

(3) 清洗剂（非水系） 由烃类溶剂、卤代烃溶剂、醇类溶剂、醚类溶剂、酮类溶剂、酯类溶剂、酚类溶剂、混合溶剂组成。

2 清洗剂分类

清洗剂的分类方法很多，各国都不尽相同。

清洗剂按用途可分为工业清洗剂与民用清洗剂。工业清洗剂有除油清洗剂、除蜡清洗剂、液晶清洗剂、冷脱（常温清洗）、除锈清洗剂、铝酸脱等，品种较多。民用清洗剂有洗衣粉、洗手液、肥皂、洗洁精、全能清洗剂等。

清洗剂按溶剂的不同可分为水基清洗剂与有机溶剂清洗剂。水基清洗剂就是溶剂为水，如除油清洗剂、洗洁精、洗衣粉等。有机溶剂清洗剂的溶剂为有机溶剂，如三氯乙烯、丙酮（指甲水）、天那水、开油水、白电油等。

我国通常将清洗剂分成水系清洗剂、半水系清洗剂、非水系清洗剂三大类。

2.1 水系清洗剂

水是最重要的清洗剂，有着其他任何清洗剂无法替代的作用和地位。水有很强的溶解力和分散力，但是水的表面张力大，在使用中需要添加表面活性剂，以减小表面张力，增加表面湿润性。在一般工业清洗中，酸或碱和水的配合比较常见，有些金属用水洗要加入防锈剂；在精密和超精密工业清洗中，大部分要求将水制成纯净水。通常以电阻率来衡量水纯度，半导体工业要求在 18MΩ·cm 以上，而 TN 型液晶生产 10MΩ·cm 就可以了。还有一些行业对水中细菌含量要求很严。

近几年，中国部分地区严重缺水，对清洗用水提出了挑战。有的城市已经严禁用普通水洗车，而只能使用回收的中水或者雾化水的节水设备。在精密工业清洗中，制备纯水费用昂贵。水洗必然要加热和烘干，增加很多漂洗工位；耗能大，运行成本通常比溶剂洗要高。另外，以往大量的含有化学活性剂和污垢的废水未经处理就直接排放，有些还挟带了毒性很大的重金属，严重地污染了环境，必须增加污水处理设施。

水系清洗剂一般由表面活性剂（如烷基苯磺酸钠、脂肪醇硫酸钠）和各种助剂（如三聚磷酸钠）、辅助剂配制而成，在洗涤物体表面上的污垢时，能降低水溶液的表面张力，提高去污效果。

2.2 半水系清洗剂

半水系清洗剂也叫准水系清洗剂，由高沸点溶剂及活性剂等组成，如醇类（乙二醇酯）、有机烃类（*N*-甲基吡咯烷酮）等。通常含有5%～20%的水分，一般不易燃烧。

但加温清洗时，水含量控制不当，可能产生燃烧现象。半水系清洗与溶剂洗有一些不同，它的清洗原理是剥离去除，而不是溶解。为了防止已经剥落的油污再附到被清洗物上，清洗液要连续地循环，并增加油水分离器。半水洗通常清洗效果很好，但运行成本较高，废液不能再生回收、重复使用，含COD（化学耗氧量）较高，需要进行废水处理。

2.3 非水系清洗剂

非水系清洗剂是指不溶于水的有机溶剂。精密工业清洗使用的非水系清洗剂主要是烃类（石油类）、氯代烃、氟代烃、溴代烃、醇类、有机硅油、萜烯等有机溶剂。

非水系清洗剂一般由烃类溶剂、卤代烃溶剂、醇类溶剂、醚类溶剂、酮类溶剂、酯类溶剂、酚类溶剂、混合溶剂组成。衡量溶剂的主要指标有KB值（贝壳松脂丁醇值）、AP（苯胺点）、SP（溶解度参数）、表面张力、密度、黏度、沸点、闪点、暴露浓度等参数。KB值很高，也就是溶解力很强的溶剂，不一定是好的清洗剂。好的精密工业清洗剂必须具备以下条件：

① 化学性能稳定，不易与被清洗物发生反应；

② 表面张力和黏度小，渗透力强；

③ 沸点低，可以自行干燥；

④ 没有闪点，不易燃；

⑤ KB值不应太高，避免与被清洗物相溶；

⑥ 低毒性，使用安全；

⑦ 非ODS和低GWP值（全球变暖潜能值），环保。

如果不考虑上述第⑦条，最佳的清洗剂就是CFC和TCA。它们的化学稳定性好，可以长期保存不变质；对绝大多数金属、塑料、漆均无作用，不会发生溶解现象，没有闪点，低毒，使用安全；表面张力小，渗透力强，清洗能力强；沸点低，蒸发速度快，清洗过的工件可以自行干燥，一般不需要烘干，因而被广泛应用在各种工业清洗中。但唯一的缺点就是破坏臭氧层，因而正在被逐步禁用。中国许多清洗剂企业生产开发了不含ODS清洗剂，替代了CFC清洗剂走在世界最前列。虽然世界各国都在开发各式各样的替代品，但还没有找到一种能够和CFC相媲美的替代清洗剂，它们都存在这样或那样的问题。一般正在使用的主要替代产品有下面几种。

(1) 烃类　只含有碳和氢两种元素的烃类溶剂，在日本也叫作碳化水素或碳氢溶剂。根据其分子结构的不同，已经开发了多种性能的产品，日本使用比较广泛。该类清洗剂的优点是：非 ODS，对油污的洗净力强；渗透性好；无味或微臭，毒性小；废液处理容易；可再生利用，价廉。缺点是有一定的易燃易爆性，干燥慢，对清洗设备要求高，一次性投入大。比较理想的是采用真空清洗方式，降低其表面张力，提高清洗能力，最后再使用真空干燥。但设备造价很高，操作比较复杂，效率相对较低。

(2) 氯代烃溶剂　使用的氯代烃清洗剂主要是三氯乙烯、二氯甲烷以及四氯乙烯。该类溶剂被广泛应用于清洗领域，主要是有以下优点：很低的 ODP 值（臭氧耗减潜能值），几乎不会破坏臭氧层；在一般条件下使用具有不燃性，没有火灾或爆炸的危险（二氯甲烷在长时间强烈光照下可能爆炸）；对金属加工油、油脂等油污的溶解力大，对塑料和橡胶也可产生膨润或溶解，其黏度及表面张力小，渗透力强，可渗透狭小缝隙，彻底溶解清除附着污物；沸点低，蒸发热小，适合蒸汽清洗，清洗后可以自行干燥；废液可通过蒸馏分离，循环使用；可使用与 CFC 和 TCA 相同或相近的清洗工艺和设备，操作简单，效率高，运行费用低。

缺点是毒性较高，一般在空气中的含量限制在为 50×10^{-6} 以下；有些劳动保护条例对使用它有明文限制；一些欧洲国家限制进口和使用这类含氯清洗剂的产品。

(3) 溴代烃溶剂　最近几年在美国、日本有溴系清洗剂面世，并在电子工业、航空工业、汽车工业、家电领域大量使用。据报道，波音飞机部件就是选用该类清洗剂清洗。溴系清洗剂的主要成分是高纯度的正溴丙烷(NPB)。其性能可以与 CFC-113 和 TCA 相媲美；主要技术参数与 TCA 几乎完全一样，湿润系数更好，对于金属零件的清洗能力更强；没有闪点，可以重复回收使用，运行成本很低；替代 CFC 和 TCA，工艺完全一致，几乎不需要更换设备，只需要调整一下蒸洗温度就可以了，被称为是“第三世界的替代清洗剂”。溴系清洗剂的 ODP 值为 0.006，在大气中寿命为 11 天，几乎没有 GWP 值。关于毒性还有争论，联合国环境规划署（UNEP）已经组织进行了 5 年多的实验，实验结果与理论分析有很大差异。美国环保局在 2002 年 3 月 27 日发布的政策中明确接受 NPB 作为溶剂用于清洗、气雾和胶黏剂。但是由于对其毒性尚无确切的数据，在使用中应当控制在空气中的暴露浓度。

中国液晶协会和清华大学液晶工程技术中心承担了“液晶行业替代清洗剂的实验与研究”项目。根据工作计划，液晶中心对各种潜在的替代清洗剂进行了清洗效果实验和分析。依据实验结果，发现 HEP-2 清洗剂（主要成分是 NPB）比较理想，并于 2001 年 4 月提交了第一阶段报告，并提出初步的设备改造方案。在此基础上，液晶中心按照 HEP-2 的工艺特点，设计定制了一台专用的清洗设备，进行 HEP-2 对液晶屏的批量清洗实验，并对清洗后的液晶屏进行可靠性等多重测试。再次验证 HEP-2 对液晶屏的清洗效果以及可靠性影响，并确定最终的批量清洗替代工艺方案以及最终报告。

最终结果证明：所选用的 HEP-2 清洗剂，配合自行设计的全自动清洗设备，完全可以达到原来使用 CFC 的清洗效果；而且采用 HEP-2 清洗剂比 CFC 清洗效率提高，单个工序从 15min 缩短到 5min；采用重新设计的双冷凝区、全密封全自动清洗机，除上料和下料外，设备自动完成每个工序的清洗；设备工艺参数与原有设备接近，替代方便；而生产效率、产品一致性大幅度提高；工人的工作环境完全改善，不需要直接接触化学溶剂，避免了可能发生的化学中毒，劳动强度下降；同时，清洗剂基本上被冷凝回收，消耗量大幅度下降，可以大幅度降低使用成本。

(4) 有机氟化物（HCFC、HFC、HFE、PFC） 替代 CFC-113 的氟系清洗剂主要有 HCFC（含氢氟氯化碳）、HFC（含氢碳氟化物）、HFE（氢氟醚）、PFC（全氟化碳）等，其中 HFC、HFE、PFC 本身不具有清洗力，需要和其他化合物组合后才能使用。该类清洗剂具有与 CFC-113 接近的清洗性能，稳定、低毒、不燃、安全可靠，但是通常价格昂贵。HCFC 对臭氧层有一定的影响，大量使用的有 HCFC-141B、HCFC-225，属于过渡性替代品，最终还要被禁用；HFC 和 HFE 类清洗剂过于稳定，在大气中的寿命高达数千年甚至几万年，是非常厉害的温室气体。

(5) 天然有机物（植物系） 从植物中提取的烃类有机物品种很多，使用较多的主要有松节油和柠檬油。松节油是一种比较有代表性的植物系烃类溶剂，存在于天然的松脂中。将松脂蒸馏，馏出物就是松节油，固体剩余物就是松香，主要成分是蒎烯，其溶解能力介于石油醚和苯之间，沸点和燃点较高，使用安全性较好。

柠檬油是由柑橘、柚子、柠檬类水果皮中蒸馏提炼得到的一种烃类溶剂，主要化学成分是叫苧烯（甲基丙烯基环己烯）的单环萜烯，组分很复杂，沸点为 175.5～176℃，物理性能与松节油相似，具有柑橘（柠檬）水果香味。柠檬油本身不溶于水，添加活性剂后与水任意比例混配。它的去油脱污能力很强，在美国应用很广泛，包括机械加工、车辆维修去油污清洗、保龄球道的清洗、油罐清洗、电子部件清洗等。特别是它来自纯天然水果，被美国 FDA 认定可以作为食品添加剂，不用担心残留，并被证明具有杀菌作用，被应用到食品加工机械、餐具的清洗、啤酒罐的清洗等直接与饮食相关的领域，在民用和家庭清洗领域也具备良好的应用前景。

柑橘油对油脂的相溶性很强，通过棉纱过滤，可以将油污分离，可重复使用。废液可以生物降解，不会造成污染，环保费用低。缺点是去油和溶解能力太强，直接接触皮肤会造成皮肤脱油干燥；不能直接清洗有漆的物件和很多种塑料、橡胶，容易造成漆膜脱落和溶解。日本曾经用该类溶剂溶化一次性餐具盒和包装用泡沫塑料，也就是白色垃圾，溶解力很强。

中国有关单位已经开始植物系清洗剂的研究和应用。国内从 1998 年开始，从美国引进柑橘油清洗剂和相关的清洗技术，并开发生产了配套的专业清洗设备，在机械加工等领域进行了推广应用。国内一些公司又发明了从食用植物萃取的清洗剂及现有相关的清洗技术，从 2012 开始出口东南亚、欧洲等 20 多个国家，受到了国际市场的欢迎。

3 化学清洗剂

3.1 化学清洗剂的定义

化学清洗剂是用于去除污垢的化学制剂。化学清洗是利用清洗剂对污垢进行软化、溶解，或向污垢内部渗透、减小污垢颗粒间的结合力，更重要的是减小污垢与基体间的结合力，使污垢溶解或松散脱落而去除的过程，其目的是去除污垢，使基体重新获得良好的性能。

3.2 污垢

污垢是不受基材表面（或内部）欢迎且降低了基材使用功能或改变了基材的清洁形象的沉积物。

污垢的种类有以下几种。

(1) 根据污垢的形状分类

① 颗粒状污垢　如固体颗粒、微生物颗粒等。

② 膜状污垢　如油脂、高分子化合物或无机沉淀物在基材表面形成的膜状物质，这种膜可以是固态的，也可能是半固态的。有些污垢介于颗粒与膜状之间，还有的以悬浮状分散于溶剂之中。

(2) 根据污垢的化学组成分类　按这种分类方法可把污垢分为无机物和有机物两类。

① 无机污垢　如水垢、锈垢、泥垢，从化学成分上看，它们多属于金

属或非金属氧化物及水化物或无机盐类。

a. 硫酸盐　有硫酸钙、硫酸镁（$CaSO_4$、$MgSO_4$），由于硫酸钙不溶解于普通常用的酸，所以不能用酸（如盐酸或硝酸）直接进行清洗。但是硫酸钙的溶度积大于碳酸钙的溶度积，所以有足量碳酸根存在的情况下，硫酸盐（例如硫酸钙）可以转化成相应的碳酸盐，之后再用盐酸等进行清洗。所以含大量硫酸盐垢的锅炉需要先进行碱煮（碱液中含碳酸钠），之后再进行酸洗。

b. 碳酸盐　以碳酸钙、碳酸镁（$CaCO_3$、$MgCO_3$）为主，碳酸盐垢在酸洗时比较容易被溶解而去除。

c. 磷酸盐　有磷酸钙［$Ca_3(PO_4)_2$］，这种盐垢含量不高。水热转换器的水体中含磷酸根较少，一部分来自酸洗助剂，所以在用磷酸盐作清洗助剂时不应过量。

d. 硅酸盐　有硅酸钙、硅酸镁（$CaSiO_3$、$MgSiO_3$），硅酸盐不容易被常用的酸（HCl、H_2SO_4 等）所溶解，只有氢氟酸对硅酸盐垢具有特殊的溶解清洗功能。

e. 氧化物　水垢中除了含有大量无机盐类以外，还有较大量的氧化物（如 FeO、Fe_2O_3、Fe_3O_4 等）。

f. 氢氧化物　有 $Mg(OH)_2$、$Fe(OH)_3$、$Fe(OH)_2$ 等。

上述氧化物或氢氧化物都可以用酸进行溶解清除。

无机污垢产生的机理如下。

a. 无机盐污垢生成的机理　无机盐污垢都是难溶盐，当离子浓度的乘积（离子积）大于其溶度积时就会生成沉淀。以碳酸钙为例：

$$Ca^{2+} + CO_3^{2-} \longrightarrow CaCO_3 \downarrow$$

当$c(Ca^{2+})c(CO_3^{2-}) > K_{sp}(CaCO_3) = 2.8 \times 10^{-9}$时，就会有碳酸钙沉淀生成。因为难溶盐的溶度积都很小，所以，即使用除盐水（其中离子的浓度都很低）也难免生成这些沉淀（无机污垢）。氢氧化物沉淀的机理类似，以氢氧化镁沉淀为例：

$$Mg^{2+} + 2OH^- \longrightarrow Mg(OH)_2 \downarrow$$

当$c(Mg^{2+})c^2(OH^-) > K_{sp}[Mg(OH)_2] = 1.8 \times 10^{-11}$时，就会有氢氧化镁沉淀生成。

b. 氧化物污垢生成的机理　氧化物污垢来源于金属的腐蚀，以铁基体为例，铁与酸直接作用能发生化学腐蚀。

$$Fe + 2H^+ \longrightarrow Fe^{2+} + H_2 \uparrow \quad (条件：酸性液体)$$

铁在溶液中还可以发生电化学腐蚀（析氢腐蚀、吸氧腐蚀）。

析氢腐蚀（阳极）$Fe = Fe^{2+} + 2e^-$

（阴极）$2H^+ + 2e^- = H_2\uparrow$（条件：酸性液体）

吸氧腐蚀（阳极）$Fe = Fe^{2+} + 2e^-$

（阴极）$O_2 + 2H_2O + 4e^- = 4OH^-$（条件：中性液体，氧气分压较高）

析氢腐蚀和吸氧腐蚀彼此是相互伴随发生的，条件不同时，以某一种腐蚀为主。无论是化学腐蚀还是电化学腐蚀，其腐蚀产物都是生成二价铁离子（Fe^{2+}），设 Fe^{2+} 的浓度为 10^{-4}mol/L 时，在中性溶液中即可生成氢氧化亚铁沉淀。

$$Fe^{2+} + 2OH^- = Fe(OH)_2\downarrow \quad 或 \quad Fe^{2+} + 2H_2O = Fe(OH)_2\downarrow + 2H^+$$

$Fe(OH)_2$ 极为活泼，很容易被水中的氧所氧化。

$$4Fe(OH)_2 + O_2 + 2H_2O = 4Fe(OH)_3\downarrow$$

$Fe(OH)_3$ 和 $Fe(OH)_2$ 会生成胶体，受热会失水而转化成铁的氧化物 FeO、Fe_2O_3、Fe_3O_4。

② 有机污垢（可统称油垢） 如动、植物油，包括动物脂肪和植物油，它们属于有机酯类，是饱和或不饱和高级脂肪酸甘油酯的混合物。它们与矿物油的区别是动植物油在碱性条件下可以皂化；矿物油，包括机器油、润滑油等，它们属于有机物的烃类，是石油分馏的产品。矿物油一般易燃，但其化学性质稳定。

一般情况下，无机污垢常采用酸或碱等化学试剂使其溶解而去除，而有机污垢则经常利用氧化分解或乳化分散的方法从基体表面去除。

(3) 根据污垢的亲水性和亲油性分类

① 亲水性污垢 可溶于水的污垢是极性物质，如食盐等无机物或蔗糖等有机物，这些污垢通常用水基清洗剂加以去除。

② 亲油性污垢 亲油性污垢是非极性或弱极性物质，如油脂、矿物油、树脂等有机物，它们一般不溶于水。亲油性污垢可以利用有机溶剂进行溶解，也可以用表面活性剂溶液对其进行乳化、分散加以去除。

(4) 根据与基体表面的结合力分类 污垢与基体表面结合状态是多样的。由于结合力种类的不同使基体与污垢结合牢固程度不同，因此，从基体表面去除污垢的难易程度也不同。

① 污垢与基体靠分子间力结合 单纯靠重力作用，沉降在基体表面而堆积的污垢与基体表面上的附着力（包括分子间力和氢键）很弱，较容易从基体表面上去除，如车体表面上附着的尘土、淤泥颗粒等。

② 污垢粒子靠静电引力（离子键）附着在基体表面 当污垢粒子与基体表面带有相反电荷时，污垢粒子会依靠静电引力吸附于基体表面。许多导电性能差的物质在空气中放置时往往会带上电荷，而带电的污垢粒子就会靠静电引力吸附到此基体表面。当把这类基体浸没在水中时，因为水具

有很强的极性，会使污垢与基体表面之间的静电引力大为减弱，这类污垢较容易去除。

③ 污垢与基体之间形成共价键　当污垢分子与基体表面形成共价键时，特别是污垢以薄膜状态与基体表面紧密结合时，其结合力很强。另外，过渡金属基体分子多数有未充满的 d 轨道，可以与含有孤对电子的污垢分子形成络合键而形成吸附层。此时，需要采用一些特定的方法或工艺将污垢清除。又如，金属在潮湿空气中放置时，基体与环境中物质发生化学反应而生锈。铁锈可用酸、碱等化学试剂或用物理的机械方法除去。

④ 渗入基体表面内部的污垢　如纤维表面的液体污垢，不仅在纤维表面扩散润湿，同时也会向纤维内部渗透扩散。这种渗入基体内部的污垢清除时会遇到更大困难。在去除此类污垢时又要尽量避免损伤基体表面。

事实上，污垢与基体之间的结合力往往是几种力的共同作用。

3.3　化学清洗剂的作用原理

3.3.1　可溶性污垢的去除

(1) 可溶性无机污垢　对于这类污垢可以用水进行溶解或软化、剥离，将污垢去除。例如，某些可溶于水的盐或灰尘等，可用水进行溶解或冲刷去除。

(2) 可溶性油类污垢　可用有机溶剂（醇、酮、醚或汽油、柴油等）对一些油类污垢进行溶解去除。例如一些植物油或合成有机物的污迹属于此类污垢。

3.3.2　不溶性污垢的去除

(1) 不溶性无机污垢　对某些坚硬的无机盐固体沉淀污垢，例如锅炉内壁不溶于水的水垢（$CaCO_3$、$MgCO_3$）等，可以用盐酸水溶液将其溶解去除（当然在除垢处理时需考虑防止锅炉基体受到腐蚀，要用缓蚀剂）。盐酸去除水垢 $CaCO_3$ 的化学反应式如下所示。

$$CaCO_3 + 2HCl \longrightarrow CaCl_2 + CO_2\uparrow + H_2O$$

(2) 不溶性有机污垢　许多工业污垢可溶解于有机溶剂，但有机溶剂（如苯或丙酮等）易于挥发并污染环境、影响操作者的健康，同时有机溶剂的成本相对较高，所以往往用水基清洗剂对一些有机污垢进行去除。水基清洗剂包含有清洗主剂和助剂等组分。肥皂或洗涤剂可以认为是常用的民用水基清洗剂，工业水基清洗剂的配方及其应用是本书的论述重点。

3.3.3　水基清洗剂清除油污的原理

用水基清洗剂清除不溶性油污的原理如下。清洗剂中的主要成分是表面活性剂，表面活性剂是能够大大降低溶液表面张力的物质，其物质结构的特点是具有双亲性（既含有极性的亲水基团，又含有亲油的非极性基团），如 $C_{17}H_{35}COONa^+$ 中的—COO^-是极性（亲水）基团，$C_{17}H_{35}$—是非极性（亲油）基团。此类物质可以用“火柴”形象地描述其结构特征。—o，其直线表示非极性基团，圆环表示极性基团。表面活性剂在水中的分散情况如图 1-1 所示。

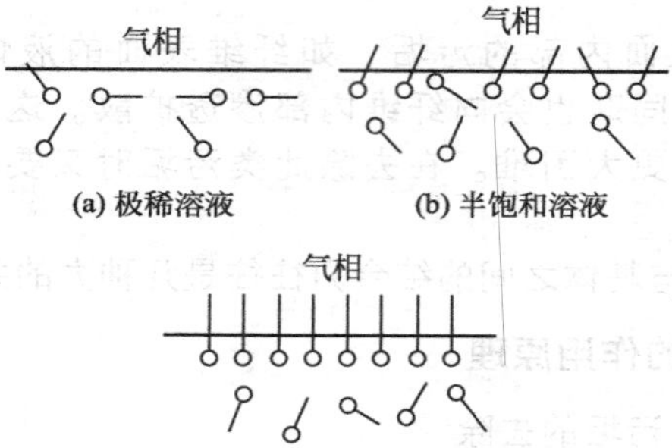

图 1-1　表面活性剂在水中的分散情况

由于其非极性基团受到溶剂（极性的水分子）的排斥，所以在其浓度很低时就会相对整齐地布满水的表面，其浓度继续增加时，才会分散在水溶液之中，形成胶束。如图 1-2 和图 1-3 所示。

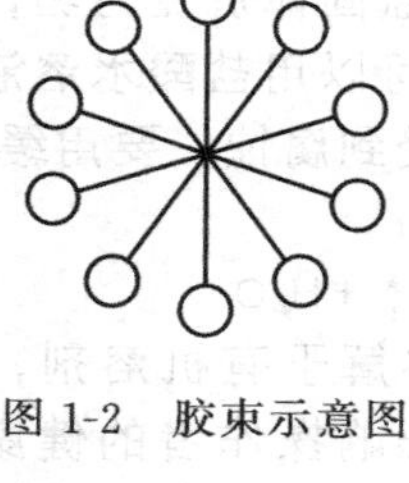

图 1-2　胶束示意图

图 1-3　胶束的增溶作用示意图

排布在水溶液表面的表面活性剂分子使得水溶液的表面张力大大地降低，这对于剥离油污、使其脱离基体表面至关重要。水体中的胶束对油污还具有“增溶”作用，如图 1-3 所示。

图 1-4 解释了表面活性剂在清洗固体表面油污的作用原理。水平直线之下（A）为固相基体，圆弧内（B）表示附着在基体表面的油污，圆弧上方（C）表示水溶液。

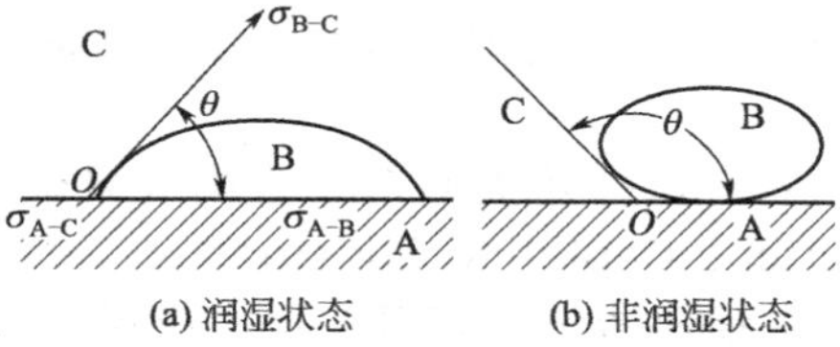

图 1-4　液体在固体表面润湿状态示意图

σ_{A-B}表示基体（A）与油污（B）之间的界面张力；σ_{A-C}表示基体（A）与水溶液（C）之间的界面张力；σ_{B-C}表示油污（B）与水溶液（C）之间的界面张力。

设三个界面张力平衡于O点，则有 $\sigma_{A-B}=\sigma_{A-C}+\sigma_{B-C}\cos\theta$。

即
$$\cos\theta=\frac{\sigma_{A-B}-\sigma_{A-C}}{\sigma_{B-C}} \tag{1-1}$$

θ 角越小［如图 1-4（a）所示］，则油污越趋于铺展，油污与基体的结合面越大，结合得也越牢，越不容易清除，当 θ 角趋于 0°时，称为全铺展，油污附着最牢；

θ 角大于 90°［如图 1-4（b）所示］时，称为非铺展状态，油污与基体的结合力较小，θ 角越接近 180°，污垢就越容易被清除。

对于特定的基体和油污而言，σ_{A-B}是相对固定的，$\sigma_{B-C}\cos\theta$ 一项受影响也相对较小，而σ_{A-C}受溶液（C）的性质变化影响较大。当向水溶液中加入表面活性剂，可以大大降低σ_{A-C}。从式（1-1）可以看出，降低σ_{A-C}有利于增大 θ 角，有利于油污的去除。清洗剂有助于去除油污就是因为其中含有表面活性剂，可大大降低 σ_{A-C}利于去污。当然化学清洗剂中除含有表面活性剂之外，还含有一些助剂。

3.4　化学清洗剂的组成

化学清洗剂中包括溶剂、酸或碱、氧化剂或还原剂、表面活性剂、缓蚀剂和钝化剂以及助剂等。

3.4.1　溶剂

溶剂是指那些能把清洗剂中其他组分均匀分散的液态物质，它包括水及非水溶剂。溶剂在污垢溶解、分散或与基体剥离过程中不生成具有确定化学组成的新物质。

（1）水　在工业清洗中，水既用于溶解清洗剂中其他组分，又是许多污垢的溶剂。在清洗中，凡是可以用水除去污垢的场合，就不用非水溶剂及其他添加剂。

(2) 非水溶剂 非水溶剂指液态有机化合物，如烃、卤代烃、醇、醚、酮、酯、酚或其混合物，主要用于溶解有机污垢（如油垢或有机污迹等）。

其中一些溶剂可以与水混合互溶。例如醇类溶剂（如乙醇、异丙醇、乙二醇等）、醚类溶剂等。这些溶剂可以与水混合制备性能独特的半水基清洗剂。

不溶于水的有机溶剂包括烃类溶剂和硅酮（聚硅氧烷，下同）溶剂，这些溶剂是 ODS（Ozone Depleting Substances，消耗臭氧层物质）替代溶剂中的重要品种，在精密清洗中有着广泛的应用。另外，有些卤代烃类溶剂可以替代 ODS 溶剂，也可以配成半水基形式。但是，因为它们不溶于水，需要加入表面活性剂，或加入醇类、醚类、酮类等可溶于水的有机助溶剂。

3.4.2 清洗主剂酸或碱

酸洗的作用是溶解以碳酸盐和金属氧化物为主的污垢，是借助与污垢发生酸、碱反应，使污垢转变为可溶解或易于分散的状态。但是对新建锅炉和含硫酸盐垢的锅炉，首先需要碱洗。

3.4.2.1 碱洗（碱煮）剂

碱洗主剂的作用如下。

NaOH：提供强碱性，去油；

Na_3PO_4：保持清洗剂碱性，可与 Ca^{2+}、Mg^{2+} 等离子生成沉淀，降低水的硬度；

Na_2CO_3：保持清洗剂碱性，可与 Ca^{2+}、Mg^{2+} 等离子生成沉淀，降低水的硬度，也可使不被酸溶解的硫酸盐转化为可溶解的碳酸盐。

锅炉在清洗过程中有三种情况需要碱煮。

① 新锅炉启用之前需要碱煮除油。因为在制造和安装锅炉的过程中需涂抹油性防锈剂，该油脂在锅炉运行中容易起泡沫，启用之前必须将油脂去除。

② 酸洗之前需要碱煮。因为锅炉表面的油脂妨碍清洗液与水垢接触，所以在酸洗之前需要碱煮除油和去除部分硅化物，改善水垢表面的润湿性和松动某些致密的垢层，给酸洗创造有利的条件。碱煮去除硅化物的反应式如下。

$$SiO_2 + 2NaOH \longrightarrow Na_2SiO_3 + H_2O$$

$$SiO_2 + Na_2CO_3 \longrightarrow Na_2SiO_3 + CO_2\uparrow$$

③ 水垢类型的转化。对用酸不能溶解松动的硬质水垢（如硫酸盐等），可在高温下与碱液作用，发生转化，使硬垢疏松或脱落。

碱洗目的：用高强度碱液，以软化、松动、乳化及分散沉积物。有时添加一些表面活性剂以增加碱煮效果。常用于去除锅炉的油性污垢和硅酸盐垢。碱洗是在一定温度下使碱液循环进行，时间一般为6～12h，根据情况也可以延长。

3.4.2.2 无机酸清洗剂

(1) 无机酸清洗主剂的优缺点 优点：溶解力强，清洗效果好，费用低。缺点：即使有缓蚀剂存在的情况下，对金属材料的腐蚀性仍很大，易产生氢脆和应力腐蚀，并在清洗过程中产生大量酸雾而造成环境污染。

(2) 无机酸清洗主剂的去污原理

① 去除铁锈垢原理：

$$6HCl + Fe_2O_3 \longrightarrow 2FeCl_3 + 3H_2O$$

$$2HCl + FeO \longrightarrow FeCl_2 + H_2O$$

$$HF + Fe_2O_3 \longrightarrow [FeF_y]^{(y-3)-} + H_2O$$

② 去除碳酸盐原理：

$$2HCl + CaCO_3(MgCO_3) \longrightarrow CaCl_2(MgCl_2) + CO_2\uparrow + H_2O$$

③ 去硅垢原理：

$$\text{硅氧化物(或硅酸盐)} + HF \longrightarrow [SiF_6]^{2-} + H_2O$$

(3) 几种常用的无机酸洗主剂

① 盐酸（HCl） 盐酸的优点是能快速溶解铁氧化物、碳酸盐。其效果优于其他无机酸。清洗工艺简单，有剥离作用，溶垢能力强，工效高，效果好，稀溶液毒性小，酸洗后表面状态良好，渗氢量少，金属的氢脆敏感性小，而且货源充足。此外，其反应产物氯化铁或氯化钙的溶解度大，无酸洗残渣，所以至今仍是应用最广的酸洗主剂。可用于碳钢、黄铜、紫铜和其他铜合金材料的设备清洗。费用低，广泛用于清洗锅炉、各种反应设备及换热器等。

缺点：盐酸对金属的腐蚀性很强，超过40℃时易挥发、产生酸雾。为了防止腐蚀，必须加入一定量的缓蚀剂。另一方面，不适合用于清洗硅酸盐垢和直接用于清洗硫酸盐垢。

清洗剂中HCl含量一般为5%～15%，必须与缓蚀剂配合使用，清洗温度一般低于60℃。

盐酸酸洗缓蚀剂应用性能评价指标及浸泡腐蚀试验方法见DL/T 523—93。试验条件：5%HCl+0.3%缓蚀剂，在（55±2）℃温度条件下浸泡6h，钢材为20钢，酸液体积与试样表面积之比为15mL：1cm^2。静态腐蚀速率<0.6g/(m^2·h)为优等，0.6～1.0g/(m^2·h)为良，1.1～2.5g/(m^2·h)为合格，>2.5g/(m^2·h)为不合格，缓蚀效率>96%为合格。

盐酸酸洗缓蚀剂的生产厂家和注册品牌很多，如Lan-826多用酸洗缓蚀剂、TH-10 盐酸缓蚀剂、TPRI-1 型盐酸缓蚀剂、JA-IA 锅炉盐酸酸洗缓蚀剂等。

② 氢氟酸（HF） 氢氟酸是一种弱无机酸。氢氟酸的优点是常温下清洗硅垢和铁垢有特效，溶解氧化物的速度快，效率高；可用来清洗奥氏体钢等多种钢材基质的部件，这一点优于盐酸；使用含量较低，通常为 1%～2%；使用温度低，废液处理简单，但不可忽视。

缺点：在空气中挥发，其蒸气具有强烈的腐蚀性及毒性，价格高，对含铬合金钢的腐蚀速率较高。对缓蚀剂不仅要求缓蚀性能高，还需要较强的酸雾抑制能力。氢氟酸可以与缓蚀剂 IMC-5 配合使用。

氢氟酸不单独使用，一般与盐酸、硝酸或氟化物等复合使用。

③ 其他无机酸

a. 硝酸 一种强氧化酸，对一般的有机缓蚀剂具有破坏和分解作用，且缓蚀剂的分解产物在某些情况下还有加剧腐蚀的作用。低浓度硝酸可腐蚀大多数金属，但是与缓蚀剂（Lan-5、Lan-826）配合清洗不锈钢、碳钢或铜表面污垢时，其腐蚀速率很低；高浓度硝酸对金属不腐蚀，有钝化作用。硝酸单独使用不多，与其他酸（盐酸、氢氟酸）配合使用效果比较理想。硝酸的还原产物（氮氧化物）对环境有污染。

b. 硫酸 一种强酸，浓硫酸对金属有氧化、钝化作用，稀硫酸对多数金属有腐蚀作用。由于金属的硫酸盐的溶解度都较小，所以单独使用不多，可与其他酸配合使用。硫酸密度大，浓硫酸的物质的量浓度高，相同质量的酸液所占体积较小，运输成本较低，洗一台锅炉所用工业硫酸的体积仅为盐酸的 1/4。浓硫酸对钢铁几乎不腐蚀。

硫酸酸洗缓蚀剂可用天津若丁、硫代乙酰苯胺、DA-6（苯胺与乌洛托品的反应物）。

3.4.2.3 有机酸清洗剂

化学清洗剂中常用的有机酸包括柠檬酸、EDTA、甲酸、氨基酸、羟基乙酸、草酸等。

(1) 有机酸清洗剂的优缺点 优点：对金属基体的腐蚀作用小，清洗效果好；缺点：作用速率慢，成本高。

(2) 有机酸清洗主剂的去污原理 有机酸主要是利用其络合（螯合）能力，同时用其酸性或氧化性，将污垢浸润、剥离、分散、溶解。

(3) 几种常用的有机酸洗主剂

① EDTA（乙二胺四乙酸，H_4Y） EDTA 去除铁锈的原理：铁锈（FeO、Fe_2O_3、Fe_3O_4）与 H_2Y^{2-} 发生反应生成 FeY^{2-}、FeY^- 和 H_2O。清洗过程中同时存在着电离、水解、络合、中和等多种化学反应，生成稳定的络合物。EDTA 二钠盐在 pH 为 5～8 时对铁锈的溶解效果很好。

特点：pH 大于 7 时，EDTA 对金属有钝化作用，所以用其作清洗主剂可以清洗、钝化一步完成，减免了再次用水冲洗、漂洗、钝化等过程，缩短了清洗时间和除盐水的用量。EDTA 对氧化铁和铜垢以及钙、镁垢有较强的清洗能力。

缺点：因室温时，EDTA 在水中的溶解度仅为 0.03g/100g，为提高其溶解度和清洗效果，需升温到 140～160℃，所以其缓蚀剂需用耐高温缓蚀剂。

EDTA 清洗缓蚀剂大部分是复配而成的。目前国内常见的 EDTA 清洗缓蚀剂有 MBT、TSX-04、N_2H_4、乌洛托品、YHH-1、Lan-826 等。

② 柠檬酸（$C_6H_8O_7$） 柠檬酸是酸洗中应用最早、最多的一种有机酸。它主要是利用与铁离子生成络离子的能力（而不是用它的酸性）来溶解铁的氧化物，柠檬酸本身与铁垢的反应速率较慢，且生成物柠檬酸铁的溶解度较小，易产生沉淀。所以，在用柠檬酸作清洗主剂时，为了生成易溶的络合物，常要在清洗液中加氨水，将溶液 pH 调至 3.5～4.0。

特点：腐蚀性小，无毒，容易保存和运输，安全性好，清洗液不易形成沉渣或悬浮物，避免了管道的堵塞，自身具有缓蚀功能，对碳钢基体的缓蚀效率可超过 99%。

缺点：试剂昂贵，只能清除铁垢，而且能力比盐酸小。对铜垢、钙镁和硅化物水垢的溶解能力差，清洗时要求一定的流速和较高的温度，也必须选择比较耐高温的缓蚀剂。

另外，选择柠檬酸酸洗时，由于柠檬酸酸洗时的温度高、循环速度快，因此在选择柠檬酸酸洗时，缓蚀剂必须适用这种条件。常用的柠檬酸酸洗缓蚀剂有仿若丁-31A、乌洛托品、硫脲、邻二甲苯硫脲、若丁、工业二甲苯硫脲等。

仿若丁-31A 的主要组分为二乙基硫脲、烷基吡啶硫酸盐、苯腈、硫氰酸铵、异硫氰酸苯酯等。

有机酸洗液主要用于锅炉系统的清洗，可以有效地去除晶间腐蚀和闭塞区腐蚀产生的垢物，从而避免发生爆管之类的安全事故。上述铁基材料的酸洗缓蚀剂绝大多数属于含氧、硫、氮、磷的有机化合物，主要包括胺类、硫脲类、醛酮类，其作用机理属于吸附缓蚀。

③ 氨基磺酸 氨基磺酸是一种粉末状中等酸性的无机酸。

优点：不易挥发，在水中的溶解性好，不会发生盐类析出沉淀的现象，去除水垢及氧化铁的能力较强，对金属的腐蚀性相对较小，常被用于清洗钢铁、铜、不锈钢、铝、锌等金属和陶瓷基体表面的铁锈和水垢。与多数金属形成的盐在水中的溶解度都较高。适用于清洗钙、镁的碳酸盐和氢氧化物，不会在清洗液中产生沉淀。

其缺点是对铁垢的作用较慢，需要避免与强氧化剂、强碱接触。

氨基磺酸酸洗缓蚀剂主要有Lan-826、O'Bhibit（二丁基硫脲）、LN500系列。此外还有二丙炔基硫醚、丙炔醇、季铵盐、乙基硫脲和十二胺等。现国内常使用的氨基磺酸酸洗缓蚀剂为TPRI-7型缓蚀剂，通过对各种材质的静态腐蚀速率试验［温度（55±5）℃、氨基磺酸5%+TPRI-7型缓蚀剂0.4%、循环酸洗时间为2h］，结果表明，缓蚀剂的腐蚀速率控制在0.6g/(m^2·h)左右，效果很好。

TPRI-7型氨基磺酸缓蚀剂用于碳钢、低合金钢、高合金钢为材质的超高压、亚临界电站锅炉的氨基磺酸酸洗防腐，也可以用于铜材质的凝汽器的清洗防腐等。

④ 羟基乙酸　其优点是对碱土金属类的污垢有较好的溶解能力，与钙、镁等化合物作用较为剧烈；几乎不挥发，腐蚀性低，不易燃，无臭，毒性低，生物分解性强，水溶性好；由于无氯离子，可用于奥氏体钢材质的清洗，对于已严重结垢并且大面积产生晶间腐蚀的锅炉来说，使用EDTA和柠檬酸清洗的除垢率都难以达到90%以上，而采用盐酸又会加重晶间腐蚀，这时可以考虑采用甲酸/羟基乙酸的混酸清洗。表1-1列出了不同酸对钢铁的溶解腐蚀的能力。

表1-1　各种酸对铁的溶解能力（反映对铁的腐蚀能力）

酸类	铁的溶解量/(mg/L)	酸类	铁的溶解量/(mg/L)
盐酸	7.5	氢氟酸	14
柠檬酸	4.4	EDTA	3.8
硫酸	5.7	硝酸	4.4
羟基乙酸	3.7	氨基磺酸	2.9
草酸	6.2	甲酸	6.1

注：各种酸的质量分数为1%。

3.4.2.4　碱清洗剂

碱洗的作用是除油（尤其对新建锅炉）和将钙、镁的硫酸盐转化成可被酸溶解的碳酸盐。

常用的碱洗主剂主要有NaOH、Na_2CO_3、Na_3PO_4、Na_2HPO_4、NaH_2PO_4，必要时加入表面活性剂。

碱性清洗剂中包括碱洗主剂（碱或碱式盐）、表面活性剂和助剂等。

3.4.2.5　氧化-还原剂

借助与污垢发生氧化反应、还原反应而清除污垢的制剂称为清洗用氧化剂或还原剂。

氧化剂用以清除有还原性的污垢，如许多有机污垢等。

还原剂用于清除有氧化性的污垢，如金属氧化物为主的锈垢。另外，由于对金属基体的污垢进行酸洗的过程中会产生大量的 Fe^{3+}，由电化学原理可以估算由 Fe^{3+} 对金属基体腐蚀的推动力。

两个标准电极电势如下。

$$\varphi^{\ominus}_{Fe^{3+}/Fe^{2+}}=0.77V;\varphi^{\ominus}_{Fe^{2+}/Fe}=-0.41V$$

该反应的吉布斯函数变为：

$$\Delta G^{\ominus}=-2FE^{\ominus}=2\times96485\times[0.77-(-0.41)]\times10^{-3}=-227.7kJ/mol$$

由上式可知，Fe^{3+} 对金属基体腐蚀的推动力大于铜离子对活泼金属锌的腐蚀（其标准吉布斯函数变为 212.3kJ/mol），说明 Fe^{3+} 对 Fe 具有很强的腐蚀作用。所以在酸洗过程中，如果 Fe^{3+} 的浓度较高时（>500mg/L），必须加入还原剂，以降低 Fe^{3+} 的浓度，减少对金属基体的腐蚀。

3.4.3 表面活性剂

表面活性剂分子中同时具有亲水的极性基团与亲油的非极性基团，当它的加入量很少时，即能大大降低溶液的表面张力，并且具有洗涤、增溶、乳化、分散等作用。

通常根据表面活性剂在溶剂中的电离状态及亲水基团的离子类型将其分为阴离子表面活性剂、阳离子表面活性剂、两性表面活性剂及非离子表面活性剂等。前三类为离子型表面活性剂。

3.4.3.1 阴离子型表面活性剂

阴离子型表面活性剂在水中电离出的阴离子部分起活性作用，如：

烷基羧酸钠 $R—COONa \longrightarrow RCOO^- + Na^+$

烷基硝酸钠 $R—NO_3Na \longrightarrow RNO_3^- + Na^+$

烷基硫酸钠 $R—O—SO_3Na \longrightarrow ROSO_3^- + Na^+$

这类活性剂主要用作清洗剂、起泡剂、乳化剂等。

3.4.3.2 阳离子型表面活性剂

阳离子型表面活性剂在水中电离出的阳离子部分起活性作用，如十二烷基三甲基氯化铵。

$$[C_{12}H_{25}—N(CH_3)_3]Cl \longrightarrow [C_{12}H_{25}N(CH_3)_3]^+ Cl^-$$

季铵盐、吡啶盐等阳离子表面活性剂多数用于缓蚀、防腐、杀菌及抗静电等方面。

3.4.3.3 两性表面活性剂

两性表面活性剂在水中电离出两种离子都起活性作用，如烷基二甲胺丙酸内盐，其结构式如下。

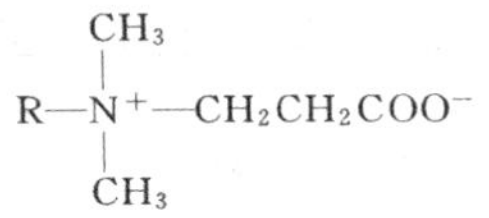

这类活性剂的性能更全面，比单独阴离子或阳离子更好，用途广泛，有很多特殊的应用，还用于和其他类型活性剂复配，效果更优。特别是作用柔和、毒性小，常用于乳化剂、铺展剂、杀菌剂、防腐剂、油漆颜料分散剂及抗静电剂等。

3.4.3.4 非离子型表面活性剂

非离子表面活性剂在水中不电离，亲水基由醚基和羟基或聚氧乙烯基构成。

① 脂肪酸聚氧乙烯酯 $RCOO(CH_2CH_2O)_nH$ 如聚氧乙烯油脂酸、硬脂酸酯等，这类表面活性剂乳化性能好，但起泡性能较差。

② 聚氧乙烯烷基酰胺 $RCONH(C_2H_4O)_nH$ 及 $RCON(C_2H_4OH)_2$ 该类表面活性剂有较强的起泡和稳定作用，黏度大，主要用于洗涤剂、稳泡剂、增黏剂、乳化剂、防腐剂及干洗剂等。

③ 多醇表面活性剂 多羟基物与脂肪酸生成的酯，如硬脂酸、月桂酸与甘油、蔗糖、失水山梨醇等的酯，它除具有非离子的一般性能外，突出特点是无毒、无臭、无味，主要用于低泡的洗涤剂及食品工业中的乳化剂。

3.4.4 缓蚀剂——化学清洗技术的核心

化学清洗技术是一种廉价、快速清除基体表面的污垢并恢复其原有的功能方法，它通过化学反应将基体表面上的难溶污垢溶解或剥离。为了清除污垢和腐蚀产物，常采用酸，而且常用强酸作清洗主剂，而酸会在溶解、清除污垢的同时腐蚀金属基体。采用缓蚀剂是化学清洗中防腐的重要方法，缓蚀剂是化学清洗技术的核心。

3.4.4.1 酸腐蚀的原因

酸腐蚀包括化学腐蚀和电化学腐蚀。

(1) 化学腐蚀 这种腐蚀是酸直接作用于金属，发生化学反应。在酸洗过程中，尤其是无机强酸对金属设备有很强的化学腐蚀作用，这种腐蚀的程度与酸的种类及基体金属的活泼性有关。同一金属对于不同的酸的反应活性不同；同样，同一种酸对不同金属的反应活性也不同。

① 硫酸 稀 H_2SO_4 易和钢铁反应；而 60%以上的 H_2SO_4，室温下在钢铁表面形成钝化膜而使钢铁耐蚀；93%以上的 H_2SO_4，即使煮沸也几乎不腐蚀钢铁。Pb 和钢铁相反，可溶于浓 H_2SO_4，而对稀 H_2SO_4 有良好的耐蚀性。Al 易溶于 10%的 H_2SO_4 中，但对 80%以上的 H_2SO_4 有耐蚀性。

② 盐酸 Mg、Zn、Cr、Fe 易被 HCl 腐蚀；Pb 对 20%以下的 HCl 有耐蚀性；Sn、Ni 在常温下对稀 HCl 有耐蚀性，而在氧化条件下易被腐蚀；18/8Cr-Ni 不锈钢可被 HCl 腐蚀；Cu 一般不被盐酸所腐蚀，Cu 可被氧化性酸（如硝酸）所腐蚀。

③ 硝酸 HNO_3 对多数金属有腐蚀性，但因其具有很强的氧化性，可

在一些金属表面形成致密的氧化膜，保护金属。Sn、Pb 可被 HNO_3 腐蚀；铬与铝类似，在冷、浓 HNO_3 中形成致密氧化膜钝化，不被 HNO_3 腐蚀；钢铁在浓 HNO_3 中生成氧化膜有良好耐蚀性，但易为稀 HNO_3 腐蚀；锌、镍、铜对 HNO_3 无耐蚀性。

④ 草酸（$H_2C_2O_4$） 草酸虽然是弱酸，但对金属也有腐蚀作用，钢铁在常温下可被草酸腐蚀，但在加热时则能生成草酸铁保护膜，阻止腐蚀继续进行。铝、镍、铜、不锈钢对草酸有较好的耐蚀性。

另外，金属和酸反应生成的氢会造成金属设备的氢脆腐蚀，氢气还会带出大量的酸性气体，造成劳动条件的恶化。因此在清洗金属基体时酸性清洗剂中一定要添加缓蚀剂。

氢脆也是对金属进行化学清洗过程中经常发生的一种化学腐蚀，它是由于金属吸收了原子氢而使其变脆（发生脆性断裂）的现象。氢原子的生成过程如下式所示。

酸洗反应：Fe_xO_y，（铁氧化物）+ HCl $\longrightarrow$ $FeCl_2$（或 $FeCl_3$）+ H_2O

酸洗副反应：Fe（基体）+ $2H^+$ $=\!=\!=$ Fe^{2+} + 2H（原子氢）

高温时：Fe + H_2O（高温水蒸气）$=\!=\!=$ FeO + 2H（原子氢）

原子氢被金属吸收即可发生氢脆。

(2) 电化学腐蚀 这种腐蚀是金属基体通过电化学反应而被腐蚀。电化学腐蚀有析氢腐蚀和吸氧腐蚀，化学酸洗过程主要发生析氢腐蚀，当使用弱酸性或中性清洗剂，有空气（氧气）存在时发生吸氧腐蚀。

另外，有时也需要考虑表面活性剂的腐蚀性。一般说来，表面活性剂对于钢件有防腐作用，但有些却可加速金属生锈。因此在清洗剂中，要考虑表面活性剂与缓蚀剂的搭配，以改善其防腐蚀性能。

缓蚀剂种类繁多，缓蚀机理各异，在这里仅介绍常用的水溶性缓蚀剂及其作用机理。

3.4.4.2 水溶性缓蚀剂作用机理

水溶性缓蚀剂的作用机理都是在金属表面生成稳定的保护膜，其膜的类型可分为以下几种情况。

(1) 生成致密氧化膜 这类缓蚀剂具有较强的氧化性，能够在金属表面生成不溶性的致密、附着力强的氧化物薄膜，当氧化膜达到一定厚度（如 5～10nm），阳极氧化反应的速率减慢，金属被钝化，腐蚀速率大大降低，从而减缓或阻止了金属被腐蚀的过程，起到缓蚀的作用。此类缓蚀剂是阳极型的，值得注意的是这些缓蚀剂当用量不足时，不仅不能缓蚀，反而加速腐蚀。因为，若不能使金属全部钝化，腐蚀便集中于这些尚未钝化的区域内，此时钝化区可作阴极（而阴极面积较大），未钝化区作为阳极（较小），造成小阳极对大阴极，阳极区电流密度增大，使其发生剧烈的电化学腐蚀，还会引起严重的深度腐蚀。这类缓蚀剂又称为“危险性缓蚀剂”。

属于这类缓蚀剂的化合物如下。

对 Fe：$NaNO_2$、$K_2Cr_2O_7$、K_2CrO_4、Na_2WO_4、Na_2MoO_4 等。

对 Al：$K_2Cr_2O_7$、K_2CrO_4、$KMnO_4$ 等。

(2) 生成难溶的保护膜

① 生成无机难溶的保护膜　无机缓蚀剂分子能与阳极腐蚀溶解下来的金属离子相互作用，形成难溶的盐类保护膜，覆盖于金属表面上。难溶沉淀膜厚度一般都比较厚（为 10～100nm），膜的致密性和附着力均不如 (1) 类钝化膜，防腐效果相对较差，但可以减缓、阻滞腐蚀过程的进一步发生。例如，磷酸盐缓蚀剂（Na_2HPO_4 或 Na_3PO_4）能与 Fe^{3+} 生成不溶性的 γ-Fe_2O_3 和 $FePO_4 \cdot 2H_2O$ 的混合物。此类缓蚀剂通常和去垢剂合并使用于中性水介质，以防止金属腐蚀或表面结垢。属于这类缓蚀剂的化合物如下。

对 Fe：NaOH、Na_2CO_3、Na_3PO_4、Na_2HPO_4、$(NaPO_3)_6$、Na_2SiO_3、CH_3COONa 等。

对 Al：Na_2SiO_3、Na_2HPO_4 等。

对 Mg：KF、Na_3PO_4、$NH_3 \cdot H_2O + Na_2HPO_4$ 等。

这类缓蚀剂有一个值得注意的特点是介质中氧气的存在对缓蚀剂有加强作用。例如：苯甲酸钠，有氧时生成不溶性的三价铁盐，可以保护金属；没有氧时，则生成二价可溶性铁盐。

②生成有机难溶的保护膜或难溶的络合物覆盖膜　缓蚀剂分子能与金属离子生成难溶的络合物薄膜，从而阻止了金属的溶解，起到缓蚀作用。例如：苯并三氮唑对铜的缓蚀，一般认为铜取代了苯并三氮唑分子中的 NH 官能团上的 H 原子，以共价键连接，同时与另一个苯并三氮唑分子上的氮原子的孤对电子以络合键的形式连接，形成了不溶性的聚合络合物，其结构为：

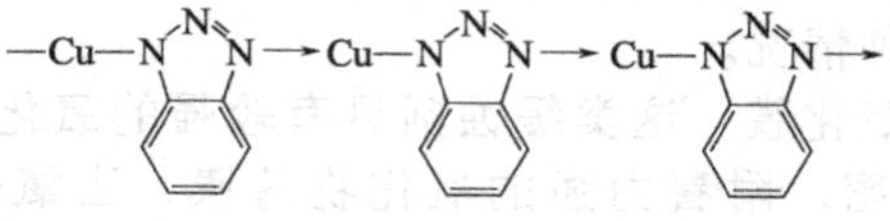

属于这类缓蚀剂的化合物还有苯甲酸钠（对钢），以及含有 N、O、S 元素的有机杂环类化合物。

(3) 生成吸附膜　这类缓蚀剂能吸附在金属表面，改变金属表面性质，从而抑制腐蚀。它们一般是混合型有机化合物缓蚀剂，如胺类、硫醇、硫脲、吡啶衍生物、苯胺衍生物、环状亚胺等。为了能形成良好的吸附膜，金属必须有洁净的表面，所以在酸性介质中往往比在中性介质中更多地采用这类缓蚀剂。

根据分子吸附作用力的性质，吸附型缓蚀剂的缓蚀机理是其在金属表面发生物理吸附和化学吸附，主要以化学吸附为主。一方面氧、氮、硫、磷等元素含有孤对电子，它们在有机化合物中都以极性基团的形式存在，如：—NH_2（氨基）、N（叔胺或杂环氮化合物）、—S—（硫醚）、—SH（巯基）等；另一方面铁、铜等过渡金属由于d电子轨道未填满可以作为电子受体，这些元素与金属元素络合结合，形成牢固的化学吸附层。此外双键、三键、苯环也可以通过π键的作用在金属表面发生化学吸附。

目前常将缓蚀剂复配使用，一般是将两种或多种缓蚀剂共同加入清洗液中，利用各自的优势，减少原有的局限性。通常把阳极和阴极缓蚀剂结合使用，也可使用非极性基团的有机物。这种复配而成的缓蚀剂的效率比单一组分要大很多，称之为协同作用。协同作用的发现，使缓蚀剂的研究和应用提高到一个新的水平，但其作用机理有待进一步研究。此外，在缓蚀剂中添加表面活性剂也是近年来研究的方向，其缓蚀机理是由于表面活性剂具有增溶、乳化、吸附、分散等性能，从而有效地提高缓蚀剂的缓蚀效率。

3.4.4.3 缓蚀剂分类

可从不同的角度对缓蚀剂进行分类。

(1) 按用途分类　缓蚀剂按用途可分为单功能型和多功能型。

① 单功能型缓蚀剂　这种缓蚀剂只含有某一种基团（如氨水、乌洛托品），它们仅对钢铁类黑色金属材料制品具有缓蚀性能，而对多种有色金属，或是两种金属的连接处，其缓蚀效果不佳，有时对多种金属组合件机械制品中的铜、锌、镉等有色金属部件，需要采取隔离保护措施甚至放弃使用缓蚀剂技术。

② 多功能型缓蚀剂　它们的分子中含有两个或两个以上的缓蚀基团，如苯并三氮唑（BTA）及其衍生物、三氮唑系列化合物、邻硝基化合物、巯基苯并噻唑（MBT）、肟类化合物等缓蚀剂。羧基喹啉中就有—OH、—N两个缓蚀基团，这些基团不仅能对铜及铜合金具有良好的缓蚀性能，而且对铁、锌、镉、银等金属具有良好的缓蚀效果。

(2) 根据化学成分分类　可分为无机缓蚀剂、有机缓蚀剂、聚合物类缓蚀剂。

① 无机缓蚀剂　主要包括铬酸盐、亚硝酸盐、硅酸盐、聚磷酸盐等。

② 有机缓蚀剂　主要包括膦酸（盐）、膦羧酸、巯基苯并噻唑、苯并三氮唑、磺化木质素等一些含氮氧化合物的杂环化合物。

③ 聚合物类缓蚀剂　包括一些低聚物的高分子化合物。

(3) 根据电化学腐蚀的控制行为分类　可分为阳极型缓蚀剂、阴极型缓蚀剂和混合型缓蚀剂。

① 阳极型缓蚀剂 包括无机强氧化剂，如铬酸盐、亚硝酸盐等。其作用是在金属表面阳极区与金属离子生成致密的、附着力强的氧化物保护膜，抑制金属溶解。阳极型缓蚀剂被称为“危险性缓蚀剂”，因为一旦剂量不足，未覆盖区将会被加速孔蚀。因此，应用时不能低于缓蚀剂在该条件的“危险浓度”。

这类缓蚀剂同样可以减缓化学腐蚀的侵袭。

② 阴极型缓蚀剂 可抑制电化学阴极反应的化学药剂，如碳酸盐、磷酸盐等。其作用是与金属反应，在阴极生成沉积保护膜。这类缓蚀剂在用量不足时不会加速腐蚀，故又有“安全缓蚀剂”之称。

③ 混合型缓蚀剂 某些含氮、硫或羟基的、具有表面活性的有机缓蚀剂，其分子中有两种极性相反的基团，能吸附在金属表面形成单分子吸附膜。它们既能在阳极成膜，也能在阴极成膜，阻止水与水中溶解氧向金属表面的扩散，起到缓蚀作用。巯基苯并噻唑、苯并三氮唑、十六烷胺等属于此类缓蚀剂。在酸性介质中往往相对较多地采用这类缓蚀剂。

由于缓蚀剂的缓蚀机理在于成膜，故迅速在金属表面上形成一层密实的膜（氧化膜、沉淀膜、吸附膜）是获得缓蚀成功的关键。为达此目的，缓蚀剂的浓度应该足够高，当膜形成后，再降至相应的浓度；为了密实，金属表面应十分清洁，为此，成膜前对金属表面进行化学清洗（除油、除污和除垢）是必不可少的。

3.4.4.4 缓蚀剂的副作用

铬（Ⅵ）酸盐（缓蚀剂）有毒，虽然它对循环冷却水中的菌、藻等有害微生物有杀灭作用，但对环境造成污染。

磷酸盐是水中微生物的营养源，它的排放会造成水体富营养化，对环境造成污染；钼酸盐等应用成本高；亚硝酸盐致癌；硅酸盐缓蚀效果差；锌盐对水体中的生物造成威胁。

因为许多缓蚀剂具有副作用，人们对绿色有机缓蚀剂的开发和应用表现出浓厚的兴趣。

3.4.4.5 缓蚀剂的特点

防止金属基体腐蚀可以采取电化学保护等方法，但与其相比，用缓蚀剂法有如下特点。

① 用缓蚀剂无需特殊的附加设施，但为了有效和精确地控制缓蚀剂用量，近年来也常采用全自动的缓蚀剂加料装置。

② 不改变金属基体本质，也无需改变金属外表，故缓蚀剂非常适合于设备的化学清洗。

③ 由于用量少，添加缓蚀剂后，介质性质基本不变，故本方法也适用

于城市供水管道防锈，石油天然气输送、储存和精炼等场合的设备管道防腐蚀。

需要注意的是缓蚀剂具有选择性。

3.4.4.6 一些常用的缓蚀剂

(1) 几种无机缓蚀剂

① 亚硝酸盐 它易溶于水，一般配成2%～20%水溶液，并常加入0.3%～0.6%的Na_2CO_3调节pH在8～10之间。它对黑色金属（钢、铁、锡合金等）缓蚀效果好，而对于Cu等有色金属则无效。$NaNO_2$之所以能起到缓蚀作用，主要是因为NO_2^-可以使铁氧化并生成高价难溶的氧化物而沉积在金属表面。亚硝酸盐的缓蚀性能极大地依赖于溶液中侵蚀性离子(如Cl^-、NO_3^-等）的浓度和它们自身的浓度。当亚硝酸钠浓度低时，它可能促进腐蚀；只有达到一定浓度时，亚硝酸钠才具有好的缓蚀作用。因此，亚硝酸钠属于“危险性缓蚀剂”。

研究发现亚硝酸盐有致癌作用，使其应用受到了限制。近年来，人们着手寻求亚硝酸钠的代用品，并取得了一定的成绩，如苯甲酸钠的芳环上同时引入硝基、溴、碘等的衍生物，可获得与亚硝酸钠相近或优良的防锈效果。属于这一类型的衍生物有：对碘化苯甲酸三乙醇胺、对丁氧基苯甲酸钠、3,5-二溴-4-甲氧基苯甲酸钠及二硝基水杨酸等。

② 磷酸盐 作为水溶液中缓蚀剂的磷酸盐有：磷酸钠、磷酸氢二钠、三聚磷酸钠、六偏磷酸钠等。磷酸氢二钠是很弱的缓蚀剂，浓度增大时则成为腐蚀的促进剂。磷酸钠的缓蚀作用比二钠盐要好，当其浓度增大时，缓蚀作用明显增加。实验表明，Na_2HPO_4对钢、铸铁、铅等防锈有效，但能促进Cu的腐蚀；六偏磷酸钠可作钢、铸铁、铅的缓蚀剂，但对Cu、Al有相反作用。另外，磷酸盐与铬酸盐混合使用，有缓蚀协同效应，pH在6.5～6.0时，效果最佳。

③ 铬酸盐和重铬酸盐 K_2CrO_4、$K_2Cr_2O_7$是有色金属通用的水溶性缓蚀剂，对黑色金属也有良好的缓蚀作用。其缓蚀机理一般认为是由于它与亚铁盐作用生成了难溶的三氧化二铬（Cr_2O_3）与氧化铁（Fe_2O_3、Fe_3O_4）组成的保护膜。铬酸盐的缓蚀作用与溶液中的其他阴离子（如Cl^-、SO_4^{2-}、NO_3^-等）有关。这些腐蚀性阴离子的浓度越大，铬酸盐的临界浓度也越大，其中以Cl^-的影响为最大。

另外，铬酸盐的保护浓度还与溶液的温度有关，温度升高，保护浓度也增大。例如，20℃时，足以抑制腐蚀的铬酸盐浓度，当温度升高到80℃，已不能满足缓蚀要求，铬酸盐浓度必须提高1～2倍。

近年来，人们研究了大量的有机铬酸盐缓蚀剂，如铬酸氰胺，铬酸的甲胺、二甲胺、异丙胺、丁胺、二环己胺、环己胺盐等。有机铬酸盐的临界保护浓度比铬酸钾低，保护性也好。

④ 碳酸盐 例如碳酸钠（Na_2CO_3），白色粉状固体，水溶液呈碱性。可作黑色金属的缓蚀剂，一般不单独使用，常和 $NaNO_3$ 复配使用，用以调节溶液的 pH。

⑤ 乌洛托品——六亚甲基四胺[$(CH_2)_6N_4$] 无毒无味，作为传统的清洗缓蚀剂，适用于黑色金属在盐酸中的清洗，广泛用于各行业用的蒸汽锅炉和锅炉热交换器的清洗。其浓度为 1.5%时，缓蚀效率出现最大值（>95%），大于该浓度后，缓蚀效率下降；随着温度升高，乌洛托品的缓蚀作用效果降低。

⑥ 硅酸盐 硅酸盐资源丰富，无毒、价廉、抑菌，是一种“环境友好”的缓蚀剂。例如硅酸钠（Na_2SiO_3），俗称水玻璃，是一种碱性水溶性缓蚀剂。它不仅可以保护钢，而且可用于保护铝合金、铜、铅及锡等金属。

a. 硅酸钠单独使用 硅酸钠的缓蚀能力与其模数有关（$m\mathrm{Na_2O}\cdot n\mathrm{SiO_2}$，$m/n$ 即为硅酸钠模数），为 2.0～2.8（最好为 2.4）时较好，用水将其稀释充分搅拌后静置，保留上层清液可作为防锈液。将除锈去污后的冷铁浸泡在上述溶液中，自然干燥即可，处理后的冷铁可在普通室内保存 1～2 个月而不生锈；当添加 0.20mg/g 的硅酸钠时，铝合金在 3.5% NaCl 溶液中具有较好的缓蚀作用。硅酸钠作为缓蚀剂单独使用成膜慢，所形成的膜有孔隙，易形成硅垢，与其他物质复配使用已成为一种发展趋势。

b. 硅酸钠复配使用 Njff-Ⅱ缓蚀剂是由硅酸钠、钼酸盐、有机胺复配而成的，主要控制阳极反应的混合抑制型缓蚀剂。加量 0.2%时，对 G105 钢试片 80℃动态腐蚀的缓蚀效率达 88.2%。

硅酸钠为主，与聚环氧琥珀酸（PESA）、苯并三氮唑（BTA）、Zn^{2+} 复配使用的缓蚀剂，当四种试剂构成配比为 60：40：1：8 时显示出较好的协同效应，此时对铜的缓蚀效果好。

硅酸钠与钼酸钠复配后可在材料表面形成完整致密的保护膜层，弥补单一用钼酸钠所形成的膜致密度不够的缺陷，阻止腐蚀的发生和进行。在高 Cl^- 浓度环境中，此缓蚀剂仍能有效地阻止 Cl^- 通过膜层向金属表面的迁移，抑制金属的腐蚀。

由硅酸钠、钼酸铵和乌洛托品复配的缓蚀剂是冷轧铝板在 1mol/L HCl 中的非磷、非铬高效复合型缓蚀剂，缓蚀效率可达 99.9%。

有机硅酸钠可抑制阳极反应。甲基硅酸钠、乙烯基硅酸钠、γ-氨丙基硅酸钠和聚醚有机二硅酸钠与锌盐均具有良好的协同效应。当与 4mg/L 的锌盐复配使用时，聚醚有机二硅酸钠的缓蚀效果很好，当药剂浓度为 150mg/L 时，缓蚀效率可达 95.5%。另外，有机硅酸钠结垢性比无机硅酸钠小，聚醚有机二硅酸钠的结垢率仅为 4.36%，而硅酸钠为 13.4%。

对硅酸钠的保护作用机理有两种不同观点：一种认为是不定形的硅凝胶与铁的水化物在金属表面沉积形成保护膜；另一种认为带负电荷的溶胶粒子与带正电荷的铁离子在腐蚀过程开始的位置聚集，并相互作用生成硅酸铁，从而阻滞了阳极腐蚀过程。

有些无机缓蚀剂或其他无机助剂具有双重作用，在发挥积极作用（缓蚀、钝化）的同时，为水体提供了比较充足的无机离子（如碳酸根、硫酸根、磷酸根等或其他阳离子）以利于生成钝化保护膜，但这些离子在一定情况下也形成结垢离子，所以使用时尽可能不要过量。

(2) 几种有机缓蚀剂

① 苯甲酸钠　苯甲酸钠是一种适应性较广的缓蚀剂。它不是氧化剂，在浓度不足时参与阴极过程，不属于危险缓蚀剂，故不会加速腐蚀。苯甲酸钠溶于水和醇类，属于水溶性有机缓蚀剂。将其配成 1.0%～1.5% 的防锈水，既可阻止钢的锈蚀，也可减缓 Cu、Pb 的锈蚀，但对 Al、Zn、Fe 效果较差。

② 三乙醇胺 [$N(CH_2CH_2OH)_3$]　三乙醇胺是一种无色或淡黄色黏稠液体，易溶于水，水溶液呈碱性，常和 $NaNO_2$、苯甲酸钠一起配成防锈水使用，其用量一般为 0.5%～10%，实际使用时还略偏高。一般只对钢铁有效，对 Cu、Cr、Ni 则有加速腐蚀的倾向。

③ 氨基磺酸　适用于碳钢、不锈钢、铜、铝、钛等金属材质的酸洗，使用量一般为 0.1%，用 50～60℃温水溶解，配制酸清洗剂。

④ 杂环型缓蚀剂　含 O、N、S、P 等原子的杂环型缓蚀剂具有多个活性吸附中心（缓蚀基团），对多种金属具有较强的吸附作用并形成稳定的络合物或螯合物；而且分子内或分子间极易形成大量的氢键，而使吸附层增厚，形成阻滞 H^+ 接近金属表面的屏障，因而具有多功能、高效性（通过分子内不同极性基团的协同作用）、适应性强（环境的温度和 pH 变化对其缓蚀性能影响较小）、低毒性等优点，属混合型缓蚀剂（既能抑制阴极反应，又能抑制阳极反应）。如吲哚（苯并吡咯 C_8H_7N）在 10% 的 HCl 溶液中对碳钢的缓蚀效率高达 98%；4-(*N*,*N*-二环己基) 氨甲基吗啉 (DCHAM)，是一种优良的黑色金属缓蚀剂，对铜、铝等有色金属也有较好的防锈能力。

⑤ 咪唑啉 ($C_3H_6N_2$)、酰胺系列酸洗有机缓蚀剂　在用酸清洗金属时，可加入咪唑啉类缓蚀剂，抑制酸对钢材的腐蚀。这类酸洗缓蚀剂应用的前提是清洗主剂为盐酸、硫酸、氨基磺酸，清洗对象的基材为黑色金属。该酸洗缓蚀剂适用于各种型号的高中低压锅炉的酸洗，以及大型设备、管道的酸洗。酸液中，加药量为 1‰～3‰，腐蚀速率≤1g/(m^2·h)。

将酸洗缓蚀剂按比例加入到稀释好的酸液中，开启循环泵循环清洗。

清洗过程中补加酸液时按比例补加酸洗缓蚀剂。

(3) 生物缓蚀剂　由天然植物制取的酸洗缓蚀剂具有（绿色）无毒、成本低的特点，这类缓蚀剂具有很好的前景。例如由海洋生物提取的聚天冬氨酸（PASP，无毒）为主要成分复配的金属缓蚀剂在pH处于10以上时能得到较好的缓蚀效果，可分别与有机磷、钨酸钠、季铵盐、锌盐、钼酸盐、氧化淀粉等复配，取得更好的缓蚀效果。

据报道，由松香衍生物、毛发水解产物、单宁以及海带、胡椒、烟草等提取的有效成分，制备的金属缓蚀剂具有较好的缓蚀效果；从松香中提出的松香胺衍生物、咪唑及其衍生物可作为高稳定性的钢铁用低毒型缓蚀剂代替剧毒的亚硝酸二环己胺；从奶油中提取的吲哚酪酸可对黑色金属进行缓蚀；从茶叶、花椒、果皮、芦苇等天然植物中可成功提取缓蚀剂的有效成分；黄连中的提取物在1mol/L HCl中对Q235钢缓蚀作用高达98%，可以同时抑制碳钢表面腐蚀的阴、阳极反应，是一种优良的天然绿色缓蚀剂。用水蒸气蒸馏法从樟树叶中提取桉叶油，并将其作为盐酸酸洗缓蚀剂的主要成分，制备复合缓蚀剂配方。结果表明，在5%的盐酸溶液中，复配缓蚀剂对碳钢的缓蚀效果良好，缓蚀效率达92%，是一种环境友好型缓蚀剂。这类缓蚀剂具有成本低廉、低毒或无毒等特点。

(4) 著名品牌缓蚀剂

① 若丁　是我国最早的酸洗缓蚀剂之一，由二邻苯酸脲、淀粉、食盐、平平加（或皂角粉）组成。若丁可在金属酸洗过程中减缓盐酸对金属基体的腐蚀，同时抑制酸雾的产生，促进对各种氧化皮、硅酸盐水垢的清洗，具有良好的缓蚀效果，并有抑制钢铁在酸洗过程中吸氢的能力，避免发生“氢脆”，同时抑制酸洗过程中Fe^{3+}对金属的腐蚀，使金属不产生孔蚀。

适用于作黑色金属及铜在硫酸、盐酸、磷酸、氢氟酸、柠檬酸中清洗时添加的缓蚀剂。适用于各种型号的钢铁、不锈钢、铸钢、铜等各种金属及其合金部件、组合件。

特点：若丁性能稳定、操作简单、用量小、效率高、费用小、无毒无臭、对环境无污染；对金属基体的腐蚀小、缓蚀效率高，酸洗过程没有酸雾，使用安全。使用量一般为2%～5%（质量分数）。酸洗液中盐酸一般在3%～10%（质量分数），常温使用，温度不能超过45℃。对碳钢、铜的缓蚀效率大于95%。

② Lan-5　我国1974年研制的高效硝酸酸洗缓蚀剂，由乌洛托品、苯胺、硫氰酸钠三种组分按3∶2∶1比例配成，是用硝酸酸洗水垢中使用的一种较理想的缓蚀剂。也可以用于各种浓度的硫酸中，缓蚀效果良好。并可抑制钢铁在酸洗过程中吸氢，避免钢铁发生“氢脆”，同时抑制酸洗过程

中 Fe^{3+} 对金属的腐蚀，使金属不产生孔蚀。适用于碳钢、不锈钢、铜、铝、钛等金属材质及其不同材质的组合件的酸洗。使用一般不低于 0.1%（质量分数）。先将计量的缓蚀剂按 1∶（10～20）兑水（最好是 50～60℃的温水），搅拌至完全溶解，然后再加余量水，搅匀，按计量与酸混合均匀后使用。

③ Lan-815 固体多用酸洗缓蚀剂　主要成分为有机氮化合物，奶白色固体粉末；用于碳酸盐垢、氧化铁垢、硫酸钙垢、硅质垢、混合垢等。适用于碳钢、不锈钢、铜、铝等金属材质及其不同材质的组合件的酸洗。可与硝酸、盐酸、硫酸、氢氟酸、氨基磺酸、草酸、酒石酸、EDTA、羟基乙酸等十多种无机酸、有机酸及其混合酸等混合使用。

先将缓蚀剂用水化开，然后注入搅拌槽混合均匀，加入酸即可配制成缓蚀酸洗液。

④ Lan-826　我国 1984 年开发的一种多用酸洗缓蚀剂，曾获国家科技发明三等奖。目前，在工业清洗中仍得到广泛应用。在各种化学酸洗过程中都有良好的缓蚀效果，并有优良的抑制钢铁在酸洗过程中吸氢的能力，同时抑制酸洗过程中 Fe^{3+} 对金属的腐蚀，使金属不产生孔蚀。适用于各种无机酸、有机酸，包括氧化性酸等。可配合各种化学清洗用的酸来清除碳酸钙型、氧化铁型、硫酸钙型各类污垢，适用于以碳钢、合金钢、不锈钢、铜、铝等金属及其不同材料的连接结构的酸洗。

对环境无污染；对金属基体的腐蚀小、缓蚀效率高，酸洗过程中没有酸雾，使用安全，可配合各种化学清洗用酸清除各种类型的污垢。

与无机酸配合使用一般在 3%～10%，常温或低于 45℃；与有机酸配合使用一般在 3%～20%，温度 60～90℃。

(5) 铜缓蚀剂　巯基苯并噻唑（MBT）、巯基苯并咪唑在 pH 变化范围内很稳定，是对铜及铜合金最有效的缓蚀剂之一，对碳钢产品也有保护作用。可以抑制酸对各种铜的腐蚀，并能抑制对铜合金的腐蚀。适用于去除碳酸盐、铁锈、硅酸盐、硫酸盐等各种类型的污垢。

适用设备材质：黄铜、白铜、紫铜及其他铜合金的化学清洗。对碳钢、不锈钢等金属亦有良好的缓蚀效果。

适用酸的范围：盐酸、硝酸、硫酸、氢氟酸、氨基磺酸、草酸、酒石酸、EDTA、羟基乙酸等十多种无机酸、有机酸及其混合酸等。

使用方法：先将缓蚀剂用水化开，然后注入搅拌槽混合均匀，加入酸即可配制成酸洗液。

苯并三氮唑（BTA）、甲基苯并三氮唑（TTA）等可以作铜缓蚀剂。

苯并三氮唑（BTA）水溶液呈弱酸性，pH 为 5.5～6.5，对酸、碱都稳定，易溶于甲醇、丙酮、乙醚等，难溶于水和石油溶剂。用于铜、铝、锌、镍的缓蚀剂。主要用于铜、铝等制成的用水设备的防腐。作缓蚀剂时，一般投加 $(0.5\sim2.0)\times10^{-6}$，部件若需预膜时，一般投加 $(5\sim20)\times10^{-6}$，BTA 在各种水质条件下都有缓蚀作用，在 pH 为 5～10 范围使用效果较好。

对冷却水系统可用水溶性苯并三氮唑（液 BTA），该产品是苯并三氮唑的改进产品，有良好的缓蚀作用，能与水以任何比例迅速互溶，适用于铜或铜-铁共存材质的水系统的防腐。

(6) 软化水缓蚀剂　有些水体中二价金属离子（Ca^{2+}、Mg^{2+}、Zn^{2+}）严重不足，难以在金属表面形成保护膜，所以需要使用亚硝酸盐缓蚀剂。

CQ-424 软化水专用缓蚀剂主要由钼盐、磷酸酯及助剂等复合配制而成，可用于循环软化水系统的缓蚀剂。投加量为 100×10^{-6}，能在金属表面形成致密的保护膜。

3.4.5　漂洗与钝化

化学清洗除垢后的基质表面处于活化状态，易被腐蚀，所以需要钝化，有效钝化的前提是基体具有洁净的表面，漂洗可以清除余酸，清洁基体，清除和防止表面二次上锈。

3.4.5.1　漂洗

二次上锈的机理与一次上锈的机理相同。

(1) 柠檬酸（$C_6H_8O_7$）目前多数用柠檬酸作漂洗剂，含量为 0.1%～2%，用柠檬酸水溶液冲洗时，可以把二次锈转化为柠檬酸铁络合物而溶解。漂洗时应控制铁离子（Fe^{3+}）浓度≤10mol/L（560g/L），按此临界值计算，pH 应控制不高于 2，否则会生成氢氧化铁［$Fe(OH)_3$］沉淀。若 Fe^{3+} 控制得较低，则生成［$Fe(OH)_3$］沉淀的临界 pH 可以适当放宽（但一般 pH 不超过 4）。漂洗温度控制在 75～90℃，适当加入一些缓蚀剂会减小其漂洗阶段的腐蚀速率。

(2) 氢氟酸（HF）　HF 是弱酸，可作为漂洗液，当其含量为 0.005%、漂洗液的 pH 约为 3.5 时，对金属基体的腐蚀相对较小；由于 HF 对铁锈有很好的溶解性、对 Fe^{3+} 有很强的络合作用，所以用 HF 作漂洗液是一种有效的方法。

3.4.5.2　钝化

钝化是把金属由活泼状态转变成钝态的过程。经化学清洗和漂洗后的金属表面化学性质活泼，很容易返锈，因此需要进行漂洗、钝化处理，特别是在酸洗之后（碱洗后金属表面的化学活性相对较低），可用碱性亚硝酸钠或磷酸三钠对金属进行钝化处理。

铁基体表面发生钝化是因为其表面形成了一层不溶性的氧化物膜，这层膜可以使铁被氧化、失去电子（溶解）的阳极反应受阻，而使腐蚀速率大大降低。例如，在浓硝酸等氧化性清洗剂中处理铁垢时，基质表面形成

250～300nm 的 Fe_2O_3 钝化膜，而同样条件下处理的不锈钢表面形成 90～100nm 的钝化膜。这些超薄的钝化膜具有完整、连续的特点，因而能保护金属基体不再遭受腐蚀。而在 $NaNO_2$、N_2H_4 等还原性药剂中可以使其形成以 Fe_3O_4 为主的钝化膜。

(1) 钝化方法和钝化机理

① 氧化法　习惯用亚硝酸钠作为钝化剂 (1.0%～2.0%)，用氨水调节钝化液 pH 在 9.0～10.0 之间，金属表面可形成不溶性致密的氧化膜，阻止金属腐蚀的阳极过程进行。该钝化膜抗腐蚀能力强，被化学清洗界称为“王牌”钝化工艺。亚硝酸钝化的反应式如下。

$$2Fe + NaNO_2 + 2H_2O \longrightarrow NaOH + NH_3 + Fe_2O_3$$

$$3Fe_2O_3 + NaNO_2 = 2Fe_3O_4 + NaNO_3$$

优点：钝化温度低，时间短，钝化膜致密且牢固，表面状态及保护效果好，耐蚀性好。

缺点：工艺复杂，毒性大，费用高，属于此类型钝化工艺的还有双氧水钝化法等。

氧化法还有过氧化氢法。其优点是：无毒，工艺简单，钝化温度低，时间短，钝化膜致密且牢固，表面状态及保护效果好，耐蚀性好，兼有除铜作用。缺点是：需严格控温，防止过氧化氢分解。

② 磷化法　可用磷酸三钠 (1%～2%) 或磷酸 (0.15%) 与三聚磷酸钠 (0.2%) 混合液作为钝化剂，用氨水调节钝化液 pH 在 9.5～10.0 之间，其钝化机理是磷酸盐分子能与金属阳极腐蚀下来的铁离子 (Fe^{2+}) 形成难溶的磷酸铁钠盐膜覆盖于金属表面上，阻滞了阳极过程的进行。磷化法钝化反应式如下。

$$3Fe + 2H_2O + O_2 \longrightarrow Fe_3O_4 + 2H_2\uparrow$$

$$3Fe_3O_4 + 2Na_3PO_4 + 3H_2O \longrightarrow Fe_3(PO_4)_2 \cdot 3Fe_2O_3 + 6NaOH$$

优点：方法成熟，废液处理简单。

缺点：对温度有较高的要求，钝化时间也稍长，钝化膜的表面状态及保护效果不如亚硝酸钠法。

③ 还原法　以联氨 (300～500mg/L) 为代表，用氨水调节钝化液 pH 在 9.5～10.0 之间，当金属阳极区遭受氧腐蚀产生 Fe_2O_3 时，联氨可将其还原成 Fe_3O_4 膜，阻滞阳极过程。其反应式如下。

$$6Fe_2O_3 + N_2H_4 \longrightarrow 4Fe_3O_4 + N_2 + 2H_2O$$

其缺点是联氨具有一定的毒性。

近几年不断出现新型还原剂如丙酮肟、二己基羟胺等取代联氨，文献显示，采用新型还原剂进行钝化，抗锈蚀能力并不理想。

④ 吸附法　有报道“十八烷基胺”等有机物可以作钝化剂，其机理是

含有极性氨基化合物，在水中可形成一种带正电荷的阳离子，反应式如下。

$$RNH_2 + H^+ \Longrightarrow RNH_3^+$$

当这种阳离子与金属接触时，就被金属表面带负电荷的部位所吸附，形成单分子的吸附膜。由于金属表面吸附了阳离子后，其结果使带正电荷的离子（氢离子和溶解氧）难以接近，起到了屏蔽隔离作用，控制了阴极过程进行，金属腐蚀速率降低。

另一种理论则认为，有机正烷胺分子中极性基（$—NH_2$）的中心原子含有未共享电子对，它可以与铁的 d 电子空轨道进行络合结合所引起的吸附，即能在金属表面生成一层致密的保护膜。

(2) 钝化剂的影响因素

① 钝化剂浓度的影响　钝化剂的浓度要足量，若浓度不足时，在阳极生成的钝化膜就会不完整，钝化膜就会形成新的阴极（相对较大），而缺陷处会变成新的阳极（相对较小），这样就形成了小阳极对大阴极，在阳极处形成较大的腐蚀电流，造成孔蚀。

② 温度对钝化效果的影响　不同的钝化剂在其特定的温度范围内，可形成致密可靠的保护膜。因此，要根据所选择钝化剂的特点来选择最佳钝化温度。

③ pH 对钝化效果的影响　金属的钝化一般在碱性介质进行，但不是说碱性越强越好。当超过一定值以后，反而会加剧金属腐蚀，因为金属在强碱溶液中形成没有保护性能的亚铁酸盐和铁酸盐，钝化的 pH 范围应选择在 9～12 之间最好。

④ 铁离子对钝化效果的影响　当铁离子浓度较高时，在碱性条件下容易生成氢氧化物沉淀，附着在金属表面，一方面沉淀物没有保护金属不受进一步腐蚀的能力；另一方面影响钝化过程中钝化膜的完整形成。为了保证钝化效果，总铁离子含量应小于 500mg/L，以小于 300mg/L 为宜。

3.4.6　助剂

为充分清洗，同时保护基体，还需加入各种助剂，如助洗剂、助溶剂等。

3.4.6.1　助洗剂

(1) 助洗剂的功能　助洗剂可起到降低水中钙、镁离子的浓度，稳定清洗液的 pH，对污垢起分散作用，同时与表面活性剂产生协同效应。

① 去除 Ca^{2+}、Mg^{2+} 等金属离子　水中所含 Ca^{2+}、Mg^{2+} 等金属离子浓度较高时，会降低清洗剂的去污效果。因为清洗剂中的表面活性成分多数是一价负离子，如 $RCOO^-$、RSO_3^-，而这些负离子往往能与 Ca^{2+}、Mg^{2+} 生成沉淀而失去活性。

若在清洗剂中加入掩蔽剂（偏硅酸钠、Na_2CO_3、磷酸钠、三聚磷酸钠等)，可以大大降低其自由 Ca^{2+}、Mg^{2+} 的浓度，使表面活性剂发挥最佳的去污效果。

② 稳定 pH　化学清洗时，保持洗液的 pH 相对稳定非常关键，助剂在水溶液中具有碱性缓冲能力，保持溶液的 pH 相对稳定，另外碱性助剂可以使油污中的脂肪酸皂化。pH 对助剂的螯合能力也有很大影响。各种助剂在不同 pH 下对 Ca^{2+} 的螯合值如表 1-2 所示。

表 1-2　各种助剂在不同 pH 下 Ca^{2+} 的螯合值　单位：mg/g

螯合剂	pH				
	8	9	10	11	12
焦磷酸四钠	2.4	2.4	3.7	4.0	3.6
STPP	3.9	7.1	7.5	7.4	7.0
NTA	3.0	5.0	11.5	13.7	13.3
EDTA		10.5	10.5	10.5	10.5

另外，pH 偏高时有利于使清洗后污垢胶体表面带负电荷，可防止污垢的絮凝，使再沉积的倾向减小。一些助剂对盐酸酸性的缓冲能力如表 1-3 所示。

表 1-3　一些助剂的 pH 缓冲能力（助剂含量为 0.4%，HCl 浓度为 0.5mol/L）

助剂 \ HCl 加入量/mL	0	5	10	15	20	25
	反应后溶液 pH					
NaOH	12.7	12.6	12.5	12.5	12.4	12.3
偏硅酸钠	12.3	12.2	12.2	11.7	11.0	10.4
Na_3PO_4	11.9	11.5	10.4	7.1	6.3	3.0
Na_2CO_3	11.0	10.6	10.9	9.3	7.0	6.4
硼砂	9.2	9.0	8.6	8.2	6.6	2.2
水玻璃(Si∶Na＝1∶3)	10.2	9.3	8.6	2.6		

从表 1-3 可以看出，助剂含量为 0.4%时，NaOH、偏硅酸钠对 HCl 有足够的抵御能力，Na_3PO_4、Na_2CO_3 与 HCl 反应分别生成 Na_2HPO_4、$NaHCO_3$，构成了酸碱缓冲对 Na_2HPO_4-Na_3PO_4、$NaHCO_3$-Na_2CO_3，在一定的范围内起到了稳定溶液 pH 的作用，而硼砂和水玻璃（Si∶Na＝1∶3）对低浓度 HCl 具有一定的缓冲能力，但 HCl 浓度偏高时，其缓冲作用相对较小，甚至失去缓冲作用。

③ 对污垢的分散作用 助洗剂还具有分散污垢的作用，从而大大减少了污垢在基质表面的再次沉积。

在常用助剂中，STPP（三聚磷酸钠）对污垢的分散能力最好。STPP对极性污垢（如高岭22）的分散能力明显优于其他助剂。另外，STPP对氧化铁粉末也有很好的分散效果，但对于非极性固体污垢（如石墨）的分散效果不明显。

④ 助剂与表面活性剂的协同效应 若助剂与表面活性剂复配得当，可使表面活性剂的去污力明显增加，这种现象称为协同效应。

研究表明，STPP与表面活性剂的协同效应明显优于柠檬酸钠。因此，它是更为有效的助剂。另外，STPP对极性的油垢有明显的降低“油/水”界面张力的功能，即具有胶溶性能，使油污更易分散于水中。

(2) 几种清洗助剂 清洗助剂可分为有机助剂和无机助剂。常用的助剂有以下几种。

① 磷酸盐 清洗助剂中常用的磷酸盐有正磷酸盐、二聚磷酸盐（焦磷酸盐）、三聚磷酸盐和六偏磷酸盐等，而且多以钠盐形式作为助洗剂。

正磷酸是磷酸中最重要的一种，它可以形成三种类型的盐，即磷酸盐（正盐）M_3PO_4，如Na_3PO_4；磷酸氢盐M_2HPO_4，如Na_2HPO_4；磷酸二氢盐MH_2PO_4，如NaH_2PO_4。大多数磷酸二氢盐都易溶于水，而磷酸氢盐和正盐，除Na^+、K^+、NH_4^+的盐外，一般都不溶于水。

用作清洗助剂的磷酸盐主要是三聚磷酸钠（STPP，$Na_5P_3O_{10}$）和焦磷酸钠（$Na_4P_2O_7$），由于其多电荷胶体结构，被称为“无机活化物”，其中以三聚磷酸盐用得最多。

在清洗液中，当三聚磷酸盐含量太少时，硬水中会发生浑浊现象，这是生成二钙络合物不溶的缘故。当三聚磷酸盐过量时，二钙络合物可转化为一钙络合物而溶解。三聚磷酸钠对污垢具有良好的分散作用，同时对钢还有缓蚀作用。总的来说，三聚磷酸钠是目前综合性能最好的助洗剂。

但是，值得注意的是，三聚磷酸钠或其他磷酸盐排放后将导致天然水体富营养化，造成严重的水质污染（过肥）。近年来世界各国相继提出限磷和禁磷的措施。三聚磷酸盐的代用品有NTA（参见⑤NTA）、柠檬酸钠等、4A沸石（$Na_{12}Al_{12}Si_{12}O_{48}\cdot27H_2O$，一种无毒、无臭、无味且流动性较好的白色粉末，具有较强的钙离子交换能力，对环境无污染）。

② 硅酸钠（Na_2SiO_3） 硅酸钠的浓水溶液通常称为水玻璃，它是没有固定组成的碱性硅酸盐。清洗剂中的硅酸钠是一种重要的助洗剂，它与其他助洗剂配合使用可起到协同效果，而且它在清洗剂中可以维持溶液一定的碱性，分散、悬浮污垢微粒，抑制金属腐蚀等。

③ 碳酸钠（Na_2CO_3，纯碱） 碳酸钠在水溶液中呈碱性，能使脂肪污

垢皂化，提高表面活性剂对油性污垢的清洗能力，且对泡沫的生成有促进作用，同时可以与 Ca^{2+} 生成 $CaCO_3$ 沉淀，有效地降低溶液中 Ca^{2+} 浓度，降低水的硬度。

④ 乙二胺四乙酸（EDTA） EDTA 是一种很强的有机络合剂，可与水中的钙、镁离子发生络合反应，从而大大降低水的硬度。有 EDTA 存在时，清洗剂的去污作用虽然略有提高，但远不如添加复合磷酸盐。它主要用于无磷或少磷洗涤剂中。EDTA 也可以作酸洗助剂。

⑤ 次氮基三乙酸（NTA） 化学式为 $N(CH_2COOH)_3$，白色结晶粉末，不溶于水，溶于碱性溶液，具有非常强的络合能力，对钙、镁离子的络合能力强于 STPP，但在 20 世纪 60 年代末发现它会造成胎儿畸变，后来又发现浓度高的 NTA 会致癌。尽管实际使用的清洗剂中 NTA 含量不致发生这种危险，但人们对它的担心却始终存在。1984 年美国纽约颁布了禁用 NTA 的法令。

3.4.6.2 其他助剂

(1) 金属离子络合剂 借助于和污垢中的金属离子发生络合反应，使污垢转变为易溶于清洗剂的试剂，也可以与水中的金属离子发生络合反应，降低水的硬度，提高活性成分的去污能力。例如 EDTA 等一些有机络合剂可与水中的钙、镁离子发生络合反应，从而大大降低水的硬度。络合剂常用在锈垢及无机盐垢的清洗剂中，用于掩蔽溶液中的金属离子。

(2) 吸附剂 通过对污垢的物理吸附或化学吸附而清除污垢的物质为清洗用的吸附剂。

(3) 杀菌灭藻与污泥剥离剂 可以杀灭基体表面的菌藻、剥离微生物污泥的化学药剂。它可分为无机类与有机类，无机类的通常是强氧化剂。

(4) 酶制剂 酶制剂是具有催化能力的蛋白质。在污垢的清洗中，它可以和有机污垢发生相应的生物化学反应，促进污垢的分解与脱落。例如把蛋白酶、脂肪酶、淀粉酶、纤维素酶等加入清洗液中，可加快相应污垢的清除。

3.5 化学清洗剂的产品

3.5.1 工业用化学清洗剂

工业用化学清洗的产品有系列金属清洗剂、有色金属专用清洗剂、特种金属除垢清洗剂、不锈钢设备除垢剂、汽车-飞机表面清洗剂、交通设施清洗剂、发动机清洗剂、水箱清洗剂、积炭清洗剂、大型设备清洗剂、供排水系统专用清洗剂、系列重油污清洗剂、锅炉除垢剂、施工机具清洗除污剂、空调系统清洗剂、系列外墙除污清洗剂、大理石清洗剂、玻璃清洗剂、精密仪器-设备清洗剂、电子-通信产品清洗剂、光学镜片清洗剂、太阳能热水系统除垢剂、供暖系统清洗剂、硬表面清洗剂、抽油烟机清洗剂等。

3.5.2 工业用化学清洗剂使用技术要求

清洗污垢的速度快，除垢彻底；对清洗对象的损伤小，不影响基体的使用功能；清洗条件温和，对温度、压力、机械等不需要苛刻的要求；清洗剂便宜、易得，对环境友好，符合国家、地方或行业的法规和标准。

4 工业清洗剂在行业的应用

4.1 电力业

电厂排灰管道、输灰管道清洗，电厂凝汽器清洗，电厂锅炉清洗，冷油器清洗，回水管道清洗，蒸汽管网，冷却塔黏泥清洗，结晶器（电缆厂）清洗，除尘器水系统清洗，变压器水冷系清洗，制冷机组清洗，换热器清洗，油路控制系统、除氧器清洗，汽轮机清洗，空气预热器清洗。

4.2 石化业

冷却水系统水垢清洗、换热器清洗、锅炉清洗、储罐清洗、输油管线清洗、蒸汽管线清洗、黏泥剥离清洗、常压系统清洗、空气压缩机清洗、储油罐清洗、柴油储罐清洗、重油储罐清洗 、储水罐清洗、物料储罐清洗、气体储罐（球罐）清洗。

4.3 制药业

凝汽器清洗、管道清洗、反应釜水夹套清洗、混合器清洗、换热器清洗、冷凝器清洗、反应器清洗、过滤器清洗、蒸发器清洗、压缩机清洗、储罐清洗、锅炉清洗、蒸馏器清洗、中央空调清洗、风管清洗、风机管道清洗。

4.4 纺织化纤业

化纤企业循环冷却水系统结垢清洗、锅炉清洗、制冷机冷凝器清洗、中央空调清洗、铝翅片清洗、冷却管线清洗、离子交换器清洗、印染机清洗、滚筒清洗、染缸清洗、上下水管线清洗、浆池清洗、燃气管线清洗、燃气柜清洗、冷却器清洗、蒸发器清洗、加湿器喷头清洗、加湿水系统清洗。

4.5 造纸印刷业

造纸厂黑液蒸发器清洗、黑液垢清洗、锅炉清洗、纸浆输送管道清洗、输水管道清洗、排污管道清洗、加热器清洗、印刷机冷却系统清洗、空调系统清洗、蒸煮器清洗、纸浆杀菌防腐。

4.6 水泥建材业

水泥厂循环冷却水系统结垢清洗，换热器清洗，冷凝器清洗，格栅、地板、输送线、料箱、冷却槽清洗，预热器清洗，旋转炉清洗，容器清洗，锅炉清洗，挤压机清洗，冷却器清洗。

4.7 冶金业

采矿厂：空压机清洗、柴油机冷却系统清洗。选矿厂：过滤机清洗、管道清洗。制氧厂：循环水管道清洗、冷却器清洗、冷却塔清洗、储罐清洗、空气压缩机清洗。烧结厂：水冷系统清洗、空气压缩机清洗、氮压机清洗、氧压机清洗、氧气管线清洗、氮气管线清洗。轧钢厂：热交换器清洗、水冷却系统水垢清洗、油系统清洗。炼铁厂：炼铁炉清洗、水冷却系统水垢清洗。炼钢厂：水冷却系统水垢清洗、油系统清洗。焦化厂：换热器清洗、煤气管线清洗、工艺管线清洗、初冷器清洗。铁合金厂：水冷系统水垢清洗、冶炼炉清洗。有色冶金：锅炉清洗、电炉清洗、闪速熔炼炉清洗、贫化炉及转炉冷却水系统清洗、空分装置清洗、中频炉清洗、高频炉清洗、烧结炉清洗。

4.8 食品业

发酵罐清洗、发酵罐换热蛇形管水垢清洗、洗瓶机清洗、冷热水系统清洗、锅炉清洗、生产线清洗、冷凝器清洗、储罐清洗、冷却器清洗、结晶器清洗、凉水塔清洗、蒸发罐清洗、冷库水系统水垢清洗。

4.9 机械业

锅炉清洗、中央空调清洗、空气冷却器清洗、空气压缩机清洗、水压机冷却系统清洗、挤压机清洗、模具冷却系统清洗、表冷器清洗。

4.10 餐饮业

蒸汽蒸锅清洗、开水器水垢清洗、水浴炉清洗、茶水炉水垢清洗、制冰机水垢清洗、各种水系统水垢清洗、生物黏泥剥离清洗、热交换器清洗。

4.11 运输业

船舶：锅炉清洗、油路管线清洗、海水淡化系统清洗、油舱清洗、闪蒸器清洗、储水箱清洗、空冷器清洗、淡水冷却器清洗、海水冷却器清洗。

车辆：内燃机积炭清洗、冷却水系统清洗、车辆外表清洗、汽车水箱清洗、汽缸水套清洗、喷油嘴清洗、润滑系统清洗、开水器水垢清洗、茶炉水垢清洗、机车散热器清洗。

4.12 煤炭业

管道：送热水管（下）、地下水管清洗，井下液压系统清洗；机械加工厂：铁轨、装煤车（除锈、防腐）清洗；动力厂：锅炉清洗、空气预热器清洗；空压站：空压机清洗、换热器清洗。

4.13 石油开采业

锅炉清洗，换热器清洗，输油管线清洗，套管、导管、注水管线清洗，抽油泵清洗，柴油机冷却系统水垢清洗，加热管道清洗。

4.14 核工业

放射性污染的设施、设备清洗，空调系统清洗。

4.15 烟草业

干燥器清洗、锅炉清洗、换热器清洗、蒸汽管线清洗、上水管道清洗、排污管道清洗、空调水系统除水垢清洗、加湿水系统清洗、空压机清洗。

4.16 公用事业

管线：自来水管线、煤气管线、污水管线清洗，暖气管网清洗，暖气片清洗除垢，采暖系统清洗，采暖系统换热器清洗，空调系统清洗；锅炉：蒸汽锅炉清洗，热水锅炉清洗，茶水炉清洗；热水器：太阳能热水器清洗，燃气热水器清洗，电热水器清洗，热交换器清洗。

4.17 航空航海

飞机清洗、机场跑道清洗、轮船清洗、船坞清洗、候机楼中央空调清洗、通风管道清洗、风机盘管清洗。

4.18 制冷空调行业

冷水机组清洗除垢，中央空调清洗，冷冻水、冷却水系统水垢清洗，冷凝器清洗，冷却塔杀菌黏泥剥离清洗，风机盘管清洗，风管清洗，冷库制冰机组清洗。

5 化学清洗剂的现状与展望

5.1 化学清洗剂的发展

化学清洗技术依赖于清洗剂的进步，清洗剂的进步经历了简单型、组合型、专用方便型三个发展阶段。

第一阶段所用的清洗剂主要是盐酸、硝酸、硫酸、氢氟酸、氢氧化钠等腐蚀性很强的强酸或强碱。当时，酸洗缓蚀剂品种少、性能差，缓蚀剂仅适用于某一种酸和对某种金属材料的腐蚀控制，对多种金属材料及其组合件的缓蚀性能较差，限制了化学清洗的推广。清洗对象主要是石油、化工、电力、供热等与传热有关的单元设备。除油剂主要以溶剂型和乳液型为主，易燃、易爆、有毒，其废液严重污染环境。这个阶段综合技术水平低，容易因操作失误而引发酸洗腐蚀致漏事故、有机溶剂中毒事故和火灾事故。

第二阶段主要是组合型清洗剂。以曾获国家发明奖，并被国家科委列为全国重点科技成果的 Lan-826 多用酸洗缓蚀剂的出现为标志，这种缓蚀剂可与各种无机酸、有机酸，氧化性酸、非氧化性酸复配，具有广谱缓蚀性能，且用量小、效率高、低毒、对金属腐蚀小。这一阶段，各种功能型清洗助剂如渗透剂、剥离剂、促进剂、催化剂、三价铁离子还原剂和铜离子去除抑制剂等也逐步进入清洗剂配方，使清洗剂的功能更强、协同性能更好、除垢性能和缓蚀效果更佳，但需要操作者具有一定的专业知识。

第三阶段的标志是清洗对象的多样化，而且出现了专用方便型清洗剂，如皮革清洗剂、汽车专用清洗剂、洗衣机专用清洗剂、通信设备专用清洗剂、玻璃和镜片专用清洗剂、家电专用清洗剂、抽油烟机专用清洗剂、外墙专用清洗剂、重油垢专用清洗剂等。同时出现特殊污垢专用清洗剂和低剂量不停车清洗剂。随着清洗主剂、缓蚀剂和清洗助剂的日益完善，各种更安全、使用方法更简单的专用型清洗剂大量涌现，使清洗剂更加专业化、精细化、高效化、安全化、系列化，形成了各种专用型清洗剂模块。

5.2 与化学清洗剂相关的国际公约

众所周知，臭氧层的破坏，是当今人类社会面临的最为严重的环境问题之一。为保护臭氧层，国际社会于 1985 年 4 月在奥地利首都维也纳通过了《保护臭氧层维也纳公约》。该公约认为：臭氧层的变化，可使达到地面的具有生物学作用的太阳紫外线辐射量发生变化，并可能影响人类健康、生物和生态系统以及对人类有用的物质。各缔约国应采取适当措施，以保护人类健康和环境，使免受足以改变或可能改变臭氧层的人类活动所造成的或可能造成的不利影响。

于 1987 年 9 月 16 日在加拿大签署的《蒙特利尔协定书》，目的是实施《保护臭氧层维也纳公约》，对消耗臭氧层的物质进行具体控制。协定的宗旨是：采取控制消耗臭氧层物质全球排放总量的预防措施，以保护臭氧层不被破坏，并根据科学技术的发展，顾及经济和技术的可行性，最终彻底消除消耗臭氧层物质的排放。

按照议定书的规定，各缔约国必须分阶段减少氯氟烃，尤其是 ODS (Ozone Depleting Substances，消耗臭氧层物质) 的生产和消费。ODS 在清洗行业中是指 CFC (三氯一氟甲烷、二氯二氟甲烷、三氯三氟乙烷)、TCA (三氯乙酸)、CTC (四氯化碳) 三种清洗试剂。三氯一氟甲烷的 ODP 值 (Ozone Depression Potential，消耗臭氧潜能值) 为 1。ODP 值越小，对环境的影响越小。

我国于 1989 年 12 月加入了维也纳公约，1991 年 6 月签署了《蒙特利尔议定书》。按照中国清洗行业整体淘汰 ODS 计划，我国已经分别于 2003 年 12 月、2005 年 12 月、2009 年 12 月终止了 CTC、CFC、TCA 在清洗剂中的使用。

我国政府全面实施“中国清洗行业 ODS 整体淘汰计划”，带动了 ODS 替代产品的研发和使用，推动了清洗行业的发展和整体技术水平的提高。目前清洗服务的范围已由单一的锅炉清洗进入到各行各业。但是，清洗行业仍存在很多问题亟待解决。

5.3 化学清洗的现状与发展趋势

5.3.1 化学清洗剂的种类

清洗剂的研究一直是清洗行业薄弱的环节。过去常用于精密仪器清洗的 ODS 清洗剂已被淘汰，清洗剂配方不断向绿色、环保型方向发展。目前的清洗剂按溶剂不同可以分为三类：水基清洗剂、半水基清洗剂、溶剂清洗剂。

(1) 水基清洗剂　水基清洗剂是以水为分散剂，再配以表面活性剂、助洗剂、缓蚀剂等，是清洗行业中应用较广的一类清洗剂。在本书中介绍了大量水基专用化学清洗剂。

(2) 半水基清洗剂　半水基清洗剂分类如下所示。

半水基清洗剂
- 易燃溶剂型
  - 水溶性溶剂型
  - 水不溶性溶剂型
- 不燃溶剂型

① 易燃溶剂型　易燃溶剂型又可分为水溶性有机溶剂型和水不溶性有机溶剂型。

a. 水溶性有机溶剂型　此类清洗剂的溶剂主要是醇类、醚类、酮类，常用的醇类溶剂有乙醇、异丙醇、乙二醇等，醚类溶剂有乙二醇单乙基醚、乙二醇单丁基醚等乙二醇醚，酮类溶剂是丙酮和*N*-甲基吡咯烷酮。这些水溶性有机溶剂对油性污垢和水溶性污垢都有很好的溶解去除效果，是优良的溶剂清洗剂，但都存在易燃的缺点，如果在它们中加入少量的水可使它们的可燃性降低，使用时的安全性更好。由于它们都具有水溶性，所以可方便地直接加水配成半水基清洗剂，为改善使用效果，有时也加入少量添加剂。

b. 不溶于水的可燃性有机溶剂型　此类清洗剂的溶剂包括烃类溶剂和硅酮（聚二甲基硅氧烷）溶剂，其中烃类溶剂包括石油类烃类溶剂和萜烯类烃类溶剂，这些溶剂是ODS替代溶剂中的重要品种，在精密清洗中有着广泛的应用，但它们的共同缺点都是易燃易爆。当加入水形成半水基清洗剂后，它们的闪点大大提高，可转变为安全性好、不受消防法规限制的溶剂。在用它们配制半水基清洗剂时，由于烃类溶剂与水之间的表面张力差别太大，所以一定要加入表面活性剂，来降低油-水界面张力，提高其相溶性。通常使用的是亲油性强、HLB值低的非离子表面活性剂。

② 不燃型有机溶剂　其溶剂不燃，例如含有氟、氯、溴等元素的卤代烃类ODS替代溶剂也可以配成半水基形式，因为它们不溶于水。在配制时为增加它们与水的相溶性，也要加入表面活性剂，或加入醇类、醚类、酮类等可溶于水的有机助溶剂。目前这种类型的半水基清洗剂的品种和数量都较少。

(3) 有机溶剂型清洗剂　有机溶剂型清洗剂简称溶剂清洗剂，其分散剂为有机溶剂。其特点是清洗性能好，对润滑油、润滑脂、防锈油等具有极强的溶解力，并可以洗掉工件上的各类粉尘和金属屑。还可以清洗电子线路板上的焊渣、焊药以及机加工件上的乳化切削液。对被清洗材料安全，不会产生腐蚀和锈蚀。可用于清洗电机部件、打印机部件、光缆部件、硬盘部件、芯片框架、照相机部件、光驱部件、录像机部件、发光二极管、喷墨喷头、软驱磁头、发动机零件、煤油炉喷头、压缩机部件、复印机部件、空调零件、电容器压电陶瓷、仪表部件、微型开关、电脑冲压件、滤波器、镜头、太阳能电池、石英振子、钟表零件、印刷线路板、移动电话配件、精加工零部件、电子零部件、精密轴承等。

溶剂型清洗剂多被用于清洗精密部件，所以对其具有特殊要求。

① 控制酸度和水分，防止工件锈蚀和失去光泽　酸度的检测是按GB 4120.3的规定，等效于国际标准ISO 1393。微量水分测定按GB/T 6283—2008的规定，控制在0.01%以内。

② 减少不挥发残留物　由于清洗的工件多在清洗液中浸泡清洗，之后自然干燥，清洗液中的不挥发物就可能直接黏附在工件上。若是电子元器件，就会影响其电性能，特别是印刷电路板（PCB）之类微电路器件，附在板上的离子数是以μg NaCl/cm^{2}计，要求越低越好，一般出厂时控制在0.001%以下。这是根据国内外生产单一溶剂型清洗剂的企业标准。其检测方法按GB/T 6324.2—2004的规定进行，类似于ISO 759—81的方法。一

种简易的检测方法是，在玻璃镜片上滴数滴清洗剂，让其自然挥发，观看镜片上的残留痕迹，就能大致判断出清洗剂的不挥发物的多少，当然这只是定性的检测。

③ 降低毒性 它虽然对清洗的工件没有直接的影响，但对人类和环境有重大的影响。严格讲，任何有机溶剂都是有毒的，只是毒性有大小之别。可以选择毒性相对较小的溶剂。毒理实验按 GBZ 230—2010 的规定进行。

④ 其他技术指标 如绝缘性、对材质的溶胀性、可燃性、挥发性、KB 值（贝松脂丁醇值，也叫考里丁醇值，用来度量有机溶剂溶解非极性污染物的相对能力，值越大，溶解能力越强）等技术指标，都因清洗的对象不同而有所不同。

5.3.2 化学清洗技术现状

化学清洗技术已从石油、化工、能源、扩展到冶金、建筑、机械电子、通信、交通、纺织印刷、轻工业、核工业等各行各业之中，从企业到家庭、从成套设备到电子零部件都需要清洗服务，只是不同的行业对清洗的重视程度不同，清洗的目的不同，对清洗业的依赖程度不同。清洗已从重点工业城市向中小型城市扩散渗透，已形成广阔的市场。既有简单的单元设备除尘、除垢、除锈，也有大型成套设备的系统清洗和表面防腐保护，甚至核工业的除垢去污，精密电子仪器和电子线路的不停电除尘、去污等，清洗行业已无处不在。目前，国内物理清洗技术应用范围还相对较窄，主要以化学清洗的方法为主。

2014 年 11 月 12 至 14 日，在广州由中国工业清洗协会、全国清洗行业信息中心、《清洗世界》杂志社共同主办，国务院国资委、民政部民间管理中心、中国石油和化学工业联合会等单位的大力支持下，工业清洗行业召开了最隆重盛会，开启了中国工业清洗行业走向未来的新征途。

为贯彻落实《工业清洁生产推行“十二五”规划》，加快重点行业先进清洁生产技术的应用和推广，提高行业清洁生产水平，中国工业清洗协会又组织编制了荧光灯、水泥、电镀、电石、ADC 发泡剂、化学原料药（抗生素维生素）6 个行业的清洁生产技术推行方案。

自从我国第一家专业化的清洗公司——蓝星清洗公司于 1984 年 9 月成立，开始改变了我国大型成套引进装置开车前清洗全部由外国清洗公司承担的历史，并逐步使外国清洗公司退出了我国工业清洗市场。公司业务还进入了美、日等国的清洗市场，成功清洗了数十万吨大型装置和设备，技术达到国际先进水平，使我国清洗行业日益走向成熟。

以蓝星公司为依托的“中国工业清洗协会”，其会员单位有 500 余家，遍布全国各地，形成了现代化的化学清洗网络。

国内化学清洗技术逐步向精细化、功能化、集成化方向发展，形成了很多功能性强的傻瓜型专用清洗剂产品，清洗水平部分国际领先。但是，我国市场上清洗剂生产企业仍存在缺少科学的检测仪器、清洗剂安全说明书提供不够详细等问题；清洗剂市场缺乏统一的管理规范和技术标准、操作技术水平相对落后、从业人员素质偏低，总体的清洗水平落后于发达国家，不能满足国内市场的需求。

5.3.3 化学清洗剂的发展趋势及展望

(1) 溶剂工业清洗剂方面

① 使用高闪点安全性工业清洗剂全面替代或减少煤油、汽油等易燃易爆溶剂的使用，并减少油性溶剂排放，提高清洗工作环境的安全性。

② 使用环保碳氢清洗剂等环保清洗剂全面替代卤代烃（三氯乙烷、氟利昂）的使用，大量减少对臭氧层破坏。

③ 使用三氯乙烯替代品和白电油替代品等低毒性工业清洗剂改善工作环境，避免三氯乙烯中毒和正己烷中毒等累积性中毒。

(2) 水基工业清洗剂方面

降低水基清洗剂清洗过程的温度和浓度（或换液频率），增强和提高水基清洗剂清洗能力，控制水基清洗剂的 pH 在中性范围内，减少对环境的破坏，实现节能减排，甚至省略废水处理设备。

总之，随着全社会对安全、环保和效率等因素的要求程度的进一步提高，对安全、环保、高效、便捷等先进的清洗方式和多功能、高效、低毒和易生物降解的工业清洗剂产品的需求必将大大增强。

① 化学清洗剂的发展趋势　为加强竞争力，我国还需加大清洗剂的研发力度，加大科技投入，充分利用网络信息资源，研究和开发系列化、功能化、个性化、集成化的绿色环保型清洗剂产品。未来工业清洗剂将向着环保、安全，最好 GWP（Global Warming Potential，全球变暖潜能值）、ODP 值为零；无毒，不影响工人健康，化学稳定性和热稳定性好，与清洗对象相容性好；表面张力低，黏度低，清洗力强，后续处理简单，费用低的方向发展。

随着精细有机合成技术、生物技术和检测技术等相关技术的进步，化学清洗剂将向分子设计方向发展，将合成具有生物降解能力和酶催化作用的绿色环保型化学清洗剂。弱酸性或中性的有机化合物将取代强酸、强碱；直链型有机化合物和植物提取物将取代芳香基化合物；无磷、无氟清洗剂将取代含磷含氟清洗剂；水基清洗剂将取代溶剂型和乳液型清洗剂；可生物降解的环保型清洗剂将取代难分解的污染型清洗剂；各类系列傻瓜型清洗剂功能性强、操作简便、温和、可降解、可再生或循环使用的清洗剂将不断问世。在清洗助剂方面将更加注重催化剂、促进剂、剥离剂的作用，并使其无毒化、低剂量化；还将开发特种条件下专用的高效、绿色、环保型缓蚀剂。在线化学清洗技术也将逐步扩大其应用范围。

目前一种“全合成、全兼容”的技术理念，解决了国际上一种清洗剂无法同时清洗各种常规金属材质的问题，其内含湿润剂和穿透剂可以有效地清除用水设备中所产生的水垢、氧化钙、淤泥和锈等沉淀物。此清洗技术不但能清洗碳钢、不锈钢、铜材等多种材质，而且能清洗铝质设备。

② 化学清洗剂的展望　为了进一步有效地开展清洗工作，必须开发清洗软件，在由专家系统决策清洗方案的基础上，逐步建立数学模型，设计各种程序系统软件，由计算机参与决定选取最优清洗方案、清洗剂配方和废液排放处理方法。由专家组和计算机共同对化学清洗剂和清洗工艺进行评估，使其逐步达到零污染（或少污染）、零排放（或少排放）。化学工业清洗行业必将逐步品牌化、专业化、规范化、现代化，成为真正的绿色朝阳产业。

B 石油炼油工业清洗剂

油田化学清洗剂系指解决油田钻井、完井、采油、炼油等行业中的管线、储罐、设备、容器、机具、滤料、作业洗井及各种井下作业工具的清洗等过程中使用的化学药剂。随着石油工业的发展，科学技术的进步，油田化学清洗剂用量越来越大，世界油田化学清洗剂的用量从 2003～2013 年十年间增长约 58%。

自 20 世纪 90 年代以来，我国对油田化学清洗剂的研究开发已取得长足的进步，现有品种约 100 多个，年消费量超过 10000t。钻井、完井、炼油等行业中的管线、储罐、设备、容器油田化学清洗剂占油田化学清洗剂总量的 45%～50%。采油用机具、滤料、作业洗井及各种井下作业工具的清洗剂占总量的 1/3。

目前我国老油田储油量占全国总量的 90%，随着油田勘探向新领域、深层次发展，急需使用管线、储罐、设备、容器、机具、新产品、新技术，并采用各种综合性措施。

根据上述任务，我国油田化学清洗剂应该发展的类别如下。

石油胶体清洗剂、炼油油污清洗剂、油田用滤料清洗剂、炼油型环保清洗剂、油田多用途清洗剂、原油用油污清洗剂、油田油垢清洗处理剂、特效硬表面油垢清洗剂、油田矿井液压系统清洗液、重油垢用途水基微乳清洗剂。

Ba 钻井平台清洗用化学品

油田清洗剂，钻井平台清洗剂，炼油设备清洗剂，主要用于海上钻井平台、油田、炼油等行业中的原油管线、储罐、设备、容器、机具、滤料、作业洗井及各种井下作业工具的清洗，以及在油水井解堵、防砂、增注作业中，清洗地层而研制开发的新型水基清洗剂。

本节围绕钻井平台清洗用化学品，介绍原油清洗剂、重油清洗剂、油污清洗剂、高效原油清洗剂、石油清洗剂、生物降解石油清洗剂及钻井液化学品（清洗）、采油用其他化学品（清洗）。详细内容如下。

Ba001 SP-105 原油清洗剂

【英文名】 SP-105 cleaning agent for crude oil

【别名】 钻井平台清洗剂

【组成】 由烷基苯磺酸钠、OP-10、NaOH、Na_2CO_3、Na_2SiO_3、碱性螯合剂、EDTA或柠檬酸、缓蚀剂、氧化剂之类特殊溶剂等组成。

【性能指标】 外观：水基液体，久置后有沉淀，摇匀后不影响使用；颜色：浅蓝色气味：无刺激性气味；稳定性：良好燃爆性：不燃爆；挥发性：不挥发；pH：9.0（1%，20℃）。

【应用特点】 ①清除原油、重油垢能力强，对设备上的油污清洗彻底、干净，不留残迹。清洗效率是煤油 4～5 倍。②应用范围无限制，产品无毒，不可燃，使用时无需考虑现场的工况条件。③使用成本低，成本仅是煤油清洗成本的1/10。④使用安全，本产品无味、无毒、不可燃、不腐蚀被清洗物，不损伤皮肤，对各种表面均安全无伤害。⑤清洗后对金属表面具有短期防锈作用。⑥使用简单，加水稀释后，既可在常温下直接使用，也可加热使用（60℃效果最佳）。⑦满足各类清洗要求：如循环清洗、浸泡清洗、擦洗、喷淋清洗、超声波清洗等要求。⑧表面活性剂可生化降解，对环境无污染。

【主要用途】 ①用于清洗钻井平台上的原油油垢，原油管线、储罐、设备、容器、机具、滤料。作业洗井及各种井下作业工具的清洗，它可以快速安全地溶解原油油垢，将原油油垢溶解为溶于水的液体。②用于机械设备表面的顽固原油油污的清洗。③用于清洗多种金属、非金属，地坪等表面原油油污。④用于清洗各类被原油污染的设备、土壤、建筑。⑤用于清洗焦化厂各类煤焦油管道和间冷器、油气分离器、螺旋板换热器。⑥用于替代各类碳氢清洗剂（易燃、易爆、易挥发）清洗各类重油污。⑦用于电镀行业的脱脂清洗和表面清洗。⑧用于汽车行业车体的脱脂清洗。⑨用于对各种不同类型的油垢油焦（如原油、润滑油、防锈油、煤焦油等油垢）的清洗。

【制法】 原油清洗剂是一种浓缩型的清洗剂，所以在使用时必须与水进行配比使用，最高兑水比例高达1∶10。

【安全性】 原油清洗剂没有汽油的异味与安全隐患。对各类常见碳钢、不锈钢、紫铜、铁等金属没有任何腐蚀和伤害，直接与皮肤接触，也不会对皮肤有任何的刺激和伤害。

【包装规格】 200kg/桶，25kg/桶。

【生产单位】 北京蓝星清洗有限公司，淄博尚普环保科技有限公司。

Ba002 SP-106重油清洗剂

【英文名】 SP-106 cleaning agent for heavy oil

【别名】 油污清洗剂；多种金属清洗剂

【组成】 由烷基苯磺酸钠、OP-10、NaOH、Na_2CO_3、Na_2SiO_3、清洗剂、氧化剂等组成。

【性能指标】 外观：水基液体；颜色：浅蓝色；气味：无刺激性气味；稳定性：良好；燃爆性：不燃爆；挥发性：不挥发；pH：9.0（1%，20℃）。

【应用特点】

① 清除重油油污油垢能力强，对设备上的油污清洗彻底，不留残迹。清洗效率是煤油4～5倍。

② 应用范围无限制，产品无毒，不可燃，使用时无需考虑现场的工况条件。

③ 使用成本低，仅为煤油清洗成本的1/10。

④ 使用安全，本产品无毒不燃、不腐蚀被清洗物，不损伤皮肤，对各种表面均安全无伤害。

⑤ 清洗后对金属表面具有短期防锈作用。

⑥ 使用简单，加水稀释后，既可在常温下直接使用，也可加热使用（60℃效果最佳）。

⑦ 满足各类清洗要求：如循环清洗、浸泡清洗、擦洗、喷淋清洗、超声波清洗等要求。

⑧ 表面活性剂可生化降解，对环境无污染。

【用途】

① 用于清洗钻井平台上的重油油垢，重油管线、储罐、设备、容器、机具、滤料，作业洗井及各种井下作业工具的清洗。

② 用于机械设备表面的顽固重油油污油垢的清洗。

③ 用于清洗多种金属、非金属，地坪等表面重油油污油垢。

④ 用于清洗各类被重油污染的设备、土壤、建筑。

⑤ 用于清洗焦化厂各类煤焦油管道和间冷器、油气分离器、螺旋板换热器。

⑥ 用于替代各类碳氢清洗剂（易燃、易爆、易挥发）清洗各类重油污。

⑦ 用于电镀行业的脱脂清洗和表面清洗。

⑧ 用于汽车行业车体的脱脂清洗。

⑨ 用于对各种不同类型的油垢油焦（如：原油、润滑油、防锈油、煤焦油等油垢）的清洗。

【制法】 SP-106重油清洗剂是一种浓缩型的清洗剂，在水中有极好的溶解性，所以在使用时必须与水进行配比使用，最高兑水比例高达1∶10。

【安全性】 可以快速安全地溶解重油及油污油垢，将其溶解为溶于水的液体。SP-106重油清洗剂不燃、不爆，无毒、无害、无腐蚀（对各类常见碳钢、不锈钢、紫铜、铁等金属没有任何腐蚀和伤害，直接与皮肤接触，也不会对皮肤有任何的刺激和伤害），使用范围和条件没有任何限制，使用后可以直接排放。

【包装规格】200kg/桶，25kg/桶。

【生产单位】北京蓝星清洗有限公司，淄博尚普环保科技有限公司。

Ba003 KD-L311 油污清洗剂

【英文名】KD-L311 oil cleaning agent

【别名】水基环保清洗剂

【组成】由烷基苯磺酸钠、OP-10、NaOH、Na_2CO_3、Na_2SiO_3 等复配而成。

【性能指标】外观：淡黄色液体；pH：7.0～8.0（5%水溶液）；使用温度：常温～80℃。

【应用特点】KD-L311 油污清洗剂可代替汽油、煤油、柴油、三氯乙烯、三氯乙烷等溶剂清洗剂，金属零部件在加工、储存、运输等过程中很容易附着油性污垢，例如防锈油、润滑油、燃料油以及某些动植物油脂等。为水基环保清洗剂，具有极强的渗透、分散、增溶、乳化作用，对油脂、污垢有很好的清洗能力，其脱脂、去污净洗能力超强；产品不含无机离子，抗静电，易漂洗，无残留或极少残留，可做到低泡清洗，能改善劳动条件，防止环境污染；并且在清洗的同时能有效地保护被清洗材料表面不受侵蚀。

【主要用途】适用于五金件、金属精密零部件、电镀零部件、电子零件、轴承、冲压件、汽车配件、摩托车零件、自行车零件、机械制造与修理、汽车制造与修理、农机修理、机械设备维修与保养等行业各种重油污的清洗。

【清洗工艺参考】①使用浓度：清洗剂：水=1：(10～30)，浓度提高可提高清洗能力，手工清洗时清洗剂浓度要相对高些。②清洗温度：可在常温下使用，但在50～60℃温度条件下的清洗效果更佳。③油污特别重或遇到高熔点脂类时，应先以人工或机械方法铲去部分油泥，再选用重油垢高效清洗剂加热清洗。④根据被洗件的特点、油污程度、可采用浸洗、刷洗、浸泡、喷淋、煮洗、超声波清洗等清洗方式。

【制法】在各种金属表面处理中，去除油污是至关重要的，直接关系到整个处理过程的成败。必须与水进行配比使用，最高兑水比例高达1：10。

【安全性】可以快速安全地溶解油污油垢，将其溶解为溶于水的液体。油污清洗剂不燃、不爆，无毒、无害、无腐蚀（对各类常见碳钢、不锈钢、紫铜、铁等金属没有任何腐蚀和伤害，直接与皮肤接触，也不会对皮肤有任何的刺激和伤害），使用范围和条件没有任何限制，使用后可以直接排放。

【包装规格】200kg/塑料桶，25kg/桶。

【生产单位】北京蓝星清洗有限公司，淄博尚普环保科技有限公司。

Ba004 KD-L215 高效原油清洗剂

【英文名】KD-L215 crude oil washing agent with high efficiency

【别名】溶剂原油清洗剂；环保型溶剂清洗剂

【组成】由多种高效表面活性剂、清洗剂、氧化剂等复配而成。

【性能指标】pH 7；外观：无色透明液体（溶剂型）；香型：溶剂味。

【应用特点】①KD-L215 原油清洗剂脱脂去污能力特强，溶油量高达60%～80%；②安全可靠，使用方便，工作效率高；pH 为7，对绝大多数金属材料安全无腐蚀。③残留液能完全挥发，挥发后不留任何痕迹；本品属环保清洗剂，通过 SGS 检测。④KD-L215 原油清洗剂为溶剂型，请勿加水使用，勿用于耐油性较差的塑料、橡胶部件。⑤工作时请注意通风。⑥高温和有明火部位慎用。⑦废料请密封，便于上层清液反复使用。

【主要用途】石油化工、工矿企业、修

理业、印刷业、船舶修造业等行业用来清洗重油垢、油泥，能迅速清除油罐、输油管道、船舶及各种机器设备表面的重油、原油、柴油、沥青等油污，溶油能力极强，并可反复使用。

【清洗工艺参考】 ①油仓、油罐的清洗：内壁用清洗机吸入本品进行喷洗，也可擦洗；底部用本品浸泡。②油管、密封容器，可用防腐蚀泵循环清洗；零散工件，可浸泡在本品中清洗。③印刷机械上的油墨可用本产品擦拭清洗或用手压喷壶、电动喷射器喷洗，使用本产品清洗后无需擦干即可投入使用。④本品能完全挥发，溶油量可达到80%左右，不燃不爆。

【安全性】 是一种环保型溶剂清洗剂，以其高效、安全、快速溶解原油沥青的特点和性能，在各大石化公司得到了广泛安全使用。

【包装规格】 常规包装：25kg/塑料桶，250kg/铁桶；也可提供5kg/铁桶（样品试剂量）包装。保质期24个月。

【生产单位】 淄博尚普环保科技有限公司，凯迪化工。

Ba005 KD-L315 石油清洗剂

【英文名】 KD-L315 oil cleaner

【别名】 水基环保清洗剂

【组成】 由多种高效表面活性剂复配而成，同时添加纳米级超强渗透剂，可迅速渗透将油污彻底溶解。无需长时间浸泡，便可轻松完成清洗工作。清洗后表面无残留。

【应用特点】 ①清洗力强，渗透、乳化、分散，洗油能力强。对油脂、污垢有很好的清洗能力，其脱脂、去污净洗能力超强；对附着在油管内外壁、套管内壁的石蜡及黏结物有较好的剥离作用，可彻底清除沉积在地层孔道中的胶质、沥青质等有机物。②清洗彻底，去污力强，清洗效率高，防锈、缓蚀。③性能好。④安全，无毒无腐蚀，与皮肤直接接触无刺激和损伤。

【性能指标】 外观为浅绿液体，pH为9，属环保型弱碱性清洗剂。淡水中洗油率99%，海水中洗油率98%。

【主要用途】 ①可清洗各种石油沥青、原油及重油，同时对动/植物油也有很好的清洗效果；②可用于清洗钢板、轴承、齿轮、机械设备表面以及各种金属零件表面的石油沥青质。

【清洗工艺】 本品为浓缩液，可根据具体情况，选用5～20倍水稀释后使用。如遇特殊情况，也可将原液直接使用。清洗时无需加温，可在常温下直接使用（最佳使用温度在60℃）。本品可与各种清洗设备配合使用，也可直接选用人工刷洗。去污完成后，用清水稍加冲洗便可完成全部清洗工作。

【安全性】 产品不含无机离子，抗静电，易漂洗，无残留或极少残留，可做到低泡清洗，能改善劳动条件，防止环境污染；并且在清洗的同时能有效地保护被清洗材料表面不受侵蚀。不损伤人体皮肤，对铜、铝、镁等各种有色金属均安全可靠。

【包装储存】 ①包装：25kg/塑料桶；200kg/塑料桶。②储存：保质期2年，存放于阴凉干燥处。

【生产单位】 淄博尚普环保科技有限公司，凯迪化工。

Ba006 生物降解石油清洗剂

【英文名】 biodegradation of oil cleaning agent

【别名】 原油管道、石油储罐及水基环保清洗剂；降解重油清洗剂

【组成】 该清洗剂是由多种表面活性剂及有机助剂复配而成，具有优良的渗透性、乳化性和清除原油的能力，在水中

有极好的溶解性，使用简单方便，使用后可以直接排放，适用于溶解原油胶质、沥青质等难溶性物质，清洗表面沉淀的油污。

【产品特点】 ①绿色环保：本品是不含磷酸盐、亚硝酸钠的新一代绿色环保型产品。②安全不燃：本品为水基产品，储存和使用都很安全。③期间防锈：本品对铸铁的防锈性能1级，完全符合工序间防锈要求。

【主要用途】 可应用于油井作业过程中的井筒清洗，清除油套壁上原油及污垢，除去井底死油及沥青质，也可用于井下作业工具，机械设备原油污垢的清洗。它可以快速安全地溶解各种原油、焦炭、油污、油脂及油垢，大大减少了原油管道、管件以及原油储罐的清洗成本，效果非常明显，性价比高。石油化工、工矿企业、修理业、印刷业、修造业等行业用来清洗重油垢、煤焦油、油泥等。

【清洗工艺参考】 ①油仓、油罐的清洗：内壁用清洗机吸入本品进行喷洗，也可擦洗；底部用本品浸泡。②油管、密封容器，可用防腐蚀泵循环清洗。建议使用大功率循环泵，增大流动系数和清洗剂与原油重油垢的接触时间，使油焦尽快溶解。③印刷机械上的油墨可用本产品擦拭清洗或用手压喷壶、电动喷洗，使用本产品清洗后无需擦干即可投入使用。④本品用水稀释10～30倍使用，不燃不爆，建议使用温度60～80℃。⑤根据被洗件的特点、油污程度，可采用浸洗、刷洗、浸泡、喷淋、煮洗、超声波清洗等清洗方式。

【应用特点】 一种大范围应用于原油管道、石油储罐、沥青罐等设备的清洗剂。

【安全性】 是一种新一代水溶性生物降解重油清洗剂，以其高效、安全、快速溶解原油沥青的特点和性能，在各大石化公司得到了广泛安全使用。

【包装规格】 常规包装：25kg/塑料桶，250kg/铁桶；也可提供5kg/铁桶（样品试剂量）包装。保质期24个月。

【生产单位】 淄博尚普环保科技有限公司，凯迪化工。

Ba007 SP-405 原油清洗剂

【英文名】 SP-405 cleaning agent for crude oil

【别名】 重油垢清洗剂；原油焦垢溶解剂

【组成】 由多种高效表面活性剂复配而成，它可以快速安全地溶解各类原油的结焦和结垢，将原油焦垢溶解为液体。

【应用特点】 ①清除原油油污、重油垢能力极强，清洗效率是汽油、煤油的6倍。②清洗快速有效，浸泡、擦洗、喷刷后不留残迹，表面干燥后不留污渍。③应用范围无限制，不改变材料性能，无引火性危险。④使用安全，本产品不腐蚀被清洗物，刺激性小，不损伤皮肤，对各种表面均安全无伤害（对于不耐溶剂的橡胶、塑料部件不宜长时间浸泡在清洗剂中）；⑤清洗后对金属表面具有短期防锈作用；⑥满足各类清洗要求：如循环清洗、浸泡清洗、擦洗、喷淋清洗、超声波清洗等要求。

【性能指标】 外观：溶剂型液体；颜色：无色；气味：清香性气味；稳定性：良好；挥发性：易挥发；pH：6.5～7.5（1%，20℃）；相对密度：1.25；清洗效率（KB值）：162；洗净力：99%

【主要用途】 ①用于清洗钻井平台上的原油油垢，原油管线、储罐、设备、容器、机具、滤料。②用于清洗机械设备、机床表面的顽固重油污；③用于清洗钻井平台上的原油油垢和油泥，原油管线、储罐；④用于清洗焦化厂各类煤焦油管道和间冷器、油气分离器；⑤用于电镀行业的脱脂清洗；⑥用于汽车行业脱脂清洗；⑦用于超声波清洗；⑧用于清洗各类常见油脂，如润滑油、石蜡油、轻油、磺化油、石脑油、防锈油、凡士林、煤焦油、原油、废气凝结物等油垢油焦。

【清洗工艺参考】 ①使用本产品后，若垢类未完全清除，一般为清洗剂用量不足或清洗时间不够导致。②使用时若不慎将清洗剂溅入眼中，用大量水冲洗即可。③使用时应尽量避免长时间接触皮肤；必要时戴耐溶剂的手套。④请勿加热使用，常温使用即可。⑤SP-405 煤焦油清洗剂采用带内盖的塑料桶或钢桶包装。⑥应储存在清洁干燥、通风阴凉的仓库内，堆垛高度不得超过两层，远离火、热源。⑦使用后可以回收再利用，绿色环保。

【安全性】 SP-405 原油清洗剂使用简单方便，不燃不爆，除油除垢快，而且对金属表面无腐蚀（对各类常见碳钢、不锈钢、紫铜、铁等金属没有任何腐蚀和伤害，直接与皮肤接触，也不会对皮肤有任何的刺激和伤害），清洗效率是煤油的 6 倍左右，并且没有煤油的异味与安全隐患。

【包装储存】 ①包装：25kg/塑料桶；200kg/塑料桶。②储存：保质期 2 年，存放于阴凉干燥处。

【生产单位】 北京蓝星清洗有限公司、淄博尚普环保科技有限公司。

Ba008 单宁

【英文名】 tannins

【别名】 单宁酸；鞣酸；丹宁酸；没食子鞣酸；鞣质；落叶松栲胶；二倍酸；tannic acid

【登记号】 CAS [1401-55-4]

【化学式】 $C_{76}H_{52}O_{46}$

【结构式】

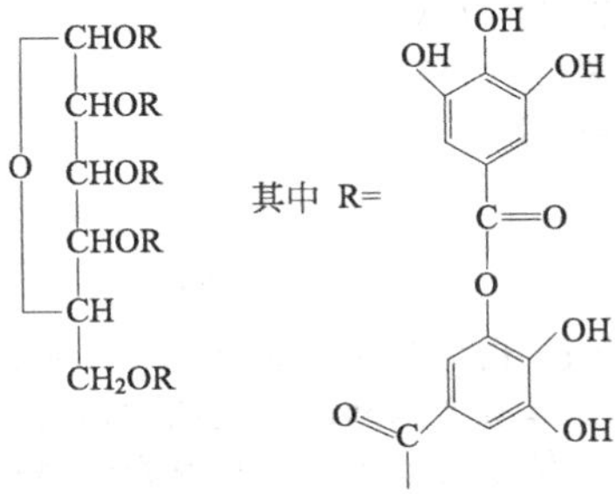

【性质】 黄色或棕黄色无定形松散粉末，在空气中颜色逐渐变深，有强吸湿性；不溶于乙醚、苯、氯仿，易溶于水、乙醇、丙酮，水溶液有涩味。不是单一化合物，化学成分比较复杂，大致可分为两种，一种是缩合单宁，是黄烷醇衍生物；另一种是可水解的单宁，分子中具有酯键。

【质量标准】 LY/T 1300—2005

指标名称	优等品	一等品	合格品
外观	淡黄色至浅棕色无定形粉末		
单宁酸含量(以干基计)/% ≥	83.0	81.0	78.0
干燥失重/% ≤	9.0	9.0	9.0
水不溶物/% ≤	0.5	0.6	0.8
颜色(罗维邦单位) ≤	1.2	2.0	3.0

【用途】 单宁用作水基钻井液的降黏剂、降滤失剂，能改善滤饼质量。也用于鞣制生皮使其转化为革。单宁具有与蛋白质、多糖、生物碱、微生物、酶、金属离子反应的活性，并具有抗氧化、捕捉自由基、抑菌、衍生化反应的特性。目前它在食品加工、果蔬加工、储藏、化妆品、医药和水处理等方面应用越来越广泛。

【生产单位】 南京龙源天然多酚合成厂，温州市东升化工试剂厂，温州市化学用料厂，江苏永华精细化学品有限公司，连云港中壹精细化工有限公司。

Ba009 聚丙烯酸钠

【英文名】 sodium polyacrylate

【别名】 PAAS

【登记号】 CAS[9003-04-7]

【化学式】 $[C_3H_3O_2Na]_n$

【结构式】

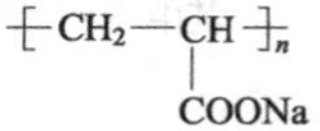

【性质】 白色粉末。无臭无味。吸湿性极强。具有亲水和疏水基团的高分子化合物。缓慢溶于水形成极黏稠的透明液体。加热处理、中性盐及有机酸类对其黏性影响很小，碱性时则黏性增大。不溶于乙醇、丙酮等有机溶剂。加热至300℃不分解。久存黏度变化极小，不易腐败。易受酸及金属离子的影响，黏度降低。遇二价及二价以上金属离子(如铝、铅、铁、钙、镁、锌)形成其不溶性盐，引起分子交联而凝胶化沉淀。

【质量标准】 HG/T 2838—1997

指标名称	一等品	合格品
外观	无色或淡黄色透明液体	
固体/% ≥	30.0	30.0
游离单体(以 CH_2 = CH—COOH 计)/% ≤	0.50	1.0
pH(1%水溶液)	6.5～7.5	6.0～8.0
密度(20℃)/(g/cm³) ≥	1.15	1.15
极限黏数(30℃)/(dL/g)	0.060～0.085	0.055～0.10

【制法】 丙烯酸或丙烯酸酯与氢氧化钠反应得丙烯酸钠单体，除去副产的醇类，经浓缩、调节pH，以过硫酸铵为催化剂聚合制得。

【用途】 主要用作钻井液的降黏剂，适用于水基钻井液体系，可以降低滤失量，改善泥饼质量，具有一定的抗温抗盐能力。可直接使用，亦可配制成水溶液使用。此外，还用作电厂、化工厂、化肥厂、炼油厂和空调系统等循环冷却水系统的阻垢分散剂。

【生产单位】 山东省泰和水处理有限公司，南京化工学院常州市武进水质稳定剂厂，江苏江海化工有限公司，广州慧之海（集团）科技发展有限公司。

Ba010 硬脂酸钙

【英文名】 calcium stearate

【别名】 十八酸钙；octadecanoic acid calcium salt；stearic acid calcium salt

【登记号】 CAS [1592-23-0]

【结构式】 $(C_{17}H_{35}COO)_2Ca$

【性质】 细微的白色粉末。熔点147～149℃。溶于甲苯、乙醇、苯和其他有机溶剂，不溶于水。加热至400℃时缓缓分解，可燃，遇强酸分解为硬脂酸和相应的钙盐。有吸水性，无毒。

【质量标准】 HG/T 2424—93

指标名称	优等品	一等品	合格品
外观	白色粉末，无明显机械杂质		
钙含量/%	6.5±0.5	6.5±0.6	6.5±0.7
游离酸(以硬脂酸计)/% ≤	0.5		
加热减量/% ≤	2.0	3.0	
熔点/℃	149～155	≥140	≥125
细度(0.075mm 筛通过)/% ≥	99.5	99.0	
堆积密度/(g/cm³) ≤	0.2	—	

【制法】 将硬脂酸溶于水中，加入烧碱溶液进行皂化反应，得到硬脂酸钠溶液。再将氯化钙溶液加入到硬脂酸钠溶液中，得到硬脂酸钙沉淀，经过滤、水洗、干燥、即得成品。

【用途】 在油田作业中用作润滑解卡剂。还用作聚氯乙烯的热稳定剂和多种塑料加工的润滑剂、脱模剂等。在硬质制品中，与碱式铅盐、铅皂配合可提高凝胶化速率。也用于食品包装、医疗器具等要求无毒的软质薄膜与器具。还可作聚乙烯、聚丙烯的卤素吸收剂，以消除残留催化剂对颜色和稳定性的不良影响。在橡胶加工中作增塑剂，能使天然橡胶和合成橡胶软化，而对硫化几乎无影响。亦用作润滑脂的增厚剂、纺织品的防水剂、油漆的平光剂、制造塑料唱片时的增塑剂等。

【生产单位】 宜兴市天兴化工有限公司，北京恒业中远化工有限公司，温州市化学用料厂，南京扬子石化精细化工有限责任公司，成都市联合化工试剂研究所。

Ba011 硬脂酸铝

【英文名】 aluminum stearate

【别名】 三硬脂酸铝；十八酸铝；octadecanoic acid aluminum salt；stearic acid aluminum salt；aluminum tristearate

【登记号】 CAS [637-12-7]

【结构式】 $(C_{17}H_{35}COO)_3Al$

【性质】 白色或微黄色粉末。熔点 117～120℃。不溶于水、乙醇、乙醚，溶于碱液、松节油。与强酸可分解为硬脂酸和相应的铝盐。

【制法】 以硬脂酸为原料，加热熔融，与氢氧化钠溶液进行皂化反应，然后与硫酸铝进行复分解反应，最后经洗涤、离心脱水、干燥制得。

【用途】 在油田作业中用作润滑解卡剂。用于金属防锈剂的原料、建筑材料的防水剂、油墨的抛光剂、化妆品的增稠剂等。硬脂酸铝在涂料中，用作平滑剂及增稠剂，同时还具有改进涂膜触变性的效果。

【生产单位】 温州市东升化工试剂厂，上海顺泰化工有限公司，温州市化学用料厂，天津市光复精细化工研究所，成都市联合化工试剂研究所。

Ba012 油酸

【英文名】 oleic acid

【别名】 十八烯酸；红油；顺式-9-十八烯酸；(*Z*)-9-octadecenoic acid

【登记号】 CAS [112-80-1]

【结构式】

$$CH_3(CH_2)_7CH{=}CH(CH_2)_7COOH$$

【性质】 无色或淡黄色至红色油状液体，有猪油似的香气和滋味。$d_{25}^{25}\approx0.895$；熔点 4℃；bp_{100} 286℃；n_D^{18} 1.463；n_D^{26} 1.4585。暴露于空气中后可逐渐氧化而呈暗色，在空气中强烈加热可导致分解，几乎不溶于水，混溶于乙醇、乙醚、苯和挥发性及非挥发性油。油酸与其他脂肪酸一起，以甘油酯的形式存在于一切动植物油脂中。油酸与硝酸作用，则异构化为反式异构体，反油酸的熔点为 44～45℃；氢化则得硬脂酸；用高锰酸钾氧化则得正壬酸和壬二酸的混合物。油酸由于含有双键，在空气中长期放置时能发生自氧化作用，局部转变成含羰基的物质，有腐败的哈喇味，这是油脂变质的原因。商品油酸中，一般含 7%～12% 的饱和脂肪酸。

【质量标准】 QB/T 2153—1995

指标名称	Y-4 型	Y-8 型	Y-10 型
外观	淡黄色或棕黄色透明油状液体，暴露在空气中，随着时间增长，颜色逐渐变深		
凝固点/℃ ≤	4.0	8.0	10.0
碘值/(gI_2/100g)	80～95	80～100	80～100
皂化值/(mg KOH/g)	190～205	190～205	185～205
酸值/(mg KOH/g)	190～203	190～203	185～203
水分/% ≤	0.5	0.5	0.5
色度(黑曾单位) ≤		400	

【用途】 可作为钻井泥浆润滑解卡剂。油酸的钠盐或钾盐是肥皂的成分之一。纯的油酸钠具有良好的去污能力，可用作乳化剂等表面活性剂，并可用于治疗胆石症。油酸的其他金属盐也可用于防水织物、润滑剂、抛光剂等方面，其钡盐可作杀鼠剂。

【安全性】 小鼠静脉注射 LD_{50}：(230±18)mg/kg。

【生产单位】 武汉一枝花油脂化工有限公司，天津市化学试剂一厂，成都市科龙化工试剂厂，如皋市宝化油脂有限责任公司。

Ba013 异辛醇

【英文名】 2-ethyl-1-hexanol

【别名】 2-乙基己醇；2-乙基-1-己醇；2-ethylhexyl alcohol；*iso*-octyl alcohol

【登记号】 CAS [104-76-7]

【结构式】

$$CH_3CH_2CH_2CH_2\underset{\displaystyle CH_2CH_3}{\underset{|}{C}H}CH_2OH$$

【性质】 无色透明有特殊气味的可燃性液体。d_{20}^{20} 0.8344；沸点 184～185℃；n_D^{20} 1.4300；F_p 81℃。黏度 9.8mPa·s(20℃)；蒸气压 48Pa(20℃)。溶于约 720 倍的水，与多数有机溶剂互溶。遇高热、明火或与氧化剂接触，有引起燃烧的危险。若遇高热，容器内压增大，有开裂和爆炸的危险。与空气能形成爆炸性混合物。能积聚静电，引燃其蒸气。

【质量标准】

指标名称	指标
外观	透明液体，无悬浮物
含量/% ≥	99.0
沸程/℃	182～186
酸含量/% ≤	0.01
醛含量/% ≤	0.1
水分/% ≤	0.1
折射率(20℃)	1.431～1.433

【制法】 乙醛缩合法是先由两分子乙醇缩合生成丁醇醛；然后脱水生成丁烯醛（巴豆醛），丁烯醛经加氢得正丁醛；正丁醛再加氢得正丁醇；如经缩合脱水则生成2-乙基己烯醛，进一步加氢即得到最终产品 2-乙基己醇。或者采用高压羰基合成法，以丙烯、一氧化碳和氢为原料，以四羰基氢钴为催化剂进行反应合成正丁醛和异丁醛。正丁醛和异丁醛以铜或镍为催化剂进行加氢反应。正丁醛以气相或固相加氢生成正丁醇；再经初馏后，于两塔蒸馏系统内提纯得到正丁醇。以氢氧化钠为催化剂使正丁醇进行缩合、脱水制得 2-乙基己烯醛。2-乙基己烯醛加氢在镍催化剂存在下，在一定温度和压力下加氢制得异2-乙基己醇。

【用途】 用作钻井液的消泡剂。也用于制备邻苯二甲酸二辛酯、壬二酸二辛酯等增塑剂。

【安全性】 大鼠经口 LD_{50}：12.46mL/kg。摄入、吸入或经皮肤吸收后对身体有害，可引起皮肤的过敏反应。对眼睛有强烈刺激作用，眼睛接触本品，可损伤眼睛；储存于阴凉、通风仓库内。远离火种、热源。防止阳光直射。保持容器密封。应与氧化剂、酸类分开存放。

【生产单位】 天津市化学试剂一厂，成都市科龙化工试剂厂，上海试一化学试剂有限公司，天津市光复精细化工研究所。

Ba014 硬脂酸铅

【英文名】 lead stearate

【别名】 十八酸铅

【登记号】 CAS［1072-35-1］

【结构式】 $(C_{17}H_{35}COO)_2Pb$

【性质】 白色至黄色粉末，相对密度1.323（25℃），熔点105～112℃，具有耐热性和滑腻感。不溶于水，溶于热的乙醇、乙醚，溶于碱液、煤油、松节油。遇强酸分解成硬脂酸和相应的铅盐。

【质量标准】 HG/T 2337—92

指标名称	优等品	一等品	合格品
外观	白色粉末，无明显机械杂质		
铅含量/%	27.5±0.5	27.5±1.0	27.5±1.5
游离酸(以硬脂酸计)/% ≤	0.8	1.0	1.5
加热减量/% ≤	0.3	1.0	1.7
熔点/℃	103～110	100～110	98～110
细度(通过0.075mm筛)/% ≥	99.0	98.0	95.0

【制法】 将硬脂酸加入反应釜熔融后，加入氢氧化钠溶液，搅拌反应，生成硬脂酸钠皂化液，然后加入稀的乙酸铅溶液，继续搅拌反应，出料、脱水、干燥、粉碎、过筛，即可得到硬脂酸铅粉末。

【用途】 在油田化学品中用作润滑解卡剂、钻井液的消泡剂。还用作油漆防沉淀剂、织物放水剂、润滑油增厚剂、塑料耐热稳定剂等，用于不透明的软质和硬质聚氯乙烯制品的稳定剂。

【安全性】 有一定的毒性，注意避免直接接触皮肤。

【生产单位】 北京恒业中远化工有限公司，温州市东升化工试剂厂，上海中油企发粉体材料有限公司，杭州油脂化工有限公司，青岛红星化工集团自力实业公司，邵阳助剂化工厂。

Ba015 聚二甲基硅油

【英文名】 polydimethylsiloxane

【别名】 二甲基聚硅氧烷；二甲基硅醚

【登记号】 CAS［9016-00-6］

【结构式】

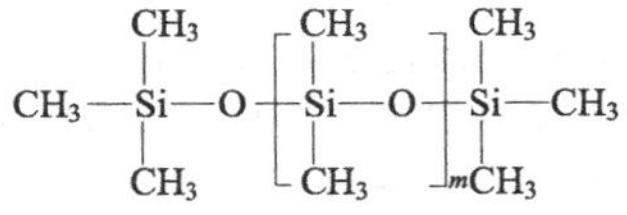

【性质】 聚二甲基硅醚为无色透明黏稠液体。无臭，无味。不溶于水和乙醇，溶于四氯化碳、苯、氯仿、乙醚、甲苯及其他有机溶剂。

【制法】 以二甲基二氯硅烷、水、溶剂原料经水解、中和、裂解、分馏得到八甲基环四硅氧烷，再以六甲基二硅氧烷为末端封闭基，调节分子量，以氢氧化钠或浓硫酸为催化剂聚合而成。

【用途】 消泡剂。用于工业循环冷却水系统的清洗及预膜过程中，清除由于投加了产生大量泡沫的药剂而产生的泡沫，也可以消除由于污染而引起的泡沫。使用浓度一般 10mg/L 左右。该产品消泡性能好，但是抑泡性能差，不能持续抑制泡沫产生。

【生产单位】 广州市成盛化学品有限公司，广州市天赐高新材料科技有限公司。

Ba016 聚氧乙烯聚氧丙烯单丁基醚

【英文名】 polyoxyethyleneoxypropylene butyl ether

【别名】 消泡剂 XD-4000

【结构式】 $C_4H_9O(C_3H_6OC_2H_4O)_nH$

【性质】 淡黄色透明黏稠液体。水溶性强，润湿性优良，抗氧化性好，消泡能力强。

【质量标准】

指标名称	指标
外观	淡黄色透明黏稠液体
黏度(20℃)/Pa·s	2～2.8
水分/% ＜	0.5
灰分/% ＜	0.005
pH	6.0～7.0
浊点(1%水溶液)/℃	50～54
闪点(闭杯)/℃	205～210

【制法】 用 KOH、丁醇制备的丁醇钾和 KOH 为复合催化剂，由环氧乙烷、环氧丙烷的混合物开环聚合成无规型聚醚，经中和、脱色、压滤而得成品。

【用途】 在钻井液泥浆系统和水处理过程中，加入本品消泡剂可防治泡沫带来的不利影响。使用量 100μg/g 左右。

【生产单位】 淮安利邦化工有限公司。

Ba017 羟丙基瓜尔胶

【别名】 HPG

【登记号】 CAS [39421-75-5]

【结构式】

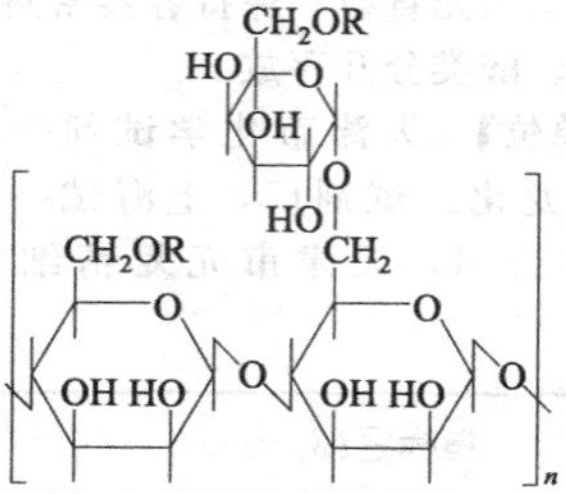

R＝$CH_2CH_2CH_2OH$

【性质】 白色或浅黄色粉末。无臭，无味。不溶于醇、醚、酮等有机溶剂，易溶于水。其水溶液在常温或 pH 在 2.0～12.0 的范围内比较稳定，加热到 70℃以上黏度急剧降低，遇强氧化剂可降解。

【用途】 是一种高级非离子增稠剂，在水中具有良好的分散溶解性能。主要用于油田压裂液和钻井泥浆中。将羟丙基瓜尔胶配制成溶液加入交联剂、支撑剂混合在一起，制成压裂液，用于油田压裂，提高油井的产油量。在钻井泥浆中，加入羟丙基瓜尔胶，一般起到保持水分、润滑的作用，降低泥浆的失水，减轻对地层的伤害。在压裂液中，一般用量在 0.3%～0.5%。可与阴离子、阳离子、非离子表面活性剂配伍使用，并且具有优异的耐电解质性能和剪切稀释性能。

【制法】 天然植物胶瓜尔胶粉经化学改性得到。

【质量标准】 SYT 5764—1995（压裂用瓜尔胶和羟丙基瓜尔胶）

指标名称		瓜胶粉		羟丙基瓜尔胶	
		一级品	二级品	一级品	二级品
外观		乳白色粉末		淡黄色粉末	
细度 C_1(过 SSW0.125/0.09 筛量)/%	≤	99		99	
细度 C_2(过 SSW0.071/0.05 筛量)/%	≤	95	85	90	80
含水率/%	≤	8	9	10	10
表观黏度(30℃,170s^{-1})/mPa·s	≥	100	80	85	70
水不溶物含量/%	≤	16	20	8	12
pH		6.8～7.0		7.0～7.5	
交联性能		交联好,能用玻璃棒挑挂			

【安全性】 储存于阴凉、通风、干燥的库房内，远离火源，避免日晒、雨淋。

【生产单位】 无锡金鑫集团有限公司，秦皇岛市金佳絮凝剂有限公司，克拉玛依新科澳化工（集团）有限责任公司。

Ba018 聚丙烯酰胺

【英文名】 polyacrylamide

【别名】 PAM；acrylamide polymer

【登记号】 CAS 9003-05-8

【化学式】 $(C_3H_5NO)_n$

【结构式】

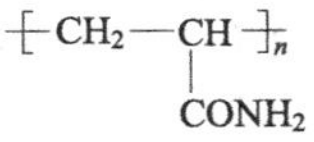

【性质】 分阳离子、阴离子型，分子量在 $400\times10^4\sim1800\times10^4$ 之间，产品外观为白色或略带黄色粉末，液态为无色黏稠胶体状，易溶于水，温度超过120℃时易分解。聚丙烯酰胺可以分为以下几种类型：阴离子型、阳离子型、非离子型、复合离子型。胶体产品为无色透明、无毒、无腐蚀。粉剂为白色粒状。两者均能溶于水，但几乎不溶于有机溶剂。不同品种、不同分子量的产品有不同的性质。

【质量标准】 GB 17514—1998

指标名称		饮用水用	污水处理用	
		优等品	一等品	合格品
外观		固体状为白色或微黄色颗粒或粉粒;胶体状为无色或微黄色透明胶体		
固含量(固体)/%	≥	90.0	90.0	87.0
分子量相对偏差/%	≤	10		
水解度绝对偏差/%	≤	2(非离子型为5)		
丙烯酰胺单体含量(干基)/%	≤	0.05	0.10	0.20
溶解时间(阴离子型)/min	≤	60	90	120
溶解时间(非离子型)/min	≤	90	150	240
筛选物(1.00mm 筛网)/%	≤	5	10	10
筛选物(180μm 筛网)/%	≥	85	80	80

注：1. 胶体聚丙烯酰胺的固含量应不小于标称值。

2. 用户对产品粒度有特殊要求时，可另定协议。

【用途】 在石油钻采过程中，用作钻井泥浆的降滤失剂、增稠剂，含油污水处理净化剂以及三次采油的驱油剂等。

【生产单位】 南京化工学院常州市武进水质稳定剂厂，北京恒业中远化工有限公司，克拉玛依新科澳化工（集团）有限责任公司，高力集团（广东高力实业有限公司），上海石化环保净化剂厂，成都市科龙化工试剂厂，上海试一化学试剂有限公司，山东顺通化工集团有限公司，河南省新乡市聚星龙水处理厂。

Ba019 冰乙酸

【英文名】 acetic acid glacial

【别名】 冰醋酸；无水乙酸；aci-Jel；AcOH；carboxylicacid C2；crytallizable acetic acid；ethanoic acid；methanecarboxylic acid

【登记号】 CAS［64-19-7］

【结构式】 CH_3COOH

【性状】 无色透明液体，低温下凝固为冰状晶体。有刺激性气味。能与水、乙醇、乙醚和四氯化碳等有机溶剂相混溶，不溶于二硫化碳。熔点 16.7℃；沸点 118℃；F_p 103℉$[t/℃=\frac{5}{9}(t/℉-32)]$（39℃，闭杯）；$d_4^{20}$ 1.049；n_D^{20} 1.3718。本品易燃，具腐蚀性、强刺激性，可致人体灼伤。易燃，其蒸气与空气可形成爆炸性混合物，遇明火、高热能引起燃烧爆炸。与铬酸、过氧化钠、硝酸或其他氧化剂接触，有爆炸危险。

【质量标准】 GB/T 1628.7—2000

指标名称	优等品	一等品	合格品
外观	透明液体，物悬浮物和机械杂质		
色度(黑曾单位) ≤ (铂-钴色度)	10	20	30
乙酸含量/% ≥	99.8	99.0	98.0
水分含量/% ≤	0.15	—	—
甲酸含量/% ≤	0.06	0.15	0.35
乙醛含量/% ≤	0.05	0.05	0.10
蒸发残渣/% ≤	0.01	0.02	0.03
铁(以Fe)含量/% ≤	0.00004	0.0002	0.0004
还原高锰酸钾物质/min ≥	30	5	—

【制法】 制备工艺有乙醛氧化法、甲醇羰基化法、正丁烷液相氧化法，其中甲醇羰基化合成法最多。乙烯氧化法、甲醇羰基化法目前为主要生产方法。

【用途】 pH 调节剂。可用于制备乙酸乙酯，制备纤维、油漆、黏合剂、共聚树脂等，制备乙酐、氯乙酸、羟基乙酸以及工业酸洗等用途。

【安全性】 大鼠经口 LD_{50}：3530mg/kg；兔经皮 LD_{50}：1060mg/kg；小鼠吸入 1h LC_{50}：13791mg/m³。具有腐蚀性。吸入本品蒸气对鼻、喉和呼吸道有刺激性。对眼有强烈刺激作用。防护，流动清水冲洗。严禁与氧化剂、碱类、食用化学品等混装混运。储存于阴凉、通风仓库内。远离火种、热源。仓温不宜超过 30℃。冬天要做好防冻工作，防止冻结。保持容器密封。应与氧化剂、碱类分开存放。

【生产单位】 天津化学试剂一厂，广州化学试剂厂，南通醋酸化工股份有限公司，上海实验试剂有限公司，南京扬子石化精细化工有限责任公司，成都市科龙化工试剂厂，上海试一化学试剂有限公司，淄博化学试剂厂有限公司。

Ba020 苯甲酰氯

【英文名】 benzoyl chloride

【别名】 苯酰氯；氯化苯甲酰；benzenecarbonyl chloride

【登记号】 CAS［98-88-4］

【化学式】 C_7H_5OCl

【结构式】

【性质】 无色液体，有特殊刺激性气味。d_4^{25} 1.2070；熔点 −1.0℃；沸点 197.2℃；bp_3 49℃；n_D^{20} 1.55369；F_p 88℃（190.4℉）。不溶于水，溶于乙醇、乙醚和苯，在 15℃时与水作用或与碱的水溶液作用生成苯甲酸和盐酸。遇明火、高热或与氧化剂接触，有引起燃烧爆炸的危险。遇水反应发热放出有毒的腐蚀性气体。有腐蚀性。

【制法】 甲苯与氯气在光照情况下经侧链氯化反应得到三氯甲苯后，在酸性介质中水解而得。或苯甲酸与光反应而得。也可以将苯甲酸与四氯化硅反应得到。

【用途】 可用于非离子型植物胶与两性金属含氧酸盐交联的冻胶压裂液中。一般不单独使用，常与过硫酸盐配合使用。还用于染料中间体、二苯甲酮类紫外线吸收剂、橡胶助剂、医药等的生产。

【安全性】 大鼠经口 LD_{50}：1000mg/kg。大鼠吸入 2h LC_{50}：1870mg/m^3。有催泪刺激性，对皮肤、黏膜、眼睛及呼吸道有刺激性，对中枢神经有麻痹作用。储存于干燥清洁的仓库内。远离火种、热源。保持容器密封。在氮气中操作处置。对眼睛、皮肤、黏膜和呼吸道有强烈的刺激作用。

【生产单位】 武汉有机实业股份有限公司，成都市科龙化工试剂厂，上海试一化学试剂有限公司，北京化工厂，天津市光复精细化工研究所，常熟市金城化工厂。

Ba021 五氯酚钠

【英文名】 sodium pentachloro-phenolate

【别名】 五氯苯酚钠

【登记号】 CAS [131-52-2]

【化学式】 C_6Cl_5NaO

【结构式】

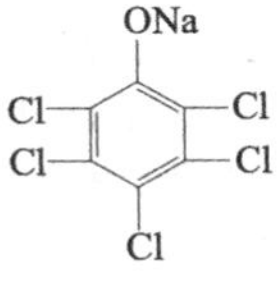

【性质】 白色或淡黄色针状结晶，有特殊气味。熔点 190℃。易溶于水、乙醇、甲醇、丙酮，微溶于四氯化碳和二硫化碳。水溶液呈弱碱性，加酸酸化至 pH＝6.6～6.8 时，全部析出为五氯酚，受日光照射时易分解，干燥时性质稳定，遇酸析出五氯酚结晶，常温下不易挥发。光照下迅速分解，脱出氯化氢，颜色变深。受高热分解，放出腐蚀性、刺激性的烟雾。

【质量标准】 参考标准

指标名称		一级品	二级品
外观		灰白色或淡红色颗粒状结晶	灰白色或淡红色颗粒状结晶
有效成分/%	≥	75	65
析出五氯酚初熔点/℃	≥	174	170
干燥减量/%	≤	20	30
水不溶物/%	≤	2.0	2.0
游离碱含量(以氢氧化钠计)/%	≤	1.0	1.0

【制法】 在三氯苯中通氯气进行氯化，得六氯苯，再和一定浓度的烧碱溶液加热升温，在一定的温度和压力下进行水解，反应产物经冷却、结晶、过滤和干燥即可。

【用途】 杀菌剂。五氯酚钠使用浓度一般为 50mg/L，不宜与阳离子药剂（如季铵盐等）共用，但其与某些阴离子表面活性剂复合使用，能够显著降低其用量，并提高杀菌效果。

【安全性】 大鼠经口 LD_{50}：210mg/kg；兔经皮 LD_{50}：100mg/kg；大鼠吸入 LC_{50}：152mg/m^3；小鼠吸入 LC_{50}：229mg/m^3。有强烈的刺激性，对人和牲畜毒性中等，对鱼类有很强的毒性，鱼虾的致死浓度为 LC_{50} 为 0.3～0.6mg/L。储存于阴凉、通风仓库内。远离火种、热源。防止阳光直射。保持容器密封。应与氧化剂、食用化工原料分开存放。

【生产单位】 成都市科龙化工试剂厂，成

都市恒昌化工有限责任公司，上海化学试剂采购供应五联化工厂。

Ba022 乙二醛

【英文名】 ethanedial

【别名】 草酸醛；glyoxal；biformyl；diformyl；oxalaldehyde

【登记号】 CAS [107-22-2]

【化学式】 $C_2H_2O_2$

【结构式】 OHC—CHO

【性质】 黄色晶体。d^{20} 1.14；熔点15℃，沸点51℃；折射率1.3826。易溶于水，溶于醇和乙醚。不稳定，所以一般以40%～41%浓度的水溶液使用，其溶液为无色浅黄色透明液体，相对密度1.260～1.310。具有强还原性。接触空气能引起爆炸。遇水发生强烈聚合反应。与氯磺酸、亚乙基亚胺、硝酸、发烟硫酸、氢氧化钠发生强烈反应。燃烧时放出有毒的刺激性烟雾。

【质量标准】 参考标准

指标名称		指标
含量/%		30～32
甲醛/%	≤	12
乙醛/%	≤	6
游离酸/%	≤	1.5

【制法】 以硝酸铜为催化剂，将乙醛用硝酸进行液相氧化得到。或采用银或磷青铜以及它的氧化物为主催化剂，磷化合物为助催化剂，将乙二醇经空气催化氧化（气相）得粗乙二醇；再经离子树脂交换处理、活性炭脱色浓缩后即得。

【用途】 可用作水基油井压裂液的杀菌剂，纤维素的交联剂等。在纺织印染工业用作织物的抗缩抗皱整理剂；在皮革工业方面，乙二醛与异丁醛缩氨基脲的引物，可用作牛皮的鞣革剂；在医药工业方面，乙二醛与胺缩合生成2-羟基吡嗪，作为磺胺类药物和杀虫剂等的原料。在涂料和黏合剂方面，与聚合物交联可改善共聚物的抗水性。丙烯酰烯醛共聚物与乙二醛交联，可作玻璃纤维板。

【安全性】 大鼠经口LD_{50}：2020mg/kg；小鼠经口LD_{50}为600～1000mg/kg（按100%乙二醛计）。强烈刺激皮肤黏膜。吸入、摄入或经皮肤吸收后对人体可能有害。其蒸气或烟雾对眼睛、皮肤、黏膜和上呼吸道有刺激作用。储存于阴凉、通风仓库内。远离火种、热源。包装要求密封，不可与空气接触。不宜久存，以免变质。应与碱类、酸类、潮湿物品等分开存放。

【生产单位】 汕头西陇化工有限公司，北京恒业中远化工有限公司，上海华谊集团上硫化工有限公司，成都市科龙化工试剂厂，浙江森太化工股份有限公司。

Ba023 双氯酚

【英文名】 dichlorophen

【别名】 2,2′-亚甲基双（4-氯苯酚）；2,2′-二羟基-5,5′-二氯苯甲烷；2,2′-methylenebis [4-chlorophenol]；2,2′-dihydroxy-5,5′-dichlorodiphenylmethane；5,5′-dichloro-2,2′-dihydroxydiphenylmethane；bis[5-chloro-2-hydroxyphenyl]methane；di[5-chloro-2-hydroxyphenyl] methane；dichlorophene

【登记号】 CAS [97-23-4]

【化学式】 $C_{13}H_{10}Cl_2O_2$

【结构式】

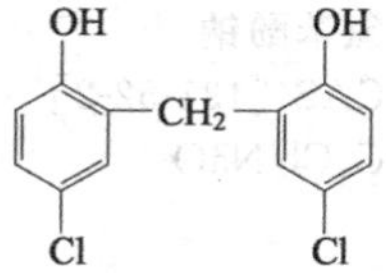

【性质】 白色或无色结晶固体，无臭。熔点177～178℃。几乎溶于水，易溶于乙醇、乙醚、丙醚，微溶于甲苯。

【质量标准】 参考标准

指标名称	指标
外观	略带粉红色淡黄色粉末
氯含量/%　　≥	95.0
熔点/℃	165～173
硫酸盐灰分/%　≤	0.2
挥发性/%　　≤	3.0

【制法】 由对氯苯酚与甲醛缩合反应，一种方法是在溶剂甲醇（或乙醇）中进行，以硫酸为催化剂得到。也可以以分子筛作催化剂，反应在温度110℃进行。

【用途】 在油田化学品中，可作水基油井压裂液的杀菌剂。在循环水系统中使用的双氯酚是以单钠盐形式存在的水溶液，由于它是红棕色液体，投入循环水中会影响水的颜色。双氯酚对异氧菌、铁细菌、硫酸盐还原菌等菌类和藻类有较好的杀生和抑制作用，是一种高效广谱的杀生剂。pH适用范围较宽，偏碱性条件处理效果更佳。用商品双氯酚溶液喷涂木质冷却塔，可以减少循环水中杀生剂的用量，并防止真菌对木材的侵蚀。氯酚类药剂不宜与阳离子药剂（如季铵盐等）共用，但其与某些阴离子表面活性剂复合使用，能够显著降低它的用量，并提高杀生效果。

【安全性】 成年雄鼠、雌鼠经口LD_{50}：1506mg/kg、1683mg/kg。库房通风低温干燥，与食品原料分开储运。密封存放于阴凉处。

【生产单位】 盐城市华业医药化工有限公司；苏州市苏瑞医药化工有限公司，凯翔精细化工有限公司，金坛市中兴医药原料化工厂。

Ba024 戊二醛

【英文名】 glutaraldehyde

【别名】 1,5-戊二醛；1,5-pentandeial；glutaral；glutaric dialdehyde；pentanedial；1,3-diformylpropane

【登记号】 CAS [111-30-8]

【结构式】

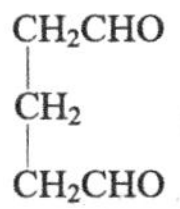

【性质】 带有刺激性特殊气味的无色或淡黄色透明状液体。F_p −14℃；bp_{760} 187～189℃(分解)；bp_{10} 71～72℃；n_D^{25} 1.43300。溶于水，易溶于乙醇、乙醚等有机溶剂。性质活泼，易聚合氧化，与含有活泼氧的化合物和含氮的化合物会发反应。不易燃，遇明火、高热可燃。

【制法】 以丙烯醛与乙烯基乙醚反应进行水解合成。由丙烯醛和乙酸基乙醚以锌盐为催化剂，在90℃、0.1MPa条件下，环化成2-乙氧基-3,4-二氢吡喃，再经水解开环，转化率达95%。

【用途】 在油田化学品中，可作水基油井压裂液的杀菌剂、纤维素的交联剂等。戊二醛作为水处理杀菌剂可广泛应用于循环水系统的杀菌，可有效地控制各种水系统的微生物数量，可以有效地剥离生物黏泥和生物膜，投入量一般为50～100mg/L。它具有季铵盐系列杀菌剂未及的优点，不发泡，使用方便，与缓蚀剂配伍性能好。在实际使用中，戊二醛常与季铵盐等其他药剂复合使用。

【安全性】 25%水溶液大鼠经口LD_{50}：2.38mL/kg；兔经皮LD_{50}：2.56mL/kg。对呼吸道黏膜、眼睛和皮肤有刺激作用，但要比甲醛、乙二醛小得多，常温下蒸气均可忍受，经常处理戊二醛溶液时，最好戴上橡胶手套和防护眼镜，避免人体直接接触。

【生产单位】 上海浦东兴邦化工发展有限公司，武汉新景化工有限责任公司，老河口荆洪化工有限责任公司，上海实验试剂有限公司，上海富蔗化工有限公司，天津科密欧化学试剂开发中心，江苏永华精细化学品有限公司，天津市大茂化学试剂厂，武汉有机新康化工有限公司，无锡康爱特化工有限公司。

Ba025 2-丙醇

【英文名】 2-propanol

【别名】 二甲基甲醇；异丙醇；isopropyl alcohol

【登记号】 CAS [67-63-0]

【结构式】 $(CH_3)_2CHOH$

【性质】 无色透明液体，有类似乙醇气味。熔点 −89.5℃，沸点 82.4℃，相对密度 0.78505（20℃），折射率 1.3775（20℃），闪点（闭杯）11.7℃。能与醇、醚、氯仿和水混溶。能溶解生物碱、橡胶、虫胶、松香、合成树脂等多种有机物和某些无机物。其蒸气与空气形成爆炸性混合物，遇明火、高热能引起燃烧爆炸。与氧化剂能发生强烈反应。其蒸气比空气重，能在较低处扩散到相当远的地方，遇火源引着回燃。若遇高热，容器内压增大，有开裂和爆炸的危险。

【质量标准】 GB/T 7814—87(直接法)

指标名称		优级品	一级品	合格品
外观		透明液体，无机械杂质		
色度(Pt-Co 色号)	≤	5	10	15
密度 ρ_{20}/(g/cm³)		0.784～0.786	0.784～0.787	0.784～0.789
水溶性试验		澄清		
纯度/%	≥	99.7	99.5	98.5
沸程(在 101325Pa 下)				
初馏点/℃	≥	81.8	81.5	81.5
干点/℃	≤	82.8	83.0	83.5
水含量/%	≤	0.15	0.20	0.25
酸含量(以乙酸计)/%	≤	0.002	0.002	0.003
蒸发残渣/%	≤	0.002	0.005	0.010
羰基含量(以丙酮计)/%	≤	0.02	0.05	0.10
硫化物含量(以 S 计)/10^{-6}	≤	1	2	实测

【制法】 将含丙烯 50%以上的原料气，在 50℃和低压下用 75%～85%的浓硫酸进行吸收反应，生成硫酸氯异丙酯。再将硫酸氯异丙酯水解成异丙醇。经粗蒸用蒸馏塔蒸浓到 95%，再用苯萃取、分离水后再蒸馏，可得含异丙醇 99%以上的成品。或者将丙烯和水分别加压到 1.96MPa，并预热到 200℃，混合后加入反应器，进行水合反应。反应气体经中和换热后送到高压冷却器和高压分离器，气相中的异丙醇在回收塔中用脱离子水喷淋回收，经粗蒸塔蒸馏得 85%～87%的异丙醇水溶液，再经蒸馏塔蒸浓到 95%，然后用苯萃取得 99%以上的异丙醇。

【用途】 用作油井水基压裂液的消泡剂，硝基纤维系、橡胶、涂料、虫胶、生物碱、油脂等的溶剂，胶黏剂的稀释剂，棉籽油的萃取剂。还用于防冻剂、脱水剂、防腐剂、防雾剂、医药、农药、香料、化妆品及有机合成。

【安全性】 大鼠经口 LD_{50}：5045mg/kg；

兔经皮 LD_{50}：12800mg/kg。接触高浓度蒸气出现头痛、嗜睡、共济失调以及眼、鼻、喉刺激症状。储存于阴凉、通风仓库内。远离火种、热源。仓温不宜超过30℃。防止阳光直射。保持容器密封。应与氧化剂分开存放。

【生产单位】 汕头西陇化工有限公司，天津市化学试剂一厂，北京恒业中远化工有限公司，高力集团（广东高力实业有限公司），上海新高化学试剂有限公司，上海试一化学试剂有限公司，无锡百川化工股份有限公司，淄博化学试剂厂有限公司。

Ba026 3-甲基-1-丁醇

【英文名】 3-methyl-1-butanol

【别名】 3-异丁原醇，异戊醇；Isopentyl Alcohol；isoamyl alcohol；isobutyl carbinol；primary isoamyl alcohol；fermentation amyl alcoho

【登记号】 CAS [123-51-3]

【结构式】 $(CH_3)_2CHCH_2CH_2OH$

【制法】 从杂醇油中分离而得。将洗涤剂与杂醇油在混合釜中混合，用空压机鼓泡、搅拌、洗涤、分层后，将洗涤液从混合釜底放出，然后送入蒸馏釜，开始蒸馏。可得净化的原料杂醇油。收取切割温度在120℃以前的馏分即为低碳混合醇；切割温度在120～128℃之间的馏分为含量95%以上的异戊醇；切割128℃以上的馏分为含量99.88%以上的异戊醇。

【用途】 用作压裂液复配中的消泡剂组分。

【安全性】 大鼠经口 LD_{50}：1300mg/kg；兔经皮 LD_{50}：3212mg/kg。吸入、摄入或经皮肤吸收对身体有害，其蒸气或烟雾对眼睛、皮肤、黏膜和呼吸道有刺激作用，可能引起神经系统功能紊乱，长时间接触有麻醉作用。储存于阴凉、通风仓库内。远离火种、热源。防止阳光直射。保持容器密封。应与氧化剂分开存放。

【生产单位】 盐城市龙冈香料化工厂，天津市化学试剂一厂，成都市科龙化工试剂厂，上海试一化学试剂有限公司。

Ba027 丙炔醇

【英文名】 propargyl alcohol

【别名】 2-丙炔-1-醇；2-propyn-1-ol

【登记号】 CAS [107-19-7]

【化学式】 C_3H_4O

【性质】 无色、有挥发性和刺激性气味的液体。熔点 −52～−48℃；d_4^{20} 0.9715；bp_{760} 14～115℃；$bp_{11.6}$ 20℃；n_D^{20} 1.43064；黏度（20℃）1.68×10^{-3} Pa·s。能与水、乙醇、醛类、苯、吡啶和氯仿等有机溶剂互溶，部分溶于四氯化碳，但不溶于脂肪烃。长期放置，特别在遇光时易泛黄。能与水形成共沸物，共沸点97℃，丙炔醇含量21.2%。能与苯形成共沸物，共沸点73℃，丙炔醇含量13.8%。其蒸气与空气形成爆炸性混合物，遇明火、高热能引起燃烧爆炸。与氧化剂能发生强烈反应。若遇高热，可能发生聚合反应，出现大量放热现象，引起容器破裂和爆炸事故。

【质量标准】

指标名称		指标
纯度/%	≥	97
水分/%	≤	0.05
熔点/℃		−52
沸点/℃		114

【制法】 乙炔和甲醛在丁炔铜催化剂作用下于110～120℃反应，得丁炔二醇粗产物。反应产物经浓缩精制得丁炔二醇，同时副产物为丙炔醇，回收即可。为了提高收率，可适当控制工业条件，如提高乙炔分压和降低甲醛浓度等。

【用途】 可用于油气井酸化压裂工艺中盐酸及其他工业酸洗缓蚀剂等。可单独作用用作缓蚀剂，最好能同其产生协同效应的物质复配，以获得更高的缓蚀效率。如为了增加炔醇在稀硫酸溶液中的缓蚀，常加入氯化钠、氯化钾、氯化钙、溴化钾、碘化钾或者氯化锌等复配使用。

【安全性】 大鼠、小鼠经口 LD_{50}：20mg/kg、50mg/kg。兔经皮 LD_{50}：16mg/kg。大鼠吸入 2h LC_{50}：2000mg/m^3。高浓度丙炔醇对眼睛、皮肤、黏膜和呼吸道有强烈的刺激作用。储存于阴凉、通风仓库内。远离火种、热源。防止阳光直射。包装要求密封，不可与空气接触。不宜大量或久存。应与氧化剂分开存放。丙炔醇闪点较低，能与许多杂质发生激烈反应，因而必须特别注意安全，避免与碱或强酸一起加热。丙炔酸为有毒物质，对皮肤和眼睛有严重的刺激作用。

【生产单位】 山西三维集团股份有限公司，淄博市临淄冰清精细化工厂，天津市大茂化学试剂厂，天津市光复精细化工研究所。

Ba028 2-甲基吡啶

【英文名】 2-methylpyridine

【别名】 α-甲基吡啶；皮考林；α-Picoline

【登记号】 CAS [109-06-8]

【化学式】 C_6H_7N

【结构式】

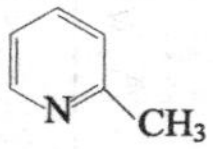

【性质】 天然油状液体，有吡啶臭味。熔点 −70℃；沸点 128～129℃；d_4^{15} 0.950；n_D^{20} 1.501；闪点 29.8℃，38.9℃(开杯)；自燃点 537.8℃。易溶于水，能与醇、醚混溶。遇明火、高热或与氧化剂接触，有引起燃烧爆炸的危险。受热分解放出有毒的氧化氮烟气。若遇高热，容器内压增大，有开裂和爆炸的危险。

【制法】 由煤焦油分离所得的粗吡啶，再在填料塔内进行常压蒸馏，并用纯苯与水共沸蒸馏脱去吡啶中的水；截取馏分，即为 2-甲基吡啶产品。或者由醛与氨气反应或由乙炔和氨进行催化反应得到。

【用途】 用于油气井酸化压裂工艺中盐酸及其他工业酸洗缓蚀剂。

【安全性】 大鼠经口 LD_{50}：1.41g/kg。储存于阴凉、通风仓库内。远离火种、热源。仓温不宜超过 30℃。防止阳光直射。保持容器密封。应与氧化剂分开存放。

【生产单位】 北京恒业中远化工有限公司，鞍钢实业化工公司，成都市科龙化工试剂厂，北京三盛腾达科技有限公司。

Ba029 辛醇

【英文名】 1-octanol

【别名】 正辛醇；1-辛醇；caprylic alcohol

【登记号】 CAS [111-87-5]

【结构式】 $CH_3(CH_2)_6CH_2OH$

【性质】 无色油状液体。d_4^{20} 0.827；熔点 −17～−16℃；沸点 194～195℃；n_D^{20} 1.430。能与乙醇、乙醚和氯仿混溶，不溶于水。

【质量标准】 GB/T 6818—93

指标名称		优等品	一等品	合格品
外观		透明液体,无悬浮物		
色度(铂-钴色)	≤	10	10	15
密度(20℃)/(g/cm³)		0.831～0.833	0.831～0.834	
2-乙基己醇含量/%	≥	99.5	99.0	98.0

续表

指标名称		优等品	一等品	合格品
酸度(以乙酸计)/%	≤	0.01		0.02
羰基化合物含量(以2-乙基己醛计)/%	≤	0.05	0.10	0.20
硫酸显色试验(铂-钴色号)	≤	25	35	50
水分/%	≤	0.10	0.20	

【制法】 辛醇在苦橙、柚、甜橙、绿茶、紫罗兰叶等精油中，或以游离态存在，或以乙酸酯、丁酸酯、异戊酸酯类存在。工业生产时，可将辛醛还原或利用椰子油中存在的辛酸来制备。也可采用庚烯-1为原料的羰基合成法制得。庚烯与一氧化碳和氢在钴盐存在下，于150～170℃及20～30MPa的高压下生成醛，经脱钴后，再用镍催化剂加压氢化成伯醇。

【用途】 用作油基压裂液添加剂。也用于生产增塑剂、萃取剂、稳定剂，用作溶剂和香料的中间体。辛醇本身也用作香料，调和玫瑰，百合等花香香精，作为皂用香料。

【生产单位】 大庆石化，吉林石化。

Ba030 癸醇

【英文名】 *n*-decyl alcohol

【别名】 正癸醇；1-癸醇；1-decanol；nonylcarbinol

【登记号】 CAS [112-30-1]

【结构式】 $CH_3(CH_2)_8CH_2OH$

【性质】 无色黏稠液体，凝固时成叶状或长方形板状结晶。有甜的花香。熔点6.4℃；bp_{760} 232.9℃；d_4^{20} 0.8297；n_D^{20} 1.43587。不溶于水，水中溶解度2.8%（质量）。溶于冰醋酸、乙醇、苯、石油醚，极易溶于乙醚。遇高热、明火或与氧化剂接触，有引起燃烧的危险。

【制法】 以椰子油为原料，在混合氧化物存在的条件下，经高温高压氢化而得。反应得到的偶数碳原子混合醇（包括低碳醇到十八碳醇）减压分馏，C_8～C_{12}馏分采用硼酸酯化法精制，水解后减压分馏，也可由壬烷经羰基化反应，制成壬醛，然后还原成壬醇，蒸馏精制而得。或者将丙烯在磷酸或氟化硼存在下聚合得壬烯，再与一氧化碳和氢在液相中进行反应而得。

【用途】 用于石油钻探和二次采油，用作油基压裂液的添加剂。癸醇也是聚氯乙烯的电线被覆材料和高级人造革的增塑剂（DIDP，DIDA）的原料，铀的精制、消泡剂；表面活性剂的原料，溶剂。在农业方面，可用作除草剂、杀虫剂的溶剂和稳定剂以及合成的原料。用作绿色果品的催熟剂，也可用于观赏植物及烟草等种子发芽的控制。

【安全性】 吸入、摄入或经皮肤吸收后对身体有害，有强烈刺激作用，接触后可引起烧灼感、咳嗽、喉炎、气短、头痛、恶心和呕吐。接触时间长能引起麻醉作用。工作人员应做好防护。储存于阴凉、通风仓间内。远离火种、热源。保持容器密封。应与氧化剂分开存放。搬运时要轻装轻卸，防止包装及容器损坏。

【生产单位】 江苏永华精细化学品有限公司，上海试一化学试剂有限公司，南京斯拜科生化实业有限公司，北京恒业中远化工有限公司。

Ba031 十六醇

【英文名】 cetyl alcohol

【别名】 棕榈醇；1-hexadecanol；ethal；ethol；palmityl alcohol

【登记号】 CAS [36653-82-4]

【结构式】 $CH_3(CH_2)_{14}CH_2OH$

【性质】 白色结晶。具有玫瑰香味。d 0.811；熔点 49℃；沸点 344℃；n_D^{79} 1.4283。不溶于水，易溶于乙醚、苯、氯仿，溶于丙酮，微溶于乙醇。粉体与空气可形成爆炸性混合物。遇明火、高热或与氧化剂接触，有引起燃烧爆炸的危险。

【质量标准】 HG/T 2545—93

指标名称		优等品	一等品	合格品
熔点/℃		47.5～51.5		46.0～52.0
熔融色度(铂-钴色号)(黑曾单位)	≤	20		30
酸值/(mg KOH/g)	≤	0.1		0.2
皂化值/(mg KOH/g)	≤	1.0	1.5	2.0
碘值/(g I_2/100g)	≤	0.5	1.0	1.5
羟值/(mg KOH/g)		228～235	225～235	225～240
十六醇含量/%	≥	98.0	95.0	90.0
烷烃含量/%	≤	0.5	1.5	2.5
外观		在常温下为白色粒状或片状固体		

【制法】 由鲸蜡水解得到十六酸后再还原，或用油脂直接还原。也可以用硼氢化钠还原十六酰氯制得。

【用途】 用作油基压裂液的添加剂。也用于香料合成、制药工业、乳化剂、增溶剂及气相色谱固定液等。

【安全性】 对眼睛、皮肤、黏膜和上呼吸道有刺激作用，工作人员应做好防护。储存于阴凉、通风仓间内。远离火种、热源。保持容器密封。防潮、防晒。应与氧化剂、酸类分开存放。搬运时要轻装轻卸，防止包装及容器损坏。

【生产单位】 成都市科龙化工试剂厂，温州市化学用料厂，上海试一化学试剂有限公司，南京斯拜科生化实业有限公司，北京恒业中远化工有限公司。

Ba032 十八醇

【英文名】 stearyl alcohol

【别名】 硬脂醇；十八碳醇；1-octadecanol；1-hydroxyoctadecane；stearyl alcohol；stenol

【登记号】 CAS [112-92-5]

【结构式】 $CH_3(CH_2)_{16}CH_2OH$

【性质】 白色片状或颗粒。熔点 59.4～59.8℃；bp_{15} 210℃。溶于醇、苯、氯仿，不溶于水。

【质量标准】 HG/T 3274—90

指标名称		优级品	一级品	合格品
熔点/℃		58～60	56～60	54～60
色度(黑曾单位)	≤	20	20	30
酸值/(mg KOH/g)	≤	0.1	0.2	0.2
皂化值/(mg KOH/g)	≤	0.5	1.0	2.0
碘值/(g I_2/100g)	≤	1.0	1.0	2.0
羟值/(mg KOH/g)		203～210	200～210	200～220
纯度/%	≥	98.0	95.0	90.0
烷烃/%	≤	0.5	1.0	2.0
外观		白色粉末、片状或固体		

注：烷烃项仅作表面活性剂原料使用时检测。

【制法】 可由鲸油水解制得，也可在铬酸铜催化下由硬脂酸加氢而得，或用饱和乙醇还原硬脂酸乙酯。还可在烷基铝的作用下，通过控制乙烯的聚合反应得到十七烯馏分，再经羰基合成制得十八醇。

【用途】 可代替十六醇使用，用作油基压裂液的添加剂。十八醇可用于生产平平加、树脂和合成橡胶、彩色胶片成色剂等。

【生产单位】 成都市科龙化工试剂厂，温州市化学用料厂，上海试一化学试剂有限公司，南京斯拜科生化实业有限公司，北京恒业中远化工有限公司。

Ba033 硬脂酸

【英文名】 stearic acid

【别名】 十八烷酸；十八酸；十八碳烷酸；octadecanoic acid

【登记号】 CAS [57-11-4]

【结构式】 $CH_3(CH_2)_{16}COOH$

【性质】 纯品为带有光泽的白色叶片状固体。d^{70} 0.847；熔点 69～70℃；沸点 383℃；n_D^{80} 1.4299。在 90～100℃下慢慢挥发。几乎不溶于水（20℃时，100mL 水中只溶解 0.00029g），溶于乙醇，丙酮，易溶于乙醚、氯仿、苯、四氯化碳、二硫化碳、醋酸戊酯和甲苯等。遇高热、明火或与氧化剂接触，有引起燃烧的危险。

【质量标准】 GB/T 9103—88

指标名称		200 型	400 型	800 型
碘值/(g I_2/100g)	≤	2.0	4.0	8.0
皂化值/(mg KOH/g)		206～211	203～214	193～220
酸值/(mg KOH/g)		205～210	202～212	162～218
色度(黑曾单位)	≤	200	400	400
凝固点/℃		54～57	≥54	≥52
水分/%	≤	0.20	0.20	0.30
无机酸/%	≤	0.001	0.001	0.001
外观		呈块状、片状、粉状或粒状		

【制法】 工业硬脂酸的生产方法主要有分馏法和压榨法两种。在硬化油中加入分解剂，然后水解得粗脂肪酸，再经水洗、蒸馏、脱色即得成品。同时副产甘油。

【用途】 硬脂酸是自然界广泛存在的一种脂肪酸，几乎所有油脂中都有含量不等的硬脂酸。除用作油基钻井液乳化剂外，还用作天然橡胶、合成橡胶（丁基橡胶除外）及胶乳的硫化活性剂，也用作塑料增塑剂和稳定剂的原料。医药上用于配制软膏、栓剂等，还用于制造化妆品，蜡烛、防水剂、擦亮剂等。该品在食品工业中用作润滑剂、消泡剂及食品添加剂硬脂酸甘油酯、硬脂酸山梨糖醇酐酯、蔗糖酯等的原料。

【安全性】 小鼠、大鼠静脉注射 LD_{50}：(23±0.7)mg/kg、(21.5±1.8)mg/kg。储存于阴凉、通风仓间内。远离火种、热源。保持容器密封。应与氧化剂分开存放。

【生产单位】 博兴华润油脂化学有限公司，青岛碱业有限公司，天津市化学试剂一厂。

Ba034 苯酚

【英文名】 phenol

【别名】 羟基苯；carbolic acid；phenic acid；phenylic acid；phenyl hydroxide；hydroxybenzene；oxybenzene

【登记号】 CAS [108-95-2]

【结构式】

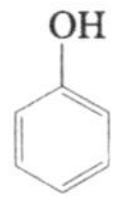

【性质】 无色针状结晶或白色结晶。有特殊臭味，极稀的溶液具有甜味。不纯品在光和空气作用下变为淡红或红色，遇碱变色更快。相对密度 1.0576，凝固点 41℃，熔点 43℃，沸点 181.7℃(182℃)，折射率 1.54178，闪点 79.44℃(闭杯)、85℃

(开杯)，自燃点 715℃，蒸气密度 3.24，蒸气压 0.13kPa(40.1℃)，蒸气与空气混合物燃烧极限 1.7%～8.6%。可燃，腐蚀力强。有毒。1g 苯酚溶于约 15mL 水(0.67%，25℃加热后可以任何比例溶解)、12mL 苯。易溶于乙醇、乙醚、氯仿、甘油、二硫化碳、凡士林、挥发油、固定油、强碱水溶液。几乎不溶于石油醚。水溶液 pH 约为 6.0。

【质量标准】 GB/T 339—2001

指标名称	优级品	一级品	合格品
外观	熔融液体或结晶固体，无沉淀，无浑浊		
结晶点/℃ ≥	40.6	40.5	40.2
溶解试验[(1∶20) ≤ 吸光度]	0.03	0.04	0.14
水分/% ≤	0.10		—

【制法】 主要有磺化法和异丙苯法。磺化法是以苯为原料，用硫酸进行磺化生成苯磺酸，用亚硫酸中和，再用烧碱进行碱熔，经磺化和减压蒸馏等步骤制得。异丙苯法是丙烯与苯在三氯化铝催化剂作用下生成异丙苯，异丙苯经氧化生成氢过氧化异丙苯，再用硫酸分解，得到苯酚和丙酮。

【用途】 用于油田工业，也是重要的有机化工原料，用它可制取酚醛树脂、己内酰胺、双酚 A、水杨酸、苦味酸、五氯酚、酚酞、*N*-乙酰乙氧基苯胺等化工产品及中间体，在化工原料、烷基酚、合成纤维、塑料、合成橡胶、医药、农药、香料、染料、涂料和炼油等工业中有广泛的应用。

【安全性】 大鼠经口 LD_{50}<530mg/kg。

【生产单位】 天津市化学试剂一厂，中化江苏公司，佛山市顺德顺冠气体溶剂有限公司，天津市德拜尔石油化工有限公司，山东宝洋化工集团公司，淄博化学试剂厂有限公司。

Bb 石油石化装置清洗用化学品

一般石油清洗剂、石化清洗剂、石化装置设备清洗剂，可用于石油、石化系统的输油管道、储油罐、套管、导管、注水管线、抽油泵、柴油机冷却系统、加热管道、常压系统、汽提塔、闪蒸塔、加热炉、制氮装置、反应器、压缩机清洗。

石油化工生产中主要是炼油生产常减压蒸馏装置及其深度加工的后续装置，如乙烯裂解、催化裂化、延迟焦化、芳烃联合、加氢精制等装置的较多设备会积聚和生成油垢焦垢。石油化纤生产中某些炉子与管道由于接触导热油也会产生油垢焦垢。化肥生产中某些炉子、换热器、塔器同样存在油垢焦垢，甚至一些压缩机采用润滑油因泄漏也会产生油垢，还有原油罐沉积淤垢及输油管道壁黏附油垢等，因而石化生产中普遍存在油垢焦垢问题。

油垢焦垢可使管壁热阻增加，生产过程能耗增加，设备寿命缩短，垢层也使设备内径变小，物料流动压降增大，收率降低，操作周期缩短，严重影响生产，为此必须进行清洗除垢。由于设备工艺条件千差万别，导致结垢情况也不尽一致，因而应根据设备不同结垢情况，采用不同的化学清洗方法与工艺。

1 对石油石化设备清洗设备类别鉴别

① 大型石油石化油罐清洗、清理各种柴油罐、重油罐清洗、原油罐清洗、食用油罐清洗等。

② 石油石化中央空调清洗、中央空调水处理、中央空调保养、中央空调年保、中央空调维保、冷却塔清洗、蒸发器清洗、冷凝器清洗。

③ 石油石化锅炉清洗、锅炉酸洗、锅炉碱洗、水垢清洗、锅炉化学清洗、蒸汽锅炉清洗、锅炉运行清洗、锅炉保养、锅炉水处理。

④ 石油石化导热油炉清洗、油炉清洗、有机热载体炉清洗、热媒炉清洗、油垢清洗。

⑤ 石油石化工业清洗、工业设备清洗、换热器清洗、管道清洗、油罐

清洗、储罐清洗、管线清洗。

⑥ 石油石化工业水处理、冷却水处理、冷却水清洗、工业冷却水处理、循环冷却水处理、冷却塔清洗。

⑦ 石油石化高压水清洗、物理清洗、高压水射流清洗、环保清洗。

2 对石油石化设备油垢类型与形成原因的分析

石化生产由于采用原油为原料，其主要成分为烃（$w=98\%$），还有少量含氮、硫、氧等化合物。

通过常减压蒸馏生成汽油、煤油、柴油、润滑油、石蜡与沥青等。对煤柴油进行热裂解生成烯烃，随后进行去氢、聚合、加成、异构化、烷基化等工艺反应，生产出化工、化纤、化肥、塑料、橡胶等多种产品。在这些生产过程中，设备与管道难免会生成与积聚各类油垢，由于处于不同生产装置与不同工艺环境，从常温至高温，故形成不同类型油垢。

上述分析统称“油垢”，实际上根据形态与组成可分为轻油垢、重油垢、胶油垢、焦油垢、焦炭垢、含硫化铁油垢、含催化剂油垢等。油垢主要由蜡质、胶质、焦质、沥青、碳化物、碳分、硫化铁、氧化铁、无机盐、有机聚合物、催化剂等组成。

石油石化设备油垢属憎水型有机混合物膜状污垢。组成配比的不同，会形成不同类型的油垢。

① 轻油垢　轻油垢指金属表面上附着一层较薄的油脂与蜡膜，并混有少量其他杂质与灰尘，一般是在低温（<100℃）下形成的。如新设备内壁制造后涂刷了防锈油膏，投运前安放在外氧化而形成轻油垢。

② 重油垢　重油垢指金属表面上有一层附着力强的渣油蜡油层，其中含有一些焦油沥青，并混有一些其他杂质，一般是在100～300℃时形成的。

③ 胶油垢　胶油垢指附着力较强的高分子黏结体油垢，既含有焦油沥青，又含有较多的有机聚合物。某些胶油垢有弹性。这是在高温条件（100～300℃）下的烷烃、烯烃、芳烃与氧发生反应，生成自由基聚合母体，并进一步聚合缩合，生成结构复杂的高分子胶体，黏结于设备表面。

④ 焦油垢　焦油垢指附着力强的结焦与炭化的油垢，大部分是焦质与沥青，并含有少量有机聚合物与腐蚀产物。这是在高温（200～400℃）条件下或在冷却冷凝时，烷烃、烯烃发生自聚环化，并逐步脱氢缩合，由低级芳烃转化为多环芳烃，进而转化为稠环芳烃，由液状焦油转化为固体沥青，并进而形成焦垢；或在工艺物料中的自由基（甲基、乙基与苯基）与烯炔自身聚合成微粒，反应生成多环芳烃，再进一步脱氢缩合而形成结焦。

⑤ 焦炭垢　焦炭垢指金属器壁上有一层附着力很强的积炭，这是在更高温度（>400℃）下，上述通过脱氢缩合的焦油垢继续脱氢缩合，逐步石墨化，从疏松的积炭，逐步转化成较硬的炭垢。当然设备表面上由于Fe、Ni离子起催化作用，可先生成金属碳化物，再逐步转变成焦垢与炭垢。

⑥ 含硫化铁油垢　随着采用原油含硫量增加，物料中硫化氢、硫醇在一定条件下与钢铁器壁发生腐蚀反应生成硫化铁。这些硫化铁针对不同设备不同环境可分别与轻油、重油、蜡油、焦油混杂一起，形成含硫油垢。

⑦ 含催化剂油垢　炼油及后续深加工生产过程中均需要油浆中加入催化剂，催化剂能促进聚合反应进行，并在设备表面上聚合沉积黏稠状油垢。另外，由催化剂微粒形成的沉积物，也可在热交换过程中在管壁上形成焦油垢。

实际上石化装置不同设备中生成的油垢，并不总是上述单一类型油垢，很多是两种以上类型油垢组成，如高温换热器管壁外层是重油垢，中层是焦油垢，内层是焦炭垢。如需进行多层次清洗，就会给制定清洗工艺增加困难。

Bb001 常减压热交换器重质油垢清洗剂

【英文名】 atmospheric and vacuum heat exchanger of heavy oil dirt cleaning agent

【别名】 ACSKI清洗剂；重质油垢清洗剂；热交换器清洗剂

【组成】 ACSKI清洗剂由二甲基甲酰胺（C_3H_7NO）或*N*-甲基吡咯烷酮（C_5H_9NO）之类特殊溶剂等组成。

【性能指标】 重质油垢清洗剂的性能指标达到相关国家标准。

【配方分析】 经对油垢分析后开发出ACSKI清洗剂，该剂能把垢中重质油分强烈溶解，不溶的无机垢及碳分由于重质油分溶解而丧失黏着性，通过泵流体冲刷而剥离。

【主要用途】 对金属表面上有一层附着力强的渣油蜡油层重质油垢的清洗、工业设备清洗、换热器清洗、常减压热交换器重质油垢清洗等。

【应用特点】 常减压热交换器油垢清除多采用高压水射流，但这需在停车并抽芯条件下进行。日挥集团开发出ACS法，这是不停车检修热交换器的高效清洗技术。

【参考清洗工艺】 通过把欲清洗的热交换器分流，连接泵、滤网、槽组成循环清洗系统。先通过轻油清洗与氮气冲洗、排除滞油，再把80%轻油和20%ACSKI组成清洗剂作循环清洗。

【安全性】 一般洗后使设备导热性能恢复。废液与原油混合处理而分解，无排放污染。

【生产单位】 日挥集团，上海蓝宇清洗有限公司。

Bb002 芳烃联合装置换热器重质焦油垢清洗剂

【英文名】 aromatic combination plant heavy tar fouling of the heat exchanger cleaning agent

【别名】 重质焦油垢水基清洗剂；芳烃装置换热器水基清洗剂

【组成】 由 CN88-105662 清洗剂、水基清洗剂之类及特殊溶剂等组成。

【参考清洗工艺】 所用水基清洗剂保密。安置临时金属配管，与槽泵组成循环系统，蒸汽加热至 85～95℃，经反复几次清洗，基本达到预期目的。经调研，确认上述清洗剂系 CN88-105662，适用于炼油化工厂清除重质油垢。

【性能指标】 重质焦油垢清洗剂的性能指标达到国家标准（GB）。

【主要用途】 一般适用于炼油化工厂清除重质油垢。对芳烃厂热器壳程沉积重质焦油垢、钢制石脑油/VGO 换热器清洗等。

【应用特点】 换热器壳程沉积重质焦油垢清洗防止排污口应力腐蚀破裂，可排尽死角残液，预防积聚有害离子 Cl^-、S^{2-}。

【安全性】 一般常温酸洗，该混酸对钢不腐蚀。但清洗过程中会冒出棕烟，操作危险性较大。酸洗后要用碳酸钠脱盐水溶液中和冲洗。

【生产单位】 上海蓝宇清洗有限公司。

Bb003 锅炉燃料油加热器重质焦油垢清洗剂

【英文名】 boiler fuel oil heaters heavy tar fouling cleaning agent

【别名】 重质焦油垢清洗剂；锅炉燃料油加热器清洗剂

【组成】 由 SAA、CN88-105662 清洗剂、氧化剂混合液之类特殊溶剂等组成。

【配方】 除滞油柴油＋四氯化碳（4∶1）清洗除焦油碱＋SAA＋氧化剂混合液 90℃清洗除焦油垢抽芯 HCl＋0.3%（质量分数）Lan-826 常温循环清洗。

【参考清洗工艺】 ①蒸汽吹扫；②抽芯对管束间焦炭垢高压水力冲洗复位；③清洗除焦油碱；④Lan-826 常温循环；⑤清洗除残余铁垢→水冲洗→钝化。经多步清洗，达到预期目的。

【性能指标】 重质焦油垢清洗剂的性能指标达到国家标准（GB）。

【主要用途】 一般适用于燃料油加热器清洗等。

【应用特点】 燃料油加热器，对重质焦油垢设备及装置清洗，一般材质为碳钢，由于温度高达 200～365℃，对壳程沉积焦油垢及焦炭垢清洗有特效。

【安全性】 一般壳程沉积焦油垢及焦炭垢，只有彻底清洗除垢，才能避免非计划停车，排除操作危险，避免安全隐患。

【生产单位】 上海蓝宇清洗有限公司。

Bb004 重整高压空冷器含硫化铁油垢清洗剂

【英文名】 reforming of high pressure air cooler containing ferric sulfide grease cleaning agent

【别名】 高压空冷器清洗剂；硫化铁油垢清洗剂

【组成】 由烷基苯磺酸钠、OP-10、NaOH、Na_2CO_3、Na_2SiO_3、清洗剂、碱性螯合剂、EDTA 或柠檬酸、缓蚀剂、氧化剂之类特殊溶剂等组成。

【参考清洗工艺】 采用如下清洗工艺：先用水基清洗剂除油，水基清洗剂组成如下。

组分	w/%
NaOH	1～2
Na_2CO_3	0.1
烷基苯磺酸钠	0.5
OP-10	0.5
Na_2SiO_3	0.5
氧化剂	1～2

再用碱性螯合剂除铁垢，组成（质量分数）为 EDTA 或柠檬酸 6%，缓蚀剂 0.5%，JFC0.5%，NaOH 加至 pH＝9。在 80～90℃温度下循环与浸泡，最后水

冲洗与钝化。

【性能指标】 重整高压空冷器含硫化铁油垢清洗剂的性能指标达到国家标准(GB)。

【主要用途】 一般适用于炼油厂高压空冷器清洗等。

【应用特点】 一般高压空冷器材质为碳钢，管内反应生成油，从高温急冷，促使管壁沉积一层较厚的含硫化铁的蜡油垢。

【安全性】 洗后使重整高压空冷器设备性能恢复。一般废液与原油混合处理而分解，无排放污染。

【生产单位】 上海蓝宇清洗有限公司。

Bb005 导热油炉管焦油垢积炭清洗剂

【英文名】 carbon deposits on the pipe the tar fouling in thermal oil furnace cleaning

【别名】 导热油炉管清洗剂；焦油垢积炭清洗剂

【组成】 由SAA溶液、有机溶剂、氨溶液、稀硝酸、Lan-5、JFC溶液之类特殊药剂等组成。

【参考清洗工艺】 一般抽出U形管用蒸汽吹扫→碱＋SAA溶液加温清洗除焦油→有机溶剂＋SAA＋氨溶液除积炭→热水冲洗→稀硝酸＋Lan-5＋JFC溶液清除残余炭垢→水冲洗→钝化。

【性能指标】 一般导热油炉管焦油垢积炭清洗剂的性能指标达到国家标准（GB)。

【主要用途】 一般适用于化纤厂热媒炉清洗等。

【应用特点】 一般导热油炉，装多根U形碳钢管，管内电丝加热管外的国产导热油，温度达350℃，经使用多年，管外壁形成焦油垢与积炭。

【安全性】 一般导热油炉管焦油垢积炭清洗后使设备性能恢复。废液与原油混合处理而分解，无排放污染。

【生产单位】 上海蓝宇清洗有限公司。

Bb006 甲醇合成设备蜡油垢清洗剂

【英文名】 methanol synthesis equipment wax degreasing cleaning agent

【别名】 甲醇合成设备清洗剂；蜡油垢清洗剂

【组成】 NTA（氮三乙酸)、乳化剂T-80、渗透剂S（琥珀酸二仲辛酯磺酸钠)、HF-003缓蚀剂等组成。

【配方】

组分	w/%
NTA(氮三乙酸)	10～30
乳化剂 T-80	2～3
渗透剂 S(琥珀酸二仲辛酯磺酸钠)	1.0～1.5
HF-003 缓蚀剂	0.6

【参考清洗工艺】 以NaOH调pH至10～12，90～100℃静态泡煮清洗。

【性能指标】 一般甲醇合成设备蜡油垢清洗剂的性能指标达到国家标准（GB)。

【主要用途】 甲醇合成设备、塔器、分离器及容器中内件清洗。

【应用特点】 甲醇合成设备普遍沉积了一层含催化剂（Al_2O_3、ZnO、CuO）的蜡油垢。由于高压水射流清洗对塔器、分离器及容器中内件无法实施，只能采用碱＋SAA＋络合剂混合液清洗。

【安全性】 一般甲醇合成设备、塔器、分离器及容器中内件清洗后使设备性能恢复。无排放污染。

【生产单位】 上海蓝宇清洗有限公司。

Bb007 高效硫化亚铁钝化清洗剂

【英文名】 cleaning of ferrous sulfide passivation agent with high efficiency

【别名】 钝化清洗剂；硫化亚铁清洗剂

【组成】 由表面活性剂为十二烷基磺酸盐、十二烷基苯磺酸盐、烷基酚与环氧乙烷缩合物以及脂肪醇与环氧乙烷缩合物中的一种或几种，缓蚀剂为六亚甲基四胺、二丁基硫脲或烷基吡啶，柠檬酸等组成。

【配方】

组分	w/%
二氧化氯	0.1～10
柠檬酸	0.1～5
缓蚀剂	0.1～5
表面活性剂	0.1～10
EDTA	0.1～5
水	0.5～65

【配方分析】 根据具体情况，如装置中附着的硫化亚铁垢的多少、油污的残留量和其他的污染情况等可适当调整配方中不同组分的比例。硫化亚铁垢较多时，可以提高配方中二氧化氯的含量，使硫化亚铁可以彻底钝化失活；如果油污残留较多，应先使用水蒸气预先清洗装置，且适当增加表面活性剂的含量，以提高清洗装置的效果；如果装置中盐浓度或重金属离子较高，可以提高EDTA的使用量。

【主要用途】 用于石油炼化生产装置的清洗、石油化工装置上沉积的清洗。

【应用特点】 用于清洗石油化工装置上沉积的硫化亚铁垢的钝化清洗剂，将它用于石油炼化生产装置的清洗，一方面可以彻底氧化、钝化硫化亚铁，防止自然事故的发生；另一方面将油垢从设备中完全清洗下来，具有高效、安全、环保等特点。

【产品配方举例】 称取10.0g十二烷基苯磺酸钠、8.0g脂肪醇与环氧乙烷缩合物和6.0g烷基酚与环氧乙烷缩合物（OP-10），加800g水，搅拌溶解。称取10.0g二氧化氯粉末加入上述溶液中，搅拌溶解，控制溶液pH在5.5～6.5。再加入1.0g柠檬酸、1.0g EDTA和1.0g六亚甲基四胺缓蚀剂，搅拌溶解，加水补足至1000g，并继续搅拌至溶液澄清透明。

【参考清洗工艺】 将上述剩余产品溶液950g置于50℃水浴中，加入涂有0.15g沥青的不锈钢挂片，置于产品容器底部，用机械搅拌器，以50r/min的转速搅拌2h后，取出挂片，低温烘干后，称重，测定洗油效率。结果，2h的洗油效率达100%。使用纯水时，洗油效率为12%。

【安全性】 一般高效硫化亚铁钝化清洗剂用于石油炼化生产装置的清洗、石油化工装置上沉积的清洗，清洗后使设备性能恢复。无排放污染。

Bc 油气开采、油田矿山机械清洗用化学品

目前，油气勘探开发领域越来越广，所开采油气藏层位越来越深。地质条件越趋复杂，难度也越来越大。在油气生产的整个过程中，油田化学品起着至关重要的作用，性能优良、实用性强、环境安全的油田化学品是油气工业快速发展的保证。

油气开采主要分为勘察、开采和储运三个大的阶段，在勘察阶段又包括地震勘察、钻井勘察和压裂试采三个阶段，在开采阶段又分为水平井组钻井、固井压裂和压裂液反排三个阶段，在储运环节可以分为管输、压缩液化运输和井口转化后运输三种方式。

非常规油气开发的核心的技术是水平钻井和分段压裂技术。国内非常规油气开发的兴起，压裂能力亟须提升；另外，老油田增产需求大，储层改造创造压裂需求。

因此，目前国内油气开采、油田矿山机械清洗工作十分繁重，受益于上述进程确定性较高。除压裂设备外，连续油管设备清洗又是一个新的增长点。连续油管清洗作业对干用于下游生产油管内清洗完成修井作业十分重要显得油气开采、油田矿山机械清洗用化学品尤为重要。如下简要介绍油气开采、油田矿山机械清洗用化学品。

Bc001 白电油

【英文名】 white oil

【别名】 正己烷

【结构式】 $CH_3(CH_2)_4CH_3$

【相对分子质量】 100.21

【组成】 正己烷白电油：6[#]，120[#]（快干型，慢干型）。

【性能指标】 无色透明液体。相对密度（20℃）0.6594，凝固点－90.6℃，沸点98.4℃，闪点－4℃，燃点215℃，折射率1.38512，黏度（20℃）0.4mPa·s，溶解度参数$\delta=7.4$。不溶于水，可溶于乙醇。

【主要用途】 油田矿山工业上用作清洗剂，是五金、电子、印刷和制鞋等行业广泛应用化学物品。

【应用特点】 它具有高脂溶性和高挥发性，而且去污能力强。

【包装规格】 全新铁桶，140kg/桶；桶装或槽罐车。

【安全性】 用作溶剂和稀释剂。储存于阴凉、通风的库房内；防火，防晒。

Bc002 快干型环保清洗剂 FRB-663

【英文名】 quick-drying environmentally friendly cleaning agent FRB-663

【别名】 快干型环保清洗剂：快挥发型环保清洗剂

【组成】 由表面活性剂、清洗剂、氧化剂等组成。

【主要用途】 是一种替代白电油、快干、气味小、清洗力强、不含卤素、不含苯、不含甲醛、不含邻苯二甲酸酯的环保清洗剂。

【应用特点】 除油速度快，对各种工件进行清洗之后能够快速干燥，方便员工的操作，节省清洗后的干燥时间。

【性能指标】 气味：微弱性气味；水溶性：不溶；外观：无色透明液体。

【使用方法】 擦拭清洗；浸泡清洗；喷射清洗。

【包装规格】 20L/小塑胶桶，200L/大铁桶。

【安全性】 本品符合 ROHS、REACH 两个欧盟绿色环保指令，可提供无卤素、无苯等相关权威环保检测报告。

【生产单位】 裕满实业公司。

Bc003 KBM213 高耐蚀黑色磷化液油田矿山机械清洗剂

【英文名】 KBM213 high corrosion resistant black phosphating liquid oil and mining machinery cleaning agent

【别名】 高耐蚀清洗剂；油田矿山机械清洗剂

【组成】 由表面活性剂、清洗剂、氧化剂等组成。

【工艺特点】 该工艺溶液体系稳定，操作要求不高，膜层外观美。但同时存在着不可克服的缺陷：能耗大，效率低，耐蚀性不及磷化膜，且铸铁件发黑通常为黑褐色或红褐色。不同材料处理后的颜色不能达到一致。

前处理要求高，对钢铁材料的选择性比较强。对弹簧钢、热处理淬火后的钢等能得到各种指标都与高温碱性氧化相当或更好的黑色膜，但对大多数钢铁材料，相对碱性氧化来说，耐磨性、耐蚀性能要差。

① 不论工件几何形状、大小，均能得到致密的黑色膜，膜层抗腐性能强，装饰性好。

② 适用范围广，处理钢材、铸铁、铸钢、高硅钢等能达到色泽均匀的黑色膜，解决了传统发蓝此类工件表面为红色、褐色或棕色的质量问题。

③ 无污染、无毒害，不产生有害气体，保护环境。

④ 工艺简单，效能高，使用时无需现场化验，只需定期补加。

【工艺方法】 ①工作液 pH：2～2.5；②工作温度：大于 70℃；③黑色磷化时间：5～10min；④ 工艺流程：除油→水冲洗→除锈活化→水冲洗→表调→黑色磷化→水洗→浸脱水防锈油。

【性能指标】 ①本品外观为淡绿色液体(浓缩体)，不燃不爆，无挥发，无气味，储存期两年。②膜层外观：均匀，致密，黑色。膜厚：2～5μm；③膜层符合国标 GB/T 12612—90，耐 3%$CuSO_4$>180s。

【主要用途】 金属制品在制造过程中表面会黏附一些切削液、润滑油、金属碎屑、尘土等污物。为了保证金属防锈处理、喷塑涂装结合力强等后续工序的效果，首先要将上述污物清除，并形成薄的具有一定防锈功能的磷化膜。本品属于一种新型常温磷化液，主要用于钢铁喷漆或喷粉前的磷化处理，特别适合流水线生产作业的厂家选用。形成的磷化膜均匀细密，有一定的耐蚀性，设备和构件经磷化处理后，增强基体与涂层的附着力。适合于各种型号的钢铁制品。

还有用本黑色磷化液对油田矿山机械

钢铁零件进行高耐蚀黑色磷化处理后，耐蚀性大大高于普通磷化、高温发蓝和常温发黑工艺。广泛应用于汽车、摩托车、油田、矿山机械配件、标准件、紧固件、链条、凸轮等工件的耐蚀处理，可代替高温发蓝、磷化、镀锌等工艺。

【应用特点】 长期以来，黑色金属材料（包括钢铁、铸铁）表面发黑通常采用高温氧化。现黑色磷化液在钢铁表面形成耐蚀性能良好的磷酸盐复合膜，防腐性好，附着力强。克服了碱性发蓝的高能耗、低工效、污染大等弊端。操作工艺简单，是钢铁表面防腐和装饰的理想产品。

【清洗工艺参考】 ①表面乌黑、细腻、美观。对各种钢铁基材表面颜色相同，均为纯黑色，无发灰、发红现象。②黑色磷化温度：65～70℃；磷化时间：15～20min。速度快，效率高。比高温碱性发黑、发蓝、磷化处理工效大大提高。处理成本低。③耐蚀性好。硫酸铜滴定大于10min，盐雾试验大于72h。可长期防锈。④不使用亚硒酸盐、亚硝酸盐等有毒有害物质，有利于环境保护和操作工人健康。⑤黑色磷化膜层结合十分牢固。⑥工作液通过分析补充可长期循环使用。

【工艺方法】 ①前处理除油除锈必须彻底，否则影响磷化质量。②磷化前工作必须洗净，防止残留酸液带入磷化槽中破坏溶液。③工件入槽后应上下拌动。防止复杂多孔零件磷化不上。④使用可根据pH或凭经验进行定期添加。

【安全性】 高耐蚀黑色磷化液开发解决了磷化对操作工人的劳动环境和环保造成的危害和破坏（存在致癌物、产生大量碱雾）等。针对这些迫切需要解决的缺陷解决了安全性问题，提出了高耐蚀常温发黑技术。该技术具有节能、操作简单、成膜时间短等优点。

【包装规格】 200kg/桶，25kg/桶。

【生产单位】 山东省科学院新材料研究所，长沙固特瑞新材料科技有限公司等。

Bc004 KBM204四合一磷化液（油田矿山机械用）

【英文名】 KBM204 four-in-one phosphating oilfield and mining machinery

【别名】 磷化液；四合一防锈漆膜

【组成】 四合一磷化液由磷化剂、氧化剂、络合剂、缓蚀剂等组成又复配而成。该法简化了工序，提高了劳动生产率，降低了产品成本，便于机械化、自动化生产。因工作液的浓度不同和钢铁材质元素组成不同，磷化膜层一般为灰色、蓝色、金黄色、彩虹色等，具有较好的防锈能力和漆膜附着力。

【工艺特点】 ①除油除锈磷化速度快，2～10min即可完成处理，磷化工效大大提高，磷化成本低。②磷化膜外观呈灰黑色，耐蚀性优良，室内放置长时间不生锈。③四合一磷化液以浓缩液供应，使用时按一定比例加水即可，补充调整非常方便。④磷化液中不含有毒有害物质，处理过程无废水排放，是一种环保的磷化工艺。⑤在常温下即可进行除油除锈磷化钝化处理，在冬季也可以不加温进行处理，节约能源，设备投资低。加温至45℃磷化处理速度更快。⑥磷化液可以采用浸泡、刷涂、喷淋、擦拭等工艺进行处理，处理后的工件不需水洗，磷化干燥后即可涂装。漆层附着力好。

【工艺方法】 在15～45℃喷淋或浸渍使用，处理时间短、速度快、效率高，槽液稳定性好，接近于无渣，易于控制，运行周期2～3个月。磷化膜为彩虹色，具有优异的防锈能力。

【理化指标】 外观：浅蓝色澄清透明液体；pH：2～2.5；相对密度：＞1.0；3%的NaCl浸泡15min后，15～60d无锈，室内挂片2～4个月无锈；总酸度：

30～80 点；游离酸度：3～10 点；蓝点检测实验：>32s；磷化时间：喷淋 60s，浸泡 5～15min；磷化膜厚度：1～4μm；附着力：一级。

产品经 SGS 测试，其试验结果与欧盟 RoHS 指令 2002/95/EC 以及后续修正指令的要求相符。

【主要用途】 四合一磷化技术大大简化了磷化工序，磷化工效显著提高。广泛用于船舶、车辆、油田矿山机械、金属家具、机床、家用电器等设备涂装前的预处理。专为除锈防腐工程、涂装防护工程、维修保养工程配套服务。

【应用特点】 四合一磷化液能在常温下一槽内完成除油、除锈、磷化、钝化四项功能，在钢铁工件表面形成均匀、致密、耐蚀的灰色磷化膜，可作为喷漆、喷塑等涂装前的底层，涂层附着力好。

【安全性】 磷化液无毒无味，处理过程无废水排放，节能环保。

【生产单位】 上海金田除锈防锈有限公司。

Bd 油气集输清洗用化学品

随着输油工艺技术的发展，油气集输清洗用化学品也在不断增长与发展。

利用化学剂清洗油气集输金属设备是一种常见的方法。磷化作为常用的金属处理方法，其功能主要为耐蚀、提高有机涂层结合力、抗磨、电绝缘及在冷加工中润滑等，而金属表面上的油污和固体污垢的清除将直接影响其磷化质量。金属表面上的污垢是多相多组分混杂的，去污过程不是一种简单的胶体作用，而是复杂的、很多简单胶体作用的聚集过程。在此过程中几种不同的胶体作用同时发生，表面活性剂之间相互作用也伴随出现。这样在选择清除多相多组分污垢的表面活性剂时，对表面活性剂的性能、相互组合以及外部条件的综合研究和考虑便是一个需要认真解决的问题。

油气集输用化学品包括缓蚀剂、破乳剂（清洗石油剂）、减阻剂、乳化剂、流动性改性剂、防蜡剂、清蜡剂等。这些化学品的添加，能保证油气质量与清洗，保证生产过程安全可靠和降低能量消耗。

鉴于大多数药剂已在其他章节有所涉及。本节只介绍破乳剂（清洗石油剂）。原油中通常含有沥青质，特别高黏原油中含有很多沥青。沥青相对分子质量大且分子中含有较多的羧基、羟基、巯基等活性基团，很容易和水形成稳定的乳化液。原油采出后必须通过加入破乳剂及其他物理方法将采出液中的油和水分开。破乳，是油气集输中的重要工序。

Bd001 破乳剂 AE 系列

【英文名】 demulsifier AE series

【别名】 多乙烯多胺聚氧乙烯聚氧丙烯醚。

【结构式】

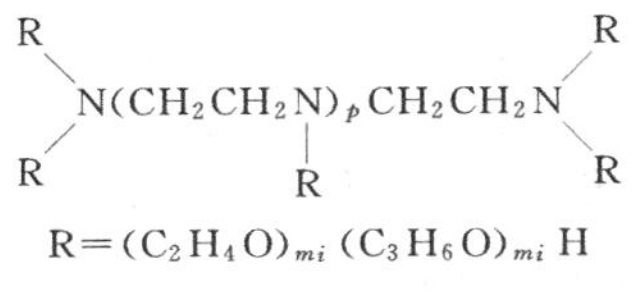

$R=(C_2H_4O)_{mi}(C_3H_6O)_{mi}H$

【制法】 将1mol多乙烯多胺作为起始剂加入压力釜，再加入0.5%的固体NaOH作催化剂。用干燥氮气驱尽釜中空气。升温至100℃后开始通入m mol的环氧乙烷，在120～140℃、0.2MPa下反应4h。然后降温、降压，至100℃后，继续通$n$mol的环氧丙烷，在上述条件下缩聚。反应完毕后加硫酸中和，压滤，除去无机盐，将滤液加入蒸馏釜脱水后加溶剂稀释成65%的溶液。反应式如下：

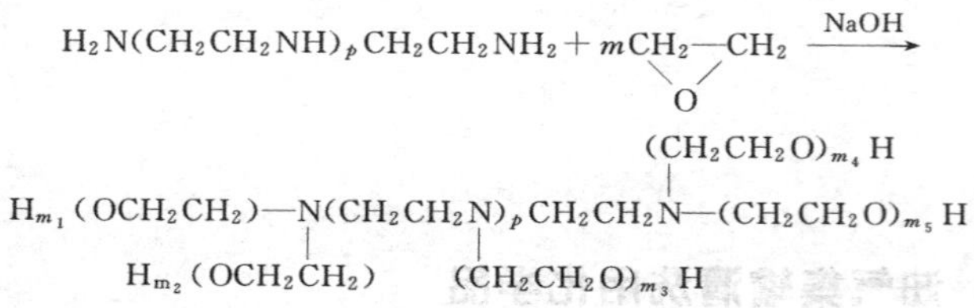

I

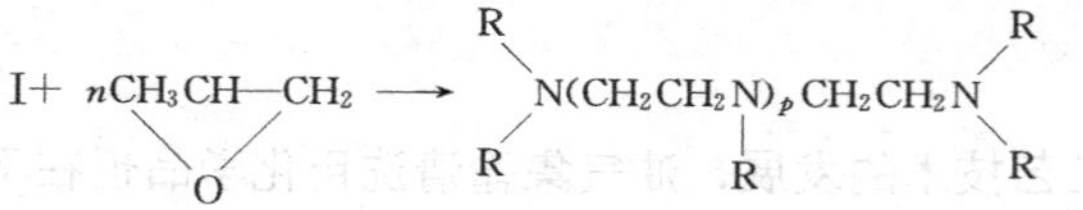

$$m=m_1+m_2+m_3+m_4+m_5$$

$$n=n_1+n_2+n_3+n_4+n_5$$

$$i=1,2,3,4,5$$

【产品特点】 本系列产品均为黄色或棕黄色黏稠液体。相对分子质量在2000～4000。产品含量65%左右，系列产品包括13个品种。

【产品规格】

指标名称	指标												
AE型号	0604	10017	121	169～21	1910	2010	2821	31	4010	7921	8031	8051	9901
色度(铂-钴)	<300	<300	300	300	300	300	300	300	300	300	300	300	300
羟值/(mg KOH/g)	50	60	56	56	56	50	50		56		35～45	40	300
凝固点/℃					20～40				<20		－10～－5		50
pH值			7								19～25		
脱水率/%			95										

【主要用途】 用于原油低温脱水，脱盐。其亲水性比AP型破乳剂强。

【生产单位】 吉林辽源石油化工厂，山东滨州化工厂等。

Bd002 破乳剂AF系列

【英文名】 demulsifier AF series

【别名】 烷基酚甲醛树脂聚氧乙烯聚氧丙烯醚

【结构式】

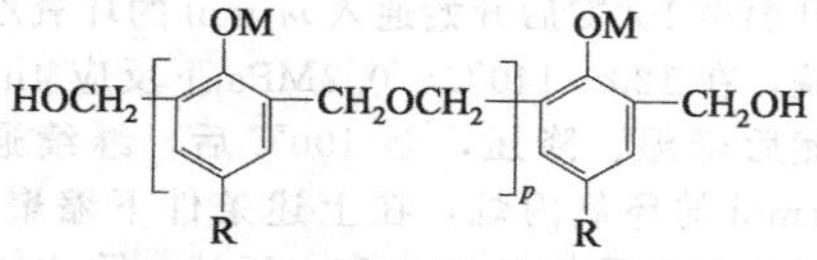

【性状】 本品为棕黄色透明黏稠液体。溶于水，亦溶于油。

【制法】 将1mol烷基酚甲醛树脂，$m$mol环氧乙烷，$n$mol环氧丙烷和相当于单体总量0.5%的氢氧化钠加入高压釜中。密封后通干燥氮气置换釜中空气。开动搅拌，升温至125℃左右反应，至釜压停止上升，并逐渐降至零时结束反应，得AF系列破乳剂。本系列产品包括AF2036#、AF89-21#、AF3125#、AF6231#、AF8422#、AF8425#。例如：烷基酚醛树脂：环氧乙烷：环氧丙烷＝1：3.29：8.70（摩尔比）得AF8422#。反应如下：

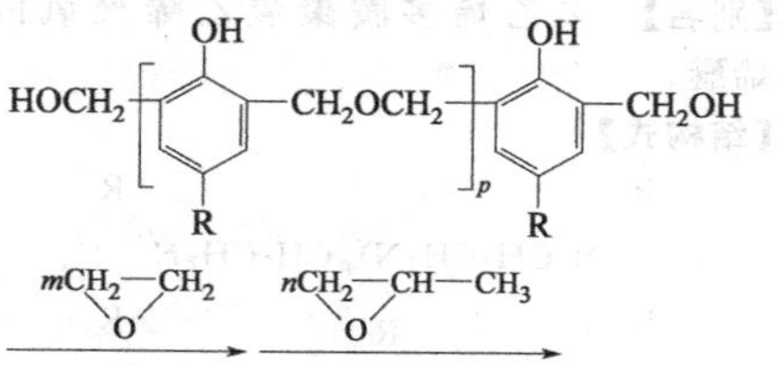

$M=(C_2H_4O)_m(C_3H_6O)_nH$

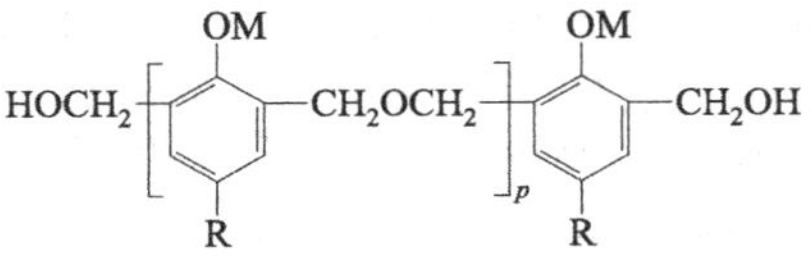

【产品规格】

指标名称	指标
色度	<500
羟值/(mg KOH/g)	<50
凝固点/℃	20～30

【主要用途】 用作原油低温脱水，脱盐，降黏，防蜡等方面。

【生产单位】 湖北沙市石油化工厂等。

Bd003 破乳剂 AP 系列

【英文名】 demulsifier AP series

【别名】 多乙烯多胺聚氧乙烯聚氧丙烯醚

【结构简式】

$H_2N(C_2H_4NH)_pC_2H_4NH(C_3H_6O)_m(C_2H_4O)_nH$

【性状】 本品为浅黄色或棕黄色黏稠液体。易溶于水。

【制法】 以碱为催化剂，多乙烯多胺为起始剂，由环氧丙烷，环氧乙烷缩聚而得多乙烯多胺聚氧乙烯聚氧丙烯醚。然后用稀硫酸中和，压滤除去无机盐，脱水后加入适量的溶剂而制得产品。详见破乳剂AE。反应式如下：

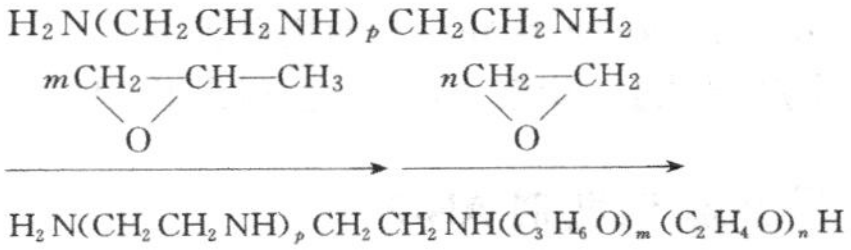

【产品规格】

指标名称	AP134	AP136	AP212	AP221	AP257	AP8051	SAP116
羟值/(mg KOH/g)	40～60	40～60	40～60	40～60	40～60	56	<50
pH值	8～10	8～10	8～10	8～10	8～10	—	
凝固点/℃	－15～－10	－10				－15	
浊点(1%水溶液)/℃	20					25	
色度(黑曾单位)							500

【主要用途】 用作破乳剂，适于油包水型原油乳状液的脱水。其特点是脱水速度快，低温脱水性能好，冬季流动性好。

【生产单位】 吉林辽源石油化工厂，山东滨州化工厂。

Bd004 破乳剂 AR 系列

【英文名】 demulsifier AR series

【别名】 烷基酚甲醛树脂聚氧丙烯聚氧乙烯醚

【结构式】

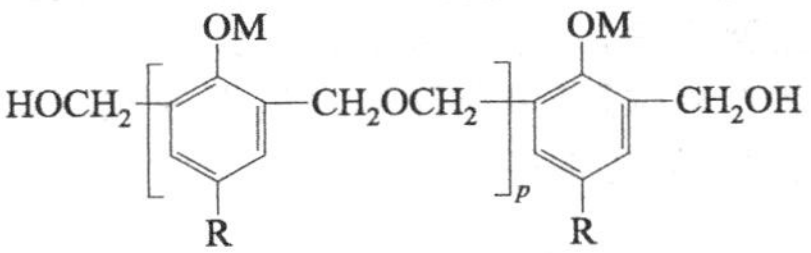

【相对分子质量范围】 1000≤3000，$M=(C_3H_6O)_m(C_2H_4O)_nH$

【性状】 本系列品为浅黄色黏稠液体。相对密度（20℃）0.93～0.95。黏度 7～12mPa·s。本系列包括 AR16、AR26、AR36、AR46、AR48。

【制法】 以酚醛树脂为起始剂，氢氧化钠为催化剂，先与环氧丙烷聚合，再与环氧乙烷聚合，冷却，加入溶剂，搅拌均匀而得。详见破乳剂 AF 系列。反应式如下：

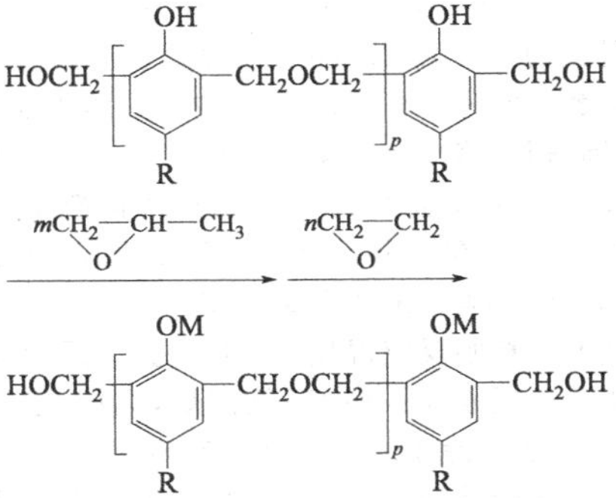

【产品规格】

指标名称	指标
羟值/(mg KOH/g)	70±10
闪点/℃	40～50
倾点/℃	−57
色度/号	<500
pH值	9.0～11.0

【主要用途】 用作油溶性破乳剂，亦可作成水溶性破乳剂，出水快，破乳温度低。可用于油包水型原油的低温脱水，也可用作炼油厂水洗脱盐后破乳，并有防蜡、防黏的作用，特别适于作井口加药用破乳剂。

【生产单位】 南京金陵石化公司化工二厂等。

Bd005 破乳剂 AR-2

【英文名】 demulsifier AR-2

【性状】 见破乳剂 AR 系列。

【制法】 由 AR-3.6 和 SP129，溶剂按一定比例复配而成。

【产品规格】 见破乳剂 AR 系列。

【主要用途】 用于油田原油脱水。

【生产单位】 南京钟山化工厂。

Bd006 破乳剂 BP 系列

【英文名】 demulsifier BP series

【别名】 聚氧丙烯聚氧乙烯丙二醇醚

【结构式】

$$CH_3$$
$$CHO(C_2H_4O)_{m1}(C_3H_6O)_{n1}H$$
$$CH_2O(C_2H_4O)_{m2}(C_3H_6O)_{n2}H$$

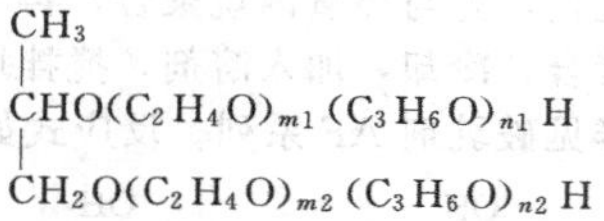

【性状】 本系列产品为在常温下呈黄色或棕黄色黏稠液体。浊点 45～55℃，溶于水。

【制法】 将 1mol 丙二醇和 0.5% 的固体 NaOH 加入压力釜中。用氮气置换釜中空气后，在搅拌下升温至 120℃，直至 NaOH 溶解。通入环氧乙烷 m mol，通入速度以控制反应温度 120℃ 为宜。反应完毕后，通入 n mol 的环氧丙烷，通入速度以温度维持 120℃ 为宜。反应完毕后冷却，用磷酸调 pH=(7±1)。压滤除去无

机盐。滤液用溶剂调至所需规格。如 BP-169、BP-121、BP-2040。反应式如下：

$$CH_3$$
$$CHO(C_2H_4O)_{m1}(C_3H_6O)_{n1}H$$
$$CH_2O(C_2H_4O)_{m2}(C_3H_6O)_{n2}H$$

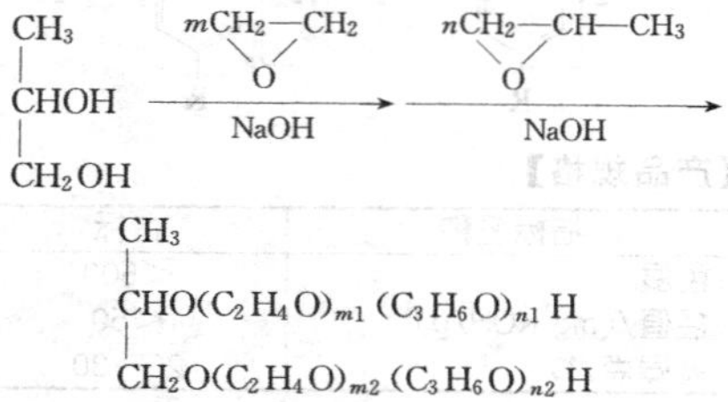

【产品规格】

指标名称	指标
羟值/(mg KOH/g)	<44
浊点/℃	45～55
色度(铂-钴)/号	≤300
pH值	7±1

【主要用途】 用于原油脱水，炼厂破乳脱盐。亦可作分散剂，消泡剂，匀染剂，金属萃取剂。

【生产单位】 广东茂名纺织联合总厂等。

Bd007 破乳剂 DE 型

【英文名】 demulsifier DE-type

【性状】 本品为黄色黏稠物。凝固点 35℃。

【制法】 由聚氧丙烯聚氧乙烯嵌段加聚物和非离子表面活性剂、甲醇复配而成。根据环氧乙烷、环氧丙烷加入量不同，及稀释度不同而划分为不同型号产品。其型号包括 AC420-1 型、DE-1 型、DL-1 型。

【产品规格】

指标名称	DE-1	DL-1	AC420-1
有效物含量/%	67	64	64
羟值/(mg KOH/g)	44	45～50	50
色度/号	250	300	100

【主要用途】 作油田原油脱水剂。

【生产单位】 黑龙江佳木斯石油化工厂，沈阳新城化工厂。

Bd008 破乳剂 DQ125 系列

【英文名】 demulsifier DQ125 series

【别名】 多乙烯多胺聚氧丙烯聚氧乙烯醚

【结构式】

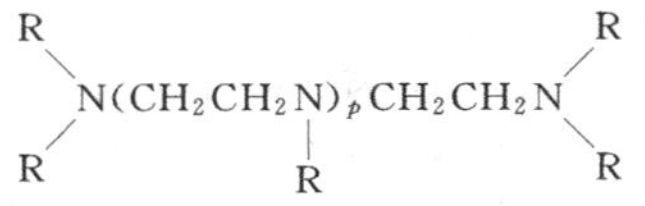

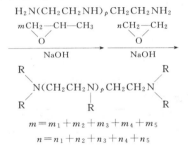

$R=(C_3H_6O)_{m_i}(C_2H_4O)_{n_i}H$

$i=1,2,3,4,5$

【性状】 本品为黄色或棕色黏稠液体。相对密度（23℃）1.02。黏度（50℃）98.43mPa·s。浊点（1%水溶液）22℃。

【制法】 在碱催化下用多乙烯多胺为起始剂，在压力釜中依次与环氧丙烷、环氧乙烷进行嵌段聚合而得。详见破乳剂 AE 系列。反应式如下：

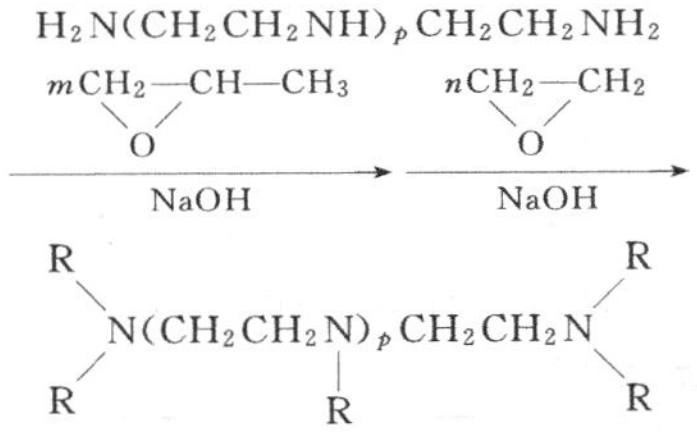

$m=m_1+m_2+m_3+m_4+m_5$

$n=n_1+n_2+n_3+n_4+n_5$

【产品规格】

指标名称	指标
外观	黄色或棕黄色黏稠液
浊点/℃	22
黏度(50℃)/mPa·s	98.43
pH 值	10.0

【主要用途】 适用于油田石蜡级原油的脱水。

【生产单位】 吉林辽源石油化工厂，黑龙江佳木斯石油化工厂等。

Bd009 破乳剂 KN-1

【英文名】 demulsifier KN-1

【性状】 本品为黄色黏稠液。

【制法】 将聚氧丙烯、聚氧乙烯嵌段共聚物加入混配釜中，再加入 27%的二甲苯，快速搅拌即可。

【产品规格】

指标名称	指标
羟值/(mg KOH/g)	39
色度(铂-钴)/号	300
有效物含量/%	73

【主要用途】 作原油破乳剂，适用于油田原油脱水，破乳剂脱水效果与破乳剂 9901 相同。

【生产单位】 黑龙江佳木斯石油化工厂等。

Bd010 破乳剂 M-501

【英文名】 demulsifier M-501

【别名】 聚氧乙烯聚氧丙烯甘油醚

【结构式】

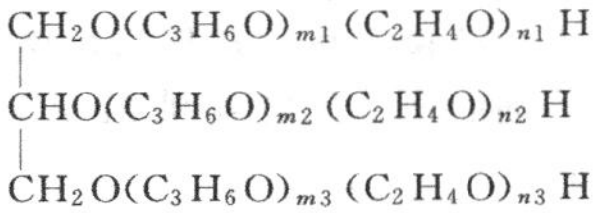

【性状】 本品为棕色液体。

【制法】 将相当于单体总质量 0.5%的固体氢氧化钠、起始剂甘油 1mol 加入聚合釜中，升温，用氮气驱尽釜中空气。在 100℃下通入 $m$mol 环氧丙烷，在 0.2MPa、140～160℃下搅拌 4h。冷却降压至常压后，继续通 $n$mol 环氧乙烷，在 0.2MPa、140℃下反应 4h。冷却、降温、降压，用有机溶剂把浓度调到 33%，即得成品。反应如下：

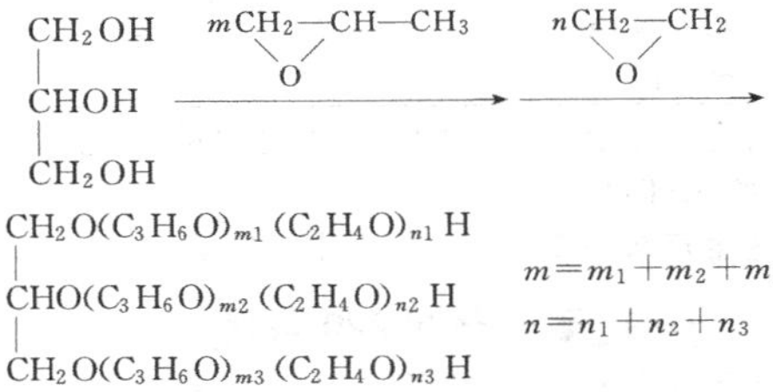

$m=m_1+m_2+m_3$

$n=n_1+n_2+n_3$

【产品规格】

指标名称	指标
外观	棕色固体
pH 值	7.0
含量/%	≥33
黏度/mPa·s	100～200

【主要用途】 适宜作破乳剂，对原油脱水率>99%，脱水速度快，适应性广。

【生产单位】 山东滨州化工厂等。

Bd011 破乳剂 M-502

【英文名】 demulsifier M-502

【别名】 聚氧丙烯·聚氧乙烯甘油醚

【结构式】

$$\begin{array}{l} CH_2O(C_2H_4O)_{m1}(C_3H_6O)_{n1}H \\ | \\ CHO(C_2H_4O)_{m2}(C_3H_6O)_{n2}H \\ | \\ CH_2O(C_2H_4O)_{m3}(C_3H_6O)_{n3}H \end{array} \qquad \begin{array}{l} m=m_1+m_2+m_3 \\ n=n_1+n_2+n_3 \end{array}$$

【性状】 本品为浅棕色液体，属三元醇型PO/EO聚醚类非离子表面活性剂，不溶于水。

【制法】 以甘油为起始剂，在碱催化下先与环氧乙烷缩聚，再与环氧丙烷缩聚，冷却、加溶剂而得。见破乳剂M-501。反应式如下：

$$\begin{array}{l} CH_2OH \\ | \\ CHOH \\ | \\ CH_2OH \end{array} \xrightarrow[NaOH]{m\,CH_2—CH_2 \ (\backslash O /)} \xrightarrow[NaOH]{n\,CH_2—CH—CH_3 \ (\backslash O /)} \begin{array}{l} CH_2O(C_2H_4O)_{m1}(C_3H_6O)_{n1}H \\ | \\ CHO(C_2H_4O)_{m2}(C_3H_6O)_{n2}H \\ | \\ CH_2O(C_2H_4O)_{m3}(C_3H_6O)_{n3}H \end{array}$$

【产品规格】

指标名称	指标
含量/%	≥35
黏度/mPa·s	120～130
脱水率/%	>98
pH值	7.0

【主要用途】 作油田原油脱水的破乳剂，脱水速度快，适应性广。

【生产单位】 山东滨州化工厂等。

Bd012 破乳剂 N-220 系列

【英文名】 demulsifier N-220 series

【别名】 聚氧乙烯聚氧丙烯丙二醇醚

【结构式】

$$\begin{array}{l} CH_3 \\ | \\ CHO(C_3H_6O)_{m1}(C_2H_4O)_{n1}H \\ | \\ CH_2O(C_3H_6O)_{m2}(C_2H_4O)_{n2}H \end{array} \qquad \begin{array}{l} m=m_1+m_2 \\ n=n_1+n_2 \end{array}$$

【性状】 本品为黏稠蜡状物。其型号包括N-22040、N-22064、N-22070。

【制法】 将1mol丙二醇和相当于单体总量0.5%的固体NaOH加入反应釜中，在搅拌下加热溶解。并通入干燥氮气驱尽釜中空气。在100℃下通入$m$mol的环氧丙烷，通毕后于140℃，0.15MPa下反应4h。冷却降压，接着在同样条件下通入$n$mol的环氧乙烷，进行缩聚反应。反应完毕后加20%的H_2SO_4水溶液中和，压滤除去Na_2SO_4。滤液放入蒸馏釜中，减压脱水，得产品。反应式如下：

$$\begin{array}{l} CH_3 \\ | \\ CHOH \\ | \\ CH_2OH \end{array} \xrightarrow{m\,CH_2—CH—CH_3 \ (\backslash O /)} \xrightarrow{n\,CH_2—CH_2 \ (\backslash O /)} \begin{array}{l} CH_3 \\ | \\ CHO(C_3H_6O)_{m1}(C_2H_4O)_{n1}H \\ | \\ CH_2O(C_3H_6O)_{m2}(C_2H_4O)_{n2}H \end{array}$$

【产品规格】

指标名称	N-22040	N-22064	N-22070
相对分子质量	2240～3030	2240～3030	3030～4000
羟值/(mg KOH/g)	50	55	40

【主要用途】 本系列产品用作原油脱水破乳剂。N-22040、N-22064适用于原油破乳剂及炼油厂脱盐之用。而N-22070为稀有金属萃取剂，也可用作原油脱水。

【生产单位】 湖北沙市石油化工厂等。

Bd013 破乳剂 PFA8311

【英文名】 demulsifier PFA 8311

【别名】 酚胺聚醚

【结构式】

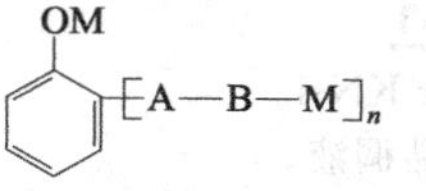

A：有机醛，B：有机胺，$M=(C_3H_6O)_a(C_2H_4O)_bH$

【性状】 本品为黄色透明液体。属油溶性破乳剂，亦可根据需要加工为水溶性。

【制法】 将1mol酚胺树脂加入压力釜中，

再加入 0.3%～0.5%的固体 KOH 作催化剂。用于燥氮气置换釜中空气。在搅拌下升温至 120℃左右，直至 KOH 溶解。然后开始通 a mol 的环氧丙烷，在 110～150℃、0.37MPa 条件下聚合，直至反应压力降为常压后。再继续通 b mol 的环氧乙烷，在 110～150℃、0.37MPa 条件下反应，反应压力降为常压后冷却，用稀磷酸中和，压滤除去无机盐，加入有机溶剂搅成均匀的透明液即可。反应式如下：

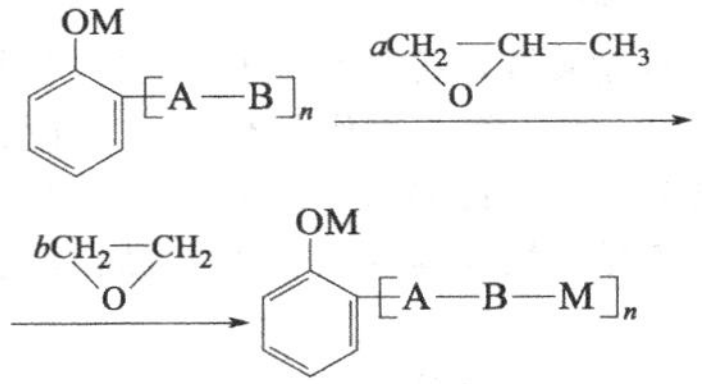

【产品规格】

指标名称	指标
羟值/(mg KOH/g)	≤45
凝固点/℃	≤10
色度/号	≤200

【主要用途】 作原油破乳剂，具有出水快、破乳温度低等优点。并且对原油有降凝、降黏、防蜡作用。

【生产单位】 南京金陵石化公司化工二厂等。

Bd014 破乳剂 ST 系列

【英文名】 demulsifier ST series

【组成】 酚醛胺聚氧丙烯聚氧乙烯醚

【性状】 本品为黄色透明液。

【制法】 见破乳剂 PFA8311。根据所用原料配比和稀释度不同得到不同规格产品。包括 ST-12、ST-13、ST-14、TA-1031。当加入环氧丙烷 450 份，环氧乙烷 150 份，进行聚合，聚合产品用 350 份甲醇稀释时得 ST-14；当加入环氧丙烷 440 份，环氧乙烷 140 份，所得聚合物用 350 份甲醇稀释得 ST-13。

【产品规格】

指标名称	指标
羟值/(mg KOH/g)	＜50
色度/号	＜500

【主要用途】 作破乳剂用于原油低温脱水，脱盐，降黏，防蜡等工序。

【生产单位】 湖北沙市石油化工厂等。

Bd015 破乳剂 PE 系列

【英文名】 demulsifier PE series

【组成】 二羟基聚氧丙烯聚氧乙烯醚

【性状】 本品为黄色或浅黄色黏稠蜡状膏体或固体。与 N-220 属同类产品。

【制法】 将起始剂丙二醇投入压力釜中，在碱催化下依次与环氧丙烷，环氧乙烷在 120～140℃、1.5～2.0MPa 条件下共聚。由不同的配料组成制出不同型号的产品。如丙二醇：环氧丙烷：环氧乙烷＝1：3.86：8.33（摩尔比）时制得 PE22040。丙二醇：环氧丙烷：环氧乙烷＝1：1.72：13.56（摩尔比）时制得 PE22064；丙二醇：环氧丙烷：环氧乙烷＝1：1.72：15.79（摩尔比）时制得 PE22070；丙二醇：环氧丙烷：环氧乙烷＝1：13.10：17.09（摩尔比）时制得 PE2040。

【产品规格】

指标名称	PE22040	PE22064	PE22070	PE2040	PE2070
羟值/(mg KOH/g)	41～44	44	＜50	≤44	25～40
色度/号	300	300	300	300	300
凝固点/℃	41				
浊点/℃	19～35	18～33	80～90	45～55	

【主要用途】 用于原油脱水破乳及炼油厂脱盐。亦可作降黏剂及其他用途的表面活性剂。

【生产单位】 湖北沙市石油化工厂等。

Bd016 破乳剂 SAP 系列

【英文名】 demulsifier SAP series

【别名】 聚氧丙烯聚氧乙烯多乙烯多胺醚硅氧烷共聚物

【结构式】

$$RO-\underset{OR}{\overset{CH_3}{Si}}-O\left[\underset{OR}{\overset{CH_3}{Si}}-O\right]_{m-a}\underset{OC_2H_5}{\overset{CH_3}{Si}}-O\left[\underset{CH_3}{\overset{CH_3}{Si}}-O\right]_n\underset{CH_3}{\overset{CH_3}{Si}}-OR$$

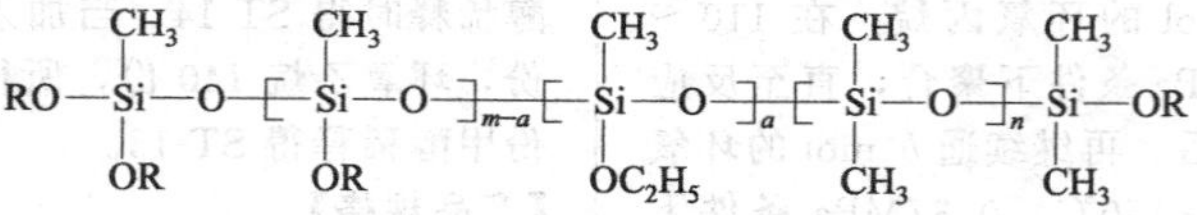

$$R=(C_2H_4O)_n(C_3H_6O)_mN(CH_2CH_2N)\underset{(OC_3H_6)_m(C_2H_4O)_nH}{\overset{(OC_3H_6)_m(C_2H_4O)_nH}{|}}CH_2CH_2N(C_3H_6O)_m(C_2H_4O)_nH$$
$$(OC_3H_6)_m(C_2H_4O)_nH \quad (OC_3H_6)_m(C_2H_4O)_nH$$

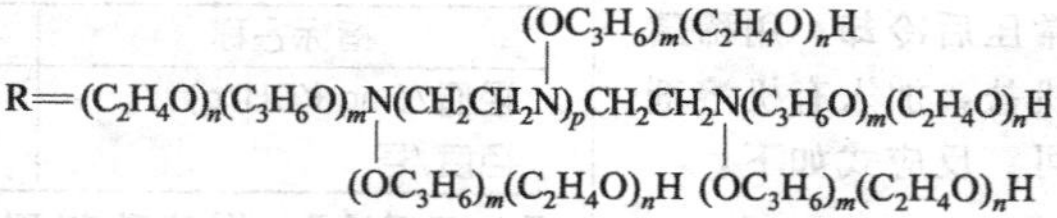

【性状】 本系列产品为浅黄色液体。能溶于水,本系列产品包括 SAP116、SAP1187、SAP2187、SAP91、SAE。

【制法】 将聚氧丙烯聚氧乙烯多乙烯多胺醚加入聚合釜中,加溶剂溶解,再加入配比量的硅氧烷,搅拌均匀后,加入物料总量 0.4% 的辛酸亚锡作催化剂。在搅拌下升温至 100～120℃,反应 6h。冷却,加甲醇稀释,快速搅拌成透明状黏稠液。反应式如下:

$$C_2H_5O-\underset{OC_2H_5}{\overset{CH_3}{Si}}-O\left[\underset{OC_2H_5}{\overset{CH_3}{Si}}-O\right]_{m-a}\underset{OC_2H_5}{\overset{CH_3}{Si}}-O\left[\underset{CH_3}{\overset{CH_3}{Si}}-O\right]_a\underset{CH_3}{\overset{CH_3}{Si}}-OC_2H_5 \xrightarrow[\text{催化剂}]{RH}$$

$$RO-\underset{OR}{\overset{CH_3}{Si}}-O\left[\underset{OR}{\overset{CH_3}{Si}}-O\right]_{m-a}\underset{OC_2H_5}{\overset{CH_3}{Si}}-O\left[\underset{CH_3}{\overset{CH_3}{Si}}-O\right]_a\underset{CH_3}{\overset{CH_3}{Si}}-OR + C_2H_5OH$$

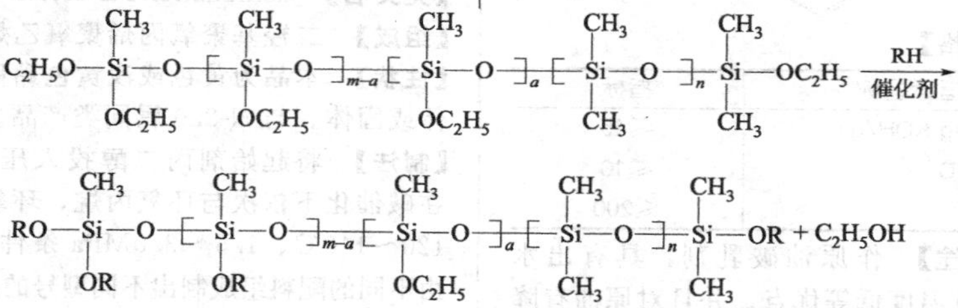

【产品规格】

指标名称	指标
含量/%	≥66
pH 值	7.0
浊点/℃	6～18
脱水率/%	＞95

【主要用途】 油田原油破乳脱水剂,主要用于山东胜利油田和辽河油田。

【生产单位】 江苏常州石油化工厂,江苏靖江石油化工厂等。

Bd017 破乳剂 SP-169

【英文名】 demulsifier SP-169

【别名】 聚氧丙烯聚氧乙烯十八醇醚嵌段共聚物

【结构简式】
$$RO(C_2H_4O)_a(C_3H_6O)_b(C_2H_4O)_cH \quad R=C_{18}H_{37}$$

【性状】 本品为浅黄色至褐色均匀清亮黏稠液,相对密度(25℃)0.90～0.95。

【制法】 将催化剂 NaOH、$C_8\sim C_{18}$ 醇、环氧乙烷依次加入高压釜中,通入干燥氮气以赶走空气,在搅拌下升温至 100～140℃,反应 1h 得高碳醇丙基醚。然后降温至 100℃,通入环氧丙烷,在 140℃、0.15MPa 下反应 4h,再继续通环氧乙烷,在 140℃下反应 4h,冷却降压。用硫酸中和,分离亚硫酸钠即可。反应中的投料摩尔比为:高碳醇:环氧乙烷:环氧丙烷:氢氧化钠=1:6:9:0.6。反应式如下:

$$ROH + a CH_2\!-\!CH_2 \longrightarrow RO(C_2H_4O)_aH$$
$$\underset{O}{\diagdown\diagup}$$

$$b CH_3CH\!-\!CH_2$$
$$\underset{O}{\diagdown\diagup}$$
$$\longrightarrow RO(C_2H_4O)_a(C_3H_6O)_bH$$

$$c CH_2\!-\!CH_2$$
$$\underset{O}{\diagdown\diagup}$$
$$\longrightarrow RO(C_2H_4O)_a(C_3H_6O)_b(C_2H_4O)_cH$$

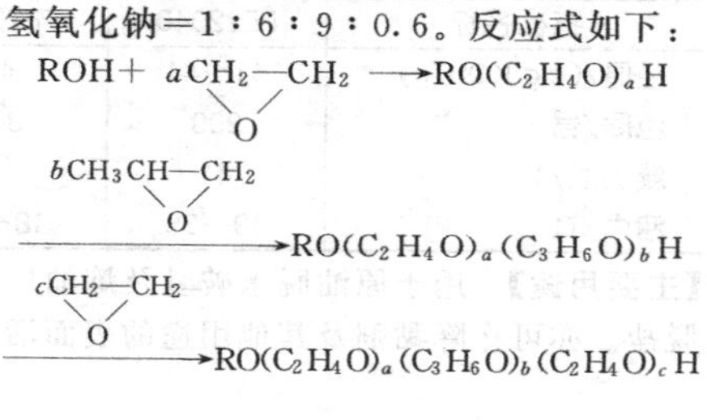

【产品规格】

指标名称	指标
外观	浅黄色至浅褐色黏稠液
凝固点/℃	<－45
相对密度(25℃)	0.90～0.95

【主要用途】 适用于油田石油脱水、破乳、降黏、防蜡，具有一剂多效作用。可实现一次化学脱水，且油净水清。低温操作，降黏，分散蜡质可改变两段脱水的旧工艺。

【生产单位】 西安石油化工厂等。

Bd018 破乳剂 RA101

【英文名】 demulsifier RA101

【组成】 聚氧乙烯聚氧丙烯松香胺醚

【性状】 本品为棕色固体。相对密度(20℃) 0.908，具有在低温下快速破乳能力。脱水率>95%。

【制法】 在碱催化下，在一定温度和压力下，由松香胺为起始剂依次与环氧乙烷、环氧丙烷聚合而得。

Bd019 破乳降黏剂 J-50

【产品规格】

指标名称	指标
外观	棕色固体
凝固点/℃	<－25
色度(铂-钴比色)/号	<500
黏度(50℃)/mPa·s	≥100

【主要用途】 适用于石油蜡基原油与中间原油的脱水。

【生产单位】 西安石油化工厂，山东滨州化工厂等。

Bd020 破乳剂 TA1031

【英文名】 demulsifier TA1031

【别名】 酚胺树脂聚氧乙烯聚丙烯醚

【结构式】

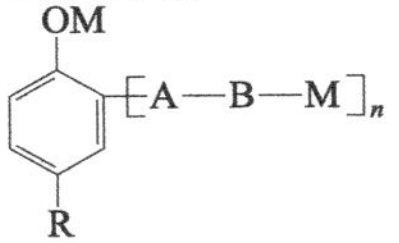

R：$C_{10}H_{21}$～$C_{13}H_{27}$烷基

$M=(C_3H_6O)_a(C_2H_4)_bH$

A：有机醚，B：有机胺，

n：1～3

【性状】 本品为浅黄色透明液体。有油溶性和水溶性两种。冬季流动性能好。在50～60℃破乳剂效果最好。本破乳剂脱水速度快，净化油含残水低。

【制法】 将起始剂酚胺树脂 1mol、环氧丙烷 $a$mol、环氧乙烷 $b$mol、催化剂固体 NaOH（用量为总量的 0.5%）依次加入压力釜中，密封。用干燥氮气置换釜中空气，在搅拌下升温，在 110～150℃、1.20～1.37MPa 压力下反应逐渐降低为常压。冷却加入 35%的甲醇搅拌均匀即可。反应式如下：

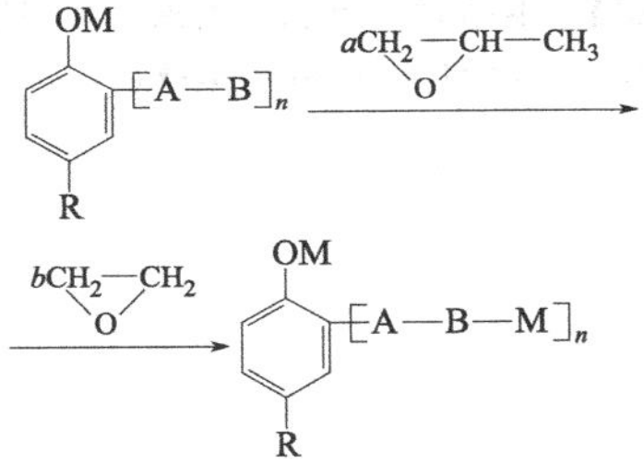

【产品规格】

指标名称	指标
含量/%	≥65
凝固点/℃	16～23
羟值/(mg KOH/g)	45

【主要用途】 用在油田原油脱水，炼油厂脱盐方面。

【生产单位】 湖北沙市石油化工厂，山东滨州化工厂等。

Bd021 破乳剂 WT-40

【英文名】 demulsifier WT-40

【组成】 AR 型破乳剂与破乳剂 J-50 复配而成。

【性状】 本品为浅黄色黏稠液体。相对密度(25℃) 0.93～0.95。倾点－35℃。

【制法】 将 AR 型破乳剂加入混配釜中，按一定比例加入甲醇在搅拌下加热溶解，然后加入一定量的 J-50 破乳剂，快速搅拌均匀即可。

【产品规格】

指标名称	指标
羟值/(mg KOH/g)	≤80
黏度/mPa·s	7～12
闪点/℃	40～50
pH值	9～11

【生产单位】 辽宁辽河油田化工厂，山东滨州化工厂等。

Bd022 破乳剂酚醛 3111

【英文名】 demulsifier phenolaldehyde 3111

【别名】 酚醛树脂聚氧乙烯聚氧丙烯醚

【性状】 本品为淡黄色黏稠液，相对密度(25℃) 0.9～1.05，溶于水或油。

【制法】 在高压釜中制备酚醛树脂聚氧乙烯聚氧丙烯醚后，加入35%的溶剂稀释得产品。详见破乳剂AF系列。

【产品规格】

指标名称	指标
含量/%	65±2
羟值(干基)/(mg KOH/g)	≤50
色度/号	≤300
凝固点/℃	20～40

【主要用途】 用于原油的破乳脱水，对地温高的原油有特效，亦可作油厂的原油脱水。

【生产单位】 南京金陵石化公司化工二厂，山东滨州化工厂。

C 油墨、塑橡工业清洗剂

目前，我国的印刷企业对印刷机的清洗都使用汽油或煤油，其主要缺点是有毒、有害、挥发性快，存放要求高，对环境有污染、清洗效率低，只能清洗掉溶于油的杂质，而不能清洗溶于水的杂质，且容易引起胶辊老化。市场上汽油价格日益上涨并出现“油荒现象”，从而增加了印刷厂的生产成本。

高效油墨清洗剂是一种无公害、有利于安全生产的环保型清洗剂，应大力推广使用，这对于提高我国胶印产品的质量，改善印刷作业环境有着非常重要的意义。

1 高效油墨清洗剂

一般油墨清洗剂用于清洗印版、墨辊、金属辊及橡皮布上的油墨。由工业洗油、非离子表面活性剂、有机酸、有机胺和水，按一定的工艺进行混合、乳化而成。具有无毒、无腐蚀、无污染、不燃烧、去污力强、流动性好、不变质、安全性高、清洗速度快等优点。

目前，印刷行业对油墨的清洗大多仍采用汽油、煤油等溶剂型清洗剂，由于这些溶剂挥发性强，在储存和使用过程中有易燃、易爆的危险，并对生产环境和大气造成污染，而且清洗效果也并不十分理想。所以研究新型的油墨清洗剂，对用于印刷行业的油墨清洗，解决溶剂型油墨清洗剂的易燃、易爆问题，减轻对生产环境和大气的污染，缩短清洗时间很有帮助。

国内研制了一种新型油墨清洗剂，一般由乳化剂、表面活性剂、溶剂、复合缓释剂及其他助剂构成的O/W型微乳液。在研究温度、水与清洗剂的复配比对清洗剂使用性能的影响情况下，结果表明，该微乳液可替代汽油、煤油用于印刷机件上油墨的清洗，且防锈缓蚀和安全性能超过汽油、煤油等溶剂型清洗剂；清洗剂的使用温度和水与清洗剂的复配比对微乳型油墨清洗剂的使用性能有较大影响，适宜的使用温度以30℃为宜，适宜的水与清洗剂的复配比为（3.0～4.0）：1.0；在水与清洗剂的复配比为4.0：1.0，清洗温度不低于25℃的条件下，对油墨的去除率超过95%。

2 油墨清洗剂环保要求

一般油墨清洗剂有一个明显的缺点，即溶剂的含量很高，在印刷车间中的挥发很严重，对印刷环境和工人的健康有严重的影响，成本又高。因此，很多印刷厂干脆采用汽油作为清洗剂。这样做合不合适呢？很明显，以牺牲环境和工人的身体健康来换取印刷成本的下降肯定是错误的。欧美国家于20世纪90年代前后通过环境保护法律（VOC法律），根据该法规定，所有使用有机溶剂的地方必须满足以下要求。

① 在作业车间外不应有有机溶剂的气味。

② 在作业车间内挥发性物质的浓度必须低于：

a. 挥发性有机溶剂 50mg/m³；b. 一氧化碳 100mg/m³；c. 一氧化氮 100mg/m³。

很明显，这个法律与印刷行业密切相关。面对VOC法律，西方国家的印刷厂必须严格遵守，即使牺牲印刷质量和提高成本也在所不惜。我国在考虑印刷工业发展的同时，也必须从环保角度来看问题：在印刷行业中，应该严格控制有害气体的排放及有害液体和固体的使用及其废弃物的排放。

鉴于我国政府早已把环境保护作为一项基本国策，要实现经济建设与环境保护协调发展以及国民经济的可持续发展，所以在制定印刷工业发展规划时，必须同步考虑环境保护这一问题，拟订切实可行的有力措施。我国印刷业原先使用的清洗剂，有些溶剂本身就有毒，并且所有溶剂中碳氢化合物的排放均对大气造成污染。同此，胶版印刷过程中使用的清洗剂必须做彻底的改革。为限制污染，满足VOC法律，在国外，印刷厂普遍采用油包水乳液型清洗剂进行胶辊和橡皮布的清洗工作。油包水乳液型清洗剂不仅可以完全消除溶剂型清洗剂中某些有害物质对印刷工人的危害，杜绝有机溶剂对大气的污染，而且可以大大提高清洗剂的闪点，改善印刷车间的消防安全，改善总体环境的质量。所谓油包水乳液型清洗剂是指将清洗剂作成乳液，其外相为油则（油或者溶剂），内相为水；其界面用表面活性剂作为稳定剂。由于有水的存在，外相的油或溶剂的挥发能力大大减弱，空气中有机挥发物的含量大大减少。并且水的存在使溶液的闪点大大提高；增加了印刷车间的消防安全性。研究油包水乳液型清洗剂的关键在于，找到合适的溶剂和表面活性剂，以解决清洗速度、对橡皮布和胶辊的保护以及乳液稳定性的问题。这需要经过大量反复的实验。

尽管油包水乳液型清洗剂还有一些令人不满意之处，例如质量再好的清洗剂，其干燥速度终归不如汽油快，但分析其利大于弊，它已应该成为印刷车间的首选清洗剂。目前，市面上有不同档次的清洗剂，高档清洗剂应该具备清洗和干燥速度均比较快，对橡皮布和胶辊没有影响，其所用的溶剂满足绿色环保的要求。低档的清洗剂则在对橡皮布和胶辊的影响方面欠缺一些，或者清洗速度慢一些。

目前常用的表面活性剂有聚氧乙烯烷基酚醚（TX，OP等）、脂肪醇硫酸盐（FAS）、脂肪酸烷醇酰胺（6501）等，虽然它们的组合对金属除去油脂污垢有十分明显的作用，但对废水处理却带来了巨大困难。就一般的化学、物理方法处理含有此类物质的废水是难以达到预期目的的，如果以强氧化剂加以分解，而后再辅以物理吸附方法处理，但也难以保证全部除去，何况也不经济。根据这一实际状况，如果采用适宜生物降解性良好的天然（生物）或者类似结构的表面活性剂，从理论上讲应该是可行的。杏树胶、葡萄糖酸盐、脂肪酸盐、脂肪醇聚氧乙烯醚（AEO）、烯基磺酸盐（AOS）、α-磺基脂肪酸甲酯钠盐（MES）和具有直链结构的烷基苯磺酸盐（LAS）等适宜生物降解，又能有效除去金属重垢油脂的表面活性剂，只要配比合理，主导主洗地位是可行的。杏树胶、葡萄糖酸盐、脂肪酸盐亦称生物表面活性剂，亲水性强，能形成O/W乳液，同时黏度较大，有利于增加乳液的稳定性。AEO-9和AEO-20具有良好的乳化和分散能力，耐酸、碱性较强，其生物降解性能好，基本属无毒物质。AOS去污性能佳，对酸、碱稳定，有优良的水溶性，对水的硬度也不敏感，对皮肤刺激性小，它的生物降解性接近100%，与非离子和阴离子表面活性剂都有良好的配伍性能。

MES是以天然油脂为原料制得的表面活性剂，所以它的生物降解性能十分优良。它对水中钙、镁等金属离子螯合能力很强，去污和分散能力很好，但容易水解，所以不宜在强碱性体系中应用，但可以在低碱性、中性或酸性介质中使用。LAS属中性物质，它对水硬度较敏感，起泡力高，去污力强，易与各种助剂复配，生物降解性大于90%，对环境污染程度小。

3 油墨清洗剂的组成

（1）溶剂油的选择　新型油墨清洗剂中仍需要一部分溶剂油为主要成分，用来溶解油墨。通常烷烃类、芳香烃类、醇类、酮类等对油墨都有一定的溶解能力。汽油、煤油等石油产品也可溶解油墨。从环境保护和清洗能力上考虑，选用专用溶剂油效果最好；考虑到油墨成分的复杂性，采用混合溶剂比选用单一溶剂效果更好。采用油墨溶剂油（A）跟洗涤溶剂油（B），两种油的初馏点跟干点不一样。这样的混合物馏程较宽，溶解效果好。

（2）表面活性剂的选择　清洗剂中的表面活性剂有两个方面的作用：①表面活性剂是水溶剂油混合成乳化液时必不可缺的乳化剂，表面活性剂可使水和溶剂油按一定比例混合，形成稳定的水包油型乳化液；②表面活性剂对油墨及其成膜物质有润湿、渗透、乳化、分散的作用。通过上述作用，可使油墨及其成膜物质脱离印刷胶辊和橡皮布，进而达到清洗之目的。参照表面活性剂的性质、复配原理和有机概念图理论，表面活性剂可选用烷基酚聚氧乙烯醚 OP-10 和烷基苯磺酸盐 LAS，用量应以满足上述两方面的作用为宜。

(3) 其他助剂 为减小清洗剂对印刷机的腐蚀，可适当加入三乙醇胺以调节 pH，并防锈。加入少量苯并三氮唑可加强防锈能力。三乙醇胺对乳液的稳定性和清洗能力也有一定的帮助。加入少量正丁醇可加强清洗剂的稳定性和渗透力。

本章节围绕油墨清洗剂，分 (a 类、b 类、c 类) 3 类介绍；d 类介绍塑料、橡胶模具清洗剂；e 类介绍有机高分子材料清洗剂；f 类介绍五金、塑料产品清洗剂系列，详细内容如下。

Ca 油污油墨用清洗剂

Ca001 一般油污油墨清洗剂

【英文名】 general oil ink cleaner

【别名】 油墨清洗剂；油污清洗剂

【组成】 由聚醚型表面活性剂、Na_2CO_3、NaOH、H_2O_2、水等组成。

【产品特点】 一般油污油墨清洗剂，以天然动植物油或造纸副产品为原料，与化学合成物质及适量香精混合加工而成，无毒，无味，防燃，使用后无污染，适用于印刷机印版、橡胶板、墨辊的油墨清洁及操作人员手上的油墨清洗。

【生产配方】

组分	w/%
NaOH	0.1～1
Na_2CO_3	4～8
H_2O_2	3～5
聚醚型表面活性剂	0.1～1
水	余量

【制法】 首先将 1000mL 的水加热到 60℃，然后在该水溶液中依次添加 6mL NaOH、30mL 的 Na_2CO_3、5mL 的 H_2O_2 和 6mL 聚醚型表面活性剂，进行搅拌均匀后即可使用。

【性能指标】 参照北京蓝星清洗有限公司印刷油墨的清洗标准。

【主要用途】 家具油污、衣物油污、印刷机件上油墨的清洗、家用电器外壳的清洗。

【应用特点】 本清洗剂主要采用无机物为原料，从而原料成本低，安全性好，使用过程中操作性要求不高，清洗效果好，处理后的废油和污水容易处理。

【安全性】 具有良好的清洗去污性能，有利于环境保护；无毒、无腐蚀，不刺激皮肤，方便去除油污油墨。对家具、衣物、家用电器外壳表面不损伤；不燃不爆、使用安全可靠。

【生产单位】 上海天汉实业有限公司，上海微谱化工技术服务有限公司，邦提公司，山东省科学院新材料研究所，北京蓝星清洗有限公司等。

Ca002 轻度油污油墨清洗剂

【英文名】 mild oil ink cleaner

【别名】 轻度油墨清洗剂；轻度油污清洗剂

【组成】 由水溶性非离子表面活性剂、阴离子表面活性剂、助表面活性剂、脂肪酸单烷基酯、水等组成。

【生产配方】

组分	w/%
水溶性非离子表面活性剂	10～15
阴离子表面活性剂	2～5
助表面活性剂	3～5
脂肪酸单烷基酯	10～20
水	65～85

【材料】 水溶性非离子表面活性剂选自聚氧乙烯失水山梨醇脂肪酸酯、脂肪醇聚氧乙烯醚、烷基酚聚氧乙烯醚和脂肪酸聚氧乙烯酯中的一种或几种；阴离子表面活性剂选自烷基磺酸盐、烷基苯磺酸盐、脂肪

酸单烷基酯磺酸盐和脂肪醇聚氧乙烯醚硫酸盐中的一种或几种。脂肪酸单烷基酯中，脂肪酸的碳数为6～25。助表面活性剂为一元醇、多元醇和醇醚中的一种或几种。本油墨清洗剂中还可加入一些助剂以提高其他的性能。如加入二乙醇胺、三乙醇胺、三异丙醇胺、苯并三唑氮等以提高防锈缓蚀性能；加入碳酸钠、硅酸钠、NaOH等碱性化合物以提高去污性能；加入橡胶防老化剂、杀菌剂、消泡剂、防冻剂等。

【产品实施举例】

组分	m/kg
棉籽油甲酯	20
T-80	12
正丁醇	5
水	100
LAS	3

【制法】 在室温下，把棉籽油甲酯、T-80、正丁醇在搅拌下混合均匀，制成A相；把LAS和水混合制成B相。然后在搅拌下，把B相逐步加入到A相中，再搅拌30min，得到清洗剂乳液。

【安全性】 清洗去污安全可靠，具有良好杀菌、消泡的性能，有利于环境保护；无毒、无腐蚀，不刺激皮肤，去除油污油墨方便。对轻度油墨清洗表面不损伤；不燃不爆。

【主要用途】 本品的油墨清洗剂具有制备简单、乳液稳定、清洗能力强等优点，其适用于印刷油墨的清洗。

【生产单位】 石油化工科学研究院，石油化工科学研究院。

Ca003 中性油污油墨清洗剂

【英文名】 neutral oil printing ink cleaner

【别名】 中性油墨清洗剂；中性油污清洗剂

【组成】 由表面活性剂、聚合物、螯合剂、无机盐、硫脲及水等组成。

【生产配方】

组分	w/%
聚合物	5～30
螯合剂	5～40
无机盐	1～10
表面活性剂	0.5～2
硫脲	0.1～0.8
水	余量

聚合物为水解聚马来酸酐（HPMA）、聚丙烯酸（PAA）、聚丙烯酸钠（PAAS）；螯合剂为有机磷酸类或EDTA类物质；有机磷酸类为氨基三亚甲基膦酸（ATMP）、（乙二胺四亚甲基膦酸钠）EDTMP或羟基亚乙基二膦酸（HEDP）。无机盐为Na_2CO_3、$NaHCO_3$或NaOH；表面活性剂为阴离子表面活性剂AS或LAS。

【制法】 按照上述配方所给各组分的比例，先将无机盐组分溶解于水中，然后用水冷却，控制溶液温度不高于40℃的条件下，加入螯合剂组分，使之溶解完全后再依次加入聚合物组分、表面活性剂和硫脲，搅拌至均相，即完成配制。

【产品实施举例】（配制500kg清洗剂）

组分	m/kg
HPMA	100
表面活性剂 AS	10
HEDP	25
碳酸钠	25
硫脲	0.5
水	余量

配制的产品pH为7左右，淡黄色均相液体，无悬浮物出现。

【应用特点】 本清洗液和清洗废液均为中性，对设备腐蚀性很小，扩大了清洗范围。采用本品除油除锈清洗时，根据被清洗件的构造和表面锈蚀程度、油污覆盖情况，可以采用浸泡、涂刷、循环等不同的清洗工艺。

【安全性】具有良好的清洗去污性能，本品中性的油墨清洗剂安全环保，无毒、无腐蚀，不刺激皮肤，方便去除油污油墨。对中性度油污油墨进行彻底清洗，表面不损伤；不燃不爆、使用简便。

【主要用途】 印刷机件上油墨的清洗、家具油污、衣物油污、家用电器外壳的清洗。

【生产单位】 河北金雕新材料科技有限公司，邦提公司。

Ca004 超力油污油墨清洗剂

【英文名】 super oily ink cleaner

【别名】 油污油墨清洗剂；超力油污清洗剂

【组成】 由两性离子表面活性剂、烷基醚酯、脂肪醇聚氧乙烯醚、烷基苯磺酸钠、乙醇及去离子水等组成。

【配方】

组分	w/%
烷基醚酯	10～20
两性离子表面活性剂	3～5
脂肪醇聚氧乙烯醚	2～8
烷基苯磺酸钠	2～5
乙醇	8～15
尿素	1～2
香精	适量
去离子水	余量

其中，两性离子表面活性剂可以是十二烷基丙基甜菜碱、椰油酰氨基甜菜碱的一种或两种。

【制法】 按配方比例将烷基醚酯、两性离子表面活性剂、脂肪醇聚氧乙烯醚、烷基苯磺酸钠、去离子水加入反应釜中加热搅拌 2～4h，温度控制在 50～80℃，然后冷却至 40℃，将乙醇、尿素、香精加入继续搅拌 1h，取样检验、包装成成品。

【产品实施举例】 计量称取烷基醚酯 200kg、脂肪醇聚氧乙烯醚 50kg、烷基苯磺酸钠 30kg、椰油酰氨基甜菜碱 20kg、去离子水 629.5kg，投入反应釜中加热搅拌，反应温度控制在 50～80℃，最好控制在 75℃左右。当反应进行了 3min，将釜温降至 40℃，将乙醇 100kg、尿素 20kg、香精 0.5kg 投入反应釜中继续搅拌反应 1h，出料包装为成品。

【应用特点】 本品对各种油污溶解高效快速（包括对其他清洗剂最不容易清洗的厨房用具上的油污），具有很强的广谱性；具有良好的分散性，各种油污尘垢极易在本品的清洗剂和水配合成的混合液中分散、解胶脱落，带油污的抹布过水即净，不黏不腻，清洁柔软；低泡性，容易清洗，节约用水，减少水资源的浪费；生产工艺简单、成本低、除污效果好。

【安全性】 具有良好的生物降解性，有利于环境保护；无毒、无腐蚀，不刺激皮肤，家具、衣物、家用电器外壳表面不损伤；不燃不爆、使用安全可靠。

【主要用途】 一般对针对重污家具、衣物、家用电器外壳等。

【生产单位】 山东省临沂市精细化工研究所。

Ca005 重油污油墨清洗剂（水基微乳型）

【英文名】 heavy oil ink cleaning agents (micro-emulsion type water-based)

【别名】 重油污油墨清洗剂；超力油污清洗剂

【组成】 由两性离子表面活性剂、烷基醚酯、脂肪醇聚氧乙烯醚、烷基苯磺酸钠、乙醇及去离子水等组成。

【生产配方】

组分	w/%
油性溶剂	0.01～10
表面活性剂	0.01～10
助表面活性剂	0.001～10
电解质	0.001～10
去离子水	余量

【配方分析】 其中，表面活性剂为阴离子表面活性剂（LAS，SAS，AOS，FAS，

AS，K12，PET，DOSS，MES，TW-60，TW-80）、非离子表面活性剂（APG，SE-10，AEO，6501，OP-10，OP-12）、两性离子表面活性剂（十二烷基氨基丙酸钠，十二烷基二甲基甜菜碱，椰油酰胺丙基甜菜碱，十二烷基二甲基氧化胺，十二烷基二羟乙基甜菜碱，磺酸盐咪唑啉）和阳离子表面活性剂（烷基三甲基氯化铵，烷基二甲基氯化铵，萨帕明型季铵盐，咪唑啉型季铵盐）中的一种或多种。助表面活性剂为 OA-1、OA-2、乙二醇、聚乙二醇中的一种或多种。电解质为氯化钠（钾）、碳酸钠、柠檬酸钠、三聚磷酸钠（钾）、焦磷酸钠（钾）、EDTA 钠盐中的一种或多种。

【制备工艺】 ①根据一定的化学计量比例，将物料分别配成油相和水相。②将水相倒入油相中，用高速搅拌机将两种物料在 2500r/min 转速下分散成透明的均相，制成微乳液。③将微乳液倒入消泡缸中消泡。④将消泡后的液体按比例加水调到规定的浓度。⑤用 300 目丝网除去杂质，得到水基微乳清洗剂产品。

【产品实施举例】

组分	w/%
TW-80	2
LAS	1
AES	1.5
6501	3
OP-10	2.5
NA-3	2
NA-2	1
乙醇	4
异丙醇	2
OA-1	0.3
煤油	0.5
碳酸钠	0.2
三聚磷酸钠	0.3
EDTA 二钠盐	0.01
水	余量

【制法】 将水（50 份）、碳酸钠、三聚磷酸钠和 EDTA 二钠盐配成水相，其余原料配成油相。在 2500r/min 高速搅拌下，将水相加入油相搅拌 10min，得到透明微乳液。将微乳液倒入消泡缸中消泡。将消泡后的液体按比例加水 100 份在 200r/min 转速下搅拌均匀。用 300 目丝网除去杂质。得到水基微乳清洗剂产品。

【主要用途】 主要用于重油污油墨清洗、重污家具、衣物、家用电器外壳清洗等。

【应用特点】 本品可以替代汽油、煤油及其他有机溶剂清洗各种油污、油脂，又具有重油乳化作用。

【安全性】 具有良好的表面活性，有利于环境保护；无毒、无腐蚀，不刺激皮肤，家具、衣物、家用电器外壳表面不损伤；不燃不爆、具有节能、环保、使用安全等特点。

【生产单位】 邦提公司，上海赛亚精细化工有限公司。

Cb 油墨与印刷用清洗剂

在印刷业中，印刷机齿轮和色组规矩部件上油墨的累积会降低校准效果，并导致印刷质量差且划伤率高。For Green 干冰清洗系统可以减少质量低和划伤率高的情况，在某些情况下甚至可以消除这种情况。在许多工厂中，通常不到绝对必要时不会清洁侧框架和印刷色组装置。每台彩印机上通常要花若干小时才能擦净装配面。由于目前的现代化印刷机具有 4 至 8 个色组，因此在每个清洁周期内，清洁停工期很有可能会造成数万元的累计生产损失。但是，使用 For Green 干冰清洗系统时，由于枪嘴可以很容易地够到所有表面，因此色组的两侧就可以在短短 10～15min 内清洗完。此外，还可以轻松清洁已干的滴油盘和喷水器。

一般来说，手工擦洗一台设备需要 4～5 个工作日。使用 For Green 干冰清洗系统可在不到 4h 内清洁同样的设备。有了这样的速度与效率，不再需要关机就可以进行清洁了。现在在设备作业更换期间进行清洁是最具成本效益的，这样能够增加生产时间并提高生产率。For Green 干冰清洗系统可避免使用有害溶剂、刮刀、凿子和砂布，并无需拆卸设备，从而减少了许多直接和间接的成本，如停工期、印刷质量差、次品增加、机械部件磨损和有害废物与溶剂的处置。

印刷机械清洗剂可以用于擦洗油仓、油罐、印刷机和各种机械、机床、零散的工件。输油管道、密封容器可用防腐蚀泵循环清洗，溶油量可达 100%以上。用超声波清洗，将印刷机械清洗剂放入超声波清洗池内，再放入须清洗的金属精密零件几分钟即可。请勿加水使用，工作时请注意通风。

本节介绍的几类新型高效油墨清洗剂一般都具有很强的乳化和脱墨性能，无毒、无味、不易燃、存放安全；与传统的能源型油墨清洗剂相比，清洗时间和清洗效果相同，能大大降低综合成本。同时替代了汽油，节省了能源；能有效防止清洗油墨残留，不会伤及墨辊胶层和 PS 版，其使用的小分子可起到保养并恢复橡皮布及墨辊弹性，延长橡皮布及墨辊的使用寿命的功效。

另适用于胶印机橡皮布及墨辊装置；用于人工及机器清洗印刷机油墨；为汽油、煤油、白电油、天那水的最佳替代品。

目前国内印刷机清洗剂正在发生非常明显的变化：随着各项健康、安全和环境保护法规的建立健全，以及自动清洗装置的问世，采用新配方的清洗剂也开始大行其道，这种产品不但含有极少的石化溶剂，而且具有较高的燃点。

此外，广大印刷厂还普遍采用了由高科技材料制成的滚筒和橡皮布，以延长它们的使用寿命，降低它们被油墨中的有害物质所腐蚀的概率。

如下印刷机械清洗剂产品具有用量少（只有汽油的 1/4 用量，可大大节约印刷厂的生产成本）、清洗速度快、闪点高、存放运输安全、高效环保对人体无伤等特点，用于代替汽油、白电油、活水（煤油）的新一代油墨清洗产品，质优价廉。

Cb001 UV 油墨清洗剂（UV 洗车水）

【英文名】 cleaning agent for UV inks (UV washing water)

【别名】 UV 洗车水；UV 清洗剂

【组成】 由工业洗油、非离子表面活性剂、有机酸、有机胺和水等组成。

【产品特点】 UV 油墨清洗剂（UV 洗车水）不仅能去除 UV 油墨，对于普通油墨去除效果更佳。干燥后不会有任何油污或镜面残留。UV 油墨清洗剂清洗橡皮布和墨辊时，不会发胀或变形。更好的清洗、更少量的清洗剂、无油污残留，水溶性好。

【制法】 油墨清洗剂（洗车水）由工业洗油、非离子表面活性剂、有机酸、有机胺和水，按一定的配方与工艺进行混合、乳化而成。具有无毒、无腐蚀、无污染、不燃烧、去污力强、流动性好、不变质、安全性高、清洗速度快等优点。

【性能指标】 参照上海微谱化工技术服务有限公司检测标准。

【主要用途】 主要作为油墨清洗剂（洗车水），用于清洗印版、墨辊、金属辊及橡皮布上的油墨。

【应用特点】 专用于 UV 印刷墨辊、橡皮布及经过烤版处理的 PS 版的 UV 油墨清洗，固化后的 UV 油墨清洗剂是不可逆转的，也不能用任何清洗剂洗掉。能快速溶解 UV 油墨，彻底清洁，有效减少停机时间及停机次数。不损橡胶，长期使用可延长墨辊及橡皮布的使用寿命，用量少、气味小、无残留、安全性能高，使用方法简单。

【安全性】 本品的油墨清洗剂安全环保，有良好的清洗去污性能，无毒、无腐蚀，不刺激皮肤，方便去除油污油墨。对印刷机中油污油墨进行彻底清洗，表面不损伤；不燃不爆、使用简便。

【生产单位】 邦提公司，北京兰德梅克科技开发有限公司，上海微谱化工技术服务有限公司。

Cb002 一种高效印刷机清洗剂

【英文名】 an efficient printing machine cleaning agent

【别名】 印刷机械清洗剂

【组成】 由十六醇、丙二醇、乳化剂、硬脂酸、液体石蜡、聚乙烯醇（PVA）、二甲基硅油和添加剂等组成。

【配方】

组分	w/%
凡士林	0.5～1
丙二醇	2～3
硬脂酸	3～4
十六醇	0.5～1
乳化剂	2～3
50# 固体石蜡	6～8

续表

组分	w/%
二甲基硅油	0.5～3
1# 液体石蜡	1～1.5
硬脂酸钙	3～4
精制水	60～50
EDTA-2Na	0.2
聚乙烯醇(PVA)	5
香精	少量
色料	少量

【制法】 在带夹套的搪瓷釜内加入所需水，开动搅拌器，再加入 EDTA-2Na 和聚乙烯醇，打开夹套蒸汽阀加热至 85℃时恒温搅拌至聚乙烯醇完全溶解，按顺序加入硬脂酸、十六醇、石蜡和凡士林，待溶匀后，再加其余原料。继续恒温搅拌 30min，缓慢降至 40℃，添加香精和色料，搅拌均匀即可出料，可得稳定的乳化型清洁剂。

【应用特点】 本油墨清洗剂具有制备简单、乳液稳定、清洗能力强等优点，其特别适用于印刷油墨的清洗。

【主要用途】 主要用于油墨清洗剂（洗车水）是用于清洗印版、墨辊、金属辊及橡皮布上的油墨。

【安全性】 具有良好的生物降解性，有利于印刷机械清洗，无毒、无腐蚀，不刺激皮肤，对印刷机械清洗时表面不损伤；不燃不爆、使用安全可靠。

【生产单位】 邦提公司。

Cb003 新型高效印刷油墨清洗剂

【英文名】 a novel and efficient cleaning agent for printing ink

【别名】 印刷油墨清洗剂

【组成】 由多种表面活性剂、渗透剂、除油助剂、橡胶防老剂等组成。

【产品特点】 制作工艺简单，价格便宜，去污力强，流动性好，清洗效率高，广泛地应用于印刷器械清洗。

【生产配方】

组分	w/%
乙烯醚	20～50
二乙醇胺	1～8
甲酸钠	5～15
磺酸钠	5～15
草酸	1～10
水	余量

【应用特点】 高效油墨清洗剂的品质特性主要表现在以下几方面。

① 具有极佳的清洗功能，可以彻底洗掉胶印机墨辊上的杂质渣滓，包括油墨成分、桃胶、润湿液杂物以及从纸张上脱落下来混入油墨中的纸粉、纸毛。对墨辊有良好的养护能力。

② 不含有害物质，不会危害使用者的健康，也不会污染周围的环境。它的闪点范围比汽油高出 2 倍之多，在 42～66℃，不会引爆而发生火灾。

③ 使用方便。清洗墨辊时，从存储桶中取出约 90mL（对开机的用量）直接注入墨辊，转动片刻，约 20s 后再上紧刮墨刀，注入清水清洗，即可将残余油墨刮洗干净。整个过程大约 5min。

【制法与工艺】 本产品工艺方法与用汽油、煤油的清洗方法基本相同，使用前将桶装新型油墨清洗剂摇动几下，然后将其倒入一个矿泉水瓶中，盖上配送的喷嘴（不要将嘴拧得太紧），以便进行清洗操作。

① 清洗时，让机器自动过转，尽量用墨铲刮净墨斗和墨斗辊的油墨，然后用海绵、布等物质吸蘸油墨清洗剂，擦净墨斗和墨斗辊上的油墨。

② 清洗墨辊时，先不要压下刮刀，将新型油墨清洗剂均匀地喷洒在转动的墨辊上。在保证墨辊转动顺畅的前提下，尽量喷足。随着墨辊的转动，30s 左右，便可将沾在墨辊上的油墨溶解、乳化。此时将刮刀压下，将溶解和乳化的油墨刮干净，然后用水冲洗。视清洗情况，如此重

复1～3次，即可清洗干净。最后的冲水量以清洗干净为准。

③用新型油墨清洗剂洁版时，应按普通洁版剂的操作规程进行。

【安全性】对环境、设备无害。不易燃、无毒。克服了传统用汽油、煤油清洗的不安全性，有腐蚀，有“离膜”出现的缺陷。

【主要用途】主要用于油墨清洗剂（洗车水）是用于清洗印版、墨辊、金属辊及橡皮布上的油墨。

【生产单位】北京兰德梅克科技开发有限公司。

Cb004 LDX-302兰德梅克洗版液

【英文名】LDX-302 landemeike wash solution

【别名】302洗版液

【组成】由多种表面活性剂、渗透剂、除油助剂、橡胶防老剂等组成。

【产品特点】新型网线辊清洗剂LDX-302洗版液，它不仅提供了卓越的清洗功能——清洗网线辊内固化的杂质，达到了目前市场上进口网线辊清洗剂同样的清洗效果。一般上胶辊的清洁度对纸板印刷的质量有着重要的影响，而上胶辊的凹坑中又极易残留杂质，简单的自制清洗剂不能有效地去除这些杂质，必须使用专业的洗版液（剥离剂）。

【工艺与制法】①用普通溶剂和棉布等除去辊子表面上的胶液；②用刷子将LDX-302洗版液均匀涂到辊子表面上，放置15～30min（由于化学反应速率与温度密切相关。温度高时反应加快，反之则减慢，因此夏天应用时放置的时间可短些，冬天则应长些）；③用刷子和普通溶剂（或清水）洗刷辊子表面，直至干净为止，将辊子表面的溶剂或水擦拭干净，此时辊子应光洁如新。

若以上操作未能达到洗净满意程度者，可重复以上操作步骤2～3次。

【注意事项】①LDX-302洗版液是一种化合物溶液，因此使用时需戴塑胶手套。若不慎将本洗版液溅在皮肤上，应马上用清水冲洗干净。②使用时要避免与油漆、金属等接触，尤其是汽车等物。以免发生化学反应，损害物品。③LDX-302洗版液用完请及时旋盖拧紧，以防氧化变质和挥发。④存储时需防光照并远离火源。⑤LDX-302洗版液用后请妥善处理，以免造成其他损失及环境污染。

【应用特点】本产品是由多种表面活性剂、渗透剂、除油助剂、橡胶防老剂等制而成，具有乳化能力强、清洗速度快、效果好。对上胶辊、网线辊、金属辊、橡胶布有特殊的保护作用。

【安全性】对设备无腐蚀性，对皮肤伤害小，将环境问题降到最低，为操作者的安全和健康提供了更高的保障，并且不腐蚀版辊。一般对环境克服了传统用汽油、煤油清洗不安全、有腐蚀的问题，对设备无害，不易燃、无毒，有利于清洗。

【主要用途】用于油墨清洗剂（洗车水）是用于清洗上胶辊、网线辊、橡胶布、印版、墨辊、金属辊的油墨。生产单位 北京兰德梅克科技开发有限公司。

Cb005 非水基油墨清洗剂

【英文名】non-water-based printing ink cleaner

【别名】水基油墨清洗剂

【组成】本油墨清洗剂由异丙醇、醋酸乙酯、二甲基亚砜、丙酮等调合组成。

【配方】

组分	m/kg
异丙醇	45
醋酸乙酯	31
丙酮	23
二甲基亚砜	1

【制法】 依次将31kg醋酸乙酯和23kg丙酮倒入45kg的异丙醇中，用机械搅拌机以120r/min的速度搅拌1min，使之混合均匀，再加入1kg的二甲基亚砜，在120r/min的搅拌速度下混合0.5min，得到无色透明的溶液。

【应用特点】 本油墨清洗剂选择性高、清洗效果好、溶剂挥发性小、不软化基材、毒性低、对人体伤害少、配方简单。

【性能指标】 外观：无色透明液体；相对密度：0.8～0.82；闪点：55～56℃；挥发速度：(0.78～8.2)×10^{-5}。

【主要用途】 适用于塑料板、橡皮布塑料表面印刷油墨的清洗，尤其适用于饮料瓶等塑料软包装表面油墨的清洗。

【清洗工艺参考】 使用油墨清洗剂的方法与用汽油、煤油的清洗方法基本相同，将其倒入一个矿泉水瓶，盖上开适当小孔(不要太大)，以便进行清洗操作。①清洗时，让机器自动运转，尽量用墨铲刮净墨斗和墨斗辊的油墨，然后用海绵、布等物质吸沾油墨清洗剂，擦净墨斗和墨斗辊上的油墨。②清洗墨辊时，先不要压下刮刀，将油墨清洗剂均匀地喷洒在转动的墨辊上。在保证墨辊转动顺畅的前提下，每次喷淋10～12mL。随着墨辊的转动30s左右，油墨清洗剂便可将沾在墨辊上的油墨溶解、乳化。此时将刮刀压下，将溶解和乳化的油墨刮干净，然后用水冲洗。视清洗情况，如此重复1～3次，即可清洗干净。最后的冲水量以清洗干净为准。③用油墨清洗剂洁版时，按普通洁版剂的操作规程进行。

【安全性】 使用油墨清洗剂时，请检查印刷机上刮墨刀是否良好，清洗时可用硬纸等刮掉刀口残墨，加快清洗速度。该油墨清洗剂清洗效果好、溶剂挥发性小、不软化基材、毒性低、对人体伤害少安全又环保。

【生产单位】 北京蓝星清洗有限公司。

Cb006 TH-358高效油墨清洗剂

【英文名】 high performance ink cleaning agent TH-358

【别名】 溶剂型油墨清洗剂；脱墨高效清洗剂

【组成】 由溶剂油、表面活性剂、乳化剂、渗透剂、橡胶防老化剂和其他助剂等精制而成的溶剂型产品。

【产品特性】 ①清洗能力强，不伤害设备；②本品不易燃，对人体安全无害。

【清洗工艺】 ①使用TH-358油墨清洗剂时，可用原液或根据清洗要求加水[1∶(1～2)]摇均或搅拌成白色乳状液即可使用。②先铲干净墨斗，然后将TH-358均匀淋洒在墨斗和墨辊上，再将刮墨刀装上(先不要上紧墨刮)。③开动机器(较高车速)，然后将适量的TH-358淋洒在墨辊上，每间隔0.5min淋一次，淋2～3次。④待印刷机运转1～2min后再上紧刮墨刀。⑤上紧刮墨刀后，若机器墨辊等良好，约1min墨辊油墨会被刮干净。对部分墨辊接触不良或刮刀不良者，应在没清洗干净的部位喷洒适量的TH-358，直至干净为止。⑥墨辊刮干净后，若需换浅色，则淋洒少量清水运行数秒，待墨辊上的水干后，即可停止清洗。⑦对自动清洗的印刷机，建议用原液按自动清洗装置要求进行操作。⑧TH-358在用于清洗PS版或橡皮布时，可用海绵吸取本品，直接擦版或橡皮布即可。

【性能指标】 外观：无色透明液体；相对密度：0.82；闪点：55℃；挥发速度：8.2×10^{-5}。

【主要用途】 广泛用于印刷行业清洗墨辊、印版以及机械工具上的墨迹，脱墨清洗性能优良，同时可去除积于墨辊上的纸毛和无机盐，不伤墨辊胶层，无论是普通油墨还是高分子树脂油墨均可达到满意的清洗效果。

【应用特点】 TH-358高效油墨清洗剂是由溶剂油、表面活性剂、乳化剂、渗透剂、橡胶防老化剂和其他助剂等精制而成的溶剂型产品。具有无毒、无异味、不易燃、存放安全、洗涤去墨能力强等特点。本产品乳化后不燃，对人体无害，符合安全、环保、节能的要求，是新一代高效的印刷油墨清洗剂。

【安全性】 ①工业清洗用品，儿童勿触。②储存时，若有沉淀物析出，不影响产品性能。使用前请充分搅拌。

【包装规格】 20L/桶、200L/桶。

【生产单位】 上海天汉实业有限公司。

Cb007 塑料表面印刷油墨清洗剂

【英文名】 plastic surface printing ink cleaning agent

【别名】 塑料油墨清洗剂；印刷油墨清洗剂

【组成】 由异丙醇或者异丁醇；有机酯为醋酸乙酯或醋酸丁酯；酮类为丙酮或丁酮；二甲基亚砜等组成。

【产品特性】 与现有产品相比，该油墨清洗剂选择性高、清洗效果好、溶剂挥发性小、不软化基材、毒性低、对伤害少、配方简单，适用于塑料板、橡皮布塑料表面印刷油墨的清洗，尤其适用于饮料瓶等塑料软包装表面油墨的清洗。

【配方】

组分	w/%
有机稀释剂	40～55
有机酯	27～38
酮类	15～22
不挥发性组分	1～3

其中，有机稀释剂是异丙醇或者异丁醇；有机酯为醋酸乙酯或醋酸丁酯；酮类为丙酮或丁酮；不挥发性组分为二甲基亚砜或者重质液体石蜡。

【工艺原理】 根据相似相溶原理和塑料基材与印刷油墨极性之间的差别，通过严格选择极性与印刷油墨接近的溶质组分、调整组分的含量，使清洗剂极性尽可能接近油墨的极性，同时远离基材的极性，从而达到在不软化基材的前提下，最大限度去除油墨的目的。

【制法】 依次将配方中的有机酯、酮类溶解于有机稀释剂中，用机械搅拌均匀后再加入配方中的不挥发性组分，混合均匀后即可得到无色透明的清洗剂。

【安全性】 具有良好的生物降解性，有利于塑料表面印刷、塑料印刷机械清洗，无毒、无腐蚀，不刺激皮肤，对印刷机械清洗时表面不损伤；不燃不爆、使用安全可靠。

【包装规格】 20L/桶、200L/桶。

【生产单位】 邦提公司。

Cb008 印刷环保擦拭清洗剂

【英文名】 print environmentally clean cleaning agent

【组成】 印刷环保擦拭清洗剂的组分为：含5～8个碳原子的脂肪烃，水，失水山梨醇（直链）脂肪酸酯、聚氧乙烯失水山梨醇脂肪酸酯，脂肪酸和无机碱或有机碱。

【制法】 依次将上述配方中的组分按一定的工艺进行混合、乳化，稳定而生产出效果好、造价低、无毒的新型印刷油墨清洗剂，可以取代目前在我国广为使用的汽油及汽油和煤油混合制成的清洗剂。

【应用特点】 ①本产品无苯、无卤素、无甲醛等；②气味小，降低职业病中毒危害；③擦拭清洗印刷包装表面油污、粉尘、指纹等作用力强；④快干，提高擦拭清洗效率；⑤对印刷设备和印刷包装成品无腐蚀。

【应用行业】 印刷设备、手机平板包装盒生产厂、高档烟酒包装盒生产厂、茶叶包装生产厂、礼品包装生产厂、印刷铭牌、挂牌生产厂等。

【性能指标】 外观：无色透明液体；气味：轻微溶剂味；水溶性：不溶；干燥速度：快。具体参照裕满清洗剂 FRB-663/FRB-1.1F 标准。

【主要用途】 广泛用作擦拭清洗印刷设备、印刷包装成品、印刷吊牌、印刷铭牌等表面油污、粉尘、指纹等的环保清洗剂。

【安全性】 具有良好的去污性能，有利于印刷机械清洗，无毒、无腐蚀，不刺激皮肤，对印刷机械清洗时表面不损伤；不燃不爆、使用安全可靠。

【使用方法】 擦拭清洗。

【包装规格】 20L/桶、200L/桶。

【生产单位】 天津天通科威工业设备清洗有限公司，北京蓝星清洗有限公司。

Cc 水基油墨清洗剂

一般情况下，吸附于金属表面的污物由水溶性污物和非水溶性污物组成。前者包括糖、淀粉、有机酸碱、血液、蛋白质及无机盐等，后者包括动植物油脂、脂肪醇、矿物油、灰尘、泥土、金属氧化物等。

水基清洗剂以表面活性剂为主要成分，同时添加各种添加剂如助剂、稳定剂、缓蚀剂、增溶剂、消泡剂、防霉剂、防冻剂等。表面活性剂具有乳化、湿润、增溶、渗透、分散、防腐、络合等特性，在清洗液中起主要作用。

水性油墨清洗剂用于清洗印版、墨辊、金属辊及橡皮布上的油墨。由工业洗油、非离子表面活性剂、有机酸、有机胺和水，按一定的工艺进行混合、乳化而成，具有无毒、无腐蚀、无污染、不燃烧、去污力强、流动性好、不变质、安全性高、清洗速度快等优点。

水性印刷油墨清洗剂由表面活性剂、乳化剂、渗透剂、橡胶防老化剂和其他助剂等精致复配而成。具有无毒无害、不易燃、不爆、不挥发、存放安全、价廉、洗涤去墨能力强等特点。本产品乳化后稳定、清洗效果好，符合安全环保、节能的要求，是新一代的印刷油墨清洗剂。

Cc001 水基油墨清洗剂

【英文名】 cleaning agent for water-based ink

【别名】 水性油墨清洗剂；环保油墨清洗剂

【组成】 由 Triton X-100、油酸钠、膦酸三丁酯、丁醇、亚硝酸钠、苯并三氮唑等助剂与水制得水基油墨清洗剂。

【配方】

组分	w/%
Trion X-100	16
膦酸三丁酯	4.5
亚硝酸钠	5
油酸钠	58
丁醇	16
苯并三氮唑	0.5

【制法】 将 Triton X-100 16%、油酸钠 58%、膦酸三丁酯 4.5%、丁醇 16%、亚硝酸钠 5%、苯并三氮唑 0.5%等助剂混合，与水按 1∶9 混合，制得水基油墨清洗剂。

【性能指标】

外观	无色液体
气味	愉快气味
相对密度	>0.7
pH 值	>7
清洁性能(标准条件下)	优良

【使用方法】 ①使用油墨清洗剂时，可用原液或根据清洗要求兑水［1∶(1～3)］摇匀或搅拌均匀后即可使用。②先铲干净

墨斗，然后将油墨清洗剂均匀淋洒在墨斗和墨辊上，再将刮墨刀装上（先不要上紧墨刮）：a. 开动机器（较高车速），将适量的油墨清洗剂淋洒在墨辊上，每间隔半分钟淋一次，淋2～3次。b. 待印刷机运转1～2min后再上紧刮墨刀。c. 上紧刮墨刀后，若机器墨辊等良好，约1min墨辊油墨会被刮干净。对部分墨辊接触不良或刮刀不良者，应在没清洗干净的部位喷洒适量的清洗剂，直至干净为止。d. 墨辊刮干净后，若需换浅色，则淋洒少量清水运行数秒，待墨辊上的水干后，即可停止清洗。e. 对自动清洗的印刷机，建议用原液按自动清洗装置要求进行操作。

【主要用途】 本品广泛应用于印刷行业清洗墨辊、印版以及机械工具上的墨迹，脱墨清洗性能优良，同时可去除积于墨辊上的纸毛和无机盐，不伤墨辊胶层，无论是普通油墨还是高分子树脂油墨均可达到清洗效果。

【应用特点】 本清洗剂去污力与乳化油清洗剂、汽油、柴油相当。对设备无腐蚀，不闪燃，实现了本质安全。实际应用清洗效果良好。

【安全性】 ①本品勿入眼、口，勿食用，如误触，清水及时冲洗；②阴凉处密封保存长期有效，远离火源存放与操作。产品能替代汽油、煤油和乳化油清洗剂，是节能减排、安全环保的产品。

【包装储存】 25kg/桶，保质期12个月。

【生产单位】 广鑫（福建）橡胶有限公司，北京科林威德航空技术有限公司。

Cc002 水溶性油墨清洗剂

【英文名】 water soluble ink cleaning agent

【别名】 水性油墨清洗剂

【组成】 由表面活性剂、聚合物、螯合剂、无机盐及水等组成。

【产品特性】 透明溶液，呈碱性，是制作印刷电路板的专用化学制品，可以将丝网模板上的残存油墨彻底去除。

【性能指标】 参照水基油墨清洗剂。

【生产配方1】

组分	w/%
N-甲基-乙吡咯烷酮	21.74～58.82
水	4.50～12.25
乙醇胺	12.50～43.75
聚乙二醇辛基醚	4.00～26.67

【生产配方2】

组分	w/%
聚氧乙烯辛烷基酚醚	3～5
壬基酚聚氧乙烯醚	2～6
三乙醇胺	2～6
丁基溶纤剂	2.8～9

【生产配方3】

组分	w/%
N-甲基吡咯烷酮	21.7～38.0
乙醇胺	25.0～43.8
甘油	25.0～43.8
聚乙二醇辛基苯醚的水溶液	4.0～12.0

其中，N-甲基吡咯烷酮的替代品是乙二醇单丁醚，或是乙二醇甲醚，或是乙二醇乙醚；乙醇胺的替代品是异丙醇，或是2,2,2-三羟基乙胺；甘油的替代品是三乙醇胺，或是丙二醇，或是磷酸四钾。

【制法】 首先将称量好的软化水加入混合罐并加热至35～45℃，将3%～5%的聚氧乙烯辛烷基酚醚或壬基酚聚氧乙烯醚、2%～6%的三乙醇胺加入混合罐，充分搅拌15～30min后，再将3%～9%丁基溶纤剂加入聚氧乙烯辛烷基酚醚、三乙醇胺和软化水的中间混合液中，搅拌20～30min混合均匀后，用2%稀调节所制备清洗剂的pH到7～8。

【应用特点】 本清洗剂制备简单，无色或微黄色，无臭，挥发慢，溶解力强，尤其是对黑渣沉淀物清除力强。

【安全性】 毒性小，对环境污染程度低，有利于安全生产和环境保护。

【主要用途】 一般是制作印刷电路板的专用化学制品，可以将丝网模板上的残存油墨彻底去除。配方简单，制作简便，性能稳定，无色无毒，不腐蚀无污染，适于清洗印版、橡皮布、胶辊等所有印刷机械着墨部位，并适于操作工人擦手、清洗衣物上的油墨。清洗效率高，安全可靠，成本低廉，易储存，使用方便，与市场上销售的各类油墨清洗剂相比，适应范围广，清洗效果更好。

【生产单位】 北京蓝星清洗有限公司，汕头市西陇化工厂。

Cc003 水基印刷油墨清洗剂

【英文名】 water based cleaning agent for printing ink

【别名】 印刷油墨清洗剂

【组成】 由表面活性剂、聚合物、螯合剂、无机盐及水等组成。

【配方】

组分	w/%
表面活性剂 BEE	1～10
聚氧乙烯醚	0.5～10
无机碱	0.5～10
脂肪酸酯	0.5～10

水基印刷油墨清洗剂的制备流程如图所示。

无机碱+水 $\xrightarrow{\text{搅拌}}$ 溶解 $\xrightarrow[\text{搅拌}]{\text{聚氧乙烯醚}}$ 溶解 $\xrightarrow[\text{搅拌}]{\text{脂肪酸酯}}$

溶解 $\xrightarrow[\text{搅拌}]{\text{表面活性剂 BEE}}$ 水基印刷油墨清洗剂

水基印刷油墨清洗剂的制备流程

【制法】 在 3L 的烧杯中加入 1600mL 水，加入 20～30g 无机碱，开动搅拌器。使溶解呈清亮溶液。再加入 20～30g 聚氧乙烯醚，搅拌溶解后加入 10～30g 含 4～8 个碳原子的脂肪酸酯，最后加入 40g 表面活性剂 BEE 并加水至总体积为 2000mL。搅拌，得到透明溶液。

【性能指标】 参照 Cc001 水基油墨清洗剂。

【应用特点】 本清洗剂根据清洗及金属防锈的机理，采用了一种兼具清洗能力和防锈能力的表面活性剂 BEE，再辅以适当比例的乳化剂和助剂，使之可与水形成稳定、透明的溶液。该溶液不仅具有很强的清洗作用，而且具有防锈作用，使用时对环境无污染，并在应用时可根据实际需要加水稀释。

【安全性】 水基印刷油墨清洗剂对油脂、污垢，锈斑有很好的清洗能力，其脱脂、去污净洗能力超强。溶解完全，易漂洗；并且在清洗的同时能有效地保护被清洗材料表面不受侵蚀。使用方便、安全低毒、无色无味、节能减排、安全环保。

【主要用途】 适应范围广，清洗效果好，广泛用作擦拭清洗印刷设备、印刷包装成品、印刷吊牌、印刷铭牌等表面油污、粉尘、指纹等的环保清洗剂。

Cc004 洗净油漆墨汁增白杀菌无磷清洗剂

【英文名】 wash paint ink whitening sterilization of non phosphorus detergent

【别名】 无磷清洗剂

【组成】 由表面活性剂、聚合物、螯合剂、无机盐及水等组成。

【产品特性】 是一种印刷油墨清洗剂，透明溶液，呈碱性，是洗净油漆、墨汁及增白杀菌的专用化学制品。

【配方 1】

组分	w/%
四氯乙烯	15～20
合成轻油	10～18
司盘 80	1～1.5
OP-10	0.5～1.2
水	余量

【配方 2】

组分	w/%
4A沸石	15～20
磺酸	3～5
过硼酸	13～15
硅酸钠	7～9
碳酸钠及硫酸钠	13～17
液碱(42%)	9～12
三氧化硫	8～10
水	余量

【性能指标】 同无磷洗衣粉的指标。

【制备工艺】 ①三氧化硫的制备：用小型立式锅炉上装一套冷却装置，其工艺原理是发烟硫酸水剂加热到106℃产生气体，遇水冷却而成三氧化硫；②脂肪醇硫酸钠的制备：先采用乙烯和三乙基铝聚合、烷烃脱氢、天然油脂加氢、液蜡氧化制醇几种方法中的一种制成脂肪醇，再用不锈钢离心泵将脂肪醇用三氧化硫磺化即成脂肪醇硫酸钠；③最后将各种原料拌匀后，加入三氧化硫综合性磺化，随着加入碳酸钠中和反应，再加入香精，放入老化盆送到一定地方老化后装袋。

【应用特点】 本清洗剂，生产本清洗剂不需建高塔，不需高塔喷雾，不用大型设备，不加母粉，但质量能达到无磷洗衣粉的各项指标。

【安全性】 本清洗剂制备工艺生产过程中无"三废"排放物，不需升温、降温，只要常温即可进行，产品无污染、无腐蚀、安全、不燃烧、节能、清洗效果好。使用方便、安全低毒、无色无味，是节能减排、安全环保的清洗剂。

【主要用途】 广泛对油脂、污垢，锈斑有很好的清洗能力，其脱脂、去污净洗能力超强。溶解完全，易漂洗；并且在清洗的同时能有效地保护被清洗材料表面不受侵蚀。

【生产单位】 北京蓝星清洗有限公司，上海天汉实业有限公司。

Cc005 油墨纳米清洗剂

【英文名】 nano ink cleaning agent

【别名】 纳米清洗剂

【组成】 由表面活性剂、纳米粉体、聚合物、螯合剂、无机盐及水等组成。其中，纳米金属氧化物为：纳米氧化硅、纳米氧化钛、纳米氧化铁、纳米氧化钒、纳米氧化钇。

【配方 1】

组分	w/%
壬基酚聚氧乙烯醚	20～50
纳米金属氧化物	1～10
磺酸钠	10～20
三乙醇胺	2～6
草酸	5～10
水	余量

【配方 2】

组分	w/%
二氯甲烷	35～55
甲酸	10～25
乙醇	30～40
液体石蜡	1～3
纳米氧化硅	5～8

【性能指标】 参照Cc001水基油墨清洗剂。

【应用特点】 本清洗剂清洗效果好，对机械、胶辊、橡皮布等重要印刷部件无腐蚀作用。

【安全性】 使用方便、安全低毒、无色无味、对油脂、污垢，锈斑有很好的清洗能力，其脱脂、去污净洗能力超强。溶解完全，易漂洗；并且在清洗的同时能有效地保护被清洗材料表面不受侵蚀，并对人体皮肤无伤害，无污染，运输方便、节能减排、安全环保。

【主要用途】 广泛用作擦拭清洗印刷设备、印刷包装成品、印刷吊牌、印刷铭牌等表面油污、粉尘、指纹等的环保清洗剂。

【生产单位】 北京蓝星清洗有限公司，上海靓居实业有限公司。

Cc006 TH-379 高效纳米清洗剂

【英文名】 nano washing agent with high efficiency

【别名】 纳米清洗剂

【组成】 由表面活性剂、纳米粉体、聚合物、螯合剂、无机盐及水等组成。

【产品特性】 本纳米清洗剂清洗效果好，对机械、胶辊、橡皮布等重要的印刷部件无腐蚀作用，对人体皮肤无伤害，无污染，运输方便、安全。

【性能指标】 参照 Cc005 油墨纳米清洗剂。

【主要用途】 本清洗剂是用于对印刷机械、胶辊、橡胶布等零部件清洗，无腐蚀，对人无伤害

【制备工艺】 ①开动机器（较高车速），然后将适量的 TH-379 淋洒在墨辊上，每间隔 0.5min 淋一次，淋 2～3 次。②待印刷机运转 1～2min 后再上紧刮墨刀。③上紧刮墨刀后，若机器墨辊等良好，约 1min 墨辊油墨会被刮干净。对部分墨辊接触不良或刮刀不良者，应在没清洗干净的部位喷洒适量的 TH-379，直至干净为止。④墨辊刮干净后，若需换浅色，则淋洒少量清水运行数秒，待墨辊上的水干后，即可停止清洗。⑤对自动清洗的印刷机，建议用原液按自动清洗装置要求进行操作。⑥TH-379 在用于清洗 PS 版或橡皮布时，可用海绵吸取本品，直接擦版或橡皮布即可。

【主要用途】 纳米清洗剂广泛用作擦拭清洗印刷设备、印刷包装成品、印刷吊牌、印刷铭牌等表面油污、粉尘、指纹等的环保清洗剂。

【应用特点】 具有无毒、无异味、不易燃、存放安全、洗涤去墨能力强等特点。本产品对人体无害，符合安全、环保、节能的要求，是新一代印刷机械清洗剂。纳米去墨除油乳化剂，是利用纳米渗透技术，穿透乳化物外层硬膜，破坏分子结构，达到快速乳化的目的，这是普通除油乳化剂无法达到的。纳米去墨除油乳化剂是目前最新型的除油乳化剂。

【安全性】 ①工业用品，儿童勿触；②储存时，若有沉淀物析出，不影响产品性能。使用前请充分搅拌。

【包装规格】 20L/桶，200L/桶。

【生产单位】 北京昊华世纪化工研究院，北京蓝星清洗有限公司。

Cd 塑料、橡胶模具清洗剂

橡胶模具清洗剂是特别为橡胶模具开发的产品，它的特性对于橡胶成型时的残渣、离型剂，或加硫时的气体在模具上产生的氧化层等可以马上去除。为对模具完全不会损伤或磨耗的产品。

Cd001 塑料模具清洗剂

【英文名】 plastic mold cleaning agent

【别名】 模具清洗剂

【组成】 由表面活性剂、聚合物、螯合剂、无机盐及水等组成。

【配方】

组分	w/%
N-甲基吡咯烷酮	35～65
三氯甲烷①	3～10
乙基苯	1～3
邻二甲苯	5～15
丙酮	3～10
甲苯	0.5～1.5
间/对二甲苯	15～35
水	2～8

① 三氯甲烷不是《蒙特利尔议定书》附件A～E的受控物质。

【配方分析】 由于本产品主要原料是N-甲基吡咯烷酮，是两性物质，既能溶解极性无机物质，又能溶解非极性有机（油性）物质。而甲苯、乙基苯、间/对二甲苯、邻二甲苯为油性物质，能溶解油性物质。以上原料按比例混合后，制成的模具清洁剂能够清洗各种塑料模具，效果优良。长期使用不会产生腐蚀。而且，该清洗剂与水相溶性好，可用水清除该清洗剂。若溅到皮肤或其他物体上，可用肥皂水清除。

【生产方法】 将原料按质量称好，加入反应容器，在常温下，搅拌混合均匀后即得。

【应用特点】 用喷雾器将清洗剂喷洒在模具表面，然后用布擦除污垢，或直接用浸有清洗剂的棉纱清洗模具。本模具清洗剂所用原料为工业级，原料易购。具有生产简单、使用方便、安全低毒、无色无味、效果优良的特点。

【安全性】 对油脂、污垢，锈斑有很好的清洗能力，其脱脂、去污净洗能力超强。溶解完全，易漂洗；并且在清洗的同时能有效地保护被清洗材料表面不受侵蚀。

【主要用途】 ①用于清洗塑料各种材质的模具表面的油污和铁锈；②也可用于清洗钢铁、锌、铝、铜及其合金、橡胶、陶瓷等表面上的油污、污渍、油垢、机加工油渍、矿物油等污垢；③其他用于镜面模具、高光模具、表面的油污，清洗彻底，快速便捷。

【生产单位】 中国重汽集团公司。

Cd002 LW-303 轮胎模具清洗剂

【英文名】 tire mold cleaning agent LW-303

【别名】 LW-303 洗模水

【组成】 由表面活性剂、聚合物、螯合剂、无机盐及水等组成。

【产品特性】 ①高温模具直接清洗，瞬间内完全清除污垢，无需停机，绝不影响生产。除垢后的模具干净光亮，即能提高产品品质，又能提高生产效率；②此产品为高浓缩水溶性液体，可依照模具的污染程度，适当地加水稀释使用，非常经济实用，直接能降低生产成本，油污或轻度的铁锈亦可以清除。

【制备工艺】 ①散布法：请使用少量的原液或稀释液散布或涂抹在高温的模具上，待 2～3min 后污垢物就会软化游离，在洗模水未干前立即用清水冲洗即可，模温在 95℃以上。②浸渍法：铁槽内盛装原液或稀释液，加温至约 95℃后浸泡 2～3min；或以高温模具直接投入常温的溶液中，浸泡 2～3min 后取起而后用清水冲洗即可。

【性能指标】 换色简单容易，能减少塑料、色粉、残渣等物质在螺杆及炮筒的附着力，对难以清洗的颜色如黑色等深色或荧光色等能彻底清洗干净；换色时间比一般清洗剂减少 5～20min。

【清洗工艺参考】 ①将 LW-303 可与水稀释（稀释倍数可根据实际情况定）；②在模具温于 100℃以上使用；③将稀释液喷涂于模具上，让污垢软化浮于表面；④使用大量清水冲清模具。

【应用特点】 在橡胶、硅胶工业中，要清除模具中的污垢，一直是件令人头痛的事，由于硫化橡胶、硅胶需在高温下进行，胶料中一些留在模具内的油分及化学品，经长时间高温中焦化需形成顽固的污垢。使用 LW-303 洗模水可在瞬间清除一切污垢。LW-303 超强洗模水含有特殊促进剂配之模具专用洗模剂，以往的洗模剂常因清洁力不足，必须配合金属刷或喷砂来去除模具上的顽垢，因而常常造成模具的损伤，使用本品需将少量的原液或稀释液喷洒在模具表面，在极短时间内，即可完全将顽垢去除干净，不损伤模具，延长其使用寿命。在橡胶制品模具清洗、轮胎模具清洗、橡胶密封件模具清洗、硅胶制品模具清洗中效果极佳。

【安全性】 ①本品为碱性溶液，作业时请戴橡胶手套；②如果手或皮肤沾到溶液时，请立即用水清洗；③因为是碱性物质，铝模具不可以使用。

【主要用途】 LW-303（洗模水）为高品质模具专用清洁剂，任何严重模具污垢瞬间内完全清除，使用方便，绝不损伤模具，又能延长模具使用寿命。适用于模具及塑料制品，不仅只对于模具及金属表面、对制品上沾有的油渍也能起到清洁作用。

【国外同类产品特性】 UNECON KR-303 是日本太阳化工株式会社专为橡胶模具而开发出来的清洗剂。以往的清洗剂因为净洗力不足必须使用铁刷来刷洗，而这样造成了模具的损伤和磨损。现在只要使用 LW-303 喷洒，再顽劣的污渍也可以在瞬间除去，绝不伤模具。①不会伤害模具之电镀层；②污垢及轻微铁锈用水即可冲掉；③操作过程温和，无呛鼻气味；④清洗时间短，清洗后模具可马上使用。

【包装规格】 20L/铁桶，200L/铁桶。

【生产单位】 深圳市海扬粉体科技有限公司。

Cd003 聚氨酯用模具清洗剂

【英文名】 mold detergent for polyurelhane

【别名】 820 清洗剂；复合有机溶剂（包括烃类、酮类等）

【组成】 由表面活性剂、聚合物、螯合剂、无机盐及水等组成。

【性能指标】 无色透明的低黏度液体，有一定的挥发性，可燃而非易燃物，对聚氨酯类材料有强烈的溶胀、软化能力。

【应用特点】 使用时以脱脂棉或棉织物蘸吸本清洗剂擦拭被处理面，若遇块、屑一时不易擦净时，可用本清洗剂浸泡后清洗。

【主要用途】 本清洗剂专用于聚氨酯模塑制品生产的模具清洗，对各种聚氨酯软质泡沫、硬泡、浇注弹性体、热塑弹性体、橡塑体及固化的胶黏剂、涂料都有强烈的溶胀、软化作用，对洗去模具内残余的脱模剂效果也极好，能保护模具，易于清理。对有花纹的模具也有良好的清洗性，可提高制品外观质量。

【安全性】 对油脂、污垢，锈斑有很好的清洗能力，其脱脂、去污净洗能力超强。溶解完全，易漂洗；并且在清洗的同时能有效地保护被清洗材料表面不受侵蚀。

【包装、储运】 镀锌铁桶包装，每桶200kg、50kg、20kg。储存于通风、阴凉处，防止高温、火烤。

【生产单位】 黎明化工研究院。

Cd004 HY-5228 橡胶模具清洗剂

【英文名】 rubber mold cleaning agent HY-5228

【别名】 橡模清洗剂；电解模具清洗剂

【组成】 电解式超声波系统包括超声波发生系统、电解电路系统、循环过滤系统、专用电解清洗液和优质防锈剂。电解模具清洗机是清洗模具表面油、锈、硫化物、树脂碎末及煤气等污垢有效设备。

【制备工艺】 涂布法：①请在模具有温度的时候将少量原液或稀释液涂布在模具表面；②HY-5228 涂布在热模具上沸腾时，完全去除橡胶残渣、离型剂、氧化层及轻微的铁锈；③脏污软化、浮起后可以轻易地用水清洗干净。浸泡法：①将原液或稀释液放入铁槽中加热到 95℃左右，或将热模具浸入使用；②脏污软化、浮起后（2～5min）取出清洗干净；③请根据脏污的程度，在最经济的情况下调整溶液的浓度、浸泡时间、溶液温度。

【产品特性】 电解模具清洗剂是特别为橡胶模具开发的产品，它的特性对于橡胶成型时的残渣、离型剂有特效。①因为是水溶性，可以依污染的程度用水稀释到最经济的情况；②轻微的铁锈、油污，可以同时去除；③因为沸点高，所以沸腾时的危险性低；④完全不含有公害物质。

【性能指标】 ①外观：淡黄色透明液；②相对密度：1.20±0.02；③pH：11；④主成分：无机咸盐、有机钠盐、多价醇、界面活性剂、水。

【应用特点】 ①原液（或稀释使用，视脏污情况而定）；②在模温于 150℃以上使用；③将稀释液喷涂于模具上，让污垢软化浮于表面；④使用大量清水冲洗模具。尤其精密模具保养专家——电解模具清洗机，一般提高清洗效率 5 倍以上；降低因制品尺寸变化而产生的不良率，咬花面转写率提升。

【安全性】 ①因为是碱性溶液，请使用橡胶手套、护目镜、围兜等，并注意不要接触到；②万一接触到，请马上用清水充分冲洗；③因为是碱性，请特别告知不可以使用在铝模上；④对于特殊表面处理的模具，请先测试再使用。

【生产单位】 深圳三精橡塑工业有限公司，东莞京工自动化设备公司。

Cd005 佳丹模具清洗剂

【英文名】 jiadan mold cleaning agent

【别名】 模具清洗剂

【组成】 由表面活性剂、溶剂、分散剂、渗透剂调制而成。

【产品特性】 ①挥发性好；②快干、不留痕迹；③无毒且环保。

【性能指标】 一般选用的溶剂、分散剂、渗透剂不含 CFC；环保配方。

【工艺参数】 从相距 5～10cm 喷射即可。如需深入物体内部可接驳喷管。能快速、强力有效地去除各种防锈渍，生产过程中残留的油渍。使用方便，用后不留痕迹。

【使用方法】①工作场所注意通风，严禁吸烟，操作人员必须上风向，不得拿产品对着人员；②火种喷射，不可利用利器划破罐体，不可撞击罐体（划破罐体或撞击罐体有爆炸危险）。

【储存方法】①储存于阴凉、通风干燥处、远离火种、室温低于45℃仓库内、不可倒置；②不得靠近热源、酸碱、氧化剂等腐蚀性物质，不可暴晒；③堆放层数不可超过8层，且应离地、离墙10cm以上。

【搬运方法】①搬运产品时应轻拿轻放，严禁使用抛、摔撞等危险动作。②空罐堆放于规定位置摆放整齐，储存于阴凉、通风干燥处，远离火种、电源，室温低于45℃仓库内，不可暴晒。③不可跟别的废弃物混装一起。④使用完的空瓶统一回收于供应商做安全处置，或回收于有资质的回收公司做安全处置。

【包装】规格：450mL/支，包装：24支/箱。

【安全性】请勿使本产品与眼睛接触，若不慎溅入眼睛，请及时用水冲洗并及时就医。为防止皮肤过度脱脂，操作时请戴耐化学品手套。

【生产单位】青岛南翔工贸有限公司。

Cd006 HQ-151模具清洗剂

【英文名】HQ-151 mold cleaning agent

【别名】水性模具清洗剂

【组成】由多种表面活性剂、调节剂、缓蚀剂等组成。

【产品特性】一般是表面活性剂、调节剂、缓蚀剂等，具有很强的渗透、分散、乳化等作用，是一种理想的水性模具清洗剂。

【工艺参数】使用浓度：将清洗剂按5%（如油污重，可适当提高比例）的比例加入水中搅拌均匀溶化即可。

【使用温度】一般在常温下使用，如油污重，冬季温度低，可加温到40～60℃，清洗效果更好。

【安全性】对油脂、污垢、锈斑有很好的清洗能力，其脱脂、去污净洗能力超强。溶解完全，易漂洗；并且在清洗的同时能有效地保护被清洗材料表面不受侵蚀，绿色环保，通用、高效、安全、经济。请勿使本产品与眼睛接触，若不慎溅入眼睛，请及时用水冲洗并及时就医。为防止皮肤过度脱脂，操作时请戴耐化学品手套。

【主要用途】①用于清洗各种材质的模具表面的油污和铁锈；②用于清洗钢铁、锌、铝、铜及其合金、橡胶、陶瓷等表面上的油污、污渍、油垢、机加工油渍、矿物油等污垢；③用于镜面模具、高光模具、表面的油污，清洗彻底，快速便捷。

【生产单位】东莞市皓泉化工有限公司。

Cd007 SP-101D模具水路清洗剂

【英文名】mold water cleaning agent

【别名】SP-101D

【组成】由多种表面活性剂、调节剂、除锈剂、缓蚀剂、分散剂缓蚀剂等组成。

【产品特性】本清洗剂为酸性化合物，能有效去除模具水路表面的锈、垢及油污碳化物，清洗过程中，对管道、设备金属具有良好的腐蚀抑制作用。缓蚀率：碳钢＞95%。

【质量指标】外观：无色至黄色透明液体。其他指标如下。

指标名称	指标
活性组分/%	≥30
pH值(1%水溶液)	1.0
密度(20℃)/(g/mL)	1.05～1.2

【工艺参数】根据系统情况，控制投加量。全系统清洗投加量一般为系统水量的1.0%～5.0%，清洗时间8h左右；模具及模温机加热棒单台清洗药剂浓度宜选择

20%～30%，清洗时间控制为30～60min，清洗完毕，排污、用清水冲洗至干净。当浊度小于10×10^{-6}时，可进行钝化处理。

【汽轮机的应力腐蚀破裂化学清洗与防锈举例】

① 汽轮机的应力腐蚀破裂　应力腐蚀破裂主要发生在叶片和叶轮上，引起的杂质有：氢氧化钠、氯化钠、硫化钠等。防护措施是：a. 改进汽轮机的设计，改善汽轮机的安装工艺，以消除应力过于集中的部位；b. 提高蒸汽品质，降低蒸汽中的钠离子和氯离子的含量。

② 汽轮机的冲蚀　由蒸汽形成的水滴或由其他途径（例如通过排气管口喷水或轴的水封）进入汽轮机的水所引起的，主要发生在叶片上。防护方法是：汽轮机的疏水口要畅通，保持喷水不直接冲击末级叶片；防止抽气口有水分倒流入汽轮机；应在末级叶片易冲刷部位安装防冲蚀保护层。

③ 汽轮机的酸腐蚀　由于不良的水汽质量引起的酸腐蚀，主要发生在汽轮内部湿蒸汽区的铸铁、铸钢部位。防护措施：采用一级除盐再经混床处理的纯水作为高压锅炉的补给水；给水采用分配系数较小的有机胺以及联氨进行处理，可提高汽轮机液膜的pH值。

④ 汽轮机的磨蚀　由于蒸汽中夹带了异物（主要是剥落的金属氧化物）而导致固体颗粒的磨蚀。防护措施：过热器管和主蒸汽管等高温管道采用抗氧化材料，管道要进行蒸汽吹洗或化学清洗。

⑤ 汽轮机的点蚀　被氯化物污染的蒸汽会使汽轮机发生点蚀，常会导致应力腐蚀和腐蚀疲劳。防护原则是提高蒸汽质量和严格控制蒸汽中氯离子含量，并做好汽轮机停用时的防护。

【安全性】 对油脂、污垢，锈斑有很好的清洗能力，其脱脂、去污净洗能力超强。溶解完全，易漂洗；并且在清洗的同时能有效地保护被清洗材料表面不受侵蚀。

【包装、运输及储存】 25kg塑料桶装，产品适合常规运输方式，严禁撞击以免泄漏，室温储存，保持通风，不能曝晒，储存期6个月

【主要用途】 适用于模具水路及模温机加热器的除锈、除垢及金属的活化，为下一步预膜作准备。

【生产单位】 昆山鑫沛环保工程有限公司。

Cd008 高效洗模水模具清洗及洗模剂

【别名】 洗模水

【组成】 由多种表面活性剂、调节剂、除锈剂、缓蚀剂、分散剂缓蚀剂等组成。

【安全性】 对油脂、污垢，锈斑有很好的清洗能力，其脱脂、去污净洗能力超强。溶解完全，易漂洗；并且在清洗的同时能有效地保护被清洗材料表面不受侵蚀。

【主要用途】 ①模具清洗剂是选用溶剂、分散剂、渗透剂调制而成，能迅速去除油脂、油污、色粉及其他顽固污渍。挥发性好，不留痕迹。尤其适合去除模具上成型时留下的塑胶树脂渣、模具防锈膜及污渍。②塑胶成品清洗剂，适用于塑胶制品表面的清洁和增加制品表面的光泽度。

【生产单位】 东莞市长安佳博润滑油经营部。

Cd009 J-630高效胶质清除剂

【英文名】 efficient scavenger of J-630 glioma

【别名】 百精胶质清除剂

【组成】 由多种表面活性剂、调节剂、除锈剂、缓蚀剂、分散剂缓蚀剂等组成。

【产品特性】 是一种不易燃、环保的胶渍

清除剂，清除力强、功效卓越，可快速清除模具表面的胶渍污垢。使用方便，避免浪费人力刷模以至损害模具表面。节省大量工作时间及成本。适用于ABS、PPO、PBT、PTFE、PA、PVC等塑胶污渍的清除。通过SGS检测标准。

【基本参数】 品牌：百精；pH＝10；香型：清香；保质期：36个月。

【安全性】 对油脂、污垢、锈斑有很好的清洗能力，其脱脂、去污净洗能力超强。溶解完全，易漂洗；并且在清洗的同时能有效地保护被清洗材料表面不受侵蚀。

【生产单位】 成都百精科技有限公司。

Ce 有机高分子材料清洗剂

Ce001 通用高分子材料清洗剂

【英文名】 common polymer material cleaning agent

【别名】 膜清洗剂；高分子清洗剂

【组成】 由平平加表面活性剂、膜材料、硫酸亚铁、润滑添加剂、浓硫酸、高氯酸钾及水等组成。

【产品特点】 配方简单，成本低廉，效果显著，且生产工艺简单并易操作，在生产使用过程中，对操作人员和设备无伤害，其残留物长期积累不会对操作人员和周边环境造成污染和危害，是绿色环保型产品。

【生产配方】

组分	w/%
高氯酸钾	8～15
润滑添加剂	6～12
硫酸亚铁	10～15
浓硫酸	2～4
平平加(O-25)	8～12
蒸馏水	50～60

【制备工艺】 常温下按配方，向搅拌釜中投入蒸馏水、高氯酸钾和浓硫酸，搅拌均匀后，再加入润滑添加剂、平平加(O-25)和硫酸亚铁进行搅拌，调和均匀，即制得成品。平平加（O-25），外观白色，pH为5～7，含量99%以上；润滑添加剂主要是以聚亚烷基二醇为主，辅以脂肪胺或环脂胺、磷酸酯组成的混合物。

【配方分析】 利用润滑添加剂的表面活化作用。高分子聚合物之间主要依靠氢键作用，而润滑添加剂具有很强的活化作用，其可使氢键在短时间内断裂，降低黏稠度。本清洗剂有较好的降解聚合物、破坏其氢原子的键合作用，使其所形成的黏膜由黏稠、光滑变为溶解，利于清洗，降解的速度快，清洁后无残留。

【应用特点】 膜分离作为一种高新的分离技术具有极其独特的优越性，如无相变、能耗低、工艺及设备简单、操作方便、分离时不损失产品，在工业上得到广泛的使用。华丽染料化学工业公司使用高分子超纳膜分离染料中间体，对提高染料生产质量起到良好的作用。四川省核工业地质调查院针对华丽染料工业公司目前所使用的高分子分离膜材料所受严重污染的问题，分析了该膜过滤染料废水时产生污染的原因及污染物的性质。在此基础上，研究了膜清洗剂的清洗配方，清洗剂的组成包括表面活性剂、螯合剂、增稠剂和助洗剂，通过正交实验找到了最佳配方，并以此配方复合的清洗剂在实验室进行了模拟清洗，取得了很好的清洗效果。

【安全性】 对油脂、污垢、锈斑有很好的清洗能力，其脱脂、去污净洗能力超强。溶解完全，易漂洗；并且在清洗的同时能有效地保护被清洗材料表面不受侵蚀。

【生产单位】 四川省核工业地质调查院，大庆高新区科技创业园。

Ce002 塑料除黄清洗剂

【英文名】 in addition to plastic yellow cleaning agent

【别名】 除黄清洗剂

【组成】 由表面活性剂、聚合物、螯合剂、无机盐及水等组成。

【产品配方】

组分	w/%
含氧(或含氯)氧化剂	5～40
分散剂	1～5
增稠剂	1～2
去离子水	余量
渗透剂	3～10
极性溶剂	2～8
氟表面活性剂	3～9

含氧的氧化剂可以是5%～40%过碳酸钠水溶液、5%～50%过碳酸钾水溶液、5%～50%过硼酸钠水溶液、5%～50%过硼酸钾水溶液、5%～85%过氧化氢水溶液、5%～85%过氧乙酸水溶液中的一种；含氯氧化剂可以是5%～75%次氯酸钠水溶液、5%～75%次氯酸钾水溶液、5%～75%次氯酸钙水溶液、5%～15%次氯酸的水溶液、5%～15%二氧化氯的水溶液中的一种；渗透剂为壬基酚聚氧乙烯醚、十八烷基聚氧乙烯醚、平平加、吐温80中的一种或两种；分散剂为壬基酚聚氧乙烯醚、十八烷基聚氧乙烯醚、平平加、十二烷基醇酰胺、司盘80、氟表面清洗剂中的一种或两种；极性溶剂为异丙醇、异丁醇、乙二醇单甲醚、乙二醇单丁醚中的一种或数种；增稠剂为聚乙烯醇、纤维素醚、聚糖、聚乙烯吡咯烷酮的一种；稀释剂为去离子水。

【配方分析】 含氧（或含氯）氧化剂可以渗透到塑料微小裂缝中，氧化分解污物并氧化脱去黄色有机物。渗透剂协助含氧（或含氯）氧化剂渗透到塑料微小缝隙中，使含氧（或含氯）氧化剂发挥充分作用。分散剂具有清洗分散污物及进一步提高含氧（或含氯）氧化剂的功效。极性溶剂增强含氧（或含氯）氧化剂的渗透性，也溶解污物。

【清洗工艺】 吸水纤维片蘸满除黄清洗剂后，覆盖于塑料黄斑表面滞留5～60min或直接喷除黄清洗剂在黄斑上，再覆盖塑料薄膜，滞留5～60min。此方法大大增强清洗剂的清洗效率。

【产品举例】

组分	w/%
过氧化氢(80%)	40
FSO-100(杜邦)	5
去离子水	42
NP4[❶](98%)	5
异丙醇	9

【制法】 将渗透剂、分散剂和极性溶剂溶解在去离子水中，再加入含氧（或含氯）氧化剂水溶液，混合均匀。

【主要用途】 本品清洗可去除塑料表面的黄斑，不损伤塑料表面，彻底清除塑料表面的所有污物，方便快捷。

【安全性】 对油脂、污垢、锈斑有很好的清洗能力，其脱脂、去污净洗能力超强。溶解完全，易漂洗；并且在清洗的同时能有效地保护被清洗材料表面不受侵蚀。

【生产单位】 北京盛森伟业科技开发有限公司。

Ce003 电池行业高分子材料清洗剂

【英文名】 cleaning agent for polymer materials in battery industry

【别名】 AT506电池壳清洗剂；电池清洗剂

❶ NP4为壬基酚聚氧乙烯醚。

【组成】 由非离子表面活性剂、清洗助剂及水溶性、亲生物性有机物复配而成。

【产品特点】 目前，电池壳体的表面清洗，已成为困扰电池行业的一大难题，尤其是以铝塑包装膜为壳体的聚合物/软包装电池；其壳体表面为尼龙（PA）层，电解液及其他污垢与其有一定的亲和力，能较强地黏附在铝塑封装袋的表面，甚至逐渐渗透进入内层，影响电池的外观，使其降为外观次品出售。同时，随着时间的推移，尤其是在高湿条件下，还会腐蚀铝层，引起电池漏液或鼓气，破坏电池的性能。

【性能指标】 外观：黄色透明液体；密度：1.050～1.150g/cm^3，20℃；pH 值（1%）：11.0～12.0。

【生产工艺】 5%～8% 超声（加温 60℃）→漂洗→漂洗→烘干。

【主要用途】 本品可适用于电池壳工件表面油污、油垢、指纹的清洗。

【应用特点】 ①本品不具可燃性；②本品是碱性，如皮肤接触，即用大量水冲洗15min。如不慎入眼，用大量水冲洗15min，严重者应就医。

【包装及储存】 ①本品应避免阳光直射，储存于阴凉、干燥处；②塑料桶包装，每桶 25kg。

【生产单位】 深圳市新亚盛环保材料有限公司。

Ce004 聚合物和软包装电池表面电解液的清洗剂

【英文名】 cleaning agent for polymer surface and soft package battery electrolyte

【别名】 软包装电池清洗剂

【组成】 由非离子表面活性剂、清洗助剂及水溶性、亲生物性有机物复配而成。

【配方】

组分	w/%
丙烯碳酸酯(PC)	7～10
石油醚(MSO)	2～5
二乙基碳酸酯(DEC)	5～10
苯磺酸钠	1～2
乙烯碳酸酯(EC)	5～10
二甲基碳酸酯(DMC)	5～10
乙基甲基碳酸酯(EMC)	5～10

【制法】 将 PC、EC、MSO、DMC、DEC、EMC 按配方比例放入容器中，并按比例加入助剂苯磺酸钠，搅拌 30min，混合均匀即完成制备。

【配方分析】 本清洗剂主要利用相似相溶原理及分子间较强的氢键作用相互混溶。电解液主要是由带有环状结构的 PC、EC、DMC，带有链状结构的 DEC、EMC 及部分添加剂和锂盐等组成。当电解液粘到铝塑封装袋表面时，部分溶剂分子会逐渐渗透到最外层尼龙（PA）塑料中去，在非干燥条件下，电解液会吸取空气中的水分，逐渐生成氢氟酸（HF）、POF_3 和锂盐，其中 HF 及 POF_3 会逐渐渗透尼龙（PA）层，使得尼龙（PA）层与铝层剥离，进而腐蚀气密层 Al 层，直接导致电池鼓气及漏液，锂盐也会较强地黏附在膜的表面，吸附水蒸气并作为载体加重电解液对壳体的腐蚀。根据相似相溶原理，该清洗剂是由 PC、EC、MSO、DMC、DEC、EMC 及助剂等组成的混合物，其配比同电解液的配方类似，但不加入锂盐，这样可以使电解液清洗剂在非干燥条件下使用。这种清洗剂能有效地溶解表面锂盐及其他电解液组分，利用分子间的氢键作用，通过浸湿和擦洗，可有效地将铝塑封装膜表面及渗透到表层内的电解液等组分清洗干净，防止鼓气、漏液现象发生，并能保持膜表面的干净、亮洁。新粘在膜表面的电解液很容易被清洗干净；移出干燥间后的电池或长期存放后的电池，其表面电解液已经干燥，清洗时需用棉球蘸清洗剂浸泡擦洗，同样可使膜表面干净、亮洁如初。

【应用特点】 可有效清除聚合物和软包装电池铝塑封装膜表面的电解液等污垢，保持电池表面干净、亮洁，彻底消除电解液残留造成的外观次品；且有效防止因电解液腐蚀引起的电池鼓气、漏液等潜在危险，保证电池化学性能、电化学性能及安全性能可靠，不受任何影响。该清洗剂制备工艺简单，应用广泛。

【清洗工艺】 在通风条件下，佩戴口罩及手套，用小塑料杯盛少许清洗剂，并备一些脱脂棉球。对于新粘上或粘上不久电解液的电池，特别是未移出干燥间的电池，只需蘸少许轻轻擦拭即可；对于放置较久特别是长期处在高湿条件下的电池，应蘸取少许清洗剂浸湿半分钟后，再用脱脂棉球擦洗；擦洗完毕后，用酒精将清洗剂清洗干净，自然晾干即完成。

【性能测试】 采用本清洗剂对100只电解液已经在表面干燥的污染电池进行清洗。取擦拭过的电池及良品电池，每组5只电池，进行测试，包括高低温性能测试（−20℃、−10℃、0℃、25℃、60℃）、高温高湿测试（60℃，168h）、循环性能测试（1℃，500次循环）。

【测试结果】 100只表面电解液已经完全洗净的电池的性能测试全部合格。

【主要用途】 本品清洗可用于聚合物和软包装电池表面电解液的清洗剂。清洗剂由非离子表面活性剂、清洗助剂及水溶性、亲生物性有机物复配而成，可配水使用。适用于工件表面油污、油垢、指纹等的清洗。

【安全性】 对油脂、污垢、锈斑有很好的清洗能力，其脱脂、去污净洗能力超强。溶解完全，易漂洗；并且在清洗的同时能有效地保护被清洗材料表面不受侵蚀，对工件基体无腐蚀。

【生产单位】 天津莱特化工有限公司。

Ce005 精密铸造行业高分子材料清洗剂

【英文名】 precision casting of polymer material cleaning agent

【别名】 铸造清洗剂

【组成】 由表面活性剂、酮类、芳香族碳氢化合物等溶剂等组成。

【产品特点】 目前精密铸造行业是一个劳动力、资源相对密集的产业，我国生产资源丰富，劳动力成本低，附加值高，这为我国精密铸造生产提供了很大的发展空间。

【企业特点】 精密铸造生产正逐步从发达国家和地区向发展中国家扩展和转移。据不完全统计，我国有各类精铸企业2000多家，生产能力100万吨，从业人员50万人。目前，我国经济已融入世界大市场，积极参与国际竞争，扩大高附加值的机械零件，朝着“精密、大型、薄型”方向发展，使得高性能、安全环保的蜡模清洗剂材料的需求量不断增加。

【传统MEK背景】 传统的蜡模清洗材料惯用有机溶剂［丙酮、MEK（甲基乙基酮）］，清洗效果较好，但存在诸多弊端：①沸点低，易燃易爆，运输、储存、生产过程中存在极大的安全风险；②挥发性大，浓烈的气味，刺激眼、鼻子和上呼吸道，有毒副作用，会使操作者出现过敏状况，劳动环境空气质量差，对工人健康造成危害；③残液排放后，对水资源和土壤都有一定的危害。

【性能指标】（传统MEK蜡模清洗剂性能指标）

指标名称	指标
MEK含量/%	≥99.7
相对密度(20℃/4℃)	0.8054
水分/%	≤0.1
酸度(质量分数)/%	≤0.001
闪点(开杯)/℃	−6
自燃点/℃	515.6

续表

指标名称	指标
沸点/℃	79.6±0.5
折射率	1.3788

【配方】 传统配方一般是采用的酮类、芳香族碳氢化合物等溶剂，具有很强的挥发性，对职工身体非常有害，并且污染环境。

【制法】 传统精密铸造（脱模铸造）使用的蜡模，因其表面附有一层油性脱模剂，必须清洗干净，才能很好地蘸浆。传统制法劳动力成本高，附加值低。

Ce006 水基型蜡模清洗剂

【英文名】 cleaning agent for wax patterns

【别名】 蜡模清洗剂

【组成】 由壬基酚聚氧乙烯醚、椰子油脂肪酸二乙醇酰胺、脂肪酸聚氧乙烯醚硫酸盐及乙醇、纯净水等组成。

【配方】

组分	m/份
壬基酚聚氧乙烯醚	10～15
三氯乙烷	2～5
乙醇	1～2
椰子油脂肪酸二乙醇酰胺	8～12
脂肪酸聚氧乙烯醚硫酸盐	10～18
纯净水	20～25

【质量指标】 水基型蜡模清洗剂性能指标

指标名称	指标
外观	乳白色液体，均匀，不分层，无沉淀
pH值	6～8（中性）
相对密度	1.08
有效物含量/%	≥46
清洗效果	切削油力强，污垢分散均匀，蜡模表面光洁
清洗能力：洗油率（质量法）/%	≥99
沸点/℃	96
腐蚀性	无
毒性	无

从上述两表可以看出，传统MEK（CAS号78-93-3），属极易燃有毒液体，吸入会使人眼、鼻、喉等黏膜受刺激，上呼吸道感染而引起炎症，长期接触对人可发生呕吐、气急、痉挛甚至昏迷或暂时性意识障碍，严重影响生产工人的身体健康。残液排放后，对大气、土壤、植被、水体都有一定的破坏或污染。水基型蜡模清洗剂的工艺流程见下图。

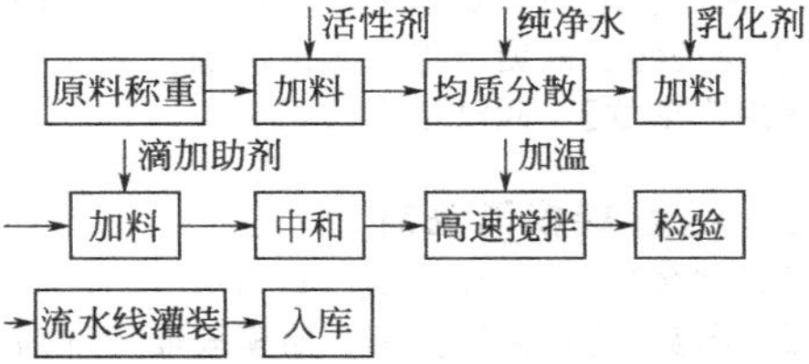

【制备方法】 ①按配方称重，将活性剂椰子油脂肪酸二乙醇酰胺、三氯乙烷和脂肪酸聚氧乙烯醚硫酸盐混合均匀；②加入溶剂（纯净水）溶解；③加入乳化剂壬基酚聚氧乙烯醚；④滴加助剂乙醇；⑤在温度60～80℃下，以600r/min速度搅拌，时间为50～70min，所得溶液即为水基型蜡模清洗剂。

【应用特点】 ①以无毒无腐蚀的乳化剂、表面活性剂、助剂、纯净水为配方组分，是一种高性能的蜡模清洗剂。②采用水分散物理合成技术：原料通过复配、均质、滴加、高速搅拌、乳化、中和配制出高性能和超强活性的水基型蜡模清洗剂。

【使用效果】 本产品性能优异，不仅简化工序、施工方便，而且可明显降低生产成本。该产品在使用前，可根据铸件精度的要求，按不同比例勾兑水混合使用，经测试，一组蜡模只需3～5s一次清洗完成，清除油污彻底，蜡模挂浆效果好。经对比实验比较：在同等数量上，本产品比MEK清洗的组数量大300%左右，一般配一次料可清洗5000组左右，而用同等数量的MEK清洗，一般清洗1600～2000

组数就要更换，综合比较优势明显。

【安全性】 对油脂、污垢、锈斑有很好的清洗能力，其脱脂、去污净洗能力超强。溶解完全，易漂洗；并且在清洗的同时能有效地保护被清洗材料表面不受侵蚀。

【主要用途】 本品清洗剂是水基型蜡模清洗剂。清洗剂由壬基酚聚氧乙烯醚、椰子油脂肪酸二乙醇酰胺、脂肪酸聚氧乙烯醚硫酸盐及乙醇、纯净水复配而成，也可配水使用。适用于蜡模清洗，也可用于工件表面油污、油垢、指纹等的清洗。

【生产单位】 武汉亿强公司。

Ce007 蜡模清洗剂

【英文名】 wax cleaning agent

【别名】 铸造模清洗剂；蜡模表面清洗剂

【组成】 由聚氧乙烯醚表面活性剂、亚硝酸钠、蒸馏水等组成。

【配方】

组分	m/份
蒸馏水	800～1000
聚氧乙烯醚	1
亚硝酸钠	8～10

【产品特点】 目前上述配方一种蜡模清洗剂，主要用于铸造工艺中的蜡模清洗剂。

【工艺方法】 采用全新的工艺及新的配方，它能快速全面清洗蜡模表面（凹、孔等部位）油污等物质，具体使用方法如下：①使用前将产品翻动摇匀；②与水（中性自来水）按 1∶1 的比例勾兑混合并搅拌均匀；③一定要用塑料桶或不锈钢桶装清洗剂；④清洗时将模组充分浸润于配制好的溶液中，上下浸洗 3～5 次（一般 5～10s，也可根据清洗的情况自定）；⑤对于工艺要求高的产品，可在清洗后用清水或酒精过滤一遍效果更佳；⑥挂干或用风枪吹干蜡模表面即可挂浆。

【制法】 首先在常温下配制 1%的亚硝酸钠溶液，必须是纯净水或蒸馏水，取聚氧乙烯醚与亚硝酸钠按 1∶9 的质量比，将聚氧乙烯醚缓缓注入亚硝酸钠溶液中，混合后在 42～45℃的环境中缓慢搅拌 15min，并在 42～45℃环境中静止熟化 2h。

【主要用途】 蜡模清洗剂主要用于精密铸造业中的蜡模产品的表面清洗处理：由活性因子作用于蜡模表面，使吸附于蜡模表面而影响挂浆的脱模剂等油膜层溶解并清除。

【应用特点】 此水溶性清洗剂可以清洗有机物表面，可代替惯用的有毒和易挥发的有机溶剂，具有无毒、稳定洗涤、涂挂效果好的作用。

【安全性】 蜡模清洗剂有很好的清洗能力，其脱脂、去污净洗能力超强。溶解完全，易漂洗；并且在清洗的同时能有效地保护被清洗材料表面不受侵蚀。

【生产单位】 深圳市集四海科技有限公司。

Ce008 高分子设备的清洗剂

【英文名】 cleaning agent for polymer devices

【别名】 设备的清洗剂

【组成】 由表面活性剂、聚合物、螯合剂、无机盐及水等组成。

【产品特点】 环保清洗剂特殊配方中含有很强的穿透剂和剥离剂，清洗过程中可自动识别不同金属材质并施加保护，其工作原理不仅存在化学反应除垢，而且在化学作用的同时产生物理反应，其直接渗透到水垢、油垢或其他沉积物中，然后进行物理剥离，使之与容器、管壁或设备表面分离，然后被循环水冲洗带出，实现设备的“零”腐蚀清洗，甚至可以直接放在手中。

【用法及用量】 除垢方法可采用浸泡法或强制循环法。①首先设置一清洗槽，加入 1/3 的水；②将清洗剂按 5%～10%的比例加入槽内（视垢的厚度而定）；③将板式换热片放入清洗槽浸泡清洗，时间 6～

24h；④清洗完毕后取出换热片，即用水枪冲洗浮在设备上的水垢；⑤由于该清洗剂可反复使用造成清洗剂药量降低及时补加药剂，在反复使用清洗剂过程中，设备上清洗掉的铁垢过多，造成三价铁离子偏高时可加入少量的还原剂，即可控制三价铁离子，防止造成设备腐蚀；⑥清洗剂的温度常温清洗；⑦冷凝器的清洗可采用强制循环法，清洗时间 24～36h。

【主要用途】 本清洗剂可用于板式换热器，冷凝器清洗。

【安全性】 高分子设备的清洗剂有很好的清洗能力，其脱脂、去污净洗能力超强并且在清洗的同时能有效地保护板式换热器，冷凝器清洗被清洗材料表面不受侵蚀。

【包装储存】 25kg 编织袋装或 25kg 塑料桶装。防潮，禁止阳光直晒，保质期 2 年。

【生产单位】 淄博索雷工业设备维护技术有限公司。

Ce009 塑料螺杆清洗剂

【英文名】 metal，plastic products，cleaning agents series

【别名】 螺杆清洗剂

【组成】 由壬基酚聚氧乙烯醚、脂肪醇聚氧乙烯醚硫酸钠、十二烷基苯磺酸钠、椰油酸二乙醇酰胺、二甲基硅氧烷、异丙醇、去离子水等组成。

【产品特点】 在塑料加工过程中采用不同颜色进行组合，生产出五彩缤纷的塑料制品。这就要求在加工过程中经常添加不同的颜料，而且要求各种颜色之间不能有混淆，对加工过程中的如何去色提出了很高的要求。而在塑料加工中采用螺杆设备（单、双螺杆）极其普遍，这种设备在需要换色时，通常是将大量的原料置入设备中，反复地将残留在螺杆和料筒中的残留物射出或挤出，这样不但浪费了大量的原料，而且还浪费了大量的时间。也有选用清洗材料的做法，但是，这种做法只能针对一些特定的材料进行，有一定的局限性。

【配方】

组分	w/%
脂肪醇聚氧乙烯醚硫酸钠	5～10
椰油酸二乙醇酰胺	0.5～0.8
异丙醇	15～35
十二烷基苯磺酸钠	5～10
二甲基硅氧烷	2～5
壬基酚聚氧乙烯醚	3～5
去离子水	余量

本清洗剂可以根据原料的颜色深浅调整配方，乳化剂壬基酚聚氧乙烯醚也可以采用十二烷基酚聚氧乙烯醚（TX-10 型）。

【制法】 涉及洗涤剂，特别涉及用于螺杆式塑料加工机械中使用的清洗剂。a. 将脂肪醇聚氧乙烯醚硫酸钠、十二烷基苯磺酸钠、椰油酸二乙醇酰胺、异丙醇以及去离子水按要求比例混合制成 A 液；b. 将二甲基硅氧烷和乳化剂进行混合乳化制成 B 乳化液；c. 将 B 乳化液加入 A 液，轻度搅拌，得到清洗剂，然后装瓶。

【清洗工艺】 ①将少量原料用清洗剂浸润；②将被浸润后的原料导入塑料加工机械的螺杆中；③开动该机械，将原料全部挤出。

【主要用途】 一般在对塑料螺杆清洗剂的清洗。

【应用特点】 本清洗剂有很强的渗透性和活化作用，对残留原料中的颜料迅速溶解，去色效果好，具有用料少、时间短、清除效率高以及使用范围广的特点。

【安全性】 塑料螺杆清洗剂有很好的清洗能力，其脱脂、去污净洗能力超强并且在清洗的同时能使塑料加工机械的螺杆中清洗被清洗材料表面不受侵蚀。

【包装储存】 25kg 编织袋装或 25kg 塑料桶装。防潮，禁止阳光直晒，保质期 2 年。

【生产单位】 淄博索雷工业设备维护技术有限公司。

Ce010 PVC 加工设备的清洗剂

【英文名】 cleaning agent for PVC processing equipment

【别名】 PVC 设备的清洗剂

【组成】 由 PVC、稀土多功能复合稳定剂、白石蜡、聚乙烯蜡、碳酸钙等组成。

【配方】

组分	w/%
PVC	70～75
白石蜡	0.5～2
碳酸钙	10～12
稀土多功能复合稳定剂	13～15
聚乙烯蜡	0.5～2

【工艺特点】 ①流动性好，能使 PVC 残料从螺杆和模腔中挤出，从而清洗 PVC 加工设备时不用拆卸模具；②无毒、无污染；③可重复使用，且不会腐蚀螺杆和模头。

【工艺方法】 ①将配方按比例加到塑料混合机组高混缸中，进行热混捏合，当升温至物料达到 110℃时开始放料，进入冷混缸中冷混，冷混至温度达到 45℃时即可；②将混好的清洗剂加入到 PVC 加工设备中把 PVC 残料从螺杆和模腔中挤出，达到清洗目的，第二次开机生产时，又用 PVC 料把清洗剂挤出，继续生产；③这一种设备所用的清洗剂，特别是用于 PVC 加工设备的清洗剂。

【安全性】 PVC 设备的清洗剂有很好的清洗能力，其脱脂、去污净洗能力超强。溶解完全，易漂洗；并且在清洗的同时能有效地保护被清洗材料表面不受侵蚀。

【主要用途】 PVC 设备清洗剂主要用于机械制造业中的 PVC 设备产品的表面清洗处理：由活性因子作用于 PVC 设备表面，使吸附于 PVC 设备表面清洗而影响挂浆的脱模剂等油膜层溶解并清除。

【生产单位】 北京洁娃机电设备有限公司。

Cf 五金、塑料产品清洗剂系列

Cf001 KD-L214 煤焦油清洗剂

【英文名】 coal tar cleaning agent KD-L214

【别名】 焦油清洗剂；KD-L214 清洗剂

【组成】 由表面活性剂、聚合物、渗透剂、分散剂、增溶剂、乳化剂及水等组成。

【产品特性】 一般焦化厂煤气管道、煤焦油储罐、各类煤气发生炉及其间冷器等在长时间使用中很容易附着煤焦油污垢、油焦、焦油等污垢，对设备的正常使用带来了极大的不便，甚至导致安全事故的发生，因此，去除设备表面的各类煤焦是至关重要的。因此，KD-L314 自主专利产品，是一种最低成本清洗煤焦油及相关设备的专业煤焦油清洗剂。可代替汽油、煤油、柴油、三氯乙烯、三氯乙烷等溶剂清洗剂。

【工艺方法】 ①设备清洗：排空旧油→蒸汽吹扫滞油或清水预洗→KD-L214 煤焦油清洗剂清洗→排空。原理：由于焦炭垢是一种以有机物为主的成分复杂的混合污垢，与金属表面的黏附主要是范德华力的物理吸附，采用“化学清洗法”，将焦油溶于有机溶剂中，随有机物的溶解而自然除去。该清洗剂的清洗能力相当强，受温度影响不是很大，常温使用即可。该清洗剂清洗后经澄清过滤处理，再添加适量表面活性剂和助剂可重复使用。残渣可掺入煤中燃烧，既降低成本又减少环境污染。②输油管道清洗：排尽管道里的废油，再从管道入口缓缓倒入同等容量的 KD-L214 煤焦油清洗剂原液，根据积炭的厚度，循环 4～6h，再排出清洗液即可。清洗液排出后无需过水，直接加新油即可运行。KD-L214 煤焦油清洗剂可反复使用。

【清洗工艺参考】 ①使用浓度：清洗剂：水＝1：(10～20)，浓度提高可提高清洗能力，手工清洗时清洗剂浓度要相对高些。②清洗温度：可在常温下使用，但在 50～80℃ 温度条件下的清洗效果更佳；③油污特别重或遇到高溶点脂类时，应先以人工或机械方法铲去部分油泥，再选用重油垢高效清洗剂加热清洗；④根据被洗件的特点、油污程度可采用浸洗、刷洗、浸泡、喷淋、煮洗、超声波清洗等清洗方式；⑤ KD-L314 煤焦油清洗剂与 KD-L214 煤焦油焦垢清洗剂按 1：1 比例调配使用，清除油焦的能力最佳。

【性能指标】 本品溶剂味，无色透明液体，相对密度为 1.15±0.05，不燃烧。

【应用特点】 具有极强的渗透、分散、增溶、乳化作用，对油脂、污垢有很好的清洗能力，其脱脂、去污净洗能力超强；产品不含无机离子，抗静电，易漂洗，无残留或极少残留，可做到低泡清洗，能改善劳动条件，防止环境污染；并且在清洗的同时能有效地保护被清洗材料表面不受侵蚀。

【安全性】 ①安全：无毒、无腐蚀、不燃烧、使用方便，无需加热及机械搅拌；可反复使用，节约资源。②经济：可反复使用，是目前专业除炭的最佳制品。③不燃不爆、无毒无害以及较快的溶解速度和低挥发速度是本产品的典型特点。④溶解焦炭的速度远远高于同类产品，挥发速度远远低于同类产品；安全环保，无腐蚀。

【主要用途】 适用于各类煤气管道积炭、煤焦油管道、换热器、反应釜、洗苯塔、精馏塔等设备内煤焦油垢和积炭的清洗。也适用于焦化厂各类管道、五金件、金属精密零部件、电镀零部件、电子零件、轴承、冲压件、汽车配件、摩托车零件、自行车零件、机械制造与修理、汽车制造与修理、农机修理、机械设备维修与保养等行业各种重油污、煤焦油油焦的清洗。

【包装储存】 ①包装：25kg/塑料桶；200kg/塑料桶。②储存：保质期2年，存放于阴凉、干燥处。

【生产单位】 山东凯迪化工公司。

Cf002 PC类塑料表面清洗剂

【英文名】 PC plastic surface cleaning agent

【别名】 塑料清洗剂，脱漆王

【组成】 由表面活性剂、聚合物、清洗剂、无机盐及水等组成。

【产品特性】 PC类塑料表面清洗剂是专门为PC类回收而设计的，可有效去除表面油墨、油漆、不干胶纸胶迹。具有高效，无污染，不影响基材，成本低，不发黄，不变脆等特点。一般不损伤基材、清洗前后分子量不变，无腐蚀，洗后材质透亮，不发黄，不变脆；产品无毒无害，不污染环境，工艺简单，一次全面脱清。

【清洗工艺】 脱漆王是专为塑料PC类回收（PVC/PS/PE/PET/ABS/PP/PMMA）和光盘回收而设计的，能快速彻底清除光盘基材表面的UV胶、金属反射层、染料层、印刷油墨、烤漆、喷漆等；全面彻底去处漆面和金属镀层，不损害片基材质特性，同时适用于个别塑料的分离使用。

工艺过程只需1～3h，全面彻底清除印刷油墨、烤漆、喷漆、不干胶标贴；ABS/PU脱胶分解、PP保险杆脱漆脱胶分解、PS-PU聚氨酯胶分解等。节省资金、人力和物力成本，每吨塑料只要300～600元清洗剂费用，比传统方法节省50%～80%。有效缩短处理时间，3～8名工人能日处理3～5t塑料，经济效益明显。

【安全性】 本品无毒、无味、不燃烧，工艺过程无噪声、无废气、无害，安全环保，是塑料回收处理企业的必备用品。一般对回收处理塑料表面油脂、污垢、锈斑有很好的清洗能力，其脱脂、去污净洗能力超强。溶解完全，易漂洗；并且在清洗的同时能有效地保护回收处理被清洗材料表面不受侵蚀。

【主要用途】 各种PC奶瓶，净水PC瓶，PC水桶，PC光盘，PC灯罩，PC广告牌的表面清洗。

【应用特点】 具备化学清洗、高压水清洗、物理清洗条件。①清洗设备应用：大型化学清洗工作站、超高压清洗机组/高压清洗机组、PIG管道清洗系统；②工程业绩举例：本溪北方煤化工合成氨装置低温甲醇系统脱硫脱碳化学清洗；宁夏宝丰集团甲醇项目清洗、内蒙古联合化工厂合成氨装置交换器高压水清洗、尿素装置化学清洗。

【包装储存】 ①包装：25kg/塑料桶；200kg/塑料桶。②储存：保质期2年，存放于阴凉、干燥处。

【生产单位】 深圳市兴阳辉科技有限公司。

Cf003 POC700塑料清洁抗静电清洗剂

【英文名】 plastic cleaner antistatic cleaning agent-POC700

【别名】 抗静电清洗剂

【组成】 由表面活性剂、聚合物、渗透

剂、无机盐去污剂及水等组成。

【产品特性】 ①快速渗透、铺展、去污；②明显降低材料表面电阻，赋予其抗静电作用；③低泡、适用于喷洗，超声波等洗涤方式，使用方便、高效；④对塑料无腐蚀；⑤不含磷，对环境友好；⑥适用的工件：冲挤压、车、钻、镗削等加工工艺后的不锈钢、合金钢、黑色金属、玻璃、塑料等工件。

【清洗工艺参考】 ①在使用前，应先将待清洗物件表面的大块污垢（如泥块等）及浮尘等除掉；②对结构复杂的工件，建议使用超声波装置；③使用浓度：1%～3%；④建议使用符合要求的水（软水或去离子水）；⑤适当地提高温度如40～60℃有助于去除污垢；⑥多次过水将降低抗静电性能。

【性能指标】 外观：微浑浊液体；pH(1%)：9。

【安全性】 对油脂、污垢、锈斑有很好的清洗能力，其脱脂、去污净洗能力超强。溶解完全，易漂洗；并且在清洗的同时能有效地保护被清洗材料表面不受侵蚀。

【主要用途】 去除塑料等有机合成材料表面的粉尘、油污，同时赋予材料表面抗静电作用，适用于电器外壳、包装材料、家具等物体表面的清洁及防静电处理。可作为最后清洗或工间清洗使用。工间清洗使用时，更有效地进行喷涂、硬化等不同工序。同时用于无尘车间的日常清洁，赋予地板、墙面、设备表面、材料表面抗静电作用。

【生产单位】 上海渐丰化工制品有限公司。

Cf004 五金、塑料产品清洗剂

【英文名】 metal，plastic products，cleaning agents

【别名】 金属表面清洗剂，五金塑料清洗剂

【组成】 主要是由复合表面活性剂、有机助剂、缓蚀剂和去离子水复配而成。

【产品特性】 ①具有极强的渗透、分散、增溶、乳化作用。②对油脂、污垢有很好的清洗能力，其脱脂、去污净洗能力超强。③溶解完全，抗静电，易漂洗；并且在清洗的同时能有效地保护被清洗材料表面不受侵蚀。④绿色环保，通用、高效、安全、经济。

【清洗方法】 ①浸泡式：将需要脱漆的工件全部浸泡在清洗剂中2～3min，旧漆膜产生强烈溶胀，鼓起，即可全部脱落，取出后用高压水冲掉在工件表面的残余漆片，用清水洗净即可。②涂刷式：对于大工件可用毛刷或棉纱将清洗剂涂于漆的部位，对于漆厚的工件，可反复涂刷2～3次，直至漆膜脱落，后清洗工艺同浸泡式一样。③浸泡时将本剂置于防腐容器中，加适量水使其封住本剂挥发。因树脂不同处理时间不同，涂刷时直接涂于漆膜表面，漆膜会慢慢鼓起脱落。

【主要用途】 本品为环保型溶剂，清洗效果良好，对人体无害。用于清洗塑胶、橡胶、陶瓷等表面上的油污、污渍、无机盐、手汗、粉尘等污垢。也适用于脱除（擦洗）各种金属表面的油漆，清洗后金属表面光亮、不变色、不腐蚀，无不良反应。

【安全性】 ①使用本产品时如不小心溅到衣服、眼睛上，立刻用清水冲洗即可；②分装时请使用专用瓶（绿茶瓶）也可，因本产品属化工类产品，易挥发，所以不要装得太满，最多2/3即可；③避免在太阳下暴晒。

【生产单位】 深圳市超洁化工有限公司。

D 冶金工业清洗剂

1 钢铁表面铁锈（氧气物）的来源及成分

铁是一种活泼金属，很容易与氧气、水等反应，钢铁表面的锈蚀物来源有两方面。其一，钢铁制造加工过程中，高温下的金属氧化腐蚀，如不锈钢宣传栏的腐蚀；其二，大气环境下的腐蚀。

钢铁制造加工过程中形成的锈蚀物随加工温度不同而有所区别。温度低于 575℃，锈蚀物的内层是蓝黑色的磁性氧化铁 Fe_3O_4，外层是赤色的氧化铁 Fe_2O_3（α-Fe_2O_3 和 γ-Fe_2O_3 混合组成，γ-Fe_2O_3 为主）。温度高于 575℃，锈蚀物的内层是灰色的氧化亚铁 FeO，中层是蓝黑色的磁性氧化铁 Fe_3O_4，外层是赤色的氧化铁 Fe_2O_3（α-Fe_2O_3 为主）。

大气环境下的锈蚀物是钢铁暴露在空气中形成的，氧气、二氧化碳、水汽、工业气体等会腐蚀钢铁，主要是以电化学腐蚀进行的，锈蚀物有 $FeCO_3$、$Fe(OH)_3$、$Fe_2O_3 \cdot nH_2O$ 等。

(1) 各种铁锈的清洗难易　不管哪种形式的铁锈都可以用化学溶解和机械剥离去除。后者基于铁锈是不同于铁的物质，尤其在其形成过程中，由于气体（气泡）的产生、温度的变化、环境的改变，铁锈层中聚集较大的内应力，致使氧化皮比较疏松，容易产生裂纹。这些锈蚀物都能或快或慢溶解在酸中，同时由于金属基体铁与酸反应放出氢气，使氧化皮机械剥离。相对来说，氧化亚铁 FeO 最易被酸溶解，较高温度下形成且冷却又较慢时形成的 γ-Fe_2O_3 致密氧化皮最难去除，高温下形成的蓝灰色或有黑色光泽的四氧化三铁氧化皮也较难清除。大气环境下短期的锈蚀物比较松软，易于擦除或用酸清洗，但长期露天堆放产生的红棕色铁锈主要是氧化铁，由于无一氧化铁存在，所以它的酸洗速度比热轧氧化铁皮慢。同样的道理，热轧氧化铁皮也比退火氧化铁皮酸洗速度快，当然，热轧氧化铁皮疏松、有裂纹也是容易去除的原因。

除了铁的不同氧化物及致密程度决定酸洗的难易之外，铁基体中其他元素也会参与到锈蚀物的形成过程，尤其较高温度的退火处理，产生较难溶解的化合物，如氧化铝、硅酸盐等，使得酸洗速度减慢。

此外油污的存在也是制约酸洗的因素，一般先除油后除锈就是这个道理。诚然，锈蚀物的溶解和剥离也会加速油污的离去，市售的除油除锈二合一产品或除油除锈在同一个槽中进行，就是在工件油污不多的情况下，在酸洗槽中添加了表面活性剂等。

(2) 除锈用材料及说明　工业化生产中大量使用的主要是一些除锈快、价格低的无机酸，如硫酸、盐酸、磷酸、氢氟酸。有机酸，如醋酸、柠檬酸、酒石酸、草酸等，虽然有机酸安全，工件不易反锈，但成本高，反应缓慢，多用于设备或精密件的清洗。此外，还有一些添加成分。

① 硫酸　主要成分：H_2SO_4。含量：工业级 98%。无色至微黄色无臭油状液体，是一种高沸点难挥发的强酸。腐蚀性很强，勿接触皮肤。浓硫酸溶解时放出大量的热，因此浓硫酸稀释时应该“酸进水，沿器壁，慢慢倒，不断搅”。

硫酸具有成本低、挥发少、使用久的特点，浓度低时可升温以提高除锈能力，缺点是容易造成钢铁表面氢脆、过蚀及酸洗时间长。据报道硫酸酸洗时，约 80%氧化皮是被机械剥离的，而盐酸清洗时这一数据是 40%，可以说，硫酸主要靠机械剥离除锈，你会看到，硫酸酸洗槽底部有许多锈蚀产物沉淀。

最适宜的使用浓度为 10%～20%，由于清洗慢和加温不便，实际生产中常采用硫酸与盐酸组成混合酸，以提高酸洗效果。

② 盐酸　主要成分：HCl。含量：工业级 31%。无色或微黄色易挥发性液体，有刺激性气味。

盐酸酸洗速度快、氢脆小、常温操作，且除锈后钢材表面质量好于硫酸清洗，不足是酸雾气味大、消耗快、需常补加或换槽（含部分）。通常一份工业盐酸（31%）兑一份水或两份水即可使用，盐酸是目前中小企业除锈使用最广的一种酸。

浓度和温度是影响酸洗速度两个重要的方面。相比而言，盐酸受浓度影响大些，当浓度从 2%增加至 25%时，盐酸酸洗速度增大 10 倍，而硫酸酸洗速度仅增大 1 倍。过高的浓度，酸洗速度反而下降，如硫酸浓度超过 25%就会出现这种情况。硫酸酸洗对温度比较敏感，当提高酸洗液温度时，硫酸比盐酸酸洗速度提高得快，通常硫酸酸洗液需加热至中温，盐酸常温酸洗即可。

另外，亚铁盐或铁盐浓度也是制约酸洗速度的重要因素。

在较低浓度的硫酸溶液（如 10%）中，随硫酸亚铁浓度的升高，酸洗速度直线下降，而高浓度时（15%～20%），这种影响就比较缓和。硫酸亚铁的增加减缓了酸洗速度，但少量的存在（如 10g/L）也是有利的，能改善酸洗质量，起到一定的缓蚀作用，避免过酸洗现象的发生，不会出现黑色薄层。

氯化亚铁在盐酸酸洗液中也有类似硫酸亚铁在硫酸酸洗液中减慢酸洗速度的情况，只是氯化亚铁极易溶于水，速度减慢不那么明显。当氯化亚铁被氧化成氯化铁时，起初还能加速酸洗，因为氯化铁也是一种腐蚀剂，只有当氯化铁含量超过16g/L时，盐酸酸洗速度才会慢慢下降。实际生产中，为了获得较快的酸洗速度，在新配制的盐酸清洗槽中添加一定量的旧盐酸就是这个道理。

酸洗速度快慢不仅要考虑酸洗液的浓度、操作温度，还取决于铁盐在该酸浓度下的饱和程度。同样浓度、温度下，盐酸对氧化铁的溶解能力高于硫酸，这也是常用盐酸除锈的原因之一。就盐酸酸洗来说，盐酸浓度愈高，氯化亚铁饱和度愈低。如此，盐酸酸洗既要考虑盐酸浓度、氯化亚铁含量，也要考虑有较高的氯化亚铁溶解量。降低盐酸浓度不仅能容纳更多的氯化亚铁，而且还不易饱和。氯化亚铁含量低时，盐酸浓度取高值；氯化亚铁含量高时，盐酸浓度取低值。一般来说，将盐酸浓度控制在10%～15%比较适宜，以最大限度地提高酸液使用寿命。

③ 磷酸 主要成分：H_3PO_4。含量：工业级85%。无色透明或略带浅色、稠状液体。

磷酸酸洗无氢脆、无过腐蚀，还可形成防锈保护膜，对基体能有效保护。缺点是成本高，一般加温操作，重锈难以除去，溶液酸洗能力下降快。常用于家电、汽车生产线上用于清除板材上少量的锈蚀物，或对基体材料质量要求较高的工件上，也可用于擦洗设备上局部的锈蚀物。

④ 氢氟酸 主要成分：HF。含量：工业级40%或55%。氢氟酸是氟化氢气体的水溶液，为无色透明至淡黄色冒烟液体。有刺激性气味。有剧毒。

氢氟酸用于铝材的清洗比较常见，在钢铁除锈中很少使用。不过酸洗液中加进0.5%～1.5%的氢氟酸或氟化物，可以加快除锈速度，因为氟离子对铁的络协力很强，对氧化铁、四氧化三铁具有良好的溶解性。

⑤ 添加成分 缓蚀剂、表面活性剂、络合剂及溶剂等。这些物质的作用是多方面的，有些是重叠的，恕不一一赘述。总之，是为了保证基体表面光洁平整、减少基体消耗、避免氢脆现象、加速铁锈的溶解、改善作业环境。

溶剂有低分子量醇、胺，络合剂如草酸、酒石酸、柠檬酸、EDTA。这类成分只有精致生产或高档货品才会用得着，一般不添加也无大碍。

表面活性剂用得比较普遍的是十二烷基硫酸钠，它具有很好的发泡性能，阻碍酸气的逸出，通常加进槽量的0.2%～0.5%。同时它具备清洗油污功能，必要时再加进0.2%～0.5%非离子表面活性剂，清洗效果更佳。

常见缓蚀剂有乌洛托品（六亚甲基四胺）、若丁（邻二甲苯硫脲）、食盐（氯化钠）。

氯化钠只在硫酸酸洗中加进，它能阻止硫酸对低碳钢、硅钢、铬镍钢的腐蚀，缩短酸洗时间，降低使用温度，同时有防灰的作用，添加量比较大，50～300g/L。

现在更广泛使用的是有机缓蚀剂，它的加入量一般占槽液总量的0.1%～0.5%。有机缓蚀剂或多或少会减缓除锈速度，有些甚至在基体表面形成一层不易被水冲洗的灰黑色膜，所以应该留意用量和选用合适的缓蚀剂。不同的缓蚀剂适用于不同的酸，每种缓蚀剂的用量超过一定浓度，缓蚀效果不会更好，相反会带来弊端。胺类缓蚀剂（如乌洛托品）在盐酸中的缓蚀效果好过在硫酸中，所以盐酸洗液中常用乌洛托品等，而硫酸中的缓蚀剂常用若丁等。若丁在金属表面吸附较牢，需要彻底清洗，否则会影响涂层结合力、抑制磷化等成膜反应，一般应严格控制用量，加强水洗，自动生产线上尽量避免使用这类难清洗的缓蚀剂。

(3) 控制和管理　酸洗槽中的酸和添加物随着反应消耗和带出损失，需要不断补加以维持在合适的浓度范围内。通常生产线操作工根据经验决定添加的频率和多少，更严格的是依据检测数据执行的。以溴酚蓝作指示剂，用标准氢氧化钠溶液滴定游离酸的点数，将酸的浓度控制在合适的范围即可。添加物的测定比较麻烦，但也是有数据的，一定量的缓蚀剂能够处理多大面积的工件，或者根据酸雾大小、处理的效果酌情补加，比如生产一天后再加开始量的1/4。从维持槽液参数的稳定或洗涤效果的均一来说，材料的补加应遵循勤加少加的原则。

2 金属钢铁去锈清洗过程

钢铁价格便宜，强度高，加工性能良好，但其表面易被氧化而生锈需要清洗。钢铁去锈清洗的方法有酸蚀法和浸酸法，去除污垢有酸洗法。

①酸蚀处理　酸蚀处理是指用强酸去除钢铁在热处理过程中生成的有一定厚度的氧化膜（铁锈）的方法。硫酸和盐酸是被广泛应用于酸蚀而且价格便宜的强酸。

硫酸的作用包括以下几个化学反应：

$$Fe + H_2SO_4 = FeSO_4 + H_2\uparrow$$

$$FeO + H_2SO_4 = FeSO_4 + H_2O$$

$$Fe_2O_3 + 2H_2SO_4 + H_2 = 2FeSO_4 + 3H_2O$$

$$Fe_3O_4 + 3H_2SO_4 + H_2 = 3FeSO_4 + 4H_2O$$

钢铁表面上的铁锈（各种氧化铁）在硫酸中被溶解，而钢铁材料本身的铁在酸中也被腐蚀产生氢气，此氢气产生的气压促使表面氧化层剥离并使氧化物发生还原反应而被溶解。在与硫酸的反应过程中，约有20%的氧化层是经化学反应而被溶解（若使用盐酸则有40%氧化层被溶解），其余的氧化层则以残渣的形式从金属表面脱离而被去除。通常使用的酸浓度不宜过大，如常用的盐酸小于15%为宜，而硫酸则可使用稍高一点的浓度。使用盐酸时更应控制酸浓度，因为产生氢气过多会造成金属“氢脆”，即金属吸收氢气后变硬变脆的现象。金属中各种高、低碳钢和锌特别容易发生氢脆。

为防止氢脆的产生，应采用以下措施：

a. 尽量缩短和控制好浸酸时间；

b. 用盐酸浸酸时应在常温下进行，以减少所产生的氢气向钢铁内层的渗透扩散；

c. 在浸酸处理液中加入硝酸、铬酸这类能与氢气发生反应的氧化性酸；

d. 加入金属氢脆抑制剂；

e. 对于易发生氢脆的金属可改用碱剂处理或用阳极电解酸洗效果较好，对于已发生氢脆的金属可用阳极电解处理或使金属在100～200℃高温下加热1～5h使其恢复原有性质。

在酸蚀清洗中，硫酸与盐酸处理情况的对比表明，盐酸比硫酸溶解金属氧化物的能力强，因此一般使用5%～10%的盐酸。由于高温时盐酸容易挥发，通常在40℃以下的温度进行酸蚀。

硫酸发生氢脆现象比盐酸少，并以高温高浓度下进行酸蚀为其特色。但硫酸进行酸蚀后产生的硫酸亚铁在酸液中溶解度稍低，达到其饱和溶解度时，硫酸即失去酸蚀作用。因此为了充分发挥硫酸的酸蚀能力，工厂使用多槽连续酸蚀清洗工艺，并相应改变洗槽的组成。

一般硫酸逆流式连续清洗槽的组成变化情况如下。

处理条件	一槽(钢板入口)	二槽	三槽
温度/℃	96	98	98
H_2SO_4/%	8～10	13～15	23～25
洗液铁含量/(g/L)	<55	<50	<30

由于硫酸洗液的逆流运动，使得其最大限度地发挥其去锈作用。通常1t钢板需耗15～20kg硫酸。

在铸造的钢材中往往含有硅酸盐杂质，为了去除这种杂质，在酸蚀液中要加入少量氢氟酸。为防止酸蚀处理过程中金属基体被腐蚀，在酸蚀液中要加入腐蚀抑制剂。这些抑制剂能吸附在清洁的金属基体表面而抑制金属发生化学反应，既可防止金属表面与酸反应而变得粗糙不平或出现坑凹，也减少和抑制氢气和酸雾的产生。通常使用的腐蚀抑制剂有淀粉、明胶、羧甲基纤维素等高分子化合物。最近研究表明，一些含氮含硫的有机化合物（如苯硫脲）也有这种效果。

② 浸酸 用较弱的酸溶液去除在金属加工过程中形成的薄氧化膜的方法叫浸酸。浸酸与酸蚀原理相同，都是利用酸的腐蚀作用去除氧化膜。区别在于浸酸，用较弱的酸进行短时间浸泡以去除薄的氧化层。一般使用稀硫酸在低温下进行短时间浸泡，或用较弱的磷酸在较高浓度和较高温度下进行短时间浸泡。在使用磷酸时，还能生成有防锈效果的磷酸铁薄层保护膜。

用酸清洗金属时，特别是用浸酸法时，如果表面上有油性污垢，酸的清洗作用将受到阻碍，因此，在酸洗之前要进行脱脂处理。

③ 酸洗 这是指用酸把金属表面附着的、来源于外部的污垢去除的方法，称为酸洗。如用酸将锅炉和传热水管中形成的钙盐水垢去除。锅炉及管道水垢的清洗，最经济的方法是用盐酸溶液进行酸洗。在酸洗之前用1%的碱剂在高温条件下进行循环脱脂清洗。碱水溶液从管道中排出后用清水冲洗，再用酸洗。

用加有适量腐蚀抑制剂的2%以下的盐酸水溶液在50℃以下在锅炉管道中循环，使水垢溶解。在清洗过程中会有一些氢气产生使锅炉及水管的基底受到腐蚀。为防止这种情况过度发生，在清洗时要定时取出样品进行分析，把样品中钙、铁离子的含量作为检测的指标。一般情况是，酸洗开始阶段洗液中钙离子的含量会逐渐增大，随后钙离子溶解量增大趋势逐渐转慢，而铁离子的溶解量增加的趋势明显加快。可以把钙离子溶解量增加趋势变缓，铁离子溶解量明显增加，作为判断水垢溶解基本完全的转折点。酸洗之后要用水充分冲洗并进行中和防锈处理，每次清洗共需进行20～40min。

由于盐酸腐蚀性太强，目前清洗锅炉及管道已改用酸性较弱的氨基磺酸、草酸等有机酸和酸性硫酸钠（$NaHSO_4$）等。

3 钢铁防锈水的作用与原理

(1) 钢铁防锈水 钢铁防锈水的首要成分是防锈物质和成膜物质。根据防锈作用机理区别，大致可以概括为四种类型：物理效果防锈水、化学效果防锈水、电化学效果防锈水及综合作用防锈水。

① 物理防锈水的防锈作用 钢铁防锈水与被涂装的金属表面基本上不发生化学或电化学反应，其防锈作用是它们选用不溶于水、不易被腐蚀介质分化损坏的、化学性质稳定的惰性物质和填料，涂层自身比较安全；有的防锈漆以细微的鳞片状材料为首要材料，这些鳞片在漆膜中与底材呈平

行状摆放，互相搭接和堆积，可以阻止腐蚀介质和底材的接触，或延缓腐蚀介质向底部材料的浸透方法，达到缓蚀的作用，如铁红片状铝粉、云母氧化铁、玻璃鳞片等。

② 化学防锈水的防锈作用　化学防锈水是防锈漆的首要种类。它们选用多种化学活性的物质，依托化学反应改变表面的性质及反应生成物的特性达到防水的目的。

化学防锈物质与金属表面发挥作用，如钝化作用、磷化作用、皂化作用、缓蚀作用、生成络合物等。

（2）防锈剂使用规模及应用范围　防锈剂可分为工序间与工序后的防锈剂，工序间的称为防锈剂，工序后的称为防锈封闭剂（也可称封闭剂）。在机械加工过程中，每一道工序都影响着产物的最终质量。而清除和防锈则是影响产物的后序加工、外表情况及产物质量的两道非常重要的工序。

使用范围：本品适用于机械制造和修理过程中黑色金属、有色金属的工序间防锈，半制品防锈和制品防锈。使用方法：使用时可将带水膜工件直接浸涂、刷涂或喷涂，简化了脱水、烘干工序。工件浸涂原液，防锈期半年以上。以水稀释成不一样浓度，进行工序防锈或半制品防锈，防锈期10天～3个月。

（3）锈钢抗腐蚀中钝化膜的作用　锈钢的抗腐蚀功能主要是由于外表覆盖着一层极薄的（约1nm）细密的钝化膜，这层膜与腐蚀介质隔离，是不锈钢防护的根本屏障。不锈钢钝化具有钝态特征，不该看作腐蚀完全中止，而是构成分散的阻挡层，使阳极反应速率大大下降。一般在有还原剂（如氯离子）情况下倾向于损坏膜，而在氧化剂（如空气）存在时能坚持或修正膜。

不锈钢工件放置于空气中会构成氧化膜，但这种膜的保护性不完善。一般先要进行完全铲除，包含碱洗与酸洗，再用氧化剂钝化，才能确保钝化膜的完整性与稳定性。酸洗的目的之一是为钝化处置创造有利条件，确保构成优质的钝化膜。由于经过酸洗使不锈钢外表均匀有10μm厚一层外表被腐蚀掉，酸液的化学活性使得缺点部位的溶解率比外表上其他部位高，因而酸洗可使整个外表趋于均匀平衡，一些本来简单构成腐蚀的危险被铲除掉了。但更重要的是，经过酸洗钝化，使铁与铁的氧化物比铬与铬的氧化物优先溶解，去掉了贫铬层，构成铬在不锈钢外表富集，这种富铬钝化膜的电位可达+1.0V（SCE），接近贵金属的电位，提高了抗腐蚀的稳定性。不一样的钝化处置也会影响膜的成分与布局，继而影响不锈性，如经过电化学改性处置，可使钝化膜具有多层布局，在阻挡层构成 CrO_3 或 Cr_2O_3，或构成玻璃态的氧化膜，使不锈钢能发挥最大的耐蚀性。

4 钢铁缓蚀剂的要求与种类

钢铁工业生产中，对酸洗缓蚀剂有如下要求：缓蚀剂加入酸洗溶液后，能降低金属铁的溶解度（也即氢的生成速度）。缓蚀剂能在酸液表面生成泡沫，减少被氢气泡带到空气中去的酸液数量，减少酸雾。缓蚀剂能阻止氢往钢中扩散。缓蚀剂能用水从制品上洗去。缓蚀剂对氧化铁皮的溶解没有减慢作用。在硫酸中加入附加物后不影响硫酸亚铁的回收，也不降低其质量。缓蚀剂能较长时间保存，而不易变质。缓蚀剂价格便宜而容易制取。

缓蚀剂的种类大体上有以下几种。

氯化柴油废酸水缓蚀剂，是洗涤页岩柴油所得的废酸水，用盐酸处理而成，约占浓酸的4%。磺化煤焦油，是把炼焦的副产物炼焦油，经过硫酸处理（其加入量为炼焦油的7倍）。加入量为1L硫酸溶液加入0.5～1mL纯炼焦油（相当于磺化煤焦油4～8mL），允许温度在80℃以下。

在钢铁企业冷轧带钢酸洗生产中，在取用酸洗溶液时，一般不是去称量它的质量，而是要量取它的体积。同时，物质在发生化学反应时，反应物的物质的量之间存在着一定的比例关系。所以，知道一定体积的溶液中含有溶质的物质的量，对于酸洗生产是非常重要的。因此，对于有溶液参加的化学反应中，各物质之间在量的计算时，必须应用表示溶液组成的物理量物质的量浓度。

Da 有色金属清洗剂

Da001 有色金属除锈清洗剂

【英文名】 nonferrous metal rust cleaning agent

【别名】 金属除锈清洗剂

【组成】 由非离子型表面活性剂、磷酸盐、pH 调节剂、去离子水等组成。

【产品配方】

组分	w/%
磷酸盐	5～10
pH 调节剂	1～6
表面活性剂	5～10
去离子水	余量

其中，磷酸盐是磷酸钾、磷酸钠、磷酸氢二钾、磷酸氢二钠、三聚磷酸钠、三聚磷酸钾、偏磷酸钾、偏磷酸钠、多聚磷酸钠或多聚磷酸钾。

表面活性剂是非离子型表面活性剂，可以是脂肪醇聚氧乙烯醚、壬基酚聚氧乙烯醚、脂肪酸聚氧乙烯酯或聚乙二醇，脂肪醇聚氧乙烯醚是聚合度为 9 的脂肪醇聚氧乙烯醚（O-9）、聚合度为 10 的脂肪醇聚氧乙烯醚（O-10）、聚合度为 20 的脂肪醇聚氧乙烯醚（O-20）或聚合度为 40 的脂肪醇聚氧乙烯醚（O-40），壬基酚聚氧乙烯醚是聚合度为 4 的壬基酚聚氧乙烯醚（OP-4）、聚合度为 10 的壬基酚聚氧乙烯醚（OP-10）、聚合度为 20 的壬基酚聚氧乙烯醚（OP-20），脂肪酸聚氧乙烯酯是逐级释放型脂肪酸聚氧乙烯酯(SG)、聚合度为 10 的脂肪酸聚氧乙烯酯（SE-10）或者聚合度为 15 的脂肪酸聚氧乙烯酯（AE-15），聚乙二醇是羟基数为 600 的聚乙二醇（PEG600）、羟基数为 800 的聚乙二醇（PEG800）或羟基数为 1000 的聚乙二醇（PEG1000）。加入的表面活性剂对有色金属表面的油污有较强的分散与渗透的能力，使经过清洗后的有色金属材料及其零部件能在表面形成致密的保护膜。

pH 调节剂是有机碱和无机碱中的一种或其组合，无机碱是氢氧化钠、氢氧化钾、碳酸钠、碳酸钾、碳酸氢钠、碳酸氢钾或氨水，有机碱是多羟基多胺或胺，多羟基多胺是四羟基乙二胺、六羟基丙基丙二胺、*N*-羟甲基四羟基苯二胺或二烷基羟基乙二胺，胺是乙醇胺、二乙醇胺或三乙醇胺。

【制法】 按照质量比例称取各组分，室温下依次将磷酸盐、表面活性剂、pH 调节剂加入到去离子水中，搅拌混合均匀，成为清洗剂成品。

【清洗工艺】 工艺简单，室温制备，不需特殊设备，且具有除锈和防锈功效；该清洗剂呈碱性，对设备的腐蚀性较低，安全可靠，并利于降低设备成本；该清洗剂为水溶性液体，不含对人体和环境有害的亚硝酸盐，清洗后的废液便于处理排放，符合环境保护要求。

【产品清洗实施举例】 配制 20kg 清洗剂。

分别称取配制质量 7% 的三聚磷酸钠、6% 的壬基酚聚氧乙烯醚（OP-10）、

4%的氢氧化钾、1%的乙醇胺，去离子水为余量，备用。在室温条件下依次将上述质量的三聚磷酸钠、OP-10、氢氧化钾及乙醇胺加入到去离子水中，搅拌至均匀的水溶液即可。该清洗剂的pH为12，密度大于1.0g/cm^3，黏度为1.1mPa·s。

选用本清洗剂清洗铁合金制品示例：清洗采用28kHz的超声波清洗设备。将铁合金制品放置在清洗设备中，加入清洗剂和20倍体积的纯水混合液，控制清洗温度为70℃，清洗6min，取出，干燥，用肉眼在日光灯下观察，铁合金制品表面无锈迹残留，表面光亮，清洗后24h内表面仍无发乌现象。

本产品清洗实施使用的脂肪醇聚氧乙烯醚中脂肪醇的碳原子数为12～18；温度为20～25℃。

【主要用途】 一般对针对有色金属除锈清洗等，使经过清洗后的有色金属材料及其零部件能在表面形成致密的保护膜。

【应用特点】 有色金属除锈清洗剂应用范围广，除具有除锈和防锈功效；该清洗剂呈碱性，对设备的腐蚀性较低，安全可靠，并利于降低设备成本的特点。

【安全性】 由于为水基溶液的有色金属除锈清洗剂，基本无不良影响，对人体皮肤无刺激，使用安全可靠，工作环境干净无油雾。

【生产单位】 深圳市同方电子新材料有限公司。

Da002 有色金属防锈冲压清洗油

【英文名】 nonferrous metal stamping cleaning antirust oil

【别名】 冲压清洗油；防锈清洗油

【组成】 本品由多种基础油、特殊表面活性剂、抗挤压剂、润滑剂、防锈剂、合成酯、助洗剂等复配而成的冲压油。

【性能指标】 外观：浅黄色半透明液体；pH（10%浓度）：8.5～9.0；相对密度：1.060∶0.002（高泡），1.050∶0.002（低泡）；气味：无异味；折射率（10%浓度）：3.0∶0.2，1.4∶0.2（低泡）。

【防锈剂工艺】

① 钢铁防锈剂的调配是根据化验结果进行的。连续酸况经常采用补充母液的方法来调配钢铁防锈剂溶液。只有在钢铁防锈剂回收机组与酸洗机组工作出现不协调而使母液供不应求的情况下，才不得不采用水加硫酸的方法来临别调配钢铁防锈剂溶液。

② 钢铁防锈剂溶液的调配是根据化验结果进行的，但这样调配酸溶液是不及时的。近年来已有的采用自动控制和调配钢铁防锈剂溶液的先进方法。钢铁防锈剂溶液的自动控制是采用自动确定联合控制系统进行的。此控制系统考虑了加热时蒸汽稀释钢铁防锈剂溶液的程度。系统用孔板测定加入的新酸、水和通入的蒸汽量，同时通过侧位差计把位移传送到记录器与控制器，并依据加入钢铁防锈剂溶液的流量，自动控制稀释水的流量以及根据酸溶液浓度进一步校对它们的比例。

【主要用途】 适用于浸泡、擦洗、喷淋和超声波等清洗工艺。主要适用于不锈钢、铁、低碳钢、高碳钢、合金钢等金属制品的拉伸、深拉伸、多道拉伸、冲压、冷成型、深抽等工艺，起润滑、冷却作用。

【应用特点】 应用分为高泡沫（用于浸泡）和低泡沫（用于喷淋）两种。对有色金属（如铜、铝、锌、镁等）、精密零件、电镀涂层等工件上的油污有极强的去除力，对金属基体无腐蚀，并有短期的防锈蚀性能。

【安全性】 应避免清洗液长时间接触皮肤，防止皮肤脱脂而使皮肤干燥粗糙，防误食、防溅入眼内。工作场所要通风良好，用有味型产品时建议工作环境有排风装置。

【包装规格】 20kg/桶，170kg/桶。

【生产单位】 无锡市林盛化工材料厂，济南悦榕商贸有限公司。

Da003 有色金属钢、铁、铝除炭清洗剂

【英文名】 non-ferrous metal steel, iron, aluminum and carbon removal cleaning agent

【别名】 钢清洗剂；铁清洗剂；铝清洗剂

【组成】 一般由无水碳酸钠、乳化油、亚硝酸钠、水等组成。

【产品特点】 这是一种水基型的有色金属钢、铁、铝除炭清洗剂，并与阴离子氟碳表面活性剂与其他表面活性剂具有更好的相溶性，因而被首选。

【产品配方】

组分	m/g
无水碳酸钠	20
亚硝酸钠	1
乳化油	5
水	1000

【配制方法】 将1000g自来水加热到60～80℃，然后依次加入上述配方中组分，搅拌均匀即可使用。

【主要用途】 一般适用于有色金属钢、铁、铝除炭清洗。

【应用特点】 这类水基型的有色金属钢、铁、铝除炭清洗剂除了在有色金属钢、铁、铝除炭以外，已广泛应用于五金件与复合材料中应用。用这种清洗液清洗零件，不需要用清水冲洗，捞起后晾干即可，一般放置几个月不会生锈。

【安全性】 由于为水基溶液，基本无不良影响，对人体皮肤无刺激，使用安全可靠，工作环境干净无油雾。

【生产单位】 江西瑞思博化工有限公司

Da004 有色金属高渗透性清洗剂

【英文名】 nonferrous high permeability cleaner

【别名】 高效除油除锈清洗剂；高渗透性金属清洗剂

【组成】 油酸、癸二酸、醇胺、氟碳表面活性剂、阴离子或非离子型表面活性剂、杀菌剂、消泡剂等组成。

【产品特点】 该清洗剂具有除锈能力强、常温清洗、对金属腐蚀及环境污染小、成本低等特点。

【产品配方】

组分	w/%
油酸	3～8
醇胺	10～20
氟碳表面活性剂	0.8～2
杀菌剂	0.5～2
水	余量
癸二酸	5～10
十二烷基苯磺酸钠(含量40%)	5～10
阴离子或非离子型表面活性剂	2～6
消泡剂	0.5～2

这是一种用于精密零部件清洗和有色金属零部件去油清洗用高渗透性清洗剂传统盐酸酸洗、除锈和除氧化皮速度较慢，高温能耗、对钢铁基体腐蚀性及酸雾大，为此试验研制了一种以表面活性剂和低浓度酸液为主要成分的新型高效除油除锈清洗剂。

氟碳表面活性剂（fluorocarbon surfact ant）加入量只要大于0.8%，所得复配清洗剂就能基本接近汽油、煤油的使用性能，加入量多，则清洗剂表面张力就低，但随着用量增加，会造成清洗剂成本较大幅度增加。要兼顾成本和清洗要求两因素。

①氟碳表面活性剂加入量以0.8%～2%较为合适，经比较试验，各种氟碳系列表面活性剂均可以使用，但阴离子氟碳表面活性剂与其他表面活性剂具有更好的相溶性，因而被首选；②杀菌剂可用季铵盐杀菌剂1227或苯甲酸钠，不仅具有杀菌作用，而且还具有气相防锈功能；③消泡剂可用硅油系列消泡剂；

④高渗透性金属清洗剂的制备，包括使氟碳表面活性剂在有机醇助溶剂中溶解和缩合反应，该缩合反应先使油酸、癸二酸、一乙醇胺和/或二乙醇胺和/或三乙醇胺在80～100℃反应至黏稠透明液体，并使反应物溶于水，再加入其他组分缩合反应至透明稠状浓缩物；⑤有机醇助溶剂的主要作用是提高氟碳表面活性剂在水基中的溶解能力，使其充分发挥作用。考虑到助溶剂的加入应不增加组合物的表面张力，以有利减少氟碳表面活性剂的用量。

【配方分析】 首先，经试验比较可采用异丙醇或聚乙二醇，其用量较适宜为氟碳表面活性剂的1～2倍。如果助溶剂使用量过低，会造成氟碳表面活性剂溶解不完全；使用量过多，没有实际意义，仅会增加成本。为加速其溶解速度，溶解时采取加热，在低于溶剂汽化温度下进行，如使用异丙醇作助溶剂，加热温度宜低于60℃，避免异丙醇汽化挥发。加温在80～100℃缩合反应，主要是使不溶于水的油酸、醇胺反应完全。如果反应温度过低，则反应进行十分缓慢，不利于工业化生产，温度过高，没有实际意义，同时也不利于安全操作。

其次，复配具有较强的抗乳化性能，因而使用寿命长。并且具有极强的高渗透性金属清洗剂中油酸与醇胺的反应产物，不仅具有较好的清洗性能，而且还兼有防锈功能；癸二酸与醇胺的反应产物，是一种性能优异的防锈剂，可以使清洗后金属零部件具有优良的防锈性能；十二烷基苯磺酸钠，为一种清洗、除油成分；阴离子或非离子型表面活性剂，不仅具有本身除油功能，而且与氟碳表面活性剂复配使用，表现出较好的叠加效果，能显著降低表面张力，提高渗透性能，除油功能优于单一使用，它可以采用现有各种非离子型或阴离子型表面活性剂，无特别限定，例如洗净剂6501、平平加、JFC渗透剂、苯磺酸钠等。

该金属清洗剂因其极强的渗透性和优良的除油性，使用添加量少，清洗成本低，仅是汽油、煤油的70%。该金属清洗剂为高渗透金属清洗剂，与其他清洗介质性能对比如表D-1、表D-2所示。

表D-1 本产品清洗剂与其他清洗剂使用性能比较

清洗介质	清洗性能	防锈防腐	消耗量
大连KS-1	一般	一般	35kg/周
美国加实多	较好	较好	20kg/周
本产品	较好	较好	20kg/周

注：本表为发动机总装前清洗试验数据。

表D-2 本产品清洗剂与煤油使用性能比较

清洗介质	清洗性能	防锈防腐	消耗量
煤油	良好	良好	100kg/周
本产品	良好	良好	12kg/周

注：本表为在缸套清洗试验中数据。

【性能指标】 上述试验比较了清洗剂的组分，分析了主要组分的作用，对表面活性剂HS-99对除锈时间和除锈效果的影响，并对其性能进行了检测。其指标参照：消泡性能（≤1mL/10min），大大低于行业标准（≤5mL/10min），尤其可用于高压清洗，可提高清洗效果，清洗效果可以达到99%，优于行业标准。再就是，癸二酸、醇胺反应物防锈效果大大优于其他防锈剂。

【产品制备实施举例】 制备1000g含1%氟碳表面活性剂的高渗透性金属清洗剂。

1g全氟辛酸与10g异丙醇、12g水，加热小于60℃使全氟辛酸迅速溶解制成溶液。取油酸40g、癸二酸60g、三乙醇胺150g，加入1000mL烧杯中加热至

80～100℃，反应至黏稠透明液体（取样全溶于水），再加入十二烷基苯磺酸钠60g、OP非离子表面活性剂30g、甲基硅油消泡剂10g、苯甲酸钠杀菌剂10g、全氟辛酸溶液，加水至1000mL，搅拌反应1h左右，得透明稠状浓缩物。取其浓缩物加水稀释成5%（质量分数）含量，测得表面张力为2.8N/m，清洗能力≥98.5%，防锈试验铸铁5天无锈迹。

【主要用途】 用于精密零部件清洗和有色金属零部件去油清洗。用高渗透性清洗剂除锈能力强、常温清洗、对金属腐蚀及环境污染小、成本低等。

【应用特点】 该有色金属清洗剂由于各组分间产生了较好的协同作用和叠加效果，使得清洗剂不仅具有低的表面张力和高的渗透力，而且有极强的清洗、除油效果和防锈性能，试用效果与汽油、煤油清洗效果相仿，完全可以替代汽油、煤油用于要求较高的金属零部件和发动机整机的清洗、除油，从而节约了大量的汽、煤油能源。

【安全性】 由于为水基溶液，基本无不良影响，对人体皮肤无刺激，使用安全可靠，工作环境干净无油雾。

【生产单位】 河南工业职业技术学院建筑工程系，南阳市吉翔纺织原料有限公司。

Da005 有色金属电声化快速除油除锈除垢清洗剂

【英文名】 quick and non-ferrous acoustic rust cleaning degreasing cleaner

【别名】 除油清洗剂；除锈清洗剂；除垢清洗剂

【组成】 主清洗剂、非离子表面活性剂、螯合剂、酸性、碱性、中性固体粉状、助洗剂等组成。

【性能指标】 参照有色金属高渗透性清洗剂。

【产品配方】

组分	w/%
主清洗剂	60～70
螯合剂	5～10
消泡剂	1～5
助洗剂	10～20
非离子表面活性剂	3～10

【配方分析】 主清洗剂是指氢氧化钠或硫酸钠或氯化钠或氢氧化钾或硫酸钾；

助洗剂可选用氨基磺酸或硫酸钠或碳酸钠或磷酸钠或硝酸钠；

螯合剂可选用葡萄糖酸钠或三聚磷酸钠或柠檬酸；

非离子表面活性剂可选用脂肪醇聚氧乙烯醚或脂肪酸聚氧乙烯醚或脂肪酸聚氧烯酯或烷基酚聚氧乙烯醚，其中最佳为烷基酚聚氧乙烯醚；

消泡剂可选用二甲基聚硅氧烷或硅酮膏或硅脂或磷酸三丁酯或二甲基硅氧烷与白炭黑（白炭黑是白色粉末状X射线无定形硅酸和硅酸盐产品的总称，主要是指沉淀二氧化硅、气相二氧化硅、超细二氧化硅凝胶和气凝胶，也包括粉末状合成硅酸铝和硅酸钙等。白炭黑是多孔性物质，其组成可用 $SiO_2 \cdot nH_2O$ 表示，其中 nH_2O 是以表面羟基的形式存在）复合成的硅脂。

【制法】 若选用不同的主清洗剂，可组成酸性、碱性、中性固体粉状清洗剂，以适应对不同金属表面的除油、除锈、除垢要求。

【清洗方法】 将上述的固体粉末状清洗剂配制成浓度为3%～20%的水溶液置于处理槽中，同时将清洗件与阴极连接，然后在其中导入电流及超声波进行清洗。其中，导入的电流可用18V以下的低压直流或36V以下的交流电，电流密度为3～30A/dm²；导入超声波的声场频率为20～30kHz，超声波强度为0.3～1.0W/cm²。

进行清洗时，可根据污垢的轻重情

况，选择工艺条件，污垢较轻时选其下限，反之选其上限。总之，在污垢状况相同时，上限工艺条件清洗速度快，一般清洗时间在0.5～5min。

【主要用途】 该清洗剂集化学清洗、电解清洗、超声波清洗于一体，可以快速地同时除去金属表面的油脂、锈蚀物和水垢。

【应用特点】 根据金属基体的不同选用酸性、碱性、中性的清洗剂，如钢铁可采用酸性和碱性清洗液，铝及铝合金可采用碱性清洗液，锌和锌合金及精密钢铁工件可选用中性清洗液，这样可最大限度地保证基体金属不受损伤，使用时不产生酸烟，减少废水排放，有利于环境保护。

【安全性】 应避免清洗液长时间接触皮肤，防止皮肤脱脂而使皮肤干燥粗糙，防误食、防溅入眼内。工作场所要通风良好，用有味型产品时建议工作环境有排风装置。

【生产单位】 江西瑞思博化工有限公司。

Db 碳钢带钢清洗剂

Db001 碳钢酸性清洗剂

【英文名】 carbon steel acid cleaning agent

【别名】 碳钢清洗剂；酸性清洗剂

【组成】 主要原料成分为沙星类抗菌药物，为环丙沙星、诺氟沙星、氧氟沙星、左氧氟沙星或依诺沙星中的一种或两种及工业废盐酸等组成。

【产品特点】 该清洗剂具有环保、价廉、来源广泛、无公害等特点，可用以防止碳钢及其制品在酸洗过程中的全面腐蚀和局部腐蚀。

【性能指标】 参照具体实施方法按照GB 10124—88《金属材料实验室均匀腐蚀全浸试验方法》进行挂片失重试验。通过试验测试获得的最高缓蚀效率为98%，显示为高效的清洗剂。

【清洗工艺】 用加有清洗剂的清洗液浸没被清洗钢材。其中清洗液为酸液，每升酸液中加入清洗剂量为0.01～5.0kg；浸没温度为室温，时间为0.5～3h；其中，酸液为0.1～2mol/L的稀盐酸或稀硫酸溶液。

【清洗原理】 沙星类抗菌药物具有吡啶结构的杂环化合物，分子内含有杂环、氮、氧等原子或原子团，能有效地吸附于碳钢表面，起到缓蚀作用。

【产品清洗实施举例】 取100L浓度0.1～0.5mol/L的稀盐酸为清洗液，而后加入环丙沙星50～150g，在室温条件下，将待清洗的碳钢浸没在清洗液中15min即可。

【主要用途】 一般对针对碳钢酸性清洗等。

【应用特点】 ①清洗剂中使用的主要成分沙星类抗菌药物来源广泛，成本较低；②清洗剂使用天然物质作为缓蚀剂，从白芍等天然中草药中提取，为无毒无害绿色物质，与目前化学合成的缓蚀剂相比，不存在使用后的环境问题，对环境和生物无毒无害，符合酸洗缓蚀剂发展的趋势，具有良好的应用前景；③用于碳钢及其产品的工业酸洗，可有效抑制金属基体在酸中的有害腐蚀，与目前常用的酸洗缓蚀剂比较，具有用量低、缓蚀效率高、持续作用能力强的突出优点，可反复使用。

【安全性】 应避免清洗液长时间接触皮肤，防止皮肤脱脂而使皮肤干燥粗糙，防误食、防溅入眼内。工作场所要通风良好，用有味型产品时建议工作环境有排风装置。

【生产单位】 上海希勒化学有限公司。

Db002 钢带清洗剂

【英文名】 metal cleaning agent

【别名】 钢防腐清洗剂；钢酸洗清洗剂

【组成】 主要原料由工业废盐酸、无机氟工业的副产品等组成。

【产品特点】 该钢带清洗剂具有环保、价廉、来源广泛、无公害等特点，可用以防止钢带及其钢制品在酸洗过程中的全面腐蚀和局部腐蚀。

【钢带清洗制备工艺】 制备过程包括以下步骤：

①将无机氟工业副产的含量为10%～14%的工业废盐酸经沉降或过滤，得到澄清的、不含固体杂质的工业废酸；②向调配槽中加入一定量澄清工业废酸，边搅拌边加入计算量的98%的浓硫酸，其体积比为工业废酸：浓硫酸=(20～25)：1；③搅拌均匀，再沉降1～3h，即制得成品钢带清洗剂。

【清洗方法】 该清洗剂的主要原料工业废盐酸，是无机氟工业的副产品，浓硫酸的使用量较少，使用温度为20～50℃，清洗时间2～5min，清洗速度和清洗质量良好；使用温度低于盐酸清洗温度，显著改善了操作环境，减轻环境污染，适于推广应用。

【主要用途】 一种钢带清洗剂的生产方法，尤其涉及一种以无机氟工业副产的含量为10%～14%工业废盐酸和硫酸为原料生产钢带清洗剂的用途。

【应用特点】 ①清洗剂中使用的主要成分无机氟工业副产，来源广泛，成本较低；②清洗剂使用不存在使用后的环境问题，含量极低工业废盐酸和硫酸对环境和生物无毒无害，符合酸洗缓蚀剂发展的趋势，具有良好的应用前景；③用于碳钢及其产品的工业酸洗，可有效抑制金属基体在酸中的有害腐蚀，与目前常用的酸洗缓蚀剂比较，具有用量低、缓蚀效率高、持续作用能力强的突出优点，可反复使用。

【安全性】 应避免清洗液长时间接触皮肤，防止皮肤脱脂而使皮肤干燥粗糙，防误食、防溅入眼内。工作场所要通风良好，用有味型产品时建议工作环境有排风装置。

【生产单位】 江西瑞思博化工有限公司。

Db003 热轧钢板清洗剂

【英文名】 hot rolled steel plate cleaning agent

【别名】 钢板清洗剂；酸洗清洗剂

【组成】 主清洗剂、硫酸、氯离子、水等组成。

【产品特点】 热轧钢材和冷加工前的管材都需要酸洗除氧化皮，传统的方法是高温酸洗，耗能大、对钢铁基体腐蚀性大、酸雾多，且除锈、除氧化皮的速度较慢。热轧钢板清洗剂是一种以表面活性剂为主要成分加上助剂和其他添加剂配制而成的具有净洗能力的制品，还具有节能、无毒、污染等特性。

【产品配方】

组分	w/%
密度为1.84g/cm³的硫酸	15～28
氯离子	13～20
水	32～71

【制法】 上述成分含量总和为100%，总酸度（总酸度“点”：取10.0mL产品加蒸馏水100.0mL，加酚酞指示剂2～3滴，用1.0mol/L的NaOH滴定至终点，消耗1.0mol/L NaOH 1.0mL为一“点”）为40～60点，工作温度为20～80℃。当温度为60～80℃时，去除黑氧化膜和铁锈时间为1～2min，能有效取代浓盐酸，其中氯离子可从氯化锂、氯化钠、氯化铵、盐酸等氯化物中获得。

与用盐酸清洗相比，该清洗剂的优点：

① 清洗热轧钢板或钢带氧化膜的速度和清洗后钢板或钢带的外观与单用盐酸清洗效果相同；

② 材料价格比盐酸低10%～15%，清洗钢板量增加10%～15%；

③ 氯化氢有害气体的挥发量减少80%以上，显著地改善了环境污染，延长了设备的使用寿命。

【产品实施举例】

组分	w/%
硫酸(密度 $1.84g/cm^3$)	24
盐酸(密度 $1.15g/cm^3$)	25
氯化钠	10
水	41

总酸度为 53 点，工作温度为 60～80℃，清洗时间 1～1.5min。其中氯化锂 10%和盐酸（密度 $1.12g/cm^3$）25%可获得氯离子 15.5%。

【主要用途】 一种热轧钢板或钢带的清洗剂，用于快速清洗热轧钢板或钢带表面的黑色氧化膜和铁锈。

【应用特点】 该产品可以用于喷淋、刷洗和电解清洗。

【安全性】 由于为水基溶液，基本无不良影响，对人体皮肤无刺激，使用安全可靠，工作环境干净无油雾。

【生产单位】 江西瑞思博化工有限公司。

Db004 冷轧钢板专用清洗剂

【英文名】 cold rolled steel plate special cleaning agent

【别名】 冷钢板清洗剂；酸洗除氧清洗剂

【组成】 该清洗剂主要由特种非离子表面活性剂、超低泡两性表面活性剂和螯合剂、水等组成。

【产品特点】 冷轧钢板在汽车、家电、建筑、包装等行业得到广泛应用。随着冷轧钢板的应用领域不断拓展和市场竞争日趋激烈，对冷轧产品的表面质量要求越来越高。冷轧钢板在进行生产、运输和储藏过程中，需要使用大量油类物质，同时产品在加工过程中可能还会粘上一些其他的污染物如铁粉等。

该清洗剂采用的材料应是：①具有高的电导率；②去污效果迅速彻底；③泡沫极低。

【产品配方】

组分	w/%
碱性化合物	5～40
螯合剂	0.5～10
无水溶剂	5～10
非离子表面活性剂	0～10
溶剂	2～10
水	余量

其中，碱性化合物为氢氧化钠、氢氧化钾、氢氧化锂、乙醇胺、二乙醇胺、三乙醇胺等。

螯合剂是以下一种或多种：有机多元磷酸型有氨基亚烷基多膦酸或其盐、碱金属乙烷一羟基二膦酸或其盐，次氨基三亚甲基膦酸或其盐类，这类化合物中，常用的有二亚乙基三胺五亚甲基膦酸、乙二胺四亚甲基膦酸钠、己二胺四亚甲基膦酸钠、氨基三亚甲基膦酸盐及羟基亚乙基二膦酸盐等。特效增溶剂是以下一种或多种：烷基磺酸类的有烷基苯磺酸盐、烷基萘磺酸盐，短碳链醇的乙醇、异丙醇，还有两性表面活性剂咪唑啉、甜菜碱等。

无水溶剂用来进一步增加产品的去污性，主要溶剂有乙二醇醚、二乙二醇醚、卡丁醇醚。

若含有非离子表面活性剂，它们是烷基酚聚氧乙烯醚、烷基醇聚氧乙烯醚、烷基聚氧乙烯聚氧丙烯醚，亲水性与疏水性比（即 HLB）为 2～14，最好是 4～7。

【产品实施举例】

组分	w/%
非离子表面活性剂（商品名 PE9200）	8
异丙苯磺酸钠	10
羟基亚乙基二膦酸钠	1
无水溶剂	5
氢氧化钠	30
水	46

【性能指标】 执行标准：Q/HLKW01—2003 理化标准。

外观	半透明液状	pH 值	10～12
水溶性	100%溶解于水	适用温度	0～80℃(50℃效果最好)
洗净率	≥99	残留物	0.139mg/L
泡沫度	无泡	油漆附着度(洗后物体)	0～3 级

防锈性测试。

清洗剂	清洗设备	观察仪器	时间	材料	环境温度及湿度	结果
优耐圣	高压喷淋清洗机 超声波清洗机	SXP-16 显微镜	洗后 48h	45 钢片	环境温度 35～38℃ 环境湿度 64%～66%	无锈蚀痕迹

稀释比例：1∶(5～10)（1 份本品，5～10 份水），温度控制在 45～60℃。常温清洗亦可。

清洗项目	比例	清洗项目	比例
一般油污	1∶(10～15)	轧制油	1∶(5～10)
重油污	1∶1 或者原液使用	除淬火油、切削油	1∶8

【主要用途】 一种冷轧硅钢板专用的清洗剂，专门用于清洗冷轧硅钢板，且去油污能力强的高效清洗剂。具有节能及可防止设备、管道结垢等特性。由于选择了特种非离子表面活性剂使其对冷轧钢板表面的冷轧油、防锈油及炭粒和铁粉具有有效的去除和分散作用。

【应用特点】 一种用于清洗连续退火前冷轧钢板的清洗剂。无泡型配方，适合超声波清洗机、高压喷淋清洗机、人工手洗，产品清洗效果出色，高压高温状态下不起泡，水溶性极好，不堵塞喷嘴。经济性较好。本品不含酸、氯、重金属等，对人体和环境无害。

一款冷轧硅钢板专用的清洗剂，专门用于清洗冷轧硅钢板，且去油污能力强的高效清洗剂。具有节能及可防止设备、管道结垢等特性。

【包装】 20kg/塑桶，储存期限三年。

【安全性】 由于为水基溶液，基本无不良影响，对人体皮肤无刺激，使用安全可靠，工作环境干净无油雾。

【生产单位】 嘉兴国龙石油清洗公司。

Db005 冷轧硅钢板用清洗剂

【英文名】 cleaning agent for cold rolled silicon steel sheet

【别名】 硅钢板清洗剂

【组成】 由溶剂、清洗主剂酸或碱、表面活性剂、缓蚀剂组成。

【产品特性】 本清洗剂使用时安全无毒，性能稳定，使用中不会在设备或管道中产生结垢，提高厂设备和管道的使用寿命，本清洗剂润湿性能和乳化性能好，载油污能力强，使用寿命长，经济效益好。

【性能指标】 参照冷轧钢板专用清洗剂。

【主要用途】 本清洗剂专用于清洗冷轧硅钢板，采用浸渍脱脂或喷淋脱脂方式均可，此外也适用于其他钢材的化学清洗。

【产品配方分析】 本清洗剂工作时浓度以2.5%～4%为宜，工作时溶液温度在45～65℃就能通过浸渍或喷淋，有效地除去硅钢板表面的油污。洗净率可达 98%以上。本清洗剂工作时液体温度低于其他清洗剂的工作温度，这在大生产的过程中易于组织实施，且可大节省能耗。冷轧钢板清洗剂成分：①溶剂；②清洗主剂酸或碱；③表面活性剂；④缓蚀剂（化学清洗剂技术的核心）；⑤漂洗与钝化。冷轧钢板清洗剂成分剖析，是通过微观谱图对样品中的各组分进行精确定量分析，以达到还原样品配方的目的。

冷轧钢板清洗剂剖析作为国内微谱技术最为成熟的剖析项目之一。

【产品配方举例】

组分	w/%
氢氧化钠	20～30
三聚磷酸钠	10～15
脂肪醇聚氧乙烯醚	1～6
硅酸钠	50～60
烷基酚聚氧乙烯醚	1～6
磷酸三丁酯	0.1～0.3
去离子水	余量

【制备工艺】 将这些原料均匀混合，密封包装即成合格清洗剂成品。使用时只需将该种固体的清洗剂倒入自来水中，充分搅拌使其溶解，含量2.5%，液温65℃，对带油硅钢板进行浸渍脱脂或喷淋脱脂，洗净率可达98%以上，长期使用设备和管道均未结垢。

【应用特点】 本清洗剂安全无毒，性能稳定，使用中不会在设备或管道中产生二次结垢，可提高设备和管道的使用寿命。该产品可以用于喷淋、刷洗和电解清洗。

【安全性】 应避免清洗液长时间接触皮肤，防止皮肤脱脂而使皮肤干燥粗糙，防误食、防溅入眼内。工作场所要通风良好，用有味型产品时建议工作环境有排风装置。

【生产单位】 郑州金属清洗剂厂。

Db006 多功能钢材专用金属清洗剂

【英文名】 multifunctional special metal steel cleaning agent

【别名】 多功能油污清洗剂；多功能钢材金属清洗剂；F-17多功能油污清洗剂

【组成】 该金属清洗剂是以磷酸、酒石酸钠、硫酸钠、OP-10、司盘80、咪唑啉、磷酸锌、乌洛托品、硫脲、磷酸三丁酯、EDTA二钠及乙二醇为原料，与水复配而成。

【产品特点】 一种对大批钢材进行清洗的多功能钢材专用金属清洗剂。产品为无色、无味、稍黏稠状液体，不易燃、不易爆、无挥发性。

【生产配方】

组分	w/%
磷酸	15～26
硫酸钠	1.5～3
司盘80	3～6
磷酸锌	2～4
硫脲	1～2
EDTA二钠	1～1
酒石酸钠	10～14
OP-10	5～7
咪唑啉	6～10
乌洛托品	1～2
磷酸三丁酯	1～1.5
乙二醇	3～4
水	余量

【制法】 以100kg清洗剂为例。

①先把磷酸及钠盐与水混合溶解，取自来水10kg，配制温度76℃，加入15kg磷酸、10kg酒石酸钠、1.5kg硫酸钠；②另取容器把其余助剂与水混合溶解备用；③把两种溶液合并混合均匀，加自来水至100kg完成，其混合溶解温度为60～85℃，pH值为1.0～3.0。

储存期大于2年。

有益效果：该清洗剂不仅成本低，并且其工作环境无酸雾出现，不会污染操作环境，可加温操作，也可常温下操作，符合流水线生产的工艺要求。它可以加水稀释使用，也可以续补液使用，可大大降低使用成本，使用安全、方便。

配制 100kg 清洗剂；常温操作，可清洗钢材面积≥2600m^2，20min 左右可清洗干净。清洗温度为 50℃时，10min 左右可清洗干净。

【性能指标】（清洗剂技术参数）

产品型号	F-17
外观	无色或淡黄色液体
pH 值	7.0～9.0(1%水溶液)
使用温度	常温 50～80℃

本系列产品均为工业水基型清洗剂，具有极强的渗透、分散、增溶、乳化作用，对油脂、污垢有很好的清洗能力，其脱脂、去污净洗能力超强；产品不含无机离子，抗静电，易漂洗，无残留或极少残留，可做到低泡清洗，能改善劳动条件，防止环境污染；并且在清洗同时能有效地保护被清洗材料表面不受侵蚀。

【清洗方法】 ①使用浓度。清洗剂：水＝1：(10～20)，浓度提高可提高清洗能力，手工清洗时清洗剂浓度要相对高些。②清洗温度。可在常温下使用，但在 50～80℃温度条件下的清洗效果更佳。③油污特别重或遇到高熔点脂类时，应先以人工或机械方法铲去部分油泥，再选用重油垢高效清洗剂加热清洗。④根据被洗件的特点、油污程度可采用浸洗、刷洗、浸泡、喷淋、煮洗、超声波清洗等清洗方式。

【应用特点】 如 F-17 多功能油污清洗剂可代替汽油、煤油柴油、三氯乙烯、三氯乙烷等溶剂清洗剂，不仅浪费能源，而且毒性大，致敏反应多，易着火和污染环境，目前广泛采用水基清洗剂。在金属表面在加工、储存、运输等过程中很容易附着油性污垢，例如防锈油、润滑油、燃料油以及某些动植物脂等。在各种金属表面处理中，去除油污是至关重要的，其直接关系到整个处理过程的成败。

【主要用途】 适用于五金件、金属精密零部件、电镀零部件、门锁、铰链、滑轨、链条、螺栓、螺母电子零件、轴承、冲压件、汽车配件、摩托车零件、自行车零件、机械制造与修理、汽车制造与修理、农机修理、机械设备维修与保养等行业各种重油污的清洗。

【安全性】 由于为水基溶液，基本无不良影响，对人体皮肤无刺激，使用安全可靠，工作环境干净无油雾。

【包装储存】 包装：25kg/塑料桶。200kg/铁桶。储存：保质期 2 年，存放于阴凉、干燥处。

【生产单位】 郑州金属清洗剂厂。

Dc 黑色金属清洗剂

Dc001 黑色金属粉末油污清洗剂

【英文名】 cleaning agent for ferrous metal powder oil

【别名】 粉末清洗剂；油污清洗剂

【组成】 该黑色金属粉末油污清洗剂是以 Na_2CO_3、Na_2SiO_3、净洗剂 TX-10、正丁醇、水复配而成。

【产品特点】 一般采用该清洗剂可洗净纳米级粉末表面的油污，且清洗效果好。

【产品配方】

组分	w/%
Na_2CO_3	2～8
净洗剂 TX-10	0.3～1.5
Na_2SiO_3	2～5
正丁醇	0.3～1.5
水	余量

【制法】 原料取自冷轧薄板厂磁过滤后的产物，先经过离心分离预处理，去掉大部分油污。将清洗剂的各组分按配方比例，搅拌均匀。用配好的清洗剂洗涤经过离心分离预处理后的原料，在 75℃洗涤 3 次，机械搅拌，每次洗涤时间依次为 125min、35min、35min。之后再用清水漂洗 4 次，每次机械搅拌 10min。每次洗涤和漂洗过后都用离心沉降的方法将铁粉和液体分离。最后将得到的铁粉低温烘干，检测铁粉的洁净率达 96%。

$$洁净率=\frac{1-铁粉的水含量-铁粉的油含量}{1-铁粉的水含量}\times100\%$$

【主要用途】 基本适用于黑色金属制品及其材料做到安全、工艺简单，便于掌握各类材料与特能。

【应用特点】 本法特点在于浸涂后，即用纸包装防锈；与防锈油相比较，不需加热，在室温就可涂覆，故方便、安全、工艺简单，便于掌握。

【安全性】 由于纳米级粉末为水基溶液，基本无不良影响，对人体皮肤无刺激，使用安全可靠，工作环境干净无油雾。

【生产单位】 郑州金属清洗剂厂。

Dc002 黑色金属气相缓蚀剂

【英文名】 ferrous metal gas phase corrosion inhibitor

【别名】 气相缓蚀剂

【组成】 该清洗剂主要由特种非离子表面活性剂、超低泡两性表面活性剂和螯合剂水等组成。

【产品特点】 气相缓蚀剂也称挥发性缓蚀剂，是一种不需与金属接触，能自动不断挥发，慢慢地充满包装内的空间，甚至于空隙或小缝中，而起到保护作用的防锈材料。用气相缓蚀剂封存部件，一般 3～5 年不需拆换包装，有的可以封存 10 年以上不致锈蚀。

【配方一】

组分	w/%
磷酸氢二铵	35
碳酸氢钠	11
硝酸钠	54

【配方二】

组分	m/g
尿素	30
亚硝酸钠	30
苯甲酸钠	20
蒸馏水	160

此配方对钢件防锈效果较好。

【配方三】

组分	w/%
尿素	30～40
亚硝酸钠	30～35
明胶	2.5
防霉剂(β-萘酸)	0.2～0.3
乙醇	0.83
水	21

将明胶加蒸馏水（1∶5）膨胀12h，然后加温至80～85℃，直至全部溶解为止。此外，防霉剂另加500mL乙醇溶解并加于胶料中，尿素和亚硝酸钠于60℃溶解后，与上述溶液混合，搅匀，即可使用。此种气相防锈材料的特点是取材容易，价格便宜。

【配方四】

组分	w/%
乌洛托品	21
亚硝酸钠	21
苯甲酸钠	8
水	余量

用于混合型气相缓蚀剂的水溶液（30%～40%）喷于储存的钢棒、钢板表面，可保持3个月不锈。

【配方五】

组分	w/%
苯甲酸铵	66
亚硝酸钠	34

苯甲酸铵制备，在20%～25%的氨水中，加苯甲酸搅拌至溶解，此后再加热至沸，注入少量氨水使析出结晶物重新溶解，然后冷却至0℃左右。苯甲酸铵结晶析出后，倒入母液，将结晶置于空气中晾干。最后按上述配方混合。

【配方六】

组分	m/g
苯甲酸铵	50
亚硝酸钠	20
碳酸氢钠	3
甘油	5
水	62

将称好的亚硝酸钠和碳酸氢钠用全部水量的3/5溶解，并用纱布过滤；另将余量的2/5水溶解苯甲酸铵，并加入甘油。上述像凉粉的溶液晾至室温后，冷却、搅拌均匀，盖严备用。

本法特点在于浸涂后，即用纸包装防锈；与防锈油相比较，不需加热，在室温就可涂覆，故方便、安全、工艺简单，便于掌握。

【配方七】

组分	m/g
苯甲酸单乙醇胺	22
尿素	11
工业硝酸钠	11
蒸馏水	88

本混合型气相缓蚀剂对45钢、钢发蓝件效果较好。

【配方八】

组分	w/%
三乙醇胺	45～47
苯甲酸钠	16～20
蒸馏水	35～37
氧化碳	1.5～2.0

将苯甲酸钠溶在蒸馏水中，然后加入三乙醇胺，再于混合液中通二氧化碳，直到溶解达到饱和为止，溶液呈黄色或橙黄色。作防锈纸时，纸上气相缓蚀剂含量60～80g/m^2。

【性能指标】 不同配方的铁粉洁净率结果见下表。

实施方法	组分(质量分数)/%					铁粉洁净率/%
	Na_2CO_3	Na_2SiO_3	净洗剂TX-10	正丁醇	水	
实施方法示例1	8	3	2	0.3	100	96.5
实施方法示例2	10	1	1	2	95	96.1
实施方法示例3	3	5	0.3	1	90	96.2

【主要用途】 黑色金属气相缓蚀剂主要是一些胺类物质，在使用时放出氨或有机胺阳离子防锈，而对有色金属，这些胺没有防锈效果。

【应用特点】 对于轴承钢、高速钢、低碳钢、铸铁和表面氰化、磷化、氧化及掺碳的零件有防锈效果。轴承厂大量使用这种气相缓蚀剂以及用它浸涂的气相防锈纸。

【安全性】 由于为水基溶液，基本无不良影响，对人体皮肤无刺激，使用安全可靠，工作环境干净无油雾。

Dc003 黑色金属酸性除锈液

【英文名】 black metal acid descaling liquid

【别名】 酸性除锈液；金属除锈液

【组成】 该清洗剂主要由特种非离子表面活性剂、超低泡两性表面活性剂和螯合剂水等组成。

【配方一】

组分	含量
磷酸(密度 1.71g/cm³)	60～70mL
铬酐	200～250g
水	1000mL

处理温度：90～100℃；处理时间：轻锈20min，重锈需2～4h。此配方对基体金属腐蚀微小，适用于精密铜钢组合件、轴承除锈，需经常加水，保持一定浓度。

【配方二】

组分	m/g
铬酐	150
硫酸	10
水	1

处理温度：90～100℃处理时间：轻锈20min，重锈需2～4h。此配方，适用于精密零件、仪表零件除锈。

【配方三】

组分	含量
磷酸(密度 1.71g/cm³)	480mL
丁酮或丙酮	500mL
对苯二酚	20g
水	2000～2500mL

处理温度：室温；处理时间：0.5～5min。此配方除锈快，处理超过5min时，基体金属会受腐蚀变暗、变黑。

【配方四】

组分	含量
磷酸(密度 1.71g/cm³)	550mL
丁醇	50mL
乙醇	50mL
对苯二酚	10g
水	250mL

处理温度：室温；处理时间：0.5～5min。此配方除锈快，处理超过5min时，基体金属受腐蚀变黑。

【配方五】

组分	w/%
硫酸	18～20
食盐	4～5
磺脲	0.3～0.5
水	余量

处理温度：65～80℃；处理时间：20～40min。此配方适用于铸铁，清除大块氧化皮。若铸件表面有型砂，可加入2%～5%氢氟酸。除锈后的处理：①自来水冲洗；②中和（碳酸钠2%、水98%，

时间 5～10mm)；③自来水冲洗；④磷化(磷酸 8%～10%、钛酸钡 0.1%，时间 15～20min，室温)。磷化后，冲洗干净。

【配方六】

组分	含量
硫酸	65mL
缓蚀剂(邻甲苯基硫脲)	3～10g
水	1000mL

处理温度：50～80℃；处理时间：10min 左右。此配方用于形状简单的构件，除锈后表面较粗糙，对底金属侵蚀较大。

【配方七】

组分	含量
盐酸(工业用)	1000mL
缓蚀剂(苯胺与六亚甲基四胺缩合物)	3～5g
水	1000mL

处理温度：室温；处理时间：5～10min。此配方适用于形状简单、尺寸要求不严的工件。除锈后零件表面光洁。

【配方八】

组分	含量
盐酸(工业用)	100mL
硫酸(工业用)	100mL
水	1000mL
酸洗缓蚀剂	3～10g

处理温度：30～40℃；处理时间：3～10min。

【配方九】

组分	V/L
盐酸	25
硝酸	5
水	5

处理温度：50～60℃；处理时间：30～60min。此配方适用于不锈钢去除铁屑、氧化皮，锈斑经酸洗后表面较光亮。

【配方十】

组分	w/%
盐酸	11
双氧水	15
氢氟酸	6
水	余量

处理温度：50～60℃；处理时间：5～10min。此配方对基体金属侵蚀开始较快，随后逐渐减少，适用于不锈钢零件。

【配方十一】

组分	含量/(g/L)
磷酸	100
铬酐	180
乌洛托品	3～5

处理温度：85～95℃；处理时间：20～25min。此配方适用于钢制精密中、小零件的除锈，也可作为钢制零件的除锈。

【主要用途】 黑色金属酸性除锈液类产品适用于轴承钢、高速钢、低碳钢、铸铁等及有关的零件有防锈效果。

【应用特点】 此类配方除锈快，处理超过 5min 时，基体金属会受腐蚀变暗、变黑。达到有效的防锈效果。

【安全性】 由于为水基溶液，基本无不良影响，对人体皮肤无刺激，使用安全可靠，工作环境干净无油雾。

【生产单位】 山东省科学院新材料研究所。

Dc004 黑色金属碱性清洗液

【英文名】 black metal alkaline cleaning solution

【别名】 碱性清洗液

【组成】 该清洗剂主要由特种非离子表面活性剂、超低泡两性表面活性剂和螯合剂水等组成。

【配方一】

组分	含量/(g/L)
氢氧化钠	80～10
碳酸钠	50
磷酸三钠	50
非离子型表面活性剂 OP-7 或 OP-10	30

【配方二】

组分	m/g
氢氧化钠	100～150
碳酸钠	30～50
水玻璃	5～10

【配方三】

组分	m/g
氢氧化钠	30～50
碳酸钠	20～30
磷酸三钠	20～30
水玻璃	2～2

【配方四】

组分	m/g
氢氧化钠	20～30
水玻璃	5～8
磷酸三钠	70～80
OP-7 或 OP-10	20～30

【配方五】

组分	m/g
聚醚	35
油酸钠	5
稳定剂	15
乙酰醇胺	15
油酸三乙醇胺	30

此配方对黑金属防锈性能良好。

【配方六】

组分	m/g
20 号机械油	90
氧化蜡膏钡皂	30
聚异丁烯母液	2
合成油馏分	10
壬基丁烯母液	20
2,6-二叔丁基甲酚	0.3

适用于黑色金属制品及其各种表面处理层的长期油封防锈。

【配方七】

组分	m/g
25 号变压器油	100
石油磺酸钡	20
聚异丁烯母液	2
N-油酰基氨酸十八胺盐	1.5
氧化蜡膏钡皂	30
羊毛脂镁皂	10
2,6-二叔丁基甲酚	0.3

【主要用途】 适用于黑色金属制品及其各种表面处理层的长期油封防锈。

【应用特点】 一般经过清洗工序认为该黑色金属碱性清洗液具有优良的清洗性能，而且对电镀锌、电镀锡、磷化等后处理表面质量影响较小。便于黑色金属制品及其各种表面处理。

【安全性】 应避免清洗液长时间接触皮肤，防止皮肤脱脂而使皮肤干燥粗糙，防误食、防溅入眼内。工作场所要通风良好，用有味型产品时建议工作环境有排风装置。

【生产单位】 山东省科学院新材料研究所。

Dd 其他金属粉末或磷化液

Dd001 粉末冶金清洗剂

【英文名】 cleaning agent for powder metallurgy

【别名】 冶金清洗剂；粉末清洗剂

【组成】 该清洗剂主要由主要是由复合表面活性剂、有机助剂、缓蚀剂和去离子水复配而成。

【产品特点】 该清洗剂不含重金属、磷、亚硝酸盐等受控物质，在组成成分中没有需要特别标示的有害物质，可完全生物降解，改善劳动条件，防止环境污染。

【性能指标】 (1) 主要性能

①具有极强的渗透、分散、增溶、乳化作用。②对油脂、污垢有很好的清洗能力，其脱脂、去污净洗能力超强。③溶解完全，抗静电，易漂洗；并且在清洗的同时能有效地保护被清洗材料表面不受侵蚀。④环保，通用、高效、安全、经济。

(2) 主要技术指标

产品名称/型号	多功能清洗剂/RSB-101
外观(原液)	淡黄色透明黏稠液体
物理稳定性	无沉淀、无分层、无结晶物析出
密度/(g/cm^3)	1.05±0.02
黏度(40℃)/mPa·s	0.98
材料相容性试验	对钢、铜、锌、铝、橡胶、玻璃无影响
pH 值	7.0～8.5(5%浓度)
有毒有害检查	无毒、无害、无刺激性反应
物降解性	可完全生物降解

【清洗工艺与方法】

① 使用本品时应详细阅读产品使用说明书，并在专业人员指导下进行使用。清洗方法可采用热浸泡、超声波清洗、手工擦拭等。

② 使用时，要根据油污的严重程度来调配清洗液的浓度，一般是将原液稀释20倍，配成浓度为5%的清洗液来使用。手工擦拭清洗时清洗剂浓度相对要高些。

③ 可在常温下使用，但在55～80℃温度条件下清洗，效果最佳。

④ 采用热浸泡方法时，将配好的浓度为5%～10%清洗液加热到55～80℃，清洗5～15min后（清洗时适当地抖动工件，清洗效果更佳），用纯净水/自来水漂洗干净再烘干。

⑤ 采用超声波清洗，可得到更佳的清洗效果。将清洗液加温至55～65℃，清洗2～5min后，用纯净水/自来水漂洗干净再烘干。

【主要用途】 一般用于清洗钢铁、锌、铝、铜及其合金、橡胶、陶瓷等表面上的油污、污渍、无机盐、手汗、粉尘等污垢。

【安全性】 ①根据油污轻重调整清洗液的浓度，清洗后的工件要彻底漂洗干净。及时将槽液表面的浮油排除，以免造成二次污染；②清洗工件不得相互重叠，每天应定期添加1%～3%的清洗剂，如清洗能力经补充后不能达到原来水平，则可弃之更换新液；③请勿使本产品与眼睛接触，若不慎溅入眼睛，可提起眼睑，用流动清水或生理盐水冲洗干净；不可吞食本产品，若不慎吞食，勿催吐，保持休息状态，及时进行医护；④为防止皮肤过度脱脂，操作时请戴耐化学品手套；⑤清洗完后，工件应充分干燥，操作工应戴干净手套接触工件，并将工件放在干燥、干净的包装盒中；⑥废水处理对环境无任何影响，清洗的废水可直接排放。

【包装储存】 25kg/塑料桶；200kg/塑料桶。储存：密封储存于阴凉、干燥通风处，保质期2年。

【生产单位】 江西瑞思博化工有限公司。

Dd002 钢件防锈钝化处理液

【英文名】 rust-proof steel passivation solution

【别名】 防锈液；钝化处理液

【组成】 该清洗剂主要由特种非离子表面活性剂、超低泡两性表面活性剂和螯合剂水等组成。

【配方一】

组分	w(质量分数)/%
亚硝酸钠	5～10
碳酸钠	0.5～0.6
水	余量

钢制件于上述溶液中浸1～2min后干燥，可放置1～4周不锈。此外，尚可借助喷淋法防锈，即每8h喷淋1～2次。此法适于大批生产的小件中间库存防锈；喷淋液每3～6个月更换一次。

【配方二】

组分	w/%
亚硝酸钠	3～8
三乙醇胺	0.5～0.6
水	余量

此配方比较稳定，可采用全浸法或喷淋法防锈，溶液3～6个月更换一次，适用于精密零件。

【配方三】

组分	w/%
亚硝酸钠	15
甘油	30
无水碳酸钠	0.5～0.6
水	余量

本配方抗潮湿性较强，适于中间库及成品轴承的防锈封存。

【防锈油配方】

组分	w/%
石油磺酸钡	20
工业凡士林	30
环烷酸锌	15
灯用煤油	35

本配方不但对钢的防锈效果好，对铸铁也具有相当高的防锈作用，用于一般机械制件2年储存防锈。

【主要用途】 一般适用于钢的防锈、铸铁的防锈与防腐。

【应用特点】 该钢件防锈钝化处理液本配方不但对钢的防锈效果好，对铸铁也具有相当高的防锈作用。

【安全性】 由于为水基溶液，基本无不良影响，对人体皮肤无刺激，使用安全可靠，工作环境干净无油雾。

【生产单位】 青岛惠天包装材料有限公司，江西瑞思博化工有限公司。

Dd003 潮湿地区室内钢铁板材用防锈液

【英文名】 antirust liquid for indoor steel plate in wet area

【别名】 铁板防锈液；防潮湿钢材防锈液

【组成】 该清洗剂主要由特种非离子表面活性剂、超低泡两性表面活性剂和螯合剂水等组成。

【配方一】

组分	w/%
亚硝酸钠	21
乌洛托品	21
苯甲酸钠	8
蒸馏水	50

【配方二】

组分	w/%
亚硝酸钠	20.3
尿素	20.3
苯甲酸钠	3.9
蒸馏水	55.5

【制法】 使用时，要提前3天配制。用在湿度大的地区，经喷涂后的钢材能保持半年不生锈。

【主要用途】 此防锈液主要适用于潮湿地区室内用途。

【应用特点】 该潮湿地区室内用途防锈液配方不但对钢的防潮湿防锈效果好，对铸铁也具有相当高的防潮湿防锈作用。

【安全性】 由于为水基溶液，基本无不良影响，对人体皮肤无刺激，使用安全可靠，工作环境干净无油雾。

【生产单位】 山东省科学院新材料研究所。

Dd004 钢铁零件进行磷化处理液

【英文名】 phosphating steel parts

【别名】 锌系常温磷化液；常温铁系磷化液；低温锌系磷化液；擦拭刷涂磷化液；锰系磷化液

【组成】 主要由特种非离子表面活性剂、超低泡两性表面活性剂和螯合剂水等组成。

【技术特点、工艺流程】

(1) KBM201环保单组分锌系常温磷化液　本磷化液是一种环保单组分锌系常温磷化液，在常温下对钢铁零件进行磷化处理，可以得到均匀致密的灰色磷化膜，用于钢铁及镀锌板喷漆、喷塑、静电粉末涂装、阴极电泳涂装前的磷化处理。该磷化液广泛应用于汽车、船舶、家电、钢制门窗、仪器仪表、高低压电器、机械制造等行业。

本锌系常温磷化液技术特点：

① 磷化速度快，在10～30℃，磷化10～20min即可得到优质磷化膜。

② 单组分供应，配槽和补加为一种液体，调整使用非常方便。

③ 无需表调，减少工序，降低磷化成本。

④ 磷化膜与漆膜的结合力牢固、涂装层耐蚀性优良。

⑤ 不含重金属、亚硝酸盐等有毒物质，有利于工人健康和环境保护。

⑥ 磷化沉渣量很少，磷化液可长期使用。

工艺流程：除油除锈→水洗→磷化→水洗→干燥→涂装。

(2) KBM202常温铁系磷化液　本铁系磷化液是一种环保无毒常温铁系磷化液，磷化处理速度快，不含六价铬、亚硝酸盐等有毒物质，沉渣极少，磷化膜颜色为金黄或蓝色。适用于静电喷粉、喷漆、电泳涂装等工艺的前处理，可大大提高漆膜附着力和抗弯曲变形、耐冲击等性能。

本铁系磷化液采用特种添加剂，比一般铁系磷化液具有更高的耐蚀、防锈性能。本铁系磷化液配槽和补加为一种液体，调整使用极其方便。用量少、成本低、处理面积大。

工艺流程：除油除锈→水洗→常温铁系磷化→干燥→涂装。

(3) KBM203环保单组分低温锌系磷化液　本环保单组分低温锌系磷化液可以在25～40℃温度下对钢铁零件进行磷化处理，快速得到均匀致密的灰色磷化膜，磷化膜耐碱性好，尤其适用于钢铁及镀锌板阴极电泳涂装前的磷化处理，也可用于喷漆、喷塑、静电粉末涂装前的磷化处理。该磷化液广泛应用于汽车、船舶、家电、钢制门窗、仪器仪表、高低压电器、机械制造等行业。

本磷化液技术特点：

① 磷化速度快，在 25～40℃，磷化 2～5min，即可得到厚度为 1～3$\mu m/cm^2$ 的优质磷化膜。

② 单组分供应，配槽和补加为一种液体，调整使用非常方便。

③ 磷化膜与漆膜的结合力牢固、涂装层耐蚀性优良。

④ 不含重金属、亚硝酸盐等有毒物质，有利于工人健康和环境保护。

⑤ 磷化沉渣量很少，磷化液可长期使用。

工艺流程：除油→水洗→除锈→水洗→表调→磷化→水洗→干燥→涂装。

无锈工件可免除锈工序。

(4) KBM204 擦拭刷涂磷化液　本擦拭刷涂磷化液可以在常温下采用擦拭、刷涂、喷涂工艺，在钢铁工件表面完成除油、除锈、磷化、钝化等功能，形成均匀、致密的灰黑色磷化膜，使磷化工序大大简化，无需磷化槽，尤其适合于大型设备和工件表面的磷化处理。

本擦拭刷涂磷化液不含亚硝酸钠、氟化物、重金属等有害物质，具有环保节能，操作简便的优点，可作为喷漆、喷塑等涂装前的底层处理，涂层附着力好。

本擦拭刷涂磷化液可实现零排放，处理后的工件不需水洗。磷化干燥后即可涂装。

广泛用于船舶、车辆、金属家具、机床、家用电器等设备涂装前的预处理。

(5) KBM211 锰系磷化液、KBM222 锰系表调剂　本锰系磷化液得到的磷化膜具有优良的耐蚀耐磨性，外观黑色美观，结晶细致均匀。

磷化液环保无毒，沉渣很少，使用寿命长。

本锰系磷化液广泛应用于汽缸、活塞、标准件、石油设备、工模具等耐蚀性要求较高的钢铁材料的磷化处理。与本锰系磷化液配套，研究开发了高效锰系表调剂，显著细化了磷化膜结晶，锰系磷化膜外观黑色油亮，更加牢固耐磨。

技术指标如下。

锰系磷化液：使用温度，75～95℃；磷化时间，15～20min。

锰系表调剂：用量，3g/L；使用温度，常温；表调时间，0.5～1min。

锰系磷化膜：膜重，5～15g/m^2；膜厚，5～20$\mu m/m^2$；硫酸铜点滴试验，5～15min；盐雾试验，48～72h。

【主要用途】 上述各类锌系常温磷化液、常温铁系磷化液、低温锌系磷化液、擦拭刷涂磷化液、锰系磷化液等主要适用于钢铁零件进行磷化处理。

【应用特点】 ①磷化时要正确合理摆放清洗工件，且避免相互重叠，视磷化情况应定期适量添加磷化剂原液，如磷化能力经补充后仍不能达到清洗要求时，则可弃之更换新液。②一般情况下磷化液使用周期为 3～5 天。

【安全性】 应避免清洗液长时间接触皮肤，防止皮肤脱脂而使皮肤干燥粗糙，防误食、防溅入眼内。工作场所要通风良好，用有味型产品时建议工作环境有排风装置。

【生产单位】 江西瑞思博化工有限公司。

Dd005 高耐蚀中温磷化液

【英文名】 high corrosion resistance medium temperature phosphating solution

【别名】 磷化液；高耐蚀磷化液；中温磷化液

【组成】 由表面活性剂、复合渗透剂、分散剂、螯合剂、特种有色金属材料保护剂、清洗助剂、去离子水等组成。

【产品特点】 钢铁零件用高耐蚀中温磷化

液处理后，耐蚀性大大高于普通磷化、高温发蓝和常温发黑工艺。广泛应用于汽车、摩托车、油田、矿山机械配件、标准件、紧固件、凸轮、工模具等工件的耐蚀处理，可代替高温发蓝、磷化、镀锌等工艺。

【高耐蚀中温磷化技术特点】

① 在65～70℃磷化15～20min可以得到均匀细致的高耐蚀灰色磷化膜。

② 磷化膜厚度10～20μm。

③ 磷化膜耐蚀性高。硫酸铜点滴大于10min，中性盐雾试验大于48h。

④ 磷化液中不含亚硝酸盐等有毒物质，符合环保要求。

⑤ 磷化前无需表调，简化了工序，降低了成本。

⑥ 补加时用浓缩液补加，使用操作方便。

【中温磷化处理工艺条件的控制】

① 游离酸度　磷化处理液的游离酸度对磷化膜的质量有很大影响，酸度过高，形成的磷化膜结晶粗，疏松，耐腐蚀性差，酸度过低，磷化膜难以形成，溶液中沉淀物增多，磷化膜表面易挂灰。

② 磷化温度　温度高，磷化膜形成速度快，膜厚，耐腐蚀性好，但温度过高，磷化膜质量反而降低，容易挂灰和颗粒，影响涂膜附着力，温度过低，磷化速率慢，成膜不充分，耐腐蚀性低，因此控制好温度。

③ 促进剂的使用　为缩短磷化处理时间，在磷化液中要添加亚硝酸钠等促进剂，促进剂的用量不足时，磷化速度太慢，用量多会生成大量淤渣因此要调整好促进剂的用量。

④ 淤渣的清理　基体金属被腐蚀的过程中产生的物质，会以淤渣的形式出现，淤渣过多会影响磷化的质量，因此磷化槽中的淤渣要定期清理。

⑤ 磷化液浓度　为保证磷化膜的质量，要保证磷化液的有效浓度，为此磷化过程中要经常检查磷化液的浓度变化，及时补充新鲜处理液。

⑥ 增加表面调整步骤的必要性　表面调整的目的是使磷化膜结晶更细、更均匀致密，是通过金属在表面形成活性点，形成磷化膜的晶核。由于形成的晶核数量较多，所以晶体没有长大的机会会使磷化膜结晶细化，使用能表面吸附作用的表面调整剂以增加表面粗糙度、增加附着力，达到提高磷化膜的质量的作用。常用的表面调整剂有以胶体磷酸肽为主要成分的含钛表调剂及含锰、含草酸表调剂。

【主要用途】 广泛应用于汽车、摩托车、油田、矿山机械配件、标准件、紧固件、凸轮、工模具等工件的耐蚀处理，可代替高温发蓝、磷化、镀锌等工艺。

【应用特点】 ①磷化时要正确合理摆放清洗工件，且避免相互重叠，视磷化情况应定期适量添加磷化剂原液，如磷化能力经补充后仍不能达到清洗要求时，则可弃之更换新液。②一般情况下磷化液使用周期为3～5天。

【安全性】 应避免清洗液长时间接触皮肤，防止皮肤脱脂而使皮肤干燥粗糙，防误食、防溅入眼内。工作场所要通风良好，用有味型产品时建议工作环境有排风装置。

【包装储存】 25kg/塑料桶；200kg/塑料桶。储存：密封储存于阴凉、干燥通风处，保质期2年。

【生产单位】 山东省科学院新材料研究所。

De 其他铝材/铜材清洗剂

De001 RSB-108 铝材清洗剂

【英文名】 RSB-108 aluminum cleaning agent

【别名】 铝材料清洗剂；铝制品清洗剂

【组成】 RSB-108 铝材清洗剂由优质表面活性剂、复合渗透剂、分散剂、螯合剂、特种有色金属材料保护剂、清洗助剂、去离子水等组成。

【性能指标】 ①去污、除油快速，对油脂、污物有很好的清洗能力；②对铝材及其合金无腐蚀，对镀锌零件清洗后不会产生脱锌现象，能保护金属原有光泽本色(B型产品对铸铝合金清洗不变色)；③弱碱性，低泡、易漂洗；④产品环保，不含亚硝酸盐、铬酸盐等成分，不含重金属，使用安全可靠。

主要技术指标

产品名称/型号	铝材清洗剂/RSB-108
外观(原液)	无色至淡黄色透明液体
密度/(g/cm³)	1.00～1.15
pH值(5%浓度)	7.0～10.0
生物降解性	可完全生物降解

【清洗条件】

清洗方法：可采用超声波、喷淋、浸泡（附加鼓泡、滚动或抖动）、手工擦洗等方法清洗。

清洗浓度：用 5%～10%清洗剂水溶液。

清洗温度：一般在 50～80℃温度条件下清洗，效果更佳。

清洗时间：5～10min。

清洗后用水漂洗干净后再吹干、烘干并合理包装、存放。

【主要用途】 本品用于清洗铝、镁及其合金、镀锌零件表面油污清洗。去污除油快速，对铝材无腐蚀，对镀锌零件清洗后不会产生脱锌现象。产品低泡、易漂洗；绿色环保、高效、安全、经济。

【应用特点】 ①清洗时要正确合理摆放清洗工件，且避免相互重叠，视清洗情况应定期适量添加清洗剂原液，如清洗能力经补充后仍不能达到清洗要求时，则可弃之更换新液。②一般情况下清洗液使用周期为 3～7 天。

【安全性】 应避免清洗液长时间接触皮肤，防止皮肤脱脂而使皮肤干燥粗糙，防误食、防溅入眼内。工作场所要通风良好，用有味型产品时建议工作环境有排风装置。

【包装储存】 25kg/塑料桶；200kg/塑料桶。储存：密封储存于阴凉、干燥通风处，保质期 2 年。

【生产单位】 江西瑞思博化工有限公司。

De002 RSB-306 铝材酸性清洗剂

【英文名】 RSB-306 aluminum acid cleaning agent

【别名】 酸性清洗剂；铝制品清洗剂

【组成】 由复合有机酸，优质缓蚀剂、多种优质表面活性因子、渗透剂、去离子水等组成。

【性能指标】 ①能在短时间内渗入锈层，使锈层迅速与金属剥离，除锈速率快，效率高；②产品不燃、不含有毒、有害物质，可常温或加温使用；③配有优良的金属保护剂，对铝材本体不会产生腐蚀，不会造成内在的质变；④处理后的铝材表面平整，光洁，不变色（B型产品用于铸铝合金清洗）；⑤产品环保，有机弱酸型，不含无机酸、盐酸、铬酸等成分，使用安全可靠。

主要技术指标

产品名称/型号	铝材酸性清洗剂/RSB-306
外观(原液)	无色至淡黄色透明液体
密度/(g/cm³)	1.05～1.15
pH值(原液)	1.0～4.0
生物降解性	可完全生物降解

【清洗条件】

清洗方法：可采用浸泡（可附加鼓泡或抖动）、超声波清洗、手工擦洗等方法清洗。

清洗浓度：视情况用原液或用水稀释至3～5倍。

清洗温度：可在常温下使用，但在50～60℃温度条件下清洗，效果更佳。

清洗时间：1～5min。

清洗后用水漂洗干净后再吹干、烘干、并合理包装、存放。

【清洗工艺】 若铝材有较重油污且需要较长时间不氧化，则建议使用下述清洗工艺：除油→除锈→水洗→防氧化→吹干、烘干。

【应用特点】 ①清洗时要正确合理摆放清洗工件，且避免相互重叠，视清洗情况应定期适量添加清洗剂原液；②如清洗能力经补充后仍不能达到清洗要求时，则可弃之更换新液；③一般情况下清洗液使用周期为3～7天。

【主要用途】 用于去除各种铝材及其合金等金属制品的表面氧化层、锈斑、轻度油污。但此产品对硅铝合金不适用。

【安全性】 应避免清洗液长时间接触皮肤，防止皮肤脱脂而使皮肤干燥粗糙，防误食、防溅入眼内。工作场所要通风良好，用有味型产品时建议工作环境有排风装置。

【包装储存】 25kg/塑料桶；200kg/塑料桶。储存：密封储存于阴凉、干燥通风处，保质期2年。

【生产单位】 江西瑞思博化工有限公司。

De003 RSB-107 铜材清洗剂

【英文名】 RSB-107 copper cleaning agent

【别名】 铜材料清洗剂；铜制品清洗剂

【组成】 RSB-107 铜材清洗剂是由优质复合表面活性剂、分散、渗透剂、缓蚀剂、特效清洗助剂、去离子水等组成的。

【性能指标】 ①去污、除油快速，对油脂、污物有很好的清洗能力；②对铜材及其合金无腐蚀；③弱碱性，低泡、易漂洗；④产品环保，不含亚硝酸盐、铬酸盐等成分，不含重金属，使用安全可靠。

主要技术指标

产品名称/型号	铜材清洗剂/RSB-107
外观(原液)	无色至淡黄色透明液体
密度/(g/cm³)	1.05～1.15
pH值(5%浓度)	7.0～8.5
生物降解性	可完全生物降解

【清洗条件】 ①清洗方法：可采用超声波、喷淋、浸泡（附加鼓泡、滚动或抖动）、手工擦洗等方法清洗；②清洗浓度：用5%～10%清洗剂水溶液；③清洗温度：一般在50～80℃温度条件下清洗，效果更佳；④清洗时间：5～10min；⑤清洗后用水漂洗干净后再吹干、烘干并合理包装、存放。

【主要用途】 用于黄铜、紫铜、青铜等铜材及其合金加工表面的切削液、防锈油、冲压油、粉尘、手汗、有机污染物等污物清洗。

【应用特点】 清洗时要正确合理摆放清洗工件，且避免相互重叠，视清洗情况应定期适量添加清洗剂原液，如清洗能力经补充后仍不能达到清洗要求时，则可弃之更换新液。一般情况下清洗液使用周期为3～7天。

【安全性】 应避免清洗液长时间接触皮肤，防止皮肤脱脂而使皮肤干燥粗糙，防误食、防溅入眼内。工作场所要通风良好，用有味型产品时建议工作环境有排风装置。

【包装储存】 25kg/塑料桶；200kg/塑料桶。储存：密封储存于阴凉、干燥通风处，保质期2年。

【生产单位】 江西瑞思博化工有限公司。

De004 RSB-504 铜材光亮剂

【英文名】 RSB-504 copper brightener

【别名】 铜表面剂；铜清除剂

【组成】 RSB-504铜材光亮剂是由多种复合活性酸、表面光亮平衡剂、缓蚀剂、特效助剂等组成的。

【性能指标】 ①可迅速除去铜及其合金表面上的氧化物，同时使表面达到镜面效果；②操作工艺简单，实用，没有发烟现象，对铜材清洗安全、不伤基体；③无味型产品使用寿命长，使用成本低，适合紫铜活化光亮工艺，带气味型产品光亮度更好，光亮工艺更简单，适合紫铜、黄铜等铜合金光亮；④产品环保性能比传统产品更好，使用更安全可靠。

主要技术指标

产品名称/型号	铜材光亮剂/RSB-504
外观(原液)	无色至茶褐色透明液体
密度/(g/cm³)	1.20～1.50
pH值(原液)	1.0～3.0
生物降解性	可完全生物降解

【清洗条件】 清洗方法：直接采用普通浸泡方法。

清洗浓度：用原液。

清洗温度：一般在15～35℃温度条件下使用。

清洗时间：30s～3min。

清洗后用纯水漂洗干净，经防变色处理工艺或直接吹干、烘干并合理包装、存放。

【清洗工艺】 若铜材有较重油污且需要较长时间不变色，则建议使用下述清洗工艺：除油→水洗→（活化）→水洗→光亮→水洗→防变色→水洗→后处理工序。

【主要用途】 主要用于清除铜及其合金表面上的氧化物、花斑，同时使铜材表面达到光亮如新的效果。无味型产品，需经活化后再光亮，且对黄铜无效；带气味型产品直接光亮，且对黄铜有效。

【应用特点】 清洗时要正确合理摆放清洗工件，且避免相互重叠，视清洗情况应定期适量添加清洗剂原液，如清洗能力经补充后仍不能达到清洗要求时，则可弃之更换新液。一般情况下清洗液使用周期为3～7天。

【安全性】 应避免清洗液长时间接触皮肤，防止皮肤脱脂而使皮肤干燥粗糙，防误食、防溅入眼内。工作场所要通风良好，用有味型产品时建议工作环境有排风装置。

【包装储存】 25kg/塑料桶；200kg/塑料桶。储存：密封存于阴凉、干燥、通风处，保质期2年。

【生产单位】 江西瑞思博化工有限公司。

E 电子工业清洗剂

电子工业清洗剂用途极广，是电子行业必不可少的化学试剂，因其用量少，要求高，目前市场比较看好。它的工业清洗剂产品主要有以下几类：

① 卤代烃类。此类有机溶剂溶解能力强，性质稳定，是理想的洗涤化学品。但是其对环境的危害越来越受到业界的重视。

② 各类醇、酯、酮、醚类。这是一类低成本、适用范围广泛的有机溶剂。

③ 表面活性剂类。因其安全可靠，并且可以增加溶剂的溶解能力。

④ 反应型清洗剂。这类清洗剂用来除掉难以去除的污垢，在电子工业用途也比较广。

产品有电子清洗剂、PCB 板清洗剂、电路板清洗剂、超声波清洗剂、马达清洗剂系列、精密仪器清洗剂、光学玻璃脱膜剂、金属油污清洗剂、金属器械清洗剂、光学玻璃清洗剂、电容器件清洗剂系列、常温快速清洗除垢剂、功能除油除锈清洗剂、金属除油除锈清洗剂、高渗透性金属清洗剂、线路板铜点除氧化清洗剂等。

Ea 电子仪器清洗剂

Ea001 新型电子仪器清洗剂

【英文名】 new electronic equipment cleaning agen

【别名】 电子仪器清洗剂，电气装置清洗剂

【组成】 选用多种优质表面活性剂和酒精混合溶剂等配制而成。

【质量指标】 闪点：<0℉；沸点：141℉；气味：石油味；可溶性：不溶于水；外观：透明液体；挥发性：100%；蒸气密度：大于空气；相对密度：0.6699；VOC含量（联邦制）：649g/L；蒸气压强：未确定；冰点：<0℉；Prop65：无；推进剂：CO_2。

【性能和特点】 精密电子清洗剂是一种具有优良性能的带电清洗剂，它没有燃烧性，没有易燃易爆的危险，对各种金属零配件和塑料没有影响，不产生腐蚀。常规用于清洁各类敏感性电子电器设备。该产品的主要特点是迅捷去污除尘、快干不留痕、对任何敏感性材质（包括敏感性现代塑制品）无害。

【主要用途】 适用于各种精密仪器仪表、计算机、电动机械等工业自动化设备及办公自动化设备的清洗。可有效清除各种电路板及激光头表面的污物。

【应用特点】 用以清洁电脑的主板、显卡和内存条，因为这个产品是一种高挥发及非燃烧的溶液喷洗剂，能迅速除去精密电子仪器、元件及其他电器装置上的静电和油污！对金属、塑料、橡胶、油漆、电子元件等均无腐蚀，具清洁、除湿和防腐蚀的作用。迅捷清洁电话、PC机、发动机、继电器、发电机、边缘连接器、磁带头、电路板等各类电子设备；有效去除各类电接头、印制线路板、电开关、断路器上的灰尘、尘土、轻油、指印等的污渍。

【安全性】 完全不伤塑料，对任何塑料制品无害，可放心应用于ABS、NORYL、LEXAN等敏感性先进塑料；材质挥发迅速及彻底，节约维护时间不留残渍；防止电接触点的有害物质堆积；不含任何已知VOC（易挥发有机物）；最小化溶剂对温室效应的影响不含任何ODS（臭氧破坏物）；确保优质性能的同时符合美国环保局关于禁止臭氧破坏化学物质的规则。

【生产单位】 北京蓝星清洗有限公司、深圳市骐凯科技有限公司。

Ea002 ZB-35精密电子仪器带电清洗剂

【英文名】 precision electronic instruments and electric cleaning agent ZB-35

【别名】 电子仪器带电清洗剂；电气带电清洗剂

【组成】 选用多种优质表面活性剂、强力乳化剂、渗透剂、超洁添加剂和去离子水等配制而成。

【产品特点】 ①对各类粉尘、油污、静电等清洗迅速彻底，ZB-35能把污物迅速分解成细小成分并随本身快速挥发而带走，

不会造成灰尘等污物堆积，省时省力；②耐电压35kV，可带电清洗；③操作简便，手摸不到的地方也能清洗干净；④适用范围极其广泛，可用于各类办公电子设备和家庭电器。

【质量指标】

外观	无色透明液体
气味	无
耐电压值	≤35kV
相对密度	0.78±0.1
可燃性	不易燃
水分	≤0.1%
pH值	7
蒸发残渣率	≤0.02%
沸点	43～47℃

【主要用途】 可广泛用于含有线路板、电子元器件的电子设备，如电脑、程控交换机、打印机、传真机、复印机、通信系统、导航设备、自动售货机、ATM机、音像装置、光学设备、检测仪器等；家庭电器，如电视机、摄像机、DVD、音响系统等。

【应用特点】 ①ZB-35是一种新型环保清洗剂，采用进口原料和工艺，不含氟利昂和氢氯氟烃类物质，长期使用和储存不会分解出腐蚀、酸性物质，与国内传统电子仪器清洗剂有本质区别。②ZB-35能快速清除各类精密电子仪器上的粉尘、潮气、油渍、盐分、静电及其他污染物，挥发速率极快，不留任何残渣，对各类金属及非金属均无腐蚀。③ZB-35能保证精密电子仪器性能可靠、稳定，使其处于最佳运行状态。

【使用方法】 ZB-35罐体，轻轻摇动后距离仪器表面15～20cm均匀喷射，操作中尽量保持45°的喷射夹角，并且不断移动喷射点。距离较远的清洗表面可接喷管后清洗，污染较重的表面可借助毛刷清扫。目测清洗干净后，ZB-35会在几分钟内彻底挥发干净。

【安全性】 一般对各种金属、橡胶、塑料、涂料、电子元件均无腐蚀，不含氟利昂和氢氯氟烃类物质，不易燃，挥发速率极快，不留任何残渣；安全、环保。

【生产单位】 北京筑宝新技术有限公司。

Ea003 SQ-25/A电气设备清洗剂

【英文名】 SQ-25/A electrical equipment cleane

【别名】 设备清洗剂；电气设备带电清洗剂

【组成】 选用多种优质表面活性剂（氢氟酸、聚氧乙烯烷基酚醚、烷基硫酸钠）乙醇等配制而成。

【配方】

组分	w/%
氢氟酸	0.25～0.5
烷基硫酸钠	0.05～0.07
聚氧乙烯(10)烷基酚醚	0.06～0.08
乙醇	99.37～99.62

【质量指标】

外观	无色透明液体
气味	微溶剂味
相对密度	0.95 ±0.02
pH值	6～7
闪点	70℃ ±1℃
燃点	80℃ ±1℃
清洗率	≥99.7%
耐压	≥25kV
执行标准	Q/OSQ

【配方分析】 本清洗剂中除含有大量的乙醇外，还含有微量的氢氟酸、烷基硫酸钠和聚氧乙烯（10）烷基酚醚，其中，乙醇作溶剂，兼有洗涤作用，氢氟酸为化学抛光剂，对电器表面光洁度具有明显的提高作用，聚氧乙烯烷基酚醚用作静电防止剂，能将电器表面的静电荷快速导出或消除，烷基硫酸钠用作去污剂，对电器表面的污垢具有优良的溶解除去作用。

【清洗方法】 用干净的棉布等蘸本剂，

擦拭电器的表面，即可将污垢除去及将静电荷释放掉，稍待片刻后，再以棉布等擦拭，即可得到清洁而又不带静电的表面，采用本剂擦拭电器后无需再用水清洗。

【产品实施举例】 分别称取氢氟酸 0.5g、烷基硫酸钠 0.07g、聚氧乙烯（10）烷基酚醚 0.06g、乙醇 99.37g，再将其混合-高速搅拌，全部原料分散均匀后，即得到 100g 稳定的电器用清洗剂。

【主要用途】 本电器用清洗剂具有清洗效果好、去静电荷能力强的优点。适用于电动机、发电机、变电设备、大型电磁阀门、电焊机、内燃机车和电力机车动力系统等各种电动工具的清洗和保洁。对电机的定子、转子及配电柜、开头柜、端子排、主控室的清洗特别有效。

【使用方法】 喷射清洗法和浸泡清洗法。

【包装规格】 20kg/桶；200kg/桶。

【安全性】 一种新型环保清洗剂，既安全又环保，对各种电气设备、金属、橡胶、塑料、涂料、电子元件均无腐蚀，不含氟利昂和氢氯氟烃类物质，不易燃，挥发速率极快，不留任何残渣。

【生产单位】 深圳市欧宝莱科技有限公司。

Ea004 电子电器用清洗剂

【英文名】 cleaning agent for electrical and electronic

【别名】 电子清洗剂；电器清洗剂

【组成】 选用多种优质表面活性剂［醇醚、聚氧乙烯（10）烷基酚醚、烷基硫酸钠］渗透剂、乙醇等配制而成。

【配方】

组分	w/%
醇醚	0.2～0.4
烷基硫酸钠	0.05～0.06
聚氧乙烯(10)烷基酚醚	0.07～0.08
乙醇	99.5～99.60

【产品特点】 ①清洗能力强，能迅速渗透，且安全溶解和剥离油脂及含油污物，借助于专用工具，连手摸不到的地方也能清洗干净；②可以带电清洗，耐电压 25kV；③挥发速率快，干燥后不留残渣；④使用方便，对设备不需完全拆卸就能清洗，节约检修费用；⑤安全可靠，没有汽油、稀料那样的引火性危险物，对金属、涂料饰面、绝缘覆盖及耐油橡胶、塑料均安全无害。

【安全性】 安全、环保，对各种金属、橡胶、塑料、油漆、电子元件均无腐蚀，不含氟利昂和氢氯氟烃类物质，不易燃，挥发速率极快，不留任何残渣。

【生产单位】 北京筑宝新技术有限公司，北京蓝星清洗有限公司。

Ea005 SQ-35 精密电子仪器清洗剂

【英文名】 SQ-35 precision electronic instrument detergent

【别名】 精密清洗剂

【组成】 多种优质表面活性剂和酒精混合液体等配制而成。

【性能和特点】 该品是一种不燃烧、高挥发的液体清洗剂。适用于各类仪器仪表、印刷电路板、程控交换机、精密电子仪器、印刷电路板、移动通信、微波无线寻呼、电子计算机、打印机及磁头、磁鼓、自动化控制系统等仪器、仪表的清洗。使用方法将罐体摇动片刻，使喷嘴距离清洗物 15～20cm 喷洗，也可接上延伸管喷洗各部位。待其油污彻底清除干净，自然挥发干燥即可。电路板清洗借助毛刷去除灰尘非常有效。清洗工程量大时，可采用专用喷枪进行清洗。

【产品特点】 ①高效：能快速清除尘埃、油污、湿气及其他污垢，而且完全挥发，不留任何残渣。②安全：对各种金属、橡胶、塑料、涂料、电子元件均无腐蚀。耐电压 35kV，绝缘性能好，可带电清洗。

③方便：使用方便、气雾罐包装，手按喷嘴就可喷洗。在设备运行或停机状态下都可清洗。④环保：不含受控物质以及三氯乙烯等有害物质。

【质量指标】

外观	无色液体
气味	无异味
相对密度	0.9±0.01
pH 值	7
燃点	≥92℃
闪点	≥86℃
耐电压	≥35kV
执行标准	Q/OSQ 001—2008

【注意事项】 ①环境湿度大，设备表面潮湿时不宜带电清洗。②大量使用时，施工场地应通风良好，远离火源系统清洗剂、闭路水缓蚀剂。③技术要求：用于工业污垢清洗的化学制剂，一般应满足下述的技术要求。

a. 清洗污垢的速度快，溶垢彻底。清洗剂自身对污垢有很强的反应、分散或溶解清除能力，在有限的工期内，可较彻底地除去污垢。b. 对清洗对象的损伤应在生产许可的限度内，对金属可能造成的腐蚀有相应的抑制措施。c. 清洗所用药剂便宜易得，并立足于国产化；清洗成本低，不造成过多的资源消耗。d. 清洗剂对生物与环境无毒或低毒，所生成的废气，废液与废渣，应能够被处理到符合国家相关法规的要求。e. 清洗条件温和，尽量不依赖于附加的强化条件，如对温度、压力、机械能等不需要过高的要求。f. 清洗过程不在清洗对象表面残留下不溶物，不产生新污溃，不形成新的有害于后续工序的覆盖层，不影响产品的质量。g. 不产生影响清洗过程及现场卫生的泡沫和异味。用于不同的清洗目的与清洗对象的清洗剂，对于这些要求可以有所侧重或取舍。

【主要用途】 广泛用于各类仪器仪表、印刷电路板、程控交换机、电子计算机、打印机及磁头、磁鼓的清洁、保养。

【安全性】 安全、环保，对各种电子元件、橡胶、塑料、涂料均无腐蚀，不含氟利昂和氢氯氟烃类物质，不易燃，挥发速度极快，不留任何残渣。

【生产单位】 江西瑞思博化工有限公司。

Ea006 RSB-201 光学玻璃清洗剂

【英文名】 RSB-201 optical glass cleaning agent

【别名】 玻璃清洗剂；光学镜片清洗剂

【组成】 由多种专用优质表面活性剂、润湿渗透剂、净洗添加剂、高效有机分散剂、去离子水等配制而成。

【清洗工艺】 ①采用超声波多槽清洗工艺，清洗工艺为：工件从溶剂或半水基清洗转入→超声波粗洗→超声波精洗→超声波精洗→纯水漂洗→纯水漂洗→纯水漂洗→IPA3 槽脱水→吹干或气相干燥；②清洗浓度：用 5%～10% 清洗剂水溶液；③清洗温度：一般在 45℃ 左右；④清洗时间：5～10min。

【性能指标】 ①洁净力强，无残留，易漂洗；②极易溶于水，不易挥发，无刺激性气味；③对各种玻璃、金属、塑胶、纤维等均安全无腐蚀性；④产品环保，中性至弱碱性，不含硫、苯、重金属等有毒及腐蚀性物质，使用安全。

主要技术指标

产品名称/型号	光学玻璃清洗剂/RSB-201
外观(原液)	无色至淡黄色透明液体、无刺激性气味
密度/(g/cm³)	1.05±0.05
材料相容性试验	对钢铁、搪瓷、塑料、玻璃无影响
pH 值(5%浓度)	8.0～9.0

【应用特点】 ①根据油污轻重调整清洗液的浓度，清洗后的工件要彻底漂洗干净；②及时将槽液表面的浮油、脏物排除，以

免造成二次污染；③清洗工件尽量不相互重叠，每天应定期添加1%～3%的清洗剂，如清洗能力经补充后仍不能达到清洗要求时，则可弃之更换新液；④清洗污垢的速度快，溶垢彻底。清洗剂自身对污垢有很强的反应、分散或溶解清除能力，在有限的工期内，可较彻底地除去污垢；⑤对清洗对象的损伤应在生产许可的限度内，对金属可能造成的腐蚀有相应的抑制措施。

【主要用途】 用于光学透镜、光学镜片、手机、电脑等显示屏表面的油污、抛光粉、灰尘、蜡、指纹等污物的清洗。

【安全性】 请勿使本产品与眼睛接触，若不慎溅入眼睛，可提起眼睑，用流动清水或生理盐水冲洗干净；不可吞食本产品，若不慎吞食，勿催吐，保持休息状态，及时进行医护；为防止皮肤过度脱脂，操作时请戴耐化学品护具。

【包装储存】 ①包装：25kg/塑料桶；200kg/塑料桶。②储存：密封存于阴凉、干燥、通风处，保质期2年。

【生产单位】 江西瑞思博化工有限公司。

Eb 电子设备清洗剂

Eb001 电子彩色扩印冲洗机用清洗剂

【英文名】 electronic color extended cleaning agent for washing machine

【别名】 冲洗机用清洗剂；电子彩色扩印清洗剂

【组成】 由表面活性剂、水溶性高分子化合物、无机酸、有机酸、醇醚、渗透剂和去离子水等配制而成。

【配方】

组分	w/%
有机酸	0.5～5
醇醚	0～0.5
渗透剂	0.5～2
无机酸	2～10
水溶性高分子化合物	0～0.5
表面活性剂	2～5
去离子水	余量

有机酸为 RSO_3、乙酸或草酸等，其中 R 为烷烃或芳烃等取代基或胺类化合物或含氮类化合物的取代基；无机酸为磷酸、盐酸或碳酸等；醇醚为乙二醇醚系列，如乙二醇单乙醚或乙二醇丙醚；水溶性高分子化合物为丙烯酸类化合物如聚丙烯酸甲酯、聚丙烯酸乙酯、聚丙烯酸丙酯或聚丙烯酰胺等；渗透剂为高级脂肪聚氧乙烯醚（JFC）；表面活性剂为烷基酚聚氧乙烯醚系列（OP 系列）。

【配制方法】 先将适量去离子水加热至 50℃左右，然后按搅拌溶解一种物料后再加入下一种物料的方式依次将有机酸、无机酸、醇醚、水溶性高分子化合物、渗透剂和表面活性剂加入到去离子水中，最后再补充去离子水使所有组分的质量份之和为 100 份，即得到彩色扩印冲洗机用清洗剂。

【清洗方法】 将彩色扩印冲洗机用清洗剂 100mL 用去离子水稀释至 500mL，然后用喷雾法、刷或浸洗等方法直接清洗彩色扩印冲洗机，然后用清水冲洗后自然干燥或擦干，2～3min 即可将污垢洗净。

【产品实施举例】

组分	w/%
甲苯-2-磺酰胺	5
乙二醇单乙醚	0.5
JFC	0.5
去离子水	81.5
磷酸	10
聚丙烯酸乙酯	0.5
OP-10	2

先将 50 份去离子水加热至 50℃左右，然后按搅拌溶解一种物料后再加入下一种物料的方式依次将 5% 甲苯-2-磺酰胺、10% 磷酸、0.5% 乙二醇单乙醚、0.5% 聚丙烯酸乙酯、0.5% JFC 和 2% OP-10 加入到去离子水中，最后再补充余量去离子水即得清洗剂。

【应用特点】 本清洗剂的组分均易溶于水中并易于用水洗净，不产生污染，污物随清洗剂和水除净，不发生在水洗时二次黏附在机械和槽壁等处的情况。

【安全性】 本清洗剂清洗速率快，清洗效

果好，安全、环保，对各种金属、橡胶、塑料、涂料、电子元件均无腐蚀，不含氟利昂和氢氯氟烃类物质，不易燃，挥发速率极快，不留任何残渣。并且使用方法简单，对人体皮肤无刺激性，无腐蚀性，无毒，无害。

【生产单位】 江西瑞思博化工。

Eb002 SQ-30 电瓷瓶清洗剂

【英文名】 SQ-30 porcelain cleaning agent

【别名】 电瓷瓶快速清洗剂

【组成】 由多种表面活性剂、复合酸、乳化渗透剂、高效除尘、除油添加剂，经独特的配方精制而成。

【配方】

组分	w/%
表面活性剂	5
除油添加剂	0.5
复合酸	8～12
乳化渗透剂	0.5～0.8

【产品特点】 ①强力：对污垢具有渗透、溶解和剥离作用；②使用安全：不影响清洁物的光泽和亮度。

【质量指标】

颜色	浅红色液体
相对密度	1.05～1.15
pH值	1～2
清洗率	≥98%
执行标准	Q/OSQ 001—2008

【用途】 该品广泛应用于电力输出系统、变电站、配电房、输出电所和电厂、电站的各类电瓷瓶、矿山、工厂、避雷器、铁路电气化系统中所用的电瓷瓶类瓷质部件的清洗。

【使用方法】 ①喷刷法：将SQ-30喷于污垢处，2～3min后用布擦净。清洗后用清水冲洗干净。②浸洗法：将有严重污渍的电瓷瓶浸入SQ-30原液中，等污垢溶解后取出用清水冲洗干净。

【应用特点】 本清洗剂的组分均易溶于水中并易于用水洗净，不产生污染，污物随清洗剂和水除净，不发生在水洗时二次黏附在机械和槽壁等处的情况。

【安全性】 如不慎误入眼眼或身体其他部位，请及时用清水冲洗。使用时请戴劳防护手套；符合环保要求的电瓷瓶专用清洗剂。

【生产单位】 江西瑞思博化工。

Eb003 YH-40 电气机械设备清洗剂

【英文名】 YH-40 electrical machinery and equipment cleaners

【别名】 电气仪器清洗剂；电气装置清洗剂

【组成】 选用多种优质表面活性剂、强力乳化、渗透剂、超洁添加剂和去离子水等配制而成。

【配方】

组分	w/%
辛基酚聚氧乙烯醚 (或壬基酚聚氧乙烯醚)	10～20
乙醇	4.5～5.5
椰子油酸二醇酰胺	15～25
脂肪醇聚氧乙烯醚	5～6
三聚磷酸钠	1.5～2
碘	0.2～0.3
异丙醇	3.5～4.5
四乙酸乙二胺	1.0～1.5
去离子水	余量

【性能与特点】 产品规格：500mL的产品型号：YH-40采用银河最新技术研制，新一代环保型产品，对周边环境及大气层均不会造成任何污染。具有良好的绝缘性，可带电清洗，耐电压40kV，挥发速度快，清洗完成大约1min后便可完全挥发彻底，设备表面无任何残留。清洗能力强，不燃烧，可迅速清除各种精密电子设备上的油污，粉尘等污物，安全可靠。

【主要用途】 广泛应用于各种电子设备、仪器仪表、监控设备、计算机主板及各种电器主板的清洗。

【性能及特点】 产品规格：20L的产品型号：YH-25新型环保清洗剂，不易燃，无任何气味，对人体和设备绝对安全。可迅速清除各种电气、机械设备的油污、粉尘、水分等污物。可带电清洗，耐电压25kV以上。

①挥发速度快，既可彻底溶解油污，并充分挥发，不留残迹。②不易燃烧，没有稀料、汽油等物那样的引火性危险。③不含任何有毒、有害物质，对人体绝对安全。

【主要用途】 广泛用于所有工、矿企业的发电机、电气柜、电焊机、发动机、输变电设备、配电室设备、电动工具、电控系统、空调机组、信号系统、油过滤器、液压装置、变速箱及齿轮、轴承、钻井机采油设备。

【安全性】 安全、环保，对各种电子元件、橡胶、塑料、涂料、均无腐蚀，不含氟利昂和氢氯氟烃类物质，不易燃，挥发速度极快，不留任何残渣。

【生产单位】 石家庄天山银河科技有限公司。

Eb004 电子设备清洗剂

【英文名】 cleaning agent for electronic equipment

【别名】 电子仪器清洗剂；电气装置清洗剂

【组成】 选用多种优质表面活性剂、强力乳化、渗透剂、超洁添加剂和去离子水等配制而成。

【生产配方】

组分	w/%
二氯五氟丙烷❶	50～95
氯代烯烃❷	0～10
C_5～C_{15}的烷烃混合物	5～20
醇醚	0～10
三氟乙醇	0～20

其中，醇醚是乙二醇甲醚、乙二醇乙醚、乙二醇丙醚、乙二醇丁醚、乙二醇异丁醚、丙二醇甲醚、丙二醇乙醚、丙二醇丙醚、丙二醇丁醚、丙二醇异丁醚或它们的混合物；氯代烯烃是1,2-二氯乙烯、1,1-二氯乙烯、三氯乙烯、四氯乙烯或它们的混合物。

【说明】 该电子设备清洗剂ODP（臭氧消耗潜能）低，同时具有适度的溶解性能和挥发速度，适用于电子设备清洗，尤其适用于电子设备在运行状态或带电状态下的清洗。

【安全性】 如不慎误入眼睛或身体其他部位，请及时用清水冲洗。使用时请戴劳防护手套；符合环保要求的电子设备专用清洗剂。

【生产单位】 江西瑞思博化工。

Eb005 电子机械设备清洗剂

【英文名】 electronic machinery and equipment cleaners

【别名】 电子机械清洗剂；电子装置清洗剂

【组成】 选用多种优质络合表面活性剂、助剂、渗透剂、添加剂和去离子水等配制而成。

【主要用途】 本品选用具有络合作用的表面活性剂，添加适当助剂，配成中性清洗剂，无毒、无腐蚀，性能稳定，长期存放不影响使用效能。本清洗剂成本低、效果好。

【配方】

组分	w/%
辛基酚聚氧乙烯醚（或壬基酚聚氧乙烯醚）	10～15
脂肪醇聚氧乙烯醚	5～7
脂肪醇聚氧乙烯醚硫酸钠	7～8
椰子油酸二醇酰胺	12～15
三乙醇胺	12

❶ 二氯五氟丙烷的ODP值为0.02～0.07。

❷ 三氟乙醇和氯代烯烃（1,2-二氯乙烯、1,1-二氯乙烯、三氯乙烯、四氯乙烯）等几种试剂不是《蒙特利尔议定书》附件A～E的受控物质。

续表

组分	w/%
甜菜碱型表面活性剂	1.5～2
氨基酸型表面活性剂	5.5～6
乙二胺四乙酸	2.0～2.5
乙醇	10
碘	0.2～0.3
异丙醇	3.5～4.5
去离子水	余量

其中，清洗剂使用时，加95%的去离子水配成中性溶液，清洗工作温度在60～80℃为宜。

【制备工艺】 ①去离子水超滤纯化。②按配方比例进行清洗剂的复配，在50～90℃温度范围内，加热溶解搅拌，混合均匀。最佳复配温度78～82℃。常压下进行。③溶液静置24～48h，消泡。④用柠檬酸分别调节溶液的pH至6.4～8.5，pH=7.5～8.2为佳。⑤用无水乙醇调节号液的黏度，$\eta_{\text{I}}=200\sim240\text{mPa}\cdot\text{s}$，$\eta_{\text{II}}=180\sim220\text{mPa}\cdot\text{s}$。⑥沉析萃取。⑦压滤。⑧灭菌处理。⑨浓缩至表面活性物含量为42%～47%（质量分数），以45%为佳。⑩成品检验包装。上述工艺均使用常规设备，在常压下进行。所得产品为无色或略带黄色的透明黏稠状液体，有微弱香味。η测定温度25℃。

【产品实施举例】

组分	m(质量)/kg	
	配方Ⅰ	配方Ⅱ
辛基酚聚氧乙烯醚或壬基酚聚氧乙烯醚	18	15
椰子油酸二醇酰胺	15	15
脂肪醇聚氧乙烯醚 [$RO(CH_2CH_2O)_9CH_2CH_8(AEO_9)$]	6	7
聚醚型表面活性剂	10	
三聚磷酸钠	2	
甜菜碱型表面活性剂		2
氨基酸型表面活性剂		6
脂肪醇聚氧乙烯醚硫酸钠		8
乙二胺四乙酸	1.0	2.5
乙醇	5	10

续表

组分	m(质量)/kg	
	配方Ⅰ	配方Ⅱ
三乙醇胺		12
碘	0.2	0.3
异丙醇	4	4.5
去离子水	余量	余量

将上述原料称量混合，加热至80℃，常压，搅拌，得到均匀透明液体，静置24h，消泡后，用柠檬酸调节溶液pH至8.0。用无水乙醇调节Ⅰ、Ⅱ溶液的黏度分别为220mPa·s和200mPa·s。经过沉析萃取，压滤，紫外线灭菌，浓缩至表面活性物含量为45%，进行成品检验包装。

【安全性】 安全、环保，对各种电子元件、橡胶、塑料、油漆、均无腐蚀，不含氟利昂和氢氯氟烃类物质，不易燃，挥发速度极快，不留任何残渣。

【生产单位】 广东惠兴化工有限公司。

Eb006 电子机械设备及零件清洗剂

【英文名】 electrical machinery and equipment and parts cleaner

【别名】 电子机械清洗剂；电子机械装置清洗剂

【组成】 选用多种优质表面活性剂、调节剂、渗透剂、缓蚀剂和去离子水等配制而成。

【质量指标】 参照SQ-35精密电子仪器清洗剂

【主要用途】 广泛应用于各种电子设备，仪器仪表设备，电子机械设备、电子机械装置的清洗。

【应用特点】 该机械设备清洗剂的有益效果为，生产工艺简单，不需要特殊设备，清洗能力强，时间短，节省人力和工时，提高工作效率且具有除锈和防锈功效，该清洗剂对设备的腐蚀性较低，使用安全可靠，设备成本较低，另外，该清洗剂为水溶性液体。

【生产配方】

组分	w/%
磷酸盐	3～10
渗透剂	5～10
pH 调节剂	1～6
表面活性剂	5～10
缓蚀剂	1～5
去离子水	余量

由上述配方混合而成的液体的 pH 为 3～4，密度为 1.0～1.1g/cm³，颜色为无色透明，无刺激性气味。

【配方分析】 磷酸盐为磷酸三钠、磷酸二钠、三聚磷酸钠或磷酸三钾、三聚磷酸钾。

渗透剂是脂肪醇聚氧乙烯醚（JFC）或者乙二醇醚类化合物，该乙二醇醚类化合物是乙二醇乙醚和乙二醇丁醚中的一种或它们的组合，渗透剂提高清洗液的清洗作用。

表面活性剂是非离子型表面活性剂，该非离子型表面活性剂是脂肪醇聚氧乙烯醚或烷基醇酰胺，烷基醇酰胺是月桂酰单乙醇胺；乙二醇醚类化合物是乙二醇乙醚和乙二醇丁醚中的一种或它们的组合；脂肪醇聚氧乙烯醚是聚合度为 15 的脂肪醇聚氧乙烯醚（O-15）、聚合度为 20 的脂肪醇聚氧乙烯醚（O-25）、聚合度为 35 的脂肪醇聚氧乙烯醚（O-35）或者聚合度为 40 的脂肪醇聚氧乙烯醚（O-40），表面活性剂能使机械设备经过清洗后在表面形成致密的保护膜，从而保证了清洗后的零件具有防锈的功能。pH 调节剂是无机酸、有机酸或者其组合，无机酸是硫酸或盐酸，有机酸是脂肪酸的一种或其组合；脂肪酸为甲酸、乙酸或丁酸。缓蚀剂为苯并三氮唑钠、钨酸钠。

【制备工艺】 按照质量分数称取磷酸盐、表面活性剂、渗透剂、缓蚀剂、pH 调节剂以及去离子水，在室温下依次将磷酸盐、表面活性剂、渗透剂、缓蚀剂、pH 调节剂加入到去离子水中，搅拌混合均匀，即为成品。

【产品实施举例】 配制 20kg 清洗剂。

组分	m/kg
乙二醇乙醚	2
脂肪醇聚氧乙烯醚(O-20)	1
苯并三氮唑钠	0.2
磷酸钠	6
盐酸	0.4
去离子水	15.8

在室温条件下依次将上述质量的乙二醇乙醚、苯并三氮唑钠、磷酸钠、脂肪醇聚氧乙烯醚（O-20）及盐酸加入到去离子水中，搅拌至均匀的水溶液即可。

【清洗工艺】 清洗时采用 28kHz 的超声波清洗设备，将机械设备放置在超声波清洗设备中，加入由清洗剂和 10 倍体积的纯水混合的液体，控制清洗温度为 55℃，清洗 5min 取出。清洗后，采用光学显微镜放大 100 倍的方法检测，机械设备表面无油污残留，表面光亮，清洗后 24h 内机械设备表面仍无发乌。

【安全性】 安全、环保，对各种电子元件、橡胶、塑料、涂料、均无腐蚀，不含氟利昂和氢氯氟烃类物质，不易燃，挥发速度极快，不留任何残渣。

【生产单位】 云南泛亚机电设备有限公司。

Eb007 JQ-300A 精密零件油污清洗剂

【英文名】 JQ-300A optical glass cleaning agent

【别名】 零件清洗剂，油污清洗剂

【组成】 选用多种优质表面活性剂、乳化剂、调节剂、渗透剂和去离子水等配制而成。

【配方】

组分	m/kg
脂肪醇聚氧乙烯醚(O-20)	0.8
磷酸钠	4～6

续表

组分	m/kg
苯并三氮唑钠	0.28
乙二醇乙醚	1.8
盐酸	0.4
去离子水	16～18

在室温条件下依次将上述质量的脂肪醇聚氧乙烯醚（O-20）、乙二醇乙醚、苯并三氮唑钠、磷酸钠及盐酸加入到去离子水中，搅拌至均匀的水溶液即可。

【质量指标】 参照 SQ-35 精密电子仪器清洗剂。

JQ-300A 清洗剂具有优良的渗透性、乳化性和清除油焦的能力，在水中有极好的溶解性，使用简单方便，使用后可以直接排放，安全环保。JQ-300A 精密件高效除油剂不会对材质有任何点蚀、氧化或其他有害的反应。洁泉重油垢清洗剂为浓缩产品，可以针对不同的清洗要求采用不同的配比来清洗物体，达到最优使用效果。清洗结束后在设备金属表面形成一层保护膜，具有一定的防锈作用。此配方可擦洗各类机械设备外表的油漆、污秽，效果十分理想。

【应用特点】 该机械设备清洗剂的有益效果为，生产工艺简单，不需要特殊设备，清洗能力强，时间短，节省人力和工时，提高工作效率且具有除锈和防锈功效，该清洗剂对设备的腐蚀性较低，使用安全可靠，设备成本较低，另外，该清洗剂为水溶性液体。用于模具配件、精密工件、齿轮、碳钢、钨钢、轴承、工具、量具、刀具等金属材质的清洗。

【产品特点】 ①清除油污、油垢能力极强，清洗效率是煤油 4～5 倍；②应用范围无限制，产品无毒，不可燃，使用时无需考虑现场的工况条件；③使用成本低，成本仅是煤油清洗成本的 1/10；④使用安全，本产品无味、无毒、不可燃、不腐蚀被清洗物，不损伤皮肤，对各种表面均安全无伤害；⑤使用简单，加水稀释后，既可在常温下直接使用，也可加热使用（60℃效果最佳）；⑥满足各类清洗要求：如循环清洗、浸泡清洗、擦洗、喷淋清洗、超声波清洗等要求；⑦表面活性剂可生化降解，对环境无污染。

【制备工艺】 按照质量分数称取表面活性剂、乳化剂、调节剂、渗透剂和去离子水，在室温下依次将磷酸盐、表面活性剂、渗透剂、缓蚀剂、pH 调节剂加入到去离子水中，搅拌混合均匀，即为成品。

【主要用途】 ①用于电镀行业的各类金属加工件的脱脂清洗（替代煤油）；②用于清洗机械设备零件、精密金属钢件；③用于替代各类碳氢清洗剂（不易燃易爆）；④用于汽车零件脱脂清洗；⑤用于超声波清洗；⑥用于清洗各类常见油脂、焦炭、积炭、油垢/润滑油、拉伸油、冲压油、液压油、机油、拉丝油、切削油。

【安全性】 JQ-300A 清洗剂是一种绿色环保，无腐蚀，快速安全的清洗剂，安全、环保，对各种电子元件、橡胶、塑料、油漆、均无腐蚀，不含氟利昂和氢氯氟烃类物质，不易燃，挥发速度极快，不留任何残渣。

【生产单位】 东莞市洁泉清洗剂科技有限公司。

Eb008 RSB-207 电子元件清洗剂

【英文名】 RSB-207 cleaning agent for electronic components

【别名】 元件清洗剂；电子清洗剂

【组成】 RSB-207 电子元件清洗剂是由复合型优质环保有机溶剂、渗透分散剂、材料缓蚀剂等组成的。

【性能指标】 易挥发、溶解力强、洗净时间短，具有优良的除油、脱脂、去灰、清洗助焊剂及 LCD 液晶等性能；界面张力小，对净洗物件润湿性好，清洗效果优良、干燥快、无残留；为环保溶剂型产品，界面张力小，对净洗物件润湿性好、易挥发、干燥快、无残留；产品性能稳定，在正常储存条件下，有效期内质量不会变化；兼容性优良：对钢、铜、铝、钛等金属材料均无腐蚀，对多数合成橡胶、塑料等有机材料兼容性优良。

主要技术指标

产品名称/型号	电子元件清洗剂/RSB-207
外观(原液)	无色透明液体
密度/(g/cm³)	0.65～0.85
pH值	5.0～7.0
生物降解性	可完全生物降解

【清洗工艺】 ①清洗方法：可采用浸泡(附加鼓泡或抖动)、超声波清洗、手工擦洗、刷洗、喷洗等方法清洗；②清洗浓度：用清洗剂原液；清洗温度：在常温下使用；清洗时间：30s～5min；③清洗后视情况用新清洗剂原液漂洗再吹干、自然挥发或烘干，并合理包装、存放。

【主要用途】 用于微电子、航空航天、计算机、家用电器、汽车电子、通信器材、数控设备、仪器仪表以及精密机械加工等多种行业的电子元件、PCB板、光学器件、金属零部件等生产中的精密清洗。

【应用特点】 ①清洗油污、油垢能力极强，清除效率高；②应用范围广，产品无毒，不可燃，使用时无需考虑现场的工况条件；③使用成本低；④使用安全，本产品无味、无毒、不可燃、不腐蚀被清洗物，不损伤皮肤，对各种表面均安全无伤害；⑤使用简单，加水稀释后，既可在常温下直接使用，也可加热使用；⑥满足各类清洗要求：如循环清洗、浸泡清洗、擦洗、喷淋清洗、超声波清洗等要求；⑦表面活性剂可生化降解，对环境无污染。

【安全性】 本品属低闪点易燃品，使用环境和工作场所应通风良好，远离火源及明火，禁止火花和禁止吸烟。请勿长时间直接接触皮肤，避免儿童接触甚至误服。不含环境禁用物质和受控物质，符合环境保护要求和职业健康卫生规定，安全环保。

【包装储存】 包装：20L/铁桶；200L/铁桶。储存：本品应避免阳光直射，密封存于阴凉、干燥、通风处，保质期2年。

【生产单位】 江西瑞思博化工有限公司。

Ec 电子印刷线路清洗剂

Ec001 印刷线路清洗剂

【英文名】 cleaning agent for printed circuits

【别名】 线路板清洗剂；线路板用水基清洗剂；线路板透明保护剂

【组成】 烷基酚聚氧乙烯醚、烷基酰二乙醇胺、乳化型有机硅油消泡剂、乙醇胺和去离子水等配制而成。

【性能指标】 上述清洗剂外观为浅黄色均匀透明液体，密度为1.01g/cm³，黏度为27mPa·s，pH为9.96。用于超声波清洗机清洗，能有效清洗印刷线路板表面上焊接后表面残留的焊膏、松香类焊剂及灰尘、微粒、油污、指印等污染物。

本品在正常清洗过程中，对各种被清洗除去的物质溶解性好，清洗范围广，对大多数金属不产生腐蚀，对大多数塑料、橡胶、涂层不产生溶解、溶胀，表面标记仍保持清晰。安全性高，由于是水剂，不燃不爆，无不良气味。

能在各种印刷电路板上形成透明保护膜，防止漏电和短路，能防止弱酸和碱、酒精、潮气的侵蚀，以及霉菌和盐雾，本品耐高温、遇热不会滴落。使用本品保护的线路板可以再上锡。本品主要功能，防水，防潮，提高绝缘强度，隔离电线、电缆、电线接头、开关盒等与空气的接触。

【配方】

组分	w/%
烷基酚聚氧乙烯醚①	12～18
月桂酰二乙醇胺	6～10
一烷基或二烷基醇胺	5～8
烷基醇	5～12
乙二胺四乙酸二钠	0.3～0.45
消泡剂	0.5～1.2
去离子水	余量

①一般聚氧乙烯数为9～12,烷基的碳数为8～9,或用柠檬酸钠代替。

其中，烷基醇胺是一烷基醇胺、二烷基醇胺或三烷基醇胺，烷基可以是乙基、丙基或丁基；烷基醇是直链或支链低级脂肪醇，如乙醇、丙醇、丁醇、异丙醇、异丁醇之一或混合物；络合剂为有机螯合剂，如乙二胺四乙酸（EDTA）及钠盐或柠檬酸钠；消泡剂是乳化型有机硅油消泡剂或者是固体粉剂有机硅消泡剂。

【配方分析】 配方中烷基酚聚氧乙烯醚为无色至浅黄色透明液体，烷基酰二乙醇胺为红棕色透明液体，润湿剂为浅黄色透明液体，这些表面活性剂完全溶于水，不燃、不爆，易生物降解，是清洗剂的主要组分。本配方使用的络合剂为有机螯合剂，如乙二胺四乙酸（EDTA）及其钠盐、柠檬酸钠，为白色颗粒或粉末状，除了可以螯合Ca^{2+}、Mg^{2+}外，还可螯合Fe^{3+}、Cu^{2+}等许多其他金属离子，从而防止表面活性剂的消耗，同时还克服了使用磷酸盐类无机助剂引起的恶化水质的过肥现象，对环境不产生污染。所述的烷基醇一般为支链或直链低级烷醇，均为五色透明液体，能溶解污垢，也可以调节清洗剂的黏度。如清洗剂中泡沫太多，往往给漂洗带来困难，费时费力又浪费大量的水，因此加入消泡剂抑制泡沫的产生，使得被清洗部件易于冲洗。

【制备工艺】 将配方中原料在 40～60℃温度下，逐个加入上述各组分，使其全部溶解，即可得到均匀透明的浅黄色液体，其能与水以任意比例混合。

【产品实施举例】

组分	m/kg
壬基酚聚氧乙烯醚	15
椰子油酰二乙醇胺	9
乙醇胺	6
乙醇	5.5
乙二胺四乙酸	0.15
乳化型有机硅油消泡剂	0.35
去离子水	62.0

【主要用途】 亦可用于电视机可防止高压包等元件漏电导致的电晕。亦可以防止火气对高频天线通信发射设备，电子设备免受盐雾的侵蚀。

【安全性】 本品对印刷电路板上残存污染物的清洗效果好，腐蚀性小，不易损坏印刷电路板上的电子器件，而且便于废液的处理排放，符合环境保护的要求。

【生产单位】 深圳裕满实业有限公司

Ec002 集成电路制造中的清洗剂

【英文名】 cleaning agents in integrated circuit manufacturing

【别名】 集成电路清洗剂

【组成】 选用多种优质表面活性剂、表面抑制剂、无机氟化物、有机溶剂和去离子水等配制而成。

【性能指标】 参照 Ec001 印刷线路清洗剂。

【配方】

组分	含量/%
有机溶剂	1～80
无机氟化物	0.01～20
表面抑制剂	0.1～10
去离子水	余量

一般，有机溶剂是纯度为工业级至电子化学级的胺类或酰胺类有机物，如三乙醇胺、二甲基乙酰胺、二亚乙基三胺、羟乙基乙二胺、三亚乙基四胺、*N*-己基-2-吡咯烷酮；无机氟化物为氟化氢、氟化铵、双氟化铵；表面抑制剂是相对分子质量为 200～200000、纯度为工业级至电子化学级的大分子聚合物，如聚己二醇、聚丙二醇等。

该产品可以加入 pH 调节剂、金属防腐剂中的一种或两种，每种组分在清洗剂中的质量分数为 1.0%～30%，其中 pH 调节剂将清洗剂的 pH 调节到 3～10，最好调节到 5～8。通过调节清洗剂的酸碱度，进一步减少对元器件的蚀刻，如可加入醋酸、乙酸铵或其混合溶液来降低 pH；金属防腐剂对元器件起到保护的作用，如 1,2,3-苯并三氮唑。本品还可加入表面活性剂，其在清洗剂中的含量是 0.01%～30%。

【配方分析】 该清洗液组成的核心是将表面抑制剂加入到常规的集成电路清洗液中，如聚乙二醇、聚己二醇、聚丙二醇，以及其他类大分子聚合物。所述的表面抑制剂能吸附于基片表面材料上，并且能够减慢清洗液的刻蚀速度。其在清洗剂中的质量分数范围为 0.00001%～10%。加入抑制剂能够有选择性地抑制平面、微孔口和微槽口处对绝缘介质的过高蚀刻速度，能有选择性地增强对微孔、微槽底部和侧壁的清洗效果，使集成电路在清洗和表面处理后保持良好的器件形状，从而保证集成电路的电子性能和高产品率，使用该清洗剂能够保证和提高集成电路中功能器件的集成度。

【制备工艺】 在配制一定质量的清洗剂时，根据每种组分需要的质量，以去离子水为溶剂，分别取样将其混合搅拌均匀即可。

【清洗方法】 所提供的清洗液是通过间歇式槽式清洗机或单片清洗机以及喷雾清洗机来处理待清洗的硅片，清洗液的处理温度为10～85℃，时间为0.5～40min，经清洗液处理后的硅片，再经过去离子水清洗和氮气吹干。

【产品实施举例】 将300g *N*-己基-2-吡咯烷酮液体、689g去离子水、8g氟化铵固体和3g抑制剂聚乙二醇液体按照质量比例混合搅拌均匀配制成1000g清洗液。待固体组分完全溶解，溶液混合均匀后，将待清洗硅片通过槽式清洗机在30℃的清洗液中清洗，时间为4min，再经去离子水洗净和氮气吹干。

【安全性】 安全、环保，对各种集成电路制造、电子元件均无腐蚀，不含氟利昂和氢氯氟烃类物质，不易燃，挥发速度极快，不留任何残渣。

Ec003 线路板透明保护剂

【英文名】 plasticote

【别名】 线路板清洗保护剂

【组成】 烷基酚聚氧乙烯醚、烷基酰二乙醇胺、表面抑制剂、无机氟化物、渗透剂和去离子水等配制而成。

【性能指标】 参照Ec001印刷线路清洗剂。

【配方】

组分	w/%
二乙醇胺	3～8
渗透剂	5～6
表面抑制剂	0.1～3
pH调节剂	1～5
表面活性剂	5～10
缓蚀剂	1～5
无机氟化物	5～10
去离子水	余量

【产品特点】 线路板清洗保护剂特点如下：①防水防潮；②提高绝缘强度；③隔离电线电缆，隔绝电线接头、螺钉接点、开关盒等与空气的接触；④用于电视机可防止高压包等元件漏电导致的电晕；⑤也可用于保护地图、文件、图纸、手稿等柔质物品；⑥防止大气对甚高频天线、电视天线、收音机天线等的侵蚀；⑦保护船用通信设备、电子设备清洗免受盐雾侵蚀与保护；⑧文物保护。

【主要用途】 适用于上述系统的清洗与保护等特别有效。一般适用于线路板防潮湿和盐雾，防止腐蚀，延长设备寿命；抗高温，保护膜在100℃开始软化，到120℃发黏但不会滴落；线路板可以再上锡，室温固化。

【使用方法】 喷射清洗法和浸泡清洗法。

【包装规格】

型号	净重量(体积)	每箱数量
2043	300g	24
2047	4L	4
2048	20L	1

【安全性】 一种新型环保线路板清洗保护剂，既安全又环保，对各种防止大气对甚高频天线、电视天线、收音机天线等的侵蚀；保护船用通信设备、电子设备清洗免受盐雾侵蚀与保护、对线路板清洗保护电子元件均无腐蚀，不含氟利昂和氢氯氟烃类物质，不易燃，挥发速度极快，不留任何残渣。

【生产单位】 香港鑫威化工（集团）有限公司，深圳市鑫威电子材料有限公司。

Ec004 印刷电路板清洗剂

【英文名】 cleaning agent for printed circuit boards

【别名】 电路板清洗剂

【组成】 聚氧乙烯系非离子表面活性剂、多元醇酯类非离子表面活性剂和高分子及元素有机系非离子表面活性剂，聚醚或聚氧乙烯无规共聚物；消泡剂是疏水白炭黑和去离子水等配制而成。

【性能指标】 参照 Ec001 印刷线路清洗剂。

【配方】

组分	w/%
增溶剂	3～8
表面活性剂	5～15
消泡剂	2～7
纯水	余量

一般，增溶剂是正癸烷、正己烷或硅烷；表面活性剂是聚氧乙烯系非离子表面活性剂、多元醇酯类非离子表面活性剂和高分子及元素有机系非离子表面活性剂中的一种或几种组合；聚氧乙烯系非离子表面活性剂是聚氧乙烯烷基酚、聚氧乙烯脂肪醇、聚氧乙烯脂肪酸酯、聚氧乙烯胺或聚氧乙烯酰胺；多元醇酯类非离子表面活性剂是乙二醇酯、甘油酯或聚氧乙烯多元醇酯；高分子及元素有机系非离子表面活性剂是环氧丙烷均聚物、元素有机系聚醚或聚氧乙烯无规共聚物；消泡剂是疏水白炭黑。

【配方分析】 本清洗剂中含有的有机增溶剂结构与残留在印刷电路板上的松香等有机污染物结构相近，根据结构相似相溶的原理，可以提高松香等有机物的溶解度，并能够彻底去除电路板表面的有机污染物及指纹等；清洗剂中含有的非离子表面活性剂具有很强的渗透能力，能够渗透到电路板表面和污染物之间，将污染物托起，使其脱离，达到去除的目的，而且可以实现优先吸附，并在电路板表面形成保护层，可防止各种污染物的二次吸附；消泡剂除了具有减少泡沫的功能外，还具有较强的吸附能力，可以吸附液体里的油污、颗粒等污染物。

【制备工艺】 在纯水中分别加入渗透剂、pH 调节剂、表面活性剂、增溶剂，加热搅拌至完全溶解，即得成品。

【产品实施举例】 分别称取质量分数为 5%的正癸烷、10%的脂肪醇聚氧乙烯(20)醚［商品名为平平加 O-20、结构为 $RO(CH_2CH_2)_{20}H$，$R=C_{12\sim18}H_{25\sim37}$］、3%的环氧乙烷和高级脂肪醇的缩合物(JFC)［结构为 $RO(C_2H_4O)_nH$］、2%的疏水白炭黑，余量为纯水，备用。在纯水中分别加入前述比例的正癸烷、脂肪醇聚氧乙烯（20）醚、疏水白炭黑，加热至 40℃搅拌至完全溶解，即可得到成品清洗剂。

【清洗步骤】 ①取清洗剂加入 30～60 倍去离子水放入第一槽内，加热到 30～40℃，将需清洗的电路板放入第一槽，进行超声，超声频率控制在 15～25kHz，超声时间控制在 5～10min；②用去离子水超声，将去离子水放入第二槽，加热到 40～50℃，将电路板从第一槽中取出，放入第二槽，进行超声，超声频率控制在 15～25kHz，时间控制在 5～10min；③用去离子水超声，将去离子水放入第三槽，加热到 40～50℃，将电路板从第二槽中取出，放入第三槽，进行超声，超声频率控制在 15～25kHz，超声时间控制在 5～10min；④喷淋，用温度为 40～50℃的去离子水喷淋，时间为 2～5min；⑤烘干，时间为 3～5min。

上述所说步骤⑤中的烘干方式可以采用热风或红外（或氮气吹干）进行，本实施例采用热风烘干。

经过上述步骤清洗的电路板，经过奥林巴斯显微镜 10 倍放大检测，表面洁净，无明显松香、焊锡、油污、指纹等污染物，一次通过率达到 80%。

【安全性】 安全、环保，对各种集成电路制造、电子元件均无腐蚀，不含氟利昂和氢氯氟烃类物质，不易燃，挥发速度极快，不留任何残渣。

【生产单位】 江苏海迅集团。

Ec005 电路芯片清洗剂

【英文名】 circuit chip cleaning agent

【别名】 电路清洗剂；芯片清洗剂

【组成】 一般，选用多种优质表面活性剂、调节剂、渗透剂、缓蚀剂和去离子水等配制而成。

【性能指标】 参照 Ec004 印刷电路板清洗剂

【配方】

组分	w/%
渗透剂	1～5
pH 调节剂	2～10
表面活性剂	5～10
增溶剂	1～10
纯水	余量

一般，渗透剂是正辛醇、二缩三乙二醇丙二醇或丙三醇；pH 调节剂是无机碱；所述无机碱是钾、钠、钙、铵、钡的氢氧化物及碳酸钠、氟化钠；表面活性剂是聚氧乙烯系非离子表面活性剂和高分子及元素有机系非离子表面活性剂中的一种或几种组合；增溶剂是癸烷、己烷、丁烷、硅烷或者庚烷。

【产品实施举例】（配制 1kg 清洗剂）分别称取质量分数为 3%的丙二醇、10%的聚合度为 20 的聚氧乙烯脂肪醇醚［商业名称：平平加，结构式为：RO—$(CH_2CH_{20})_n$—H］、5%的氢氧化钾、6%的正己烷，余量为纯水，备用。在纯水中分别加入前述比例的丙二醇、聚氧乙烯脂肪醇醚、氢氧化钾及正己烷，然后加热至 80℃搅拌至完全溶解，即可得到成品清洗剂。该清洗液的密度 1.050g/cm^3，pH 为 12.0。

清洗时：①取清洗剂清洗，清洗剂加入 5～16 倍去离子水放入第一槽内，加热到 60～80℃，将需清洗的金属材料放入第一槽，进行超声，超声频率控制在18～80kHz，超声时间控制在 5～10min；②用去离子水超声，将去离子水放入第二槽，加热到 40～50℃，将金属材料从第一槽中取出，放入第二槽，进行超声，超声频率控制在 18～80kHz，超声时间控制在 5～8min；③用去离子水超声，将去离子水放入第三槽，无需加热，将金属材料从第二槽中取出，放入第三槽，进行超声，超声频率控制在 18～80kHz，超声时间控制在 1～5min；④喷淋，用常温的去离子水喷淋，时间为 1～3min；⑤烘干，时间为 3～5min。上述所说步骤⑤中的烘干方式可以采用热风或红外进行，本实施例采用热风烘干。经过上述步骤清洗的电路芯片，经过放大镜检测，表面洁净，无明显的油污、粉尘颗粒等污染物，一次通过率达到 80%，优于正常水平。

【配方分析】 上述实施例中，清洗剂配制时，对组分进行如下调整也可以得到相同的效果。其中渗透剂选用丙二醇或正辛醇；pH 调节剂选用氢氧化钠、碳酸钠或氢氧化钾；表面活性剂选用聚合度为 15 的脂肪醇聚氧乙烯醚（O-15）、聚合度为 25 的脂肪醇聚氧乙烯醚（O-25）、聚合度为 7 的失水山梨醇聚氧乙烯醚酯（T-7，Tween-7）、聚合度为 9 的失水山梨醇聚氧乙烯醚酯（T-9，Tween-9）、聚合度为 80 的失水山梨醇聚氧乙烯醚酯（T-80，Tween-80）、聚合度为 81 的失水山梨醇聚氧乙烯醚酯（T-81，Tween-81）、三氟甲基环氧乙烷、甲基环氧氯丙烷、胆固醇、多元醇太古油或者十六烷基磷酸；增溶剂选用癸烷、丁烷、硅烷或者庚烷。

【主要用途】 适用于上述电路芯片系统的清洗与保护等特别有效。一般适用于电路芯片系统的清洗及防潮湿和盐雾，防止腐蚀，使电路芯片系统的延长。

【应用特点】 本低表面张力电路芯片清洗剂为一种碱性水基清洗剂，对电路芯片抑制表面张力的效果理想，清洗后的芯片材料表面清洁度高，可以符合各种芯片加工要求；其腐蚀性小，不会损坏芯片表面，不腐蚀清洗设备，而且不含有对人体有害的ODS物质，便于废弃清洗剂的处理排放，符合环境保护的要求；制备工艺简单，成本较低。

【安全性】 安全、环保，对各种芯片材料表面清洁度高，制造、电子元件均无腐蚀，不含氟利昂和氢氯氟烃类物质，不易燃，挥发速度极快，不留任何残渣。

【生产单位】 苏州禾川化学技术服务有限公司。

Ed 生化仪器清洗剂

Ed001 全自动生化分析仪清洗剂

【英文名】 cleaning agent for automatic biochemical analyzer

【别名】 生化分析仪清洗剂

【组成】 聚乙二醇辛基苯基醚、无水乙醇、苯扎溴铵高效有机硅消泡剂、氢氧化钠和去离子水等配制而成。

【配方】

组分	含量
聚乙二醇辛基苯基醚	100～200mL
苯扎溴铵	1mL
高效有机硅消泡剂	20～50 L
无水乙醇	50～100mL
氢氧化钠	0.4～4.0g
纯水	余量

【制法】 先用量筒量取 50mL 无水乙醇，再往其中慢慢加入 160mL 聚乙二醇辛基苯基醚同时搅拌混匀，即得聚乙二醇辛基苯基醚的醇溶液。用天平称取 0.4g 氢氧化钠溶于 100mL 蒸馏水中搅拌使其完全溶解后，加入上述聚乙二醇辛基苯基醚的醇溶液中，再往其中加入 1mL 苯扎溴铵（市售 4.7%～5.25%溶液）和 50μL 高效有机硅消泡剂，最后加蒸馏水至 1L 搅拌混匀，即得到稳定的全自动生化分析仪清洗剂。

【酸碱清洗剂产品实施举例】 本品提供的全自动生化分析仪清洗剂具有清洗效果好、消泡、抑菌能力强的优点。将本品使用于全自动生化分析仪，能满足临床要求，标本检测结果准确并且重复性好，可以完全替代进口清洗剂，大大降低检测成本，配制方法简便，所需材料易于购买，可用于任何品牌的全自动生化分析仪。

岛津 CL8000 生化分析仪酸碱清洗剂分析如下。

目的：配制能替代原装清洗剂清洗全自动生化分析仪的酸碱清洗剂。

方法：根据仪器说明书上提供的清洗本仪器所用的清洗剂的基本要求，选择合适的有机酸和强碱作为酸碱清洗剂的主要成分，并在有机酸和强碱溶液中加入具有渗透、乳化、分散和洗涤性能的非离子表面活性剂；与原装清洗剂比较，观察仪器水空白值，做部分检测项目的精密度和准确度实验。

结果：自配清洗剂可有效地清洁反应杯、反应槽和管道系统，理化性质稳定，可保持长时间不浑浊，不长菌。在 340～750nm 波长下，批内水空白值的毫吸光度（mAbs）均值在一个标准差范围内，$CV<2.0\%$。使用自配的酸碱清洗剂，检测质控血清中的项目 ALB、GLU、CREA、BUN 和 ALT 各 20 次，其均值都在一个标准差范围内，CV 值分别是 3.06%、3.12%、5.01%、3.24% 和 4.68%。

结论：自配的酸碱清洗剂达到了实验要求，可以替代原装酸碱清洗剂。

【性能指标】 参照 Ea005 SQ-35 精密电子

仪器清洗剂。

【配方分析】 一般清洗剂的组成为每升清洗剂中含有：聚乙二醇辛基苯基醚（Triton X-100）100～200mL；无水乙醇50～100mL；苯扎溴铵（市售的4.7%～5.25%溶液）1mL；高效有机硅消泡剂20～50μL；氢氧化钠0.4～4.0g；其余为水。

【应用特点】 乙醇在本剂中用作溶剂，兼有洗涤作用，聚乙二醇辛基苯基醚（Triton X-100）的作用是去污和防止静电；高效有机硅消泡剂用于消泡；苯扎溴铵用作抑菌剂；氢氧化钠起导电、防腐作用，综上所述，本剂中既有相互配合使用后可明显增强去污效果的乙醇，又有能高效快速消除气泡的高效有机硅消泡剂，还有起抑菌作用的苯扎溴铵和起导电、防腐作用的氢氧化钠，因此，本品所提供的全自动生化分析仪清洗剂具有清洗效果好、消泡、抑菌能力强的优点。

【主要用途】 适用于上述系统的酸碱清洗。武汉华中科技大学医院使用岛津CL8000生化分析仪配制能替代原装清洗剂清洗全自动生化分析仪的酸碱清洗剂。

【安全性】 一般国内对各种生化分析仪清洗剂具有清洗效果好、消泡、抑菌能力强的优点。理化性质稳定，可保持长时间安全、环保，不浑浊，不长菌。

【生产单位】 武汉华中科技大学医院。

Ed002 血细胞分析仪清洗液

【英文名】 blood cell analyzer cleaning fluid

【别名】 血细胞清洗液

【组成】 选用优质的两性表面活性剂、动物水解蛋白酶、防腐剂、甲酸钠、氯化钠、缓冲剂等配制而成。

【性能指标】 参照全自动生化分析仪清洗剂。

【配方】

组分	含量
动物水解蛋白酶	3～9mL/L
甲酸钠	5～15g/L
氯化钠	4～12g/L
两性表面活性剂	15～25mL/L
防腐剂	适量
缓冲剂	适量

其中，两性表面活性剂为十二烷基二甲基甜菜碱；为5-氯-2-甲基-4-异噻唑啉-3-酮和2-甲基-4-异噻唑啉-3-酮的混合物；缓冲剂采用三（羟甲基）氨基甲烷的缓冲对。

【配方分析】 水解蛋白酶为一种源于动物的水解酶，具有对人体血液水解的专一性，以该水解蛋白酶替代枯草杆菌蛋白酶，不但能够保证除去血细胞分析仪中残存的血迹，而且降低了成本；甲酸钠的主要作用是可以稳定酶的性质；氯化钠的主要作用是调节水溶液的电导率，使清洗剂符合血细胞分析仪的电性能，两性表面活性剂的主要作用是分散和乳化仪器中的污垢，可优选采用牌号为BS-12（商品名BS-12的化学名称为十二烷基二甲基胺乙内酯）的两性离子表面活性剂，其化学名称为“甜菜碱”，该表面活性剂去污能力强，并具有一定的杀菌作用，适应性好。

【产品实施举例】 将20mL BS-12两性表面活性剂置于1L水中加热至40℃溶解，然后冷却至30℃，用紫外线杀菌消毒1h，加入10g甲酸钠、8g氯化钠、0.5g CY-Ⅰ防腐剂、6mL水解蛋白酶、pH＝9.0～9.5的三（羟甲基）氨基甲烷的缓冲液，搅拌均匀，即获得本清洗剂，在无尘、无菌的车间内灌装。

所述及的缓冲剂可优先选用三（羟甲基）氨基甲烷的缓冲液，其加入量以1～5g/L为好。

【用途】 适用于各大医院、卫生系统用途的库尔特血细胞分析仪。

【应用特点】 大连可尔医疗设备有限公司清洗剂配方容易配制，去污能力强，不但适用于库尔特血细胞分析仪，而且也适用于ABX、东亚、雅培等品牌的血细胞分析仪。为一种具有广泛应用前景的血细胞分析仪清洗剂。

【安全性】 一般，对各种血细胞分析仪具有清洗效果好、消泡、抑菌能力强的优点。可调节水溶液的电导率，使清洗剂符合血细胞分析仪的电性能，安全及环保。

【生产单位】 大连可尔医疗设备有限公司。

Ee 显像管和液晶清洗剂

Ee001 显像管专用多功能清洗剂

【英文名】 special cleaning agent for cathode ray tube

【别名】 显像管清洗剂

【组成】 选用多种优质 ABS、OP-10 表面活性剂及其异丙醇、乙二醇丁醚、二乙醇胺、环氯丙烷和尿素和去离子水等配制而成。

【配方】

组分	w/%
ABS	10～15
OP-10	2～10
二乙醇胺	3～5
乙二醇丁醚	4～8
异丙醇	5～10
环氯丙烷①	2～7
尿素	5～15
水	余量

①所选用的环氧丙烷不是《蒙特利尔议定书》附件 A～E 的受控物质。

【产品实施举例】 在纯水中分别加入 10kg ABS、5kg OP-10、4kg 二乙醇胺、5kg 乙二醇丁醚、5kg 异丙醇、5kg 环氯丙烷、15kg 尿素、水适量。加热搅拌至完全溶解，即得成品。

【性能指标】 本品呈浅黄色均匀透明液，pH 为 8.5～9.5。总固体≥28%；去油污力率≥90%；稳定性：－15～40℃存放不结块、不分层、不分解。

【应用特点】 国内目前对显像管专用多功能清洗剂研究走在前列的企业如江西瑞思博化工山东省科学院新材料研究所。一般对显像管专用多功能清洗剂：①常温下配制即可，具有强化除油效果；②无公害、无毒、无腐蚀性，不含有危害人类环境的 ODS 物质，不含磷酸、硝酸盐等；③洗净工件不含有电子行业最忌讳的四大离子的残留物，无损作业人员身体健康；④清洗废液不需经过处理可以直接排放，安全可靠；⑤适用范围广；⑥可反复使用，不受限制。

【安全性】 一般对各种金属、橡胶、塑料、涂料、电子元件均无腐蚀，不含氟利昂和氢氯氟烃类物质，不易燃，挥发速度极快，不留任何残渣；安全、环保。

【生产单位】 江西瑞思博化工，山东省科学院新材料研究所。

Ee002 显像管和液晶清洗剂

【英文名】 CRT and LCD cleaner

【别名】 非离子液晶清洗剂

【组成】 选用多种优质非离子表面活性剂、碱液（三乙醇胺、二乙醇胺、羟乙基乙二胺）、乳化剂、消泡剂、分散剂、渗透剂、调节剂和去离子水等配制而成。

【配方】

组分	w/%
FA/O 活性剂	15～25
JFC	20～30
调节剂	2～5
碱液	20～60
OP-10 活性剂	15～20
渗透剂	1～3
去离子水	余量

一般，胺碱为三乙醇胺、二乙醇胺、羟乙基乙二胺中的任一种；FA/O 活性剂为非离子表面活性剂或 OP 系列或平平加系列。

【配方分析】 非离子表面活性剂具有：①润湿、渗透作用。使得液体表面张力较小，液体便在固体表面铺展。②乳化、分散作用。表面活性剂（乳化剂）分子的亲水基溶入水，亲油基溶入油，形成单分子层，提高了乳液的稳定性。③起泡、消泡作用。气体形成气泡时，表面活性剂的亲油基伸向泡内，单分子膜降低了表面张力，使泡沫稳定。④洗涤作用。因此，非离子表面活性剂的洗涤作用是润湿、渗透、乳化、分散的综合结果符合上述作用。

【产品实施举例】 分别取碱液 25g、JFC 12g、OP-13 活性剂 25g、去离子水 45g，混合后充分搅拌，得到液晶显示屏水基清洗剂。

【性能指标】 参照 Ee001 显像管专用多功能清洗剂。

【主要用途】 适用于电子显像管、电视、电脑及电子仪器等应用。

【应用特点】 本水基清洗剂由胺碱和非离子表面活性剂混合，胺碱对有机物有一定的溶解作用，并且胺碱与有机物能发生化学反应，有利于消除产品表面的残留物，提高产品表面光洁度。

【安全性】 使用了水基清洗剂及各种低毒试剂，环保性能好，保护厂工人的身体健康，而且不可燃、不爆炸，安全性好，降低了产品的成本。

【生产单位】 科玺化工有限公司，芮城天禹轻化有限公司。

Ee003 水基液晶清洗剂组合物

【英文名】 water-based cleaning agent for liquid crystal composition

【别名】 水基液晶清洗剂

【组成】 选用多种优质脂肪醇聚氧乙烯烷基醚、脂肪醇聚氧乙烯醚、脂肪醇聚氧乙烯聚氧丙烯醚、乙二醇烷基醚、烷基醇胺和去离子水等配制而成。

【配方】

组分	w/%
脂肪醇聚氧乙烯烷基醚	10～20
乙二醇烷基醚	10～20
脂肪醇聚氧乙烯聚氧丙烯醚	5～15
络合剂	0.1～0.5
脂肪醇聚氧乙烯醚	1～10
烷基醇胺	2～15
去离子水	余量

一般，脂肪醇聚氧乙烯烷基醚，聚氧乙烯数目为 8～12，脂肪醇碳数为 12～16，烷基碳数为 1～4；脂肪醇聚氧乙烯聚氧丙烯醚是嵌段共聚物，聚氧乙烯数目为 4～8，聚氧丙烯数目为 3～6，脂肪醇碳数为 12～14；脂肪醇聚氧乙烯醚的脂肪醇碳数为 8～10，聚氧乙烯数为 5～7；烷基醇胺是一烷基醇胺、二烷基醇胺或三烷基醇胺，烷基是乙基、丙基或丁基。络合剂是乙二胺四乙酸及其钠盐或柠檬酸钠；乙二醇烷基醚是一烷基醚或二烷基醚，烷基是乙基、丙基或丁基。

【主要用途】 适用于电视、电脑及电子仪器等应用。

【应用特点】 清洗剂无毒，无腐蚀性，不污染环境，不破坏高空臭氧层，不引起温室效应，可降低清洗成本。

【安全性】 一般对各种电视、电脑及电子

仪器、电子元件等均无腐蚀，不含氟利昂和氢氯氟烃类物质，不易燃，挥发速度极快，不留任何残渣；安全、环保。

Ee004 液晶显示屏水基清洗剂

【英文名】 LCD water-based cleaning agent

【别名】 显示屏清洗剂；液晶清洗剂

【组成】 选用多种优质非离子表面活性剂混合，胺碱表面活性剂、调节剂、渗透剂、缓蚀剂和去离子水等配制而成。

【配方】

组分	w/%
胺碱	20～70
JFC	5～40
非离子表面活性剂	5～20
去离子水	余量

其中，胺碱为三乙醇胺、二乙醇胺、羟乙基乙二胺中的任一种；非离子表面活性剂为FA/O活性剂或平平加系列或OP系列。

【性能和特点】 一般非离子表面活性剂具有如下作用。

①润湿、渗透作用：使得液体表面张力较小，液体便在固体表面铺展。②乳化、分散作用：表面活性剂（乳化剂）分子的亲水基溶入水，亲油基溶入油，形成单分子层，提高了乳液的稳定性。③起泡、消泡作用：气体形成气泡时，表面活性剂的亲油基伸向泡内，单分子膜降低了表面张力，使泡沫稳定。④洗涤作用：非离子表面活性剂的洗涤作用是润湿、渗透、乳化、分散的综合结果。

【产品实施举例】 分别取三乙醇胺20g、JFC 10g、OP-10活性剂20g、去离子水50g，混合后充分搅拌，得到液晶显示屏水基清洗剂。

【应用特点】 本水基清洗剂由胺碱和非离子表面活性剂混合，胺碱对有机物有一定的溶解作用，并且胺碱与有机物能发生化学反应，有利于消除产品表面的残留物，提高产品表面光洁度。同时，由于使用了水及各种低毒试剂，环保性能好，保护厂工人的身体健康，而且不可燃、不爆炸，安全性好，降低了产品的成本。

【主要用途】 一般，适用于电视显示屏、电脑显示屏及电子仪器显示屏等应用。

【安全性】 一般对各种显示屏、电子元件及电子仪器等均无腐蚀，不含氟利昂和氢氯氟烃类物质，不易燃，挥发速度极快，不留任何残渣；安全、环保。

【生产单位】 北京科林威德航空技术有限公司，山东省科学院新材料研究所。

Ee005 液晶面板用水性液态清洗剂组成物

【英文名】 LCD panel of aqueous liquid cleaning agent composition

【别名】 液态清洗剂；液晶面板清洗剂

【组成】 选用多种3～22个碳的烷基或烯基的磺琥珀酸二烷（烯）酯型或磺琥珀酸酰胺/酯混合型阴离子界面活性剂，或是平均碳数10～20的烷基硫酸盐、调节剂和去离子水等配制而成。

【配方】

组分	w/%
A组分	5～60
B组分	1～25
C组分	1～20
D组分	3～40
E组分	3～20

A组分为$RR^1CH(CH_2)_nO(AO)_mH$，R及R^1为碳数1～8的烷基，且$n=1$时，R及R^1的碳数总和小于等于9；当$n=2$时，R及R^1的碳数总和小于等于8；n为1或2，AO为碳数2～4的氧化烯基，且m为2～10。

B组分为$RR^1CH(CH_2)_nO(AO)_jH$（$j=12$～30）。

C组分为$R^2O(AO)_kR^3$（R^2为碳数

1～6的烷基等；R^3 为氢原子等；$k=1\sim5$）。

D组分为碳数10～14的烃类化合物。

E组分为含相同或不同的碳数（3～22）的烷基或烯基的磺琥珀酸二烷（烯）酯型或磺琥珀酸酰胺/酯混合型阴离子界面活性剂，或是平均碳数10～20的烷基硫酸盐。

【主要用途】 一般适用于电子仪器液晶面板等应用。

【应用特点】 本品可有效地除去侵入液晶面的空隙的液晶材料，以及玻璃粉等附着在液晶面板的电极端子表面的异物，同时对环境造成的负担及毒性小，可燃性也低，还可有效除去因分子结构差异而导致物性不同的多种液晶材料。

【安全性】 一般对各种显示屏、电子元件及电子仪器等均无腐蚀，不含氟利昂和氢氯氟烃类物质，不易燃，挥发速度极快，不留任何残渣；安全、环保。

【生产单位】 江西瑞思博化工有限公司。

Ee006 水溶性液晶清洗剂组合物

【英文名】 cleaning agent for watersoluble liquid crystal composition

【别名】 水溶性液晶清洗剂

【组成】 选用多种优质表面活性剂、调节剂、渗透剂、缓蚀剂和去离子水等配制而成。

【配方】

组分	w/%
聚乙二醇双酸酯	10～50
脂肪醇聚氧乙烯醚	5～60
卵磷脂	1～10
烷基三聚氧乙烯醚硫酸三脂肪醇胺和/或烯基三聚氧乙烯醚硫酸三脂肪醇胺	5～20
烷基苯磺酸	1～15
水	余量

【应用特点】 本水溶性液晶清洗剂组合物能有效除去侵入液晶面板空隙的液晶材料和附着在基板表面的异物，是一种毒性小、对环境友好、可燃性低且能洗净多种液晶材料、具有良好洗净力的清洗剂组合物。

【主要用途】 一般，适用于电视液晶清洗、电脑液晶清洗及电子仪器液晶清洗等应用。

【安全性】 一般对各种液晶清洗等均无腐蚀，不含氟利昂和氢氯氟烃类物质，不易燃，挥发速度极快，不留任何残渣；安全、环保。

【生产单位】 比亚迪股份有限公司。

Ee007 新型半水基液晶专用清洗剂

【英文名】 special cleaning agent for new water-based liquid crystal and its preparation process

【别名】 液晶专用清洗剂；半水基清洗剂

【组成】 选用多种优质壬基酚聚氧乙烯（4）基醚、壬基酚聚氧乙烯（7）基醚、月桂基聚氧乙烯（9）醚、十一烷、脂肪醇聚氧乙烯醚膦酸酯、渗透剂T、椰子油酸二乙醇酰胺、$CH_3(CH_2)_{11}O(CH_2)_{11}CH_3$、渗透剂JFC和去离子水等配制而成。

【配方】

Ⅰ号清洗剂组分	w/%
十一烷	82～86
壬基酚聚氧乙烯(4)基醚	10～13
壬基酚聚氧乙烯(7)基醚	2～5
Ⅱ号清洗剂组分	**w/%**
壬基酚聚氧乙烯(7)基醚	7～9
渗透剂T(磺化琥珀酸二辛酯钠盐)	3～5
椰子油酸二乙醇酰胺	11～13
渗透剂JFC(聚氧乙烯醚化合物)	5～7
月桂基聚氧乙烯(9)醚	7～9
脂肪醇聚氧乙烯醚膦酸酯	1.5～3.5
$CH_3(CH_2)_{11}O(CH_2)_{11}CH_3$	7～9
去离子水	余量

【制备工艺】①去离子水反渗透纯化；②按配方中配比分别进行Ⅰ号、Ⅱ号清洗剂的复配，在45～60℃温度范围内，加热溶解搅拌，混合均匀，常压下进行；③溶液静置24h；④压滤；⑤成品检验包装。

【超声清洗工艺】①洗物用Ⅰ号清洗剂，温度40～45℃下，超声5～10min/槽，推荐用1～2槽进行清洗；②2%的Ⅱ号清洗剂，加入纯水溶液，在温度50～58℃下，超声5～10min/槽，推荐用1～2槽进行清洗；③用水喷淋，选用温度50～58℃；④用逆流纯水超声，选用温度50～58℃，漂洗5～10min/槽，推荐用3～4槽进行漂洗；⑤烘干。

【应用特点】经产品厂家试验，Ⅰ号清洗剂不用更换，只需根据自然损耗添加，一槽12%的Ⅱ号清洗剂可清洗11万片液晶片。具有降低清洗成本、提高清洗效果等优点。

【性能指标】

瑞思博化工性能指标

外观(原液)	无色至黄色液体
密度/(g/cm³)	1.05～1.25
pH值(5%浓度)	7.0～10.0
生物降解性	可完全生物降解

【主要用途】一般，Ⅰ号、Ⅱ号清洗剂适用于水基液晶专用清洗剂在特殊水基液晶清洗、电子液晶清洗及电子仪器液晶清洗等应用。

【安全性】一般对各种液晶清洗等均无腐蚀，不含氟利昂和氢氯氟烃类物质，不易燃，挥发速率极快，不留任何残渣；安全、环保。

Ee008 显像管清洗剂

【英文名】picture tube cleaning agent

【别名】显管清洗剂

【组成】选用表面活性剂、氟离子活性组分、双氧水、乙二胺四乙酸（EDTA）及其钠盐、柠檬酸；氟离子活性（氟化钾）、和去离子水等配制而成。

【配方】

液体A剂组分	w/%
盐酸或硫酸	3.3～15
氧化剂	0.7～3
水	余量
固体D剂组分	w/%
结合剂	3～6
乙醇酸	0.7～3
固体B剂组分	w/%
氟离子活性组分	1.5～6
表面活性剂	0.005～0.01

其中，氧化剂用双氧水；络合剂选择乙二胺四乙酸（EDTA）及其钠盐、柠檬酸、柠檬酸钠及其钾盐一种或一种以上；氟离子活性组分选择氟化钠或氟化钾及它的可溶酸式盐一种或一种以上；表面活性剂选择全氟辛酸或其钠盐、钾盐或ABS一种或一种以上。

【产品实施举例】

液体A剂组分	m/kg
盐酸	9
双氧水	2
水	89

固体B剂组成（以液体A剂为基础量）如下。络合剂选择乙二胺四乙酸（EDTA）及其钠盐、柠檬酸、柠檬酸钠及钾盐一种或一种以上，总量为4.5kg；乙醇酸（依康酸）2kg；氟离子活性组分，选择氟化钠4kg；表面活性剂0.005kg，选择ABS与全氟辛酸钠盐，两者加入比例为10∶1。

【制备工艺】将液体A剂和固体B剂分别按比例称量均匀混合，如液体A剂配制时，将有效组分盐酸、双氧水依次分别放入水中；将配制好的液体A剂及固体B剂按比例准确称量，混合后，在常压下搅拌均匀，使其全部溶解，得外观为无色均匀透明或略带浅黄色液体清洗剂，即可使用。

【应用特点】 本清洗剂清洗玻璃与传统氢氟酸清洗方式比较，清洗液可再生，再生效果非常显著。

【主要用途】 一般适用于显像管清洗、液晶清洗、电脑液晶清洗及电子仪器液晶清洗等。

【安全性】 一般对各种液晶清洗等均无腐蚀，不含氟利昂和氢氯氟烃类物质，不易燃，挥发速度极快，不留任何残渣；安全、环保。

Ee009 显像管专用多功能清洗剂

【英文名】 special cleaning agent for cathode ray tube

【别名】 多功能清洗剂

【组成】 选用多种优质表面活性剂、调节剂、渗透剂、缓蚀剂和去离子水等配制而成。

【配方】

组分	w/%
ABS	10～15
OP-10	2～10
二乙醇胺	3～5
乙二醇丁醚	4～8
异丙醇	5～10
环氯丙烷①	2～7
尿素	5～15
水	余量

①环氯丙烷试剂不是《蒙特利尔议定书》中的受控物质。

【产品实施举例】 一种显像管专用多功能清洗剂，将下列质量的原料混合配制而成：ABS 10kg，OP-10 2kg，二乙醇胺3kg，乙二醇丁醚4kg，异丙醇5kg，环氯丙烷2kg，尿素5kg，水适量。

【性能指标】 本品呈浅黄色均匀透明液体；pH为8.5～9，总固体≥28%；去油污力率≥90%；稳定性：15～40℃下存放不结块、不分层、不分解，可保证符合外观与正常使用要求。

【应用特点】 ①常温下配制即可，具有强化除油效果；②无公害、无毒、无腐蚀性，不含有危害人类环境的ODS物质，不含磷酸、硝酸盐等；③洗净工件不含有电子行业最忌讳的四大离子的残留物，无损作业人员身体健康；④清洗废液不需经过处理可以直接排放，符合排放标准，安全可靠；⑤适用范围广，可清洗金属制品、玻璃制品、塑料制品等；⑥可反复使用，不受限制。

【主要用途】 适用于各种显像管清洗、电脑清洗及电子仪器清洗等。

【安全性】 一般对各种显像管清洗等均无腐蚀，不含氟利昂和氢氯氟烃类物质，不易燃，挥发速度极快，不留任何残渣；安全、环保。

【生产单位】 广州松电数码科技有限公司，广州松华电子有限公司。

Ef 半导体清洗剂

Ef001 半导体相关清洗剂

【英文名】 semiconductor cleaning agent

【别名】 半导体清洗剂

【组成】 选用多种优质表面活性剂、调节剂、渗透剂、缓蚀剂和去离子水等配制而成。

【配方】 [实例一]

组分	w/%
壬基酚聚氧乙烯醚 TX-7	4
脂肪醇聚氧乙烯醚 AEO-3	5
十二烷基醇酰胺膦酸酯钠	8
三聚磷酸钠	3
煤油	80

[实例二]

组分	w/%
壬基酚聚氧乙烯醚	3～5
脂肪醇聚氧乙烯醚	4～6
N,N′-二羟乙基十三酰胺或	3～5
十二烷基醇酰胺膦酸酯钠	2～10
三聚磷酸钠	2～4
异丙醇或乙醇胺	0～5
乙醇	0～10
溶剂油或煤油	0～85
去离子水	余量

【应用特点】 本半导体工业用清洗壬基酚聚氧乙烯醚、三聚磷酸钠、脂肪醇聚氧乙烯醚和十二烷基醇酰胺膦酸酯钠的清洗剂无毒无腐蚀性，不属易燃品。具有良好的稳定性，可长期存放。

【主要用途】 适用于各种半导体清洗、电子设备清洗及电子仪器清洗等应用。

【安全性】 一般对各种半导体清洗等均无腐蚀，不含氟利昂和氢氯氟烃类物质，不易燃，挥发速度极快，不留任何残渣；安全、环保。

Ef002 光刻胶残留物清洗剂

【英文名】 photoresist residues of cleaning agents

【别名】 光刻清洗剂

【组成】 选用多种优质表面活性剂、调节剂、渗透剂、缓蚀剂和去离子水等配制而成。

【配方】

组分	w/%
表面活性剂	1～15
氟化铵盐	0.01～5
有机硝酸	5～20
有机溶剂	5～20
渗透剂	1～5
含氮羧酸	0.1～5
缓蚀剂	0.01～5
纯水	余量

一般，表面活性剂是聚环氧乙烷、聚环氧丙烷、环氧乙烷和环氧丙烷的嵌段共聚物，在所述嵌段共聚物中加入烷基获得的亲水聚合物中的至少一种；氟化铵盐是氟化铵、二氟化铵、四甲基氟化铵、四丁基氟化铵、三乙醇氟化铵、甲基二乙醇氟化铵中的至少一种；有机磺酸是甲磺酸、乙磺酸、丙磺酸、对甲苯硝酸、十二烷基

苯磺酸中的至少一种；渗透剂是JFC渗透剂；有机溶剂是乙二醇单甲醚、乙二醇单乙醚、乙二醇单丁醚、乙二醇单苯醚、二乙二醇单丁醚、二乙二醇单乙醚、二丙二醇单甲醚、二丙二醇单乙醚、二乙二醇单丁醚、丙二醇单甲醚、丙二醇单乙醚、丙二醇单丁醚中的至少一种；含氮羧酸是乙二胺四乙酸、二亚乙基三胺五乙酸、三亚乙基四胺六乙酸或次氨基三乙酸铵盐、钠盐中的至少一种；缓蚀剂是聚丙烯酸、聚丙烯酰胺、聚马来酸酐、巯基琥珀酸、柠檬酸、乳酸、没食子酸、马来酸、马来酸酐中的至少一种；纯水是经过离子交换树脂过滤的水，25℃其电阻率至少为18MΩ·cm。

【产品实施举例】

组分	w/%
Pluronic表面活性剂	5
氟化铵	0.5
对甲苯磺酸	10
有机溶剂	10
JFC渗透剂	2
乙二胺四乙酸	0.5
柠檬酸	0.05
纯水	余量

【制备工艺】 将上述组分混合搅拌均匀即可。

① 清洗方法：室温至65℃下，将经干蚀、灰化处理后的晶圆片浸入本清洗剂中浸泡清洗5～20min，用超纯水漂洗3min，最后用高纯氮气干燥。

② 清洗效果：用本清洗剂能快速剥离晶圆片上的光刻胶、金属离子等残留物，在晶圆表面无残留杂质，对衬底材料和金属配线的腐蚀率小。

【应用特点】 本品含有的非离子表面活性剂与JFC渗透剂协同作用，能快速均匀渗透到晶圆表面，具有高效的脱脂能力，可迅速去除晶圆表面和衬底金属表面的光刻胶等残留物；本品含氮羧酸，可以捕获污染物中的金属离子并与其形成络离子，从而去除金属离子污染物；本品在清洗过程中不产生残留杂质微粒；本品的挥发性小，对衬底材料及金属配线的腐蚀率低，毒性低，对操作人员不造成健康危害，对环境无污染。

【主要用途】 适用于各种光刻胶清洗、电子设备清洗及电子仪器清洗等。

【安全性】 一般对各种光刻胶及半导体清洗等均无腐蚀，不含氟利昂和氢氯氟烃类物质，不易燃，挥发速率极快，不留任何残渣；安全、环保。

【生产单位】 大连三达奥克化学股份有限公司。

Ef003 晶圆研磨用清洗剂

【英文名】 wafer polishing cleaning agents

【别名】 晶圆清洗剂

【组成】 选用多种优质表面活性剂、调节剂、氟化物、缓蚀剂和去离子水等配制而成。

【配方】

组分	w/%
表面活性剂	5～20
氟化物	0.01～5
渗透剂	2～5
含氟羧酸	0.1～10
pH调节剂	5～20
螯合剂	0.1～2
纯水	余量

所述表面活性剂是脂肪醇聚氧乙烯醚（AEO），分子通式分别为$R^1O(C_2H_4O)_m$，其中R^1为C_{10}～C_{18}的烷基；m为环氧乙烷基聚合数，为3～20。所述含氟羧酸是$C_6F_{13}COOH$、$C_8F_{17}COOH$、$C_9F_{19}COOH$、$C_{11}F_{23}COOH$中的至少一种。所述氟化物盐是氟化铵、二氟化铵、四甲基氟化铵、四丁基氟化铵、三乙醇氟化铵、甲基二乙醇氟化铵中的至少一种。所述pH调节剂是单乙醇胺、二乙醇胺、三乙醇胺、

异丙醇胺、二异丙醇胺、三异丙醇胺的至少一种。所述的渗透剂是 JFC 系列渗透剂，分子通式为 $C_nH_{2n+1}O(C_2H_4O)_xH$，$n=12\sim18$，$x=6\sim12$。所述的螯合剂是乙二胺四乙酸、乙二胺四乙酸二钠盐、二亚乙基三胺五乙酸、三亚乙基四胺六乙酸、柠檬酸、抗坏血酸维生素 C、植酸、次氨基三乙酸中的至少一种。所述纯水是经过离子交换树脂过滤的纯水，25℃其电阻率为 18MΩ·cm 或者更高。

【制备工艺】 (1) 清洗方法

①装片，用纯水将本实施例配制成 10%的清洗液放入清洗槽中，再将装有晶圆的盒子浸泡其中，超声波作用下，常温清洗 3～5min；②用纯水将制成 3%的清洗液放入第二个清洗槽中，再将第一步清洗后的晶圆浸泡其中，超声波作用下，常温清洗 3～5min；③将纯水放入第三槽中，将第二步清洗后的晶圆取出放入第三槽中，常温漂洗 1～5min；④用纯水对晶圆进行喷淋漂洗，时间为 1～5min；⑤脱水干燥，时间为 3～5min；⑥卸片。

(2) 清洗效果　用本清洗剂清洗经研磨后的 300mm 晶圆，分析测试表明，清洗后的晶圆表面 0.2μm 的颗粒数小于 100 个/100cm^2，金属沾污程度<1×10^{10}个原子/cm^2。

【应用特点】 本产品具有如下特点：①含有的脂肪醇聚氧乙烯醚表面活性剂、含氟羧酸和 JFC 渗透剂，具有高效的分散、润湿和渗透能力，能快速均匀渗透到晶圆表面，去除晶圆表面的颗粒污染。②含有的氟化物盐能显著降低晶圆腐蚀率，与污染物形成易于清洗的溶液；本品含有的 pH 调节剂能有效调节清洗剂在 pH 为 6 的条件下清洗污染物。③含有的螯合剂，可以捕获清洗组合物中的金属离子并与其形成络合离子，从而去除晶圆表面的金属离子污染。④各组分协同作用，明显提高了清洗能力，可应用于各种清洗设备对各种直径规格的晶圆进行研磨清洗，尤其是可满足直径为 300mm 晶圆研磨清洗要求。⑤操作工艺简单，只需在常温条件下操作，低于现有清洗工艺中所采用的温度，具有节能降耗的效果，使清洗成本降低。⑥原料来源广泛、制备方法简单、成本低，对环境无污染。

【主要用途】 适用于各种晶圆研磨清洗、电子设备清洗及电子仪器清洗等。

【安全性】 一般对各种晶圆研磨及半导体清洗等均无腐蚀，不含氟利昂和氢氯氟烃类物质，不易燃，挥发速率极快，不留任何残渣；安全、环保

【生产单位】 大连三达奥克化学股份有限公司。

Ef004 用于集成电路衬底硅片的清洗剂

【英文名】 cleaning agent for IC substrate wafers

【别名】 集成电路清洗剂

【组成】 选用多种优质表面活性剂、调节剂、渗透剂、缓蚀剂和去离子水等配制而成。

【配方】

组分	w/%
有机碱	40～45
螯合剂	0.5～1
表面活性剂	5～10
水	40～50

一般，有机碱包括多羟多胺、胺碱、醇胺；表面活性剂包括聚氧乙烯系非离子表面活性剂、多元醇酯类非离子表面活性剂、高分子及元素有机系非离子表面活性剂。

【配方分析】 有机碱，包括多羟多胺、胺碱和醇胺。作为 pH 调节剂，氢氧根在溶液中缓慢释放，起到均匀腐蚀的作用，并且根据结构相似相溶原理，能够去除一部分有机污染物，并且具有络合作用，能够

去除颗粒和金属离子污染；非离子表面活性剂，包括脂肪醇聚氧乙烯醚、烷基酚聚氧乙烯醚和聚氧乙烯酯。降低溶液的表面张力，使清洗剂能够全面铺展在液晶显示器的表面及夹缝中，其亲水基和憎水基相互配合，能够将吸附在液晶显示表面及夹缝中污染物托起，并且在表面形成保护层，防止污染物二次吸附；非离子表面活性剂，包括脂肪醇聚氧乙烯醚、烷基酚聚氧乙烯醚和聚氧乙烯酯。起到强渗透作用，能够降低溶液表面张力，并且使得清洗剂能够渗透到芯片表面和有机污染物之间，达到去除污染物的目的。

【使用方法】①清洗剂清洗：将第一槽中放入清洗剂并加入8～15倍去离子水，室温清洗，将硅片装入花篮，浸泡在其中5～10min，配合超声波作用；②清洗剂清洗：将清洗剂与8～15倍去离子水混合，放入第二槽，加热到50～60℃，将硅片花篮从第一槽中取出，放入第二槽，进行超声5～10min；③去离子水超声：将去离子水放入第三槽，加热到50～60℃，将硅片花篮从第二槽中取出，放入第三槽，进行超声5～10min；④去离子水超声：将去离子水放入第四槽，加热到50～60℃，将硅片花篮从第三槽中取出，放入第四槽，进行超声5～10min；⑤喷淋：用温度为50～60℃的去离子水对芯片进行喷淋，时间为2～5min；⑥烘干：用热风或红外进行烘干，时间为3～5min。

【应用特点】本清洗剂能够克服刷片清洗和RCA清洗自身难以克服的缺点，达到较好的清洗效果；工艺简单，操作方便；满足环保要求。

【主要用途】适用于各种集成电路清洗、电子设备清洗及电子仪器清洗等。

【安全性】一般对各种晶集成电路及半导体清洗等均无腐蚀，不含氟利昂和氢氯氟烃类物质，不易燃，挥发速率极快，不留任何残渣；安全、环保。

【生产单位】天津晶岭电子材料科技有限公司。

Ef005 硅磨片清洗剂

【英文名】Si milling cleaning agent

【别名】磨片清洗剂

【组成】选用多种优质表面活性剂、调节剂、渗透剂、缓蚀剂和去离子水等配制而成。

【配方】

组分	w/%
胺碱	20～70
非离子表面活性剂	5～20
JFC	5～40
去离子水	余量

一般，胺碱为三乙醇胺、二乙醇胺、羟乙基乙二胺中的任一种；非离子表面活性剂为FA/O系列或平平加系列或OP系列活性剂。

【配方分析】本硅磨片的清洗剂采用的非离子表面活性剂具有润湿性，能有效地降低溶液的表面张力后，再由渗透剂的渗透作用将颗粒托起、包裹起来。具有较强渗透作用的活性剂分子可深入硅片表面与吸附物之间，向深处扩展，如同向界面打入一个“锲子”，起到劈开的作用，可将颗粒托起，活性剂分子取而代之吸附于硅片表面上，同样降低表面能量达到稳定目的，同时颗粒的周围也吸附一层活性剂分子，防止颗粒再沉积。利用超声的机械力使颗粒从磨片表面脱附，而非离子表面活性剂吸附于硅片表面与脱附后的颗粒表面，有效地抑制了颗粒再沉积。该方法能有效地去除金刚砂和硅粉。另外，采用胺碱替代了无机碱（氨水），胺碱不仅能与有机物发生化学反应，而且能与有机物互溶，这样有利于去除硅磨片表面的有机物污染，提高产品表面清洁度。

【产品实施举例】分别取三乙醇胺50g、

JFC 15g、OP-7 活性剂 5g、去离子水 30g，混合后充分搅拌，得到硅磨片的清洗剂。采用上述清洗剂对硅研磨片进行清洗后，进行抽样检测，一般以显微镜观测为主，检测后无金刚砂和硅粉以及有机物残留。

【主要用途】 适用于各种磨片清洗、电子设备清洗及电子仪器清洗等。

【安全性】 一般对各种磨片清洗及半导体清洗等均无腐蚀，不含氟利昂和氢氯氟烃类物质，不易燃，挥发速率极快，不留任何残渣；安全、环保。

Ef006 单晶硅片水基清洗剂

【英文名】 silicon water based cleaning agent

【别名】 单晶清洗剂

【组成】 选用多种优质表面活性剂、溶剂、调节剂、光亮剂和去离子水等配制而成。

【配方】

组分	w/%
表面活性剂	20～40
溶剂	5～15
光亮剂	10～20
去离子水	30～45
pH 调节剂	15～20

其中，表面活性剂为 EMULAN 乳化剂、脂肪醇聚氧乙烯聚氧丙烯醚、脂肪醇聚氧乙烯醚、烷醇酰胺中的一种或两种；溶剂为乙醇、萜烯、碳酸二甲酯中的一种或两种；pH 调节剂为单乙醇胺、碳酸钠、硅酸钠、乳酸中的一种或两种；光亮剂为甲基甘氨酸钾、改性马来酸和丙烯酸聚合物、改性聚合物钠的一种或两种。

清洗工艺如下。①使用浓度：按 3% 配比，清洗槽约 130L，实际使用量为 4L；②清洗时间：300s；③使用温度：60～65℃。

【应用特点】 本品是利用表面活性剂的复配性能，提高了表面去污力并保持清洁度的持续性，同时可使硅片洗后无水痕，更加光亮，对于单晶硅片等物料具有良好的清洁效果，并且提高了清洗速度和耐用性能。配制浓度低、用料少，不仅可降低用户的使用成本，还减少污水排放，达到节能减排的目的。

【主要用途】 适用于各种单晶硅片清洗、电子设备清洗及电子仪器清洗等。

【安全性】 一般对各种单晶清洗等均无腐蚀，不含氟利昂和氢氯氟烃类物质，不易燃，挥发速率极快，不留任何残渣；安全、环保。

【生产单位】 大连三达奥克化学有限公司。

Eg 集成电路用清洗剂

Eg001 磷酸（集成电路用）

【英文名】 phophoric acid (for IC use)

【组成】 选用多种优质表面活性剂、溶剂、调节剂和去离子水等配制而成。

【性能及用途】 一般无色透明黏稠状液体，在25℃时密度为1.70g/mL。易溶于水和乙醇，受冷时可以从水溶液中生成柱状结晶，但熔点较低，稍加热即可熔化。当加热至150℃时，开始失去化合之水，至215℃可转为焦磷酸，至300℃转为偏磷酸。酸性清洗腐蚀剂，可以与乙醇配制使用。

【产品质量标准】

指标名称	指标		
	MOS级企业标准 5～10μm颗粒	BV-Ⅰ级企业标准 2μm以上颗粒	EL-UM级企业标准 0.5μm以上颗粒
颗粒数/(个/100mL)	≤2700	≤300	≤5000
含量/%	>85.0	>85.0	86.0±1.0
色度(黑曾单位)	—	—	≤10
杂质最高含量/10^{-6}			
挥发酸(CH_3COOH)	10	10	10
氯化物(Cl)	1	1	1
硫酸盐(SO_4^{2-})	30	10	10
硝酸盐(NO_3^-)	5	—	5
还原高锰酸钾物质	10	10	50
锂(Li)	0.5	—	0.5
钠(Na)	10	0.1	0.1
钾(K)	5	0.1	0.1
铜(Cu)	5	0.02	0.1
镁(Mg)	10	—	0.1
钙(Ca)	20	—	1
锶(Sr)	0.1	—	0.1
钡(Ba)	0.1	—	0.1
锌(Zn)	10	—	—
镉(Cd)	5	—	—

续表

指标名称	指标		
	MOS 级企业标准 5～10μm 颗粒	BV-Ⅰ级企业标准 2μm 以上颗粒	EL-UM 级企业标准 0.5μm 以上颗粒
铝(Al)	0.3	—	0.3
铅(Pb)	5	0.2	2
砷(As)	0.5	0.05	0.05
锑(Sb)	1	—	—
锰(Mn)	5	0.01	0.1
铁(Fe)	10	0.05	0.5
镍(Ni)	5	0.05	0.1

【生产工艺路线】 可采用高纯三氯氧磷水解工艺制备磷酸。工业三氯氧磷经高效精馏塔精馏制备高纯三氯氧磷，将其在高纯水中水解，要精心控制反应速率，防止发生激烈反应。所得到的磷酸水溶液，经脱酸、脱水后，即为所需磷酸。也可采用工业磷酸经重结晶进行提纯，用水将磷酸稀释至密度 1.6g/mL 以下，经过滤后再蒸发至密度 1.70g/mL 左右，冷却后可得到松散状水合结晶，达到与杂质分离的目的。但蒸发时溶液不可过浓，否则得到无水结晶，坚硬、质量差，失去重结晶目的。

【安全性】 一般对各种集成电路清洗等均无腐蚀，不含氟利昂和氢氯氟烃类物质，不易燃，挥发速率极快，不留任何残渣；安全、环保。

【生产单位】 北京化学试剂所，天津化学试剂三厂，北京化工厂，上海化学试剂一厂。

Eg002 丁酮（集成电路用）

【英文名】 butanone; medlylethylketone (for IC use)

【组成】 选用多种优质表面活性剂、溶剂、调节剂和去离子水等配制而成。

【性能及用途】 沸点 79.6℃；密度（25℃）0.80g/mL；折射率（n_D^{20}）1.379。无色透明易燃液体，丁酮在水中溶解度为 22.6%（质量分数），水在丁酮中溶解度为 9.9%（质量分数）。溶于醇和醚，在空气中爆炸极限为 2%～10%（体积分数）。

一般在光刻工艺中作溶剂用。

【产品质量标准】

指标名称	指标	
	BV-Ⅰ级企业标准 2μm 以上颗粒	EL-UM 级企业标准 0.5μm 以上颗粒
颗粒数/(个/100mL)	≤300	≤2000
含量/%	>99.5	>99.8
色度(黑曾单位)	—	≤10
水分/%	<0.01	<0.02
游离酸(以 CH_3COOH 计)/10^{-6}	<10	<20

续表

指标名称	指标	
	BV-Ⅰ级企业标准 2μm 以上颗粒	EL-UM 级企业标准 0.5μm 以上颗粒
游离碱(以 NH_3 计)/10^{-6}	<5	—
蒸发残渣/10^{-6}	—	<5
硫酸试验	合格	合格
杂质最高含量/10^{-9}		
锂(Li)	1	1
钠(Na)	10	10
钾(K)	10	2
铜(Cu)	1	1
银(Ag)	2	1
金(Au)	—	1
镁(Mg)	5	1
钙(Ca)	10	3
锶(Sr)	1	1
钡(Ba)	5	10
锌(Zn)	3	5
镉(Cd)	1	1
铝(Al)	20	10
镓(Ga)	—	10
硅(Si)	—	10
锗(Ge)	—	10
锡(Sn)	—	20
铅(Pb)	3	1
砷(As)	—	50
铬(Cr)	5	1
锰(Mn)	1	1
铁(Fe)	10	10
钴(Co)	1	1
镍(Ni)	1	1

【生产工艺路线】 依工业丁酮所含杂质情况，可采取不同化学处理方法，然后在高效精馏塔内进行精馏。所得产品如颗粒达不到质量要求，需用 0.2μm 微孔滤膜过滤。

【安全性】 一般对各种集成电路清洗等均无腐蚀，不含氟利昂和氢氯氟烃类物质，不易燃，挥发速率极快，不留任何残渣；安全、环保。

【生产单位】 北京化学试剂所，天津化学试剂三厂，北京化工厂，上海化学试剂一厂。

Eg003 甲醇（集成电路用）

【英文名】 medlanol (for IC use)

【组成】 选用多种优质表面活性剂、溶剂、调节剂和去离子水等配制而成。

【性能及用途】 沸点 64.5℃；密度（25℃）0.79g/mL；折射率（n_D^{20}）1.3292。无色透明液体，有毒，易燃。能与水、乙醇、醚相混溶，易被氧化成甲醛，其蒸气与空气混合物爆炸极限为 5.5%～33.5%。一般作清洗去油剂用。

【生产工艺路线】 依工业甲醇含有水、丙酮、甲醛、乙醇和游离酸等杂质情况，采用不同化学预处理方法，然后在高效精馏塔内进行精馏。所得甲醇如所含颗粒达不到质量要求，需用 0.2μm 微孔滤膜过滤。

【产品质量标准】

指标名称	指标		
	MOS 级企业标准 5～10μm 颗粒	BV-Ⅰ级企业标准 2μm 以上颗粒	EL-UM 级企业标准 0.5μm 以上颗粒
颗粒数/(个/100mL)	≤2700	≤300	≤2000
含量/%	>99.9	>99.9	>99.9
色度(黑曾单位)	—	—	≤10
水分/10^{-6}	<500	<500	<500
电阻率/Ω·cm	>1	>3	>3
酸度(以 HCOOH 计)/10^{-6}	<20	<20	<20
碱度(以 NH_3 计)/10^{-6}	<1	<1	<1
还原高锰酸钾物质(以 O 计)/10^{-6}	<2.5	<2.5	<5
乙醇	—	—	合格
醛和酮(以 HCHO 计)/10^{-6}	—	—	10
氯化物(Cl)/10^{-6}	<1	—	<0.2
硫酸盐(SO_4^{2-})/10^{-6}	<1	—	—
磷酸盐(PO_4^{3-})/10^{-6}	—	—	<0.5
杂质最高含量/10^{-9}			
锂(Li)	—	1	1
钠(Na)	500	5	5
钾(K)	—	3	3
铜(Cu)	10	1	1
银(Ag)	—	2	1
金(Au)	—	—	3
镁(Mg)	50	1	1
钙(Ca)	—	3	10
锶(Sr)	—	1	1
钡(Ba)	—	5	10
锌(Zn)	10	2	2

续表

指标名称	指标		
	MOS 级企业标准 5～10μm 颗粒	BV-Ⅰ级企业标准 2μm 以上颗粒	EL-UM 级企业标准 0.5μm 以上颗粒
镉(Cd)	5	1	1
铝(Al)	—	5	10
镓(Ga)	—	—	10
硅(Si)	—	—	10
锗(Ge)	—	—	10
锡(Sn)	—	—	20
铅(Pb)	10	3	1
砷(As)	—	—	10
铬(Cr)	—	5	2
锰(Mn)	10	5	1
铁(Fe)	100	1	1
钴(Co)	10	1	1
镍(Ni)	10	1	1

【安全性】 一般对各种集成电路清洗等均无腐蚀，不含氟利昂和氢氯氟烃类物质，不易燃，挥发速率极快，不留任何残渣；安全、环保。

【生产单位】 北京化学试剂所，天津化学试剂三厂，北京化工厂，上海化学试剂一厂。

Eg004 异丙醇（集成电路用）

【英文名】 isopropanol（for IC use）

【组成】 选用多种优质表面活性剂、溶剂、调节剂和去离子水等配制而成。

【性能及用途】 沸点 82.3℃；密度（25℃）0.786g/mL；折射率（n_D^{20}）1.3775。无色透明液体，有乙醇气味。溶于水、乙醇和乙醚等，与水形成共沸物。常温下可引火燃烧，其蒸气与空气的混合物爆炸极限为 2%～12%（体积分数）。一般作清洗去油剂用。

【产品质量标准】

指标名称	指标		
	MOS 级企业标准 5～10μm 颗粒	BV-Ⅰ级企业标准 2μm 以上颗粒	SEMI C7 标准 0.5μm 以上颗粒
颗粒数/(个/100mL)	≤2700	≤300	≤500
含量/%	>99.7	>99.5	>99.8
色度(黑曾单位)	—	—	≤10
水分/10^{-6}	<1000	<500	<500
游离酸(以 C_2H_5COOH 计)/10^{-6}	<10	<20	—
蒸发残渣/10^{-6}	—	<1	<2

续表

指标名称	指标		
	MOS 级企业标准 5～10μm 颗粒	BV-Ⅰ级企业标准 2μm 以上颗粒	SEMI C7 标准 0.5μm 以上颗粒
电阻率/Ω·cm	>10	>20	—
硫酸试验	合格	合格	—
氯化物(Cl)/10^{-6}	1000	—	50
硫酸盐(SO_4^{2-})/10^{-6}	1000	—	50
磷酸盐(PO_4^{3-})/10^{-6}	—	—	50
硝酸盐(NO_3^-)/10^{-6}	—	—	<50
杂质最高含量/10^{-9}			
锂(Li)	—	1	10
钠(Na)	50	50	10
钾(K)	—	3	10
铜(Cu)	10	1	10
银(Ag)	—	2	5
金(Au)	—	—	5
铍(Be)	—	—	10
镁(Mg)	10	1	10
钙(Ca)	—	3	10
锶(Sr)	—	1	10
钡(Ba)	—	5	10
锌(Zn)	10	1	10
镉(Cd)	5	1	10
硼(B)	—	—	5
铝(Al)	—	5	10
镓(Ga)	—	—	10
铊(Tl)	—	—	10
硅(Si)	—	—	10
锗(Ge)	—	—	10
锡(Sn)	—	—	10
铅(Pb)	10	3	10
钛(Ti)	—	—	10
锆(Zr)	—	—	10
砷(As)	—	—	10
锑(Sb)	—	—	10
铋(Bi)	—	—	10
钒(V)	—	—	10

续表

指标名称	指标		
	MOS级企业标准 5～10μm颗粒	BV-Ⅰ级企业标准 2μm以上颗粒	SEMI C7标准 0.5μm以上颗粒
铌(Nb)	—	—	10
钽(Ta)	—	—	10
铬(Cr)	—	5	10
钼(Mo)	—	—	10
锰(Mn)	50	1	10
铁(Fe)	100	1	5
钴(Co)	10	1	10
镍(Ni)	100	1	10

【生产工艺路线】 依工业异丙醇所含水、游离酸等杂质情况，采用不同化学预处理方法，然后在高效精馏塔内进行精馏。所得产品，如颗粒达不到质量要求，需用0.2μm微孔滤膜过滤。

【安全性】 一般对各种集成电路清洗等均无腐蚀，不含氟利昂和氢氯氟烃类物质，不易燃，挥发速率极快，不留任何残渣；安全、环保。

【生产单位】 北京化学试剂所，天津化学试剂三厂，北京化工厂，上海化学试剂一厂。

Eg005 40%氟化铵溶液（集成电路用）

【英文名】 ammoniwm fluoride 40% solution (for IC use)

【组成】 选用多种优质表面活性剂、溶剂、调节剂和去离子水等配制而成。

【性能及用途】 无色透明液体，在25℃时密度为1.111g/mL。呈弱酸性。遇热分解。清洗腐蚀液，与氢氟酸配制缓冲腐蚀液。一般作清洗去油剂用。

【产品质量标准】

指标名称	指标		
	MOS级企业标准 5～10μm颗粒	BV-Ⅰ级企业标准 2μm以上颗粒	EL级企业标准①
颗粒数/(个/100mL)	≤2700	≤300	
含量/%	39.0～41.0	40.0～41.0	40.5±0.5
色度(黑曾单位)	—	—	≤10
游离酸(以HF计)/%	—	—	0.2
$(NH_4)_2SiF_6$/%	—	—	0.01
pH值	6.2～7	6.1～6.7	—
氯化物(Cl)/10^{-6}	<4	<0.5	<1
硫酸盐(SO_4^{2-})/10^{-6}	<2	<1	<1
磷酸盐(PO_4^{3-})/10^{-6}	<1	<0.4	<1
硝酸盐(NO_3^-)/10^{-6}	—	—	<1

续表

指标名称	指标		
	MOS 级企业标准 5～10μm 颗粒	BV-Ⅰ级企业标准 2μm 以上颗粒	EL 级企业标准①
亚硫酸盐(SO_3^{2-})/10^{-6}	—	—	<1
杂质最高含量/10^{-9}			
锂(Li)	—	5	1
钠(Na)	100	50	5
钾(K)	100	50	5
铜(Cu)	100	5	1
银(Ag)	100	5	1
金(Au)	100	3	—
铍(Be)	—	5	—
镁(Mg)	500	50	1
钙(Ca)	500	50	5
锶(Sr)	—	1	1
钡(Ba)	100	5	1
锌(Zn)	100	5	5
镉(Cd)	100	5	1
铝(Al)	500	50	5
镓(Ga)	100	5	—
铟(In)	100	5	—
锡(Sn)	100	3	—
铅(Pb)	500	5	2
钛(Ti)	100	5	—
砷(As)	50	20	5
锑(Sb)	100	10	—
铋(Bi)	100	5	—
铬(Cr)	100	5	1
钼(Mo)	100	5	—
锰(Mn)	100	3	1
铁(Fe)	500	50	5
钴(Co)	100	5	1
镍(Ni)	100	5	1
铂(Pt)	100	5	—

① 日本关东化学(株)标准。

【生产工艺路线】 打开液氨钢瓶，在常温下挥发出氨气，控制流速，通过含有高锰酸钾、EDTA等的洗涤瓶，去除工业氨中杂质后，通入高纯氢氟酸中，当pH逐渐上升至6.1～6.7时，停止通氨，所得溶液，经0.2μm微孔滤膜过滤即为产品。

【安全性】 一般对各种集成电路清洗等均无腐蚀，不含氟利昂和氢氯氟烃类物质，不易燃，挥发速率极快，不留任何残渣；安全、环保。

【生产单位】 北京化学试剂所，天津化学试剂三厂，北京化工厂，上海化学试剂一厂。

Eg006 乙二醇（集成电路用）

【英文名】 ethylene gslycol (for IC use)

【组成】 选用多种优质表面活性剂、溶剂、调节剂、光亮剂和去离子水等配制而成。

【性能及用途】 沸点196～198℃；密度1.111～1.115g/mL；折射率（n_D^{20}）1.430。无色透明黏稠状液体，易吸潮，易燃。能与水、低级醇、甘油、醋酸、丙酮等混溶，微溶于乙醚，不溶于苯、石油醚和卤代烃等。一般作清洗去油剂用。

【产品质量标准】

指标名称	指标	
	MOS级企业标准 5～10μm颗粒	BV-Ⅰ级企业标准 2μm以上颗粒
颗粒数/(个/100mL)	≤2700	≤300
含量/%		>96.0
水分/10^{-6}	<500	<500
游离酸(以HCOOH计)/10^{-6}	<10	<10
与水混合试验	合格	—
氯化物(Cl)/10^{-6}	<1	—
硫酸盐(SO_4^{2-})/10^{-6}	<1	—
杂质最高含量/10^{-9}		
锂(Li)	—	5
钠(Na)	500	300
钾(K)	—	20
铜(Cu)	10	5
银(Ag)	—	1
镁(Mg)	10	10
钙(Ca)	—	10
锶(Sr)	—	1
钡(Ba)	—	100
锌(Zn)	10	10
镉(Cd)	10	1

续表

指标名称	指标	
	MOS级企业标准 5～10μm颗粒	BV-Ⅰ级企业标准 2μm以上颗粒
铝(Al)	—	100
铅(Pb)	10	3
铬(Cr)	—	5
锰(Mn)	10	1
铁(Fe)	100	50
钴(Co)	10	1
镍(Ni)	10	1

【生产工艺路线】 依工业乙二醇所含水、二甘醇、三甘醇等杂质情况，可采取不同处理方法，然后在高效精馏塔内进行精馏，所得乙二醇，如颗粒达不到质量要求，需用0.2μm微孔滤膜过滤。

【安全性】 一般对各种集成电路清洗等均无腐蚀，不含氟利昂和氢氯氟烃类物质，不易燃，挥发速度极快，不留任何残渣；安全、环保。

【生产单位】 北京化学试剂所，天津化学试剂三厂，北京化工厂，上海化学试剂一厂。

Eg007 环己烷（集成电路用）

【英文名】 cyclohexane (for IC use)

【组成】 选用多种优质表面活性剂、溶剂、调节剂、光亮剂和去离子水等配制而成。

【性能及用途】 沸点80.7℃；密度0.779g/mL；折射率（n_D^{20}）1.4263。常温下为无色透明液体，易燃，具有刺激性气味。不溶于水，易与乙醇、丙酮和苯相溶，其蒸气与空气的混合物爆炸极限为1.31%～8.35%。一般作清洗去油剂用。

【产品质量标准】

指标名称		指标
		BV-Ⅰ级企业标准 2μm以上颗粒
颗粒数/(个/100mL)	≤	300
含量/%	>	99.5
水分/%	<	0.02
游离酸(以 CH_3COOH 计)/10^{-6}	<	30
硫酸试验		合格

【生产工艺路线】 依工业环己烷质量情况，可采取不同化学处理方法，然后在高效精馏塔内进行精馏，所得产品，如颗粒达不到质量要求，需用0.2μm微孔滤膜过滤。

【安全性】 一般对各种集成电路清洗等均无腐蚀，不含氟利昂和氢氯氟烃类物质，不易燃，挥发速率极快，不留任何残渣；安全、环保。

【生产单位】 北京化学试剂所，天津化学试剂三厂，北京化工厂，上海化学试剂一厂。

Eg008 乙酸乙酯（集成电路用）

【英文名】 ethylacetate (for IC use)

【组成】 选用多种优质表面活性剂、溶剂、调节剂、光亮剂和去离子水等配制而成。

【性能及用途】 沸点 77.1℃；密度（200℃）0.899～0.904g/mL；折射率（n_D^{20}）1.3719。无色透明易挥发液体，有芳香气味。溶于乙醇、乙醚、丙酮、三氯甲烷等溶剂，微溶于水。易燃，其蒸气与空气的混合物爆炸极限为 2.2%～11.4%（体积分数）。一般作清洗去油剂用。

【产品质量标准】

指标名称	指标		
	MOS 级企业标准 5～10μm 颗粒	BV-Ⅰ级企业标准 2μm 以上颗粒	EL-UM 级企业标准 0.5μm 以上颗粒
颗粒数/(个/100mL)	≤2700	≤300	≤20
含量/%	>99.5	>98	>99
色度(黑曾单位)	—	—	≤10
水分/%	<0.1	<0.05	<0.05
游离酸(以 CH_3COOH 计)/10^{-6}	<50	<50	<35
蒸发残渣/10^{-6}	—	<10	<10
硫酸试验	—	合格	合格
过氧化物	—	—	合格
醛	—	—	合格
杂质最高含量/10^{-9}			
锂(Li)	—	1	1
钠(Na)	500	10	10
钾(K)	—	10	5
铜(Cu)	10	1	1
银(Ag)	—	2	1
金(Au)	—	—	1
镁(Mg)	50	1	5
钙(Ca)	—	3	10
锶(Sr)	—	1	1
钡(Ba)	—	5	10
锌(Zn)	10	5	1
镉(Cd)	5	1	1
铝(Al)	—	5	10
镓(Ga)	—	—	10
硅(Si)	—	—	10
锗(Ge)	—	—	10
锡(Sn)	—	—	20

续表

指标名称	指标		
	MOS级企业标准 5～10μm颗粒	BV-Ⅰ级企业标准 2μm以上颗粒	EL-UM级企业标准 0.5μm以上颗粒
铅(Pb)	10	3	1
砷(As)	—	—	50
铬(Cr)	—	5	2
锰(Mn)	10	1	1
铁(Fe)	50	10	5
钴(Co)	10	1	1
镍(Ni)	10	1	1

【生产工艺路线】 依工业乙酸乙酯所含水、乙醇、醋酸等杂质情况，可加入醋酸酐和浓硫酸回流使乙醇转化为酯。蒸馏，馏出液用5%碳酸钠溶液洗涤，分出酯层，用无水碳酸钠干燥，然后在高效精馏塔内进行精馏。所得产品如颗粒达不到质量要求，需用0.2μm微孔滤膜过滤。

【安全性】 一般对各种集成电路清洗等均无腐蚀，不含氟利昂和氢氯氟烃类物质，不易燃，挥发速度极快，不留任何残渣；安全、环保。

【生产单位】 北京化学试剂所，天津化学试剂三厂，北京化工厂，上海化学试剂一厂。

Eg009 二甲苯（集成电路用）

【英文名】 xylene (for IC use)

【组成】 选用多种优质表面活性剂、溶剂、调节剂、光亮剂和去离子水等配制而成。

【性能及用途】 沸程137～140℃；密度(25℃) 0.86g/mL；无色透明可燃性液体。能与醇、乙醚、三氯甲烷等混溶，不溶于水。本品为邻位、间位和对位二甲苯和乙基苯的混合物。一般作清洗去油剂用。负型环化橡胶系光刻胶溶剂。可以与丙酮、乙醇搭配使用。

【生产工艺路线】 依工业二甲苯所含噻吩、硫化物、水等杂质情况，加浓硫酸及脱水剂等化学处理，然后在高效精馏塔内进行精馏。所得产品，如颗粒达不到质量要求，需用0.2μm微孔滤膜过滤。

【产品质量标准】

指标名称	指标		
	MOS级企业标准 5～10μm颗粒	BV-Ⅰ级企业标准 2μm以上颗粒	EL-UM级企业标准 0.5μm以上颗粒
颗粒数/(个/100mL)	≤2700	≤300	≤2000
沸程/℃	137～140	137～140	138.5～141.5
色度(黑曾单位)	—	—	≤10
水分/%	<0.02	<0.02	<0.02
游离酸(以HCl计)/10^{-6}	<5	<5	<10
游离碱(以NaOH计)/10^{-6}	<1	<1	<10

续表

指标名称	指标		
	MOS 级企业标准 5～10μm 颗粒	BV-Ⅰ级企业标准 2μm 以上颗粒	EL-UM 级企业标准 0.5μm 以上颗粒
蒸发残渣/10^{-6}	—	—	<5
硫酸试验	合格	合格	合格
硫化物	—	合格	合格
噻吩	—	—	合格
氯化物(Cl)/10^{-6}	—	—	<0.2
磷酸盐(PO_4^{3-})/10^{-6}	—	—	<0.1
杂质最高含量/10^{-9}			
锂(Li)	—	1	1
钠(Na)	100	5	5
钾(K)	—	10	5
铜(Cu)	10	1	1
银(Ag)	—	2	1
金(Au)	—	—	1
镁(Mg)	10	5	1
钙(Ca)	—	10	5
锶(Sr)	—	1	1
钡(Ba)	—	5	10
锌(Zn)	10	5	5
镉(Cd)	5	1	1
铝(Al)	—	5	10
镓(Ga)	—	—	10
硅(Si)	—	—	10
锗(Ge)	—	—	10
锡(Sn)	—	—	20
铅(Pb)	10	3	1
砷(As)	—	—	50
铬(Cr)	—	5	2
锰(Mn)	10	1	1
铁(Fe)	50	10	5
钴(Co)	10	1	1
镍(Ni)	10	1	1

【安全性】 一般对各种集成电路清洗等均无腐蚀，不含氟利昂和氢氯氟烃类物质，不易燃，挥发速率极快，不留任何残渣；安全、环保。

【生产单位】 北京化学试剂所，天津化学试剂三厂，北京化工厂，上海化学试剂一厂。

Eg010 30%过氧化氢（集成电路用）

【英文名】 hydrogen peroxide 30% (for IC use)

【组成】 选用多种优质表面活性剂、溶剂、调节剂、光亮剂和去离子水等配制而成。

【性能及用途】 无色透明液体，在25℃时密度为1.11g/mL。与水、乙醇和乙醚等混溶。过氧化氢是极弱的酸，是强氧化剂，在某些情况下，又是还原剂。高浓度过氧化氢能使有机物燃烧，与二氧化锰作用会发生爆炸。在储存时能分解成水和氧。清洗腐蚀剂，可以与浓硫酸、硝酸、氢氟酸和氨水配制使用。一般作清洗去油剂用。

【生产工艺路线】 以电解法制备的工业过氧化氢为原料，结合化学处理，在高效蒸馏塔内进行减压蒸馏，用串联几个水冷接收器接收过氧化氢（前边接收器内为高浓过氧化氢），将接收到的过氧化氢混配成所需浓度。也可采用混床离子交换树脂来精制过氧化氢。如产品所含颗粒达不到质量要求，需用0.2μm微孔滤膜过滤。

【产品质量标准】

指标名称	指标		
	MOS级企业标准 5～10μm颗粒	BV-Ⅰ级企业标准 2μm以上颗粒	SEMI C7标准 0.5μm以上颗粒
颗粒数/(个/100mL)	≤2700	≤300	≤1000
含量/%	>30	>30	30.0～32.0
色度(黑曾单位)	—	—	≤10
游离酸/10^{-6}	<40	<40	<10μeq/g
氯化物(Cl)/10^{-6}	<0.5	<0.5	<0.1
氮化物(以N计)/10^{-6}	<4	<4	<0.1(以NO_3计)
硫酸盐(SO_4^{2-})/10^{-6}	<2	<0.5	<0.1
磷酸盐(PO_4^{3-})/10^{-6}	<2	<0.4	<0.1
杂质最高含量/10^{-9}			
锂(Li)	20	5	10
钠(Na)	500	50	10
钾(K)	200	20	10
铜(Cu)	20	3	10
银(Ag)	20	5	10
金(Au)	50	3	10
铍(Be)	—	—	10
镁(Mg)	10	20	10
钙(Ca)	200	50	10

续表

指标名称	指标		
	MOS 级企业标准 5～10μm 颗粒	BV-Ⅰ级企业标准 2μm 以上颗粒	SEMI C7 标准 0.5μm 以上颗粒
锶(Sr)	—	1	10
钡(Ba)	100	50	10
锌(Zn)	100	10	10
镉(Cd)	50	5	10
硼(B)	20	10	10
铝(Al)	500	50	10
镓(Ga)	20	10	10
铟(In)	20	5	—
铊(Tl)	—	—	10
硅(Si)	—	—	10
锗(Ge)	—	—	10
锡(Sn)	50	30	10
铅(Pb)	50	5	10
钛(Ti)	100	5	10
锆(Zr)	—	—	10
砷(As)	50	10	10
锑(Sb)	20	30	10
铋(Bi)	20	10	10
钒(V)	—	—	10
铌(Nb)	—	—	10
钽(Ta)	—	—	10
铬(Cr)	20	5	10
钼(Mo)	100	5	10
锰(Mn)	50	3	10
铁(Fe)	100	20	10
钴(Co)	20	5	10
镍(Ni)	100	5	10
铂(Pt)	100	3	—

【安全性】 一般对各种集成电路清洗等均无腐蚀，不含氟利昂和氢氯氟烃类物质，不易燃，挥发速率极快，不留任何残渣；安全、环保。

【生产单位】 北京化学试剂所，天津化学试剂三厂，北京化工厂，上海化学试剂一厂。

Eg011 丙醇（集成电路用）

【英文名】 acetone (for IC use)

【组成】 选用多种优质表面活性剂、溶剂、调节剂、光亮剂和去离子水等配制而成。

【性能及用途】 沸点 56.5℃；密度（20℃）0.790～0.793g/mL；折射率（n_D^{20}）1.3591。无色透明液体，挥发性强，有刺激性臭味，易燃。易溶于水、乙醇、乙醚等有机溶剂中。其蒸气与空气的混合物爆炸极限为 2.55%～12.80%（体积分数）。一般作清洗去油剂用，可以与乙醇、甲苯搭配使用。

【产品质量标准】

指标名称	指标		
	MOS 级企业标准 5～10μm 颗粒	BV-Ⅰ级企业标准 2μm 以上颗粒	EL-UM 级企业标准 0.5μm 以上颗粒
颗粒数/(个/100mL)	≤2700	≤300	≤2000
含量/%	>99.5	>99.5	>99.8
色度(黑曾单位)	—	—	≤10
水分/%	<0.2	<0.2	<0.2
水溶解试验	—	合格	合格
蒸发残渣/10^{-6}	—	—	<1
游离酸(以 CH_3COOH 计)/10^{-6}	<20	<10	<10
游离碱(以 NH_3 计)/10^{-6}	<2	<5	<1
还原高锰酸钾物质(以 O 计)/10^{-6}	<2.5	<2.5	<2
醛(以 H_2CO 计)/10^{-6}	—	—	<20
甲醇/10^{-6}	—	—	<500
氯化物(Cl)/10^{-6}	—	—	0.2
磷酸盐(PO_4^{3-})/10^{-6}	—	—	0.1
电阻率/Ω·cm	>5	>20	>20
杂质最高含量/10^{-9}			
锂(Li)	—	1	1
钠(Na)	500	10	10
钾(K)	—	3	3
铜(Cu)	10	1	1
银(Ag)	—	2	1
金(Au)	—	—	1
镁(Mg)	50	1	1
钙(Ca)	—	3	1
锶(Sr)	—	1	1
钡(Ba)	—	5	10
锌(Zn)	10	1	1
镉(Cd)	5	1	1

续表

指标名称	指标		
	MOS 级企业标准 5～10μm 颗粒	BV-Ⅰ级企业标准 2μm 以上颗粒	EL-UM 级企业标准 0.5μm 以上颗粒
铝(Al)	—	5	10
镓(Ga)	—	—	10
硅(Si)	—	—	10
锗(Ge)	—	—	10
锡(Sn)	—	—	20
铅(Pb)	10	3	1
砷(As)	—	—	10
铬(Cr)	—	5	2
锰(Mn)	10	1	1
铁(Fe)	50	1	1
钴(Co)	10	1	1
镍(Ni)	10	1	1

【生产工艺路线】 以工业丙酮为原料，采用无水碳酸钾或 0.4μm 分子筛等方法脱水，加高锰酸钾溶液去除还原性有机物等化学处理，然后在高效精馏塔内进行精馏，收集沸程为 55～57℃的馏出物。如颗粒达不到质量要求，需用 0.2μm 微孔滤膜过滤。

【安全性】 一般对各种集成电路清洗等均无腐蚀，不含氟利昂和氢氯氟烃类物质，不易燃，挥发速率极快，不留任何残渣；安全、环保。

【生产单位】 北京化学试剂所，天津化学试剂三厂，北京化工厂，上海化学试剂一厂。

Eg012 乙酸（集成电路用）

【英文名】 aceticacid (for IC use)

【组成】 选用多种优质表面活性剂、溶剂、调节剂、光亮剂和去离子水等配制而成。

【性能及用途】 沸点 118℃。密度（25℃）1.05g/mL。折射率（n_D^{20}）1.3718。无色透明液体，具有刺激性气味，易燃，在低温下凝结为薄片结晶，其熔点 16.2℃。乙酸系弱酸，其离解常数为 1.74×10^{-5}。能与水、乙醇和乙醚等混溶。一般作清洗去油剂用，弱酸性腐蚀剂，可以与过氧化氢、硝酸配制强酸性氧化剂使用。

【产品质量标准】

指标名称	指标		
	MOS 级企业标准 5～10μm 颗粒	BV-Ⅰ级企业标准 2μm 以上颗粒	EL-UM 级企业标准 0.5μm 以上颗粒
颗粒数/(个/100mL)	≤2700	≤300	≤3000
含量/%	>99.8	>99.8	>99.8
色度(黑曾单位)	—	—	≤10

续表

指标名称	指标		
	MOS 级企业标准 5～10μm 颗粒	BV-Ⅰ级企业标准 2μm 以上颗粒	EL-UM 级企业标准 0.5μm 以上颗粒
水分/%	—	—	<0.2
氯化物(Cl)/10^{-6}	<1	<0.1	<0.1
硫酸盐(SO_4^{2-})/10^{-6}	<1	<0.5	<0.5
磷酸盐(PO_4^{3-})/10^{-6}	<1	<0.5	<0.5
乙醛/10^{-6}	<2	<2	—
还原重铬酸钾物质	合格	合格	合格
还原高锰酸钾物质	—	—	合格
杂质最高含量/10^{-9}			
锂(Li)	20	5	1
钠(Na)	100	50	100
钾(K)	100	10	10
铜(Cu)	20	2	1
银(Ag)	20	5	1
金(Au)	100	3	1
铍(Be)	—	5	—
镁(Mg)	100	10	10
钙(Ca)	100	20	20
锶(Sr)	—	1	1
钡(Ba)	100	5	10
锌(Zn)	50	5	10
镉(Cd)	50	2	1
硼(B)	20	10	10
铝(Al)	50	10	10
镓(Ga)	20	5	10
铟(In)	20	5	—
硅(Si)	—	—	10
锗(Ge)	—	—	10
锡(Sn)	50	30	20
铅(Pb)	50	—	1
钛(Ti)	50	5	—
砷(As)	20	5	5
锑(Sb)	20	30	—
铋(Bi)	20	5	—

续表

指标名称	指标		
	MOS 级企业标准 5～10μm 颗粒	BV-Ⅰ级企业标准 2μm 以上颗粒	EL-UM 级企业标准 0.5μm 以上颗粒
铬(Cr)	20	—	2
钼(Mo)	100	5	—
锰(Mn)	20	1	1
铁(Fe)	200	10	20
钴(Co)	20	2	1
镍(Ni)	20	5	5
铂(Pt)	100	3	—

【生产工艺路线】 依工业乙酸质量情况，可采取化学预处理方法。为了去除水分和痕量乙醛，可加入少量醋酸酐和高锰酸钾，然后在高效精馏塔内精馏，在超净环境下接收样品。如产品所含颗粒达不到质量要求，需用 0.2μm 微孔滤膜过滤。

【安全性】 一般对各种集成电路清洗等均无腐蚀，不含氟利昂和氢氯氟烃类物质，不易燃，挥发速率极快，不留任何残渣；安全、环保。

【生产单位】 北京化学试剂所，天津化学试剂三厂，北京化工厂，上海化学试剂一厂。

Eg013 乙酸丁酯（集成电路用）

【英文名】 butyl acetate (for IC use)

【组成】 选用多种优质表面活性剂、溶剂、调节剂、光亮剂和去离子水等配制而成。

【性能及用途】 沸点 126.5℃；密度（25℃）0.88g/mL；折射率（n_D^{20}）1.3951。无色透明液体，具有水果香味。微溶于水，能溶于乙醇、乙醚和烃类。一般作清洗去油剂用，环化橡胶系负型光刻胶配套试剂。

【产品质量标准】

指标名称	指标		
	MOS 级企业标准 5～10μm 颗粒	BV-Ⅰ级企业标准 2μm 以上颗粒	EL-UM 级企业标准 0.5μm 以上颗粒
颗粒数/(个/100mL)	≤2700	≤300	≤2000
含量/%	>97.0	>98	>98.8
色度(黑曾单位)	—	—	≤10
水分/%	<0.1	<0.05	<0.02
游离酸(以 CH_3COOH 计)/10^{-6}	<100	<50	<20
蒸发残渣/10^{-6}	—	<10	<5
硫酸试验	合格	合格	合格
磷酸盐(PO_4^{3-})/10^{-6}	—	—	<0.5

续表

指标名称	指标		
	MOS 级企业标准 5～10μm 颗粒	BV-Ⅰ级企业标准 2μm 以上颗粒	EL-UM 级企业标准 0.5μm 以上颗粒
杂质最高含量/10^{-9}			
锂(Li)	—	1	1
钠(Na)	500	10	10
钾(K)	—	10	2
铜(Cu)	10	1	1
银(Ag)	—	2	1
金(Au)	—	—	1
镁(Mg)	50	1	1
钙(Ca)	—	3	3
锶(Sr)	—	1	1
钡(Ba)	—	5	10
锌(Zn)	10	5	5
镉(Cd)	5	1	1
铝(Al)	—	5	10
镓(Ga)	—	—	10
硅(Si)	—	—	10
锗(Ge)	—	—	10
锡(Sn)	—	—	20
铅(Pb)	10	3	1
砷(As)	—	—	50
铬(Cr)	—	5	1
锰(Mn)	10	1	1
铁(Fe)	50	10	10
钴(Co)	10	1	1
镍(Ni)	10	1	1

【生产工艺路线】 依工业乙酸丁酯所含杂质情况，可采取不同化学处理，然后在高效精馏塔内进行精馏。所得产品如颗粒达不到质量要求，需经 0.2μm 微孔滤膜过滤。

【安全性】 一般对各种集成电路清洗等均无腐蚀，不含氟利昂和氢氯氟烃类物质，不易燃，挥发速率极快，不留任何残渣；安全、环保。

【生产单位】 北京化学试剂所，天津化学试剂三厂，北京化工厂，上海化学试剂一厂。

Eg014 电子级水（集成电路用）

【英文名】 electronic grade water (for IC use)

【组成】 选用多种微滤设备、离子交换混合床、紫外杀菌器与反渗透膜技术等配制而成。

【性能及用途】 无色透明液体，无臭、无味。在4℃时密度为1.000000g/mL，理论纯水电阻率（25℃）为18.25MΩ·cm，pH（25℃）为6.999。一般在微电子工业中或在超净高纯试剂制备中，作为清洗剂，使用极广，用量极大。

【制法】 一般城市自来水为原水，通常总含盐量在（200～500）$\times 10^{-6}$范围内，预处理可选无烟煤和石英砂作为多介质过滤器滤料和活性炭吸附，对原水机械杂质、有机物、细菌进行去除，而对无机离子效果不大。

采用反渗透膜技术可以去除水中溶解性无机盐、有机物、胶体、微生物、热原及病毒等。反渗透膜一般为醋酸纤维素、聚酰胺复合膜，其孔径为0.4～1.0nm，当施加压力超过自然渗透压时，原水中盐类、细菌及不溶物质被截留，而穿过半透膜为含盐量低的淡水，脱盐率可达95%以上。

离子交换混合床为去除无机离子的主要方法，可去除溶解的0.2～0.8nm大小无机盐，溶解的气体、SO_2、NH_3及微量元素，而达到净化水的目的。

微滤是制备电子级水关键技术之一，微孔过滤是目前应用最广泛的膜分离技术。通过0.1～10μm微孔膜过滤可以去除溶液中微粒、胶体、微生物和细菌。在电子级水制备工艺中，采用粗滤（3～10μm）过滤器和精滤（0.2μm或0.45μm）过滤器，可以去除水中微粒、树脂碎片、细菌等。精滤常用于水终端或用水再处理。在精处理系统中采用两级在线紫外杀菌器（一级为185nm杀菌器，另一级为2540nm杀菌器），来杀灭水中细菌微生物。

【工艺流程】 （参见图E-1）

将原水注入原水储罐中，经原水泵注入多介质过滤器，活性炭吸附罐，再进入反渗透装置，脱去原水中大部分盐类。经反渗透处理后的水，通过离子交换初混床去除无机离子，再经3μm过滤器进入粗纯水槽。循环泵将粗纯水槽的水注入离子交换精混床，并通过在线紫外杀菌器，进入精滤器。通过终端0.2μm微孔过滤的水，即为微电子工业用水或超净高纯试剂制备用水。

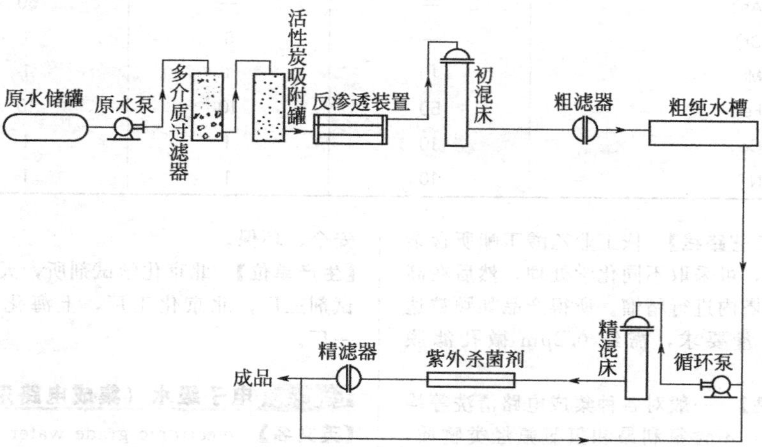

图E-1 电子级水制备生产流程图

【产品质量标准】

电子级水标准

项目	EW-Ⅰ	EW-Ⅱ	EW-Ⅲ	EW-Ⅳ	EW-Ⅴ
电阻率(25℃)/MΩ·cm	18 (90%时间) 最小 17	15 (90%时间) 最小 12	10 (90%时间) 最小 8	≥2	≥0.5
大于 1μm 颗粒数/(个/mL)	1	5	10	100	500
钠含量(最大值)/(μg/L)	0.5	5	10	200	1000
铁含量(最大值)/(μg/L)	0.5	5	10	100	500

【主要原料及其规格】 一般以城市自来水为原水。

【消耗定额】 (以生产每吨电子级水计)原水约为 1.8t。

【安全性】 一般以城市自来水为原水经过多种微滤设备、离子交换混合床、紫外杀菌器与反渗透膜技术等配制而成的集成电路用电子级水安全、环保。

【生产单位】 北京化学试剂所，天津化学试剂三厂，北京化工厂，上海化学试剂一厂。

Eg015 硫酸（集成电路用）

【英文名】 sulfuric acid (for IC use)

【组成】 选用工业硫酸、$KMnO_4$、石英精馏塔釜、精馏塔冷凝器、储罐、过滤器多种优质等设备配制而成。

【性能及用途】 无色透明油状液体，在25℃时密度为1.83g/mL，含量98.3%的硫酸沸点为338℃。硫酸具有强烈吸水性，可作为优良的干燥剂，同时能从含氢氧元素纸、木、布等有机物按水的组成夺取水使之炭化，甚至着火，由于硫酸溶解热大，在稀释时应将硫酸在不断搅拌下慢慢地加入水中，以免温度猛烈上升。一般在微电子工业中作为强酸性清洗腐蚀剂。使用时，可与双氧水配制使用。

【制法】 工业硫酸一般呈微黄色黏稠液体，精馏提纯前经化学预处理，加入氧化剂（如 $KMnO_4$）使其还原物质氧化。在高效石英精馏塔内进行精馏，控制回流比，稳定精馏速率，收集成品在储罐内。在超净工作台内分装成品，如颗粒指标达不到质量标准，成品需经超净过滤。

【产品质量标准】

项目	MOS 级企标①	BV-Ⅲ② (相当 semi C7 标准)
颗粒	5～10μm 颗粒 ≤2700 个/100mL	0.5μm 以上颗粒 ≤30 个/mL
含量/%	>96.0	95.0～97.0
杂质最高含量/10^{-9}		
钠(Na)	200	10
钙(Ca)	200	10
铝(Al)	50	10
铁(Fe)	100	10
铅(Pb)	50	10
砷(As)	10	5

① 北京化工厂企标。

② 北京化学试剂研究所标准。

【生产工艺路线】 依工业硫酸质量情况，可采取不同方法进行化学处理，然后在高效石英精馏塔内进行精馏，超净环境下接收样品。如产品所含颗粒达不到质量要求，需用 0.2μm 微孔滤膜过滤。生产流程图如图 E-2 所示。

【主要原料及其规格】 工业硫酸（优级品）含量≥92.5%。

【消耗定额】 (以生产每吨硫酸计）工业硫酸约 1.2t。

【安全性】 一般工业硫酸质量达标情况下，经过采取不同方法进行化学处理，然后在高效石英精馏塔内进行精馏，超净环

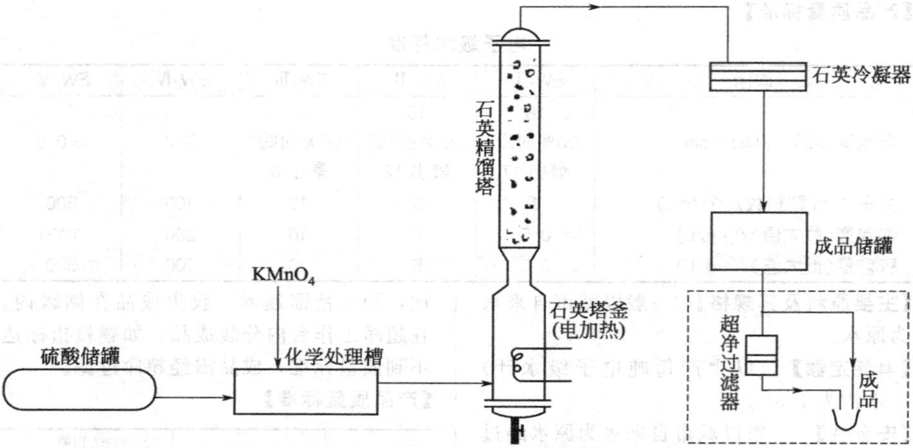

图 E-2 硫酸提纯生产流程图

境下接收样品，过程基本安全、环保。

【生产单位】 北京化学试剂所，天津化学试剂三厂，北京化工厂，上海化学试剂一厂。

Eg016 氢氟酸（40%，50%集成电路用）

【英文名】 hydrofluoric acid（40%，50% for IC use）

【组成】 选用氢氟酸优质原料、进行有机物化学预处理。然后在高效精馏塔内进行精馏，成品颗粒指标达到质量标准，收集等配制而成。

【性能及用途】 氢氟酸是氟化氢的水溶液，无色透明液体。在25℃时密度为1.153g/mL（50%HF），其蒸气具有刺激性并有毒、接触皮肤可引起严重烧伤且不易治愈，应先用大量水冲洗后就医。对金属、玻璃、混凝土等具有强烈腐蚀性。一般在微电子工业中作为强酸性腐蚀剂，可以与硝酸、乙酸；双氧水、氨水配制使用。

【制法】 依原料氢氟酸质量情况，对其关键杂质硅、硼、砷、磷及有机物进行化学预处理。然后在高效精馏塔内进行精馏（塔为四氟乙烯材质），成品收集在储罐内，在超净工作台内分装产品。

【工艺流程】 （参见图 E-3）选用工业氢氟酸（优级品）为原料，在预处理槽内加入化学处理剂进行混合，放置沉降后，将处理后的氢氟酸，加入塔釜内（银釜或四氟乙烯釜），开始加热，并给精馏塔冷凝器通冷却水，成品收集在储罐内。然后在超净工作台内分装成品，包装瓶应符合洁净度要求，如成品颗粒指标达不到质量标准，需经超净过滤。（过滤设备均为四氟乙烯材质）。

【产品质量标准】

项目	MOS级企标①	BV-Ⅲ级②（相当 semi C7 标准）
颗粒	5～10μm 颗粒 ≤2700个/100mL	0.5μm 以上颗粒 ≤10个/10mL
含量/%	>40.0	48.8～49.2
杂质最高含量/10^{-9}		
钠(Na)	200	10
钙(Ca)	100	10
铝(Al)	100	10
铁(Fe)	100	10
砷(As)	50	5
银(Ag)	20	5

① 北京化工厂企标。

② 北京化学试剂研究所标准。

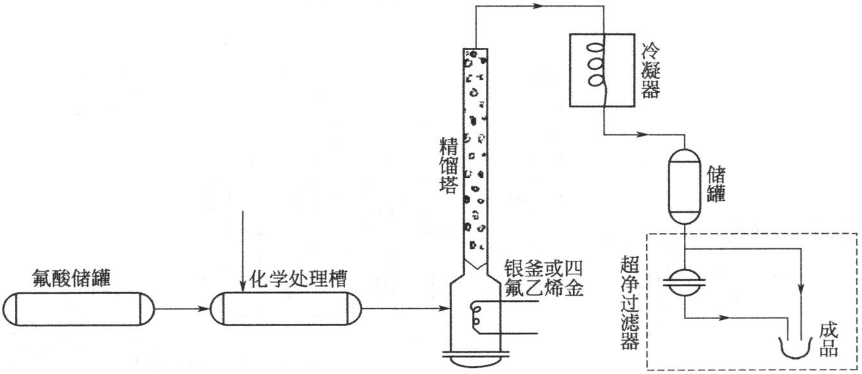

图 E-3 氢氟酸提纯生产流程图

【主要原料及其规格】 工业氢氟酸（优级品）含量≥40%。

【消耗定额】（以生产每吨氢氟酸计） 工业氢氟酸约 1.3t。

【安全性】 一般依原料氢氟酸质量达标情况下，对其关键杂质硅、硼、砷、磷及有机物进行化学预处理。然后在高效精馏塔内进行精馏（塔为四氟乙烯材质），成品收集在储罐内，过程基本安全、环保。

【生产单位】 北京化学试剂所，天津化学试剂三厂，北京化工厂，上海化学试剂一厂。

Eg017 过氧化氢（集成电路用）

【英文名】 hydrogen peroxide (for IC use)

【组成】 选用过氧化氢与水、乙醇和乙醚相混溶，在高效蒸馏塔内进行减压蒸馏，水冷接收器接收过氧化氢，再用高浓、低浓过氧化氢配制成所需浓度过氧化氢。

【性能及用途】 无色透明液体，30% H_2O_2 在 25℃时密度为 1.11g/mL，与水、乙醇和乙醚相混溶。过氧化氢是极弱的酸，是强氧剂，在某些情况下，又是还原剂。高浓度过氧化氢能使有机物燃烧，与二氧化锰作用会发生爆炸。在储存时能分解成水和氧。溅到皮肤上引起灼烧和发痒，使皮肤变白，但伤处经水洗后数小时，症状可消失。一般在微电子工业中作为清洗腐蚀剂，可与硫酸、硝酸、氢氟酸和氨水配制使用。

【制法】 采用电解法制备的工业过氧化氢为原料，在高效蒸馏塔内进行减压蒸馏，在串联几个水冷接收器接收过氧化氢（前边接收器内为高浓过氧化氢），用高浓、低浓过氧化氢配制成所需浓度过氧化氢。在超净工作台内分装成品。

【工艺流程】（参见图 E-4）

采用电解法制备的过氧化氢为原料，加入列管式蒸发器内，调节蒸气阀门控制蒸发速率，经减压蒸馏后，在串联几个水冷接收器收集过氧化氢，然后将不同接收器内过氧化氢混配成所需的浓度。在超净工作台内分装成品，包装瓶应符合洁净度要求，如成品颗粒指标达不到质量标准，需经超净过滤。

【产品质量标准】

项目	MOS 级企标①	BV-Ⅲ级②(相当 semi C7 标准)
颗粒	5～10μm 颗粒 ≤2700 个/100mL	0.5μm 以上颗粒 ≤10 个/mL
含量/%	>30	30.0～32.0

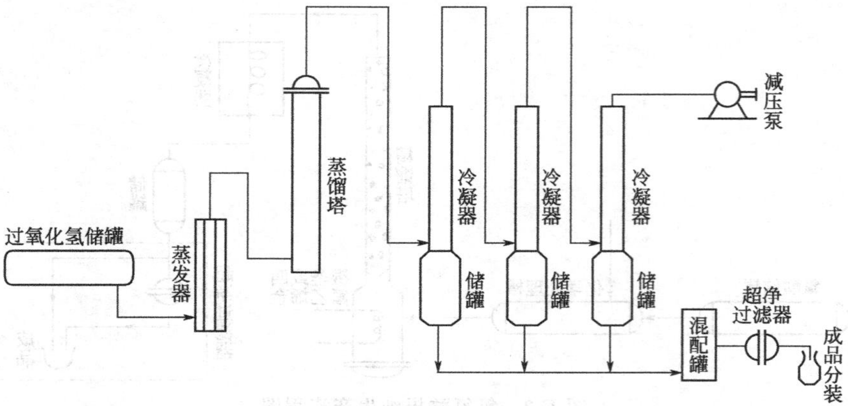

图 E-4 过氧化氢提纯生产流程图

续表

项目	MOS 级企标①	BV-Ⅲ级②(相当 semi C7 标准)
杂质最高含量/10^{-9}		
钠(Na)	500	10
钙(Ca)	200	10
铝(Al)	500	10
铁(Fe)	100	10

① 北京化工厂企标。

② 北京化学试剂研究所标准。

【主要原料及其规格】 工业过氧化氢（电解法制备）含量>27.5%。

【消耗定额】（以生产每吨过氧化氢计）工业过氧化氢约 1.6t。

【安全性】 一般采用电解法制备的工业过氧化氢为原料，在高效蒸馏塔内进行减压蒸馏，在串联几个水冷接收器接收过氧化氢（前边接收器内为高浓过氧化氢），用高浓、低浓过氧化氢配制成成品，过程基本安全、环保。

【生产单位】 北京化学试剂所，天津化学试剂三厂，北京化工厂，上海化学试剂一厂。

Eg018 氢氧化铵（集成电路用）

【英文名】 ammonium hydroxide (for IC use)

【组成】 选用无色透明液态氨，与多种与醇醚相混溶，遇酸激烈反应放热生成盐，当热至沸腾时，即全部氨以气态从溶液中等配制而成。

【性能及用途】 无色透明液体，具有氨的特殊气味呈强碱性。比水轻，常温下饱和氨水含氨量为 25%～27%，在 25℃时密度为 0.90g/mL。能与醇醚相混溶，遇酸激烈反应放热生成盐，当热至沸腾时，全部氨以气态从溶液中逸出。氨与空气的混合气体有爆炸的危险性。一般在微电子工业中作为碱性腐蚀清洗剂，可与过氧化氢、氟酸配套使用。

【工艺流程】（参见图 E-5）

以工业钢瓶液态氨为原料，在常温下挥发出氨气，调节控制阀控制其流速，通入高锰酸钾、EDTA 等洗涤塔，去除工业氨中杂质。处理后氨气，经微孔过滤器，再通入装有高纯水吸收罐内吸收氨，当含量达到 25%以上时，停止通氨。吸收罐需用冷水冷却。氨的水溶液再经 0.2μm 微孔过滤器过滤即为成品。选择化学稳定性好的聚乙烯瓶，在超净环境下进行洗瓶和分装。

【产品质量标准】

项目	MOS 级企标①	BV-Ⅲ级标准②(相当 semi C7 标准)
颗粒	5～10μm 颗粒 ≤2700 个/100mL	0.5μm 以上颗粒 ≤25 个/mL
含量/%	>25.0	28.0～30.0

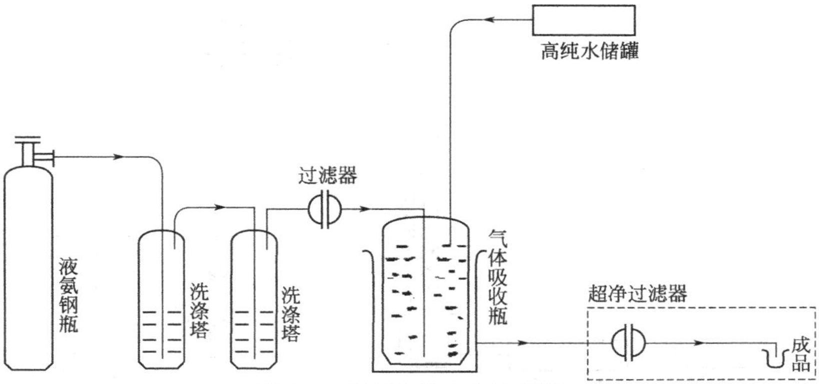

图 E-5 氢氧化铵生产流程图

续表

项目	MOS 级企标①	BV-Ⅲ级标准②（相当 semi C7 标准）
杂质最高含量/10^{-9}		
钠(Na)	1000	10
钙(Ca)	200	10
铝(Al)	100	10
铁(Fe)	100	10

① 北京化工厂企标。

② 北京化学试剂研究所标准。

【主要原料及其规格】 工业钢瓶液氨，含量 99.5%。

【消耗定额】（以生产每吨氢氧化铵计） 工业液氨约 0.22t。

【安全性】 一般以工业钢瓶液态氨为原料，在常温下挥发出氨气，控制其流速，经高锰酸钾、EDTA 等气体洗涤塔后，去除工业氨中杂质，过程基本安全、环保。

【生产单位】 北京化学试剂所，天津化学试剂三厂，北京化工厂，上海化学试剂一厂。

Eg019 乙醇（集成电路用）

【英文名】 ethanol (for IC use)

【组成】 选用工业乙醇以无色透明易挥发液体能与水、乙醚、三氯甲烷相混溶，其蒸气与空气混合物、能与水形成共沸混合物（乙醇含量为 95.6%）。

【性能及用途】 沸点 78.5℃ 、密度（20℃） 0.793g/mL、折射率（n_D^{20}）1.3611。无色透明易挥发液体，易吸潮、易燃，能与水、乙醚、三氯甲烷相混溶。其蒸气与空气混合物爆炸极限为 3.5%～18.0%，能与水形成共沸混合物（乙醇含量为 95.6%）。一般在微电子工业中，用作脱水去污剂，可配合去油剂使用。

【制法】 工业乙醇含量为 95.6%，其中约 4.4%的水分不能用精馏法去除，可采用分子筛吸附、戊烷共沸和新灼烧的氧化钙吸附等脱水法处理。在高效精馏塔内进行精馏，如颗粒指标达不到质量标准，成品需经超净过滤。

【工艺流程】（参见图 E-6）

以工业乙醇为原料，在预处理槽内进行脱水处理，将处理后的乙醇加入不锈钢塔釜内，开始加热，并给精馏塔冷凝器通冷却水，在超净工作台内分装成品。包装瓶应在超净条件下清洗，经检查合格，方可使用。如成品颗粒指标达不到质量标准，需经超净过滤。乙醇属于易燃易爆有机溶剂，精馏塔、超净工作台均应有防爆措施。

【产品质量标准】

项目	MOS 级企标①	BV-Ⅲ②级标准（相当 semi C7 标准）
颗粒	5～10μm 颗粒 ≤2700 个/100mL	0.5μm 以上颗粒 ≤20 个/mL
含量/%	>99.9	>99.5

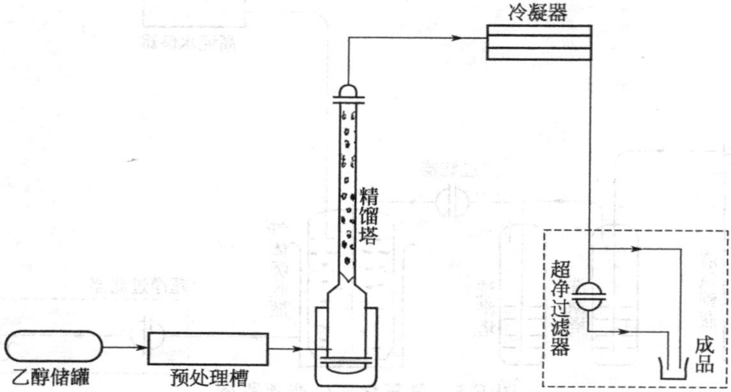

图 E-6 乙醇提纯生产流程图

续表

项目	MOS 级企标①	BV-Ⅲ② 级标准（相当 semi C7 标准）
杂质最高含量/10^{-9}		
钠(Na)	50	100
镁(Mg)	10	2
铅(Pb)	10	1
铁(Fe)	100	5

① 北京化工厂企标。

② 北京化学试剂研究所标准。

【主要原料及其规格】 工业乙醇，含量 95.6%。

【消耗定额】（以生产每吨乙醇计） 工业乙醇约 1.2t。

【安全性】 一般以乙醇含量为 95.6%，其中约 4.4%的水分不能用精馏法去除，可采用分子筛吸附、戊烷共沸和新灼烧的氧化钙吸附等脱水法处理，过程基本安全、环保。

【生产单位】 北京化学试剂所，天津化学试剂三厂，北京化工厂，上海化学试剂一厂。

Eg020 丙酮（集成电路用）

【英文名】 acetone (for IC use)

【组成】 以工业丙酮为原料经化学预处理加高锰酸钾去除有机物，溶于水、乙醇、乙醚等有机溶剂配制而成。

【性能及用途】 沸点 56.5℃、密度（20℃）0.790 ～ 0793g/mL、折射率（n_D^{20}）1.3591。无色透明液体，挥发性强，有刺激性臭味，易燃，易溶于水、乙醇、乙醚等有机溶剂。其蒸气与空气的混合物爆炸极限为 2.55%～12.8%。一般在微电子工业中作为清洗去油剂，可以与乙醇、甲苯搭配使用。

【制法】 以工业丙酮为原料，经化学预处理（加高锰酸钾）去除还原性有机物，然后采用无水碳酸钾或 4Å 分子筛脱水。在高效精馏塔内进行精馏，收集沸点 55～57℃的馏出物。在超净工作台内分装成品，如颗粒指标达不到质量标准，需经超净过滤。

【工艺流程】（参见图 E-7）

以工业丙酮为原料，在预处理槽加入少量高锰酸钾进行预处理，然后再经无水碳酸钾或 4A 分子筛脱水。将处理后的丙酮加入不锈钢塔釜内，开始加热，并给精馏塔冷凝器通冷却水，收集沸点 55～57℃的馏出物，在超净工作台内分装产品。包装瓶应在超净条件下清洗，经检查合格，方可使用。丙酮属于易燃易爆有机溶剂，工作室和超净工作台都应有防爆措施。

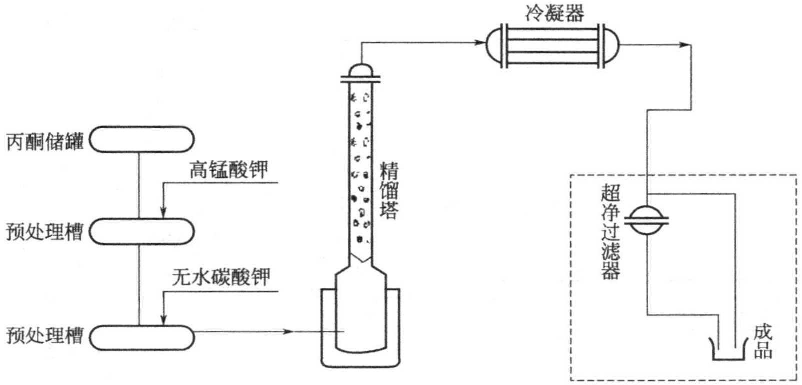

图 E-7 丙酮提纯生产流程图

【产品质量标准】

项目	MOS级企标①	BV-Ⅲ级标准②（相当 semi C7 标准）
颗粒	5～10μm 颗粒 ≤2700个/100mL	0.5μm 以上颗粒 ≤20个/mL
含量/%	>99.5	>99.8
水分/%	<0.2	<0.2
杂质最高含量/10^{-9}		
钠(Na)	500	10
镁(Mg)	50	1
铅(Pb)	10	1
铁(Fe)	50	1

① 北京化工厂企标。

② 北京化学试剂研究所标准。

【主要原料及其规格】 工业丙酮含量≥99.0%。

【消耗定额】（以生产每吨丙酮计） 工业丙酮约 1.2t。

【安全性】 一般以工业丙酮为原料，加入高锰酸钾进行预处理，去除杂质，过程基本安全、环保。

【生产单位】 北京化学试剂所，天津化学试剂三厂，北京化工厂，上海化学试剂一厂。

Eg021 甲苯（集成电路用）

【英文名】 toluene (for IC use)

【组成】 选用以工业甲苯为原料，加浓硫酸进行化学处理，处理后甲苯在高效精馏塔进行精馏配制而成。

【性能及用途】 沸点 110.8℃、折射率（n_D^{20}）1.4967、密度（20℃）0.790～0.793g/mL；无色透明液体，有类似苯气味、有毒、易燃，能与乙醇、乙醚、三氯甲烷、丙酮等有机溶剂相混溶，不溶于水。其蒸气与空气的混合物爆炸极限 1.27%～7.0%。一般在微电子工业中作为清洗去油剂，可与丙酮、乙醇搭配使用。

【制法】 以工业甲苯为原料，为了去除噻吩和其他含硫杂质，加浓硫酸进行化学处理，经过搅拌后将深色酸层分出，用水洗涤甲苯。

处理后甲苯在高效精馏塔进行精馏，弃去最初馏出液，在超净工作台内收集、分装成品。如颗粒指标达不到质量标准，需经超净过滤。

【工艺流程】（参见图 E-8）

以工业甲苯为原料，在预处理罐内加入浓硫酸在搅拌下甲苯与浓硫酸充分混合，静置后分出深色酸层，再用水洗甲苯。

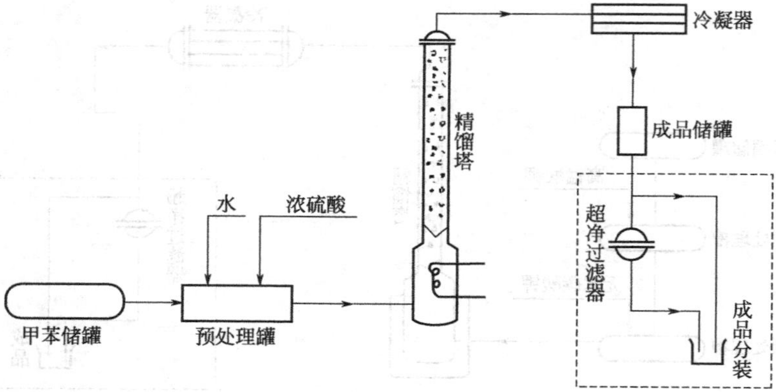

图 E-8 甲苯提纯生产流程图

处理过的甲苯加入不锈钢塔釜内，加热，并给精馏塔冷凝器通冷却水，弃去最初馏出物，收集成品在储罐内，在超净工作台分装产品。包装瓶应在超净条件下清洗，经检查合格，方可使用。

因甲苯有毒、易燃，应在通风良好处操作。

【产品质量标准】

项目	MOS 级企标①	BV-Ⅲ级标准②
颗粒	5～10μm 颗粒 ≤2700 个/100mL	0.5μm 以上颗粒 ≤20 个/mL
含量/%	>99.5	>99.5
水分/%	<0.01	<0.03
杂质最高含量/10^{-9}		
钠(Na)	100	5
镁(Mg)	10	5
铁(Fe)	50	5

① 北京化工厂企标。

② 北京化学试剂研究所标准。

【主要原料及其规格】 工业甲苯 化学纯（GB/T 684—1999）。

【消耗定额】（以生产每吨甲苯计） 工业甲苯约 1.2t。

【安全性】 一般以工业甲苯为原料，处理过的甲苯加入不锈钢塔釜内，加热，并给精馏塔冷凝器通冷却水，过程基本安全、环保。

【生产单位】 北京化学试剂所，天津化学试剂三厂，北京化工厂，上海化学试剂一厂。

Eg022 硝酸（集成电路用）

【英文名】 hydrogen nitrate (for IC use)

【组成】 以工业硝酸为原料，选用高效精馏塔釜、冷凝器多种设备、纯水稀释等配制而成。

【性能及用途】 无色透明液体，能与水混溶，为强酸、强氧化剂。含量为 70% 硝酸，在 25℃时密度为 1.42g/mL，受热或受日光照射会发生分解，产生二氧化氮，使硝酸变为浅黄色。能使有机物氧化或硝化。一般在微电子工业中作为强酸性清洗腐蚀剂，可与冰醋酸、双氧水配制使用。

【制法】 以工业硝酸为原料，开始精馏时沸点为 85.5℃，硝酸浓度近 100%，随着精馏进行沸点升高，当达到 121.8℃时为恒沸点，气液浓度相等均为 68.4%。为了制备 69%～71% 的硝酸，可用纯水稀释浓硝酸至相对密度 1.40～1.42 即可。此时硝酸因含有大量 NO_2 外观呈棕色，可用纯氮气驱赶 NO_2，此工序称之为“吹白”、经“吹白”、所得到的硝酸，为无色透明液体。

【工艺流程】（参见图 E-9）

选用工业硝酸（一级品）为原料，加入高效精馏塔釜中，开始电加热，并给精馏塔冷凝器通冷却水，控制回流比，收集成品在储罐内，用纯水稀释储罐内的硝酸至相对密度为 1.40～1.42，然后向罐内通入氮气进行“吹白”，在超净工作台内分装成品，包装瓶应在超净条件下清洗，经检查合格后，方可使用。如成品颗粒指标达不到质量标准，需经超净过滤。

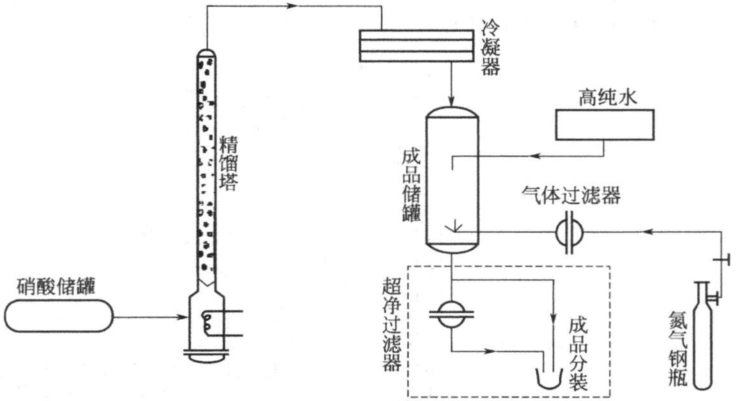

图 E-9　硝酸提纯生产流程图

【产品质量标准】

项目	MOS 级企标①	BV-Ⅲ级②（相当 semi C7 标准）
颗粒	5～10μm 颗粒 ≤2700 个/100mL	0.5μm 以上颗粒 ≤15 个/mL
含量/%	69.0～71.0	70.0～71.0
杂质最高含量/10^{-9}		
钠(Na)	300	5
钙(Ca)	100	10
铝(Al)	50	5
铁(Fe)	200	5
砷(As)	10	10

① 北京化工厂企标。

② 北京化学试剂研究所标准。

【主要原料及其规格】工业硝酸（一级品），含量≥98.2%。

【安全性】一般以选用工业硝酸（一级品）为原料，加入高效精馏塔釜中，开始电加热，并给精馏塔冷凝器通冷却水，控制回流比，收集成品在储罐内，过程基本安全、环保。

【生产单位】北京化学试剂所，天津化学试剂三厂，北京化工厂，上海化学试剂一厂。

Eg023　盐酸（集成电路用）

【英文名】hydrochloric acid (for IC use)

【组成】选用多种无色透明氯化氢水溶液，25%以上盐酸与双氧水配制而成。

【性能及用途】无色透明氯化氢水溶液，25%以上盐酸在空气中发烟，有刺激性气味，呈强腐蚀性、强酸性，能与水任意相溶，含量为 37%～38%盐酸在 25℃时密度为 1.19g/mL。一般在微电子工业中，作为酸性清洗腐蚀剂，可以与双氧水配制使用。

【制法】工业盐酸在用蒸馏法提纯时所含杂质 Fe^{2+}、游离氯不易合格，蒸馏前可加入氯化亚锡进行化学预处理，其反应如下。

$$2FeCl_3 + SnCl_2 \longrightarrow 2FeCl_2 + SnCl_4$$

三氯化铁　氯化亚锡　二氯化铁　氯化锡

$$Cl_2 + SnCl_2 \longrightarrow SnCl_4$$

使杂质在浓盐酸中挥发性降低，使其得以分离。在蒸馏时，开始蒸出为浓盐酸，当沸点升至108.5℃时，蒸出为恒沸酸，含量为22.2%，将浓酸与稀酸相混可制备36%～38%的盐酸。

【工艺流程】（参见图E-10）

选用工业盐酸为原料，在预处理槽内加入氯化亚锡进行化学预处理，将处理后的盐酸加入塔釜内，开始电加热，并给蒸馏塔冷凝器通冷却水，收集浓酸和稀酸在储罐内，配制成36%～38%的盐酸。在超净工作台内分装成品，包装瓶应在超净条件下清洗，经检查合格后，方可使用。如成品颗粒指标达不到质量标准，需经超净过滤。

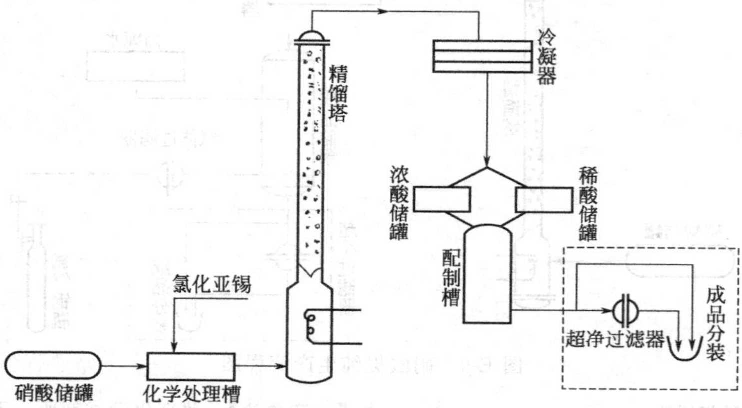

图E-10 盐酸提纯生产流程图

【产品质量标准】

项目	MOS级企标①	BV-Ⅲ级②（相当semi C7标准）
颗粒	5～10μm颗粒≤2700个/100mL	0.5μm以上颗粒≤20个/mL
含量/%	36.5～38.5	36.5～38.0
杂质最高含量/10^{-9}		
钠(Na)	500	10
钙(Ca)	200	10
铝(Al)	50	10
铁(Fe)	200	5
砷(As)	10	5

① 北京化工厂企标。

② 北京化学试剂研究所标准。

【主要原料及其规格】 工业盐酸，含量29%～31%。

【消耗定额】（以生产每吨盐酸计）工业盐酸约1.2t。

【安全性】 一般以选用多种无色透明氯化氢水溶液，25%以上盐酸与双氧水配制等，去除中杂质过程基本安全、环保。

【生产单位】 北京化学试剂所，天津化学试剂三厂，北京化工厂，上海化学试剂一厂。

集成电路用紫外光致抗蚀剂

光致抗蚀剂的历史可追溯至照相技术的诞生，1826年世界上第一张照片的产生就采用了抗蚀剂材料——Judea沥青。此后该项技术虽然没有发展成实用照相术，但在凹版印刷的母版制作中得到应用。利用Judea沥青感光前后溶解性的变化使金属板上的沥青经曝光、显影形成图像，浸入酸中，图形就转移到金属上。因为感光层“抵抗”了酸的作用，保护了金属，从此命名该类化合物为光致抗蚀剂，简称光刻胶。此项技术成为现代微细加工技术的原型。随着科学技术的进步，1852 年出现了重铬酸盐-胶体系光刻胶，1935 年前后又出现了聚乙烯醇肉桂酸酯系光刻胶，20 世纪 50 年代后期光刻胶飞速发展；双叠氮-环化橡胶系光刻胶和重氮萘醌-酚醛树脂系光刻胶等先后诞生，奠定了现代光刻胶生产的基础。光刻胶用于光制作，而光制作的应用范围很广，下面的示意图概括了光制作的应用。

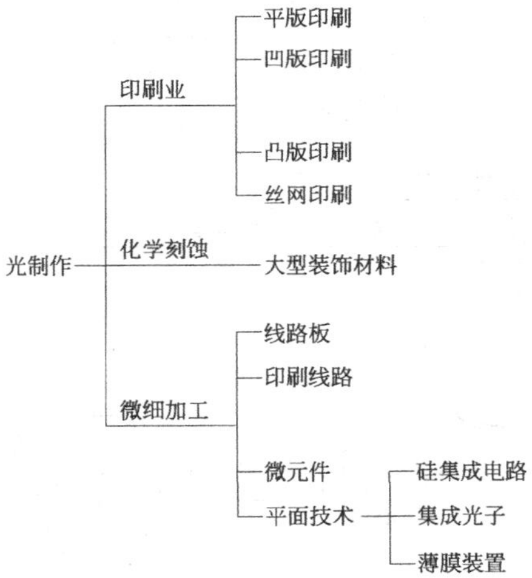

这里重点介绍光刻胶在微细加工平面技术中的应用。尽管在这一领域光刻胶的使用量很少，但这是光刻胶对现代技术最有意义的贡献。光刻胶是半导体技术不可缺少的部分，并在决定元件集成度中起主要的作用。进入 20 世纪 80 年代以来国际上集成电路每 3～5 年就推出新一代产品，从侧面说明了光刻胶的飞速发展。目前美国和日本在光刻胶的科研和生产中居世界领先与主导的地位。4～16M 用光刻胶已开始大量生产，64～256M 用光刻胶也已有商品。光刻胶的线宽已接近 0.1μm。

我国的光刻胶水平与国际先进水平相比有较大的差距。北京化学试剂研究所是国内最早从事光刻胶研究的单位之一，该所承担了“六五”“七五”和“八五”国家光刻胶攻关项目。该所 BN 系列负性光刻胶属双叠氮-环化橡胶系光刻胶；BP 系列正性光刻胶为重氮萘醌-酚醛树脂系光刻胶。最高水平的产品能满足 1M 超大规模集成电路制作的要求。

Eg024 紫外正性光刻胶（集成电路用）

【英文名】 UV positive photoresist (for IC use)

【组成】 由甲酚醛树脂、感光剂、溶剂和添加剂组成。

【性能及用途】 该产品通常为琥珀色或紫红色透明液体，感光材料，遇热分解，在 0～25℃下保存。一般用于大规模集成电路制作和其他微元件的制作等。

【制法】 首先合成甲酚醛树脂和感光剂，反应式如下：

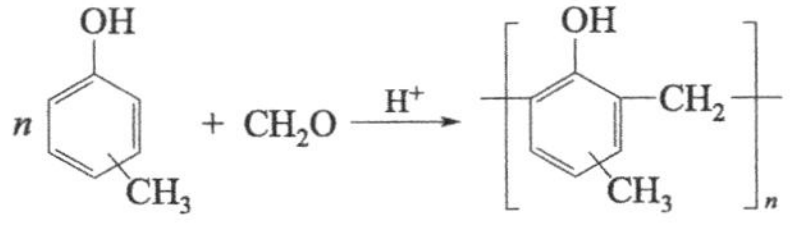

混甲酚　　甲醛　　甲酚醛树脂

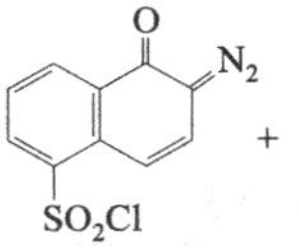

2-重氮基-1,2-萘醌-5-磺酰氯

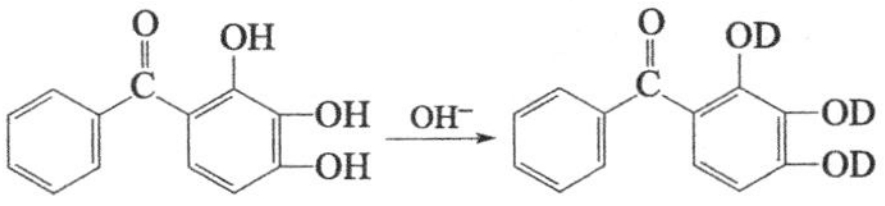

三羟基二苯甲酮

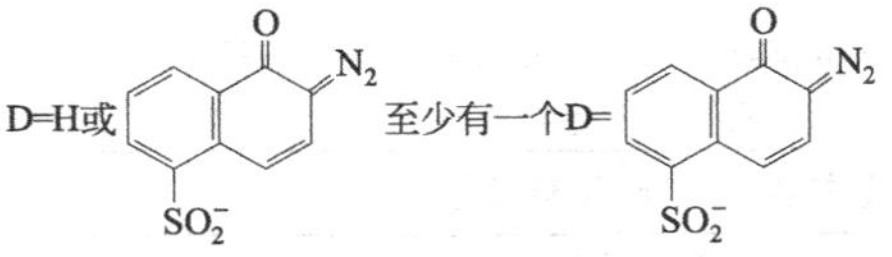

然后按照一定的比例加入溶剂及添加剂配胶，经过多级过滤，成为紫外正性光刻胶。

【工艺流程】 （参见图 E-11）第一，合成甲酚醛树脂。将原料混酚和甲醛送入不锈钢釜，加入适量草酸为催化剂，加热回流反应 5～6h，然后减压蒸馏去除水及未反应的单体酚，得到甲酚醛树脂。第二，合成感光剂。将三羟基二苯甲酮和 215 酰氯加至丙酮中搅拌下溶解，待完全溶解后，滴加有机碱溶液作催化剂，控制反应温度 30～35℃，滴加完毕后，继续反应 1h。将反应液冲至水中，感光剂析出，离心分离，干燥。第三，配胶：将合成的树脂、感光剂与溶剂及添加剂按一定比例混合配胶。然后调整胶的各项指标使之达到要求。最后过滤分装，光刻胶首先经过板框式过滤器粗滤，然后转入超净间（100 级）进行超净过滤，滤膜孔径 0.2μm。经超净过滤的胶液分装即为成品。

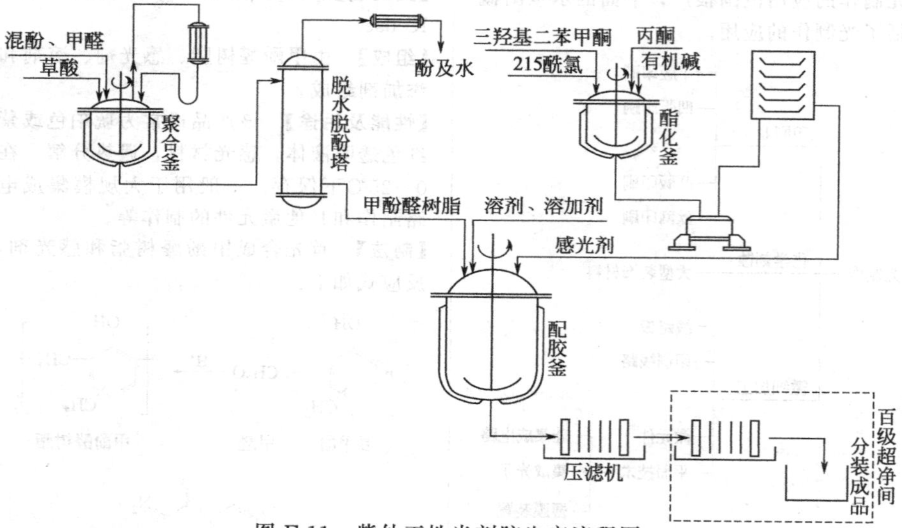

图 E-11 紫外正性光刻胶生产流程图

【产品质量标准】

固体含量	根据实际要求
黏度	根据实际要求
光敏性	最大紫外吸收 340～400nm，感光波长至 500nm
水分(质量分数)	<0.5%
灰分	$<30\times10^{-6}$
金属杂质	各项金属杂质均小于 1×10^{-6}
应用实验	合格

【主要原料及其规格】

1,2-萘醌-2-重氮基-5-磺酰氯(以下简称 215 酰氯)含量(氯值)	≥98%

续表

摩尔吸收系数	400nm>7.80×10^3 600nm<1.5
水分	≤0.02%
金属离子 Na、Fe	$<10\times10^{-6}$
三羟基二苯甲酮	含量≥98%(质量分数)
混酚	有效酚含量≥95%(质量分数)
甲醛	含量 36%～37%(质量分数)
乙二醇单乙醚乙酸酯	含量≥98(体积分数)
丙酮	≥98%(体积分数)

【消耗定额】(以每吨产品计)

215 酰氯	70～80kg
丙酮	700～800kg
混酚	350kg

续表

甲醛	200kg
三羟基二苯甲酮	45～50kg
乙二醇单乙醚乙酸酯	650～700kg

【安全性】 首先以合成甲酚醛树脂。将原料混酚和甲醛送入不锈钢釜，加入适量草酸为催化剂，过程基本安全、环保。

【生产单位】 北京化学试剂所，天津化学试剂三厂，北京化工厂，上海化学试剂一厂。

Eg025 紫外负性光刻胶（集成电路用）

【英文名】 UV negative photoresist (for IC use)

【组成】 聚异戊二烯环化改性，在二甲苯中充分溶解，然后加入交联剂等，经过多级过滤成紫外负性光刻胶。

【性能及用途】 棕黄色透明液体。感光材料；室温下保存。一般在半导体器件光刻及其他精细加工中应用。

【制法】 聚异戊二烯环化改性，反应式如下：

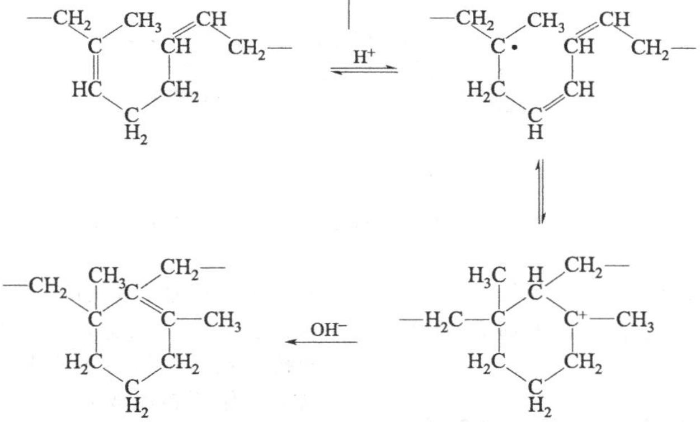

然后加入交联剂等，经过多级过滤成紫外负性光刻胶。

【工艺流程】（参见图 E-12）首先使聚异戊二烯在二甲苯中充分溶解，将温度升至105℃，加入环化催化剂，保持反应温度105～110℃进行环化，反应过程中不断监测聚异戊二烯环化的程度，到达规定程度时，加入终止剂，冷冻去除催化剂。在环化橡胶溶液中加入交联剂，并调整胶液的各项应用参数达到要求，框式过滤，转入百级超净间进行超净过滤，滤膜孔径0.2μm。洁净度达标后，分装。

【产品质量标准】

固体含量	根据实际要求
水分(质量分数)	≤0.05%
黏度	根据实际要求
应用实验	合格

【主要原料及其规格】 聚异戊二烯橡胶 $\overline{M}_w$ $30\times10^4\sim40\times10^4$；多分散系数≤2.5；1,4-聚合＞95%；灰分≤0.02%（质量分数）；二甲苯含量≥95%（体积分数）；水分≤0.05%（体积分数）；硫酸变暗合格；2,6-双-（对叠氮苯亚苄基）环己酮（以下简称交联剂）含量≥98%（质量分数）；30℃在二甲苯中溶解度≥3%；水分≤0.2%。

【消耗定额】（按生产每吨产品计）聚异戊二烯 120～130kg；二甲苯 900～950kg；交联剂 3～4kg。

【安全性】 一般首先以使聚异戊二烯在二甲苯中充分溶解，将温度升至105℃，加入环化催化剂，保持反应温度105～110℃进行环化，反应过程中不断监测聚异戊二烯环化的程度，过程基本安全、环保。

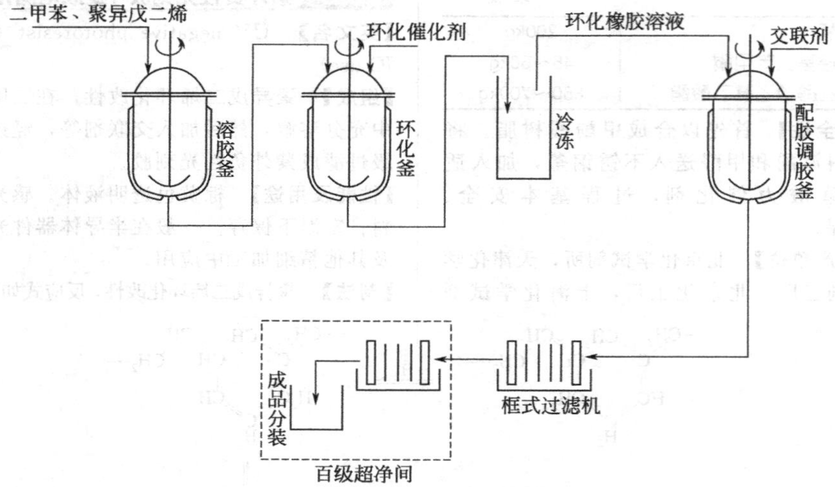

图 E-12　紫外负性光刻胶生产流程图

【生产单位】 北京化学试剂所，天津化学试剂三厂，北京化工厂，上海化学试剂一厂。

Eg026 聚乙烯醇肉桂酸酯（集成电路用）

【英文名】 polyvinyl alcohol cinnamic acid ester（for IC use）

【组成】 选用聚乙烯醇溶剂、肉桂酸酯、交联剂、调节剂、进行酯化反应而成。

【性能及用途】 聚乙烯醇肉桂酸酯为负性光刻胶，被紫外线照射的部分会引起聚合物分子间交联不溶于显影剂。产品为黄色液体、固胶可溶于环己酮、二氯乙烷、醋酸酯等有机溶剂。对二氧化硅、硅、铝、氧化铬等材料有良好的附着力。耐氢氟酸、磷酸腐蚀。在避光、干燥条件下保存。一般用于制备集成电路、电子元件，在光刻工艺中作抗蚀涂层。并适用于印刷线路板、金属标牌、光学仪器、精密量具生产中的微细图形加工。聚乙烯醇肉桂酸酯光刻胶是光聚化交联型，美国柯达公司首先将肉桂酰基感光基团引入聚乙烯醇高分子侧链、获得感光抗蚀剂，是世界上最早发明的用合成高分子作原料的光刻胶。1953 年以商品名 KPR 投入市场、目前在市场上仍占有一定份额。

【工艺流程】（参见图 E-13）吡啶法生产 KPR 过程中，肉桂酰氯由肉桂酸及氯化亚砜在反应釜内 60～65℃下制得。然后将处理好的聚乙烯醇放入 95～100℃溶剂吡啶中膨润、加入酯化釜内于 50℃温度下滴加肉桂酰氯进行酯化反应，反应 5h 后再加丙酮稀释、在水中沉淀，经过洗净、干燥后即得粗品。粗品在溶解釜内用环己酮及 5-硝基苊溶解、过滤除去不溶杂质后生成产品。

【制法】 生产聚乙烯醇肉桂酸酯光刻胶有两种方法。

吡啶法用吡啶作聚乙烯醇溶剂，在 50℃下反应。水乳液法以丁酮作溶剂，在 0℃左右进行酯化反应。

① 主要反应　肉桂酰氯制备。

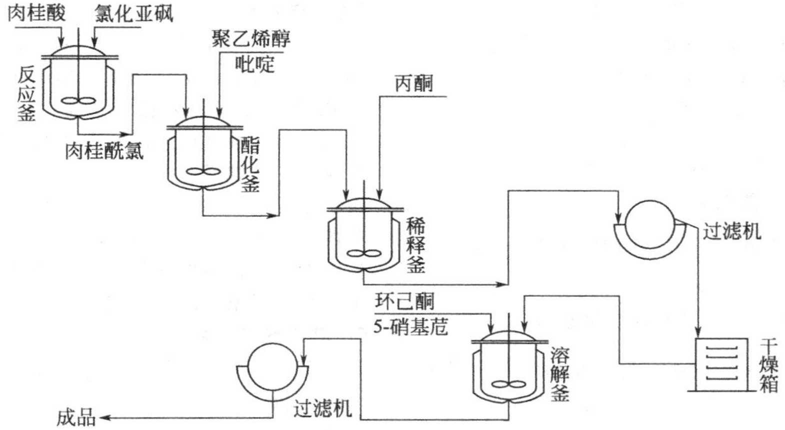

图 E-13 以吡啶法制 KPR 生产流程图

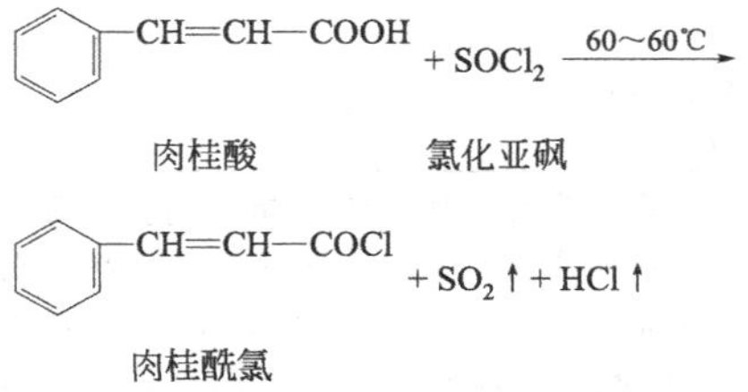

② 酯化反应

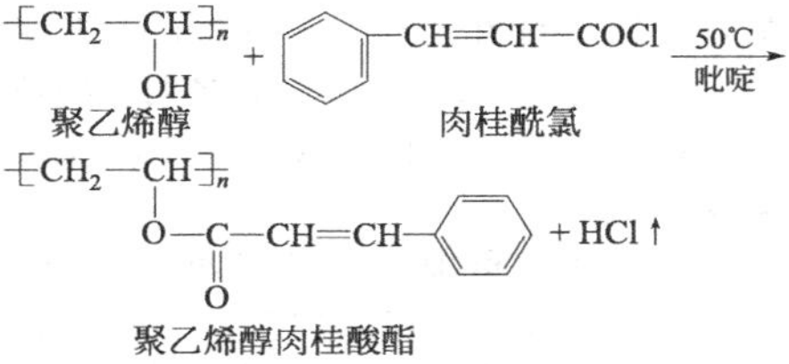

【产品质量标准】

项目	A 型	B 型
抗蚀剂含量/%	9.0±0.5	8.0±0.5
黏度(25℃)/Pa·s	0.075～0.090	0.065～0.075
水分/% <	0.2	0.2
灰分/% <	0.015	0.015
闪点/℃	47	47
杂质含量/10^{-6}		
Na <	1	1
K <	1	1

【主要原料及其规格】 聚乙烯醇工业级，平均聚合度>1700；肉桂酸，化学纯；肉桂酰氯，熔点 33～36℃，淡黄色结晶；回用环己酮，沸程 154～156℃，无色透明。

【消耗定额】 以肉桂酰氯计得率在72%～80%之间。

【安全性】 一般以用吡啶作聚乙烯醇溶剂，在 50℃下反应。水乳液法以丁酮作溶剂，进行酯化反应，生产聚乙烯醇肉桂酸酯光刻胶，过程基本安全、环保。

【生产单位】 北京化学试剂所，天津化学试剂三厂，北京化工厂，上海化学试剂一厂。

Eg027 聚乙烯氧乙基肉桂酸酯（集成电路用）

【英文名】 polyethylene oxide ethyl cinnamic acid ester (for IC use)

【组成】 乙烯氧乙基肉桂酸酯的合成选用氯乙醇（工业级）；硫酸（工业级）；肉桂酸（化学纯）；烧碱>30%（工业级）；三乙烷（化学纯）；碘甲烷（化学纯）；三氟化硼（化学纯）；乙醚（化学纯）等配制而成。

【消耗定额】 以肉桂酸计得率在 80%左右。

【制法】 乙烯氧乙基肉桂酸酯的合成必需

先制备 2,2′-二氯二乙基醚、2-氯乙基乙烯基醚及肉桂酸钠等中间体，合成后再进行聚合。具体反应如下。

① 二氯二乙基醚制备

$$\underset{\text{氯乙醇}}{2ClCH_2CH_2OH} \xrightarrow{H_2SO_4}$$

$$\underset{\text{二氯二乙基醚}}{ClCH_2-CH_2-O-CH_2CH_2Cl} + \underset{\text{水}}{H_2O}$$

② 2-氯乙基乙烯基醚制备

$$ClCH_2CH_2-O-CH_2CH_2Cl + \underset{\text{氢氧化钠}}{NaOH} \xrightarrow{200\sim220℃}$$

$$\underset{\text{2-氯乙基乙烯基醚}}{ClCH_2CH_2-O-CH=CH_2} + \underset{\text{氯化钠}}{NaCl} + \underset{\text{水}}{H_2O}$$

③ 肉桂酸钠的合成

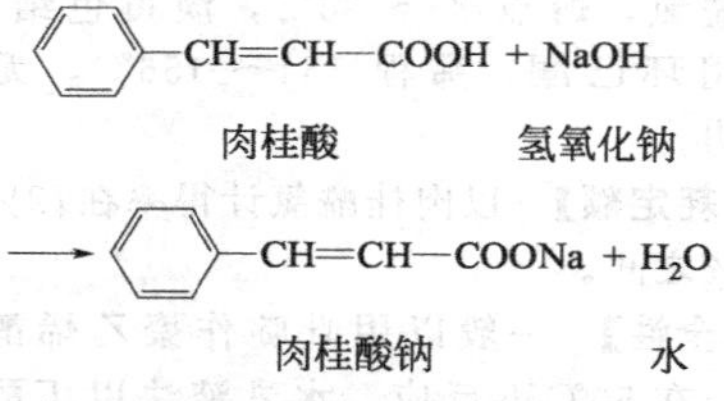

④ 乙烯氧乙基肉桂酸酯的合成及聚合

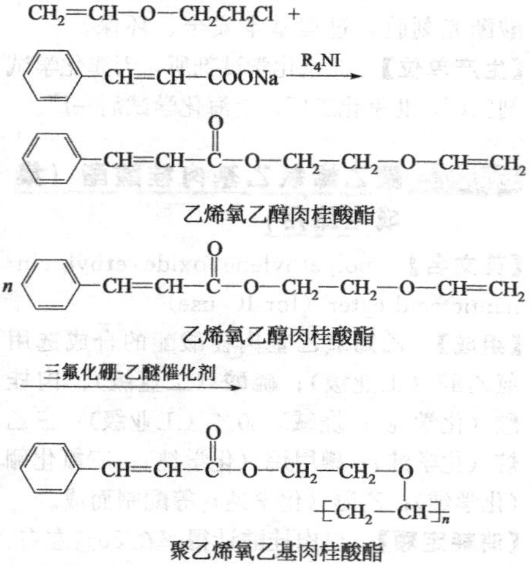

【工艺流程】（参见图 E-14）氯乙醇及硫酸在反应釜中经脱水反应生成二氯二乙基醚。再在氢氧化钠作用下，加热至 200～220℃制得 2-氯乙基乙烯基醚，与由氢氧化钠和肉桂酸作用生成的肉桂酸钠及由碘甲烷与三乙烷反应生成的碘化甲基三乙基铵，在反应釜中生成乙烯氧乙醇肉桂酸酯单体。单体经精制、在三氟化硼-乙醚催化剂作用下，在聚合釜内于低温进行阳离子聚合、低温介质应用液氮。

【产品质量标准】

外观	淡黄色透明液体
固体含量/%	10～15
黏度(25℃)/Pa·s	0.03～0.045
水分	<0.2
灰分	<3
金属杂质(Na、K、Mn、Fe、Al)均	$<1\times10^{-6}$

聚乙烯氧乙基肉桂酸酯光刻胶在曝光下几乎不受氧的影响，无需氮气保护。分辨率高达 1μm 左右、灵敏度较聚乙烯醇肉桂酸酯光刻胶高一倍，黏附性好、抗蚀能力强，图形清晰、线条整齐。耐热性好，显影后可在 190℃ 坚持 30min 不变质。感光范围在 250～475μm 之间，特别对 g 线（436nm）十分敏感，是负性光刻胶。

用于复印精细线条超高频晶体管，微波三极管等半导体元件及中大规模集成电路制造，还能用于等离子腐蚀、等离子去胶等半导体工业的新工艺、新技术中。

【安全性】 乙烯氧乙基肉桂酸酯的合成必须先制备 2,2′-二氯二乙基醚、2-氯乙基乙烯基醚及肉桂酸钠等中间体，合成后再进行聚合，过程基本安全、环保。

【生产单位】 北京化学试剂所，天津化学试剂三厂，北京化工厂，上海化学试剂一厂。

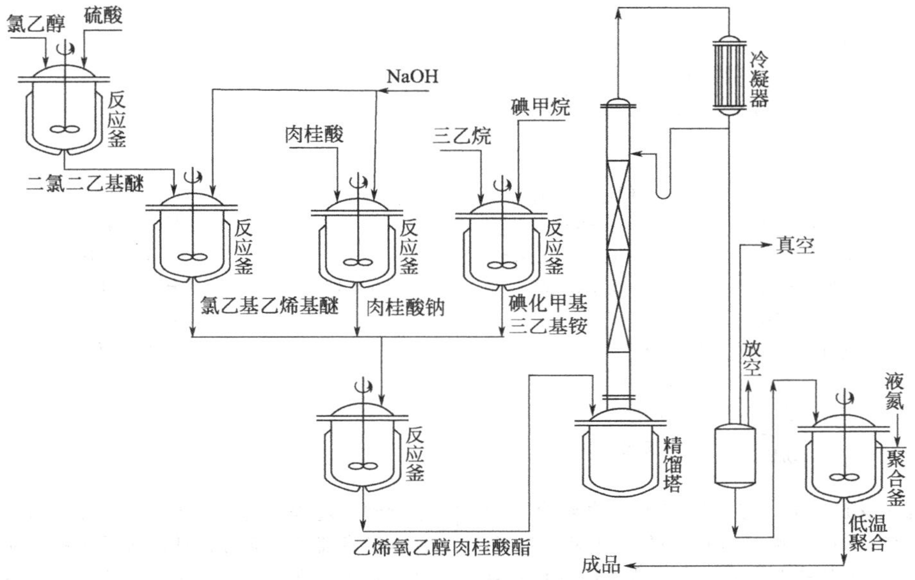

图 E-14　聚乙烯氧乙基肉桂酸酯生产流程图

Eg028 环化聚异戊二烯（集成电路用）

【英文名】 cyclized polyisoprene (for IC use)

【性能及用途】 环化聚异戊二烯光刻胶为淡黄色至琥珀色黏性透明液体。易溶于苯、酮、醇，并有絮状物产生，具有感光速度快、留膜率高、分辨率高等优良性能。与二氧化硅表面有很好的黏附性，对金属铝、铬、镍、铜、不锈钢等也有良好的黏附性及抗蚀性，还可用于多晶硅、氮化硅的等离子腐蚀，具有较高的热稳定性，高于170℃图形才稍有流动。为负性光刻胶，感光范围280～460nm。一般主要用于中、大规模集成电路、功率管、精密机械制造等微细加工。环化聚异戊二烯是一种优良的负性抗蚀剂，有优异的抗酸、抗碱性，良好的黏附性，较高的分辨率及感度，是目前国内外用量较大的一种抗蚀剂。

【主要原料及其规格】 天然橡胶，工业级；异戊二烯，工业级，含量>99%；丁基锂，化学纯；对甲苯磺酸，化学纯；苯酚，化学纯。

【消耗定额】 以异戊二烯计聚合得率在90%以上。

【制法】 传统的生产方法是将天然橡胶或聚异戊二烯经环化反应制得环化天然橡胶或环化异戊二烯橡胶。而现今生产上大多以异戊二烯为原料制备环化橡胶，该法又有二步法及连续制备法两种。二步法中第一步是将异戊二烯单体合成为聚异戊二烯；第二步将聚异戊二烯经环化反应制备环化橡胶然后经精制、配胶等工艺后制得抗蚀剂产品。连续制备法是由异戊二烯单体聚合成一定分子量的聚异戊二烯，然后停止聚合再连续环化的方法。具体反应如下。

① 聚合反应

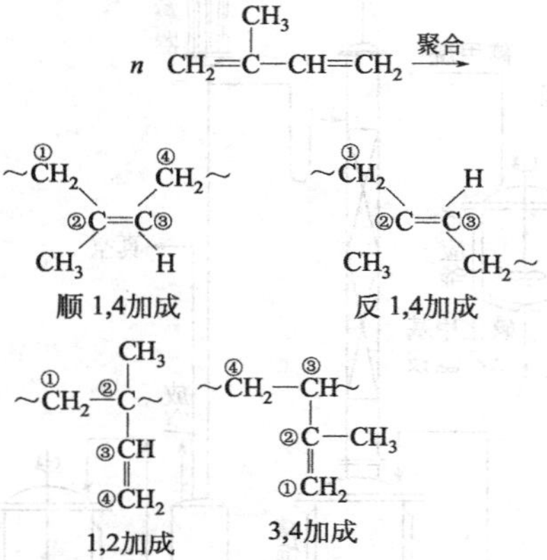

② 环化反应

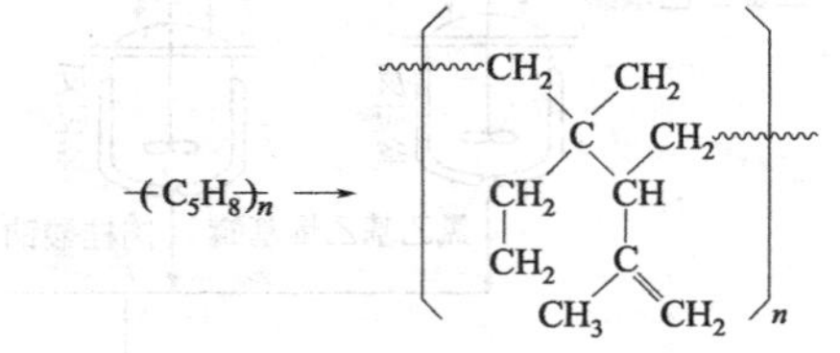

【工艺流程】（参见图 E-15）高纯度的异戊二烯在经脱水精制过的二甲苯中溶解，加入丁基锂引发剂、在聚合釜内进行聚合反应。待聚合反应产物的分子量及黏度符合要求后、加入终止剂、使聚合反应停止，产物转入环化釜。加入环化反应催化剂对甲苯磺酸进行环化反应，待环化反应进行到一定程度时加入环化反应终止剂、进入洗涤器加水充分搅拌清洗反应液，使金属杂质、催化剂进入水层分离，清洗后物料经浓缩、再加入适量交联剂、稳定剂、配制出一定黏度和浓度的胶液，经过滤后得抗蚀剂产品。

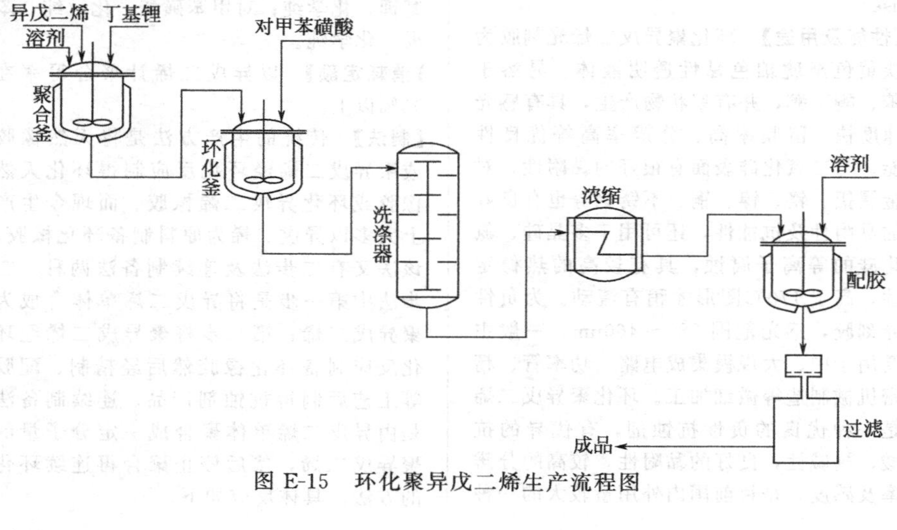

图 E-15　环化聚异戊二烯生产流程图

【产品质量标准】

黏度(25℃)/Pa·s	0.060±0.002
固含量/%	10.3±0.3
密度(25℃)/(g/cm³)	0.875
折射率(液体)	1.502
(薄膜)	1.544
金属杂质/10^{-6}	
Na	<0.02
K	<0.02
Mg	<0.005
Ca	<0.005
Al	<0.02
Fe	<0.02
Cu	<0.02

【安全性】 高纯度的异戊二烯在经脱水、精制、催化剂下环化反应、进入水层分离，清洗后物料经浓缩、再加入适量交联剂、稳定剂配制出一定黏度和浓度的胶液，经过滤后得抗蚀剂产品，过程基本安全、环保。

【生产单位】 北京化学试剂所，天津化学试剂三厂，北京化工厂，上海化学试剂一厂。

Eg029 邻重氮萘醌正性光致抗蚀剂(集成电路用)

【英文名】 adjacent diazonaphthoquinone positive photoresist (for IC use)

【组成】 正性光刻胶由光分解剂和碱性可溶性树脂及溶剂组成。

【性能及用途】 正性光刻胶由光分解剂和碱性可溶性树脂及溶剂组成，经过特殊加工精制成正性光刻胶。在受紫外线照射后、光照区光分解剂发生分解，溶于有机或无机碱性水溶液，未曝光部分被保留下来，与母版形成相同的图形。该品为琥珀色液体。易溶于醚、酯、酮等有机溶剂。应在20℃以下的干燥、避光、远离火源处储存。其特点是分辨能力强，可以获得亚微米级条宽的图形。由于感光速度快，可用于投影曝光和分步重复曝光，胶面较干净、均匀性好。在相对湿度50%的环境中对氧化硅、多晶硅以及铝、铜、金、铂等均有很好的黏附性和抗蚀性。它的显影和曝光操作宽容度大，易于剥离，且耐热性好，可以耐140℃的烘烤，图形不变形。一般适用于大规模集成电路和电子工业元器件及光学机械加工工艺的制作。除了用于接触曝光外，还可用于投影曝光和分步重复曝光等。

邻重氮萘醌正性光致抗蚀剂是在紫外(波长300～450nm)线通过掩模照射后、光照部分重氮基发生分解重排生成羧酸、用稀碱水处理时光照部分溶去，而未曝光部分则保留的一种光致抗蚀剂，胶层上形成与掩模相同的图形。是目前国际上用量急剧上升的一类抗蚀剂。

【主要原料及其规格】

1-萘酚-5-磺酸	化学纯
硝酸	工业级
间甲酚	工业级
对甲酚	工业级
甲醛	37%
草酸	化学纯

【消耗定额】 (按生产每吨成膜树脂计)

间甲酚	0.94t
对甲酚	0.31t
草酸	0.01t

【制法】 邻重氮萘醌正性光致抗蚀剂主要由感光剂、成膜剂及添加剂组成。

感光剂2-重氮-1,2-萘醌-5-磺酰氯可由1-萘酚-5-磺酸经硝化、重氮化而制得，具体反应为：

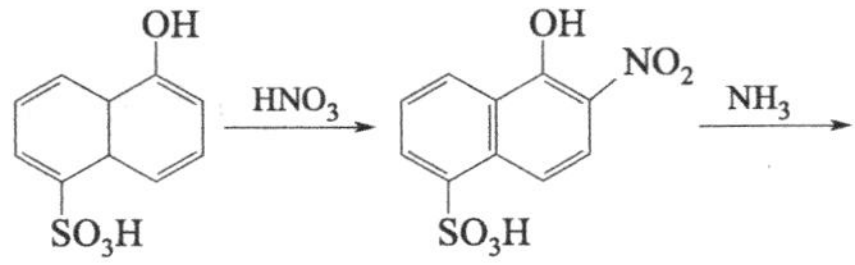

1-萘酚-5-磺酸　　1-萘酚-2-硝基-5-磺酸

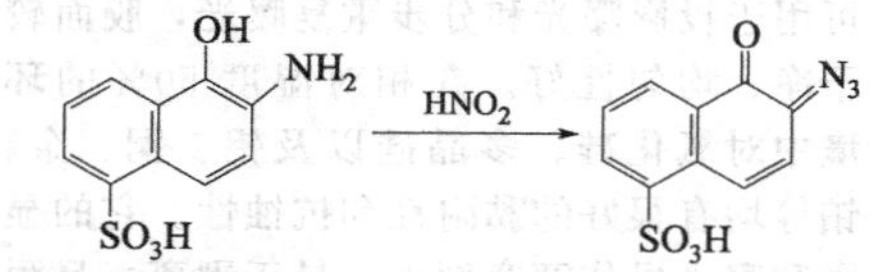

1-萘酚-2-氨基-5-磺酸

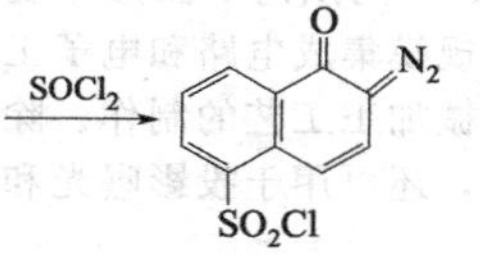

2-重氮-1,2-萘醌-5-磺酰氯

经过重结晶后得到的酰氯为橙色晶体，易发生光解、热解和水解反应，需密闭、避光、低温和干燥保存。成膜剂是正胶的基本成分，它对光刻胶的黏附性、抗蚀性、成膜性及显影性能均有影响，常用的为酚醛树脂，一般为了获得线型酚醛树脂、采用酚量多于醛量、以草酸作催化剂进行缩聚，反应后用水蒸气蒸馏脱酚，经热水水洗、冷却后即得线型酚醛树脂。添加剂正胶中加入少量硫脲或脂肪酸如癸酸，有稳定作用，用羟基亚苄基丙酮可以增加胶的稳定性和批与批之间的重复性，加入表面活性剂改善胶的涂布性能。

【工艺流程】（参见图 E-16）

L 酸用 HNO_3 在硝化釜内生成 1-萘酚-2-硝基-5-磺酸，经还原、重氮化后在磺酰氯釜内用 $SOCl_2$ 反应生成 2-重氮-1,2-萘醌-5-磺酰氯，与由间、对甲酚及甲醛反应生成的线型酚醛树脂、添加剂加入溶解釜内溶解、配胶而后经粗、精两道过滤、包装成成品出厂。

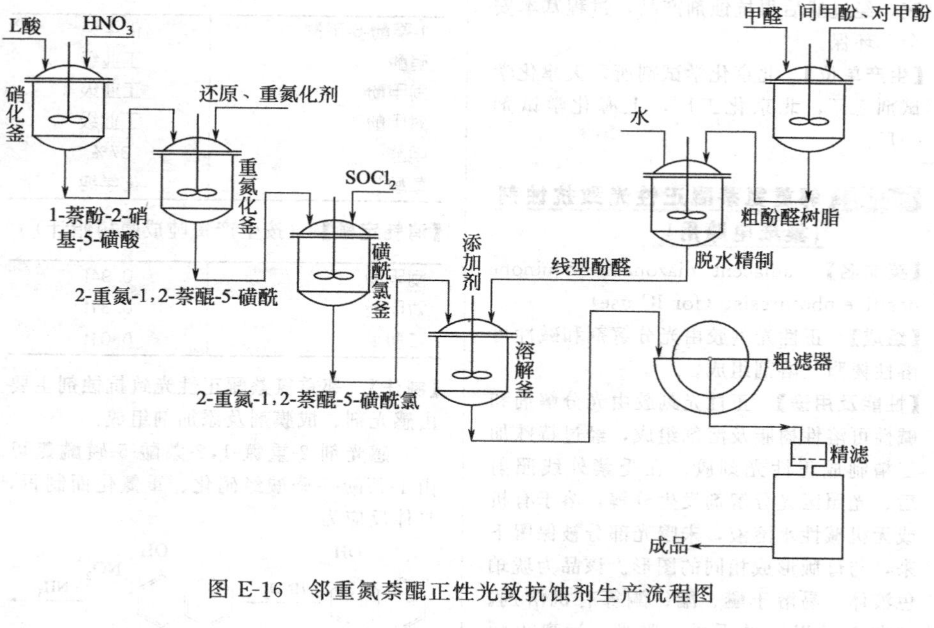

图 E-16　邻重氮萘醌正性光致抗蚀剂生产流程图

【产品质量标准】

指标 \ 型号	AZ-1350（美）	AZ-1450（美）	OFPR800（日）	BP212（中）
黏度(25℃)/mPa·s	30.5±2.0	30.5±2.0	30.5±1.5	30.5±1.5
固含量/%	≈31	≈31	26.9±2.0	≈28
相对密度(25℃)	1.040±0.001	1.040±0.001	1.043±0.005	1.030±0.005
水分/%	<0.5	<0.5	<0.5	<0.5
颗粒	← 0.2μm 微孔膜过滤 →			

【安全性】 一般以工业钢瓶液态氨为原料，在常温下挥发出氨气，控制其流速，经高锰酸钾、EDTA 等气体洗涤塔后，去除工业氨中杂质，过程基本安全、环保。

【生产单位】 北京化学试剂所，天津化学试剂三厂，北京化工厂，上海化学试剂一厂。

Eh 电子封装材料

Eh001 环氧模塑料

【英文名】 epoxy molding compound

【组成】 邻甲酚醛环氧树脂与线型酚醛树脂，促进剂三级胺（固化剂、促进剂、脱模剂、染色剂、阻燃剂等）与环氧树脂、硅微粉等原材料配制而成。

【性能及用途】 本品为黑色颗粒或饼状。具有优良的绝缘性能、脱模性、密封性。不易燃、不易爆、无腐蚀性、耐高压蒸煮。20℃下可储存2个月以上，5℃下冷藏、储存期6～12个月。一般用于制造采用低压传递模型的成型工艺封装集成电路、主要是对杂质及湿气极为敏感的CMOS电路，5μm、3μm线宽的64K位存储器用集成电路。为防止水分、尘埃和有害气体的侵入、并减缓震动及防止外力损伤，集成电路需进行封装保护。常用的是环氧模塑料，目前世界上环氧模塑料的年产量已超过8万吨。

【工艺流程】 （参见图E-17）

生产时先将各种比例的添加剂（固化剂、促进剂、脱模剂、染色剂、阻燃剂等）与环氧树脂、硅微粉等原材料称量好在混合机内混匀，在双滚筒加热混炼机上混炼，经过冷却，在粉碎机上粉碎成粉末，部分粉末根据用户要求在打饼机上制成饼剂出厂。

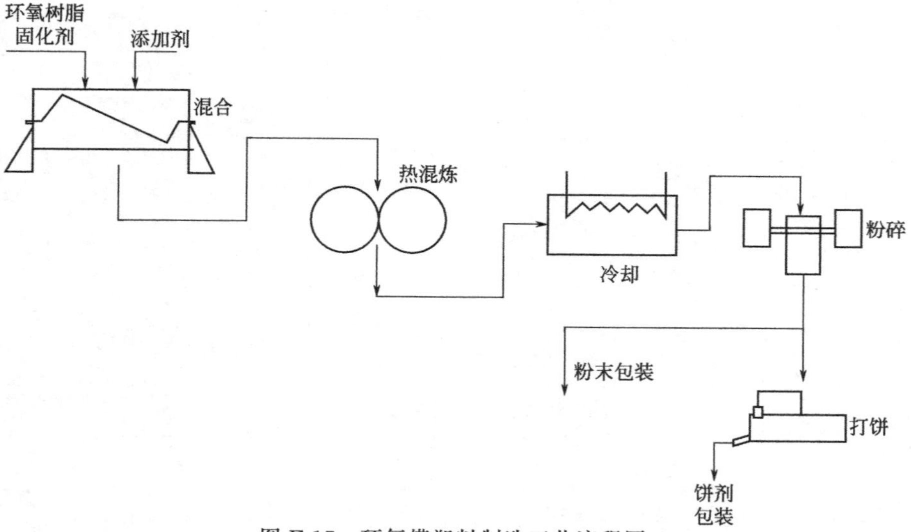

图E-17 环氧模塑料制造工艺流程图

【制法】 环氧模塑料中邻甲酚醛环氧树脂与线型酚醛树脂，在促进剂三级胺的催化作用下发生交联固化反应。

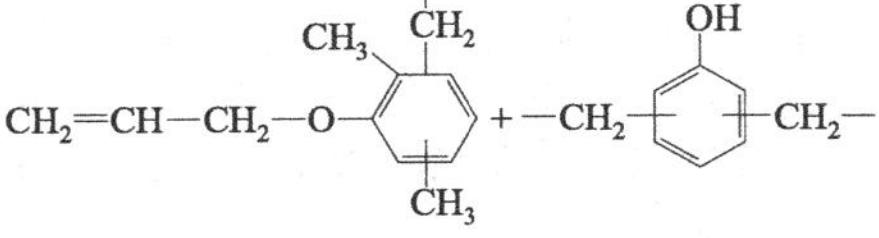

邻甲酚醛环氧树脂　　　　线型酚醛树脂

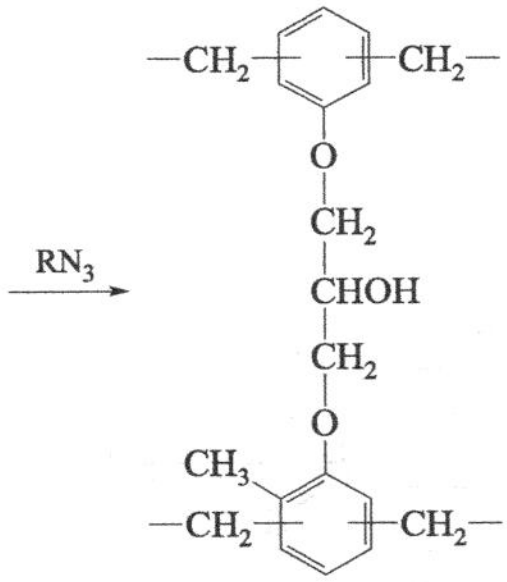

因环氧树脂和酚醛树脂每一个分子都有几个可起化学反应的官能团，所以固化后成为高度交联的网状结构。

【产品质量标准】

外观	颗粒或块状(＜2mm)
密度/(g/cm²)	1.79
吸水率(沸水,8h)/%	0.19
弯曲强度/MPa	1.43
收缩率/%	0.40
热导率/[cal/(℃·cm)]	1.52×10^{-3}
阻燃性(级)	FV-O
介电常数(1MHz)	4.86
pH值	5.9
介质损耗角正切(1MHz)	1.29×10^{-9}
体积电阻率(常温)/Ω·cm	4.2×10^{15}
玻璃化温度/℃	156
线胀系数/℃$^{-1}$	19.7×10^{-6}
水萃取液(95℃,20h)	
Cl	14×10^{-6}
Na	26×10^{-6}

【主要原料及其规格】

邻甲酚醛环氧树脂	工业级、电子级
硅微粉	工业级
线型酚醛树脂	工业级、电子级
添加剂	化学纯

【消耗定额】 (按生产每吨产品计) 邻甲酚醛环氧树脂 0.33t、硅微粉 0.11t、线型酚醛树脂 0.66t。

【安全性】 一般以各种比例的添加剂（固化剂、促进剂、脱模剂、染色剂、阻燃剂等）与环氧树脂、硅微粉等原材料称量好在混合机内混匀，在双滚筒加热混炼机上混炼，过程基本安全、环保。

【生产单位】 无锡化工设计院。

Eh002 环氧灌封料

【英文名】 epoxy potting compound

【组成】 选用多种优质环氧树脂，E-44电工级；Sb_2O_3 化学纯；液体酸酐，阻燃级酸酐；硅微粉电工级。等配制而成。

【性能及用途】 灌封料产品为双组分，使用方便、黏度低，对线圈具有良好的浸渍性。固化物具有优良的热、机械、电气性能。固化物阻燃性可达 V-0 级，毒性低、无污染、易清洗。一般用于彩电行输出变压器的绝缘灌封，适宜引进生产线设备使用，也可用于手工灌封及其他无线电元器件的绝缘灌封。

环氧灌封料是电视机回归变压器的重要绝缘密封材料。灌封或浇注封装的含义是指：将需要进行绝缘处理的各种部件装入一定形式的容器内、灌封料倒入容器中、经过固化、将部件固定、达到绝缘处理的目的。灌封料市场销售额与塑封料相当。

【主要原料及其规格】 环氧树脂，E-44电工级；Sb_2O_3 化学纯；液体酸酐，阻燃级酸酐；硅微粉电工级。

【消耗定额】 (按生产每吨产品计) 环氧树脂 0.58t；Sb_2O_3 0.05t；液体酸酐 0.42t。

【制法】 灌封料有配套主剂及固定剂、使

用时按 1∶0.3 配合使用。主剂的制备过程是将树脂、活性稀释剂、填料、偶联剂和防沉淀剂等混合后进行真空脱泡，再经研磨、过滤即得成品。固定剂的制备过程是将固化剂与促进剂在搅拌下混合均匀并混合好，然后静置、过滤、滤饼经洗涤等工序即得成品。

【工艺流程】（参见图 E-18） 主剂（A）生产过程中，环氧树脂及添加剂在捏合机中进行混合，再进入真空烘箱进行脱泡，脱泡后物料在研磨机中进行研磨，而后在压滤机中进行过滤得主剂成品。固定剂（B）的制备过程是先将固化剂与促进剂在搅拌下（捏合机）混合，而后在静置过滤器中静置过滤，滤饼经洗涤后为成品。

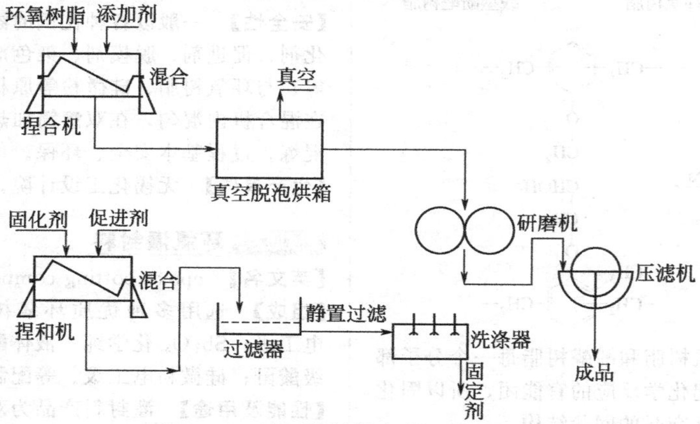

图 E-18 环氧灌封料生产工艺流程图

【产品质量标准】

外观 A	白色
B	淡黄色透明液体
密度/(g/cm³)A	1.84±0.02
(25℃) B	1.2±0.02
黏度(25℃)/mPa·s A	$8\times10^4\pm1\times10^4$
B	70±10
A+B	2200±200
配比(质量比)A∶B	100∶30
适用期/h	＞4.5
凝胶时间(150℃)/s	120
固化条件/(℃/h)	75/2.5+升温/0.5+
固化后固化物性能	1.05℃/1.5
硬度(邵氏)25℃	90
弯曲强度/MPa	80
体积电阻率(25℃)/Ω·m	$>10^{13}$
表面电阻率(25℃)/Ω	$>10^{14}$
介电常数(25℃)	2.8

续表

介质损耗(25℃)/%	1.2
击穿电压(25℃)/(kV/mm)	＞25
阻燃性(UL-94)	V-O
线胀系数/$℃^{-1}$	$<4.5\times10^{-6}$
玻璃化温度/℃	100
尺寸收缩率/%	＜0.5
热分解温度/℃	＞24.5
冲击强度/(kJ/m²)	9.8
吸水率/%	＜0.15
耐电弧性/s	＞120

【安全性】 一般以主剂（A）生产过程中，环氧树脂及添加剂在捏合机中进行混合，再进入真空烘箱进行脱泡，脱泡后物料在研磨机中进行研磨，而后在压滤机中进行过滤得主剂成品，过程基本安全、环保。

【生产单位】 中国科学院化学所。

F 建筑工业清洗剂

随着经济的高速发展和人们生活水平的快速提高，千姿百态的各型建筑，尤其是高层建筑外墙都要求用各种建筑材料进行装饰，如建造各种幕墙，粘贴各种墙砖、瓷砖、大理石，或喷上涂料、油漆等。由于自然界的风吹雨打、日光辐射、尘埃污染，大气中有害气体（如 H_2S、SO_2、CO_2、NO_2）和油烟等污染和化学反应的侵蚀，以及一些人为或偶然因素的原因，使得建筑物表面产生了污垢和风化，变得污浊灰暗、破旧不堪，失去了原有的色泽和光亮度。

如果长时间不清除，轻者影响建筑物的美观和市容，重者对建筑物损害。一般建筑工业清洗剂分为建筑石材清洗剂、搪瓷表面清洗剂、建筑物室内清洗剂、建筑物外墙清洗剂、市政工程与物业楼宇清洗剂等五个方面。如对高层建筑物外墙的清洗举例。这是一项十分复杂的系统工程，为了清洗时有针对性和保护建筑物，首先要分析污垢的成分和结构及污染程度。大气中有害的气体和油烟等污染和化学反应的侵蚀既影响了建筑物的美观和市容，又损坏了建筑物。因此，室内清洁、清洗建筑物的外表，不仅美化环境，而且起到了保护建筑物的作用。

目前，外墙清洗业在我国已引起普遍注意和重视。所有的高层建筑物外墙，由于常年日晒和风吹雨打，以及大气中有害的气体和油烟等污染和化学反应的侵蚀，使得建筑物外墙产生了污垢和风化，既影响了建筑物的标致和市容，又损坏了建筑物。

外墙清洗是每个城市最重要的部分之一，如果工作质量没有达标，就会影响到城市的精神面貌，但是重要的工作和工作难度也是成正比的，特别是高空外墙清洗非常的危险，容易造成人员伤亡等情况。因此这个时候还是使用清洁剂更为恰当，否则就会容易造成建筑外墙的损害。

大理石清洁剂是现代最新型的去污清洁剂，是一种多功能、高效、通用型全能清洁的综合性环保清洁护理产品。去污效果独特、快速、彻底，用途广，对人体皮肤没有任何副作用。由活性磨粒为助剂与磨粒里含有独特的清洁药剂配合，清洗时带有轻微软摩擦更能快速彻底清除各类严重的顽固污垢污染。较易去除灰垢、重油污垢、水泥垢、填缝剂垢、金属划痕、锈垢、胶黏质、茶渍、饮品渍、胶锤印、皮鞋划痕、顽固蜡渍、铝痕、木痕、方格痕、水印、鞋印、墨水印等污垢，环保、不损砖面、不伤手。

现代大理石清洁剂市场普遍分为液体、粉状。它是一种用来清洗各类大理石上表层及深层内部细微孔隙沉淀各类污垢的清洁用品。能最有效彻底地清除大理石上的各类顽固污垢。

Fa 建筑石材清洗剂

由于石材本身具有毛细孔及吸水性，空气污染、灰尘加上空气中的酸气、汽机车的废气等日积月累地附着于石材表面，当下雨的时候，酸雨会加速这些污染对石材的侵蚀且吸附在石材的毛细孔内，造成不易清洗的污斑。尤其对于火烧面的石材来说，这些污染形成的速度更快，且不容易清洗，仅使用市售的清洗剂根本无法去除这些污染；若是光面的石材，这些光泽很快就被侵蚀掉，所以要去除这些污染。可以使用石材专用清洗剂，石材专用的清洗剂可以将渗入毛细孔内的污染完全去除，且不会伤害石材。

建筑石材有花岗岩、辉长岩、玄武岩、石英岩、石灰岩、大理岩等。从化学组成上区分这些石材的成分主要有硅酸盐和碳酸盐两种（前四种岩石的主要成分是硅酸盐，而后两种的主要成分是碳酸盐）。

碳酸盐和硅酸盐石材在自然界中分布很广，在古今的建筑业中一直被广为使用。针对石材的化学组成的不同，需要选择不同的化学清洗主剂。对硅酸盐为主要成分的石材可以选择普通强酸（盐酸、硫酸、硝酸等）作为酸洗主剂，强酸对硅酸盐石材的腐蚀相对较小。值得注意的是，氢氟酸虽然是弱酸，但是它对硅酸盐石材有很强的腐蚀作用，清洗硅酸盐石材须慎用。而对碳酸盐为主要成分的石材可以选择氢氟酸等弱酸为酸洗主剂或用非酸性清洗剂，而常用的强酸（盐酸、硫酸、硝酸等）对碳酸盐石材有很强的腐蚀作用。

建材石材在使用时，特别是作为装饰性建材时，有难以消除的瑕疵，影响其装饰性，常弃之不用，带来较大的浪费。要想予以清除是一件很棘手的事情。现在，可以用清洗剂部分解决这个问题，清洗剂配方较多，但采取不同的配方，清洗功效和应用的范围也不一样。对石材制品污垢的清洗方法有机械清洗、清水清洗和化学清洗等，清水清洗不能有效地将污垢清洗干净，机械清洗会对其表面造成损坏。

石材的一般清洗按作业目的分为施工清洗和日常清洗，按清洗方法分为物理清洗和化学清洗。

本节的目的在于克服机械清洗和清水清洗的缺点，提供一些实用的化学清洗剂的配方。

Fa001 石材污斑清洗剂

【英文名】 stone stain cleaner

【别名】 石污清洗剂；污斑清洗剂

【组成】 双氧水，无机酸为硫酸、盐酸、硝酸、磷酸水等。

【产品特征】 石材清洗剂就是利用化学的方法对石材由内、外因造成的“病变”、缺陷进行去除，从而获得美观的装饰效果，或为石材防护提供基础条件。石材化学清洗有时也是石材使用后进行防护的上一步工序。

【生产配方】

组分	w/%
无机酸	10～30
双氧水	16～28
水	余量

以上所述的无机酸为硫酸、盐酸、硝酸、磷酸等。

【产品实施举例】 根据具体石材质地以及斑点情况来决定酸、双氧水以及水的比例，其配制方法是先将酸用水稀释后，再加入双氧水配制（配制中均按质量比）。

【制法】 用85%硝酸、28%双氧水加水配制成硝酸：双氧水：水＝18：13：69的清洗剂100kg。通过计算得：将21.18kg 85%硝酸与30.67kg水混合后，再加入48.15kg 28%双氧水混合即配成清洗剂。

【主要用途】 适用于清洁混凝土、瓷砖、石材等任何硬表面或多孔硬质表面。

【应用特点】 能容易地清除石材上的黑色斑点，提高了石材的装饰效果，提高了石材的利用率。其生产方便，制造成本低，使用也方便。

【安全性】 清洁剂安全，环保，不会对人体的部位、眼睛接触造成伤害；一般但是如果长时间接触表面活性剂就会把皮肤表面的油脂、水分脱掉，造成皮肤干裂，而且对于眼睛也会造成很大的影响。

【生产单位】 瑞思博化工，莱州市金合源金属表面处理材料厂。

Fa002 新型石材清洗剂

【英文名】 new stone cleaner

【别名】 石材专用清洗剂；石材表面清洗剂

【组成】 表面活性剂、次氯酸钠、NaOH、润湿剂，属于硅酸盐制品的清洗剂领域，一种石材专用清洗剂。

【产品特性】 能够快速渗入石材内部将铁锈转化，并改变锈蚀部位，迅速恢复石材本色，不损伤大理石、石灰石表面，是一种无色无味的环保型除锈清洗剂。

①消除石材外在污染，回复石材原本色彩、质感、视觉效果；②与防护相结合可以防止新的石材病变出现和旧病复发；③减少石材内部因成分原因对装饰性、观赏性、物化性能的破坏；④为已使用的石材进行防护剂SINO的上一道工序作准备。

【生产配方】

组分	w/%
次氯酸钠	88～92
表面活性剂	8～12

【配方分析】 其中，次氯酸钠分子式为NaClO，该次氯酸钠的有效氯含量＞85g/L，氢氧化钠含量≤10%。

表面活性剂为单宁类洗涤剂。在洗涤剂里可以添加润湿剂，所添加的质量比为：单宁类洗涤剂：润湿剂（JFC）＝3：1。

【产品特点】 ①去污力强，由于在清洗剂组分中加入了具有去污、漂白功能的次氯酸钠，具有去污、去油、渗透功能的单宁类洗涤剂和增强渗透力度的润湿剂等，增强了污物与氧原子的结合，可有效清洗硅酸盐制品所产生的水迹、水斑以及其表面黏结的污物，洗涤效果非常好；②环保性能强，由于在组分中含有次氯酸钠，它不仅具有去污、漂白的作用，而且还具有消毒功能，可以将一些影响人们身体的病菌灭杀，是典型的环保型清洗剂；③造价低，该清洗剂所采用的两种主要组分的原材料的造价非常低，因此降低了使用成本，提高了推广应用的价值；④该清洗剂为液体，使用方便，用量少。

【石材污染】 如果要防止石材再一次被污染的话，可于石材清洗干净后，在石材表面干燥的情形下，再做一道防护处理的工作。这种渗透性的防护剂常用的有多功能防护剂，防护剂可以渗入石材内部，形成一道防护层，具有防水、防污、防锈斑、防油污、防风化、防老化、耐酸碱、防茶渍、可乐、酱油等造成的污斑的效果，并能有效控制白花的产生，且不损石材原有的透气性，平常清洗工作只需用水擦拭即可达到效果，无需使用其他的清洗剂。

【应用特点】 本石材除锈剂可以用于清洗大理石、云石、瓷砖、硬砖、花岗石、砖和石板表面青苔、灰泥、石灰残留物、风化物、胶泥薄层和其他顽固沉积物。具体对应用次氯酸钠及过碱量的分析方法如下：

① 有效氯含量的测定：用1mL移液管吸取1mL次氯酸钠，放入250mL的锥形瓶中加蒸馏水50mL、10% KI溶液20mL和6mol/L的醋酸15mL，摇匀后静置于暗处放置5min。

② 用0.1mol/L的硫代硫酸钠标准溶液滴定至浅黄色止，加3mL淀粉指示剂，继续滴至蓝色刚褪色止。记下所需硫代硫酸钠溶液的体积（mL）。

有效氯含量：

$$Cl(g/L)=cV\times 35.5\times 10^{-3}$$

式中，c、V为$Na_2S_2O_3$标准溶液的物质的量浓度（mol/L）和消耗体积(mL)；35.5为氯的相对原子质量。

NaOH含量的测定：用5mL吸液管吸取氯酸钠5mL放入250mL锥形瓶中，加入50mL蒸馏水和1～1.5mL的双氧水，待溶液不冒泡有效氯被破坏后，加入4～5滴酚酞指示剂，以0.1mol/L硫酸进行滴定，到浅红色为止，记下所需0.1mol/L的硫酸体积（mL）。

$$NaOH含量(g/L)=cV\times 40/5$$

式中，c、V为硫酸标准溶液的物质的量浓度及消耗的体积；40为氢氧化钠的相对分子质量。

【试剂和溶液】 30%双氧水溶液。

与次氯酸钠相融合的表面活性剂可为普通的洗涤剂，该清洗剂主要指单宁类洗涤剂，在单宁类洗涤剂里还可以添加润湿剂。其所添加的质量比为：单宁类洗涤剂∶润湿剂=3∶1，即添加3份单宁类洗涤剂则添加一份润湿剂。

【制法】 该清洗剂的制作工艺简单，仅是按照配比，在常温下将次氯酸钠导入反应釜或者容器内，然后再添加单宁类洗涤剂一起混合搅拌即可成为成品。而且为了增加渗透效果，在添加单宁类洗涤剂时，也可以按照3∶1的质量比例添加润湿剂，形成增强渗透的清洗剂成品。在清洗石材时，也可以根据石材自身的质地、外部条件等适当加入自来水；清洗后，需要用自来水清洗干净。

【主要用途】 适用于清洁混凝土、瓷砖、水泥等任何硬表面或多孔硬质表面，迅速清洁石油基污渍/溅出液体。

【安全性】 清洁剂一般都比较安全，只要人体的某些部位不长时间浸泡在里面，眼睛不接触到清洁剂就不会有太大的问题，但是如果长时间接触表面活性剂就会把皮肤表面的油脂、水分脱掉，造成皮肤干裂，而且对于眼睛也会造成很大的影响。

【生产单位】 东莞市洁泉清洗剂科技有限公司。

Fa003 石材专用清洗剂

【英文名】 special cleaning agent for stone

【别名】 专用清洗剂

【组成】 表面活性剂次氯酸钠三氯乙烯丙

酮醋酸丁酯，羧甲基型十一烷基咪唑啉两性表面活性剂或单宁类 JFC 或 Y-2 型洗涤添加剂。

【产品特点】①渗透力强，去除污渍，污垢；②无残渣，使表面清洁，无残留；③优异的硬水适应性，可以减少矿物质沉积。

【生产配方】

组分	w/%
次氯酸钠	38～56
丙酮	12～18
醋酸丁酯	3～8
三氯乙烯❶	8～10
表面活性剂	18～28

其中，所述的表面活性剂为：羧甲基型十一烷基咪唑啉两性表面活性剂或单宁类 JFC 或 Y-2 型洗涤添加剂。

【产品实施举例】

组分	w/%
次氯酸钠	48
丙酮	16
醋酸丁酯	6
三氯乙烯	12
单宁类 JFC	18

【制法】本石材专用清洗剂的制作工艺十分简单，仅是按照各组分的质量分数，在常温下将各组分导入反应釜或容器内，一起混合均匀即为成品。

【主要用途】适用于清洗大理石等石材表层/深层锈迹、黄斑、污渍。一般硅酸盐制品的清洗剂，尤其是一种石材专用清洗剂。

【应用特点】①本清洗剂去污力强，由于在清洗剂组分中加入了具有去污、漂白功能的次氯酸钠和具有去污、去油、渗透功能的三氯乙烯、丙酮、表面活性剂等，增强了污物与氯原子的结合，可有效清洗硅酸盐产品的水迹，以及其表面黏结的污物，洗涤效果非常好；②本清洗剂环保性能强，由于在组分中含有次氯酸钠，它不仅具有去污、漂白的作用，而且还具有消毒功能，是一种典型的环保型清洗剂；③本清洗剂造价低；④本清洗剂为液体制剂，使用简单方便。

【安全性】安全、环保，在清洗石材时，也可以根据石材自身的质地、外部条件等适当加入自来水予以稀释即可。清洗后，需要用清水清洗干净，即可得到理想的清洗效果。

【生产单位】山东省科学院新材料研究所。

Fa004 混凝土水塔强力清洗剂

【英文名】concrete towers powerful cleaning agent

【别名】水塔清洗剂；混凝土清洗剂

【组成】表面活性剂、次氯酸钠、NaOH、润湿剂，组成一种石材专用清洗剂。

【产品特点】对混凝土水塔使用中性全能水塔强力清洁剂，用高浓缩配方，可以高倍稀释使用，节省水塔清洗使用的作业成本。气味清新，使操作更加方便、清洁。

【制法】配比轻微污渍 1∶30；一般污渍 1∶20；严重污渍 1∶5 或原液；pH 6～7 中性。

【功能】①使循环管道更加畅顺；②清除系统内细菌聚结物；③杀除水中微生物及细菌；④清理循环系统内之锈结物。

【用法】①先将水塔强力清洗剂按比例分量加入水塔中，待运行 24h 后将污水全部排放；②注入新水运行 8h 后再将水全部排放，然后从新注入新水及水塔超强散热护理剂；③以后每隔 3 个月再用清洗剂清

❶ 三氯乙烯不是《蒙特利尔议定书》附件 A～E 的受控物质。

洗，然后再加散热护理剂，就可以完善保护水塔系统；④使用方法视污渍轻重确定兑水比例稀释，配合多功能刷地机和百洁垫进行刷洗。（比例：50～100t 水塔用 1 瓶，具体应视环境而定。）

【主要用途】 对因严重污渍或水塔积聚所形成的污斑，既能顺利去除而不伤水塔表面结构，又使壁体及各种塔构内的表面清洁，十分有效。也适用各种范围场所的硬表面清洁，如墙体、地板、台面等。

【应用特点】 本品清洗功能高效，对混凝土水塔表面无腐蚀，是一款经济型的高级混凝土水塔清洗剂，也可用于混凝土水塔施工中常出现的各种症状，如水痕、污渍、黄渍、霉菌等，有效清除各种硬表面的水锈，铁锈等重垢，无需稀释，顽固锈迹需浸泡数分钟配合刷子使用效果更佳。

【包装规格】 5gal/(箱或桶)（1gal = 3.785L）保质期：避免阳光直射，放于阴凉、干燥处，密封保存 2 年。

【安全性】 安全、环保，在使用前请务必摇均匀，以达到更理想效果。

【生产单位】 东莞市龙翔模具护理润滑有限公司。

Fa005 大理石清洗剂

【英文名】 marble cleaner

【别名】 洁净王-漆立净；大理石清洁剂（粉状）

【组成】 由柠檬酸钠、三乙醇胺、油酸、白油、甲基硅油、水等组成。

【产品特点】 ①化学性能稳定，不易与被清洗物发生反应；②表面张力和黏度小，渗透力强；③沸点低，可以自行干燥；④没有闪点，不易燃；⑤KB 值不应太高，避免与被清洗物相溶；⑥低毒性，使用安全；⑦非 ODS 和低 GWP 值（全球变暖潜能值），环保。

大理石清洁剂（液体）是一种液体形态的清洁剂，它取用于各类新型表面活性剂、杀菌剂、抛光剂、进口渗透剂、生物酸碱性剂及独特光亮因子等环保技术高科技配制而成的液体大理石清洁剂；具有强力的除污力以及渗透力、杀菌力和抛光光亮性等特性。能迅速彻底清除各类大理石与各种硬质表面物及深层孔隙内层缝隙渗入物里的顽固污垢。独特的渗透力更能迅速去除表面及内层所污染的油漆、各类记号笔渍印、各类油渍、各类胶质物等不损物面，具有特强快速除污力，尤其适用于新建房屋，装修污染，工程污染，工业污染等清洁使用。

【大理石清洁剂】（粉状）目前市场大理石清洁剂运用最广阔的是细颗粒状弱碱性，采用天然界面活性磨粒为原料，配合多种活性剂、抛光剂等。

【生产配方】

组分	质量份
柠檬酸钠	2～9
油酸	18～88
甲基硅油	5～30
三乙醇胺	12～36
白油	38～76
水	58～146

【配方分析】 由于含有各种水性和油性基团，既可清除无机污垢，也可清除有机污垢，同时还具有上光功能，只要用少量清洗剂，就能达到大规模除垢、清洗的效果，且清洗后的大理石光亮如新。

【应用特点】 目前国内大理石清洁剂可分为中性、酸性、碱性清洁剂。清洗浴室石材表面应采用酸碱值为中性的清洗剂。酸性清洁剂可去除清洁物表面的石灰质、水泥渍、水垢以及卫生间常有的顽固性尿渍、氧化金属渍，如酸化清洁剂。碱性清洁剂则可去除各类动植物油脂性污渍和机械油污，并可去除地面的蜡层。如特强化油清洁剂、强力起蜡水等。酸碱性清洁剂若使用不当，除了会造成清洁剂的浪费外，还会不同程度地损坏清洁物表面，甚至可能造成使用者皮肤或眼睛的伤害。

【主要用途】 彻底清除各类大理石表面及深层内部孔隙各类轻微与严重污染的顽固污垢。

【安全性】 清洁剂一般都比较安全，只要人体的某些部位不长时间浸泡在里面，眼睛不接触到清洁剂就不会有太大的问题，但是如果长时间接触表面活性剂就会把皮肤表面的油脂、水分脱掉，造成皮肤干裂，而且对于眼睛也会造成很大的影响。①存放于阴凉及小孩不可触及之处；②避免进入眼睛，如不慎入眼，即使用清水冲洗；③请勿吞食。

【产品运输储存】 运输时应轻装轻卸，防止碰撞。产品应储存于阴凉干燥通风处。

【生产单位】 东莞市万能工业材料有限公司，苏州尼贝尔化学有限公司。

Fb 搪瓷、混凝土表面清洗剂

随着搪瓷工业的发展，搪瓷产品已深入到人们的家庭生活中。用户要求搪瓷表面有很好的可清洁性，因此正确测定搪瓷表面的可清洁性已越来越引起广大搪瓷工作者的注意。过去曾有人用茶水或墨水作为污染剂，涂于搪瓷表面，通过比较污染前后瓷面白度的降低值来判断瓷面的可清洁性。但该法有一定的局限性，误差较大，且试样只能为白色。

目前国内有一种新的测试方法，即用荧光分析法来测定搪瓷表面的可清洁性。一般搪瓷表面清洗剂，用于清洗搪瓷及其他硬质表面（诸如浴室管线及卫生间设备），它具有自清洗、除锈、上光和抑制腐蚀的效能，也适用于清洁混凝土、瓷砖、水泥等任何硬表面或多孔硬质表面，迅速清洁石油基污渍/溅出液体。

首先介绍国内搪瓷表面清洗剂，其他以下部分介绍国内混凝土表面清洗剂。

Fb001 新型水性搪瓷表面清洗剂

【英文名】 new enamel surface cleaners

【别名】 瓷品表面清洗剂；搪瓷清洗剂

【组成】 清洗剂：由碳酸钠、偏磷酸钠、肥皂粉、细浮石粉组成。油垢清洗剂：由氢氧化钠、磷酸三钠、三乙醇胺、碳酸钠、硅酸钠、十二烷基硫酸钠、水调配而成。

【产品特点】 ①渗透力强，去除污渍，污垢；②无残渣，使表面清洁，无残留；③优异的硬水适应性，可以减少矿物质沉积。

【生产配方】 单位：kg

① 轻质清洗剂配方：碳酸钠 42，偏磷酸钠 14，肥皂粉 28，细浮石粉 227。

② 油垢清洗剂配方：氢氧化钠 80，磷酸三钠 80，三乙醇胺 35，碳酸钠 80，硅酸钠 100，十二烷基硫酸钠 2～5，水 1000。

③ 浴缸、搪瓷酸性清洗剂生产配方如下：

月桂醇聚氧乙烯醚硫酸钠	3.00
C_9～C_{11}脂肪醇聚氧乙烯醚	3.00
次氮基三(甲膦酸)	0.03
己二酸	1.67
丁二酸	1.67
直链烷基磺酸钠	1.00
戊二酸	1.67
磷酸	0.02
硫酸镁	1.35
染料溶液(1%)	0.10
香精	1.00
氢氧化钠溶液(50%)	适量
水	85.31

【制法】 将盐及水溶性物料溶于水后，再

与表面活性剂混合，最后用氢氧化钠溶液调 pH 至 3。

本品适用于清洗浴缸和其他耐酸的白搪瓷硬表面。

【应用特点】 瓷砖表面清洗剂去污效果独特，用途广，对人体皮肤没有任何副作用。能迅速彻底清除各类瓷砖、大理石地板等表面及孔隙的灰垢、水泥垢、锈垢、饮品渍、调味品渍、油渍、胶锤印、顽固蜡渍等；也适用铝合金、铝塑板、塑料等表面污垢的清洗；也可有效清除抛光砖出厂时表面的蜡层，不损砖面。

【安全性】 新型水性搪瓷表面清洗剂是由表面活性剂复配作渗透剂，结合无机助洗剂而配制的粉状清洗剂；油垢清洗剂是新型水性清洗剂，效果更好，成本低，克服了强酸性类清洗剂在施工时对环境造成的污染及对人体产生的严重危害。是一款酸性、易漂洗、无磷的绿色环保新型水性搪瓷表面清洗剂。

【包装规格】 5gal/(箱或桶)；避免阳光直射，放于阴凉、干燥处，密封保存 2 年。

Fb002 浓缩型混凝土清洁剂

【英文名】 bacterial enriched，hard surface cleaner

【别名】 混凝土清洁剂

【组成】 本品为生物混凝土清洁剂，结合 promicrobial 专利技术研发而来，是一种专利配方的浓缩型、可生物降解的清洁剂。

【产品特点】 如洁普 Zep MUD-SLIDE CONCENTRATE 浓缩型混凝土清洁剂 165635#，是浓缩型、多功能、可生物降解的混凝土清洁剂，特别适用于溶解混凝土搅拌机、工具、设备、模具、模板、混凝土存储器和容器上的混凝土和残留物。本品不含强无机酸，确保人身安全的同时还可降低运营成本，具体特点如下所示：

浓缩型清洁剂 迅速清洁石油基污渍，节省时间和精力；

持续保持清洁 天然生物细菌培养物持续吞食残余石油基污垢和污渍，保持长效清洁；

不含石油馏分油或溶剂 非易燃水性配方，无需使用重型溶剂类清洁剂也可实现高效清洁。

【产品应用】

① 本品适用于清洁混凝土、瓷砖、水泥等任何硬表面或多孔硬质表面，迅速清洁石油基污渍/溅出液体；

② 本品适用于：汽车车库、汽车展厅、汽车餐厅、停车场和车库、甲板和天井、生产设施、快速润滑中心。

【产品规格】

实体形态	液体
颜色	白色
气味	宜人
pH 值	7.0～9.0
保质期	3 年
美国交通部分类海运标签	无

【应用特点】 瓷砖清洗剂由非离子与两性表面活性剂复配作渗透剂，再辅以特殊无机助洗剂而配制的粉状清洗剂，清洗效果良好，成本低，克服了强酸性类清洗剂在施工时对环境造成的污染及对人体产生的严重危害。是一款酸性、易漂洗、无磷的绿色环保瓷砖清洗剂。

【包装规格】 5gal/（箱或桶）；保质期避免阳光直射，放于阴凉、干燥处，密封保存 2 年。

【安全性】 ①以上除污剂使用时需戴上橡胶手套；②将污渍清除后再用清水将砖面擦洗干净；③市场或超市里有最新型去污的清洁剂，可参考上面的去污范围及方法；④质量好的瓷砖，如亚细亚、冠军砖面气泡量少而微，瓷砖抗污性强，发生污染时及时用湿布擦净就可以，不要太多使用化学物质，可能起到相反效果，影响瓷砖光泽、防水性、寿命等。

【生产单位】 北京天元港神科技发展有限公司，广州市雅威贸易有限公司，美国家虹（中国）建材有限公司。

Fb003 即用型混凝土清洁剂

【英文名】 concrete removers

【别名】 混凝土清洁剂

【组成】 混凝土清洗剂由非离子与两性表面活性剂、生物降解剂、渗透剂、无机助洗剂配制而成。

【产品特点】 Zep's MUDSLIDE 是一款多功能可生物降解凝土去除剂，尤用于溶解混凝土搅拌机、工具、设备、模具、模板、混凝土存储容器和集装箱上的混凝土和残留物。本品不含强无机酸，可确保人身安全同时降低运营成本。

环保	与强无机酸清洁剂相比，本品更环保，因为： 100%生物降解清洁剂； 100%生物降解乳化剂； 低毒、低腐蚀性
法规优势	MUDSLIDE 不受下列法规限制： 洁净水法案 311； 清洁空气法案 112(r)； SARA313 剧毒化学品目录； 加州 65 号提案； 不含磷 本品符合现行环境保护局挥发性有机化合化标准： 不含挥发性有机化合物
多功能产品	可用喷雾或手动涂于需清洁表面。可去除金属、木材、玻璃、塑料、橡胶等表面的混凝土机残留物；性能不受水硬度影响；本品漂洗轻松，不留痕；还可去除其他基底砌筑面普通水泥
确保人身安全	不含容易造成严重皮肤损伤或灼伤的强无机酸（盐酸、磷酸、氟化氢酸、硫酸）

【清洗剂工艺】 清洗面砖表面薄层时，采用滚筒或毛刷均匀地涂在表面，5min 以后用水充分冲洗。

①多次少量分装，避免污染清洗剂；②清洗前应先铲除水泥块，可节约用量；③及时冲洗，避免污染物重新凝固；④用刷子刷洗砖缝，以达更好的清洗效果；⑤已用过的清洗剂不要倒回原包装内。

【应用特点】 瓷砖清洗剂之混凝土清洗剂能使面砖表面水泥污染物和灰浆薄层迅速干净发亮；清除厕所、浴池、游泳池内的绿藻等污物。①渗透力强，去除污渍、污垢；②无残渣，使表面清洁、无残留；③优异的硬水适应性，可以减少矿物质沉积。

【主要用途】 混凝土清洗剂用于清洗墙面砖、釉面砖、通体砖、玻化砖、抛光砖、清水砖、地板砖、陶瓷制品和天然石材。也直接用于干燥污浊表面。本品无需稀释。严重时，产品停留时间可久些。使用任一清洁剂都应采用适当保护设备。

【安全性】 混凝土清洗剂由非离子与两性表面活性剂复配作渗透剂，再辅以特殊无机助洗剂而配制的清洗剂，清洗效果良好，成本低，克服了强酸性类清洗剂在施工时对环境造成的污染及对人体产生的严重危害。是一款酸性、易漂洗、无磷的绿色环保瓷砖清洗剂。因水泥砂浆清洗剂属弱酸性，接触皮肤后用水清洗。

【包装规格】 5gal/(箱或桶)；避免阳光直射，放于阴凉、干燥处，密封保存 2 年。

【生产单位】 大连凯利多润滑技术有限公司，武汉客林化工有限公司。

Fb004 无机陶瓷碱基清洗剂

【英文名】 cleaning agent for ceramic base

【别名】 陶瓷基清洗剂

【组成】 一般由十二烷基苯磺酸钠、椰油脂肪酸单乙醇酰胺、氢氧化钠、碳酸钠、聚合磷酸钠硅酸钠、蒸馏水等组成。

【配方】

组分	w/%
十二烷基苯磺酸钠(LAS)	0.15～0.5
椰油脂肪酸单乙醇酰胺(CMEA)	0.15～0.5
碱性氢氧化物	1.0～2.0
碳酸	0.3～0.8
聚合磷酸盐	0.3～0.5
硅酸盐	0.15～0.5
水	余量

【配方分析】 碱性氢氧化物可以为氢氧化钠、氢氧化钾或氢氧化钙；盐可以用钾盐或钠盐。

配方中表面活性剂是主要组成部分，它对油污的去除起到至关重要的作用，其中十二烷基苯磺酸钠为通用的表面活性剂，它有很好的增溶油污并将其去除的能力，与椰油脂肪酸单乙醇酰胺复配后，比单一组分的效果更好。

作为助剂的其他四种组分，它们的存在能使油污的去除更加有效，去除率更高，速度更快。其中碱性氢氧化物主要起皂化作用；助剂聚合磷酸盐在水溶液中发生水解并形成胶体，胶体表面对亲油污垢有强烈的吸引力，使亲油污垢从清洗对象表面解离分散下来，而胶体状态的盐会沉积在清洗对象表面上形成一层保护薄膜，使其免受腐蚀；其次具有良好的碱性缓冲作用和水的软化作用；助剂碳酸盐具有结合金属离子作用，作碱性介质；助剂硅酸盐具有活性胶体的吸附分散作用，增强表面活性剂的活性。

优点：配方的 pH 小于 14，发泡适中，对金属离子的结合能力强，对一般油脂和冷轧车间产生的油脂清洗效果优良；净洗力高达 95%以上。漂洗性能优越，对超滤装置无危害，能避免膜劣化的倾向，清洗后能使膜通量恢复到正常水平，并能维持一定的周期，减少了清洗频率，降低了处理成本，清洗废液易于处理，生物降解性好，生产成本低。

【制法】 称取 0.9g 十二烷基苯磺酸钠、0.9g 椰油脂肪酸单乙醇酰胺，加入少量蒸馏水加热到 60℃充分溶解，再依次加入 4.05g 氢氧化钠、1.35g 碳酸钠、1.08g 聚合磷酸钠和 0.72g 硅酸钠，搅拌使其全部溶解。待冷却后加入蒸馏水 300mL，配成 3%的水溶液，分别测 pH、漂洗性能、净洗力和发泡力。

【性能指标】 (实验结果如下)：①pH 为 13.20，对超滤装置无危害；②净洗力为 95.89%，无可见清洗剂残留物；③发泡力的泡沫高度为 10.79mm。

【应用效果】 将配制的超滤膜清洗剂用到某钢铁厂冷轧含油废水超滤膜机组中清洗膜污染，清洗效果明显，清洗剂的渗透液通量随时间的增加而增加，在 25min 以后的渗透液通量达到 $4.7m^3/h$，能够恢复到膜运行前的最初水平。用无机陶瓷超滤膜碱基清洗剂清洗后过滤含油废水，其膜通量衰减比较慢且过滤通量可以在很长的时间里保持稳定，在 72h 后通量才开始降到 $2m^3/h$ 以下，清洗效果能维持一段比较长的周期。

【主要用途】 适用于铝合金、铝塑板、塑料等表面污垢的清洗，也可有效清除抛光砖出厂时表面的蜡层，不损砖面。

【应用特点】 无机陶瓷碱基清洗剂去污效果独特，用途广，对人体皮肤没有任何副作用。能迅速彻底清除各类瓷砖、大理石地板等表面及孔隙的灰垢、水泥垢、锈垢、饮品渍、调味品渍、油渍、胶锤印、顽固蜡渍等。

【安全性】 无机陶瓷碱基清洗剂，是由表面活性剂、渗透剂、无机助洗剂而配制的清洗剂，清洗效果良好，成本低，克服了强酸性类清洗剂在施工时对环境造成的污染及对人体产生的严重危害。是一款酸性、易漂洗、无磷的绿色环保瓷砖清洗剂。因水泥砂浆清洗剂属弱酸性，接触皮肤后用水清洗。

【生产单位】 中南大学化学化工学院。

Fb005 陶瓷超滤膜清洗剂

【英文名】 ceramic ultrafiltration membrane cleaning agent

【别名】 滤膜清洗剂

【组成】 陶瓷超滤膜用清洗剂由 A 组分及 B 组分组成。

【配方】

组分 A	w/%
氢氧化钠	5～20
烷基苯磺酸钠	5～10
碳酸钠	5～10
水	余量
组分 B	w/%
硝酸	1～5
过氧化氢	0.5～3
次氯酸钠	0.5～2.5
水	余量

【制备工艺】 组分 A：在一个带搅拌、耐硝酸的不锈钢清洗罐中，按配比依次加入自来水、氢氧化钠、烷基苯磺酸钠、碳酸钠，在室温下搅拌 10～30min，即得陶瓷超滤膜用清洗剂的 A 组分；

组分 B：在一个带搅拌的、耐硝酸的不锈钢清洗罐中，依次加入自来水、硝酸、过氧化氢、次氯酸钠，在室温下搅拌 10～30min，即得陶瓷超滤膜用清洗剂的 B 组分。

将上述陶瓷超滤膜用清洗剂用于回收印钞凹印擦版废液的陶瓷超滤膜的清洗，清洗步骤如下。

第一步，将清洗剂 A 组分加热到 40～70℃，打开清液侧阀门循环清洗，待产生通量后关闭清液侧阀门，累计时间达到 2～4h 后，停止清洗，排空 A 组分；

第二步，将清洗剂 B 组分加热到 40～70℃，打开清液侧阀门循环清洗，累计时间达到 2～4h 后，停止清洗，关闭阀门将清洗剂 B 组分留在组件内使陶瓷超滤膜浸泡在其中，浸泡 1～2d 后排空清洗液；

第三步，重复清洗第一步后，整个清洗过程结束。

本清洗剂通过对强酸强氧化剂的引入使大分子树脂类物质被氧化分解成为小分子物质；1～2d 的浸泡使这一氧化过程更为彻底；高浓度的氢氧化钠使被分解的有机物质和矿油被彻底地溶解、带离膜表面。这些都使清洗过程更为有效。

优点：①大大减低了膜表面的浓差极化，降低了膜的清洗频次；②有效、彻底地恢复陶瓷膜的过滤通量，使系统得到再生；③超滤膜的使用寿命更长。

采用本配方的清洗方法与印钞行业传统的清洗方法技术性能对比如下表所示。

清洗方法	本办法	印钞行业传统清洗法
通量恢复	99.9%	96.5%
通量彻底衰退周期	2 年以上	6 个月

【应用特点】 一种用于超滤膜的清洗剂及其清洗方法，特别是一种运用于印钞凹印废水的陶瓷超滤膜清洗的清洗剂配方及其制备方法和应用。

【安全性】 清洗效果良好，成本低，克服了强酸性类清洗剂在施工时对环境造成的污染及对人体产生的严重危害。是绿色环保于超滤膜的清洗剂。

【包装规格】 5gal/(箱或桶)；避免阳光直射，放于阴凉、干燥处，密封保存 2 年。

【主要用途】 一种用于超滤膜的清洗剂，适用于印钞凹印废水的陶瓷超滤膜清洗。

【生产单位】 上海印钞厂。

Fb006 陶瓷滤板酸基清洗剂

【英文名】 ceramic filter acid base cleaner

【别名】 滤板清洗剂；陶瓷滤板清洗剂

【组成】 由十二烷基硫酸钠、十二烷基苯磺酸钠、酸性缓蚀剂、硫化物、氢氧化物、碳酸盐、硅酸盐等组成。

【产品特点】 本产品涉及陶瓷过滤机上的对陶瓷滤板进行清洗的清洗剂。适用范围广，可以提高滤板的使用寿命，扩大陶瓷过滤机的使用范围。

【生产配方】

组分	w/%
硝酸	0.1～5
氢氟酸	0.2～3
氯化钠	0.1～2
草酸	0.1～5
十二烷基二甲基苄基溴化铵	0.005～1
酸性缓蚀剂	0.1～1
盐酸	0.1～5
氟化氢铵	0.05～1
双氧水	0.02～2
十二烷基硫酸钠	0.01～1
十二烷基苯磺酸钠	0.01～1

【配方分析】 本清洗剂利用硝酸和盐酸的腐蚀性，用以去除碳酸盐、水垢，并对其他金属化合物如铁垢、铜锈、铝锈等有良好的溶解作用，也有利于把污垢中的许多有机物氧化、分解。配以氢氟酸，可以更好地去除硅垢和铁垢。由于氧化铁与硝酸、盐酸和氢氟酸在低浓度下反应速率低，形成难过滤的絮状物，为了防止清洗剂在反应中出现的絮状物重新堵塞滤板的微孔，清洗剂中加有草酸，通过其螯合作用增强对氧化铁，尤其是 Fe^{3+} 的溶解。因此，本清洗剂可以较好地清洗应用于金属矿山的矿浆脱水的陶瓷过滤机滤板，该类陶瓷滤板上的垢主要是硫化物、氢氧化物、碳酸盐、硅酸盐和选矿药剂中起泡剂、絮凝剂、黏泥等。

为了增强清洗剂中酸的润湿能力、稳定清洗过程中清洗剂去污垢能力和对钢材的缓蚀作用，本清洗剂中还含有氟化氢铵和/或氯化钠的缓冲组分。由于堵塞物主要存在于滤板的微孔中，为了提高清洗效果，清洗剂中宜加入适当的渗透剂，以提高药剂的渗透性，便于清洗剂与污物接触。在研究中还发现，陶瓷滤板的堵塞除了矿浆颗粒物因素外，也有细菌等微生物的因素。陶瓷滤板的微孔内在过滤过程中，易滋生细菌、藻类等微生物，加快其微孔的堵塞，因此，在清洗剂中加入具有杀菌作用的渗透剂，还有助于对菌、藻、黏泥的杀菌、溶解和剥离的作用，使清洗效果倍增。因此，选用双氧水、十二烷基二甲基苄基溴化铵作渗透剂，可以加入其中的一种或两种。

为了降低清洗剂的表面张力，提高其润湿、分散、乳化、增溶的能力，本清洗剂中还加有阴离子表面活性剂，选用耐酸性较好的十二烷基硫酸钠、十二烷基苯磺酸钠的一种或两种。

为防止无机酸对碳钢、不锈钢腐蚀，上述配方还加入酸性缓蚀剂，选用蓝星清洗集团生产的酸性缓蚀剂 Lan-826。因此，实施清洗效果非常好。

【清洗工艺】 先将正常运转的陶瓷过滤机停车、放浆，去除过滤机上的陶瓷滤板、转子、槽体中的泥砂，并用水冲洗干净。用泵将清洗剂送至过滤机的槽体内直至溢流口下 5cm 处，启动过滤机转子，带动滤板转动，陶瓷滤板周期性地通过槽体。由于毛细作用，滤板由外至内吸收、排出清洗液，并间隙地启动超声波清洗装置清洗，间断时间可设置成 20min/h，清洗时间约 10h 后，滤板由槽体转出后吸附在其表面的液体很快干燥时，表明滤板通透能力恢复较好，清洗结束，停止排放清洗液。启动反冲洗程序，用水进行反冲洗，漂洗数分钟后停止，即可转入正常的生产过滤运行。

【优点】 通过硝酸、盐酸、氢氟酸的共同作用下，可实现在常温常压条件时，对碳酸盐、硅酸盐、硫酸盐、磷酸盐、硫化物、氢氧化物、黏泥等混合型污垢的处理，清洗效果好。

【应用特点】 以德兴铜矿的铜精砂矿浆为例，在选矿中经过选金、选钼、选硫，最后进行选铜，在选矿中加入的选矿药剂有111#（起泡剂）、MAC-12、黄药、丁基黄药、石灰、硫化钠、六偏磷酸钠。正是这些选矿药剂的加入，并且矿浆的粒度为400目占70%，使得陶瓷滤板易产生化学结垢和机械堵塞。

【性能指标】 实施清洗前陶瓷滤板的使用寿命（堵塞周期）不足6个月，陶瓷过滤机使用中的平均处理能力是248.3kg/(m^2·h)。滤板用本清洗剂按上述方法实施清洗后，陶瓷过滤机使用中的处理能力增长到452.6kg/(m^2·h)，陶瓷滤板的使用寿命延长到13个月，经过对比过滤机处理能力增长82.3%，陶瓷滤板的使用寿命增长116.7%。

【主要用途】 用于清洗陶瓷滤板的清洗剂。

【安全性】 清洗效果良好，成本低，克服了强酸性类清洗剂在施工时对环境造成的污染及对人体产生的严重危害。是绿色环保用于清洗陶瓷滤板的清洗剂。

【生产单位】 安徽铜都特种环保设备股份有限公司。

Fb007 VGT-6060SFH瓷器清洗剂

【英文名】 porcelain cleaner VGT-6060SFH

【别名】 瓷制品清洗剂

【组成】 由无机盐次氯酸钠、配以表面活性剂和适量的钠盐和适量的杀菌剂（抑制次氯酸钠的分解，增强次氯酸钠的漂白能力和清洗能力）；及其酸性缓蚀剂、氧化锆粉粒、硫化物、氢氧化物、碳酸盐、硅酸盐等组成。

【制备工艺】 首先，将次氯酸钠（NaClO）与水按1∶2的质量比例混合，搅拌使NaClO完全溶解，然后加入为NaClO质量1%的钠盐，搅拌使钠盐充分溶解，再加入为NaClO质量0.5%的杀菌剂制成A溶液；然后，将表面活性剂溶于水中配制成质量分数为2%的表面活性剂溶液B；最后，将A溶液与B溶液按100∶2的质量比充分混合即可。

【配方分析】 钠盐为硝酸钠、氯化钠或硫酸钠；杀菌剂为磷酸化的甲壳素、硫酸化的甲壳素或甲壳胺；表面活性剂为单甘酯硫酸酯盐、烷基醇酰胺硫酸酯盐或不饱和醇的硫酸酯盐。

【性能指标】 水基溶液，无毒、无味，不燃、不爆、不挥发，长期存放不失效，相对密度1.18～1.20，pH<2。

【应用特点】 喷涂或抹涂于渍垢处，视渍垢程度保持数分钟至数十分钟，用抹布或白洁布揩抹，冲洗干净后洁净如新。

【主要用途】 本产品能有效清除瓷器、陶瓷、搪瓷、摩塞克等建材、洁具、器皿的锈垢、水垢、尿垢、茶渍等，灭菌、除臭、消毒、不伤釉面。

【安全性】 一般表面活性剂、钠盐，属环境友好物质，次氯酸钠还原后变为氯化钠。对环境无毒无害。只要将要清洗的物质在其中浸泡12h（案板表面均匀喷洒，约4h以后），用水清洗，就可达到光洁如新的效果。最大限度地节省了瓷器餐具、抹布和案板清洗的用水量，起到了方便、省钱、省时、省力的效果。

【生产单位】 北京信创诺科创研究所。

Fb008 陶瓷插芯清洗剂

【英文名】 cleaning agent for ceramic ferrule

【别名】 AES与AEO-9共混清洗剂；无磷陶瓷清洗剂

【组成】 由脂肪醇聚氧乙烯醚硫酸钠（AES）与脂肪醇聚氧乙烯醚（AEO-9），溶剂是醇类溶剂乙醇、甲醇或异丙醇或醚类溶剂乙二醇丁醚或二己二醇甲醚，助洗剂是三聚磷酸钠，无机盐是磷酸钠、硅酸钠和/或碳酸钠。

【产品特点】 随着光纤信息通信技术的飞速发展，光通信中所使用的光纤连接器是把光纤的两个端面精密地对接起来，使发射光纤输出的光能量最大限度地耦合到接收光纤中，陶瓷插芯是这种光纤连接器的核心部件。陶瓷插芯是耐用品，不是年年都有更新需求，所以陶瓷插芯的性能使用要求是20年，使用了一个在质量保证期内就少了一个的需求，长期耐用不需年年更换。

【清洗工艺技术】 针对陶瓷插芯产品的结构及污物的特性，以及超声波清洗在陶瓷插芯制作工艺中的具体应用，决定了功率密度、超声波、频率、清洗温度的选择和产品清洗效果的有密切关系。

(1) 功率密度　陶瓷插芯内孔很小，内孔中污垢与内孔表面结合牢固，如果只是利用清洗液的乳化和溶解作用，清洗再长的时间也不能完全去除污垢，必须用一定的压力和冲击力，才能迅速地将污垢从内孔表面扯裂和剥离。事实证明，一定的清洗压力和冲击力，不但能有效地去除污垢，还大大地缩短了清洗时间。不过，同时也要考虑陶瓷插芯的脆性问题。陶瓷插芯是利用氧化锆粉粒，经过混炼、注射成型后高温烧制而成的，其密度为6.0g/cm^3，硬度为HV1250。极高的密度和硬度特性，使产品在受到较大的碰撞、振动力时，会在外径和内径边缘等尖角处产生破碎，甚至裂纹。烧制成的毛坯，在经过后加工，扩孔至ϕ125.3μm，其孔口边缘存在较大的加工应力。受到较大的冲击力时，孔口边缘材料会部分脱落，造成孔口破碎。所以，在清洗陶瓷插芯内孔污垢时，虽然需要一定的压力和冲击力的作用，才能有效地去除内孔中的污物，但所受的压力和冲击力并不是越大越好，所以避免造成插芯外径和内孔尖角处的破碎，甚至出现裂缝。

(2) 超声波频率　根据陶瓷插芯产品结构和污物的特性，对内孔污物的清洗提出如下要求：清洗液要有足够的穿透力，能够进入小孔内进行清洗，并且将清洗掉的污物及时带出小孔，以免污垢再次结合在内孔的表面，造成重复污染。这就需要更多的空化泡，从而产生更多、更密集的冲击波才能实现。在功率密度一定的情况下，可以通过选择合适的超声波的频率来达到这一要求。频率越大，空化泡数量越多，所产生的冲击波越密集；但是，随着频率的增加，空化泡所产生的冲击波越密集；但是，随着频率的增加，空化泡所产生的冲击力减弱，空化强度变小，又不利于小孔污垢的清洗。在一定的功率密度条件下，可通过选择超声波来调整空化泡数量和空化强度，使清洗液既能充分进入到小孔内，又能产生足够的压力和冲击力，将污垢从内孔表面扯裂和剥离。以达到最佳的清洗效果。

(3) 清洗温度　由于陶瓷插芯小孔内的污物特性，对所使用的清洗液有一定的要求：清洗液要能提供一定的碱度，有分散悬浮作用，可防止脱下来的油脂重新吸附在产品内，所使用的碱性一般以pH 9～10为佳，清洗液需具有对污物较强溶解能力。

(4) 清洗液的去污能力与温度密切相关　如果清洗液的温度过低，会降低溶液的化学活性，同时污物的溶解速度过低，不利于对小孔内污物的清洗；随着温度的升高，会明显朝着有利于清洗方向变化。但是，过高的温度，溶液中的某些成分受热分解而失去作用。当清洗温度高于非离子表面活性剂的浊点时，表面活性剂在水中的溶解度下降，析出上浮，使之失去脱脂能力。同时，过高的温度，会使溶剂过量蒸发，也影响了污物的溶解速度。

【产品质量要求】 光纤陶瓷插芯产品的高

质量要求，决定了光纤陶瓷插芯专用超声波清洗机具有以下优越性：

①极少会伤害到被清洗零件；②能够洗净微小的粒子；③很少会引起洗净斑，具有良好的洗净均一性；④不会产生噪声；⑤可清除附近氧化铈（cerium oxide）、二氧化硅（sillicon dioxide）等研磨剂中干燥后的粒子；⑥可良好及持续产生空穴现象（清洗能力强）；⑦表面的交换性（exchange of surface contamination）良好，因为污染扩散快，能加强清洗能力，缩短清洗时间；⑧DI Water 的冲洗性能良好，在清洗过程中即使清洗剂干燥，也可以冲洗；⑨可除去固着性的尘埃；⑩可优越清除 0.5μm 以下的粒子。

【配方】

组分	w/%
表面活性剂(AES)	0.5～10
溶剂	0.5～5
无机盐	1～5
表面活性剂(AEO-9)	0～10
助洗剂	1～15
水	余量

【配方分析】 表面活性剂以适当的配比复合使用，可以起到较好的协同效应，清洗助剂及无机盐的加入可调节清洗剂 pH，这对清洗效果起着非常重要的作用。

【配制方法】 将各组分在 15～50℃ 下搅拌溶解于水中，搅拌均匀，直到溶液呈透明清澈，过滤后即可。

【性能指标】 参照 Fb007 VGT-6060SFH 瓷器清洗剂。

【产品实施举例】

组分	w/%
AES	6
异丙醇	3
硅酸钠	3
AEO-9	2
三聚磷酸钠	10
水	76

【清洗工艺】 一般配合采用超声波清洗，将原液按 5%～20%配水使用。

【主要用途】 本产品能有效清除光纤陶瓷插芯产品、陶瓷、搪瓷、马赛克等建材、洁具、器皿锈垢、水垢、尿垢、茶渍等，灭菌、除臭、消毒功能，不伤釉面。

【应用特点】 清洗陶瓷表面油污及加工磨粉的清洗剂，特别涉及光纤连接器用陶瓷插芯清洗剂。由于陶瓷插芯内径非常小，通常采用超声波设备进行清洗。

【安全性】 该清洗剂安全、无毒，清洗效果优良。与超声波清洗设备配套使用，在清洗效果上超过进口的陶瓷插芯清洗剂。

Fb009 电瓷多功能清洗剂

【英文名】 porcelain cleaning agent

【别名】 电瓷清洗剂

【组成】 由硅油、碳酸钙、工业香精、硫酸镁、OP 乳化液、氧化硅等组成。

【配方】

组分	w/%
硅油	1～10
碳酸钙	20～40
工业香精	0.1～0.5
OP 乳化液	0.5～4
氧化硅	40～80
硫酸镁	1～10

【配方分析】 硅油是液体状的，可选用任何型号的液体硅油，也可用液体有机硅物质，如硅橡胶、硅树脂等，硅油在其中起润滑和绝缘作用。OP 乳化液是液体的表面活性剂，起稀释硅油的作用，可用任何液体 OP 型乳化剂；碳酸钙是粒径为 10～200μm 的物质，可用相同粒径的长石、方解石、晶石取代；二氧化硅是粒径为 10～500μm 的物质，可用相同粒径的金刚石、棕刚玉等莫氏硬度在 6 以上的物质取代；工业香精是液体的，无毒，起调味作用，可用各种无毒香精等质量份取代，配方中的硫酸镁起辅助作用，可用等质量

份的硫酸铵取代；碳酸钙、二氧化硅在使用过程中，根据其硬度不同，对污垢起摩擦作用；碳酸钙、工业香精、硫酸镁可以全部或部分去掉，其他物质质量份不变。该产品的最佳配方是各物质质量中的中间值为最佳值。

【性能指标】 参照 Fb007 VGT-6060SFH 瓷器清洗剂。

【制备方法】 首先将配方中的硅油和乳化液 OP 在容器中相互调匀，然后连同另外几种物质一并放入可旋转的容器中，放入后将容器密闭，而后以 15～45r/min 的速度将容器进行转动，温度控制在 5～35℃，旋转 5～15min，开盖取出即为成品。

【清洗方法】 先将产品用适量的水调成糊状，用布蘸擦电瓷件、瓷制品或不带油漆的金属制品；可用于对轮换下来的电瓷瓶在地面集中清洗，可用于停电登高作业时清洗运行中的电瓷瓶串，可用于对其他机械电气设备外壳的清洗。

【产品实施举例】 取硅油 5.5g、乳化液 OP 2.3g，将其在器皿中调匀，再取碳酸钙 30g、二氧化硅 60g、工业香精 0.3g、硫酸镁 5.5g。将上述物质一并放入圆形铁筒中，该铁筒轴向两端设有同心轴，该轴可用电机带动铁筒旋转。将铁筒口封好后，即转动 8min，温度为 25℃，转数为 20r/min，取出成品后，用水调成糊，以布蘸之，用于对悬式绝缘子进行擦拭，效果是省力而功效高。清洗后的绝缘子交流耐压为 56kV，5min 良好，干闪交流耐压为 90kV 闪络，湿闪交流耐压为 50kV 闪络（沿绝缘体表面的放电叫闪络），结论为合格。

【主要用途】 清洗力强、省时、省力，对人体无刺激、无损伤；可用于电瓷的清洗，清洗后的电瓷瓶耐电压强度高、绝缘性好，不损坏瓷瓶，瓷面得到保护等。

【应用特点】 属于对高压电瓷污垢清洗，具有驱油、除垢、去污、防水、防尘、绝缘等多种功能等应用特点。

【安全性】 该清洗剂安全、无毒，清洗效果优良。与超声波清洗设备配套使用，在清洗效果上超过进口的电瓷多功能清洗剂。

Fc 建筑瓷砖清洗剂

随着社会生活水平的提高，瓷砖已经进入千家万户，然而瓷砖使用久了，遇到各种各样的污染后，该如何清洗好。例如：

① 当瓷砖表面被水泥污染时，瓷砖用什么清洁剂好呢？可使用混凝土薄层清洗剂，该清洗剂适用于清洗内外墙瓷砖（釉面砖、通体砖、玻化砖、抛光砖）、清水砖、陶土制品和天然石材上的灰质、石灰残渣和水泥薄层。

② 内外墙瓷砖表面被填缝剂污染，瓷砖用什么清洁剂好呢？可使用填缝剂专用清洗剂。

③ 内外墙瓷砖遇到泛碱，瓷砖用什么清洁剂好呢？去碱剂是针对瓷砖及石材表面各种泛白的特点研制而成的，根据泛白种类不同科学地设计了相应的去碱剂，分别为自然泛白与反应泛白清洗剂两种。可分别清洗瓷砖、清水砖、陶土制品、天然石材和混凝土制品表面的自然泛白物和因不科学清洗后形成的泛白物。

④当内外墙瓷砖表面遇到锈斑污染，瓷砖用什么清洁剂好呢？

首先您需要判断锈迹是在瓷砖的表面还是已经渗透进去了。分析锈迹形成的原因，如是由铁栏杆、铁架、铁制品流下的，则可以判断此锈迹在瓷砖的表面，选用客林除锈剂清洗即可。如锈迹已经渗透到瓷砖内部，可选用客林强力除锈剂清洗，这种现象多发生在清水砖或劈开砖上。强力除锈剂可用于从抗酸性的天然或人造石材上去除锈斑，另外，自然石材中的被锈蚀材料会自动的改变会它原来的自然外观。

⑤ 内外墙瓷砖上的有油漆，瓷砖用什么清洁剂好呢？建议采用“去油剂”清除剂。去油剂适用于瓷砖、石材、玻璃、塑料、金属制品等物体表面的清洁。能有效清除上述物体表面的油漆、水性涂料、沥青、胶粘物、胶粘纸、胶带残留、唇膏痕迹、烟炱等。

⑥ 瓷砖表面油污、茶渍、咖啡渍、墨水污染，瓷砖用什么清洁剂好呢？采用瓷洁宝，瓷洁宝采用纯天然矿物原料，具有良好的摩擦性、耐水解性；适用于家庭、餐厅及酒店的陶瓷器皿、搪瓷制品、玻璃制品、塑料制品、铝制品、瓷砖、地砖等清洗。

⑦ 冰淇淋使用碱性清洁剂。

⑧ 石灰垢使用酸性清洁剂。

Fc001 瓷砖清洗剂

【英文名】 tile cleaner

【别名】 瓷品清洗剂

【组成】 由磷酸、羟基乙酸、烷基酚的乙氧基铵盐、乙二胺四乙酸四钠、黄原酸树胶和水等组成。

【产品特点】 ①渗透力强，去除污渍、污垢；②无残渣，使表面清洁、无残留；③优异的硬水适应性，可以减少矿物质沉积。

【生产配方】

组分	w/%
磷酸	8～10
烷基酚的乙氧基铵盐	2～2.5
黄原酸树胶	1.8～2.2
羟基乙酸	8～9
乙二胺四乙酸四钠	1.5～1.6
水	余量

【配方分析】 磷酸除油污能力较强，羟基乙酸具有协同除油污作用，烷基酚的乙氧基铵盐具有除垢清洁作用；乙二胺四乙酸四钠具有较强的去油污作用；黄原酸树胶具有洗净与保护作用。

【制法】 常温下，在1.5t的耐酸缸里先加入400kg水，在搅拌中加入100kg磷酸、75kg羟基乙酸、25kg烷基酚的乙氧基铵盐，再加入15kg乙二胺四乙酸四钠，最后加入20kg黄原酸树胶，加365kg水混合，再搅拌20min，打开阀门灌装，每桶5kg，共装200桶。

【主要用途】 一般适用于外墙瓷砖、地板瓷砖的清洗和光亮，能强效清除其表面的石膏、铁锈、黄斑、黑斑、顽固污渍、油污等污垢，清洗速度快，快速还原瓷砖本色，同时有杀菌、防霉作用，并且能有效提高静摩擦系数，防止地板打滑。

【应用特点】 瓷砖清洗剂去污效果独特、用途广，对人体皮肤没有任何副作用。能迅速彻底清除各类瓷砖和大理石地板等表面及孔隙的灰垢、水泥垢、锈垢、饮品渍、调味品渍、油渍、胶锤印、顽固蜡渍等污渍，也适用于铝合金、铝塑板、塑料等表面污垢的清洗，也可有效清除抛光砖出厂时表面的蜡层，不损砖面。

【安全性】 瓷砖清洗剂由非离子与两性表面活性剂复配作渗透剂，再辅以特殊无机助洗剂而配制的粉状清洗剂，清洗效果良好、成本低，克服了强酸性类清洗剂在施工时对环境造成的污染及对人体产生的严重危害，是一款酸性、易漂洗、无磷的绿色环保瓷砖清洗剂。

【包装保存】 5gal/(箱或桶)；避免阳光直射，放于阴凉、干燥处，密封保存2年。

【生产单位】 山东省科学院新材料研究所。

Fc002 新型瓷砖清洗剂

【英文名】 new ceramic tile cleaning agent

【别名】 陶瓷清洗剂；瓷砖粉状清洗剂

【组成】 由非离子与两性表面活性剂复配作渗透剂，再辅以特殊无机助洗剂配制而成的粉状清洗剂。

【产品特点】 ①浓缩型、可生物降解的粉状清洗剂；②渗透力强，去除污渍、污垢；③无残渣，使表面清洁、无残留；④优异的硬水适应性，可以减少矿物质沉积。新型瓷砖清洗剂：强力去污、无腐蚀、无污染，内含多种表面活性剂，是一种用于外墙瓷砖、地板、石材表面去污的高效外墙瓷砖清洗剂。清洗彻底，迅速展现被洗物本色；具有表面保护剂，清洗后形成保护层，对物体的表面不会产生任何程度的损坏。

【生产配方】

组分	w/%
非离子表面活性剂	20～32
两性表面活性剂	16～22
无机助洗剂	10～16
渗透剂	8～12
其他	余量

【清洗工艺】 ①在清水中加入2%～8%的产品进行稀释后再使用，操作时请戴胶手套。用拖布或毛巾蘸取本产品进行擦拭，即可得到满意的效果，亦可将瓷砖投入稀释后的清洗剂中浸泡3～5min。②最后用清水清洗清洗干净。

【主要用途】 广泛适用于外墙瓷砖、地板瓷砖的清洗和光亮，能强效清除其表面的石膏、铁锈、黄斑、黑斑、顽固污渍、油污等污垢，清洗速度快，快速还原瓷砖本色，同时有杀菌、防霉作用，并且能有效提高静摩擦系数，防止地板打滑。

【应用特点】 瓷砖清洗剂去污效果独特，用途广，对人体皮肤没有任何副作用。能迅速彻底清除各类瓷砖和大理石地板等表面及孔隙的灰垢、水泥垢、锈垢、饮品渍、调味品渍、油渍、胶锤印、顽固蜡渍等污渍，也适用于铝合金、铝塑板、塑料等表面污垢的清洗，也可有效清除抛光砖出厂时表面的蜡层，不损砖面。

【安全性】 瓷砖清洗剂由非离子与两性表面活性剂复配作渗透剂，再辅以特殊无机助洗剂而配制的粉状清洗剂，清洗效果良好、成本低，克服了强酸性类清洗剂在施工时对环境造成的污染及对人体产生的严重危害，是一款酸性、易漂洗、无磷的绿色环保瓷砖清洗剂。

【包装保存】 5gal/(箱或桶)；避免阳光直射，放于阴凉、干燥处，密封保存2年。

【生产单位】 山东省科学院新材料研究所。

Fd 建筑物室内清洗剂

工业现代化也加重了大气的污染。尤其是在大都市中，汽车尾气和工业废气的超标排放，使空气中的二氧化碳和二氧化硫增多，一般称为城市酸雨，在建筑物内外表造成强烈的局部侵蚀，展现在你面前的建筑物锈迹斑斑。

从屋顶留下的雨水夹带的污垢流入室内，以库仑力与墙壁结合的灰尘随风进入室内。上述污垢由于种类不同，结合力和结合方式不同，清洗建筑物内墙的沉积时间不同，所以清洗起来有很大不同，也就对建筑物的内墙清洗剂提出一系列不同的技术要求。靠有机物黏附在墙壁上的灰尘、纸屑灰尘和其他固体污垢。如研发一种新型建筑物室内清洗剂在内墙上有效地洗净建筑物内墙上的各种污垢而不对内墙材质造成损伤，也不留下痕迹。这种新型建筑物室内清洗剂成本较低，清洗费用也不高。适合清洗机械的使用，在短时间、低浓度下有良好的清洗效果。

Fd001 WQ 墙面清洗剂

【英文名】 WQ wall surface cleaner

【别名】 室内清洗剂

【组成】 室内清洗剂由桂醇聚氧乙烯醚、渗透剂、异丙醇、月桂酸酰胺钠、盐酸、氟离子、草酸 、增效剂等组成。对墙体污垢进行分析后可酌情选择下述配方 1～配方 3 清洗剂。

【配方 1】（中性清洗剂）

组分	w/%
月桂醇聚氧乙烯醚	8
渗透剂	2
异丙醇	3
EDTA	4
水	83

【配方 2】（碱性清洗剂）

组分	w/%
碱剂	1.5～8.5
烷基苯磺酸钠	2～10
乙二醇	3～8
水	65～90

【配方 3】（酸性清洗剂）

组分	w/%
盐酸	5～15
磷酸	5～10
增效剂	0.1～0.3
月桂酸酰胺钠	1.0～5.0
氟离子	0.05～2.7
水	70～88

【清洗工艺】 对污垢的去除主要是依靠清洗剂与污垢和墙面材料起化学反应而完成

的，因此墙面涂刷了清洗剂以后不能立即就将清洗剂用水冲走，而要使清洗剂在墙面上停留一段时间，使其与污垢有充分的时间起化学反应。停留时间的长短可根据气候条件及污染程度适当有所变化。污染不严重，时间可以短些；气温低，反应速率降低，溶液挥发较慢，时间可以长些；反之，气温高，反应速率快，溶液挥发快，时间可短些。实际控制可在10～20min的范围内。反应后污垢不会自行脱落，必须用水冲等机械力来除去墙体表面的污垢。墙面清洗剂适用范围如下：

墙面材料	主要成分	中性清洗剂	碱性清洗剂	酸性清洗剂
外墙涂料	按品种定	√	√	×
釉面砖、马赛克	上釉烧结砖	√	√	√
无釉面砖、泰山砖	陶土、石英砂烧结	×	√	√
花岗岩	钾长石	×	×	√
大理石	碳酸钙	√	√	×
水刷石	石英颗粒	×	√	√

注：√表示可以使用；×表示效果欠佳。

【主要用途】 广泛适用于墙面的清洗和光亮，能强效清除其表面的石膏、铁锈、黄斑、黑斑、顽固污渍、油污等污垢，清洗速度快，快速还原瓷砖本色，同时有杀菌、防霉作用，并且能有效提高墙面清洗效果。

【应用特点】 墙表面污垢是空气中的灰尘工业排放物汽车尾气微粒、油污等，在日光、氧气、雨水的长期作用下，形成的一种复杂的化合物。不同环境下墙体表面的污垢化学性质也不同，对酸性污垢易于用碱性清洗剂进行清洗，反之，对碱性污垢应该用酸性清洗剂对其清除。尤其对硅酸盐垢，要用氢氟酸为主剂的化学清洗剂来清洗。

【安全性】 墙面清洗剂由表面活性剂复配作渗透剂，无机助洗剂而配制的清洗剂，清洗效果良好，在施工时对环境不会造成的污染及对人体产生的无危害。是一款高效的绿色环保墙面清洗剂。

Fd002 建筑物表面清洗剂

【英文名】 building surface cleaners

【别名】 表面清洗剂；建筑物清洗剂

【组成】 由多种酸和乙醇复配而成。

【产品特点】 适用于硅酸盐建筑材料，特别是水泥、水泥沙灰、水磨石、水刷石的建筑物表面的清洗。该配方属酸性清洗剂。产品配方的关键在于采用多种酸和乙醇复配，反复涂刷建筑物表面，便会达到既不腐蚀表面，又能清洗除垢的目的。

【配方】

组分	w/%
乙醇(C_2H_5OH)	1～20
浓盐酸(HCl)	1～10
磷酸(H_3PO_4)	12～80
草酸($H_2C_2O_4$)	12～30
浓硝酸(HNO_3)	1～80
浓硫酸(H_2SO_4)	12～80
冰醋酸(CH_3COOH)	12～30

【制法】 配制清洗剂时，首先将乙醇称量好放入容器，边搅拌边加入其他成分，加入顺序如上述配方所列顺序。各种成分均以化学纯试剂配制。其中主要成分乙醇和硝酸对于各类不同的建筑表面的合理的质量分数（%）范围为：

组分	水泥面	水泥沙灰面	水磨石面	水刷石面
乙醇	8～12	5～10	2～8	1～5
硝酸	5～15	15～25	25～35	35～45

【清洗工艺】 上述清洗剂可加水1～2倍稀释使用。所述配方具有组分少、清洗污垢彻底、对建筑物表面无腐蚀、无损害等优点。

【主要用途】 该类清洗剂，专门用于硅酸盐建筑材料，特别是水泥、水泥沙灰、水磨石、水刷石的建筑物表面的清洗。适用于陶釉制品的表面去污洗涤，其配方简单，对釉膜无损害。

【应用特点】 居室墙面、屋顶及其角落的清洗：使用专业清洗剂、保洁蜡，对装修后的墙面、屋顶及角落进行清洗、保洁与上蜡工作，清除室内角落的一切污物，使装修后的居室光洁清新。

【安全性】 建筑物表面清洗剂是由表面活性剂、无机物配制成的清洗剂，清洗效果良好，在施工时对环境不会造成污染及对人体无危害，是一款高效的绿色环保建筑物表面清洗剂。

Fd003 壁纸清洗剂

【英文名】 wallpaper cleaner

【别名】 墙纸清洗剂；墙面纸清洗剂

【组成】 由最先进复合酶技术和多种无磷、无毒的原料白垩（白粉）粉、滑石粉、氧化镁、香茅油、漂白土等复配而成。

【产品特点】 墙纸清洁剂是采用21世纪最先进复合酶技术生产的新型绿色、环保高科技生物产品，能快速破坏油污、污垢物质中的分子键，从而达到快速除油、除污、清洁的目的，能快速去除墙纸在施工时遗留下的粉迹、胶迹以及墙纸长期使用时表面所残留的各种污渍。

【清洗工艺】 一般污渍、胶迹、粉迹，请先将墙纸清洁剂喷在污渍处，用干净的抹布轻擦即可；时间较长或者已经干燥了的胶迹，请先将墙纸清洁剂喷在污渍处，稍等几分钟，再用抹布轻擦一下，最后用湿抹布轻轻擦。

【配方1】（都洁壁纸清洁剂）

组分	w/%
白垩粉	65.1
氧化镁	13
滑石粉	6.5
香茅油	2.4
漂白土	13

将上述粉末原料混合，加入香茅油，混匀。壁纸上有污垢，用此粉轻轻一擦即可除去而不损伤壁纸。

都洁壁纸清洁去渍剂采用无磷、无毒的原料。用于对壁纸的清洗及去渍。能够清除壁纸上的油污、鞋印、笔渍等污渍，速度快，效果好，用后不需过水清洗。

【配方2】（壁纸清洗剂）

组分	w/%
碳酸钙粉	66.5
烧制氧化镁粉	13.4
粉末轻石	4.7
柠檬油	2
酸性白土	13.4

壁纸大面积清洗，将原液1～20倍兑水使用；壁纸去渍清洁，不用稀释使用。本品为无毒无害浓缩，适用各种壁纸的清洗。具有氧化功能，碱性配制，有可能使壁纸褪色。请使用前在壁纸的边角处做褪色实验后方可使用。

【包装】 1gal/桶，4gal/箱。

【主要用途】 该类清洗剂，专门用于壁纸的表面去污洗涤，其配方简单，对壁纸表面膜无损害。

【安全性】 壁纸清洗剂是由表面活性剂、无机物配制成的清洗剂，清洗效果良好，在施工时对环境不会造成污染及对人体无危害，是一款高效的绿色环保建筑物壁纸清洗剂。勿食，远离儿童。

【生产单位】 山东省科学院新材料研究

所，北京都洁酒店清洁用品有限公司，北京绿伞酒店用品有限公司。

Fd004 H-815 新型地坪清洗剂

【英文名】 H-815 new flooring cleaner

【别名】 地坪表面清洗剂；建筑地坪清洗剂

【组成】 地坪清洁剂主要由表面活性剂、杀菌剂、抛光剂、进口参透剂以及独特光亮因子等环保技术高科技配制而成。

【性能指标】

外观	淡蓝色透明液体
挥发性	93.7%
气味	花香
水溶性	溶于水
pH 值	11
相对密度	1.013

【产品特性】 ①清洗力强，可高配比；②能清洗多种油渍；③不燃烧，不腐蚀，不影响清洗物体；④无毒性，不含丁基化合物；⑤能杀菌，清洗又消毒；⑥抗静电无触电感觉，能持续十多天。

【工艺方法】 将本品与水配比，也可擦洗刷洗和浸泡。

【主要用途】 本品是一种水溶性除油剂、不燃烧、不腐蚀、抗静电、能杀菌的地坪表面清洗剂，能有效清除油脂、油污、烟垢、灰尘、血渍、三合土灰等，能同时清除植物性油渍、矿物性油渍、动物性油渍，高配比，是清洗漆面、磨石子、水泥地坪、瓷砖、花岗岩、大理石的理想产品。

【应用特点】 是一种液体状态的地坪表面清洗剂或建筑地坪清洗剂的清洁产品。它采用多种新型表面活性剂，去污力强，对皮肤无刺激。

【安全性】 地坪表面清洗剂或建筑地坪清洗剂，清洗效果良好，在施工时对环境不会造成污染及对人体无危害。是一款高效的绿色环保地坪表面清洗剂或建筑地坪清洗剂。

【生产单位】 上海利洁科技有限公司。

Fd005 NF-叶绿素精华环保清洁剂

【英文名】 NF-essence of chlorophyll green cleaning products

【别名】 叶绿素清洗剂；精华清洗剂

【组成】 由表面活性剂复配作渗透剂，再辅以特殊无机助洗剂配制而成的液体清洗剂。

【产品特点】 叶绿素液体清洗剂是室内用一种强力、可生物降解的工业清洁剂产品，其中含有天然碱成分，适合瓷砖清洁剂；具有强力的除污力以及渗透力、杀菌力和抛光光亮性等特性，能迅速彻洁净清除各类瓷砖表面、缝隙里的顽固污垢。

【清洗工艺】 将本品与水配比，也可擦洗刷洗和浸泡。在玻璃上使用了叶绿素液体清洗剂产品之后，应该立即用水进行冲洗。在铝材上使用本产品之前，应该先在较小面积上进行试验。在使用量较大的情况下，叶绿素液体清洗剂产品可能会导致涂料层的颜色变暗。在使用之后应该用水冲洗，或者用湿海绵擦拭干净。

叶绿素液体清洗剂产品中含有天然表面活性成分，能够降低清洁溶剂的表面张力，使得清洁剂能够深深渗透到头发丝一般细的裂缝中，确保相关裂缝也能够得到良好清洁。

叶绿素液体清洗剂产品能够乳化污染物，但只是暂时乳化。因此，在使用了油分离器的情况下，可以将油和污染物与清洁溶剂分离开。

应该用水对叶绿素液体清洗剂产品进行稀释处理，稀释比例在（1∶1）～（1∶50）之间，具体根据污染物的类型和污染程度确定。

叶绿素液体清洗剂产品可以通过喷雾、刷洗或者浸渍的方式使用。

① 浸渍：将需要清洁处理的目标材料浸渍到E. P. Power NF产品中，让产品和材料上的污染物发生反应。之后将目标材料从E. P. Power NF产品中取出，用水彻底进行冲洗。

② 喷雾：在采用合理比例稀释之后，可以通过喷雾的方式使用。在喷雾之后等待一段时间，让本产品和污染物发生反应。之后用水彻底清洗。

③ 刷洗：用刷子将E. P. Power NF产品涂覆到目标材料之上，等待一段时间，让本产品和污染物发生反应。之后用刷子刷掉污染物，再用水进行彻底冲洗。

【典型应用领域】 ①用于清洁受到油污和油脂污染的机器设备及地板；②用于清除印刷机上残余的油墨；③用于清洁卡车篷布；④用于清洁各种工具；⑤用于清洁机器设备的冷却剂系统、轧机及拉拔台等；⑤用于清洁驱动链条；⑥用于清洁餐厅、轿车、公共汽车、有轨电车及火车上的烟渍；⑦用于清除木材表面的油污和油脂；⑧用于清洁合成材料（例如家具）；⑨用于涂漆产品的去油处理。

【主要用途】 本品是一种清洗剂，不燃烧、不腐蚀、能杀菌的室内瓷砖表面清洗剂，能有效清除油脂、油污、烟垢、灰尘、血渍、三合土灰等，能同时清除植物性油渍、矿物性油渍、动物性油渍，高配比，是清洗漆面、磨石子、水泥地坪、瓷砖、花岗岩、大理石的理想产品。

【应用特点】 是一种液体状态的用于室内瓷砖的清洁产品。它采用多种新型表面活性剂，去污力强，对皮肤无刺激。独特的渗透力及抛光光亮因子更能迅速去除石灰垢、水泥垢、填缝剂垢、水锈、电焊印、铝划痕、金属划痕、黑垢、霉垢、水垢，以及各类油漆、各类胶、各类重油污等，当它涂在清洗物体表面时，与污垢结合或溶解，但它需要用水清洗掉其残留物。

【安全性】 叶绿素液体清洗剂是室内节水清洁剂，可利用本身的特性少用或不用水，起到节水的目的。安全环保清洗效果良好，在施工时对环境不会造成的污染及对人体产生的无危害。是一款高效的绿色环保叶绿素液体清洗剂。

【生产单位】 扬州宜科洁清洁剂有限公司。

Fd006 建筑物室内常温除油水基清洗剂

【英文名】 building indoor temperature in oil and water-based cleaning agent

【别名】 水基清洗剂 LMH-910

【组成】 本产品低泡表面活性剂、渗透扩散剂、防锈剂及清洗助剂等复配而成的环保型金属水基清洗剂。

【产品特性】 随着石化产品以及副产品价格的日益高涨，溶剂型清洗剂在工业清洗剂价格竞争中慢慢地被淘汰，而水基清洗剂具有价格优势，以及更环保、更节能，已经成为一种市场的趋向。水基清洗剂也是以后市场开发的重点。本产品可完全代替汽油、煤油、柴油、三氯乙烯、三氯乙烷等清洗方式。

【应用领域】 ①用于清洗钻井平台上的重油油垢，重油管线、储罐、设备、容器、机具、滤料；②用于机械设备表面的顽固重油油污、油垢的清洗；③用于清洗多种金属、非金属、地坪等表面重油油污、油垢；④用于清洗各类被重油污染的设备、土壤、建筑；⑤用于清洗焦化厂各类煤焦油管道和间冷器、油气分离器、螺旋板换热器；⑥用于替代各类碳氢清洗剂（易燃易爆易挥发）清洗各类重油污；⑦用于电镀行业的脱脂清洗和表面清洗；⑧用于汽车行业车体的脱脂清洗；⑨用于对各种不同类型的油垢油焦（如原油、润滑油、防锈油、煤焦油等油垢）的清洗。

【清洗工艺】 ①水基清洗剂为水性产品，可兑水稀释10～20倍，加温使用效果更佳；②清洗方式有浸泡清洗、擦拭清洗、超声波清洗剂，一般超声波清洗剂的效果更好。

【包装储存】 规格：25kg/桶、200kg/桶；存放于干燥、阴凉、通风的库房内，严禁雨淋及日晒，建议储存温度5～35℃。

【安全性】 水基清洗剂是节能节水清洁剂，可利用本身的特性少用或不用水，起到节水的目的。安全又环保清洗效果良好，在施工时对环境不会造成的污染及对人体产生的无危害。是一款高效的水基清洗剂。

【生产单位】 天津市乐米华科技有限公司。

Fd007 LP1000 建筑物室内无磷有机清洗剂

【英文名】 LP1000 indoor organic phosphate-free detergent

【别名】 无磷有机清洗剂

【组成】 本产品为表面活性剂体系与无磷助剂体系的复配产品。

【产品特性】 ①LP1000不含磷，采用全有机配方，是表面活性剂体系与无磷助剂的复配产品；②LP1000可以清除金属表面的铁锈、油质涂料以及有机杂质；③在新系统中使用LP1000，可以对系统进行清洗和保护，作为保证工艺效率和维护设备的开始。

【清洗工艺】 ①LP1000是高效能的液态清洗剂，能有效去除铁锈、油质涂料以及有机杂质；②LP1000能够在2～90℃范围内在线使用；③LP1000适用于钢、铸铁、铜、黄铜、铝等多种金属部件进行清洗；④LP1000稳定性和防锈性能良好，对环境友好。

【性能指标】

外观	无色透明液体
密度/(g/cm³)	1.00～1.20
pH值(1%)	1.5～3.5
水溶性	完全溶于水

【包装与储存】 25kg/桶；储存在凉爽通风处，避免直接曝露在阳光下，避免冷冻。

【安全性】 LP1000建筑物室内无磷有机清洗剂安全又环保；清洗效果良好，在施工时对环境不会造成的污染及对人体产生的无危害。是一款高效的建筑物室内无磷有机清洗剂。

【生产单位】 威海翔宇环保科技有限公司。

Fe 建筑物外墙清洗剂

建筑物靠外墙、屋顶和门窗阻拦了自然环境对建筑内部的影响和侵蚀；而建筑物外墙却承受自然侵蚀最严重，可谓饱经风霜。首先是太阳的照射。对于任何材料来说，日光的长期暴晒是造成污染和侵蚀的重要外界原因之一。紫外线等极有危害的射线，太阳直射下的高温及四季温差又造成建筑物表面材料老化，失去光泽，易受污染。例如，金属材料的锈蚀和塑料合成材料的老化；水泥材料的开裂；外墙涂料的变色脱落。阳光照射是不可避免的，是建筑物外墙造成污染的直接原因。其次是风雨的侵蚀。这对高层建筑物来说更为严重，越高风越大。风中带着灰沙、尘埃，雨雪中还可能带有冰雹。风沙雨雪的冲刷除使材料受到损坏外，再建筑物表面必然留下痕迹，水纹中黏附着固体污垢。例如高速碰撞的飞虫、小鸟及粪便。

一般建筑物外墙污染物的成分比较复杂，污染较为严重，纯粹的物理清洗方法达不到清洗要求，新型的清洗技术成本较高而且相关装备不够普及，应用受到一定限制。

化学清洗的方法是建筑物外墙的清洗最有效的手段之一。通常情况下，建筑物外墙清洗多数采用物理清洗和与化学清洗相结合，即应用化学清洗剂对污垢进行浸润、溶胀、剥离或溶解，同时借助物理外力作用使污垢彻底脱除建筑物表面达到清洗之目的。物理化学结合法常常具有很好的清洗效果。然而清洗剂的选择至关重要，性能优良的化学清洗剂不但可以清除污垢，同时有利于提高建筑物表面质量，延长其使用寿命，劣质化学清洗剂不但清洗效率低下，而且有损建筑物外表材质，甚至无法恢复，失去装饰效果，同时会渗入建筑物影响清洗工人或建筑物内部工作人员的身心健康，严重的可以危及清洗操作人员的生命。

建筑物外墙化学清洗剂按性质可分为中性清洗剂、酸性清洗剂、碱性清洗剂。按用途分为除油剂、除锈剂、除垢剂、防污剂、防静电剂、光亮剂、养护剂等等，其中中性清洗剂可用于清洗各种建筑工地建筑物外墙表面，尤其适合于玻璃幕墙、铝合金墙面、油漆表面、塑料壁面；碱性清洗剂主要用于清洗石灰岩、大理石墙面不锈钢表面；酸性清洗剂主要用于清洗花岗石、釉面砖、马赛克墙面。

各种表面活性剂被广泛应用于建筑物外墙清洗，清洗剂正在向复配方和专用配方发展。近年来，关于石材墙面的清洗剂、养护剂和金属装饰性材料专用型清洗剂、光亮剂等品种很多，每年有很多相关专利产生，已形成了一个较大的产业。

一般大气污染，在外墙表面形成的锈斑；含有机物和无机盐的雨水冲刷后留下的水纹。

清洗后不对周围环境造成污染，清洗废液不用处理即可达到排放标准。

高层外墙清洗工程包括：高层外墙清洗、高层玻璃幕清洗、高空外墙广告洗。因为高层外墙存在着危险性和复杂性，所以这项工作是有着相当程度的科学性和专业性。

建筑物外墙上所黏附的污垢，一般情况下与建筑物表面的结合很牢，因为结合不牢的污垢已经被风雨冲刷下去了，剩下的污垢可以大致由如下几类清洗剂除去。

Fe001 强力外墙清洁剂

【英文名】 powerful external cleansing agent

【别名】 外墙清洁剂；强力清洁剂

【组成】 一般由乙醇、琥珀酸酯磺酸钠、乙二胺四乙酸、磷酸尿素络合物、香料、色素、水等组成。

【产品特性】 本品对瓷砖、马赛克等硬质表面有非同一般的洗涤效果。对特脏及长时间的污垢，效果更佳。有刺鼻气味。

【清洗方法】 原液使用不稀释，直接喷洒在污渍处，稍等片刻清水冲净即可；一般污渍 1 份兑 5～30 份水，严重污渍 1 份兑 2～5 份水，将本品喷于物体表面，用毛刷或布擦拭，然后用水冲净即可。

【配方】

组分	w/%
乙醇	27.3
乙二胺四乙酸	6.4
香料、色素	少量
琥珀酸酯磺酸钠	5.5
磷酸尿素络合物	18.2
水	余量

【主要用途】 本品是一种清洗剂，采用高浓缩配方，独特的渗透功能，能迅速清除锈迹、水垢、石灰渍、茶渍、咖啡渍、尿碱等污垢。适用于外墙、瓷砖、马赛克、水磨石、大理石、花岗岩、尿槽、坐厕、浴缸、洗手盆等硬质表面，也适用于酒店、宾馆、家具、写字楼等。

【包装与储存】 强力外墙清洁剂包装：4×1gal/箱，5gal/桶。运输时要轻装轻卸，防止激烈碰撞。产品应存储于阴凉通风处，防雨防汗潮。

【安全性】 ①使用强力外墙清洁剂时请避免接触皮肤和眼睛，若不慎溅到，请以大量清水冲洗 10～15min，若感不适，请速就医。②强力外墙清洁剂保质期：3 年。③勿让儿童触及，若不慎入眼，请即时用清水冲洗：如有误食，请大量饮水，立即就医。

【生产单位】 青岛金宇酒店用品设备有限公司，广州纤浪日用化工有限公司。

Fe002 新型外墙清洁剂

【英文名】 a new outer wall clean agent

【组成】 一般由乙醇、琥珀酸酯磺酸钠、乙二胺四乙酸、磷酸尿素络合物、香料、色素、水等组成。

【产品使用特征】 根据不同外墙材质、水垢锈渍严重程度稀释使用。将外墙清洁剂原液或稀释液洒在需清洁表面让其作用片刻，用刷子刷洗，立刻用清水冲洗干净。本品对瓷砖、马赛克等硬质表面有非同一般的选涤效果。对特脏及长时间的污垢，效果更佳。

【配方】

原液	10%～20%
稀释液	60%～90%

【建议配比】 轻污 1：20；中污 1：10；重污 1：5 或原液。

外墙清洁剂是专业人员对建筑物的外墙除锈除水垢清洗工作。含特强的酸化物，能快速分解建筑物瓷砖、马赛克等材质外墙的重水垢、锈斑等积垢，也可清洗部分外墙的轻微油渍。

【清洗方法】 外墙清洁剂不适用于清洗玻璃、铝合金、不锈钢制品。用后请拧紧瓶盖。

在实行外墙清洗工作之前，要先选好清洁剂的种类和应用方面的问题，墙面上的灰尘一般用清水就可以清洗干净了；如果墙面上长时间不进行清洗，灰尘和泥土就会黏附在墙面上，就要使用一些中性的含表面活性剂的清洁剂来进行清洗了。

【主要用途】 一般使用表面活性剂体系与无磷助剂体系的复配产品；包含高浓缩配方，独特的渗透功能，能迅速清除锈迹、水垢、石灰渍、茶渍、咖啡渍、尿碱等污垢。适用于外墙、瓷砖、马赛克、水磨石、大理石、花岗岩、尿槽、坐厕、浴缸、洗手盆等硬质表面。也适用于酒店、宾馆、家具、写字楼等。是一种环保清洗剂。

【安全性】 这些清洁剂一般都比较安全，只要人体的某些部位不长时间浸泡在里面、眼睛不接触到清洁剂就不会有太大的问题，但是如果长时间接触表面活性剂就会把皮肤表面的油脂、水分脱掉，造成皮肤干裂，而且对于眼睛也会造成很大的影响，因此，在工作的时候一定要按照要求穿戴防护衣服、手套及戴上眼镜等，如果不小心被清洁剂溅到眼睛里面，要立刻使用大量的水进行冲洗。注意如下三点：

①使用强力外墙清洁剂时请避免接触皮肤和眼睛，若不慎溅到，请以大量清水冲洗 10～15min，若感不适，请速就医。②强力外墙清洁剂保质期：3 年。③勿让儿童触及，若不慎入眼，请即时用清水冲洗；如有误食，请大量饮水，立即就医。

【生产单位】 东莞市澳达化工有限公司，浙江正达环保设备有限公司。

Ff 市政工程与物业楼宇清洗剂

市政工程与物业楼宇清洗剂（municipal engineering and property building cleaning agent）是专业使用于市政工程与物业楼宇等综合专业性清洗剂。

市政工程：各种市政管网、给排水管道、排污管道、各种输液管道、输气管道、送料管道。

物业楼宇：大型物业楼宇的中央空调清洗、供暖系统清洗、生活热水系统清洗、锅炉清洗以及物业办公环境整体保洁绿化、楼宇外立面清扫等综合性工程。

近年来，国内的清洗技术和服务水平始终走在市场前列，一流的设备、一流的技术、一流的服务和 HSE 安全模式及 8S 管理制度，在市场上赢得了良好的商誉，也受到市政工程、石油储备行业和化工行业的好评，市政工程与物业楼宇等综合企业建立一个友好、和谐、长期稳定油罐、冷凝器及管道清洗的战略伙伴，全心全意、保质保量地把清洗工作做好，让市政工程与物业楼宇、石油及化工企业和电力事业更好地为人类的生产和生活服务。

① 市政工程的加油站、油库储罐及管道清洗　市政工程的清洗服务不仅保证了石油储罐内部的清洗、完全满足更换油品标准，从成本上也为客户节约了大量的经费。在安全的角度，做到无懈可击，全部配备防爆设备、防爆工具，作业人员必须要配备专业的防护用具，作业全过程对储罐保持强制通风和罐内气体的实时监测。同时对油桶清洗业务，管道清洗及酸洗钝化工作。

② 市政工程的储罐内外除锈防腐工程　国内无论地上地下的石油储罐，传统的防腐技术已经远远的落后于国外同期水平。采用先进的防腐工艺，更能长效的保护储罐的金属本体，增加储罐的维修周期，延长储罐的使用寿命，同时也保证了油品品质的纯正和洁净，这一点对于汽油储罐尤为重要。值得注意的是，发达国家油品储罐已经 100% 的利用专门的防腐材料进行储罐内壁防腐处理，不仅保护了储罐金属内壁免受介质侵蚀，而且由于没有了金属锈蚀生成物的产生，保证了油品品质来提供各种介质储罐

的防腐技术与服务。

③ 市政工程的高压蒸汽、超高压水射流清洗服务 高压水射流清洗技术是利用经设备增压系统加压的水由喷头射出形成具有很高的冲击和剥削能力的高速水射流，可将内外壁上的结垢、金属氧化物和其他附着物清除，清洗质量好，无污染。配备专用喷头，可产生多束、多角度、强度各异的高压水射流，对被清洗设备内结垢和附着物以及堵塞物进行彻底地切削、破碎、挤压、冲刷达到完全清洗的目的。根据设备内壁结垢的性质和特点，配以相应的工业清洗剂，可使高压清洗效果更好。

④ 市政工程的加油站阻隔防爆安装工程 国家安监总局发文指出，撬装加油站必须符合《汽车加油加气站设计与施工规范》(GB 50156—2006)、《阻隔防爆撬装式汽车加油（气）装置技术要求》(AQ 3002—2005)、《汽车加油（气）站、轻质燃油和液化石油气罐车用阻隔防爆技术要求》(AQ 3001—2005) 标准。根据国家安监总局精神下发文件，指出建立撬装加油站加油装置的汽车加油站应单独建站，所配备的油罐内应安装防爆装置。地上油罐的危险性大于埋地罐，要求采用撬装式加油装置的汽车加油站的油罐内应安装防爆装置，是为了使油罐具有本质安全条件，不受自身和外在条件的影响，在任何情况下都能消除地上油罐发生爆炸和火灾事故的危险。

Ff001 市政工程清洗剂

【英文名】 cleaning agent for municipal engineering

【别名】 超声波清洗剂；玻璃幕墙清洗剂；高空玻璃幕墙清洗剂

【组成】 由多种表面活性剂、渗透剂等组成的一种高科技配方产品。

【玻璃幕墙清洗特征】 玻璃幕墙清洗是高空作业的一种，是一种非常危险的高空施工项目。玻璃幕墙清洗、外墙清洗，不仅要做到清洗物表面的干净整洁，更重要的是确保高空作业人员的人身安全。在施工中一般有玻璃幕墙清洗设备及保险系数较高的吊板清洗方式和其他超声波清洗技术应用在外墙幕清洗及玻璃幕墙清洗工作中，无任何安全事故。

【超声波清洗剂】 超声波清洗剂由多种表面活性剂、渗透剂等组成的一种高科技配方产品，可用于金属表面、非金属表面各类脏污、油脂的清洗。适合工业超声波清洗剂配套使用。

【产品特点】 本品泡沫少，经超声波浸洗的工件易于冲洗，去除残留物，提高了清洗效率。

【性能指标】

密度/(g/mL)	1.01～1.03
pH值(原液)	9～10
外观	琥珀色透明液体

【清洗工艺】 将本品注入超声波清洗池中，与水混合均匀，比例根据超声波设备和工件的清洗要求，经试验确定。一般的稀释比例是1∶(10～50)，常温或加温使用。建议稀释比例为1∶(20～40)。超声波浸泡时间为5～10min。经超声波浸泡后的工件再用清水冲洗干净便可。使用时参阅该产品的MSDS资料。

【玻璃幕墙清洗设备】 主要技术参数

钢筋规格	14～32mm
工作转速	580～600r/min
电机功率	2.2kW×2
额定电压	380V
整机重量	160kg

【应用特点】 本品不含有害物质（氯化物、酚、苯、甲醛、亚硝酸钠、重金属等）及各种限制使用物质。经过 SGS 对 APEO 的检测，不含 NP 系列成分，环境友好，容易生物降解。具有良好渗透性、去污性，使用经济，使用时泡沫少、冲洗简便，是一种良好的选择。

【包装储存】 4L/25L 塑料桶；避免阳光直射，放于阴凉、干燥处，密封保存 2 年。

【主要用途】 一种用于超滤膜的清洗剂，超声波清洗剂与技术适用于玻璃幕墙清洗、高空玻璃幕墙清洗应用。

【安全性】 操作时应做好个人防护，避免长时间直接接触，防止溅入眼睛。应储存于阴凉、干燥处。

【生产单位】 中捷清洗工程公司，郑州洪金清洗公司，辽阳县管道清淤市政工程，河南长葛恒生建筑机械厂。

Ff002 物业楼宇清洗液

【英文名】 property premises cleaning fluid

【别名】 玻璃清洁剂；中性石材清洗液；瓷砖外墙清洗剂；幕墙专用清洗液

【组成】 由多种表面活性剂、渗透剂等组成的一种高科技配方产品。

【楼宇清洗液产品】 分为玻璃清洁剂、中性石材清洗液、瓷砖外墙清洗剂、幕墙专用清洗液。

① 玻璃清洁剂 特性：无毒无害，快干、不留水痕。它能有效清除玻璃上的污垢、油脂、烟渍、手印。用途：玻璃门窗、柜台、镜面、荧光屏、陶瓷、镜面金属表面的清洁。使用方法：根据物体表面污垢的程度，将本品稀释后喷洒在物体表面，用玻璃清洗工具涂抹后刮净。

② 中性石材清洗液 特性：各种石质清洁保养的专业清洁剂。用途：各类石质材料表面。主要技术指标：主要成分为阴离子表面活性剂、缓蚀剂、光亮剂、软化剂、水基等；pH 7；去污力强。使用方法：根据表面污垢的程度，将本品兑水稀释后可直接用到石材表面。

③ 瓷砖外墙清洗剂 特性：强力去污、无腐蚀、无污染内含多种表面活性剂及光亮剂，是一种使用于瓷砖表面去污的高效清洁剂。清洗过后，瓷砖的表面会保留一层光亮保护膜，即阻碍了污垢的形成，还保护了瓷砖的釉面。用途：本品适用于瓷砖外墙、室内装饰瓷砖。

④ 幕墙专用清洗液 特性：本品不含溶剂、不伤肌肤、不污染环境。使用本品后，易干燥、不留水痕，并且在玻璃表面形一层光亮保护膜，对玻璃表面具有灰尘隔离作用并增加光泽度。用途：各种建筑物的玻璃幕墙、镀膜玻璃、防辐射玻璃、镜面金属表面。使用方法：根据镀膜玻璃或铝合金表面的污垢程度，兑水稀释后使用。清洗时，用专业抹水器将清洁剂涂抹在玻璃上，再用专业玻璃刮刮干即可。

【性能指标】 参照市政工程清洗剂。

【主要用途】 一种用于楼宇清洗液的清洗剂，如玻璃清洁剂、中性石材清洗液、瓷砖外墙清洗剂、幕墙专用清洗液，适用于楼宇清洗应用。

【应用特点】 本品不含有害物质（氯化物、酚、苯、甲醛、亚硝酸钠、重金属等）及各种限制使用物质。经过 SGS 对 APEO 的检测，不含 NP 系列成分，环境友好，容易生物降解。具有良好渗透性、去污性，使用经济，使用时泡沫少、冲洗简便，是一种良好的选择。

【安全性】 ①物业楼宇清洗液清洁剂时请避免接触皮肤和眼睛，若不慎溅到，请以大量清水冲洗 10～15min，若感不适，请速就医。②强力外墙清洁剂保质期：3年。③勿让儿童触及，若不慎入眼，请即时用清水冲洗；如有误食，请大量饮水，立即就医。操作时应做好个人防护，避免长时间直接接触，防止溅入眼睛。应储存于阴凉、干燥处。

【生产单位】 北京物业楼宇清洗公司，重庆大型楼宇保洁公司，长沙宜佳保洁服务有限公司。

G 交通工业清洗剂

HANDBOOK OF CHEMICAL PRODUCTS

中国已经进入汽车/高铁时代，目前汽车保有量为 1.3 亿辆，并以每年 25%～35%的速度激增，汽车养护产品年消费量为 3000 亿元，也以同样惊人的速度发展，市场潜力巨大，为了使爱车美观、延长其使用年限，需要经常清洗。因此，各种汽车专用清洗剂形成了巨大的市场。而且，过去通用型清洗剂逐渐转型为功能各异的专用产品。汽车外部的污垢包括灰尘、泥土污染、汽车尾气污染、酸雨带来的污染，还有来自大气中的各种复杂污染物引起的污染，而且还夹杂细小的沙砾。现有清洗方式，一般是使用洗衣粉兑水进行擦洗，这种清洗其不足是，只能起到去污作用，当使用抹布擦洗时，车体漆膜表面很容易被黏附于车体表面上的沙砾擦伤，影响了整车的美观。

本节介绍一些清洗汽车/高铁/船用的清洗剂。

Ga 汽车化学清洗剂

1 水基化学清洗

一般，汽车表面清洗主要用水基化学洗车剂，它是以水作为清洗剂的基体，配以一定比例的药剂，并施以一定的物理力（机械射流的冲击力及热力）的清洗方法。水基化学洗车技术具有节能（省去汽油、柴油清洗）、高效（清洗易实现机械化、自动化）、优质（射流清洗、干净彻底）、安全（不燃、不爆、无毒、无味）、经济（1t 清洗剂可代替 30t 溶剂油，费用降低 90%左右）等优点，是当前国内外大力发展、推广应用的新技术。

用水基清洗剂射流清洗汽车表面是一个较复杂的物理化学过程。其实质是射流的机械力、清洗液温度的热力和清洗剂的化学力三者的综合。射流清洗中，化学力和热力作用于工件表面的时间虽短，但是其作用是不可忽视的，而射流对污垢的机械作用是决定清洗效率的基本条件之一。

用射流清洗汽车表面可划分为以下几个基本过程：

① 污物微粒、尘埃被剥离出清洗表面，其中包含润湿、渗透、乳化、分散、泡沫作用。

② 液流冲刷使污物被剥离出清洗表面的微粒处于悬浮状态，其中包含分散、悬浮等作用。

③ 污物液流送往过滤或净化装置，并被排出。

上述过程中污物的剥离是清洗的基本组成部分。为使表面污物剥离，除药剂作用外，关键是使射流的机械力大于微粒的附着力（即微粒黏附在被清洗表面上的基本作用力）。同时，为了使污物离开被清洗表面处于悬浮状态，射流所产生的悬浮力必须大于污物自身的重力。这些力归结到一点就叫清洗（射）流的剥离速度。

2 水基化学清洗技术的发展过程

水基化学最早由洁星科技 CTO 向华于 1988 年提出，以水介质为基础衍生出的相关化学领域，“水基化学向华理论”已经被洁星应用于“化学洗车”“环保清洗”“水处理”“印刷化学品”等多个领域。水基化学是研究水及水介质体系物质的组成、时间、信息、结构、性质、含量和对其间相互作用的有关理论及规律的一门学科。

水基化学清洗技术的发展与清洗剂的进步密切相关，清洗剂的进步经历了简单型、组合型、专用方便型三个发展阶段。

第一阶段所用的清洗剂主要是盐酸、硝酸、硫酸、氢氟酸、氢氧化钠等腐蚀性很强的强酸强碱。除油剂主要以溶剂型和两相乳液型为主，易燃、易爆、毒性大，废液对环境污染严重。这个阶段清洗剂组成简单，缓蚀性能差，综合技术水平低，极易因失误操作而引发酸洗腐蚀事故、有机溶剂中毒事故和火灾事故。

第二阶段主要是组合型清洗剂。各种功能型清洗助剂如渗透剂、剥离剂、促进剂、催化剂、三价铁离子还原剂和铜离子抑制剂等也逐渐进入清洗配方，使清洗剂的功能更强、协同性能更好、除垢剂性能和缓蚀效果更加佳。这个阶段化学清洗更需要化学、材料学、金属腐蚀学、材料加工学等多种学科的理论知识，清洗的操作和控制更需要专业化。

第三阶段的标志是简单的专用方便型清洗剂、特殊污垢专用清洗剂和低剂量不停车清洗剂的大量应用。随着清洗主剂、缓蚀剂和清洗助剂的日益完善，各种更安全、使用方法更简单的专用型清洗剂大量涌现和系列化，使清洗剂更加专业化、精细化、高效化、安全化、系列化，形成了各种专业清洗剂模块。

例如金属清洗剂中的铝材清洗剂是采用进口阴离子表面活性剂为主要原料，利用国际最新高科技化工配方，专为低硅铝合金部件研发的一种高效节能、环保型水基弱碱性清洗液，具有无毒害、无刺激、易清洗、强除油等功能。不破坏铝件表面氧化膜，可保持铝件的光泽度，并且具有无水印、无花斑、无残污、不腐蚀、不变色等特点，解决企业对铝的清洗难题，是企业首选工业清洗剂。

水基化学清洗技术发展到现在，已经取得了很大的进步，成功地解决了生产实践中的很多实际问题，但化学清洗总体上呈衰减太势，目前水基化学清洗约占工业清洗整体市场份额的70%以上。为保护自然环境，化学清洗技术将向环保型、功能型、精细化、集成化方向发展。

随着精细有机合成技术、生物技术、检测技术等相关技术的进步，水基化学清洗技术也得到发展，正在向绿色环保方向发展；将合成具有生物降解能力和酶催化作用的绿色环保型化学清洗剂；弱酸性或中性的有机化合物将取代强酸强碱；直链型有机化合物和植物提取物将取代芳香基化合物；无磷、无氟清洗剂将取代含磷、含氟清洗剂；水基清洗剂将取代溶剂型和乳液型清洗剂；可生物降解的绿色环保型清洗剂将取代难分解的污染性清洗剂；各类系列化“傻瓜型”清洗剂功能性强，操作简便。在清洗助剂方面更注重催化剂、促进剂、剥离剂的作用，并使其无毒化、低剂量化，缓蚀剂则需要开发特种条件下专用的高效缓蚀剂。

水基清洗工艺逐步从分步法向一步法过渡，停车清洗剂将逐步被不停车清洗技术所取代，最终将由各类防腐防垢和优秀的水质处理技术所取代，将来化学清洗的主要工作将集中在物料侧污垢的清洗和特殊行业的清洗，并更注重多领域的系统集成。

3 水基化学清洗主要原料

随着工业的进步，交通工具发展极为迅速，汽车清洗带来了巨大的市场。汽车清洗剂具有强力的除污力以及渗透力、杀菌力和抛光光亮性等特性。能迅速清洁汽车玻璃表面、挡板、车体等。汽车清洗剂能除去汽车玻璃表面粘贴的各种胶纸、标贴，并能除去车轮周围、挡泥板、保险杠、车体及各种工具上的油污。汽车清洗剂使用后还可形成薄膜以保护车漆。

汽车清洗因各种部件材料差别大，污染物及污染程度各异，使得汽车各类清洗剂各有特色、多属专用，除了通常用于汽车车身的清洗上光剂，还有发动机清洗脱脂剂、冷却系统清洗剂、刹车系统清洗剂、化油器清洗剂、发动机积炭清洗剂等特殊清洗剂。

各类汽车清洗剂根据使用要求不同，有粉剂的、液体的、高泡的、低泡的、喷淋的、手工擦拭的等不同品种。

汽车清洗剂主要由表面活性剂、杀菌剂、抛光剂、渗透剂等组成。

常见的成分有6501、AES、LAS、TX-10、三聚磷酸钠、氯化钠、凯松、异丙醇、色素、香精等。

如汽车挡风玻璃清洗液加有多种添加剂。经国内汽车挡风玻璃清洗液试验和使用结果证明，国内该清洗液完全符合标准。汽车挡风玻璃清洗液具有良好的玻璃清洁性、材料适应性，特别适用于汽车挡风玻璃的清洗。

一般特性：不含对人体有害的物质，不污染环境，具有良好的清净性，能有效地清除玻璃上的脏物、污物、条纹，玻璃明亮干净，具有良好的材料适应性，防止系统中金属部件的腐蚀，与橡胶、塑料密封件和漆膜有良好的相容性，具有良好的防冻性，适用于−20℃以上的环境。

4 水基化学清洗溶剂的选择

溶剂是化学洗车剂的主要组分，清洗效果和质量很大程度取决于溶剂的选择。目前，除重要的溶剂水和油剂外，常用的酸洗溶剂有以下几种。

(1) 盐酸　盐酸 (HCl) 是氯化氢气体的水溶液，是一种强酸。纯净的盐酸是无色透明的溶液。工业盐酸因含杂质（一般含铁离子）而呈黄色。市售盐酸的浓度（质量分数）为 31%～37%，相对密度 1.19。浓盐酸有强烈的挥发性和刺激性气味。使用时，应注意防护或加入抑雾剂。盐酸是清除水垢、锈垢最常用的溶液。化学洗车时，采用的盐酸浓度是 5%～15%，一般不宜超过 25%，否则腐蚀速率加快，对设备、车辆不利。由于盐酸清洗的能力强，速度快，而价格适宜，所以被广泛应用，特别是对清除含钙的氧化铁垢有特效。

(2) 硫酸　三氧化硫溶于水生成硫酸 (H_2SO_4)。纯净的浓硫酸是无色油状液体，浓度为 98.3%。硫酸的相对密度是 1.84，是一种二元活泼强酸。工业硫酸含有杂质而呈浅褐色。浓硫酸有强烈的吸水和氧化作用，没有气味，能以任何比例溶于水。市售浓硫酸浓度为 96%，工业清洗剂中硫酸的浓度为 5%～15%，它可有效地除去铁垢。但由于其挥发性低，必须加热到一定温度才能有效地除垢。另外，浓度 98% 的硫酸有时还与硝酸等其他酸一起使用，可除去焦炭垢和海藻类生物等生物垢。硫酸对人体和设备有危险，稀释时要向水中加酸，并搅拌，不能向酸中加水，以防飞溅。酸洗中常伴随氢的析出并复合成氢分子，逸出金属表面，产生腐蚀。酸的氢析出能力简称氢析力。

(3) 硝酸　硝酸 (HNO_3) 是一种强氧化剂。纯硝酸是无色液体，相对密度 1.50。工业用浓硝酸常带有黄色，在空气中猛烈发烟，并吸水，一般浓度为 66%～70%。浓硝酸溶于水，可稀释为不同浓度。常用的缓蚀剂、去垢剂和其他添加剂在硝酸中不够稳定，因此不宜用于碳钢和铜合金。它对铁有钝化作用，能减慢腐蚀。

(4) 磷酸　磷酸 (H_3PO_4) 是五价磷的含氧酸，纯体是无色斜方晶体，相对密度为 1.834，平常为无色浆状液体。磷酸极易溶于水和乙醇，属中等强度的酸。其腐蚀性随温度升高而变强。它也是强络合剂。由于其分解污垢能力较弱，特别是对常见的钙盐、镁盐难以溶解，所以在工业、化学洗车中逐渐被淘汰。有时，用磷酸清洗生锈表面，使用浓度为 15%～20%，温度为 40～80℃，低温时清洗能力差。

(5) 氢氟酸　氢氟酸 (HF) 是氟化氢的水溶液，为无色液体，易溶于水，属弱酸。它在空气中发烟，有强烈的腐蚀性和毒性。在使用中，它不仅有酸洗能力，而且由于氟离子的络合作用，其溶垢能力比较强。它还能腐蚀玻璃、陶瓷。与其他酸混合使用时，可有效地分解硅酸盐，也能有效地去除铸件上的砂粒等。

如果没有氢氟酸，可用氟化氢铵加盐酸得到氢氟酸。在工业清洗时，可将氢氟酸（或氟化氢氨与盐酸一起使用）用于溶解难溶的含硅污垢。

(6) 氨基磺酸　氨基磺酸（H_2NSO_2OH）是一种强酸，无色、无臭晶体，不易挥发，不吸湿，干燥状态下比较稳定。相对密度为2.126，溶于水，可用于去除钙或其他碳酸盐，但对去除铁垢无效。这种酸常温稳定，高温分解，所以使用时，必须加热到60℃左右。它是配以专用缓蚀剂唯一可用于镀锌金属的酸，也可清洗不锈钢。

(7) 柠檬酸　柠檬酸又名枸橼酸，学名2-羟基丙三羧酸，是一种有机酸。它有两种形式：一种是一水物；另一种是无水物。后者相对密度为1.542，为无色晶体或粉末，有强酸味，溶于水、乙醇和乙醚，可单独用来溶解氧化铁垢。当其pH值为3.5时，对去除铁的氧化物是有效的。当用盐酸清洗设备留下铁盐时，常用较稀的柠檬酸溶液来清除，以便钝化处理。但是，它对水垢的溶解能力没有其他酸强；酸洗后废液可燃烧处理，以减少环境污染。由于它的价格昂贵，限制了其应用。

(8) 铬酸　铬酸（H_2CrO_4）是三氧化铬的水合物。它只能以溶液或盐类形式而存在，所以铬酸有时也指三氧化铬。通常它呈红棕色，相对密度为2.70，易分解，有强烈氧化性，溶于乙醇、乙醚。在某些场合，可用10%的热铬酸作为氧化剂协助去除碳质沉积物和某些硫化物（如FeS，这种硫化物不溶于盐酸）。但因不宜排放，已用得很少了。

(9) 醋酸（CH_3COOH）　又名乙酸，无色澄清液体，有刺激性气味，相对密度1.049，溶于水、乙醇和乙醚。无水醋酸在低温下凝固成冰状，故常称为冰醋酸。普通醋酸含纯酸36%，无色透明液体。有时用醋酸来清洗铝制设备中的碳酸盐垢，它对清除铁垢是无效的。

常用的市售酸的浓度（物质的量浓度）与波美度介绍如下。

① 浓度：表示溶液中溶剂和溶质存在相对量的一种方式。有质量浓度、物质的量浓度等。

a. 物质的量浓度：溶质数量以物质的量表示的浓度。主要有两种。

i. 质量摩尔浓度。以每千克溶剂中所溶解的溶质的物质的量表示的浓度。用m表示。例如1mol硫酸（98.08g）溶解在1000g水中，形成的溶液浓度是1mol/kg。

ii. 物质的量浓度。以1L溶液中所含溶质的物质的量表示的浓度。例如1mol硫酸（98.08g）溶解在水中，形成1L溶液时，其浓度为1mol/L。

b. 百分浓度：溶质数量以百分数表示的浓度。主要有两种：

i. 质量分数。用溶质质量占全部溶液质量的百分数表示的浓度。例15%的盐酸溶液就是100g溶液中含15g的盐酸和85g水的溶液。此法简明了，使用方便，工业上常用。

ii. 体积分数。用溶质体积占全部溶液体积的百分数表示浓度。例如10%的乙醇溶液就是100mL溶液中含有乙醇10mL和水90mL的溶液。

② 波美度。以波美比重计浸入溶液中测得的度数表示的浓度。用°Bé作单位。例如在15℃时，相对密度1.84的浓硫酸的波美度是66°Bé。溶液的波美度与质量分数间有一定的关系。测得波美度后就能在手册中查到相应的质量分数。

Ga001 汽车玻璃清洗剂

【英文名】 chemical cleaning agent in the car

【别名】 常用汽车玻璃清洗剂；夏用汽车挡风玻璃清洗剂；汽车挡风玻璃清洗剂；驱水型汽车挡风玻璃清洗剂

【组成】 主要由表面活性剂、杀菌剂、抛光剂、渗透剂、去离子水等组成。

【产品特点】 该汽车玻璃清洗剂的特点是高度润滑，去污性能好，用来擦洗汽车玻璃时，能将黏附于车体表面上的沙粒与玻璃膜膜之间的摩擦系数降低到不能擦伤玻璃膜表面的程度，擦洗过后给玻璃表面光亮透明，使玻璃的膜得到有效保护。

(1) 常用汽车玻璃清洗剂

一般常用的汽车玻璃的清洗剂，可以快速清除玻璃表面的污垢及灰尘，使玻璃保持光亮，在潮湿空气或寒冷气候下不产生雾霜，且不腐蚀、不燃烧、不污染环境。

【配方】

组分	w/%
十二烷基硫酸钠	2～6
丙二酮	5～15
乙二醇单丁醚	0.5～3
PBT	5～30
异丙酮	5～40
氨水	1～4
甘油	6～10
氯化钠	1～3
去离子水	余量

PBT制备方法：

① 去离子水与漂白土按5∶3的比例配比；

② 先将去离子水的水温控制在35～40℃，然后将漂白土在搅拌下徐徐加入，搅拌速度控制在60～80r/min，搅拌时间为5min，静置15min后再次搅拌，用100μm的精密过滤器对混合液进行过滤，并将过滤液进行收集，收集的过滤液即为PBT产物。

【配制方法】 常用的汽车玻璃清洗剂的配制方法如下：

①将PBT与去离子水混合；②在搅拌下将十二烷基硫酸钠加入，并使之充分溶解；③在搅拌下依次将比例量的异丙酮、丙二酮、乙二醇单丁醚、甘油、氯化钠、氨水加入，充分搅拌混匀后即可。

【应用特点】 对汽车在行驶中由于煤灰、粉尘、昆虫等污染颗粒的撞击并黏附在玻璃上，形成难以去除的污垢，有高度的润湿、溶解、解离分散的作用，去污效果十分显著，特别是通过喷嘴将汽车玻璃清洗剂喷到汽车玻璃上，开动刮雨器清洗玻璃时，有很好的润滑作用，不仅玻璃很容易被清洗干净，而且玻璃也不被刮雨器夹带着的形状不规则的细小沙粒所刮伤，使玻璃得到有效的保护，同时还具有一定的防雾效果，且不腐蚀、不燃烧、不污染环境。

(2) 夏用汽车挡风玻璃清洗剂

一种夏天能有效去除虫胶等污物并使玻璃清澈光亮夏用型汽车挡风玻璃清洗剂。

【配方】

组分	w/%
脂肪醇聚氧乙烯醚	0.01～0.05
缓蚀剂	0.1～1
乙醇	1～6
聚醚	0.1～5
乙二醇单丁醚	0.5～4
水	余量

聚醚为丙二醇嵌段聚醚或烷基酚聚氧乙烯聚氧丙烯醚。缓蚀剂为偏硅酸钠、亚硝酸钠、硼砂、三乙醇胺等中的一种或两种，按1∶(0.1～1.0) 比例混合。

【配方分析】 添加的非离子表面活性剂为脂肪醇聚氧乙烯醚和聚醚，可复配出低泡的清洗剂，具有良好的渗透性和乳化性能，大大降低了各相间的界面张力，具有疏水疏尘功效，对昆虫急撞造成的血渍液体、树下泊车而落下的鸟粪及胶体、车辆尾气造成的油星等都有很好的分散乳化作用，更适宜夏季使用。

添加的乙醇与表面活性剂及乙二醇单丁醚有很好的复配效果，且无毒无污染。乙二醇单丁醚是一溶剂，对汽车挡风玻璃上的油星、虫胶、树胶等有良好的溶解作用，配合聚醚等表面活性剂有很好的协同作用，复配使用后的汽车挡风玻璃清洗剂，可在玻璃上形成保护膜，使挡风玻璃清晰光亮，增大玻璃的透明度，并延长雨刮器使用寿命，对雨刮器上的橡胶无溶胀作用。

添加的缓蚀剂，对钢、铁、铝等有缓蚀作用，同时还可使汽车挡风玻璃清洗剂保持在一定的pH，增强清洗效果。

【实施方法示例】

组分	w/%
脂肪醇聚氧乙烯醚	0.03
缓蚀剂❶	0.3
乙醇	3
烷基酚聚氧乙烯聚氧丙烯醚	3
乙二醇单丁醚	3
水	90.67

产品专利人：朱红，张连存，于学清。一种夏用型汽车挡风玻璃清洗剂。200710098605.2007-09.

(3) 汽车挡风玻璃清洗剂

一种无毒无污染的汽车挡风玻璃清洗剂，该清洗剂具有清洁效果更好、无毒、环保、能延缓雨刮器橡胶老化和保护汽车挡风玻璃等特点。

【配方】

组分	w/%
乙醇	10～30
染料	0～0.005
缓蚀剂	0～5
表面活性剂	0.01～1
螯合剂	0～5
防冻成膜剂	0～10
水	余量

表面活性剂由非离子表面活性剂或阴离子表面活性剂中的一种或两种复配而成，非离子表面活性剂和阴离子表面活性剂的复配比例为 (1∶0.1)～(1∶1)；非离子表面活性剂为烷基醇聚氧乙烯醚；阴离子表面活性剂为烷基琥珀酸酯磺酸盐、脂肪醇聚氧乙烯醚硫酸钠、十二烷基硫酸钠；螯合剂、缓蚀剂和防冻成膜剂加入总量为10%～15%，它们的质量比为 (1∶0.1∶0.1)～(1∶10∶10)；螯合剂为乙二胺四乙酸二钠盐；缓蚀剂为偏硅酸钠、亚硝酸钠、硼砂、三乙醇胺、苯并三氮唑、琥珀酸盐等中的一种或两种，以1∶(0.1～1) 比例混合；防冻成膜剂为多元醇类，有乙二醇、1,2-丙二醇、1,3-丙二醇、1,2-丁二醇、1,3-丁二醇、1,4-丁二醇、丙三醇中的一种或两种混合，混合比例为1∶(0.1～1)；染料为直接耐晒蓝。

配方采用复配方法，常温下逐一添加搅拌至均匀透明即可。

【配方分析】 添加表面活性剂，大大降低了各相界面的张力。使用阴离子或非离子表面活性剂中的一种或几种复配，提高了清洗剂的清洗及乳化效果，是一种低泡的清洗剂。

❶ 缓蚀剂为三乙醇胺与硼砂按质量比1∶1的复配物。

清洗剂中添加的乙醇与表面活性剂及多元醇有很好的复配效果，且无毒无污染。

螯合剂可以和某些金属离子如 Ca^{2+}、Mg^{2+} 等形成稳定的螯合物，从而使洗涤剂具有抗硬水性的功能，具体到汽车挡风玻璃时，可以达到清洗目的，防止污垢再次沉淀。

清洗剂中偏硅酸钠或三乙醇胺等的加入，可以起到缓冲作用，使清洗剂的 pH 维持稳定（pH＝6～9），同时增加清洗剂的乳化能力及乳化稳定性，防止污垢再次沉淀。

通过缓冲溶液调整、控制清洗剂的 pH。

【实施方法示例】

组分	w/%
烷基琥珀酸酯磺酸钠	0.01
乙二醇	3
直接耐晒蓝	0.005
乙醇	30
EDTA-2Na	0.3
水	66.685

制备方法：逐一混合，搅拌至均匀透明。

（4）驱水型汽车挡风玻璃清洗剂

一种具有疏水、抗静电效果的驱水型汽车挡风玻璃清洗剂。它是一种具有清洁及驱水效果好、抗静电、延缓雨刮器橡胶老化的新型多功能汽车挡风玻璃清洗剂。

【配方】

组分	w/%
一元醇	10～40
缓蚀剂	0.1～3
水	余量
非离子表面活性剂	0.01～5
防冻成膜剂	2～20

非离子表面活性剂为硅醚共聚物和聚醚，以（1∶0.1）～（1∶10）的比例复配而成；非离子表面活性剂聚醚的 HLB 值为 9～13；缓蚀剂为偏硅酸钠、亚硝酸钠、硼砂、三乙醇胺、苯并三氮唑、琥珀酸盐等中的一种或两种，以（1∶0.1）～（1∶1）的比例混合；防冻成膜剂为乙二醇。

【配方分析】 添加的非离子表面活性剂为具有疏水功能的硅醚共聚物和聚醚的复配物，复配使用能大大降低相界面张力，单独使用时，虽然硅醚共聚物和聚醚渗透能力很强，但是去污能力稍弱，复配使用后，由于协同效应，大大提高了清洗剂的清洗及乳化效果，同时驱水能力也增强了。下雨天，使用本产品可在挡风玻璃上形成疏水膜，使得雨水在挡风玻璃上聚集滑落，从而保证驾驶员视线不受雨水影响，保证驾驶安全。

以环氧乙烷、环氧丙烷开环聚合制得的聚醚是优良的水溶性非离子表面活性剂，典型结构：$C_nH_{2n+1}O(EO)_a(PO)_bH$。分子中聚环氧乙烷链节是亲水基，聚环氧丙烷链节是疏水基。调解环氧乙烷和环氧丙烷的比例可制得不同类型的产品，外观可以是流动液体、膏体和固体，其亲水亲油平衡值（HLB）、浊点、溶解度、泡沫性能可以在很大的范围内变化，HLB 值为 9～13 的聚醚为优选方案。聚醚抗硬水性能和消泡性能良好，对人体没有明显伤害，生理、生态毒性很低，加上聚醚类表面活性剂所具有的疏水性能，混合使用可以配制品质优良的低泡清洗剂，还具有抗静电性能，适宜在汽车挡风玻璃上使用。

聚醚改性有机硅，是在硅氧烷分子中引入聚醚链段制得的聚醚-硅氧烷共聚物（简称硅醚共聚物）。在硅醚共聚物的分子中，硅氧烷段是亲油基，聚醚段是亲水基。聚醚链段中聚环氧乙烷链节能提供亲水性和起泡性，聚环氧丙烷链节能提供疏水性和渗透力，对降低表面张力有较强的作用。硅醚共聚物具有良好水溶性，在汽车玻璃表面能形成一层疏水膜，配合聚醚复配使用，疏水效果大大增强，并对虫胶、灰尘、鸟粪等有很好的清洁作用。

添加偏硅酸钠等高效缓蚀剂，对钢、铁、铝等有缓蚀作用，同时还呈碱性，与表面活性剂有很大的协同作用，可提高清洗效果，增大乳化能力，也可起到一定润滑效果，减小雨刮器同汽车挡风玻璃之间的摩擦，延缓了雨刮器橡胶的老化。

【实施方法示例】

组分	w/%
聚氧乙烯、聚氧丙烯嵌段聚合物 L61	2.5
聚氧乙烯、聚氧丙烯嵌段聚合物 L64	1.5
三乙醇胺	0.3
甲醇	26
乙二醇	2
亚硝酸钠	0.3
水	67.4

【制法】 常温混合均匀。

(5) 汽车风挡玻璃洗净剂

一般通用的汽车玻璃的清洗剂，快速清除玻璃表面的污垢及灰尘，使玻璃保持透明光亮度大，并且不腐蚀、不燃烧、不污染环境。

【配方】

组分	w/%
仲烷基磺酸钠	9.7
烷基醚硫酸盐	16.3
三乙醇胺	0.3
聚乙二醇	0.6
焦硅酸钠	4.5
亚磷酸酐-丁醇-乙二醇反应物	2.7(1∶2∶2,摩尔比)
乙氧基化牛脂醇	0.4
烷基二甲基氧化胺	0.6
焦磷酸钠	2
聚磷酸盐(68%)	62.7

【制法】 将此剂放于附配在刮水器上的多孔储器内与雨水接触时，能缓慢溶解，提高刮水片清洁风挡玻璃的效果。

(6) 汽车风挡玻璃洗净剂

该剂是由轻质磨料——极细的二氧化硅粉、水、醇类按一定比例配制成的乳状湿润剂。

【配方】（括号内数字为最佳值）

组分	w/%
碳酸钙	4～17(100g)
水	47～77(800mL)
润湿剂(丙二醇-乙二醇脂肪聚合物)	0.5～4(24mL)
浮石粉(二氧化硅粉)	1.7～6(50g)
乙醇(或甲醇、异丙醇)	8～38(250mL)

【制法】 将50g浮石粉加到800mL水中，搅拌成均匀乳液；然后，加碳酸钙搅拌成乳液；加250mL乙醇、24mL润湿剂搅匀。用时涂抹到玻璃上，干燥后擦拭即成。

(7) 汽车风挡玻璃洗净剂

【配方】

组分	w/%
水溶性聚磷酸盐(小于68%)	35
柠檬酸	22
三聚磷酸钠	7.5
碳酸氢钠	23
烯基磺酸盐	5
硫酸钠	7.5

【制法】 各组分混合后制成片状洗涤剂，用于洗涤汽车风挡玻璃，不损伤金属、塑料、橡胶件或油漆表面。

(8) 汽车风挡玻璃洗净剂

【配方】

组分	w/%
异丙醇	20
羧甲基纤维素钠	1
水	余量

净化剂（氨水和石炭酸，混合后 pH 呈弱碱性，有利储存）

【制法】 将水和异丙醇按配方量配制成水溶液，加入羧甲基纤维素钠和净化剂，搅拌均匀。使用时，根据需要，加水稀释，加水量通常为擦净剂的5～100倍。除用于汽车风挡玻璃外，还可用于火车、建筑物上的玻璃及镜子等的冲洗、喷洗或擦拭。

【主要用途】 这类常用汽车玻璃清洗剂、夏用汽车挡风玻璃清洗剂、汽车挡风玻璃清洗剂、驱水型汽车挡风玻璃清洗剂都是目前国内应用前景最广，最常用的汽车玻璃清洗剂产品。

【安全性】 由于为水基溶液，基本无不良影响，对人体皮肤无刺激，使用安全可靠，工作环境干净无油雾。

Ga002 汽车用清洗剂

【英文名】 car cleaning agents

【别名】 小汽车用清洗剂；汽车车用玻璃保护剂

【组成】 由聚丙烯酰胺、十二烷基硫酸钠、十二烷基苯硝酸钠、三聚磷酸钠、脂肪醇聚氧乙烯醚等组成。

【产品特点】 该小汽车用清洗剂的特点是高度润滑，去污性能好，用来擦洗小汽车时，能将黏附于车体表面上的沙粒与车体漆膜之间的摩擦系数降低到不能擦伤车体漆膜表面的程度，擦洗过后给车体表面形成一层很薄的保护层，使车体的漆膜得到有效保护。

【配方 1】

组分	m/kg
聚丙烯酰胺	5～90
十二烷基苯硝酸钠	1～5
脂肪醇聚氧乙烯醚	1～5
十二烷基硫酸钠	1～45
三聚磷酸钠	0.1～1

将粉状的聚丙烯酰胺、十二烷基硫酸钠、十二烷基苯磺酸钠、三聚磷酸钠、脂肪醇聚氧乙烯醚，按一定质量比例混合投进搅拌机内，搅拌均匀后采 用真空封装法包装成品。小汽车用清洗剂按 1∶(500～2000) 的比例兑水成清洗液后使用。

【配方 2】

组分	m/kg
聚丙烯酰胺	10～80
无水硫酸钠	5～45
十二醇硫酸钠	5～45

其中，表面活性剂可以是十二醇硫酸钠，也可以用其他阴离子或阳离子或非离子或两性离子类的表面活性剂代替，将粉状的聚丙烯酰胺、十二醇硫酸钠、无水硫酸钠按配方比例混合，加到容器中搅拌均匀后采用真空封装法包装成品。使用时将清洗剂按 1∶(500～2000) 的比例兑水成保护液后使用。

取粉状的聚丙烯酰胺 50kg、十二醇硫酸钠 25kg、无水硫酸钠 25kg；将它们混合投进搅拌机内搅拌均匀后采用真空封装法包装成品。小汽车车用玻璃保护剂按 1∶1000 的比例兑水成保护液后使用。

【主要用途】 一般属于小汽车车用玻璃保护剂。

【安全性】 应避免清洗液长时间接触皮肤，防止皮肤脱脂而使皮肤干燥粗糙，防误食，防溅入眼内。工作场所要通风良好，用有味型产品时建议工作环境有排风装置。

【生产单位】 天化科威公司。

Ga003 DLP-6011 刹车盘化学清洗剂

【英文名】 DLP-6011 brakes chemical cleaning agent

【别名】 刹车盘清洗剂；溴系清洗剂

【组成】 常见的成分有 6501、AES、LAS、TX-10、三聚磷酸钠、氯化钠、凯松、异丙醇、色素、香精等。

【产品性能】 ①表面张力和黏度小，渗透力强，可快速渗透溶解刹车零件、离合器及变速箱上的杂质、粉尘和油污；②快速清洁刹车盘、刹车鼓上的油渍及刹车片粉尘等，保持刹车盘散热良好；③消除刹车刺耳噪声，促进均匀刹车；④低毒性，使用安全，不含盐酸、氟氯碳化物、芳香碳化物等对人体有害的物质，不伤橡胶；⑤可防止石棉粉的产生；⑥非 ODS 和低 GWP 值（全球变暖潜能值），环保安全。

【清洗方法】 用刹车盘清洁剂喷洗刹车盘、刹车片、来令片、分泵、导向销等部位的粉尘，用干净毛巾随手擦拭干净，不留粉尘和残液。

【性能指标】 它采用国家《刹车盘的使用方法与标准》的最新配方环保节能产品，采用符合环保之非氟碳化物的特殊溶剂，为无毒环保配方，快速清洁刹车盘分泵皮碗、刹车盘、刹车鼓上的油泥及刹车片粉尘等，

【制法】 ①使用前充分摇匀本品；②按动喷嘴距离清洁部位 20～30cm 位置，将本品直接喷射于汽车的刹车碟片，毂式刹车装置零部件表面；③如油污杂质严重，请反复喷洒，再用抹布或刷子擦拭油污；④清洗作业完成后，如刹车装置上还有残留液体时，请用抹布擦拭，再用空压气机吹干，完全干燥后，再行组装；⑤干燥不完全时，会造成暂时性刹车性能下降，故干燥后应反复踩踏制动测试 3～5 次，确认无误后，方可上路行驶。

【主要用途】 刹车盘清洗剂是一种用于汽车刹车盘及刹车零件清洗清洁的专用清洗剂。刹车盘清洗剂能够快速清洁刹车盘、刹车毂上的油渍及刹车片粉尘，保持刹车盘散热良好，消除刹车噪声，促进均匀刹车，并能防止石棉粉的产生，是汽车刹车盘养护和保养的好帮手。

【应用特点】 防止导向销腐蚀，刹车盘清洗剂效果好，延长使用寿命；润滑分泵轴并预防卡死。上面的几种刹车系统问题如刹车盘清洗剂防锈，很多的车友应该都有所经历。国内应用一般清洗剂配方检测、配方分析、配方还原、新领域新材料的开发；推进新项目整体研发进度，缩短研发周期，推动化工产业自主研发的进程。

【安全性】 使刹车盘散热良好。不含盐酸、氯氟碳化物、芳香碳化物等，并可防止石棉粉的产生，对分泵皮碗无腐蚀作用。

【生产单位】 苏州禾川化工新材料科技有限公司，深圳德力普汽车养护用品有限公司。

Ga004 RSB-103C 汽车低泡防锈金属清洗剂

【英文名】 RSB 103C auto low foam anti rust metal cleaning agent

【别名】 低泡金属清洗剂；防锈清洗剂

【组成】 低泡防锈金属清洗剂是由优质低泡表面活性剂、渗透扩散剂、复合防锈添加剂及优质特效清洗助剂复配而成。

【生产配方】

组分	w/%
乙醇胺	8
脂肪酸甘油酯	3.8
C_{13}二元烯酸	2.7
十二烷基磷酸酯钾盐	3.5
氢氧化钠	7
硅酸钠	8
去离子水	67
调节 pH 至 9.5～10	

【技术指标】

外观(原液)	无色至淡黄色透明液体
密度	1.20～1.30g/cm^3
pH 值	13.0～14.0(5%浓度)
生物降解性	可完全生物降解

【性能指标】 一般可满足低泡甚至无泡清洗要求，特别适用于机械自动中、高压喷淋清洗，亦适用于超声波清洗。是理想的喷淋清洗配套产品。

【清洗方法】 ① 清洗汽车模具的清洗方法 a. 汽车模具油污，冲压油；b. 清洗方法，高压冲洗；c. 清洗温度，常温。

② 清洗要求 a. 清洗剂对模具具有良好的清洗冲压油的性能；b. 具有良好的工序间防锈性能；c. 泡沫性能，在较高喷洗压力下清洗液具有较低的起泡性。

产品对比优点如下：a. 具有更好的清洗冲压油能力；b. 具有更长的工序间防锈性能；c. 具有更低的清洗泡沫。

【主要用途】 主要清洗汽车模具，如汽车、机械加工、机械制造行业黑色金属零部件清洗，如汽车金属零部件、运输机械零部件切削液污物、维修轴承油污、机械零部件重油污清洗、不锈钢冲压件污物清洗、球墨铸铁灰及其他油泥、脱模剂、灰尘等污物的剥离清洗。

【应用特点】 另外用于需要工序间防锈的黑色金属加工、机械制造零部件，汽车制造、拖拉机、挖掘机、装载机等运输机械零部件等表面油污、切削液、灰尘等污物清洗。

【安全性】 ①产品对切削液等油污具有良好的清洗能力，分离油污能力强，使用寿命长，清洗速度快；②对被清洗的工件无腐蚀，当不漂洗时对钢铁、铸铁零件能提供良好的工序间防锈功能，达到清洗、防锈一次完成的效果；③产品环保、弱碱性，不含亚硝酸钠、磷酸盐、铬酸盐等成分，不含重金属，使用安全可靠。

【生产单位】 江西瑞思博化工有限公司，北京科林威德航空技术有限公司。

Ga005 车道专用清洗剂（高速公路收费站车道专用清洗剂）

【英文名】 driveway cleaning agents (highway toll station carriageway special cleaning agent)

【别名】 高速公路专用清洗剂；车道专用清洗剂

【组成】 一般常用的由无烟煤油月桂酸、三乙醇胺、香蕉香精、甲酚等材料组成。

【配方】

组分	w/%
无烟煤油	93
三乙醇胺	1.28
甲基苯酚	3.14
月桂酸	2
香蕉香精	0.58

【制法】 在容器中投入无烟煤油，边搅拌边依次按比例投入月桂酸、三乙醇胺、香蕉香精、甲酚，搅拌 15～20min，静置 24h 即成该清洗剂。

【性能指标】 配方中，无烟煤油的闪点≥50℃。

【主要用途】 本清洗剂用于高速公路车道清除重油污。溶垢速度快，除垢彻底，对路面无腐蚀，在宁连高速、宁通高速各收费站进行了两年多的试验，达到的清洗效果令人满意。

【应用特点】 车道专用清洗剂去污性能好。主要用于高速公路车道清除重油污。对路面无腐蚀，比一般清洗剂溶垢速度快、除垢彻底，使高速公路收费站汽车的车道得到了有效的保护。

【安全性】 应避免清洗液长时间接触皮肤，防止皮肤脱脂而使皮肤干燥粗糙，防误食、防溅入眼内。工作场所要通风良好，用有味型产品时建议工作环境有排风装置。

【生产单位】 深圳市泽博科技有限公司。

Gb 汽车表面清洗剂

汽车表面主要指车身。它是汽车发动机、底盘外的一大总成。它主要是由车身壳体、车前钣金件、车门窗、车身内外表面装饰、座位、附件等组成。

车身的功能在于行车（或停车）时安全和可靠地容纳客、货，保护其免受风、沙、雨、雪的侵袭与恶劣环境的影响。此外，还有美观、装饰作用。

车身外表面主要是薄钢板件；内表面主要是装饰、顶篷、侧壁和座位表面的覆饰，常用呢绒、针织（纺织）品、皮革（人造革）、化纤及塑料等制成。

汽车在使用过程中，其内外表面会逐渐沉积灰尘和各类污物。如果这些污垢不及时清除，既影响车辆外观又会诱发锈蚀和损伤，降低车辆使用寿命。目前，传统清除外表面污垢的方法多是用水清洗。虽然这种方法简便易行，但是按清洗标准就显得不够了。同时，这种单纯的水冲洗，不仅清洗不净，而且汽车表面上附着的坚硬细小的沙粒会在水与表面产生机械摩擦时，将汽车漆层擦伤，使表面涂层过早破坏。另外，这种清洗方法占地较大，功效低，污水溢流，影响环境卫生。

汽车内表面经长期使用也会受到污染，驾驶室、车厢、座位等产生油性污垢，仅用清水刷洗也难以除掉这类污垢。据分析，汽车表面污垢主要分以下两类：①水可冲洗掉的污垢，主要包括泥土、沙粒、灰尘等；②水不易冲掉的污垢，主要包括炭烟、矿物油、油脂、胶质物、铁锈、废气凝结物等，一般应用去垢剂洗涤。

汽车表面清洗主要指清洗第二类污垢。

① 汽车表面清洗剂应具备的特性　清洗第二类污垢的清洗剂应具备以下特性：a. 悬浮性。清洗剂能使固体状垢物形成悬浮体，即使不溶性固体分散在液体中成为分散性物质，形成悬浮液，以便于将其从汽车表面上冲洗掉；b. 分散性。具有使固体污垢的颗粒在水等介质中分散成细小质点或胶状液体的能力；c. 湿润性。具有对污垢的湿润能力，即使固体污垢容易被水浸湿，形成浓稠的泡沫，增加清洗效果。

② 汽车表面清洗剂的主要组分

a. 表面活性物质。亦称表面活性剂或界面活性剂，是一类能显著降低液体表面张力的物质，常用的表面活性物质有油酸、三乙醇胺、醇类、合成洗涤剂等。b. 碱性电解质。即在水溶液中能电离成金属离子的化合物，此处指的是弱碱类，主要有碳酸钠、水玻璃、磷酸盐等。c. 溶剂是表面清洗剂的主体。它溶解表面活性剂等添加剂，共同对污垢起化学反应，达到清洗除垢的目的，主要有油基溶剂，如煤油、松节油、汽油等，水基溶剂，主要是水，应用得最多。d. 摩擦剂。增加与清洗表面接触、摩擦的物质，如硅藻土等。

(1) 汽车表面清洗产品　汽车美容用品车身表面多功能清洗剂主要用于清洗汽车表面灰尘、油污等，且在清洗的同时进行漆面护理。

① 二合一清洗剂　它将清洁、护理合二为一，既有清洗功能，又有上蜡功能，可以满足快速清洗兼打蜡的要求。如上光洗车液，主要由表面活性剂配制而成，上蜡成分是一种具有独特配方的水蜡，在清洗作业中，它可以漆面形成一层蜡膜，增加车身鲜艳程度，有效保护车漆。使用非常方便，可以用着汽车的日常护理用品，适合刚做过专业美容的汽车或者只愿花较低费用洗车打蜡的汽车。这种洗车液不易燃，属于生物降解型，对环境无污染。

② 香波类清洗剂　此类清洗剂主要有汽车香波及清洁香波等品种，具有性质温和、不破坏蜡膜、不腐蚀漆面、液体浓缩、泡沫丰富、使用成本低等产品性能，香波类清洗剂含有表面活性剂，有很强的分解能力，能有效地车身表面的尘土和油污。有的产品含有阳离子表面活性剂成分，能去除车身携带的静电和防止交通膜的形成。

③ 汽车美容用品脱蜡清洗剂　此类清洗剂含有柔和性溶剂，具有较强的溶解功能。不仅可以去除车身油垢，而且能把原有车蜡洗掉。该剂主要适用于重新打蜡前的车身清洗。

④ 水系清洗剂　目前在国内外汽车专业美容行业中广泛采用水系清洗剂。这种清洗剂不同于出油脱脂剂，其配方中基本不含碱性盐类，一般由多种表面活性剂配制而成，具有很强浸润和分散能力能够有效地去除车身表面的尘埃、油污。如不脱蜡洗车液，这种洗车液是近年来国内外在推广使用的水性清洗剂，它具有操作简便、挥发慢等特点而备受客户的欢迎。其配方不含碱性盐类，主要成分是类型不一的表面活性剂，其中非离子活性剂使用的比较多是车身日常清洁的首选洗车液。这种洗车液不易燃，属于生物降解性，对环境无污染。

⑤ 增光型清洗剂　如增光洗车液，这是一种集清洁、增光、保护于一

身的超浓缩洗车液，使用时能够产生丰富的泡沫，具有良好的清洁效果，其独特的增光配方可以在车漆表面形成一层高透明的蜡质保护膜，令漆面光洁亮丽，给人焕然一新的感觉。

(2) 汽车表面清洗工艺与技术　汽车表面清洗时，会涉及许多材质和不同的表面涂层及内外装饰及工艺与技术等问题。

①清洗前应当将全部车门、发动机罩、行李箱盖、通风孔、空气入口严密关闭；升起玻璃窗门；封严发动机电气系统，以防清洗时进水，造成污染、短路、窜电和锈蚀等。清洗货车时，如载货怕潮湿，应加以防护或不清洗上部。②清洗外表应在车辆清洗站进行，如无条件，应在室内或背阴干燥处清洗，不允许在阳光直射下清洗，因为阳光下，干涸在车身的水滴会留下斑点，影响美观。也不允许在严寒中清洗，这样既清洗不净，又能导致水滴在车表面结冰，造成外壳涂层裂纹。③清洗时如无能满足要求的场地，最好将汽车停在带有小坡度的空地或路边，以便清洗后清洗剂和水能自己流尽，防止积水污染或腐蚀。④清洗汽车轮毂内侧时，要防止进水，造成刹车不灵。如发现进水，可低速运行，反复踏踩制动踏板，造成摩擦，产生热量使其自行干燥。⑤手工清洗时，要用软管。水的压力要适宜，水温不可过低。压力高，会造成车外表污物硬粒划伤漆面。⑥如清洗中车内外不慎污染，应立即清洗，特别是要趁黏附物未干时，尽快清洗。如已干涸，要用清水或清洗剂、软毛刷慢慢刷洗，不允许用硬质工具刮除。⑦不允许用碱、煤油、汽油、矿物油及酸等直接清洗汽车。⑧轿车、面包车、豪华客车经清洗后，应在干燥后立即抛光。抛光时可用 1800～4700r/min 手电钻，将抛光轮上用 4～5cm 厚棉花垫上，再包上毛皮、毛布或法兰绒套子。有可能，最好用聚硅氧烷基抛光剂抛光。具有防水、防腐、防静电作用。⑨镀铬件清洗后，如有锈迹，可用白垩粉或牙粉撒在法兰绒上，蘸氨水或松节油擦拭，擦完，再涂上防锈透明漆。⑩橡胶件可用工业甘油擦去未洗净的灰色沉积物。衬里可用中性洗涤剂擦洗，如有污斑可用汽油或四氯化碳清洗。

汽车表面清洗所用的清洗剂大多数是水基型清洗剂，即以水作清洗剂的基体，配以一定比例的清洗剂和喷射压力进行化学洗车。有时，也应用一些油基清洗剂。

Gb001 GRB-801 汽车车体清洗剂

【英文名】 GRB-801 train body cleanser

【别名】 车体清洗剂

【组成】 GRB-801 汽车车体清洗剂由优质低泡表面活性剂、高效有机溶污增强剂、生物分解剂、缓蚀剂、分散剂、去离子水等组成。

【配方】

组分	w/%
乙二胺四乙酸二钠	20
壬基酚聚氧乙烯醚	5~6
精致松节油	2~3
十二烷基苯硫酸钠	4~5
磷酸三钠	10~11
碳酸氢钠	60~70

【制法】 将以上组分充分混合均匀，即制成汽车外壳清洗剂。

【性能指标】 (1) 主要性能

① 本品为复配型低泡产品，适合擦洗、刷洗、列车自动清洗机清洗工艺。

② 易漂洗，残留少。

③ 产品中性，不含无机强酸、强碱，性能温和，对车体表面漆膜无影响。

④ 产品含有特种有机复合型分散、螯合剂，在中性条件下能较好地清洗列车表面黄斑，流痕及锈迹。

⑤ 产品环保，高效、安全、经济。

(2) 主要技术指标

产品名称/型号	列车车体清洗剂/GRB-801
外观(原液)	无色至淡黄色透明液体
密度/(g/cm³)	1.10~1.25
pH 值	A 型 1.0~3.0(原液) B 型 6.5~7.5
生物降解性	可完全生物降解

【清洗工艺与条件】 ①清洗方法：可采用列车自动洗车机自动清洗、擦洗、刷洗等方法清洗；②清洗浓度：一般用 3%～8%清洗剂水溶液，对局部顽固性污垢可用高浓度清洗液手工擦洗或刷洗；③清洗温度：常温清洗，但加热清洗效果更佳；④清洗时间：根据用户清洗工艺要求确定；⑤清洗后用水冲洗干净并吹干或自然风干。

【主要用途】 用于动车、地铁（含轻轨）列车、磁悬浮列车等车辆外表面清洗及车辆内饰板的清洗。

【应用特点】 ①根据油污情况合理选择清洗剂型号类型，本产品分 A 型和 B 型两种；②当清洗液中的油污达到一定浓度时，会影响清洗效果，应根据情况补加清洗剂提高浓度或更新清洗液。

【安全性】 应避免清洗液长时间接触皮肤，防止皮肤脱脂，防误食、防溅入眼内。

【包装储存】 包装：25kg/塑料桶；200 kg/塑料桶。储存：密封储存于阴凉、干燥、通风处，保质期 2 年。

【生产单位】 江西瑞思博化工有限公司。

Gb002 无水车体表面清洗剂

【英文名】 no water body surface cleaners

【别名】 无水洗车清洗剂；轿车柏油气雾清洗剂；汽车外壳清洗剂

【组成】 由汽车外壳清洗剂、无水洗车清洗剂、轿车柏油气雾清洗剂三组原料成分组成。

【产品特点】 采用阳离子表面活性剂、非离子表面活性剂作为光亮剂，其按一定比例混配后即能够实现对车辆表面的去污、上光、护漆的目的。其制备工艺简单、容易操作、成本低廉，它直接喷洒在车辆的表面，然后用布一擦即可完成对车辆的清洗工作，它能够节约大量的水资源，并对环境无任何污染。

(1) 无水洗车清洗剂

“无水洗车”又称“汽车干洗”，把各种清洁养护材料喷在车上，用湿毛巾擦拭，干毛巾抛光，车辆就洁净如新。针对汽车的不同部位、不同材料使用不同的产品进行清洁、保养。其材料中含有多种高分子漆面养护成分、增光乳液、巴西棕榈蜡等，能有效保护车漆、防静电、防紫外线、防雨水侵蚀、防车漆老化。

无水洗车（汽车干洗）是采用物理清洗和化学清洗相结合的方法，对车辆进行清洗的现代清洗工艺。其主要特点是没有污水排放，不用一滴水操作，操作简便，不需专用场地设备和能源，同时无水洗车将清洗、上光、打蜡融合在一起，省时省力，十分方便，且大大降低成本。但是，在目前中国的环境下是不适合的，无法保证清洗度。

【配方】

组分	w/%
烷基苄氧化铵	12～20
烷基酚聚氧乙烯醚	12～22
硅烷酮乳化液	10～18
水	45～60

【制备工艺】 按一定比例分别将烷基苄氧化铵、烷基酚聚氧乙烯醚置入搅拌容器中，搅拌均匀后置入蒸馏釜内加温至90℃，保温3～5min，然后倒入不锈钢或搪瓷容器内冷却至50～60℃时，再按一定比例加硅烷酮乳化液及蒸馏水，搅拌均匀后经灌装机灌装到小容器内待用。

【清洗方法】 使用时，将产品喷洒在车辆的表面上，用毛巾或海绵一擦即可去污，再用抛光巾抛光表面即可。

【应用特点】 无水洗车水（无水洗车清洗剂）是用特别的玻璃清洁剂，可做到高效去污、抗静电、防雾、防冻，长期使用，可保持玻璃透明度，并防止反光；无水洗车所用的轮胎翻新剂，可以防止龟裂、延长使用寿命，使轮胎保持黑亮如新等。无水洗车针对车漆、玻璃、保险杠、轮胎、皮革、丝绒等不同部位、不同材料使用不同的产品进行保养，可以在彻底清洁污垢的同时使汽车得到有效的保养。相比之下，水洗就没有这个优势。无水洗车含有悬浮剂，喷上后会快速渗透，可有效使污渍与车漆产生间隙，在沙土颗粒和车漆之间形成保护层，同时棕榈蜡会包裹在污垢的周围使污渍与车漆隔离，再利用表面活性剂。

(2) 轿车柏油气雾清洗剂

属于一种轿车柏油气雾清洗剂，具体地说，不仅对轿车车漆不损伤，而且能保护车漆，清洗迅速，省时省力，不留痕迹，同时具有上光功能的轿车柏油气雾清洗剂。

【配方】

组分	w/%
三氯乙烯	2～15
煤油	10～40
硅油	2～10
三乙胺	0.05～2
抛射剂①	25
二甲苯	30～70
壬基酚聚氧乙烯醚	3～15
液体石蜡	1～5
香料	0.05～1

①抛射剂(Propellants 比)是气雾剂的喷射动力来源,可兼作药物的溶剂或稀释剂。

将各组分依次加到带有搅拌装置的容器中，常温下搅拌均匀，气雾罐灌装，然后按灌装量的25%充抛射剂F_{22}即可。

【配方分析】 柏油是一种有机性材料，其主要组成为饱和烷烃、环烷烃、少量的芳烃和含硫、含氮、含氧化合物，它们形成脂胶——沥青物质。沥青种类很多，其稠度差别亦很大，但其化学组成几乎相同，一般在下列范围：碳70%～80%，氢10%～15%，硫2%～8%，氧1%～2%，氮0.5%～2%。通常筑路用的沥青有石油沥青和地沥青。根据路用沥青组分的多样性，利用结构相似相溶、极性相似相溶原理选择了复合广谱溶剂作为本清洗剂的主体。沾污在车身上的柏油在光、热、空气等作用下可能形成质地较硬、紧密的高分子膜和氧化膜，同时可能吸附有路面上/空气中飞扬的灰尘及其他污垢，利用非离子型表面活性剂的乳化、分散、增溶作用加速了柏油的溶解并有效地防止溶解后的柏油重新黏附到车身上，彻底清洗不留痕迹。

以往对轿车柏油的清洗和打蜡上光

是分步进行的，费力费时。该清洗剂中加入上光剂石蜡和既能上光又能保护车漆的有机硅化合物，从而将清洗上光合二为一。硅油能迅速而均匀地形成很薄的膜，这种膜具有疏水性、耐候性和抗树脂化作用及一般的化学惰性，对车漆起保养作用。

【清洗方法】 ①将本清洗剂喷在车身柏油处，即刻可使柏油呈泪状下流，用软布稍加擦拭即可除净，喷雾清洗用量小，清洗速度快；②清洗时不伤车漆并对车漆具有保护作用，不留黄色痕迹；③清洗的同时给车身打蜡上光，省时省力。

(3) 汽车外壳清洗剂

一种主要用于高档小汽车外壳清洗的无水清洗剂。

【配方】

组分	w/%
乙二胺四乙酸二钠	20
十二烷基苯硝酸钠	4～5
壬基酚聚氧乙烯醚	5～6
磷酸三钠	10～11
精制松节油	2～3
碳酸氢钠	60～70

【制法】 将以上组分充分混合均匀，即制成汽车外壳清洗剂。配方中壬基酚聚氧乙烯醚的环氧乙烷加成数为5。按照上述质量分数充分混合均匀，配制成无水清洗剂，使用时加入清洗剂质量4倍的水，稀释成溶液，即可用于清洗汽车外壳，既可手洗，也可机洗，清洗后再用清水冲洗干净，具有清洗时同时上光的效果，价格低廉。

【主要用途】 主要用于清洗汽车表面灰尘、油污等，且在清洗的同时进行车身表面多功能清洗与漆面护理。

【应用特点】 主要应用于：①汽车表面清洗与上光二合一；②汽车表面香波类的清洗；③汽车美容用品脱蜡与清洗；④汽车表面的水系清洗；⑤汽车表面增光型与清洗。

【安全性】 应避免清洗液长时间接触皮肤，防止皮肤脱脂而使皮肤干燥粗糙，防误食、防溅入眼内。工作场所要通风良好，用有味型产品时建议工作环境有排风装置。

Gb003 水基车体表面清洗剂

【英文名】 water based cleaning agent for surfaces of car body

【别名】 车体清洗剂；水基清洗剂

【组成】 一般常用的由聚丙烯酰胺（粉状）、十二烷基硫酸钠、十二烷基苯磺酸钠、三聚磷酸钠、脂肪醇聚氧前，乙烯醚等组成。

【产品特点】 汽车漆VOC排放量中，面漆的排放量达60%，是汽车漆中的“污染大户”，因此汽车面漆的水性化在整个汽车涂料的水性化中具有非常重大的意义。欧洲环保型汽车涂料的发展处于世界的前沿，已经开发出从电泳底漆、中涂层到底色面漆、罩面清漆等全套水性汽车涂料。中国作为新兴的汽车消费市场，倡导绿色汽车的进程中，汽车涂料的环保性也日益受到关注。因此汽车涂料的该水基清洗剂去污性能好，加上原本汽车涂料也是水性的，目前，用来擦洗车辆时，能将黏附于车体表面上的沙粒与车体漆膜之间的摩擦系数降低，擦洗过后给车体表面形成一层很薄的保护层，使车体的漆膜得到有效保护。

【配方】

组分	m/kg
聚丙烯酰胺(粉状)	25～90
十二烷基苯磺酸钠	2～5
脂肪醇聚氧乙烯醚	1～5
十二烷基硫酸钠	20～45
三聚磷酸钠	0.1～1

【制法】 将各组分按比例混合投进搅拌机内，搅拌均匀后采用真空封装法包装成品。使用时按1∶(500～2000)的比例兑水成清洗液后使用。

【主要用途】 主要用于水基汽车表面灰尘、油污等，且在清洗的同时进行车身表面清洗与护理。

【安全性】 应避免清洗液长时间接触皮肤，防止皮肤脱脂而使皮肤干燥粗糙，防误食、防溅入眼内。工作场所要通风良好，用有味型产品时建议工作环境有排风装置。

Gb004 汽车表面清洗剂

【英文名】 water based cleaning agent for surfaces of car body

【别名】 化学洗车水；水基型清洗剂

【组成】 一般常用的由辛烷基酚聚氧乙烯醚、氟化烷基羧酸钾、十二烷基苯磺酸钠、氟化烷基羧酸钾、乙二胺四乙酸等组成。

【配方 1】

组分	w/%
乙二胺四乙酸(EDTA)	18
葡萄酸钠	2
十二烷基硫酸钠	2.5
椰子甜菜碱	2.5
氟化烷基羧酸钾	0.1
月桂基氧化胺	0.2
水	74.7

该清洗剂特别适用于清洗轿车，还可清洗某些织物，如牛仔布。使用时，每份清洗剂加 10～40 份水。

【配方 2】

组分	w/L
煤油	10
酒精	2
水	50

【配方 3】

组分	w/%
直链烷基苯磺酸钠	3～5
乙二醇丁醚	0.75
辛烷基酚聚氧乙烯醚	2～3
水	93

【配方 4】

组分	w/%
乙二胺四乙酸(EDTA)	10～40
水	余量
氟化烷基羧酸钾	0.02～2

用此剂清洗，表面干净、发亮，不用再加蜡抛光，也不会伤 损汽车表面。使用时，每份再加水 10～40 份。

【配方 5】

组分	w/%
三油酸甘油酯(乳化剂)	0.28
蒸馏水	83
阳离子表面活性剂	0.95
矿物油	14.5
上光剂(改性硅油)	0.8
防腐剂(噻唑酮、苯甲醇)	0.47

此剂价廉，使用方便，保护效果好且耐久；上光效果好，对环境无污染；表面光滑，不易积尘。

【配方 6】

组分	w/%
蒸馏水	66
上光剂(硅油)	7
增稠剂粉末	5
表面活性剂	2.6
汽油	13
碳酸钙	2.6
蜡	2
乳化剂	1.8

【配方 7】 (汽车擦亮洗净剂)

组分	质量份
聚磷酸钠	5～15
乙二醇	3～8
硅油	5～10
乳化润湿剂	0.5～3
硅酸钠(或石英粉)	5～15
蜡	10～20
有机溶剂	10～20

【配方 8】（汽车擦亮去污剂）

组分	用量
三乙醇胺	240g
矿物油	6.5L
油酸	600g
硅藻土	450g
水	22.5L

先将三乙醇胺溶于水，再把矿物油和油酸混合，再将此混合液加入三乙醇胺水溶液中，搅拌后加入研磨剂硅藻土，继续搅拌至完全混合即成。用时，以棉纱或法兰绒布，蘸取此油液涂于车体表面，待其干燥后，另取绒布擦拭，即能将车体表面的污垢清除，使车体光亮如新。此剂主要用于轿车。

【配方 9】（水性汽车上光剂）

组分	w/%
二甲基硅油(黏度 3.5Pa·s)	4.6
二甲基硅油(黏度 1Pa·s)	3.4
三聚氰胺树脂溶液(固体 60%)	1
油酸吗啡盐	3
煤油	10
汽油	15
4-叔丁基水杨酸苯酯	1
2-(4-噻唑基)-1*H* 苯并咪唑	1
滑石粉	2
水	62

【配方 10】（汽车上光蜡）

组分	用量
黄色蜂蜡	1kg
地蜡	2.5kg
巴西棕榈蜡	4.5kg
褐煤蜡	1.5kg
石脑油(粗汽油)	20L
松节油	2.5L

先将各种蜡熔融，另将石脑油、松节油混合，待蜡全部熔融后注入已混合的油，并快速搅拌，均匀冷却，在半凝结前加入容器中，加盖密闭，静置 12h 即可使用。

【配方 11】（喷淋汽车外表洗涤剂）

组分	质量份
焦磷酸钠	20
烷基醚磷酸酯	2.7
烷氧基化脂肪醇	2
两性表面活性剂	5
丁氧基乙醇	2
丁醇	0.03
含氟表面活性剂	0.05
二甲苯磺酸钠	11
铬酸钠	0.1
水	57

【配方 12】

组分	质量份
磷酸甲酯	20
甲羟基膦酸	5
乙氧基(10mol)化壬基酚	5
烷基磺酸钠	5
水	65

【配方 13】

组分	w/%
壬基酚聚氧乙烯醚	1
聚氧乙烯脂肪胺	4
四氯乙烯	95

此剂可除去焦油和各种油污，且能防火。

【配方 14】

组分	质量份
磷酸(85%)	100
乙酸乙酯	100
水	800

本剂可除去玻璃和金属表面的油污和无机沉积物。

【配方 15】（汽车车厢擦亮去污剂）

组分	质量份
矿物油	6100
油酸	566
三乙醇胺	226
水	22800
硅藻土粉	148.5

将矿物油与油酸混合均匀，加入三乙醇胺和水组成溶液，搅拌均匀，再加硅藻土充分搅拌即成。

【配方 16】（战场条件下军用卡车清洗剂）

组分	w/%
链烷磺酸二乙基铵盐	12
脂肪醇-聚环氧乙烷	3
异丙醇	4
轻油	81

将上述组分配成 500mL 混合液。喷到卡车的发动机外部或底盘外表面，作用 10min，用压力为 0.5MPa、温度为 12℃ 的水冲洗，此时油污硬皮就会被冲掉，只需一次即清洗干净。

此剂特别适于清除在崎岖不平的乡间道路上行驶的卡车受热部件的污物（焦油、泥土、金属腐蚀物等）。

Gc 汽车外表面清洗剂

汽车的外表面清洗，通常是先用清洁的冷水或温水将汽车表面上易被水冲掉的污垢先冲洗掉，然后再用去污剂溶液冲洗污垢，使憎水性的污垢被去污剂溶液湿润、溶解并使其形成亲水层，最后再用冷水或温水冲洗污垢质点，使其呈乳化状或悬浮状脱离汽车表面，达到冲净的目的。

(1) 汽车外表面清洗操作工艺条件

① 操作工艺

a. 清洗剂温度　通常为 30～40℃，有时可达 60℃。

b. 清洗剂浓度　1%～5%。

c. 清洗压力　3～5MPa。

d. 清洗剂对污垢作用时间　底盘为 5～10s，外表面为 3～5s，深孔及拐角为 10s 左右。

e. 机械作业强度　一般性污垢用水冲洗即可，黏滞性污垢要加清洗剂或重点刷洗。

f. 气温对冲洗质量影响　冬天冲洗汽车时，水温可适当提高，以防表面漆层开裂；夏天可用常温水冲洗，但不得在强烈的阳光下冲洗，以防表面上留下水珠痕迹。此点对轿车、客车尤为重要。

② 冲洗方法

a. 人工水压清洗　人工水压清洗是最常见、应用最广的汽车外表面清洗方法。它是靠具有压力的水通过喷头来冲洗汽车表面的尘土和污垢的。前已述及，清洗的水压力应根据车辆类型、清洗部位和污染程度来确定。人工清洗也叫自来水冲洗，此法简便易行，成本低，不需专用设备，但清洗效果不稳定，质量不易控制，常会发生冲击擦伤等。

b. 低压清洗　压力较低，主要适用于清洗客车和轿车车身如国产型常温多用清洗机，能输出 2～10MPa 压力，从常温到 140℃高温均可，并能自动添加清洗剂，主要用于汽车清洗。

c. 高压清洗　压力较高，主要适于清洗货车、工程车等车身、底盘。高压清洗设备主要靠高压水的冲击力、摩擦力清洗汽车外表面。为了提高清洗效果，可采用提高清洗液温度，加大出水量和改变喷嘴形状、增加数量等措施。

(2) 专用设备清洗现代汽车清洗

大多用专用清洗设备清洗，特别是大中型维修（清洗）场站，用大型专用设备清洗，效率高，质量好，节约用水，很有发展前途。常用的专用清洗设备有以下几种。

① 移动式汽车外部清洗机　移动式外部清洗机它主要由电动机、水泵、管路、喷枪等组成。它由电动机通过弹性联轴器直接驱动离心水泵，将水或清洗液泵入胶管，经喷枪、喷头射向汽车表面。经水泵增压的水可达1MPa的压力；如果用80℃左右的清洗液，出水压力可达1.5～2.0MPa，它的喷嘴有一般喷水嘴和喷水枪两种。通过喷枪的尾部可以调节出水流的形状，常有的为柱状和雾状两种。喷嘴可有扇形和强力圆形。柱状水流或圆形喷嘴，水流冲击力强，可以除去汽车车身上的干涸泥土；雾状或扇形喷嘴，水流覆盖面积大，除污效率高，适于除掉一般污垢。用移动式外部清洗机，清洗质量较好，设备投资少；但清洗时间长，耗水量大，属半机械化清洗。

② 固定式大型外部清洗设备　单枪式汽车外部清洗机一般设在室外，形成流水作业的清洗线。也有设在室内的清洗车间。常见的有喷头式和滚刷式两种。它们的基本组成大致相同，只是滚刷式在喷水的同时，滚刷可自动贴近汽车外表，刷和洗同步。

a. 滚刷式低压清洗设备　滚刷式低压清洗汽车是目前较为实用和先进的方法。它是用专门的滚刷式清洗机来清洗汽车外表面的。

b. 喷头式低压清洗设备　在专用的汽车外部清洗台上，底部设有旋转式的喷水头，用以清洗汽车底盘。

目前，国外汽车整车外表面清洗均使用自动控制、多功能清洗线。意大利产“正卡道”（CECCATO）牌汽车通道式清洗线系列有1440、1441、1442型，用途很广，可清洗各种货车挂 车、油罐车、公共汽车、中型车辆、小型货车和小客车等各类车 辆。该设备由汽车自动输送线、滚刷及辅助刷子、滚子百叶窗 板、喷水清洗系统、排水系统及控制装置等组成。清洗时，汽车开上自动输送线，由输送线将汽车送入清洗通道；操作人员根据车型、污垢分布及用户对清洗的要求，通过控制装置调整清洗系统的清洗方式、水流速度、压力、方向、水流形状等。清洗后，还可根据需要对汽车作以下附加处理：车身清洁处理，上柔软剂，打蜡上光，局部重点清洗（车身侧面、车窗、底盘等局部清洗处理）。

该设备的平均清洗宽度（工作幅宽）为1.2m和1.8m，清洗长度可按车身长度无限延长。清洗高度为3.5m、4m和4.5m三种。这种清洗自动线具有快速、安全、清洗质量好和节水、节电、节省人力的诸多优点。

Gc001 发动机外部表面清洗

【英文名】 engine external surface cleaning

【别名】 发动机外部清洗剂，高效车辆发动机清洗剂

【组成】 一般常用的由表面活性剂、溶剂、气雾剂、螯合剂、洗涤助剂等组成。

【产品特点】 必须保持发动机外部的清洁，除了美观外，它对于保障正常运行十分重要。不含酸和碱，为油基清洗剂，对金属无腐蚀，清洗效果优于水基清洗剂，成本低、操作方便、工作快捷。

【质量指标】

外观	无色透明液体
pH 值	>7
相对密对	>0.9
气味	轻微愉快气味
黏性	水样黏稠
除油速率	约 2min

【清洗工艺】 先将汽车电器用塑料薄膜遮罩，然后用半湿性毛巾压盖于薄膜上侧，以防高压水冲进分电器，致使汽车难以启动；使用高压水枪由发动机侧面按从上到下的顺序将引擎室内侧及发动机外表的附着污物冲净；直接将发动机外部清洗剂均匀喷洒于淋湿后的发动机及引擎室周边；用纤维毛刷清洗引擎室内所能触及到的所有部件；用高压水枪快速冲净刷洗掉的污物；直接将发动机外部清洗剂均匀喷洒于淋湿后的发动机及引擎室周边；用纤维毛刷清洗引擎室内所能触及到的所有部件；用高压水枪快速冲净刷洗掉的污物。

再将发动机外部清洗剂喷洒于引擎表面，操作步骤同上；周而复始，直至将发动机外表清洗干净；最后将冲洗干净的发动机用半湿性毛巾擦干，并用吸尘吸水风干机将手不易触及到的地方吸干，然后风干；用塑料橡胶保护剂对引擎室内侧的塑料橡胶部件进行上光，然后再将金属部件镀膜。

(1) 发动机外部清洗剂

涉及一种发动机外部清洗剂，尤其是对发动机外表面的油泥等污物具有清除功能的清洗剂。

【配方】

组分	w/%
表面活性剂	8～5
溶剂	50～70
气雾剂	15～25

将上述表面活性剂、溶剂、气雾剂混合，搅拌均匀即可。

其中，表面活性剂选自烷基酚聚氧乙烯醚类、脂肪酸烷醇酰胺、脂肪醇聚氧乙烯醚类、十二烷基磺酸钠中的一种或其混合物；溶剂为煤油、二甲苯、三甲苯的混合物或其中任意一种；气雾剂为丁烷。

【配方分析】 表面活性剂用来乳化发动机外表面的油污，使其易被水冲洗掉；溶剂用来溶解表面活性剂，清洗时可作为油污溶解剂及渗透剂；气雾剂用作动力来实现自喷。本产品压装在气雾罐中，使用时只要将气雾罐的喷嘴对准发动机的油污处喷洒，发动机外表面的污物在清洗剂的溶解和乳化作用下很快分解，5min 后用水冲洗，即能彻底脱离发动机的金属表面，15min 内清洗完毕。

【实施方法示例】

组分	w/%
壬基酚聚氧乙烯醚	12
十二烷基磺酸钠	0.3
丁烷	18.7
脂肪酸烷醇酰胺	4
二甲苯	65

该配方的清洗效果较好，但气味较大，对漆膜有一定的腐蚀作用。

(2) 高效车辆发动机清洗剂

涉及一种高效车辆发动机清洗剂，成本低，无挥发性，对皮肤无刺激性，对金

属无腐蚀性。

【配方】

组分	w/%
表面活性剂	1～2
螯合剂	0.2～1.5
金属腐蚀抑制剂	0.05～1.5
碱	1～1.5
洗涤助剂	2～4
水	89.5～95.75

【配方分析】 表面活性剂可从阴离子表面活性剂，如脂肪醇（C_{12}～C_{18}烷基醇）磺酸钠、十二烷基苯磺酸钠；非离子表面活性剂，如烷基酚聚氧乙烯醚（OP-7～OP-11）、烷基醇聚氧乙烯醚（AEO-7～AEO-11）、椰子油烷基醇酰胺；阳离子表面活性剂如匀染剂1227或两性离子表面活性剂如BS12任选一种或几种、组合使用。

螯合剂可从三聚磷酸钠、磷酸钠、乙二胺四乙酸中选取一种。清洗助剂由硅酸钠及硫酸钠组成，可增加表面活性剂的去污力及减少对皮肤的刺激性，同时可减少对织物的破坏及对金属的腐蚀性。

金属腐蚀抑制剂可从肼、六亚甲基四胺、亚硝酸钠、2-巯基苯并噻唑中任选一种。水可用自来水、工业用水或去离子水。

【主要用途】 主要对发动机外部清洗剂，尤其是对发动机外表面的油泥等污物具有清除功能的清洗剂。

【应用特点】 该发动机外部清洗剂配方的清洗效果较好，成本低，无挥发性，对金属无腐蚀性，但气味较大，对油漆膜有一定的腐蚀作用。

【安全性】 应避免清洗液长时间接触皮肤，防止皮肤脱脂而使皮肤干燥粗糙，防误食、防溅入眼内。工作场所要通风良好，用有味型产品时建议工作环境有排风装置。

【生产单位】 惠州圣邦环保新材料有限公司。

Gc002 汽车外部多功能清洗剂

【英文名】 auto external multifunctional cleaning agent

【别名】 外部清洗剂；油基清洗剂

【组成】 非离子型表面活性剂、硅藻土、油酸、硬蜡、纯碱、水等组成。

【产品特点】 不含酸和碱，为油基外部清洗剂，对金属无腐蚀，清洗效果优于水基清洗剂，成本低、操作方便、工作快捷。本品属于干燥、高泡型外部清洗剂，药液呈高泡状，不易渗透于物体，从而避免药液腐蚀物体。

【配方】

组分	w/%
十二烷基硫酸钠	5
液体石蜡	38
油酸	6
油基	1.2
硅藻土	15
硬蜡	6
水	28.8

【制备工艺】 按照配方称取各组分，放入装有搅拌设置的不锈钢或搪瓷、塑料容器内，搅拌使彻底溶解。静置48h以上，将底部沉淀物弃去作为重垢洗涤剂，上层清液即作为该高效车辆发动机清洗剂。

【清洗方法】 ①使用前先摇匀本品，距离被清洁物品表面约15cm，均匀喷射，保留20～30s，用干洁软布抹去即可；②特别重污垢部分，请用软刷及湿布在污渍上擦拭；③在清洁纤维布艺方面，请先于隐蔽处喷上清洁剂测试是否褪色或起斑点；④在清洁玻璃或金属时，需在清洁泡沫干透前清洁，以防斑点出现。

【主要用途】 此类清洗剂主要用于清洗汽车外部表面灰尘、油污等，且在清洗的同时进行外部漆面护理。

【应用特点】 ①二合一清洗剂，所谓“二

合一”即清洁、护理合二为一，既有清洗功能，又有上蜡功效，可以满足快速清洗兼打蜡的要求。其产品适用于车身外部比较干净的汽车，洗车后直接用毛巾擦干，再用无纺布轻轻抛光。②汽车清洗香波，此类外部清洗剂主要有汽车香波、洗车香波及清洁香波等品种，具有性质温和、不破坏蜡膜、不腐蚀漆面、液体浓缩、泡沫丰富、使用成本低等应用特点。

【安全性】 ①请不要喷射在与食品直接接触的物体上；②禁止儿童靠近本品；③本品易燃，请远离火源；④严禁将空罐刺破或焚烧；⑤应避免清洗液长时间接触皮肤，防止皮肤脱脂而使皮肤干燥粗糙，防误食、防溅入眼内；⑥工作场所要通风良好，用有味型产品时建议工作环境有排风装置。非离子型表面活性剂，高效，更安全。

【生产单位】 南京阿莫特汽车用品有限公司。

Gd 汽车内表面装饰清洗剂

汽车内表面主要指驾驶室、客车车厢的表面、座位以及软饰、电镀及铝件、塑料件、橡胶件等。其主要污垢是各类油污，所以，清洗剂主要是油性清洗剂，其中表面活性剂为主要成分。

去除短毛绒、针棉织物上的油垢时，多用毛刷、干净棉纱蘸取少量洗涤剂刷洗或擦洗，然后用干布擦净。刷洗时必须注意清洗剂具有挥发性，以免发生火灾和毒气侵害。有时，也用浸法清洗，此时多用水基清洗剂。

汽车清洗是汽车美容的首要环节，同时也是一个重要环节。它既是一项基础性的工作，也是一项经常性的美容作业。汽车在使用过程中，其表面会受到风吹、日晒、雨淋等自然侵蚀，使表面逐渐沉积灰尘和各类污物。如果这些污垢不及时清除，不仅影响到汽车的外观，还会诱发锈蚀和损伤。因此，汽车清洗对保持车容美观、延长车辆使用寿命有着重要作用。

目前，国内的家庭汽车备用常用清洁剂及套装，是清洁汽车车身及汽车内饰、不伤漆、不伤内饰、多功能的家庭常备品，可用于打扫车厢内饰清洗车厢内卫生，清除污垢，使物体表面光亮如新。

(1) SUV 内饰清洗问题　首先应该将车内照明灯等电器、仪表关闭，然后除去车内的尘土，扫去污物，再用吸尘器对车厢内各部位进行仔细吸尘。驭胜采用真皮座椅，清洁时切不可使用清水或洗衣粉，否则不仅清洗不干净，还会产生裂纹。仪表盘面板等多为塑胶或皮革制品，表面较多细条纹，沾染物多藏里面。清洗这些部件过程中要注意，不应该将丝绒清洗剂、全能泡沫清洗剂、塑胶护理剂等进行喷涂。像仪表盘、变速挡区清洗，必须先去除仪表盘区的条纹、褶皱、边角上的灰尘。像方向盘清洗，因为方向盘多为人造革或真皮材料，沾染物多为人体油脂，不容易清洗。要在清洗剂喷敷上后，用软毛刷刷洗，并配合干净毛巾擦拭。如果方向盘有外套，要将其拆下，单独进行清洁上光。对方向盘的清洗护理要求是应该不粘手、不打滑。空调通风口清洁要小心，空调通风口的材料多为硬质塑料、栅格式。沾染的污垢多为粉尘、沙土。特别在栅格处清洗，由于较细和脆，一定要小心，要将栅格拆下清洗，用小毛刷清洁空调通风口的栅格窗。

(2) 汽车内饰清洁剂　本品富含强力去污分子及活性泡沫，经独特配方精制而成，适合于任何清洗或涂漆之表面，具有强力去污及深层清洁之功效。使物件光洁如新，并能防止灰尘和污垢沉积黏附，同时具有除菌作用和消臭效果。适用于汽车、船艇、家居物件，有效清洁人造皮、丝绒、纤维、地毯、电镀制品、电器外壳、浴室、家私、沥青、瓷砖、墙纸或乳胶漆墙壁、窗帘、风扇、瓷器制品、油漆木器或金属、毛毯等的油渍、茶渍、污渍。

Gd001 客车清洗剂

【英文名】 cleaning agent for passenger cars

【别名】 水性清洗剂；车漆面保护剂

【组成】 一般由液体石蜡、硬蜡、油酸、聚氧乙烯二乙醇胺、硅藻土、纯碱、水等组成。

【产品特点】 客车水性清洗剂主要清除水性污垢，其具有较强的浸润和溶解能力，且不含有碱性，不仅能有效地清除一般污垢，且对汽车车漆面有光泽保护作用。

客车水性清洗剂要按一定的比例和水混合使用，在冷车的情况下洒在车身表面泡 3～4min，能有效地溶解水性污垢，再冲洗车身，即能轻松地去除污垢又能不伤车漆。既省时又不费力。属于一种清洗剂，特别是一种用于清洗客车的清洗剂。

【配方】

组分	w/%
液体石蜡	41～50
油酸	5～10
硅藻土	6～10
硬蜡	3～5
聚氧乙烯二乙醇胺	2～10
纯碱	3～5
水	余量

其中，硬蜡可采用四川虫蜡或巴西棕榈蜡，硅藻土采用 200 目的硅藻土。

【生产工艺流程】 先将聚氧乙烯二乙醇胺放入水中溶解，制成聚氧乙烯二乙醇胺溶解液。将液体石蜡和硬蜡放入油酸中混匀，制成液体石蜡、硬蜡、油酸的混合液。混合上述两液，搅拌均匀后加入硅藻土，搅匀。加入纯碱调节酸碱度。检验合格后分装出厂。工艺流程见图 G-1。

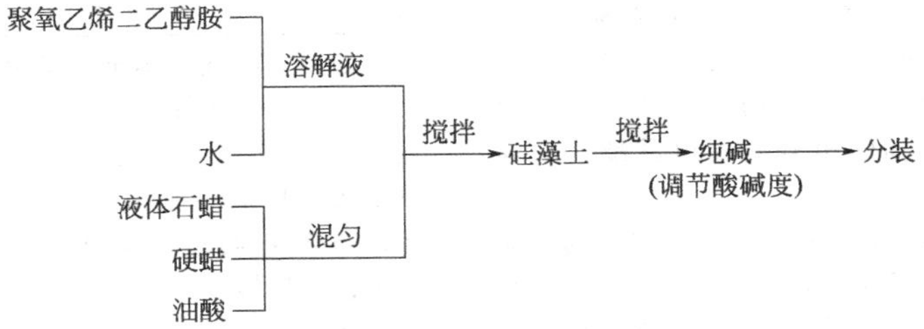

图 G-1　客车清洗剂生产工艺流程图

【清洗方法】 用本品清洗客车内壁、座位、门窗、厕所时，清洗剂用水稀释 1 倍后，用布蘸取清洗剂稀释液擦洗。本品也可用于清洗客车外壁，清洗时用水稀释 10 倍，用布蘸取清洗剂稀释液擦洗。

【实施方法示例】 配制 100kg 的客车清洗剂。

按配方取液体石蜡 45kg、四川虫蜡 3.5kg、油酸 7kg、聚氧乙烯二乙醇胺 6kg、200 目的硅藻土 8kg、纯碱 3.5kg。

将聚氧乙烯二乙醇胺放入27kg的水中溶解，制成聚氧乙烯二乙醇胺混合液。将液体石蜡和硬蜡放入油酸中混匀，制成液体石蜡、硬蜡、油酸的混合液。混合上述两液，搅拌均匀后加入硅藻土，搅匀。加入纯碱调节酸碱度。检验合格后分装出厂。

【主要用途】 本产品对各种油污有较强的去污能力，对客车的外壁、内壁、座位、门窗、厕所等处均可使用，解决了客车上的陈年污垢洗不掉的难题。具有成本低、使用方便、节约用水的特点。

【应用特点】 用本产品清洗污垢后，兼有上光打蜡、保护增亮、防二次污染的作用。特别适合作为清洗各类客车的清洗剂。

【安全性】 应避免清洗液长时间接触皮肤，防止皮肤脱脂而使皮肤干燥粗糙，防误食、防溅入眼内。工作场所要通风良好，用有味型产品时建议工作环境有排风装置。

【生产单位】 东莞市东之美汽车用品有限公司。

Gd002 车厢清洗剂

【英文名】 compartment cleaner

【别名】 有机清洗剂；车架清洗剂

【组成】 一般由壬基酚聚氧乙烯醚、四氯乙烯、聚氧乙烯脂肪胺、硅酸钠、合成洗涤剂、油酸甲基氨基甲酸酯、水等组成。

【产品特点】 对于一些不溶于水性的污垢应采用有机清洗剂进行清洗。这种清洗剂主要用于去除车厢车身表面的油脂或沥青污垢。在使用过程中，要注意的是，应避免有机清洗剂喷溅到塑料、橡胶等部件，因为有机清洗剂含有汽油或煤油等易燃成分，会腐蚀塑料和橡胶。同时在使用过程中也要注意避免在明火附近使用，应在通风良好的地方使用。

【配方】

组分	w/%
壬基酚聚氧乙烯醚	1
聚氧乙烯脂肪胺	4
四氯乙烯①	95

①四氯乙烯不是《蒙特利尔议定书》附件A～E的受控物质。

该清洗剂可除去焦油和各种油污，并且防火。

【实施方法配方示例】

【示例1】 车厢水基清洗剂（质量份）

硅酸钠	40
合成洗涤剂	4
油酸甲基氨基甲酸酯	20
水	1000

【示例2】 （碱性洗涤剂 w/%）

偏硅酸钠	50
氢氧化钠	25
磷酸三钠	20
阴离子表面活性剂	5

【示例3】 （碱性洗涤剂 w/%）

硅酸盐	48(钢铁用),10(铝用)
碳酸钠	7(钢铁用),7(铝用)
磷酸三钠	30(钢铁用),49(铝用)
三聚磷酸钠	10(钢铁用),15(铝用)
表面活性剂	5(钢铁用),4(铝用)
其他钠盐	15(铝用)

如用来清洗汽车车厢空调喷雾净，一般来讲需4个步骤。

① 启动汽车，打开车内空调系统，关闭制冷功能并把风速和温度调整到最高，调整空调到内循环模式上，关闭汽车门窗让其运转5～10min。

② 启动空调制冷功能，保持空调风处于风速最大和内循环模式，并将温度调整到最低。打开汽车空调喷雾净瓶盖，将瓶子放置在副驾驶乘客座位前或汽车空调的室内进风口处；按下瓶子上的阀门，让产品自然喷出，关闭汽车门窗，让产品在密闭的汽车室内空间循环5min。

③ 关闭汽车空调，打开汽车门窗通风 1～2min 后清洁完毕。

④ 整个清洁过程大概只需 1min，不过为了让清洁的效果更彻底，可以保持以上的状态让空调系统继续运行 3～5min。

【主要用途】 清洗剂主要用于去除车厢车身表面的油脂或沥青污垢。

【应用特点】 该清洗剂可除去焦油和各种油污，并且防火。

【安全性】 应避免清洗液长时间接触皮肤，防止皮肤脱脂而使皮肤干燥粗糙，防误食、防溅入眼内。工作场所要通风良好，用有味型产品时建议工作环境有排风装置。

【生产单位】 上海嘉定洁敏洗涤剂厂。

Ge 发动机冷却系统清洗剂

发动机冷却系统的作用是通过散热，保证发动机在正常温度下（通常为80K）工作。发动机的冷却方式有水冷和风冷两种。多数汽车发动机采用水冷方式。如对自动变速箱清洗；内含特制胶质分散剂，在发动机运转过程中，无需拆卸自动变速器，即可自行分解和清洁沉积于变速箱油路，阀体和油底壳的胶质和沉积物，提高传动液的流动性，改善换挡的平顺性，节省维修时间和费用。

本节介绍水冷却系统的水垢、锈垢和油垢的化学清洗剂。

1 发动机的冷却系

发动机的冷却系一般由水泵、散热器、百叶窗、风扇、配水管、节温器、水温表及感温器等组成，有的发动机上还有风扇离合器。

汽车发动机的燃油在汽缸中燃烧时，产生大量热量，实际用于作功的热量仅占30%～40%，其余的热量中，1/3为废气带走排掉，2/3被发动机散失掉。散失掉的热量中约有30%多是被冷却系排出的。其工作原理是：通过水泵的作用，强制冷却水循环，冷却水在水套内吸收热量后，流经散热器，将热量传给散热片被流经散热器片的空气排到大气中。经过冷却的水再进入水套。如此不断循环，使发动机在最佳温度下正常工作。如果冷却系中产生水垢等污垢，造成流量下降，散热不良，汽缸壁的温度会上升到150℃以上，体现在散热器上就是水温高于100℃，产生沸腾，俗称“开锅”。

由于冷却系中生成水垢，就大大降低了发动机的冷却强度，从而导致发动机过热，功率下降，油耗升高；同时，由于局部过热，造成运动件膨胀，间隙变小，力学性能下降，甚至发生“卡缸”现象。也可能产生垢下高温腐蚀，使零件磨损加剧，甚至产生烧蚀、裂纹等。在结垢严重时，部分循环水道被水垢堵塞，阻碍冷却水流通，造成发动机整体或局部高温，甚至产生重大故障，无法工作。因此，必须及时地清除。实验证明，清除冷却系的水垢之后，可以提高发动机功率和燃料经济性指标4%～6%。

为了清除冷却系水垢，从事发动机使用、制造、维修的科技工作者长期以来一直在探索一种高效的除垢技术。

目前，国内发动机冷却系水垢的清洗工作仍停留在较落后的状态。常用的除垢方法主要是手工清除（将散热器上下水室割开，用钢钎捅散热铜管，然后再焊合上下水室），对缸体、缸盖则用碱或酸液浸泡法除垢。有的单位甚至不进行清除而采取更换水箱的方法。因此，长期存在着清除效果差、费工、费时、成本高的弊病，而且对金属也有较严重的腐蚀。近几年，随着化学洗车技术的发展，也有用锅炉清洗液直接清洗的，但由于发动机水冷系统结构、材料比较复杂，这类清洗剂往往不能有针对性的除垢。因此，开发清洗发动机水垢的专用清洗剂，已是生产上的迫切需要。

2 冷却系清洗前的准备

发动机水冷系统在清洗除垢前要进行一定的准备工作，以保证发动机冷却系的污垢能清除彻底，不产生腐蚀和损伤，并尽可能不影响和少影响汽车的使用。通常，化学洗车前应做好以下技术准备工作。

（1）取样并确定水垢类型　前已述及，水的品质（硬度、杂质含量等）随地区地质条件而异。自然界中，水可分地表水和地下水，将它们经过处理供人们生活、生产使用的称自来水。汽车发动机冷却用水中以自来水为主，有时也使用自然水。水质的好坏，是发动机结垢多少、软硬的主要因素之一。因此，在除垢清洗前，必须先从冷却 系取出垢样目测或分析，若无化验条件，可去有关部门调查了解。同时，向司机了解使用水质情况。这样，便于正确选择清洗除垢工艺。

（2）了解冷却系零部件的材质　不同车型，发动机及零部件的材质不同。了解所使用的除垢清盖、散热器等零部件的材质，以便正确选择清洗剂。通常，根据发动机冷却系的材质选用的清洗剂，如铸铁缸体、缸盖和黄铜散热器用 L-857A 盐酸基清洗剂，铸铝缸体、缸盖和铜合金散热器或和铜合金散热器用 L-857B 硝酸基清洗剂。

（3）了解冷却系的技术状态和结构特点　冷却系水温过高，是要进行清洗的原因。但发动机水温过高或“开锅”的原因有机械的（如风扇皮带松、节温器失灵、点火正时迟等），或冷却系内有异物（胶皮块、棉纱等）或有污垢，只有污垢造成的冷却水温过高，化学洗车才有效。所以，判定后，还要了解冷却系的水容积量，国内外常见汽车发动机冷却系水容积节温器是否起作用，如有节温器还要在清洗前拆除并试漏体、散热器进出水管接头形式、口径，以便于外循环清洗。冷却系内是否进入油污及油污量大小，以便确定除油剂及除油工艺，冷却系是否有锈蚀、漏水，使用年限，上次清洗时间、效果等。

(4) 油垢清除　严格讲，冷却系内不应有油污存在，但是，在使用过程中，由于外部侵入或内部渗漏都可能使冷却系内产生油垢，特别是机油冷却器或汽缸垫等件发生过故障的汽车就更容易有油垢。总的讲，汽油发动机冷却系、进口车冷却系没有或很少有油垢，而柴油车、国产车冷却系相对讲油垢较多。油垢的热阻力很大，其热导率为 0.116W/(m·℃)，是碳钢的 1/450～1/400，是一般水垢的 1/20～1/10，因此，发动机内有了油垢后将会使冷却散热性能急剧下降。另外，冷却系内有油垢还会阻碍酸洗时酸液与水垢的化学反应，使清洗时间延长一倍多，而且还清洗不彻底。因此，了解冷却系内油垢的情况，可以安排除油工序。另外，根据冷却系内油污情况还可以对发动机的油路故障作出判断。

(5) 确定冷却系清洗工艺方案　上述情况了解清楚后，要及时分析、确定发动机冷却系的清洗工艺方案。通常包括：

①清洗方法；②清洗工艺流程；③主要工序的工艺参数确定；④注意事项。

3　冷却系内循环清洗法

发动机冷却系内循环清洗法是整个清洗过程借助于发动机自身动力，使清洗液在冷却系内自己循环的清洗方法。因利用车内自身动力循环清洗，无需辅助清洗系统，所以也叫就车清洗法，其具体工艺操作规程如下：

①打开散热器盖和缸体、散热器放水阀，放净冷却系内的冷却水。②用净水冲洗冷却系，排除系统内沉锈、沉渣。关闭缸体、散热器的放水阀。③将配制好的碱性除油剂，按一定比例加入散热器中，加满后盖严散热器盖，发动机低速运转 10～15min，如果油垢严重可延长 25～30min，但一般不要超过 30min。最后放掉除油剂。④打开两个放水阀，用清水冲洗，至排出的水 pH 为中性。⑤关闭两个放水阀，加入酸洗液，发动机低速运转 20～30min，排掉废液。必要时，应检测酸洗液的浓度和缓蚀率，方法见后。⑥打开两个放水阀和散热器盖，用清水冲洗至水呈中性。⑦关闭两个放水阀，加入中和剂 (0.5%～1.0%的碳酸钠)，加水至散热器满为止。汽车可正常运行 1d 后，将水放净，再连续两天更换冷却水，即全部清洗完毕。

内循环清洗法的优缺点：操作方法简单，易于掌握，不用专门的清洗设备，省去了清洗液配制过程，适于初学者掌握应用。但要求发动机运转 1h 多，增加了油耗，另外，各类清洗剂不能循环使用，增加了清洗费用，清洗效果也不如外循环清洗。

4 冷却系清洗工艺

(1) 水垢对汽车冷却系的影响　一般，水垢是汽车冷却系及水箱中常见的有害产物，其主要成分是碳酸钙和碳酸镁。水垢通常由三层组成，最外层是浮垢，该层水垢非常疏松；其次是软质垢层，该层水垢密度增大，但水垢还没有完全硬结；再就是硬质垢层，水垢已经完全硬结，水垢密度最大。通常汽车水箱结垢达到 0.5mm 时就不能正常散温，会出现“消化”不良导致汽车尾气超标，因此对冷却系统散热的性能不佳，箱内的温度升高，直接影响到发动机的进气量，会导致发动机的工作状态呈富油燃烧状态，其直接后果是燃烧不充分的燃油通过发动机的排放系统把大量的未燃有害气体排放出来，直接造成大气污染，危害人体健康。当水箱里的水垢超过 0.8mm 时，就会导致水路循环不畅，水温也会急剧上升，形成水箱突爆，机体严重超高温，直接影响润滑系统，影响发动机的正常工作，严重时还会损坏发动机。

因此，放冷却水清洗前，要打开缸体和散热器的放水阀，将冷却水(包括防冻液) 放净；冲洗从散热器加水口注入洁净水，冲洗冷却系，冲掉沉渣、浮垢，以利于清除污垢时顺利进行化学反应；除油 (碱洗)。

目的：除去冷却系内油垢及含油杂质；使少量难溶水垢松动、转化，便于酸洗时除垢；获得酸洗前均匀的表面状态。

关于难溶水垢的转化，可以从下述化学反应式中得到解释：水垢中含有的 $CaSO_4$、SiO_2 等盐类均属难溶水垢，加入氢氧化钠、碳酸钠后，可生成新的易溶盐。

(2) 选择酸洗液浓度的原则　①根据垢的种类、厚度确定酸洗液浓度，浓度高，除垢快，但容易堵塞，腐蚀性也大，通常选择偏低浓度；②缓蚀剂合适，腐蚀率要低；③提高酸液利用率，减少排酸损失和环境污染。

(3) 温度选择　酸洗时，酸洗液多为常温，但冬季洗车时，温度太低，会影响溶垢效果。一般要求不低于 15℃，最佳温度为 30～40℃，但不得高于 60℃，温度过高，缓蚀效果变差，腐蚀加快。

(4) 流速选择　这主要指循环法清洗时应注意酸洗液循环流动的流速。循环清洗药液各组分混合均匀，与水垢、锈垢反应也很均匀，缓蚀剂保护面积广，作用均匀。

5 汽车清洗剂的除垢机理

清洗剂除垢是一个较复杂的过程，至今，尚未有定量的、完整的除垢理论。目前，比较统一的认识是，水基清洗剂的除垢机理有以下三个方面。

① 清洗剂对污垢质点的润湿作用　当清洗剂与表面上的污垢质点接触后，使表面污垢及其空隙被清洗剂湿润，产生充分接触，造成污垢与被清洗表面结合力的减弱、松动。

② 吸附作用　清洗剂中的电解质形成的无机离子吸附在表面污垢质点上，改变对污垢质点的静电吸引力。清洗汽车外表面时，既有物理吸附(分子间相互吸引)，又有化学吸附（类似化学键的力相互吸引)。

③ 悬浮作用　经过润湿、吸附的作用，表面上污垢质点脱落后，悬浮于水基清洗剂中被冲走。

这种润湿-吸附-悬浮-冲掉的过程，不断循环，或综合起作用，就将车辆表面上的污垢清除掉。

此外，还有一种说法是，水基清洗剂能使表面的活性物质在污垢质点表面形成定向排列的分子层，进一步增加了去污除垢作用。

6 汽车冷却系的化学清洗

现代轿车发动机冷却系的化学洗车有其独特之处。

(1) 防冻液残液和沉积物的清洗　轿车冷却系在除垢清洗前，首先要将冷却系内的防冻液全部放净，然后要清洗防冻液的残液和沉积物。这一点往往被人忽略。轿车发动机冷却系中冷却液常使用防冻液，防冻液一般都是由乙二醇、水和添加剂（主要有防护剂、防锈剂和中和剂等）配成。在使用中，乙二醇基本不损耗，而添加剂却在高温下不断消耗，直到耗尽。如添加剂中的保护剂，其主要作用是保护铝合金机件（如缸体、缸盖等）不受快速循环流动的高温冷却液的侵蚀。当发动机工作，温度升高时。保护剂受高温作用，以薄膜形式牢固地粘在铝质零件上，由于这层具有耐温性薄膜的保护，可使零件不受高温侵蚀。但是，这层保护膜不是长久保持的，每当发动机运行发热和停机冷却时，由于受到热胀冷缩作用，就会有一部分保护膜从铝质机件表面上剥落下，损耗掉。

同样，其他起防锈、中和作用的添加剂也产生上述类似的损耗。而且，轿车发动机启动频繁，这种损耗更会加剧。不仅如此。黏附和脱落的添加剂还会混入冷却液中参与循环，堵塞冷却系，使传热、散热能力下降，导致发动机温度过高。所以，使用防冻液的轿车或其他汽车，即使水垢、锈垢、油污不很严重，也要在每年放掉防冻液时清洗一次，然后重新加入防冻液。

清洗方法：先排放掉残旧防冻液以及锈垢、杂质等，再用水泵将清洁水沿发动机冷却液循环的相反方向，作外循环清洗或从散热器盖排出。清洗时，应启动发动机，使清洗水在机内循环2～3min，冲净即可。注意，冲洗时要将防冻液溢流回收罐拆下，倒净残存的防冻液。

(2) 冷却系的除垢清洗　冲净防冻液后，检查散热器盖和散热管处，如有水垢、锈垢或油污等沉积物时，冷却液会循环不畅，造成发动机升温过快或经常“开锅”，应进行除垢化学洗车。目前，国内外常用的清洗剂有三种类型。

① 酸性清洗除垢剂　这类除垢剂主要是由酸和缓蚀剂组成，清洗后必须进行中和处理。酸性清洗剂除垢效果明显，货源较广，价格低廉，配制容易，使用简便，但是，用它清洗铝质零件时，要注意防腐蚀问题。

② 快速清洗剂　这是用有机物特别配制的快速除垢剂，通常在10min左右即可除掉水垢，而且不损伤铝质零件。但是，它只适用于使用维护较好的只有轻度污垢、杂质的发动机冷却系清洗，而且其价格也较高。它较适用于轿车冷却系的清洗。

③ 螯合物清洗剂　这是一种以具有环状结构螯合物（又称内络合物）为主配制成的清洗剂。常用的螯合物有氮基三乙酸、乙二胺四乙酸、乙二胺四乙酸钠等。它们都具有与各种金属离子络合和分离的作用，生成稳定的络合物。这种清洗剂能适应各种材质的发动机机件，除垢性能好，但价格较高。

此剂主要用于发动机冷却系的运行中内循环清洗。其加入量是冷却系水容积的10%～12%，其余为水。加入后汽车可正常运行3～6h，最后将清洗液排掉、冲洗干净。

(3) 新加冷却液　轿车发动机冷却液通常是市售防冻液（内有乙二醇和添加剂）加水配成。通常认为防冻液比例越大，防冻效果越好。但是，也有一个限度，如果防冻液在冷却液中的含量超过68%，其防冻、防沸溢的效果反而变坏。同时，其防腐、散热作用也相应下降。对于大部分汽车来说，防冻液和水的最佳配比是各占一半。此时，防冻温度为－36.7℃，沸腾温度129.4℃（散热器盖压力为10kPa时）。如所购防冻液已按当地最低气温加好水，则不存在上述问题。

加冷却液时，首先要将散热器中的水排净，然后将配好的冷却液加满，启动发动机至高速挡，使机器发热。同时，注意从排气螺栓中排气，否则会产生气阻，导致发动机内冷却液循环不良。待冷却液在机体内充分混合后，再从散热器中放出一些冷却液，然后补充新的冷却液，混合均匀后即可正常运行。

因此，适时清洗去除汽车水箱污垢十分重要。目前，以药剂清洗为多，例如有碱洗法、酸洗法、高分子组合物法等，其中碱洗、酸洗法都需停车清洗，碱洗只能清油垢，酸洗虽然能同时清除各种污垢，清洗速度快、效果好，但一般清洗后还需由专业人员或工厂进行钝化后处理，有些在清洗时还需现场配入各种原料，比较麻烦，技术要求也高些。高分子组合物法不必停车清洗，但清洗时间长达7～25天，对水垢、锈垢的清洗效果也不理想。在清洗后要进行钝化后处理。针对现有技术存在的缺陷，提供清洗水箱专用的清洗剂。

Ge001 车辆冷却水系统清洗剂

【英文名】 vehicle cooling system cleaner

【别名】 酸性清洗剂；除垢清洗剂

【组成】 主要由表面活性剂、除垢剂、除锈剂、酸洗剂、去离子水等组成。

【产品目的】 该产品用酸性清洗剂清洗的目的主要是清除水垢、锈垢。

【配方】 一般，常用酸洗除垢、除锈配方如下：

① 盐酸除垢剂（质量分数/%）

盐酸	4～8
缓蚀剂 L-826 或 LX9-001	0.25 或 0.10
水	余量

② 硝酸除垢剂（质量分数/%）

硝酸	4～8
缓蚀剂 L-826	0.25
LX9-001	0.10
L-5	0.60
水	余量

上述两种配方中还可加0.5%～1%的乌洛托品和少量消泡剂。

③ 清洗除垢剂（mg/L）

六偏磷酸钠	20
羟基亚乙基二膦酸钠盐	35
聚丙烯酸钠	30

用本剂清洗冷却系，效果很好，可在运行中清洗。清洗时将上述各组分，分别溶于水后加到冷却系中，控制其pH为5.5～6，运行48h左右，排放、冲洗。

④ 盐酸除垢剂（质量分数/%）

盐酸	8
乌洛托品	0.5
水	91.5

⑤ 盐酸除垢剂（质量分数/%）

盐酸	5～10
苯胺	1.0
乌洛托品	2.5
乙酸	2.5
水	余量

⑥ 硅垢除垢剂（质量分数/%）

酸性氟化铵	5
过氧化氢	3
非离子表面活性剂	1
水	91

此剂用于山区、丘陵地区行驶的汽车发动机除垢。用酸性除垢剂清洗，最好将清洗液加热至40℃左右。加热方法是：用蒸汽加热或用电加热器将酸液箱中的清洗液加热到规定的温度，不允许用明火加热。

【清洗工艺】

一般冷却系经过长时间的使用，加用生水或质量不高的防冻液，会在冷却系（散热器、缸体的水套）中产生大量的水垢、铁锈和泥沙，使冷却效率降低。因此，使用普通水的冷却系，每6个月应清洗一次。其他使用防冻液的冷却系的发动机，应在更换防冻液或大修发动机时，彻底清洗一次冷却系。

① 检查冷却液　在清洗冷却系时，如果发动机是热的状态，不要直接打开散热器盖，以防热水喷出烫伤。

须等待发动机冷却后，再用抹布裹着打开散热器盖，如果散热器内还有残余压力，打开时会听到排气的声音，应注意防护。

② 冷却系统的主要工作是将热量散发到空气中以防止发动机过热，但冷却系

统还有其他重要作用。汽车中的发动机在适当的高温状态下运行状况最好。

③ 如果发动机变冷，就会加快组件的磨损，从而使发动机效率降低并且排放出更多污染物。因此，冷却系统的另一重要作用是使发动机尽快升温，并使其保持恒温。

④ 冷却系统污染因素：过热与过冷现象都应避免。过热会引起“爆震”；发动机转矩和功率损失；破坏轴承和运动部件。冷却系统工作不正常会使润滑油黏度减小，氧化变质或烧焦；汽缸盖和汽缸体变形或断裂；发动机损坏甚至瘫痪。过冷会使燃料蒸发和燃烧困难、功率下降、排冒黑烟及燃料消耗增加、润滑不良，加剧零件磨损。燃烧生成物中的水蒸气易冷凝成水，与酸性气体形成酸类，破坏润滑，加重零件的侵蚀；冷却系统常见问题有水垢、腐蚀、点蚀。水垢：来源于水中的钙，镁等阳离子；水垢的坏处：磨损水泵密封件，覆盖在汽缸体水套外壁，使金属绝热，热导率减小，散热效率下降。因此，应该做到如下几点：

a. 有效清除水箱内表壁的水垢，顽垢，清理引擎内部的水道。

b. 保护金属表面釉膜，防止污物堆积，利于高温传导和保持理化特性。

c. 恢复冷却系统冷却性能。

d. 防止发动机过热而引起的动力下降的现象发生。

【产品实例】

配方示例

组分	质量分数/%		
草酸	41.5	55.7	64.3
含氯离子金属盐①	57.3	44.1	34.35
乌洛托品	1.2	0.2	1.35
合计	100	100	100

① 含氯离子金属盐可分别是氯化钠、氯化钙和氯化钡中的一种。

将配制好的除垢剂和水按质量比(1∶5)～(1∶10) 比例稀释后倒入发动机水箱内，静止 5～8h，也可使发动机照常运行 5～8h 后，将清洗液放出，净水冲洗 2～3 遍，即达到清洗的目的。

【产品特点】 ①高效。以本品的水溶液加入发动机水冷却系统，静置或者运行 5～8h，然后放出水洗，除垢效果高达 95%以上。②安全。因本品配方经过反复筛选，实验证明本配方对各类金属有良好的保护和防蚀作用，经上百次的实验（包括钢铁、铸件及有色金属类浸片实验），对金属类是安全的。③方便储存使用，因本品采用固体配方，原料无毒，无腐蚀，不易燃，所以在储存、运输、使用当中十分安全。使用简便，只按比例溶水，即可使用，利于推广使用。④维修成本低廉。⑤汽车可在不停运状态下进行维修，这将大大提高车辆的使用率，为国家创造良好的经济效益，也为集体和个体营运增加收益。⑥制作工艺简单。不需要大量投资，即可生产，符合我国国情。⑦基本上对环境无污染。因本配方无毒配制，使用后的废水基本无毒，符合国家标准。

【主要用途】 主要是车辆冷却水系统清洗的用途为主。

【应用特点】 发动机冷却系统中，以水和乙二醇为主的冷却液极易形成酸性物质，腐蚀破坏散热器等金属部件。容易产生油脂、胶质等污垢及水垢、锈垢，导致冷却液循环困难，发动机及自动变速箱过热等问题。冷却液在引擎工作与静止时反复蒸馏降温，极易变性，起不到良好的温度传导作用。

【安全性】 应避免清洗液长时间接触皮肤，防止皮肤脱脂而使皮肤干燥粗糙，防误食、防溅入眼内。工作场所要通风良好，用有味型产品时建议工作环境有排风装置。

【生产单位】 河北省无极县磷肥厂。

Ge002 汽车水箱污垢清洗剂

【英文名】 dirt in radiator cleaner

【别名】 水箱除油剂；碱性除油剂

【组成】 主要由表面活性剂、润湿剂、杀菌剂、助剂、渗透剂、去离子水等组成。

【产品特点】 可有效地改善被清洗对象表面的清洁度，保证材料表面涂镀附着力、色泽质量等指标。可有效地去除冷却系统的水垢、污渍、锈斑，提高散热效果，恢复冷却系统功能，延长汽车水箱的使用寿命。该产品用发动机冷却系碱洗除油不是必备工序。只有当冷却系内有油垢或有难溶污垢时才用碱洗工序。

【配方】 ① 磷酸盐除油清洗剂：

磷酸三钠	50～75g
磷酸氢二钠	25～35g
润湿剂(OP-15)	1.5～2.0g
水	850mL

② 氢氧化钠、磷酸盐清洗剂

氢氧化钠	0.5～1g
磷酸三钠	50～80g
润湿剂(OP-15)	1.5～2.0g
水	余量

③ 氢氧化钠、纯碱除油清洗剂：

氢氧化钠	0.2～1.0g
碳酸钠	0.2～1.5g
润湿剂(OP-15)	0.05g
水	余量

三种配方均搅拌成均匀的碱性除油剂。其使用温度为 80～90℃。清洗时间为 10～20min，个别油垢严重的可洗 30min。

④ 碱性除油清洗剂

氢氧化钠	100～150g
碳酸钠	30～50g
水玻璃	5～10g
水加至	1000mL

⑤ 强碱性除油清洗剂（质量分数/%）

氢氧化钠	0.5～1.0
碳酸钠	5～10
水	余量

本剂具有强碱性，加热至 60～90℃，可除去各种油污。

⑥ 弱碱性除油清洗剂（质量分数/%）

十二烷基硫酸钠	0.5
油酸三乙醇胺	3
苯甲酸钠	0.5
水	余量

此剂为弱碱性，加热至 70～90℃，可除去钢和铝合金零件上的油污。

⑦ 钢与铝通用除油清洗剂

磷酸三钠	50～80g
磷酸二氢钠	20～30g
水玻璃	50～60g
烷基苯磺酸钠	5～10g

水加至 1000mL 冲洗碱洗液放掉后，用清水冲洗，直到中性。

⑧ 发动机冷却系水箱清洗剂（质量分数/%）

清洗剂(可为各种表面活性剂)	5～20
助剂(如无水碳酸钠)	0.04～0.06
缓蚀剂(如 MC-5)	0.15～0.25
植物渗透剂	1.5～2.5
固体除垢剂(固体酸如磷酸、硼酸等)	余量

将以上各组分按预定比例称取，混合均匀即成。

【配方分析】 针对发动机散热腔和水箱壁上水垢及氧化物的性质一般为碱性水垢，如碳酸盐、硫酸盐、硅酸盐水垢及氧化铁与水垢的混合物，利用酸碱中和反应的原理即可去除水垢。为了加速中和反应，利用发动机冷却循环水，加入清洗剂、助剂，利用汽车运行中直接加温（60～80℃）循环清洗。清洗剂中加入一定量缓蚀剂，以便在酸碱中和反应的同时，不会对钢、铜产生较大的腐蚀作用，在控制清洗时间的前提下，腐蚀速率符合有关标准要求。因为本身是中和反应，在反应的过程中，酸碱度逐步趋于平衡，最终 pH 达到 5.5～6.5，剩下水和垢泥，可直接排放，符合环保污物排放标准，使用本清洗剂清洗汽车水箱，清洗工作可一次性完成，成本仅是传统清洗方法的 1/10 左右；一台车一年清洗两次左右，“开锅”的问题就可迎刃而解；甚至当温度计上显示水温较高时，加入本清洗剂，温度就会慢慢降下来，有效保护发动机的正常运转。

⑨ 机动车水箱常温水垢清洗剂

组分	w/%
氨基磺酸或草酸	70～99
天津若丁	0.05～12
六亚甲基四胺	0.01～10
渗透剂 JFC	0.01～10
氯化亚锡	适量

【配方分析】 氨基磺酸是一种有机弱酸，可以同水垢的主要组分碳酸钙、碳酸镁和氧化铁反应，而将不溶性物质转化为可溶性物质；渗透剂 JFC 可以加快除垢剂同碳酸钙和碳酸镁的反应速率，促进碳酸钙和碳酸镁的溶解；六亚甲基四胺是一种助溶剂，其可以通过络合等方式促进氧化铁的溶解；氯化亚锡是一种还原剂，可以将氧化铁溶于酸后产生的三价铁离子转化为二价铁离子，从而防止对有色金属器壁的侵蚀；天津若丁是一种缓蚀剂，可以预防对有色金属壁的侵蚀。

【清洗方法】 向被除垢器具注满水并按比例加入除垢试剂，浸泡，排出溶解的水垢和水溶液；还可以钝化保养。如果水垢厚度≤3mm，则投入容器容积水质量 3%的除垢试剂，至少浸泡 8h；在此基础上，水垢厚度每增加 1mm，除垢试剂投入量增加 1%，浸泡时间至少增加 2h，如水垢厚度为 4mm，投入被除垢器具的容积水质量 5%的除垢试剂，至少浸泡 6h 以上，然后从器具中排出溶解的水垢和水溶液；还可以用氯化钠和钝化试剂，例如联氨水溶液浸泡保养器具。本除垢试剂成本低，使用其除垢，尤其是对机动车水箱除垢，除垢率可达 98%以上，而且有色金属壁的腐蚀率≤0.6g/(h·m^2)，可以提高机动车水箱的使用寿命。在常温下使用，操作简便，除垢时不会产生硫氧化物、氮氧化物气体和粉尘以及其他有害物质，利于环保和身体健康。该除垢试剂呈粉状，易于保藏和运输。

【实施方法示例一】

组分	m/kg
表面活性剂	10
MC-5	0.2
固体硼酸	87.75
无水碳酸钠	0.05
植物渗透剂	2

上述各组分按比例混合均匀即成。使用本产品清洗汽车水箱，一台车一年可清洗两次，清洗效果好。

【实施方法示例二】

将氨基磺酸 9.9kg、六亚甲基四胺 1.0kg、天津若丁 1.2kg、氯化亚锡 0.05kg 和渗透剂 JFC 1.1kg 混合；经测定除垢率 98.5%，水箱内壁腐蚀率 0.44g/(h·m^2)。

先将水箱内的水放干净，关闭放水阀后，按水箱容水量的 3%（体积分数）将所制备的清洗剂投放到水箱中，将水箱加满水并搅拌均匀后浸泡 10h，如果在 4～34℃的水温下浸泡，效果会更好。最后将放水阀打开将清洗剂排除，冲洗干净即可。

【主要用途】 主要是汽车水箱污垢清洗的用途为主。

【应用特点】 该产品用发动机冷却系碱洗除油为必备条件之一，包括其他方式的发动机冷却系碱洗除油。

【安全性】 应避免清洗液长时间接触皮肤，防止皮肤脱脂而使皮肤干燥粗糙，防误食、防溅入眼内。工作场所要通风良好，用有味型产品时建议工作环境有排风装置。

【生产单位】 海南美佳绿色环保精细化工公司。

Ge003 冷却系统清洗

【英文名】 cooling system cleaning

【别名】 冷却水清洗剂

【组成】 主要由十二烷基硫酸钠、椰子油烷基酰胺、有机酸、芳胺、杀菌剂、渗透剂、去离子水等组成。

【产品特点】 该产品用属于洗涤组合物，特别是汽车冷却水系统清洗的清洗剂。

【配方】

组分	w/%
固体有机酸	65～93
芳胺	0.8～3
无机酸	0.5～4
金属腐蚀抑制剂	1～5
水	3～10
铵盐	1～5
低分子有机酸	0.5～4
硫氰酸盐	0.15～2
表面活性剂	0.05～2

配方中，固体有机酸可以是乙二胺四乙酸、氨基磺酸、枸橼酸（柠檬酸）、酒石酸中的任一种或在相容情况下的几种组合：①铵盐可以是氟化铵、氟化氢铵、枸橼酸铵（柠檬酸铵）中的任一种或在相容情况下的两种组合；②芳胺可以是苯胺、对甲基苯胺、*N*-甲基苯胺、*N*-乙基苯胺、*N*-乙基邻甲苯胺中的任一种或在相容情况下的几种组合；③低分子有机酸可以是甲酸、乙酸、丙酸中任选一种或几种组合；④无机酸可以是盐酸、磷酸、硫酸中的一种或几种组合应用；⑤硫氰酸盐可以是硫氰酸镁、硫氰酸钾、硫氰酸钠中任一种；⑥金属腐蚀抑制剂可以是若丁、Lan-826、六亚甲基四胺、2-巯基苯并噻唑中任一种或在相容情况下的几种组合。

表面活性剂可以是阴离子表面活性剂如十二烷基硫酸钠、非离子表面活性剂如椰子油烷基酰胺、阳离子表面活性剂如1227（1227 是一种阳离子表面活性剂，属非氧化性杀菌剂，具有广谱、高效的杀菌灭藻能力，能有效地控制水中菌藻繁殖和黏泥生长，并具有良好的黏泥剥离作用和一定的分散、渗透作用，同时具有一定的去油、除臭能力和缓蚀作用），两性表面活性剂如 BS-12（BS-12 是十二烷基二甲基甜菜碱，两性离子表面活性剂，能与各种类型染料、表面活性剂及化妆品原料配伍，对次氯酸钠稳定，不宜在 100℃ 以上长时间加热）中的任一种。

【配方分析】 本产品主要采用酸洗，由固体有机酸、低分子有机酸和无机酸协同作用，通过化学络合、化学溶解作用使污垢中的无机盐、锈垢迅速溶解，同时对油垢亦有清洗作用；铵盐增强上述酸性物质对锈垢及硅垢的络合、溶解作用，表面活性剂则增强上述酸性物质对油垢的清洗效果，加快清洗速度，对油垢、水垢（包括硅垢）、锈垢都有较好的清洗作用。金属腐蚀抑制剂在芳胺、硫氰酸盐及无机酸阴离子的协同作用及表面活性剂的增效作用下，利用清洗时的温度和清洗液的酸性环境，在金属表面形成一层具有缓蚀和钝化作用的高分子薄膜，这层薄膜在发动机的工作温度下，不仅具有良好的缓蚀作用，而且对钢质的发动机水冷道内壁产生独特的发蓝钝化作用，形成一钝化层，避免了清洗后水冷系统的生锈，使清洗后不必另行钝化后处理，因而能做到汽车边行驶边清洗，清洗不影响使用，十分方便。

本清洗剂除垢能力强，清洗效果好；在汽车水冷系统的工作温度（80～100℃）下，对铜基本无腐蚀，对钢铁的缓蚀效率在 90% 以上，清洗可在汽车行驶过程中完成，清洗时间只需 2～6h；实现了高质量、高速度、高效率、零件腐蚀少、使用方便的目的。

【配制方法】 将各种固体原料按配方的比例置入耐蚀容器中。常温常压下边搅拌混合边加入液体原料，混合反应 15～30min，然后静置 1～3h，让反应物固化，即得可溶性固状产品。

【实施方法示例】

组分	m/g
枸橼酸	1100
氟化铵	80
乙酸	60
硫氰酸钠	14
椰子油烷基酰胺	8
乙二胺四乙酸	96
苯胺	19
盐酸(以 100%HCl 计)	48
六亚甲基四胺	50
水	125

将固体原料按配方比例置于搪瓷容器中，常温常压下在搅拌均匀的同时加入配方量的液体燃料，使其混合反应 20min 后静置 2h，即可制得成品。取上述清洗剂 500g 溶于水后倒入汽车水箱内，将水灌满水箱后汽车即可行驶，行驶过程中清洗液在发动机循环下自动对整个水冷系统进行清洗和钝化。

【柏油清洗剂示例】 本品具有强力渗透清洁能力，能快速有效地清除汽车油漆表面、金属表面、车轮表面的柏油沥青及各种油脂污渍，不损伤油漆表面及玻璃表面，令车辆光洁如新。

①使用前请先将本品摇匀；②直接喷射到柏油污渍上，稍等片刻，再用清洁的柔软布将污渍擦拭干净即可。

【主要用途】 主要是汽车冷却系统清洗的用途为主。

【应用特点】 发动机冷却系统中，以水和乙二醇为主的冷却液极易形成酸性物质，腐蚀破坏散热器等金属部件。容易产生油脂、胶质等污垢及水垢、锈垢，导致冷却液循环困难，发动机及自动变速箱过热等问题。冷却液在引擎工作与静止时反复蒸馏降温，极易变性，起不到良好的温度传导作用。

【安全性】 应避免清洗液长时间接触皮肤，防止皮肤脱脂而使皮肤干燥粗糙，防误食、防溅入眼内。工作场所要通风良好，用有味型产品时建议工作环境有排风装置。

Gf 发动机燃料系统清洗剂

发动机燃料系的作用是为汽车储存一定的燃料，按发动机不同工况，配制不同浓度的可燃混合气，分送到各汽缸燃烧，并将燃烧后的废气集中导出汽缸，排入大气。这一作用的目的是使发动机具有良好的动力性和经济性。

由于汽油机和柴油机的燃烧过程不同，所以其燃料系的结构也不同。汽油机燃料系一般由汽油箱、汽油滤清器、空气滤清器、化油器、进排气歧管、排气总管及消声器、汽油管路等组成。柴油机燃料系一般由柴油箱、输油泵、柴油滤清器、喷油泵、喷油器及柴油管路等组成。

无论是汽油机还是柴油机，其燃料系经过一段时间使用后，由于外部或内部的原因，产生污垢、胶状物，不可避免地使油路不畅或堵塞。它也是燃料系的主要故障之一。如汽油机油阀关闭不严，化油器油道、量孔、喷管堵塞；柴油机油路和喷油器堵塞等，都是外来或自身产生的污垢、胶状物造成的。据试验，燃料系中只要有10%的喷油量受到阻碍，就会导致燃油燃烧不完全，发动机性能下降，燃油消耗增加，排气温度升高。因此，必须及时进行清理。

燃料系的传统清理方法是拆卸分解后用酒精、丙酮、汽油等浸泡刷洗，然后再用压缩空气吹扫。此法费时、费力，清洗效果又不稳定，一些高黏度胶状物根本清洗不掉。目前，国内大多数修理单位仍沿用这一陈旧工艺。

1 外循环清洗法

近几年，国外出现了汽车燃料系不拆卸外循环清洗设备，国内已有上海、青岛等地引进使用。现将该设备清洗原理简介如下：

设备名称是“强力2000”清洗设备（power clean 2000)。它要求汽车在行驶25000～30000km时，对发动机燃料系进行一次不拆卸强制循环清洗，就可以清除因燃料系不畅或堵塞造成的种种故障：排烟量过大，启动困难，发动机工作不良，燃料消耗过大，加速不灵、发滞，输出功率下降，转速不稳等。其工作原理是：在发动机工作时，将专用有机清洗剂按比例加入燃料中，混合均匀后泵入发动机油路。进入油路及燃烧室的除垢剂，在一定温度、压力作用下，与油垢、积炭发生化学反应。其中，胶质油污被乳化、分散；积炭被软化、分解，再经燃烧、冲刷、吹扫等反复作用，即可将燃料系黏附的胶质垢、积炭清洗干净。

2 内循环清洗法

内循环清洗法也叫不停车清洗法，即把清洗剂按一定比例加入到发动机燃料中，随燃料一齐进入燃料系，发动机边工作边清洗，即可除去零部件上附着的污垢、胶状物和积炭等。

Gf001 燃油系统清洗剂（外循环）

【英文名】 fuel system cleaner

【别名】 除油清洗剂；燃油清洗剂

【组成】 主要由表面活性剂、杀菌剂、抛光剂、渗透剂、去离子水等组成。

【产品特点】 增强动力、降低噪声、节省燃油并减少尾气排放。自动清除整个燃油系统胶质、油泥和积炭，抑制不完全燃烧物生成，并保持清洁。

【配方】

组分	w/%
偏硅酸钠	0.5～1.5
乙二胺四乙酸钠	0～1.5
氢氧化钠或氢氧化钾（50%水溶液）	0.5～1.5
妥尔油脂肪酸	1～2
磷酸三钠	0～1.75
合成洗涤剂	2～6
二甘醇一丁醚	10～15
水	余量(到100%)

【制法】 此清洗剂为水基，为非危险品，配制使用安全，对清洗燃料系有特效。

【燃料系清洗工艺】 ①该设备由清洗装置和控制装置组成，可放置在室内，也可放在汽车上巡回清洗；②该设备工作时，按汽车燃料系容量大小将燃料与清洗除炭剂按比例配好，装入清洗装置的容器内拆下发动机油管或化油器或燃油泵油管，将其安装在清洗器油管上，启动发动机，则带有清洗剂的燃料被吸入发动机燃料系中，边工作边进行清洗；③最后从排气管排到机外，如此循环作用，汽油发动机清洗30min，柴油发动机清洗50min自动清洗，使燃油喷射系统通畅，清除积炭节省燃油，提升动力；④存在问题：汽车喷油嘴等燃油喷射部位被积炭、胶质等沉积物阻塞造成雾化不良。

【常常会出现下列故障】 ①启动困难，怠速不稳、车辆发抖；②中途自行熄火；③动力下降，加速不灵、爬坡无力；④耗油量增加、排废量增加。

【解决办法】 ①可以清洗发动机燃油喷射系统的积炭、油泥、胶质等沉积物，阻止积炭、油泥、胶质等沉积物的生成。汽车等因燃油系统沉积物的生成而使发动机动力下降，油耗升高、冷启动困难等。②现象或性能下降时可通过清洗排除故障，恢复车辆设计时的最佳性能。③快速清洗喷油嘴、进气门、活塞环、燃烧室等部位的胶质和积炭，降低燃油消耗、排除爬坡无力、加速发滞的故障。提高加速性能，恢复动力性。排除怠速不良车辆发抖、中途熄火的故障，使车辆运行顺畅。改善冷启动困难，降低噪声改善尾气排放。④进气系统清洗剂　内含特制积炭吹除剂，能够在引擎运行过程中，自行分解电喷进气系统、进气歧管、进气门、燃烧室中的积炭和胶质，恢复怠速、提高加速性能、降低油耗、降低排放、符合欧洲Ⅳ号排放标准，建议 15000km 使用一次。

【主要用途】 主要对外循环燃油系统清洗剂的用途。

【应用特点】 应用于对外循环燃油系统清洗，能去除油脂、斑点各种污迹并消除异味等特点。试验表明，用该设备清洗的 20 辆汽车发动机燃料系，取得明显效果：平均节油率 10.53%，一氧化碳排量下降 66.6%，碳化氢排量下降 52%，烟度排放量下降 50%。使发动机得到彻底的恢复。

【安全性】 应避免清洗液长时间接触皮肤，防止皮肤脱脂而使皮肤干燥粗糙，防误食、防溅入眼内。工作场所要通风良好，用有味型产品时建议工作环境有排风装置。

【生产单位】 济南嘉世福汽车用品有限公司。

Gf002 燃油系统清洗剂（内循环）

【英文名】 fuel system cleaner

【别名】 除油清洗剂；燃油清洗剂

【组成】 主要由表面活性剂、溶剂、杀菌剂、助剂、渗透剂、去离子水等组成。

【配方】

组分	w/%
油酸	10
异丙醇胺(乙醇胺)	4
氨水(28%)	5
水	5
丁基溶纤剂	10
丁醇(异丙醇)	10
煤油	36
发动机机油	20
聚氧乙烯辛酚醚	适量

【配制方法】 将油酸溶于丁醇或异丙醇中，将聚氧乙烯辛酚醚溶于水，再将两种溶液混合，再加入异丙醇胺、氨水、丁基溶纤剂，充分混合。最后加入发动机润滑油、煤油稀释，充分搅拌，达到分散、乳化。

【清洗方法】 使用时加入燃料中，添加量为 0.1%～5%（按燃料体积计算），添加量随污垢量增加而加大。其洗净率和低温、高温稳定性都很好。喷洗疏通法：此法也不必拆机，清洗时，将发动机空气滤清器拆下，用小型罐装带压的喷嘴靠近或插入化油器各量孔，然后手压喷头，将罐内清洗剂喷入各量孔，就可将胶状物、油污清洗干净。通常用十几分钟就可将化油器清洗完毕。国产 BK 系列清洗剂一罐可清洗 2～3 个化油器。此法简便、经济，司机自己就可进行，但它不能清洗全部燃料系统。

【主要用途】 主要作为内循环燃油系统清洗剂的用途。

【应用特点】 应用于对内循环燃油系统清洗，具有能去除油脂、斑点各种污迹并消除异味等特点。

【安全性】 应避免清洗液长时间接触皮肤，防止皮肤脱脂而使皮肤干燥粗糙，防误食、防溅入眼内。工作场所要通风良好，用有味型产品时建议工作环境有排风装置。

【生产单位】 廊坊石棉化工有限公司。

Gf003 柴油燃油系统保养及喷油嘴清洗剂

【英文名】 maintenance of diesel fuel system and fuel injection nozzle cleaning agent

【别名】 喷油嘴清洗剂

【组成】 主要由纯天然橙油、非离子表面活性剂、橙烯和柑果烯、去离子水等组成。

【产品特点】 清洁喷油嘴，调理润滑燃油系统。有效提高燃油效率，最多可节省

4%的燃油。同样适用于生物柴油，能去除油脂、斑点等各种污迹并消除异味。

【配方】

组分	w/%
纯天然橙油	6～9
非离子表面活性剂	10～20
橙烯	3～8
柑果烯	5～10
去离子水	余量

【制法】 将纯天然橙油、非离子表面活性剂、橙烯和柑果烯、去离子水等混合、搅拌。

【清洗工艺】

汽车发动机工作时会在喷油嘴、火花头、气门、汽缸顶部、活塞工作面及活塞环槽等处产生积炭。时间一长，积炭以胶状沉积物出现，就会造成燃烧室容积减少，工作效率变差；燃烧过程中出现许多不均匀的炙热点，引起混合气先期燃烧，造成效率下降，燃烧不完全，废气排放增多；供油、点火不良，出现怠速不稳、缺火、爆震；堵塞活塞环槽，造成缸体润滑不良，进而污染润滑系统，堵塞油路和滤油器等。

沉积物会堵塞喷油嘴的针阀、阀孔，影响电子喷射系统精密部件的工作性能，导致动力性能下降；沉积物会在进气阀形成积炭，致使其关闭不严，导致发动机怠速不稳、油耗增大并伴随尾气排放恶化；沉积物会在活塞顶和汽缸盖等部位形成坚硬的积炭，由于积炭的热容量高而导热性差，容易引起发动机暴震等故障；此外还会缩短三元催化器的寿命。喷油嘴的工作好坏，对每台发动机的功率发挥起着根本性作用。由于燃油不佳导致喷油嘴工作不灵，使缸内积炭严重；缸筒、活塞环加速磨损，造成怠速不稳、油耗上升、加速无力、启动困难及排放超标，严重的会彻底堵塞喷油嘴，损坏发动机。

【清洗方法】 ①将喷油嘴清洗剂倒少许在干净软布上，轻轻擦拭受污表面，直至恢复原有光泽及色彩；②可兑水使用，最高稀释（1∶50）。

【主要用途】 主要对燃油系统及喷油嘴清洗剂的用途。

【应用特点】 应用于燃油系统及喷油嘴清洗，进而对润滑系统污染、油路和滤油器堵塞等问题得到解决。

【安全性】 应避免清洗液长时间接触皮肤，防止皮肤脱脂而使皮肤干燥粗糙，防误食、防溅入眼内。工作场所要通风良好，用有味型产品时建议工作环境有排风装置。

【生产单位】 深圳市云海兴实业有限公司，藤野商事贸易（上海）有限公司。

Gf004 摩锐斯喷油嘴清洗剂

【英文名】 MOONRISE nozzle cleaning agent

【别名】 摩锐斯清洗剂；喷油嘴清洗剂

【组成】 一般由椰子油酰胺、二聚亚油酸、丁二酰胺、2-正丁基磷酸酯、2,6-二叔丁基酚、甲苯等溶剂组成。

【产品特点】 喷油嘴清洗剂专为清洁发动机燃油喷射系统、燃油油路、汽油车、柴油车油嘴而设计的一种清洗剂。一般清洗燃油系统需辅助于专用设备，在发动机怠速的情况下进行清洗，最终将分解后的炭胶化物随废气排出。专用设备清洗，快速彻底清除燃油系统污垢；强劲、快速清洗喷嘴及燃油系统处的积炭，溶解胶质及杂质，增加动力、节约燃油，能使发动机在几十分钟内恢复最佳状态。

摩锐斯（MOONRISE）喷油嘴清洗剂可以快速消除怠速不稳、加速不良、发动机无力、喘抖等故障，恢复引擎动力。①让油气混合比例更为精确，节省燃油；②防止积炭形成及引擎爆震，减少废气排放；③对燃油系统各部件及传感器安全。

【产品优点】 ①节省燃油，最高可达

27%；②恢复马力；③减少废气污染，可减少有毒气体50%左右；④延长发动机寿命，比原来延长约5倍；⑤节省保养部件，使引擎上某些应经常更换的配件使用比原来习惯的使用时间延长约2倍；⑥花钱大大少于分解发动机清洗及维修所需的费用。

【喷油嘴清洗剂的功能】 ①快速清除喷油嘴、进气门、活塞环、燃烧室等部位的胶质和积炭，恢复引擎马力并能节省汽油损耗；②提高汽油的性能，降低燃油消耗；喷油嘴清洗前的工作状况；③排除爬坡无力、加速发滞的故障，提高加速性能恢复动力；④排除怠速不稳、车辆发抖、中途熄火的故障，使车辆运行顺畅；⑤改善冷启动性能；⑥降低噪声，减少尾气排放。

【清洗方法】 喷油嘴清洗后的工作状况：①配合燃油系统清洗设备进行清洗；②直接加到燃油箱内，每瓶可添加60～80L燃油。

【配方】

组分	w/%
椰子油酰胺	120～130
丁二酰胺	5～8
2,6-二叔丁基酚	2～4
二聚亚油酸	15～18
2-正丁基磷酸酯	15～18
甲苯	16～20

【制法】 在反应釜中，将上述各组分依次按比例加入后，搅拌一段时间后，即得本产品。将其按5%加入汽车燃料油中，然后使用于家用小轿车上，使用效果良好。

【清洗操作工艺】

提倡最好采用免拆解免解体的方式进行清洗操作，一般提供有喷油嘴清洗机和免折喷油嘴清洗吊瓶，适用于汽油电喷车，请配合专业喷油嘴清洗设备使用，使用过程中如车辆排放冒黑烟、有异味属正常现象，如瓶内液体不慎滴落在车漆表面应立即用干布拭去。

现以摩锐斯喷油嘴清洗剂的操作方法为例讲述具体操作步骤：

①检查车辆有无故障，确定各油管、保险丝及相关零件的位置。②确保发动机水温在80～100℃。③断开油泵电路并松开油箱盖。目的：中断燃油传输并释放油管中的压力或真空。方式：中断燃油泵电路，如保险丝或继电器。④为降低燃油管压力，启动发动机，几秒钟后发动机将自行熄火。⑤找到发动机进油管。⑥寻找适用的接头及替代管，另一端接上清洗设备的出口（注意：请根据设备资料选用各车型适用的接头型号）。⑦若有回油管，请断开油压调整器上的真空橡胶管，并将真空橡胶管与调压阀堵住，以截断回油端，使清洗剂不会透过回流管回到油箱。⑧确认清洗设备：出口阀门置于关闭位置（垂直方向），逆时针旋转压缩空气调压阀，将压力调到最低。⑨将燃油管路清洗剂倒入清洗设备中，并将上方的加液/排气功能阀锁紧。⑩设备挂在发动机盖下方并接上压缩空气。⑪调节管路压力到范围值。压力规范请参阅相关维修手册。⑫打开油路阀，检查管路有无泄漏。⑬启动发动机怠速运转，直至发动机自行熄火为止（注意：为避免喷油嘴及燃油系统部件受损，清洗时请勿提高引擎转速）。⑭操作结束后，关闭油路手阀；将调压阀逆时针拧转到底；中断空气管；按下加液/排气功能阀，释放设备内部压力；再次开启油路手阀；两度按下加液/排气功能阀以释放设备内部压力；擦拭布包覆快速接头并拆下。⑮恢复安装所有接头与连接管。⑯连接油泵电路及锁上油箱盖。⑰启动发动机并检查油路是否有泄漏现象，并测试车辆确保没问题，清洗完毕。

【清洗与保养】 摩锐斯喷油嘴清洗剂清洗过后应及时更换燃油滤芯，汽车每行驶10000km，就应定期做一次这样的清洗保养。

① 宝马公司实验证实：当发动机进排气系统阻塞15%，发动机动力就会下降50%。

② 美国工程师协会（SAE）为了验证宝马公司这一实验结果，也做了一个实验。实验证实：行驶70000km的车辆，平均动力性会下降22.3%（美国燃油标准和空气质量下实验）。按道理来说行驶70000km的车辆仍然处在最佳磨合状态，是什么原因导致车辆正常性没有发挥出来呢？答案是“积炭”。积炭会造成喷油嘴阻塞、进气量减少、气门关闭不严等故障。

③ 美国国际汽车用品公司 研究部使用喷油嘴免拆清洗剂对50辆宝马汽车发动机燃烧室做免拆清洗后的计算数据显示为：平均功率增加26.37%，节油11.20%，CO排量下降53.40%，HC排量下降49.00%，烟度排放量下降41.40%。充分证明了喷油嘴清洗剂存在的重要性。

【主要用途】 ①适用于几乎所有需要清洁去污场合；②适用于汽车车内高档真皮和装饰件进行性清洁，恢复其原有光泽和色彩；③可以稀释使用，稀释液呈乳白，可以用来清洗所有耐水的表面；④可应用于日常生活中各种污迹，如口香糖、植物树脂、宠物家畜等造成的斑迹、地毯上的斑迹、橡胶鞋底印、厨房中各类油脂残留、衣物上的污迹、指甲油、黏胶等残迹，对机器设备中残留的各类油脂也有极佳的清除。

【应用特点】 适用于各种汽油车、柴油车辆燃油喷射系统的清洗。彻底清除喷油嘴、进气阀、燃烧室、活塞顶部等处的胶质和积炭。

【安全性】 应避免清洗液长时间接触皮肤，防止皮肤脱脂而使皮肤干燥粗糙，防误食、防溅入眼内。工作场所要通风良好，用有味型产品时建议工作环境有排风装置。

【生产单位】 北京华纳恒通科贸有限公司，深圳市西科波尔机械设备有限公司，深圳市云海兴实业有限公司。

Gf005 燃油供给系统清洗剂

【英文名】 fuel supply system cleaner

【别名】 喷油嘴堵塞清洗剂；系统清洗剂

【组成】 一般由聚异丁烯琥珀酰亚胺、精制液体石蜡、吐温80、乙二醇单甲醚、二甲苯等溶剂组成。

【配方】

组分	w/%
聚异丁烯琥珀酰亚胺	8～10
吐温80	12～14
二甲苯	32～36
精制液体石蜡	10～12
乙二醇单甲醚	25～30

【制法】 将高分子清净分散剂（聚丁烯琥珀酰亚胺）、挟带油（精制液体石蜡）溶于稀释剂（二甲苯）中，再将除水剂（吐温80）溶于乙二醇单甲醚中。后将两者混合均匀即可。将本品按燃油0.5%～1%的比例加入油箱中就可自动将燃油系统清洗干净。

【堵塞清洗剂特点】 该产品一般能有效地把燃料系统附着的油垢、胶体物质、积炭等润湿，分散而清除，从而起到燃料充分燃烧、节油降耗、净化尾气、增加动力、阻止污垢附着、长期保护之作用。

【喷油嘴堵塞分析】 作为电喷发动机的关键部件之一的喷油嘴，它的工作好坏将严重的影响发动机的性能。喷油嘴堵塞会严重影响汽车性能。堵塞的原因是由于发动机内积炭沉积在喷油嘴上或者由于燃油中的杂质等堵塞了喷油嘴通路。汽车行驶一段时间后，燃油系统就会形成一定的沉积物。沉积物的形成和汽车的燃油直接有关：首先是由于汽油本身含有胶质、杂质，或储运过程中带入的灰尘、杂质等，日积月累地在汽车油箱、进油管等部位形成类似油泥的沉积物；其次是由于汽油中的不稳定成分在一定温度下发生反应，形成胶质和树脂状的黏稠物。这些黏稠物在喷油嘴、进气阀等部位，燃烧时，沉积物就会变成坚硬的积炭。另外，由于城市交通拥堵，汽车经常处于低速和怠速状态，更会加重这些沉积物的形成和积聚。

【沉积物积聚危害】 因此，要定时清洗喷油嘴，长期不清洗或者频繁地清洗喷嘴都会造成不好的影响。至于清洗的时间问题，要根据车况和平时加的燃油的质量来确定，一般来说，现在大多建议用户20000～30000km进行清洗。车况好、燃油质量好可以延长到40000～60000km。当喷油嘴有轻微堵塞时，对车况也有一定影响。有时候会出现这样的故障：挂一挡，起步，车有些抖动，等挂高挡，加速时，这样的现象又消失，假定车上的各种传感器工作正常，节气阀也清洗过，电路也正常，那很可能就是喷油嘴有轻微堵塞了。但高挡位加速时，有可能轻微的胶质又被喷走（溶解）了，车的性能又恢复了。这样的轻微堵塞喷油嘴的情况，一般可以不用清洗。因为轻微的胶质可以被溶解掉，所以在日常行驶中，应该经常跑一跑高速，以便减少积炭形成的可能性。当汽油质量差或者是行驶时间较长的车辆，如果长期不清洗喷油嘴，这种堵塞现象将更加严重，从而引起发动机喷油不畅，喷油角度和雾化不良，导致发动机怠速、加速或全负荷工况时工作不好，使得发动机功率下降，油耗上升，排放污染增加，甚至使发动机无法工作。因此，应定期认真清洗检测喷油嘴，以确保其工作良好。

【喷油嘴清洗剂主要效果】 ①彻底清洗燃油系统，减少有害气体排放；②提高汽油泵和喷油嘴的工作精度，明显节约燃油；③内含高效助燃剂，快速提升动力；④通过形成金属陶瓷层，自动修复磨损，提高燃烧效率；⑤成百倍降低摩擦系数，最大限度延长零部件寿命；⑥提高燃油系统的可靠性，保护其免受劣质燃油的损坏。

【何时需用喷油嘴清洗剂】 喷油量多少的控制：同一类型的电喷车，汽油泵的压力是恒定的，不论节气门的开度大小，只要经过燃油压力调节器的调节，喷油嘴的压力始终都是恒定的。喷油嘴是和燃油泵及燃油压力调节器严格配套使用的，只有设计的压力，喷油嘴才能达到最佳的雾化效果，压力低于设计压力，喷出的油不是雾状，呈柱状，不易与空气混合；压力过大，喷出的油呈圆锥面形状，也不易混合，并且喷射的力量太大，很多的燃油直接就喷到管壁上，影响混合比参数。

不论是加速还是怠速，压力都应当恒定。不同的车型压力也各不相同（有朋友提到的清洗机的几挡选择，其实是针对不同车型的压力选择，并不是加速怠速的压力不同，错误选择了喷油压力，喷油嘴雾化不良）。喷油量的多少，取决于喷油时间的长短，喷油器按电磁线圈的控制方式不同，分为电压驱动式和电流驱动式两种，电压式也分低阻和高阻的，高阻的可以接12V电，低阻的只能接低电压，错接在12V上时间稍长会烧线圈。喷油时，电脑提供的电压是恒定的，比如说12V，断油时马上变为0V，这个变化是瞬时的，就像是电脑语言里面的0和1一个概念，中间没有0.5之说。换言之，这是一个脉动的直流电信号，并非什么交流电等一类的名词，交流电什么概念呢？正负交错才叫交流电。好像汽车里面除了发电机整流器以前的部分，基本上接触不到交流电，当喷油嘴堵塞时，喷油不畅，或者喷油嘴间隙有积炭及胶合物，达不到设计的喷油量或雾化效果，才需要清洗。

【清洗与保养注意事项】

① 远离热源、火花和明火。

② 储存避免冻结，但不用冷冻条件。

③ 切勿将空罐戳穿或投入火中。

④ 清洁过程中请离开汽车。

⑤ 不要倒入汽车燃料箱，若没用完，拧紧瓶盖可下次使用。

⑥ 避免和皮肤接触及吸入。若溅入眼睛内，用水冲洗。

⑦ 避免皮肤和眼睛接触；避免吸入蒸气，避免儿童接触。

⑧ 请把本产品置于远离高温、火花、火焰以及产生静电的场所。

⑨ 请放置于 50℃ 以下干燥、阴凉处以及儿童不易触及的地方，避免阳光直接照射。

⑩ 本产品所释放出的所体易燃，请在通风良好的环境下使用，不用时请保持容器密闭。

【主要用途】 一般在对交通工具汽车、柴油车辆燃油喷射系统的清洗。

【应用特点】 适用于各种汽油车、柴油车辆燃油喷射系统的清洗。彻底清除喷油嘴、进气阀、燃烧室、活塞顶部等处的胶质和积炭。

【安全性】 应避免清洗液长时间接触皮肤，防止皮肤脱脂而使皮肤干燥粗糙，防误食、防溅入眼内。工作场所要通风良好，用有味型产品时建议工作环境有排风装置。

【生产单位】 中国船舶重工集团公司七一八研究所。

Gf006 燃油系统清洗剂

【英文名】 fuel system cleaner

【别名】 燃油清洗剂；高分子清净剂

【组成】 由高分子清净分散剂、携带油、极性溶剂、除水剂、稀释剂等组成。

【产品特点】 属于一种汽油车燃油系统清洗剂，对金属无腐蚀，稳定性好，而且可以有效地将燃油系统各处的沉积物清洗干净，在消除胶质、积炭的同时，还具备消除油路中水分的功能，方便快捷，不耽误汽车的正常运行。

【配方】

组分	w/%
高分子清净分散剂	5～20
除水剂	5～20
稀释剂	30～65
携带油	10～30
极性溶剂	15～35

【制法】 将高分子清净分散剂、携带油、极性溶剂、除水剂、稀释剂等混合搅拌。

【配方分析】 高分子清净分散剂起主要的作用，可以将沉积物分散到汽油中，它可以是聚异丁烯胺、聚醚胺、聚烷基酚、烷基聚氨酯、聚异丁烯琥珀酰亚胺中的一种；携带油协助高分子清净分散剂在热金属表面发挥作用，它为烷基聚丙二醇醚、烷基聚丁二醇醚、机械油、基础油、液体石蜡、植物油中的一种；除水剂用来增溶乳化汽油中的游离水，从而减缓腐蚀和防止在冬季时水结成冰晶，它为壬基酚聚氧乙烯醚、十八烷基聚氧乙烯醚、平平加、十二烷基醇酰胺、吐温 80、司盘 80 中的一种或两种；极性溶剂为异丙醇、异了醇、乙二醇单甲醚、乙二醇单丁醚中的一种或数种；稀释剂为汽油、二甲苯、200# 溶剂油、煤油、松节油中的一种。

【主要用途】 主要对燃油系统及高分子清净剂的用途。

【应用特点】 本配方不但对金属无腐蚀，稳定性好，而且可以有效地将燃油系统各处的沉积物清洗干净，消除胶质、积炭的同时，还具备消除油路中水分的功能，方便快捷，不耽误汽车的正常运行，清洗方便。

【安全性】 应避免清洗液长时间接触皮肤，防止皮肤脱脂而使皮肤干燥粗糙，防误食、防溅入眼内。工作场所要通风良好，用有味型产品时建议工作环境有排风装置。

【生产单位】 中国船舶重工集团公司七一八研究所。

Gf007 发动机燃料系统免拆清洗剂

【英文名】 engine fuel system cleaning agent

【别名】 免拆清洗剂；发动机清洗剂

【组成】 一般由离子型表面活性、丁醇、乙二醇单丁醚、油酸、乙醇胺、氨水、汽油、蒸馏水等组成。

【配方】

组分	w/%
丁醇	7～12
油酸	7～12
氨水	4～5
柴油	15～18
离子型表面活性剂	1～3
乙二醇单丁醚	7～12
乙醇胺	4～5
汽油	16～20
机油	14～18
蒸馏水	13～16

【制法】 ①将丁醇、乙二醇单丁醚、油酸放入一反应罐中，在40～50℃温度下，均匀搅拌，搅拌时间1h；②将乙醇胺、氨水放入另一反应罐中，在20～30℃温度下，均匀搅拌，搅拌时间0.5h；③将离子型表面活性剂放入蒸馏水中，在60～65℃温度下搅拌30～40min；④将汽油、柴油、机油放入反应罐中搅拌均匀；⑤令①～③步反应的物质在各自反应罐中进行，同一时间里完成，按反应时间的长短，先后进行，然后全部放入第④步的反应罐中，搅拌1h出成品。①～④步的反应罐均采用搪瓷罐。

【清洗工艺】 ①自动清洗。无须拆机，将本品倒入油箱，在汽车运行中自动清洗。②高效节能。清洗后，车辆节油2%～10%。③保护环境。发动机排放尾气中有害气体一氧化碳下降30%～40%，羟类化合物下降40%～45%。④保养机件、提高功率。清洗后油路形成一种润滑膜，保护机件，积炭也不易附着上面，延长发动机的使用寿命。⑤不必停机拆机，自动清洗省时省力省维修费。

【清洗方法】 先加油，后加本清洗剂，顺序不能颠倒。本清洗剂与燃油的比例为1∶(100～110)；比如30L燃油加30mL的本清洗剂，即可清除油路中的胶状油垢和积炭，每加一次本清洗剂，能保持机动车运行10000～18000km油路畅通。

【主要用途】 主要对发动机燃料系统免拆清洗的用途。

【应用特点】 应用于发动机燃料系统免拆清洗，延长发动机的使用寿命。

【安全性】 应避免清洗液长时间接触皮肤，防止皮肤脱脂而使皮肤干燥粗糙，防误食、防溅入眼内。工作场所要通风良好，用有味型产品时建议工作环境有排风装置。

Gf008 汽车燃料系统清洗剂

【英文名】 cleaning agent for fuel system of automobile

【别名】 燃料清洗剂；节油清洗剂

【组成】 一般由椰子油酰胺、二聚亚油酸、丁二酰胺、有机磷酸酯、抗氧防胶剂、溶剂等组成。

【产品特点】 涉及一种汽车燃料系统清洗剂，在汽车燃料油中加入一定量的该清洗剂后，能有效地把燃料系统附着的油垢、胶体物质、积炭润湿，分散而清除，从而起到燃料充分燃烧、节油降耗、净化尾气、增加动力、阻止污垢附着、长期保护之作用。

【配方】

组分	w/%
椰子油酰胺	10～15
丁二酰胺	5～8
抗氧防胶剂	2～5
二聚亚油酸	15～20
有机磷酸酯	15～20
溶剂	15～20

其中，有机膦酸酯采用三甲酚膦酸酯或2-正丁基膦酸酯；抗氧防胶剂采用2,6-叔丁基酚、2,6-二叔丁基对甲酚、2,4-甲基-6-叔丁基酚、4,4′-亚甲基双（2,6-叔丁基酚）、*N*,*N*′-二异丙基对苯二胺、*N*,*N*′-二仲丁基对苯二胺、*N*-苯基-*N*′-仲丁基对苯二胺中的一种或它们的混合物；溶剂采用芳香烃或脂肪烃。

【清洗工艺】 ①通过车辆的运行，有效地把燃料系统附着的油垢、胶质、积炭分散而清除，因此对整个燃油系统具有清洁作用。②由于本清洗剂中含有极性大分子化合物，不仅可清除燃油系统中的积炭，而且还可阻止沉积物前驱体在金属表面的沉积，有效地降低燃料系统中积炭的产生，对整个燃油系统具有保洁作用。③燃料油长期使用本清洗剂后，可将汽车尾气排放物中CO的含量降低50%～60%，并可节油15%。可确保汽车喷嘴、进气阀无堵塞，尾气排放不恶化，从而起到燃料充分燃烧、节油降耗、净化尾气、增加动力、阻止污垢附着、长期保护之作用。④本清洗剂同时还具有抗乳化性能及防腐蚀性能，彻底避免油路及发动机系统的腐蚀。

【清洗方法】 将配方按比例加入燃料油中，如汽油，一般以1%～3%的比例为好。

【主要用途】 主要对汽车燃料系统清洗剂的用途。

【应用特点】 应用于汽车燃料系统清洗，延长发动机的使用寿命。

【安全性】 应避免清洗液长时间接触皮肤，防止皮肤脱脂而使皮肤干燥粗糙，防误食、防溅入眼内。工作场所要通风良好，用有味型产品时建议工作环境有排风装置。

【生产单位】 北京高润石油化工有限责任公司。

Gf009 内燃机油垢、积炭清洗剂

【英文名】 internal combustion engine oil and coke cleaning agent

【别名】 内燃机油垢；积炭清洗剂；空压机内积炭的清洗剂

【组成】 一般由乙醇胺、丁醇、乙醚、氨水（25%～28%）、油酸、乳化剂、机油、煤油等组成。

【产品特点】 采用含有特殊带电基端的强力渗透剂和增效剂精制而成，能迅速清除各种积炭、油污、焦化糖垢及固化胶等污垢，是目前专业除炭的最佳制品。涉及一种内燃机油路的清洗剂。

【配方】

组分	w/%
乙醇胺	1
乙醚	1
油酸	2～3
机油	5～6
丁醇	1
氨水(25%～28%)	1～2
乳化剂	5～6
煤油	8～9

【制法】 上述配方组分均为液体，混合均匀后，即得到本产品，可用于清洗内燃机油路中的油垢、积炭，效果良好。

【物理特性】

外观	棕色液体
气味	溶剂气味
相对密度	4.6±0.1
保质期	1年
pH值	9
脱净率	≥100%
可燃性	不燃

【清洗方法】 ①内燃机内积炭的清洗：无需长时间停机、拆机和浸泡清洗，换油前直接加入，在正常运转情况下清洗内燃机，清洗时间一般1～3h，若积炭层较厚4～5mm，应适当延长时间至8～12h。随后再将清洗液排出，就完成了全部清洗过程。清洗后可大大提高内燃机的运行速度和效率。

注意：有时由于清洗下来的油垢、油

泥很多，排放清洗废液时很容易堵塞排油口，所以在内燃机停机泄压时，可保留1～2kg压力，以便更容易排出旧油和油污。

② 其他油管内积炭：将本品加入油管系统以后，用金属泵施加外力循环清洗1～3h，再排出清洗废液即可。

③ 五金冲压零部件：将本品倒入一个带有盖子的金属槽或桶，内衬去污网和清洗筐，放入需清洗的零部件，盖好顶盖，浸泡15～30min后取出，用纱布蘸本品原液稍加擦抹，过清水即可。

【实施方法示例】 本产品的制备是在常温常压条件下进行的，其制备步骤如下：①把乳化剂20份、水10份进行混合，备用；②把油酸10份和丁醇10份混合，备用；③把上述①和②混合；④把乙醇胺4份、氨水5份，分别加入③中搅拌均匀，即成A液；⑤把机油20份和煤油30份混合，备用；⑥把丁醇4份、乙醚3份混合，备用；⑦取⑥10份，加入⑤中混合，即成B液，之后将A液和B液加在一起搅拌均匀，即本产品。

【发动机油路自动清洗及节能剂示例】 本产品的制备是涉及一种发动机油路自动清洗及节能的组合物。它由油酸、异丙醇胺、水、丁基溶纤剂、二茂铁、石油醚、异丙醇组成。在配方中各成分的比例为油酸10%～15%，异丙醇胺10%～15%，水10%～15%，丁基溶纤剂25%～30%，二茂铁3%～5%，石油醚10%～25%，异丙醇10%～20%。本发明具有清除发动机油路油垢、积炭的能力强，降低发动机的油耗，提高发动机功率，减少发动机对环境污染程度之优点。

【主要用途】 能清除各种积炭及其他结焦附着物，主要对内燃机油垢、积炭的用途。广泛应用于机械、电力、铁路、汽车、仪器仪表、造船等领域。

【应用特点】 应用于清洗内燃机油路中的油垢、积炭。

【安全性】 应避免清洗液长时间接触皮肤，防止皮肤脱脂而使皮肤干燥粗糙，防误食、防溅入眼内。工作场所要通风良好，用有味型产品时建议工作环境有排风装置。

【生产单位】 北京筑宝公司。

Gg 发动机润滑系统清洗剂

汽车运行一段时间后发动机会油迹斑斑，吸附在其表面的油污及尘土是很难用抹布擦洗干净的。发动机内部的积炭也会使其工作效率下降、尾气排放增加、污染环境。在某些地区，来自汽车尾气排放的污染已远远超过工业污染，尾气污染已成为人们生存环境中的公害。

针对发动机积炭的清洗，目前市面上已有的着车清洗和传统拆装清洗方法均存在以下缺点与不足：着车清洗的清洗效果差，需要多次重复清洗及较长时间清洗才能达到较好的清洗效果，积炭较多的车还会堵塞三元催化器，而且清洗过程中所排放出的废气多，如每台车都采取着车清洗，这会对环境形成一定的破坏。而传统拆装清洗时间长，费用高，在拆装过程中还难免会造成对汽车的损伤，清洗后所排放的废气还会造成空气污染，对环境形成一定的破坏。

鉴于以上问题，有关对发动机免拆动态清洗的研究逐步展开，该技术对清洁剂有较高的要求，因为它需要让发动机在无润滑油启动状态下完成对车辆润滑系统的清洗。当前国内对润滑系清洗剂的研究还停留在静态清洗阶段。静态清洗存在清洗范围窄、不能与燃油系统清洗相配合、要延长清洗时间等问题。有的进口润滑系动态清洗剂的产品，不仅黏度大，而且成本较高。黏度大会影响清洗的效果，使用要加热，这增加了操作的复杂性。针对上述不足之处，本节介绍一些新型发动机清洗剂。

Gg001 润滑系统清洗剂

【英文名】 lubrication system cleaning agent

【别名】 润滑清洗剂；积炭清洗剂

【组成】 一般由苯胺、三乙醇胺、壬基酚聚氧乙烯醚、二甲苯等溶剂组成。发动机润滑系统由飞溅润滑和压力润滑系统组成。

【配方】

组分	w/%
苯胺	81
壬基酚聚氧乙烯醚	8
三乙醇胺	6
二甲苯	5

该配方溶炭能力较强，应用范围较宽。

【润滑系统分析】 发动机有最复杂的润滑

系统，通过输送机油或飞溅的形式使机件表面形成油膜，不仅起减少摩擦和磨损的作用，还可以带走摩擦表面的热量和杂质，增加汽缸的密封性，等等。

【润滑系统特点】 发动机一启动，机油泵就通过集滤器把油底壳内的机油吸到缸体油道，输送到各个部位，对摩擦表面润滑后的油滴又回到油底壳。在反复润滑循环的过程中，机件金属表面的细小毛糙体在不断的摩擦过程中会脱落，机油就会混入金属片或者尘埃等杂质，因此要在油路中安装机油滤清器，将这些“多余分子”拦截下来。为了防止机油滤清器堵塞，还有一个旁通阀作应急，当机油滤清器堵塞造成进出口两端压力差变在时，旁通阀就会开通让机油“免检”通过，以免发动机零件受损。

【润滑的方式】 发动机零件承受的压力不同，润滑的方式也不一样。一般来说，承受的压力大要求油的黏度大、供油压力大，像曲轴主轴承、凸轮轴轴承、连杆轴承、凸轮轴摇臂等负荷较大的部位要用机油泵所供给的带压力的机油，这些机油是通过油路输送过来的。而像活塞销、活塞、缸壁等难以实现压力润滑的部位，则利用曲轴连杆转动时飞溅起来的机油进行润滑。

【润滑系统积炭】 一般润滑系统积炭的产生不可避免。众所周知，汽车在行驶过程中发动机工作温度非常高，高温会使机油发生氧化变黑产生油泥，润滑油是由基础油和添加剂组成，如果润滑油的基础油部分已经被氧化，那么其他的功能也就失去载体，无法正常发挥功效，最终导致机油品质下降甚至失效。积炭、油泥等杂质会黏结在一起沉积在发动机内部，发动机温度越高，机油降解就越快，沉积的积炭自然就越多。

【积炭危害】 积炭的存在会导致以下危害：①机油黏度增加，发动机功率降低；②冷启动困难；③积炭和黑色油泥堵塞油路，导致供油不畅；④产生酸性物质腐蚀轴承合金，损坏发动机。

【传统的润滑系统保养方式】 按里程数更换新机油，但是油内的油泥、积炭等杂质沉积在油底壳等部位，根本无法清除，新机油加入时会同时被污染，问题不但没有被解决反而会加重。

【主要用途】 主要对润滑系统清洗剂的用途。

【应用特点】 润滑系统清洗剂，一般内含智能抗磨因子，根据感温特性，自动聚合在摩擦副表面，起到减摩抗磨作用，避免冷启动时发动机的磨损，降温降噪，延长发动机使用寿命；提高机械效率 30%，降低油耗；低温易启动，同样适用于手动变速器、差速器等驱动装置中；特别适用于 10 万千米以内的高转速发动机。使用简单方便。

【安全性】 应避免清洗液长时间接触皮肤，防止皮肤脱脂而使皮肤干燥粗糙，防误食、防溅入眼内。工作场所要通风良好，用有味型产品时建议工作环境有排风装置。

Gg002 发动机润滑系统清洗剂

【英文名】 cleaning agent for engine lubrication system

【组成】 一般由环烷酸、650SN 基础油、原油降凝剂、黏度指数改进剂、高碱值合成磺酸钙清净剂组成。

【配方】

组分	w/%
环烷酸	200
原油降凝剂	4
高碱值合成磺酸钙清净剂	3.5～5

续表

组分	w/%
650SN 基础油	450
黏度指数改进剂	6.5～8

【制备方法】 ①环烷酸 200 份从室温开始升温搅拌，到 60℃维持搅拌 1h；②当环烷酸升温到将近 60℃时，将 650SN 基础油❶ 450 份、原油降凝剂 4 份、黏度指数改进剂 6.5～8 份、高碱值合成磺酸钙清净剂 3.5～5 份加入环烷酸中；③混合后的组分升温至 70℃后，恒温搅拌 1h；④过滤即得成品。

所述 650SN 基础油、原油降凝剂、黏度指数改进剂、高碱值合成磺酸钙清净剂均采用现有技术生产。

【主要用途】 主要对润滑系统清洗剂的用途。

【应用特点】 本发动机清洗剂为油剂，可与润滑油一起放入发动机中使用，其组分大部分采用石油产品，不损害发动机任何部件。与现有水性清洗剂相比，不需要频繁更换，使用方便，并可延长润滑油使用时间和发动机寿命。检验数据显示，本产品能在清洗过程中延长机油行驶里程 1000km 以上。制备方法工艺简单，清洗效率高。按上述配方配制清洗剂产品使用检验实验数据如下所示。

车型	车龄/年	已行里程/万千米	使用前发动机	使用次数	使用后发动机
7 座小客车	9	15	有油泥、积炭	3 次	基本干净
解放轿车	4.5	30	很多积炭、油泥	3 次	基本干净
红旗轿车	2	5	用眼看发动机内有油泥	3 次	基本干净

【安全性】 应避免清洗液长时间接触皮肤，防止皮肤脱脂而使皮肤干燥粗糙，防误食、防溅入眼内。工作场所要通风良好，用有味型产品时建议工作环境有排风装置。

【生产单位】 嘉实多有限公司。

Gg003 发动机润滑系统清洗剂

【英文名】 cleaning agent for engine lubrication system

【别名】 积炭清洗剂

【组成】 一般由积炭溶解剂、分散剂、清净剂组成。

【产品特点】 涉及一种发动机润滑系统清洗剂，尤其是对发动机内部润滑系统的积炭、胶质、油泥等污物具有清除功能的清洗剂。不需拆卸发动机在半小时即可完成清洗工作；对金属无腐蚀，延长发动机的使用寿命和大修期；生产设备简单，生产过程无须加热；使用时操作简单。

【配方】

组分	w/%
积炭溶解剂	70～90
清净剂	5～15
分散剂	5～15

❶ 基础油就是用来稀释单方精油的一种植物油，美国 API（美国石油学会，American Petroleum Institute）根据基础油组成的主要特性把基础油分成 5 类。

类别Ⅰ：硫含量>0.03%，饱和烃含量<90%，黏度指数 80～120；

类别Ⅱ：硫含量<0.03%，饱和烃含量>90%，黏度指数 80～120；

类别Ⅲ：硫含量<0.03%，饱和烃含量>90%，黏度指数>120；

类别Ⅳ：聚 α-烯烃（PAO）合成油；

类别Ⅴ：不包括在Ⅰ～Ⅳ类的其他基础油。

650SN 基础油属于第Ⅲ类。

【制法】 将上述积炭溶解剂、清净剂、分散剂混合在一起，搅拌均匀即可。其中，积炭溶解剂为煤油、二甲苯、三甲苯、硝基苯、苯胺、邻苯二甲酸二甲酯、邻苯二甲酸二丁酯、乙二醇单丁醚的混合物或其中的任意一种。清净剂为低碱值石油磺酸钙、中碱值石油磺酸钙、高碱值石油磺酸钙、中碱值合成磺酸钙、高碱值合成磺酸钙、烷基水杨酸钙、三乙醇胺的混合物或其中的任意一种。分散剂为单丁二酰亚胺、双丁二酰亚胺、多丁二酰亚胺、壬基酚聚氧乙烯醚的混合物或其中的任意一种。

【清洗工艺】 本清洗剂在试验过程中用电镜、能谱仪、差热量热计等分析仪器，测定了国产发动机使用国产润滑油生成的积炭、胶质、油泥等污物的化学组成和微观结构。污物由有机物、无机物、炭粒、金属碎屑组成。积炭溶解剂作用于污物中的有机化合物，使其溶解到润滑油中；清净剂用于中和污物中的酸性物质，使其脱离金属表面；分散剂将积炭溶解剂和清净剂溶解掉的无机尘粒和金属碎屑分散到润滑油中，使其可随废机油排出。

将本产品从润滑油加入口加入，在清洗剂中全部组分的协同作用下，发动机怠速运行10～15min，放掉废机油换上新机油，即完成清洗。

【主要用途】 主要对发动机润滑系统清洗剂的用途。

【应用特点】 主要是对发动机内部润滑系统的积炭、胶质、油泥等污物具有清除功能的清洗剂。

【安全性】 应避免清洗液长时间接触皮肤，防止皮肤脱脂而使皮肤干燥粗糙，防误食、防溅入眼内。工作场所要通风良好，用有味型产品时建议工作环境有排风装置。

【生产单位】 中国船舶工业总公司第七研究院第七一八研究所专利发明人陈兆文，周升如，深圳佛莱邦科技有限公司。

Gg004 汽车引擎内部清洗剂

【英文名】 internal cleaning agent for engine of car

【别名】 引擎清洗剂；引擎清净剂

【组成】 一般由芳香烃、酚类、硝基化合物、高碱值磺酸盐、抗氧防腐剂、含硫抗磨剂组成。

【配方】

组分	w/%
芳香烃	10～20
硝基化合物	4～8
抗氧防腐剂	2～5
酚类	5～10
高碱值磺酸盐	15～20
含硫抗磨剂	2～4

其中，芳香烃采用甲苯、二甲苯、苯中的一种或它们的混合物；酚类采用苯酚或2,6-二叔丁基苯酚；硝基化合物采用硝基苯；高碱值磺酸盐采用高碱值磺酸钙、高碱值磺酸钡、高碱值磺酸钠、高碱值磺酸镁中的一种或它们的混合物；抗氧防腐剂采用二烷基二硫代磷酸锌盐、二芳基二硫代磷酸锌盐、二烷基二硫代氨基甲酸盐、硫磷化烯烃钙盐、硫磷化脂肪醇锌盐中的一种或它们的混合物；含硫抗磨剂采用硫化异丁烯、二苄基二硫化物、硫化鲸鱼油、硫化烯烃、硫化棉籽油、硫化麻子油、硫化烯烃棉籽油、硫化猪油、硫化松节油、硫化三聚异丁烯、醛基硫化烃中的一种或它们的混合物。

【制备方法】 先将芳香烃加入调和釜中，然后加入酚类化合物，搅拌均匀后再依次按比例加入硝基化合物、高碱值磺酸盐、抗氧防腐剂、含硫抗磨剂后混合均匀即得本产品。

【实施方法示例】

组分	质量份
二甲苯	15
2,6-二叔丁基苯酚	7
硝基苯	6
高碱值磺酸钙	15
二烷基二硫代氨基甲酸盐	5
硫化异丁烯	3

将上述各组分按比例均匀混合后，加入已行驶5万千米的夏利轿车中。加入方法：在该车换机油前，将上述产品按机油质量5%的比例加入，怠速运转30min后，放出废机油，更换机油滤芯后，再加入新机油。在新机油加入前，明显地看出发动机内部清净如新。通过使用本产品，新加入机油的寿命延长了50%。

【主要用途】 主要对汽车引擎内部清洗剂的用途。

【应用特点】 使用本清洗剂，在免拆汽车引擎的前提下，汽车运行当中自动彻底地清除整个润滑系统的油泥、胶质、沥青、漆膜、积炭等沉积物，使润滑系统顺畅，发动机内部清净如新，改善润滑效果，减少磨损，延长发动机的寿命。

【安全性】 应避免清洗液长时间接触皮肤，防止皮肤脱脂而使皮肤干燥粗糙，防误食、防溅入眼内。工作场所要通风良好，用有味型产品时建议工作环境有排风装置。

Gh 发动机金属零件部件系统清洗剂

发动机是汽车的心脏部分。它的工作性能好坏直接影响汽车的技术、经济状态。因此，发动机维修时，有许多零部件要进行清洗，以除去油垢、水垢、锈垢和积炭等。其中以清洗发动机核心零部件（活塞、活塞环、燃烧室、气门等）的积炭和冷却系的水垢最为重要。本节和下节将分别讲述这两种污垢的去除方法、清洗剂配方等。

1 发动机零件锈垢的清洗

汽车发动机零部件由于长期使用或保管不善等原因，很容易产生锈垢。要想使其正常使用，应及时清除锈垢。

金属零件的锈垢主要是氧化物，它很容易在某些酸中溶解。化学洗车除锈就是用酸性清洗剂来处理锈垢。例如，用硫酸溶液清洗钢铁零件上的锈垢，其化学反应如下：

$$Fe_2O_3 + 3H_2SO_4 \longrightarrow Fe_2(SO_4)_3 + 3H_2O$$

$$2Fe(OH)_3 + 3H_2SO_4 \longrightarrow Fe_2(SO_4)_3 + 6H_2O$$

$$FeO + H_2SO_4 \longrightarrow FeSO_4 + H_2O$$

同理，用盐酸、磷酸清洗锈垢时，也会产生类似的化学反应，并相应生成氯化铁、磷酸铁和水。由于上述化学反应，使原来不溶于水的氧化物变成了溶于水的铁盐或亚铁盐、磷酸盐或氯化物，从金属表面上除掉。

另外，酸洗除锈时，酸与金属反应，析出氢，这对除锈垢也有一定作用。因为氢分子从金属中析出时，对锈蚀产物产生自由压力，促进了锈蚀物的脱离。但是，氢原子非常小，也有可能扩散到钢铁基体内部，产生相当大的内应力，使零件材料的力学性能变坏，这就是氢脆现象（或称氢开裂）。因此，在酸洗中一定要加缓蚀剂，抑制酸对金属的腐蚀和氢的生成。

除锈方法有很多，一般可分三大类。

(1) 手工除锈　可用刮刀、金属刷、砂布（砂纸）等进行手工作业。此法简便易行，但劳动强度大，除锈效果不理想，容易损伤零件。

(2) 机械除锈　用专用设备除零件的锈蚀或用喷丸设备清除较大型总

成上的锈垢。喷丸设备由供丸、喷丸及钢丸清理装置和部件翻转、移动机构组成。用压力为300～800kPa的压缩空气，将2～3mm的钢（或铁）丸喷在有锈的表面，既能除去锈垢，又能形成粗糙度一致的均匀表面。

（3）化学除锈　化学除锈的方法也很多，主要是以除锈剂进行分类①多用除锈剂；②一般除锈剂；③发动机防锈剂

2　汽车发动机积炭的清洗

发动机积碳清洗剂是用高效表面活性剂、助洗剂、缓蚀剂等多种助剂复配而成，外观呈无色透明液体，使用时按3%～6%的浓度用水稀释。本清洗剂对矿物油、动植物油等各种油污具有极强的洗涤能力。

汽车发动机由于燃烧不完全等因素，会在与燃烧室有关的零件上产生积炭。积炭的存在将减少燃烧室容积，影响散热，使燃烧过程中出现许多炽热点，引起混合气的先期燃烧，将活塞环黏附在活塞环槽中或将气门黏附在气门座上。使发动机特性变坏，甚至无法工作。并且，积炭微粒的脱落还能污染发动机润滑系和油路，增加早期磨损。

为了恢复发动机的正常工作性能，在大修时，必须彻底清除掉机件上的积炭。积炭是一种黑色漆状物，与零件黏附得十分牢固，很难清除。目前，维修时多用人工打磨，机械清除。此法不仅效率低，劳动强度大，而且清除质量差，不注意还会损坏机件。采用先进的化学洗车方法就可避免上述缺点。

（1）积炭的生成及其性质　积炭是发动机燃油在高温和氧的作用下形成的异物。积炭产生后，润滑油也会参与燃烧，使积炭加剧形成。发动机工作时，由于燃烧室供氧不足，使燃油和渗入燃烧室中的润滑油不能完全燃烧，产生油烟和润滑油的焦灼微粒，混入润滑油中，在发动机内被氧化成一种稠胶状液体——羟基酸［分子中同时含有羟基（OH）和羧基］，并进一步被氧化成一种半流动树脂状的胶质，牢固地黏附在发动机零件上。此后，在高温的不断作用下，胶质物又聚缩成更复杂的聚合物（单体聚合反应生成物），通常它们是沥青质（沥青的主要成分，不溶于低沸点烷烃，呈棕黑色，硬而脆）、油焦质（含碳物质经干馏而得的油状物，黑褐色，成分复杂）和炭青质，它们共同混合组成了积炭。

积炭中各组分的结构、性质和比例尚不完全清楚，看法也有分歧。但多数人认为是羟基酸的氧化聚合产物，密度大于1，能溶于醇、醚、苯、四氯甲烷和二硫化碳，不溶于汽油，冷却后与氢氧化钠作用可分解为沥青质。羟基酸在一定温度下与氧作用，可以脱出水分缩合成黄色或棕色的酸性胶质，在温度和氧的继续作用下，会进一步聚合成沥青质（褐色或黑色的非

晶态固体)。沥青质在高温和氧的继续作用下，将再次聚合变成油焦质（黑色固体)，油焦质几乎不溶于任何溶剂。

积炭中的灰分来自燃料和润滑油，最常见的灰分有钙、镁、铁、二氧化硅等。使用加铅汽油的发动机，灰分中还有铅存在。积炭中的灰分往往和油焦质、沥青质混在一起。这种金属碳化物很难被一般溶剂所溶解。积炭的化学组分，可分为挥发物质（如油、羟基酸）和不易挥发的物质（沥青质、油焦质和灰分)。发动机工作温度越高，压力越大，易挥发物质含量越低，不挥发物质的含量越高，形成的积炭也就越硬，越致密，与金属粘接得越牢固。

影响积炭性质的主要因素有：发动机的结构、工作状况（温度、压力等）和燃油的种类和品质。其中，工况温度是主要的，如发动机活塞顶部、燃烧室、进（排）气门等部位，它们工况温度不同，其积炭性质、化学组分也有很大差异。

(2) 除炭剂的除炭机理简介　用化学方法去除发动机积炭，就是利用除炭剂（脱炭剂）的化学作用去掉零件表面的沉积物。此法有两个显著的优点：

a. 提高了积炭清洗效率。

b. 清洗干净，零件表面状况（如粗糙度）不受影响。

用除炭剂去除积炭，既有化学作用（如高分子聚合链被破坏)，又有物理作用（如分子吸附、扩散、渗透)。除炭剂与积炭接触后先后产生以下几个作用。

① 在积炭表面形成吸附层。除炭剂吸附在积炭表面，形成吸附层，由于分子间的运动和除炭剂分子之间的极性基相互作用，就会使除炭剂分子逐渐向积炭层内部扩散、渗透，并在积炭网状分子的极性基间产生键合，使网状分子间的极性力减弱。

② 破坏网状聚合物的有序排列。由于扩散、渗透的不断加强，就使得聚合物的结构逐渐松弛。

③ 溶解。当除炭剂与积炭分子间的作用力大于网状聚合物分子间的吸引力时，就会发生积炭网状聚合物的溶解，从而积炭脱落。

(3) 除炭剂的分类及配方

① 除炭剂的分类　目前，除炭剂有以下两种分类方法：

a. 按被清洗的金属零件材料分类　可分为钢铁材料除炭剂和铝合金材料除炭剂。这种分类方法主要考虑除炭剂的组分对被清洗金属材料的腐蚀性，以免造成腐蚀。

b. 按除炭剂组分性质分类：

i. 无机除炭剂。它是用无机化合物配制，其毒性小，成本低，原材料易得，但除炭效果较差。

ii. 有机除炭剂。这是用有机化合物配制，除炭能力强，但成本较高。多数除炭剂都由溶剂、稀释剂、表面活性剂和缓蚀剂等组成。

② 常用除炭剂配方　目前，常用的除炭剂和传统除炭方法是以氢氧化钠和碳酸钠为主进行高温浸泡、清洗。具体方法是：将有积炭的零件放入有除炭剂的溶液中，将溶液加热至 80～90℃，浸泡至积炭软化；然后用毛刷或旧布擦拭干净；最后用热水冲净、干燥。

使用方法：将上述原料配成混合液，加热至 90℃左右，把除炭的零件放入清洗液中，浸泡 2～3h，积炭软化后，用毛刷、抹布擦拭，热水冲洗，吹干。

Gh001 汽车发动机零部件多用除锈剂

【英文名】 engine parts rust remover

【别名】 零部件除锈剂；发动机零部除锈剂

【组成】 一般由十二烷基苯磺酸钠、磺化醚、工业盐酸、乌洛托品、甲醇及水组成。

【配方 1】（质量分数/%）

工业盐酸	72.7
乌洛托品＋甲醇	0.8＋4.5
十二烷基苯磺酸钠	0.1
磺化醚	0.5
水	21.4

配方中磺化醚是阴离子活性剂，常见的有羧基合成醇醚硫酸盐。此剂主要用于小型汽车零件的除油、除锈。用时，将上述原料混合均匀，放在清洗槽中使用。

【配方 2】（质量分数/%）

磷酸	32
柠檬酸	0.6
磷酸氢二钠	0.2
焦磷酸钠	0.2
尿素	0.1
磺化醚	0.5
硫脲	0.1
水	66.3

此清洗剂具有除锈、除油、磷化、钝化四种功能。

【主要用途】 主要对汽车发动机零部件多用除锈的用途。

【应用特点】 使用本清洗剂，在汽车发动机零部件多用除锈的前提下，减少磨损，延长发动机的寿命。

【安全性】 应避免清洗液长时间接触皮肤，防止皮肤脱脂而使皮肤干燥粗糙，防误食、防溅入眼内。工作场所要通风良好，用有味型产品时建议工作环境有排风装置。

Gh002 汽车发动机零部件一般除锈剂

【英文名】 multi-purpose rust remover for automobile engine parts

【别名】 一般除锈剂；发动机零部件

【组成】 一般由亚硝酸钠、碳酸钠及水组成。

【配方 1】（质量份）

亚硝酸钠	2～20
碳酸钠	0.3～0.5
水	100

将上述原料混合溶解，加热至 70～80℃，把要清洗的零件置入浸泡。由于亚硝酸钠的氧化作用，零件表面能形成一层钝化膜，也可防锈。

【配方 2】（质量份）

工业盐酸	240
无水硫酸钠	10
乌洛托品	2
膨润土	280
水	600
铬酸酐	15
磷酸	8.5
水	76.5

此配方可除去轻微锈蚀，适用于精密铜、钢组合件和轴承除锈。使用温度为85～95℃，处理时间2min以上。

【配方 3】（质量份）

铬酸酐	150±5
硫酸	10±10
水	1000

此清洗剂适用于清洗精密零件，使用温度为80～90℃；处理时间，轻微锈蚀5～10min，重锈1～2h。

【配方 4】

磷酸	100g
铬酸酐	180g
乌洛托品	3～5g
水加至	1000mL

此清洗剂主要用于中、小钢制精密零件的除锈，也可作为铜制零件的除锈。使用温度为85～95℃，处理时间为20～25min。

上述配方在使用时，其除锈工艺流程是：碱洗化学除油垢→清洗→酸洗除锈→清洗→热水清洗→干燥→浸油（或涂蜡）→装配（或入库）。

【清洗工艺】 此剂可以清洗多孔部件（内燃机阀门等）、粉末冶金件和陶瓷部件上的油或油污。步骤如下：

①浸泡在150～200℃馏分溶剂油中；②交替用高低压作用于溶剂油中；③水中漂洗（加热20℃以上）；④在碱皂水溶液中浸泡；⑤重复②和③，再浸泡于0.1%～1%的氨水溶液中；⑥干燥。

【主要用途】 主要对汽车发动机零部件一般除锈的用途。

【应用特点】 使用本清洗剂，在汽车发动机零部件一般除锈的前提下，减少磨损，延长发动机的寿命。

【安全性】 应避免清洗液长时间接触皮肤，防止皮肤脱脂而使皮肤干燥粗糙，防误食、防溅入眼内。工作场所要通风良好，用有味型产品时建议工作环境有排风装置。

Gh003 汽车发动机零部件及发动机防锈剂

【英文名】 rust remover for automobile engine parts and engine

【别名】 零部件防锈剂；发动机防锈剂

【组成】 一般由二壬基萘磺酸钡、烷基硫代磷酸锌、抗凝剂、甲基硅油、司盘80、碳酸钙粉、汽油机机油组成。

【配方 1】（质量份）

二壬基萘磺酸钡	5.0
烷基硫代磷酸锌	0.5
抗凝剂	0.33
甲基硅油	10×10^{-6}
司盘80	0.3
汽油机机油	83.99

【配方 2】（质量份）

二壬基萘磺酸钡	4.01
烷基硫代磷酸锌	0.55
抗凝剂	0.3
甲基硅油	10×10^{-6}
碳酸钙粉	2.0
汽油机机油	83.2

【配方 3】（质量份）

二壬基萘磺酸钡	5.0
烷基硫代磷酸锌	0.5
抗凝剂	0.3
甲基硅油	10×10^{-6}
汽油机机油	84.2

以上三种药剂适用于发动机的封存防锈及润滑。

【主要用途】 主要对汽车发动机零部件及发动机防锈的用途。

【应用特点】 使用本清洗剂，在汽车发动机零部件一般除锈的前提下，减少磨损，延长发动机的寿命。

【安全性】 应避免清洗液长时间接触皮肤，防止皮肤脱脂而使皮肤干燥粗糙，防误食、防溅入眼内。工作场所要通风良好，用有味型产品时建议工作环境有排风装置。

Gh004 汽车发动机有机除炭剂

【英文名】 organic carbon removal agent for automobile engine

【别名】 有机除炭剂；汽车发动机除炭剂

【组成】 一般由 醋酸乙酯、丙酮、乙醇、苯、石蜡、油酸、煤油 、松节油组成。

【产品性能】 ①适用于汽车零部件的脱脂清洗，清洗后光亮如新，保持金属材料原有的光亮度；②本产品属中性清洗剂，可快速清除金属表面的油污；③本清洗剂具有较强的清除发动机积炭的能力，可代替汽油、煤油以及有机溶剂，用于汽车发动机清洗，节省石油资源，而且不存在有机溶剂毒性对人体的危害；④用本脱脂剂配制的清洗液均匀透明，无悬浮、无沉淀、耐硬水；⑤用量少，溶解完全，使用寿命长，无残留，易漂洗，对基材无腐蚀。

【质量指标】

外观	无色透明液体
使用浓度	3%～5%
处理温度	50～80℃
处理方式	浸泡、超声波、喷淋、擦拭
处理时间	3～15min
洗净率	95%～99%

【产品用法】 ①使用本品时应详细阅读产品使用说明书，并在专业人员指导下进行使用。清洗方法可采用超声波、喷淋、热浸泡、手工擦拭等。②使用时，要根据油污的严重程度来调配清洗液的浓度，一般是将原液配成浓度为5%～8%的清洗液来使用，浓度提高可提高清洗能力。手工擦拭清洗时清洗剂浓度相对要高些。③在55～80℃温度条件下清洗，效果最佳。

【配方1】（质量分数/%）

醋酸乙酯(或醋酸戊酯)	4.5
丙酮	1.5
乙醇	22
苯	40.8
石蜡	1.2
氨水(20%)	30

【使用方法】 配制好后将除炭剂盛入槽中，室温下浸泡2～3h，取出后将泡软的积炭用毛刷刷净。注意，氨水对铜质零件有腐蚀，带铜的零件不能浸泡；清洗时要通风，以减少氨水气味。

【配方2】（质量分数/%）

煤油	22
汽油	8
松节油	17
氨水(20%)	15
苯酚	30
油酸	8

①先将煤油、汽油、松节油混合；②单独混合苯酚与油酸；③将氨水倒入苯酚与油酸混合液中；④将①和③混合液混合，不断搅拌均匀，呈橙红色透明胶状即可。

注意：不可将油酸与氨水直接混合，也不可将所有成分配好后再加入油酸，配制时要注意通风。

【配方3】（质量份）

混合苯酚	220
软皂	150
萘	24
磷酸三钠	2
重铬酸钾	0.4
水	56

①将水加热至70～80℃，再把重铬酸钾溶于水中，依次加入磷酸三钠、软皂，进行混合，再将上述混合物加热至70～80℃；

②将萘溶解于混合酚中；③将①和②两种液体混合均匀，即可使用。

使用方法：将工件放入上述除炭剂的密闭容器中，用蒸汽加热至 90℃左右，浸泡 2～3h，等积炭软化后，用毛刷刷掉，洗净。可连续使用 40d 左右。

【主要用途】 主要对汽车发动机有机除炭的用途。

【应用特点】 使用本清洗剂，在汽车发动机除炭的前提下，减少磨损，延长发动机的寿命。

【安全性】 ①根据油污轻重调整清洗液的浓度，清洗后的工件要漂洗干净；②及时将槽液表面的浮油排除，以免造成二次污染；③每天应定期添加 1%～3%的清洗剂，如清洗能力经补充后不能达到原来水平，则可弃之更换新液；④请勿使本产品与眼睛接触，若不慎溅入眼睛，可提起眼睑，用流动清水或生理盐水冲洗干净；⑤为防止皮肤过度脱脂，操作时请戴耐化学品手套。应避免清洗液长时间接触皮肤，防止皮肤脱脂而使皮肤干燥粗糙，防误食、防溅入眼内。工作场所要通风良好，用有味型产品时工作环境有排风装置。

【包装储存】 ①包装：50kg/塑料桶；200kg/铁桶。②储存：密封储存于阴凉、干燥、通风处，保质期 2 年。

【生产单位】 山东工业清洗化学制品有限公司。

Gh005 汽车发动机新型除炭剂

【英文名】 new carbon removal agent for automobile engine

【别名】 新型除炭剂

【组成】 一般由 A 组分（二氯甲烷）、B 组分（促进剂）组成。

【配方】 1 号除炭剂（液体，体积分数）

(1) 组成　A 组分：二氯甲烷 44% B 组分：促进剂，其中 B 组分包括乙醇 14%、一乙醇胺 28%、三乙醇胺 28%、钾皂 21%、润湿剂（JFC）3.5%、乳化剂（OP-10）5.5%。

(2) 配制工艺　配制 B 组分：①将三乙醇胺加热至 60～70℃，加入钾皂，使之完全溶解，搅拌成均匀透明物，为 1 号液体。②将 1 号液体冷却至 40℃，加入一乙醇胺、润湿剂、乳化剂、乙醇，搅拌均匀。A 组分与 B 组分混合：边搅拌边向上述液体中加入配方量二氯甲烷，混合成均匀透明乳白色液体即可。

(3) 使用方法　一般情况下使用原液，其除炭效果好，如积炭较少，也可稀释。

2 号除炭剂（固体，质量分数）

(1) 组成　A 组分：占 80%，其中含碳酸钠 55%，硅酸钠 27.5%，磷酸三钠 17.5%；B 组分：促进剂，占 20%，其中含椰子油醇酰胺（6501）10%、一乙醇胺 25%、三乙醇胺 10%、钾皂 35%、润湿剂（JFC）5%、乳化剂（OP-10）15%。

(2) 配制工艺　①将 A 组分三种固体粉碎成 40 目粒度，混合均匀；②将 B 组分（促进剂）分 20～25 次，加入 A 组分粉末中搅拌均匀，成白色粉末状。注意，不允许有大颗粒和未混合均匀的现象存在。

(3) 使用方法　使用时，将粉末加入水中，适宜浓度为 10%。

3 号除炭剂（液体，体积分数）

(1) 组成　其组成基本与 1 号除炭剂相同，只是 A 组分不同。A 组分：轻柴油，80%。B 组分：促进剂，20%，与 1 号除炭剂相同。

(2) 配制工艺　①将轻柴油加热至 100～120℃，保温 24h，除掉其中的水分；②将促进剂加到轻柴油中，搅拌均匀即成为液状成品。

(3) 使用方法　一般是原液使用。

【主要用途】 主要对汽车发动机新型除炭的用途

【应用特点】 使用本清洗剂，在汽车发动机新型除炭的前提下，减少磨损，延长发动机的寿命。

【安全性】 应避免清洗液长时间接触皮肤，防止皮肤脱脂而使皮肤干燥粗糙，防误食、防溅入眼内。工作场所要通风良好，用有味型产品时建议工作环境有排风装置。

【生产单位】 山东工业清洗化学制品有限公司。

Gh006 柴油发动机高温积炭化学清洗剂

【英文名】 diesel engine high temperature coke chemical cleaning agent

【别名】 积炭清洗剂；化学清洗剂

【组成】 一般由是用高效表面活性剂、助洗剂、缓蚀剂等多种助剂复配而成。

【产品特点】 外观呈无色透明液体，使用时按 3%～6%的浓度用水稀释。本清洗剂对矿物油、动植物油等各种油污具有极强的洗涤能力。主要有如下几点。

①适用于汽车零部件的脱脂清洗，清洗后光亮如新，保持金属材料原有的光亮度；②本产品属中性清洗剂，可快速清除金属表面的油污；③本清洗剂具有较强的清除发动机积炭的能力，可代替汽油、煤油以及有机溶剂；④用本脱脂剂配制的清洗液均匀透明，无悬浮、无沉淀、耐硬水。

【性能指标】 ①外观：浅黄色透明液体；②使用浓度：3%～5%；③处理温度：50%～80℃；④处理方式：浸泡、超声波、喷淋、擦拭；⑤处理时间：3～15min。

【配方】

组分	体积分数/%
乙醇胺	10～75
丁醇	10～40
乙醚	5～30
苯酚	10～30

【制法】 是用高效表面活性剂、助洗剂、缓蚀剂等多种助剂复配而成，外观呈无色透明液体，使用时按 3%～6%的浓度用水稀释。本清洗剂对矿物油、动植物油等各种油污具有极强的洗涤能力。

【清洗方法】 ①使用本品时应详细阅读产品使用说明书，并在专业人员指导下进行使用。清洗方法可采用超声波、喷淋、热浸泡、手工擦拭等；②使用时，要根据油污的严重程度来调配清洗液的浓度，一般是将原液配成浓度为 5%～8%的清洗液来使用，浓度提高可提高清洗能力；③在 55～80℃温度条件下清洗效果最佳。

【主要用途】 主要对柴油发动机高温积炭化学清洗剂的用途

【应用特点】 使用本清洗剂，在柴油发动机高温积炭化学清洗的前提下，减少磨损，延长发动机的寿命。

【安全性】 ①根据油污轻重调整清洗液的浓度，清洗后的工件要漂洗干净；②及时将槽液表面的浮油排除，以免造成二次污染；③定期添加 1%～3%的清洗剂，如清洗能力经补充后不能达到原来水平，则可弃之更换新液。另应避免清洗液长时间接触皮肤，防止皮肤脱脂而使皮肤干燥粗糙，防误食、防溅入眼内。工作场所要通风良好，用有味型产品时建议工作环境有排风装置。

【包装储存】 ①包装：50kg/塑料桶；200kg/铁桶。②储存：密封储存于阴凉、干燥、通风处，保质期 2 年。

【生产单位】 山东工业清洗化学制品有限公司。

Gi 汽车行走部分清洗剂

汽车的行走部分是汽车的基体，主要起承受车的总重量，承受并传递汽车车轮和路面间的力和力矩的作用，并可起缓冲、减震作用。它主要由车架、车桥、车轮和悬架等组成。由于行走部分工况恶劣，所以污垢的种类复杂，垢层也较厚，是化学清洗的重点。

悬架是汽车的车架与车桥或车轮之间的一切传力连接装置的总称，其作用是传递作用在车轮和车架之间的力和力矩，并且缓冲由不平路面传给车架或车身的冲击力，并衰减由此引起的震动，以保证汽车能平顺地行驶。

典型的悬架结构由弹性元件、导向机构以及减震器等组成，个别结构则还有缓冲块、横向稳定杆等。弹性元件又有钢板弹簧、空气弹簧、螺旋弹簧以及扭杆弹簧等形式，而现代轿车悬架多采用螺旋弹簧和扭杆弹簧，个别高级轿车则使用空气弹簧。

悬架作用：悬架是汽车中的一个重要总成，它把车架与车轮弹性地联系起来，关系到汽车的多种使用性能。从外表上看，轿车悬架仅是由一些杆、筒以及弹簧组成，但千万不要以为它很简单，

相反轿车悬架是一个较难达到完美要求的汽车总成，这是因为悬架既要满足汽车的舒适性要求，又要满足其操纵稳定性的要求，而这两方面又是互相对立的。比如，为了取得良好的舒适性，需要大大缓冲汽车的震动，这样弹簧就要设计得软些，但弹簧软了却容易使汽车发生刹车"点头"、加速"抬头"以及左右侧倾严重的不良倾向，不利于汽车的转向，容易导致汽车操纵不稳定等。

悬架形式分类：

①非独立悬架；②独立悬架；③横臂式悬架；④多连杆式悬架；⑤纵臂式悬架；⑥烛式悬架；⑦麦弗逊式悬架；⑧拖曳臂式悬挂；⑨主动悬架。

1 汽车行走部分的清洗剂

汽车行走部分的清洗可分为整体清洗和拆卸清洗两大类。

(1) 行走部分的整体清洗　整体清洗主要是指车辆日常保养中的清洗。

行走系统上主要是灰尘、泥土、沥青及润滑油渗漏形成的油垢，这些污垢如不及时清理，会造成严重锈蚀、早期龟裂、松脱，并影响检修、拆装等。因此，隔一定时间或行驶一定里程，应该清洗一次。

清洗方法是水力清洗和蒸汽清洗。

水力清洗应该用高压清洗机，借助于高压水的冲击、摩擦将污垢清洗掉。有时为了特殊目的（如除锈、除油等）还要加入清洗药剂，或提高清洗剂温度，以增强清洗效果。

用蒸汽清洗的也必须用专用的蒸汽清洗机。它是以蒸汽为载体的加热清洗设备。因为蒸汽在冷凝时能放出大量的潜热，并有加热均匀和输送方便等优点，使其喷注到清洗表面上，可以清除掉一些难溶的污垢。此法由于条件限制，应用得不多。

上述两种方法大多是手工操作，并配入清洗剂，通过流量、压力、温度、喷嘴形式和数量的调节，以获得满意的清洗效果。

（2）拆检时清洗　汽车行走部分在拆检时也要清洗。车架、制动器、轮轴、悬挂架和减震器都是主要清洗对象。主要清洗方法是：用清洗油剂擦洗或用清洗剂浸泡清洗，也可用以表面活性剂为主的清洗剂喷淋、洗浴。

①手工清洗　手工清洗简单易行，应用较广。手工清洗有冷洗法（用煤油、汽油做清洗剂）、热洗法（用碱性溶液加热至70℃左右清洗）、三氯乙烯清洗法等。手工清洗虽简便，不需专用设备，但工效低，成本高，易引起火灾及污染空气，很不安全，一般只适用于单件小批量和精密件的清洗。

②机械清洗　机械清洗是用清洗机完成的。将零件置入旋转的清洗筒框架上，来自不同角度的喷嘴将具有一定压力的清洗液喷射到被清洗的零件上，除去污垢。

此法清洗以水代油，改变了手工用汽油刷洗零件的落后和浪费现象。清洗液可以循环使用，节约了能源，比汽油清洗节约费用80%多，并且是密闭清洗，不污染环境，避免了火灾，减轻劳动强度，比手工清洗工效提高20多倍。此法清洗效果也好，不伤零件，洗后快干。国内常用的零件清洗机有YQX-1200型、QX-Ⅱ系列、Ⅲ系列（800型、1200型、1600型、2000型、2300型和2500型等）。

（3）零件清洗设备　用碱性清洗液的清洗设备有煮件池和喷洗机两种。

① 煮件池　这是一种简便易行的清洗方法和设备。它是把零件放入煮件池中，加热碱洗液，将零件上的污垢煮掉。煮件池一般是用钢板焊接成，内表面用耐温、耐蚀涂料处理，延长使用寿命。池上方配有起重设备和通风装置。

清洗零件时，大型件可以吊入，小零件可放在网筐中以便提取。碱煮清洗后，必须用清水冲洗干净，然后吹干或烘干。

② 零件清洗机　常用的零件清洗机有旋转式和传送带式。下面介绍常用的旋转式清洗机。

这种清洗机是由驱动传动装置、旋转盘、喷液装置等组成的。喷嘴固定不动，旋转盘上的零件随旋转盘一起转动。清洗时，装入网筐内的零件，放在小车上，经轨道送入清洗机旋转盘上，关闭进件门，启动自动线路控制开关，开始清洗。旋转盘转动，回收器的阀门工作，碱水泵将碱清洗液经输液管单向阀、喷射管和喷嘴喷射到清洗的零件上。清洗后的碱清洗液经回收器，流回碱水箱，循环使用。

清洗一定时间后，碱水泵停止工作，继续回收碱液，直到流完。这时，回收器、阀门变向，清水泵开始冲洗工作，清水泵压入清水经输液管、单向阀和喷射管、喷嘴喷到零件上进行清洗，清洗的水同样回流到清水箱中。经一定时间，水泵停止，旋转盘停转，零件清洗完毕，打开清洗室的门，对正内外轨道，取出清洗完毕的零件小车。

清洗机的结构特点是：清洗过程全部自动控制，仅仅按电钮就成了。

转盘的转速一般为 1～20r/min。喷射管上的喷嘴一般选用收缩圆锥形（进口大，出口小），喷嘴数目为 30～35 个。水箱的容量一般为水泵每分钟流量的 3～5 倍。目前，这种设备应用较广泛。

2　汽车行走部分的除油剂与有机溶剂

汽车行走部分的除油剂的组成是根据油脂的种类和性质，除油剂包含两种主体成分，碱类助洗剂和表面活性剂。

① 碱类物质　碱类助洗剂常用的为氢氧化钠、纯碱、硅酸钠和三聚磷酸钠。氢氧化钠和纯碱作为碱剂，价格最为便宜，废水较难处理，有时因为碱性偏强导致清洗物体受到损伤，另外氢氧化钠和纯碱没有乳化作用对于矿物油清洗没有任何效果。

硅酸钠与三聚磷酸钠既能提供碱性，又能提供一定的乳化力，广泛地用于各种除油清洗剂中特别是对碱敏感的除油工艺。使用硅酸钠最大的缺陷是除油后若不用热水先洗一道，直接冷水洗很难将残留的硅酸钠完全洗净，残留的硅酸钠会与下一道工序的酸反应生成附着牢固的硅胶，从而影响镀层的结合力；三聚磷酸钠则主要存在磷污染破坏环境的担忧。

② 表面活性剂　表面活性剂是除油剂的最核心成分，早期的除油剂是以乳化剂的乳化作用为主，如脂肪醇聚氧乙烯醚（AEO）系列、烷基酚聚氧乙烯醚（TX、NP）系列等。过多地使用乳化剂会将脱落的油脂乳化增溶于工作液中，导致工作液除油能力逐渐下降，需要频繁更换工作液。

但是随着表面活性剂价格的上升，越来越要求降低表面活性剂的使用量，提高除油的速率，这就要求除油剂具有很好的分散和抗二次沉积性能，将脱落的油脂从金属表面剥离，在溶液中不乳化、不皂化，只是漂浮在溶液表面，保持槽液的清澈与持续的除油能力。

另一方面，适合除油的表面活性剂一般为非离子类型的产品，非离子产品普遍价位较高，为了降低除油剂成本，阴离子的产品也会出现在除油剂的配方中，特别是同时具有非离子性质的阴离子型表面活性剂脂肪酸甲酯乙氧基化物磺酸盐（FMES），具有优异的“分散卷离”特点，有助于油脂的非乳化式剥离去除。用常用的有机溶液（汽油、煤油、柴油等）除去零件表面上的油污。这种清洗方法效果比较好，使用简便，对金属无损伤，但成本较高，易爆、易燃，不够安全。常用于清洗精密汽车零件。

此外，三氯乙烯除油，近些年也被采用。三氯乙烯常温下为液体，无色透明，易流动，易挥发。

三氯乙烯的清洗原理是利用它的沸点（86.9℃）低和蒸气的潜热低，以及溶脂能力强（常温下比汽油高 4 倍，在 50℃时比汽油高 7 倍）的特性，用少量的三氯乙烯就可以清洗零件。清洗时，将被清洗零件放在蒸气层中，使三氯乙烯蒸气凝结在要洗的零件上，就能不断地将零件上的油污溶解掉。

三氯乙烯清洗机由洗槽、加热装置、冷却装置、浸洗罐、污液罐、洗槽盖等组成。

三氯乙烯清洗效果比较好，对金属也无腐蚀，但有毒，当空气中含量达 6.9g/m^3 时，有使人中毒的危险。此外，这类零件蒸气在日光和明火的作用下，会产生有毒的光气。其扩散途径一是由清洗件带出；二是从清洗装置中挥发，所以应加强通风。

3 汽车行走部分的油脂清洗剂

油脂清洗剂又称去油剂，其具有极强的去油功能，主要用于清洗发动机、制动系统、轮毂等油污较重的部位。目前市场上用到的油脂清洗剂有以下三类。

水质去油剂：该产品具有安全、无害、成本低等优点。缺点就是去油功能有限。

石化型去油剂：该产品具有去油能力强，成本低等优点。缺点是易燃有害是易燃、有害。

天然型去油剂：该产品不仅去油功能强，且无害等优点。但成本高。

Gi001 汽车行走部分的清洗剂

【英文名】 cleaning agent for the part of vehicle

【别名】 车架/制动器/轮轴/悬挂架清洗剂/行走清洗剂

【组成】 一般由表面活性剂、除锈油剂（除锈、除油等）还要加入钝化剂或者预膜剂及清洗药剂等组成。

【产品特性与指标】 本品是一种可除锈、溶解金属氧化物、清除污染物质而不腐蚀金属材质的特殊液态混合物。由多种抑制剂、渗透剂、促进剂、表面活性剂复配而成；使用更安全、更有效，短时间内即可除锈。处理过的金属表面对焊接、电镀、喷漆、上油漆不会产生影响。配合钝化剂或者预膜剂并可在金属表面形成钝化保护膜。pH2～3，无毒、无害、气味微，除锈迅速，不锈钢、不锈铁除锈，不伤基体，保持金属原色。

【配方】

组分	w/%
表面活性剂	10～20
三氯乙烯	3～6
有机溶剂	11～16
预膜剂	3～5
除锈油剂	4～8
钝化剂	5～6

【制法】 是用高效表面活性剂、助洗剂、缓蚀剂等多种助剂复配而成，外观呈无色透明液体，使用时按3%～6%的浓度用水稀释。本清洗剂对矿物油、动植物油等各种油污具有极强的洗涤能力。

【清洗方法】 用清洗油剂擦洗或用清洗剂浸泡清洗，也可用以表面活性剂为主的清洗剂喷淋、洗浴。应视其锈蚀程度用、厚度等因素选择合理浓度和清洗时间，本品为浓缩型配方，可采用浸泡、浸渍、涂刷、喷雾、强制循环、超声波清洗均可，手工擦洗除锈效果更佳。一般2～5min就可清除干净。

【清洗工艺】 工件除锈后→水洗一遍→干燥→上漆或者上油或者上水性防锈剂（无油）

【主要用途】 主要对汽车行走部分的清洗的用途。清洗材质为钢筋、钢铁、铸铁、碳钢、不锈钢、铜、钛、镍、铝合金等混合材质设备中的锈垢、锈渣。溶解各种金属氧化物。

【应用特点】 汽车行走部分车架、制动器、轮轴、悬挂架和减震器都是主要清洗对象。

【安全性】 应避免清洗液长时间接触皮肤，防止皮肤脱脂而使皮肤干燥粗糙，防误食、防溅入眼内。工作场所要通风良好，用有味型产品时建议工作环境有排风装置。

【包装规格】 25kg/桶；保质期：2年。

【生产单位】 广州止境化工科技有限公司，山东工业清洗化学制品有限公司。

Gi002 汽车行走部分的有机溶剂除油剂

【英文名】 organic solvent degreasing agent for the part of vehicle

【别名】 有机溶剂除油剂

【组成】 其一主要是由多种表面活性剂及助洗剂等配制而成。其二由表面活性剂、三氯乙烯、有机溶剂（汽油、煤油、柴油等）、除油剂等组成。

【产品特性与指标】 除油剂是以水基质的有机与无机化学品组成的复杂混合物，是利用“乳化”“皂化”原理而研制的新型工业除油剂。在金属加工、食品、纺织、交通、船舶、建筑、电气、医药、化工等工业领域都有广泛的用途，虽然清洗的表面基质不尽相同，但清洗目的是一致的，都是恢复基质表面的洁净度及保持基质表面的完整性。

【配方】

组分	w/%
表面活性剂	10～20
三氯乙烯	3～8
有机溶剂	12～15
除油剂	4～8
其他	5～6

【制法】 是用高效表面活性剂、助洗剂、缓蚀剂等多种助剂复配而成，外观呈无色透明液体，使用时按3%～6%的浓度用水稀释。本清洗剂对矿物油、动植物油等各种油污具有极强的洗涤能力。

【清洗方法】 用清洗油剂擦洗或用清洗剂浸泡清洗，也可用以表面活性剂为主的清洗剂喷淋、洗浴。

【主要用途】 主要对汽车行走部分的有机溶剂除油的用途。

【应用特点】 由洗槽、加热装置、冷却装置、浸洗罐、污液罐、洗槽盖等组成。

其他行业应用：①用于清洗机械设备、机床表面的顽固重油污；②用于清洗钻井平台上的原油油垢和油泥，原油管线、储罐；③用于清洗焦化厂各类煤焦油管道和间冷器、油气分离器；④用于替代各类碳氢清洗剂（易燃易爆）；⑤用于电镀行业的脱脂清洗；⑥用于行业脱脂清洗；⑦用于超声波清洗；⑧用于清洗各类常见油脂（润滑油、防锈油）。

【汽车行走部分的除油剂】 产生泡沫的多少通常可用于衡量其除油能力的高低，但现代工业与民用洗涤中低泡清洗剂的使用量越来越大。清洗剂达到低泡沫的要求有两种方法：一是在清洗剂中添加消泡剂；二是采用低泡表面活性剂，如聚醚型表面活性剂。然而，含有消泡剂的清洗剂，其消泡能力往往随时间的延长而降低。薛万博等通过大量实验，发现皂基、烷基苯磺酸盐和平平加按适当比例进行复配可制得低泡、破泡快、洗涤效果好的除油剂。聚醚型非离子表面活性剂L64、F68等相对于常用的抑泡组合肥皂——ABS复合体系，也具有更好的破泡速度。电镀工业中，基体金属在电镀前必须进行表面除油，所使用的除油剂若产生过多的泡沫，会影响生产过程的进行。

除油是汽车行走部分的金属零件电镀和涂装前的关键工序，除油效果会直接影响汽车金属零件镀层和涂层的质量。传统的高温化学除油、有机溶剂除油、电化学除油、高温碱液除油等工艺因成本高、能耗大、污染重、操作环境差等原因逐渐被水基金属油污清洗剂取代。

【安全性】 应避免清洗液长时间接触皮肤，防止皮肤脱脂而使皮肤干燥粗糙，防误食、防溅入眼内。工作场所要通风良好，用有味型产品时建议工作环境有排风装置。

【包装储存】 ①包装：50kg/塑料桶；200kg/铁桶。②储存：密封储存于阴凉、干燥通风处，保质期2年。

【生产单位】 北京爱尔斯姆科技有限公司，山东工业清洗化学制品有限公司。

Gi003 汽车行走部分的油脂清洗剂

【英文名】 oil cleaning agent for the part of vehicle

【别名】 油脂清洗剂

【组成】 一般由表面活性剂、油脂剂、清洗剂、去离子水等组成。

【配方】

组分	w/%
表面活性剂	10～20
三氯乙烯	2～6
清洗剂	12～15
去离子水	20～25
油脂剂	4～8
其他	5～6

【操作条件】 ①根据使用所需要求或不用的类别进行调配，配比浓度一般兑20倍水；②工作温度：常温至80℃。

【清洗方法】 用清洗油剂擦洗或用清洗剂浸泡清洗，也可用以表面活性剂为主的清洗剂喷淋、洗浴。

【主要用途】 主要用于汽车行业脱脂清洗；清洗发动机、制动系统、轮毂等油污较重的部位用途。

【安全性】 应避免清洗液长时间接触皮肤，防止皮肤脱脂而使皮肤干燥粗糙，防误食、防溅入眼内。工作场所要通风良好，用有味型产品时建议工作环境有排风装置。

【包装储存】 ①包装：50kg/塑料桶；200kg/铁桶。②储存：密封储存于阴凉、干燥、通风处，保质期2年。

【生产单位】 北京爱尔斯姆科技有限公司，山东工业清洗化学制品有限公司。

Gj 汽车尾气清洗剂

Gj001 积炭清洗剂

【英文名】 carbon deposit cleaning agent

【别名】 积炭失活催化剂；积炭剂

【组成】 一般由苯、乙醇、汽油、丁醇、乙醚组成。

【产品特性】 一种积炭失活催化剂的再生方法。积炭失活催化剂先用积炭清洗剂进行处理，然后进行再生处理。

【配方】

组分	体积分数/%
乙醇胺	10～75
丁醇	10～40
乙醚	5～30
苯酚	10～30

所述的积炭清洗剂中含有苯、乙醇、汽油和煤油中的一种或多种，其含量为乙醇胺、丁醇、乙醚和苯酚总体积的5～20倍。该积炭清洗剂中还含有其他有机物，该有机物选自有机醇、酯、醚、芳烃、酚、醇胺、醇醚、醇酯、酮、羧酸和氯化乙烯中的一种或多种，其含量为乙醇胺、丁醇、乙醚和苯酚总体积的0.5～2倍。

【主要用途】 主要用于汽车尾气清洗（包括积炭失活催化剂先用积炭清洗）的部位用途。

【安全性】 应避免清洗液长时间接触皮肤，防止皮肤脱脂而使皮肤干燥粗糙，防误食、防溅入眼内。工作场所要通风良好，用有味型产品时建议工作环境有排风装置。

【包装储存】 ①包装：50kg/塑料桶；200kg/铁桶。②储存：密封储存于阴凉、干燥、通风处，保质期2年。

【生产单位】 中国石油化工股份有限公司，中国石油化工股份有限公司抚顺石油化工研究院。

Gj002 三元催化清洗剂

【英文名】 catalytic cleaning agent

【别名】 水性三元催化器清洗剂

【组成】 水性三元催化清洗剂主要成分为环保水性添加剂、表面活性剂多种助剂。

【产品性能】 三元催化清洗剂是对三元催化进行清洗时所需要的一种清洗剂。①三元催化清洗剂作用，解决三元催化器硫、磷络合物和沉积物堵塞的问题，解决提速较慢等现象；②解决汽车三元催化器排气不畅造成的动力下降、汽车怠速不稳、引擎抖动。油耗增加等现象；③解决汽车三元催化器因化学中毒失效造成的尾气排放超标等问题；④解决汽车三元催化器因化学中毒使用寿命大幅缩短的问题。

【清洗作用】 提高三元催化器氧化还原的效率，降低废气排放，畅通三元催化器管路，降低排气的反压，提升发动机的马力。降低油耗，延长三元催化器的使用寿命。

【清洗方法】 使用节流真空吸附装置进

行清洗，装置的一端套住发动机进气歧管内（切不要插入刹车真空管内）。发动机先行热车 5min 后怠速运转，以阀调节清洗剂流量慢速进入歧管内，20～40min 清洗完毕，加大油门至 3000～4500r/min，空速运转几分钟，脏物被溶解或强氧化后由排气管燃烧或排出。

【三元催化器净化装置】 三元催化器是安装在汽车排气系统中最重要的机外净化装置，定期对三元催化器进行清洗，不但有助于提高车辆发动机性能，还可以减少排气系统氧传感器的频繁报警，非常适用于闭环电喷机车，驾驶习惯良好的车辆可在 1 万～2 万千米进行清洗。

【三元催化清洗工艺】 三元催化清洗剂的未来当汽车长期工作于低温状态时，三元催化器无法启动，发动机排出的炭烟会附着在催化剂的表面，造成无法与 CO 和 HC 接触，长期下来，便使载体的孔隙堵塞，影响其转化效能。再者，尾气排放不畅，发动机的动力就难以发挥，这也是很多车高速跑不起来的原因。

为使废气催化率达到最佳（90%以上），必然在发动机排气管中安装氧传感器并实现闭环控制，其工作原理是氧传感器将测得废气中氧的浓度，转换成电信号后发送给 ECU，使发动机的空燃比控制在一个狭小的、接近理想的区域内（14.7∶1），保证氧传感器工作正常。如果燃油中含铅、硅就会造成氧传感器中毒。此外使用不当，还会造成氧传感器积炭、陶瓷碎裂、加热器电阻丝烧断、内部线路断脱等故障。氧传感器的失效会导致空燃比失准，排气状况恶化，催化转化器效率降低，长时间会使催化转化器的使用寿命降低。

【清洗流程】 ①将车预热，将吊管接到三元催化器净化装置上；②将设备针头插入 PCV 真空管（也是废气再循环软管、只有拇指粗细，在节气门之后连接发动机）；③启动引擎，打开设备控制阀，使三元催化器清洗液在视窗成滴状；④将发动机怠速，直到药液洗完；⑤清洗后关闭引擎，将管路重新接好；⑥引擎怠速 2000r/min 运转 5～10min，排净残液。

【性能指标】 运行中自行清洁和疏通阻塞喷油嘴、针阀的胶质和积炭，自动清洁氧传感器和三元催化器上的附着物；自动溶解燃油系统中的胶质和积炭，保持燃油系统的清洁；清除火花塞和燃烧室上部积炭，防止爆燃怠速不稳和加速不良；提高汽油的雾化性能和车辆的动力性，降低油耗；有效脱水，防止汽油和油路结冰；建议 20000km 清洗一次。

【主要用途】 主要用于三元催化器的水性清洗。

【应用特点】 汽车三元催化器使用寿命缩短、经常堵塞、影响动力等问题的突出，让三元催化器成为用车最需要的清洗养护工作。目前各大汽车维修企业推出的每一万千米“汽车三元清洗养护”业务是“喷油嘴、进气道免拆养护”更新换代的养护技术，它是专门针对闭环电喷车开发研制的，它能同时清洗汽车发动机进气道、燃烧室胶质积炭和氧传感器、三元催化器附着的化学络合物。它能疏通三元催化器因附着化学络合物造成的堵塞，恢复三元催化器尾气净化功能，延长三元催化器使用寿命。它能解决闭环电喷车因胶质积炭和化学络合物造成的油耗增加、动力下降、尾气超标问题。所以清洗三元催化器必将成为汽修厂常规的发动机养护项目。

如德力普 DLP-6052 三元催化器清洗剂用于强力清除三元催化器中催化器表面沉积的大量的积炭和油泥；疏通催化剂微孔通道，恢复三元催化器的功能，清除三元催化器硫、磷、锰、碳等化学络合物堵塞；防止积炭沉积；解决排气不畅、背压提高造成动力下降、油耗上升、噪声过大等问题；净化汽车尾气，有效解决因为三元催化器失效造成的CO、CH、NO超标问题。

【安全性】 ①清洗前检查三元催化器是否有机械损伤、发生热烧结，是否超过20万千米，是否铅中毒，如有上述情况，清洗无效；②检查混合气浓度是否合适；③清洗三元催化器前应清洗节气门，喷油嘴和燃烧室；④清洗过程中，切勿让引擎熄火；⑤清洗过程中，怠速不宜太高，以免三元催化器过热。

【包装储存】 ①包装：50kg/塑料桶；200kg/铁桶。②储存：密封储存于阴凉、干燥通风处，保质期2～3年。

【生产单位】 深圳德力普汽车养护用品有限公司，开封三元催化清洗剂公司。

Gj003 有机-无机节油尾气净化剂

【英文名】 organic inorganic compounds autoexhaust clarificant

【组成】 本品由复合功能型有机相和复合功能型无机相组成，其中有机相组成为：十六酸十六酯、二十二酸甲酯、十八酸十八酯、十二烷基苯磺酸胺、十八烷基磺酸胺、磺基苯、季戊醇、叔丁醇、聚氧酰胺、己酸己酯、辛酸辛酯。无机相组成为：La_2O_3、NiO、CeO_2、Cu_2CrO_2、Zr_2O_3、V_2O_5、Fe_2O_3、Co_3O_4、Mn_2O_3、$PdCl_2$、$Rh(NO_3)_3$、Nd_2O_3、H_2PtCl_6、H_2SO_4。

组分	配比(质量份)
有机相	10
无机相	1

有机相

组分	配比(质量份)
清洗润滑剂	
十六酸十六酯	70
二十二酸甲酯	10
十八酸十八酯	10
分散剂	
十二烷基苯磺酸胺	1
十八烷基磺酸胺	1
磺基苯	1
助燃剂	
季戊醇	0.5
叔丁醇	0.5
聚氧酰胺	2
助溶剂	
己酸己酯	2
辛酸辛酯	2

无机相

组分	配比（质量份）	组分	配比（质量份）
La_2O_3	60	NiO	2
CeO_2	20	Cu_2CrO_2	3.9
Zr_2O_3	2	V_2O_5	4
Fe_2O_3	2	Co_3O_4	2
Mn_2O_3	2	$PdCl_2$	0.025
$Rh(NO_3)_3$	0.05	Nd_2O_3	2
H_2PtCl_6	0.025	H_2SO_4	200

【制法】 称取有机相各组分，按顺序依次倒入反应釜中，边加热边搅拌，直至全部熔化，然后按有机相：无机相为10：1的质量比投入油溶性盐无机相，继续加热，在100℃下搅拌0.5h后放出，冷却至55～60℃时浇注成3g左右的固体颗粒，包装储存即可。

其中无机相的制备方法为：按比例称取金属氧化物各组分，倒入塑料容器中，搅拌均匀，然后称取两倍重量的浓硫酸，缓缓倒入容器中，静置24h，即可备用。

【用途】 用于内燃机汽油节油、尾气的净化。

【应用特点】 本品功能齐全，集清洗、润滑、汽油分散、助燃、燃烧催化等诸多功能为一体；效果明显，添加剂仅为3g/10L汽油，成本低廉；具有很强的自净化与保护作用。

Gj004 铈钕尾气净化剂

【英文名】 Ce-Nd autoexhaust clarificant

【组成】 由硝酸亚铈、硝酸钕、氢化硼钠、一氮三烯六环组成。

组分(质量份)	1#	2#
硝酸亚铈	0.5	3
硝酸钕	2	4
氢化硼钠	5	0.1
一氮三烯六环	1000	1000

【制法】 首先按配比分别称取硝酸亚铈、硝酸钕、氢化硼钠在常温常压下。顺次加入一氮三烯六环溶剂中，但必须在搅拌条件下先加入的溶质完全溶解后再加入另一溶质，搅拌均匀的混合液即为成品。

【用途】 本品特别适用于各类机动车的尾气净化。

【应用特点】 本品制备工艺简单、用量少、使用方便、成本低，在标定工况点下节油率、净化率分别为5%以上和50%以上等优点，同时原材料来源广泛，利于推广应用。

Gj005 氧化铝铈钇尾气净化剂

【英文名】 Al-Ce-Y oxides autoexhaust clarificant

【组成】 本品由氧化铝、二氧化铈、三氧化二钇、汽（柴）油溶剂组成。

组分(质量份)	1#	2#
氧化铝	2	4
二氧化铈	0.5	0.7
三氧化二钇	0.3	0.5
试剂纯硫酸	5.6	10.4
汽(柴)油溶剂	5.6	13

【制法】 按配方中各组分的配比，将氧化铝、二氧化铈、三氧化二钇的粉末放在塑料容器中搅拌均匀；然后取上述三个组分两倍质量的硫酸缓慢倒入上述容器内，静置10～20min；再按配比将汽（柴）油溶剂倒入上述容器中静置24h后，出现明显的相界，将下部的无机相抽滤掉即为成品。

【用途】 本品特别适用于各类机动车的尾气净化。

【应用特点】 本品制备工艺简单、用量少、降低污染效果显著、使用方便、原材料来源广泛等优点，而且由于净化剂的加入使之燃烧充分，增加燃烧值、节省能源、减少积炭与改善活塞润滑性能的功效。

Gj006 醇类尾气净化剂

【英文名】 alcohols autoexhaust clarificant

【组成】 本品由甲醇、乙醇、异丙醇、十八醇、消烟除炭清洗剂、润滑剂组成。其中消烟除炭清洗剂是由石油磺酸钠，T-60，椰子油酸，乙二醇酰胺，三乙醇胺混合组成；润滑剂为油酸。

组分(质量份)	1#	2#
甲醇	61.7	59.21
乙醇	9	10
异丙醇	28	30
十八醇	0.4	0.5
消烟除炭清洗剂	0.7	0.19
润滑剂	0.2	0.1

【性质】 液体。

【制法】 首先将各种醇放入搅拌机中充分搅拌均匀，再将消烟除炭清洗剂及润滑剂加入其中并再搅拌15min得成品。其中搅拌机为防爆液体搅拌机。

【用途】 本品用于汽车尾气净化。

【应用特点】 加入本品后按照国家规定的尾气排放标准测试其各项指标均明显优于国家标准，并且加入后，可清除各部件的积炭并且不会再生，并清洗干净油路，使油路不会发生堵塞现象，提高发动机动力，降低油耗。本品所用组分成本较低，生产出的尾气净化剂成本低廉，易于推广及使用并为消费者所承受。

Gk 高铁列车清洗剂

Gk001 高铁列车清洗剂

【英文名】 cleaning agent for high-speed trains

【组成】 一般由含有磷酸盐、碱和非离子型表面活性剂组成。

【产品特点】 本品是一种近中性脱脂剂，含强力渗透乳化剂能迅速除去脏物，可用于高铁列车、列车车厢，包括车窗、公共汽车、火车、货车车厢、特种运输集装箱、交通信号灯和其他塑料、陶瓷和金属零部件的清洗。本品优良的中性配方对皮肤无刺激，对任何材料都无腐蚀。

【配方】

组分	w/%
磷酸盐	5～6
缓蚀剂	2～5
助洗剂	8～10
碱	8～16
非离子型表面活性剂	4～6
其他助剂	2～5

【制法】 是用高效表面活性剂、助洗剂、缓蚀剂等多种助剂复配而成，使用时按3%～6%的浓度用水稀释。本清洗剂对矿物油、动植物油等各种油污具有极强的洗涤能力。

【主要用途】 主要用于高铁列车清洗部位的用途。

【应用特点】 本品含有磷酸盐、碱和非离子型表面活性剂。高效浓缩，可稀释数十倍使用。

【安全性】 应避免清洗液长时间接触皮肤，防止皮肤脱脂而使皮肤干燥粗糙，防误食、防溅入眼内。工作场所要通风良好，用有味型产品时建议工作环境有排风装置。

【包装储存】 ①包装：50kg/塑料桶；200kg/铁桶。②储存：密封储存于阴凉、干燥通风处，保质期3年。

【生产单位】 上海赛亚精细化工有限公司，江西瑞思博化工有限公司，上海颢骏科技发展有限公司。

Gk002 火车外壳清洗剂

【英文名】 train case cleaner

【组成】 一般由多种表面活性剂、洗涤助剂复配而成。

【产品型号规格】 产品型号：YH-390；产品规格：25kg。

【清洗方法】 本品为浓缩型清洗剂，使用前先用水稀释，可根据实际情况，兑水2～5倍配成水溶液，可选择人工刷洗或用喷枪喷洗，待表面污垢清除后再用清水冲洗干净即可。

【性能与特点】 本品由多种表面活性剂，洗涤助剂复配而成，不含任何有毒有害物质，是新一代环保型清洗剂，安全可靠，不会对周边环境造成污染。使用方便，易于操作，可迅速清除列车外部的铁锈，钙化物和其他无机着色污渍，不会对火车车厢造成伤害。

【配方】

组分	w/%
氢氧化钠	10～18
三聚磷酸钠	15～24
偏硅酸钠	20～30
碳酸钠	20～35
焦磷酸钠	8～12

【制法】 是用高效表面活性剂、助洗剂、缓蚀剂等多种助剂复配而成，外观呈无色透明液体，使用时按3%～6%的浓度用水稀释。本清洗剂对矿物油、动植物油等各种油污具有极强的洗涤能力。

【主要用途】 主要适用于火车机车外壳及车厢外部的清洗。

【包装储存】 ①包装：50kg/塑料桶；200kg/铁桶。②储存：密封储存于阴凉、干燥、通风处，保质期3年。

【生产单位】 石家庄天山银河科技有限公司。

Gk003 GRB-802列车空调高效清洗剂

【英文名】 GRB-802 train air conditioning cleansing agent with high efficiency

【组成】 一般由GRB-802列车空调高效清洗剂是由多种优质表面活性剂、强力渗透剂、油污增溶剂、铝材特效保护剂、光亮剂、去离子水等配制而成。

【配方】

组分	w/%
氢氧化钠	10～18
三聚磷酸钠	15～24
偏硅酸钠	20～30
碳酸钠	20～35
焦磷酸钠	8～12

【制法】 是用高效表面活性剂、助洗剂、缓蚀剂等多种助剂复配而成，外观呈无色透明液体，使用时按3%～6%的浓度用水稀释。本清洗剂对矿物油、动植物油等各种油污具有极强的洗涤能力。

【主要性能】 ①产品能有效清除铝及其合金表面氧化物及霉斑同时清除表面油污，使铝材表面光洁如新；②产品含有强力渗透剂及特种油污增溶剂，特别适合在常温条件下对钢铁、铝件等金属表面重油污、油垢的快速剥离清洗；③操作工艺简单，低泡，易漂洗，无残留；④产品为强碱性，但含有特种金属缓蚀剂，使用安全和不伤材质基体；⑤产品环保、高效、经济、安全。

主要技术指标

产品名称/型号	列车空调高效清洗剂/GRB-802
外观(原液)	无色至黄色透明液体
物理稳定性	无沉淀、无分层、无结晶物析出
密度/(g/cm³)	1.15±0.1
材料相容性试验	对铝及其合金、搪瓷、塑料、玻璃钢铁、不锈钢等无影响
pH值	13～14
有毒有害检查	无

【清洗工艺】 ①清洗方法：先对电机外壳进行预洗，清除外壳泥土、灰垢，再用本清洗剂喷淋、热浸泡（附加鼓泡或抖动）、超声波等方法清洗；②清洗浓度：用5%～10%清洗剂水溶液；③清洗温度：在50～80℃；④清洗时间：5～30min；⑤清洗后用水漂洗干净后再吹干、烘干。

【主要用途】 主要用于列车空调高效清洗的用途；也用于动车、地铁（含轻轨）列车、磁悬浮列车的空调外壳、空调翅、转向架、气泵散热器、电机外壳、轮毂等重油污清洗。

【安全性】 ①当处理液中的油污达到一定浓度时，会影响脱脂效果，应根据情况补加清洗剂提高浓度或更新槽液；②根据油污轻重调整清洗液的浓度，油污特别重或遇到高溶点脂类时，应先以人工或机械方法铲去部分油泥，再用该清洗剂清洗；③请勿使本产品与眼睛接触，若不慎溅入眼睛，可提起眼睑，用流动清水或生理盐水冲洗干净；④应减少与皮肤的直接接触，为防止皮肤脱脂，操作时请戴耐化学品手套。

【包装储存】 ①包装：25kg/桶，200kg/桶。②储存：密封储存于阴凉、干燥通风处，保质期 2 年。

【生产单位】 江西瑞思博化工有限公司。

Gk004 列车餐车油污清洗剂

【英文名】 train dining car oil cleaning agent

【别名】 油污清洗剂；餐车清洗剂

【组成】 一般由除油剂与表面活性剂组成。

（1）除油剂配方：

组分	w/%
氢氧化钠	15～16
三聚磷酸钠	18～26
偏硅酸钠	20～30
碳酸钠	26～32
焦磷酸钠	8～10

用由除油剂与高效表面活性剂、助洗剂、缓蚀剂等多种助剂复配而成，外观呈无色透明液体，使用时按 3%～6% 的浓度用水稀释。本清洗剂对矿物油、动植物油等各种油污具有极强的洗涤能力。

（2）表面活性剂配方

组分	w/%
平平加	0.8～1.2
月桂酸二乙醇酰胺	0.8～1.2
OP-10	0.8～1.2

按生产步骤与配方配好的原料，混合并搅拌均匀，即可制成列车餐车油污清洗剂。

【应用特点】 本产品及其生产方法具有如下优点。①产品除油能力强，对金属表面油污清洗快速、高效，尤其对重油污特别有效，重油污清洗率在 90% 以上。②产品中的任何一种成分对金属没有腐蚀作用，因此对清洗对象没有任何损伤，对金属表面无腐蚀，防锈性达到一级。而且可以在清洗物表面形成保护膜，防止其再次被氧化。③产品具有低泡性能，泡沫少便于清洗，可减少污水排放量。④产品性能稳定，性价比较优。⑤产品的生产方法简单，容易操作。

【主要用途】 主要用于列车餐车油污清洗的用途。

【安全性】 应避免清洗液长时间接触皮肤，以防皮肤脱脂而使皮肤干燥粗糙，防误食、防溅入眼内。工作场所要通风良好，用有味型产品时建议工作环境有排风装置。

【包装储存】 ①包装：50kg/塑料桶；200kg/铁桶。②储存：密封储存于阴凉、干燥、通风处，保质期 2 年。

Gk005 GRB-805 列车电机水基清洗剂

【英文名】 GRB-805 train motor water-based cleaning agent

【别名】 电机水基清洗剂；列车水基清洗剂

【组成】 RSB-805 电机水基清洗剂主要是由多元优质低泡表面活性剂、高效中性溶油助剂、缓蚀剂、水质分散剂、去离子水等配制而成。

【配方】

组分	w/%
平平加	0.8～1.2
月桂酸二乙醇酰胺	0.8～1.2
OP-10	0.8～1.2

【制法】 按生产步骤配方配好原料，混合并搅拌均匀，即可制成列车电机水基清洗剂。

【主要性能】 ①本品为中性复配型低泡产品，尤其适合电机喷淋清洗；②易漂洗，无残留；③对电机线圈表面油漆无影响；④使用周期长，有利于水洗作业的顺利进行；⑤不含环境受控物质，环保、高效、安全、经济。

主要技术指标

产品名称/型号	列车电机水基清洗剂/GRB-805
外观(原液)	无色至黄色透明液体
密度/(g/cm³)	0.95～1.25
pH 值	7.0～9.0(1%浓度)
生物降解性	可完全生物降解

【清洗工艺】 ①清洗方法：先对电机外壳进行预洗，清除外壳泥土、灰垢，再用本清洗剂喷淋、热浸泡（附加鼓泡或抖动）、超声波等方法清洗；②清洗浓度：用5%～10%清洗剂水溶液；③清洗温度：在50～80℃；④清洗时间：5～30min；⑤清洗后用水漂洗干净后再吹干、烘干。

【主要用途】 用于动车、地铁（含轻轨）列车、磁悬浮列车等列车电机外壳油污喷淋清洗。

【应用特点】 本品为清洗动车、地铁（含轻轨）列车、磁悬浮列车的各类电机、配电柜、端子排、闸阀、电气插件的污渍专用清洗剂。

【安全性】 ①当处理液中的油污达到一定浓度时，会影响脱脂效果，应根据情况补加清洗剂提高浓度或更新槽液；②根据油污轻重调整清洗液的浓度，油污特别重或遇到高溶点脂类时，应先以人工或机械方法铲去部分油泥，再用该清洗剂清洗；③请勿使本产品与眼睛接触，若不慎溅入眼睛，可提起眼睑，用流动清水或生理盐水冲洗干净；④应减少与皮肤的直接接触，防止皮肤脱脂。为防止皮肤过度脱脂，操作时请戴耐化学品手套。

【包装储存】 ①包装：25kg/桶，200kg/桶。②储存：密封储存于阴凉、干燥、通风处，保质期2年。

【生产单位】 江西瑞思博化工有限公司，北京蓝星清洗有限公司，淄博尚普环保科技有限公司。

Gk006 GRB-808 列车电气设备清洗剂

【英文名】 GRB-808 train electric equipment cleaner

【别名】 列车清洗剂；电气设备清洗剂

【组成】 GRB-808 列车电气设备清洗剂，一般是由多元复合有机溶剂、渗透剂、分散剂、增溶剂配制而成的。

【配方】

组分	w/%
平平加	0.8～1.2
月桂酸二乙醇酰胺	0.8～1.2
OP-10	0.8～1.2

【制法】 按生产步骤配方配好原料，混合并搅拌均匀，即可制成列车电气设备清洗剂。

【安全性】 应避免清洗液长时间接触皮肤，防止皮肤脱脂而使皮肤干燥粗糙，防误食、防溅入眼内。工作场所要通风良好，用有味型产品时建议工作环境有排风装置。

【生产单位】 江西瑞思博化工有限公司，北京蓝星清洗有限公司，淄博尚普环保科技有限公司。

Gk007 GRB-809 列车电子仪表清洗剂

【英文名】 GRB-809 train electronic instrument detergent

【别名】 列车清洗剂；电子仪表清洗剂

【组成】 RSB-809 列车电子仪表清洗剂一般由多元复合有机溶剂、分散剂、油污增溶剂等组成。

【配方】

组分	w/%
硅酸钠	5～10
月桂酸二乙醇酰胺	0.8～1.2
平平加	0.8～1.2
OP-10	0.8～1.2

【主要性能】 能快速清除尘埃、油污、湿气及其他污垢，完全挥发，无残留。

对金属、橡胶、塑料、涂料、电子元件无腐蚀。耐压 35kV，绝缘性能好，可带电清洗。为气雾罐包装，手按喷嘴就可喷洗。在设备运行或停机状态下都可清洗。

主要技术指标

产品名称/型号	列车电子仪表清洗剂/GRB-809
外观	无色透明液体
密度/(kg/L)	0.90±0.05
芳香烃总含量(质量分数)/%	<0.1
耐电压	≥35kV
不挥发物	无

【清洗方法】 将罐体摇动片刻，使喷嘴距离清洗物 15～20cm 喷洗，也可接上延伸管喷洗各部位。待其油污彻底清除干净，自然挥发干燥即可。电路板清洗借助毛刷去除灰尘非常有效。

【主要用途】 主要用于列车电子仪表的清洗，也用于程控交换机、精密电子仪器、印刷电路板、电脑、自动化控制系统等仪器、仪表的清洗。

【安全性】 环境湿度大，设备表面潮湿时不宜带电清洗。大量使用时，施工场地应通风良好，远离火源。另使用应避免清洗液长时间接触皮肤，以防皮肤脱脂而使皮肤干燥粗糙，防误食、防溅入眼内。工作场所要通风良好，用有味型产品时建议工作环境有排风装置。

【包装储存】 包装：450mL × 24 罐/纸箱。储存：保质期 3 年，存放于阴凉、干燥、通风处。

【生产单位】 江西瑞思博化工有限公司，北京蓝星清洗有限公司，淄博尚普环保科技有限公司。

Gk008 GRB-810 列车电气清洗保护剂

【英文名】 GRB-810 electric train cleaning and protective agent

【别名】 列车清保剂；电气清洗剂

【组成】 本品一般由有机稀释剂、成膜剂、复合型防锈、防腐添加剂等组成。

【配方】

组分	浓度/(g/L)
氢氧化钠	3～100
碳酸钠	25～40
硅酸钠	5～10
硫酸钠	1
平平加(O-15)	3～5
JFC	5
磷酸钠	30～50
焦磷酸钠	10～15
三聚磷酸钠	5
EDTA 二钠	1
OP-10	2～3
十二烷基硫酸钠	10

【制法】 全部原料混合搅拌，另外，加入乙二醇丁醚 20mL，其余为水。

【主要性能】 对各类电气的防潮、防腐、提高绝缘强度，延长设备的使用寿命，防止电气故障的发生都能起到保护作用。

主要技术指标

产品名称/型号	列车电气设备保护剂/GRB-810
外观	淡褐色透明液体
密度/(kg/L)	0.9±0.03
耐电压/kV	≥20

【清洗方法】 对污垢较重的电气设备应先用本公司生产的列车电气设备清洗剂清洗干净，风干后再将本品喷淋在电气设备的外表面、绝缘部分、需保护部分等处。然后用风吹干，使溶剂充分挥发，留下保护膜。

【主要用途】 主要用于列车电气清洗保护部位的用途及动车、地铁（含轻轨）列车、磁悬浮列车的各类电机、端子排、电脑控制板检修清洗后的绝缘密封保护。

【应用特点】 安全可靠，耐电压大于等于20kV，不损害电气设备的特性，保护膜不妨碍接点通路，对金属、涂装、绝缘层及耐油的橡胶、塑料等材料无腐蚀。对于小型的电气设备可直接浸渍于本品内，取出风干，这时润滑油会被除去，就必须重新注入润滑油。

【安全性】 使用和存放应避免高温，使用环境应通风良好。不耐溶剂的橡胶、塑料制品不宜长时间接触本品。计算机以及精密电子仪器仪表不宜使用本品。对直流高压电机及运行异常的电气设备，应断电后再使用本品。另应避免清洗液长时间接触皮肤，以防皮肤脱脂而使皮肤干燥粗糙，防误食、防溅入眼内。工作场所要通风良好，用有味型产品时建议工作环境有排风装置。

【包装储存】 包装：20L/铁桶。储存：保质期3年，密封存放于阴凉、干燥、通风处。

【生产单位】 江西瑞思博化工有限公司，北京蓝星清洗有限公司，淄博尚普环保科技有限公司。

Gk009 列车重油污除油清洗剂

【英文名】 train heavy oil sewage degreasing cleaning agent

【别名】 列车除油清洗剂；列车除油粉

【组成】 一般由多元优质低泡表面活性剂、碱性、高效中性溶油助剂、缓蚀剂等配制而成。由前处理液和除油粉两部分组成。

【产品特点】 该产品是一种列车除油金属清洗剂，可分为前处理液和除油粉两部分。涉及对金属表面进行电镀、磷化、喷塑、喷漆等工序之前，对其表面进行前处理的清洗剂及其除油方法。

【配方1】 （前处理液配方）

组分	浓度/(g/L)
氢氧化钠	3～100
碳酸钠	25～40
硅酸钠	5～10
硫酸钠	1
平平加(O-15)	3～5
JFC	5
磷酸钠	30～50
焦磷酸钠	10～15
三聚磷酸钠	5
EDTA二钠	1
OP-10	2～3
十二烷基硫酸钠	10

两亲性物质、表面活性剂先溶解，然后全部原料混合搅拌，另外，加入乙二醇丁醚。

【配方2】 （除油粉配方）

组分	含量/(g/kg)
三聚磷酸钠	35～50
碳酸钠	100～180
磷酸钠	130～150
硫酸钠	6～10
平平加(O-15)	20～25
JFC	30～50
乌洛托品	2～3.2
硅酸钠	30～50
焦磷酸钠	40～55
氢氧化钠	80～100
EDTA二钠	8～12
OP-10	12～18
十二烷基硫酸钠	80～120
乙二醇丁醚	10～30

【配方分析】 JFC、十二烷基硫酸钠以及平平加（O-15）是表面活性剂。JFC是清洗剂中的主要活性成分，是一种两亲分子。当这种两亲分子附着于油-水界面时，其亲水端向水中伸入，形成一层膜，降低油-水的界面张力，使油滴易于脱离金属表面进入水溶液中；另外当这种两亲分子附着于油-金屑界面时，其亲油端容易吸附在油污表面，并伸向油污内部，而极性

亲水端则吸附在金属表面，在油-金属界面间形成一层紧密的定向排列的表面活性剂分子膜。这种膜能减弱油-金属界面的附着力，增加金属表面的湿润性；最后这种两亲分子能降低水-金属界面张力。因此在水溶液浸泡、撞击金属表面的过程中，表面活性剂的活性成分沿着油和金属的界面进行渗透，将金属表面的油层挤离金属表面，使油滴快速进入到水溶液中，油进入到水溶液中并不是形成水包油的乳化液，而是浮在水面上。

由于有助洗剂乙二醇丁醚的存在，金属表面不会因吸附表面活性剂而难以清洗干净，且能进一步降低水-油、水-金属之间的界面张力，同时，乙二醇丁醚还可以起到增溶和防冻作用。因此，它还能在较低温度下使用，实际使用时的温度范围在－5～100℃。

前处理液组分中的氢氧化钠配比：在清洗钢铁类工件时，取 80～100g/L 较好；在清洗铝及其合金类工件时，取 3～5g/L 较好；在清洗铜及其合金类工件时，取 10～15g/L 较好。

除油粉组分中的氢氧化钠配比：在清洗钢铁类工件时，取 150～250g/kg 较好；在清洗铝及其合金类工件时，取 25～50g/kg 较好；在清洗铜及其合金类工件时，取 50～80g/kg 较好。

【除油工艺与处理方法】

①先用除油粉与水混合成质量分数为 5%的溶液：然后，再向该溶液中加入助洗剂以配制成待用的除油液。助洗剂与除油粉的比例为 9∶5，配制除油液时初始温度为 40～70℃，以使除油粉能够快速溶解完全，达到很好的清洗效果。②用前处理液喷淋待除油的金属表面，然后对金属表面进行刷洗（可以用滚筒尼龙刷）。③将用前处理液喷淋、刷洗过的金属，放入在步骤①中配制好的除油液中清洗，清洗时可在－5～100℃之间的任意温度下进行。④将清洗后的金屑取出，用不低于 50℃的水漂洗，最后除尽金属表面水分。

【清洗工艺】 该金属除油清洗剂能在常温下 2min 之内将金属表面的油层除去 99%以上，除油速度非常快。试验表明，在处理含防锈油的钢铁类金属表面时，每升除油液可以处理的表面积不低于 $50m^2$，因为其乳化极少，所以不会因为乳化原因而导致除油效果不好，甚至失效而排放掉。因此该金属除油清洗剂的使用周期长，价格低廉，对环境污染小，高效实施。

在批量、连续化生产情况下，将除油液盛入除油槽或除油池中。当该除油液中的助洗剂与除油粉的比例降为 3∶10 时，补加助洗剂至它与除油粉的比例为 2∶5。在不方便或者因生产任务过紧的情况下，也可根据处理金属量的多少、使用时间长短，观察乳化情况，定期或者不定期地补加助洗剂，例如：初次加入除油槽或除油池中是按 40kg 助洗剂/100kg 除油粉的比例投加的。以后就可每周补加 10kg 助洗剂。

当金属材料为钢铁类时，该除油液的 pH 保持在 12～14 之间；为铜及其合金时，除油液的 pH 保持在 11～12 之间；为铝及其合金时，除油液的 pH 保持在 9～10 之间。

【主要用途】 主要用于列车重油污除油清洗部位的用途。

【安全性】 应避免清洗液长时间接触皮肤，防止皮肤脱脂而使皮肤干燥粗糙，防误食、防溅入眼内。工作场所要通风良好，用有味型产品时建议工作环境有排风装置。

【包装储存】 包装：450mL × 24 罐/纸箱。储存：保质期 3 年，存放于阴凉、干燥、通风处。

【生产单位】 江西瑞思博化工有限公司，北京蓝星清洗有限公司，淄博尚普环保科技有限公司。

Gk010 GLS-T03 列车重油污清洗剂 B

【英文名】 GLS-T03 B train cleaning agent for heavy oil

【别名】 列车清洗剂；重油污清洗剂

【组成】 一般由表面活性剂和各种助剂组成。

【产品特点】 本品是由具有强力渗透能力的表面活性剂和各种助剂组成的水基列车重油污清洗剂，清洗效果好，安全、经济。

【配方】 （除油粉配方）

组分	含量/(g/kg 除油粉)
氢氧化钠	150～220
碳酸钠	210～300
硅酸钠	30～50
硫酸钠	6～10
平平加(O-15)	25～30
JFC	30～40
乌洛托品	1～2
磷酸钠	300～320
焦磷酸钠	40～55
三聚磷酸钠	12～20
EDTA 钠	5～10
OP-10	10～15
十二烷基硫酸钠	80～120
聚醚 2020	1～3

【制法】 把上述各原料混合搅拌，配成除油粉配方，采用刷洗、浸泡、擦洗、超声等方法使用。

【产品特性】 ①强力：GLS-T03 含有强力渗透乳化剂，能容易地除去金属、塑料、橡胶、皮革、混凝土等物品表面上的脏污。②安全：没有燃烧的危险，即使有明火的场所也可以放心使用。不像苯、汽油等溶剂那样产生有害气体。③所使用的表面活性剂能完全生化降解，对环境无污染。

【清洗方法】 ①本品可采用刷洗、浸泡、擦洗、超声等方法；②本产品使用时采用专用的喷壶喷洒在油污的表面，让清洗剂充分润湿，然后用高压水枪清洗干净即可或其他方法。

【主要用途】 主要用于列车重油污除油清洗的部位，也用于列车底部或部件油污、粉尘、金属表面的除锈。

【应用特点】 一般还可用于对各种不同类型的油垢，如润滑油、石蜡油、磺化油、防锈油等油垢的清洗。

【安全性】 本产品是碱性产品，不宜与其他清洗剂混合使用，请勿皮肤长时间接触本清洗剂原液，以防皮肤脱脂肪；由于为水基溶液，基本无不良影响，对人体皮肤无刺激，使用安全可靠，工作环境干净无油雾。

【包装储存】 ①包装：50kg/塑料桶；200kg/铁桶。②储存：密封储存于阴凉、干燥、通风处，保质期 3 年。

【生产单位】 江西瑞思博化工有限公司。

GI 有轨电车与内燃机清洗剂

随着我国城市化进程的加快，绿色低碳、节能环保、智能便捷将是未来城市功能定位的主要特色，必然带动以提升城市承载能力为核心的城市建设综合水平的提高，所以大力发展城市轨道交通已成为国内众多城市完善城市功能的举措之一，而发展现代有轨电车正悄然成为城市轨道交通市场的发展趋势。为此，北京德高洁清洁设备有限公司于2010年立项，组织负责不同领域的数位工程师历经多年，终于初研制成功。以下主要介绍德高洁新型有轨电车清洗系统。

德高洁清洗系统：德高洁有轨电车清洗系统引入现代喷淋洗涤技术、柔顺刷辊智能仿形机械臂、高强热风压干燥机柜和动态监控人机界面智能操作系统，能通过营运网络实现连续通过式作业。

该有轨电车清洗系统主体采用喷淋湿润、预备洗刷、洗涤洗刷、漂洗洗刷和吹扫干燥等不同的清洁方式，配合列车匀速通过清洗工作场地除去列车表面的尘埃和污垢，达到运营列车洁净要求。该设备执行机构及电动机防护等级采取IP56国际标准，防水防尘。

仿形清洗轨迹扫描采用PLC可编程及变频调速控制系统，并配备防碰撞预警系统。清洗过程采用水基清洗剂，具有清洗速度快、效果突出、洁净度高、并具有优异的环保性能等特点。另外，该系统还应用蒸汽加温和电加热干燥机系统，具有升温快，效果好等特点。

德高洁有轨电车清洗系统是为单线使用设计的，即可以手工操作也可以自动操作。控制系统通过SCADA连线与主运行控制室连接，配套的内部水处理装置可以使80%的水都可以重复使用。

德高洁有轨电车清洗系统设计了以下三种不同的清洗方式：

① 车辆以3km/h的速度通过清洗装置，清洗系统可清洗车辆的后部、两侧、前部和顶部上侧梁；②车辆以5km/h的速度通过，清洗系统可清洗车体两边但不清洗后部和前部；③车辆以5km/h的速度通过，但只喷化学清洗剂和水，不用刷子。

如下介绍新型有轨电车清洗剂、有轨电车修补清洗剂、新型环保节能内燃机清洗剂、内燃机免拆修补清洗剂、内燃机节能清洗剂、内燃机油路自动清洗剂、铁路内燃机车辆清洗剂等新产品。

GI001 新型有轨电车清洗剂

【英文名】 cleaning agent for new tram

【别名】 有轨电车清洗剂；有轨电车修补清洗剂

【组成】 一般由异丙醇、异丙醇胺、三乙醇胺、6504、丁基溶纤剂（乙二醇-丁醚）、乙二胺、水组成。

【产品特点】 清洗过程采用水基清洗剂，具有清洗速度快、效果突出、洁净度高、并具有优异的环保性能等特点。

【配方】

组分	w/%
异丙醇	20
三乙醇胺	7
6504	16
异丙醇胺	10～18
乙二胺	6
丁基溶纤剂(乙二醇-丁醚)	34
水	余量

【制法】 按上述配方的生产方法制成有轨电车清洗剂。

【主要用途】 主要用于有轨电车清洗部位的用途。

【安全性】 由于为水基溶液，基本无不良影响，对人体皮肤无刺激，使用安全可靠，工作环境干净、无油雾。

【包装储存】 包装：450mL × 24 罐/纸箱。储存：保质期 3 年，存放于阴凉、干燥、通风处。

【生产单位】 北京德高洁清洁设备有限公司。

GI002 有轨电车修补清洗剂

【英文名】 the tram repair cleaning agent

【别名】 有轨电车清洗剂；电车修补清洗剂

【组成】 一般由异丙醇、异丙醇胺、三乙醇胺、6504、丁基溶纤剂（乙二醇-丁醚）、乙二胺、水组成。

【产品特点】 清洗过程采用水基清洗剂，具有清洗速度快、效果突出、洁净度高、优异的环保性能等特点。

【配方】

组分	质量份/%
油酸	12
丁醇	10
异丙醇胺	6
氨水	8
丁基溶纤剂	8
润滑油	15
辛基酚聚氧乙烯醚	5
水	8
煤油	27
稀土添加剂	0.5
超细合金微粒	0.5

【制法】 在常温常压下，取油酸 12 份、丁醇 10 份、辛基酚聚氧乙烯醚 5 份、水 8 份放入容器内搅拌后，加入异丙醇胺 6 份、氨水 8 份、丁基溶纤剂 8 份混合搅拌，再加入润滑油 15 份、煤油 27 份混合搅拌，最后加入稀土添加剂 0.5 份、超细合金微粒 0.5 份充分混合搅拌后即成内燃机免拆修补清洗剂。

使用时只需将本清洗剂按燃油体积 0.05%～5%加入燃油之中，在运行中进行修补、保养和清洗，使用十分方便。

【主要用途】 主要用于有轨电车清洗部位的用途。

【安全性】 由于为水基溶液，基本无不良影响，对人体皮肤无刺激，使用安全可靠，工作环境干净、无油雾。

【包装储存】 包装：450mL × 24 罐/纸箱。储存：保质期 3 年，存放于阴凉、干燥、通风处。

【生产单位】 北京德高洁清洁设备有限公司。

GI003 新型环保节能内燃机清洗剂

【英文名】 new environmental energy-saving cleaning agent for internal combustion engine

【别名】 内燃机清洗剂；内燃机节能清洗剂

【组成】 一般由异丙醇或丁醇、6504为净洗剂，水为润湿剂，二乙胺为除炭剂，丁基溶纤剂为增溶剂和污垢萃取剂，三乙醇胺为分散剂和缓蚀剂，经过复配、分散、乳化、反应而成。

【配方1】 内燃机清洗剂

组分	w/%
润滑油	50～65
邻甲酚	0.5～1
亚麻籽油皂	0.5～1
水	余量

将内燃机内油排除后，将此清洗剂放入曲柄箱内，让内燃机缓慢运转1h后排除。

【配方2】 环保内燃机清洗剂

组分	w/%
脂肪醇硫酸钠(30%)	40
异丙醇	5
煤油、汽油、柴油或高沸点烃	30
辛基酚聚氧乙烯醚	20
油酸二乙醇胺	5

【配方3】 内燃机节能清洗剂

涉及一种内燃机节能清洗剂，尤其是一种对内燃机燃料系统清洗污垢和胶状物质，节能降耗，增加动力的燃油添加剂。

从内燃机燃油性能出发，通过对燃油性能的改性处理、润湿、溶解附着于内燃机燃油系统的污垢、胶状物质、积炭，降低燃油的表面张力，增加燃烧时间，提高后燃期的燃烧率，以达到去污、节油、净尾气、提高功率的目的。

组分	w/%
改性剂	20～28
湿润剂	15～22
除炭剂	5～12
分散剂	5～10
净洗剂	12～18
溶剂	30～38

(1) 配方分析 ①异丙醇或丁醇为燃油改性剂；②6504为净洗剂；③水为润湿剂；④二乙胺为除炭剂；⑤丁基溶纤剂为增溶剂和污垢萃取剂；⑥三乙醇胺为分散剂和缓蚀剂，经过复配、分散、乳化、反应而成。

(2) 生产方法

① 将润湿剂水加入反应釜内，以200r/min搅拌下加入分散剂三乙醇胺和改性剂异丙醇或丁醇；

② 搅拌30min后加入净洗剂6504和除炭剂乙二胺反应20min；

③ 然后加入溶剂丁基溶纤剂，调速至3000r/min，搅拌60min后停机静置40min后即可得到黄色透明的清洗剂成品。

(3) 使用方法 清洗剂与燃油之比为0.2%～0.5%，添加入燃油中，即可按正常燃料使用。

(4) 特点 ①发动机正常运行中完全可清除内燃机燃料系统附着的污垢、积炭；②延长内燃机使用寿命，节约多次维修之巨大开支；③台架试验节油率2.7%～4.3%，实际使用节油率5%～8%；④无腐蚀现象；⑤发动机功率提高5%～8%；⑥CO、HC化合物减少50%。

(5) 实施方法示例

组分	w/%
异丙醇	20
6504	16
乙二胺	6
三乙醇胺	7
丁基溶纤剂(乙二醇-丁醚)	34
水	余量

按上述配方的生产方法制成内燃机节能清洗剂。

【配方4】 内燃机油路自动清洗剂

涉及一种内燃机油路自动清洗剂，其特征在于它主要由以下组分组成：丁醇、平平加、油酸、乙醇胺、氨水、煤油、机油、二元醇醚、水，经混合搅拌而成。本发明的优点是：只需将本清洗剂加入燃料油中配成混合油，通过该燃料油的运行和燃烧，即可自行除去油路中的油垢、锈斑和积炭，清洗时不用停车，可在满载状况下进行。若用本清洗剂直接浸泡带油垢和锈斑的机件，清洗效果良好。该清洗方法省工省时，成本低。

组分	体积分数/%
丁醇	8～12
油酸	10～14
氨水	6～10
机油	10～30
水	8～10
平平加	6～9
一元醇胺	4～6
煤油	22～30
二元醇醚	6～16

其中，一元醇胺可为乙醇胺，也可为丙醇胺，乙醇胺可选择一乙醇胺，或二乙醇胺，或三乙醇胺；丙醇胺可选择异丙醇胺，或正丙醇胺；二元醇醚可为乙二醇醚、或乙二醇单丁醚、或乙二醇乙醚，也可为丙二醇甲醚或丙二醇丁醚；各种标号的机油均可使用。平平加如 OP-4、OP-7、OP-10 均可替代使用。

（1）优点　只需将本清洗剂加入燃料油中配成混合油，通过燃料油的运行和燃烧（由于该剂是一种易燃物，因此可以参与燃烧），即可自行除去油路中的油垢、锈斑和积炭，清洗时不用停车，可在满载状况下进行。若用本清洗剂直接浸泡带油垢和锈斑的机件，清洗效果更好。该清洗方法省工省时，成本低，以小轿车为例，清洗一次约需 0.5kg 清洗剂。本品经在汽车和拖拉机上使用，效果很好，经由“河南省拖拉机柴油机产品质量监督检验测试中心站”进行台架测试，结果证明本品的清洗效果良好。

（2）实施方法示例　本自动清洗剂的生产是在常温、常压条件下进行，分以下三个步骤完成（各原料组分均按体积比）。

① 配制 A 液　取丁醇 10 份、平平加 8 份、油酸 14 份放入容器内经搅拌后，加一乙醇胺 4 份搅拌，再加氨水 9 份搅拌，最后加水 10 份，经搅拌即成 A 液。

② 配制 B 液　取煤油 22 份、机油 15 份放入容器内经搅拌，再加乙二醇丁醚 8 份搅拌即成 B 液。

③ 最后　将 A 液和 B 液加在一起搅拌后即为本清洗剂成品。

【配方 5】　内燃机免拆修补清洗剂

组分	w/%
油酸	9～18
煤油	9～40
丁基溶纤剂	6～15
氨水	3～10
水	3～10
异丙醇胺	2～10
丁醇	5～12
辛基酚聚氧乙烯醚	1～10
润滑油	10～30

【使用方法】　将 0.05%～10%稀土添加剂、0.05%～10%超细合金微粒、80%～99.9%清洗剂混合搅拌后，加入燃料油中，在不停车免拆的状态下，通过燃料油的运行和燃烧，自动清除内燃机燃料系统的污垢、胶状物和积炭。

（1）配方分析　稀土添加剂为复合稀土，超细合金微粒可以是金属微粒，或者是金刚石或石墨微粉。使用时，超细合金微粒经油路随燃油进入汽缸，在高温高压作用下，超细合金微粒熔化，涂镀在活塞环和汽缸壁之间，形成起润滑、密封和耐磨作用的保护膜，并自行修复活塞环和汽缸壁的原始微裂纹，稀土添加剂的加入，使其综合性能得到大大提高，从而降低油耗，提高内燃机功率，减少尾气污染，增强汽缸润滑、密封和耐磨性，阻止污垢附着，延长内燃机使用寿命，改善发动机的动力性和经济性，具有长期保养之作用。

(2) 优点

① 综合性能强，同时具有清洗、修补和保养作用。

② 延长内燃机的使用寿命，节省维修费用。

③ 使用简便，效果好。

【主要用途】 主要用于环保节能内燃机清洗部位的用途。

【应用特点】 应用于环保节能内燃机清洗中的油垢、积炭清洗。

【安全性】 由于为水基溶液，基本无不良影响，对人体皮肤无刺激，使用安全可靠，工作环境干净、无油雾。

【包装储存】 包装：450mL × 24 罐/纸箱。储存：保质期 3 年，存放于阴凉、干燥、通风处。

【生产单位】 北京德高洁清洁设备有限公司。

GI004 铁路内燃机车辆清洗剂

【英文名】 railroad locomotive internal combustion engine vehicle cleaning agents

【别名】 内燃机清洗剂；内燃机节能清洗剂

【组成】 一般由氢氧化钠、碳酸钠、烷基苯磺酸钠、JFC（脂肪醇聚氧乙烯醚）6501（椰子酸-7，醇胺缩合物）水组成。

涉及去除铁路内燃机车柴油发动机高温积炭的化学清洗工艺和与这一工艺配套依次使用的Ⅰ号、Ⅱ号清洗剂。Ⅰ号清洗剂是以氢氧化钠和碳酸钠为基液的组合物，Ⅱ号清洗剂是以盐酸为基液的组合物，这两种清洗剂均呈乳浊液状态。

【配方Ⅰ】

组分	w/%
氢氧化钠	2～3
烷基苯磺酸钠	0.8～1.0
6501(椰子酸-7,醇胺缩合物)	0.4～0.6
碳酸钠	3～4
JFC(脂肪醇聚氧乙烯醚)	0.4～0.6
水	余量

【配方Ⅱ】

组分	w/%
苯胺	4.45
盐酸	2.22
甲醛	4.45
水	余量

Ⅰ号清洗剂各组分作用：JFC 的作用是增加润湿和浸透力；烷基苯磺酸钠的作用是增加洗涤和分散力；6501 的作用是乳化、洗涤；碳酸钠的作用是使金属盐转型便于在下一步酸性条件下清洗，与药剂配合，在碱性条件下，可使积炭中的沥青质水解乳化，油焦质悬浮，碳青质疏松、分散，金属盐转型为碳酸盐。

Ⅱ号清洗剂各组分作用：盐酸的作用是把转型后的钙盐和镁盐生成易溶于水的氯化钙、氯化镁，苯胺甲醛缩合物的作用是防止对清洗件金属表面的腐蚀。

(1) 清洗工艺 ①把清洗件放入Ⅰ号清洗剂中，在 100℃下煮洗 70～120min（或在常温 15℃以上浸洗 20～30h）；②取出清洗件，在清水中漂洗至近中性；③放入Ⅱ号药剂中，在 60～70℃条件下浸洗 20～70min（或在常温 15℃以上浸洗 8～12h）；④取出清洗件，用软毛刷轻轻刷去表面附着物后，在清水中漂洗至近中性；⑤再放入Ⅰ号清洗剂中浸泡 2～5min；⑥取出清洗件，用水漂洗至中性。

优点：清洗工艺简单，可批量清洗部件，可彻底清除全部积炭，大幅度缩短了清洗时间和降低了劳动强度；两种清洗剂均呈乳浊液；无毒，气味轻微，对工作环境和人体健康基本无影响；制备药剂所需原料易购，制备方法简单，成本低。

(2) 实施方法示例（以清洗气阀为例）

①Ⅰ号清洗剂的制备（以制备 1000kg 为例）

a. 称取氢氧化钠 25kg、碳酸钠 33kg、烷基苯磺酸钠 9kg、6501 5kg、JFC 5kg；

b. 将上述药剂放入加热容器中，加水约 700kg，加热搅拌至全部溶解，放至室温；

c. 加水至 1000kg，混匀。

② Ⅱ号清洗剂的制备（以制备 1000L 为例）

a. 取盐酸（36.5%）100L，放入耐酸容器中，加水约 500L，搅拌混匀；

b. 取苯胺甲醛缩合物 8L，加入上述溶液中，加水至 1000L，混匀。

（3）清洗方法 ①将气阀放入Ⅰ号清洗液中，加热煮沸 120min 取出；②用清水漂洗至近中性；③放入Ⅱ号清洗液中，加热至 60～70℃后，浸洗 30min 后取出；④用软毛刷除去表面附着物，用清水漂洗至近中性；⑤放入Ⅰ号清洗剂中，浸泡 2min 取出；⑥用清水漂洗至近中性。结果：气阀表面光滑、无伤痕、无腐蚀，可直接用于着色探伤。

【配方Ⅲ】 燃烧室清洗剂

涉及一种燃烧室清洗剂，可用来清除汽车燃烧室内的积炭，以降低排气中有害物质浓度，节省燃油和增大发动机输出功率。

组分	w/%
不多于 6 个碳原子的一元胺	10～13
洗涤剂用表面活性剂	4～5
不多于 6 个碳原子的端羟基溶剂	8～12
水	1～4
7 个或 8 个碳原子芳烃	45～50
杂环化合物溶剂	25～30

（1）配方分析 有些物质能使醇酸树脂在一定条件下降解为小分子，比如胺类；还有一些物质（比如酚类和一些表面活性剂）能渗透到含醇酸树脂的积炭内部。表面活性剂还能和积炭争夺金属，使积炭同金属的结合力减弱，积炭容易脱落。

配方中，优选的不多于 6 个碳原子的一元胺可以是一乙醇胺、三乙醇胺、三乙胺、丁胺、氨水中的一种或两种复合物；

优选的洗涤剂用表面活性剂可以是非离子表面活性剂，如 AEO9（脂肪醇聚氧乙烯醚）、TX-10（壬基酚聚氧乙烯醚）、OP-10（辛基酚聚氧乙烯醚）、6501（椰子油二乙醇酰胺），也可以是阴离子表面活性剂，如十二烷基苯磺酸钠；

优选的不多于 6 个碳原子的端羟基溶剂是：异丙醇、正丁醇、乙二醇独丁醚；

优选的 7 个或 8 个碳原子的芳烃溶剂是：甲苯、二甲苯；

所选用的含 4～7 个碳原子的杂环化合物溶剂具有五元环结构，尤其是具有如下结构式的一种：

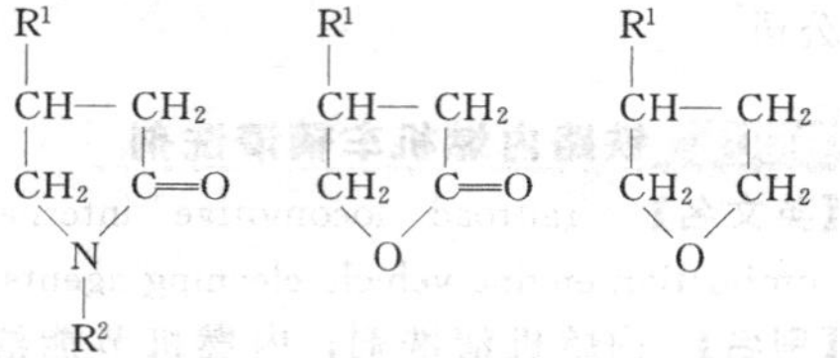

式中，R^1 均为含有 0～2 个碳原子的烷基；R^2 为含有 1～2 个碳原子的烷基。

上述杂环化合物溶剂，最好是 *N*-甲基吡咯烷酮、四氢呋喃或 *γ*-丁内酯；尤其是 *N*-甲基吡咯烷酮。

使用本清洗剂，只要在发动机怠速运转时把清洗剂以任何方式喷入化油器，10min 左右即可完成清洗过程。而把其他市售同类清洗剂喷雾使用时，则会堵塞化油器。

（2）实施方法示例

组分	配方 A（w/%）	配方 B（w/%）
正丁胺	9	10
TX-10	5	4
正丁醇	8	10

续表

组分	配方 A（w/%）	配方 B（w/%）
二甲苯	48	45
氨水	1	2
水	4	1
N-甲基吡咯烷酮	25	28

【制备方法】 在常温下把各种原料按顺序加入带搅拌反应罐中，搅拌 30min 即可。

【使用方法】 将发动机怠速运转，打开化油器上盖，把装入压力喷雾罐的清洗剂对化油器喷雾，时间控制在 10min。

【使用效果】 清洗后继续怠速运行 5min，然后用尾气分析测试仪测量清洗后的一氧化碳和烃类化合物的浓度（测量方法按 GB/T 3845—93），并与清洗前对比，结果配方 A 可以降低一氧化碳 32.7%，降低烃类化合物 88.1%；配方 B 可以降低一氧化碳 19.7%，降低烃类化合物 71.0%。

【主要用途】 主要用于环保节能内燃机清洗部位的用途。

【安全性】 由于为水基溶液，基本无不良影响，对人体皮肤无刺激，使用安全可靠，工作环境干净无油雾。

【包装储存】 包装：450mL × 24 罐/纸箱。储存：保质期 3 年，存放于阴凉、干燥通风处。

【生产单位】 北京德高洁清洁设备有限公司。

Gm 其他车辆清洗剂

Gm001 车辆清洗剂

【英文名】 vehicle cleaning agent

【别名】 车辆清洗剂；化学清洗剂

【组成】 一般由氢氧化钠、碳酸钠、硅酸钠等组成。

【配方】 (除油粉配方)

组分	含量/(g/kg 除油粉)
氢氧化钠	25～250
碳酸钠	210～300
硅酸钠	30～50
硫酸钠	6～10
平平加(O-15)	25～30
JFC	30～40
乌洛托品	1～2
磷酸钠	300～320
焦磷酸钠	40～55
三聚磷酸钠	12～20
EDTA 二钠	5～10
OP-10	10～15
十二烷基硫酸钠	80～120
聚醚 2020	1～3

【制法】 按配方先将氢氧化钠、碳酸钠、硅酸钠等搅拌使其均匀完后，冷至室温加入其他几种原料，搅拌直至成为粉剂。

【主要用途】 主要用于车辆清洗部位的用途。

【安全性】 由于为除油粉配方，基本无不良影响，对人体皮肤防止刺激，使用要安全可靠，工作环境干净、无油雾。

【包装储存】 包装：450mL × 24 罐/纸箱。储存：保质期 3 年，存放于阴凉、干燥、通风处。

【生产单位】 北京德高洁清洁设备有限公司，北京蓝星清洗有限公司、淄博尚普环保科技有限公司。

Gm002 混合蜡车用清洁抛光剂

【英文名】 mixture of waxes auto cleaning polish

【组成】 本品由混合蜡、混合表面活性剂、无离子水、三乙醇胺、四硼酸钠、CMC-Na、色素组成。

组分(质量份)	1#	2#
巴西棕榈蜡	69	38
液体石蜡	62	36
地蜡	70	42
蜂蜡	73	29
三乙醇胺	27	29
LAS	31	78
APG	23	69
AES	11	31
CMC-Na	8	10
去离子水	591	604
四硼酸钠	9	7
柠檬香精	8	12
草绿色溶液	18	15

【制法】

(1) 将混合蜡在 85～100℃温度下完全熔化；

(2) 在 85～95℃温度和 250～300r/min 的搅拌速度下，把加热到 100℃的三乙醇胺溶液加到步骤（1）中熔化所得的100℃混合蜡并搅拌均匀；

（3）在 85～95℃ 温度和 250～300r/min 的搅拌速度下，在步骤（2）所制得的混合液中加入加热到沸腾的无离子水；

（4）在 85～95℃ 温度和 250～300r/min 的搅拌速度下，在步骤（3）所制得的混合液中加入混合表面活性剂 APG、AES 与 LAS 的混合液，并搅拌均匀；

（5）在 85～95℃ 温度和 250～300r/min 的搅拌速度下，在步骤（4）所制得的混合液中加入四硼酸钠溶液、CMC-Na 和色素，并搅拌均匀；

（6）在 250～300r/min 的搅拌速度下冷却步骤（5）中所制得的混合剂至室温 20～30℃并封装成桶，即得成品。使用时将其与水以 1∶(20～50) 的比例混溶。

【用途】 本品用于各种车辆外表面的同时清洁和抛光，尤其适用于高中档汽车和摩托车外表面的清洁和抛光。

【应用特点】 本品是车用多功能一体的清洁抛光剂，具有优良的去污和抛光性能，去污能力强，抛光后形成的保护膜光洁度高，憎水性好，可长时间起防尘耐污作用；本品使用方便，与水混溶后即刻可用，涂布抛光容易，极大减轻了传统打蜡作业的劳动强度，缩短了汽车抛光需要的时间；本品制备容易、生产工艺简单、投资少、成本低；本品没有使用磨料。

【安全性】 本品无“三废”排放，对环境无污染，是绿色环保型产品。稳定性好，可以长期存放而不分层。

Gm003 基础油发动机清洗油

【英文名】 based oil detergent for engine

【组成】 本品由基础油、添加剂组成。其中基础油为普通机油 150SN、500SN、650SN、150BS 中的一种或多种；添加剂主要包括：金属清洁剂、抗磨剂、分散剂、抗氧剂、降凝剂、消泡剂。

组分(质量份)	1#	2#
基础油		
150SN	42	—
500SN	46	42
SK70N	12	—
650SN	—	31
150BS	—	17
SK100N	—	10
成品清洗油		
T115B	3	5
丁二酰亚胺	3	—
聚异丁烯丁二酰亚胺	—	5
T203	1	1.5
聚甲基丙烯酸酯	0.1	3
甲基硅油酯	—	1
硫化二(2-乙基异基)二硫代磷酸氧钼	3	6
基础油	89.9	79.5

【制法】 配制基础油：将组分按配比充分混合，调制成发动机油使用的黏度。

配制成品清洗油：将各种添加剂加入基础油，整个过程中，用计算机控制各添加剂的加入量和调制温度，温度控制在 80～100℃，使各种添加剂充分接触、融合，达到增容效果。理化指标达到发动机油标准。

【用途】 本品用于发动机清洗。

【应用特点】 本品不但可以清除发动机内部的积炭、油泥、漆膜，加上空气中带进的尘埃杂质，摩擦金属产生的金属粉末等附着物，而且增加了发动机的保护功能，清洗后残留的清洗油不会影响发动机的功能和寿命，而且能改善发动机的防锈抗磨功能。使用方便，容易操作，省时省力，费用低廉，可以延长发动机的大修期 2～4 倍。

Gm004 高分子发动机燃油系统清洗剂

【英文名】 polymer cleaner for automobile motor fuel system

【组成】 本品由高分子清净分散剂、携带油、除水剂、极性溶剂、稀释剂组成。高分子清净分散剂可以是聚异丁烯胺、聚醚胺、聚烷基酚、烷基聚氨酯、聚异丁烯琥珀酰亚胺中的一种；携带油为烷基聚丙二醇醚、烷基聚丁二醇醚、机械油、基础油、液体石蜡、植物油中的一种；除水剂为壬基酚聚氧乙烯醚、十八烷基聚氧乙烯醚、十二烷基醇酰胺中的一种或两种；极性溶剂为异丙酮、异丁醇、乙二醇单甲醚、乙二醇单丁醚中的一种或两种；稀释剂为汽油、二甲苯、200# 溶剂油、煤油、松节油中的一种。

组分(质量份)	1#	2#
聚异丁烯胺	6	—
聚丁烯琥珀酰亚胺	—	8
十八烷基聚氧乙烯醚	12	12
十八烷基聚氧乙烯醚	6	—
精制液体石蜡	—	—
十二烷基醇酰胺	—	14
异丁醇	18	—
乙二醇单甲醚	—	30
200# 溶剂油	58	—
二甲苯	—	36

【制法】 将高分子分散剂、携带油溶于稀释剂中，再将除水剂溶于极性溶剂中，再将两者混合均匀，即可得到本品。

【用途】 本品用于清洗发动机燃油系统。

【应用特点】 本品可以有效地将燃油系统各处的沉积物清洗干净，方便快捷，不耽误汽车的正常运行，清洗方便。

【安全性】 对金属无腐蚀，稳定性好。

Gm005 油酸燃油清洁剂

【英文名】 oleic acid fuel cleaner

【组成】 本品由油酸、异丙醇胺、水、氨水、乙二醇一丁醚、正丁醇、煤油、柴油、润滑油、乙醚、石油醚、丙酮、油溶性锰盐、聚氧乙烯辛酚醚组成。

续表

组分(质量份)	1#	2#
油酸	5	5
异丙醇胺	2	5
水	5	5
氨水	3	2
乙二醇一丁醚	5	5
正丁醇	5	5
煤油	10	10
润滑油	10	5
乙醚	30	25
石油醚	5	—
柴油	—	10
丙酮	8	10
油溶性锰盐	10	10
聚氧乙烯辛酚醚	1	1

【制法】 按配比将所有组分分别溶解、混合、沉淀、分离、过滤，即可灌装成品。

【用途】 本品可以分别使用在汽油、柴油等场合。用于各种机动车辆和各种内燃机以及所用的各种燃油中。本品使用方便，用量少。本清洁剂直接添加于机动车内燃机燃油中，掺油使用即可发挥作用，添加量仅为燃油体积的 0.1%～1%，就能达到清洁的理想效果。

【应用特点】 本品除污垢快。使用本清洁剂，对于附着在燃烧系统零部件上的污垢清除速度快，可于行驶 28～100km 之内将污垢彻底清除干净；除污垢适应性强。无论于低温地区或高温地区所生成的污垢均可彻底清除；该产品在燃烧过程中能保持车辆燃烧系统永久清洁。即能阻止新污垢的形成，又能将旧污垢清除掉；本品适应范围广。各种机动车辆和各种内燃机以及所用的各种燃油都能适应使用；消除车辆黑烟，脱除有害气体，减少车辆对环境的污染，保护大气环境；提高发动机耐磨强度。使用本清洁剂，能够使车辆燃烧系统的零部件保持永久崭新、干净，能够减少燃烧系统零部件的磨损，增加润滑性，延长车辆燃烧系统零部件的寿命 20%以上；节能效果显著。使用本清洁剂能确保车辆耗油量减少，使车辆节油 15%～20%；提高发动机功率，由于本清洁剂同车辆燃油混合使用，促进燃油充分彻底燃烧，从而大大减少了耗油量，还能使发动机提高功率 15%～20%。

Gm006 辛基酚聚氧乙烯醚-硼酸水洗车液

【英文名】 octylphenol polyoxyethylene ether-boric acid wash(ing)liquor

【组成】 本品由辛基酚聚氧乙烯醚、甘油、蜂蜡、硼酸水、去离子水组成。

组分	配比(质量份)
辛基酚聚氧乙烯醚	5
甘油	2
蜂蜡	2
硼酸水	10
去离子水	81

【制法】 按比例准确量取各种组分，先将去离子水加入到不锈钢容器中加热，再加入辛基酚聚氧乙烯醚不断搅拌，随着温度的升高依次加入甘油、蜂蜡、硼酸，同时继续搅拌加热数分钟待乳剂溶解、分散后，停止加热（温度不宜超过 80℃）、搅拌，倾倒至储液罐中待冷却后灌装至包装瓶中。

【用途】 本品可同时用于车辆的外部和内饰的清洁。

【应用特点】 本品含有去污、上光、护膜、抑菌的功能，可将以往多道工序完成的工作，综合一次完成，可同时用于车辆的外部和内饰的清洁，集清洁去污、上光养护、抑菌杀菌诸功能于一体。

【安全性】 本品对人体无毒害，对环境无污染，可大量节约水资源。

Gm007 脂肪族机动车燃油系统清洁剂

【英文名】 aliphat cleaner for automobile motor fuel system

【组成】 本品由燃油去垢剂、抗污剂、烃类溶剂和抗爆剂等组成。其中燃油去垢剂选自脂肪族胺类、脂肪族聚酰胺盐、烃羟基衍生物，如双可可胺、乙二醇单甲醚、乙二醇单乙醚；烃类溶剂选自甲醇、乙醇、正丙醇、异丙醇、丁醇；抗爆剂为有机氧化物选自过氧化二叔丁基、过氧化丁酮、叔丁基过氧化物等

组分	配比(质量份)
过氧化二叔丁基	7
甲醇	450
二醇单乙醚	293
丁酮	115
丁醇	34
异丙醇	101
有机着色剂	少量

【制法】 将各组分按配比称量，充分搅拌均匀即可。

【用途】 本品适用于机动车燃油系统的自动清洁。

【应用特点】 本品自动清除沉积在电喷、化油器及燃油系统内壁上的积炭、油垢、胶质等影响车辆性能的污垢物；增强发动机爆发力而提速快；降低油耗；减少尾气排污量等。使用简便、不需停车更不需拆机解体、省时省事省钱。达到同时保养车辆和保护环境的目的。

Gm008 无机机动车水路除垢剂

【英文名】 inorganic scale inhibitor for automobile aquage

【组成】 本品包括溶解剂和清除剂两部分：①溶解剂是由盐酸、乙醚、六亚甲基四胺及水混合制成；②清除剂是由碳酸钠（或磷酸三钠）溶于水中制得。

组分(质量份)	1#	2#
溶解剂		
盐酸	2	16
乙醚	0.5	0.75
六亚甲基四胺	0.5	1.25
氟化氨(或氟化氢)	0.1	0.3
磷酸	0.5	0.75
水	加至 100	加至 100
除垢剂		
碳酸钠(或磷酸三钠)	10	30
水	加至 100	加至 100

【制法】 将组分比例称取各种组分。在搅

拌罐中将溶解剂各组分加入水中，混合搅拌均匀，制成溶解剂。将碳酸钠或磷酸三钠溶于水制成除垢剂。

【用途】 本产品用于清除机动车水路水垢。使用时，先放净机动车水箱内的水，根据其中的积垢情况，加入适量的溶解剂，再加水补满水箱，这时车辆可以正常行驶，待 2～2.5h 后，放净水箱中的水和溶解剂，然后加入除垢剂，30min 后待方便时放出即可加水正常使用。

【应用特点】 本产品除垢彻底，不损伤零部件。节省人力、物力和财力，缩短了除垢时间。清除过程中机动车可以正常运行，不影响车辆工作。制造工艺简单，成本低，使用方便。

Cm009 氨基磺酸机动车水箱水垢清洗剂

【英文名】 aminosulfonic acid cistern scale inhibitor

【组成】 本品由氨基磺酸或草酸、六亚甲基四胺、天津若丁、氧化亚锡、渗透剂 JFC 组成。氨基磺酸也可由草酸替代。

组分(质量份)	1#	2#
氨基磺酸	98	70
六亚甲基四胺	0.3	0.01
天津若丁	1	0.05
氧化亚锡	—	0.02
渗透剂 JFC	0.5	0.01

【性质】 呈粉状。

【制法】 将组分按配比混合均匀即可。

【用途】 本品用于机动车水箱的清洗除垢。

【应用特点】 本品成本非常低，使用其除垢，尤其是对机动车水箱除垢，除垢率可达 98%以上，在常温下使用，操作简便。

【安全性】 除垢时不会产生硫氧化物、氮氧化物气体和粉尘以及其他有害物质，利于环保和身体健康。易于保存和运输。

Gm010 甲醇汽车挡风玻璃清洁剂

【英文名】 methanol screen cleaner

【组成】 本品由磷酸三乙酯或三乙烯四胺、甲醇、氯化十二烷基二甲基苄基铵、椰油酰胺丙基氧化胺、水组成。

组分(质量份)	1#	2#
磷酸三乙酯或三乙烯四胺	0.02	0.07
甲醇	0.1	0.4
氯化十二烷基二甲基苄基铵	0.003	0.007
椰油酰胺丙基氧化胺	0.003	0.007
水	1	1

【制法】 将磷酸三乙酯或三乙烯四胺、甲醇、氯化十二烷基二甲基苄基铵、椰油酰胺丙基氧化胺、水加入容器中，混合均匀即成。

【用途】 本品用于汽车挡风玻璃清洁。

【应用特点】 本品可去除昆虫残迹等顽固污渍；会使雨刮器的橡胶部分变得柔软、并延缓老化；可使挡风玻璃上形成疏水膜，从而保证驾驶员在使用雨刮器时视线不受雨水影响。

Gm011 二甲基硅油汽车干洗上光液

【英文名】 dimethyl polysiloxane chemical cleaning bright finish for automobile

【组成】 本品由二甲基硅油、液体石蜡、脂肪醇聚氧乙烯醚、亚麻油、二氧化硅、乳化剂、分散剂、香精、蒸馏水组成。其中乳化剂可以选自吐温 60、十六醇或单硬脂酸甘油酯中的任意一种，分散剂可以选自丙二醇、丙三醇或丙酮中的任意一种，香精可以选自苹果香精、橘子香精或柠檬香精中的任意一种。

组分(质量份)	1#	2#
二甲基硅油	5	30
液体石蜡	5	20
脂肪醇聚氧乙烯醚	3	10
亚麻油	2	8
二氧化硅	3	10
吐温 60	1	—
单硬脂酸甘油酯	—	10
丙二醇	1	—

续表

组分(质量份)	1#	2#
丙三醇	—	10
苹果香精	1	—
橘子香精	—	5
蒸馏水	40	100

【性质】 软糊状乳液。

【制法】 按所述的用量取料，将配料逐一加入到容器中；对容器中的混合液进行充分搅拌至混合液为软糊状乳液，即成本品。

【用途】 本品用于汽车保养清洁。

【应用特点】 本品具有清洁、上光、增亮、抗静电、防水、防锈等多种功能于一体，能够同时完成多种功效，省时省力；方法简单易行，成本低。

【安全性】 本品为环保产品，对人体无毒害，对环境无污染。

Gm012 壬烷基聚氧乙烯醚-氨基磺酸汽车空调机清洗剂

【英文名】 nonylpolyethylene ether-aminosulfonate cleaner for automobile air conditioning

【组成】 本品由壬烷基聚氧乙烯醚、氨基磺酸、*N*-二乙醇椰子油酰胺、三乙醇胺、聚乙二醇环氧乙烷加成物、乙二胺四乙基胺、硅酸钠、二丙二醇单丁醚、水组成。

组分	配比(质量份)
壬烷基聚氧乙烯醚(98%)	5
氨基磺酸(95%)	6
N-二乙醇椰子油酰胺(95%)	1
三乙醇胺(95%)	3
聚乙二醇环氧乙烷加成物(98%)	2
乙二胺四乙基胺(95%)	5
硅酸钠(95%)	1
二丙二醇单丁醚(98%)	4
去离子水	73

【性质】 pH 值＝4～6。

【制法】

（1）按照配比各组分重量备料；

（2）取壬烷基聚氧乙烯醚、*N*-二乙醇椰子油酰胺、三乙醇胺、聚乙二醇环氧乙烷加成物、乙二胺四乙基胺共溶分散，温度在 20～40℃，时间 0.5h；

（3）取 40%的水加硅酸钠，使全部溶解，溶解温度 40～65℃；

（4）将上述工艺（2）和（3）的结果混合，再入加 60%的水和二丙二醇单丁醚在不锈钢反应釜或搪瓷反应釜内以推动式搅拌，速率为 40～60 次/min 进行分配，温度控制在 10～30℃，时间 1h，维持 3h；

（5）成品检测，包装即可。

【用途】 本品适用于汽车空调机的清洗。

【应用特点】 本品去污力强，尤其对风扇叶片、散热翅片清洗效果尤佳；本品有缓蚀镀膜防锈的作用；组分来源丰富而成本较低。

【安全性】 本品为弱酸性，无大腐蚀作用。

Gm013 有机酸汽车水箱除垢清洁剂

【英文名】 organic acid cistern scale inhibitor

【组成】 本产品是由水垢溶解剂，金属清洗剂及阴离子表面活性剂组成。水垢溶解剂包括次氨基三乙酸（NTA）和乙二胺四乙酸（EDTA）；金属清洗剂包括氨基磺酸和柠檬酸；而阴离子表面活性剂包括亚甲基二萘磺酸钠（NNO）、烷基苯磺酸钠和十二烷基硫酸钠。

组分(质量份)	1#	2#
次氨基三乙酸	70	—
乙二胺四乙酸	—	60
氨基磺酸	25	—
柠檬酸	—	35
亚甲基二萘磺酸钠	5	—
烷基苯磺酸钠	—	5

【制法】 将各组分混合均匀即可。

【用途】 本品用于清除汽车水箱中积存的水垢。

【应用特点】 水垢是溶解在清洗剂中的，

没有产生任何水渣，所以不会造成冷却系统的堵塞，另外本清洗剂清洗时间短，清洗过程不影响汽车运行。

【安全性】 本品中的任何一种成分对金属本身均没有腐蚀作用，因此对水箱及汽车部件没有任何损伤。本品无毒。

Gm014 矿物油汽车外壳去污上光剂

【英文名】 mineral oil cleaning bright finish for automobile body

【组成】 本品由三乙醇胺、矿物油、油酸（顺式十八烯-9-酸）、研磨剂、870增稠剂、香精、水组成。矿物油至少有一种选自润滑油、煤油、机油、白油（液体石蜡）。所述的研磨剂至少有一种选自三氧化二铝、滑石粉。所述的香精至少有一种选自玫瑰香精、菠萝香精、柠檬香精。

组分	配比(质量份)
三乙醇胺	2
机油	20
油酸	4
870增稠剂	3
滑石粉	2
柠檬香精	0.5
水	68.5

【制法】 先将三乙醇胺溶于水中，搅拌20min；再将矿物油与油酸共置于30～40℃不锈钢自动控温器中搅拌40min，使之混合均匀；然后，将矿物油与油酸混合物加入到三乙醇胺的水溶液中搅拌40min后，再加入870增稠剂，搅拌40min，加入研磨剂，搅拌30min后，再加入香精继续搅拌，直至完全混合均匀后，即成成品。

【用途】 本品适用于各种车辆外表的清洁，清洁、去污一次完成，方便快捷。

【应用特点】 使用本品擦拭汽车后，抗静电能力强，灰尘不易黏附，此外使汽车外表形成一层抗紫外线保护漆膜，可防止空气氧化和酸雨对漆膜的侵蚀，对保养车辆外壳产生积极作用。本品制备简单、操作方便、成本低。

【安全性】 本品对人体皮肤无刺激，对环境无污染、无毒害。

Gm015 乙醇汽车玻璃清洁剂

【英文名】 ethanol autoglass cleaner

【组成】 本品由ABS、OP-10、尿素、乙二醇丁醚、乙醇、异丙醇、硅酮乳液、香精和水组成。

组分	配比(质量份)
ABS	1
OP-10	0.5
尿素	5
乙二醇丁醚	5
乙醇	10
异丙醇	5
硅酮乳液	0.1
香精和水	适量

【制法】 在常温下按配比将各组分混合均匀即可。

【用途】 本品用于汽车玻璃清洗。

【应用特点】 本品常温下配制即可，具有强化除油效果；使用方便、快捷。

【安全性】 本品无公害、无毒、无腐蚀性。

Gm016 甲基含氢硅油汽车清洁蜡液

【英文名】 methyl hydrogen silicone oil auto cleanning wax

【组成】 本品由甲基含氢硅油、聚氧乙烯壬酚醚、十二烷基二甲基氧化胺、乙二醇、*N*-甲基-2-吡咯烷酮、二氧化硅、水组成。

组分	配比(质量份)
甲基含氢硅油	4
聚氧乙烯壬酚醚	2
十二烷基二甲基氧化胺	1
乙二醇	10
N-甲基-2-吡咯烷酮	5
二氧化硅	5
水	73

【制法】 先将水加入混合罐中，温度在20～60℃，再称取甲基含氢硅油、聚氧乙烯壬酚醚，十二烷基二甲基氧化胺，N-甲基-2-吡咯烷酮，二氧化硅，加入上述的混合罐中，搅拌2～5min，再加入乙二醇搅拌2～5min即可装瓶。

【用途】 本品用于车辆清洗，也可用于硬质材料的清洁。

【应用特点】 本品具有良好的剥离效果，由于采用有效的剥离剂，除污效果好且不损车身，同时缩短了清洁车身的时间；具有良好的洗净效果；具有良好的护车功能；具有良好的环保性能；一次性完成上光、打蜡、在使用过程中即起着上光打蜡，使车面清洁亮丽，不粘水沫，有效保护漆膜；节约水源，不需要水洗。

Gm017 烷基苄氧化胺-硅烷酮汽车清洗剂

【英文名】 alkyl benzyloxyamine-silicone cleaner for automobile

【组成】 本品由烷基苄氧化胺、硅烷酮乳化液、烷基酚基聚氧乙烯醚、蒸馏水组成。

组分	配比(质量份)
烷基苄氧化胺	16
硅烷酮乳化液	14
烷基酚基聚氧乙烯醚	17
蒸馏水	53

【制法】 按一定比例分别将烷基苄氧化胺、烷基酚基聚氧乙烯醚置入搅拌机中，搅拌均匀后置入蒸馏釜内加温至90℃，保持3～5min，然后倒入不锈钢或搪瓷容器中冷却至50～60℃时。再按一定比例加硅烷酮乳化液及蒸馏水，搅拌均匀后经灌装机灌装到小容器内待用。

【用途】 本品用于汽车清洗。

【应用特点】 本品配方合理，实现对车辆表面的去污、上光、护漆的目的；制备工艺简单、容易操作、成本低廉、使用方便可靠。

Gm018 硅酮-巴西棕榈蜡-煤油洗车剂

【英文名】 silicone-Brazil wax-kerosene wash(ing) agent

【组成】 本品由硅酮、巴西棕榈蜡、溶剂煤油、壬基酚聚氧乙烯醚、三乙醇胺、磷酸钙粉、水组成。

组分	配比(质量份)
硅酮	2.13
巴西棕榈蜡	5.34
溶剂煤油	26.73
壬基酚聚氧乙烯醚(环氧乙烷加成数10)	3.85
壬基酚聚氧乙烯醚(环氧乙烷加成数5)	2.56
三乙醇胺	0.58
磷酸钙粉	5.34
水	加至100

【性质】 乳状液体。喷雾剂。

【制法】 按将各种组分混合，加温搅拌成乳状液体，按常用方法装入喷雾罐内，即可使用。

【用途】 本品用作汽车清洗、保养，尤其适合于无水源的地方。

【应用特点】 本品使用无需用一滴水，即可使车体表面清洁光亮如新，清洁、保养、上光一步完成，节水节能，利于环保。

Gm019 上光蜡洗车亮洁剂

【英文名】 wash(ing) lustering polish

【组成】 本品主要由上光蜡、乳化剂、溶剂油、油酸、添加剂、防腐剂、香料、水组成。

组分	配比(质量份)
巴西棕榈蜡	3.12
川蜡	5
蜂蜡	2.32
壬基酚聚氧乙烯醚	1.52
失水山梨醇油酸酯聚氧乙烯醚-80	1.52

续表

组分	配比(质量份)
TA-20	3.12
200#溶剂油	30.84
油酸	5.68
三乙醇胺	1.84
甲基硅油	5
尼泊金甲酯	0.4
柠檬香精	1
蒸馏水	338.64

【性质】 本品有芳香味乳浊液。

【制法】

(1) 将蒸馏水加入反应釜1中，开启搅拌，用蒸汽或油浴间接加热蒸馏水至30～60℃，然后依次将TA-20、失水山梨醇油酸酯聚氧乙烯醚80或失水山梨醇油酸酯聚氧乙烯醚60、壬基酚聚氧乙烯醚在不断搅拌下加入反应釜1中使其完全溶解，再将添加剂三乙醇胺在不断搅拌下加入反应釜1中使其完全溶解，并将均匀混合液升温至75～95℃。

(2) 将溶剂油加入反应釜2中，开启搅拌，用蒸汽或油浴间接加热蒸馏水至20～40℃，然后依次加入川蜡、蜂蜡、巴西棕榈蜡，在不断搅拌下加入反应釜2中使其完全溶解，再将添加剂高分子树脂在不断搅拌下加入反应釜2中使其完全溶解，再将油酸在不断搅拌下加入反应釜2中使其完全溶解，加料搅拌溶解期间温度保持在40～60℃。

(3) 将上述步骤2所制得的均匀混合液加入上述步骤1装有所制得均匀混合液的反应釜1中，不断搅拌使温度升高至80～90℃，用胶体磨打磨混合液10～20min，加入防腐剂后再打磨5～10min，再加入香料。

(4) 出料，按规定标准包装成品。

【用途】 本品为汽车无水洗车专用产品，同时完成洗车、打蜡、上光功能。

【应用特点】 本品能以一个稳定的乳浊液的形式存在，提高了无水汽车亮洁剂的乳化性能和稳定性能，从而克服了现有产品乳浊液稳定性差、易分层的缺点。

Gm020 非离子表面活性剂洗车养护液

【英文名】 nonionics maintenance wash (ing) liquor

【组成】 本品由A料、B料、C料、D料组成，其中A料由洗涤助剂、非离子表面活性剂、去离子水组成；B料由油酸、硅油、液体蜡、巴西棕榈蜡组成；C料由杀菌剂、香精组成；D料由固体微粉、防冻剂组成。

组分(质量份)	1#	2#
非离子表面活性剂	8.0～10.0	8.0～10.0
洗涤助剂	2.0～2.5	2.0～2.5
去离子水	72.96～62.46	72.96～62.46
油酸	4.0～6.0	4.0～6.0
硅油	2.0	2.0
液体石蜡	10.0～15.0	10.0～15.0
巴西棕榈蜡	2.0	2.0
杀菌剂	0.02	0.01
香精	0.02	0.01
固体微粉	微量	0.01
防冻剂	微量	0.5

【性质】 本品有香味。

【制法】

(1) 先将A料中的非离子表面活性剂8.0%～10.0%、去离子水62.46%～72.96%、洗涤助剂2.0%～2.5%置于容器中，在常温下搅拌进行乳化反应，直至乳化完全为止。

(2) 将B料中的油酸4.0%～6.0%、硅油2.0%、液体石蜡10.0%～15.0%、巴西棕榈蜡2.0%置于另一容器进行乳化反应，在乳化过程中不停地搅拌直至乳化完全为止。

(3) 将B料倒入A料中继续搅拌20min，再次加入C料直至搅拌均匀形成白色乳化液为止；将D料倒入上述溶液，继续搅拌直至混合均匀。冷却至室温即可。

【用途】 用作于轿车、客车、摩托车、自行车等及车内的玻璃、仪表盘、皮塑座椅的清洗上光，木制漆面家具、光滑石材面等清洁打蜡上光。

【应用特点】 与传统洗车技术相比，具有较强的去污力，是一种节水型产品，具有清洗、打蜡、上光一次性完成特殊功效，省水、省钱、省时、省力。该产品有良好的抗静电、抗再沉积性，遇水光泽不减。本品使用方便、操作简单，不受场地限制。

【安全性】 本品是无毒、无磷、防腐蚀、不含任何有机溶剂、对肌肤无刺激、环保型产品。

Gn 船舶化学清洗剂

国内一般船舶清洗剂用于替代易燃危险的石油溶剂，可轻易去除各种硬表面油脂、污垢、染料霉斑等污物。船舶清洗剂特点是高效本品含有强力渗透乳化剂，可容易地清除各种金属零件表面的油垢，易漂洗，可根据不同情况用水稀释几倍至几十倍使用。国内一般环保产品为无磷配方，不含任何危害人体和环境的毒害成分。

另外船舶等大型机械易沾油污和灰尘，为提高附着力，在涂装以前通常要使用有机溶剂对其表面进行脱脂处理。但这类溶剂一般具有毒性和易燃，且污染环境，国内一般以聚磷酸盐、聚羧酸盐和烷基酚聚氧乙烯醚、脂肪醇醚及聚多元醇醚为主的原料清洗剂，如下主要介绍船舶清洗剂适用范围、船舶清洗剂清洗方法。

1 船舶清洗剂适用范围

船舶的机房、船舱、甲板、发动机、装卸机械及集装箱内外等的油污清洗。

甲板走廊、救生艇、爬梯、起重机、桅杆、烟囱等表面及重度油污部位的清洗。

机房内的油污清洗：如引擎、舱房地板、舱壁、油水分离机、滤油器等。可清除机械设备表面的黄袍对动植物油脂有特效，另外在清洗钢铁零件及建筑装饰材料方面非常适用。

化学成分：非离子表面活性剂、阴离子表面活性剂、烷基化合物、氢氧化钠等。

化学性质：浓缩液 pH 10～12；水溶性，100%。

2 船舶清洗剂清洗方法

国内一般产品都适用于人工及机械的常规清洗和去污作业，可视污染程度用水按比例稀释后使用。例如：一般日常轻度污染 1∶20，普通中度污染 1∶10，严重重度污染 1∶5。用温水稀释清洗效果更佳。

国内产品一般将产品均匀地喷洒到污物表面，待 4～9min 后用水冲洗干净即可。污染物厚度较大时可重复喷洒刷洗；清洗重度污染零部件时可直接浸泡清洗，反复循环使用。

面对海洋环保局新的方案出台，我们也做出来新的船舶清洗剂，希望本节的配方可以为海洋生物带来喜悦。配方当中的一些原材料大家可以自己去寻找了。

Gn001 船舶专用化学清洗剂

【英文名】 ship-specific chemical cleaning agents

【别名】 船舶专清洗剂；化学清洗剂

【组成】 一般由壬基酚聚氧乙烯醚、二甲苯、丁基溶纤剂、磺酸、氢氧化钠、水组成。

【配方】

组分	质量份
壬基酚聚氧乙烯醚	6～8
氢氧化钠	1～4
二甲苯	2～8
聚醚 2020	1～3
丁基溶纤剂	6～18
磺酸	10～12
水	160～200

【制法】 按配方先将氢氧化钠溶于 200 份水中，搅拌使其溶解。氢氧化钠溶于水中要放出大量的热，故配制时要注意操作安全，切勿溶解太快太猛！待氢氧化钠溶解完后，冷至室温加入其他几种原料，搅拌直至成为透明溶液，然后加入 400 份水，搅拌即成。必要时可适当加些色素。

【主要用途】 主要用于船舶专用化学清洗部位的用途。

【安全性】 由于为水基溶液，基本无不良影响，对人体皮肤无刺激，使用安全可靠，工作环境干净、无油雾。

【包装储存】 包装：450mL×24 罐/纸箱。储存：保质期 3 年，存放于阴凉、干燥、通风处。

【生产单位】 中国船舶重工集团公司七一八研究所，北京科林威德航空技术有限公司。

Gn002 轮船化学清洗剂

【英文名】 ferry chemical cleaning agents

【别名】 化学清洗剂；轮船清洗剂

【组成】 一般由氢氧化钠、二甲苯溶纤剂、十二烷基硫酸钠、OP-10、软水等组成。

【特点与用途】 本剂以氢氧化钠、二甲苯溶纤剂、十二烷基硫酸钠、OP-10、软水等为原材料，经溶解、混合等工序调制而成。本剂具有去污垢能力强，不使用含磷洗涤剂，原料易得，制备简单等特点。专门用于清洗船舶污垢，包括船体、船底等。

【配方】

组分	质量份
焦磷酸钠	3.3
十二烷基硫酸钠	80～120
二甲苯	9
丁基溶剂	21
OP-10	7
软水	220

【制备工艺及方法】 按配方先将氢氧化钠溶于 220 份水中，搅拌使其溶解。氢氧化钠溶于水中要放出大量的热，故配制时要注意操作安全，切勿溶解太快太猛！待氢氧化钠溶解完后，冷至室温加入其

他几种原料，搅拌直至成为透明溶液，然后加入454份水，搅拌即成。必要时可适当加些色素。使用时可取布或海绵进行擦洗。

【主要用途】 主要用于轮船化学清洗部位的用途。

【应用特点】 ①超级强的皂化与乳化聚合能力，对各种油污有极强的皂化、乳化、清洗、洁净能力。广泛用于多种行业。②独有的皂化与乳化双核聚合，能完成过去单独皂化和单独乳化都无法完成的功能。③国际首创利用缓释因子，能让超级皂化乳化剂持久发挥皂化乳化作用。并能周而复始的循环利用，使超级皂化乳化剂的效能发挥到极尽。④超级皂化乳化剂添加一点在洗洁精等洗涤剂中能极大提高除油和油污持续皂化乳化能力。适合于任何配方。

【安全性】 由于为水基溶液，基本无不良影响，对人体皮肤无刺激，使用安全可靠，工作环境干净、无油雾。

【生产单位】 中国船舶重工集团公司七一八研究所，北京科林威德航空技术有限公司

Gn003 环保型船舶管路专用化学清洗剂

【英文名】 environmentally friendly vessels dedicated pipeline chemical cleaning agents

【别名】 船舶管路清洗剂；管路化学清洗剂

【组成】 一般由氟化钠、三乙醇胺、三聚磷酸钠、OP-10、脂肪酰胺、消泡剂、柠檬酸及水组成。

【产品特点】 选用的原料均为无毒、无味、无腐蚀、无污染的化学原料，不含强酸、强碱，对人体无伤害性，对环境无污染，安全无腐蚀，其清洗腐蚀率小于0.1g/(m^2·h)［国家标准6g/(m^2·h)］。

【配方】

组分	w/%
氟化钠	2～4.2
三乙醇胺	5～8
脂肪酰胺	1～5
柠檬酸	6～12
OP-10	3～8
三聚磷酸钠	10～12
消泡剂	0.1～0.2
水	66～82

【制法】 将配方中各组分按比例放入反应釜进行反应，然后检测、过滤、包装即得成品。

【性能指标】 外观为无色透明的液体。pH为7.8。腐蚀率小于0.1g/(m^2·h)。

【主要用途】 主要用于船舶管路专用化学清洗部位的用途。

【应用特点】 实际清洗管路时，将上述制得清洗剂用水稀释，清洗剂占全部质量的10%～20%。

【安全性】 由于为水基溶液，基本无不良影响，对人体皮肤无刺激，使用安全可靠，工作环境干净、无油雾。

【包装储存】 包装：450mL×24罐/纸箱。储存：保质期3年，存放于阴凉、干燥、通风处。

【生产单位】 中国船舶重工集团公司七一八研究所。

Gn004 BOR-101A 船舶管道专用清洗剂

【英文名】 BOR-101A ship piping cleaning agent

【别名】 船舶管道清洗剂；管道化学清洗剂

【组成】 一般由氯化铵、氟化钠、三乙醇胺、水杨酸钠、脂肪酰胺、消泡剂、柠檬酸及水组成。

【产品特点】 ①高效水溶性：本产品为高效浓缩性水基清洗剂，可用水做稀

释剂，安全、快速地清除金属表面锈渍、金属渍、氧化层垢及其他残垢。②除油特性本产品含有乳化剂及消散剂，如果金属表面有油渍、油垢，不需要另外除油程序，可以一次性完成除油、防锈工作。③中性无腐蚀特性：本产品适用于船舶及船舶管道零部件及金属管线的除锈、防锈。

【清洗方法】 在施工过程中，可根据金属表面的油污及锈蚀情况，用水稀释本产品到适宜程度，循环或浸泡清洗 8～24h，即可达到理想的清洗效果。

【配方】

组分	w/%
氯化铵	1.2～1.8
三乙醇胺	6～8
壬基酚聚氧乙烯醚	6～8
柠檬酸	10～15
氟化钠	2～4
水杨酸钠	6～10
消泡剂	0.2～0.3
水	70～88

【制法】 将配方中各组分按比例放入反应釜进行反应，然后检测、过滤、包装，即得成品。

【性能指标】 本清洗剂外观为无色透明的液体。pH 为 7.8。腐蚀率小于 0.1g/(m^2·h)。

【主要用途】 主要用于船舶管路专用化学清洗部位的用途。

【应用特点】 实际清洗船舶管道时，将上述制得清洗剂用水稀释，清洗剂占全部质量的 10%～20%。

【安全性】 由于为水基溶液，基本无不良影响，对人体皮肤无刺激，使用安全可靠，工作环境干净、无油雾。

【包装储存】 包装：塑料桶装，25kg/桶。储存：保质期 3 年，存放于阴凉、干燥、通风处。

【生产单位】 杭州博瑞清洗公司。

Gn005 BOR-102B 船舶管道专用防锈剂

【英文名】 BOR-102B anti-rust agent specialized for ship piping

【别名】 船舶管道清洗剂；管道化学清洗剂

【组成】 一般由氯化铵、氟化钠、三乙醇胺、水杨酸钠、脂肪酰胺、消泡剂、柠檬酸及水组成。

【产品特点】 ①本产品所含有的表面活性剂，可有效地为金属表面在干、湿环境下提供防锈保护；②可对需处理的管系或部件实行浸泡、喷淋等措施进行防锈。

【清洗方法】 ①需除锈的管系或零部件浸泡在本产品若干分钟，取出晾干即可达到防锈目的；②配比浓度应根据需求的防锈目的的选择，通常 10%～30%。

【配方】

组分	w/%
氯化铵	1～1.5
三乙醇胺	5～8
脂肪酰胺	3～5
柠檬酸	10～16
氟化钠	2～3.5
水杨酸钠	6～10
消泡剂	0.2～0.45
水	60～80

【制法】 将配方中各组分按比例放入反应釜进行反应，然后检测、过滤、包装，即得成品。

【性能指标】 本清洗剂外观为无色透明的液体。pH 为 7.8。腐蚀率小于 0.1g/(m^2·h)。

【主要用途】 主要用于船舶管道专用化学清洗部位的用途。

【应用特点】 实际清洗管道时，将上述制得清洗剂用水稀释，清洗剂占全部质量的 10%～20%。

【安全性】 ①处理后晾干存放；②若需长期防锈用，需定期喷淋；③不可与其他产品混合使用；④ 使用过程中，请不要接触眼睛、皮肤及衣物等，如果上述部分发生接触，请用清水冲洗即可。由于为水基溶液，基本无不良影响，对人体皮肤无刺激，使用安全可靠，工作环境干净、无油雾。

【包装储存】 包装规格：塑料桶装，25kg/桶。储存：保质期 3 年，存放于阴凉、干燥、通风处。

【生产单位】 杭州博瑞清洗公司。

Gn006 BOR-103 重油清洗剂

【英文名】 BOR-103 heavy oil cleaning agent

【别名】 船舶重油清洗剂；船舶清洗剂

【组成】 OP-10、十二烷基硫酸钠、二甲苯、丁基溶剂、氟化钠、焦磷酸钠、磷酸钠、软水组成。

【产品特点】 本产品为重油清洗剂，在室温条件下，可以有效地清除金属表面的锈渍、金属渍、氧化层垢及其他残留污渍，摒弃了以前酸洗给金属表面造成的损坏，同时达到了保护环境的目的，一次清洗，即可使金属表面达到光洁如新的程度，是一种全能、高效、重油清洗剂。

【适用范围】 ① 用于船舶燃油输送管道、船舶油罐清洗、船舶石蜡沉积物和油质污垢。

② 有效溶解输油管壁上黏附的低凝点烃类积垢，清除蜡状物对输油产生的阻力，避免输油泵超载。本品良好的清洗除蜡能力，可使输油管表面迅速恢复洁净，保持最佳输油状态。

③ 清洗剂含有高效防腐蚀成分，对金属无腐蚀损伤，对集输管道的使用寿命无影响。

【物理性状】 外观：淡黄色液体；pH≥7.0～7.2；相对密度（20℃）：≥0.9；溶解性：溶于石油，分散于水中。

【清洗方法】 将清洗剂用水稀释 2～3 倍，升温至 80～90℃，浸泡或循环 12～24h。

【包装储存】 包装：20kg 塑料桶、25kg 塑料桶。储存：储存于阴凉、通风处，有效期 2 年。

【配方】

组分	w/%
OP-10	12～26
十二烷基硫酸钠	50～80
二甲苯	9
丁基溶剂	21
氟化钠	2～4
焦磷酸钠	3～10
磷酸钠	13～28
软水	120～180

【制备工艺及方法】 按配方先将氢氧化钠溶于 220 份水中，搅拌使其溶解。氢氧化钠溶于水中要放出大量的热，故配制时要注意操作安全，切勿溶解太快太猛！待氢氧化钠溶解完后，冷至室温加入其他几种原料，搅拌直至成为透明溶液，然后加入 454 份水，搅拌即成。必要时可适当加些色素。使用时可取布或海绵进行擦洗。

【性能指标】 外观为无色、透明的液体。pH 为 7.8。腐蚀率小于 0.1g/(m^2·h)。

【主要用途】 主要用于船舶管道专用化学清洗部位的用途。

【应用特点】 实际清洗管道时，将上述制得清洗剂用水稀释，清洗剂占全部质量的 10%～20%。

【安全性】 由于为水基溶液，基本无不良影响，对人体皮肤无刺激，使用安全可靠，工作环境干净、无油雾。

【包装储存】 包装：450mL × 24 罐/纸箱。储存：保质期 3 年，存放于阴凉、干燥、通风处。

【生产单位】 杭州博瑞清洗公司。

Gn007 混合蜡车用清洁抛光剂

【英文名】 mixture of waxes auto cleanning polish

【组成】 本品由混合蜡、混合表面活性

剂、无离子水、三乙醇胺、四硼酸钠、CMC-Na、色素组成。

组分(质量份)	1#	2#
巴西棕榈蜡	69	38
液体石蜡	62	36
地蜡	70	42
蜂蜡	73	29
三乙醇胺	27	29
LAS	31	78
APG	23	69
AES	11	31
CMC-Na	8	10
去离子水	591	604
四硼酸钠	9	7
柠檬香精	8	12
草绿色溶液	18	15

【制法】

① 将混合蜡在85～100℃温度下完全熔化；

② 在85～95℃温度和250～300r/min的搅拌速度下，把加热到100℃的三乙醇胺溶液加到步骤①中熔化所得的100℃混合蜡并搅拌均匀；

③ 在85～95℃温度和250～300r/min的搅拌速度下，在步骤②所制得的混合液中加入加热到沸腾的无离子水；

④ 在85～95℃温度和250～300r/min的搅拌速度下，在步骤③所制得的混合液中加入混合表面活性剂APG、AES与LAS的混合液，并搅拌均匀；

⑤ 在85～95℃温度和250～300r/min的搅拌速度下，在步骤④所制得的混合液中加入四硼酸钠溶液、CMC-Na和色素，并搅拌均匀；

⑥ 在250～300r/min的搅拌速度下冷却步骤⑤中所制得的混合剂至室温20～30℃并封装成桶，即得成品。使用时将其与水以1∶(20～50)的比例混溶。

【用途】 本品用于各种车辆外表面的同时清洁和抛光，尤其适用于高中档汽车和摩托车外表面的清洁和抛光。

【应用特点】 本品是车用多功能一体的清洁抛光剂，具有优良的去污和抛光性能，去污能力强，抛光后形成的保护膜光洁度高，憎水性好，可长时间起防尘耐污作用；本品使用方便，与水混溶后即刻可用，涂布抛光容易，极大减轻了传统打蜡作业的劳动强度，缩短了汽车抛光需要的时间；本品制备容易、生产工艺简单、投资少、成本低；本品没有使用磨料。

【安全性】 本品无“三废”排放，对环境无污染，是绿色环保型产品。稳定性好，可以长期存放而不分层。

Gn008 基础油发动机清洗油

【英文名】 based oil detergent for engine

【组成】 本品由基础油、添加剂组成。其中基础油为普通机油150SN、500SN、650SN、150BS中的一种或多种；添加剂主要包括：金属清洁剂、抗磨剂、分散剂、抗氧剂、降凝剂、消泡剂。

组分(质量份)	1#	2#
基础油		
150SN	42	—
500SN	46	42
SK70N	12	—
650SN	—	31
150BS	—	17
SK100N	—	10
成品清洗油		
T115B	3	5
丁二酰亚胺	3	—
聚异丁烯丁二酰亚胺	—	5
T203	1	1.5
聚甲基丙烯酸酯	0.1	3
甲基硅油酯	—	1
二(2-乙基异基)二硫代磷酸硫化氧钼	3	6
基础油	89.9	79.5

【制法】 配制基础油：将组分按配比充分混合，调制成发动机油使用的黏度。

配制成品清洗油：将各种添加剂加入基础油，整个过程中，用计算机控制各添加剂的加入量和调制温度，温度控制在80～100℃，使各种添加剂充分接触、融合，达到增容效果。理化指标达到发动机油标准。

【用途】本品用于发动机清洗。

【应用特点】本品不但可以清除发动机内部的积炭、油泥、漆膜，加上空气中带进的尘埃杂质，摩擦金属产生的金属粉末等附着物，而且增加了发动机的保护功能，清洗后残留的清洗油不会影响发动机的功能和寿命，而且能改善发动机的防锈抗磨功能。使用方便，容易操作，省时省力，费用低廉，可以延长发动机的大修期2～4倍。

Gn009 高分子发动机燃油系统清洗剂

【英文名】polymer cleaner for automobile motor fuel system

【组成】本品由高分子清净分散剂、携带油、除水剂、极性溶剂、稀释剂组成。高分子清净分散剂可以是聚异丁烯胺、聚醚胺、聚烷基酚、烷基聚氨酯、聚异丁烯琥珀酰亚胺中的一种；携带油为烷基聚丙二醇醚、烷基聚丁二醇醚、机械油、基础油、液体石蜡、植物油中的一种；除水剂为壬基酚聚氧乙烯醚、十八烷基聚氧乙烯醚、十二烷基醇酰胺中的一种或两种；极性溶剂为异丙酮、异丁醇、乙二醇单甲醚、乙二醇单丁醚中的一种或两种；稀释剂为汽油、二甲苯、200# 溶剂油、煤油、松节油中的一种。

组分(质量份)	1#	2#
聚异丁烯胺	6	—
聚丁烯琥珀酰亚胺	—	8
十八烷基聚氧乙烯醚	12	12
十八烷基聚氧乙烯醚	6	—
精制液体石蜡	—	—
十二烷基醇酰胺	—	14
异丁醇	18	—
乙二醇单甲醚	—	30
200# 溶剂油	58	—
二甲苯	—	36

【制法】将高分子分散剂、携带油溶于稀释剂中，再将除水剂溶于极性溶剂中，再将两者混合均匀，即可得到本品。

【用途】本品用于清洗发动机燃油系统。

【应用特点】本品可以有效地将燃油系统各处的沉积物清洗干净，方便快捷，不耽误汽车的正常运行，清洗方便。

【安全性】对金属无腐蚀，稳定性好。

Gn010 油酸燃油清洁剂

【英文名】oleic acid fuel cleaner

【组成】本品由油酸、异丙醇胺、水、氨水、乙二醇一丁醚、正丁醇、煤油、柴油、润滑油、乙醚、石油醚、丙酮、油溶性锰盐、聚氧乙烯辛酚醚组成。

组分(质量份)	1#	2#
油酸	5	5
异丙醇胺	2	5
水	5	5
氨水	3	2
乙二醇一丁醚	5	5
正丁醇	5	5
煤油	10	10
润滑油	10	5
乙醚	30	25
石油醚	5	—
柴油	—	10
丙酮	8	10
油溶性锰盐	10	10
聚氧乙烯辛酚醚	1	1

【制法】按配比将所有组分分别溶解、混合、沉淀、分离、过滤，即可灌装成品。

【用途】本品可以分别使用在汽油、柴油等场合。用于各种机动车辆和各种内燃机以及所用的各种燃油中。本品使用方便，用量少。本清洁剂直接添加于机动车内燃机燃油中，掺油使用即可发挥作用，添加量仅为燃油体积的 0.1%～1%，就能达到清洁的理想效果。

【应用特点】 本品除污垢快。使用本清洁剂，对于附着在燃烧系统零部件上的污垢清除速度快，可于行驶 28～100km 之内将污垢彻底清除干净；除污垢适应性强。无论于低温地区或高温地区所生成的污垢、均可彻底清除；该产品在燃烧过程中能保持车辆燃烧系统永久清洁。既能阻止新污垢的形成，又能将旧污垢清除掉；本品适应范围广。各种机动车辆和各种内燃机以及所用的各种燃油都能适应使用；消除车辆黑烟，脱除有害气体，减少车辆对环境的污染，保护大气环境；提高发动机耐磨强度。使用本清洁剂，能够使车辆燃烧系统的零部件保持永久崭新、干净，能够减少燃烧系统零部件的磨损，增加润滑性，延长车辆燃烧系统零部件的寿命 20% 以上；节能效果显著。使用本清洁剂能确保车辆耗油量减少，使车辆节油 15%～20%；提高发动机功率，由于本清洁剂同车辆燃油混合使用，促进燃油充分彻底燃烧，从而大大减少了耗油量，还能使发动机提高功率 15%～20%。

Gn011 辛基酚聚氧乙烯醚-硼酸水洗

【英文名】 octylphenol polyoxyethylene ether-boric acid wash(ing) liquor

【组成】 本品由辛基酚聚氧乙烯醚、甘油、蜂蜡、硼酸水、去离子水组成。

组分	配比(质量份)
辛基酚聚氧乙烯醚	5
甘油	2
蜂蜡	2
硼酸水	10
去离子水	81

【制法】 按比例准确量取各种组分，先将去离子水加入到不锈钢容器中加热，再加入辛基酚聚氧乙烯醚不断搅拌，随着温度的升高依次加入甘油、蜂蜡、硼酸，同时继续搅拌加热数分钟待乳剂溶解、分散后，停止加热（温度不宜超过 80℃）、搅拌，倾倒至储液罐中待冷却后灌装至包装瓶中。

【用途】 本品可同时用于车辆的外部和内饰的清洁。

【应用特点】 本品含有去污、上光、护膜、抑菌的功能，可将以往多道工序完成的工作综合一次完成，可同时用于车辆的外部和内饰的清洁，集清洁去污、上光养护、抑菌杀菌诸功能于一体。

【安全性】 本品对人体无毒害，对环境无污染，可大量节约水资源。

Gn012 脂肪族机动车燃油系统清洁剂

【英文名】 aliphat cleaner for automobile motor fuel system

【组成】 本品由燃油去垢剂、抗污剂、烃类溶剂和抗爆剂等组成。其中燃油去垢剂选自脂肪族胺类、脂肪族聚酰胺盐、烃羟基衍生物，如双可可胺、乙二醇单甲醚、乙二醇单乙醚；烃类溶剂选自甲醇、乙醇、正丙醇、异丙醇、丁醇；抗爆剂为有机氧化物选自过氧化二叔丁基、过氧化丁酮、叔丁基过氧化物等。

组分	配比(质量份)
过氧化二叔丁基	7
甲醇	450
二醇单乙醚	293
丁酮	115
丁醇	34
异丙醇	101
有机着色剂	少量

【制法】 将各组分按配比称量，充分搅拌均匀即可。

【用途】 本品适用于机动车燃油系统的自动清洁。

【应用特点】 本品自动清除沉积在电喷、化油器及燃油系统内壁上的积炭、油垢、胶质等影响车辆性能的污垢物；增强发动机爆发力而提速快；降低油耗；减少尾气排污量等。使用简便，不需停车更不需拆机解体，省时、省事、省钱，达到同时保养车辆和保护环境的目的。

Gn013 无机机动车水路除垢剂

【英文名】 inorganic scale inhibitor for automobile aquage

【组成】 本品包括溶解剂和清除剂两部分：①溶解剂是由盐酸、乙醚、六亚甲基四胺及水混合制成；②清除剂是由碳酸钠（或磷酸三钠）溶于水中制得。

组分(质量份)	1#	2#
溶解剂		
盐酸	2	16
乙醚	0.5	0.75
六亚甲基四胺	0.5	1.25
氟化铵(或氟化氢)	0.1	0.3
磷酸	0.5	0.75
水	加至 100	加至 100
除垢剂		
碳酸钠(或磷酸三钠)	10	30
水	加至 100	加至 100

【制法】 将组分比例称取各种组分。在搅拌罐中将溶解剂各组分加入水中，混合搅拌均匀，制成溶解剂。将碳酸钠或磷酸三钠溶于水制成除垢剂。

【用途】 本产品用于清除机动车水路水垢。使用时，先放净机动车水箱内的水，根据其中的积垢情况，加入适量的溶解剂，再加水补满水箱，这时车辆可以正常行驶，待 2～2.5h 后，放净水箱中的水和溶解剂，然后加入除垢剂，30min 后待方便时放出即可加水正常使用。

【应用特点】 本产品除垢彻底，不损伤零部件。节省人力、物力和财力，缩短了除垢时间。清除过程中机动车可以正常运行，不影响车辆工作。制造工艺简单，成本低，使用方便。

Gn014 氨基磺酸机动车水箱水垢清洗剂

【英文名】 aminosulfonic acid cistern scale inhibitor

【组成】 本品由氨基磺酸或草酸、六亚甲基四胺、天津若丁、氧化亚锡、渗透剂 JFC 组成。氨基磺酸也可由草酸替代。

组分(质量份)	1#	2#
氨基磺酸	98	70
六亚甲基四胺	0.3	0.01
天津若丁	1	0.05
氧化亚锡	—	0.02
渗透剂 JFC	0.5	0.01

【性质】 呈粉状。

【制法】 将组分按配比混合均匀即可。

【用途】 本品用于机动车水箱的清洗除垢。

【应用特点】 本品成本非常低，使用其除垢，尤其是对机动车水箱除垢，除垢率可达 98%以上，在常温下使用，操作简便。

【安全性】 除垢时不会产生硫氧化物、氮氧化物气体和粉尘以及其他有害物质，利于环保和身体健康。易于保存和运输。

Gn015 甲醇汽车挡风玻璃清洁剂

【英文名】 methanol screen cleaner

【组成】 本品由磷酸三乙酯或三乙烯四胺、甲醇、氯化十二烷基二甲基苄基铵、椰油酰胺丙基氧化胺、水组成。

组分(质量份)	1#	2#
磷酸三乙酯或三乙烯四胺	0.02	0.07
甲醇	0.1	0.4
氯化十二烷基二甲基苄基铵	0.003	0.007
椰油酰胺丙基氧化胺	0.003	0.007
水	1	1

【制法】 将磷酸三乙酯或三乙烯四胺、甲醇、氯化十二烷基二甲基苄基铵、椰油酰胺丙基氧化胺、水加入容器中，混合均匀即成。

【用途】 本品用于汽车挡风玻璃清洁。

【应用特点】 本品可去除昆虫残迹等顽固污渍；会使雨刮器的橡胶部分变得柔软、并延缓老化；可使挡风玻璃上形成疏水膜，从而保证驾驶员在使用雨刮器时视线不受雨水影响。

Gn016 二甲基硅油汽车干洗上光液

【英文名】 dimethyl polysiloxane chemical cleaning bright finish for automobile

【组成】 本品由二甲基硅油、液体石蜡、脂肪醇聚氧乙烯醚、亚麻油、二氧化硅、乳化剂、分散剂、香精、蒸馏水组成。其中乳化剂可以选自吐温60、十六醇或单硬脂酸甘油酯中的任意一种，分散剂可以选自丙二醇、丙三醇或丙酮中的任意一种，香精可以选自苹果香精、橘子香精或柠檬香精中的任意一种。

组分(质量份)	1#	2#
二甲基硅油	5	30
液体石蜡	5	20
脂肪醇聚氧乙烯醚	3	10
亚麻油	2	8
二氧化硅	3	10
吐温60	1	—
单硬脂酸甘油酯	—	10
丙二醇	1	—
丙三醇	—	10
苹果香精	1	—
橘子香精	—	5
蒸馏水	40	100

【性质】 软糊状乳液。

【制法】 按所述的用量取料，将配料逐一加入到容器中；对容器中的混合液进行充分搅拌至混合液为软糊状乳液，即成本品。

【用途】 本品用于汽车保养清洁。

【应用特点】 本品具有清洁、上光、增亮、抗静电、防水、防锈等多种功能于一体，能够同时完成多种功效，省时省力；方法简单易行，成本低。

【安全性】 本品为环保产品，对人体无毒害，对环境无污染。

Gn017 壬烷基聚氧乙烯醚-氨基磺酸汽车空调机清洗剂

【英文名】 nonylpolyethylene ether-aminosulfonate cleaner for automobile air conditioning

【组成】 本品由壬烷基聚氧乙烯醚、氨基磺酸、*N*-二乙醇椰子油酰胺、三乙醇胺、聚乙二醇环氧乙烷加成物、四乙基乙二胺、硅酸钠、二丙二醇单丁醚、去离子水组成。

组分	配比(质量份)
壬烷基聚氧乙烯醚(98%)	5
氨基磺酸(95%)	6
N-二乙醇椰子油酰胺(95%)	1
三乙醇胺(95%)	3
聚乙二醇环氧乙烷加成物(98%)	2
四乙基乙二胺(95%)	5
硅酸钠(95%)	1
二丙二醇单丁醚(98%)	4
去离子水	73

【性质】 pH＝4～6。

【制法】

① 按照配比各组分重量备料；

② 取壬烷基聚氧乙烯醚、*N*-二乙醇椰子油酰胺、三乙醇胺、聚乙二醇环氧乙烷加成物、四乙基乙二胺共溶分散，温度在20～40℃，时间0.5h；

③ 取40%的水加硅酸钠，使全部溶解，溶解温度40～65℃；

④ 将上述工艺②和③的结果混合，再入加60%的水和二丙二醇单丁醚在不锈钢反应釜或搪瓷反应釜内以推动式搅拌，速率为40～60次/min进行分配，温度控制在10～30℃，时间1h，维持3h；

⑤ 成品检测，包装即可。

【用途】 本品适用于汽车空调机的清洗。

【应用特点】 本品去污力强，尤其对风扇叶片、散热翅片清洗效果尤佳；本品有缓蚀镀膜防锈的作用；组分来源丰富而成本较低。

【安全性】 本品为弱酸性，无大腐蚀作用。

Gn018 有机酸汽车水箱除垢清洁剂

【英文名】 organic acid cistern scale inhibitor

【组成】 本产品是由水垢溶解剂，金属清洗剂及阴离子表面活性剂组成。水垢溶解剂包括次氨基三乙酸（NTA）和乙二胺四乙酸（EDTA）；金属清洗剂包括氨基磺酸和柠檬酸；而阴离子表面活性剂包括亚甲基二萘磺酸钠（NNO）、烷基苯磺酸钠和十二烷基硫酸钠。

组分(质量份)	1#	2#
次氨基三乙酸	70	—
乙二胺四乙酸	—	60
氨基磺酸	25	—
柠檬酸	—	35
亚甲基二萘磺酸钠	5	—
烷基苯磺酸钠	—	5

【制法】 将各组分混合均匀即可。

【用途】 本品用于清除汽车水箱中积存的水垢。

【应用特点】 水垢是溶解在清洗剂中的，没有产生任何水渣，所以不会造成冷却系统的堵塞，另外本清洗剂清洗时间短，清洗过程不影响汽车运行。

【安全性】 本品中的任何一种成分对金属本身均没有腐蚀作用，因此对水箱及汽车部件没有任何损伤。本品无毒。

Gn019 矿物油汽车外壳去污上光剂

【英文名】 mineral oil cleanning bright finish for automobile body

【组成】 本品由三乙醇胺、矿物油、油酸（顺式十八烯-9-酸）、研磨剂、870 增稠剂、香精、水组成。矿物油至少有一种选自润滑油、煤油、机油、白油（液体石蜡）。所述的研磨剂至少有一种选自三氧化二铝、滑石粉。所述的香精至少有一种选自玫瑰香精、菠萝香精、柠檬香精。

组分	配比(质量份)
三乙醇胺	2
机油	20
油酸	4
870 增稠剂	3
滑石粉	2
柠檬香精	0.5
水	68.5

【制法】 先将三乙醇胺溶于水中，搅拌 20min；再将矿物油与油酸共置于 30～40℃不锈钢自动控温器中搅拌 40min，使之混合均匀；然后，将矿物油与油酸混合物加入到三乙醇胺的水溶液中搅拌 40min 后，再加入 870 增稠剂，搅拌 40min，加入研磨剂，搅拌 30min 后，再加入香精继续搅拌，直至完全混合均匀后，即成成品。

【用途】 本品适用于各种车辆外表的清洁，清洁、去污一次完成，方便快捷。

【应用特点】 使用本品擦拭汽车后，抗静电能力强，灰尘不易黏附，此外使汽车外表形成一层抗紫外线保护漆膜，可防止空气氧化和酸雨对漆膜的侵蚀，对保养车辆外壳产生积极作用。本品制备简单、操作方便、成本低。

【安全性】 本品对人体皮肤无刺激，对环境无污染、无毒害。

Gn020 乙醇汽车玻璃清洁剂

【英文名】 ethanol autoglass cleaner

【组成】 本品由 ABS 、OP-10、尿素、乙二醇丁醚、乙醇、异丙醇、硅酮乳液、香精和水组成。

组分	配比(质量份)
ABS	1
OP-10	0.5
尿素	5
乙二醇丁醚	5
乙醇	10
异丙醇	5
硅酮乳液	0.1
香精和水	适量

【制法】 在常温下按配比将各组分混合均匀即可。

【用途】 本品用于汽车玻璃清洗。

【应用特点】 本品常温下配制即可，具有强化除油效果；使用方便、快捷。

【安全性】 本品无公害、无毒、无腐蚀性。

Gn021 甲基含氢硅油汽车清洁蜡液

【英文名】 methyl hydrogen silicone oil auto cleanning wax

【组成】 本品由甲基含氢硅油、聚氧乙烯壬酚醚、十二烷基二甲基氧化胺、乙二醇、*N*-甲基-2-吡咯烷酮、二氧化硅、水组成。

组分	配比(质量份)
甲基含氢硅油	4
聚氧乙烯壬酚醚	2
十二烷基二甲基氧化胺	1
乙二醇	10
N-甲基-2-吡咯烷酮	5
二氧化硅	5
水	73

【制法】 先将水加入混合罐中，温度在20～60℃，再称取甲基含氢硅油、聚氧乙烯壬酚醚，十二烷基二甲基氧化胺，*N*-甲基-2-吡咯烷酮，二氧化硅，加入上述的混合罐中，搅拌2～5min，再加入乙二醇搅拌2～5min即可装瓶。

【用途】 本品用于车辆清洗，也可用于硬质材料的清洁。

【应用特点】 本品具有良好的剥离效果，由于采用有效的剥离剂，除污效果好且不损车身，同时缩短了清洁车身的时间；具有良好的洗净效果；具有良好的护车功能；具有良好的环保性能；一次性完成上光、打蜡、在使用过程中即起着上光打蜡，使车面清洁亮丽，不粘水沫，有效保护漆膜；节约水源，不需要水洗。

Gn022 烷基苄氧化胺-硅烷酮汽车清洗剂

【英文名】 alkyl benzyloxyamine-silicone cleaner for automobile

【组成】 本品由烷基苄氧化胺、硅烷酮乳化液、烷基酚基聚氧乙烯醚、蒸馏水组成。

组分	配比(质量份)
烷基苄氧化胺	16
硅烷酮乳化液	14
烷基酚基聚氧乙烯醚	17
蒸馏水	53

【制法】 按一定比例分别将烷基苄氧化胺、烷基酚基聚氧乙烯醚置入搅拌机中，搅拌均匀后置入蒸馏釜内加温至90℃、3～5min，然后倒入不锈钢或搪瓷容器中冷却至50～60℃时。再按一定比例加硅烷酮乳化液及蒸馏水，搅拌均匀后经灌装机灌装到小容器内待用。

【用途】 本品用于汽车清洗。

【应用特点】 本品配方合理，实现对车辆表面的去污、上光、护漆的目的；制备工艺简单、容易操作、成本低廉，使用方便可靠。

Gn023 硅酮-巴西棕榈蜡-煤油洗车剂

【英文名】 silicone-Brazil wax-kerosene wash-(ing) agent

【组成】 本品由硅酮、巴西棕榈蜡、溶剂煤油、壬基酚聚氧乙烯醚、三乙醇胺、磷酸钙粉、水组成。

组分	配比(质量份)
硅酮	2.13
巴西棕榈蜡	5.34
溶剂煤油	26.73
壬基酚聚氧乙烯醚(环氧乙烷加成数10)	3.85
壬基酚聚氧乙烯醚(环氧乙烷加成数5)	2.56
三乙醇胺	0.58
磷酸钙粉	5.34
水	加至100

【性质】 乳状液体。喷雾剂。

【制法】 按将各种组分混合，加温搅拌成乳状液体，按常用方法装入喷雾罐内，即可使用。

【用途】 本品用作汽车清洗、保养，尤其适合于无水源的地方。

【应用特点】 本品使用无需用一滴水，即可使车体表面清洁光亮如新，清洁、保养、上光一步完成，节水节能，利于环保。

Gn024 上光蜡洗车亮洁剂

【英文名】 wash(ing) lustering polish

【组成】 本品主要由上光蜡、乳化剂、溶剂油、油酸、添加剂、防腐剂、香料、水组成。

组分	配比(质量份)
巴西棕榈蜡	3.12
川蜡	5
蜂蜡	2.32
壬基酚聚氧乙烯醚	1.52
失水山梨醇油酸酯聚氧乙烯醚-80	1.52
TA-20	3.12
200# 溶剂油	30.84
油酸	5.68
三乙醇胺	1.84
甲基硅油	5
尼泊金甲酯	0.4
柠檬香精	1
蒸馏水	338.64

【性质】 本品有芳香味乳浊液。

【制法】

① 将蒸馏水加入反应釜 1 中，开启搅拌，用蒸汽或油浴间接加热蒸馏水至 30～60℃，然后依次将 TA-20、失水山梨醇油酸酯聚氧乙烯醚 80 或失水山梨醇油酸酯聚氧乙烯醚 60、壬基酚聚氧乙烯醚在不断搅拌下加入反应釜 1 中使其完全溶解，再将添加剂三乙醇胺在不断搅拌下加入反应釜 1 中使其完全溶解，并将均匀混合液升温至 75～95℃；

② 将溶剂油加入反应釜 2 中，开启搅拌，用蒸汽或油浴间接加热蒸馏水至 20～40℃，然后依次加入川蜡、蜂蜡、巴西棕榈蜡在不断搅拌下加入反应釜 2 中使其完全溶解，再将添加剂高分子树脂在不断搅拌下加入反应釜 2 中使其完全溶解，再将油酸在不断搅拌下加入反应釜 2 中使其完全溶解，加料搅拌溶解期间温度保持在 40～60℃；

③ 将上述步骤②所制得的均匀混合液加入上述步骤①装有所制得均匀混合液的反应釜 1 中，不断搅拌使温度升高至 80～90℃，用胶体磨打磨混合液 10～20min，加入防腐剂后再打磨 5～10min，再加入香料；

④ 出料，按规定标准包装成品。

【用途】 本品为汽车无水洗车专用产品，同时完成洗车、打蜡、上光功能。

【应用特点】 本品能以一个稳定的乳浊液的形式存在，提高了无水汽车亮洁剂的乳化性能和稳定性能，从而克服了现有产品乳浊液的稳定性差、易分层的缺点。

Gn025 非离子表面活性剂洗车养护液

【英文名】 nonionics maintenance wash (ing) liquor

【组成】 本品由 A 料、B 料、C 料、D 料组成，其中 A 料由洗涤助剂、非离子表面活性剂、去离子水组成；B 料由油酸、硅油、液体蜡、巴西棕榈蜡组成；C 料由杀菌剂、香精组成；D 料由固体微粉、防冻剂组成。

组分(质量份)	1#	2#
非离子表面活性剂	8.0～10.0	8.0～10.0
洗涤助剂	2.0～2.5	2.0～2.5
去离子水	72.96～62.46	72.96～62.46
油酸	4.0～6.0	4.0～6.0
硅油	2.0	2.0
液体石蜡	10.0～15.0	10.0～15.0
巴西棕榈蜡	2.0	2.0
杀菌剂	0.02	0.01
香精	0.02	0.01
固体微粉	微量	0.01
防冻剂	微量	0.5

【性质】 本品有香味。

【制法】

① 先将A料中的非离子表面活性剂8.0%～10.0%、去离子水62.46%～72.96%、洗涤助剂2.0%～2.5%置于容器中，在常温下搅拌进行乳化反应，直至乳化完全为止。

② 将B料中的油酸4.0%～6.0%、硅油2.0%、液体石蜡10.0%～15.0%、巴西棕榈蜡2.0%置于另一容器进行乳化反应，在乳化过程中不停地搅拌直至乳化完全为止。

③ 将B料倒入A料中继续搅拌20min，再次加入C料直至搅拌均匀形成白色乳化液为止；将D料倒入上述溶液，继续搅拌直至混合均匀。冷却至室温即可。

【用途】 用作于轿车、客车、摩托车、自行车等及车内的玻璃、仪表盘、皮塑座椅的清洗上光，木制漆面家具、光滑石才面等清洁打蜡上光。

【应用特点】 与传统洗车技术相比，具有较强的去污力，是一种节水型产品，具有清洗、打蜡、上光一次性完成特殊功效，省水、省钱、省时、省力。该产品有良好的抗静电、抗再沉积性，遇水光泽不减。本品使用方便、操作简单，不受场地限制。

【安全性】 本品是无毒、无磷、防腐蚀、不含任何有机溶剂、对肌肤无刺激、环保型产品。

H 民航工业用清洗剂

根据《民用航空用化学产品适航规定》(CCAR-53) 的要求，参照波音 D6-17487、空客 AIMS09-00-002 等标准研制的水基型飞机表面清洗剂。中航工业北京航空材料研究院、北京航天科创技术开发有限公司、意大利奥斯卡清洁设备中国办事处等十多家生产企业已获得中国民航总局 (CAAC) 航空化学产品设计/生产批准 (编号: AAD-HH0014); 通过了 BOEING D6-17487，Douglas CSD＃1，MIL-C-87936 等规范要求，用于清洗民用航空器表面，发动机包皮、起落架、零部件、客舱件等部位，对飞机的各种材料清洗均达到安全可靠。另又获得中国民航总局 (CAAC) 航空化学产品设计/生产批准 (编号: AAD-HH0015); 通过了 BAC5750，BOEING D6-17487 等规范要求，用于清洗民用航空器内部结构漆面防腐涂层、各种零部件、客舱件、起落架、轮舱，对飞机的各种材料均无腐蚀，还可以清洗飞机电气设备和地面电气设备等。如下几类使用的民航工业用清洗剂是由多种优良的非离子表面活性剂及洗涤助剂，经科学复配而成，完全取代传统的飞机表面清洗剂，是目前国内稀释比例最高的飞机表面清洗剂，清洗后的飞机表面清洁、漂亮。

Ha 飞机表面清洗剂

飞机在飞行和停放期间，受到来自大气、地面、燃料废气等多个途径的污染，外表面及其部件上不可避免地出现沉积烟雾、灰尘、油污、积炭、氧化物和沥青等污染物。这些沉积的污染物不仅会影响飞机的外观，而且会使其表面光洁度降低、摩擦力增大，增加飞行耗油，更为严重的是这些污染物往往会成为腐蚀的诱发因素，导致点腐蚀、缝隙腐蚀等局部腐蚀。因此，对飞机外表面进行清洗、去除沉积物对于保障飞机的正常飞行，延长飞机结构寿命有着非常重要的意义。

飞机清洗工作不但重要，还具有很高的标准。要保证飞机表面的清洁和安全，清洁剂要完全冲洗干净，不得留在机身表面，以免引起腐蚀；不得用高压水枪冲洗机械、电气、液压等部件；禁止在发动机运转、APU 工作、通电、飞机舵面在操作的情况下清洗飞机；不能让轮胎在清洗液中浸泡；禁止使用毛刷刷飞机。

Ha001 H101 飞机表面清洗剂

【英文名】 aircraft surface cleaning agent

【别名】 飞机清洗剂；表面清洗剂

【组成】 一般由多种优良的表面活性剂和洗涤助剂经科学复配而成。

【产品特点】 ①环保。不含磷、重金属等污染环境的物质，活性剂可降解，符合环保要求。②安全。不燃烧、无闪点，对人体无毒。③高效。可迅速清除飞机外表面的各种轻、重油污垢、灰尘、昆虫污渍等。

【配方】

组　分	w/%
NP-10	9～10
无水硅酸钠	1.5～1.8
硅油消泡剂	0.001
氢氧化钠	0.38
甲基苯并三氮唑	0.3～0.35
乙二胺四乙酸	0.5～0.6
水	余量
十二烷基苯磺酸	1.8

【制法】 取表面活性剂10.8%［其中，壬基酚聚氧乙烯醚（NP-10）9%，十二烷基苯磺酸1.8%］，甲基苯并三氮唑0.35%，乙二胺四乙酸0.6%，无水硅酸钠1.5%，氢氧化钠0.38%，硅油消泡剂0.001%，碱性橙0.15%，其余为水。将上述原料在常温常压于反应釜中搅拌均匀即可。

【性能指标】 外观：淡黄色透明液体；pH：9.5±0.5；相对密度：1.05±0.15。

【清洗方法】 与一般水基型清洗剂相同，

根据飞机的不同部位、不同污浊程度选择10%～30%的比例先用水稀释，然后均匀喷洒或涂刷到需要清洗的部位，建议保持5～10min，再用水冲洗干净即可。对污垢比较严重的部位，可选择本品直接喷刷擦洗，最后用水冲洗。(注意：必须在清洗液干燥前加以清洗)

【主要用途】 主要用于清洗波音、空客生产的飞机外表、轮子、整流罩、排气管、舱盖等所有外表面的油污、焦化物、烟尘、燃烧不完全的燃料、沉积的碳粉等各种污物；还可用于各种国产飞机、军用飞机及运输机、直升机的清洗；也可用于其他铝、铝合金制品及其他机械维修时，金属零部件的清洗。

【应用特点】 本品适应于超声波清洗机清洗，是国产及进口超声波清洗机理想的配套产品。

【安全性】 本品不用于发动机与零组件的清洗，清洗飞机时应注意对飞机上的敏感部件(如空速管等)的保护；冲洗时应将清洗液冲洗干净，避免留有残液。本品不含磷、硅、硫酸化物等，对人体无毒，符合国家环保要求，与飞机材料的相容性佳；但本品属碱性洗涤剂，对于皮肤和眼睛有一定的伤害，工作时应穿戴防护服(如戴玻璃或塑胶护目镜、橡胶或有涂层的防护手套或穿能覆盖全身的工作服)以避免直接接触；如不慎溅入眼睛，应立即用清水冲洗，必要时请医生诊治；皮肤接触后应冲洗干净并擦护肤用品。

【包装储存】 包装：25L、200L塑料桶。储存：本品宜存放于阴凉、干燥处；避免阳光直接照射，避免挤压，勿与强腐蚀物品混放。保质期：3年。

【生产单位】 中航材航空新材料有限公司，北京航天科创技术开发有限公司。

Ha002 新型飞机表面清洗剂

【英文名】 new cleaning agent for aircraft surface

【别名】 新型飞机清洗剂；表面清洗剂

【组成】 一般与由多种优良的表面活性剂和洗涤助剂经科学复配而成。

【产品特点】 良好的润湿、乳化和分散能力，对轻油污垢、重油污垢、灰尘、昆虫污渍等均有良好的去除能力；对飞机不产生腐蚀；完全溶于水；对人体无害，符合环保要求；不燃烧；良好的漂洗性、稳定性。

【使用方法】 选择(1∶15)～(1∶20)比例清水稀释，然后均匀喷洒或涂刷到要清洗的部位，保持5～10min，再用清水洗净即可。与飞机材料的相容性：本品不使飞机漆层软化；不对铝合金材料、镀镉钢产生腐蚀，不使聚碳酸酯聚丙乙酸酯产生龟裂。不使高强度结构钢氢化。

【配方】

组　分	w/%
表面活性剂	8～18
无水硅酸钠	1.5～3
硅油消泡剂	0.001
氢氧化钠	0.38
甲基苯并三氮唑	0.2～0.35
乙二胺四乙酸	0.5～0.8
水	余量

【制法】 将上述原料在常温、常压于反应釜中搅拌均匀即可。

【性能指标】 外观：无色透明液体，相对密度：1.02；pH：12.0；闪点：高于沸点；不溶物：少于0.1%；水溶解度：100%；本产品是根据中国民航适航咨询通告AC21.75的要求，参照波音D6-17487、空客AIMS09-00-002、原麦道CSD-1等标准研制的水基型飞机表面清洗剂。

【主要用途】 主要用于清洗波音、空客生产的飞机外表、轮子、整流罩、排气管、舱盖等所有外表面的油污、焦化物、烟尘、燃烧不完全的燃料、沉积的碳粉等各种污物；还可用于各种国产飞机、军用飞机及运输机、直升机的清洗；也可用于其他铝、铝合金制品及其他机械维修时，金属零部件的清洗。

【应用特点】 不用于发动机和零部件的清洗，清洗飞机时注意对其敏感部件加以保护，请将残液冲洗干净。

【安全性】 本品不含磷，对人体无毒，符合国家要求；本品为碱性洗涤剂，对皮肤和眼睛有一定伤害，请勿直接接触；如不慎溅入眼睛，立即用清水清洗，或请医生诊治，皮肤接触后应冲洗干净。

【包装、搬运和储存】 本品用25L容积的ABS塑料桶密封包装，无特殊搬运/运输要求；本品应在常温下存于通风、干燥处；避免阳光直接照射、避免挤压、勿与强腐蚀物品混放，本品稳定性好，可存放2年，如有少量沉淀，可加以搅拌后使用。

【生产单位】 北京航天科创技术开发有限公司。

Ha003 AHC-1飞机表面水基清洗剂

【英文名】 AHC-1 water-based cleaning agent for aircraft surface

【别名】 AHC-1清洗剂；飞机表面清洗剂

【组成】 一般与由多种优良的表面活性剂和洗涤助剂经科学复配而成。

【产品特点】 ① AHC-1清洗剂为浅黄色均质液体，用自来水稀释后AHC-1清洗剂为均质透明溶液；②AHC-1清洗剂用于飞机涂漆表面、非涂漆表面的一般性污垢日常清洗；③AHC-1清洗剂为环保型水基清洗剂，不含磷酸盐、聚磷酸盐、亚硝酸盐、铬酸盐等对环境有不良影响的助洗及缓蚀成分，可快速生物降解；④AHC-1清洗剂对飞机表面钢、铜、铝、镁等多种金属材料有良好缓蚀作用，不会导致铝合金缝隙腐蚀及高强度钢发生氢脆；⑤AHC-1清洗剂与飞机表面金属及复合材料涂层、有机玻璃、橡胶、密封剂、绝缘导线等非金属材料适应性良好；⑥AHC-1清洗剂pH均接近中性，有良好的使用稳定性和储存稳定性，不易燃，使用及运输安全。

【配方】

组 分	w/%
壬基酚聚氧乙烯醚(NP-10)	9～10
甲基苯并三氮唑	0.35
无水硅酸钠	0.75
硅油消泡剂	0.001
十二烷基苯磺酸	1.4
乙二胺四乙酸	0.55
氢氧化钠	0.30
碱性橙	0.15
蒸馏水	余量

【制法】 取表面活性剂10.4%［其中，壬基酚聚氧乙烯醚（NP-10）9%，十二烷基苯磺酸1.4%］，甲基苯并三氮唑0.35%，乙二胺四乙酸0.55%，无水硅酸钠0.75%，氢氧化钠0.30%，硅油消泡剂0.001%，碱性橙0.15%，其余为水。

将上述原料在常温、常压于反应釜中搅拌均匀即可。

【质量指标】 AHC-1飞机表面水基清洗剂（以下简称AHC-1清洗剂）是北京航空材料研究院近年来参照美军标MIL-PRF-85570D技术指标研制的环保型清洗剂，主要性能均达到了MIL-PRF-85570D（Ⅱ型）的技术指标要求。对飞机表面普通型油污去污效果良好。以AHC-1清洗剂研发及产品标准为基础编制的国军标GJB 5974—2007《飞机外表面水基清洗剂规范》已于2007年11月颁布实施。AHC-1清洗剂技术指标分别符合GJB 5974—2007中的A型（水基型）的要求。

【清洗方法】 ①摇动装有AHC-1清洗剂的塑料桶或金属桶，使清洗剂混合均匀；

②从桶中取出1体积清洗剂装入合适容器，再加入9体积自来水，搅拌混合均匀，如飞机表面污垢较严重，可适当提高清洗剂的使用浓度；③将配制好的清洗剂溶液装入清洗装置进行飞机表面清洗工作，也可用抹布或海绵蘸取清洗剂溶液手工擦洗飞机表面；④如有必要，用自来水将飞机表面的清洗剂漂洗干净；⑤使用清洗剂进行飞机表面清洗的周期，应由使用单位根据飞机所处的使用环境和表面污垢状态确定，环境良好地区为90d，中等地区为45d，恶劣地区为15d。

【主要用途】 主要用于清除飞机外表面清洗（波音、空客）生产的飞机外表、轮子、整流罩、排气管、舱盖等所有外表面的油污、焦化物、烟尘、燃烧不完全的燃料、沉积的碳粉等各种污物；还可用于各种国产（飞机、军用飞机及运输机、直升机）的清洗；也可用于其他铝、铝合金制品及其他机械维修时，金属零部件的清洗。

【应用特点】 可迅速清除飞机外表面的各种轻、重油污垢、灰尘、昆虫污渍等。

【安全性】 ①飞机清洗后，应通风、干燥。②用清洗剂清洗飞机，可能除掉飞机表面使用的润滑脂、润滑油和缓蚀剂。因此，清洗飞机后，飞机表面应重新涂覆润滑脂、润滑油和软膜型缓蚀剂，硬膜型缓蚀剂一般情况下不易去除，可经受多次清洗，经过一定时间膜层破损后，也需要重新涂覆。③安全规则，清洗剂溶液不慎溅入眼睛，应用大量清水冲洗。

【包装储存和运输】 包装：2kg、5kg、20kg或200kg塑料桶或金属桶，包装封口应严密。也可根据客户需求提供其他包装形式。储存：储存在阴凉、干燥、通风的库房内。储存期2年。2年后经复验合格仍可使用室内通风处储存。运输：正常（海、陆、空）运输均可。

【生产单位】 中航工业北京航空材料研究院，北京航天科创技术开发有限公司。

Ha004 ES-AIR飞机清洗剂

【英文名】 ES-AIR aircraft cleaning agent

【别名】 ES-AIR清洗剂；飞机清洗剂

【组成】 本品由多种优良的表面活性剂和洗涤助剂经科学复配而成。

【产品特点】 ①性能优于传统的飞机表面清洗剂。在安全而彻底地清洗飞机所有外表面的同时，不损伤涂层、有机玻璃，也不侵蚀铝或造成氢脆。②能穿透油脂、碳污和灰尘等，不需擦拭便可除去污物，省时省力。③稀释倍数高，通常使用时可用水稀释7～30倍，极为经济。

【配方】

组 分	w/%
脂肪醇聚氧乙烯醚	12.0
硅酸钠	4.0
三乙醇胺	0.7
蒸馏水	68
OP-10	2.5
三聚磷酸钠	6.0
钼酸钠	6.8

【制法】 将上述组分按比例混合，搅拌均匀，即可得各项性能优良的飞机机身表面清洗剂。

【清洗方法】 ①使用时可根据具体情况用水稀释15～30倍，使用专用的喷射器喷洗或擦洗，非常方便；②对某些油污严重的地方，可用水稀释7倍左右，喷上浸润几分钟，用刷子刷洗或用高压水枪冲洗干净；③因本品为碱性，用本品清洗后的表面要及时充分水洗。

【质量指标】 外观：浅黄色透明液体；pH：11.5±0.5；相对密度：1.05±0.15。

【主要用途】 主要用于清洗各类飞机包括波音、空客、麦道等公司生产的飞机外表、轮子、整流罩、排气管、舱盖等所有外表面的油污、焦化物、烟尘、燃烧不完全的燃料、沉积的碳粉等各种污物；还可用于各种国产飞机、军用飞机及运输机、直升机的清洗；也可用于其他铝、铝合金制品及其他机械维修时，金属零部件的清洗。

【应用特点】 本品适应于超声波清洗机清洗，是国产及进口超声波清洗机理想的配套产品。

【安全性】 ①使用本品时，请勿溅入眼中。如溅入眼中可用水冲洗干净。②稀释倍数小于7时，可能侵蚀玻璃等，请在清洗后立即用水冲洗干净。③本产品存放于寒冷地方时，可能变稠或有析出物，恢复到室温搅拌后不影响使用效果，也不影响产品的性能。④本品属碱性，请勿长时间接触皮肤。

【包装储存和运输】 包装：200kg/桶；25kg/桶塑料桶或金属桶，包装封口应严密。也可根据客户需求提供其他包装形式。储存：储存在阴凉、干燥、通风的库房内。储存期2年。2年后经复验合格仍可使用室内通风处储存。运输：正常(海、陆、空)运输均可。

【生产单位】 长沙艾森设备维护技术有限公司，东莞文和北航新材料科技有限公司。

Ha005 H201飞机零部件清洗剂

【英文名】 aircraft parts cleaning agent

【别名】 飞机清洗剂；零部件清洗剂

【组成】 本品由多种优良的表面活性剂和洗涤助剂经科学复配而成。

【配方】

组分	w/%
辛基酚聚氧乙烯醚	4
AEO-4	2
焦磷酸钾	6.5
软水	72
AEO-7	5
十二烷基氧化胺	1.5
硅酸钠	7

【制法】 先将焦磷酸钾和硅酸钠加入定量水中，搅拌至完全溶解，然后依次添加表面活性剂，混合均匀。

【产品特性】 属混合挥发溶剂型清洗剂，适用超声波清洗、刷洗、擦洗、浸洗和喷洗，是进口以及国产清洗机的理想配套产品。

【性能指标】 外观：无色透明液体；闪点：大于60℃；相对密度：0.7～0.8；可燃性：不易燃；气味：水果香型；净洗力：≥95%。

【主要用途】 本品是由超纯溶剂组成的专用清洗剂，适用于清除航空发动机等飞机零部件制造、维护过程中各工序间需清除的润滑油、防锈油等油污，清洗性能强，清洗后不留残迹，对后续工序不产生影响，对人体无害，不含破坏臭氧层的物质。

【应用特点】 适用超声波清洗、刷洗、擦洗、浸洗和喷洗，是进口以及国产清洗机的理想配套产品。

【安全性】 本产品能有效去除工序间各类油污，清洗后不留痕迹。本产品闪点较高，使用安全。对人体无害，有效保障操作工身体不受伤害。水果香型，气味宜人。不含对臭氧层有破坏性的物质。

【生产单位】 中航材航空新材料有限公司，成都民航六维航化有限责任公司。

Ha006 飞机机身表面清洗 PENAIR M-5572B

【英文名】 cleaning agent for the body of aircraft PENAIR M-5572B

【别名】 飞机机身清洗剂；PENAIR M-5572B清洗剂

【组成】 本品由脂肪醇聚氧乙烯醚、乙氧基化双烷基氯化铵等多种优良的表面活性剂和三乙醇胺、洗涤助剂经科学复配而成。

【配方】

组　分	w/%
脂肪醇聚氧乙烯醚	15.0
硅酸钠	4.0
三乙醇胺	0.8
蒸馏水	75
AEO-3	4
焦磷酸钠	6.2
钼酸钠	6.5

【制法】将上述组分按比例混合，搅拌均匀，即可得各项性能优良的飞机机身表面清洗剂。

【产品特性】PENAIR M-5572B专门为飞机机身表面与部门内装清洗开发的，对飞机表面涂漆于金属材质无腐蚀性，确保物体表面如新。清洗后不留水痕、无残留。有效去除顽固油污包括积炭、液压油污等。

【性能指标】符合美军规范C85570 type Ⅱ、PENAIR M-5572B生物可分解之飞机机身表面清洗剂。PENAIR M-5572B可用在飞机机身有涂漆（高光泽与迷彩）或未涂漆，也可用来取代使用挥发性之苯环型溶剂。

【外观】透明至黄色液体，有微气味；pH 9.2±0.5；无闪火点。

【清洗工艺】一般清洗步骤：将PENAIR M-5572B以水或溶剂稀释（1∶1）～（1∶10）用粗喷、抹布、海绵、布或刷子清洗；稀释比例取决于脏污程度。PENAIR M-5572B在短短滞留时间下用刷子或其他器具再用水清洗，可将沾附之顽垢去除。清洗一般油污（排气管外围、轮子、轮胎与槽体）用水以1∶2稀释。使用高压喷洗油污于表面滞留1～2min后，如果必要使用抹布或刷子刷洗再用大量水清洗。

清洗表面重油污：用PENAIR M-5572B原液或用水以1∶1稀释PENAIR M-5572B符合美国军方NAVAIR 01-1A-509法规，机棚或密闭空间清洗。

【主要用途】本品是由超纯溶剂组成的专用清洗剂，适用于清除PENAIR M-5572B专门为飞机机身表面与部门内装清洗开发的；也适用于清除航空发动机等飞机零部件制造、维护过程中各工序间需清除的润滑油、防锈油等油污，清洗性能强，清洗后不留残迹，对后续工序不产生影响，一般对人体无害，不含破坏臭氧层的物质。

【应用特点】使用PENAIR M-5572B或清洗前务必遵循说明书与包装容器标签之使用方式。注：说明书内各项试验数据，系根据试验值及不同工厂应用所得，仅供参考。因各厂之设备、加工工程、加药方式、应用环境不同，请于使用前预先试验。

【安全性】本产品能有效去除工序间各类油污，清洗后不留痕迹。本产品闪点较高，使用安全。对人体无害，有效保障操作工身体不受伤害。水果香型，气味宜人。不含对臭氧层有破坏性的物质。

【生产单位】上海福升商贸有限公司，北京航天科创技术开发有限公司。

Ha007 飞机机身表面清洗剂

【英文名】the fuselage surface cleaning agent

【别名】飞机机身清洗剂；机身表面清洗剂

【组成】涉及工业化学用品领域。一般由多种优良的表面活性剂和洗涤助剂经科学复配而成。

【配方】

组　分	w/%
表面活性剂	8～20
助洗剂	2～8
防腐蚀剂	8～15
软水	余量

【制法】 将上述组分按比例混合，搅拌均匀，即可得各项性能优良的飞机机身表面清洗剂。

【配方分析】

① 以脂肪醇聚氧乙烯醚类非离子表面活性剂和乙氧基化季铵盐类阳离子表面活性剂的复配物为主要去污剂，能在没有溶剂存在的情况下发挥优良的去污效果。非离子表面活性剂可以是脂肪醇聚氧乙烯（9）醚、脂肪醇聚氧乙烯（7）醚、脂肪醇聚氧乙烯（3）醚等；乙氧基化季铵盐类阳离子表面活性剂可以是乙氧基化双烷基氯化铵等。

上述二者的复配物比例是（1∶1）～（10∶1）。

② 以硅酸盐、钼酸盐和乙醇胺类的复配物为防腐蚀剂。硅酸盐可以是硅酸钠、硅酸钾等；钼酸盐可以是钼酸钠、钼酸钾等；乙醇胺类可以是单乙醇胺、二乙醇胺、三乙醇胺等。

上述三者的复配物比例是（10∶25∶1）～(20∶10∶1)。

③ 加入的助洗剂为硅酸盐和焦磷酸盐的复配物。

焦磷酸盐可以是焦磷酸钠、焦磷酸钾等；硅酸盐可以是硅酸钠、硅酸钾等。上述二者的复配物比例是（1∶1）～（5∶1）。

以上配方稳定性好、性能优良，适用于民航领域各种机型的飞机机身表面清洗。由于该清洗剂中不含有机溶剂，所以不会对环境造成污染，也不会损害操作工人的身体健康。

【性能指标】 本产品可完全通过适航性能测试，包括夹层腐蚀试验、全浸腐蚀试验、去镉试验、聚丙烯酸龟裂试验、聚碳酸酯试验、漆层软化试验、残余物试验、氢脆试验和闪点试验等。

【主要用途】 主要用于飞机机身表面清洗与漆面护理。

【应用特点】 适用于民航领域各种机型的飞机机身表面清洗。

【安全性】 本产品能有效去除工序间各类油污，清洗后不留痕迹。本产品闪点较高，使用安全。对人体无害，有效保障操作工身体不受伤害。水果香型，气味宜人。不含对臭氧层有破坏性的物质。

【包装、储存与运输】 包装：200kg/桶；25kg/桶塑料桶或金属桶，包装封口应严密。也可根据客户需求提供其他包装形式。储存：储存在阴凉、干燥、通风的库房内。储存期2年。2年后经复验合格仍可使用室内通风处储存。运输：正常（海、陆、空）运输均可。

【生产单位】 北京航天科创技术开发有限公司。

Ha008 飞机机身外表面清洗剂

【英文名】 the aircraft fuselage outer surface cleaning agent

【别名】 机身外表面清洗剂；飞机机身清洗剂

【组成】 涉及化工用品领域，尤其是一种硬表面清洗剂。混合表面活性剂、焦磷酸钾、硅酸钠、水、助剂，经科学复配而成。

【配方】

组 分	w/%
混合表面活性剂	8～15
硅酸钠	4～10
焦磷酸钾	2～8
水	余量

【制法】 上述混合表面活性剂采用AEO（碳脂肪醇聚氧乙烯醚）表面活性剂和阳离子表面活性剂的混合物，如：AEO-3或AEO-7或AEO-14或它们的混合物，阳离子表面活性剂可是烷基氧化胺，其中烷基碳数8～16。

【实施方法示例】

组　分	w/%
AEO-3	4
AEO-4	2
焦磷酸钾	6.5
水	74
AEO-7	5
十二烷基氧化胺	1.5
硅酸钠	7

【制法】 先将焦磷酸钾和硅酸钠加入定量水中，搅拌至完全溶解，然后依次添加表面活性剂，混合均匀。

【主要用途】 主要用于飞机机身外表面清洗与漆面护理。

【应用特点】 ①不采用任何溶剂，减少对环境所造成的污染；②选择一种 C_{12}～C_{15} 脂肪醇聚氧乙烯醚 AEO 类表面活性剂和阳离子表面活性剂的混合物，它能在没有溶剂存在的情况下发挥良好的去污效果，同时泡沫性能得到改善，亦不增加对机身材料的腐蚀；③采用一种模数（Na_2O，SiO_2）为 1.8～2.4 的硅酸钠作为缓蚀剂，它能克服以往用缓蚀剂的所有缺点，并具有良好的助洗作用，增加产品的去污能力。

【安全性】 本产品能有效去除飞机机身外表面清洗及各类油污，清洗后不留痕迹。本产品闪点较高，使用安全。对人体无害，有效保障操作工身体不受伤害。水果香型，气味宜人。不含对臭氧层有破坏性的物质。

【包装储存运输】 包装：200kg/桶；25kg/桶塑料桶或金属桶，包装封口应严密。也可根据客户需求提供其他包装形式。储存：储存在阴凉、干燥、通风的库房内。储存期 2 年。2 年后经复验合格仍可使用室内通风处储存。运输：正常（海、陆、空）运输均可。

【生产单位】 北京科林威德航空技术有限公司。

Ha009 飞机外壳清洗剂

【英文名】 the machine casing cleaning agent

【别名】 飞机清洗剂；外壳清洗剂

【组成】 涉及工业化学用品领域。一般由多种优良的表面活性剂和洗涤助剂经科学复配而成。

【产品特点】 本产品是根据中国民航适航咨询通告 AC21.75 的要求，参照波音 D6-17487、空客 AIMS09-00-002、原麦道 CSD-1 等标准研制的水基型飞机表面清洗剂。本产品具有如下特点：良好的润湿、乳化和分散能力，对轻油和重油污垢、灰尘、昆虫污渍等均具有良好的去除能力；对飞机不产生腐蚀；完全溶于水；对人体无毒，符合环保要求；不燃烧；良好的漂洗性；良好的稳定性。

【配方】

组　分	w/%
磷酸三钠	10
乙二醇单乙醚	6
辛基酚聚氧乙烯醚	2
水	82

【制法】 该清洗剂效果好，而且能防火。

【性能指标】 相对密度：1.05±0.05；pH：10.5±0.5；闪点：高于沸点；不溶物：少于 0.1%；水溶解度：100%；外观：浅黄色透明液体。

【清洗方法】 与一般水基型清洗剂相同，根据飞机的不同部位、不同污浊程度选择 10%～30% 的比例先用水稀释，然后均匀喷洒或涂刷到需要清洗的部位，建议保持 5～10min，再用水冲洗干净即可。对污垢比较严重的部位，可选择本品直接喷刷擦洗，最后用水冲洗。（注意：必须在清洗液干燥前加以清洗）

【应用特点】 本产品不用于发动机与零组件的清洗，清洗飞机时应注意对飞机上的敏感部件（如空速管等）的保护；冲洗时应将清洗液冲洗干净，避免留有残液。

【安全性】 本产品不含磷、硅、硫酸化物等对人体无毒，符合国家环保要求，与飞机材料的相容性佳；但本品属碱性洗涤剂，对于皮肤和眼睛有一定的伤害，工作时应穿戴防护服（如戴玻璃或塑胶护目镜、橡胶或有涂层的防护手套、能覆盖全身的工作服）以避免直接接触；如不慎溅入眼睛，应立即用清水冲洗，必要时请医生诊治；皮肤接触后应冲洗干净并擦护肤用品。

【包装、搬运与储存】 本产品用塑料桶密封包装，无特殊搬运/运输要求；本品应在常温下存放于通风、干燥处，避免阳光直接照射，避免挤压，勿与强腐蚀物品混放；本产品稳定性好，正常储存条件下可存放至少 2 年。

【生产单位】 中航工业北京航空材料研究院。

Hb 机舱内饰清洗剂

一般飞机机舱内饰清洗剂，包括飞机地毯及舱内饰件清洗剂都适用于飞机机舱内地毯及其他纤维、棉毛纺织物、装饰件的清洗与保养，能高效、安全地清除地毯上的油污、尘埃等污物，不影响地毯及其他纤维、棉毛纺织物的阻燃性能，不损伤飞机的金属、橡胶、塑料等各种材料的表面，不留下任何痕迹；而且能散发出芬芳，为乘客创造舒适、温馨的乘坐环境，是一种理想的飞机机舱内饰清洗剂。

Hb001 飞机机舱内饰清洗剂

【英文名】 aircraft cabin interior cleaning agent

【别名】 机舱清洗剂；内饰清洗剂

【组成】 一般由松油醇、柠檬烯、苯乙酮、溶剂、表面活性剂组成。

【配方】

组　分	w/%
松油醇	20～50
柠檬烯	10～25
苯乙酮	5～15
壬基酚聚氧乙烯醚(OP-10)	5～10
脂肪酸二乙醇酰胺[商品名为尼纳尔，化学式为 $RCON(CH_2CH_2OH)_2 \cdot NH(CH_2CH_2OH)_2$]	5～25
山梨醇酯单硬脂酸酯聚氧乙烯醚(T-60)	5～15
铜金属组合缓蚀剂[苯并三氮唑(BTA)]	0.002～0.004

【制备方法】 ①按质量份在反应釜中加入松油醇、柠檬烯、苯乙酮，混合后加热至40～60℃；②依次加入OP-10、尼纳尔、T-60待完全溶解；③降至室温加入苯并三氮唑，混合均匀，pH为7～10。

【应用特点】 该飞机清洗剂是根据污垢的性质及机身铝材的特点专门进行研制的一种环保型水基飞机清洗剂，不污染水层、大气、河流和其他水源。具有去污力强，能彻底除去油脂、油污等优点；不腐蚀金属，是溶剂基清洗剂和酸碱基清洗剂的良好替代品；使用储存方便安全，在冷热温度下使用，性能稳定。制备工艺简单，操作简便，生产环境条件宽松，无需专用设备及配套排除污染设施。复配加入多种表面活性剂，针对各类油污的清洗效果更为突出，且具有各机型通用的特性，对飞机中的橡胶件和丙烯酸、聚乙烯等塑料件不会造成损伤，并可有效降低使用成本。

【实施方法示例】 ①按质量份在反应釜中加入溶剂松油醇35kg、柠檬烯17.5kg、苯乙酮10kg，混合后加热至50℃；②依次加入OP-10 7.5kg、尼纳尔15kg、T-60 10kg，待溶解；③降至室温加入苯并三氮唑3g，混合均匀，pH为7～10。

【配方分析】 ①采用OP-10为表面活性剂，以提高本剂的分散、乳化、去污能力；②采用尼纳尔为表面活性剂，同时具有洗涤剂、金属缓蚀剂及水调节剂的作用；③采用山梨醇酯单硬脂酸酯聚氧乙烯醚（T-60）为表面活性剂，以提高去污能力；④采用松油醇、苯乙酮、柠檬烯为溶剂，以提高去油污能力，且环保无污染；⑤采用苯并三氮唑为铜金属组合缓蚀剂，以提高防腐蚀能力。

【清洗方法】 选择（1∶9）～（1∶20）比例，用清水稀释，然后均匀喷洒或涂刷到要清洗的飞机各部位，保持5～10min，再用清水洗净即可；安全稀释比例高，清洗效果显著；储存静置不沉淀、不分层，可直接使用，不必再搅拌摇匀，使用极为方便。

【安全性】 本产品不含磷、硅、硫酸化物等，对人体无毒，符合国家环保要求，与飞机材料的相容性佳；但本品属碱性洗涤剂，对于皮肤和眼睛有一定的伤害，工作时应穿戴防护服（如戴玻璃或塑胶护目镜、橡胶或有涂层的防护手套或穿能覆盖全身的工作服）以避免直接接触；如不慎溅入眼睛，应立即用清水冲洗，必要时请医生诊治；皮肤接触后应冲洗干净并擦护肤用品。

【包装、搬运与储存】 本产品用塑料桶密封包装，无特殊搬运/运输要求；本品应在常温下存放与通风、干燥处，避免阳光直接照射，避免挤压，勿与强腐蚀物品混放；本产品稳定性好，正常储存条件下可存放至少2年。

【生产单位】 北京航天科创技术开发有限公司。

Hb002 飞机舱内饰表面清洗剂

【英文名】 aircraft cabin interior surface cleaning agent

【别名】 舱内饰清洗剂；飞机舱内饰清洗剂

【组成】 涉及一种航空化学用品，飞机机身外表面、飞机内表面清洗剂。十二烷基苯磺酸、壬基酚聚氧乙烯醚和乙二醇单丁醚、甲基苯并三氮唑、无水硅酸钠、乙二胺四乙酸、助剂经科学复配而成。

【配方】

组 分	w/%
表面活性剂	7～16.5
无水硅酸钠	0.5～3
甲基苯并三氮唑	0.1～0.3
乙二胺四乙酸	0.2～0.7
水	余量

【制法】 配方中，表面活性剂为十二烷基苯磺酸、壬基酚聚氧乙烯醚和乙二醇单丁醚；十二烷基苯磺酸占整个清洗剂的1%～3%、壬基酚聚氧乙烯醚占整个清洗剂的6%～13%、乙二醇单丁醚占整个清洗剂的1%～5%。

【性能指标】 ①性能优于传统的飞机清洗剂。它可以安全而彻底地清洗飞机所有内外表面，而不损伤涂层、有机玻璃，也不侵蚀铝或造成氢脆；②能穿透油脂、碳污和灰尘等，不需擦拭便可除去污物，省时省力；③适用范围很广，国际国内各种军用、民用机型通用；④不燃烧，pH为11.5，密度1.05g/cm^3，储运和使用都非常安全；⑤稀释倍数高，通常使用时可用水稀释30倍，极为经济，能同时满足波音、空客、麦道三大国外公司航空化学品的要求，具有各机型通用的特性，且安全稀释比例比国内同类产品高出10倍；⑥闪点高，98℃沸腾，使用安全；⑦重金属、氯化物、酚等有害成分远低于国家标准。在中国民航总局测试中心出具的编号为TC-HH-200435的试验报告中，在清洗剂原液和清洗剂被稀释比例1∶30（体积比）的两种情况下试验，包括闪点、密度、酸性、硬水、冷热稳定性、长期存储稳定性、全浸腐蚀性、夹层腐蚀性、氢脆等各项指标均合格。

清洗液对橡胶件影响的试验结果：拉伸强度为+10.2%，延伸率为+10.9%，体积为+0.370%；而稀释液（1∶30，体积比）的拉伸强度为+4.2%，延伸强度为+4.24%，延伸率为+7.19%，体积为+0.594%；以上数据均符合检验标准。

对聚乙烯塑料影响的试验结果为：清洗液时，肉眼观察，没有使聚乙烯表面产生刻痕或浸渍或很小的颜色变化；而稀释液（1∶30，体积比）时，肉眼观察，没有使聚乙烯表面产生刻痕或浸渍或很小的颜色变化。对聚碳酸酯、聚丙烯酸龟裂试验结果：清洗液时，无龟裂、裂纹及浸蚀；稀释液（1∶30，体积比）时，无龟裂、裂纹及浸蚀。因此，本品不损伤飞机橡胶件和聚乙烯塑料件，是一种清洗效果良好的飞机机身外表面、内表面清洗剂。

【安全性】 本产品不含磷、硅、硫酸化物等对人体无毒，符合国家环保要求，与飞机材料的相容性佳；但本品属碱性洗涤剂，对于皮肤和眼睛有一定的伤害，工作时应穿戴防护服（如戴玻璃或塑胶护目镜、橡胶或有涂层的防护手套或穿能覆盖全身的工作服）以避免直接接触；如不慎溅入眼睛，应立即用清水冲洗，必要时请医生诊治；皮肤接触后应冲洗干净并擦护肤用品。

【包装、储存与运输】 包装：200kg/桶；25kg/桶塑料桶或金属桶，包装封口应严密。也可根据客户需求提供其他包装形式。储存：储存在阴凉、干燥、通风的库房内。储存期2年。2年后经复验合格仍可使用室内通风处储存。运输：正常（海、陆、空）运输均可。

【生产单位】 北京航天科创技术开发有限公司。

Hb003 GLS-AIR-D飞机地毯及舱内饰件清洗剂

【英文名】 GLS-AIR-D aircraft and cabin interior carpet cleaning agent

【别名】 地毯清洗剂；舱内饰件清洗剂

【组成】 本品是飞机地毯及舱内饰件清洗剂产品，由多种优良的表面活性剂和洗涤助剂经科学复配而成。

【配方】

组 分	w/%
脂肪醇聚氧乙烯(7)醚	13.0
硅酸钠	6.0
三乙醇胺	0.5
乙氧基化双烷基氯化铵	2.5
焦磷酸钠	6.5
钼酸钠	4.5
软水	79

【制法】 将上述组分按比例混合，搅拌均匀，即可得各项性能优良的飞机机身表面清洗剂。

【性能指标】 获得中国民航总局（CAAC）航空化学品设计、生产批准（编号：HH013-ZN）符合中国民用航空总局CCAR-53，AC-21.75的适航规范，通过了波音、空客等飞机制造商的适航标准要求，并且获得了国家专利证书。

飞机地毯及舱内饰件清洗剂适用于飞机机舱内地毯及其他纤维、棉毛纺织物、装饰件的清洗与保养，能高效、安全地清除地毯上的油污、尘埃等污物，不影响地毯及其他纤维、棉毛纺织物的阻燃性能，不损伤飞机的金属、橡胶、塑料等各种材料的表面，不留下任何痕迹；而且能散发出芬芳，为乘客创造舒适、温馨的乘坐环境，是一种理想的飞机地毯清洗剂。

【产品特性】 ①可以安全而彻底地清洗飞机地毯及其他纤维、棉毛纺织物上的油污、尘埃等污物，且对其阻燃性能不造成任何影响；②不损伤飞机涂层、有机玻璃，也不侵蚀铝或造成氢脆；③不损伤飞机的金属、橡胶、塑料等各种材料的表面，不留下任何痕迹；④能穿透油脂、碳污和灰尘等，清洗能力强，使用时省时省力；⑤通常使用时可用水稀释 7～30 倍，极为经济；⑥不燃，储运和使用都非常安全；⑦不含重金属、氯化物、酚、磷、砷等有害成分。

【技术参数】 外观：无色透明液体；pH 11±0.5；相对密度 1.0±0.05。

【清洗方法】 使用时可根据具体情况用水稀释 7～30 倍，使用刷子或专用工具清洗，非常方便。对某些油污严重的地方，可用水稀释 7 倍，喷上浸润几分钟，用刷子刷洗或用高压清洗机清洗干净。用本品清洗后，请及时充分水洗。①稀释倍数小于 7 时，请在清洗后立即用水冲洗干净。②本品属碱性，所以请勿长时间接触皮肤。③如需存放于寒冷地方，本品可能变稠或有析出物，恢复到室温搅拌后不影响使用，也不影响产品的性能。④储存时，若有沉淀物析出，不影响产品性能。使用前请充分搅拌。

【主要用途】 适用于飞机机舱内地毯及其他纤维、棉毛纺织物、座套的清洗，能高效、安全地清洗地毛上的油污、尘埃等污物，对飞机的各种材料均安全可靠。而且能散发出宜人的幽香，为乘客创造舒适、温馨的乘坐环境，是一种理想的飞机客舱织物及地毯清洗剂。

【应用特点】 该飞机地毯及舱内饰件清洗剂适用于飞机机舱内地毯及其他纤维、棉毛纺织物、装饰件的清洗与保养，能高效、安全地清除地毯上的油污、尘埃等污物，不影响地毯及其他纤维、棉毛纺织物的阻燃性能，不损伤飞机的金属、橡胶、塑料等各种材料的表面。

【安全性】 本产品不含磷、硅、硫酸化物等对人体无毒，符合国家环保要求，与飞机材料的相容性极佳；但飞机地毯及舱内饰件清洗剂产品属碱性洗涤剂，对于皮肤和眼睛有一定的伤害，工作时应穿戴防护服（如戴玻璃或塑胶护目镜、橡胶或有涂层的防护手套或穿能覆盖全身的工作服）以避免直接接触；如不慎溅入眼睛，应立即用清水冲洗，必要时请医生诊治；皮肤接触后应冲洗干净并擦护肤用品。

【包装、储存与运输】 包装：200kg/桶；25kg/桶塑料桶或金属桶，包装封口应严密。也可根据客户需求提供其他包装形式。储存：储存在阴凉、干燥、通风的库房内。储存期 2 年。2 年后经复验合格仍可使用室内通风处储存。运输：正常（海、陆、空）运输均可。

【生产单位】 北京航天科创技术开发有限公司。

Hb004 GLS-AIR-D1 飞机客舱深度清洗剂

【英文名】 GLS-AIR-D1 aircraft cabin deep cleaning agent

【别名】 客舱清洗剂；GLS-AIR-D1 飞机清洗剂

【组成】 本品是一种理想的飞机客舱深度清洗剂产品，由渗透剂、乳化剂、螯合剂和水组成。

【产品特性】 ①可以彻底地清除机舱内壁、小桌板、行李箱等上面的污物，且对其阻燃性能不造成任何影响；②稀释倍数高，通常使用时可用水稀释 7～30 倍，极为经济；③能穿透油脂、碳污和灰尘等，清洗能力强，使用时省时省力；④不含重金属、VOC 物质，安全环保，且能散发出宜人的幽香，为乘客创造舒适、温馨的乘坐环境。

【配方】

组分	w/%
表面活性剂	
渗透剂	15～27
乳化剂	20～35
螯合剂	0.2～12
洗涤助剂	10～20
水	30～60

【制法】 将上述组分按比例混合，搅拌均匀，即可得各项性能优良的飞机客舱深度清洗剂。

【性能指标】 外观：无色透明液体；pH：11.0±0.5；相对密度：1.0±0.05。

【清洗方法】 ①使用时可根据具体情况用水稀释7～30倍，然后用专用的刷子刷洗或专用工具擦洗，非常方便；②对某些油污严重的地方，可用水将本品稀释7倍左右，喷在污渍上浸润几分钟，再用刷子刷洗；③将污渍洗净后，再用足量的清水进行漂洗。

【主要用途】 ①主要用于用于机舱内壁、小桌板、行李箱等处表面的清洗；②也可用于清洗各类飞机机舱内地毯、座套及其他纤维、棉毛纺织物上的油污、灰尘、汗渍等污物。

【应用特点】 本品是由多种优良的表面活性剂和洗涤助剂经科学复配而成，完全可以取代传统的进口飞机客舱织物及地毯清洗剂。获得中国民航总局(CAAC)航空化学产品设计/生产批准(编号：HH013-ZN)；符合中国民用航空总局CCAR-53、AC-21.75的适航规范，符合波音、空客等飞机制造商的适航标准要求；并且获得了国家专利证书（授权号：ZL200910305996.6)，是一种理想的飞机客舱深度清洗剂产品。本飞机客舱深度清洗剂对飞机客舱的油污、油脂对膜的污染问题，具有高效、安全、强力、经济的特点，能够实现快速渗透、乳化力强、溶解力强，不仅对滤膜无腐蚀性，对飞机客舱材料等也均无腐蚀性，还能够清除普通清洗剂难以清除的含油脂、油污的脏污，对油污的清洗能力达90%以上。

【安全性】 ①使用高浓度工作液时，请在清洗后及时用水冲洗干净；②本品属碱性，所以请勿长时间接触皮肤；③本产品长期存放于低温的环境时，可能变稠或有析出物，恢复到室温搅拌后不影响使用效果，也不影响产品的性能。

【包装、储存与运输】 包装：200kg/桶；25kg/桶塑料桶或金属桶，包装封口应严密。也可根据客户需求提供其他包装形式。储存：储存在阴凉、干燥、通风的库房内。储存期2年。2年后经复验合格仍可使用室内通风处储存。运输：正常(海、陆、空)运输均可。

【生产单位】 北京航天科创技术开发有限公司。

Hc 机场跑道清洗剂

机场跑道尤其是飞机频繁起降路段的跑道上，飞机轮胎与路面由于产生巨大的摩擦而产生大量橡胶粉末残留物，经过大吨位飞机的行驶和降落时高速的冲击力产生的摩擦高温，使残留物形成坚硬光滑的垢层，该垢层对飞机在跑道上高速滑行会构成不安全因素。因此，为防止事故的发生，必须对飞机跑道进行定期的清理，以确保飞机的行驶安全。到目前为止，国内现有的机场跑道路面污垢的清理方法，几乎全部采用物理清洗法，在较大的机场，一般使用高压水喷射切割法，而国内大多数机场采用人工清除法。喷射法设备昂贵，效率不高。

Hc001 高效机场跑道清洗剂

【英文名】 efficient airport runway cleaning agent

【别名】 机场清洗剂；跑道清洗剂

【组成】 由二氯乙烷或三氯乙烷、甲苯、2号溶剂油、*N*,*N*′-二苯基硫脲、石油磺酸钠、烷基芳基聚氧乙烯醚、甲酸等配制而成。

【产品特性】 本清洗剂可以有效地将残留在机场跑道垢层中的橡胶残余物快速溶胀、松动、内聚力降低而与路面自动分离。本清洗剂具有快速渗透能力，能在5～10min内将跑道垢层剥离路面，因此，清洗机场跑道高效、快捷，不但省时而且可以利用机场现有设备，从而使基本投资少，费用低，同时安全、彻底地清洗干净机场跑道路面，克服现在用物理或人工清洗方法存在的清理时间长、基本投资大、人工花费多等缺点。

【配方】

组分	w/%
二氯乙烷或三氯乙烷❶	35.0～62.0
2号溶剂油	6.7～12.8
石油磺酸钠	0.8～1.0
甲酸	1.2～2.2
甲苯	22.7～48.7
N,*N*′-二苯基硫脲	0.5～1.2
烷基芳基聚氧乙烯醚	0.1

【制法】 在通风良好、常温（20～30℃）的条件下，按照配方将溶剂按序逐个加入到带搅拌器的容器中，将其完全搅拌均匀即可制备而成。

下面举三个不同配方的实施方法，见下表。可按不同季节的温度及环境湿度来选用不同配方。

---

❶ 二氯乙烷与三氯乙烷不是《蒙特利尔议定书》附件A～E的受控物质。

实施方法（质量分数）配比　　单位：%

序号	原料	实施方法 1	实施方法 2	实施方法 3
1	二氯乙烷或三氯乙烷	35.0	54.0	62.0
2	甲苯	48.7	31.4	27.7
3	2 号溶剂油	12.8	11.3	6.7
4	*N*,*N*′-二苯基硫脲	1.2	0.8	0.5
5	石油磺酸钠(表面活性剂 AS)	1.0	0.9	0.8
6	烷基芳基聚氧乙烯醚	0.1	0.1	0.1
7	甲酸	1.2	1.5	2.2

清洗剂配制完成后，采用两台槽车一前一后相隔 10min 后共同作业。前台槽车装有本清洗剂进行喷淋，后台槽车装水加压至≥6kgf/cm²（1kgf＝9.80665N）。水压冲洗，以全部实现自动化机械操作，可省时、省人工，减少投资，节约费用。既干净彻底，又安全可靠、方便、快捷。

【配方分析】

配方 1　由于氯代烃的沸点相对较低，该配方较适应于冬季的干燥天气使用。其最快溶胀速度为第一分钟 16%，橡胶剥离路面的时间最长不超过 10min，最终溶胀率为 28%。

配方 2　比较适用全天候操作。最快溶胀速度为第一分钟 18%，最终溶胀率为 26%，最终剥离路面时间不超过 10min。

配方 3　氯代烃含量较高，其渗透性能较为优越，最快溶胀速度为第一分钟 21%，最终溶胀率为 24.5%，该配方较适应于春天潮湿气候。

上述三个配方实施均在机场跑道上进行，三个不同配方配制的机场跑道清洗剂的最终溶胀时间均不超过 10min。最终溶胀率即以本清洗剂喷在橡胶残余物表面后，残余物最终体积的增大量和原体积的比率。

【清洗方法】　①使用时可根据具体情况，使用槽车喷洗或擦洗；②10min 后再用槽车载清水喷洗一次即可，效率奇高。

【性能指标】　外观：浅黄色透明液体；pH：11.5 ± 0.5；相对密度：1.05±0.15。

【应用特点】　例如：对一个中型机场需要清洗的跑道路面约 27000m²。按物理清洗方法，若采用高压水清洗的作业速度为 80m²/L，总共需要 338h，即需 67 个夜晚（每晚折 5h 计）；若采用本清洗剂的车辆喷淋清洗，喷淋宽度为 3m。汽车前进速度为 16m/min，则每小时能清洗处理 2700m²，只需 10h 即共需 2 个夜晚便可清洗处理完毕。与人工清洗方法相比，节约的人工费用更惊人。

①应用本清洗剂能有效地将残留在机场跑道垢层中的橡胶残余物快速溶胀、松动，进而使残余体的内聚力降低而与路面自动分离。因此，可用≥6kgf/cm² 的水压进行冲洗，将残余体清除干净。②本清洗剂具有快速渗透性能，能在 5～10min 内，将跑道上的垢层剥离路面。③用本清洗剂清洗机场跑道，能将机场跑道中所积累的橡胶垢层快速、彻底地清除，并不损伤路的表面，能达到飞机在跑道中安全行驶的要求。

因此，清洗机场跑道高效、快捷，不但省时，还可利用机场现有设备使基本投资少、费用低，同时能安全、彻底地清洗干净机场跑道路面。克服了现有物理清洗方法或人工清洗方法存在的清理时间长、成本投资大、花费人工多等的缺点。

【主要用途】 一种高效机场跑道清洗剂，适用于清洗机场跑道橡胶垢层、橡胶微粒，清除彻底。这种机场跑道清洗剂高效、快捷费用低，解决传统方法人工效率低，设备投资大的问题。用本清洗剂清洗机场跑道，能将跑道中所积累的橡胶垢层快速、彻底地清除，并不损伤路表面，能达到飞机跑道在安全行驶的要求。

【安全性】 ①使用本品时，请勿溅入眼中。如溅入眼中可用水冲洗干净；②本产品存放于寒冷地方时，可能变稠或有析出物，恢复到室温搅拌后不影响使用效果，也不影响产品的性能；③本品属碱性，请勿长时间接触皮肤。

【包装、储存与运输】 包装：200kg/桶；25kg/桶塑料桶或金属桶，包装封口应严密。也可根据客户需求提供其他包装形式。储存：储存在阴凉、干燥、通风的库房内。储存期 2 年。2 年后经复验合格仍可使用室内通风处储存。运输：正常（海、陆、空）运输均可。

【生产单位】 上海天汉实业有限公司。

Hc002 机场道面油污清洗剂

【英文名】 airport road surface greasy dirt cleaning agent

【别名】 道面油污清洗剂；机场油污清洗剂

【组成】 涉及一种橘子油与十二烷基苯磺酸钠、焦磷酸钾和三乙醇胺去离子水配制而成的一种以天然植物作为主要原料的机场道面油污清洗剂。

【配方-1】

组　分	质量份
橘子油	60
焦磷酸钾	12～18
十二烷基苯磺酸钠	10～12
三乙醇胺	2～3
去离子水	120

(1) 配方分析　利用含有 80% 以上柠檬烯的橘子油作为主要组分，并与多种表面活性剂复配而制成，其具有较低的表面张力，因而能够有效地去除有机油污，并且不腐蚀被清洗物的表面，而且由于橘子油是从属于天然植物的橘子皮中提炼而成，所以其对环境及人体健康无害，并可生物降解且不燃烧、不爆炸，因而使用安全。另外，由于该清洗剂挥发速度相对较低，所以清洗作业后可将其回收，并经蒸馏后反复使用，因此能够降低成本。此外，该制备方法简单方便。

(2) 制备方法　①将橘子油与十二烷基苯磺酸钠、焦磷酸钾和三乙醇胺按照上述质量份称量后在容器中混合均匀；②然后在 40～60℃ 的温度下将按照配方质量份称量的去离子水加入到上述混合液中并搅拌均匀，最后冷却到 20%～25% 的温度即可制成机场道面油污清洗剂。

【配方-2】 将 60 份橘子油与 12 份十二烷基苯磺酸钠、18 份焦磷酸钾和 3 份三乙醇胺在容器中混合均匀，然后在 40～60℃ 的温度下将 120 份去离子水加入到上述混合液中并搅拌均匀，最后冷却到 20%～25%，即可制成机场道面油污清洗剂。本清洗剂表面张力在室温时为 25.00～27.23mN/m，溶剂黏度为 1.550～2.000mm^2/s，而闪点（闭杯）为 50～60℃，由此可见，该清洗剂是一种有机溶剂的理想替代品。

【制法】 当利用本清洗剂清洗机场道面上的油污时，首先采用机场联合作业机械将该清洗剂倒入工作车罐中，然后喷洒在粘有油污的机场道面上，最后经过磨刷、吸附回收、冲洗回收及擦拭干净等步骤即可完成清洗作业，清除时间为10～20min。

【配方-3】 机场道面橡胶污垢清洗剂

一种机场道面橡胶污垢清洗剂及其制备方法，涉及一种机场道面橡胶污垢清洗剂及其制备方法，特别是涉及一种以天然植物作为主要原料的机场道面橡胶污垢清洗剂及其制备方法。

组　分	w/%
橘子油	70～80
石油磺酸钠(表面活性剂 AS)	1～3
N,N'-二苯基硫脲	1～5
甲酸	1～2

(1) 配方分析　用含有80%以上柠檬烯的橘子油作为主要组分，并与多种表面活性剂复配而制成，其具有较低的表面张力，因而能够有效地去除橡胶污垢，并且不腐蚀被清洗物的表面。

(2) 制备方法　①将橘子油与石油磺酸钠按照上述质量分数称量后在容器中混合均匀；②在室温下将按照配方质量份称量的N,N'-二苯基硫脲和甲酸加入到上述混合液中，搅拌均匀即可制成机场道面橡胶污垢清洗剂。

【主要用途】 一种机场道面油污清洗剂，适用于清洗机场跑道橡胶垢层、橡胶微粒，清除彻底。这种机场跑道清洗剂高效、快捷费用低，解决传统方法人工效率低、设备投资大的问题。

【应用特点】 ①应用本清洗剂能有效地将残留在机场跑道垢层中的橡胶残余物快速溶胀、松动，进而使残余体的内聚力降低而与路面自动分离。因此，可用≥6kgf/cm^{2}的水压进行冲洗，将残余体清除干净。②本清洗剂具有快速渗透性能，能在5～10min内，将跑道上的垢层剥离路面。③用本清洗剂清洗机场跑道，能将机场跑道中所积累的橡胶垢层快速、彻底地清除，并不损伤路的表面，能达到飞机跑道中安全行驶的要求。

【安全性】 其对环境及人体健康无害，并可以生物降解，且不燃烧、不爆炸，因而使用起来十分安全。另外，由于该清洗剂挥发速度相对较低，所以清洗作业后可将其回收，并经蒸馏后反复使用，因此能够降低成本。此外，该制备方法简单方便。

【包装、储存与运输】 包装：200kg/桶；25kg/桶（塑料桶或金属桶），包装封口应严密。也可根据客户需求提供其他包装形式。储存：储存在阴凉、干燥、通风的库房内。储存期2年。2年后经复验合格仍可使用室内通风处储存。运输：正常（海、陆、空）运输均可。

【生产单位】 中航工业北京航空材料研究院。

Hd 其他飞机清洗剂

航空化学清洗剂产品，一般可除去飞机表面上的油污、灰尘、焦化物、烟灰、燃烧不完全的燃料等牢固的污物，并不损伤飞机表面的材料，不留下任何痕迹。

另外，飞机零部件清洗剂也适用于清除航空发动机等飞机零部件制造过程中各工序间需清除的润滑油、防锈油等油污，清洗性能强，清洗后不留残迹，对后续工序不产生影响。如下该系列产品都为民航总局认证产品，广泛应用于各大航空公司。

Hd001 溶剂型飞机清洗剂

【英文名】 solvent-based aircraft cleaning agent

【别名】 溶剂清洗剂；飞机油溶清洗剂

【组成】 本品是由超纯溶剂组成的专用清洗剂。

【产品特性】 属混合挥发溶剂型清洗剂，适用超声波清洗、刷洗、擦洗、浸洗和喷洗，是进口以及国产清洗机的理想配套产品。

【配方】

组　分	w/%
蜡液	6
除油剂	3
N,*N'*-二苯基硫脲	2.9
石油磺酸钠	3
甲酸	1.8
OP-10	6

【制法】 将上述组分按比例混合，搅拌均匀，即可得各项性能优良的溶剂型飞机清洗剂。

【性能指标】 外观：无色透明液体；闪点：大于 60℃；相对密度：0.7～0.8；可燃性：不易燃；气味：水果香型；净洗力：≥95%。

【主要用途】 适用于清除航空发动机等飞机零部件制造、维护过程中各工序间需清除的润滑油、防锈油等油污，清洗性能强，清洗后不留残迹，对后续工序不产生影响，对人体无害，不含破坏臭氧层的物质。

【应用特点】 本品是由超纯溶剂组成的专用清洗剂，对于清除航空发动机等飞机零部件制造、维护过程中，特别是涉及一种需清除的润滑油、防锈油等油污，清洗性能强，清洗后不留残迹，并可以生物降解，且不燃烧、不爆炸，因而使用起来十分安全。

【安全性】 ①本产品能有效去除工序间各类油污，清洗后不留痕迹；②本产品闪点较高，使用安全；③对人体无害，有效保障操作工身体不受伤害；④水果香型，气味宜人；⑤不含对臭氧层有破坏性的物质。

【包装、储存与运输】 包装：200kg/桶；25kg/桶（塑料桶或金属桶），包装封口应严密。也可根据客户需求提供其他包装形式。储存：储存在阴凉、干燥、通风的库房内。储存期2年。2年后经复验合格仍可使用室内通风处储存。运输：正常（海、陆、空）运输均可。

【生产单位】 北京航天科创技术开发有限公司。

Hd002 航空用经济环保型溶剂清洁剂

【英文名】 aviation economic environment-friendly solvent cleaning agent

【别名】 航空清洁剂；碳氢清洁剂

【组成】 本品是由精选碳氢溶剂制成的经济、环保型清洁剂。

【配方】

组　分	质量份
橘子油	75
除油剂	3.6
N,N'-二苯基硫脲	2.8
十二烷基苯磺酸钠	5
甲酸	1.6
二氯乙烷或三氯乙烷	5

【制法】 将75份橘子油与5份除油剂、3.6份十二烷基苯磺酸钠在容器中混合均匀，然后在室温下将2.8份N,N'-二苯基硫脲和1.6份甲酸加入到上述混合液中并搅拌均匀即可制成机场道面橡胶污垢清洗剂。

【清洗工艺】 该清洗剂表面张力在室温时为25.00～27.23mN/m，溶剂黏度为1.550～2.000mm^2/s，而闪点（闭杯）为50～60℃，由此可见，其为一种橡胶污垢的理想清洗剂。

当利用本清洗剂清洗机场道面上的橡胶污垢时，首先采用机场联合作业机械将该清洗剂倒入工作车罐中，然后喷洒在粘有橡胶污垢的机场道面上，最后经过磨刷、吸附回收、冲洗回收及擦拭干净等步骤即可完成清洗作业，清除时间为60～90min。

【性能指标】 经ISO 9001和ISO 14001验证，特点/优势如下表所示。

清洁剂、除油剂	优质无味溶剂，可快速溶解油污、油脂与其他污渍
环保优势	高闪点、低毒性的碳氢溶剂。本品非美国《资源保留和回收法》所列的危险废弃物、危险空气污染物或臭氧层耗竭剂
减少客户顾虑	闪点升高，同时提高使用与储存过程中的安全性。本品搭配洁普零件清洗机和过滤系统使用，可极大降低处置方面的时间和费用
低蒸发率	低蒸气压力与蒸发率将蒸发损失与工作曝光降至最少
多功能	搭配清洗机之外。本品还可作通用清洁除油剂，用于任何需要非危险溶剂型产品的场合
军事规格	符合军事规格：MIL-PRF-680二类 除油溶剂

【主要用途】 适用于清除清洗机场道面上各类金属上去除沉积污渍、油脂、水压液体及油污沉淀物。

【应用特点】 本品可搭配洁普的全部零件清洗机和洁普各过滤系统，本品无论喷洒、擦拭、蘸湿或刷洗使用，均可从各类金属上去除沉积污渍、油脂、水压液体及油污沉淀。

【安全性】 ①本产品能有效去除工序间各类油污，清洗后不留痕迹；②本产品闪点较高，使用安全；③对人体无害，有效保障操作工人身体不受伤害；④水果香型，气味宜人；⑤不含对臭氧层有破坏性的物质。

【包装、储存与运输】 包装：200kg/桶；25kg/桶（塑料桶或金属桶），包装封口应严密。也可根据客户需求提供其他包装形式。储存：储存在阴凉、干燥、通风的库房内。储存期2年。2年后经复验合格仍可使用室内通风处储存。运输：正常（海、陆、空）运输均可。

【生产单位】 深圳市慧烁机电有限公司。

Hd003 航空用强效除油剂

【英文名】 aviation potent degreaser

【别名】 AD-151-T强效除油剂；航空用除油剂

【产品特性】 本品属可用作通用型除油剂清洗剂，适用去除飞机表面的油污、油脂、黏着剂和腐蚀抑制剂。本品不含酚类及氯化溶剂。

【性能指标】 经ISO 9001和ISO 14001验证，特点/优势如下表所示。

环保优势	本品非美国《资源保留和回收法》所列的危险废弃物、危险空气污染物或臭氧层耗竭剂
多功能	本品黏稠，可附着于飞机的竖直表面并停留较长时间，用作飞机表面和零部件清洗/除油剂。本品适用于地面辅助设备、航空地面设备、机器设备、液压系统、发动机、刹车系统，以及其他车间等
航空规格	符合波音D6-17487 RevN标准

【清洗工艺】 可搭配低压喷枪、拖把、刷子或抹布在需清洁表面使用本品，停留5～20min。使用前，需先测试表面污物，确定本品在结合凉水或热水擦拭、冲洗之前能够完全穿透污物。污渍严重的表面需要较长的接触时间进行清洁。不得使本品在表面干结。取用足量本品，确保表面湿润，再去除污渍。使用前请阅读标签全部内部。本品可搭配洁普航空系列全线的飞机外部、内部和维修保养清洁产品进行使用。

【主要用途】 适用于清除清洗机场道面上 各类金属上去除沉积污渍、油脂、水压液体及油污沉淀物。

【应用特点】 本品可搭配洁普的全部零件清洗机和洁普各过滤系统，本品无论喷洒、擦拭、蘸湿或刷洗使用，均可从各类金属上去除沉积污渍、油脂、水压液体及油污沉淀。

【安全性】 ①本产品能有效去除工序间各类油污，清洗后不留痕迹；②本产品闪点较高，使用安全；③对人体无害，有效保障操作工人身体不受伤害；④水果香型，气味宜人；⑤不含对臭氧层有破坏性的物质。

【包装、储存与运输】 包装：200kg/桶；25kg/桶（塑料桶或金属桶），包装封口应严密。也可根据客户需求提供其他包装形式。储存：储存在阴凉、干燥、通风的库房内。储存期2年。2年后经复验合格仍可使用室内通风处储存。运输：正常（海、陆、空）运输均可。

【生产单位】 深圳市慧烁机电有限公司。

Hd004 机身表面及零件除油剂

【英文名】 the surface of the fuselage and parts degreasing agent

【别名】 power degreaser强效除油剂；航空用除油剂

【组成】 以盐酸、磷酸或盐酸与磷酸的混酸为基剂，复配而成。

【产品特性】 本品可作为喷洒-擦拭型清洁剂使用，是含氯化溶剂产品的理想替代品，不含臭耗竭剂。

【性能指标】 经ISO 9001和ISO 14001验证，特点/优势如下表所示。

航空规格	波音 D6-17487(L),道格拉斯 CCSD＃1,ASTMF945(E),飞机维护材料作钛合金应力腐蚀,Pratt & Whitney 腐蚀检测(E),MIL-PRE-87937C 检测标准,对聚酰亚胺膜绝缘线无影响
多功能	可用于普通除油剂使用任何领域,如喷洒至机身表面擦拭,或作零件清洁剂。同样适用于地勤设备,水利机械等
不易燃	减少使用、储存安全顾虑
实体形态	喷雾(液体)
颜色	无色或浅黄色
气味	强烈
燃烧性	不易燃,经 CSMA 火焰扩展验证
保质期	3 年
美国交通部分类海运标签	ORM-D

【清洗工艺】 推荐用于机身表面及零件除油。也可用于压制电路板或电气部件清洁中。

【主要用途】 适用于机身表面及零件除油去除沉积污渍、油脂、水压液体及油污沉淀物。

【应用特点】 本品可搭配洁普的全部零件清洗机和洁普各过滤系统，本品无论喷洒、擦拭、蘸湿或刷洗使用，均可从各类金属上去除沉积污渍、油脂、水压液体及油污沉淀。

【安全性】 ①本产品能有效去除机身表面及零件除油各类油污，清洗后不留痕迹；②本产品闪点较高，使用安全；③对人体无害，有效保障操作工身体不受伤害；④水果香型，气味宜人；⑤不含对臭氧层有破坏性的物质。

【包装、储存与运输】 包装：200kg/桶；25kg/桶（塑料桶或金属桶），包装封口应严密。也可根据客户需求提供其他包装形式。储存：储存在阴凉、干燥、通风的库房内。储存期 2 年。2 年后经复验合格仍可使用室内通风处储存。运输：正常（海、陆、空）运输均可。

【生产单位】 深圳市慧烁机电有限公司。

Hd005 FCS-25、ES-311 飞机防腐涂层清洗剂

【英文名】 FCS-25、ES-311 cleaning agent for anticorrosion coating of aircraft

【别名】 强效除油剂；航空用除油剂

【组成】 本产品主要由多种安全高效、易挥发、气味小的碳氢溶剂科学复配而成。

【产品特性】 飞机防腐涂层清洗剂以中国民航有关航空化学品 CCAR-53 的适航要求为基础，并参考了波音、空客等其他飞机制造商的适航要求而制定的审定基础，飞机防腐涂层清洗剂获得 CAAC AAD-HH0015 的适航批准，飞机防腐涂层清洗剂符合 BAC-5750、D6-17487P 的适航要求。

①本品为有机溶剂型产品，能快速渗透到油污及其他污物内部，迅速溶解并使其脱落；②挥发快、气味小、不残留，操作简单，使用方便；③不含重金属，不含 ODS 类受控物质，安全环保；④对钢、铜、铝、钛等金属材料均无腐蚀，对漆层、有机玻璃及地毯纤维等也无影响。

获得中国民航总局（CAAC）航空化学产品设计/生产批准（编号：HH0138-ZN）；通过了 MIL-PRF-680C、Boeing D6-17487 的标准要求及 CCAR53 等适航规范。主要用于清洗民用航空器内部结构漆面防腐涂层、各种零部件、客舱件、起落架、轮舱等，还可以用于飞机电器设备和地面电器设备的清洗，对飞机的

各种材料均无腐蚀，是一款优良的溶剂型飞机清洗剂。

【性能指标】 外观：无色透明液体；闪点：58℃；密度（60 ℉）：（0.780±0.015）g/cm³。

【清洗方法】 ①擦洗和刷洗方法：可用ES-311将抹布浸湿进行擦洗或用毛刷刷洗，将污渍清洗干净后，可用压缩空气进行吹干也可自然风干。②喷洗法：可以使用专用的161# 喷枪，对欲清洗的金属件，进行喷洗。对于顽固的污物，要先润湿，再进行清洗。③超声波清洗法：轻油污可在超声波清洗槽中清洗一遍后自然风干，不需要再用水冲洗；重油污可在超声波的两个清洗槽中均加入ES-311，在第一个槽清洗后再放入第二个槽清洗，干净后吹干或自然风干。

【主要用途】 FCS-25用于民用航空器内部结构漆面防腐涂层、零部件、客舱件、起落架的清洗，对飞机的各种材料均无腐蚀，产品清洗性能优良，能渗透到油脂、碳污和灰尘的底层，清洗省时省力，可有效提高工作效率，降低飞机维修成本，清除飞机漆面防腐涂层，不损伤飞机漆层，清洗飞机零部件、客舱件、起落架等部位上的油污，不会留下任何残液，用于各种零部件及机械设备的除油污、脱脂处理，用于飞机电气设备和地面电气设备的清洗等。

【应用特点】 本品飞机防腐涂层清洗各过滤系统，本品无论喷洒、擦拭、蘸湿或刷洗使用，均可从各类金属上去除沉积污渍、油脂、水压液体及油污沉淀。

【安全性】 ①本产品为溶剂型产品，不能稀释，但可反复使用；②请勿在明火附近使用，在40℃以下通风处存放；③请勿长时间接触皮肤和大量吸入挥发气体，如不慎溅入眼中，请及时用水冲洗；④气雾罐产品使用后，空罐有内压，切勿投入火中焚烧。

【包装、储存与运输】 包装规格12瓶/箱，450mL/瓶；20L/桶（塑料桶或金属桶），包装封口应严密。也可根据客户需求提供其他包装形式。储存：储存在阴凉、干燥、通风的库房内。储存期2年。2年后经复验合格仍可使用室内通风处储存。运输：正常（海、陆、空）运输均可。

【生产单位】 上海驰晟环保科技有限公司，北京航天科创技术开发有限公司。

Hd006 航空煤油清洗剂

【英文名】 aviation kerosene cleaning agent

【别名】 煤油清洗剂；碳氢清洗剂

【组成】 一般是石油经粗蒸馏、加氢、精馏、异构化制成。

【产品特性】 ①清洗性能好。碳氢清洗剂与大多数的润滑油、防锈油、机加工油同为非极性的石油馏分，根据相似相溶的原理，碳氢清洗剂清洗这些矿物油的效果要好于卤代烃和水基清洗剂。

②蒸发损失小。碳氢清洗剂沸点一般在150℃以上，在使用保管过程中挥发损失要比沸点在40～80℃的卤代烃小得多，对包装物和设备的密封要求很低。

③无毒。经毒理试验，碳氢清洗剂的吸入毒性、经口毒性和皮肤接触毒性均为低毒，且不属于致癌物质，与卤代烃相比对清洗操作人员更安全。

④相容性好。碳氢清洗剂中不含水分和氯、硫等腐蚀物，对各种金属材料不会产生腐蚀和氧化。另外，由于其属于非极性溶剂，对大部分塑料和橡胶没有溶解、溶胀和脆化作用，因此应用范围极广。

⑤可彻底挥发无残迹。碳氢清洗剂是非常纯净的精制溶剂，在常温和加温状态下均可完全挥发，没有任何残留。

⑥不破坏环境。碳氢清洗剂可以自然降解，清洗废液可以放入燃煤或燃油

锅炉中焚烧，焚烧的生成物主要为CO_2和水，对空气没有污染。碳氢清洗剂中不含氯，对臭氧的破坏系数为零。

⑦价格便宜。普通碳氢清洗剂的价格相当于F-113价格的50%以下，是某些ODS替代品价格的1/20。由于碳氢清洗剂的相对密度为0.75左右，大大低于卤代烃溶剂的密度，因此在同样容积的清洗槽中碳氢清洗剂的加入量仅为卤代烃清洗剂的一半。

【性能指标】 碳氢清洗剂是馏程在140～190℃左右的正构和异构烷烃。相对密度：0.765；蒸气相对密度：0.78；净热值：42.9kW·h；实际胶质：5（GB/T 8019）；电导率：0.01S/m。

【主要用途】 替代120号汽油清洗剂用于点灯照明、各种喷灯、汽灯、汽化炉和煤油炉等的燃料；也可用作机械零部件的洗涤剂。

【应用特点】 为了使经济适用的碳氢清洗剂得到更好的利用，日本企业将真空技术应用到清洗设备中，开发出一种全新的清洗设备——真空清洗干燥机，彻底克服了碳氢清洗剂的弱点，使碳氢清洗在日本得到广泛的应用。尽管碳氢清洗剂有诸多优点，但与ODS清洗剂相比，其沸点高（150～190℃）而闪点低（50～70℃）。虽然较高的沸点可以减少清洗剂在储存、运输和使用过程中的挥发损耗，但也使清洗后工件的干燥速度大大降低，使清洗剂的蒸馏再生变得困难。较低的闪点则提高了清洗、干燥和蒸馏再生中的防火要求。

【安全性】 ①本产品为溶剂型产品，不能稀释，但可反复使用；②请勿在明火附近使用，在40℃以下通风处存放；③请勿长时间接触皮肤和大量吸入挥发气体，如不慎溅入眼中，请及时用水冲洗；④气雾罐产品使用后，空罐有内压，切勿投入火中焚烧。

【包装、储存与运输】 包装：200kg/桶；25kg/桶（塑料桶或金属桶），包装封口应严密。也可根据客户需求提供其他包装形式。储存：储存在阴凉、干燥、通风的库房内。储存期2年。2年后经复验合格仍可使用室内通风处储存。运输：正常（海、陆、空）运输均可。

【生产单位】 北京航天科创技术开发有限公司。

Hd007 飞机厕所清洗剂

【英文名】 cleaning agent for aircraft toilet

【别名】 厕所清洗剂；飞机卫生间清洗剂

【组成】 一般是以盐酸、磷酸或盐酸与磷酸的混酸为基础剂复配而成。

【产品特性】 目前国内外市售的同类清洗剂产品可分为液体和固体两类，其中固体包括粉状和块状两种，并且每一种又有酸性、中性和碱性之分。从使用效果、使用方便程度和安全性等方面来看，酸性液体产品最受欢迎。

【主要用途】 该清洗剂是一种触变型酸性液体清洗剂，用于去除飞机上的真空循环厕所系统中的硬水垢和尿垢以及其他污垢，不腐蚀管道，对金属管道有保护作用并且该产品具有一定的黏度，挂壁性比较好，对真空和循环厕所系统的斜面或垂直面上的污垢去除效果较佳。

【应用特点】 为了使经济适用的触变型酸性液体清洗剂得到更好的利用，国内将触变型酸性液体清洗剂使用效果、使用方便程度和安全性等方面来根据客户需求开发多种用途的液体和固体类型触变型液体清洗剂；目前大多数的酸性液体清洗剂都是以盐酸、磷酸或盐酸与磷酸的混酸为基础剂复配而成。

【安全性】 ①本产品为溶剂型产品，不能稀释，但可反复使用；②请勿在明火附近使用，在 40℃以下通风处存放；③请勿长时间接触皮肤和大量吸入挥发气体，如不慎溅入眼中，请及时用水冲洗；④气雾罐产品使用后，空罐有内压，切勿投入火中焚烧。

【包装、储存与运输】 包装：200kg/桶；25kg/桶（塑料桶或金属桶），包装封口应严密。也可根据客户需求提供其他包装形式。储存：储存在阴凉、干燥、通风的库房内。储存期 2 年。2 年后经复验合格仍可使用室内通风处储存。运输：正常（海、陆、空）运输均可。

【生产单位】 北京雅迪力特航空化学制品有限公司。

I 家用电器工业清洗剂

抽油烟机、电磁炉、油烟排风扇、煤气灶、天然气灶、灶台、锅盖、厨房玻璃、瓷砖上的油污和不锈钢等金属表面油污要清洗；饮水机、净水器要经常清洗；笔记本电脑、LCD 液晶屏、等离子电视、数码产品、电脑、电视、手机等要做日常保养；油烟机涡轮、网罩上的顽固油污，以及洗衣机内胆、洗衣机夹层槽的细菌和电热水器、太阳能真空管道内的水垢都要清洗。家里的麦克风、电话、冰箱消毒器也是如此。家电清洗剂就是对家用电器进行微型的保养、护理清洁，以增加家电运作效率以及使用寿命，使人们更好地利用家电，保持家庭清洁使人们更加健康。

家电清洗有两个方面：第一是为了健康需求而进行的清洗，比如饮水机清洗、空调清洗、油烟机清洗、冰箱清洗消毒、洗衣机清洗等；第二是为了对家电进行维护、保养、消除安全隐患而进行的清洗，比如太阳能清洗、地暖清洗、锅炉除垢等。

现今人们的生活水平不断提高，各种家电也将慢慢地在人们的日常生活中饱和起来。并且有人的地方就有家电在使用，使用家电就必然要清洗家电。

家电清洗剂包括很多：饮水机除垢剂、油烟机清洗剂、空调清洗剂、热水器除垢剂、电冰箱消毒剂、洗衣机清洁剂、液晶屏清洁剂、不锈钢炊具清洁剂等针对一些经常使用的家用电器而研制的清洗剂。它们的清洗方法分别不同，有的需要清洗内部有的只需按照操作使用清洗剂清洗外部就可以了。不同的家电使用不同的清洗方法，下面以空调及空调清洗剂为例介绍。

(1) 空调长期不清洗危害健康　据了解，长时间不用或使用较长的一段时间后，空调内部容易堵塞灰尘、污垢和细菌，产生怪异味道，并容易让人患上“空调病”。所谓的空调病，是指长时间停留在空调环境下所致的一种症候群，主要表现为胸闷、头晕、恶心、乏力、关节痛、食欲下降、记忆力减退、鼻塞、耳鸣等症状，有些还伴有低热，女性可能出现月经不调。空调病的一大诱因就是“微生物致病”，这种病产生的根源就在于空调长时间未使用或长时间使用后未经清洗，空调中吹出的气体中含有大量细菌、真菌，从而引发呼吸系统疾病。

(2) 空调定期清洗健康又节能　与其买健康空调，不如健康地用空调。空调定期清洗不仅会减少其中藏匿的病菌、灰尘对人体造成的危害，还可以更省电节能。一般可节约家庭用电 10%～30%。一般情况下，空调清洗的周期以每隔 1～2 个月清洗一次为宜，或一年最少清洗两次。这样能有效去除空调蒸发器上的各类污垢，清除空调里的污染物、空气中的异味，自动分散空调上的固体粉尘，定期清洗可保持室内空气卫生干净。定期清洗空调不但可以节能，更重要的是还可以延长空调的使用寿命。

(3) 空调清洗剂　空气污染给人们带来的影响看不见、摸不着，容易让人放松警惕，而中央空调通风系统很容易有尘土等堆积，堆积到了一定程度，不但导致室内空气品质下降，而且给病菌提供了良好的滋生环境，引发军团菌带来的相关疾病。

除了引起疾病外，“脏空调”还会影响空调寿命和效果，浪费电力。长期从事空调维修工作的黄养民介绍，定期清洗的空调，节约用电最多达 30%。他说，空调是夏季的用电大件，在用电高峰期，空调用电约占单位或者家庭用电一半。如果对空调进行定期清洗，可缩短空调达到设定温度的时间，一般在 7min 左右，压缩机可少工作 3min，从而节约用电最多达 30%。

举例计算：功率为 2kW 的空调，使用两年后，灰尘厚度达到 0.3mm 左右，通过清洗后可节约 30% 的电费，若一天使用 8h，电费按 1kW·h 为 0.52 元算，一年使用 5 个月，则一年节约的电费近 400 元。这只是对一个家庭而言，如果对使用中央空调的大中型公共场所而言，节约的电费更多。同时，还可延长压缩机使用寿命。

(4) 空调清洗立法呼声　据了解，近年，国家质量监督检验检疫总局、卫生部等先后颁布空调通风系统清洗规范等，中国家电维修协会发布《房间空气调节器节能清洗维护规范》(试行) 规定，规定 3 年是空调清洗维护的年限指标。

由于这些规范大都是非强制性的，所以很少有单位严格执行。同样，空调清洗的卫生标准有了，但缺乏具体的实施办法，他们只是要求酒店、宾馆定期清洗空调，平时只是做一般性检查，估计卫生部将对空调清洗出台具体的操作规范和管理办法。

政府应尽快对空调清洗进行立法，同时，建立专业空调清洗队伍，并及时规范清洗价格等。

(5) 军团菌　军团菌是潜藏在中央空调里致命的“杀手”，如果空调受到军团菌的污染，使用者易患呼吸道感染为主的疾病，免疫力弱者易引发肺炎。

中国疾控中心环境与健康相关产品所提示，军团菌病一旦暴发流行危害是相当大的，死亡率在 5%～30%。现在空调冷却水塔里面发现军团菌检出的阳性率还是比较高的。2006 年，卫生部对全国公共场所中央空调的抽检中发现，军团菌检出率高达 24.5%。

Ia 精密家用电器清洁剂

精密电器清洁剂用于容积型清洗机，用喷枪喷洗，可带电清洗电机等设备，耐电压为 2.5 万伏。还有一种是清洗电路板的清洗机，耐电压为 3.5 万伏。这两个产品都有小包装，是喷雾罐的。不要用这种东西清洗塑料，像手机屏幕什么的，容易腐蚀。

Ia001 精密家用电器清洗剂

【英文名】 precision of household appliances cleaning agent

【别名】 精密清洗剂；电器清洗剂

【组成】 一般由多种表面活性剂、乙二胺四乙酸、乙醇胺、乳化型有机硅油消泡剂、去离子水等复配而成。

【配方】

组　分	m/kg
脂肪醇聚氧乙烯醚磷酸酯	6.2
脂肪醇聚氧乙烯醚硫酸酯	3.8
脂肪醇聚氧乙烯醚	14
椰子油酰二乙醇胺	6
琥珀酸酯磺酸钠	4
乙醇胺(化学纯)	5
乙二醇单丁基醚(化学纯)	6
偏硅酸钠(化学纯)	4
乙二胺四乙酸	0.20
乳化型有机硅油消泡剂	0.3
去离子水	50.5

【制法】 将上述原料在 45～55℃温度范围内加热溶解，搅拌均匀，经静置得到黄色均匀透明液体。

【产品特点】 ①快速清除电机、电气柜等设备上的油垢、粉尘、湿气、盐分及其他污垢，预防故障发生；②绝缘电压高达 25kV，可直接带电清洗电机、电气柜等电气设备，操作方便，工作效率高；③不易燃烧，对大多数金属、涂料饰面、绝缘覆盖层及耐油的橡胶、塑料均安全无害；④品质纯净、挥发彻底，不含氟氯烃危害成分，安全可靠，能大大延长设备使用寿命。

【清洗方法】 直接清洗或浸泡清洗均可。直接清洗时，可用喷枪或皮老虎把电气设备部门的粉尘、杂物吹掉，然后用喷枪或喷壶自下而上清洗。小型电机或已拆卸电气设备可浸泡在洁缘 ZB-25 中数分钟即可彻底清洗干净。

【性能指标】 外观：无色透明液体；相对密度：0.75±0.02；pH 值：7；馏程：150～190℃；闪点：60℃；耐电压：25kV；折射率：1.405；泡沫试验：无泡；不挥发物：小于 0.02%；氯化物：小于 0.01%；气味：轻微溶剂味。

【主要用途】 电气设备专用清洗剂，广泛应用于石化、机械、电力、化工、汽车、造船、铁路、航空、军工、仪器仪表、家电等各个领域，可清洗输变电设备、电机、配电柜、电磁阀门、电气开关、电动工具、端子排、空调机组等设备。

【应用特点】 本品是一种高纯度的液体，在清洗和溶剂领域具有广泛的用途，用于取代CFC（氟氯碳化物）、HCFC（碳氢氯化物）与氯化溶剂，解决因“CFC禁用与HCFC的逐年禁用及氯化溶剂减用”而造成工业界缺乏适用清洗剂的重大问题。

【安全性】 应避免清洗长时间接触皮肤，防止皮肤脱脂而使皮肤干燥粗糙，防误食、防溅入眼内。工作场所要通风良好，用有味型产品时建议工作环境有排风装置。

【生产单位】 广州市凯之达化工有限公司，廊坊蓝星化工有限公司，海南美佳精细化工有限公司。

Ia002 新型精密电器清洁剂

【英文名】 new cleaning agent for precision electronic

【别名】 电器清洁剂；电子线路清洁剂

【组成】 一般由仲硫醚油酸丁酯铵盐、环己醇、伯烷基硫酸钠、异丁醇、卵磷脂、三氯乙烯等复配而成。

【产品特点】 这是一种对塑胶无害的精密电器清洁剂，闪点低，不含CFC113或三氯乙烷，环保配方。快干，不留残渍，适用于所有塑胶，有效去除电器及电子零件上的污渍、水汽、尘埃等，符合美国USDA规格，可用于食品工业。

【配方】

组　分	w/%
仲硫醚油酸丁酯铵盐	0.8～1.6
C_{16}～C_{18}伯烷基硫酸钠	0.35～0.5
卵磷脂	0.25～0.5
环己醇	0.8～1
异丁醇	1.25～2.6
三氯乙烯	余量

【制法】 在搅拌下往三氯乙烯中加入上述组分，直至全部溶解混合即可。

【性能指标】 （1）产品性质 ①化学稳定性。在常温下储存，性能稳定，不发生分解。②表面张力小，能有效地降低污染物表面的张力，从而达到理想的清洗效果。黏度低，渗透性强，清洗力十分明显。对缝隙、细孔部分的污染物也能快速分离。③沸点较低，易挥发，无任何残留，不必再经过擦拭或热风烘干。④即使在沸腾状况下，亦不腐蚀钢铁、不锈钢、铜、黄铜、铝和锌等金属。对塑料、橡胶等材料的溶胀作用亦很小。⑤无毒，使用安全，对人体的皮肤、眼睛黏膜无刺激作用。并且可以反复回收再利用，是理想的新型环保清洗剂。

（2）技术参数 ①化学组成：高纯度单质的共沸化合物，不具苯环结构；②外观：无色透明澄清液体；③沸点：（760mmHg下）45～48℃；④密度：（20℃）1.20～1.22g/cm^3；⑤水溶解度：≤0.2%；⑥pH：中性；⑦蒸发残留物：≤0.001%。

【主要用途】 适用清洁电子线路极、继电器、开关掣、接点、电流断路掣、插头和插座、电路接头、电子机械生产线、发电机组、马达控制器和感应器以及精密仪器。

【应用特点】 ①光学镜片等部件的表面清洗和干燥，可配合超声波清洗机使用；②塑料、金属、合金、玻璃等部件表面之清洗和干燥；③对印制线路板的去焊清洗，能够很好地清洗产品表面残留的污染物；④对各种精密电机、马达、精密仪器仪表的清洗干燥。

【安全性】 应避免清洗长时间接触皮肤，防止皮肤脱脂而使皮肤干燥粗糙，防误食、防溅入眼内。工作场所要通风良好，用有味型产品时建议工作环境有排风装置。

【生产单位】 海南美佳精细化工有限公司，廊坊蓝星化工有限公司，东莞市皓泉化工有限公司。

Ia003 精密家用电器盘管清洁剂

【英文名】 precision electrical household appliance coil cleaning agent

【别名】 电器盘管清洁剂；家用清洁剂

【组成】 由柠檬酸、无机弱酸、无机强酸、非离子表面活性剂、阴离子表面活性剂、含氧溶剂等复配而成。

【产品特点】 本品是多用途、氟溶剂除油剂，主要用于清洁空调和冰箱盘管内的油污和粉尘，从而有效加强设备的运作能力。该产品同时具有快干、无腐蚀、不导电、不着色的特点。

【配方】

组 分	w/%
柠檬酸	10～30
无机强酸	0.8～5
阴离子表面活性剂	6～10
酸缓蚀剂	3～8
无机弱酸	0.1～15
非离子表面活性剂	10～20
含氧溶剂	0.5～15
水	余量

其中，无机弱酸是磷酸或硼酸；无机强酸是硫酸或硝酸；非离子表面活性剂是辛基酚聚氧乙烯醚（10）或壬基酚聚氧乙烯醚（8）或月桂醇聚氧乙烯醚（8）以及壬基酚聚氧乙烯醚（5）或月桂醇聚氧乙烯醚（5）；阴离子表面活性剂是十二烷基苯磺酸钠、十二烷基硫酸钠或十二烷基醇聚氧乙烯醚（3）硫酸钠；含氧溶剂是乙二醇、1,2-丙二醇、异丙醇、乙二醇苯醚、乙二醇丁醚、乙二醇乙醚、二乙二醇丁醚、二乙二醇乙醚中的至少一种；酸缓蚀剂是硫脲、乌洛托品、苯并三氮唑中的至少一种。

【清洗方法】 ①将电器盘管卸并取下单独清洗；②清洗剂按10%～15%配成水溶液，将拆掉电器盘管整体吊入清洗槽中，常温下浸泡30min，开启超声波清洗10～30min，将电器盘管整体置于水洗槽，用高压水枪喷洗空调表面和内部；③80℃热风烘干。

【性能指标】 ①无闪点、无燃点；②快干、不留痕；③介电强度高达36700V；④不含Ⅰ、Ⅱ级臭氧破坏成分。

【主要用途】 主要用于清洁空调和冰箱盘管内的油污和粉尘，从而有效加强设备的运作能力。能有效去除油脂、尘垢、蜡、残胶等沉积物，适用于精密机械、磨具、不干胶、家用电器等，也适用于棉、毛纺织行业的全自动络筒机的清洗。对金属无腐蚀性，溶解、渗透、挥发速度快，去污力强，无氟环保。

【应用特点】 ①安全性强力清洗剂（气雾剂），450mL/罐、液态、中性原液；②喷涂，去除油脂、尘垢、蜡、残胶等沉积物。

【安全性】 应避免清洗长时间接触皮肤，防止皮肤脱脂而使皮肤干燥粗糙，防误食、防溅入眼内。工作场所要通风良好，用有味型产品时建议工作环境有排风装置。

【生产单位】 陕西三原迪尔澧有限公司，海南美佳精细化工有限公司。

Ia004 精密烧烤油烟净化清洁剂

【英文名】 precision roasting fume purification cleaning agent

【别名】 YYJ-JW C型烧烤油烟净化车（剂）；油烟净化器

【组成】 一般由磷酸盐、焦磷酸盐、无机强碱、多种表面活性剂、去离子水等复配而成。

【产品特点】 本品是烧烤油烟净化车的清洁剂和油烟净化器的清洁剂。近年来大气治理已成为环境治理的重中之重，北京有关企业自行研制YYJ-JW型烧烤油烟净化装置。该装置结构合理，性能优良，低耗、低噪，油烟净化率大于

95%，该装置内外表面采用静电喷涂，安装简便，清洁维护方便，适用于烤鸭炉、餐饮油烟的净化。

【配方】

组　分	w/%
磷酸盐	3～8
无机强碱	0.2～0.5
焦磷酸盐	4～8
多种表面活性剂	10～42
去离子水	30～96

【制法】 将上述原料在40～50℃温度范围内加热溶解，搅拌均匀，经静置得到黄色均匀透明液体。

【配方分析】 烧烤油烟清洗剂由金属腐蚀剂磷酸盐作为组分Ⅰ，它可以是磷酸三钠、磷酸氢二钠、磷酸二氢钠或磷酸二氢钾；焦磷酸盐作为组分Ⅱ，它可以是焦磷酸钠、焦磷酸钾、焦磷酸铜或焦磷酸铁；pH调节剂作为组分Ⅲ，它可以是氢氧化钠或氢氧化钾；一种以上的表面活性剂作为组分Ⅳ，它可以是聚氧乙烯系非离子表面活性剂、多元醇酯类非离子表面活性剂、高分子及元素有机系非离子表面活性剂类；聚氧乙烯系非离子表面活性剂可以是聚氧乙烯烷基酚、聚氧乙烯脂肪醇、聚氧乙烯脂肪酸酯、聚氧乙烯胺或聚氧乙烯酰胺。

【清洗方法】 油烟净化器使用1～2个月后需清洗，在厨房油烟较多的情况下，应缩短清洗的周期，以保证净化器的处理效果；用不锈钢或者塑料自制一个大于电场外形尺寸的长方形的清洗槽。

①将洗洁精按3%的比例导入盛有40～50℃的热水中清洗槽中，搅拌，使之充分溶解；②工业烧碱和水按照1∶15的比例配制所需的清洗溶液。

预处理网的清洗步骤：①切断电源，打开检修门。②将预处理框拉出。③放入清洗槽中浸泡10min。轻轻将网上油污清洗干净，并用清水彻底冲洗干净。④将清洗后的预处理网自然风干。⑤将干燥的预处理网按原位置放回净化器。

电场清理步骤：①切断电源，打开检修门。②用清洁片（塑料片）放在电极板中间，贴着电极板由上向下移动，只需将 极板上大部分油污清理掉即可，一次清理不干净，可多清理几次。③清理干净刮下的油污，用清水冲洗干净。④清洗过的电场自然风干（如仍有少量的油污不影响产品的净化效果）。⑤将干燥的预处理网按原位置放回净化器。关上检修门即可重新净化器工作。

【性能指标】 ①YYJ-JW C型烧烤油烟净化车（剂），是款专门为碳烤肉串、烤翅、烤蚝、烤鱼等设计生产的一种新型油烟净化装置。节能、低噪，油烟净化处理率高达95%以上，均达到国家制定环保餐饮油烟排放标准。

【主要用途】 该设备广泛应用于各宾馆、饭店、餐厅、超市、酒吧、庙会、快餐食品店、夏日啤酒广场住宅区餐饮场所的碳烤肉串及油炸、铁板扒炉食品的油烟净化。

【安全性】 应避免清洗剂长时间接触皮肤，防止皮肤脱脂而使皮肤干燥粗糙，防误食、防溅入眼内。工作场所要通风良好，用有味型产品时建议工作环境有排风装置。

【生产单位】 北京鑫悦蓝天环保科技发展有限责任公司，北京金科兴业环保设备有限公司，海南美佳格科家电清洗服务加盟有限公司。

Ia005 精密家用电器带电清洗剂

【英文名】 precision of household appliances of electrified cleaning agent

【别名】 电器带电清洗剂；电气设备清洗剂；带电清洗剂JK-1

【组成】 一般由脂肪醇聚氧乙烯醚磷酸酯、乙二醇烷基醚、脂肪醇聚氧乙烯醚硫酸酯、偏硅酸钠、脂肪醇聚氧乙烯醚、络合剂、烷基醇酰胺、消泡剂、渗透剂、去离子水等复配而成。

【配方】

组分	w/%
脂肪醇聚氧乙烯醚磷酸酯	5～10
脂肪醇聚氧乙烯醚硫酸酯	3～5
脂肪醇聚氧乙烯醚	10～20
烷基醇酰胺	5～10
渗透剂	1～5
烷基醇胺	4～10
乙二醇烷基醚	5～10
偏硅酸钠	1～5
络合剂	0.3～0.5
消泡剂	0.6～1.0
去离子水	余量

【制法】 将上述原料在45～55℃温度范围内加热溶解，搅拌均匀，经静置得到黄色均匀透明液体。

电器带电清洗剂产品特点：①清洗能力强，能迅速渗透、溶解、剥离油污，清洗效果好；②性能指标优于普通DQ-25清洗剂；③能完全挥发，挥发后不留残渣且不凝结水汽；④使用安全，对金属及大多数涂层、绝缘覆盖层及耐橡胶、塑料均安全无害。

【产品特点】 JK-1带电清洗剂特点：①迅速清除引起电气、机械设备故障的油污、粉尘、泥土和水分等污物；②绝缘性能好、耐电压25kV以上；③挥发速度适中，既可彻底溶解油污，又能充分挥发，不留残迹；④对金属、涂层饰面、绝缘覆盖层、铝合金及耐溶剂的橡胶、塑料等物均安全无害；⑤对电气设备的材质和电气性能无损害；⑥不易燃烧，没有像稀料、汽油等物那样的引火危险性。

【清洗方法】 可采用喷洗或浸泡方法。选用喷洗时，需用4～6kgf/cm^{2}的压缩干燥空气，将尘土、铁粉等杂物吹掉，然后用专用喷枪吸入清洗剂进行喷洗。如遇脏污特别严重的设备，需要进行反复喷洗。清洗后要快速干燥，可使用干燥空气吹干，帮助清洗剂迅速挥发。对于小型电气设备或零件，可直接浸泡数分钟后捞出即可。能与水以任意比例混合，且无毒、无腐蚀性、不污染环境。

【质量指标】 外观：浅黄色、均匀透明、液体；气味：无刺激味；相对密度：1.00±0.02；pH值：6.5～7；表面活性物含量：大于30%；黏度：40～100mPa·s(25℃)；稳定性：－10～50℃稳定；燃点：86℃±2℃；闪点：65℃±2℃；耐电压：≥30kV；清洗率：≥99.8%；受控物质：无；执行标准：Q/0GY 001—2005。

【主要用途】 环保型电气设备清洗剂，又称带电清洗剂适用于电动机、发电机、定子、转子、端子排、变电设备、配电室设备、大型电磁阀门、自控开关、电焊机及各类电气设备的清洗。JK-1带电清洗剂本产品广泛适用于各种精密电子仪器、电子设备、电力机械设备、监控设备，计算机主板及各种电器主板等内部和表面的综合污染（如灰尘、油烟、潮气、盐分、累积静电及各种带电粒子等引起）清洗工作。

【应用特点】 带电清洗剂是一种安全、经济的电气设备清洗剂，优异的油污清洗能力可在工作现场直接清洗电动机的转子、定子、风孔、电缆接头、配电开关触点的油污、碳粉和灰尘等。本品是不带刺激气味，对人体无毒害的新一代溶剂型非ODS带电清洗剂。具有低表面张力、低黏度等特点。优良的渗透性，能有效地清洗各种材质的电气设备，特有的自然干燥性，非常适用于火电、水电检修时现场清洗。

【安全性】 ①对异常的发热部位和严重的污垢，不宜带电清洗；②不宜用于不耐溶剂的塑料部件或精密仪器；③使用环境应通风良好、远离火源；④应避免清洗长时间接触皮肤，防止皮肤脱脂而使皮肤干燥粗糙，防误食、防溅入眼内。工作场所要通风良好，用有味型产品时建议工作环境有排风装置。

【包装储存】 包装：20kg/铁桶。储存：保质期 3 年，密封存放于阴凉、干燥、通风处。

【生产单位】 北京筑宝新技术有限公司，福建瑞森福建瑞森化工，上海康宜旅游用品有限公司。

Ia006 家用电器屏幕电脑清洁剂

【英文名】 cleaning agent for household appliances

【别名】 电器屏幕清洁剂；电脑清洁剂

【组成】 一般由无机弱酸（磷酸或硼酸）、无机强酸（硫酸或硝酸）、非离子表面活性剂（辛基酚聚氧乙烯醚）、含氧溶剂、酸缓蚀剂、水等复配而成。

【产品特点】 ①高效：能快速清除尘埃、油污、湿气及其他污垢，而且完全挥发，不留任何残渣。②安全：对各种金属、橡胶、塑料、油漆、电子元件均无腐蚀。耐电压 35kV，绝缘性能好，可带电清洗。③方便：在设备运行或停机状态下都可清洗。清洗剂还有 2 种包装，有效果优异、性价比高的大桶装；还有使用方便的气雾罐包装，手按喷嘴就可直接喷洗。④环保：不含受控物质以及有害气体。

【配方】

组 分	w/%
柠檬酸	10～35
无机强酸	3～5
阴离子表面活性剂	5～10
酸缓蚀剂	3～10
无机弱酸	5～15
非离子表面活性剂	6～25
含氧溶剂	5～15
水	余量

【制法】 在搅拌下加入上述组分，直至全部溶解混合即可。

其中，无机弱酸是磷酸或硼酸；无机强酸是硫酸或硝酸；非离子表面活性剂是辛基酚聚氧乙烯醚（9）或壬基酚聚氧乙烯醚（9）或月桂醇聚氧乙烯醚（9）以及壬基酚聚氧乙烯醚（6）或月桂醇聚氧乙烯醚（6）；阴离子表面活性剂是十二烷基苯磺酸钠、十二烷基硫酸钠或十二烷基醇聚氧乙烯醚（3）硫酸钠；含氧溶剂是乙二醇、1,2-丙二醇、异丙醇、乙二醇苯醚、乙二醇丁醚、乙二醇乙醚、二乙二醇丁醚、二乙二醇乙醚中的至少一种；酸缓蚀剂是硫脲、乌洛托品、苯并三氮唑中的至少一种。

【清洗方法】 a. 小型精密仪器：使用本产品气雾罐装喷嘴距清洗物 15～20cm 处喷洗，眼睛看不到的部位可用附带延伸管插入清洗，若能将清洗物倾斜喷洗效果更佳；b. 按下 QW-112 喷嘴对准纯棉小抹布喷洒薄薄一层，使棉抹布变潮即可，并确认不会有水珠滴下，然后开始擦拭屏幕表面，最后用棉质干毛巾将所有清洁过的部位仔细地擦拭一遍，确认全部擦拭干净即可。

【性能指标】 本品不能用于主机、显示器、键盘内部的清洗。执行标准：Q/(GZ) QW 112。颜色：无色透明液体；燃点：不易燃；气味：微溶剂味；相对密度：0.81±0.05。

【主要用途】 a. 主要用于程控交换机、精密电子仪器、印刷电路板、移动通信、微波无线寻呼、电脑、自动化控制系统、各种家电如电视机、录像机、VCD、DVD、投影机、复印机、电子诊疗仪、自动柜员机、电梯等仪器、仪表的清洗。b. 计算机、电脑网络设备、通信设备、家用电器、办公设备等各种精密电子仪器设备上的电路板；电子厂电路板完工后出厂前的清洗。

【应用特点】 本品适用于各种电脑显示器屏幕、液晶显示器屏幕、电视机屏幕、数码相机屏幕表面污渍的清洁。对各种金属、绝缘漆、塑料、橡胶、有机玻璃和各种饰面均无腐蚀。绝缘电阻 $1.1\times10^{14}\Omega$，对电子元件有特殊保护作用。无臭味，对人体和环境无害，不易燃，不易爆。

【安全性】 应避免清洗长时间接触皮肤，防止皮肤脱脂而使皮肤干燥粗糙，防误食、防溅入眼内。工作场所要通风良好，用有味型产品时建议工作环境有排风装置。

【包装储存】 本品有 25kg 桶装和小瓶装两种规格。（小瓶分 30mL，60mL，100mL，150mL 等，其他规格可订做）请存放在小孩拿不到的地方。

【生产单位】 上海利洁实业公司下属利洁精细化工厂，海南美佳格科家电清洗服务加盟有限公司，广州海顺通信科技有限公司。

Ia007 电机设备带电清洗剂 DS-065 型

【英文名】 cleaning agent for electric motor DS-065 type

【别名】 DS-065 带电清洗剂；电机带电清洗剂

【组成】 一般由硅酸钠、十二烷基苯磺酸钠、聚乙二醇、四甲基乙二胺、三乙醇胺、乙醇、杀菌剂、烷基聚氧乙烯醚、水等复配而成。

【产品特点】 电机专用清洗剂属溶剂清洗剂，具有溶解、渗透、剥离等功能；能迅速清洗电机、变压器、线圈、绝缘子、电器等各种电气设备上的油污、粉尘、碳粉、湿气、盐分及其他污垢。对电机设备进行清洗和维护，能有效地减少能量消耗，延长电机设备的寿命。

【配方】

组 分	w/%
硅酸钠	1～2
聚乙二醇	1～2.2
三乙醇胺	6～12
杀菌剂 1227	0.1～1.5
十二烷基苯磺酸钠	6～10
四甲基乙二胺	6～8
乙醇	5～20
烷基聚氧乙烯醚	6～12
水	余量

【制法】 将 40% 的水与硅酸钠升温溶解为 A 组，将有机组分与 70% 的乙醇搅拌共溶为 B 组，A、B 二组温溶后再补加余下的乙醇和水复配、维持反应，最后检测包装。

【性能指标】 ①外观：无色透明液体；②相对密度：0.80±0.013；③闪点：≥40℃；④耐电压值：25kV 和 35kV；⑤清洗率：99.2%；⑥pH 值：6～7。

【清洗方法】 ①浸泡法：将小型电机及各种机械电器零件直接浸泡在液体中，1～3min 后捞出，自然晾干即可；②擦洗和刷洗法：对不需要浸泡的机电设备，可用干布蘸液体进行擦洗或用刷子刷洗（注：必须断电操作）；③喷洗法：用清洗机或手压喷壶进行机电设备带电或不带电喷洗能迅清除设备上的灰尘、油污、湿气、碳粉、金属粉末、饰面静电等有害物，洗后自然晾干即可。

【清洗注意事项】 ①带电清洗时，要保证清洗机及手压喷壶内无丝毫水分；②对异常发热部位和极严重的污垢，不宜采用带电清洗；③不宜用于清洗不耐溶剂的塑料部件及精密仪器；④施工场地应具备通风良好，请勿接近火源。

【主要用途】 主要用于通信设备（交换机房、传输机房、数据机房、无线基站等）、网络设备（交换机、路由器、防火墙、服务器、小型机等）、电力设备（高低压配电柜等)、DCS、PLC 自动化控制系统的在线带电清洗维护。无线基站带电清洗剂，防火墙带电清洗剂，绿色环保无腐蚀，广泛应用在各大移动公司的机房，基站清洗。用于电动机、发电机、变电设备、空气开关、电气柜设备、配电室内各种设备、机械设备清洗剂、精密零部件及精密仪器设备等的清洗。

【应用特点】 本品可以迅速、彻底清除各种精密电子设备及深层次的灰尘、油污、炭渍、盐分、潮气、金属尘埃及各种带电粒子，有效消除“软性故障”，避免造成设备电路短路、电弧、散热不良、影响信号的准确性和稳定性，保证设备最佳工作状态，以及防止重大恶性事故的发生，有着极其重要的作用。

【安全性】 ①能根据污染类别、需清洗设备的类型等具体情况生产多样化专用带电清洗剂的企业，更高效，更环保；②各系列清洗剂均通过中国赛宝实验室(国际认可) 检测为合格；③突破清洗剂环保工艺配方，pH 为中性，对人、设备及环境均无伤害。应避免清洗长时间接触皮肤，防止皮肤脱脂而使皮肤干燥粗糙，防误食、防溅入眼内。工作场所要通风良好，用有味型产品时建议工作环境有排风装置。

【包装储存】 净重量：200L/桶，20L/桶；密封存放于阴凉、干燥、通风处；保质期：2 年。

【生产单位】 郑州蓝清科技有限公司，海南美佳精细化工有限公司，上海康宜旅游用品有限公司，海南美佳格科家电清洗服务加盟有限公司。

Ib 厨房、油烟机清洁剂

厨房清洁问题一直都是一个十分头痛的问题。炒菜的时候，家里难免会有油烟出现，同时还有那么一些油渍可能会溅到墙上，如果不借助其他一些清洁用具的话，墙上的油渍是擦不干净的。有了厨房清洁剂就不用为厨房的清洁而烦恼了。厨房清洗剂属于清洁产品的一种，其通常情况下为液体或者是泡沫状态。它最大的特点是去污的能力特别的强，同时产生作用的速度也是相当的快的。此产品在使用时，品质是比较的温和的，对皮肤是没有任何的刺激性的。此物在使用的时候，有一些必须要注意的问题，本节介绍一下厨房与油烟机的相关的知识。

厨房油烟机高科技清洗剂是家电行业开发的高科技清洗产品。除了具备普通除油产品无法比拟清洁效果，添加了除菌因子，使厨房更健康。一般采用高科技技术，可在5s时间，直接乳化油污，反应后生成中性液体无任何腐蚀，内含金属光亮剂，清洗后的电器表面光洁如新，清洁、保养一次完成。直接接触皮肤也无任何不适，完全降解，废液直接排放，不污染环境。

(1) 六大功能的原理

① 去渍　活性氧原子能深入织物纤维内部、表面的微小缝隙，将污渍分解成水溶性小分子，使其脱落、剥离，漂洗时均随水冲走；去棉料、地板、瓷砖等的顽固污渍。

② 彩漂　活性氧原子能分解有色污渍，恢复织物原有的光彩，不破坏织物的有机染料。洗白色校服等（注意：氨纶、腈纶、真丝褪色不宜）。

③ 杀菌　活性氧原子能穿入病菌、病毒的细胞壁，氧化细胞的蛋白质和核糖核酸，干扰其新陈代谢，从而杀除多种常见病菌、病毒，避免交叉感染。尤其适合个人裤袜同洗、多人衣物混合洗涤等。

④ 去油垢　氧净溶于水后，产生弱碱性水，与弱酸性污垢、油脂发生皂化反应，将污垢分解，使油垢剥离脱落。清洗厨房、抽油烟机。

⑤ 去味　活性氧原子能杀灭产生污秽气味的细菌，分解细菌排泄物和酸性物质，有效去除异味。

⑥ 降解农药　活性氧与有机农药分子反应，使其分解成水溶性的、无

毒的小分子。使用 2g/L 氧净对农药对苯醚甲环唑、氯氟氰菊酯、毒死蜱和克百威作用 20min，它们的降解率分别为 84.56%、41.72%、92.87% 和 80.71%。

(2) 氧净浸泡杀毒的原理　推荐用氧净浸泡，去油垢同时杀菌去渍。

氧净杀毒的原理是利用氧原子刺入细菌内部杀灭细菌，并因呈碱性与油脂发生皂化反应，将餐具、长途贩运而来的水果表面油蜡污垢分解。

餐洗型氧净已获得餐具洗涤剂的生产许可，可洗涤餐具（含果蔬类），与其他洗涤剂比较，氧净洗涤后的餐具光洁如新，没有黑点。氧净更有高效杀菌、安全的优点。

Ib001 厨房电器一体化处理清洗剂

【英文名】 kitchen appliances integrated treatment cleaning agent

【别名】 厨房电器清洗剂；油烟机清洗剂

【组成】 选用国际先进除油助剂和多种表面活性剂加工而成。

【产品特点】 专为厨房电器而设计的超强配方，快速分解顽固油渍、污垢，无须拆卸、免过水、不留残余；环保原料，绝对不损伤电器表面电镀层和油漆；快速分解附着在电器表面难以清除油渍、污垢，达到光亮一新的效果。

【配方】

组　分	w/%
石油磺酸钠	15～16
环烷酸钠	12
石油磺酸钡	8～9
磺化油(DAH)	4
10# 机械油	余量

【性能指标】 直接接触皮肤也无任何不适，完全降解，废液直接排放，不污染环境。（包括开模、配方、外观设计等）采用独有的（CARBS）技术，除味除菌，天然香味，与众不同。主要原料均采用天然植物萃取液，全部产品已经通过 ROHS 认证，品质保证。

【主要用途】 适用清洗油管、烟道、制造业的油脂污渍，吸油烟机、电磁炉、电饭煲、厨房电器等。

【应用特点】 ①特别优秀的全能乳化能力，能进行全方位乳化。②特别优秀的乳化油能力，乳化食用油等有机油效果是普通乳化剂的 10～40 倍；与溶剂配合能对矿物油、润滑油等无机油有非常好的乳化效果。③特别优秀的自动乳化作用，自动乳化能力非常强，一分钟就能看到效果，对不能相溶的物质有非常好的自动乳化能力。④特别优秀的除锈能力，对金属锈体有快速的除锈效果。⑤特别优秀的去污能力，对各种污渍都有非常好的去污效果。⑥特别优秀的发泡能力，泡沫持久稳定。⑦特别耐酸、耐碱、耐硬水。中性乳化，不伤手。

【安全性】 ①本品偏碱性，使用时请戴胶手套；②本品低温时会冻结，解冻后不影响其性能；③本品不慎溅入眼睛中，请用清水冲洗；④本品请存放于小孩不易触及之处，若有误食，请大量饮水；⑤应避免清洗长时间接触皮肤，防止皮肤脱脂而使皮肤干燥粗糙，防误食、防溅入眼内；⑥工作场所要通风良好，用有味型产品时建议工作环境有排风装置。

【生产单位】 廊坊蓝星化工有限公司，成都恒丰宏业洗涤剂厂，上海康宜旅游用品有限公司。

Ib002 D-212 厨房电器带电清洗剂

【英文名】 D-212 kitchen appliances of electrified cleaning agent

【别名】 厨房清洗剂；电器带电清洗剂

【组成】 一般由聚氧乙烯脂肪醇醚、聚氧乙烯辛烷基酚醚-10、烷基二乙醇酰胺及水等复配而成。

【产品特点】 ①它可以用于厨房里排油烟机的清洁工作；②它可以用于厨房里排气扇的清洁工作；③它可以用于厨房里煤气灶的表面的清洁工作；④它可以用于厨房工作台的清洁工作；⑤它可以用于对餐桌上油渍以及污渍的清洁工作。

【配方】

组　分	w/%
聚氧乙烯脂肪醇醚	24
烷基二乙醇酰胺	24
聚氧乙烯辛烷基酚醚-10	12
水	40

【清洗工艺】 此清洗剂一般稀释成3%～5%溶液使用，清洗时加温到90～95℃。浸洗5～10min。清洗能力很强，使用方便，成本低廉，对钢铁制件研磨、抛光时的污物均能清洗。由于本清洗剂显碱性，故不适用于有色金属。

【安全性】 应避免清洗长时间接触皮肤，防止皮肤脱脂而使皮肤干燥粗糙，防误食、防溅入眼内。工作场所要通风良好，用有味型产品时建议工作环境有排风装置。

【包装】 25kg铁桶和24罐/箱，500mL/罐。

【生产单位】 上海利洁科技有限公司，廊坊蓝星化工有限公司，东莞市皓泉化工有限公司。

Ib003 厨房电器专用油污清洗剂

【英文名】 kitchen oil stain cleaning agent appliances

【别名】 厨房清洗剂；油污清洗剂

【组成】 一般由ABS、环氯丙烷、OP-10、尿素、二乙醇胺、香料、乙二醇丁醚、水等复配而成。

【配方】

组　分	w/%
ABS	8～12
OP-10	5～10
二乙醇胺	3～6
乙二醇丁醚	4～6
乙醇	5～8
环氯丙烷	3～6
尿素	6～10
香料	适量
水	余量

【制法】 将上述原料在38～45℃温度范围内加热溶解，搅拌均匀，经静置得到黄色、均匀透明液体。

【性能指标】 本产品呈浅黄色、均匀透明液体；pH≥10；总固体≥28%；去油污力率≥95%；残留物≤3%。本品常温下配制即可，具有强化除油效果好、无公害、无毒、无腐蚀性的特点。

【清洗方法】 油烟机涡轮：①将拆卸下来的涡轮放入比叶轮稍大的圆桶中，先用开水浸泡10min，水量以能够浸没叶轮为宜；②10min后，本品（100g）倒入热水中；③浸泡25min，期间轻轻晃动涡轮；④清水冲洗干净即可。网罩：参考以上方法浸泡（两者也可同时在两个桶中浸泡）。油烟机面板：清洗完涡轮和网罩后，用毛巾蘸取浸泡擦叶轮或网罩的清洗夜擦拭即可。

【主要用途】 ①用于厨房里排油烟机的清洁工作；②用于厨房里排气扇的清洁工作；③用于厨房里煤气灶的表面的清洁工作；④用于厨房工作台的清洁工作；⑤用于对餐桌上油渍以及污渍的清洁工作。

【安全性】 应避免清洗长时间接触皮肤，防止皮肤脱脂而使皮肤干燥粗糙，防误食、防溅入眼内。工作场所要通风良好，用有味型产品时建议工作环境有排风装置。

【生产单位】 廊坊蓝星化工有限公司，海南美佳精细化工有限公司。

Ib004 特效厨房电器清洗剂

【英文名】 pecific kitchen appliances cleaning agent

【别名】 特效清洗剂；厨房清洗剂

【组成】 一般由烷基酚聚氧乙烯醚、油酸、肉豆蔻酸异丙酯、氢氧化钠、液体石蜡、水等复配而成。

【配方】

组分	w/%
烷基酚聚氧乙烯醚	10～18
肉豆蔻酸异丙酯	8～10
液体石蜡	20～30
油酸	10～15
氢氧化钠	1.5～3
水	余量

其中，烷基酚聚氧乙烯醚在本品中用作乳化剂；肉豆蔻酸异丙酯用作润滑剂；液体石蜡用作润肤剂；油酸作软化剂；氢氧化钠作去污剂。

【制备工艺】 先在搅拌槽中加入水和氢氧化钠，待氢氧化钠全溶后，加入烷基酚聚氧乙烯醚、肉豆蔻酸异丙酯、液体石蜡及油酸，不断搅拌，使各组分均匀混合，即制得洗手液，批量生产扩大配方量即可。

【清洗方法】 使用时，可取本品擦涂在沾有油烟机或油漆的表面上，稍待片刻，用布或纸擦除污物，再用适量水或洗涤剂洗净。

【主要用途】 除了厨房电器清洗剂外，可用作油烟机等施工操作人员的高效洗手剂。

【安全性】 特效油墨清洗剂，是专门用于清洗油墨的制剂，该剂不仅对沾在手上的油墨清洗效果好，对油漆、沥青及各种树脂也有良好的清洗效果，而且含有对皮肤有滋润作用的油性组分，使用时不损伤皮肤，可用作油烟机等施工操作人员的高效洗手剂。

【生产单位】 海南美佳精细化工有限公司，上海康宜旅游用品有限公司。

Ib005 zy-301 油烟机清洗剂

【英文名】 zy-301 cleaner of lampblack machine

【别名】 zy-301 清洗剂；油烟灶具清洗剂

【组成】 一般由杀菌剂、表面活性剂、高分子清洗助剂、无机助溶剂、漆面保护剂和金属保护剂等成分组成。

【配方】

组分	w/%
清洗剂	0.3～1.2
平平加	0.6
三乙醇胺	0.5
乳化油	0.01
水	余量

【制法】 此清洗剂用于油烟灶具及抽油烟机、厨房油污，厨房电器、油烟排风扇、煤气灶、天然气灶、灶台、锅盖上的油污，成品清洗，清洗温度 30～60℃，大约 1min。

【性能指标】 zy-301 油烟机清洗剂为乳白色或灰白色液体、不燃不爆。

【清洗方法】 将 zy-301 油烟机清洗剂加入水中搅拌溶解，配制成 20%～30%的水溶液，根据油污情况调制清洗剂浓度。用手工擦洗、刷洗、机械喷洗等任一方式清洗，浸泡清洗可缩短清洗时间。洗净后的零部件用干净擦布擦干或晾干。

【主要用途】 zy-301 泽源油烟机清洗剂是抽油烟机高效清洗剂，用于清洗各种抽油烟机、电磁炉、油烟灶具、厨房油污、厨房电器、油烟排风扇、煤气灶、天然气灶、灶台、锅盖等上的油污、油脂、细菌、灰尘。不损伤油烟机及表面漆膜，是一种无毒、无害、安全、能反复使用、对清洗温度基本无要求、可直接排放清洗废液的清洗剂。

【应用特点】 在室温不低于20℃时，可不用加温直接清洗。清洗液使用一段时间后，可除去表面浮油和底部沉渣，添加适量 zy-301 油烟机清洗剂后继续使用。

【安全性】 应避免清洗长时间接触皮肤，防止皮肤脱脂而使皮肤干燥粗糙，防误食、防溅入眼内。工作场所要通风良好，用有味型产品时建议工作环境有排风装置。

【包装储存】 1kg、5kg、10kg 塑袋包装。密封储存于阴凉、干燥处。有效期 2 年。

【生产单位】 东莞市皓泉化工有限公司，海南美佳格科家电清洗服务加盟有限公司。

Ib006 油烟机污染清洗剂

【英文名】 hood cleaning agent

【别名】 污染清洗剂；油烟机清洗剂

【组成】 一般由烷基磷酸酯、$C_{10}\sim C_{16}$ 合成脂肪酸单乙醇胺、油酸聚乙醇酯、己二醇、磺化蓖麻油、D-柠檬烯 $C_5\sim C_6$ 和 $C_{18}\sim C_{23}$ 合成脂肪酸钠皂、水等复配而成。

【配方】

组 分	w/%
烷基磷酸酯	1～5
油酸聚乙醇酯	2～7
磺化蓖麻油	0.1～1
$C_5\sim C_6$ 和 $C_{18}\sim C_{23}$ 合成脂肪酸钠皂	0.2～1.5
$C_{10}\sim C_{16}$ 合成脂肪酸单乙醇胺	0.2～1
己二醇	0.5～5
D-柠檬烯	10～56
水	23.5～56

【制法】 D-柠檬烯的制备：将柑橘类果皮切成小的碎片，把这些碎片连同水放入蒸馏装置中，将此混合物进行蒸馏，用容器收集馏出物。用二氯甲烷提取馏出物三次，合并提出物用无水硫酸钠干燥，然后把液体倾入已称重的加有沸石的锥形瓶中，在热水浴上蒸馏以除去溶剂二氯甲烷。当体积减少到约原来的 1/10 时，加入适量的水并继续加热几分钟，以除去最后残留的二氯甲烷，得到液体 D-柠檬烯。

称取由上述方法制得的液体 D-柠檬烯 10kg，加入 1kg 烷基膦酸酯、2kg 油酸聚乙醇酯、0.1kg 磺化蓖麻油、0.5kg 己二醇混合为 A 相，0.2kg $C_5\sim C_6$ 和 $C_{16}\sim C_{23}$ 脂肪酸钠皂、0.2kg $C_{10}\sim C_{16}$ 脂肪酸单乙醇胺和 56kg 水混合为 B 相，将 B 相加热至约 55℃，搅拌加入 A 相，经高速搅拌或经过胶体磨等均质器后，加入香精等其他助剂即为成品。

【性能指标】 参照 zy-301 油烟机清洗剂。

【主要用途】 油烟机清洗剂是抽油烟机高效清洗剂，用于清洗各种抽油烟机、电磁炉、油烟灶具、厨房油污、厨房电器、油烟排风扇、煤气灶、天然气灶、灶台、锅盖等上的油污、油脂、细菌、灰尘。不损伤油烟机及表面漆膜，是一种无毒、无害、安全、能反复使用、对清洗温度基本无要求、可直接排放清洗废液的清洗剂。

【清洗方法】 油烟机涡轮：①将拆卸下来的涡轮放入比叶轮稍大的圆桶中，先用开水浸泡 10min，水量以能够浸没叶轮为宜；②10min 后，本品（100g）倒入热水中；③浸泡 25min，期间轻轻晃动涡轮；④清水冲洗干净即可。网罩：参考以上方法浸泡（两者也可同时在两个桶中浸泡）。油烟机面板：清洗完涡轮和网罩后，用毛巾蘸取浸泡擦叶轮或网罩的清洗夜擦拭即可。

【应用特点】 ①本油烟机清洗剂中组分 D-柠檬烯从废弃物（柑橘类果皮）中提取，原料来源丰富且廉价，有效地降低了生产成本，成本可比用有机溶剂生产的油烟机清洗剂降低 55%～70%；②D-柠檬烯可被生物完全降解，是一种绿色环保脱脂溶剂，具有天然杀菌作用，无毒、无害，可以完全代替有毒、有害的化学品，应用在本油烟清洗剂中有利于环保和健康；③由于本品组分中 D-柠檬烯具有快速的渗透性能，故本油烟清洗剂对油烟具有很强的溶解能力，具有高效的清洗能力；④本油烟清洗剂工艺简单，操作方便，在废弃利用的同时达到清除污染的效果。

【安全性】 应避免清洗长时间接触皮肤，防止皮肤脱脂而使皮肤干燥粗糙，防误食、防溅入眼内。工作场所要通风良好，用有味型产品时建议工作环境有排风装置。

【生产单位】 东莞市皓泉化工有限公司，海南美佳格科家电清洗服务加盟有限公司。

Ⅰb007 微波炉油污环保清洁剂

【英文名】 microwave oven oil pollution environmental protection cleaning agent

【别名】 微波炉清洁剂；油污清洁剂

【组成】 一般由 OP-10、AES、664 清洗剂、105 清洗剂、6503 清洗剂、水等复配而成。

【产品特点】 快干；不留残渍；适用于所有塑胶；有效去除电器及电子零件上的污渍、水汽、尘埃等；符合美国 USDA 规格，可用于食品工业。

【配方】

组　分	w/%
OP-10	1～3
664 清洗剂	1
6503 清洗剂	1.5
AES	0.8～1.2
105 清洗剂	1
水	余量

【清洗工艺】 此清洗剂清洗能力强，主要用于微波炉油污装配及成品清洗，可代替汽油。清洗温度 80～90℃。大约 2min。

【性能指标】 参照 zy-301 油烟机清洗剂。

【主要用途】 适用清洁电子线路极、继电器、开关器、接点、电流断路器、插头和插座、电路接头、电子机械生产线、发电机组、马达控制器和感应器以及精密仪器。

【应用特点】 一种对微波炉油污清洁剂，闪点低，不含 CFC113 或三氯乙烷，环保配方。

【安全性】 应避免清洗长时间接触皮肤，防止皮肤脱脂而使皮肤干燥粗糙，防误食、防溅入眼内。工作场所要通风良好，用有味型产品时建议工作环境有排风装置。

【生产单位】 廊坊蓝星化工有限公司，成都恒丰宏业洗涤剂厂。

Ic 空调清洗剂

空调清洗已成为现代家庭、单位、公共场所注意的一方面，面对越来越多的空调频繁使用，空调不清洗正日益危害着人们的身体健康。室内循环风时减少，降低空调的制冷效果，空调内积存大量的脏物，严重堵塞过滤网、散热片、蒸发器。细菌、病毒、螨虫等微生物在空调内部分大量的滋生和繁殖，发出强烈的异味，污染室内的新鲜空气，危害人的身体健康，尤其对年老体弱者及幼儿危害更大。容易引发呼吸道疾病和过敏性皮炎。人长时间在这样的环境中活动，会感到头晕、身体发困、不舒服。压缩机超时，超负荷工作，损坏压缩机，浪费大量的电费。

据家电管家空调清洗剂部门调查表明：空调工作时具有和吸尘器一样的功效。抽进室内空气，经过潮湿的蒸发器全面接触后，再吹回室内；长此以往，空调在使用一段时间后，过滤网和蒸发器会聚积大量灰尘、污垢、胺、碱、病毒等有害物质。加上冷凝水充斥在蒸发器散热片处，这同时又给螨虫提供了良好的生长环境，在湿温的条件下会使螨虫、细菌，繁殖，霉变，产生异味，这样会直接影响空调使用者的身心健康，引发呼吸道疾病、皮肤病等。

因此，空调不清洗对人体的健康已经构成了莫大的威胁。随着全球气候的变暖和旅游事业的发展，许多宾馆、商店、办公室乃至寻常百姓家，都安装了空调机，它给人们带来了欢乐和清凉，同时也带来了让人困扰的空调病。尤其对于新生儿和儿童，螨虫所带来的病痛和不适，甚至可能伴随终生。大量的细菌、病毒随着冷热空气在室内循环，随着空调使用年限的增加，一只无形的杀手伸向了人类的健康。同时，这些污垢循环，最终导致制冷系统压力升高，压缩机运转负荷增大，表现为制冷、制热率下降，增加电耗，以及噪声增大，甚至损坏空调再加上细菌和病毒污染空气，传播疾病，严重危害人体的身心健康。因此，空调在使用一段时间后，必须使用专业的家电管家空调清洗剂，这样才能保证您有一个优质、舒适、清新空气的生活环境。

目前，这些国内家用空调清洗剂是高科技产品，克服了传统清洗剂刺激性强，腐蚀铝翅片，清洗效果不明显等缺点；具有清洁除菌、安全无毒，清洗后空调出风清新等独特优点。

Ic001 家用空调清洗预膜剂 HT-501

【英文名】 household air conditioning cleaning prefilming agent HT-501

【别名】 HT-501 清洗预膜剂；空调清洗预膜剂

【组成】 一般以清洗预膜剂、预膜助剂、缓蚀剂为主等复配而成。

【产品特点】 本清洗剂的优点是泡小量多，去污力强，尤其对尘垢、油污和锈垢去除快而彻底。

【配方】

组 分	w/%
石油磺酸钠	11.5
磺化油	12.7
环烷酸锌	11.5
三乙醇胺酸皂(10：1)	3.5～5
10# 机械油	余量

【工艺】 它在生产中防锈期：对铸铁 2d；对钢达 4d。通常以 2%～3% 的水溶液使用。

【质量指标】 外观：淡黄色液体；pH 值：2.0±0.5；相对密度：1.1～1.2。

【主要用途】 家用空调清洗预膜剂 HT-501 易溶于水，对空调循环冷却水冷凝器设备具有良好的清洗预膜效果，可提高缓蚀能力，适用于机组开机前的清洗和预膜，使清洗预膜一步完成，广泛用于宾馆、饭店的空调循环冷却水处理中。使用量 500×10^{-6}。

【应用特点】 视设备及机组的情况而定，推荐用量为每吨水 500g。开机时从冷却塔加入系统，冷态运行 48h，视水系统水质的浊度情况，进行排水置换，使浊度小于 10 后，转入下一步运行。

【安全性】 应避免清洗长时间接触皮肤，防止皮肤脱脂而使皮肤干燥粗糙，防误食、防溅入眼内。工作场所要通风良好，用有味型产品时建议工作环境有排风装置。

【包装及储存】 本品用塑料桶包装，每桶净重 25kg。储存期一年以上。

【生产单位】 海南美佳精细化工有限公司，东莞市皓泉化工有限公司。

Ic002 家用空调清洗剂

【英文名】 household air conditioning cleaning agent

【别名】 空调清洗剂

【组成】 一般由十二烷基苯磺酸钠、烷基聚氧乙烯醚、聚乙二醇、四乙基乙二胺、三乙醇胺、乙醇、杀菌剂 1227、硅酸钠等复配而成。

【产品特点】 本清洗剂的优点是成品不含磷、不含有机溶剂（除食品级乙醇外），pH 接近中性，为绿色产品。本品在使用中，泡小量多，去污力强，尤其对尘垢、油污和锈垢去除快而彻底。

【配方】

组 分	w/%
十二烷基苯磺酸钠	4～10
聚乙二醇	0.4～2
三乙醇胺	5～10
杀菌剂 1227	0.1～1.5
烷基聚氧乙烯醚	4～10
四乙基乙二胺	1～10
乙醇	4.5～20
硅酸钠	0.5～2
水	余量

【制备工艺】 将 40% 的水与硅酸钠升温溶解为 A 组，将有机组分与 70% 的乙醇搅拌共溶为 B 组，A、B 二组混溶后再补加余下的乙醇和水复配、维持反应，最后检测包装。

【生产方法】 ①按上述各组分的质量配比备料；②将 40% 的水与硅酸钠在不锈钢桶内，温控在 40～65℃ 的条件下溶解，直至硅酸钠全部溶解；③将含 30%～60% 的十二烷基苯磺酸钠、含 98% 以上的烷基聚氧乙烯醚、含 98% 以上的聚乙二醇、含 95% 以上的四乙基乙二胺、含

98%以上的三乙醇胺、食品或医用的40%的乙醇、杀菌剂1227放在带推进式搅拌器的不锈钢反应釜或搪瓷反应釜内，室温10～25℃的条件下混溶搅拌，搅拌速率40～80r/min，搅拌时间半小时，视其混溶状态补加乙醇，最多不得超过乙醇量的70%；④将不锈钢桶内的无机组分在搅拌下加入已混溶好的有机组分的不锈钢反应釜或搪瓷反应釜内，温控在40～65℃的条件下补加余下的乙醇和水；⑤温控在40～65℃的条件下搅拌维持1h，补加香精香料少许；⑥抽样检测、成品包装。

【性能指标】 外观：深棕色液体；相对密度：1.1～1.2；pH：1～2；水溶性：良好；气味：轻微。

【主要用途】 适用于空调机组开机前的清洗，广泛用于宾馆、饭店的空调、油烟机清洗使用。

【应用特点】 本品有形成杀菌防锈膜的作用，对螨虫、军团菌作用明显。由于能镀膜，防锈缓蚀作用好。原料来源丰富、价格便宜。

【安全性】 应避免清洗长时间接触皮肤，防止皮肤脱脂而使皮肤干燥粗糙，防误食、防溅入眼内。工作场所要通风良好，用有味型产品时建议工作环境有排风装置。

【生产单位】 廊坊蓝星化工有限公司，东莞市皓泉化工有限公司。

Ic003 EZ-1033 中央空调除油剂

【英文名】 EZ-1033 oil removal agent for central air conditioning

【别名】 空调清洗剂

【组成】 一般由螯合、清洗、除油、分散、渗透等多重作用的药剂复配而成。

【产品特点】 本清洗剂具有螯合、清洗、除油、分散、渗透等多重作用，具有独特的除油、除锈、清洗效果，是一种良好的除油清洗剂，能有效去除设备上的污垢并能去除乳化在水中的乳化油及黏附在管道设备表面的油膜，不产生二次污染。

【配方】

组　分	w/%
螯合剂	2～3
除油剂	4～6
渗透剂	0.1～0.22
清洗剂	10～18
分散剂	5～6

【制法】 将上述原料在38～45℃温度范围内加热溶解，搅拌均匀，经静置得到黄棕色浑浊液体。

【质量指标】

项　目	指　标
外观	黄棕色浑浊液体
固含量/%	≥20.0
密度(20℃)/(g/cm³)	≥1.1
pH(1%水溶液)	2.0±1.0

【清洗方法】 清洗除油剂的使用要根据循环水系统的具体情况，由专业的技术工程师制定清洗除油方案后方可使用。

【主要用途】 清洗除油剂适用于含油循环水系统的清洗除油，主要用于新系统预膜前的清洗、除油，为预膜提供条件。

【应用特点】 清洗除油剂对于去除漏入循环水中的油具有良好的应用效果，能与生物酶制剂的除油效果相媲美，同时具有节水省时、不破坏水体平衡、与磷系列缓蚀阻垢剂有良好的配伍性。

【安全性】 清洗除油剂为弱酸性，操作时注意劳动保护，应避免与皮肤、眼睛接触，接触后用大量清水冲洗。应避免清洗长时间接触皮肤，防止皮肤脱脂而使皮肤干燥粗糙，防误食、防溅入眼内。工作场所要通风良好，用有味型产品时建议工作环境有排风装置。

【包装与储存】 清洗除油剂用塑料桶包装，每桶25kg或根据用户需要。储存于阴凉处，储存期6个月。

【生产单位】 河南省申亚化工有限公司，上海康宜旅游用品有限公司，海南美佳格科家电清洗服务加盟有限公司。

Ic004 空调强力清洗清洁剂

【英文名】 air conditioning heavy duty cleaner

【别名】 强力清洗剂；空调清洁剂

【组成】 一般由表面活性剂、除油剂、溶剂、杀菌剂、水等复配而成。

【产品特点】 具有独特的除油、除锈、清洗效果，是一种良好的除油清洗剂。

【配方】

组分	w/%
表面活性剂	0.05～1
聚乙二醇	0.4～2
杀菌剂	0.5～2
硅酸钠	1～2
溶剂	40～70
四乙基乙二胺	1～10
除油剂	3～5
水	余量

【制法】 将上述原料在45～55℃温度范围内加热溶解，搅拌均匀，经静置得到黄色均匀透明液体。

【配方分析】 其中，表面活性剂包括十二烷基苯磺酸钠、脂肪醇醚硫酸钠、脂肪醇聚氧乙烯醚系列、壬基酚聚氧乙烯醚系列或脂肪酸烷醇酰胺中的一种或一种以上的混合物。杀菌剂包括：醛类杀菌剂，它包括甲醛及其衍生物或饱和双醛，饱和双醛包括乙二醛或戊二醛；醇类杀菌剂，它包括乙醇、异丙醇、苯甲醇、二氯苯甲醇中的一种或一种以上的混合物；含氯化合物，它包括漂白粉、次氯酸盐、二氧化氯、氯胺系列、双氯胺系列、氯化异氰尿酸类、三氯蜜胺、三氯二羟基二苯醚中的一种或一种以上的混合物；溶剂包括乙醇、异丙醇、异丁醇、二乙二醇甲醚、乙二醇乙醚、乙二醇异丙醚、乙二醇丁醚、二乙二醇丁醚、乙二醇苄基醚、二丙二醇甲醚、四氯乙烯（所选用的四氯乙烯不是《蒙特利尔议定书》附件A～E的受控物质）中的一种或一种以上的混合物。

本品兼有强力清洗和杀菌两种效果，并能在清洗部位形成一层杀菌膜；清洗完毕无需用水冲洗，能够满足人们日常清洗空调器的需要。

【性能指标】 参照Ic003 EZ-1033中央空调除油剂。

【主要用途】 清洗剂适用于各种空调，不用将空调全部拆开，即可清洗干净，使用空调清洁保养液，快速、有效、彻底清除空调内外部所有的油污。不伤害空调的表面及装置，使外壳如新，排烟通畅。

【应用特点】 ①清洗除污。对空调等处的顽固油污可轻松清洗干净。②杀菌消毒。对导致人体疾病的微小细菌杀灭力极强，对大肠杆菌、金黄色葡萄球菌、白色念珠菌均有良好的清除效果，一次性杀菌高达98%以上，有效抑制了有害细菌在人体的蔓延。③全部采用绿色环保原料，对人体无任何伤害，清洗除垢反应速率快，简单方便，同时能保养电气设备。

【安全性】 ①清洁空调应由专业服务人员操作；②本品为偏碱性清洁剂，对人体皮肤有刺激，使用时请戴上胶手套；③如不慎沾到皮肤，立即用流动清水冲洗；④应避免清洗长时间接触皮肤，防止皮肤脱脂而使皮肤干燥粗糙，防误食、防溅入眼内；⑤工作场所要通风良好，用有味型产品时建议工作环境有排风装置。

【生产单位】 东莞市皓泉化工有限公司，上海康宜旅游用品有限公司，海南美佳格科家电清洗服务加盟公司。

Ic005 空调清洗剂

【英文名】 air conditioning cleaning agent

【别名】 空调清洗除菌剂、新型空调除菌剂

【组成】 一般由碳酸丙烯酯、二丙二醇单丁醚、磷钼酸、十二烷基三甲基氯化铵及水等复配而成。

【产品特点】 ①天然环保。采用天然植物萃取液作为原料，因而对人体无任何刺激。且不含任何氯氟碳化物等对臭氧层有破坏的推进剂作为原料，清洗后的残留液对环境无任何污染，可直接排放。②强力清洁。采用美国格科公司独创的CARBS洁博士技术（静电导出），快速清除附着在蒸发器上的灰尘，还空调器一个健康的"肺"。空调清洗除菌剂是高科技产品，它克服了市场上传统碱类清洗剂刺激刷性强、腐蚀蒸发器、清洗效果不明显等缺点，具有清洁除菌、安全无毒、健康看得见等优点。

【配方】

组 分	w/%
碳酸丙烯酯	2～3
二丙二醇单丁醚	3～4
磷钼酸	1～2
十二烷基三甲基氯化铵	0.1～2
水	93～95

【清洗工艺】 建议每6个月清洗一次，（以2P空调为例）250mL可清洗内外机一次。①断开电源，打开盖板；②卸下过滤网，露出蒸发器片；③拔掉空调清洗剂内保险盖；④上下振荡摇匀；⑤均匀喷射到蒸发器上，等待5min，开启空调5min（制冷），清洗工作完成。

【性能指标】 参照EZ-1033中央空调除油剂。

【主要用途】 清洗剂适用于各种空调，不用将空调全部拆开，即可清洗干净，使用空调清洁保养液，快速、有效、彻底清除空调内外部所有的油污。不伤害空调的表面及装置，使外壳如新，排烟通畅。

【应用特点】 空调清洗去污效果好，无任何损伤。无毒、无刺激、无腐蚀性，生物降解性好。

【安全性】 本品限于空调清洗，请勿对人体、火源喷射，如不小心溅入眼内，用清水冲洗即可。应避免清洗长时间接触皮肤，防止皮肤脱脂而使皮肤干燥粗糙，防误食、防溅入眼内。工作场所要通风良好，用有味型产品时建议工作环境有排风装置。

【生产单位】 上海康宜旅游用品有限公司，东莞市皓泉化工有限公司。

Ic006 家用空调杀菌清洗剂

【英文名】 household air conditioning sterilization cleaning agent

【别名】 苍术空调杀菌剂；空调液化清洗剂

【组成】 一般由苍术萃取液、去离子水、新洁尔灭、液化石油气、合成洗涤剂等复配而成。

【产品特点】 一般对空气中的结核杆菌、金黄色葡萄球菌、大肠杆菌、枯草杆菌及绿脓杆菌有显著的灭菌效果，具洗涤性、渗透性和耐硬水性，能非常有效地清除散热片上的油污，无毒、无刺激、无腐蚀性，生物降解性好。

【配方】

组 分	w/%
苍术萃取液	1.0～3.0
新洁尔灭	0.1～0.5
合成洗涤剂	2.0～5.0
去离子水	40.0～50.0
液化石油气	40.0～60.0

【制法】 将上述原料在38～45℃温度范围内加热溶解，搅拌均匀，经静置得到清洗剂。

【配方分析】 用苍术烟熏消毒室内空气自古已有记载，其对空气中的结核杆菌、金黄色葡萄球菌、大肠杆菌、枯草杆菌及绿脓杆菌有显著的灭菌效果，其功效相似于福尔马林，而优于紫外线。

新洁尔灭为广谱杀菌剂，通过改变细菌胞质膜通透性，使菌体胞质物质的外渗阻碍其代谢而起杀灭作用，对革兰氏细菌的杀灭作用强，用0.1%溶液就能对皮肤及手术器械上的细菌进行消毒，而且对皮肤刺激，对金属和橡胶等制品无腐蚀作用。

合成洗涤剂具有良好的发泡性、洗涤性、渗透性和耐硬水性，能非常有效地清除散热片上的油污，无毒、无刺激、无腐蚀性，生物降解性好。

【实施方法示例】 ①去离子水168mL；②合成洗涤剂8.4mL；③新洁尔灭0.42mL；④苍术萃取液（购于上海新教实业有限公司）4.2mL；⑤液化石油气238.98mL。

将上述配方按比例称取所需的量，然后将去离子水40.0%和合成洗涤剂2.0%投入装有搅拌装置的储罐内并搅拌，待充分溶解后将新洁而灭0.1%加入，使其搅拌均匀，然后将苍术萃取液1.0%加入搅拌至完全混合停止搅拌；按配方比例分别称取上述已配制完成的①～④复合内装物和⑤液化石油气，通过专用灌装机灌装。灌装机型号为QG-HA。

【性能指标】 参照Ic003 EZ-1033中央空调除油剂。

【主要用途】 本清洗剂是由中草药提取液及多种物质组成的空调器清洗剂，它能彻底地清洗空调器热交换器散热片上堆积的尘埃、细菌，且不需拆卸空调器，不需专业人员操作，在清洁散热片上污垢的同时又起到了去污灭菌作用。

【应用特点】 空调清洗去污效果好，无任何损伤。无毒、无刺激、无腐蚀性，生物降解性好。

【安全性】 应避免清洗剂长时间接触皮肤，防止皮肤脱脂而使皮肤干燥粗糙，防误食、防溅入眼内。工作场所要通风良好，用有味型产品时建议工作环境有排风装置。

【生产单位】 上海康宜旅游用品有限公司，东莞市皓泉化工有限公司。

Ic007 WOD-106空调运行清洗剂

【英文名】 WOD-106 air conditioning cleaning agent

【别名】 WOD-106空调清洗剂；空调运行清洗剂；不停机空调清洗剂

【组成】 一般由氨基磺酸、二乙基硫脲、柠檬酸、高分子缓蚀剂、羟基亚乙基二膦酸等复配而成。

【产品特点】 ①可以在设备或循环水系统运行的条件下完成清洗而对系统基本无影响。②除垢效果理想，适用多种垢的清洗。清洗时间在15～30d，对各类碳酸盐垢的去除率达95%；在30～50d，对硫酸盐垢的去除率大于80%。③腐蚀率小。④产品不含强酸性物质，对人体皮肤和设备安全。⑤使用方法简便，清洗剂适用于20碳钢、紫铜、不锈钢等材质。⑥使用的温度范围较宽（最高可至80℃）。

【不停机清洗原理】 不停机清洗是清洗液循环过程中制冷压缩机仍然处于开机状态，在水系统中投加清洗剂把系统中的蓄水转化为清洗液，通过水的循环流动，和低浓度的清洗剂组分将水垢缓慢软化、溶解或分散至水中，再经由排污或水置换排出系统，完成污垢的清洗去除。此过程中清洗液作为冷却水或冷冻水在空调内部管线循环。

不停机清洗剂是运行中不停机清洗的技术关键；针对空调清洗技术要求高，不易操作，并且停机清洗在夏、秋季空调运行期受限制等问题。

【配方】

组　分	w/%
氨基磺酸	70～80
柠檬酸	8～15

续表

组　分	w/%
羟基亚乙基二膦酸	5～10
二乙基硫脲	2～6
高分子缓蚀剂	1～5

【制法】 将上述原料在38～45℃温度范围内加热溶解，搅拌均匀，经静置得到清洗剂。

【配方分析】 其中，高分子缓蚀剂包括有1901、SH-45型、Lan-5型、Lan-826型缓蚀剂。

【清洗方法】 将上述清洗剂配成含量为2%～8%的清洗液，在30～60℃温度下，以0.2～0.3m/s的速率流洗6～12h。按系统总水量，每吨水加入5～8kg清洗剂正常运行。补水时同比例加入；除垢周期一般15～30d，结垢严重或难溶垢可适当延长清洗时间或增大加药量。投药期间每五天进行一次排污，排污量为系统蓄水量的5%～20%。对于各类难溶垢在普通用量下，通过延长清洗时间（60～90d）垢物将被软化并且极易分散。

【性能指标】 外观：深棕色液体；相对密度：1.1～1.2；pH值：1～2；水溶性：良好；气味：轻微。

【主要用途】 适用于清除空调内外部所有的油污。不伤害空调的表面及装置，使外壳如新，排烟通畅。无任何损伤。无毒、无刺激、无腐蚀性，生物降解性好。

【应用特点】 空调冷却水系统和冷冻水系统新型清洗剂。它的清洗过程不受空调压缩机是否运行的影响，操作简便易行，可通过水箱或集水器直接加入系统中。腐蚀率低，对空调系统的碳钢、铜、铝等多种材质腐蚀率低；除垢、除锈效果达到或接近停机清洗的效果。该清洗剂是一种简便、安全、实用的空调水系统清洗剂。

【安全性】 应避免清洗剂长时间接触皮肤，防止皮肤脱脂而使皮肤干燥粗糙，防误食、防溅入眼内。工作场所要通风良好，用有味型产品时建议工作环境有排风装置。

【包装储存】 25L或200L塑料桶。储存于阴凉、干燥、通风处，期限：2年。

【生产单位】 天津蓝京沃德科技有限公司。

Ic008 汽车空调器整机杀菌清洗剂

【英文名】 the sterilization of automotive air conditioner cleaning agent

【别名】 汽车空调器清洗剂；空调器整机杀菌剂

【组成】 一般由表面活性剂、除油剂、溶剂、杀菌剂、水等复配而成。

【产品特点】 对汽车空调清洗去污效果好，无任何损伤。

【配方】

组　分	w/%
表面活性剂	0.05～1
杀菌剂	0.5～2
溶剂	40～70
水	余量

【制法】 将上述原料在38～45℃温度范围内加热溶解，搅拌均匀，经静置得到清洗剂。

其中，表面活性剂包括十二烷基苯磺酸钠、脂肪醇醚硫酸钠、脂肪醇聚氧乙烯醚系列、壬基酚聚氧乙烯醚系列或脂肪酸烷醇酰胺中的一种或一种以上的混合物。杀菌剂包括：醛类杀菌剂，它包括甲醛及其衍生物或饱和双醛，饱和双醛包括乙二醛或戊二醛；醇类杀菌剂，它包括乙醇、异丙醇、苯甲醇、二氯苯甲醇中的一种或一种以上的混合物；含氯化合物，它包括漂白粉、次氯酸盐、二氧化氯、氯胺系列、双氯胺系列、氯化异氰尿酸类、三氯蜜胺、三氯二羟基二苯醚中的一种或一种以上的混合物；溶剂包括乙醇、异丙醇、异丁醇、乙二醇乙醚、乙二醇异丙醚、乙二醇丁醚、二乙二醇甲醚、二乙二醇丁醚、乙二醇苄基醚、二丙二醇甲醚、四氯乙烯（所选用的四氯乙烯不是《蒙特利尔议定书》附件A～E的受控物质）中的一种或一种以上的混合物。

【性能指标】 参照WOD-106空调运行清洗剂。

【主要用途】 适用于清除空调内外部所有的油污。不伤害空调的表面及装置，使外壳如新，排烟通畅。无任何损伤。无毒、无刺激、无腐蚀性，生物降解性好。

【应用特点】 本品兼有清洗和杀菌两种效果，并能在清洗部位形成一层杀菌膜；清洗完毕无需用水冲洗，能够满足人们日常清洗空调器的需要。

【安全性】 应避免清洗剂长时间接触皮肤，防止皮肤脱脂而使皮肤干燥粗糙，防误食、防溅入眼内。工作场所要通风良好，用有味型产品时建议工作环境有排风装置。

【生产单位】 天津蓝京沃德科技有限公司。

Ic009 汽车空调机清洗剂

【英文名】 cleaning agent for automobile air conditioner

【别名】 汽车清洗剂；空调器机清洗剂

【组成】 一般由表面活性剂、除油剂、溶剂、杀菌剂、水等复配而成。

【产品特点】 对汽车空调清洗去污效果好，无任何损伤。

【配方】

组分	w/%
壬烷基聚氧乙烯基醚	5
氨基磺酸	6
N-二乙醇椰子油酰胺	1
三乙醇胺	3
四乙基乙二胺	5
硅酸钠	1
二丙二醇单丁醚	4
聚乙二醇环氧乙烷加成物	2
水	余量

【制备工艺】 将有机组分共溶分散为A组；取40%的水与硅酸钠升温溶解为B组；A、B二组混溶，再加入二丙二醇单丁醚和余下的水复配，维持反应，检测，成品包装。

【实施方法示例】 ①取壬烷基聚氧乙烯基醚5kg、氨基磺酸6kg、N-二乙醇椰子油酰胺1kg、三乙醇胺3kg、聚乙二醇环氧乙烷加成物2kg、四乙基乙二胺5kg分散共溶，温度在30℃，时间0.5h；②取29.2kg的水加1kg硅酸钠全部溶解，溶解温度50℃；③将上述工艺①、②的结果混合，再加43.8kg的水和4kg的二丙二醇单丁醚，在不锈钢反应釜内以推动式搅拌，转速为60r/min，进行复配1h，温度控制在30℃；④成品检测、包装。

【性能指标】 参照Ic007 WOD-106空调运行清洗剂。

【主要用途】 适用于清除空调内外部所有的油污。不伤害空调的表面及装置，使外壳如新，排烟通畅。无任何损伤。无毒、无刺激、无腐蚀性，生物降解性好。

【应用特点】 本品为弱酸性（pH＝4～6），无大腐蚀作用；去污力强，尤其对风扇叶片、散热翅片清洗效果尤佳；有缓蚀镀膜防锈的作用；原料来源丰富而成本较低。

【安全性】 应避免清洗剂长时间接触皮肤，防止皮肤脱脂而使皮肤干燥粗糙，防误食、防溅入眼内。工作场所要通风良好，用有味型产品时建议工作环境有排风装置。

【生产单位】 上海康宜旅游用品有限公司，东莞市皓泉化工有限公司。

Ic010 中央空调高效清洗剂

【英文名】 central air conditioning efficient cleaning agent

【别名】 空调清洗剂；高效清洗剂

【组成】 一般由表面活性剂、除油剂、溶剂、杀菌剂、水等复配而成。

【配方】

组　分	w/%
柠檬酸	1～40
无机强酸	0.1～5
阴离子表面活性剂	0.5～10
酸缓蚀剂	0.1～10
无机弱酸	0.1～15
非离子表面活性剂	0.5～20
含氧溶剂	0.5～15
水	余量

其中，无机弱酸是磷酸或硼酸；无机强酸是硫酸或硝酸；非离子表面活性剂是辛基酚聚氧乙烯醚（9）或壬基酚聚氧乙烯醚（9）或月桂醇聚氧乙烯醚（9）以及壬基酚聚氧乙烯醚（6）或月桂醇聚氧乙烯醚（6）；阴离子表面活性剂是十二烷基苯磺酸钠、十二烷基硫酸钠或十二烷基醇聚氧乙烯醚（3）硫酸钠；含氧溶剂是乙二醇、1,2-丙二醇、异丙醇、乙二醇苯醚、乙二醇丁醚、乙二醇乙醚、二乙二醇丁醚、二乙二醇乙醚中的至少一种；酸缓蚀剂是硫脲、乌洛托品、苯并三氮唑中的至少一种。

【清洗方法】①将电机和风扇拆卸并取下单独清洗；②清洗剂按10%～15%配成水溶液，将拆掉电机和风扇的空调整体吊入清洗槽中，常温下浸泡30min，开启超声波清洗10～30min；将空调整体置于水洗槽，用高压水枪喷洗空调表面和内部；③80℃热风烘干。

【实施方法示例】取总质量5%的柠檬酸、总质量3%的无机弱酸、总质量3%的无机强酸、总质量2%的非离子表面活性剂、总质量2%的阴离子表面活性剂、总质量5%的含氧溶剂、总质量0.5%的酸缓蚀剂，将上述原料加入水中搅拌溶解为无色透明液体即可，各原料可在质量范围内进行选择，加水使质量之和为100%。

【性能指标】参照Ic007 WOD-106空调运行清洗剂。

【主要用途】适用于清除中央空调内外部所有的油污。不伤害空调的表面及装置，使外壳如新，排烟通畅。无任何损伤。无毒、无刺激、无腐蚀性，生物降解性好。

【安全性】应避免清洗剂长时间接触皮肤，防止皮肤脱脂而使皮肤干燥粗糙，防误食、防溅入眼内。工作场所要通风良好，用有味型产品时建议工作环境有排风装置。

【生产单位】东莞市皓泉化工有限公司，天津蓝京沃德科技有限公司。

Ic011 H-037中央空调运行保养剂

【英文名】H-037 central air conditioning system operation and maintenance agent

【别名】H-037空调清洗剂；空调运行保养剂

【组成】一般由表面活性剂、铜基缓蚀剂、高效阻垢剂、杀菌灭藻剂及黏泥剥离剂、水等复配而成。

【产品特点】①防止结垢。能有效防止系统内形成结垢物质。②高效缓蚀。对多金属系统具有良好的缓蚀防腐性能，延长设备的使用寿命。③杀菌灭藻。对菌藻及生物黏泥有良好的杀灭与剥离作用。④将耗节支。应用本品可起到清洁系统的作用，由此大大降低用电费用、清洗费用及维修更换零件费用。

【配方】

组　分	w/%
石油磺酸钠	12～13
油酸	0.8
磺化油	4
机械油	77
水	1
油酸三乙醇胺(7：10)	4
氢氧化钾	0.4
碳酸钠	0.2
亚硝酸钠	0.2

配成2%～3%的水溶液，具有较好的防锈性、清洁性。

【清洗方法】 ①按系统容水总量，每吨水加入本品250g，补水时同比例补充；②每天排污一次，排污率8‰～10‰。

【性能指标】 淡黄色透明液体。

【主要用途】 用于中央空调、冷库及恒温库冷却水系统防垢、防腐和防止菌藻微生物繁殖。对由钢、铜、铝组成的多种金属材料系统有极佳的阻垢性能。属于日常运行维护保养剂，使主机换热器和系统管线保持清洁状态。

【应用特点】 用本清洗剂的水溶液清洗中央空调、热交换器、锅炉管道，可将管道内的生物黏泥剥落下来并通过循环水将其洗出，可将管道内的浮锈、水垢、油污溶出并分散，再通过循环从最低点排出。采用本清洗剂可还管道一个清洁的表面。本清洗剂配制工艺简单，运输方便，除锈除垢率高，泡沫少，无酸雾，使用安全，对铜管及其他金属管无腐蚀作用，可用于中央空调、热交换器、锅炉管道等的除锈除垢清洗。

【安全性】 无毒、无腐蚀性、操作时无特殊要求。应避免清洗剂长时间接触皮肤，防止皮肤脱脂而使皮肤干燥粗糙，防误食、防溅入眼内。工作场所要通风良好，用有味型产品时建议工作环境有排风装置。

【包装储存】 包装：25L塑料桶包装。有效期：2年。储存：应储存于阴凉、干燥处。避免过冷、过热条件下储存。

【生产单位】 上海康宜旅游用品有限公司，东莞市皓泉化工有限公司。

Ic012 LX2000-006中央空调不停机清洗剂

【英文名】 LX2000-006 non-stop central air cleaning agent

【别名】 空调不停机清洗剂；LX2000-006清洗剂

【组成】 一般由无机盐类、表面活性剂、除油剂、溶剂、杀菌剂、水等复配而成。

【产品特点】 不含亚硝酸钠，具有良好的除油、除炭效果，清洗后可以在金属表面形成一层保护膜，起到防锈作用。

【配方】

组　分	w/%
石油磺酸钠	10
三乙醇胺	10
氢氧化钾	0.6
硝化油	10
油酸	2.4
527# 机械油	67

【制法】 将上述原料在38～45℃温度范围内加热溶解，搅拌均匀，经静置得到清洗剂。本配方具有润滑、冷却和防锈性能。用于中央空调不停机清洗。

【性能指标】

pH值	10～11
使用温度/℃	20～60
除油能力/%	>98
高温稳定性	合格
消泡性能/%	<3
外观	白色粉末

【主要用途】 清洗碳钢、不锈钢、铜、铝、镁、锌、镉等多种金属制品，用于航空发动机、火车、汽车、拖拉机、机械、汽车制造等行业电镀、阳极化、喷涂前除油除炭。

【应用特点】 本品是以弱酸为主体的酸性助洗剂，各组分相互配合，可均匀彻底清除空调中铝翅片及壳体等零部件的表面污垢，以提高空调的制热、制冷效率；同时所加入的高效酸洗缓蚀剂，亦可防止铝、铜及不锈钢的过腐蚀，可对空调整机（除电机、风扇）一次清洗完成，避免使用两种清洗剂所存在的操作复杂、费时费力等问题，省时省力，成本低；本品不产生酸雾，无毒，对操作环境及人体无任何影响，安全可靠。

【安全性】 应避免清洗剂长时间接触皮

肤，防止皮肤脱脂而使皮肤干燥粗糙，防误食、防溅入眼内。工作场所要通风良好，用有味型产品时建议工作环境有排风装置。

【包装规格】 20kg 纸箱。

【生产单位】 东莞市皓泉化工有限公司，天津蓝京沃德科技有限公司。

Ic013 空调器杀菌除螨清洗剂

【英文名】 air conditioning sterilization mites cleaning agent

【别名】 杀菌除螨清洗剂；空调器杀菌清洗剂

【组成】 一般由表面活性剂、除油剂、溶剂、杀菌剂、水等复配而成。

【产品特点】 迅速向空调的散热片和送风系统渗透分散，快速去除积聚在空调内部的各种灰尘、污垢等，尤其可有效清除滋生在空调内部的螨虫、霉菌和有害细菌等，是一种环保、性能优良的空调器清洗产品。

【配方】

组 分	w/%
表面活性剂	0.01～5
溶剂	10～50
杀菌除螨剂	0.05～5
水	余量

【配方分析】 其中，表面活性剂包括脂肪醇聚氧乙烯醚系列，壬基酚聚氧乙烯醚系列，有机碱或金属盐中和含有 COO—、SO_4—、SO_3—基团表面活性剂的盐或脂肪酸烷醇酰胺中的一种或几种。优选的表面活性剂为：脂肪醇聚氧乙烯（9）醚、壬基酚聚氧乙烯（10）醚或有机碱中和的脂肪酸盐中的一种或几种，如脂肪酸三乙醇胺盐中的一种或一种以上。溶剂包括乙醇、异丙醇、乙二醇乙醚、乙二醇丁醚、二乙二醇甲醚、二乙二醇乙醚、甲缩醛二甲醇中的一种或一种以上。优选的溶剂为乙醇、异丙醇、乙二醇丁醚、二乙二醇乙醚中的一种或几种。杀菌除螨组分为酰胺类化合物或异噻唑啉酮类化合物或羧酸（酯）类化合物中的一种或几种。酰胺类化合物是苯酰胺类化合物中的一种或几种。优选的杀菌除螨组分为 *O*-甲基-*O*-(2-异丙氧基羰基苯基)-*N*-异丙基硫代磷酰胺、3,5-硝基邻甲苯酰胺、卡松、尼泊金甲酯中的一种或几种。

【制备工艺】 将一种或几种表面活性剂加入水中，室温下充分搅拌，搅拌均匀后，将一种或几种溶剂加入到上述表面活性剂的水溶液中，同样室温下搅拌均匀，再先后将杀菌除螨组分和香精加入到上述溶液中，在室温下彻底搅拌均匀，然后取配制好的料液按比例倒入气雾罐中，再冲入气雾推进剂 DME，使罐内压力室温下保持在 0.2～0.5MPa，即制成空调器杀菌除螨清洗剂。

【实施方法示例】 A. 配方

液料组分	w/%
脂肪醇聚氧乙烯(9)醚	0.5
乙醇	20
乙二醇丁醚	1.0
O-甲基-*O*-(2-异丙氧基羰基苯基)-*N*-异丙基硫代膦酰胺	0.2
卡松	0.1
香精	0.5
去离子水	余量

B. 按液料 60%、DME 40% 比例灌装气雾罐。

先将 A 组分加入到气雾罐中，再将 B 组分加到气雾罐中，并保持罐内压力在 0.2～0.5MPa，即制成空调器杀菌除螨清洗剂。

【性能指标】 参照中央空调高效清洗剂。

【主要用途】 本品主要适用于空调器杀菌除螨清洗剂，也适用于空调的散热片和送风系统渗透分散，快速去除积聚在空调内部的各种灰尘、污垢等，主要为空调器表面的油垢、灰尘、氧化物及其他杂质。

【应用特点】 本空调器杀菌除螨清洗剂不仅使用方便，迅速向空调的散热片和送风系统渗透分散，快速去除积聚在空调内部的各种灰尘、污垢等，尤其可有效清除滋生在空调内部的螨虫、霉菌和有害细菌等，是一种环保、性能优良的空调器清洗产品。

【安全性】 应避免清洗剂长时间接触皮肤，防止皮肤脱脂而使皮肤干燥粗糙，防误食、防溅入眼内。工作场所要通风良好，用有味型产品时建议工作环境有排风装置。

【生产单位】 东莞市皓泉化工有限公司，天津蓝京沃德科技有限公司。

Ic014 TH-038铝制翅片除油除垢清洗剂

【英文名】 TH-038 aluminum fin oil removal of scale cleaning agent

【别名】 除垢清洗剂；除油清洗剂

【组成】 一般由无机盐、缓蚀剂、促进剂、黏泥剥离剂、表面活性剂、光亮剂等复配而成。

【产品特点】 ①铝翅片在长期使用中容易产生大量灰尘、油污，若不及时清理，会严重阻碍正常通风，影响换热，导致制冷效果降低，同时也会为病菌的滋生和传播了提供条件，应定期清洗。

②空气中含有灰尘、微生物、细菌等微粒，在经过铝翅片细小缝隙时，由于翅片表面会产生冷凝水空气中的微粒都被黏附在铝翅片的表面，日积月累形成了厚厚的污垢，滋生多种有害物质。铝翅片的污垢是病菌的载体和大本营，一旦开空调，铝翅片污垢中的微生物、病菌弥散飞扬，易造成"空调病"，成为多种疾病的致病源。

【配方】

组　分	w/%
混合硝酸	5～6
混合草酸	2～3
苯胺	10～45
烷基聚氧乙烯醚	3～4.5
羧基纤维素钠	30～40
混合柠檬酸	2～3
乌洛托品	5～18
烷基多苷	2～4
直链烷基磺酸盐	2～3.6

【制法】 将上述原料在45～55℃温度范围内加热溶解，搅拌均匀，经静置得到黄色均匀透明液体。

【清洗方法】 ①将本品用水稀释10～15倍后，喷在待清洗的金属表面使溶液与表面接触3～5min后再用清水彻底冲洗；②将清洗剂放在喷壶里，直接喷淋在清洗的部位，2～5min会发生丰富细腻泡沫，泡沫有效地将空调翅片的尘污、细菌等垢渍由里往外彻底推出，去污率达96%以上，此时被清洗部位的油污和其他污垢被带出，将泡沫刮去，用清水冲洗即可，洗涤后翅片光洁如新。

(1) 空调翅片清洗剂

组　分	w/%
50%的硝酸	3～5
65%的草酸	1～2
苯胺	10～45
烷基聚氧乙烯醚	2～4
羧基纤维素钠	20～45
75%的柠檬酸	1～2
乌洛托品	6～24
烷基多苷	3
直链烷基磺酸盐	1～2

【实施方法示例】 ①将50%的硝酸3份、75%的柠檬酸1份、65%的草酸1份混合；②将乌洛托品6份和苯胺10份混合；③将烷基多苷10份、烷基聚氧乙烯醚20份与直链烷基磺酸盐10份混合；④将前三步所得的混合物拌入3000份水中；⑤将20份的羧基纤维素钠拌入第④步中制得的溶液中，搅拌均匀。该清洗剂配制

时间仅用10～20min即可完成，制备环境要求宽松，应用简便，效果非常显著。

说明：本清洗剂采用喷雾方式清洗，清洗用量少，时间短，清洗快速方便，清洗后无腐蚀，空调翅片光亮；该制备方法工艺简单、成本低廉。

(2) 空调翅片喷雾清洗剂

组　分	质量份
混合酸	50～200
乌洛托品	1～15
若丁	1～15
苯胺	2～20
混合物	8～85
羧基纤维素钠	1～5
水	适量

其中，混合酸为盐酸、硝酸、柠檬酸、草酸以1∶(1～2)∶(0.5～0.8)∶(0.5～0.8)的纯组分比例混合；混合物为烷基多苷、烷基聚氧乙烯醚与直链烷基磺酸盐以1∶(1～1.5)∶(0.5～0.8)的比例混合。

【实施方法示例】 ①将50mL的30%盐酸、16mL的75%硝酸、8.5g柠檬酸和8.5g草酸混合溶解在一起；②将2g乌洛托品、2g若丁和2g苯胺用150mL水溶解，并加入到第一步所得的混合酸溶液中；③将3g的APG、3g的AEO和2g的LAS用250mL水溶解后，在200～250r/min的搅拌速度下加入到混合溶液中；④在混合溶液中加入剩下的486mL水，在200～250r/min的搅拌速度下加入4g的CMC-Na，并搅拌均匀；将所得混合剂倒入瓶中，即得本空调翅片喷雾清洗剂。

说明：本清洗剂采用喷雾清洗，用量少，时间短，清洗效果好，去污垢能力可达到99%以上；本品的制备方法生产工艺简单，操作方便，容易控制；本品的原料来源广泛，投资少，成本低，市场潜力大，回收快；采用本清洗剂清洗后的空调翅片残留物少，漂洗容易；本清洗剂清洗时对空调翅片无腐蚀，使用的表面活性剂易生物降解，对环境无污染；本品属于水基清洗剂，稳定性好，长期放置不分层。

(3) 空调水系统的清洗剂

组　分	w/%
乙二胺四乙酸	20～30
腐殖酸钠	15～20
聚磷酸盐	10～15
羟基亚乙基二膦酸	20～30
水	余量

将上述原料在45～55℃温度范围内加热溶解，搅拌均匀，经静置得到黄色均匀透明液体。

【实施方法示例】 选择的优选配方为：乙二胺四乙酸25%、腐殖酸钠18%、聚磷酸盐12%、羟基亚乙基二膦酸25%，余量为水。

在一个中央空调循环水系统中，保持系统正常运行状态，加入上述配方配制的清洗剂，反应5～10h。结果发现，由于发生了络合作用和分散作用，使垢层缓慢溶解或脱落，清洗下来的小块污垢通过增大排污量的方法逐步排出系统，金属表面没有发生可见的腐蚀。

说明：本清洗剂具有简便、有效、低腐蚀的特点，特别适合用于空调水系统的清洗维护。在清洗结束后，金属表面立即处于钝态，系统无须作钝化预膜处理即可直接进入正常运行状态，简化了整个操作程序，节约了成本。

(4) 空调水系统的杀菌灭藻剂

组　分	w/%
异噻唑啉酮	30～40
氯化十二烷基二甲基苄基铵	30～40
聚丙烯酸	10～20
六偏磷酸钠	5～10
氨基磺酸	5～10

其中，异噻唑啉酮和氯化十二烷基二甲基苄基铵能断开微生物细胞中的蛋白质键，迅速与之发生作用，从而抑制细胞呼

吸和三磷酸腺苷（ATP）的合成，导致微生物死亡。聚丙烯酸能够去除中央空调设备水系统中附着的含有硫酸钙、碳酸钙以及微生物的黏土。六偏磷酸钠能够在管道表面覆盖一层单分子层预膜，预防因微生物氧化造成的锈蚀。氨基磺酸能够去除中央空调水系统管道表面存在的油脂以及腐蚀产物。

【性能指标】

外观	无色液体
酸碱性	碱性
相对密度	1.19
溶解度	与水任意互溶
燃爆性	不燃不爆

【主要用途】 本品主要适用于清洗中央空调风机盘管铝质翅片，也适用于铝质换热器或散热器，铝质型材、线材、板材及其他铝制设备。清洗的污垢主要为设备表面的油垢、灰尘、氧化物及其他杂质。

【应用特点】 铝翅片清洗剂是专用于清洗中央空调风机盘管铝质翅片，对人体无毒，不腐蚀空调，渗透力强，产生泡沫丰富而细腻，清洗后翅片光亮如新。

【安全性】 避免与皮肤直接接触，切勿溅入眼中。操作时应佩戴防护面罩和橡胶手套，若溅落在皮肤或眼中，立即用大量清水冲洗。工作场所要通风良好，用有味型产品时建议工作环境有排风装置。

【包装规格】 25kg 塑料桶，常温下稳定，保质期 2 年。

【生产单位】 东莞市皓泉化工有限公司，山东省科学院新材料研究所。

Ic015 家用空调配件清洗剂

【英文名】 household air conditioner parts cleaning agent

【别名】 空调配件清洗剂；家用配件清洗剂

【组成】 一般由表面活性剂、除油剂、溶剂、杀菌剂、水等复配而成。

【产品特点】 这是一种多效的药剂。将本杀菌灭藻剂一次性或少量多次加入到中央空调设备的水系统中，具有明显的杀菌藻作用，同时带走其他腐蚀和沉淀成分，使水质保持长期清澈洁净。

【配方】

组　分	w/%
磷酸	5～15
草酸	10～20
铬酸酐	3～8
烷基聚氧乙烯醚	8～12
苯胺	3～8
乙醇	15～25
水	余量

【制法】 将上述原料在 45～55℃ 温度范围内加热溶解，搅拌均匀，经静置得到黄色均匀透明液体。

【制备工艺】 将有机组分共溶分散为 A 组；取 40% 的水与硅酸钠升温溶解为 B 组；A、B 两组混溶，再加入二丙二醇单丁醚和余下的水复配、维持反应，检测、成品包装。

【实施方法示例】 磷酸 10%、草酸 15%、铬酸酐 5%、烷基聚氧乙烯醚 10%、苯胺 5%、乙醇 20% 以及水 35%。先将磷酸、草酸混合，加入铬酸酐，再加入水混合，搅拌均匀。在以上混合物中加入乙醇，再加入烷基聚氧乙烯醚、苯胺，搅拌均匀即可。使用时先将本品喷洒在空调器的翅片上，待 5～10min 后，以清水喷淋冲洗即可。经试验，清洗后的铝翅片表面清洁，呈亮白色，散热性与新空调翅片相当，并因表面恢复了磷化保护层而具有良好的耐腐蚀性。

说明：本品利用磷酸、草酸对结垢和氧化物进行清洗，乙醇对油污进行清洗，用烷基聚氧乙烯醚、苯胺作为表面活性剂和缓蚀剂，最后在铬酸酐和磷酸的作用下形成保护膜，具有清洗效果好、速度快、清洗后耐腐蚀的优点。

【性能指标】 参考 Ic014（4）空调水系统的杀菌灭藻剂

【主要用途】 本品主要适用于清洗中央空调风机盘管铝质翅片，也适用于铝质换热器或散热器，铝质型材、线材、板材及其他铝制设备。清洗的污垢主要为设备表面的油垢、灰尘、氧化物及其他杂质。

【安全性】 应避免清洗剂长时间接触皮肤，防止皮肤脱脂而使皮肤干燥粗糙，防误食、防溅入眼内。工作场所要通风良好，用有味型产品时建议工作环境有排风装置。

【生产单位】 东莞市皓泉化工有限公司，天津蓝京沃德科技有限公司。

Id 家用电器设备用清洗剂

精密电器的关键部位是由许许多多的集成电路模块、电子元器件构成的，电路板上布满各种引脚，焊点密密麻麻。在工作时，由于以上运行环境因素的改变，电子设备不能达到正常运行的技术指标，使设备温度过高，热敏元件、集成元件的参数恶化，其后果主要表现为信噪比下降，信道闭塞，信号串音、延时，芯片速率下降，存储器失效，系统软件数据丢失，逻辑门电路误差、数字电路误码率升高，无指令误动作、下指令拒动作，形成超容限值的尖峰电流电压，击穿 pn 结，器件发生飞弧、打火现象，电晕效应导致元件销毁、硬件损坏。

计算机不清洗极易导致运算速度下降，运行失常，数据传输紊乱，甚至频繁死机，尤其对网络影响更大。其实许多故障根本无需维修，只需进行彻底清洗即可排除故障，恢复正常。

据消防部门统计，电气火灾中 90% 以上是由于电器中大量的污垢覆盖在发热器件表面，引起散热不良，电器温度升高，长期恶性循环，最后烧毁，引发火灾、爆炸等事故的。

由此可见，为了电气设备的正常运行，定期对污染物进行清除（维护清洗）是非常必要的。

Id001 家用电器设备金属清洗剂

【英文名】 household appliances metal cleaning agent

【别名】 家用金属清洗剂；电气设备清洗剂

【组成】 一般由优质表面活性剂、分散螯合剂、强力乳化、润湿、渗透剂、去离子水等复配而成。

【产品特点】 ①溶油能力强、速度快，精密净洗性能优、漂洗性能好、无残留、无灰点、无白斑、达到表面光洁无痕；②水溶性好，溶解快，泡沫低，抗静电，在清洗的同时能有效保护被清洗材质表面不受侵蚀；③pH 为中性至弱碱性，性能温和；④产品环保，使用安全、简便，运输、存放方便。

【配方】

组 分	质量份
混合酸	50～200
乌洛托品	1～15
若丁	1～15
苯胺	2～20
混合物	8～85
羧基纤维素钠	1～5
水	适量

【配方分析】 其中，混合酸为盐酸、硝酸、柠檬酸、草酸以1∶(1～2)∶(0.5～0.8)∶(0.5～0.8)的纯组分比例混合；混合物为烷基多苷、烷基聚氧乙烯醚与直链烷基磺酸盐以1∶(1～1.5)∶(0.5～0.8)的比例混合。

【制法】 将上述原料在45～55℃温度范围内加热溶解，搅拌均匀，经静置得到黄色均匀透明液体。

【性能指标】 抗侵蚀、水溶性好，溶解快，泡沫低，抗静电。

【主要用途】 一般适用于家用金属清洗剂、电气设备清洗剂。

【应用特点】 本清洗剂具有简便、有效、低腐蚀的特点，特别适合用于空调水系统的清洗维护。在清洗结束后，金属表面立即处于钝态，系统无须作钝化预膜处理即可直接进入正常运行状态，简化了整个操作程序，节约了成本。

【安全性】 应避免清洗剂长时间接触皮肤，防止皮肤脱脂而使皮肤干燥粗糙，防误食、防溅入眼内。工作场所要通风良好，用有味型产品时建议工作环境有排风装置。

【生产单位】 山东省科学院新材料研究所，天津威马科技化学有限公司。

Id002 精密金属清洗剂

【英文名】 precision metal cleaning agent

【别名】 金属清洗剂；精密清洗剂

【组成】 一般由优质表面活性剂、分散螯合剂、强力乳化、润湿、渗透剂、去离子水等复配而成。

【产品特点】 ①溶油能力强、速度快，精密净洗性能优、漂洗性能好、无残留、无灰点、无白斑、达到表面光洁无痕；②水溶性好，溶解快，泡沫低，抗静电，在清洗的同时能有效保护被清洗材质表面不受侵蚀；③pH为中性至弱碱性，性能温和；④产品环保，使用安全、简便，运输、存放方便。

【配方】

组　分	w/%
聚氧乙烯醚类非离子表面活性剂	20～45
磺化物盐类	15～35
含硅化合物	2～4.5
香精	0.1～1.2
氯化钠	5～8
防腐剂	1.3～4.5
去离子水	30～65

【制法】 将上述原料在45～55℃温度范围内加热溶解，搅拌均匀，经静置得到黄色均匀透明液体。

【性能指标】 外观（原液）：无色至黄色液体；相对密度：1.00～1.25；pH值：1.0～2.0或7.0～14.0（5%浓度）；生物降解性：可完全生物降解。

【清洗工艺】 ①清洗方法：可采用超声波清洗、热浸泡（附加鼓泡、滚动或抖动）、手工擦洗等方法清洗；但超声波清洗效果最佳；②清洗浓度：用5%～10%清洗剂水溶液；③清洗温度：可在常温下使用，但在50～80℃温度条件下清洗，效果更佳；④清洗时间：5～10min；⑤清洗后纯水漂洗干净后再吹干、烘干、并合理包装、存放。

【主要用途】 一般适用于金属清洗、精密金属清洗。

【应用特点】 本清洗剂具有简便、有效、低腐蚀的特点，特别适合用于金属清洗、精密金属清洗的维护。在清洗结束后，金属表面立即处于钝态，系统无须作钝化预膜处理即可直接进入正常运行状态，简化了整个操作程序，节约了成本。

【安全性】 清洗时要正确合理摆放清洗工件，且避免相互重叠，视清洗情况应定期适量添加清洗剂原液，如清洗能力经补充后仍不能达到清洗要求时，则可弃之更换新液。一般情况下清洗液使用周期为3～7d。应避免清洗剂长时间接触皮肤，防止皮肤脱脂而使皮肤干燥粗糙，防误食、防溅入眼内。工作场所要通风良好，用有味型产品时建议工作环境有排风装置。

【包装储存】 包装：25kg塑料桶；200kg塑料桶。储存：密封储存于阴凉、干燥、通风处，保质期2年。

【生产单位】 东莞市皓泉化工有限公司，山东省科学院新材料研究所，天津威马科技化学有限公司。

Id003 家用机器除油污清洗剂

【英文名】 household machine degreasing cleaning agent

【别名】 机器除油污清洗剂；家用除油污清洗剂

【组成】 一般由表面活性剂、除油剂、溶剂、杀菌剂、水等复配而成。

【产品特点】 ①溶油速度快，精密净洗性能优、漂洗性能好、无残留、无灰点、无白斑、达到表面光洁无痕；②水溶性好，泡沫低，抗静电，在清洗的同时能有效保护被清洗材质表面不受侵蚀；③pH为中性至弱碱性，性能温和；④产品环保，使用安全、简便，运输、存放方便。

【配方】

组　分	含量
水玻璃(80%)	0.1L
烷基苯磺酸钠(40%)	0.1L
磷酸钠	20g
纯碱	40～50g
水	1L

【制法】 在1L水中加入0.1L 40%烷基苯磺酸钠、0.1L 80%水玻璃、20g磷酸钠和40～50g纯碱即可。

【性能指标】 参照Id002精密金属清洗剂。

【主要用途】 一般适用于家用机器除油污清洗剂。

【应用特点】 本清洗剂采用喷雾清洗，用量少，时间短，清洗效果好，去污垢能力可达到99%以上；本品的生产工艺简单，操作方便，容易控制；本品的原料来源广泛，投资少，成本低，市场潜力大；采用本清洗剂清洗后的空调翅片残留物少，漂洗容易；本清洗剂清洗时对空调翅片无腐蚀，使用的表面活性剂易生物降解，对环境无污染；本品属于水基清洗剂，稳定性好，长期放置不分层。

【安全性】 应避免清洗剂长时间接触皮肤，防止皮肤脱脂而使皮肤干燥粗糙，防误食、防溅入眼内。工作场所要通风良好，用有味型产品时建议工作环境有排风装置。

【生产单位】 山东省科学院新材料研究所，天津威马科技化学有限公司。

Id004 家用电器设备清洗剂

【英文名】 household appliances cleaning agent

【别名】 电器清洗剂；家用设备清洗剂

【组成】 一般由表面活性剂、除油剂、溶剂、杀菌剂、水等复配而成。

【产品特点】 ①精密净洗性能好、漂洗性能好、无残留、无灰点、无白斑、达到表面光洁无痕；②水溶性好，泡沫低，抗静电，在清洗的同时能有效保护被清洗材质表面不受侵蚀；③pH为中性至弱碱性，性能温和；④产品环保，使用安全、简便，运输、存放方便。

【配方】

组　分	w/%
仲硫醚油酸丁酯铵盐	0.75～1.5
C_{16}～C_{18}伯烷基硫酸钠	0.25～0.5
卵磷脂	0.25～0.5
环己醇	0.5～1
异丁醇	1.25～2.5
三氯乙烯	余量

【制法】 将上述原料在45～55℃温度范围内加热溶解，搅拌均匀，经静置得到黄色均匀透明液体。

在搅拌下往三氯乙烯中加入上述组分，直至全部溶解混合即可。

【实施方法示例】 用无水硫酸钠和变色硅酸按照3∶1的比例混合后配制成吸附剂，将其倒入用不锈钢材料制成的容器内，该容器下部为箅子。制备本清洗液时，首先将一80目的尼龙兜放入上述容器中，然后将吸附剂倒入，最后再将三氯乙烯缓慢倒入容器中，三氯乙烯经过尼龙兜和吸附剂的吸附后，最后经过箅子，即可得到具有高耐击穿电压的清洗剂。

【性能指标】 参照Id002精密金属清洗剂。

【主要用途】 广泛适用于各行业的电机、电机柜的维护，尤其适用于冶金、电力、石化、机械等行业。

【应用特点】 本品操作简单。对于平面电气设备，要用专用喷壶清洗，不用完全拆卸电气设备；对于电机，用喷枪进行清洗，也不用拆卸电气设备；对于小型电机和机械部件，可以用浸泡的方法，刷洗即可；本清洗剂经过检测不导电，使用安全，适用范围广。用吸附剂将三氯乙烯（三氯乙烯不是《蒙特利尔议定书》附件A～E的受控物质）中的微量水分进行吸附后，所得到的三氯乙烯即为具有高耐击穿电压值的清洗剂。吸附剂由无水硫酸钠和变色硅酸按照3∶1的比例混合后配制而成。

【安全性】 应避免清洗剂长时间接触皮肤，防止皮肤脱脂而使皮肤干燥粗糙，防误食、防溅入眼内。工作场所要通风良好，用有味型产品时建议工作环境有排风装置。

【生产单位】 山东省科学院新材料研究所，天津威马科技化学有限公司。

Id005 燃气热水器积炭清洗剂

【英文名】 carbon deposit cleaning agent for gas water heater

【别名】 燃气积炭清洗剂；热水器积炭清洗剂

【组成】 一般由表面活性剂、除油剂、溶剂、杀菌剂、水等复配而成。

【产品特点】 该清洗剂具有良好的渗透、润湿、分散、乳化、去污性能，能有效地去除燃气热水器换热器翅片表面和燃气喷嘴的积炭，防止其堵塞。

【配方】

组 分	w/%
脂肪醇聚氧乙烯醚硫酸钠	3.00～4.50
脂肪酸烷醇酰胺	1.00～2.00
烷基酚聚氧乙烯(10)醚	1.50～2.50
三聚磷酸钠	1.00～2.00
焦磷酸钠	0.50～1.00
乙醇	1.00～3.00
2-溴-2-硝基-1,3-丙二醇	0.02～0.06
柠檬酸	0.05～3.00
水	82.94～90.48

【制法】 将上述原料在45～55℃温度范围内加热溶解，搅拌均匀，经静置得到液体。

【制备工艺】 ①取三聚磷酸钠、焦磷酸钠，将其充分溶解在水中；②在搅拌下，将乙醇加入步骤①的制成物中；③在不停地搅拌下，按比例将脂肪醇聚氧乙烯醚硫酸钠、脂肪酸烷醇酰胺、2-溴-2-硝基-1,3-丙二醇、烷基酚聚氧乙烯（10）醚加入步骤②的制成物中，混合均匀；④取柠檬酸，加入步骤③的制成物中，将其pH调节为≤9.5，然后装瓶，包装，即为成品。

【性能指标】 参照Id002精密金属清洗剂。

【主要用途】 广泛适用于燃气热水器，尤其适用于燃气热水器的维护。

【应用特点】 本燃气热水器积炭清洗剂

具有良好的渗透、润湿、分散、乳化、去污性能，能有效地去除燃气热水器换热器翅片表面和燃气喷嘴的积炭，防止其堵塞或变窄，造成燃气不能充分燃烧而引起一氧化碳中毒事故；可提高翅片的吸热效率和燃气的燃烧效率，达到节省能源的目的。该燃气热水器积炭清洗剂安全无毒，对热水器部件无腐蚀性，使用简单方便，可采用喷淋方式清洗，而无需拆卸热水器。

【安全性】 应避免清洗剂长时间接触皮肤，防止皮肤脱脂而使皮肤干燥粗糙，防误食、防溅入眼内。工作场所要通风良好，用有味型产品时建议工作环境有排风装置。

【生产单位】 天津威马科技化学有限公司。

Id006 家用电器设备带电清洗剂

【英文名】 household cleaning agent for live electrical equipment

【别名】 带电清洗剂

【组成】 一般由表面活性剂、除油剂、溶剂、杀菌剂、水等复配而成。

【配方】

组　分	w/%
二氯五氟丙烷	94～99
二甲基硅油	0.5～1
庚烷	0～1
环己烷	0～1
十二烷	0～1
烷	1
癸烷	0～1

二氯五氟丙烷的 ODP 为 0.02～0.07（慎用）。

【制法】 将上述原料在 45～55℃ 温度范围内加热溶解，搅拌均匀，经静置得到均匀液体。

【实施方法示例】 制备 100kg 电器设备带电清洗剂，其组分为：二氯五氟丙烷 94.5kg、二甲基硅油 0.5kg、庚烷 1kg、环己烷 1kg、十二烷 1kg、己烷 1kg、癸烷 1kg。

将上述各种组分按比例装入密闭容器，在温度为 20～30℃、常压下反应 1h 即可。

【性能指标】 参照 Id002 精密金属清洗剂。

【主要用途】 广泛适用于家用电器设备的带电清洗剂。

【应用特点】 本电气设备带电清洗剂使用安全，绝缘性好，在清洗后会对电器设备形成一层半永久性的保护膜，具有防水、防霉、提高绝缘性的功效。

【安全性】 应避免清洗剂长时间接触皮肤，防止皮肤脱脂而使皮肤干燥粗糙，防误食、防溅入眼内。工作场所要通风良好，用有味型产品时建议工作环境有排风装置。

【生产单位】 山东省科学院新材料研究所，天津威马科技化学有限公司。

Id007 家用洗衣机污垢的清洗剂

【英文名】 household washing machine dirt cleaning agent

【别名】 洗衣机清洗剂；污垢的清洗剂

【组成】 一般由表面活性剂、除油剂、溶剂、杀菌剂、水等复配而成。

【配方】

组　分	w/%
辛烷基苯酚聚氧乙烯醚	1.0～5.0
十二烷基硫酸钠	1.0～3.0
硫脲	1.0～5.0
六亚甲基四胺	1.0～5.0
2,3-二羟丁二酸	0.5～2.0
磷酸锌	0.5～3.0
戊二醛	0.5～2.0
盐酸	10～30
去离子水	40～50

【制法】 将上述原料在 45～55℃ 温度范围内加热溶解，搅拌均匀，经静置得到

黄色均匀透明液体。

【配方分析】 辛烷基苯酚聚氧乙烯醚是非离子型表面活性剂，具有很好的乳化、清洗和抗静电作用；十二烷基硫酸钠(别名发泡剂 K12)、月桂醇硫酸钠，是阴离子表面活性剂，起助洗渗透作用；硫脲，协助酸洗缓蚀作用；金属防锈蚀剂乌洛托品，是缓蚀剂；2,3-二羟丁二酸（也称酒石酸），是防沉淀稳定剂、络合剂；磷酸锌分子式为$Zn_3(PO_4)_2 \cdot 2H_2O$，是成膜助剂，用于金属表面除锈保护膜；戊二醛，具有消毒杀菌作用；盐酸为酸性清洗除污垢剂。

【实施方法示例】 取辛烷基苯酚聚氧乙烯醚 1.0kg、十二烷基硫酸钠 1.0kg、硫脲 10kg、六亚甲基四胺 1.0kg、2,3-二羟丁二酸 0.5kg、磷酸锌 3.0kg、戊二醛 0.5kg、盐酸 10kg 和去离子水 40kg，经搅拌加工而成产品。

【清洗方法】 使用时将本品按洗衣机洗衣筒的最高水位容积计算，按容积的3%～5%计算本产品用量，一般全自动洗衣机每次 300～500mL 使用时先将本产品加入洗衣筒内，再将清水加至洗衣筒内最高水位，转动洗衣机 10～15min 后排放后，再用清水转动冲洗干净即可。洗衣机工作三个月清洗一次。

【性能指标】 参照 Id002 精密金属清洗剂。

【主要用途】 广泛适用于家用洗衣机污垢的清洗。

【应用特点】 本品对带有顽固静电的多种细菌污垢清洗效果更好，速度快，价格便宜，使用方便。

【安全性】 应避免清洗剂长时间接触皮肤，防止皮肤脱脂而使皮肤干燥粗糙，防误食、防溅入眼内。工作场所要通风良好，用有味型产品时建议工作环境有排风装置。

【生产单位】 山东省科学院新材料研究所，天津威马科技化学有限公司。

Id008 家用洗衣机专用清洗剂

【英文名】 household washing machine special cleaning agent

【别名】 洗衣机清洗剂；污垢的清洗剂

【组成】 一般由非离子表面活性剂、高效松动分散助剂、氧化杀菌、分解去污助剂、香精、有机杀卤、去污增效剂、碱性助剂、复合螯合剂、水等复配而成。

【产品特点】 本品可清洗洗衣机夹层、筒壁上各类污垢和附着其间的致病菌，无不良气味。

【配方】

组　分	w/%
非离子表面活性剂	3～10
氧化杀菌、分解去污助剂	4～60
有机杀卤、去污增效剂	1～10
复合螯合剂	1～15
高效松动分散助剂	3～20
香精	0.05～0.2
碱性助剂	余量

【制法】 将上述原料在 45～55℃温度范围内加热溶解，搅拌均匀，经静置得到黄色均匀透明液体。其中，非离子表面活性剂选用通式为 $R(OC_2H_4)_nOH$ 的物质，式中，R 为 C_{10}～C_{15} 的烷基醇或 C_8～C_{10} 的烷基酚，n 为 2～11；氧化杀菌、分解去污助剂选用碱金属的过碳酸盐，或碱金属的过硼酸盐，或碱金属的异氰尿酸盐；有机杀菌、去污增效剂选用四乙酰乙二胺、四乙酰甘脲、五乙酰葡萄糖、碱金属的庚酰氧苯磺酸盐和碱金属的苯二酰亚胺过已酸盐中的任意一种；复合螯合剂选用碱金属的乙二胺四乙酸盐、碱金属的葡萄糖酸盐、碱金属的次氨基三乙酸盐、碱金属的二亚乙基三胺五乙酸盐和碱金属的柠檬酸盐中的任意一种；高效松动分散助剂选用碱金属的聚丙烯酸盐或马来酸-丙烯酸共聚物；

碱性助剂选用无机碱性化合物。

【实施方法示例】

组分	m/g
$C_{12}(OC_2H_4)_8OH$	8
异氰尿酸钠	50
五乙酰葡萄糖	8
次氨基三乙酸钠	10
聚丙烯酸钠	8
香精	0.11
碳酸钠	15.89

将以上各组分混合，即得所需的洗衣机专用清洗剂。

【性能指标】 参照 Id002 精密金属清洗剂。

【主要用途】 广泛适用于家用洗衣机专用的清洗。

【应用特点】 对家用洗衣机无腐蚀；对环境安全；特别是无泡沫，即使在搅拌下泡沫也非常少，清洗效果好。

【安全性】 应避免清洗剂长时间接触皮肤，防止皮肤脱脂而使皮肤干燥粗糙，防误食、防溅入眼内。工作场所要通风良好，用有味型产品时建议工作环境有排风装置。

【生产单位】 东莞市皓泉化工有限公司，山东省科学院新材料研究所。

Id009 家用自动餐具清洗机用清洗剂

【英文名】 cleaning agent for domestic automatic washing machine of tableware

【别名】 自动餐具清洗剂；家用清洗剂；机器及器具清洗剂

【组成】 一般由聚氧乙烯醚类非离子表面活性剂、香精、氯化钠、具有特殊官能团磺化物盐、防腐剂、含硅化合物、蒸馏水等复配而成。

【产品特点】 使用该清洗剂的有益效果是适用于清洗带有墨垢的地面、机器及器具等，通过对油墨污垢的乳化，达到清洁的目的，同时因配方以水为主体，具有一定的环保性。该清洗剂对硬表面具有良好的润湿性、优异的洗涤性能和低表面张力，能够很快地彻底去除油墨污垢，不易返黏，无刺激性气味且对地面、机器及器具等硬表面无损伤。

【配方-1】

组分	w/%
聚氧乙烯醚类非离子表面活性剂	10～50
具有特殊官能团磺化物盐类	5～40
含硅化合物	0.05～5
香精	0.01～2
氯化钠	0.5～10
防腐剂	0.01～5
蒸馏水	30～70

将上述原料在 45～55℃ 温度范围内加热溶解，搅拌均匀，经静置得到黄色均匀透明液体。

其中，聚氧乙烯醚类非离子表面活性剂，聚氧乙烯聚合度选择 $n=7$、9、10、11 或不同聚合度 $n=9.5$ 均衡混合物。

特殊官能团的磺化物盐类选用烯基、酯基、环氧基、芳基其中之一或一种以上组合物；可选用 α-烯基磺酸盐（AOS)、脂肪酸甲酯磺酸盐（MES)、脂肪醇聚氧乙烯醚磺酸盐（AES)、十二烷基苯磺酸盐（LAS）其中之一或一种以上组合物，以烯基磺化物为最佳，或配其他磺化物，其他磺化物含量不超过烯基磺化物的 15%。

含硅化合物选用各种硅酸盐类或有机硅类化合物，可采用偏硅酸钠或硅醚。

【实施方法示例】

①取蒸馏水 500g，将温度升至 30～60℃后，加入聚氧乙烯醚类非离子表面活性剂，如脂肪醇聚氧乙烯醚 230g，搅拌均匀，搅拌时间为 2～7min。

②加入特殊官能团磺化物盐类 200g，可选用 α-烯基磺酸盐（AOS)、脂肪酸甲酯磺酸盐（MES)、脂肪醇聚氧乙烯醚磺

酸盐（AES）、十二烷基苯磺酸盐（LAS）其中之一或一种以上组合物；加入含硅化合物，如偏硅酸钠 10g，加入氯化钠 50g、香精 5g、防腐剂 5g，继续搅拌均匀，搅拌时间为 2～5min，pH 为 10.5～13。

该清洗剂配制时间仅用 10～20min 即可完成，制备环境要求宽松，应用简便，效果非常显著。

【配方-2】 机器及器具的清洗剂

组 分	w/%
表面活性剂	2～35
氢氧化钾	0.5～2.5
磷酸三钠	1.5～7.5
蒸馏水	余量

在 a 容器中，加入脂肪酸，加热熔化并溶解均匀；在 b 容器中，加入蒸馏水，搅拌溶解并加热至 80℃左右；将 a 容器中的脂肪酸慢慢加入 b 容器中，搅拌并保持温度 80℃左右 20min，待脂肪酸中和完全；加入表面活性剂，溶解分散均匀；加入磷酸三钠，溶解分散均匀；灌装。

其中，表面活性剂为聚氧乙烯山梨醇酐单油酸酯（吐温 80）或乙二胺 PO-EO 嵌段共聚物（EO：PO=1：2）（PN-30）。

将上述原料在 45～55℃温度范围内加热溶解，搅拌均匀，经静置得到黄色均匀、透明液体。

【主要用途】 该清洗剂适用于机器及器具、地面的清洗剂由于乳化性能佳，润湿性能好，泡沫丰富，在硬表面上对油污的去除力强且环保性好，制备快速，有效节约能源，降低生产和使用成本。

【应用特点】 本品对清洗机无腐蚀；对环境安全；特别是无泡沫，即使在搅拌下泡沫也非常少，清洗效果好。

【安全性】 应避免清洗剂长时间接触皮肤，防止皮肤脱脂而使皮肤干燥粗糙，防误食、防溅入眼内。工作场所要通风良好，用有味型产品时建议工作环境有排风装置。

【生产单位】 西安邦洁环保科技有限公司，瑞思博化工。

Id010 家用电脑清洗剂

【英文名】 household computer cleaning agent

【别名】 电脑清洗剂

【组成】 一般由表面活性剂、除油剂、溶剂、杀菌剂、水等复配而成。

【产品特点】 该产品可清除显示器上灰尘，主机箱、机箱内部灰尘，电源风扇、CPU 风扇等处的灰尘（一般不注意清洗的话，就会造成灰尘阻塞风扇导致风扇停转）。轻则造成计算机在运行程序时经常死机或者重新启动，引起数据资料的损失。重则导致烧毁机器硬件，引起经济上的不必要损失。这样的由于灰尘导致的计算机硬件故障在实际维修案例中还是很多的。

电脑专用清洗剂配方（加香发泡型）强力中性无磷去污配方，无色、无异味，绝对不腐蚀电脑、绝对不伤皮肤，具有良好的去污力和柔软性。不但能洗净电脑键盘、鼠标、显示器、主机、打印机表面的灰尘、手汗、油脂、食物残渍等污染物，而且能安全迅速去除电脑内部以及表面的灰尘、纤维屑、金属离子等污染物。可以快速高效的清洗电脑硬件和外设等零部件污垢，杀灭细菌，对机件无损，清洗后能使机件光洁。

【配方】

组 分	m/g
十二烷基硫酸钠	2～20
椰子油酸二乙醇酰胺	10～30
烷基酚聚氧乙烯醚	2～20
异丙醇	2～15
十二烷基苯磷酸钠	5～25
纯净水	100～300

【制法】 将上述原料在 45～55℃温度范

围内加热溶解，搅拌均匀，经静置得到黄色、均匀透明液体。

【实施方法示例】 按照十二烷基硫酸钠：椰子油酸二乙醇酰胺：烷基酚聚氧乙烯醚：异丙醇：十二烷基苯磺酸钠：纯净水＝20：25：10：2：10：300比例进行混合搅拌，充分溶解制成一种透明液体，该液体进行分装即得本清洗剂，该清洗剂可用于普通污垢的清除。

【清洗工艺】 带电电脑、户外电话、家用电器清洁剂是高科技产品，可在不停电的情况下。迅速清除对电脑、户外电话及家用高级电器有害的灰尘油污、盐分、湿气、金属粉末等污垢。是延长电子产品使用寿命的一种环保型产品。迅速清除灰尘、油污、盐分、湿气、金属粉末、饰面、静电及其他污垢。挥发快，不留任何残渣、洗后产生抗静电保护膜，对电子元件有特殊保护作用。对各种金属、绝缘漆、塑料橡胶、有机玻璃等饰面均元腐蚀。无臭味、无毒、对人体及环境无害、不易燃、不易爆。

【质量指标】 气味：微溶剂味；相对密度：0.74±0.05；颜色：无色透明；燃点：不易燃。

【应用特点】 电脑、磁卡等户内外电话。电视机、录像机、VCD、DVD、投影机、复印机、计算机、电子诊疗仪、自动柜员机、洗相机、电梯等各种高级家用电器、精密电子仪器的清洗。

【清洗方法】 将本产品装入电动喷枪内距清洗物20～30cm处喷洗，清洗时可将被清洁物倾斜，以便废液及污垢流出。环境湿度大，设备表面潮湿或漏电请停电清洗。请存放在40℃以下的地方。

本品不易燃但会助燃，清洗时被清洗物体表面温度不得超过70℃。

【应用特点】 本品对金属无腐蚀，对塑料、橡胶、绝缘清漆、有机硅树脂等物质无溶胀、溶解；绝缘，耐电压≥32kV；快速挥发，无残留，配合专用清洗设备，可以安全、快速洗净电脑内、外污垢，彻底除垢、除菌。

【安全性】 应避免清洗剂长时间接触皮肤，防止皮肤脱脂而使皮肤干燥粗糙，防误食、防溅入眼内。工作场所要通风良好，用有味型产品时建议工作环境有排风装置。

【生产单位】 西安邦洁环保科技有限公司，天津威马科技化学有限公司。

Id011 家用手机清洗剂

【英文名】 domestic mobile phone cleaning agent

【别名】 家用清洗剂；手机清洗剂

【组成】 一般由表面活性剂、除油剂、溶剂、杀菌剂、水等复配而成。

【配方】

组 分	w/%
壬基酚聚氧乙烯醚	2～5
十二烷基苯磺酸钠	1.5～3
无味煤油	6～8
日化香精	0.1～0.5
丙丁烷混合物	8～10
烷基二甲基苄基氯化铵	1～2
聚二甲基硅氧烷	1.5～3.5
去离子水	余量

【制法】 将上述原料在45～55℃温度范围内加热溶解，搅拌均匀，经静置得到黄色、均匀透明液体。

【制备工艺】 按组分含量称重；先将去离子水投入搪玻璃真空乳化釜中；投入乳化剂、发泡剂，搅拌至完全溶解；再投入溶剂、上光剂，搅拌至乳化均匀；再投入除菌剂、香精，搅拌成乳白色均匀液体；停机；取样检测；定量灌装；充填抛射剂；包装打包；成品入库。

【实施方法示例】 ①配料：a. 往500L搪玻璃真空乳化釜中加入372.5kg去离子水；b. 投入17.5kg壬基酚聚氧乙烯醚

(TX-10)、10.5kg 十二烷基苯磺酸钠，搅拌 5～10min，使之完全溶解；c. 投入 33.5kg 无味煤油、12.5kg 聚二甲基硅氧烷，搅拌 15min，使之乳化均匀；d. 投入 7.0kg 烷基二甲基苄基氯化铵、1.0kg 香精，搅拌 5～10min，使之乳化成白色均匀液体；e. 停止搅拌，取样 200mL 送检。

②灌装：a. 通过输送泵，将上述料液送至 TQG-480 气雾剂灌装机机头；b. 用净容量为 80mL 铝质气雾罐，每罐灌装上述料液 65.6g；c. 插入气雾剂阀门，在 TQZ-1 气雾罐封口机上封口；d. 在 TQG-480 气雾剂抛射剂充填机上充气，每罐充入丙丁烷 6.4g。

③包装：a. 往上述灌装完毕的半成品上安装上与其配套的气雾剂阀门促动器；b. 安装上塑料帽盖；c. 按每箱 30 罐的装量，装入瓦楞纸箱；d. 用压敏胶带封箱。

【主要用途】 广泛适用于家用手机清洗。

【应用特点】 本品采用气雾剂包装形式，以泡沫形态作用于手机外壳清洗，具有使用方便、便于携带、易于保存、用量节省等特点。在选用表面活性剂、有机溶剂而发挥清洗功能的同时，添加上光剂、除菌剂以及香精等功能组分，使清洗、上光、除菌、芳香四种功能同时完成。

【安全性】 应避免清洗剂长时间接触皮肤，防止皮肤脱脂而使皮肤干燥粗糙，防误食、防溅入眼内。工作场所要通风良好，用有味型产品时建议工作环境有排风装置。

【生产单位】 江阴特威化工有限公司，天津威马科技化学有限公司。

Id012 手机玻璃清洗剂

【英文名】 mobile phone glass cleaning agent

【别名】 玻璃清洗剂；手机清洗剂

【组成】 一般由表面活性剂、除油剂、溶剂、杀菌剂、水等复配而成。

【产品特点】 ①本品无色至微黄色透明液体，无刺激性气味；②对抛光膏、研磨剂等具独特的悬浮功能，更利于漂洗及增长使用寿命；③完全替代溶剂类产品，经济、环保。

【配方】

组　分	m/kg
脂肪醇聚氧乙烯醚	1.2
磷酸钠	3～5
苯并三氮唑钠	0.5
乙二醇乙醚	1.5
盐酸	0.5
去离子水	12～16

在室温条件下依次将上述质量的脂肪醇聚氧乙烯醚、乙二醇乙醚、苯并三氮唑钠、磷酸钠及盐酸加入到去离子水中，搅拌至均匀的水溶液即可。

【清洗工艺】 配套超声波清洗设备使用。使用温度在 50～80℃，超声清洗 110min，纯水喷淋或沥干。①每天应定期添加 1%～3%的清洗剂，2～3 天需更换清洗剂。②请勿使本产品与眼睛接触，若不慎溅入眼睛，用流动清水或生理盐水冲洗干净；不可吞食本产品，若不慎吞食，勿催吐，保持休息状态，及时进行医护。③为防止皮肤过度脱脂，操作时请戴耐化学品手套。

【制法】 将上述原料在 45～55℃温度范围内加热溶解，搅拌均匀，经静置得到黄色均匀透明液体。

【性能指标】 通过 SGS 环保检测，符合欧盟 ROHS 标准。

【主要用途】 光学、光电行业专用清洗剂是一款经过无数次验证的成熟、稳定的产品。结合国内外先进技术配制而成，具有洗净力强，对基材无腐蚀及较强的抗静电能力等优点；替代三氯乙烯最佳产品。

【应用特点】 主要针对于光学（透镜、棱镜、眼镜片、手机镜片）、亚克力及LCM等产品表面上的油污、指纹、抛光粉、夹缝液晶的残留、粉尘等脏物，非ODS（消耗臭氧层物质），低VOCs（挥发性有机化合物），是替代F-113、三氯乙烯等含ODS成分清洗剂的最佳产品。

【安全性】 应避免清洗剂长时间接触皮肤，防止皮肤脱脂而使皮肤干燥粗糙，防误食、防溅入眼内。工作场所要通风良好，用有味型产品时建议工作环境有排风装置。

【生产单位】 东莞炅盛塑胶科技有限公司，海南美佳格科家电清洗服务加盟有限公司。

Id013 磁带用清洗剂

【英文名】 cleaning agent for magnetic tape

【别名】 磁清洗剂；磁除油剂

【组成】 一般由表面活性剂、除油剂、溶剂、杀菌剂、水等复配而成。

【产品特点】 具有良好的磁带清洗，清洗后可以在金属表面形成一层保护膜，起到磁带清洗防锈作用。

【配方】

组　分	w/%
脂肪醇聚氧乙烯醚	0.05
乙醇	29.95
水	70.0

【配制工艺】 将各组分混合溶解于水中，再将此混合物涂在聚酯膜上，厚76.2mm，于20℃和60%相对湿度下干燥，制得涂层洗涤剂。

将上述原料在45～55℃温度范围内加热溶解，搅拌均匀，经静置得到黄色、均匀透明液体。

【主要用途】 该洗涤剂用于清洗录音机、录像机的磁带，使用时，用聚酯膜轻轻擦拭。

【应用特点】 本品对有磁带清洗，清洗后可以在磁带表面形成一层保护膜污垢清洗效果更好，速度快，价格便宜，使用方便。

【安全性】 应避免清洗剂长时间接触皮肤，防止皮肤脱脂而使皮肤干燥粗糙，防误食、防溅入眼内。工作场所要通风良好，用有味型产品时建议工作环境有排风装置。

【生产单位】 山东省科学院新材料研究所，天津威马科技化学有限公司。

Ie 其他家用电器设备清洗剂

Ie001 家用熨斗烤焦污清洗剂

【英文名】 burnt pollution of household iron cleaning agent

【别名】 熨斗烤焦污清洗剂

【组成】 一般由表面活性剂、除油剂、溶剂、杀菌剂、水等复配而成。

【产品特点】 具有良好的除烤焦污性能，清洗后可以在金属表面形成一层保护膜，起到工具清洗防锈作用。

【配方】

组　分	w/%
氯化钠(粒径 10～3000μm)	40
碳化硅粉(粒径 1～10μm，运动黏度为 350mm²/s)	10
甲基硅油	18
三乙醇胺	30
合成蜡(熔点 75～80℃)	12
水	余量

【制法】 将上述原料在 45～55℃温度范围内加热溶解，搅拌均匀，经静置得到黄色、均匀透明液体。

【主要用途】 广泛适用于家用熨斗烤焦污清洗。

【应用特点】 适用于清洗裸露的家用电器设备的金属表面上的油和脂。

【安全性】 应避免清洗剂长时间接触皮肤，防止皮肤脱脂而使皮肤干燥粗糙，防误食、防溅入眼内。工作场所要通风良好，用有味型产品时建议工作环境有排风装置。

【生产单位】 海南美佳格科家电清洗服务加盟有限公司。

Ie002 家用文化装饰电器、工具清洗剂

【英文名】 household culture decoration appliance and tool cleaning agent

【别名】 家用珠宝首饰；工具清洗剂；文化装饰清洗剂

【组成】 一般由表面活性剂、除油剂、溶剂、杀菌剂、水等复配而成。

【产品特点】 具有良好的除油、除炭效果，清洗后可以在金属表面形成一层保护膜，起到工具清洗防锈作用。

【配方-1】 家用珠宝首饰用洗涤剂

组　分	w/%
油酸	1.54
丙酮	2.96
氨水(28%)	0.60
水	94.90

将油酸先与一半水混合溶解，再将氨水与另一半水混合，将两液混合，冷却后加入丙酮混合均匀即可。

【配方-2】 家用宝石瓷器清洗剂(质量份)

壬基酚聚氧乙烯(10)醚	5
脂肪醇聚氧乙烯(9)醚	5
三氯乙烯	20
乙二醇丁醚	10
L醇	60

将上述原料在 45～55℃温度范围内加热溶解，搅拌均匀，经静置得到黄色、均匀透明液体。

【配方-3】 家用艺术品清洗剂（质量份）

碳酸二甲酯	40
乙醇	40
乙二醇丁醚	20

【配方-4】 家用不锈钢饰品清洗剂（质量份）

N-甲基-2-吡咯烷酮	70
琥珀酸二乙酯	15
水	15

【配方-5】 家用银器清洗剂（质量份）

二硫代硫酸钠	25
碳酸钠	20
碳酸氢钠	55

说明：该清洗剂可在水溶液中洗涤银器，毒性低，无磨蚀，易清洗。

【配方-6】 家用印章洗涤剂（质量份）

月桂醇聚氧乙烯醚硫酸钠	0.3
十二烷基二甲基氧化胺	0.3
水	99.4

将各组分混合溶于水即可。

该洗涤剂用于清洗印章和橡皮图章，除污垢效果好。

【配方-7】 家用灭火器外筒清洗剂（质量份）

单乙醇胺	25
硝酸钠	40
甲基吡咯烷酮	5
1-丁氧基乙醇	5
间硝基苯磺酸钠	1
椰油酸二乙醇酰胺	4
半合成切割油	10
蒸馏水	10

【主要用途】 该清洗剂主要用于电气设备中电器接点等部位的清洗，該清洗剂还具有良好的润滑性，可有效地减少机械部位磨损故障的再生，使清洗部位无残留物存在。除用于清洗电器接点部位外，使用上述配方的溶剂还可用作对金属表面、机械零部件、仪器仪表、精工产品的清洗，在对油污性部件的去除洗涤方面也有良好的作用。

【应用特点】 是含有特殊添加剂的溶剂型清洗剂，适用于清洗裸露的机械零部件的金属表面上的油和脂。本品不含ODS物质，是ODS类清洗剂的理想替代品。对钢、铜、铝、钛等金属材料均无腐蚀，对大多数合成橡胶、塑料等有机材料兼容性良好。

【安全性】 能防止使用时的火灾危险，确保使用安全。应避免清洗剂长时间接触皮肤，防止皮肤脱脂而使皮肤干燥粗糙，防误食、防溅入眼内。工作场所要通风良好，用有味型产品时建议工作环境有排风装置。

【生产单位】 东莞市樟木头建华清洗剂公司，山东省科学院新材料研究所。

Ie003 RSB-101 洋白铜清洗剂

【英文名】 RSB-101 copper nickel zinc alloy cleaning agent

【别名】 铜清洗剂

【组成】 RSB-101 洋白铜清洗剂主要是由优质复合表面活性剂、缓蚀剂、分散剂、渗透剂、螯合剂、有色金属材料保护剂、清洗助剂、去离子水等复配而成。

【产品特点】 ①去污、除油快速，对冲压油等污物有很好的清洗能力；②含有特效铜专用保护因子，对洋白铜无腐蚀，能保护洋白铜表面原有光泽本色；③低泡、易漂洗，无残留；④产品环保，弱碱性，不含亚硝酸盐、铬酸盐等成分，不含重金属，使用安全。

【配方】

组　分	w/%
二硫代硫酸钠	15
碳酸二甲酯	20
碳酸钠	10
去离子水	余量

续表

组　分	w/%
碳酸氢钠	35
乙醇	20
乙二醇丁醚	20

【制法】 该清洗剂可在水溶液中洗涤银器，毒性低，无磨蚀，易清洗。

将上述原料在45～55℃温度范围内加热溶解，搅拌均匀，经静置得到黄色均匀透明液体。

【性能指标】

产品名称/型号	洋白铜清洗剂/RSB-101
外观(原液)	淡黄色透明黏稠液体
物理稳定性	无沉淀、无分层、无结晶物析出
相对密度	1.05±0.02
pH 值	7.0～8.5(5%浓度)

【清洗工艺】 ①清洗方法：可采用超声波、浸泡（附加鼓泡、滚动或抖动）、手工擦洗等方法清洗；②清洗浓度：用5%～10%清洗剂水溶液；③清洗温度：一般在75～80℃温度条件下清洗，效果更佳；④清洗时间：5～10min；⑤清洗后用纯水漂洗干净后再吹干、烘干、并合理包装、存放。

【注意事项】 ①根据油污轻重调整清洗液的浓度，清洗后的工件要彻底漂洗干净。②及时将槽液表面的浮油排除，以免造成二次污染。③每天应定期添加1%～3%的清洗剂，如清洗能力经补充后仍不能达到清洗要求时，则可弃之更换新液。④请勿使本产品与眼睛接触，若不慎溅入眼睛，可提起眼睑，用流动清水或生理盐水冲洗干净；不可吞食本产品，若不慎吞食，勿催吐，保持休息状态，及时进行医护。⑤为防止皮肤过度脱脂，操作时请戴耐化学品手套。⑥清洗完后，工件应充分干燥，操作工应戴干净手套接触工件，并将工件放在干燥、干净的包装盒中。

【主要用途】 专用于洋白铜表面冲压油、手印、灰尘等污物清洗。

【应用特点】 该环保清洗剂可轻易去除各种油漆残渣、未固化树脂等。使用安全环保、易生物降解、清洗效果显著。

【安全性】 应避免清洗剂长时间接触皮肤，防止皮肤脱脂而使皮肤干燥粗糙，防误食、防溅入眼内。工作场所要通风良好，用有味型产品时建议工作环境有排风装置。

【包装储存】 包装：25kg/塑料桶；200kg/塑料桶。储存：密封储存于阴凉、干燥、通风处，保质期2年。

【生产单位】 瑞思博化工，海南美佳格科家电清洗服务加盟有限公司。

Ie004 家用 JRE-2014 型连体服清洗剂

【英文名】 domestic JRE-2014 type conjoined clothes cleaning agent

【别名】 JRE-2014；连体服清洗剂

【组成】 一般由复合表面活性剂、助洗剂、柔软剂、除油剂、溶剂、杀菌剂、水等复配而成。

【产品特点】 ①水洗容易彻底，减少带出和残渣量；②常温下有效去除衣物上各种油漆和污垢；③配方温和，提高设备结构的寿命；④不含卤化物、磷酸盐，废物容易处置。

【配方】

组　分	w/%
衣康酸	25
过硫酸钠	0.3～0.6
硫酸亚铁	0.006～0.012
甲基丙烯酸	5
亚硫酸氢钠	1.8～3.6
水	加至100

【制法】 将上述原料在45～55℃温度范围内加热溶解，搅拌均匀，经静置得到黄色均匀透明液体。

【清洗方法】 常温下，一般以原液浸泡

6～8h，手工清洗容易，漂洗干净后衣物柔软不出现发硬、泛黄、皱纹现象。

【性能指标】 外观：无色透明液体；成泡趋势：低；pH 值（3% 水溶液）：10.0；相对密度：1.1±0.05。

【主要用途】 替代了易燃、易爆的油漆稀释剂，能温和且有效地清洗油漆车间保护用专门的滤棉，防静电个人防护服，也可用作一般的硬表面清洗剂。

【应用特点】 JRE-2014 型连体服清洗剂是一种中等碱性环保清洗剂。由复合表面活性剂、助洗剂、柔软剂等精制而成，可轻易去除各种油漆残渣、未固化树脂等。使用安全环保、易生物降解、清洗效果显著。

【安全性】 应避免清洗剂长时间接触皮肤，防止皮肤脱脂而使皮肤干燥粗糙，防误食、防溅入眼内。工作场所要通风良好，用有味型产品时建议工作环境有排风装置。

【生产单位】 海南美佳格科家电清洗服务加盟有限公司，山东省科学院新材料研究所。

J 化学工业清洗剂

化工行业是我国的传统支柱产业之一，化工企业涉及国民生产的各个方面，化工厂一直也是高能耗、高污染的一类企业，化工厂设备状况直接影响企业的能耗及污染问题。因此化工企业一直以来都非常重视设备设施的清洗工作，很多大型企业都会在定期检修中将设备清洗列为检修工作的重要项目。

化工行业清洗剂，一般都具备优异的抗泡性能，能在短时间内达到清洗效果。如 T&L MCF 88 可替代乳化型和硅酸盐清洗剂，通用性好，可用于清除淬火油、切削液、切削油、金属成型剂等；如 T&L IC ICL 101 可用于清洗零部件上的轻度油污如切削液、金属成型剂以及车间的油污等；T&L IC ICL 102 为工业清洗机、超声波清洗金属零部件表面油污的专用清洗剂可用水稀释，兑水比例可根据油污种类、油污程度、清洗方式及清洗时间长短等进行调整，用于清洗机清洗可兑水 20～30 倍进行调配。

因为目前物理清洗的局限性，化学清洗技术在国内仍然得到广泛的应用。目前世界上工业清洗已由传统的溶剂清洗、水洗和表面活性剂清洗方式，发展到精细清洗和绿色清洗阶段。

随着精细有机合成技术、生物技术、检测技术等相关技术的进步，化学清洗技术也得到发展，正在向绿色环保方向发展：将合成具有生物降解能力和酶催化作用的绿色环保型化学清洗剂；弱酸性或中性的有机化合物将取代强酸强碱；直链型有机化合物和植物提取物将取代芳香基化合物；无磷、无氟清洗剂将取代含磷含氟清洗剂；水基清洗剂将取代溶剂型和乳液型清洗剂；可生物降解的绿色环保型清洗剂将取代难分解的污染性清洗剂。绿色化学要求对环境的负作用尽可能小，它是一种理念，是人们应该尽力追求的目标。由此，在应用工业化学清洗技术和研究清洗新技术中，工程技术人员应根据绿色化学的原则，选择采用无毒、无害的原料，提高原子的利用率，力争实现“零排放”。同时，在清洗过程中产生的清洗废液中含有的有毒、有害物质，必须经过处理达到国家有关排放标准方可排放。

Ja 皮革工业清洗剂

皮革清洗剂是一种新型、低泡、高效、环保型非离子表面活性剂。与各种表面活性剂、助剂、添加剂、溶剂配伍性好，耐强碱（10%氢氧化钠），抗氧化。具有优异的乳化、分散、渗透、耐碱能力；洗涤、去污能力强。特别对合成油脂、矿物油脂、动物油脂、植物油脂等各类污物有极好的洗涤效果；极低的泡沫，属于超低泡界面活性剂，不使用消泡剂，因此没有硅斑问题；不含 APEO 及甲醛，易生物降解，绿色环保；无毒、无刺激、不易燃易爆，使用安全。

皮革之所以柔软，其根本原因就在于制革时，将油脂引入动物皮的内部，形成全面覆盖皮内纤维表面的油膜，即在皮内纤维表面之间用一层适宜厚度的油膜隔开，这样，皮革内部纤维之间移动的摩擦力就相当于油分子的摩擦力，因而皮革就会很柔软。其原理与海绵差不多，不同的是真皮内部表面纤维之间用油膜分隔，使真皮内部之间具有可滑动的孔隙，但它的孔隙比海绵要小，而且真皮内部表面纤维的分布也没有海绵那么有规律。但是，由于引入皮革内部的油脂在自然状态下，会随着时间的久远而慢慢挥发走失，或由于其他原因使油膜遭到破坏，如遇水发生水解或高温环境下，油膜被破坏，油脂挥发走失，因而皮革内部纤维之间就会相互黏结在一起，从而使真皮变硬、变脆。因此皮革内油膜被破坏或油脂走失时，应重新给皮革内部纤维之间的表面，注入形成油膜的优质油脂。

皮革清洗剂是用于清洁皮衣、皮沙发、皮包、皮椅、皮鞋等真皮制品的产品，皮革清洁一般是指对真皮制品表面的清洁，不含里面的清洁。

优质的皮革清洁剂应具备如下条件：

①酸碱度的 pH 在 5～7.5 之间，大于 7.5 是腐蚀真皮的碱性；②不含摩擦剂，采用摩擦剂配方的皮革清洁剂，是通过摩擦颗粒清洁的，很可能会磨花皮革表面，但如果污垢太严重，以至难于清洁干净，则摩擦剂方案还是比渗透入皮内、会腐蚀皮内纤维的碱性化学清洁剂好；③没有气味或稍含淡香，有浓味，很可能对人的健康会构成问题；④清洁力不是很强，但可以把真皮彻底清洁干净，否则，如一抹即干净，将可能是化学作用的

结果，会伤害真皮；⑤真皮一接触即显光亮；⑥要选择水性的皮革清洁剂，即可以水解的，因为水性的不含毒性。但含油可以水解的皮革清洁剂，不是油性，也是水性，这是最好的皮革清洁剂。

Ja001 皮革清洗剂

【英文名】 leather cleaning agent

【别名】 皮革净洗剂；皮革清洁剂

【组成】 一般皮革清洁剂除必需的去污活性组分，即表面活性剂外，还需加入富脂剂、保湿剂、上光剂等。

【产品特点】 ①酸碱度的 pH 在 5～7.5 之间，大于 7.5 是腐蚀真皮的碱性；②不含摩擦剂，采用摩擦剂配方的皮革清洁剂，是通过摩擦颗粒清洁的，很可能会磨花皮革表面，但如果污垢太严重，以至难于清洁干净，则摩擦剂方案还是比渗透入皮内、会腐蚀皮内纤维的碱性化学清洁剂好；③没有气味或稍含淡香，有浓味，很可能对人的健康会构成问题；④清洁力不是很强，但可以把真皮彻底清洁干净，否则，如一抹即干净，将可能是化学作用的结果，会伤害真皮。

【配方】

组分	m/g
松香水	1500
有机溶剂	1300
纯白油	1300
异丙醇	1500
二氟四氯乙烷	1600
无水羊毛脂	600
三氯乙烷	800
硝基甲烷	600
异丙醇	800
杀菌剂	300
香精	300
去离子水	5000

【制法】 一种浅色皮革清洁剂的配制方法：按比例先把去离子水与异丙醇混合搅拌均匀，然后加入硝基甲烷搅拌溶解后再加入三氯乙烷搅拌溶解，然后加入松香水、有机溶剂、纯白油、无水羊毛脂搅拌溶解，再加入二氟四氯乙烷，充分搅拌溶解后加入杀菌剂、香精混合均匀后即可包装成品。

【配方分析】 ①表面活性剂除洗涤力好外，还要具有较好的渗透性和乳化性，以利于剂型的稳定。②常用的皮革加脂剂有各种油类，如矿物油及油脂、磺化油、硫酸化油类、高级醇类、高级脂肪酸的高级醇脂类等。③上光剂赋予皮革以光泽。常用的是各种蜡类，如石蜡、棕榈蜡等。④皮革清洁剂由于富脂剂及上光剂的存在，一般制成乳化状产品，如乳液类、霜类制品。

【性能指标】 外观：无色透明液体；气味：轻微溶剂味；水溶性：不溶；干燥速度：快。

【主要用途】 广泛应用于配制低泡啤酒瓶清洗剂、低泡食品设备管道清洗剂、低泡餐具清洗剂、低泡地毯清洗剂、高压喷淋清洗剂、低泡金属除油剂、低泡纤维精炼剂、低泡皮革脱脂剂等工业及民用清洗剂。

【应用特点】 是一种新型、低泡、高效、环保型非离子表面活性剂。与各种表面活性剂、助剂、添加剂、溶剂配伍性好，耐强碱（10%氢氧化钠），抗氧化。具有优异的乳化、分散、渗透、耐碱能力；洗涤、去污能力强。特别对合成油脂、矿物油脂、动物油脂、植物油脂等各类污物有极好的洗涤效果；极低的泡沫，

属于超低泡界面活性剂，不使用消泡剂，因此没有硅斑问题；不含 APEO 及甲醛，易生物降解，绿色环保；无毒、

无刺激、不易燃易爆，使用安全。

【安全性】 对环境没有污染，符合环保要求。清洁真皮要采用皮革专业清洁剂，因为非专业清洁剂从真皮的毛孔渗入，会破坏真皮的内部结构，缩短真皮的使用寿命，而专业皮革清洁剂，作用刚好相反，不但清洁，还深层滋润护理，延长皮革的使用寿命。

【生产单位】 山东裕满实业公司，江西瑞思博化工有限公司，北京蓝星清洗有限公司。

Ja002 皮革皮具环保擦拭清洗剂 FRB-663

【英文名】 leather wipe cleaning agent of environmental protection FRB-663

【别名】 FRB-663 清洗剂；皮革皮具拭清洗剂

【组成】 一般由非离子表面活性剂与各种表面活性剂、助剂、添加剂、溶剂配伍。

【产品特点】 一种固体皮革表面环保擦拭清洗剂，FRB-663 是替代白电油用于擦拭清洗皮革皮具表面油污、粉尘、指纹等作用的环保清洗剂，具有擦拭清洗力强、清洗性能稳定、对材料无腐蚀、环保无毒等优点。

【配方】

组　分	w/%
硬质酸	12～18
单甘酯	5～8
TX-10 活性剂	3～5
AE0-9 活性剂	3～5
6501 活性剂	5～8
三乙醇胺	1～3
乙二醇单丁醚	1～3
JFC 渗透剂	2～4
烧碱	1～3
尼泊金甲酯	0.1～0.5
尼泊金乙酯	0.1～0.5
水	余量

本技术涉及一种日用品皮革抗菌清洁剂，由直链 C_9～C_{11} AEO-6、异丙醇、乙二醇丁醚、酯化二癸基二铵、表面活性子、乙酸戊酯，经合理混配，勾兑乳化反应而成的皮革抗菌清洁剂。酯化二癸基二铵、表面活性剂、异丙醇作为主要的消除组分，该组分中的有效成分具有很高的活性，在杀菌过程中水解并能起到降解化合物的作用。

表面活性子共同作用于细菌表面，改变细菌细胞膜的通透性，使得较大分子的复合醛类进入细菌细胞内部，与细菌的细胞质结合，破坏细胞病的遗传基使其变性，完成杀菌过程。直链 C_9～C_{11} AEO-6、乙酸戊酯、乙二醇丁醚按比例添加到混合物中，目的是通过其特性，使皮革抗菌清洁剂的黏度提高，并很快在被消物的物体表面形成一层无色透明膜，使皮革增加了更好的长期抗菌效果。

【配方分析】 ①采用独特浓缩的中性配方，水性环保、清透无沉淀、无异味，专门针对于皮制品表面的清洁、去污。②其特有的表面活性去污成分除洗涤功效强外，还具有较好的渗透性及乳化性，令清洗后的皮面光洁如新。

【性能指标】 外观：无色透明液体；气味：轻微溶剂味；水溶性：不溶；干燥速度：快。

【主要用途】 皮革清洗剂是用于清洁皮衣、皮沙发、皮包、皮椅、皮鞋等真皮制品的产品，皮革清洁一般是指对真皮制品表面的清洁，不含里面的清洁。

【应用特点】 ① ROHS、REACH、无苯、无卤素、无甲醛等检测；②气味小，降低职业病中毒危害；③擦拭清洗皮革皮具表面油污、粉尘、指纹等作用力强；④快干，提高擦拭清洗效率；⑤对皮革皮具材质无腐蚀。

【适用行业】 中高档箱包制造厂、中高

档皮革家具制造厂、中高档皮革服装制造厂、中高档皮鞋制造厂等。

【安全性】 对环境没有污染，符合环保要求。清洁真皮要采用皮革专业清洁剂，因为非专业清洁剂从真皮的毛孔渗入，会破坏真皮的内部结构，缩短真皮的使用寿命，而专业皮革清洁剂，作用刚好相反，不但清洁，还可深层滋润护理、延长皮革的使用寿命。

【生产单位】 裕满实业公司，江西瑞思博化工有限公司，淄博尚普环保科技有限公司。

Jb 造纸工业清洗剂

造纸清洗剂对于有着公共卫生与环保有着非常有效的效用。伴随着社会与环境的发展、造纸原料行业的进步，造纸清洗用品行业得到迅速提升，工业造纸清洗剂也得到更加广泛的应用。伴随着人们文明水平的不断增加，还推动着工业造纸清洗剂市场发生日新月异的变化。目前市场上造纸清洗剂产品种类繁多，趋向原料清洁化、专业化，产品越分越细。无疑，造纸工业清洗剂必将朝着更加专业的方向发展，必将涌现更多的新产品。

Jb001 造纸工业清洗剂

【英文名】 papermaking industrial cleaning agent

【别名】 造纸清洗剂；造纸毛毯清洗剂

【组成】 一般由表面活性剂、助剂、添加剂、溶剂、TH-628、润湿剂、渗透剂、乳化剂、分散剂配伍。

【产品特点】 造纸毛毯清洗剂本品是含有特殊添加剂的浓缩型造纸毛毯清洗剂，其优越的洁净性能、丰富的泡沫，能有效清洗造纸毛毯堵塞物及成分复杂的毛毯污垢。

①清洗彻底、干净，不留残迹；②具有丰富的泡沫，有利于提高毛毯透气性，减少毛毯板结现象，延长毛毯使用寿命，提高造纸质量；③不含酸、氨和游离碱，对毛毯及压榨辊表面安全无腐蚀；④所选用的表面活性剂可生化降解，对环境安全。

【性能指标】 外观：透明液体；相对密度：1.01；pH值：14。

【使用方法】 ①用量：毛布（绝干）重量的1/2。②洗涤装置：一只底部带阀门的高位槽，一根喷淋管，有效喷淋宽度应与毛毯宽度相同，孔径与孔径间距离与所规定喷淋时间相匹配，也可用喷壶人工方法直接喷淋。③在机清洗：a. 首先将TH-628按1%～2%的浓度，用50～60℃的温水稀释；b. 停止供浆，停水5min后，纸机转入爬行速度，放松毛毯；c. 将配好的清洗剂均匀喷淋在整幅毛毯上，为确保毛毯均匀吸收清洗剂，喷淋时间不应少于毛布运行3～5圈的时间（10～15min）；d. 清洗完毕，毛毯继续以爬行速度运转5～10min，用水漂洗至毛毯无滑腻感。④下机清洗：a. 将TH-628按5%的浓度用50～60℃的水稀释，然后将毛毯浸入池中30min左右，污垢严重处再用毛刷刷洗；b. 洗完后用水漂洗干净，晾干后可再次投入使用。

【主要用途】 主要用于各种造纸毛毯在机上清除污垢和压花的高效洗涤剂。本品也适用于一压、二压、三压造纸毛毯及靴套的在机清洗及下机清洗。

【应用特点】 该产品是具有强烈的润湿、渗透、乳化、分散、悬浮、抗再沉积和抗静电等多种作用，针对一般洗涤产品不容易清洗的毛布堵塞物及成分复杂的毛布和长圆网污垢，本产品可以彻底的清除，恢复其滤水性、疏通其孔眼、提高透气性、提高纸机运转速度、降低能源消耗、提高纸品质量和产量，还具有省时、省力、省水，操作方便、不损伤毛布和不腐蚀设备等特点。

本产品可以按具体操作规程进行机上整条毛毯洗涤，可迅速有效地清除污垢，杜绝压花；还可以局部清洗，如：毛布在局部出现压花时，可进行局部清洗，哪里压花洗哪里，花小钱而省大钱，使用本产品可明显延长毛布使用寿命1～3倍，降低了纸厂的生产成本，经济效益十分显著。

【安全性】 ①本品为碱性，不要长时间接触皮肤，如溅入眼中，请及时用水冲洗；②在寒冷的地区和冰点以下储存可能会使本品冻结或变稠，但性能不变；③储存时，若有沉淀物析出，不影响产品性能，使用前请充分搅拌；④本品原液在不同气温条件下黏稠度不同，随气温的升高黏度降低，但对产品性能没有影响；⑤本品因生产季节和储存温度的不同，黏度相差较大，但是清洗效果一样。

【包装】 净重200kg，25kg塑料桶包装；有效期：2年。

【生产单位】 北京蓝星清洗有限公司，淄博尚普环保科技有限公司。

Jb002 高压喷淋清洗剂/RSB-109

【英文名】 high pressure spray cleaning agent/RSB-109

【别名】 RSB-109清洗剂；喷淋清洗剂

【组成】 一般由无泡表面活性剂、渗透扩散剂、缓蚀剂及优质特效清洗助剂、分散剂、增溶剂、乳化剂及去离子水等组成。

【产品特点】 ①在规定清洗温度条件下低泡至无泡，可在5～10kgf/cm^{2}及以上压力下喷淋清洗；②中性至弱碱性，高浓缩，除油能力强，具有极强的渗透、分散、增溶、乳化作用；③溶解完全，抗静电，易漂洗，在清洗的同时能有效地保护被清洗材料表面不受侵蚀；④产品环保，不含亚硝酸盐、铬酸盐等成分，不含重金属，使用安全可靠；⑤是中、高压喷淋式清洗机理想的配套清洗剂产品。

【清洗工艺】 ①清洗方法：可采用喷淋、超声波清洗、热浸泡（附加鼓泡、滚动或抖动）、手工擦洗等方法清洗，尤其适合喷淋清洗低泡、无泡清洗要求；②清洗浓度：用5%～10%清洗剂水溶液；③清洗温度：一般在50～80℃温度条件下清洗，效果更佳；④清洗时间：5～10min。清洗后视情况用水或水性防锈剂水溶液漂洗后吹干或烘干，并合理包装、存放。

【性能指标】 外观（原液）：无色至淡黄色透明液体；相对密度：1.05～1.15；pH值：7.0～14.0（5%浓度）；生物降解性：可完全生物降解。

【主要用途】 用于较高压力喷淋清洗黑色金属、不锈钢、铜、铝、镁、锌及其合金等有色金属零件表面机油、切削液、冲压油、灰尘等污染物清洗。

【应用特点】 该产品是高压喷淋清洗剂，具有强烈的润湿、渗透、乳化、分散、悬浮、抗再沉积和抗静电等多种作用，由无泡表面活性剂、助剂及去离子水等组成。本产品可以彻底的清除，恢复其滤水性、疏通其孔眼、提高透气性、提高纸机运转速度、降低能源消耗、提高纸品质量和产量，还具有省时、省力、省水，操作方便、不损伤毛布和不腐蚀设备等特点。

【安全性】 清洗时要正确合理摆放清洗工件，且避免相互重叠，视清洗情况应定期适量添加清洗剂原液，如清洗能力经补充后仍不能达到清洗要求时，则可弃之更换新液。一般情况下清洗液使用周期为3～7d。应避免清洗液长时间接触皮肤，防止皮肤脱脂而使皮肤干燥粗糙，防误食、防溅入眼内。

【生产单位】 江西瑞思博化工有限公司，北京蓝星清洗有限公司。

Jc 化学工业清洗剂

Jc001 KD-971 氧化型工业杀菌剂

【英文名】 KD-971 oxidizing industrial bactericide

【别名】 KD杀菌剂；氧化杀菌剂

【组成】 由各种表面活性剂、助剂、杀菌剂、纳米抗菌添加剂、溶剂配伍。

【产品特点】 本品属氧化性杀生剂，易溶于水，具有高效、快速、广谱、安全等特点。对循环水中各类菌藻均具有较好的杀生作用。作消毒剂时，对大肠杆菌、链球菌、葡萄球菌和肝炎均有良好的杀生作用。

【性能指标】 外观：白色结晶粉末或颗粒状固体；pH（1%水溶液）6.0±1.0；有效氯（以 Cl^- 计）含量≥55.0%。

【清洗方式】 在循环水系统中采用连续投加方式，水中余氯控制在 0.1～0.2mg/L，同时配合定期投加非氧化性杀生剂。

【主要用途】 本品广泛应用于各类工业用水，循环冷却水，空调水系统杀生消毒处理，也可以作为纺织工业漂白、羊毛防缩整理等。

【应用特点】 是一种新型、低泡、高效、环保型非离子表面活性剂。与各种表面活性剂、助剂、添加剂、溶剂配伍性好，耐强碱（10%氢氧化钠），抗氧化。具有优异的乳化、分散、渗透、耐碱能力；洗涤、去污能力强。特别对合成油脂、矿物油脂、动物油脂、植物油脂等各类污物有极好的洗涤效果；极低的泡沫，属于超低泡界面活性剂，不使用消泡剂，因此没有硅斑问题；不含 APEO 及甲醛，易生物降解，绿色环保；无毒、无刺激、不易燃易爆，使用安全。

【安全性】 操作时应戴胶手套。不慎溅入眼睛尽快用清水冲洗。

【生产单位】 广州市凯之达化工有限公司。

Jc002 KD-218 化工缓蚀阻垢剂

【英文名】 KD-218 chemical corrosion and scale inhibitor

【别名】 KD阻垢剂；缓蚀阻垢剂

【组成】 一般由有机磷、优良聚合物及铜缓蚀剂等组成。

【产品特点】 本品是一种全有机碱性水处理剂，不含重金属及无机磷酸盐，是新一代的冷却水处理用缓蚀阻垢剂。

【产品特性】 本品由有机磷，优良聚合物及铜缓蚀剂等组成，具有优良缓蚀性能，对碳酸钙、磷酸钙有卓越的阻垢分散性能，其各项指标已达到日本的 S-113 水平，并符合化工行业标准阻垢缓蚀剂Ⅲ的要求，本品曾多次被中国石化总公司推荐使用。

【性能指标】

指标名称		一等品	合格品
外观		无色或淡黄色	透明液体
磷酸(以磷酸根计)含量/%		7.30±0.30	7.30±0.50
亚磷酸(以亚磷酸计)含量/%	≤	0.30	0.70
唑类含量/%	≥	0.80	0.50
固体含量/%	≥	21.00	21.00
pH值(1%水溶液)		3.50±1.00	3.50±1.00
密度(20℃)/(g/mL)		1.12～1.17	1.12～1.17

【使用方法】 根据补充水中钙离子及总碱度大小决定KD-218缓蚀阻垢剂的用量，一般正常运行时投加量为50～100mg/L，如补充水中钙离子及总碱度含量均小于30mg/L时，可与KD-648缓蚀增效剂配合使用。

【主要用途】 主要用于敞开式循环冷却水系统，对含铜系统特别适宜。本品可用于高pH、高碱度、高硬度的水质，是目前较理想的不调节pH的碱性运行水处理剂。

【应用特点】 是一种新型高效化工缓蚀阻垢剂。与各种表面活性剂、助剂、添加剂、溶剂配伍性好，耐强碱（10%氢氧化钠），抗氧化。具有优异的乳化、分散、渗透、耐碱能力；洗涤、去污能力强。特别对合成油脂、矿物油脂、动物油脂、植物油脂等各类污物有极好的洗涤效果；极低的泡沫，属于超低泡界面活性剂，不使用消泡剂，因此没有硅斑问题；不含APEO及甲醛，易生物降解，绿色环保；无毒、无刺激、不易燃易爆，使用安全。

【包装储存】 25kg/桶；保质期1年。

【安全性】 清洗时要正确合理摆放清洗工件，且避免相互重叠，视清洗情况应定期适量添加清洗剂原液，如清洗能力经补充后仍不能达到清洗要求时，则可弃之更换新液。一般情况下清洗液使用周期为3～7d。应避免清洗液长时间接触皮肤，防止皮肤脱脂而使皮肤干燥粗糙，防误食、防溅入眼内。

【生产单位】 广州市凯之达化工有限公司。

Jc003 KD-102化学油垢清洗剂

【英文名】 KD-102 chemical oil dirt cleaning agent

【别名】 KD清洗剂；油垢清洗剂

【组成】 主要由表面活性剂、渗透剂、乳化剂及其他助剂等组成。

【产品特点】 本品主要由表面活性剂及助剂组成，有较强的渗透剂、乳化去污能力，不含无机酸、碱，故对设备无腐蚀性。

【清洗方法】 按系统保有水量计，新装置开车投用前脱脂处理及预膜前清洗处理时，一次性于循环水泵吸入口投加50～100mg/L，最多可投加200～300mg/L，pH6.0～8.0，循环8～12h；作漏油处理时，一般用量50～100mg/L，维持2～3d，如有大量泡沫产生，可添加10～20mg/L消泡剂。

【性能指标】 外观：无色透明液体；密度（20℃）：1g/mL±0.5g/mL；pH值：6.0～8.0。

【主要用途】 主要用于循环水系统新装置开车前脱脂处理，以及预膜前清洗油污处理，也可作为炼油装置发生油品溃漏后作清洗与剥离污用。

【安全性】 操作时应戴胶手套。不慎溅入眼睛尽快用清水冲洗。

【包装储存】 25kg/桶，保质期1年。

【生产单位】 广州市凯之达化工有限公司。

Jc004 TA-35化学油污清洗剂

【英文名】 TA-35chemical oil cleaning agent

【别名】 TA清洗剂；油污清洗剂

【产品特点】 TA-35的研究成功，是工业清洁剂产品技术的一个新突破。清洗力极强，能快速彻底地清除金属、机床、塑料纺织品、皮革、飞机、车船、马路护栏、广告牌，车间地面等表面的顽固污垢及黄斑。

【清洗方法】 ①机床、飞机、车船、建筑物外墙、马路护栏、广告牌、玻璃幕墙、宾馆浴室等顽固污垢及机械上的黄斑可兑水3～5倍擦洗；②地板、车间轻油污、沙发地毯、桌椅、玻璃、厨房等可兑水5～20倍清洗。

【性能指标】 颜色：荧光绿；pH值：11±0.5；相对密度：1±05。

【主要用途】 主要用于化学油污清洗，也可作为清除金属、机床、塑料纺织品、皮革、飞机、车船、马路护栏、广告牌，车间地面等表面的顽固污垢及发生油品溃漏后作清洗与剥离污用。

【应用特点】 对建筑物外墙、玻璃幕墙、宾馆浴室的污垢、电梯不锈钢以及厨房地面油污均有很好的清洗效果。经济实惠，对不同程度的脏污，可用水稀释5～20倍，反复使用。

【安全性】 本品属碱性水基，长时间使用请戴胶手套，电气设备勿用。该产品安全可靠、不燃烧、无毒、无腐蚀，对环境无污染。

【包装储存】 25kg/桶，4gal/箱；保质期：1年。

【生产单位】 广州市凯之达化工有限公司。

Jc005 KD-282化工仪器清洗剂

【英文名】 KD-282 chemical apparatus cleaning agent

【别名】 KD清洗剂；化工仪器清洗剂

【组成】 KD-282化工仪器清洗剂是由多种高效表面活性剂、渗透剂、分散剂，乳化剂配制而成。

【产品特点】 KD-282是由特别处理后的纯溶剂配制的环保型清洗剂，完全挥发，不留任何残渍；对金属表面、绝缘覆盖层无腐蚀。

【清洗方法】 ①大型设备：用喷枪接上0.4～0.6MPa的压缩空气，手压喷枪先从上往下用压缩空气将电气设备表面的尘土、铁屑等杂物吹除，然后用喷枪吸进KD-282进行上下反复清洗，再用压缩空气吹干，一般不超过四次即可清洗干净；②各种小型机械设备、机具、零部件可直接浸泡于KD-282中，数分钟后捞出自然风干或用压缩空气吹干。

【性能指标】 颜色：无色透明；相对密度：1.2；pH值：6±0.5；耐电压：25kV。

【主要用途】 用于各类电子设备、通信设备、电力电网设备、变电站、发电机、高压瓷瓶、程控交换机、配电开关、变电设备、切换开关、定子、转子、电动工具等电气设备的清洗保养。

【安全性】 ①操作现场应避免明火的存在，清洗现场保持通风；②不宜与不耐溶剂的橡胶、塑料部件长时间接触；③请存放在40℃以下的地方；④不慎溅入眼睛，立即用大量清水冲洗。

【包装规格】 20kg/桶，保质期1年。

【生产单位】 广州市凯之达化工有限公司。

Jc006 KD-2化油剂

【英文名】 KD-2 dispersants

【别名】 KD化油剂；化油剂

【组成】 KD-2化油剂是由多种高效表面活性剂、渗透剂、分散剂，乳化剂配制而成。

【产品特点】 KD-2是由多种表面活性剂、除油助剂等配制而成，可迅速将水面浮油或 油污乳化，分散于水中不再凝聚。降低油水界面张力，迅速乳化、溶解溢油使用方便。pH 值呈中性，相对密度：1.1±0.05，不易燃、不易爆、无腐蚀，属环保型产品。一般油溶性，该物质亲油基团可与油污分子结合，憎水基部分朝外。原理和有肥皂洗衣服差不多。将油污分子在水中分散开。

【清洗方法】 兑水 5 倍直接洒于海面，清洗油库渗漏在水泥地面上的重油，可先将表面的一层刮掉，在用 KD-2 化油剂洒在表面，用扫把均匀，10min 后用水冲洗干净，再用 TA-32 水泥清除剂清洗渗入水泥里的油迹。

【性能指标】 颜色：淡紫色；相对密度：1±0.5；pH 值：3±0.5。

【主要用途】 本品适用于海面溢油、海滩油污、船舶、甲板、码头、港埠及工业机械等油污清洗。处理船舶、甲板、码头、港埠及工业机械油污时可将化油剂喷洒于油污表面，用刷子擦洗后用水冲洗即可将油污清洗干净。

【应用特点】 处理海面溢油：油层较厚时，先用机械方法回收。油层较薄或气候条件恶劣无法用机械方法回收时，则宜用该化油剂处理。使用时最好将化油剂不加稀释，直接喷撒油面，在海上风浪作用下可使溢油乳化。

【安全性】 ①本品为水基型清洗剂，忌水设备、电气设备勿用；②使用操作中注意勿溅入眼中。如万一溅入眼中请立即用清水冲洗。

【包装储存】 25kg/桶，保质期 1 年。

【生产单位】 广州市凯之达化工有限公司。

Jd 化工脱漆剂系列

目前我国脱漆剂的发展很快，仍存在一些问题，如毒性大、脱漆效果不够理想、污染严重等，高质量、高技术含量、高附加值产品较少。在制备脱漆剂的过程中一般会添加石蜡，虽然它可以阻止溶剂的过快挥发，但是在脱漆后，石蜡常常残留在需脱漆物体的表面，因此还需要彻底地清除石蜡，由于需脱漆表面的情况各不相同，使得去除石蜡非常困难，这就给下一步的涂装带来了很大的不便。

另外，随着科技的进步和社会的发展，人们的环保意识越来越强，对脱漆剂的要求也越来越高。多年来，涂料界一直努力减少溶剂的使用。但是溶剂对于脱漆剂十分重要，因而溶剂的筛选十分重要。德国技术规范（TRGS）第 612 条一直限制二氯甲烷脱漆剂的使用，以最大程度地减小工作危险性。特别值得注意的是装饰工人仍然使用传统的二氯甲烷脱漆剂，而没有考虑工作环境的安全。为了减少溶剂含量，制造可以安全使用的产品，高固体含量与水性体系都是可供选择的方法，其目的在于减少溶剂的使用。因此环境友好型的高效的水性脱漆剂将成为脱漆剂的发展方向。高科技含量的高档次脱漆剂很有发展前景。

1 化工脱漆剂分类

脱漆剂分为碱性脱漆剂、酸性脱漆剂、普通溶剂型脱漆剂、氯化烃溶剂脱漆剂和水性脱漆剂。

(1) 碱性脱漆剂　碱性脱漆剂一般由碱性物质（常用氢氧化钠、纯碱、水玻璃等)、表面活性剂、缓蚀剂等组成，使用时一般需要加热，一方面碱使涂料中的某些基团皂化而溶于水；另一方面热蒸汽蒸煮涂膜，使之失去强度并使其与金属间的附着力降低，加之表面活性剂的浸润、渗透和亲和作用，最终使旧涂层被褪掉。

(2) 酸性脱漆剂　酸性脱漆剂是以强酸（如浓硫酸、盐酸、磷酸和硝酸等）组成的脱漆剂。由于浓盐酸、硝酸易挥发产生酸雾，同时对金属基材有腐蚀作用，浓磷酸褪漆时间长，对基材也有腐蚀作用，因此，上述 3

种酸较少用于褪漆。浓硫酸与铝、铁等金属发生钝化反应，因此对金属腐蚀很小，同时对有机物具有强烈的脱水、炭化和磺化作用而使其溶于水中，所以浓硫酸常常用于酸性脱漆剂。

(3) 普通溶剂型脱漆剂　普通溶剂型脱漆剂以普通有机溶剂混合液加石蜡等组成的脱漆剂，如 T-1 脱漆剂、T-2 脱漆剂、T-3 脱漆剂。T-1 脱漆剂是由乙酸乙酯、丙酮、乙醇、苯系物、石蜡组成的；T-2 脱漆剂是由乙酸乙酯、丙酮、甲醇、苯系物等溶剂和石蜡组成的，脱漆作用较强；T-3 脱漆剂是由二氯甲烷、有机玻璃、乙醇、石蜡等混合而成的，毒性小，脱漆效果好。它们对醇酸漆、硝基漆、丙烯酸漆和过氯乙烯漆等具有脱漆效果。但这类脱漆剂中的有机溶剂挥发性大，易燃并有毒，所以应在通风良好的场所施工。

(4) 氯化烃溶剂脱漆剂　氯化烃溶剂脱漆剂解决了环氧类和聚氨酯类涂层的脱漆问题，使用方便，脱漆效率高，对金属腐蚀性小。主要由溶剂(传统的脱漆剂多选用亚甲基氯化物作为有机溶剂，现代脱漆剂一般均用高沸点溶剂，如二甲基苯胺、二甲基亚砜、碳酸丙烯酯以及 *N*-甲基吡咯烷酮，结合醇类以及芳族溶剂，或者与亲水性的碱性或酸性体系相结合配制而成)、助溶剂（如甲醇、乙醇和异丙醇等)、活化剂（如苯酚、甲酸或乙醇胺等)、增稠剂（如聚乙烯醇、甲基纤维素、乙基纤维素和气相法二氧化硅等)、阻挥发剂（如石蜡、平平加等)、表面活性剂（如 OP-10、OP-7 和烷基苯磺酸钠等)、缓蚀剂、渗透剂、润湿剂和触变剂等组成。

(5) 水性脱漆剂　目前在国内，科研人员已成功地研制出以苯甲醇代替二氯甲烷为主溶剂的水性脱漆剂。除了苯甲醇，它还包括增稠剂、阻挥发剂、活化剂和表面活性剂等。它的基本组成为（体积分数)：20%～40%的溶剂组分和 40%～60% 的含表面活性剂的酸性水基组分。与传统的二氯甲烷型脱漆剂相比，它的毒性更小，且脱漆速度相当。能脱去环氧类涂料、环氧锌黄底漆，尤其对于飞机蒙皮漆有良好的脱漆效果。

2 化工脱漆剂组分

(1) 主溶剂　主溶剂一般可通过分子渗透、膨溶来溶解漆膜，破坏漆膜与底材的黏附力和漆膜的空间结构，所以主溶剂一般选用苯、烃、酮及醚类，并以烃类最好。不含二氯甲烷的低毒溶剂型脱漆剂，主要含有酮(吡咯烷酮)、酯（苯甲酸甲酯）和醇醚（乙二醇单丁醚）等。乙二醇醚对高分子树脂有很强的溶解能力，渗透性好、沸点较高、价格较为便宜，而且还是优良的表面活性剂，因此用其作为主溶剂制备效果好、功能多的脱漆剂（或清洗剂）的研究很活跃。

苯甲醛分子较小，渗透到大分子链段间的作用力强，对极性有机物的溶解力也很强，会使大分子体积增大产生应力，当其内应力达到破坏漆膜与基材之间附着力时，漆膜就会溶胀、脱掉。以苯甲醛为溶剂制备的低毒、低挥发性脱漆剂能在室温下有效地脱除金属基体表面的环氧粉末涂层，也适用于飞机蒙皮漆的脱除。经测试，这种脱漆剂的性能可与传统的化学脱漆剂（二氯甲烷型和热碱型）相比，而对金属底材的腐蚀性却要小得多。

从可再生的角度来看，柠檬烯是一个良好的脱漆剂原料。它是由橙皮、橘皮、柠檬皮提炼得到的一种烃类溶剂，是油脂、蜡、树脂的优良溶剂，其溶解能力介于石油溶剂油与苯之间。它的沸点和燃点较高，使用时安全性较好。酯类溶剂也可以作为脱漆剂的原料。酯类溶剂的特点是毒性较低，有芳香气味，不溶于水，多用作油性有机物的溶剂。苯甲酸甲酯就是酯类溶剂的代表，有不少学者希望能将它用于脱漆剂中。

(2) 助溶剂　助溶剂可增加对甲基纤维素的溶解，提高产品的黏度和稳定性，并协同主溶剂分子充分渗入漆膜，消减漆膜与底材之间的附着力，从而加快脱漆速率。并可相应减少主溶剂的用量，降低成本。助溶剂常选用醇类、醚类和酯类。

(3) 促进剂　促进剂是一些亲核性溶剂，主要有有机酸类、酚类、胺类，包括甲酸、乙酸、苯酚等。它的作用是破坏大分子链，加速对涂层的渗透和溶胀。有机酸中含有与漆膜组成相同的官能团—OH，它可以与交联体系中的氧、氮等极性原子相互作用，解除体系中的部分物理交联点，从而增加脱漆剂在有机涂层中的扩散速度，提高漆膜溶胀起皱能力。同时有机酸又可以催化高聚物的酯键、醚键的水解反应而使其断键，造成脱漆后基材失去韧性发脆等现象。

去离子水属于高介电常数的溶剂（20℃时 $\varepsilon=80120$）。当要脱漆的表面是极性时，如聚氨基甲酸乙酯，高介电常数的溶剂对分开带静电的表面有积极作用，这样能使其他溶剂渗透到涂层与基材之间的孔隙中。

过氧化氢会在多数金属表面上发生分解反应，生成氧气、氢气和一个原子态的氧。氧气促使已经软化的保护层卷起，让新的脱漆剂渗透到金属和涂层之间，因此能加快脱漆速度。酸在脱漆剂配方中也是主要成分，其作用是使脱漆剂 pH 值保持在 2.0～5.0，以便同聚氨酯等涂层中的游离氨基起反应。使用的酸可以是可溶的固体酸、液体酸、有机酸或无机酸。由于无机酸更容易对金属产生腐蚀，因此最好使用具有 RCOOH 通式、分子量低于 1 000 的可溶性有机酸，如甲酸、乙酸、丙酸、丁酸、戊酸、羟基醋酸、羟基丁酸、乳酸、柠檬酸等羟基酸以及它们的混合物。

(4) 增稠剂　如果脱漆剂用于大的结构件，需要黏附在表面使其反应，这时就需要添加增稠剂，如水溶性高分子化合物，如纤维素类、聚乙二醇等，也可使用无机盐类，如氯化钠、氯化钾、硫酸钠、氯化镁等。需要注意的是，无机盐类增稠剂调整黏度会随着其用量的增大而增加，超过此范围，黏度反而降低，选择不当也会给其他组分带来影响。

聚乙烯醇是水溶性高分子，具有良好的水溶性、成膜性、黏结力及乳化性，然而只有少数有机化合物可以溶解它，多元醇化合物如甘油、乙二醇和低分子量的聚乙二醇、酰胺、三乙醇胺盐，二甲基亚砜等，在上述有机溶剂中，溶解少量聚乙烯醇也要加热。聚乙烯醇水溶液与苯甲醇及甲酸的混合物相溶性不好，易分层，同时与甲基纤维素、羟乙基纤维素的相溶性差，但和羧甲基纤维素的相溶性较好。

聚丙烯酰胺是一种线型水溶性高分子，它和其衍生物可以用作絮凝剂、增稠剂、纸张增强剂以及阻缓剂等。由于聚丙烯酰胺分子链上含有酰胺基，其特点是亲水性高，但它不溶于大多数有机溶液，如甲醇、乙醇、丙酮、乙醚、脂肪烃和芳香烃。甲基纤维素水溶液在苯甲醇型中对酸较稳定，与各种水溶性物质有良好的混合性。其用量视施工要求的黏度而定，但增稠效果与用量不成正比，随着加入量的增大，水溶液凝胶化温度逐渐降低。苯甲醛型无法通过增加甲基纤维素来达到明显的增黏效果。

(5) 缓蚀剂　为了防止底材（特别是镁、铝）腐蚀，应加入一定量的缓蚀剂。在实际生产过程中，腐蚀性是一个不能忽视的问题，脱漆剂处理后的物件应及时用水冲洗擦干或者用松香水和汽油洗涤，以保证金属等物件不受腐蚀。

(6) 挥发抑制剂　一般而言，渗透性好的物质易挥发，为了防止主溶剂分子的挥发，要在脱漆剂中加入一定量的挥发抑制剂，减少生产、运输、储存及使用过程中溶剂分子的挥发。将加有石蜡的脱漆剂涂刷于油漆表面时，在表面上形成一层薄薄的石蜡层，使主溶剂分子有足够的停留时间渗入欲去除的漆膜，从而提高脱漆效果。单纯用固体石蜡往往会引起分散性不好，去漆后的表面会残留少量的石蜡，影响重新喷涂，为解决这一问题须用松香水或汽油洗涤干净，这样给涂装作业中增加了一道工序。为此必要时加入乳化剂，降低表面张力，使石蜡和液体石蜡得以很好分散，提高其储存稳定性，除漆后表面用水一冲，晾干后就可重新涂装新的油漆。

(7) 表面活性剂　添加表面活性剂，可以有助于提高脱漆剂的储存稳定性，同时有利于用水冲洗脱漆，常用的有两性表面活性剂（如咪唑啉类）或乙氧基壬基酚。同时利用表面活性剂分子内同时具有亲油性和亲水性两种相反性质的界面活性剂，能够影响增溶效果；利用表面活性剂的胶团作用，使几种成分在溶剂中的溶解度显著增加。常用的有丙二醇、聚甲基丙烯酸钠或是二甲苯磺酸钠。

3 化工脱漆剂作用与用途

如长沙固特瑞公司借鉴国外最新科技成果，开发的这种固特瑞酸性强力脱漆剂，克服了污染大、毒性大、费工费时的火烧除漆、碱煮脱漆、人工铲漆等缺陷。本品主要适用于各种油漆，电泳漆和粉末涂料的去除，广泛用于铁路、造船、航空、汽车、机械、化工、木器家具、印铁制品等行业。

主要特点为①产品不需加温，常温脱漆，脱漆速度快，1～20min 即可将漆膜脱除；②效率高，脱漆率达 95%～100%；③适应范围广，固特瑞强力脱漆脱塑剂可以有效地脱除各种烘漆、自干漆以及喷塑材料；④对钢铁金属，铝，镁，铜材，木材，水泥等底材无腐蚀；⑤阻燃性能好，遇明火也不燃烧，因此本产品是一种安全可靠的高效脱漆剂；⑥施工简易，使用量少，性价比高，每千克可脱除旧漆层 4～10m^2，使用稳定、挥发性小、成本低、对人体伤害小，是国内、外油漆、塑料粉末脱除处理技术的新工艺。

使用说明：本品可采用浸渍或涂刷式处理。本品直接使用，使用时先将脱漆剂倒入耐酸容器内（水泥或金属内衬 10mm PE 板），然后可加入适量清洁水覆盖脱漆液表面进行水封以避免挥发。本品最好采用玻璃瓶、搪瓷器皿、陶瓷罐、不锈钢器皿密闭长期保存，厚聚乙烯桶或聚丙烯桶可短期存放。

4 国内市面常见化工脱漆剂

碱性脱漆剂、金属脱漆剂、塑料脱漆剂、油漆脱漆剂、管道防腐脱漆剂、强力脱漆剂、涂刷型脱漆剂、浸泡型脱漆剂、酸性脱漆剂、中性脱漆剂、水性脱漆剂、电泳脱漆剂、漆包线脱漆剂。

Jd001 YH-370 强力脱漆脱塑剂（涂刷型）

【英文名】 strong paint plastic removal agent (brushing) YH-370

【别名】 脱漆脱塑剂；涂刷型脱漆剂

【组成】 YH-370 由多种环保型有机溶剂及高效渗透剂复配而成。

【产品特点】 YH-370 为涂刷型脱漆剂，外观为黏稠状液体，可有效附着在工件表面，更利于垂直立面施工。YH-370 适用于各种金属，塑料，玻璃，木材面板。

【主要用途】 适用于建筑模板，油气储罐，设备翻新，钢机构，木材家具等众多领域。YH-370 也适用于脱塑，防腐漆，电泳漆，醇酸底漆、醇酸面漆、烤漆、丙烯酸底漆、丙烯酸面漆、磷化底漆、硝基漆涂层等多种漆面。

【应用特点】 产品是涂刷型脱漆剂，外观为黏稠状液体，配方独特，由有机溶剂及高效渗透剂复配而成，能完美地完成除油，除锈，钝化工艺。在生产工序中因喷漆失误须重新处理的，该脱漆剂产品质量很高，有很少废品的出现。

【安全性】 YH-370不含苯类有害溶剂，对人体更安全，对设备及金属无损害。液体在垂直面上不流挂，脱漆效果更好。可根据用户需求选择涂刷型或浸泡型。

【包装、储存、有效期】 ①包装规格25.0kg/桶，200kg/桶；②密闭、避光存放；③存储期限自生产起为2年。

【生产单位】 石家庄天山银河科技有限公司。

Jd002 YH-372 强力脱漆剂（电机浸漆专用）

【英文名】 strong stripping agent (motor impregnation special) YH-372

【别名】 YH-372脱漆剂；电机浸漆专用脱漆剂

【组成】 由多种环保型有机溶剂及高效渗透剂复配而成。

【产品特点】 为电机浸漆专用脱漆剂，由多种环保型溶剂，以及高效渗透剂复配而成。不含苯类有毒溶剂，对人体更安全，可有效提高工作效率，降低人力成本，并保证电机内部结构不受任何损伤。YH-372每次使用完成后，用滤网将溶液过滤后可重复使用，可大幅降低使用成本。

【浸泡方法】 将所需脱漆部位完全浸泡在脱漆剂溶液中，约12h后漆层会软化、松动。将工件取出后可直接用高压水枪将表面残留冲洗干净。

【主要用途】 脱漆剂广泛用于各类化工、电机等行业。

【应用特点】 产品是常温多功能金属处理剂，配方独特，由有机酸和多种促进剂、催化剂、缓蚀剂等助剂复配而成，能完美地完成除油、除锈、钝化工艺。在生产工序中因喷漆失误须重新处理的，可大量使用本品，本品质量很高，可解决企业中部分难题，减少废品的出现。

【安全性】 ①操作人员应戴涂胶手套，在通风良好的场所进行；②不慎溅到皮肤上，立即用水冲洗即可；③所用工具应为耐酸的塑料制品；④本处理废水为酸性溶液应用氢氧化钠或碳酸钠水溶液中和后方可排放或按当地环保部门要求处理；⑤应避免清洗长时间接触皮肤，防止皮肤脱脂而使皮肤干燥粗糙，防误食、防溅入眼内；⑥工作场所要通风良好，用有味型产品时建议工作环境有排风装置。

【生产单位】 石家庄天山银河科技有限公司。

Jd003 YH-371 强力脱漆脱塑剂（浸泡型）

【英文名】 strong paint plastic removal agent (immersion) YH-371

【别名】 YH-371脱漆剂；浸泡型脱漆剂

【组成】 由多种环保型有机溶剂及高效渗透剂复配而成。

【产品特点】 适用于各种金属，塑料，玻璃，木材面板。

【配方】

组　分	质量份
苯酚	50～100
甲酸	30～50
十二烷基苯磺酸	10～30
苯并三氮唑	20～50
苯甲醇	10～30
甲基纤维素	10～30
辛基酚聚氧乙烯醚	10～30
水	适量

【制法】 将上述原料在45～55℃温度范围内加热溶解，搅拌均匀，经静置得到均匀强力脱漆、脱塑剂。

【主要用途】 YH-371适用于化工脱塑，防腐漆、电泳漆、醇酸底漆、醇酸面漆、烤漆、丙烯酸底漆、丙烯酸面漆、磷化底漆、硝基漆涂层等多种漆面。YH-371也适用于金属零件、挂具、漆包线等众多小型工件。

【应用特点】 YH-371应用为浸泡型脱漆剂，可反复循环使用，直至溶液完全消耗殆尽。超长的使用寿命，为低成本的应用进行规模生产提供了保障。

【安全性】 YH-371不含苯有害溶剂，对人体更安全，对设备及金属无损害。液体在垂直面上不流挂，脱漆效果更好。可根据用户需求选择涂刷型或浸泡型。

【包装、储存、有效期】 ①包装规格25.0kg/桶，200kg/桶；②密闭避光存放；③存储期限自生产起为2年。

【生产单位】 石家庄天山银河科技有限公司。

Jd004 YH-369脱漆脱胶剂

【英文名】 paint degumming agent YH-369

【别名】 YH-369脱漆剂；脱漆脱胶剂

【组成】 YH-369由多种环保型有机溶剂及高效渗透剂复配而成。

【产品特点】 一般可在短时间内渗入漆层，彻底将附着在机体表面的油漆及胶类残留剥离脱落，为中性配方，对各种金属表面、木材、玻璃均安全可靠。

【主要用途】 适用于醇酸调和漆、丙烯酸底漆、丙烯酸面漆、磷化底漆、硝基漆涂层等多种漆面。

【应用特点】 YH-369为自喷式脱漆剂，携带方便，操作简单。

【安全性】 ①操作人员应戴涂胶手套，在通风良好的场所进行；②不慎溅到皮肤上，立即用水冲洗即可；③所用工具应为耐酸的塑料制品；④本处理废水为酸性溶液应用氢氧化钠或碳酸钠水溶液中和后方可排放或按当地环保部门要求处理；⑤应避免清洗长时间接触皮肤，防止皮肤脱脂而使皮肤干燥粗糙，防误食、防溅入眼内；⑥工作场所要通风良好，用有味型产品时建议工作环境有排风装置。

【包装、储存、有效期】 ①包装规格500mL；②密闭、避光存放；③存储期限自生产起为2年。

【生产单位】 石家庄天山银河科技有限公司。

Jd005 lwd-312清洗除油剂

【英文名】 cleaning and degreasing agent lwd-312

【别名】 lwd-312除油剂；清洗除油剂

【组成】 lwd-312清洗除油剂是由具有螯合、清洗、除油、分散、渗透等多重作用的药剂复合而成。

【产品特点】 是一种良好的除油清洗剂，能有效去除设备上的污垢并能去除乳化在水中的乳化油及黏附在管道设备表面的油膜，不产生二次污染。

【性能指标】 技术指标

外观	黄棕色浑浊液体
固含量/% ≥	30.0
密度(20℃)/(g/cm³)	1.25±0.1
pH值(1%水溶液)	2.0±1.0

【清洗方法】 lwd-312清洗除油剂的使用要根据循环水系统的具体情况，由专业的技术工程师制定清洗除油方案后方可使用。

【主要用途】 适用于含油循环水系统的清洗除油，主要用于新系统预膜前的清洗、除油，为预膜提供条件。

【应用特点】 本品清洗除油剂是由具有螯合、清洗、除油、分散、渗透等多重作用的药剂复合而成，具有独特的除油、除锈、清洗效果。

【安全性】 为弱酸性，操作时注意劳动

保护，应避免与皮肤、眼睛等接触，接触后用大量清水冲洗。

【包装、储存、有效期】 用塑料桶包装，每桶 25kg 或根据用户需要。储存于阴凉处，储存期 6 个月。

【生产单位】 天津蓝京沃德科技有限公司。

Jd006 除油钝化液

【英文名】 the oil removing passivation solution

【别名】 除油钝化液；除油钝化液

【组成】 一般由有机溶剂、化学/电化学除油（超声波、擦拭等）用乳化剂 OP-10 的药剂复合而成。

【配方】

组 分	含量/(g/L)
硫酸	200～250
乳化剂 OP-10	6～8
硫脲	3.5

【制法】 此配方适用于轻锈及轻油沾污的工作作电镀或油漆前处理，处理温度 60～65℃，时间 40～90min。

【除油方式】

①有机溶剂除油。比如丙酮、苯、二甲苯、甲苯、汽油、酒精、三氯乙烷、二氯甲烷、三氯乙烯、四氯化碳等。优点：除油速度快，不腐蚀金属；缺点除油不尽，有机溶剂有毒或易燃易爆，成本高；适用于重油污部品除油脱脂。

②化学/电化学除油（超声波、擦拭等）。可皂化性油（如植物油）可用碱去除，片碱、纯碱均可；非皂化性油（如机油、柴油、蜡、凡士林等）用乳化的方式除油，乳化剂 OP-10，TX-10，硅酸钠、磷酸三钠等；碱性除油温度一般在 60℃左右，配合超声波效果较好。

③除油钝化液结合处理方式：是把化学除油过程与钝化过程同时在其槽液中进行的，对油污较少的铁基制品效果显著，省时省工；碱性制剂对铁腐蚀均不大（个别有机物除外），对表面光亮、孔隙度小的铁基产品钝化能力强，对表面多孔结构疏松的铁基功能产品有良好的防锈能力；适合铁基合金、粉末烧结切片、硬质钢等；该液为水溶性物；无挥发性及不良气味；不含重金属物，不燃无膨胀性，符合 RoHS 标准；操作参考 MSDS。除油钝化液的操作方法简单，常温（20～50℃），除油钝化（超声波震动，以油除净为参考，时间 5～30min 均可）—纯水洗（2～3 次）—吹干烤干；pH：9.8～11.0。

【性能指标】 该产品为水溶性物；无挥发性及不良气味；不含重金属物，不燃，无膨胀性，符合 RoHS 标准。

【主要用途】 适用于重油污部品除油脱脂；也适用于轻锈及轻油沾污的工作作电镀或油漆前处理。

【应用特点】 除油钝化液可反复循环使用，直至溶液完全消耗殆尽。超长的使用寿命，为低成本的应用进行规模生产提供了保障。

【安全性】 除油钝化液为酸性，操作时注意劳动保护，应避免与皮肤、眼睛等接触，接触后用大量清水冲洗。

【包装、储存、有效期】 ①包装规格 25.0kg/桶，200kg/桶；②密闭、避光存放；③存储期限自生产起为 2 年。

【生产单位】 北京蓝星清洗有限公司，长沙固特瑞公司，山东裕满实业公司。

Jd007 漆速洁-1 型-强力渗透乳化剂

【英文名】 speed paint cleaning type

【别名】 漆速液；渗透乳化剂

【组成】 一般由有机溶剂、渗透剂、乳化剂、聚合物等药剂复合而成。

【产品特点】 高效本品含有强力渗透乳化剂，可容易地清除各种金属零件表面的油垢，易漂洗，可根据不同情况用水稀释几倍至几十倍使用。

【性能指标】 详见 Jd005 lwd-312 清洗除油剂。

【主要用途】 通用漆速洁用途十分广泛，可清除机械设备表面的黄斑，对动植物油脂有特效，另外在清洗钢铁零件及建筑装饰材料方面非常适用。

【应用特点】 可反复循环使用，直至溶液完全消耗殆尽。超长的使用寿命，为低成本的应用进行规模生产提供了保障。

【安全性】 环保本品为无磷配方，不含任何危害人体和环境的毒害成分。

【包装、储存、有效期】 ①包装规格 25.0kg/桶，200kg/桶；②密闭、避光存放；③存储期限自生产起为 2 年。

【生产单位】 北京蓝星清洗有限公司，山东裕满实业公司。

Jd008 LX-C037 无苯快速退漆剂

【英文名】 benzene free fast paint removing agent LX-C037

【别名】 LX-C037 退漆剂；快速退漆剂

【组成】 一般由有机溶剂、聚合物、促进剂、缓蚀剂等药剂复合而成。

【产品特点】 气味小，不含苯，化学稳定性好，对人体和环境无害。不燃不爆，使用量是一般退漆剂的 2/3，脱漆速度快。

【性能指标】 技术指标

外观	淡蓝色透明液体
pH 值	8.9
相对密度	1.14
闪点	无
脱漆效率	3min 内膨胀、漆层脱除率大于 98%
腐蚀率/[g/(m²·h)]	小于 1.0

【主要用途】 褪漆剂、快速退漆剂用途十分广泛，可清除机械设备表面的黄斑，对动植物油脂有特效，另外在清洗钢铁零件及建筑装饰材料方面非常适用。

【应用特点】 除褪漆剂反复循环使用，直至溶液完全消耗殆尽。超长的使用寿命，为低成本的应用进行规模生产提供了保障。

【安全性】 环保本品为无磷配方，不含任何危害人体和环境的毒害成分。

【包装、储存、有效期】 ①包装规格 12.5kg 塑料桶、25.0kg/桶；②密闭、避光存放；③存储期限自生产起为 2 年。

【生产单位】 北京蓝星清洗有限公司，山东裕满实业公司。

Jd009 漆速洁 3 型

【英文名】 peed paint cleaning type 3

【别名】 CC-150；漆速液；快速褪漆液；刷涂型脱漆脱塑剂

【组成】 一般由有机溶剂、渗透剂、乳化剂、聚合物等药剂复合而成。

【产品特点】 漆速洁 3 型 CC-150 天津钢铁脱漆剂，天津脱塑剂，天津金属脱漆剂，天津除漆剂由多种强力溶剂按先进的配方和工艺加工而成，对于金属表面附着的丙烯酸类、聚氨酯类、电泳漆、粉末静电喷涂等多种涂层有很好的脱落效果。本品含有强力快速褪漆液，可容易地清除各种金属零件表面的油垢，易漂洗，可根据不同情况用水稀释几倍至十几倍以上使用。

【脱漆方法】 ①浸泡式　将需要脱漆的工件全部浸泡在脱漆剂中 1～20min，漆膜即可全部脱落，（因树脂不同处理时间不同）取出后用高压水打掉附在工作表面的残余漆片，（也可用木片、竹刮清除漆皮）用清水洗净即可。要定期地滤出被去除的漆渣及塑料粉末片；不使用时要将容器遮盖；如需处理速度更快，可在工作涂层表面划痕，直达基体；使用温度不宜超过 40℃。

②涂刷式　工件最好平放，以利施工。对于大型工件，可用毛刷或棉纱将脱漆剂涂于需脱漆的部位，对于漆膜厚的工件，可反复涂 2～3 次，直至漆膜脱

落，后清洗工艺同浸泡式一样。

a. 本产品在不明材质上使用时，请先小面积试刷，发现无不良反应后才可施工。

b. 因产品在桶内可能会生产一定量的气体，因此，在打开盖子前，请勿将脸正面对准包装桶口，以免气体冲到脸上。打开盖子时请慢慢地松开，让气体自行慢慢流走即可。本产品为弱酸性产品，对皮肤与眼睛有刺激性，请施工时戴橡胶手套，站在上风处施工，避免沾染皮肤，若溅到眼睛应立即用清水冲洗，再请医确诊。

c. 用本品脱除漆膜后，需全新喷涂时，要清除干净残留物。注：五金零件喷漆或喷塑前处理磷化。

【主要用途】 可用于处理企业在生产过程中零件因喷漆失误而需要清除的漆层，也可用于定期刷涂清除车辆、设备、墙壁、地面、房顶、室外钢结构等上面的旧漆层。

【应用特点】 除褪漆剂反复循环使用，直至溶液完全消耗殆尽。超长的使用寿命，为低成本的应用进行规模生产提供了保障。

【安全性】 ①操作人员应戴橡胶手套，在通风良好的场所进行；②不慎溅到皮肤上，立即用水冲洗即可；③所用工具应为耐酸的塑料制品；④本处理废水为酸性溶液，应用氢氧化钠或碳酸钠水溶液中和后方可排放或按当地环保部门要求处理；⑤应避免清洗长时间接触皮肤，防止皮肤脱脂而使皮肤干燥粗糙，防误食、防溅入眼内；⑥工作场所要通风良好，用有味型产品时建议工作环境有排风装置。

【包装、储存、有效期】 包装储运：本品为25kg/180kg塑料桶包装。按一般液体化学品运输，密封储存于阴凉、通风处，冬季储存温度不低于－10℃，保质期1年。

【生产单位】 北京蓝星清洗有限公司，淄博尚普环保科技有限公司。

Je 化工油污清洗剂

(1) 化工油污清洗剂与清洗　化工油污清洗剂主要用于清洗各种有机溶剂和汽油、煤油、还有各种工业油垢还有机械设备表面所黏附的机油和有机润滑防锈油附着的灰尘污垢和机床上的油脂氧化物等，可以有效地去除霉斑、油污、污泥、炭黑、油垢等。

化工油污清洗剂不仅仅可以清洗各种机械油垢，还可以清洗人造皮革、塑料、马赛克、橡胶、砖瓦、水泥还有陶瓷木很多种类的非金属材料上面黏附的油渍、氧化油脂、灰土、烟渍、霉腐物等污垢！工业油污清洗剂一般情况下都是国家标准的安全环保没有腐蚀性并且不会污染环境使用很安全的工业油污清洗剂。

(2) 化工油污清洗剂工艺与方法　可以根据被清洗设备的污染程度来配制工业油污清洗剂的浓度，如果是油污比较大的情况下，我们可以把工业油污清洗剂稀释 2～4 倍，如果油污一般的情况下，把油污清洗剂稀释到 5～8 倍就可以了。

如果被清洗的是比较复杂的管道，我们可以利用超声波清洗技术来清洗。如果是比较容易拆卸的机械零件，我们可以直接放到稀释过的工业油污清洗剂里进行清洗，用毛刷刷就可以清除污垢的。

把设备上的污垢油垢都清洗干净以后就可以用水清洗干净然后晾干，也可以用吹风机或者自然晾干。

当工业油污清洗剂清洗那些非金属物品的时候，我们可以加入 10～30 倍的清水进行稀释，如果再利用热水进行稀释的话，热水能达到 50℃左右，那么除污效果更好。

(3) 如何选用好的化工油污清洗剂　随着中国工业的高速发展的趋势，中国的清洗行业也逐渐增多，市面上的清洗产品也是品种繁多，如白电油、三氯乙烯、酸水、碳氢清洗剂等。

化工油污清洗剂最主要应用于工业、机械、金属、五金、电镀、表面处理、工业零部件、机电设备类、建筑物等领域的清洗。

最常见的白电油、三氯乙烯由于毒性强，对人体危害大、对环境有严重危害，对水体和大气可造成污染。国家对环保事业也越来越重视，提倡各企业研发生产各类新型环保清洗剂，替换毒性强，危害大的三氯乙烯清洗产品。

如环保碳氢清洗剂的优点：

① 东莞新球环保碳氢清洗剂与大多数的润滑油、防锈油、机加工油同为非极性的在石油馏分，根据相似相溶的原理，碳氢清洗剂清洗矿物油更好于卤代烃和水基清洗剂。

② 碳氢清洗剂沸点较高，在使用保管过程中挥发损失小，对包装物和设备的密封要求很低。

③ 毒性极低。经毒理试验，碳氢清洗剂的吸入毒性、经口毒性和皮肤接触毒性均为超低毒，且不属于致癌物质，清洗操作人员使用更安全。

④ 材料相容性好。碳氢清洗剂中不含水分和氯、硫等腐蚀物，对各种金属材料不会产生腐蚀和氧化。碳氢清洗剂又属于非极性溶剂，对大部分塑料和橡胶没有溶解、溶胀和脆化作用。

⑤ 可彻底挥发无残迹。碳氢清洗剂是非常纯净的精制溶剂，在常温和加热状态下均可完全挥发，没有任何残留。

⑥ 不破坏环境。碳氢清洗剂可以自动降解，清洗废液可以放入燃煤或燃油锅炉中焚烧，焚烧生成物主要为 CO_2 和水，对空气无污染。碳氢清洗剂中不含氯，对臭氧的破坏系数为零。

(4) 化工油污清洗剂结构性能

① 对配制各种清洗剂和钝化、预膜剂的要求：采用优良的配伍能够有效清洗水垢、铁锈、铜锈、油污、菌藻、焊渣及泥沙等，有快速、高速的清除作用，并且不损伤设备及管路，安全可靠。

② 清洗技术操作工艺要求：a. 清洗温度条件的控制；b. 清洗浓度条件的控制；c. 科学的清洗操作程序。

③ 清洗过程的分析控制项目：a. 清洗过程的监控项目；b. 清洗终点的监控项目；c. 腐蚀监控项目。

④ 清洗方法：中央空调清洗，中央空调水处理，空调维修保养，冷却塔清洗。a. 用毛刷物理方法清洗；b. 使用中央空调高效除垢剂化学法清洗。

如一般冷凝器清洗后，在冷却水和冷冻水系统中按工艺要求分别投加水质处理药剂以减缓重新结垢，并使清洗后的金属表面形成防腐蚀膜层，北京众运生达科技同时也将提供水处理的先进技术。

(5) 化工油污清洗剂组分的确定　选用氢氧化钠、碳酸钠、硅酸钠作为主要原料，表面活性剂作为辅助原料，用这些原料任意组配以水作溶剂配制清洗剂，在相同洗涤温度和洗涤时间的条件下检测洗涤效果，通过近百次试验得到如下结论：

①在氢氧化钠、碳酸钠、硅酸钠3种碱性物质中，氢氧化钠使油脂分散的作用小，因此含有氢氧化钠的清洗剂洗涤效果不好；而碳酸钠和硅酸钠使油脂分散的作用较大，因此含有碳酸钠和硅酸钠的清洗剂洗涤效果较好。②碱性溶液中加入少量表面活性剂可提高洗涤效果。③不宜加入泡沫多的表面活性剂，因为表面活性剂产生的大量泡沫给洗涤造成很多不便，同时铁粉悬浮在气泡中很难沉降下来。

因此选定清洗剂的组分为碳酸钠、硅酸钠、表面活性剂、水（作溶剂）。

（6）化工油污清洗剂的配方　材料表面油污主要含有矿物油、动植物油、脂肪酸、石蜡、天然蜡或树脂等固体润滑剂和防锈添加剂以及固体灰尘等。油污在材料表面上黏附主要依赖于范德华力和静电力等。

液体油污和固体油污的去除机理是不一样的。液体油污是以油膜的形成展铺在金属表面上，材料被浸放在清洗剂中后，或基体表面喷洒清洗剂后，清洗剂对材料表面进行润湿的同时，表面活性剂改变了基本-油膜、基体-液体、油膜-液体之间的界面张力，破坏了力的平衡，而改变（增大）了油膜与基体的接触角，使油膜缩成油滴而被去除。

固体油污的主要附着力来自范德华力，与基体点接触的固体颗粒比较容易清除；但是附着在基体表面上的润湿的油污干燥后在基体表面也可能成膜，其附着力较强，与基体的附着力除范德华力之外还会有化学键。极性较强的油污在强极性的清洗剂中水分子作用下，与基体附着力会大为减弱；非极性或弱极性的油污在清洗剂中表面活性剂的作用下被清除的机理类似于液态油污的清除。

Je001 BOR-101中性清洗剂

【英文名】 BOR-101 neutral cleaning agent

【别名】 BOR-101清洗剂；中性清洗剂

【组成】 一般由多种表面活性剂、渗透剂、除锈剂、缓蚀剂等组成。

【产品特点】 BOR-101中性清洗剂对各类石油、化工装置在生产运行中生成的水垢和锈垢，具有优良的清洗效果，使用安全可靠，比酸洗更安全、环保、经济和实用。

【清洗方法】 ①常温清洗：浓度稀释为2～3倍，清洗需24～48h；②加热清洗：浓度稀释为4～5倍，加温65～90℃（80℃以上除垢效果更佳），清洗需8～24h。

【性能指标】 外观为淡黄色液体，pH 6.0～6.5，无毒、无味、无腐蚀性、不燃不爆，使用温度为常温至90℃。不含无机酸和有机酸，能有效清除设备中沉积的水垢和锈垢，对碳钢、不锈钢、黄铜、紫铜和铝的腐蚀率＜0.5g/(m^2·h)，远低于HG/T 2387—92《工业设备化学清洗质量标准》的腐蚀率≤6g/(m^2·h)。设备清洗后不需中和、漂洗和钝化处理，可在被清洗的设备表面形成保护膜。

【主要用途】 ①适用于石油、化工生产装置的化学清洗；②适用于民用及食品行业的设备清洗；③尤其擅长于新建生产装置开车前的清洗；④适用于中央空调的清洗；⑤适用于各种水垢、锈垢的化学清洗除垢。

【应用特点】 安全无腐蚀、中性清洗剂，对金属的腐蚀性小。

【安全性】 BOR-101 中性清洗剂，使用安全可靠，对人体无毒无害，废液排放不需中和处理，对环境无污染。使用中性清洗剂，不仅省水、省电、省工、省时，而且安全、环保，是一种节约型环保产品。

【包装、储存、有效期】 25kg/桶，室内保存，有效期 1 年。

【生产单位】 杭州博瑞清洗有限公司，江西瑞思博化工有限公司。

Je002 CNHR-90 中性清洗剂

【英文名】 CNHR-90 neutral cleaning agent

【别名】 CNHR-90 清洗剂；中性清洗剂

【组成】 一般由多种表面活性剂、渗透剂、乳化剂、多种缓蚀剂等组成的清洗剂。

【产品特点】 CNHR-90 中性清洗剂，清洗效率高：对各种类型的水垢都有效果，尤其对酸洗不净的难溶垢和生物黏泥也能彻底除去，从而恢复设备原有性能，保证系统清洁运行。

【清洗工艺】 ①在系统正常运行时的冷冻水系统，一次性投入膨胀水箱内，并打开该系统的排污使药剂进入系统内，带药循环一个月清洗结束。②冷却水系统，一次性投入冷却塔中，带药循环 1 个月清洗结束。清洗时出现的情况，在投药 3d 后，系统内的水开始出现浑浊，属正常现象，无须处理。③清洗过程无需排污，清洗结束后，用清水冲洗直到水澄清为止。超出正常清洗时间半年内未排放药液，对系统及清洗质量无任何影响。④系统结垢较多时，应适当增加清洗剂用量并延长清洗时间。

【清洗方法】 ①主机冷凝器、冷却塔及冷却水管路系统：系统注满清水，开启冷却水循环泵，使水系统处在运行状态。将清洗剂投入冷却塔集水池，搅拌溶解。正常循环清洗 6～8h 后置换清洗液，以金属防锈剂进行防腐处理。停机排净废液，清水冲洗 2～3 遍即可。如正常运行不能停机排液，可采用边注入清水边排污的方式将系统废液置换排出。②冷水管路系统：配接临时清洗加药系统。系统注满清水，开启加药泵、循环泵，使系统处在运行状态。在配药箱内加入清洗剂，搅拌溶解，至完全循环均匀。关闭加药泵，循环清洗 6～8h。置换清洗液，以金属防锈剂进行防腐处理。排净废液，以清水冲洗干净。

【使用量计算】 按照系统水容积计算，使用量为 8～10kg/t 水，即 8%～10%。

【性能指标】 外观：淡黄色液体；pH 值：6.0～6.5；无毒、无味、无腐蚀性、不燃不爆；使用温度为常温至 90℃。不含无机酸和有机酸，能有效清除设备中沉积的水垢和锈垢，对碳钢、不锈钢、黄铜、紫铜和铝的腐蚀率<0.5g/(m²·h)，远低于 HG/T 2387—92《工业设备化学清洗质量标准》的腐蚀率≤6g/(m²·h)。设备清洗后不需中和、漂洗和钝化处理，可在被清洗的设备表面形成保护膜。

【主要用途】 ①适用于石油、化工生产装置的化学清洗；②适用于民用及食品行业的设备清洗；③尤其适用于新建生产装置开车前的清洗；④适用于中央空调的清洗；⑤适用于各种水垢、锈垢的化学清洗除垢。

【应用特点】 中性清洗剂是基于有机物

的络合反应，可溶解系统内的各类污垢，从而达到清洗除垢的目的。该产品清洗性质温和，不影响系统的正常运行，不发生污垢堵管的现象。

【安全性】 ①操作人员应戴橡胶手套，在通风良好的场所进行；②不慎溅到皮肤上，立即用水冲洗即可；③所用工具应为耐酸的塑料制品；④本处理废水为水溶液中和后方可排放或按当地环保部门要求处理；⑤应避免清洗长时间接触皮肤，防止皮肤脱脂而使皮肤干燥粗糙，防误食、防溅入眼内；⑥工作场所要通风良好，用有味型产品时建议工作环境有排风装置。

【包装储存】 25公斤包装，储存于阴凉、干燥处，防止高温曝晒。结块后不影响清洗性能，有效期24个月。包装：25kg/桶，室内保存，有效期1年。

【生产单位】 杭州博瑞清洗有限公司，江西瑞思博化工有限公司，廊坊中水化工有限公司。

Je003 环保溶剂塑胶清洗剂

【英文名】 environmental protection solvent plastic cleaning agent

【别名】 溶剂清洗剂；剂塑胶清洗剂

【组成】 一般由多种表面活性剂、渗透剂、乳化剂、多种缓蚀剂和金属保护剂等组成。

【产品特点】 ①该产品无苯、无卤素、无甲醛等；②气味小，降低职业病中毒危害；③清洗塑胶塑料表面油污、粉尘、指纹等作用力强；④快干，提高清洗效率；⑤对塑胶塑料材质无腐蚀。

【清洗方法】 擦拭清洗，浸泡清洗。

【性能指标】 外观：无色透明液体；气味：轻微溶剂味；水溶性：不溶；干燥速度：快。

【主要用途】 适用行业：家用电器制造厂、数码电子产品制造厂、五金塑胶塑料制品厂。

【应用特点】 环保塑胶清洗剂是替代白电油用于清洗塑胶塑料材质表面油污、粉尘、指纹等作用的环保清洗剂，具有擦拭清洗力强、清洗性能稳定、对材料无腐蚀、环保无毒等优点。

【安全性】 使用安全可靠，对人体无毒无害，废液排放不需中和处理，对环境无污染。使用环保溶剂塑胶清洗剂，不仅省水、省电、省工、省时，而且安全、环保，是一种节约型环保产品。

【生产单位】 江西瑞思博化工有限公司，廊坊中水化工有限公司，山东裕满实业公司。

Je004 重油垢清洗剂

【英文名】 environmental protection solvent plastic cleaning agent

【别名】 溶剂清洗剂；剂塑胶清洗剂

【组成】 一般由多种表面活性剂、渗透剂、乳化剂，多种缓蚀剂和金属保护剂等组成；目的为工业矿物油垢油污、燃料油、煤焦油、油垢油泥、油渣设计的一款强力的重油垢清洗剂。

【产品特点】 采用强力渗透剂的配合、以多种表面活性剂为乳化剂大大增加了清洗效果，本品内含多种缓蚀剂和金属保护剂等，其清洗效果远远超过传统清洗用的汽油、柴油等石油类效果，解决了用汽油清洗达不到效果的难题。

【清洗方法】 ①人工清洗，对机械设备表面的清洗，可先用喷壶将本品对要去除油污的表面喷上一层，等清洗剂把油垢溶解脱落后再用水冲洗干净，清洗地面油污和机械油污，一般轻油污使用量是1：(1～10)，重油垢是1：(1～3) 或直接原液使用；②金属产品的清洗"以超声波清洗机为例"将本品按比例稀释后把产品缓缓放入超声波清洗槽中，极重的油污也可在几分钟内达到效果。

【性能指标】 外观：透明液体；相对密度：1.2；气味：无；pH值：9～11。

【主要用途】 ①本品可用于机械设备表面重油污的清洗；②管道煤焦油等燃料油渣的清洗；③机加工车间地面重油污的清洗；④输油管路和清洗；⑤清洗空压机散热片表面重油垢、工厂排风扇重污、油垢等；⑥马路油垢的清洗。

【应用特点】 本品为绿色环保型产品，具有无色、清香、不伤手，对金属、塑料塑胶均无腐蚀，清洗重油污效果非常明显之优点。

【安全性】 使用安全可靠，对人体无毒无害，废液排放不需中和处理，对环境无污染。使用强力的重油垢清洗剂，不仅省水、省电、省工、省时，而且安全、环保，是一种节约型环保产品。

【生产单位】 东莞市好友化工有限公司，廊坊中水化工有限公司，山东裕满实业公司。

Je005 工业油污清洗剂

【英文名】 ndustrial oil cleaning agent

【别名】 工业油品清洗剂；油污清洗剂

【组成】 一般由活性皂、APG、清洗原料、缓蚀剂、6501、水、凹凸棒石黏土等组成。

【产品特点】 本配方经济实用，制成的洗涤剂属于低温型，表面张力较低、具有无毒、无刺激性、配伍性好、易生物降解、起泡性、去污能力等诸多优点的液体洗涤剂，能节约能源和漂洗用水；可生物降解，对环境污染小，对皮肤无刺激性，能广泛用于洗涤行业。

【配方】

组 分	w/%
活性皂①	8～12
清洗原料A②	20～30
6501	4～6
凹凸棒石黏土	1～3
APG	6～8
缓蚀剂	0.2～1
水	余量

① 活性皂的制备方法为：在反应釜内加入80～120kg的三乙醇胺，搅拌升温，在45～80℃条件下，滴加油酸35～60kg，控制pH合适。

② 清洗原料A的制备方法为：在反应釜内加入水50～90kg，搅拌升温，45～80℃条件下，依次加入6%～12% AEO、6%～12% 6501、2%～8% TX-10，混合为透明液体。

【制备工艺】 在反应釜内加入清洗原料A活性皂，搅拌升温，在45～80℃条件下混合至透明，依次加入经物化处理的凹凸棒石黏土、APG、防腐剂混合至透明；或者在反应釜内依次加入6501、APG、活性皂、经物化处理的凹凸棒石黏土、水、防腐剂，在45～80℃条件下混合至透明。

【制法】 在一个带搅拌、装有温度计的500mL三口瓶中，加入80～120g的三乙醇胺，搅拌升温，在45～80℃条件下，滴加油酸35～60g，控制pH合适，进行中间测试合格，直至活性皂透明。在另一反应釜内加入水100～200g，搅拌升温，在45～80℃条件下，依次加入6%～12%AEO、6%～12% 6501、2%～8% TX-10混合为透明液体。

【清洗工艺】 该配方的洗涤剂去油（机械油）率在95%以上；在−3～10℃下，冷却24h后，恢复到室温；然后放在40℃干燥箱中保持24h后，产品无结晶、稳定；泡沫实验证明该洗涤剂泡沫丰富细腻，稳定性较好。

【性能指标】 外观：透明液体；相对密度：1.1；气味：无；pH值：9～11。

【主要用途】 ①本品可用于工业油品的

清洗；②工业管道煤焦油等燃料油渣的清洗；③机加工车间地面油污的清洗；④输油管路和清洗；⑤清洗空压机散热片表面重油垢、工厂排风扇重污、油垢等；⑥马路油垢的清洗。

【应用特点】 本品为绿色环保型产品，具有无色、清香、不伤手、对金属和塑料及塑胶均无腐蚀、清洗一般油污效果非常明显之优点。

【安全性】 使用安全可靠，对人体无毒无害，废液排放不需中和处理，对环境无污染。使用工业油污清洗剂，不仅省水、省电、省工、省时，而且安全、环保，是一种节约型环保产品。

【生产单位】 东莞市好友化工有限公司。

Je006 BOR-103B 结焦油垢清洗剂

【英文名】 BOR-103B coking oil dirt cleaning agent

【别名】 BOR-103B 清洗剂；结焦油垢清洗剂

【组成】 一般由表面活性剂、渗透剂、乳化剂、缓蚀剂和金属保护剂等组成。

【产品特点】 ①有效清除金属传热面上导热油高温氧化形成的固化和半固化油垢；②有效清除导热油热裂解碳化形成的中、高温积炭；③防止导热油老化失效、提高传热效率，降低油耗，节约运行成本；④防止炉体，管道局部过热，延长设备使用寿命。

【清洗方法】 ①油炭垢小于 1mm 时，配制 10%～15%浓度水溶液充满系统，升温至 80～90℃，循环清洗 12～24h 后排去，清水冲洗干净；②油炭垢大于 1mm 时，配制 20%～25%浓度水溶液充满系统，升温至 80～90℃，循环清洗 12～24h 后，清水冲洗干净；③积炭较厚时，适当提高清洗剂浓度并延长清洗时间。

【性能指标】 外观：灰白色固体颗粒。

【主要用途】 ①用于清洗加热形成的氧化油垢和中高温积炭；②用于石油、化工、纺织、印染、化纤、塑料、建材、橡胶、供热等行业广泛使用的导热油炉以及以导热油为工作介质的热交换设备的清洗。

【应用特点】 ①结块后不影响清洗性能；②本品为混合物，每袋一次用完，不宜部分使用，影响清洗效果。

【安全性】 使用安全可靠，对人体无毒无害，废液排放不需中和处理，对环境无污染。使用结焦油垢清洗剂，不仅省水、省电、省工、省时，而且安全、环保，是一种节约型环保产品。

【包装、储存】 25kg/塑袋。储存于阴凉、干燥处，有效期 2 年。

【生产单位】 北京蓝星清洗有限公司，廊坊中水化工有限公司，山东裕满实业公司。

Je007 BOR-105 脱脂清洗剂

【英文名】 BOR-105 clegreasing cleaning agent

【别名】 BOR-105 清洗剂；脱脂清洗剂

【组成】 采用多种碱洗剂和高效活性剂、水基性溶剂、清洗助剂等科学复配而成。

【产品特点】 ①配制方法简单，溶解性好，不分层，无沉淀；②能轻易去除金属表面的各类渍渍；③污染轻：以水作溶剂，不含毒性物质，对皮肤刺激性微小，不产生有害气体，劳动条件好。

【清洗方法】 ①配槽：槽中放清水，按量投料，搅拌均匀；②补加：随着连续工作，槽液的有效浓度逐渐下降，定期添加本品以保证工作液的浓度；③报废：使用日久，本品效果会下降最终老化。槽液老化后，添加量增多，但效果并不理想，零件容易造成二次污染，达不到理想清洁度指标效果。此时添加变得不经济应予以报废，重新配槽。

【性能指标】外观：白色固体；适用浓度：8%～10%；工作温度：常温；清洗时间：8～15min。

【主要用途】适用于各类黑色金属油污的浸渍脱脂。

【应用特点】本配方经济实用，制成的脱脂清洗剂属于无毒、无刺激性、配伍性好、易生物降解、起泡性、去污能力强等应用特点。

【安全性】①操作人员应戴涂胶手套，在通风良好的场所进行；②不慎溅到皮肤上，立即用水冲洗即可；③所用工具应为耐酸的塑料制品；④本处理废水为水溶液中和后方可排放或按当地环保部门要求处理；⑤应避免清洗长时间接触皮肤，防止皮肤脱脂而使皮肤干燥粗糙，防误食、防溅入眼内；⑥工作场所要通风良好，用有味型产品时建议工作环境有排风装置。

【包装储存】本品25kg内衬塑料袋的纺织袋包装，按一般化学品运输，储存于阴凉、干燥处，防止受潮。

【生产单位】北京蓝星清洗有限公司，山东裕满实业公司。

Je008 地面重油污清洗剂

【英文名】ground heavy oil cleaning agent

【别名】地面污清洗剂；重油污清洗剂

【组成】一般由活性皂、APG、清洗原料、缓蚀剂、6501、水、凹凸棒石黏土等组成的清洗剂。

【产品特点】①对动植物油脂和矿物油垢燃料油、煤焦油、油垢油泥、油渣具浸透、乳化、分散、洗净作用。②常用的有机溶剂（如汽油等）及一般的碱液除油清洗剂只能去除一般的油脂，而对于重油垢不能彻底清除。③重油污清洗剂。能将两种或多种互不相溶的物质乳化、剥离，不需要加温设备、乳化机和加温设备，特别是对于陈年的老油垢，还可清除渗透地板内部的油印更能显出本品的超级溶解重油垢的优势。

【配方】

组　分	w/%
活性皂①	4～10
清洗原料 A②	20～30
6501	2～5
凹凸棒石黏土	1～3
APG	4～10
缓蚀剂	0.2～1
水	余量

①活性皂的制备方法：在反应釜内加入80～120kg的三乙醇胺，搅拌升温，在45～80℃条件下，滴加油酸35～60kg，控制pH合适。②清洗原料A的制备方法：在反应釜内加入水50～90kg，搅拌升温，在45～80℃条件下，依次加入6%～12% AEO、6%～12% 6501、2%～8% TX-10，混合为透明液体。

【制备工艺】在反应釜内加入清洗原料A活性皂，搅拌升温，在45～80℃条件下混合至透明，依次加入经物化处理的凹凸棒石黏土、APG、防腐剂混合至透明；或者在反应釜内依次加入6501、APG、活性皂、经物化处理的凹凸棒石黏土、水、防腐剂，在45～80℃条件下混合至透明。

【实施方法示例】在一个带搅拌、装有温度计的500mL三口瓶中，加入80～120g的三乙醇胺，搅拌升温，在45～80℃条件下，滴加油酸35～60g，控制pH合适，进行中间测试合格，直至活性皂透明。在另一反应釜内加入水100～200g，搅拌升温，在45～80℃条件下，依次加入6%～12% AEO、6%～12% 6501、2%～8% TX-10混合为透明液体。

【清洗工艺】该配方的洗涤剂去油（机械油）率在95%以上；在−3～10℃下，冷却24h后，恢复到室温；然后放在40℃干燥箱中保持24h后，产品无结晶、稳定；泡沫实验证明该洗涤剂泡沫丰富细腻，稳定性较好。

【主要用途】 适合用于水泥地面重油污、水磨石地面重油污、瓷砖地面重油污等的清洗。也用于清洗各类常见油脂（润滑油、燃料油、拉伸油、煤焦油、冲压油、液压油、机油、拉丝油、切削油能自动溶解）大理石地面、精加工车间地面重油垢，水磨石地面、汽车修理厂水泥地面、车间环氧地板重油污等。

【应用特点】 本配方经济实用，制成的洗涤剂属于低温型，表面张力较低，具有无毒、无刺激性、配伍性好、易生物降解、起泡性、去污能力强等诸多优点的液体洗涤剂，能节约能源和漂洗用水；可生物降解，对环境污染小，对皮肤无刺激性，能广泛用于洗涤行业。

【安全性】 使用安全可靠，对人体无毒无害，废液排放不需中和处理，对环境无污染。使用地面重油污清洗剂，不仅省水、省电、省工、省时，而且安全、环保，是一种节约型环保产品。

【生产单位】 北京蓝星清洗有限公司，江西瑞思博化工有限公司。

Je009 多功能油污清洗剂

【英文名】 multifunctional oil cleaning agent

【别名】 多功能清洗剂；油污清洗剂

【组成】 一般由多种碱洗剂和高效活性剂、水基性溶剂、清洗助剂等科学复配而成。

【产品特点】 本配方经济实用，制成的洗涤剂属于低温型，表面张力较低，具有无毒、无刺激性、配伍性好、易生物降解、起泡性、去污能力等诸多优点的液体洗涤剂，能节约能源和漂洗用水；可生物降解，对环境污染小，对皮肤无刺激性，能广泛用于洗涤行业。

【清洗方法】 ①人工刷洗法，将本品根据污垢和轻重将本品稀释成5%～20%直接喷在物体表面，或用抹布，先涂于物体表面让其反应1min，再用刷子或擦布擦洗，洗干净后用清水冲洗干净，晾干即可；②本品是强力重油污清洗剂，由多种表面活性剂、渗透剂、有机碱等助剂配制而成，能瞬间快速分解顽固油质，在去除污垢的同时杀灭微生物菌，本品除油污能力特强，适合用于水泥地面重油污、大理石地面重油污、瓷砖地面重油污等的清洗；③本品是强力重油污清洗剂，由多种表面活性剂、渗透剂、有机碱等助剂配制而成，能瞬间快速分解顽固油质，在去除污垢的同时，杀灭微生物菌，本品除油污能力特强。

【主要用途】 一般适合用于水泥地面重油污、水磨石地面重油污、瓷砖地面重油污等的清洗，尤其适宜清洗各类常见油脂（润滑油、燃料油、拉伸油、煤焦油、冲压油、液压油、机油、拉丝油、切削油等）。

【应用特点】 本配方经济实用，制成的洗涤剂属于低温型，表面张力较低，具有无毒、无刺激性、配伍性好、易生物降解、起泡性、去污能力强等诸多优点的液体洗涤剂，能节约能源和漂洗用水；可生物降解，对环境污染小，对皮肤无刺激性，能广泛用于洗涤行业。

【安全性】 多功能油污清洗剂清洗速度快，使用安全可靠，对人体无毒无害，废液排放不需中和处理，对环境无污染。使用多功能油污清洗剂，不仅省水、省电、省工、省时，而且安全、环保，是一种环保产品。

【生产单位】 北京蓝星清洗有限公司，江西瑞思博化工有限公司，廊坊中水化工有限公司。

Je010 重油污清洗剂（中性）

【英文名】 heavy greasy dirt cleaning agent [natural]

【别名】 重污清洗剂；中性油污清洗剂

【组成】 由多种高效表面活性剂复配而成，同时添加纳米级超强渗透剂等科学复配而成。

【产品特点】 该产品可迅速渗透将油污彻底溶解。无需长时间浸泡，便可轻松完成清洗工作。清洗后表面无残留。

【配方】

组　分	w/%
十二烷基苯磺酸钠	4～15
OP-10	1～5
芳烃溶剂	6～15
水	89～65

【制法】 ①配制成分 A：取十二烷基苯磺酸钠 12%溶于水中，加热至 30～100℃，搅拌其至完全溶解；②配制成分 B：取芳烃溶剂 15%加入 OP-10 5%，再加入 1%玫瑰香型香精，室温搅拌均匀；③将成分 B 加入成分 A 中，室温搅拌均匀组成混合溶液，用水稀释至 1000mL 配制成工业油污清洗剂。

【清洗方法】 ①准备本工业油污清洗剂、棉纱和细板刷；②用细板刷清除套管表面固体污垢；③将棉纱放在本工业油污清洗剂中浸泡后清洗套管 5 次；④用棉纱清除套管丝扣油污和擦洗套管。

【主要用途】 ①可重污清洗或中性油污清洗各种机械油、防锈油、切削油，同时对动、植物油也有很好的清洗效果；②可用于清洗钢板、轴承、齿轮、机械设备表面以及各种金属零件。

【应用特点】 ①中性，耐硬水，不含毒素。②中性健康，不伤手，无须戴手套操作，是新一代的环保好帮手。③本品使用量：轻度油污为 1∶20，重油污为 1∶5。或直接原液使用效果更佳。④对于极难溶解的固化重油污油焦、渗入地板的油印、表面的固化油泥等，加热到 70℃使用清洗更轻松。

【安全性】 采用的十二烷基苯磺酸钠降低了水的表面张力，使工件表面容易润湿；十二烷基苯磺酸钠与 OP-10 两种物质的配合改变了油污和工件之间的界面状况，使油污受到挤压、卷缩和分割；芳烃溶剂使油污被乳化、分散、卷离、增溶，形成水包油型的微粒而被清洗掉；本品无味、无毒、无污染、无伤害，尤其是对黑色金属无腐蚀，清洗速度快，对环境无污染。

【生产单位】 广州海日清洗技术有限公司。

Je011 YH-368 工业油品清洗剂

【英文名】 YH-368 industrial oil cleaning agent

【别名】 YH-368 清洗剂；油品清洗剂

【组成】 由多种高效表面活性剂复配而成，同时添加纳米级超强渗透剂等科学复配而成。

【产品特点】 YH-368 采用银河最新技术研制，由多种高效表面活性剂复配而成，同时添加纳米级超强渗透剂，可迅速渗透将油污彻底溶解。无需长时间浸泡，便可轻松完成清洗工作。清洗后表面无残留。

【清洗方法】 ①本品为浓缩液，可根据具体情况，选用 5～20 倍水稀释后使用。如遇特殊情况，也可将原液直接使用。清洗时无需加温，可在常温下直接使用。②本品可与各种清洗设备配合使用，也可直接选用人工刷洗。去污完成后，用清水稍加冲洗便可完成全部清洗工作。③本品可代替汽油，煤油清洗零件，节能安全。

【性能指标】 YH-368 外观为无色透明液体，pH 为中性，不损伤人体皮肤，对铜、铝、镁等各种有色金属均安全可靠。

【主要用途】 ①可清洗各种机械油、防锈油、切削油，同时对动、植物油也有很好的清洗效果；②可用于清洗钢板、轴承、齿轮、机械设备表面以及各种金属零件。

【应用特点】 详见 Je010 重油污清洗剂（中性）。

【安全性】 YH-368 清洗剂清洗速度快，使用安全可靠，对人体无毒无害，废液排放不需中和处理，对环境无污染。使用 YH-368 清洗剂，不仅省水、省电、省工、省时，而且安全、环保，是一种节约型环保产品。

【生产单位】 北京蓝星清洗有限公司，江西瑞思博化工有限公司。

Je012 化工零件油污清洗剂

【英文名】 oil cleaning agent for chemical components

【别名】 化工零件清洗剂；零件油污清洗剂

【组成】 一般由多种碱洗剂和高效活性剂、水基性溶剂、清洗助剂等科学复配而成。

【产品特点】 化工零件油污清洗剂是一种绿色环保、无腐蚀、快速安全的清洗剂，具有优良的渗透性、乳化性和清除油焦的能力，在水中有极好的溶解性，使用简单、方便，使用后可以直接排放，安全环保。

【性能指标】 详见 Je007 BOR-105 脱脂清洗剂。

【主要用途】 ①用于电镀行业的各类金属加工件的脱脂清洗（替代煤油）；②用于清洗机械设备零件、精密金属钢件；③用于替代各类碳氢清洗剂（环保型、不产生易燃易爆）；④用于汽车零件脱脂清洗；⑤用于超声波清洗；⑥用于清洗各类常见油脂焦炭、积炭油垢/润滑油、拉伸油、冲压油、液压油、机油、拉丝油、切削油。

【清洗工艺】 ①清除油污、重油垢能力极强，清洗效率是煤油 4～5 倍；②应用范围无限制，产品无毒，不可燃，使用时无需考虑现场的工况条件；③使用成本低，成本仅是煤油清洗成本的 1/10；④使用简单，加水稀释后，既可在常温下直接使用，也可加热使用（60℃效果最佳）；⑤满足各类清洗要求：如循环清洗、浸泡清洗、擦洗、喷淋清洗、超声波清洗等要求；⑥表面活性剂可生化降解，对环境无污染。

【应用特点】 化工零件油污清洗剂直接用于模具配件、精密工件、齿轮、碳钢、钨钢、轴承、工具、量具、刃具等金属材质的清洗，不会对材质有任何点蚀、氧化或其他有害的反应。

【安全性】 使用安全，产品无味、无毒、不可燃，不腐蚀被清洗物，不损伤皮肤，对各种表面均安全无伤害。

【生产单位】 北京蓝星清洗有限公司，苏州昌茂机电设备有限公司，天津华翰唯卓科技发展有限公司。

Je013 超级溶解重油垢清洗剂

【英文名】 super cleaning agent for dissolving heavy oil

【别名】 溶解重油垢清洗剂；超级清洗剂

【组成】 一般由多种碱洗剂和高效活性剂、水基性溶剂、清洗助剂等科学复配而成。

【产品特点】 ①采用多种碱洗剂和高效活性剂、水基性溶剂等科学复配而成。对动植物油脂和矿物油垢、液压油、机油、黄油、煤焦油具浸透、乳化、分散、洗净作用。常用的有机溶剂（如汽油等）及一般的碱液除油清洗剂只能去除一般的油脂，而对于重油垢不能彻底清除。②能将两种或多种互不相溶的物质乳化、剥离，不需要加温设备、乳化机和其他加温设备，特别是对于陈年的老油垢，更能显出本品的超级溶解重油垢的优势，这种能自动乳化重油垢的功能是目前上没有一种能完成的，具有国际领先水平。

【质量指标】 ①耐硬水，不含毒素。②本品使用量：轻度油污为5%～10%，重油污为30%～80%。或直接原液使用。③对于极难溶解的固化重油污积炭、固化油泥等，加热到40℃使用，清洗更轻松。

【清洗方法】 ①人工刷洗法，将本品根据污垢和轻重将本品稀释成5～20直接喷在地面表面，或喷洒于物体表面让其反应5～8min，再用拖把、擦布擦洗或刷洗，洗干净后用清水冲洗干净，晾干即可；②其他有机器清洗的，可根据设备情况选用清洗方法；③本品是强力重油污清洗剂，由多种表面活性剂、渗透剂、有机碱等助剂配制而成，能瞬间快速分解顽固油质，在去除污垢的同时杀灭微生物菌，本品除油污能力特强，是用于清洗各种金属硬表面油渍垢污染物的专用环保型产品。

【主要用途】 本品广泛应用于空压机干燥机等机械的润滑脂，各种机械、工件、机床上的黄斑，船舶、汽车修理厂、精加工车间地面重油垢，水泥地面上的老油污，水磨石材地板、厨房地面重油污等。

【应用特点】 超级溶解重油垢清洗剂为浓缩产品，可以针对不同的清洗要求采用不同的配比来清洗物体，达到最优使用效果。清洗结束后在设备金属表面形成一层保护膜，具有一定的防锈作用。

【安全性】 超级溶解重油垢清洗剂清洗速度快，使用安全可靠，对人体无毒无害，废液排放不需中和处理，对环境无污染。使用多功能油污清洗剂，不仅省水、省电、省工、省时，而且安全、环保，是环保产品。

【生产单位】 北京蓝星清洗有限公司。

Je014 木质板材环保擦拭清洗剂

【英文名】 environmental cleaning agent for wiping wooden board

【别名】 木质板材清洗剂；擦拭清洗剂

【组成】 一般由多种碱洗剂和高效活性剂、水基性溶剂、清洗助剂等科学复配而成。

【产品特点】 是替代白电油用于擦拭清洗家具、家居木质板材表面油污、粉尘、指纹等作用的环保清洗剂，本系列产品具有擦拭清洗力强、清洗性能稳定、对材料无腐蚀、环保无毒等优点。

【性能指标】 外观：无色透明液体；气味：轻微溶剂味；水溶性：不溶；干燥速度：快。

【清洗方法】 擦拭清洗。

【主要用途】 中高档家具家居制造厂、中高档展示家具制造厂。

【应用特点】 ①无苯、无卤素、无甲醛等；②气味小，降低职业病中毒危害；③擦拭清洗板材表面油污、粉尘、指纹等作用力强；④快干，提高擦拭清洗效率；⑤对木质板材和漆面无腐蚀等特点。

【安全性】 超级溶解重油垢清洗剂清洗速度快，使用安全可靠，对人体无毒无害，废液排放不需中和处理，对环境无污染。使用多功能油污清洗剂，不仅省水、省电、省工、省时，而且安全、环保，是环保产品。

【生产单位】 北京蓝星清洗有限公司，苏州昌茂机电设备有限公司，天津华翰唯卓科技发展有限公司。

Je015 高性价比环保碳氢清洗剂

【英文名】 cost-effective environmental hydrocarbon cleaning agent

【别名】 环保碳氢清洗剂；高性价清洗剂

【组成】 一般由多种碱洗剂和高效活性剂、水基性溶剂、清洗助剂等科学复配而成。

【产品特点】①能彻底清除金属表面加工油、加工液、水分、尘埃等各类污物；②清洗剂配方和清洗性能稳定；③对金属材质无腐蚀、不变色；④无卤素等；⑤每单位清洗剂可清洗产品数量更多；⑥慢干，挥发损耗低，减少浪费；⑦高闪点，使用更安全；⑧可蒸馏过滤再使用经济成本更低；⑨对环境无污染破坏，不含ODS破坏臭氧物质；⑩对人无害，气味小且无刺激性气味，可完全替代卤代烃类溶剂。

【性能指标】

外观	无色透明液体
气味	轻微溶剂味
馏程/℃	130～160
闪点(闭杯)/℃	30

【清洗流程】粗洗→精洗→漂洗→干燥。

【清洗方式】人工清洗、浸泡清洗、超声波清洗、真空清洗干燥机清洗。

【主要用途】用于清洗金属生产加工制造过程中表面残留加工油、加工液、水分、尘埃等各类污物的无毒环保清洗剂，本品具有清洗力强、清洗性能稳定、对材质无腐蚀、环保安全、无毒无害、综合成本低等优点。

【应用特点】可清洗污物：冲压油、拉伸油、防锈油、切削油、矿物油、石蜡油、植物油、动物油、拉拔油、拉丝油、压延油以及其他金属加工油；研磨液、切削液、磨硝液以及其他金属加工液。

【安全性】超级溶解重油垢清洗剂清洗速度快，使用安全可靠，对人体无毒无害，废液排放不需中和处理，对环境无污染。使用多功能油污清洗剂，不仅省水、省电、省工、省时，而且安全、环保，是环保产品。

【生产单位】北京蓝星清洗有限公司，山东裕满实业公司。

Je016 SP-101 除油清洗剂

【英文名】SP-101 oil remover and cleaner

【别名】SP-101 清洗剂；除油清洗剂

【组成】一般由多种碱洗剂和高效活性剂、水基性溶剂、清洗助剂等科学复配而成。

【产品特点】①清除油污、重油垢能力极强，清洗效率是汽油、煤油的4～5倍；②应用范围无限制，产品无毒，不可燃，使用时无需考虑现场的工况条件；③使用安全，本产品无味、无毒、不可燃、不腐蚀被清洗物，刺激性小，不损伤皮肤，对各种表面均安全无伤害；④清洗后对金属表面具有短期防锈作用；⑤使用简单，加水稀释后，既可在常温下直接使用，也可加热使用（60℃效果最佳）；⑥满足各类清洗要求：如循环清洗、浸泡清洗、擦洗、喷淋清洗、超声波清洗等要求；⑦表面活性剂可生化降解，对环境无污染。

【质量指标】

外观	水基液体，久置后有沉淀，摇匀后不影响使用
颜色	浅蓝色
气味	无刺激性气味
稳定性	良好
燃爆性	不燃爆
挥发性	不挥发
pH 值	9.0(1%,20℃)

【主要用途】SP-101 除油清洗剂主要用于清洗各类常见的油垢和油污，它可以快速安全地溶解油垢和油污，将各类油污油脂溶解为溶于水的液体。SP-101 除油清洗剂是一种绿色环保、不燃不爆、快速安全的除油清洗剂，最高兑水比例高达1：20。它的清洗效率是汽油、煤油的4～5倍。SP-101 除油清洗剂对各类常见碳钢、不锈钢、紫铜、铁等金属没有任何腐蚀和伤害，直接与皮肤接触，也不会对皮肤有任何的刺激和伤害。

【应用特点】①用于清洗导热油炉内部的结垢；②用于清洗机械设备、机床表面的顽固重油污；③用于清洗钻井平台上的原油油垢和油泥，清洗原油管线、储罐；④用于清洗焦化厂各类煤焦油管道和间冷器、油气分离器；⑤用于替代各类碳氢清洗剂（易燃易爆）；⑥用于电镀行业的脱脂清洗；⑦用于汽车行业的脱脂清洗；⑧用于超声波清洗；⑨用于清洗各类常见油脂（润滑油、防锈油、柴油）。

【安全性】超级溶解重油垢清洗剂清洗速度快，使用安全可靠，对人体无毒无害，废液排放不需中和处理，对环境无污染。使用多功能油污清洗剂，不仅省水、省电、省工、省时，而且安全、环保。

【包装规格】200kg/桶或者25kg/桶。

【生产单位】北京蓝星清洗有限公司，天津蓝京沃德科技有限公司。

Je017 除锈后钝化膏

【英文名】passivation paste after derusting

【别名】钝化膏；除锈膏

【组成】一般由多种碱洗剂和高效活性剂、水基性溶剂、清洗助剂等科学复配而成。

【配方】

组分	w/%
亚硝酸钠	25
水	73
碳酸钠	2
滑石粉	适量

【制法】此配方对除锈后钝化及重油脂效果好。使用时，处理温度60℃以下，时间5～15min。

【性能指标】详见SP-101除油清洗剂。

【主要用途】中高档家具家居制造厂、中高档展示家具制造厂。

【应用特点】本配方经济实用，制成的脱脂清洗剂属于无毒、无刺激性、配伍性好、易生物降解、起泡性好、去污能力强等应用特点。

【安全性】①本品为水基型清洗剂，忌水设备、电气设备不宜使用；②使用操作中注意勿溅入眼中，如万一溅入眼中请立即用清水冲洗。

【生产单位】北京蓝星清洗有限公司，天津蓝京沃德科技有限公司。

Je018 除油-去锈-钝化-磷化四合一处理液

【英文名】unoil-derusting-passivating-phosphating four-in-one treatment fluid

【别名】除油去锈钝化；磷化四合处理液

【组成】一般由多种碱洗剂和高效活性剂、水基性溶剂、清洗助剂等科学复配而成。

【配方】

组分	含量/(g/L)
磷酸(密度1.66g/mL)	110～180
烷基苯硝酸钠	20～40
氧化锌	30～50
硝酸锌	150～170
氧化镁	15～30
酒石酸	5～10
重铬酸钾	0.2～0.4
钼酸铵	0.8～1.2

【制法】此配方对重锈、氧化皮及重油脂效果好。使用时，处理温度70℃以下，时间5～15min。

【主要用途】主要用于去除各种金属材质表面的重油污及各种抛光蜡渍与蜡土，可去除五金冲压、金属加工表面加工油、防锈油及其他各种油污垢。

【应用特点】本配方经济实用，制成的脱脂清洗剂具有无毒、无刺激性、配伍性好、易生物降解、起泡性好、去污能力强等应用特点。

【安全性】 磷化四合一处理液清洗剂清洗速度快，使用安全可靠，对人体无毒无害，废液排放不需中和处理，对环境无污染。使用多功能油污清洗剂，不仅省水、省电、省工、省时，而且安全、环保，是环保产品。

【生产单位】 北京蓝星清洗有限公司，山东裕满实业公司。

Je019 AC-1 常温酸性除膜铝材清洗剂

【英文名】 AC-1 acid cleaning agent for aluminium film removal in normal temperature

【别名】 AC-1 铝材清洗剂；常温酸性清洗剂

【组成】 一般由多种碱洗剂和高效活性剂、水基性溶剂、清洗助剂等科学复配而成。

【产品特点】 AC-1 是一种常温下使用的酸性铝材除油除膜剂，清洗力强，适用于铝材表面的除油和自然氧化膜的清除；在除去油脂的同时，对底材无损伤，效果极佳。

【性能指标】 pH 值：1.5～2.0；AC-1：氧化线 1%～2%、喷涂线 3%～8%；温度：常温。

【主要用途】 适用于铝材表面的除油和自然氧化膜的清除；也适用于卧式氧化及喷涂前处理线脱脂槽。

【应用特点】 AC-1 能有效去除铝型材挤压料表面油污及自然氧化膜。

【安全性】 AC-1 常温酸性除膜铝材清洗剂清洗速度快，使用安全可靠，对人体无毒无害，废液排放不需中和处理，对环境无污染。使用 AC-1 常温酸性除膜铝材清洗剂，不仅省水、省电、省工、省时，而且安全、环保，是环保产品。

【包装规格】 25kg/塑料桶。

【生产单位】 北京蓝星清洗有限公司，山东裕满实业公司。

Je020 WP-20 酸性常温脱脂除油剂

【英文名】 WP-20 acid degreaser in normal temperature

【别名】 WP-20 除油剂；脱脂除油剂

【组成】 一般由多种碱洗剂和高效活性剂、水基性溶剂、清洗助剂等科学复配而成。

【产品特点】 ①除油、除蜡速度快，效果极佳；②使用寿命长，常温可操作，无需热源；③不腐蚀基材，容易清洗；④综合成本低。

【性能指标】 pH 值：6.5～7.5；淡黄色液体；半水系产品。

【清洗方法】 ①常温即可使用；②浓度：10%～100%；③时间：30～150s。

【主要用途】 主要用于去除各种金属材质表面的重油污及各种抛光蜡渍与蜡土，可去除五金冲压、金属加工表面加工油、防锈油及其他各种油污垢。

【应用特点】 本配方经济实用，制成的脱脂清洗剂具有无毒、无刺激性、配伍性好、易生物降解、起泡性、去污能力强等应用特点。

【安全性】 WP-20 酸性常温脱脂除油剂清洗速度快，使用安全可靠，对人体无毒无害，废液排放不需中和处理，对环境无污染。使用 WP-20 酸性常温脱脂除油剂，不仅省水、省电、省工、省时，而且安全、环保，是环保产品。

【生产单位】 北京蓝星清洗有限公司，淄博尚普环保科技有限公司，江西瑞思博化工有限公司。

Je021 SP-104 煤焦油清洗剂

【英文名】 SP-104 coal tar cleaning agent

【别名】 SP-104 清洗剂；煤焦油清洗剂

【组成】 一般由多种碱洗剂和高效活性剂、水基性溶剂、清洗助剂等科学复配而成。

【产品特点】 ①SP-104煤焦油清洗剂主要用于清洗煤焦油产生的油泥和结垢，它可以快速安全的溶解各类煤焦油的油泥和结垢，将煤焦油泥垢溶解为溶于水的液体。

②SP-104煤焦油清洗剂是一种浓缩型的清洗剂，所以在使用时必须与水进行配比使用，最高兑水比例高达1∶10。它的清洗效率是煤油的4～5倍，并且没有煤油的异味与安全隐患。

SP-104煤焦油清洗剂对各类常见碳钢、不锈钢、紫铜、铁等金属没有任何腐蚀和伤害，直接与皮肤接触，也不会对皮肤有任何的刺激和伤害。

【质量指标】 外观：水基液体，久置后有沉淀，摇匀后不影响使用；颜色：浅蓝色；气味：无刺激性气味；稳定性：良好；燃爆性：不燃爆；挥发性：不挥发；pH值：9.0（1%，20℃）。

【主要用途】 ①用于清洗焦化厂煤气管道；②用于清洗焦化厂各类间冷器、油气分离器、换热器；③用于替代各类碳氢清洗剂（易燃易爆）清洗煤焦油储罐；④用于清洗各类常见油脂（润滑油、防锈油）；⑤用于清洗焦化煤气站煤焦油设备；⑥用于各类煤焦油污染的地坪、设备、管道。

【安全性】 SP-104煤焦油清洗剂清洗速度快，使用安全可靠，对人体无毒无害，废液排放不需中和处理，对环境无污染。使用SP-104焦油清洗剂，不仅省水、省电、省工、省时，而且安全、环保，是环保产品。

【包装规格】 200kg/桶，25kg/桶。

【生产单位】 北京蓝星清洗有限公司，淄博尚普环保科技有限公司，江西瑞思博化工有限公司。

Je022 RSB-804清洗除胶剂

【英文名】 RSB-804 glue-dispenser cleaning agent

【别名】 RSB-804；清洗除胶剂

【组成】 一般由复合有机溶剂、渗透剥离剂等科学复配而成。

【产品特点】 为溶剂型中性产品，气味中等，不燃烧，挥发速度适中，清洗效果好，使用安全，属环保型溶剂产品。

【性能指标】

产品名称/型号	除胶剂/RSB-804
外观(原液)	无色透明液体
密度/(g/cm^3)	1.10～1.30
pH值	5.0～7.0(原液)
生物降解性	可完全生物降解

【清洗工艺】 ①清洗方法：可采用浸泡（可附加鼓泡、或抖动）、喷涂、擦洗、超声波清洗等方法清洗。②清洗浓度：用原液；清洗温度：常温下使用。③清洗时间：除胶30min～2h，除油墨1～5min。④清洗后再用水漂洗干净后再吹干、烘干。

【包装储存】 包装：25kg/塑料桶；200kg/塑料桶。储存：密封储存于阴凉、干燥、通风处，保质期2年。

【主要用途】 清洗已聚合的瞬间胶，使接着材质能重新再加工；清洗不干胶，显示屏玻璃上的胶质，高温氧化油墨等。

【应用特点】 RSB-804清洗除胶剂，清除速度快，使用安全可靠，对人体无毒无害，废液排放不需中和处理，对环境无污染。使用RSB-804清洗除胶剂，不仅省水、省电、省工、省时，而且安全、环保，是环保产品。

【安全性】 ①防误食、防溅入眼内，若不慎溅入眼睛，可提起眼睑，用流动清水或生理盐水冲洗干净并就医；②本品应避免长时间接触皮肤，操作时需戴耐化学品手套；③工作场所应通风良好，建议安装排风设施。

【生产单位】 北京蓝星清洗有限公司，淄博尚普环保科技有限公司，江西瑞思博化工有限公司。

Je023 RSB-809 环保溶剂清洗剂

【英文名】 RSB-809 environmental solvent cleaning agent

【别名】 RSB-809 清洗剂；溶剂清洗剂

【组成】 一般由多种碱洗剂和高效活性剂、水基性溶剂、分散剂、渗透剂、清洗助剂等复配而成。

【产品特点】 为溶剂型环保产品，无味至低气味，挥发速度可调，不易燃，性能温和，不伤油漆，对人体皮肤安全。

【性能指标】

外观	无色透明液体
密度/(kg/L)	0.95～1.45
芳香烃总含量(质量分数)/%	<0.1
溴值/(mg/100g)	0
不挥发物	无

【清洗方法】 用原液超声波清洗或擦洗、刷洗、喷淋清洗。

【包装储存】 包装：25kg/桶；250kg/桶或 20L/桶；200L/桶。储存：密封储存于阴凉、干燥、通风处，保质期 2 年。

【主要用途】 用于各种五金零部件、各种管材、机械设备零部件检修、塑料制品等油污清洗。

【应用特点】 环保溶剂清洗剂应用特点是清洗速度快，使用安全可靠，对人体无毒无害，废液排放不需中和处理，对环境无污染。使用多功能油污清洗剂，不仅省水、省电、省工、省时，而且安全、环保，是环保产品。

【安全性】 请勿使本品与眼睛接触，若不慎溅入眼睛，可提起眼睑，用流动清水或生理盐水冲洗干净。不可吞食本品，若不慎吞食，勿催吐，保持休息状态，及时就医。为防止皮肤过度脱脂，操作时请戴耐化学品手套。避免高温阳光直射，工作场所保持良好通风环境。

【生产单位】 北京蓝星清洗有限公司，淄博尚普环保科技有限公司，江西瑞思博化工有限公司。

Je024 RSB-308 铝材防锈剂

【英文名】 RSB-308 aluminum antirust agent

【别名】 RSB-308 防锈剂；铝材防锈剂

【组成】 一般由表面活性铺展剂、专用复合防锈添加剂、成膜剂、pH 调节剂、去离子水等科学复配而成。

【产品特点】 本品能吸附于金属表面上，形成致密的保护膜，有良好的工序间或短期防锈、防氧化作用。产品有一定的除油污性能，可用于清洗轻度油污。经本产品防锈处理的工件表面可见残留少。

【性能指标】

外观(原液)	无色至淡黄色透明液体
密度/(g/cm^3)	1.05～1.15
pH 值	8.5～9.5(5%浓度)
生物降解性	可完全生物降解

【防锈工艺】 ①防锈方法：可采用浸泡、喷涂等方法；②防锈浓度：用 5%～10% 防锈剂水溶液；③防锈温度：可在常温下使用，但在 50～60℃ 温度条件下效果更佳；④浸泡时间：5～10min；⑤经防锈处理后直接吹干、烘干并合理包装、存放。

【主要用途】 用于铝及其合金零件工序间或短期防氧化、防变色、防霉变。一般在规定使用浓度下可使铝合金在1～2个月不被氧化。

【应用特点】 ①经防锈处理的工件，经浸泡后不可用水漂洗，否则将失去防锈保护作用；②铝件防锈前应先将工件表面的油污清洗干净；③如防锈达不到要求时，则防锈液必须更换；④防锈处理时要正确合理摆放工件，且避免相互重叠，在使用过程中视情况应定期适量添加防锈剂原液，如防锈能力经补充后仍不能达到要求时，则可弃之更换新液，一般情况下使用周期为3～7d；⑤应避免防锈液长时间接触皮肤，防止皮肤脱脂而使皮肤干燥粗糙，防误食、防溅入眼内。

【安全性】 产品环保，弱碱性，不含亚硝酸钠、重金属盐等有害物质，不会对皮肤造成伤害，使用安全。RSB-308铝材防锈剂，防锈速度快，使用安全可靠，对人体无毒无害，废液排放不需中和处理，对环境无污染。使用RSB-308铝材防锈剂，不仅省水、省电、省工、省时，而且安全、环保，是环保产品。

【包装储存】 包装：25kg/塑料桶；200kg/塑料桶。

【生产单位】 北京蓝星清洗有限公司，淄博尚普环保科技有限公司，江西瑞思博化工有限公司。

Je025 RSB-601长效防锈油

【英文名】 RSB-601 long-acting antirust oil

【别名】 RSB-601防锈油；长效防锈油

【组成】 一般由低黏度轻质润滑油为基础油，加入多种防锈剂、优质稀释溶剂、抗氧化添加剂等精制而成。

【产品特点】 具有优良的抗湿热和抗盐雾性能，并有极佳的润滑性能；溶剂挥发后在金属表面留下一层极薄的油性防锈膜。形成的油膜附着力强，不会硬化、起皮和龟裂；能够阻止或减缓大气中水汽和氧的渗透及腐蚀微电池的产生，起到较佳的防锈保护作用。RSB-601长效防锈油符合日本JISK2246-80-NP8标准及美军MILG3503-63标准，安全、环保，对皮肤没有刺激。

【性能指标】

续表

外 观	黄色至棕褐色透明液体
密度/(g/cm³)	0.80±0.05
闪点/℃	58
燃烧性	易燃
不挥发物(质量分数)/%	18
湿热试验(45钢)	0级(15d)
盐雾试验(45钢)	0级(2d)
封存防锈试验(45钢)	1～2年无锈

【防锈油工艺】 涂油之前必须将金属工件清洗干净，表面不得有锈迹、污物和水分，涂油时必须戴橡胶手套，以防止手汗、手印等影响防锈效果；本品在常温下可采用浸泡、喷涂、刷涂等方式来使用，必须保证金属表面均匀涂上防锈油且油膜均匀。浸泡处理时，将处理好的工件直接放入防锈油中浸泡1～3min，提出并在槽液上空沥干30s，干燥，密封包装。使用时必须注意油品要完全浸没工件并高出一定高度，且操作现场要有良好的通风条件。

【主要用途】 用于各种碳钢、铸铁、合金钢、铬不锈钢等黑色金属和有色金属长期的封存防锈。

【安全性】 若不慎溅入眼睛，可提起眼睑，用流动清水冲洗干净。不要在接近明火、高热或点火源的地方储存、打开或使用。避免高温阳光直射，使用场所请做好防静电措施。本品在储存和停止使用时，应加盖密封，以免溶剂挥发损失。盛装本产品的容器与管线必须洁净，不要与其他溶剂混用。

RSB-601防锈油、长效防锈油清洗速度快，使用安全可靠，对人体无毒无害，废液排放不需中和处理，对环境无污染。使用RSB-601防锈油、长效防锈油，不仅省水、省电、省工、省时，而且安全、环保，是环保产品。

【包装储存】 包装：20L/铁桶；200L/铁桶。储存：密封储存于阴凉、干燥、通风处，保质期2年。

【生产单位】 北京蓝星清洗有限公司，廊坊中水化工有限公司，江西瑞思博化工有限公司。

Je026 RSB-501 中性除锈剂

【英文名】 RSB-501 neutral cleaning agent

【别名】 RSB-501 除锈剂；中性除锈剂

【组成】 RSB-501 一般由表面活性剂、有机复合分散剂、螯合剂、去离子水等科学复配而成。

【产品特点】 中性品质，除锈速度适中，不伤基体，避免氢脆，不易返锈；无气味，无废气产生，对人体无伤害；对环境更安全。

【性能指标】

外观(原液)	无色至淡黄色透明液体
密度/(g/cm^3)	1.05～1.15
pH 值	6.5～7.5(原液)
生物降解性	可完全生物降解

【中性防锈工艺】 ①清洗方法：可采用浸泡（可附加鼓泡或抖动）、超声波清洗等方法清洗；②清洗浓度：用原液或用水稀释至 3～5 倍；③清洗温度：可在常温下使用，但在 50～60℃温度条件下清洗效果更佳；④清洗时间：5～15min；⑤清洗后用水漂洗干净后再吹干、烘干并合理包装、存放。

【主要用途】 用于不锈钢、碳钢、铸铁等金属零件表面的浮锈、轻度锈垢、氧化物，尤其适合镀锌板和镀铝锌板切口的除锈。

【应用特点】 应用除锈前，应将工件油污清洗干净。清洗时要正确合理摆放清洗工件，且避免相互重叠，视清洗情况应定期适量添加清洗剂原液，如清洗能力经补充后仍不能达到清洗要求时，则可弃之更换新液。一般情况下清洗液使用周期为 3～7d。

【安全性】 本品为中性，对人体和环境无影响，但应避免清洗液长时间接触皮肤，防止皮肤脱脂而使皮肤干燥粗糙，防误食、防溅入眼内。RSB-501 中性除锈剂除锈速度快，使用安全可靠，对人体无毒无害，废液排放不需中和处理，对环境无污染。使用多功能油污清洗剂，不仅省水、省电、省工、省时，而且安全、环保，是环保产品。

【包装储存】 包装：25kg/塑料桶；200kg/塑料桶。储存：密封储存于阴凉、干燥、通风处，保质期 2 年。

【生产单位】 北京蓝星清洗有限公司，淄博尚普环保科技有限公司，江西瑞思博化工有限公司。

Je027 RSB-505 不锈钢氧化皮清洗剂

【英文名】 RSB-505 stainless steel oxide skin cleaning agent

【别名】 RSB-505 清洗剂；不锈钢氧化皮清洗剂

【组成】 一般由复合酸、增效剂、分散剂、缓蚀剂、表面活性剂、稳定剂、去离子水等调配而成。

【产品特点】 RSB-505 不锈钢氧化皮清洗剂是由常温清洗，剥离速度快；无二氧化氮酸气、酸雾产生；对不锈钢无腐蚀，操作工艺简单，使用持效性长。

【性能指标】

外观(原液)	无色透明液体
物理稳定性	无沉淀、无分层、无结晶物析出
密度/(g/cm^3)	1.15±0.1
pH 值	1.0～3.0

【除锈方法】 用原液常温浸泡清洗或擦洗、刷洗。

【主要用途】 用于不锈钢制品抛光前高温氧化皮清洗，及不锈钢表面锈渍、顽固性污渍、黄斑、电焊氧化物等污物清洗。

【应用特点】 本配方经济实用，制成的脱脂清洗剂具有无毒、无刺激性、配伍性好、易生物降解、起泡性好、去污能力强等应用特点。

【安全性】RSB-505 不锈钢氧化皮清洗剂清洗速度快，使用安全可靠，对人体无毒无害，废液排放不需中和处理，对环境无污染。使用多功能油污清洗剂，不仅省水、省电、省工、省时，而且安全、环保，是环保产品。

【包装储存】包装：25kg/塑料桶；200kg/塑料桶。储存：密封储存于阴凉、干燥、通风处，保质期 2 年。

【生产单位】北京蓝星清洗有限公司，淄博尚普环保科技有限公司，苏州昌茂机电设备有限公司。

Je028 RSB-202 玻璃、镜头清洗剂

【英文名】RSB-202 cleaning agent for glass and lens

【别名】RSB-202 清洗剂；玻璃、镜头清洗剂

【组成】清洗剂是由多种专用优质表面活性剂、润湿渗透剂、净洗添加剂、高效有机分散剂等组成的。

【产品特点】去污、净洗能力超强，浸润性好，表面张力低，能清除研磨玻璃或镜头后的研磨剂（氧化铈等）、玻璃微粒或油性污垢等，同时也能避免由水的硬度成分所发生的水滴斑。对各种玻璃、金属、塑胶、纤维等均安全无腐蚀性。产品环保，粉状弱碱性，不含磷、硅、重金属等成分，使用安全。

【性能指标】

外观	无色至淡黄色粉状
pH 值	9.5～10.5(5%浓度)
生物降解性	可完全生物降解

【清洗工艺】超声波多槽清洗工艺，清洗工艺为：

①工件从溶剂或半水基清洗转入→超声波粗洗→超声波精洗→超声波精洗→纯水漂洗→纯水漂洗→纯水漂洗→IPA3 槽脱水→吹干或气相干燥。

②清洗浓度：用 0.3%～5%清洗剂水溶液。

③清洗温度：一般在 45℃左右。

④清洗时间：5～10min。

【主要用途】适用于玻璃或镜头研磨后的洗净。洗净装置（如水槽等）不得使用铜或铝合金等材料。

【应用特点】本配方经济实用，制成的玻璃、镜头清洗剂属于无毒、无刺激性、配伍性好、易生物降解、起泡性好、去污能力强等应用特点。

【安全性】除锈前，应将工件清洗干净。本品为酸性，工作时要戴简单的防护用具，为防止手上的皮肤过度脱脂，操作时最好戴耐化学品手套。请勿使本品与眼睛接触，若不慎溅入眼睛，可提起眼睑，用流动清水或生理盐水冲洗干净。不可吞食本品，若不慎吞食，勿催吐，保持休息状态，及时进行医护。

清洗时要正确合理摆放清洗工件，且避免相互重叠，视清洗情况一般需每天更换清洗液。在高温时（80℃以上）洗净铅玻璃时，稍会浸蚀材质。在冷水中比较难以溶化，使用温水（大约 40℃）较佳。清洗剂粉末或溶液飞入眼睛时，请即用清水冲洗干净。碰到皮肤虽不危险，仍然用水冲洗为宜。

【包装储存】包装：20kg/塑料桶。储存：密封储存于阴凉、干燥、通风处，保质期 2 年。

【生产单位】北京蓝星清洗有限公司，天津华翰唯卓科技发展有限公司，江西瑞思博化工有限公司。

Je029 TH-036 升华硫垢清洗剂（化肥企业硫黄清洗剂）

【英文名】TH-036 sublimed sulfur encrusation cleaning agent (chemical fertilizer enterprises sulfur cleaning agent)

【别名】TH-036 清洗剂；升华硫垢清

洗剂

【组成】 一般由清洗剂由 A/B 剂组成、氢氧化钠与去离子水等调配而成。

【产品特点】 升华硫垢的组成主要以 S_8 分子形式存在，硫蒸气在高温下以 S_2、S_4、S_6 等小分子形式存在，其蒸气随炉气进入后序设备，随着温度降低，硫蒸气成为黏度较大的液体或固体，分子量进一步增大，在升华硫垢温度降低到常温时，升华硫的主要成分以 S_8 为主。

【配方】

组　分	w/%
A 剂组分	7～9
氢氧化钠	3～4
B 剂组分	2～4
蒸馏水	10～20

【制法】 该清洗剂由 A/B 剂组成，只有在使用时才能将 7%～9% A 剂和 2%～4%B 剂混合加入水中，为保证该产品达到良好的清洗效果，在使用该产品之前，先在被清洗系统中加入 3%～4%的氢氧化钠以提高系统的碱性，同时达到辅助清垢的效果。各种类型的硫黄污垢经该清洗剂清洗后，最终呈胶状形态，随清洗泵的循环极易从设备或工艺管线中流出。

【硫垢清洗工艺】 使用工艺要求、效果、安全措施：

①温度：80～85℃。

②清洗时间：正反强制循环清洗 8～12h。

③投加次序：系统水冲洗→升温至 40℃缓慢加入 3%～4%的 NaOH→30min 后缓慢加入 B 剂→10min 后缓慢加入 A 剂→升温至 80～85℃循环清洗。

储存要求：干燥、通风处。

升华硫垢要及时清除，以保证设备正常运行。采用人工机械清理和高压水冲洗对于列管式换热器的管程有效，对于壳程和其他设备就无能为力了。

【性能指标】 清洗效果：除垢率＞98%；对设备的安全性：不腐蚀设备。

【主要用途】 生产的硫黄水基清洗剂对各种复杂的硫黄污垢清洗具有极强的清除能力，该产品已广泛应用于硫酸、化肥等生产行业。

【应用特点】 国内外大都采用接触法制硫酸，硫铁矿经过焙烧（常规焙烧或磁性焙烧）制得二氧化硫，借助催化剂在高温下将二氧化硫转化生成三氧化硫，其被浓硫酸吸收，制造成品硫酸。在制取二氧化硫过程中，无论哪种烧法都可能产生升华硫。主要原因是操作不当使炉内氧气量供应不足使部分 S_2（硫黄）蒸气随着炉气进入后工序设备中，降低温度而冷却就变成升华硫垢，附着在设备内，这就使得传热效率下降，气体的流通量减少，影响产品质量，对金属造成极大的腐蚀作用。

【安全性】 ①对人员的安全性：强腐蚀性药品，加药时佩戴防护眼镜和面罩、着防护服装等。施工现场须配备应急药品。②应急措施：一旦溅入眼睛或皮肤，须及时用大量水冲洗，严重者冲后须及时就医。施工现场须配备应急药品。

【生产单位】 天津天化科威水处理技术有限公司。

Je030 TH-044 煤焦油清洗剂

【英文名】 TH-044 coal tar cleaning agent

【别名】 TH-04 清洗剂；煤焦油清洗剂

【组成】 一般由清洗剂（由 A/B 剂组成）、氢氧化钠与去离子水等调配而成。

【产品特点】 强力溶解煤气设备表面积结的碳质污垢和稠环芳烃类焦油垢，除垢快速彻底，清洗高效方便。有效恢复煤气设备原有工作性能，对设备金属无腐蚀损伤。

【配方】

A组分	煤焦油	5～10kg
B组分	碳酸钠	0.002%～0.003%
	钝化液	0.2～1kg
另添加	氢氧化钠	0.001%～0.003%
	去离子水	60～85kg

【制法】 根据积垢量的多少，配制10%～30%的清洗剂水溶液，注满设备循环清洗。也可直接用原液清洗，清洗剂可反复使用。如焦油垢量太多，清洗液浑浊、清洗效力下降，也可排去废液，重新配液清洗。

【性能指标】

外观	白色乳状液体
pH值	>7.0
密度(20℃)/(g/cm³)	0.90～0.96
闪点(闭杯)	>50℃

【主要用途】 用于炼焦、煤制气、化肥、机械、冶金等企业使用的煤气输送管道、煤气柜、冷却器、压缩机等设备中煤焦油污垢的清洗。

【应用特点】 本配方经济实用，制成的煤焦油清洗剂具有无毒、无刺激性、配伍性好、易生物降解、起泡性、去污能力强等应用特点。

【安全性】 ①本品易挥发，清洗现场必须通风，严禁使用明火或在清洗现场抽烟。②清洗完毕后将回收的清洗剂立即装入包装同密封，不得敞口放置。③如有分层现象，摇匀后使用，不影响清洗性能。

【生产单位】 天津天化科威水处理技术有限公司。

Je031 TH-047金属防锈钝化剂

【英文名】 TH-047 metal antirust deactivator

【别名】 TH-047防锈剂；金属防锈钝化剂

【组成】 一般由防锈液、钝化液、碳酸钠、氢氧化钠与去离子水等调配而成。

【产品特点】 本品含有高效防锈钝化成分，能在金属表面形成钝化防锈膜，阻止金属与大气的腐蚀性气体或水中溶解氧接触，从而防止氧腐蚀生锈。

【配方】

组　分	w/kg
防锈液	2～10
碳酸钠	0.1～0.3
去离子水	30～80
钝化液	2～3
氢氧化钠	0.1～0.3

【制法】 ①储存防锈：每吨水加入本品2～10kg，溶解后用碳酸钠将溶液pH调整到10～12，将金属件浸入防锈液中浸泡4～8h后取出晾干。大型器件可将配好的防锈液直接喷淋在金属表面上。②酸洗钝化：每吨水加入本品2～3kg搅拌溶解。用氢氧化钠（烧碱）将pH调整到10～12，注满设备浸泡8～10h后排去。③如连续配液，须先用氢氧化钠将水的pH调整至11～12，再加入防锈剂搅拌溶解，连续循环混合均匀。

【性能指标】

外观	白色固体粉末
水不溶物/%	<1
密度/(g/cm³)	0.98～1.04
可燃性	不燃

【主要用途】 ①用于机械零件加工过程中工序间短期防锈；②用于金属设备或钢材露天存放过陈中的防锈保护；③用于钢铁设备酸洗除垢或除锈后短期防腐蚀，使活化态金属表面恢复到钝化状态。

【应用特点】 本配方经济实用，制成的金属防锈钝化剂具有无毒、无刺激性、配伍性好、易生物降解、起泡性、去污能力强等应用特点。

【安全性】 ①本品易挥发，清洗现场必须通风，严禁使用明火或在清洗现场抽烟。②清洗完毕后将回收的清洗剂立即装入包装同密封，不得敞口放置。③如有分层现象，摇匀后使用，不影响清洗性能。

【包装储存】 2kg/袋，26kg/箱。储放于阴凉、干燥处，结块不影响性能，有效期2年。

【生产单位】 天津天化科威水处理技术有限公司。

Je032 TH-052 供水管道保护剂

【英文名】 TH-052 water supply pipeline protection agent

【别名】 TH-052保护剂；供水管道保护剂

【组成】 一般由蔗糖脂肪酸脂、氨基酸盐、食品添加剂与去离子水等调配而成。

【产品特点】 本品是自来水管道和供暖热水管道的高效防腐保护剂，能有效防止水中的溶解氧、二氧化碳对钢管产生腐蚀生锈，从而彻底消除锈水（红水）现象，保持供水清澈透明、干净卫生。

【配方】

组 分	w/%
蔗糖脂肪酸脂	10～16
食品添加剂	12～14
氨基酸盐	5～6

【制法】 此配方对除锈后钝化及重油脂效果好。使用时，处理温度60℃以下，时间5～15min。

【性能指标】

外观	白色固体粉末
pH值(1%水溶液)	≥7.5
密度(20℃)/(g/cm³)	>2.0
可燃性	不燃

【清洗方法】 用量：初始使用时（投药开始1个月内），每吨水加入本品10～20g，至看不到“红水”后，将用量减至每吨水加入3～5g长期使用。用法：直接加入水中或放入溶药罐缓慢溶入水中。

【主要用途】 用于宾馆、酒店、浴室等建筑设施及其公共设施供水管道的防腐保护，防止钢铁管道溶解氧腐蚀产生“红水”而影响供水水质。

【应用特点】 本配方经济实用，制成的供水管道保护剂具有无毒、无刺激性、配伍性好、易生物降解、起泡性好、去污能力强等应用特点。

【安全性】 使用初期（投药开始半小时内），“红水”程度会大幅度增加，属于正常现象。这是因为加入本品后，钢管表面的锈蚀物被快速溶解进入水中。待锈蚀物全部溶解后，“红水”即彻底消失。

【包装储存】 包装1kg/袋，20kg/箱。储存于阴凉、干燥处，有效期2年。

【生产单位】 天津天化科威水处理技术有限公司。

Je033 TH-050 多用酸洗缓蚀剂

【英文名】 TH-050 utility pickling inhibitor

【别名】 TH-050缓蚀剂；多用酸洗缓蚀剂

【组成】 一般由清洗剂由有机含氮化合物、多种有机酸、无机酸及其他去离子水等调配而成。

【产品特点】 一般产品特点操作简便、用量小，是性能稳定多用酸洗缓蚀剂，是性能优异的酸洗缓蚀剂。

①用于硝酸、盐酸、硫酸、磷酸、氢氟酸、柠檬酸、氨基磺酸、草酸、酒石酸、羟基乙酸、EDTA等16种无机酸、有机酸及其他酸的酸洗。能够避免误用缓蚀剂造成的危险。

②适用设备材质：碳钢、低合金钢、不锈钢、铜、铝等金属及其不同材质组合件表面。

③清除污垢类型：清除碳酸盐型、氧化铁型、硫酸钙型、混合型、硅质型等各种类型的污垢。

④先在清洗槽中注入水，按 2.5‰～3‰的比例加入本品混合均匀。然后加入酸即可配制成酸洗液。

【性能指标】 外观：浅黄色透明油状液体；缓蚀率：达到 99%～99.9%；腐蚀率：每年小于 1mm。

【主要用途】 TH-050 多用酸洗缓蚀剂是性能优异的酸洗缓蚀剂，适用于多种有机酸、无机酸及其他酸的化学清洗，具有优良的抑制钢在酸洗时吸收氢的能力和抑制 Fe^{3+} 加速腐蚀能力。

【应用特点】 本配方经济实用，制成的 TH-050 多用酸洗缓蚀剂具有无毒、无刺激性、配伍性好、易生物降解、起泡性好、去污能力强等应用特点。

【安全性】 ①本品易挥发，清洗现场必须通风，严禁使用明火或在清洗现场抽烟。②清洗完毕后将回收的清洗剂立即装入包装同密封，不得敞口放置。③如有分层现象，摇匀后使用，不影响清洗性能。

【包装】 3kg/桶×8 桶＝24kg/箱，塑料桶、纸箱包装；25kg 塑料桶包装；200kg 塑料桶装。

【生产单位】 天津天化科威水处理技术有限公司，上海凯茵集团化工有限公司。

Je034 TH-051 除炭剂

【英文名】 TH-051 carbon removal agent

【别名】 TH-051 清洗剂；功能除炭剂

【组成】 一般由高分子化学物、表面活性剂、有机催化剂、无机助剂与去离子水等调配而成。

【产品特点】 快速软化分散发动机零部件表面形成的高温炭化垢和沥青污垢。使机件保持清洁良好的工作状态，避免局部金属过热，改善燃油雾化性能，提供发动机功率，节约燃油，延长润滑油和机件使用寿命；不燃不爆，无毒无腐蚀性，不损伤金属。

【配方】

组 分	w/%
高分子化学物	5～6
表面活性剂	10～12
去离子水	30～80
有机催化剂	0.3～1.2
无机助剂	6～8

【制法】 将本品稀释 3～4 倍，浸入需清洗的零部件，加热至 8～90℃，浸泡 1～2h，用刷子刷洗即可除去炭垢；积炭较厚时可延长浸泡时间或采用浸泡-刷洗-浸泡工艺重复清洗。

构造复杂无法刷洗时，可采用高压水枪（清洗机）冲洗，超声波清洗或高速水流清洗。

【性能指标】

外观	棕黄色黏稠液体
pH 值(1%水溶液)	7.0～7.5
密度(20℃)/(g/cm³)	1.08～1.12
可燃性	不燃

【主要用途】 用于汽车、内燃机车、飞机、拖拉机、摩托车、工程柴油机、汽油发电机等设备的发动机燃烧室、喷油嘴及其他高温、摩擦部位的炭垢污垢清洗。

【应用特点】 本配方经济实用，制成的功能除炭剂具有无毒、无刺激性、配伍性好、易生物降解、起泡性好、去污能力强等应用特点。也可用于食品焙烤加工设备、乳制品生产设备、油脂生产设备内高温炭化垢的清洗。

【安全性】 ①本品易挥发，清洗现场必须通风，严禁使用明火或在清洗现场抽烟。②清洗完毕后将回收的清洗剂立即装入包装同密封，不得敞口放置。③如有分层现象，摇匀后使用，不影响清洗性能。

【包装储存】 储存过程中有固体析出属正常现象，不影响性能，加入水中即可溶解。250g/瓶，48 瓶/箱。储存于阴凉、干燥处，有效期 3 年。

【生产单位】 天津天化科威水处理技术有限公司。

Je035 TH-034 中性导热油炉专用清洗剂

【英文名】 TH-034 neutral cleaning agent for heat conduction oil furnace

【别名】 TH-034 清洗剂；中性导热油炉清洗剂

【组成】 一般由清洗剂（由 A/B 剂组成）、氢氧化钠与去离子水等调配而成。

【产品特点】 本品主要用于清洗各类导热油加热系统未完全脱氢形成的炭青质（缩合稠环芳烃；是一种中性、除油能力很强的清洗剂，不燃、不爆）。

【配方】

组　分	w/%
表面活性剂	10～15
无机盐类	5～10
清洗剂 A	4～5
有机溶剂	18～26
分散剂 B	4～5

【制法】 清洗普通设备及零备件时，直接将本品配制成 3%～8% 的水溶液，对待洗部件进行 5～30min 的浸泡或刷洗即可。用量：每 100kg 水中加本品 7～8kg。

【清洗方法】 清洗导热油炉系统时将本品通过导热油炉高位槽加入系统，升温至 80～90℃循环清洗 2h，然后在系统中加入碱性清洗剂 A（4%～5%）、分散剂 B（4%～5%）升温至 90～95℃之间，循环清洗 36～48h。当系统浊度不再增加时，可判定为达到清洗终点，最后用热水漂洗干净并用压缩空气吹扫脱水。

【性能指标】

性状	淡黄色黏稠液体
pH 值	7～8
使用温度/℃	50～95
除油能力/%	≥98
高温稳定性	合格

【主要用途】 导热油炉及机械加工行业中碳钢、不锈钢、铜等多种金属表面油污的清洗，同时可用作化工行业顽固性油垢和积炭设备的清洗。

【应用特点】 本配方经济实用，制成的中性导热油炉清洗剂具有无毒、无刺激性、配伍性好、易生物降解、起泡性、去污能力强等应用特点。

【安全性】 ①本品易挥发，清洗现场必须通风，严禁使用明火或在清洗现场抽烟。②清洗完毕后将回收的清洗剂立即装入包装同密封，不得敞口放置。③如有分层现象，摇匀后使用，不影响清洗性能。

【包装规格】 25kg 塑料桶。储存期限：2 年。

【生产单位】 天津天化科威水处理技术有限公司。

Je036 TH-035 金属油污清洗剂（洗油王）

【英文名】 TH-035 cleaning agent for metal oil（the king of scrubbing oil）

【别名】 洗油王；H-035 清洗剂；金属油污清洗剂

【组成】 一般主要由表面活性剂、有机溶剂、无机盐类与去离子水等调配而成。

【产品特点】 本品是一种中性、除油能力很强的清洗剂，不燃、不爆。

【配方】

组　分	w/%
表面活性剂	10～12
无机盐类	3～4
有机溶剂	6～8
去离子水	20～36

【制法】 使用方法：用 50～60℃的热水配成规定比例的水溶液，将待清洗的零件浸泡到清洗液中 15～20min，用毛刷蘸清洗液刷洗零件表面的油污，然后用热水漂洗，最后用脱水油脱水。

【用量】 每 100kg 水中加本品 3～5kg。

【性能指标】

性状	淡黄色半透明液体
pH 值	指标 7~8
使用温度/℃	20~80
除油能力/%	≥98
高温稳定性	合格

【主要用途】 碳钢、不锈钢、铜、铝等多种金属表面油污的清洗，并可作除积炭促进剂。

【应用特点】 本配方经济实用，制成的洗油王清洗剂具有无毒、无刺激性、配伍性好、易生物降解、起泡性、去污能力强等应用特点。

【安全性】 ①本品易挥发，清洗现场必须通风，严禁使用明火或在清洗现场抽烟。②清洗完毕后将回收的清洗剂立即装入包装同密封，不得敞口放置。③如有分层现象，摇匀后使用，不影响清洗性能。

【包装规格】 25kg 塑料桶。储存期限：1 年。

【生产单位】 天津天化科威水处理技术有限公司。

K 机械工业清洗剂

HANDBOOK OF CHEMICAL PRODUCTS

随着科技的进步、社会的发展，人们对效率和质量的要求日趋严峻。大量劳动力的浪费已经成为过去，机械工业自动化的时代已经来临。如何真正提高效率，提升品质成为每一个企业的百年大计，我们为大家带来最完美的解决方案。

各种冷凝器、换热器和过滤器、反渗透设备等是钢铁、冶金、电力、化工、造纸、食品、制药、纺织等企业广泛采用的重要设备。该设备在运行过程中，由于水质和温差变化的原因，极易造成内管结垢现象，从而大大降低设备的换热和过滤效率，导致停机停产。传统方法一般是人工清洗、高压水洗和化学清洗，不但清洗效果差，极易对金属管和筛网造成腐蚀和损伤，缩短了设备的使用寿命，加快了设备的采购更换周期，给用户造成巨大经济损失。

Ka 机电设备清洗剂

Ka001 精密轴承清洗剂

【英文名】 precision bearing cleaning agent

【别名】 轴承清洗剂；精密环保清洗剂

【组成】 一般由多种表面活性剂、防锈剂、无机助剂、有机溶剂、添加剂等复配而成。

【产品特点】 轴承清洗剂具有以下特点：①具有超强渗透、乳化、分散等作用，将油污从零件表面清除；②对金属无腐蚀，无毒、不刺激皮肤，使用方便、存放安全；③清洗后的轴承表面表面形成保护防锈层，具有短期防锈性；④具有迅速脱除金属表面的各种润滑油脂，污垢等，清洗后光亮如新；⑤适合浸渍、喷淋、超声波、手工等清洗方式。

【配方】

组 分	w/%
664 清洗剂	0.3～0.5
平平加	0.3
三乙醇胺	0.3
乳化油	0.01
助剂	0.2
水	余量

【制法】 此清洗剂用于精密轴承装配及成品清洗，清洗温度 30～60℃，大约 1min。

【主要用途】 适用于各种轴承、精密轴承表面上各种油脂、污垢的清洗，对机械轴承、粉末冶金制造轴承有很好的清洗效果，取代了传统的以汽油、煤油、柴油、三氯乙烯等有机溶剂的清洗方法，是轴承表面清洗的首选产品。

【应用特点】 这种精密轴承清洗剂适于清洗一般油污，在轴承成品清洗中，它的清洗效果显著，并有一定的防锈作用。3%～4% 664 清洗剂水溶液有较强的清洗作用，对钢无腐蚀，用于精研抛光时清洗去油泥。清洗温度 65～75℃，浸洗 1～2min。

【安全性】 应避免清洗长时间接触皮肤，防止皮肤脱脂而使皮肤干燥粗糙，防误食、防溅入眼内。工作场所要通风良好，用有味型产品时建议工作环境有排风装置。

【包装储存】 包装：25kg/塑料桶；200kg/铁桶。储存：保质期 2 年，存放于阴凉、干燥处。

【生产单位】 石家庄天山银河科技有限公司。

Ka002 电梯专用精密清洁剂

【英文名】 elevator dedicated precision cleaner

【别名】 电梯清洁剂；专用清洁剂

【组成】 一般由聚氧乙烯脂肪醇醚、聚氧乙烯辛烷基酚醚-10、烷基二乙醇酰胺、水等复配而成。

【产品特点】①可安全用于绝大部分的塑胶；②不燃烧；③略有气味；④高介电强度28400V；⑤使用Cozol技术。

【配方】

组分	w/%
聚氧乙烯脂肪醇醚	26
烷基二乙醇酰胺	22
聚氧乙烯辛烷基酚醚-10	14
水	38

【制法】此清洗剂一般稀释成3%～5%溶液使用，清洗时加温到90～95℃。浸洗5～10min。清洗能力很强，使用方便，成本低廉，对电梯专用钢铁制件研磨、抛光时的污物均能清洗。由于本清洗剂显碱性，故不适用于有色金属。

【性能指标】①化学组成：高纯度单质的共沸化合物，不具苯环结构；②外观 无色透明澄清液体；③沸点（1atm下）：45～48℃；④密度（20℃）：1.20～1.22g/cm³；⑤水溶解度：≤0.2%；⑥pH值：中性；⑦蒸发残留物：≤0.001%。

【主要用途】适用于各类电梯及升降设备。本产品是一种高纯度的液体，在清洗和溶剂领域具有广泛的用途，用于取代CFC（氟氯碳化物）、HCFC（碳氢氯化物）与氯化溶剂，解决因“CFC禁用与HCFC的逐年禁用及氯化溶剂减用”而造成工业界缺乏适用清洗剂的重大问题。可广泛地应用于电路组装板、电子、机械等领域，是世界公认的CFCS理想替代品。

【应用特点】共沸混合物，特别设计来分解电梯间与垂直升降机的炭灰、极性土壤、矿物油与非极性土壤。一般精密清洁剂的挥发率控制为较慢，提供足够的时间延迟以在挥发前分解并洗去表面灰尘，且无残留物。

【安全性】应避免清洗长时间接触皮肤，防止皮肤脱脂而使皮肤干燥粗糙，防误食、防溅入眼内。工作场所要通风良好，用有味型产品时建议工作环境有排风装置。

【生产单位】海南美佳精细化工有限公司，上海康宜旅游用品有限公司，东莞市皓泉化工有限公司。

Ka003 机电设备金属零件清洗剂

【英文名】mechanical and electrical equipment metal parts cleaning agent

【别名】机电零件清洗剂；金属零件清洗剂；F-17零件清洗剂

【组成】一般由664清洗剂、105清洗剂、6503清洗剂、水等复配而成。

【产品特点】具有优异的去垢、乳化、发泡、泡沫稳定性，特别适于热处理后的金属制件清洗，对黑色金属有一定的防锈能力。

【配方】

组分	w/%
664清洗剂	1
6503清洗剂	1.5
105清洗剂	1
水	余量

此清洗剂清洗能力强，主要用于精密轴承装配及成品清洗，可代替汽油。清洗温度80～90℃，大约2min。

6503清洗剂即十二烷基醇酰胺磷酸酯。它是一种深褐色膏体，具有水溶性。它由椰子油、正磷酸和二乙醇胺在氮气流中反应制得。它具有优异的去垢、乳化、发泡、泡沫稳定性，特别适于热处理后的金属制件清洗，对黑色金属有一定的防锈能力。

【制法】以上各清洗剂一般适合用于钢铁及铝制件，通常稀释成1%～3%溶液，加温到70～90℃，以浸、喷、擦或超声波等方式清洗，时间视工件大小、形状、油污多少及去污难易而定，一般为1～10min。工件取出后，按通常方法进行干燥和除锈处理。

零件可代替传统汽油、煤油、柴油等溶剂清洗剂，溶剂清洗剂不仅浪费能源，而且毒性大，致敏反应多，易着火和污染环境，目前广泛采用水基金属清洗剂。

在金属表面在加工、储存、运输等过程中很容易附着油性污垢，例如防锈油、润滑油、燃料油以及某些动植物脂等。在各种金属表面处理中，去除油污是至关重要的，其直接关系到整个处理过程的成败。

【清洗方法】 ①使用浓度。清洗剂：水=1：(10～20) 倍，浓度提高可提高清洗能力，手工清洗时清洗剂浓度要相对高些。②清洗温度。可在常温下使用，但在 50～80℃温度条件下的清洗效果更佳。③油污特别重或遇到高熔点脂类时，应先以人工或机械方法铲去部分油泥，再选用重油垢高效清洗剂加热清洗。④根据被洗件的特点、油污程度可采用浸洗、刷洗、浸泡、喷淋、煮洗、超声波清洗等清洗方式。

【性能指标】

外观	无色或淡黄色液体
pH 值	7.0～9.0(1%水溶液)
使用温度	常温或 50～80℃

【主要用途】 零件清洗剂主要用于零件加工工序中零件表面的防锈油、切削液、润滑油、抛光膏、灰尘污垢等清洗，也可用于电镀前表面处理。

【应用特点】 零件清洗剂均为水基型清洗剂，具有极强的渗透、分散、增溶、乳化作用，对油脂、污垢有很好的清洗能力，其脱脂、去污净洗能力超强；产品不含无机离子，抗静电，易漂洗，无残留或极少残留，可做到低泡清洗，能改善劳动条件，防止环境污染；并且在清洗的同时能有效地保护被清洗材料表面不受侵蚀。

【零件清洗剂适用范围】 适用于五金件、金属精密零部件、电镀零件、门锁、铰链、滑轨、链条、模具、螺栓、螺母、电子零件、轴承、冲压件、汽车零部件、摩托车零件、自行车零件、机械设备等行业各种油污的清洗。

【包装储存】 包装：25kg/塑料桶；200kg/铁桶。储存：保质期 2 年，存放于阴凉、干燥处。

【安全性】 应避免清洗长时间接触皮肤，防止皮肤脱脂而使皮肤干燥粗糙，防误食、防溅入眼内。工作场所要通风良好，用有味型产品时建议工作环境有排风装置。

【生产单位】 北京蓝星清洗有限公司，天津天通科威工业设备清洗有限公司。

Ka004 F-17 工业清洗剂系列

【英文名】 F-17 industrial cleaning agent series

【别名】 工业清洗剂；F-17 清洗剂

【组成】 主要是由低泡表面活性剂、渗透扩散剂、防锈剂及清洗助剂等复配而成的环保型金属水基清洗剂。

【产品特点】 ①易溶于水、低泡，能迅速溶解清除附着于金属表面的各种污垢和杂质，使用方便；②清洗时无再沉积现象；③清洗过程对金属表面无腐蚀、无损伤，清洗后金属表面洁净、光亮，具有短期防锈功能；④使用过程安全可靠，不污染环境，对人体无害。

【配方】

组　分	m/kg
脂肪醇聚氧乙烯醚磷酸酯	8
脂肪醇聚氧乙烯醚硫酸酯	6
脂肪醇聚氧乙烯醚	12
椰子油酰二乙醇胺	5
琥珀酸酯磺酸钠	4
乙醇胺(化学纯)	5
乙二醇单丁基醚(化学纯)	5
偏硅酸钠(化学纯)	4

续表

组 分	m/kg
乙二胺四乙酸	0.1
乳化型有机硅油消泡剂	0.3
去离子水	50.6

【制法】 配制清洗剂100kg：将上述原料在40～60℃温度范围内加热溶解，搅拌均匀，经静置得到黄色均匀透明液体。一般不含重金属、磷、亚硝酸盐等物质，可完全代替汽油、煤油、柴油、三氯乙烯、三氯乙烷等清洗方式。

【清洗方法】 ①清洗方法可采用喷淋、浸泡、超声波清洗、手工擦拭、振动清洗等；②使用时，要根据油污的严重程度来调配清洗液的浓度，为得到最佳清洗效果，一般是将原液与水配制成浓度为5%～8%的清洗液，加温至50～80℃喷淋清洗或超声波清洗3～10min，手工擦拭清洗时清洗剂浓度相对要高些；③油污特别重或遇到高溶点脂类时，应先以人工或机械方法铲去部分油垢再进行清洗。

【性能指标】 外观（原液）：无色或微黄色透明液体；相对密度：0.98；pH值：7.0～10.0（2%浓度）。

【主要用途】 广泛用于清洗黑色金属、不锈钢、铜、铝、镁、锌及其合金等有色金属零件表面、机械设备、机电产品、五金工具、轴承、金属加工等残留的机油、研磨油、切削液、抛光膏、防锈油、灰尘等污染物清洗，也适宜电镀和喷漆的油污清洗。

【应用特点】 可代替汽油、煤油柴油、三氯乙烯、三氯乙烷等溶剂清洗剂，溶剂清洗剂不仅浪费能源，而且毒性大、致敏反应多、易着火和污染环境，目前广泛采用水基金属清洗剂。在金属表面在加工、储存、运输等过程中很容易附着油性污垢，例如防锈油、润滑油、燃料油以及某些动植物脂等。在各种金属表面处理中，去除油污是至关重要的，其直接关系到整个处理过程的成败。

【安全性】 应避免清洗长时间接触皮肤，防止皮肤脱脂而使皮肤干燥粗糙，防误食、防溅入眼内。工作场所要通风良好，用有味型产品时建议工作环境有排风装置。

【包装储存】 包装：25kg/塑料桶；200kg/铁桶。储存：保质期2年，存放于阴凉干燥处。

【生产单位】 北京筑宝公司，天津富尔莱德工贸有限公司。

Ka005 水基金属零件清洗剂

【英文名】 water base metal parts cleaning agent

【别名】 零件清洗剂；水基金属清洗剂

【组成】 主要是由低泡表面活性剂、渗透扩散剂、防锈剂及清洗助剂等复配而成的环保型金属水基清洗剂。

【产品特点】 对金属表面无腐蚀、无损伤，清洗后金属表面洁净、光亮，具有短期防锈功能；使用过程安全可靠，不污染环境，对人体无害。

【配方】

组 分	w/%
脂肪醇聚氧乙烯醚磷酸酯	3～10
脂肪醇聚氧乙烯醚硫酸酯	2～5
脂肪醇聚氧乙烯醚	10～20
烷基醇酰胺	5～10
渗透剂	1～5
烷基醇胺	4～10
乙二醇烷基醚	5～10
偏硅酸钠	1～5
络合剂	0.1～0.5
消泡剂	0.3～1.0
去离子水	余量

其中，脂肪醇聚氧乙烯醚磷酸酯的聚氧乙烯平均数为5～7，脂肪醇的碳数为12～14；脂肪醇聚氧乙烯醚硫酸酯的聚氧乙烯平均数为2～4，脂肪醇的碳数为12～14；脂肪醇聚氧乙烯醚的脂肪醇的碳数为16～18，聚氧乙烯平均数为

10～15；烷基醇酰胺是椰子油酰二乙醇胺、月桂酰二乙醇胺或烷基醇酰胺磷酸酯；渗透剂是琥珀酸酯磺酸钠，具有高效快速的渗透能力；烷基醇胺是一烷基醇胺、二烷基醇胺或三烷基醇胺，烷基可以是乙基、丙基或丁基；乙二醇烷基醚是一烷基醚或二烷基醚，烷基是乙基、丙基或丁基；络合剂为有机螯合剂，如乙二胺四乙酸（EDTA）及其钠盐或柠檬酸钠；消泡剂是乳化型有机硅油消泡剂，或者是固体粉剂有机硅消泡剂。

【配方分析】 脂肪醇聚氧乙烯醚磷酸酯、脂肪醇聚氧乙烯醚硫酸酯和脂肪醇聚氧乙烯醚均为无色至浅黄色透明液体，烷基醇酰胺为红棕色透明液体，渗透剂为无色透明液体，这些表面活性剂完全溶于水，不燃、不爆，易生物降解，是清洗剂的主要成分。络合剂为乙二胺四乙酸（EDTA）及其钠盐或柠檬酸钠，为白色颗粒或粉末状，除了可以螯合 Ca^{2+}、Mg^{2+} 外，还可以螯合 Fe^{3+}、Cu^{2+} 等许多其他金属离子，从而防止表面活性剂的消耗，同时还克服了使用磷酸盐类无机助剂引起的恶化水质的过肥现象，对环境不产生污染。乙二醇烷基醚均为无色透明液体，对矿物油、油脂等污垢有较强的溶解能力，也可以调节清洗剂的黏度。清洗剂中泡沫太多，往往会给漂洗带来困难，费时费力又浪费大量的水，因此加入消泡剂抑制泡沫的产生，使得被清洗部件易于冲洗。

【制法】 将上述原料在 40～60℃温度下加热溶解，逐个加入上述各组分，使其全部溶解，即可得到均匀透明的浅黄色液体，能与水以任意比例混合，且无毒、无腐蚀性，不污染环境。

【性能指标】

外观及颜色	浅黄色均匀透明液体
相对密度(25℃，水＝1)	1.00±0.02
pH 值	10.5～13.0(25℃)
表面活性物含量	大于 30%
黏度	40～100mPa·s(25℃)
稳定性	－10～50℃稳定

【产品实施举例】 配制清洗剂 100kg。

组　分	m/kg
脂肪醇聚氧乙烯醚磷酸酯	5
脂肪醇聚氧乙烯醚硫酸酯	3
脂肪醇聚氧乙烯醚	16
椰子油酰二乙醇胺	7
琥珀酸酯磺酸钠	3
乙醇胺(化学纯)	5
乙二醇单丁基醚(化学纯)	6
偏硅酸钠(化学纯)	4
乙二胺四乙酸	0.15
固体粉剂有机硅油消泡剂	0.3
去离子水	50.55

【清洗方法】 上述清洗剂外观为浅黄色均匀透明液体，密度为 1.00g/cm³，黏度为 57mPa·s，pH 值为 11.5。用超声波清洗机清洗，能有效地去除金属零件表面上的油脂、灰尘、积炭等污染物。

【主要用途】 该水基金属零件清洗剂应用于显像管行业等各种精密金属零件的清洗，可有效去除矿物油、植物油、动物油及其混合油。

【应用特点】 当将其应用于显像管行业等各种精密金属零件的清洗，能够有效地去除金属零件表面的多种冲压油和润滑油，与使用三氯乙烷、CFC-113 等 ODS 物质的清洗效果相当。当用该清洗剂清洗显像管行业等各种精密金属零件时，可用 5%～10%的该组合物与去离子水配制成清洗液，在 40～60℃时浸泡或超声清洗，然后用去离子水冲洗干净，真空或热风干燥即可。

【安全性】 该产品不含 ODS 物质，无毒，无腐蚀性，去污能力强，可有效去除矿物油、植物油、动物油及其混合油，清洗效果达到 ODS 清洗效果，能够有效地去除金属零件表面的多种冲压油和润滑油，对金属表面无腐蚀、无损伤，能够替代三氯乙烷等 ODS 物质进行脱脂，生物降解性好，使用完可以直接排放，使用方便，对环境无污染，无温室效应，对人体无危害。本品乳化、分散能力强，抗污垢再沉积能力好，不产生二次污染，使用范围广，对高温高压冲压出的零件有极佳的清洗效果，清洗后金属零件表面光亮度好。该产品是水剂，安全性高，不燃不爆，无不愉快气味。

【生产单位】 北京筑宝公司，天津富尔莱德工贸有限公司。

Ka006 新型电器设备清洗剂

【英文名】 new cleaning agent for electric equipment

【别名】 设备清洗剂；电器清洗剂

【组成】 一般由石油磺酸钠、石油磺酸钡、羊毛脂、OP 乳化剂、苯并三氮唑、邻苯二甲酸二丁酯、20# 机械油等复配而成。

【产品特点】 ①高效，去污力强，清洗后完全挥发，不留残渍；②安全，使用安全，不易燃烧；③经济，可不断点进行清洗，不影响生产。

【配方】

组　分	w/%
石油磺酸钠	25
羊毛脂	8
苯并三氮唑	1
石油磺酸钡	8
OP 乳化剂	7
邻苯二甲酸二丁酯	1
20# 机械油	余量

【制法】 本配方稳定，适用于铜合金、电工钢等。防锈有效期对钢为 15d，对黄铜为 7d。按 3%水溶液使用。

【清洗方法】 本产品可浸泡、喷洗、擦洗。

【质量指标】

外观	无色透明液体
燃烧性	不可燃
气味	特殊溶剂味
蒸气相对密度	4.55
相对密度	1.46
闪点	无
挥发性	100%
水溶性	微溶于水
介电强度	30000V

【主要用途】 发电厂、变电站、工厂、饭店、宾馆、大型电机设备、小型电机、烟雾报警器、配电柜、变配电设备和机械修造行业电气开关、自控开关、自控开关、电焊机、机械零部件和小型电动工具等的清洗。

【应用特点】 本品能快速清除电气设备中的油污、粉尘、锈蚀和水分等杂质，挥发迅速、不留残渍；无闪点、无燃点、不导电。本品具有强力的渗透力和分解能力，能迅速分解油脂，适用于高电压设备上，380V 以上。

【安全性】 是一种不腐蚀金属、不损伤漆膜、无毒、无害、安全、无污染的节油新型电器设备清洗剂。对严重污垢的电机，不宜带电清洗，请不要用于弱电、精密电子设备和家电上，不能用在不耐溶剂的塑料制品上，使用时注意通风。

【生产单位】 上海利洁科技有限公司。

Ka007 机电设备除油去锈二合一清洗剂

【英文名】 mechanical and electrical equipment oil removal derusting combined cleaning agent

【别名】 二合一清洗剂；除油去锈清洗剂

【组成】 一般由石油磺酸钠、石油磺酸钡、环烷酸钠、磺化油（DAH）机械油等复配而成。

【产品特点】 ①化学稳定性。在常温下

储存，性能稳定，不发生分解。②表面张力小，能有效地降低污染物表面的张力，从而达到理想的清洗效果。黏度低，渗透性强，清洗力十分明显。对缝隙、细孔部分的污染物也能快速分离。③沸点较低，易挥发，无任何残留，不必再经过擦拭或热风烘干。④即使在沸腾状况下，亦不腐蚀钢铁、不锈钢、铜、黄铜、铝和锌等金属。对塑料、橡胶等材料的溶胀作用亦很小。⑤无毒，使用安全，对人体的皮肤、眼睛黏膜无刺激作用。并且可以反复回收再利用，是理想的新型环保清洗剂。

【配方 1】

组　分	w/%
石油磺酸钠	15～16
环烷酸钠	12
石油磺酸钡	8～9
磺化油(DAH)	4
10#机械油	余量

此配方润滑、防锈性能好。2%～3%的水溶液用于车、磨加工，效果良好。

【配方 2】

组　分	w/%
石油磺酸钠	11.5
磺化油	12.7
环烷酸锌	11.5
三乙醇胺酸皂(10：1)	3.5～5
10#机械油	余量

它在生产中防锈期：对铸铁 2d；对钢达 4d。通常以 2%～3%的水溶液使用。

【配方 3】

组　分	w/%
三乙醇胺酸皂	4.8
环烷酸锌	11.5
7#高速机油	59.5
石油磺酸钡	11.5
磺化油	12.7

此配方较稳定，不易变质，按 2%使用时，对钢、铸铁防锈期 7d。

【配方 4】

组　分	w/%
磺酸钠	34.9
油酸	16.6
乙醇	39.8
三乙醇胺	8.7
10#机械油	余量

本配方按 2%水溶液使用时，防锈期 12d，用于精磨零件，可作工序间防锈。

【配方 5】

组　分	w/%
碳酸钾皂	3
吐温 80	1
石油磺酸钠	15
苯乙醇胺	1
10#机械油	余量

本配方防锈期 3～7d，但洗涤性较差，如以适量油酸皂类配合使用，可克服这一缺点。

配制水乳剂使用时，要用热水调配，一般温度 90～100℃。

【配方 6】

组　分	w/%
石油磺酸钠	10
三乙醇胺	10
氢氧化钾	0.6
硝化油	10
油酸	2.4
527#机械油	67

本方具有润滑、冷却和防锈性能。用于钢、铸铁件的磨加工。

【配方 7】

组　分	w/%
石油磺酸钠	12～13
油酸	0.8
磺化油	4
机械油	77
水	1
油酸三乙醇胺(7：10)	4
氢氧化钾	0.4

续表

组　分	w/%
碳酸钠	0.2
亚硝酸钠	0.2

配成2%～3%的水溶液，具有较好的防锈性、清洁性。

【配方8】

组　分	w/%
石油磺酸钠	24
OP-10乳化剂	5
苯乙醇胺	1
油酸三乙醇胺	4
2#蓖麻油酸钠	41
7#高速机油	24

本配方2%水溶液为浅色透明液，清洗性和防锈性良好。

【配方9】

组　分	w/%
油酸	10～12
十二烯基丁二酸	2
苯并三氮唑	0.05
三乙醇胺	6～7
石油磺酸钠	12
机械油	余量

本方润滑性、清洗性均好，对钢、铸铁、铜、镀锌等多种金属有防锈性。2%～3%水溶液用于车削。

【配方10】

组　分	w/%
油酸	12
二环己胺	2
苯酚	2
三乙醇胺	4
磺酸钡甲苯溶液(1∶2)	10
10#～40#机械油	70

本配方防锈、防霉性能好，使用有效期长。以5%水溶液使用（添加0.2%的碳酸钠、0.2%的亚硝酸钠）还可用于水压机的液压液，使用有效期3个月至1年。

【配方11】

组　分	w/%
石油磺酸钡	10
三乙醇胺	1.0
石油磺酸钠	4
环烷酸松香钠皂	26
10#机械油	余量

本配方防锈性、清洗性尚好，成本低。可代替皂化溶解油。

【配方12】

组　分	w/%
石油磺酸钡	10
斯盘80	2
三乙醇胺	6.5
氢氧化钠	0.5
水	2
石油磺酸钠	4
油酸	11.5
梓油	10
乙醇	2
20#或30#机械油	51.5

【配方13】

组　分	w/%
石油磺酸钡	12
油酸	11.5
20#或30#机械油	63
十二烯基丁二酸	2
三乙醇胺	6.5

本配方清洗性好，对铸铁加工件7d不锈。以5%水溶液用于磨、车和钻床上。

【主要用途】 机电设备除油去锈二合一清洗剂，主要适用于发电厂、变电站、工厂、饭店、宾馆、大型电机设备，小型电机、烟雾报警器、配电柜、变配电设备和机械修造行业电气开关、自控开关、自控开关、电焊机、机械零部件和小型电动工具等。

【应用特点】 机电设备除油去锈二合一清洗剂，可以反复回收再利用，是理想的新型环保清洗剂。

【安全性】 对严重污垢的电机，不宜带电清洗，不能用于弱电、精密电子设备和家电上，不能用在不耐溶剂的塑料制品上，使用时注意通风。

【生产单位】 上海利洁科技有限公司，深圳市爱洁家清洁技术有限公司。

Ka008 BD-E202型机电设备金属清洗剂

【英文名】 BD-E202 type electrical equipment metal cleaning agent

【别名】 BD-E202清洗剂；机电金属清洗剂

【组成】 一般由20#机油和金刚砂、添加剂、表面活性剂、清洗剂及乳化油、抛光油添加剂由抛光油和添加剂等复配而成。

【产品特点】 ①清除油焦、重油垢能力强，清洗彻底、干净、不留残迹；②应用范围广，适用于金属和非金属表面的清洗；③可在常温下直接使用，根据油垢程度用水稀释1～20倍使用；④可据需要采取浸洗、刷洗、喷洗、擦洗、超声波等方法清洗；⑤该品属高效低泡。

【配方】

组 分	w/%
抛光油	95～97
20#机油	2～3
清洗剂	9.5～10.5
添加剂	3～5
表面活性剂	0.5～1.5
乳化油	1.5～2.5

【制法】 便于清洗的轴承内套抛光油添加剂由抛光油和添加剂组成，抛光油的用量为95%～97%，添加剂的用量为3%～5%。其中抛光油含有97%～98%的20#机油和2%～3%的金刚砂；添加剂含有表面活性剂、清洗剂及乳化油，用量比是(0.5～1.5)∶(9.5～10.5)∶(1.5～2.5)。

【清洗工艺】 ①最宜机器清洗和手工清洗；②该品适用于碳钢、不锈钢、紫铜、铁、纤维、皮革、橡胶等材质；③废水处理：对环境无任何影响，清洗后的废水可直接排放。

【主要用途】 主要用于中型金属器材和机械设备表面的油污、油垢的清洗。通过在现有抛光油中加入添加剂的方式，在不影响轴承内套抛光质量的前提下，通过相应的清洗方法使得用该方法加工的产品的清洗状况有所改善。在确保清洗质量的前提下，减轻了员工的劳动强度，提高了产品的清洁度。并且由于产品移动次数少，减少了不必要的磕碰伤，可使因磕碰伤造成的产品回转、噪声等下降50%左右。将原有的多人手工擦洗方式变成一人操作机械式清洗，有效提高了工作效率。

【应用特点】 金属清洗剂（高效低泡）主要用于中型金属器材和机械设备表面的油污油垢的清洗。该品在水中有极好的溶解性，无腐蚀，快速安全，具有优良的渗透性、乳化性和清除油焦的能力，使用简单方便，使用后可以直接排放，安全环保。清洗结束后在设备金属表面形成一层保护膜，具有短期防锈作用。

【安全性】 ①根据油污轻重调整清洗液的浓度。②及时将槽液表面的浮油排除，以免造成二次污染。③每天定期添加1%～3%的清洗剂，添加后清洗效果仍不理想时，更换新液体。④若不慎溅入眼睛，即用清水或生理盐水冲净；禁止食用。⑤为防止皮肤过度脱脂，操作时请尽量戴耐化学品手套。

【生产单位】 北京蓝星清洗有限公司，天津天通科威工业设备清洗有限公司。

Kb 电气机械设备清洗剂

Kb001 电气合金材料积碳油污洗净剂

【英文名】 electrical alloy carbon pollution detergent

【别名】 电气清洗剂；积炭油污洗净剂

【组成】 一般由表面活性剂、渗透剂、溶剂、助剂、铝材防护剂等，经科学加工配制而成。

【产品特点】 ①使用安全，无毒害；②操作简便，对所有电气材料没有腐蚀；③耐电压25kV，经电力实验所检验耐电压值达到35kV。

【配方】

组　分	m/g
松香	21
油酸三乙醇胺(1.9∶1)	3
氧化脂镁皂	3
蓖麻油	21
石油磺酸钡	4
苯并三氮唑	0.2

【性能指标】

外观	符合设计香型、色泽的液体
密度/(g/cm^3)	1.1±0.1
pH值	10.5±0.5
高、低温稳定性	应符合QB/T 2117—1995中的4的规定

【清洗方法】 使桶内溶液混匀后倒出所需量，在清洗中不需加温。小型零件放在金属笼内浸渍，去污时间可以根据污脏的程度而异，通常是15min～24h。如用超声波振荡可以缩短浸泡时间。浸渍后取出的零件用带压力的水或溶剂冲洗干净，用过后的UT-737用盖子盖好，以备反复使用。

【主要用途】 本产品适用于铝、铁、锡、铜等合金材料的清洗。另用于柴油机、内燃机车、空压机阀门、化油器、喷嘴、活塞、变速器、烧油锅炉的喷嘴等各种机械零部件的除积炭和除重油污处理。

【应用特点】 具有较强的渗透力，除油污、积炭能力强，对所有金属均安全；且没有着火的危险，安全可靠，室内外均可使用。一般用于清洗电机、电器柜、配电盘、胶渍、重油污以及铝材等各种金属零件的专用清洗产品。

【安全性】 ①使用时请戴手套，对铝镁材质的部件应在短时间内进行处理；②UT-737有特殊的溶剂味，所以使用存放时，请盖好盖子；③冬季可能会冻结，熔化后效果不变；④对于一些特殊铝合金，需做试验后方可使用。

【生产单位】 北京蓝星清洗有限公司，天津天通科威工业设备清洗有限公司。

Kb002 电气发动机积炭清洗剂

【英文名】 electric engine carbon deposit

cleaning agent

【别名】 电气积炭清洗剂；发动机清洗剂

【组成】 一般由表面活性剂、渗透剂、溶剂、助剂、铝材防护剂等，经科学加工配制而成。能够高效去除表面油污，对铝材没有腐蚀，对钢材具有短期防锈性能，是铝材清洗最理想的清洗剂。

【配方】

组 分	w/%
高碳酸皂	3～4
油酸三乙醇胺	5
油酸钾皂	12
石油磺酸钠	10
140# 机械油	余量

【制法】 本配方防锈有效期 7d，用于电气发动机积炭清洗。

【性能指标】

外观	符合设计香型、色泽的液体
pH值(25℃)	8～11
密度(25℃)/(g/cm³)	1.0±0.5
除油率	≥90
引火性	不燃烧
腐蚀性	符合 QB/T 2117—1995 中 4 的规定

【清除工艺】 超声波机洗、人工浸泡、刷洗。使用温度：60～80℃。使用浓度：一般情况配制 5%水溶液，也可根据油污程度自行按适当比例配制。

【清除积炭的方法】 一种是积炭不太严重的，采用免拆清洗法，通过加入一种特殊发动机在线清洗剂目的，问题就是气门和缸内积炭太多引起时，那就不得不采用拆解发动机的方法来解决了。积炭严重时，需要采用揭开缸盖清洁气门和缸壁的方法或者使用超声波配合发动机积炭清洗剂进行整体清洗。

【主要用途】 高效去除表面油污，对铝材没有腐蚀，对钢材具有短期防锈性能，是铝材清洗最理想的清洗剂。

【应用特点】 发动机积炭是很难避免的，只是时间的问题。现在的电喷发动机，工作时汽缸每次都是先喷油再点火，当车主熄灭发动机的刹那，总有汽缸喷出的汽油未点火燃烧，留在缸体、气门、燃烧室的汽油挥发之后，剩下的胶质物和石蜡却越积越厚，反复受热后变硬就形成积炭。

【安全性】 对严重污垢的电机，不宜带电清洗、请不要用于弱电、精密电子设备和家电上，不能用在不耐溶剂的塑料制品上，使用时注意通风。

【生产单位】 山东工业清洗化学制品有限公司。

Kb003 F-17 机械油污清洗剂

【英文名】 F-17 mechanical oil cleaning agent

【别名】 F-17 清洗剂；油污清洗剂

【组成】 一般由表面活性剂、高分子助洗剂、无机助溶剂和金属保护剂等成分组成。

【产品特点】 不腐蚀金属，不损伤漆膜，是一种无毒、无害、安全、无污染的节油清洗剂。

【配方】

组 分	w/%
磷酸三钠	0.5～1
氢氧化钠	0.5～1
去离子水	50
焦磷酸钠	2
聚氧乙烯脂肪醇	46

【制备方法】 将磷酸三钠和焦磷酸钠加入去离子水中，在 70℃的温度下加热，使磷酸三钠和焦磷酸钠完全溶解，然后加入氢氧化钠和聚氧乙烯脂肪醇，搅拌均匀。将经过抛光而未清洗的精密零件放入 3%的该零件腐蚀液中，40℃下在超声机内超声 5min，超声波的设定频率为 28kHz。将零件取出后用吹风机干燥，用

色灯观察，无油污、颗粒等，清洗效果良好。

【清洗方法】 ①加入水中稀释，配制成5%～10%的水溶液；②将需清洗零部件放入清洗液，可选用手工清洗、擦洗、刷洗、机械喷洗或超声波清洗等任一方式清洗；③洗净后的零部件用干净擦布擦干或晾干；④油污严重时，可提高清洗剂浓度；⑤清洗液使用一段时间后，可除去表面浮油和底部沉渣，添加适量本品后继续使用。

【性能指标】 外观：淡黄色或黄色黏稠透明液体（原液）；pH值：9～11（5%水溶液）。

【主要用途】 本清洗剂用于代替汽油、煤油清洗各种机械设备、金属零部件表面黏附的机油、切削油、灰尘污垢、抛光膏、润滑油、防锈油脂及其他各种矿物和动、植物油脂等。不腐蚀金属，不损伤漆膜，是一种无毒、无害、安全、无污染的节油清洗剂。

【应用特点】 本品也可用于清洗非金属材料如塑料、橡胶、水泥、木材、陶瓷、玻璃、砖瓦、马赛克、皮革、人造革等材质表面黏附的各种油迹、烟渍、霉腐物、氧化物等污物。

【安全性】 对严重污垢的电机，不宜带电清洗，请不要用于弱电、精密电子设备和家电上，不能用在不耐溶剂的塑料制品上，使用时注意通风。

【包装储存】 包装：25kg/塑料桶；200kg/铁桶。储存：保质期2年，存放于阴凉、干燥处。

【生产单位】 山东工业清洗化学制品有限公司，北京蓝星清洗有限公司。

Kb004 电气机械设备强力油污清洗剂（粉状）

【英文名】 electrical machinery strong oil detergent (powder)

【别名】 电气粉状清洗剂；机械设备强力油污

【组成】 一般由磷酸盐、焦磷酸盐、表面活性剂、助剂等复配而成。

【产品特点】 由多种表面活性剂、多种助剂复配而成。易溶于水、不含磷产品，属环保安全型清洗剂。本品无毒、无味、不燃烧、不挥发，对钢铁不腐蚀，具备短时间防锈功能，清洗能力强，可清除润滑油、齿轮油等各种机械油污。

【配方】

组　分	w/%
磷酸盐	0.8～12.5
表面活性剂	25～42.5
无机强碱	0.01～0.5
助剂	3～5
焦磷酸盐	6～8

【制法】 本配方稳定性好，洗涤性尚可，有效防锈，以2%～3%水溶液使用。

【性能指标】 参照Kb003 F-17机械油污清洗剂。

【主要用途】 适用于机械加工、设备检修保养，清除机械零件、轴承、铁板上的油污，也可用于厨房设备、地面的清洗。

【应用特点】 利用磷酸盐和焦磷酸盐，在碱性环境下腐蚀零件，加入表面活性剂可以降低表面张力、增强物质传递、去除杂质，从而提高腐蚀的均匀性，增加腐蚀速率，去除腐蚀后的杂质，达到机械设备清洁精密零件，尤其是铁合金表面的目的。

【安全性】 对严重污垢的电机，不宜带电清洗，请不要用于弱电、精密电子设备和家电上，不能用在不耐溶剂的塑料制品上，使用时注意通风。

【生产单位】 北京蓝星清洗有限公司，天津天通科威工业设备清洗有限公司。

Kb005 电气机械设备清洗剂

【英文名】 electrical machinery and

equipment cleaning agent

【别名】 电气清洗剂；设备清洗剂

【产品特点】 ①挥发速度快，既可彻底溶解油污，并充分挥发，不留残迹；②不易燃烧，没有稀料、汽油等物那样的引火性危险；③不含任何有毒、有害物质，对人体绝对安全。

【配方】

组 分	w/%
油酸三乙醇胺	7
石油磺酸钠	20
10#机械油	63
油酸钾皂	8
乙醇	2

【制法】 本配方稳定性好，洗涤性尚可，有效防锈，以2%～3%水溶液使用。

【性能指标】 外观：淡黄色或黄色黏稠透明液体（原液）；pH值：9～11（5%水溶液）。

【主要用途】 广泛用于所有工、矿企业的发电机、电气柜、电焊机、发动机、输变电设备、配电室设备、电动工具、电控系统、空调机组、信号系统、油过滤器、液压装置、变速箱及齿轮、轴承、钻井机采油设备。

【应用特点】 本品为新型环保清洗剂，不易燃，使用方便，对人体和设备绝对安全。可迅速清除各种电气、机械设备的油污、粉尘、水分等污物。可带电清洗，耐电压25kV以上。

【安全性】 对严重污垢的电机，不宜带电清洗，请不要用于弱电、精密电子设备和家电上，不能用在不耐溶剂的塑料制品上，使用时注意通风。

【生产单位】 石家庄天山银河科技有限公司。

Kb006 电气设备零件清洗剂

【英文名】 electrical equipment parts cleaning agent

【别名】 设备零件清洗剂；电气零件清洗剂

【产品特点】 由多种表面活性剂、多种助剂复配而成。易溶于水、不含磷产品，属环保安全型清洗剂。本品无毒、无味、不燃烧、不挥发，对钢铁不腐蚀，具备短时间防锈功能，清洗能力强，可清除润滑油、齿轮油等各种机械油污。

【配方】

组 分	w/%
磷酸盐	0.5～8
无机强碱	0.01～0.5
去离子水	30～95
焦磷酸盐	0.5～8
多种表面活性剂	5～45

【制法】 该机械设备零件清洗剂可以克服一些零件清洗剂的不足，采用轻微腐蚀对抛光后的精密零件进行处理，保证了清洗的彻底性，且不含ODS（Ozone Depleting Substanceh 消耗臭氧层物质），是一种既高效且环保的清洗剂。

【配方分析】 机械设备零件清洗剂由金属腐蚀剂磷酸盐作为组分Ⅰ，它可以是磷酸三钠、磷酸氢二钠、磷酸二氢钠或磷酸二氢钾；焦磷酸盐作为组分Ⅱ，它可以是焦磷酸钠、焦磷酸钾、焦磷酸铜或焦磷酸铁；pH调节剂作为组分Ⅲ，它可以是氢氧化钠或氢氧化钾；一种以上的表面活性剂作为组分Ⅳ，它可以是聚氧乙烯系非离子表面活性剂、多元醇酯类非离子表面活性剂、高分子及元素有机系非离子表面活性剂类；聚氧乙烯系非离子表面活性剂可以是聚氧乙烯烷基酚、聚氧乙烯脂肪醇、聚氧乙烯脂肪酸酯、聚氧乙烯胺或聚氧乙烯酰胺。

【性能指标】 参照Kb003 F-17机械油污清洗剂。

【主要用途】 广泛用于所有工、矿企业的发电机、电气柜、电焊机、发动机、输变电设备、配电室设备、电动工具、电控系统、空调机组、信号系统、油过滤器、液压装置、变速箱及齿轮、轴承、钻井机采油设备。

【应用特点】 ①清洗效果明显，可以作为金属零件清洗剂的主要成分；②零件腐蚀液 pH 在碱性范围内，对机械设备精密零件没有腐蚀作用；③清洗剂无泡沫，无刺激气味，使用安全；④清洗剂组成部分都是常见工业化产品，来源广泛易得，工业化成本优势明显。

【安全性】 本品为酸性，避免与皮肤直接接触。操作时戴防护面罩和橡胶手套，若溅落在皮肤或眼中，立即用大量清水冲洗并就医。

【生产单位】 北京蓝星清洗有限公司，天津天通科威工业设备清洗有限公司。

Kc 锅炉化学清洗剂

锅炉化学清洗的准备包括洗前对系统进行检查、对水垢类型进行鉴别、选取清洗主剂、确定清洗工艺（主剂浓度、清洗温度、连续清洗时间、缓蚀剂和钝化剂的选用）、进行废液处理和效果评价等。

1 锅炉化学清洗步骤

化学清洗一般由下述步骤或其中几个步骤组成。

①水冲→②碱洗（碱煮）→③水冲→④酸洗→⑤水冲（漂洗）→⑥钝化（停用保养）→⑦废液处理→⑧清洗效果评价等。

(1) 步骤 ①水冲，冲洗系统中的泥沙和疏松的污垢；②碱洗，除油（尤其对新建锅炉），将钙、镁的硫酸盐等硬质污垢转化成可被酸溶解或可松动的碳酸盐等；③水冲（至 pH<9），去除余碱；④酸洗，溶解、去除碳酸盐、铁锈等水垢（酸洗液中需要含有缓蚀剂）；⑤漂洗、水冲（至 pH>5），除去余酸，防止或减少二次锈，使基体表面保持洁净，为钝化作准备；⑥钝化，使相对活泼的金属表面钝化、防腐；⑦废液处理，减少污染；⑧清洗效果评价。

化学清洗突出特点：本品为除垢剂、缓蚀剂、促进剂、掩蔽剂、抑雾剂、表面活性剂等多种物质组成的有机酸系列清洗剂。实践证明，本技术具有除垢效率高、清洗速度快，对金属基体腐蚀小，在清洗过程中对金属有钝化作用，因此没有过洗现象出现，清洗完成后钝化膜致密完整。本产品不含有毒有害物质，因此使用安全、废液无污染、安全环保，使用方法简便易于掌握。该产品的推广应用为锅炉的安全高效运行提供了保证。

(2) 使用方法

①化学清洗流程：水冲洗→酸洗除垢→水冲洗→钝化处理；②断开与锅炉无关的其他系统，将清洗槽、清洗泵跟锅炉连接成一个清洗闭合回路；③在模拟清洗状态下对清洗系统的泄漏情况进行检查，同时清除锅炉内松散的污物，当出口处冲洗水目测无大颗粒杂质存在时，水冲洗结束；④水

冲洗结束后，在清洗槽内循环添加“锅炉清洗粉”，控制清洗主剂浓度在3%～6%，温度在50～60℃的范围内，于系统内进行循环清洗去污，清洗时间2～3h，定时用pH试纸测量酸液的pH（1次/20min），使其维持在1以下，当pH在半小时内趋于稳定且清洗系统内没有气体放出时，结束酸洗过程；⑤水冲洗合格后，循环添加“钝化预膜剂”进行钝化处理，来提高锅炉的耐腐蚀性能。待整个系统溶液浓度混合均匀升温到60℃左右后停止循环，浸泡2～3h，将钝化液排出系统，清洗过程结束。

（3）注意事项 ①本品不能食用；②搬运、操作过程中穿戴好劳保用品。

2 化学清洗中常用的试剂及应用工艺

（1）碱洗主剂 $NaOH$、Na_3PO_4、Na_2CO_3，必要时加入表面活性剂等。

（2）酸洗主剂 HCl、HF、柠檬酸、EDTA、羟基乙酸、氨基磺酸等。

①对碳酸盐水垢，一般采用盐酸、硫酸等清洗，盐酸4%～8%，最高不超过10%。②对硅酸盐水垢，可采用氢氟酸、氢氟酸与盐酸的混酸或在盐酸中加入氟化物进行清洗。氢氟酸1%～2%，若与盐酸配用取1%，氟化物0.5%。③锅炉酸洗时，若清洗液中Fe^{3+}含量达到或超过500mg/L，则应在酸洗剂中加入适量亚硫酸钠、氯化亚锡或次亚磷酸钠等还原剂，以降低Fe^{3+}的浓度，减少Fe^{3+}对金属基体的腐蚀，或减少Fe^{3+}对腐蚀的促进作用。酸对锅炉基体有很强的腐蚀性，所以酸洗液中必须加入缓蚀剂，其浓度根据试验结果确定。酸洗温度一般不应超过60℃。

（3）缓蚀剂 乌洛托品[$(CH_2)_6N_4$]、粗吡啶（C_5H_5N）、硫脲[$(NH_2)_2CS$]、巯基苯并噻唑（$C_7H_5NS_2$）等，商品缓蚀剂由各种具有缓蚀作用的药品配伍而成。Lan-826是公认的一种较好的商品缓蚀剂。缓蚀剂的缓蚀效率应达到98%以上，并且不发生点蚀。在选择缓蚀剂时，还应考虑缓蚀剂的毒性、臭味和水溶性等。

（4）漂洗剂 一般采用含量为0.1%～0.3%的柠檬浓溶液，加氨水调整pH至3.5～4.0后进行漂洗，溶液温度维持在75～90℃。氢氟酸也可以作漂洗剂。

（5）钝化剂 $NaNO_2$、H_2O_2、Na_2CO_3、Na_3PO_4等，可使基体表面生成钝化膜（致密氧化膜、难溶盐和吸附层等）。

（6）表面活性剂 OP-10等。

（7）还原剂 $SnCl_2$还原过量的Fe^{3+}。

（8）其他助剂。

Kc001 锅炉安全三合一常温清洗剂

【英文名】 boiler safety triple normal temperature washing agent

【别名】 EDTA 锅炉清洗剂；锅炉常温清洗剂；三合一清洗剂

【组成】 一般由 EDTA 缓蚀剂、碱洗液等复配而成。

【清洗的机理和特点】 EDTA 清洗实质是其络合基元和金属离子两相反应，在一定条件下生成稳定的络合物。在清洗过程中同时存在着电离、水解、络合、中和等多种化学反应。清洗液弱酸性开始，依靠炉内络合体系自身的物理化学变化，金属离子被络合溶解，随着炉内积垢的清除，pH 逐渐升高至清洗结束，清洗介质达到钝化条件，从而实现洗垢、钝化一步完成。EDTA 清洗剂对氧化铁和铜垢类沉积物以及钙、镁垢有较强的清洗能力，清洗后金属表面能生成良好的防腐保护膜，无需另行钝化处理，可从废液中回收 EDTA 再利用，但药品价格昂贵。

【清洗工艺及应用实例】 EDTA 清洗锅炉有三种方式：①用 EDTA 进行强制循环的清洗方式；②EDTA 按自然循环方式清洗；③“协调 EDTA”的自然循环清洗方式。

【产品特点】 ①高效：除油、除锈效果好，对油污和锈蚀产物洗净率良好；②快速：除油、除锈、钝化三步合一，缩短清洗时间；③简便：清洗温度 30℃～50℃，最佳温度 40℃，清洗操作简便，最易实现标准化作业；④安全：本品为弱酸性，对设备、人身腐蚀性小，对碳钢、不锈钢、铜、铝等多种金属材料的腐蚀率均小于《工业设备化学清洗质量标准》（HG/T 2387—92）规定要求；⑤节能：无需高温，除严冬外，在无加热条件下，也可完成具体清洗工作。

【清洗方法】 使用浓度为 10%～12%，使用时，先加入缓蚀剂，然后将本品按比例加入到计量水中配制成清洗溶液，在 30～50℃下循环清洗 4～6h。重锈可直接擦拭或加大用量及延长清洗时间。必要时，清洗后再漂洗钝化。

【配方-1】 EDTA 清洗锅炉示例 1❶

a. 锅炉自然条件　新建 2×300MW 机组。

b. 清洗液配方

组　分	w/%
EDTA(纯度为 99.8%)	4～6
EDTA 缓蚀剂(IS-136 等)	0.3～0.5
联氨(质量分数 40%)	1000mg/L

pH＝5.5～8.5；80～90℃；清洗时间 8h。

缓蚀剂可选用 EDTA 酸洗用复合型缓蚀剂，如 IS-136、J-225、TPRI-6 等。

c. 效果　除垢率：96%～98%；腐蚀速率：0.5～1.25g/(m²·h)。

d. 结论　综合控制清洗条件，温度在 80～90℃可行。对于垢量在 100～300g/m² 新建锅炉，用本实验条件效果好，安全可靠，节约能源，尤其适合新建机组热力系统的清洗。

【配方-2】 EDTA 清洗锅炉示例 2❷

a. 锅炉自然条件　东方锅炉厂制造的 DG3000/27146-Ⅱ-1 型超临界直流锅炉。清洗方法：采用 EDTA 钠盐清洗，清洗液加热采用锅炉点火方式进行；使用清洗泵作为循环动力。清洗范围：省煤器、水冷壁系统、汽水分离器、储水箱、本体系统内的管道集箱、疏水扩容器、疏水箱、过热器减温水管路及其他辅助清洗回路等。

清洗方式：水冲洗→碱洗→碱洗废液排放→水冲洗→EDTA 清洗及钝化→EDTA 清洗废液排放。

---

❶ 姜丽. 基建锅炉的低温 EDTA 化学清洗. 清洗世界，2008（1）：8-10.

❷ 于志勇，方振鳌，陆继民. 北仑电厂超临界直流锅炉的 EDTA 化学清洗. 清洗世界，2009，25（3）：6-10.

b. 碱洗液配方

组　分	w/%
磷酸三钠	0.6
磷酸氢二钠	0.4
清洁剂	0.02
水	余量

碱洗温度：85～130℃；碱洗时间：12h。

c. EDTA清洗液配方

组　分	w/%
EDTA钠盐	6
缓蚀剂	1
还原剂N2Ha	0.5
水	余量

清洗温度：110～130℃；清洗时间：7h。

清洗过程记录如下表所示（时间间隔：1h）：

EDTA(质量分数)/%	5.85	5.67	5.53	5.30	4.98	4.84	4.46	4.46	4.37	4.37
pH值	8.65	8.16	8.74	8.85	8.49	8.87	8.85	8.88	8.89	8.78
Fe^{n+}①/(g/L)	1.88	2.17	2.37	2.84	3.38	3.80	3.92	4.18	4.05	4.18
温度/℃	70	92	102	105	115	125	124	124	121	120

①包括Fe^{2+}和Fe^{3+}。

d. 效果　平均腐蚀速率为1.32g/(m^2·h)，优于DL/T 794—2001《火力发电厂锅炉化学清洗导则》中规定的小于8g/(m^2·h)的标准。无二次锈，无点蚀，钝化膜较完整，呈钢灰色。

【配方-3】 EDTA清洗锅炉示例3

a. 锅炉自然状况　给水运行温度262℃，额定负荷200t/h，主蒸汽压力10.0MPa，温度490℃。水垢分析：氧化铁垢为主，部分硫酸盐垢和少量硅酸盐垢。

b. 碱煮（氨洗）工艺　1.5%～3.0% $NH_3 \cdot H_2O$，0.5% $(NH_4)_2SO_4$，温度45～70℃，2～6h。

c. 酸洗工艺　酸洗工艺如下表所示：

项　目	氢氟酸	EDTA
w/%	1.0～2.0	0.03～0.05
缓蚀剂	0.2～0.4 混合缓蚀剂	0.3～0.5 混合缓蚀剂
pH值		5～5.6
溶液温度/℃	30～60	150～160
清洗流速/(m/s)	0.15～0.2	0.15～0.2
清洗时间/h	2～3	4～6

d. 钝化工艺　联氨400～500mg/L，用氨调节pH值为9.5～10，温度为90℃。

e. 效果　验收合格。

下表总结了盐酸、柠檬酸、EDTA 3种酸洗液的效果对比。

酸洗主剂	盐　酸	柠檬酸	EDTA
适用范围	20G钢，炉前系统和奥氏体需隔离	各种材质	各种材质
清洗效果	好，腐蚀速率5～7g/(m^2·h)	一般	好，腐蚀速率1～2g/(m^2·h)
安全因素	不安全，环境恶劣，易发生事故	安全，环境好	安全，环境好
清洗时间/d	6～8	8	3
临时系统	复杂	复杂	简单
用水量	除盐水5000t 工业水2000t	除盐水5000t 工业水2000t	除盐水1000t 工业水1000t
热源	启动锅炉时间长，加热温度低	启动锅炉时间长，加热温度低	启动锅炉加热温度高，时间短

注：陈晓嫦，姜丽．协调EDTA清洗工艺在锅炉清洗中的应用．中国科技信息，2009（11）：169-170。

【性能指标】 外观：淡黄色或黄色黏稠透明液体（原液）；pH 值：9～11（5%水溶液）。

【主要用途】 适用于工业成套装置、单元设备、长输管线的开车前清洗；适用于以铁锈垢为主的在役设备的清洗；也适用于钢铁器材、工件的除油、除锈及钝化工作。

【安全性】 本品为酸性，避免与皮肤直接接触。操作时请戴防护面罩和橡胶手套，若溅落在皮肤或眼中，立即用大量清水冲洗并就医。

【包装规格、储存期限】 25kg 塑料桶包装。储存期限：1 年。

【生产单位】 北京蓝星清洗有限公司，天津天通科威工业设备清洗有限公司。

Kc002 锅炉安全高效低泡清洗剂（酸洗）

【英文名】 boiler safety, low foam cleaning agent

【别名】 锅炉盐酸清洗剂；锅炉清洗剂；高效低泡清洗剂

【盐酸清洗的机理】 盐酸清洗时，不仅具有溶解氧化物的作用，而且还有剥离作用。因为盐酸和一部分氧化物作用时，特别是和 FeO 反应时，破坏了氧化物和金属的连接，使氧化物剥离下来。

盐酸清洗的特点及缓蚀剂使用条件：盐酸能快速溶解铁氧化物，工效高，酸洗后表面状态良好，渗氢量少，金属的氢脆敏感性小。此外，氯化铁溶解度大，无酸洗残渣。具有效果好、毒性小、货源充足等优点，至今仍被广泛采用。但其对硅酸盐垢和硫酸盐垢的清洗效果差，且对金属的腐蚀性强，易挥发产生酸雾，为了防止腐蚀常常需要加入一定量的缓蚀剂。氢氟酸清洗的机理：氢氟酸清洗铁锈和溶解氧化皮有清洗时间短、效率高的特点。这是因为氢氟酸有很强的溶解氧化铁的能力，靠氟离子的特殊作用，如氢氟酸与四氧化三铁接触时会发生氟与氧交换，接着 F^- 与 Fe^{3+} 发生络合反应，使氧化皮溶解。此外，氢氟酸有很强的除硅化物的能力。

【产品特点】 ①优异的消泡性，适用于高压喷洗工艺；②清洗能力强，轻松去除工件表面污渍；③良好的防锈性，确保工件在工序流转期的防锈要求；④使用寿命长，可长时间使用，延长更换周期。

【配方-1】 盐酸清洗示例 1

① 锅炉自然条件 叙利亚麦哈德电厂 1 号、2 号炉是由 Alstom 公司提供的 465t/h 的燃油（燃气）锅炉（12.7MPa），投产近 30 年，大修后进行化学清洗。

② 清洗过程

a. 系统水压试验 洗泵打压 1.0MPa。

b. 水冲 用除盐水进行冲洗至出水清澈；升温；用 $30m^3$ 的清洗箱调配保护液，联氨质量浓度为 200mg/L，用氨水调 pH 为 9.5～10。

c. 酸洗 HCl 4.85%（质量分数）、缓蚀剂 0.4%、抗坏血酸 0.3%、氟化铵 0.4%。温度 55～60℃，测定清洗液中的铁离子含量至稳定，酸洗结束，共耗时（包括配酸时间）7.5h。

d. 水冲 水冲洗至出水清澈、透明，pH=5.45。

e. 升温漂洗 回液温度升至 60℃时，开始加柠檬酸（Ⅰ号）缓蚀剂（0.1%）和 0.2%的柠檬酸，用氨水调 pH 在3.5～4.0 之间，升温到 75～90℃，开始漂洗，漂洗 2h 后结束。

f. 预钝化 加氨水调 pH=7.5，同时加亚硝酸钠（0.2%），温度 75～85℃，开始预钝化 4h。

g. 钝化 加磷酸三钠，其质量分数为 1%～2%，控制温度在 80～95℃之间，循环钝化 24h 后结束。

h. 废液的处理 向废酸残液处理池

中加入熟石灰粉，进行中和处理，测定pH合格后排放。钝化结束后，整炉放水至废液处理池。

③ 清洗效果　酸洗结束后，检查结果：气泡分界线明显，金属表面干净，无残留氧化物，无明显金属粗晶析出的过洗现象，无镀铜现象；除垢率100%，钝化膜形成完好，无二次锈蚀及点蚀。

【配方-2】 盐酸清洗示例2

① 锅炉自然条件　抚顺石化分公司石油一厂热电车间3台65t/h燃油燃气中压锅炉（WGZ65/3.82-8）。

② 清洗过程

a. 煮炉　药剂的组分为Na_2CO_3、Na_3PO_4、NaOH及表面活性剂。煮炉时先将碳酸钠、氢氧化钠和磷酸三钠的混合液通过锅炉加药泵输送到锅炉内，药剂混合均匀后缓慢升高压力，一般在5h内升压至0.05MPa。其他控制条件：碱煮时间48～72h，工作温度180℃，工作压力1.6MPa。根据定期取样分析结果，在炉水碱度低于45mmol/L及PO_4^{3-}浓度低于1000mg/L时，应补加碳酸钠和磷酸三钠。煮炉结束后，应排尽碱液并用水进行清洗，出口水pH≤9且水质透明时停止，冲洗过程中应尽量提高水的流速。

b. 临时系统连接和系统水冲洗。

c. 酸洗药剂的组成为HCl（30%）[此清洗过程中HCl的含量（30%）高于常选的含量（8%）]、酸洗助剂、Lan-826、渗透剂、还原剂。当Fe^{3+}质量浓度高于1000mg/L（Fe^{3+}质量浓度在500～600mg/L时，即可加入还原剂）时，加还原剂。在水温为55～60℃时开始加缓蚀剂、酸等清洗药剂，循环8h（确切时间应根据监视管段监测的清洗效果确定）。当循环液中Fe^{3+}质量浓度趋于稳定，再清洗1h后即可停止酸洗。

d. 水冲洗　冲洗时应加大水的流速，当排出液pH为4.0～4.5且Fe^{3+}质量浓度小于50mg/L时停止。

e. 漂洗　除去水冲洗过程中可能生成的浮锈。漂洗剂为柠檬酸+Lan-826。如果总铁离子质量浓度大于300mg/L，应加还原剂。运行时间约为2h，工作温度为80～85℃，pH为3.5～4.0（用氨水调节）。

f. 钝化　此时系统内总铁离子浓度应不高于300 mg/L钝化液必须充满系统。钝化药剂为钝化剂、磷酸三钠和氨水的混合液。在水温达到60℃后开始计算钝化时间，钝化时间为4～6h，pH为9～11。

③ 清洗效果　被清理的金属表面清洁，无残留氧化物，无明显金属粗晶析出的过洗现象，腐蚀率小于6g/(m²·h)，腐蚀总量不大于80g/m²。清洗后的炉管表面有良好的钝化膜，金属表面无浮锈和点蚀。

【配方-3】 盐酸清洗示例3

① 锅炉自然情况　德国劳斯DF1500型卧式盘管直流锅炉，锅炉额定蒸发量1.5t/h，额定压力1.30MPa，使用压力1.00MPa。水垢颜色灰褐色，厚度0.8～3.0mm，水垢以氧化铁垢为主。夹杂部分硅酸盐水垢。

② 清洗药剂　工业盐酸250kg（使用时盐酸质量分数≤8%），ZB-2缓蚀剂2.25kg，氟化钠6kg，磷酸三钠15kg［钝化液为1%～2%磷酸三钠溶液，用氢氧化钠（用约1.73kg）调pH至10～11，在80～90℃下钝化8h以上］，硅油消泡剂及氯化亚锡适量。

③ 酸洗工序

a. 水冲后，向酸洗箱加水，点火升温（50～55℃），取水样分析酸度，Fe^{2+}、Fe^{3+}浓度及水的硬度，调配酸洗液，泵入锅炉，开始循环。在酸洗过程中严禁锅炉点火升温，酸洗液保持温度≥48℃，用电加热棒保温或升温。

b. 酸洗液流速维持在 0.2～0.5m/s，最大不得大于 1m/s。

c. 根据垢渣及酸洗液中 Fe^{2+}、Fe^{3+} 质量浓度及水的硬度变化情况，按 1%的增幅逐步提高酸洗液质量分数，最高不超过 8%。

d. 在酸洗过程中及时清除垢渣；适时拆开进出口法兰，检查试片情况，注意观察酸洗箱内试片情况。

e. 结束时，将酸洗液取样留存后，其余部分排入废液储存桶内。

④ 酸洗工序现象观察

a. 观察酸洗液与污垢反应情况，防止堵塞。

b. 酸洗期间温度控制在 (50±2)℃ 的范围。

⑤ 钝化工序

a. 将水加入酸洗箱内；将钝化药剂溶解加入水中，调整 pH 为 10～11。启动清洗泵，循环，点火升温，使钝化液温度达到 80～90℃。当钝化液温度低于 80℃ 时，锅炉点火提温。

b. 循环钝化时间要求 8h 以上，每隔 2h 测定磷酸三钠浓度和其 pH。

⑥ 清洗效果

a. 清洗除垢面积大于原水垢面积 (大于 80%)。

b. 金属腐蚀速度平均值 1.194g/(m^2·h)。

c. 金属表面形成完整良好的钝化膜，无二次浮锈，无点蚀。

⑦ 锅炉洗后运行效果 此次化学清洗后，锅炉中用小火烧炉时烟温下降至 230～240℃，开大火时烟温为 260～270℃，清洗效果明显。

【配方-4】 盐酸清洗示例 4

① 锅炉自然情况 哈尔滨锅炉厂制造生产的 HG-410/9.87 型高压中间再热燃煤汽包炉。水冷壁管向和背火侧的平均垢量达 408.0g/m^2，省煤管低温段垢量为 266.6g/m^2，清洗范围包括：省煤器、水冷壁管、下降管、相应的上下联箱、汽包水侧及部分高压给水管 (操作台后)，其相应材质为 St45.8 (20A)、12CrMoV、BHW-35、13MnNiMo5 及 10CrMo910。

② 酸洗液配方

组 分	w/%
盐酸	5
N-104(缓蚀剂)	3
硫脲(缓蚀剂)	0.3～0.4
EVC-Na(缓蚀剂)	0.15
N_2H_4(还原剂)	0.05
水	余量

温度：(55±2)℃；清洗时间：6～8h；流速：0.15～0.4m/s。冲洗至出水透明，无细小颗粒，pH≤4.5，Fe≤50mg/L。

③ 低温漂洗 柠檬酸、氨调 pH，回酸母管的 pH 为 3.6～4.0。温度 49～55℃。

④ 钝化 $NaNO_2$ 0.5%～1.0%，氨调 pH 至 9.0～10.0，温度 50～65℃。

⑤ 效果 清洗后的管内壁表面呈钢灰色，无镀铜，无二次锈，已形成良好的保护膜。

【配方-5】 盐酸清洗示例 5

① 锅炉自然状况 DZL-1.25-AⅡ型锅炉。样垢平均厚度是 3mm，最大垢样厚度达到 4.5mm，盐酸可完全溶解水垢，且 Fe^{3+} 含量很高，酸洗剂含盐酸质量分数为 6%，乌洛托品为 0.5%。

② 化学清洗

a. 浸泡 因锅炉停用 8 个月，所以先用清水浸泡锅炉 24h，以软化水垢。

b. 盐酸酸洗 用边加药边循环的方式先将缓蚀剂乌洛托品加入 80℃ 热水，之后加盐酸配制清洗液，保证混匀。清洗液在 1h 内送入锅炉。酸洗时采用静止浸泡和强制循环相结合的方法进行清洗，循环时流速控制在 0.4～0.8m/s。每 0.5h 测定一次清洗液酸度和 Fe^{3+} 浓度，经过

6h 后，酸液酸度变化小于 0.2%，达到终点，停止酸洗。清洗残液用水顶酸方式排放，用石灰中和，防污染。

c. 水冲洗中和　酸洗后，进行水冲洗，以去除残留在锅炉内的污垢和清洗液、泥沙等，每 15min 进行浊度、pH、Fe^{3+} 浓度的检测，在此过程中，发现 pH、Fe^{3+} 浓度迟迟不能达到要求，向冲洗液中加入少量氢氧化钠，一方面用于调节 pH；另一方面用于沉淀 Fe^{3+}，效果显著，很快达到水冲洗中和的要求。

d. 人工除垢　锅炉工进入锅炉利用高压水枪快速清除残垢，同时对每根水冷管都进行了冲洗，确保没有残垢阻塞水冷管，防止钝化时发生爆管事故，至无明显残垢后停止工作。

e. 钝化　配制磷酸三钠（1.5%），之后用氢氧化钠调 pH 至 11，锅炉中钝化液液面要超过酸洗时的液面为止。锅炉升压（1/2 额定压力）加热至温度 85℃，保持温度和 pH，钝化 10h 后达到了要求，之后排放钝化液，并用软化水反复冲洗直至进、出水的 pH 接近为止，最后排空炉内水。

f. 清除残垢　锅炉工进入锅炉，清除锅炉各处残留的水垢，确保锅炉水冷管、集箱、底部及出口等处不能有残渣，同时检查炉体，未发现渗漏、裂缝、阻塞等缺陷。

③ 效果　除垢率在 85% 以上，炉体无缺陷，平均腐蚀率为 3.27g/(m^2·h)，低于国家标准 10g/(m^2·h)，钝化膜表面完整、连续，为蓝灰色，无二次浮锈和过洗现象。锅炉内的水冷管、集箱等处畅通无阻，无阻塞现象，保证锅炉安全、稳定地运行。

【性能指标】

外观	淡黄色或黄色黏稠透明液体(原液)
使用浓度	4%～8%
使用温度	50～80℃
清洗时间	2～30min
pH 值	9～11(5%水溶液)
清洗方式	喷洗/超声波/浸洗等方式清洗
设备材质	304 不锈钢或 PP

【主要用途】 根据零件材质及油污程度而定，适用于高压喷洗工艺。

【安全性】 本品为酸性，避免与皮肤直接接触。操作时请戴防护面罩和橡胶手套，若溅落在皮肤或眼中，立即用大量清水冲洗并就医。

【生产单位】 北京蓝星清洗有限公司，天津天通科威工业设备清洗有限公司。

Kc003 锅炉安全带电清洗剂

【英文名】 boiler safety charged cleaning agent

【别名】 氢氟酸带电清洗剂；锅炉带电清洗剂；锅炉清洗剂

【组成】 一般由氢氟酸、氟氢化铵、盐酸、硝酸、缓蚀剂等复配而成。

【产品特点】 氢氟酸的优点：①对硅酸盐和铁氧化物垢有特效；②可用来清洗奥氏体钢等多种钢材制作的部件，这一点优于盐酸；③使用浓度较低，通常为 1%～2%；④使用温度低，废液处理简单容易。其缺点是对含铬为 13%～15% 的高合金钢的腐蚀速度较高，比非合金钢的腐蚀速度高 10 倍左右，较盐酸成本高。

工业上氢氟酸通常不单独使用，而是与氟氢化铵、盐酸、硝酸等其他物质配合使用。

氢氟化铵清洗剂主要用于清洗硅垢，也可以加入盐酸或硝酸用于清洗铁锈；盐酸与氢氟酸清洗液主要用于碳 酸盐水垢、硅酸盐水垢和氧化铁皮的混合物，其中盐酸溶解碳酸盐水垢速度很快，氢氟酸可溶解硅垢和氧化铁。为减少对金属基体腐蚀，氢氟酸洗剂也要加入缓蚀剂。

【配方-1】 氢氟酸清洗示例 1

① 锅炉自然条件 云南某磷电企业三台锅炉，型号分别为：UG-220/9.8-M7，YG-240/9.8-M5，CG-130/9.81-MX9；额定蒸发量：在 220～240t/h 之间；额定蒸汽温度均为：540℃；额定蒸汽压力均为：9.81MPa；给水温度：200～215℃。

② 清洗 在清洗以上三台锅炉的过程中，氢氟酸含量控制在 1.2%～1.3%、缓蚀剂 Lan-826 的添加量 0.3%，清洗时间根据样管观察，控制在 3.5～4.0h。

③ 清洗效果 除锈率达 95%以上，腐蚀率平均在 48/(m²·h)以下。

电厂锅炉除垢酸洗液配方❶

组 分	酸洗液中含量
氢氟酸含量	1.5%～2%
缓蚀剂 SH-416 含量	0.3%

酸洗温度：55～60℃；流速：0.2～0.83m/s；时间：开式 215min。

【配方-2】 氢氟酸清洗示例 2❷

① 锅炉自然状况 为 SZL10-1.25 的蒸汽锅炉，已运行使用 12 年，垢厚为2～5mm，质地坚硬。

水垢定量分析：SiO_2 含量为 69%，Fe_2O_3 为 9.2%，CaO 为 2.9%，MgO 为 0.25%。常温下垢样不溶于硝酸、盐酸，在加入氢氟酸后缓慢溶解，溶液呈黄绿色。

② 清洗

a. 碱煮 在清洗前先碱煮 72h，使硅垢在加温加压下部分转型，对水垢起到疏松作用。其相关反应式如下：

$$CaSiO_3 + 4HF + 2HCl \longrightarrow SiF_4 + CaCl_2 + 3H_2O$$

$$Fe_2O_3 + 6HF \longrightarrow Fe(FeF_6) + 3H_2O$$

$$SiO_2 + 2NaOH \longrightarrow Na_2SiO_3 + H_2O$$

b. 酸洗 6% HCl 酸洗，Fe^{3+} 为 2250mg/L；加入 3% HF 后 Fe^{3+} 仅为 224mg/L，在以后循环清洗中，Fe^{3+} 和 Fe^{2+} 都相对稳定。

c. 效果 水垢清除率达 95%，平均腐蚀率为 5.5g/(m²·h)，无点蚀，无附着物，无二次锈，内表面呈银灰色。

【配方-3】 氢氟酸-盐酸混合清洗剂应用示例❸

① 锅炉自然条件 锅炉锈垢主要组分为 Fe_2O_3。

不溶物	Fe_2O_3	CaO	MgO	SO_3
6.32%	56.35%	3.31%	0.61%	0.55%

② 氢氟酸-盐酸混酸配方

组 分	w/%
盐酸	6
氢氟酸	4
氟氢酸铵	0.5
缓蚀剂 ZB-2	0.3

温度：50～70℃。清洗效果：除垢率达 96%；腐蚀率：3s/(m²·h)。

【性能指标】

外观	无色透明液体
燃烧性	不可燃
气味	特殊溶剂味
蒸气相对密度	4.55
相对密度	1.46
闪点	无
挥发性	100%
水溶性	微溶于水
介电强度	30000V

【清洗方法】 本产品可浸泡、喷洗、擦洗。

【主要用途】 发电厂、变电站、工厂、饭店、宾馆、大型电机设备，小型电机、烟

---

❶ 周天平，王东海，王忠太，等. 新建小型自备电站锅炉氢氟酸清洗. 清洗世界，2007，23 (12)：35-38.

❷ 冯翠兰. 一例结有硅铁垢锅炉的化学清洗. 内蒙古石油化工，2007 (12)：235.

❸ 高军林. 氢氟酸在锅炉锈垢清洗中的应用. 清洗世界，2008，24 (9)：10-12.

雾报警器、配电柜、变配电设备和机械修造行业电器开关、自控开关、自控开关、电焊机、机械零部件和小型电动工具等。

【应用特点】 ①高效，去污力强，清洗后完全挥发，不留残渍；②安全，使用安全，不易燃烧；③经济，可不断电进行清洗，不影响生产。

【安全性】 本品为酸性，避免与皮肤直接接触。操作时请戴防护面罩和橡胶手套，若溅落在皮肤或眼中，立即用大量清水冲洗并就医。

【生产单位】 上海利洁科技有限公司。

Kd 锅炉化学清洗除垢剂

1 锅炉水垢的形成

由于锅炉的形成不同，操作条件不同，各地水质的差异，形成的垢性质不同。鼓风式锅炉水垢，尤其是高压锅炉中的垢，主要是钙镁的硫酸盐和硅酸盐、铁垢，它们在高温下形成坚硬致密的复合盐；鼓风式锅炉中的垢多以钙镁的碳酸盐垢、铁垢为主，垢疏松。而换热器垢多为碳酸盐、硫酸盐、铁垢、硅垢及生物黏泥等，垢多孔疏松，为非水溶性钙镁碳酸盐及各种碱式铁盐。

因此，锅炉酸洗除垢要比一般热水器除垢难得多，工艺复杂。水垢成分以盐酸钙和磷酸钙为主。锅炉正常运行时，金属受热后很快将热量传递给锅水，两者温度差为 30～100℃。有水垢时，金属传热受阻，因而温度急剧升高，强度显著下降，从而导致受压部件过热变形、鼓包甚至爆破。

锅炉把水加热后一部分水蒸发了，本来不好溶解的硫酸钙（$CaSO_4$，石膏就是含结晶水的硫酸钙）沉淀下来。原来溶解的碳酸氢钙[$Ca(HCO_3)_2$]和碳酸氢镁[$Mg(HCO_3)_2$]，在加热的水里分解，放出二氧化碳（CO_2），变成难溶解的碳酸钙（$CaCO_3$）和氢氧化镁[$Mg(OH)_2$]也沉淀下来，有时也会生成 $MgCO_3$，这样就形成了水垢。根据其形成原因和成形状态的不同大致可分为硬垢和软垢两种。水垢的主要成分是碳酸钙、氢氧化镁，它们可以和酸起化学变化，那么也就是说可以用含酸的化学药剂清除锅炉水垢，这种复合药剂就是锅炉除垢剂。

现在石油化工企业每天用大量水，根据资料所载，消耗水量在 500～600t/h。一般工厂用的大部分是地下水，水中含有大量的无机盐如碳酸氢盐、碳酸盐、硫酸盐、氯化物、硅酸盐、磷酸盐、泥沙及有机物。给生产带来了结垢、耗能、腐蚀穿孔等危害。

当水中含有硫酸钙、硅酸钙、硅酸镁时，如离子浓度超过溶度积时也会发生沉淀，沉积在设备管壁上。因此，水中二氧化硅含量不可超过 150mg/L。此外水中含有氧，还会造成金属腐蚀，形成铁垢。

高压锅炉垢的组成是以铁、铜、镍、铝的氧化物为主；中压低压鼓风式锅炉垢的组成是以碳酸盐、硅酸盐、硫酸盐、氧化铁等为主。

2 锅炉除垢剂

锅炉除垢剂顾名思义指的是能清除锅炉内部水垢的一种化学药剂，广泛适用于电锅炉除垢、燃油锅炉。

液体锅炉除垢剂：燃气锅炉除垢、燃煤锅炉除垢、开水炉除垢、热水锅炉除垢、采暖锅炉除垢、浴池锅炉除垢、蒸汽锅炉除垢及板式换热器除垢等。

锅炉除垢剂分为AX液体除垢剂和AX固体除垢剂，AX液体除垢剂因为操作施工方便和除垢效果比较理想，所以AX液体除垢剂销量极大。

3 除垢剂主要性能

①根据锅炉运行的具体情况使用药剂进行除垢，用清洗主剂和高效缓蚀剂等有机混合制成有机酸清洗剂；在使用过程中不需要添加其他助剂，简化和方便了清洗现场的安装和操作。②锅炉缓释阻垢剂的清洗速度快、缓蚀效率高，清洗废液处理方法简单，对清洗后的预膜有利。③锅炉使用阻垢剂能有效抑制铜管在酸洗过程中与铜合金、碳钢复合件的电偶腐蚀，抗Fe^{3+}、Cu^{2+}加速腐蚀的能力强。④选用锅炉用阻垢剂，是对设备安全的一种保障；它可以在轻松实现彻底清除水垢同时，降低腐蚀率；而操作简单、安全可靠；一般锅炉使用的阻垢剂不含有毒有害物质，经简单的中和处理后就可以排放，安全环保。⑤使用阻垢剂对锅炉性能进行维护，可以减轻劳动强度，有利于用户的直接使用和对锅炉的定期清洗保养，节约设备维护开支。⑥在清洗过程中，H^+会对金属机体产生腐蚀，出现氢脆现象；并且溶解产生的Fe^{3+}、Cu^{2+}等氧化性离子会造成金属机体的点蚀、镀铜等现象，因此清洗锅炉药剂中要加入相应的缓蚀阻垢剂。⑦锅炉内酸洗不能除去各种类型难溶水垢阻垢剂也能彻底除净，即使是最顽固的硫酸盐水垢也依然具有极佳的清洗效果。⑧良好的锅炉水处理药剂在中性或弱碱性（pH为7～12）条件下也能完成清洗，并且对金属无腐蚀损伤；即便是长期使用也不会对设备机械性能和使用寿命产生不良影响。⑨设备正常运行中也可以用锅炉水处理药剂进行清洗，因不影响生产，故不存在停产损失。⑩使用高效锅炉水处理药剂的操作方法简单易懂，任何人都能完成。

4 水垢的危害

硬垢通常胶结于锅炉或管道表面。首先，硬垢导热性很差，会导致受热面传热情况恶化，从而浪费燃料或电力。其次，硬垢如果胶结于锅炉内壁，还会由于热胀冷缩和受力不均，极大的增加锅炉爆裂甚至爆炸的危险性。再次，硬垢胶结时，也常常会附着大量重金属离子，如果该锅炉用于盛装饮用水，会有重金属离子过多溶于饮水的风险。另外，水垢影响人体健康，容易造成肠胃消化和吸收功能紊乱及便秘，使胃炎及各类结石的发病率提高。牙垢、牙周炎经常由水垢引起；可致人死命。

5 除垢的好处

①锅炉将无垢运行，大大减少燃料消耗；②减少了锅炉清洗和维修成本；③避免因锅炉结垢而产生的腐蚀、鼓包、变形、泄漏甚至爆炸等安全隐患；④大大地延长了锅炉的使用寿命；⑤避免因锅炉清洗或修理而停产造成的损失。

a. 由于水垢的导热性差，阻碍受热面向工质传递热量，工质吸热量减少，锅炉排烟温度升高，热损失加大。b. 由于水垢的导热性差，阻碍受热面向工质传递热量，使受热面的工作温度升高，严重时会造成受热面过热器爆管或过热鼓包。c. 腐蚀：天然水是电解质的水溶液，与金属接触极易产生电化学腐蚀。d. 如果盐垢沉积在蒸汽的阀门处可能引起阀门动作失灵及阀门漏气。

因此，锅炉清洗剂主要用于清洗各种锅炉，电热锅炉碳酸盐水垢及硫酸钙，氢氧化钙，再加上铁的氧化物等其他混合水垢。

Kd001 锅炉安全清洗除垢剂

【英文名】 the boiler safe cleaning detergent

【别名】 DM-1 型安全除垢剂；锅炉清洗除垢剂

【组成】 一般由含有多种有机酸、缓蚀剂、抑制剂、渗透剂复配而成，对各种金属无腐蚀。DM-1 型安全除垢剂是固体酸为主剂、溶解碳酸钙、碳酸镁复配而成。

【产品特性】 锅炉除垢剂可以溶解碳酸钙、碳酸镁、硫酸钙、硅酸钙及氧化铁等水垢成分；对金属无腐蚀、无毒、快速、彻底清除附着在锅炉内壁的水垢。①高效，去污力强，清洗后完全挥发，不留残渍；②安全，使用安全，不易燃烧；③经济，可不断电进行清洗，不影响生产。

安全除垢剂以固体酸为主剂复配而成。它的水溶液与碳酸盐水垢能发生激烈化学反应，生成易溶于水的盐类和二氧化碳。把水垢投入除垢剂溶液中可见到有大量气泡生成，并逐渐把水垢溶掉。由于本品不含有氯离子，故可用于不锈钢及奥氏体钢设备的除垢。

安全除垢剂主要用于清除碳酸盐水垢及混合水垢。对硫酸盐水垢和硅酸盐水垢效果不佳。因此在使用时试验一下。其方法如下：取大半杯 80℃左右的热水，放入两小勺安全除垢剂，搅拌使其溶解。把一小块水垢投入杯中。若有大量气泡，反应激烈，水垢渐渐被溶掉，这说明水垢为碳酸盐水垢，此垢可用DM-1型除垢剂。若投入垢块反应不激烈，也没有多少气泡生成，放置一段时间不见水垢变小。

【除垢用量及用法】 安全除垢剂用量应根据锅炉水垢多少确定。一般每千克水垢需用1～2kg除垢剂清除。也可按下式计算。按药量(kg)＝1.5×结垢厚度(mm)×热交换面积(m^2)

安全除垢剂配制的清洗液浓度一般不超过10%，也可采取多次投药的方法，随时观察反应情况，pH 1～1.5水垢除尽为止。

【除垢工艺】 除垢的方法可采取浸泡法，也可采用浸泡加压缩空气鼓泡搅拌法；还可采用泵打循环法。

除垢液的温度应控制在60℃左右为宜。温度低反应速率慢，清洗时间长；温度提高，反应速率加快，清洗时间缩短，但温度过高，超过80℃，会使除垢剂中有效成分分解，失去除垢能力。因此以控制在60℃左右最佳。

清洗时间一般8h即可，水垢较厚的锅炉，可适当延长至24h。浸泡完后，升温煮沸，1～2h后即可排放掉。为了防止锅炉锈蚀，应加1%的磷酸三钠水溶液煮炉，以便中和残酸，钝化锅炉。排放掉钝化液，再用清水冲洗。锅炉可投入运行，或进行保养以备使用。

【性能指标】 安全除垢剂中加有高效缓蚀剂，对锅炉钢板及铜件等金属腐蚀小，缓蚀效益高。无毒，对人体无害，因此使用安全。成品呈粉红色颗粒状固体，溶于水中呈粉红色溶液。

【主要用途】 彻底清除附着在锅炉内壁的水垢，具有除垢效率高、溶垢时间短、使用安全、储运方便等优点，因而广泛用于清除锅炉水垢，清除热交换器系统水垢或浴缸等处的污垢。

【应用特点】 安全除垢剂主要用于清除碳酸盐水垢及混合水垢。对硫酸盐水垢和硅酸盐水垢效果不佳特点。

【安全性】 ①安全除垢剂的水溶性呈酸性，弄到皮肤或衣物上腐蚀性小，只要用清水冲洗就行了。不会造成伤害。但注意勿弄入眼睛里。②安全除垢剂用塑料袋加编织袋包装，每袋25kg。在运输和储存时，要防雨淋。尤其包装破损更防淋水，以免与水泥地面、碱类发生反应。③安全除垢剂，不燃烧，不爆炸，无毒。受雨淋和水浸会与某些物质发生反应，并冒烟，这是反应放出的二氧化碳气体，只要离开水源，反应就会停止，千万不可往上面泼水。

【生产单位】 中科院高能所应用部。

Kd002 锅炉快速除垢剂

【英文名】 boiler fast detergent

【别名】 锅炉除垢剂；快速除垢剂

【组成】 一般由清洗主剂、杀菌灭藻剂、分散渗透剂和高效缓蚀剂等有机复配而成。

【产品特点】 是一种安全型高效除垢剂，既快速除垢又能保证设备安全、人身安全，可剥离和溶解水垢及矿物质的沉积物，可将混在水垢中的泥沙一同清洗掉。

【性能特点】 ①锅炉除垢剂充分考虑了用户的具体情况，将清洗主剂、杀菌灭藻剂、分散渗透剂和高效缓蚀剂等有机复配而成的有机酸清洗剂，使用时无须添加任何助剂，简化和方便了清洗现场的安装和操作。②缓蚀效率高，清洗速度快等，清洗废液处理简单方便，有利于清洗后的预膜。③能有效抑制铜管在酸洗过程中铜合金或碳钢复合件的电偶腐蚀；抗Fe^{3+}、Cu^{2+}加速腐蚀的能力强。④锅炉除垢剂选用的清洗除垢主剂为有机系列，对设备安全，除垢彻底、腐蚀率低；对操作人员基本没有腐蚀性、毒性，操作简单、安全可靠；同时，本品不含有毒有害物质，经简单的中和处理后就可以排放，安全环保。产品采用固体组分，使用安全简便，对人体无损害、对设备无腐蚀、对环境无影响。⑤减轻劳动强度。⑥在清洗过程中，H^+会对金属机体产生腐蚀，并出现氢脆现象，因此 QS803 锅炉清洗剂中要加入相应的缓蚀剂；溶解产生的 Fe^{3+}、Cu^{2+} 等氧化性离子会造成金属机体的点蚀、镀铜等现象，因此锅炉清洗液中还需加入掩蔽剂。

【理化指标】

状态	粉末固体
颜色	白色或浅红色
气味	无味
可燃性	不燃、不爆
清洗性能	优良
密度	>1.5
酸碱性	酸性
腐蚀性	略有腐蚀
毒性	无毒
缓蚀性能	优良

【清洗工艺及流程】

①化学清洗流程：水冲洗→酸洗除垢→水冲洗→钝化处理。②断开与锅炉无关的其他系统，将清洗槽、清洗泵跟锅炉连接成一个清洗闭合回路。③在模拟清洗状态下对清洗系统的泄漏情况进行检查，同时清除锅炉内松散的污物，当出口处冲洗水目测无大颗粒杂质存在时，水冲洗结束。④水冲洗结束后，在清洗槽内循环添加锅炉清洗剂，控制清洗主剂浓度在 3%～6%，温度在 50～60℃的范围内，于系统内进行循环清洗去污，清洗时间 2～3h。定时用 pH 试纸测量酸液的 pH（1 次/20min），使其维持在 1 以下，当 pH 在半小时内趋于稳定值且清洗系统内没有气体放出时，结束酸洗过程。⑤水冲洗合格后，循环添加"预膜缓蚀剂"进行钝化处理，来提高锅炉的耐腐蚀性能。待整个系统溶液浓度混合均匀升温到 60℃左右后停止循环，浸泡 2～3h，将钝化液排出系统，清洗过程结束。

【主要用途】 用于锅炉、冷却水等设备水系统中水垢的清除；适用于发电机、汽车、拖拉机水箱内水垢的清洗；适用茶炉、电水炉、水壶内的水垢清洗。

【应用特点】 能快速、彻底地清除各类饮水锅炉、工业锅炉内结的各种污垢，最终使锅炉内清洁干净，同时节省大量燃煤，减少环境污染，延长锅炉的使用寿命。适用材质：钢铁、不锈钢、铜、铝和钛材等各金属材料和各种塑料、橡胶、水泥、陶瓷等非金属材料。

【安全性】 ①锅炉清洗剂不能食用；②搬运、操作过程中戴好劳保用品。

【包装规格】 塑料袋：1kg/袋、25kg/袋。

【生产单位】 绿之源公司，石家庄天山银河科技有限公司。

Kd003 TH-503 型锅炉专用缓蚀阻垢剂

【英文名】 TH-503 type boiler scale inhibitor and corrosion inhibitor

【别名】 TH-503 缓蚀阻垢剂；锅炉阻垢剂

【组成】 一般由有机膦酸和聚羧酸等高聚物复配而成。

【产品特点】 ①多组分均匀混合，运输使用方便。②无毒、无味，不燃、不爆，属非危险品。③适用于不锈钢、碳钢、铜及多种金属材料组合件的清洗。

【性能与用途】 锅炉专用缓蚀阻垢剂 TH-503 是由有机磷酸和聚羧酸等高聚物组成的复合品，具有很高的缓蚀和阻垢性能，其耐温性特别好，可有效地应用于低压锅炉的炉内水处理。

【阻垢方法】 按每吨水加 200g 药剂的比

例加入锅炉补充水中即可，使用时注意排污，要求每小时排污一次，每次5～10s，如锅炉带垢运行可加大药剂用量，勤排污，运行10～20d后应停炉，人工把脱落下的水垢清理干净，防止污垢堵塞管道，然后转入正常运行。使用锅炉专用缓蚀阻垢剂TH-503炉水pH最低不能低于7.0。加药水箱应为塑料制品，水泥材料的水池应作防腐处理，否则易被药剂侵蚀，从而使水的硬度增加。使用时应在配液槽中加入计量的水，按使用浓度加入本产品，混合均匀后循环或浸泡清洗即可。使用温度不高于60℃。使用浓度：5%～10%。

【性能指标】 白色固体，水溶性好。

【主要用途】 适用于各类石化、机械设备、循环水系统、锅炉水系统的清洗。

【应用特点】 锅炉液体除垢剂适用于碳酸盐和铁锈为主的混合型水垢清洗，也适用碳酸盐为主的污垢。

【安全性】 锅炉专用缓蚀阻垢剂TH-503无毒，防晒、防雨淋。本品为酸性，避免与皮肤直接接触，切勿溅入眼中。操作时请戴防护面具和橡胶手套，但为酸性液体，若接触皮肤应立即用大量清水冲洗。若溅落在皮肤或眼中，立即用大量清水冲洗并就医。

【包装规格】 25kg衬塑编织袋包装。储存期限：1年。

【生产单位】 绿之源公司，石家庄天山银河科技有限公司。

Ke 锅炉设备清洗剂

锅炉长期不清洗会产生大量的水垢，水垢对锅炉的危害是巨大的，目前锅炉设备清洗剂常用的有：盐酸、氢氟酸、柠檬酸和EDTA。

锅炉经过长时间运行，不可避免地出现了水垢、锈蚀问题，锅炉形成水垢的主要原因是给水中带有硬度成锅炉除垢剂，锅炉除垢剂一般经过高温、高压的不断蒸发浓缩以后，在炉内发生一系列的物理、化学反应，最终在受热面上形成坚硬、致密的水垢。

水垢是锅炉的“百害之首”，是引起锅炉事故的主要原因，其危害性主要表现在：①水垢的热导率要比锅炉钢板的小数十倍到数百倍，结垢后会使受热面热交换情况恶化，增高排烟温度、降低锅炉热效率，浪费燃料。②影响安全运行。锅炉正常运行时，金属受热后很快将热量传递给锅水，两者温度差为30～100℃。有水垢时，金属传热受阻，因而温度急剧升高，强度显著下降，从而导致受压部件过热变形、鼓包甚至爆破。③破坏水循环。锅炉内结生水垢，由于传热不好，使蒸发量降低、减少锅炉出力。若水管内结垢，流通截面积减小，增加了水循环的流动阻力，严重时会将管子完全堵塞，破坏正常的水循环，造成爆管事故。④缩短锅炉寿命。附在锅炉受热面上特别是受热面管内的水垢很难消除。除垢时需要经常停炉清洗，增加检修费用，经常采用机械与化学方法除垢会使受热面受到损伤，缩短锅炉的使用寿命。

Ke001 立式锅炉清洗剂

【英文名】 vertical boiler cleaning agent

【别名】 锅炉清洗剂

【组成】 一般由食品级酸、渗透剂、增效剂、金属材料保护剂，能快速溶解碳酸钙、碳酸镁、硫酸钙、硅酸钙（食品级）及氧化铁等水垢成分等复配而成。

【产品特点】 快速溶解碳酸钙、碳酸镁、硫酸钙、硅酸钙及氧化铁等水垢成分；对金属无腐蚀、无毒、无味，彻底清除附着在锅炉内壁的水垢。

【配方】

组分	酸洗液中含量
盐酸含量	5%
缓蚀剂 SH-707 含量	0.05%～0.07%

酸洗温度：30～50℃。

① 优点 a. 去除硅酸盐和铁氧化物污垢有特效，且用时较短；b. 可用来清

洗奥氏体钢等多种钢材基质的部件，这一点优于盐酸；c. 使用含量较低，通常为1%～2%；d. 使用温度低，废液处理简单，但不可忽视。

② 缺点 对人体有很强的毒性和腐蚀性；对含铬合金钢的腐蚀速度较高，比盐酸成本高。

【阻垢方法】 ①打开锅炉进水口；②将本品稀释溶解后加入到锅炉内；③将水注满至最高水位，等待2～4h，使除垢剂溶液充分和水垢反应；④打开排水口，排干清洗液；⑤注入清水冲洗一遍，清洗除垢工作完成。

【主要用途】 主要适用于立式锅炉清洗、彻底清除附着在立式锅炉内壁的水垢。

【应用特点】 ①将水加热到50℃左右，除垢效果更佳。建议半年清洗一次。②如想看到产品与水垢反应过程，请在清洗锅炉之前，找一个一次性透明塑料杯加少量除垢剂稀释溶解后投入少许水垢，你可以观察到有大量气泡产生，说明产品与水垢在发生酸碱中和反应。③在清洗锅炉过程中，产品与水垢反应需要时间，如果水垢很厚还没完全溶解时请尽量延长反应时间至8～24h。

清洗锅炉时，水温不可超过70℃，锅炉长时间不清洗，请延长清洗时间或加大除垢剂用量。

【安全性】 食品级原料，对人体和锅炉没有伤害作用，需要防止氢氟酸的烫伤和中毒；对临时管线的焊接要求高，防止清洗过程中焊缝的泄漏。保质期：3年。重量：25kg/袋。

【生产单位】 绿之源公司，北京蓝星清洗有限公司，石家庄天山银河科技有限公司。

Ke002 电热锅炉清洗剂

【英文名】 electric boiler cleaning agent

【别名】 柠檬酸清洗剂；电热清洗剂；锅炉清洗剂

【组成】 一般由食品酸、渗透剂、促进剂、缓蚀剂、金属材料保护剂等复配而成。

【柠檬酸清洗特点】 柠檬酸是目前化学清洗中应用较广的有机酸，是一种白色晶体，在水溶液中是一种三元酸。对金属腐蚀性小，为安全清洗剂，由于柠檬酸不含有Cl^-，故不会引起设备的应力腐蚀，能够络合Fe^{3+}，削弱Fe^{3+}对腐蚀的促进作用。柠檬酸可溶解氧化铁和氧化铜，生成柠檬酸铁、柠檬酸铜等络合物，如果采用氨化的柠檬酸溶液，生成柠檬酸铵作为有效成分，它与铁氧化物反应能生成溶解度很大的柠檬酸亚铁铵和柠檬酸高铁等络合物，清洗效果非常好。柠檬酸以清洗铁锈为主，一般不用于钙、镁垢和硅垢。

【化学机理】 用柠檬酸进行清洗，主要不是用它的酸性来溶解铁的氧化物，而是利用它和铁离子生成络离子的能力。柠檬酸本身与铁垢的反应速率较慢，且生成物柠檬酸铁的溶解度较小，易生成柠檬酸铁沉淀。在用柠檬酸作清洗剂时，为了生成易溶的络合物，常要在清洗液中加氨水，将溶液pH调至3.5～4.0，柠檬酸在不同的pH条件下，其离解程度也不同。柠檬酸清洗的特点及缓蚀剂使用条件：柠檬酸作为清洗剂的优点是腐蚀性小、无毒性、容易保存和运输、安全性好、清洗液不易形成沉渣或悬浮物，避免了管道的堵塞，但其清除附着物的能力比盐酸小，只能清除铁垢和铁锈，对铜垢、钙镁和硅化物水垢的溶解能力差，清洗时要求温度较高和一定的流速，价格较贵，必须选择耐高温的缓蚀剂。

【柠檬酸清洗工艺及应用实例】 柠檬酸多用于新超高压直流锅炉的结水系统（炉前系统）及过热器、再热器等的氧化铁皮和腐蚀产物的清洗。由于清洗是以络合溶解的方式进行，可以避免氧化铁鳞片脱落而堵塞管道等的情况发生，一般的清洗工序为：水洗→碱洗→酸洗→钝化。

【产品特点】 ①该产品能迅速清除各种锅炉受热面上的结灰、不仅免除清灰工作的麻烦；而且还能节约燃料5%以上，经多家使用，节能效果显著，确实是一种最新最高效节能产品。②锅炉受热面积灰1mm厚，热导率降低为1/50，耗能严重，使用清灰剂可清除灰垢、恢复原设计功能，可节约燃料煤5%～8%、油6%～9%。③减少大气灰尘和氮气化合物及二氧化硫的排放量、有利于环境保护。④减轻司炉工清灰又脏又累的繁重劳动。⑤清除了酸性结垢、减少锅炉腐蚀，延长使用寿命，确保安全生产。⑥可用于工业锅炉、采暖锅炉、各种船舶，火管，锅炉等。⑦也可用于燃油，燃气各种型号的锅炉清灰之用。

【配方-1】 柠檬酸清洗示例1

① 锅炉自然条件　意大利进口锅炉，亚临界强制循环、辐射再热，切向燃烧微负压燃煤汽包炉，主蒸汽流量1100t/h，主蒸汽压力17.78MPa，过热蒸汽温度540℃。因炉水冷壁管有微小裂纹，故一直采用羟基乙酸加甲酸的清洗工艺，但清洗费用昂贵，本次采用柠檬酸清洗并取得成功。

酸洗时结垢量分析如下。前墙：标高22.5～23.5m；向火侧415g/m^2；背火侧82g/m^2；后墙：标高22.3～23.38/m^2；向火侧570g/m^2；背火侧127g/m^2。

实验对缓蚀剂种类及用量进行了筛选，实验数据如下表所示：

条　件	外　观	腐蚀速率/[g/(m^2·h)]	垢洗脱率/%
30g/L柠檬酸+0.5g/L柠檬1号	垢绝大部分洗掉，呈银灰色，较光亮	1.07	
30g/L柠檬酸+3g/L若丁原粉	垢绝大部分洗掉，呈暗灰色，有光亮	0.93	97
40g/L柠檬酸+0.5g/L柠檬1号	垢全部洗掉，呈暗灰色，无明显镀铜，无点蚀，试片较光亮	1.23	100
40g/L柠檬1号+3g/L若丁原粉	垢全部洗掉，呈灰褐色，无镀铜，无点蚀	0.97	

注：清洗温度95℃；清洗时间6h。

从表可以看出，用柠檬1号缓蚀剂与柠檬酸复配缓蚀速率稍微偏大，但基体表面外观很好，而且脱垢率达100%。

② 清洗过程

a. 加水　锅炉预先充满除盐水，强制循环（至水质澄清、电导率≤50μS/cm）。

b. 升温　至炉水温度达到97℃。向过热器连续充水，保持0.7～1.1t/h的溢流量，维持压力2.0MPa。

c. 酸洗　向4m^{3}溶药箱加入400kg清洗剂（柠檬酸浓度40g/L，加氨水量为11g/L），泵入锅炉系统；再向药箱加入300L联氨，泵入锅炉，内循环约30min。

继续加柠檬酸，过程分两步：先加3t，之后加入氨水进行粗调pH；第二次先加400kg柠檬1号，再加入4t柠檬酸。加完酸后继续用清洗泵组泵循环。

用联氨（用于还原过量的Fe^{3+}）和氨水调节pH在3.3～3.9之间。酸洗时间总共计8.5h，酸洗过程中用泵强制运行，控制流速约为0.2～0.5m/s，柠檬酸含量 2%～4%，Fe^{2+} 2.7g/L 最高酸洗温度保持在 92～98℃。

d. 水冲　酸洗结束后，采用除盐水（60～70℃）进行循环冲洗约 30min，然后改用分步冲排至 pH 为 4.0～4.5、电导率≤50μS/cm，Fe＜50mg/L。

e. 漂洗　加柠檬酸，含量为 0.1%～0.3%，加 0.1%缓蚀剂，用氨水调节 pH 为 3.5～4.0 进行漂洗，溶液维持 75～90℃，循环 2h，漂洗液中总铁量应小于 300mg/L，若超过该值，用热除盐水更换部分漂洗液至铁离子小于该值后，才可进行钝化。

f. 钝化　加入亚硝酸钠，含量 1.0%～2.0%，加氨水调节 pH 达 9.0～10.0 进行钝化，钝化温度 50～60℃，钝化时间 6h。

g. 钝化结束后，排尽钝化液，用 50mg/L 的氨液、200～250mg/L 联氨、pH 为 9.5～10.0 的保护液冲洗至水质清澈，无杂质后进行彻底排放。

③ 清洗效果　水垢已全部洗掉，呈钢灰色，腐蚀指示片平均腐蚀速率为：3.00g/(m²·h)。管内垢全部洗掉，钝化膜已形成。在加氨量为 11g/L、柠檬酸浓度 40g/L、pH 为 3.5～3.7 时，缓蚀剂为 3g/L 若丁原粉；清洗温度（95±2)℃；清洗时间为 6h；垢洗脱率为 100%。

注：冯爱芬. 论在运行锅炉上的柠檬酸清洗工艺. 广东科技，2008 (05)：49-50。

【配方-2】 柠檬酸清洗示例 2

① 锅炉自然情况　意大利进口锅炉，材质均为 20# 锅炉钢，设计压力为 20.8MPa，温度为 400℃。酸洗清洗范围包括：省煤器、上汽包水侧、水冷壁及下环联箱。总清洗面积约 9200m²（包括临时清洗系统），水容积为 152m³。

② 酸洗工艺　4%柠檬酸+0.3%柠檬 1 号，流速 0.6m/s，90～98℃，pH 为 3.2～4.0。

锅炉冲洗合格后，调整出口阀开度，以保证酸洗期间水冷壁管清洗流速在 0.6m/s，使炉水温度达到 98℃。向 4m³ 药箱中注入热除盐水约 1/3 水位，加入 40kg 柠檬 1 号缓蚀剂，循环 20min 之后，向炉内加入联氨 400L 在药箱中注入除盐水 2/3 水位，搅拌，循环，将柠檬酸 4000kg 打入锅炉。之后加入氨水 750L、联氨 200L，锅炉出口清洗液的 pH 为 3.31，继续加柠檬酸 3500kg，加氨水 500L。加药完毕时入口酸含量 4.72%，出口酸含量 1.94%。循环 80min 后，酸度平衡（2.56%）。再循环 4h 后开始排酸，此时酸度为 1.96%。循环冲洗排放，3.5h 后排放。最后酸度 0.11%，pH 为 4.06。

③ 漂洗钝化　加柠檬酸 500kg 开始漂洗，半小时后加氨水 100 桶，调 pH 为 9.60，加亚硝酸钠 1600kg，开始钝化，pH 全部在 9.60 以上，4.5h 后钝化液排放。冲洗，向锅炉上满 50～60℃的除盐水，通过 4m³ 药箱向锅炉加入氨水 1350L、联氨 1000L，调整锅炉水的 pH 为 10.0 以上，联氨浓度大于 50mg/L。由泵维持锅炉补充水的 pH 和联氨浓度。至排放水清为止。

清洗用时 23.5h。酸洗过程中三价铁最高为 0.014%，小于标准（300mg/L)。二价铁最高为 0.056%。最终排放时仍为 0.056%。

④ 清洗效果　清洗干净，钢灰色的表面已经形成。金属腐蚀速率小于 8.00g/(m²·h)，腐蚀总量小于 80g/m²，符合国家标准。

注：刘景云. 电站锅炉的柠檬酸清洗. 清洗世界，2006，22 (7)：15-19。

【配方-3】 柠檬酸锅炉清洗剂配方

组　分	w/%
柠檬酸	2
氟化铵	0.24

续表

组 分	w/%
氨水	0.165
缓蚀剂 SH-405	0.2
水	余量

酸洗温度（90±2）℃，时间 7h。此配方主要应用于 30 万吨/年合成氨引进装置蒸汽发生系统柠檬酸酸洗。亦可用于电厂锅炉盐酸-氢氟酸酸洗，缓蚀剂 SH-405 含量为 0.3%。

① 除锈原理 清洗过程中同时存在着电离、水解、络合、中和等多种化学反应，生成稳定的络合物。

② 特点 EDTA 酸洗以其安全、高效、工期短等优点得以广泛应用，尤其对于高参数、大容量的新建机组，EDTA 化学清洗占有绝对的优势。

EDTA 对氧化铁和铜垢类沉积物以及钙、镁垢有较强的清洗能力，清洗后金属表面能生成良好的防腐保护膜，可清洗-钝化一步完成，节省了二次水冲洗、漂洗、钝化等过程，缩短了清洗时间和除盐水的用量。

③ 缺点 EDTA 清洗温度较高，需要在 130～140℃下进行，实际运用中存在许多难题，如：腐蚀速率较高、加热困难、燃料成本高、清洗费用高等，随清洗时温度升高，腐蚀速率也会随之提高。

【性能指标】 浪费燃料、降低锅炉热效率，影响锅炉安全运行，水垢能导致垢下金属腐蚀，降低锅炉出力，结垢会降低锅炉使用寿命。

【清洗方法】 ①打开锅炉进水口（以 0.5t 锅炉为例）；②本品 1 袋（10kg）按 1∶10 的比例稀释加入到锅炉内；③将水注满至最高水位，等待 2h，使除垢剂溶液充分和水垢反应；④打开排水口，排干清洗液；⑤注入清水冲洗一遍，清洗除垢工作完成。

【主要用途】 主要各种锅炉，电热锅炉；也适用于电热锅炉清洗、彻底清除附着在电热锅炉内壁的水垢。

【应用特点】 采用食品级原料，清洗后可以直接使用；对锅炉内壁、密封胶圈、塑料件等部件无任何腐蚀；绿色环保配方，清洗液可直接排放；强力高效，除垢效果可以直观监控。快速、彻底清除附着在锅炉内壁的水垢，食品级原料，对人体和锅炉没有伤害作用。

【包装、储存与规格】 25kg/桶，保质期限 3 年，储存于干燥、阴凉处。

【生产单位】 绿之源公司，石家庄天山银河科技有限公司。

Ke003 供暖锅炉清洗剂

【英文名】 heating boiler cleaning agent

【别名】 供暖清洗剂；锅炉清洗剂

【组成】 一般由快速溶解碳酸钙、碳酸镁、硫酸钙、硅酸钙及氧化铁等水垢成分的药剂等复配而成。

【产品特点】 ①强力：可迅速剥离和溶解水垢、锈垢、菌藻及其他沉积物，并使其转变为水溶物或悬浮物易于排放。②安全：没有常规酸洗带来的发烟、氢脆、强腐蚀和对人体的烧灼与刺激。

【配方-1】 羟基乙酸与甲酸剂示例

① 锅炉自然状况 北京巴·威公司生产的超高压、中间再热、自然循环、单炉膛汽包锅炉，型号为 B & W2670/13.72M，运行 7 年。

水冷壁积垢成分

化学成分	Fe	Mn	P	Si	Ca
w/%	85.42	6.43	2.97	2.38	2.79

② 确定化学清洗工艺

a. 酸洗 4%羟基乙酸＋4%甲酸＋缓蚀剂，温度为 80～90℃，4h 以上；

b. 漂洗 0.3%柠檬酸＋柠檬酸缓蚀剂，pH 在 3～4，温度为 75～90℃，时间在 3h 以上；

c. 钝化 0.2%双氧水＋氨水，pH

在 9.3～10.0，温度为 40～50℃，时间在 5h 以上。

③ 效果

腐蚀总量/(g/m²)	33.4<80	符合标准
腐蚀速率/[g/(m²·h)]	3.34<8	符合标准
除垢率/%	97.26>95	符合标准
清洗效果	干净,无残留,无镀铜	符合标准
钝化效果	膜形完整,无点蚀及二次锈	符合标准

注：任子明，王金库，张金利，等．羟基乙酸与甲酸在锅炉化学清洗中的应用．河北电力技术，2008，27（4）：46-47。

④ 锅炉自然状况　大连北海头热电厂 WG220/98-1 型 220t/h 锅炉，在制造、运输过程中产生铁锈，有油污、灰尘、泥沙、轧制鳞铁氧化皮、焊渣、金属碎屑等，平均垢厚 0.5～1mm。

⑤ 酸洗和效果　采用硫酸清洗后，炉内干净，无浮锈，无点蚀，钝化膜完整，平均腐蚀率 1.06g/(m^2·h)，达到国家清洗质量标准。

硫酸酸洗液与缓蚀剂搭配及缓蚀效果如下表所示：

H_2SO_4 质量分数/%	温度/℃	缓蚀剂	缓蚀剂质量分数/%	缓蚀效果/%
5	20～80	苯胺＋乌洛托品反应物 EA-6	0.5	96～99
10	65	乌洛托品＋KI(8：1)	0.6	99
10	65	Lan-826	0.25	99

注：李长海．四种常见锅炉清洗剂及其应用．电力环境保护，2008，24（3）：60-62.

【配方-2】 复合酸酸洗剂示例

① 酸洗配方

组　分	w/%
羟基乙酸	0.0～3.0
柠檬酸	0.2～3.0
乙二胺四乙酸	0.2～3.0
缓蚀剂 SH-369	0.2～0.8
还原剂	0.1～0.5
磷酸三丁酯	0.0～0.2
表面活性剂	0.0～0.2
水	89.3～99.3

其中，表面活性剂为壬基酚聚氧乙烯醚，其分子式为 $C_9H_{19}C_6H_4O(CH_2CH_2O)_nH$，式中 n 为 7～20，还原剂为异抗坏血酸钠或联氨。

② 配方分析　配方中用到三种酸洗主剂。其中，羟基乙酸易溶于水，具有腐蚀性低、不易燃、无臭、低毒、生物分解性强，对碱土金属类污垢有较好的溶解能力，与钙、镁等化合物反应较为剧烈的特点，所以羟基乙酸适合于钙、镁盐垢的清洗。

乙二胺四乙酸及其铵盐和钠盐对氧化铁垢和铜垢以及钙、镁垢等都有较强的清洗能力，形成易溶的络合物。当加入适量的缓蚀剂时，对金属的腐蚀性小。清洗后，金属表面能生成良好的防腐蚀膜。

③ 制备工艺　将水加热至 60～70℃，加入缓蚀剂 SH-369，搅拌均匀后，依次加入羟基乙酸、柠檬酸、乙二胺四乙酸，搅拌至均匀混合后再加入磷酸三丁酯、表面活性剂和还原剂，搅拌均匀，制备成有机复合清洗剂。

注：李卫锋，杨祥春．火力发电厂锅炉有机复合清洗剂．CN200910021 61.2009。

【性能指标】 ①金属表面清洁，无残留氧化物和焊渣，无明显金属粗晶析出，无镀铜现象。②平均腐蚀速率为 0.94g/(m^2·h)。③除垢率为 97.08%。

【除垢方法】 ①将除垢剂与水按 1∶10 的比例稀释注入锅炉进水口；②将水注满至最高水位，等待 4h，除垢剂溶液充分和水垢反应；③打开排污出口，排干清洗液；④注入清水冲洗至水清，清洗除垢工作完成。

【主要用途】 主要适用于供暖锅炉清洗、彻底清除附着在供暖锅炉内壁的水垢。

【应用特点】 本品针对不同垢的组分及不同组分所占的比例，克服了无机酸除垢时大量剥落引起的堵塞现象，还克服了单一有机酸清洗能力较弱的技术问题，并且实施方法简单易行、原料易得，经实验室和工业试验，可广泛应用于大型锅炉的化学清洗。

【安全性】 本品对工业及民用锅炉、蒸汽锅炉、供暖锅炉等的水垢、锈垢以及沉积物具有很强的渗透、剥离和溶解的功效，洗后光亮如新，无毒、无害、使用安全。

【产品规格】 10kg/袋，25kg/袋；保质期：2年。

【生产单位】 绿之源公司，北京蓝星清洗有限公司，石家庄天山银河科技有限公司。

Ke004 直流锅炉热态清洗剂

【英文名】 DC boiler thermal state cleaning agent

【别名】 直流热态清洗剂；锅炉热态清洗剂

【组成】 一般由碳酸盐、磷酸盐、双氧水、Lan-826等复配而成。

【产品特点】 ①强力：可迅速剥离和溶解水垢、锈垢、菌藻及其他沉积物，并使其转变为水溶物或悬浮物易于排放。②安全：没有常规酸洗带来的发烟、氢脆、强腐蚀和对人体的烧灼和刺激。

【配方分析】

① 锅炉自然状况 DZW2-0.7型蒸汽锅炉。垢厚平均大于2.5mm，主要成分为碳酸盐、磷酸盐，少量为氧化铁，均匀腐蚀。

② 所用的螯合剂

a. 羟基亚乙基二膦酸（HEDPA）$C_2H_8O_7P_2$（1%水溶液）pH＜2；钙螯合值（$CaCO_3$）＞400mg/g。可与水混溶，高pH下稳定，低毒。在200℃以下有良好的阻垢作用，能与铁、铜、铝、锌等各种金屑离子形成稳定的络合物，能溶解金属表面的氧化物。

b. 二亚乙烯三胺五亚甲基膦酸（DTPMPA）（25℃ 1%水溶液）pH＜2；钙螯合值（$CaCO_3$）≥500mg/g；能与水混溶，对硫酸钙和硫酸钡均有良好的阻垢作用。

c. 水解聚马来酸酐（HPMA）（1%水溶液）pH＝2.0～3.0；对碳酸盐、磷酸盐有良好的阻垢效果，阻垢时间可达100h。

③ 清洗工艺 热水循环冲洗→螯合清洗→中和→钝化。

④ 清洗液配方

组 分	w/%
HEDPA＋DTPMPA＋HPMA＋HCOOH	10
Lan-826	0.25
Na_2CO_3	2
Na_3PO_4	1.5
H_2O_2	1
$SnCl_2$	适量

⑤ 操作工艺 温度：65℃，酸度不低于初期酸度的50%。50℃除盐水冲洗至电导率≤50μS/cm，pH达到4.5～5.0开始钝化。

⑥ 效果 打开人孔，观察附着物已全部洗掉，显露出金属本色，色泽优于盐酸清洗，腐蚀率0.486g/(m²·h)，除垢率在98%以上。

注：张科然，张勇，高鲁民，等. 工业锅炉的螯合化学清洗. 清洗世界，2004，20(4)：26-28.

【清洗工艺】 在整个化学清洗期间，使用临时循环泵使化学药品溶液连续通过省煤器。

① 加药（锅炉水温在85～90℃） 按下述办法事先准备好化学药品（如$C_6H_8O_7$、抑制剂等）。

a. 向化学药品箱加入一定量的除盐水，再加入事先计算好数量的抑制剂并搅拌均匀。然后加入所需浓度的柠檬酸和其他药品进行彻底混合。

b. 加药期间，保持临时循环管道的水流量。

c. 启动化学加药泵，利用阀门控制化学药品流量以便在大约1h内完成加药。

d. 加药完成后，增加循环流量，用一台炉水循环泵和临时循环泵连续运行约30min。

② 化学清洗和酸液分析

a. 加药完成后对锅炉用酸溶液连续循环清洗约6h。

b. 在每1h运行一台炉水循环泵10min。

c. 关闭停用炉水循环泵的吸入阀和输送阀，向其连续注入洗炉水。略微打开外壳排气口。

d. 每1h在循环泵出口处进行一次取样（取样应在炉水循环泵停止5min后进行）。

e. 分析项目包括：酸浓度、Fe^{2+}、Fe^{3+}、pH、油脂（油脂分析每两小时做一次）。

f. 6h之后关闭排气口，用0.2～0.6bar（1bar＝10^5Pa）压力的氮气彻底排放掉锅炉中的水。

【主要用途】 主要适用于直流锅炉热态清洗、彻底清除附着在直流锅炉热态的水垢。

【应用特点】 化学清洗系统是整个清洗过程的关键，它直接影响酸洗效果及酸洗能否顺利进行，它力求简单、安装方便。尽量使焊接点、法兰、死角及弯头越少越好。选择好的清洗泵，对水和气要合理配比，对阀门进行检查，阀门一般采用截止阀，压力大于2.5MPa，无铜件为宜。

【安全性】 本品对工业及民用锅炉、蒸汽锅炉、供暖锅炉等的水垢、锈垢以及沉积物具有很强的渗透、剥离和溶解的功效，洗后光亮如新，无毒、无害、使用安全。

【产品规格】 10kg/袋，25kg/袋；保质期：2年。

【生产单位】 北京蓝星清洗有限公司，绿之源公司。

Ke005 蒸汽锅炉清洗剂

【英文名】 steam boiler cleaning agent

【别名】 蒸汽清洗剂；锅炉清洗剂；燃煤气燃油锅炉清洗剂

【组成】 一般由食品酸、渗透剂、金属材料保护剂等复配而成。

【产品特点】 ①采用食品级原料，对人体无任何危害，清洗后可以直接使用；②对锅炉内壁、密封胶圈等部件无任何腐蚀；③绿色环保配方，清洗液可直接排放；④强力高效，有效去除锅炉复杂成分的水垢。

【配方】

组　分	酸洗液中含量/%
盐酸	3
缓蚀剂 SH-747	0.3

【制法】 酸洗温度20～25℃，流速0.16m/s。该配方主要用于大型电站100～250MW机组凝汽器盐酸酸洗，亦可用于中频、工频熔炼炉铜管清洗。

一般电站锅炉用水因经常要通过铜质冷凝器，所以水垢中一般都含铜，当铜含量小于6%时，可以加入硫脲加以掩蔽，以免被清洗表面出现镀铜现象。若垢中铜含量超过6%，酸洗结束，应增加一道氨洗除铜工艺，即用1.3%～1.5%氨水加0.5%～0.75%过硫酸铵除铜1～2h。酸洗液中也可增加湿润剂JFC或OP-10之类的表面活性剂作润湿渗透剂，以增强清洗力度。

巯基苯丙噻唑（MBT）是一种对铜

及铜合金最有效的缓蚀剂之一，对碳钢产品也有保护作用。苯并三氮唑 BTA、甲基苯并三氮唑 TTA 等可以作铜缓蚀剂。

注：1. 杜涛恒，曹宁洁．锅炉盐酸清洗工艺探讨．洗净技术，2004，2（4）：11-15。

2. 崔莉，高洪芹．锅炉盐酸化学清洗工艺及技术．煤炭技术，2009，28（5）。

【除垢方法】 ①将除垢剂与水按 1∶10 的比例稀释注入锅炉进水口；②将水注满至最高水位，等待 4h，使除垢剂溶液充分和水垢反应；③打开排污出口，排干清洗液；④注入清水冲洗至水清，清洗除垢工作完成；⑤0.5t 锅炉推荐除垢剂用量 10kg；⑥锅炉超过 2 年未清洗，请延长清洗时间或者加大用量；⑦50℃左右热水清洗效果更佳。

【主要用途】 主要适用于蒸汽锅炉清洗，快速、彻底清除附着在蒸汽锅炉内壁的水垢。

【应用特点】 该产品绿色环保配方，清洗液可直接排放；应用中有强力高效，有效去除锅炉复杂的水垢特点。

【安全性】 酸、碱都是强腐蚀性物质，一些助剂也有毒性，施工现场蒸汽加热管道的高温壁面容易灼伤人，禁止与清洗无关的人员进入清洗区。清洗过程中盐酸接触金属铁表面时，会有氢气逸出。氢气碰到明火，就会发生爆炸，所以清洗现场严格禁止吸烟就是这个道理。使用的照明必须用 36V 以下电源。

【生产单位】 北京蓝星清洗有限公司，绿之源公司。

Ke006 锅炉清洗后的金属复合钝化剂

【英文名】 metal compound passivation agent for boiler cleaning

【别名】 锅炉钝化剂；金属复合钝化剂

【组成】 常用的钝化剂一般由有亚硝酸钠、联氨（N_2H_4）、氢氧化钠、碳酸钠、磷酸三钠、六偏磷酸钠[$(NaPO_3)_6$]、三聚磷酸钠（$Na_5P_3O_{10}$）等组成。

① 联氨钝化法　在氨和联氨作用下在金属表面形成磁性氧化铁。钝化工艺条件见下表。

药　品	氨水＋联氨
浓度/(mg/L)	500＋(300～500)
钝化温度/℃	90～95
钝化时间/h	24～48
pH 值	9.5～10

② 磷酸盐钝化法　常用于钝化的磷酸盐有：Na_3PO_4、$Na_3P_3O_{10}$。在金属表面形成的钝化膜为磷酸铁或磷酸盐络合物。钝化工艺条件见下表。

药　品	磷酸三钠	磷酸
含量/%	1～2	0.15
钝化温度/℃	80～90	75
钝化时间/h	8～24	1～2
pH 值		

磷酸三钠和氢氧化钠组成的钝化剂能取得较好的钝化效果。碳酸钠钝化剂可在钢铁表面形成以氧化铁为主的表面膜。

③ 亚硝酸钠钝化　亚硝酸钠具有一定的氧化性，可以在弱碱性条件下利用亚硝酸钠与金属作用，在金属表面形成氧化铁或磁性氧化铁膜，钝化工艺条件见下表。

药　品	亚硝酸
含量/%	1～2
钝化温度/℃	50～70
钝化时间/h	2～6
pH 值	9～10

④ 过氧化氢钝化

a. 过氧化氢钝化条件　中性水溶液清洗剂，用双氧水进行钝化都形成氧化物钝化膜。

如果水冲洗时间过长或金属表面已经暴露在空气当中，形成了浮锈，则必须进行漂洗处理；另外垢量中若含铜较高时，则必须进行除铜。可采用过氧化氢除铜钝化一步法，钝化工艺条件见下表。

药　品	过氧化氢
含量/%	0.3～0.5
钝化温度/℃	50
钝化时间/h	4～6
pH 值	9.5～10

b. 过氧化氢钝化示例 1

锅炉型号为 SG 1080/17.6 M 866，亚临界压力，一次中间再热，强制循环汽包锅炉。

【配方】

Ⅰ. 酸洗剂

组　分	w/%
盐酸(HCl)	4～6
缓蚀剂(IS-129)	0.2～0.3
还原剂(N_2H_4)	0.1
温度	50～60℃
水	余量

Ⅱ. 漂洗

组　分	w/%
柠檬酸	0.1～0.3
NH_3(调节 pH)	3.5～4.0
温度	40～50℃

Ⅲ. 钝化　双氧水（H_2O_2）钝化

Ⅳ. 效果　汽包部位清洗界限清晰，清洗侧无残留垢、无二次锈、钝化膜完整致密；在环形水包下侧有锈泥沉积物；管样钝化膜和汽包及环形水包颜色一致，均为钢灰色。

几种钝化液的组成与应用示例如下表所示。

序号	钝化液组成/%	钝化条件
1	NaH_2PO_4　0.25 Na_2HPO_4　0.25 $NaNO_2$　0.5 水　余量	65℃ 1h
2	Na_2CO_3　1.0 $NaNO_2$　0.5 水　余量	90～95℃ 1h
3	$NaNO_2$　3 甘油　10 水　余量	涂刷保护膜
4	纤维素　5 $NaNO_2$　1 三乙醇胺　2 水　余量	35～40℃

续表

几种钝化方法的特点及钝化效果比较如下表所示。

钝化方法	钝化膜状态	效果	评　价
联氨法	棕红，棕褐色	一般	需温度高，膜耐蚀性差，有毒
磷酸盐法	黑色	一般	温度较高，时间长，膜耐蚀性差
亚硝酸钠法	银灰色	好	温度低，时间短，效果优，有毒，费用高
过氧化氢法	灰色	好	温度低，时间短，效果良，无毒，经济

注：杜越，姚卉芳．一种火力发电厂锅炉清洗后的金属复合钝化工艺．CN200910021160．2009。

c. 过氧化氢钝化示例 2

Ⅰ. 钝化剂

组　成	w/%
二甲基酮肟	0.1～0.3
双氧水	0.1～0.2
烷基酚聚氧乙烯醚 $C_8H_{17}C_6H_4O(CH_2CH_2O)_n$	0.1～0.3
氨水	0.1～0.2
去离子水	余量

注：式中 n 为 7～20。

按照被清洗系统水容积注入去离子水，加入氨水调整去离子水的 pH 至 8.0～12.0，依次按照上述配比加入二甲基酮肟、双氧水、烷基酚聚氧乙烯醚，搅拌均匀，配制成钝化液。

Ⅱ. 钝化实施方法　锅炉酸洗、水冲洗合格后，对锅炉系统注满去离子水，加热，锅炉系统控制温度为 60～70℃，达到设定温度时，向锅炉系统加入钝化液0.15%的氨水调整去离子水的 pH 至 8.0～12.0，再依次向锅炉系统加入钝化液质量 0.2%的二甲基酮肟、0.1%的双氧水、0.2%的烷基酚聚氧乙烯醚，循环均匀，钝化过程中间隔 1h 监测钝化液中 Fe^{2+} 和 Fe^{3+} 的含量以及 pH，控制 Fe^{2+} 和 Fe^{3+} 的含量小于 300mg/L，控制钝化液的 pH 为 8.0～12.0，维持条件钝化 6h，至锅炉内表面生成钝化膜。排放掉钝化液，打开汽包入孔门和下联箱手孔，锅炉系统自然通风干燥。

Ⅲ. 配方的技术分析　钝化是锅炉清洗过程中的最后一个工艺步骤，也是关键的一步。在 DL/T 794—2001《火力发电厂锅炉化学清洗导则》中列举的钝化介质中，亚硝酸钠是公认的效果最好的钝化工艺，但由于含亚硝酸根，废液难以处理，易造成环境污染，大型发电机组已较少采用此工艺；多聚磷酸盐钝化虽然效果也不错，但所形成的钝化膜在锅炉启动后会引起锅炉内水的 pH 长时间偏低的现象，而且钝化温度太高，现场操作较困难；双氧水钝化对钝化液中铁离子含量要求非常严格而使其应用受到限制；联氨有较强毒性且易挥发，也很少被采用；单一的二甲基酮肟钝化由于温度太高、时间太长给现场操作带来一定的困难，增加了现场操作人员的劳动强度。在发电厂锅炉清洗技术领域，当前需要迫切解决的一个技术问题是提供一种钝化效果好、过程易于控制、环境污染小的钝化工艺。

本示例所要解决的技术问题在于克服上述钝化工艺的缺点，提供一种钝化效果好、过程易于控制、环境污染小、钝化时间短的火力发电厂锅炉清洗后的金属钝化工艺。

注：李贺全，王锐．碱性双氧水钝化工艺在汽包锅炉化学清洗中的应用．华北电力技术，2005（9）：22-23。

d. 十八烷基胺钝化法示例

Ⅰ. 清洗　某锅炉化学清洗漂洗后水冲洗排水水质：pH 为 5.4，铁含量 0.022%。钝化液循环升温，当温度≥80℃，开始加药（“十八烷基胺”浓度 100mg/L；pH 为 8～10；助剂含量 0.03%）。加药完毕，钝化液停止循环，维持钝化液温度≥120℃，静止钝化 6h 后，排放钝化液。

Ⅱ. 钝化效果　汽包颜色：浅灰色；憎水性：同一截面憎水性不同，有的区域成珠状，有的区域憎水性不明显；达到了预期目的，符合技术要求。

注：刘政修．“十八烷基胺”在锅炉化学清洗钝化中的应用研究．全面腐蚀控制，2004，18（1）：28-32。

【主要用途】　主要适用于锅炉清洗后的金属复合钝化。

【应用特点】　本品针对锅炉清洗后的金属复合钝化剂的组分及不同组分所占的比例。克服了同一截面憎水性不同，有的区域成珠状，有的区域憎水性不明显；达到了预期目的，符合技术要求。

【安全性】　本品对用于锅炉清洗后的金属复合钝化无毒、无害、使用安全。

【生产单位】　北京蓝星清洗有限公司，绿之源公司，石家庄天山银河科技有限公司。

Kf 导热油炉设备清洗剂

目前，导热油炉清洗的主要方式有水清洗（如导热油清洗剂）、油清洗（如导热油积炭清洗剂）以及在线清洗（如导热油在线清洗剂）三种方法。在三种清洗方法中，水清洗因为含有碱性物质，同时在导热油炉清洗的过程中会产生大量的废水，因此在环保方面很难达标，已经逐渐开始淘汰；导热油炉的在线清洗虽然在理论上讲，应该是比较好的，但是由于国内导热油的质量参差不齐，很多导热油的基础油非常差，另外再加上国内导热油炉锅炉工的整体水平有限，所以导热油炉的维护及使用状态不佳，在这种状况下，导热油炉在线清洗剂基本上无法满足清洗的要求（当然随着导热油质量及锅炉工素质的提高，导热油在线清洗剂应该会在未来 5 年内逐步得到推广），溶剂型导热油清洗剂从根本上解决了环保无污染以及快速安全施工的问题，可以在短时间内多导热油炉加热系统进行彻底清洗。

溶剂型导热油清洗剂已广泛应用于各大石化及生产加工企业导热油炉及换热设备的导热油焦炭清洗工艺，具有优异的渗透性、乳化性和清除油焦的能力，通过化学作用迅速渗透到积炭底部，溶解、分散、剥除各种硬质油垢、积炭，无论是薄层积炭还是厚厚的积炭层，均能在 4～6h 内脱落、溶解。效果极为显著，且安全无腐蚀，是目前专业除炭的最佳制品。

如国内卡洁尔导热油炉清洗剂能有效地去除 1～10mm 各种牌号导热油炉系统内残炭（结焦垢，炭化垢，油垢）的有效专业清洗剂，它通过强力的渗透，剥离和溶解作用，将残炭悬浮于液体中而被排出，通常除垢率在 90%以上。设备在清洗过程中不发生任何腐蚀及不良影响，对人体绝对安全。

一般国内热油炉使用时间过长或选用的导热油不好或使用不当而产生的结焦、积炭堵塞了管线和加热面，降低了传热效率，增大了能耗，难以满足生产的需要。此时，选用导热油炉专用清洗剂。

国内导热油炉清洗剂产品特点：

① 高效：除油、除垢、除锈效果好，对一般油污和锈蚀产物洗净率大于是 95%；可有效清除导热油中的胶质、沥青质、炭化质，对导热油结焦具有清洗扩散等性能。

② 简便：清洗温度 30～40℃，最佳温度 40℃，清洗一步完成，操作简便，最易实现标准化作业；

③ 安全：本品为弱酸性，对设备、人身腐蚀性小，对碳钢、不锈钢、铜、铝等多种金属的材料小于《工业设备化学清洗质量标准》(HG/T 2387—92) 规定的要求；

④ 节能：热效率提高，能源消耗降低，稳定性好，不燃，不爆，无毒，无腐蚀危害性，无需高温，除严冬外，在无加热条件下，也可完成具体清洗工作。

产品包装：25kg/桶，塑料桶装；保质期 2 年；勿对人体喷洒，避免小孩接触，误食。

Kf001 AS-206 导热油炉清洗剂

【英文名】 AS-206 heat conduction oil furnace cleaning agent

【别名】 AS-206 导热清洗剂；导热油炉清洗剂

【产品特点】 ①有效清除金属传热面上导热油高温氧化形成的固化或半固化油垢；②有效清除导热油热裂解炭化形成的中、高温积炭；③防止导热油老化失效，提高传热效率，降低油耗，节约运行成本；④防止炉体、管道局部过热，延长设备使用寿命。

【配方】

组 分	w/%
亚硝酸二环己胺	1
氢氧化钠	5～8
OP-10 乳化剂	0.2
硼酸钠	0.7
缓蚀剂	0.1
磷酸三钠	3～5
水	82～86

【性能指标】

续表

外观	水基液体，久置后有沉淀，摇匀后不影响使用
颜色	浅蓝色
气味	无刺激性气味
稳定性	良好
燃爆性	不燃爆
挥发性	不挥发
pH 值	9.0(1%,20℃)

【清洗方法】 将清洗泵与热油炉连接成清洗回路。①油炭垢小于 1mm 时，配制 8%～10% 的水溶液充满系统，升温至 80～90℃，循环清洗 8～10h 后排去，清水冲洗干净；②油炭垢大于 1mm 时，配制 8%～10%的水溶液充满系统，升温至 80～90℃，循环清洗 5～6h 后，再补加 3%～4%继续清洗 5～6h 排去废液，清水冲洗干净；③积炭较厚实，适当提高清洗剂浓度并延长清洗时间。

【主要用途】 用于清洗以热传导油作为传热介质的各种导油炉内形成的氧化油垢和中温积炭；用于石油、化工、纺织、印染、化纤、塑料、建材、供热等行业广泛使用的导热油炉以及以导热油为工作介质的热交换设备。

【应用特点】 ①有效清除金属传热面上导热油高温氧化形成的固化或半固化油垢；②有效清除导热油热裂解炭化形成的中、高温积炭；③防止导热油老化失效，提高传热效率，降低油耗，节约运行成本；④防止炉体、管道局部过热，延长设备使用寿命。

【安全性】 ①结块后不影响清洗性能；

②本品为混合物，每袋一次性用完，不宜部分使用，否则影响清洗效果。

【包装储存】 25kg 包装。储存于阴凉、干燥处，有效期 2 年。

【生产单位】 北京蓝星清洗有限公司，绿之源公司。

Kf002 SP-102 导热油炉清洗剂

【英文名】 SP-102 heat conduction oil furnace cleaning agent

【别名】 导热油炉清洗剂

【产品特点】 ①是专用于清洗导热油炉及用热系统的高效清洗剂。对导热油炉及用热系统内聚集的半固化油胶垢和沥青质污垢具有快速彻底的清洗效果。清洗效率高达 95%。②清除油污、重油垢能力极强，清洗效率是汽油、煤油的 4～5 倍。③使用安全，本产品无味、无毒、不可燃、不腐蚀被清洗物，刺激性小，不损伤皮肤，对各种表面均安全无伤害。④清洗后显著提高导热油炉热效率，大幅度降低燃料消耗和生产运行成本，消除导热油炉因积炭引发的不安全运行隐患。⑤清洗后对金属表面具有短期防锈作用。⑥使用简单，加水稀释后，既可在常温下直接使用，也可加热使用（60℃效果最佳）。⑦表面活性剂可生化降解，对环境无污染。

【性能指标】 外观：水基液体，久置后有沉淀，摇匀后不影响使用；颜色：浅蓝色；气味：无刺激性气味；稳定性：良好；燃爆性：不燃爆；挥发性：不挥发；pH：9.0（1%，20℃）。

【主要用途】 SP-102 导热油炉清洗剂主要用于清洗导热油炉内部的高温油泥和油垢，它可以快速安全地溶解油泥和油垢，将各类油污油脂溶解为溶于水的液体。

【安全性】 ①使用安全，本产品无味、无毒、不可燃、不腐蚀被清洗物，刺激性小，不损伤皮肤，对各种表面均安全无伤害。②使用本产品后，若垢类未完全清除，一般为清洗剂用量不足或清洗时间不够导致，请保证清洗剂用量和足够的清洗时间。

【包装规格】 200kg/桶，25kg/桶。

【生产单位】 北京蓝星清洗有限公司，天津天通科威工业设备清洗有限公司。

Kf003 SP-302 导热油炉清洗剂

【英文名】 SP-302 heat conduction oil furnace cleaning agent

【别名】 导热清洗剂；油炉清洗剂

【产品特点】 ①使用简单：无需停炉，无需停机，在系统正常生产过程中，通过高位槽直接加入即可。②添加量低：添加量为系统油量的 3%～5%，所以不需要从系统中往外排油。③安全快捷：清洗剂加入高位槽后，因为密度比较大，会缓慢进入系统，管路上的油垢和积炭会缓慢分散溶解。随着时间进行，外部加热器的温差和压力逐渐恢复正常。④清洗彻底：系统内部的管路清洗效率高达 95%。⑤安全无害：对人体及自然环境无害，与导热油的混溶性好，直接在正常运行的系统中运行。⑥环保性高：整个清洗过程没有任何废水和废气的排放。⑦成本低廉：成本远远低于常规水基清洗，更不会影响到正常生产，大大降低了劳动力成本和额外的清洗成本。

【性能指标】 ①外观：浅黄色；②组成：极化分子复合物；③使用：通过高位槽直接加入系统，新旧导热油均可；④功能：可有效清除导热油中的油垢和油焦，清洗效率高达 95%；⑤节能：热效率提高，能源消耗降低；⑥环保：无废水排放，安全环保。

【主要用途】 ①用于清洗导热油系统中的重质油垢、油焦和油泥；②用于清洗机械设备、机床表面的顽固重油污；

③用于清洗钻井平台上的原油油垢和油泥，原油管线、储罐；④用于清洗焦化厂各类煤焦油管道和间冷器、油气分离器；⑤用于电镀行业的脱脂清洗；⑥用于汽车行业脱脂清洗；⑦用于超声波清洗；⑧用于清洗各类常见油脂，如润滑油、石蜡油、轻油、磺化油、石脑油、防锈油、凡士林、煤焦油、原油、废气凝结物等油垢油焦的清洗。

【应用特点】 以导热油为介质的各种锅炉及其管道系统。SP-302 导热油炉在线清洗剂的研制成功，彻底解决了导热油炉必须在停车状态下进行清洗的难题，有效地解决了清洗过程中大量含油废水难以排放的缺陷，解决了导热油炉长期无法进行在线清洗的技术难题。SP-302 导热油炉在线清洗剂专用于导热油系统的不停车在线清洗，主要用于清洗导热油炉系统内部的油垢和油焦，使用简单方便，按照系统油量的 3%～5%直接从高位槽加入，无需停炉，在正常的生产过程中完成清洗，在系统中运行 7d 左右即可完成清洗。它与市场上原存在的在线清洗产品有很大的区别和不同：真正做到了不停机、不停炉在线清洗，添加量低，清洗效果更明显，可以将固态油焦溶解，清洗效率达到 95%。

【安全性】 使用安全，本产品无味、无毒、不可燃、不腐蚀被清洗物，刺激性小，不损伤皮肤，对各种表面均安全无伤害。

【包装、储存、有效期】 250kg/铁桶、25kg/塑料桶；密闭避光存放；存储期限自生产之日起为 2 年。

【生产单位】 北京蓝星清洗有限公司。

Kf004 SP-303 导热油炉除焦抑焦剂

【英文名】 SP-303 heat conduction oil furnace decoking coke inhibitor

【别名】 SP-303 导热除焦剂；油炉除焦抑焦剂

【产品特点】 对被脱氢后结焦和稠环芳烃重质成分清洁、分散于系统，使其液化并从金属表面剥离。

【工作原理和功效】 SP-303 导热油炉除焦抑焦剂具有很强还原性质和清洁特性，清洁结焦物并抑制结焦物产生工作原理如下：①添加剂产品能够捕捉芳烃、烃链脱氢裂解和缩合反应的生焦基团，抑制导热油劣化结焦；②添加剂成分对被脱氢后结焦和稠环芳烃重质成分清洁、分散于系统，使其液化并从金属表面剥离。

复合物与裂化的稠环芳烃大分子间的黏结键（—O—，双键等）发生吸附，使得聚合物从管壁上剥离。另外，清洗剂中含有富氢极性基团，能与裂化的导热油烃链（脱氢氧化）产生氢键，使结焦物充分被溶解，并通过分散剂使其分散于导热油系统中。同时，清洗剂中含有极为丰富的抗氧剂，可以抑制导热油的氧化聚合和氧化裂解。

【主要用途】 ①用于清洗导热油系统中的抑制导热油劣化结焦；②用于清洗机械设备、机床表面的顽固抑制导热油劣化结焦；③用于清洗钻井平台上的原油油垢和油泥，原油管线、储罐抑制导热油劣化结焦；④用于清洗焦化厂各类煤焦油管道和间冷器、油气分离器；⑤用于电镀行业的脱脂清洗；⑥用于汽车行业脱脂清洗；⑦用于超声波清洗；⑧用于清洗各类常见油脂，如：润滑油、石蜡油、轻油、磺化油、石脑油、防锈油、凡士林、煤焦油、原油、废气凝结物等油垢油焦的清洗。

【应用特点】 清洗剂中含有极为丰富的抗氧剂，可以抑制导热油的氧化聚合和氧化裂解。①导热油炉无需停机，即可将导热油炉系统和用热设备内部积炭清理干净；②导热油炉无需改变运行状态，只需要用备用泵或从高位槽将添加剂注入系统；③导热油可以继续使用，导热油性能不会受到影响；④延长导热油寿命，可以将导热油炉整体大修工期缓解到有条件的时间段进行。

【安全性】 使用安全，本产品无味、无毒、不可燃、不腐蚀被清洗物，刺激性小，不损伤皮肤，对各种表面均安全无伤害。

【包装储存】 包装规格：250kg/铁桶、25kg/塑料桶；密闭避光存放；存储期限自生产之日起为2年。

【生产单位】 北京蓝星清洗有限公司，山东恒利石油化工股份有限公司。

Kf005 SP-402导热油炉清洗剂

【英文名】 SP-402 heat conduction oil furnace cleaning agent

【别名】 SP-402导热清洗剂；导热油炉清洗剂

【配方】

组 分	w/%
盐酸	40
水	52
耐火泥	适量
六亚甲基四胺	2
细锯末	适量
磷酸三钠	3～5

【制法】 处理温度：室温；处理时间：20～60min。此适用于金属精密度不高的零件氧化油垢和积炭。

【产品特点】 ①快速清除导热油炉内部管道和换热器上的油焦、油垢和积炭；②中性无腐蚀工艺，对导热油炉内部管道和换热器金属传热面完全无伤害；③使用安全，本产品不腐蚀被清洗物，刺激性小，不损伤皮肤，对各种表面均安全无伤害（对于不耐溶剂的橡胶、塑料部件不宜长时间浸泡在清洗剂中）；④清洗后对金属表面具有短期防锈作用；⑤满足各类清洗要求：如循环清洗、浸泡清洗、擦洗、喷淋清洗、超声波清洗等要求；⑥不可兑水使用，可以重复使用，直至消耗完全。

【清洗方法】 SP-402导热油炉清洗剂，专门用于清洗导热油换热设备中的重质油垢、油焦、油泥和各种导热油炉内形成的氧化油垢和积炭。产品直接使用，不可兑水，不可加热，100%溶解油焦。

【性能指标】 外观：溶剂型液体；颜色：无色；气味：清香性气味；稳定性：良好；挥发性：易挥发；pH值：6.5～7.5（1%，20℃）；相对密度：1.25；清洗效率（KB值）：162；洗净力：99%。

【主要用途】 ①用于清洗导热油系统中的重质油垢、油焦和油泥；②用于清洗机械设备、机床表面的顽固重油污；③用于清洗钻井平台上的原油油垢和油泥，以及原油管线、储罐；④用于清洗焦化厂各类煤焦油管道和间冷器、油气分离器；⑤用于电镀行业的脱脂清洗；⑥用于汽车行业脱脂清洗；⑦用于超声波清洗；⑧用于清洗各类常见油脂如：润滑油、石蜡油、轻油、磺化油、石脑油、防锈油、凡士林、煤焦油、原油、废气凝结物等油垢油焦的清洗。

【应用特点】 ①SP-402导热油炉清洗剂是一种绿色环保、不燃不爆、快速安全地清除油焦油垢的清洗剂，对金属表面无腐蚀，清洗效率是煤油的6倍左右，并且没有煤油的异味与安全隐患；②SP-402导热油炉清洗剂对各类常见碳钢、不锈钢、紫铜、铁等金属没有任何腐蚀和伤害，直接与皮肤接触，也不会对皮肤有任何的刺激和伤害。

【安全性】 ①使用本产品后，若垢类未完全清除，一般为清洗剂用量不足或清洗时间不够导致；②使用时若不慎将清洗剂溅入眼中，用大量水冲洗即可；

③使用时应尽量避免长时间接触皮肤，必要时戴耐溶剂的手套；④请勿加热使用，常温使用即可；⑤SP-404 煤焦油清洗剂采用带内盖的塑料桶或钢桶包装，250kg/桶、25kg/桶；⑥应储存在清洁干燥、通风、阴凉的仓库内，堆垛高度不得超过两层，远离火、热源。

【生产单位】 北京蓝星清洗有限公司，绿之源公司，山东恒利石油化工股份有限公司。

Kg 其他设备清洗剂

机电设备切削液环保高效清洗剂，具有气味小、挥发速度快、清洗能力强的特点。可迅速清除机械设备表面的油污。不干胶残留物，挥发速度快，不留残液，是工业生产维护的必备产品。粘胶前用本品清洗可大大提高胶黏剂的黏合力，广泛用于各种设备的清洗维护，是生产工作中的理想帮手。

Kg001 设备清洗用切削液

【英文名】 equipment cleaning cutting fluid

【别名】 清洗用切削液；设备切削液

【产品特点】 具有良好的清洗渗透性能，可防止工具磨具钝化，对磨具具有良好的自锐作用，提高金刚石工具的切削力，延长金刚石工具的使用寿命，缩短单个工件加工时间；良好的无泡沫性能，极佳的碎屑沉降功能；内含丰富的皮肤保养剂，不易伤皮肤。

【主要用途】 适用于玻璃、树脂玻璃、光学玻璃、平板玻璃、相机镜片、眼镜镜片、蓝宝石玻璃、磁铁、石英光学制品、高档大理石、极品花岗岩、陶瓷晶片，电视机、录像机显像管玻璃的切削、切割、磨削工艺的润滑防锈冷却。

【应用特点】 广泛用于各种设备的清洗维护，切削、切割、磨削工艺的润滑防锈冷却。良好的防锈性能，抗腐臭性能，产品稳定性好，使用寿命长；该产品在应用中特点：①水性透明配方，工作液具有极高的透明度与清洁度；②水性环保产品，独特的洗涤清洁性能，杂油漂浮于冷却液之上，容易清理；③性能温和，不易使机床油漆脱落。

【安全性】 产品安全环保，突出的润滑性能，明显降低切削工件时产生的噪声，避免切削工件时火花现象，减少研磨划痕的出现，明显改善加工工件的表面质量，大幅度提高工件的光洁度。可有效抑制各种因素对玻璃的腐蚀性危害。

【包装、储存、有效期】 ①包装规格25.0kg/桶，200kg/桶；②密闭、避光存放；③存储期限自生产起为2年。

【生产单位】 温州奥洋科技有限公司。

Kg002 设备清洗用冲剪油

【英文名】 equipment cleaning punching oil

【别名】 清洗用冲剪油；设备用冲剪油

【组成】 一般由磷酸、铬酐、蒸馏水、白土、草酸、硫脲、六亚甲基四胺等复配而成。

【配方】

组分	w/%
磷酸	82
蒸馏水	70.2
草酸	3～5

续表

组分	w/%
六亚甲基四胺	1
铬酐	15
白土	适量
硫脲	1

【制法】 处理温度：30℃；处理时间：20～60min。此配方适合于设备清洗用冲剪油。

【产品特点】 ①具有快速挥发性（尤其在加热条件下），工件表面干爽，不需清洗；②优良的极压润滑性，延长模具使用寿命，保证工件表面良好的加工质量；③闪点高，气味淡，黏度极低，冷却性良好；④不含氯、硫、硅，对人体和环境无害；⑤优良的抗湿热性和抗重叠性，挥发生强。油剂挥发后金属表面形成一种透明、致密性好、附着力强、防锈性好的薄层软油膜，保持金属本色、有效抵抗锈蚀。

【性能指标】 性能指标要求闪点高，气味淡，黏度极低，具有冷却性良好、操作简便、直接浸泡即可等特点，经本品处理过的工件免清洗，可直接装配使用。

【主要用途】 适用于黑色金属、合金、不锈钢、镀锌板、铝板、空调翅片、碳钢等较薄厚度的各种金属材料的冲剪、冲压、拉伸、压延和折弯加工，尤其适用于冲剪电解片、硅钢片、碳钢等剪口易于生锈的材质起到的润滑、防锈、冷却等作用。

【应用特点】 该产品在应用中渗透性好，涂覆面积广。能够渗透到一般防锈油难以渗透的细缝中。形成的油膜不会硬化、起皮和龟裂，具有良好的水置换能力。能有效抵抗大空中氧气、水等化学侵蚀。产品在应用中防锈性好，能符合无氟机配件防锈封存期要求，在规定防锈期内不生锈。

【安全性】 产品安全环保，成膜薄，易清洗，通过 SGS 检测不含铅、镉、汞、六价铬等有毒有害物质；挥发性防锈油外观透明清澈，流动性好，便于使用。

【包装、储存、有效期】 ①包装规格25.0kg/桶，200kg/桶；②密闭、避光存放；③存储期限自生产起为 2 年。

【生产单位】 东莞市科博润滑油有限公司。

Kg003 设备清洗用磷化钝化液

【英文名】 phosphating and passivation liquid for cleaning equipment

【别名】 四合一综合磷化液；设备磷化钝化液

【组成】 一般由常温锌系磷化液，常温铁系磷化液，锌锰系磷化液，锌钙系磷化液等复配而成。

【产品特点】 ①水基环保产品，不燃烧；②本产品是锌系金属表面处理液，技术先进、可靠、稳定；③不含强酸、强碱，不含氯离子成分，只与锈反应，不与金属反应。

【清洗方法】 四合一磷化液浸泡，涂刷均可，若采用超声波及加热处理工艺，可提高效率，效果更加。刷涂时建议刷涂两遍，第一遍涂刷半个小时后或表干后涂刷第二遍。若油污、锈迹较重，可在使用本品前用除油除锈剂处理，无需水洗，直接用本品连续处理，可提高效率。

【性能指标】 外观为无色透明液体溶剂味，不挥发，不燃烧，安全无毒。

【主要用途】 适合所有机电设备表面的清洗。可直接用于现场清洗，喷射清洗而无需拆卸，即能迅速彻底清除电机电气设备上的粉尘、油污、泥土等污染物。

【应用特点】 本产品是常温多功能金属处理剂，配方独特，由有机酸和多种磷化促进剂、催化剂、缓蚀剂等助剂复配而成。能完美地完成除油、除锈、磷化、钝化工艺，是对传统磷化产品的技术突破。

【安全性】 ①操作人员应戴涂胶手套，在通风良好的场所进行；②不慎溅到皮肤上，立即用水冲洗即可；③所用工具应为耐酸的塑料制品；④本处理废水为酸性溶液应用氢氧化钠或碳酸钠水溶液中和后方可排放或按当地环保部门要求处理；⑤应避免清洗长时间接触皮肤，防止皮肤脱脂而使皮肤干燥粗糙，防误食、防溅入眼内；⑥工作场所要通风良好，用有味型产品时建议工作环境有排风装置。

【包装储存】 250kg/桶，1000kg/桶；储存于阴凉、干燥处，防止潮湿和暴晒；密封保质期为2年。

【生产单位】 河北华实清洗材料有限公司，天津市威马科技发展有限公司。

Kg004 设备清洗用除锈剂

【英文名】 rust remover for cleaning equipment

【别名】 清洗用除锈剂；设备除锈剂

【组成】 一般由氧化铝（抛光粉）、淀粉、草酸、硫脲、六亚甲基四胺、蒸馏水等复配而成。

【配方】

组　分	w/%
氧化铝(抛光粉)	15
草酸	15
六亚甲基四胺	1
淀粉	30
硫脲	1
蒸馏水	38

【配制方法】 将氧化铝和淀粉用水混合搅拌均匀，加热100℃煮成糨糊，然后加入草酸、硫脲和六亚甲基四胺继续搅拌0.5h，冷却即可使用。除锈膏除锈方法：经除油的零件，涂除锈膏1～5mm厚，经一定时间作用后，检查是否锈已除尽，若表面锈斑未完全除尽时，则需翻动一次，甚至再补充除锈膏一次。除锈后铲去除锈膏，清水清洗，再用洗涤液擦洗。

【清洗方法】 ①将表面尘土等杂物清除，再清洗；②脏污特别严重的设备，喷淋后略等片刻，再进行喷洗；③使用机电设备清洗剂清净后气体风干。

【性能指标】 外观为无色透明液体溶剂味，不挥发，不燃烧，安全无毒。

【主要用途】 适合所有机电设备表面的清洗。可直接用于现场清洗，喷射清洗而无需拆卸，即能迅速彻底清除电机电气设备上的粉尘、油污、泥土等污染物。

【应用特点】 产品是常温多功能金属处理剂，配方独特，由有机酸和多种促进剂、催化剂、缓蚀剂等助剂复配而成。能完美地完成除油，除锈，钝化工艺。

【安全性】 ①储存及使用机电设备清洗剂时注意通风及远离火种；②带电的电气设备，断电后清洗；③使用喷射法清洗，压缩空气需要干燥。

【生产单位】 河北华实清洗材料有限公司，石家庄天山银河科技有限公司。

Kg005 设备清洗用光亮剂

【英文名】 brightener for cleaning equipment

【别名】 设备光亮剂；清洗用光亮剂

【组成】 一般由设备清洗用多种环保型溶剂，以及高效光亮剂复配而成。

【产品特点】 环保型铜化学抛光剂是经过长期的试验与研究，开发出来的高光亮环保型铜及铜合金（适用于黄铜H58以上；纯铜、白铜等）铜化学抛光工艺。由最初的升温处理提升到现在的常温处理（特指夏天），在技术上又上升了一个大的台阶。

【化学抛光溶液及工艺条件】 （配槽时按体积比配）

工艺条件	工艺范围
双氧水(27.5%～50%含量)	30%
OY-54 抛光光亮剂	5%
纯净水	65%

续表

工艺条件	工艺范围
pH值	1～1.5
温度	45～55℃
时间	黄铜 1～3min，紫铜 2～4min
容器要求	不锈钢、塑料
加热管材质	不锈钢、特氟龙、石英管、钛管等

【设备要求】 塑料容器，最好是PVC或PP材质制作的长方形槽一个，大小视生产需要。如果生产量大，槽子要设计成溢流的形式（如电泳槽），便于槽液流动，温度（在生产过程中，槽液温度会放热升温）均匀。

【性能指标】 达到国家化学抛光生产标准的清洁生产要求。

【主要用途】 光亮剂广泛用于各类汽配生产、机械制造等行业。一般也用作设备清洗用光亮剂。

【应用特点】 本工艺处理出来的产品可以获得高于传统酸洗数倍的抛光效果，容易控制及掌握，而且绝对的环保，无任何强酸，彻底地远离有酸雾、浓烟、异味的工作环境。

【安全性】 ①操作人员应戴涂胶手套，在通风良好的场所进行；②不慎溅到皮肤上，立即用水冲洗即可；③所用工具应为耐酸的塑料制品；④本处理废水为酸性溶液应用氢氧化钠或碳酸钠水溶液中和后方可排放或按当地环保部门要求处理；⑤应避免清洗长时间接触皮肤，防止皮肤脱脂而使皮肤干燥粗糙，防误食、防溅入眼内；⑥工作场所要通风良好，用有味型产品时建议工作环境有排风装置。

【生产单位】 天津市威马科技发展有限公司，石家庄天山银河科技有限公司。

Kg006 设备清洗用脱漆剂

【英文名】 paint remover for cleaning equipment

【别名】 清洗用脱漆剂；设备用脱漆剂

【组成】 一般由设备清洗用多种环保型溶剂，以及高效渗透剂复配而成。

【产品特点】 为电机浸漆专用脱漆剂，不含苯类有毒溶剂，对人体更安全，可有效提高工作效率、降低人力成本，并保证电机内部结构不受任何损伤。使用完成后，用滤网将溶液过滤后可重复使用，可大幅降低使用成本。

【脱漆方法】 将所需脱漆部位完全浸泡在脱漆剂溶液中，约12h后漆层会软化、松动。将工件取出后可直接用高压水枪将表面残留冲洗干净。

【主要用途】 脱漆剂广泛用于各类汽配生产、机械制造等行业。在生产工序中因喷漆失误须重新处理的，可大量使用本品，本品质量很高，可解决企业中部分难题，减少废品的出现。

【应用特点】 产品是常温多功能金属处理剂，配方独特，由有机酸和多种促进剂、催化剂、缓蚀剂等助剂复配而成，能完美地完成除油、除锈、钝化工艺。

【安全性】 ①操作人员应戴涂胶手套，在通风良好的场所进行；②不慎溅到皮肤上，立即用水冲洗即可；③所用工具应为耐酸的塑料制品；④本处理废水为酸性溶液应用氢氧化钠或碳酸钠水溶液中和后方可排放或按当地环保部门要求处理；⑤应避免清洗长时间接触皮肤，防止皮肤脱脂而使皮肤干燥粗糙，防误食、防溅入眼内；⑥工作场所要通风良好，用有味型产品时建议工作环境有排风装置。

【生产单位】 天津市威马科技发展有限公司，石家庄天山银河科技有限公司。

Kg007 CW-22 机电设备强力脱漆剂

【英文名】 mechanical and electrical equipment strong paint remover-CW-22

【别名】 CW-22强力脱漆剂；机电强力脱漆剂

【组成】 一般由设备清洗用多种环保型溶剂，以及高效脱漆剂复配而成。

【产品特点】 ①CW-22强力脱漆剂不燃烧，无毒害，不损伤金属零件；②只需刷涂或浸泡处理，几分钟即可完成；③消耗量小，效率高；④CW-22强力脱漆剂可根据客户要求，调整产品黏稠度。

【脱漆方法】 CW-22强力脱漆剂对于小型工件可采用浸泡的方法消除，一般1min左右即可全部脱落，大型设备表面的漆层，可采用刷涂的方式清除，脱漆后的工件请用有压力的水冲净。

【主要用途】 CW-22强力脱漆剂广泛用于各类印铁、汽配生产、机械制造等行业。在生产工序中因喷漆失误须重新处理的，可大量使用本品，本品质量很高，可解决企业中部分难题，减少废品的出现。

【应用特点】 产品是常温多功能金属处理剂，配方独特，由有机酸和多种促进剂、催化剂、缓蚀剂等助剂复配而成，能完美地完成除油、除锈、钝化工艺。

【安全性】 ①操作人员应戴涂胶手套，在通风良好的场所进行；②不慎溅到皮肤上，立即用水冲洗即可；③所用工具应为耐酸的塑料制品；④本处理废水为酸性溶液应用氢氧化钠或碳酸钠水溶液中和后方可排放或按当地环保部门要求处理；⑤应避免清洗长时间接触皮肤，防止皮肤脱脂而使皮肤干燥粗糙，防误食、防溅入眼内；⑥工作场所要通风良好，用有味型产品时建议工作环境有排风装置。

【生产单位】 天津市威马科技发展有限公司，石家庄天山银河科技有限公司。

L 食品工业清洗剂

在食品工业中，首先考虑选用氧化剂作灭菌剂，其次用季铵盐阳离子表面活性剂作灭菌剂。用作灭菌剂的氧化剂有氯化物、碳化物与过氧化物。

化学清洗的工艺技术根据不同的设备、污垢，采取不同的配方、操作工艺。物理清洗则选择性更为专一，设备也存在特异性。

食品加工用的原料来源多种多样，同一种原料亦有不同的品种，而不同原料可以加工成不同的产品，相同原料也可以加工成不同的产品，这就决定了清洗和原料预处理机械设备的多样化和复杂性。食品原料在其生长、成熟、运输及储藏过程中，会受到尘埃、砂土、微生物及其他污物的污染。因此加工前必须清洗。此外，为了保证食品容器的清洁和防止肉类罐头产生油商标等质量事故，都必须有相应的清洗机械与设备及清洗剂与清洗工艺。

食品工业中进行代表社会文明程度标志的清洗、消毒工作，使得食品更安全、更可口，并具有更长的保鲜期。

对农产品食品的清洗，不仅要求能除去污垢和农药残留物，还应起杀菌作用，在清洗过程中，洗涤剂不与食品发生化学反应和破坏营养成分。

一个清洗体系包括四个要素：清洗物体、污垢、介质及清洗作用力。清洗过程可以表示如下：

$$\text{物体·污垢}\xrightarrow[\text{介质}]{\text{清洗作用力}}\text{物体}+\text{污垢}$$

即在一定的介质环境中在清洗作用力的作用下，使物体表面上的污垢脱离去除，恢复物体表面本来面貌的过程。

食品工业清洗近年来在清洗行业中的地位越来越重要，食品工业清洗剂作为工业清洗的重要组成部分，其配方的设计和配制工艺是清洗剂开发的关键。本章节即以食品工业清洗剂为主线，介绍了在各领域应用的果蔬类制品的清洗剂、水产品加工中的清洗剂、罐藏食品加工中的清洗剂、饮料加工中的清洗剂、乳及豆制品加工中的清洗剂、肉类加工中的清洗剂、面糖食品加工中的清洗剂、发酵食品加工中的清洗剂、植物油脂加工中的清洗剂、通用食品工业清洗剂的配方及清洗剂应用工艺；还有其他配制所包含低泡啤酒瓶清洗剂、低泡食品设备管道清洗剂、低泡餐具清洗剂等民用食品清洗剂。

La 果蔬类制品的清洗剂

果蔬装罐前的处理，包括分选、洗涤、去皮、修整、热烫、漂洗、抽空等，其中分选、洗涤对所有的原料均属必要，其他则以原料及成品的种类而定。果蔬装罐前通过一系列的处理便于以后的加工并能提高成品的品质。

20 世纪 50 年代日本洗涤蔬菜水果使用的表面活性剂洗涤剂主要成分是烷基苯磺酸钠，鉴于其有关毒性和环境污染的问题，目前已很少使用烷基苯磺酸钠作蔬菜水果清洗，而改用烷基苯磺酸的铵盐和乙醇胺盐，或使用毒性更小的高碳醇硫酸酯盐以及生物降解性能良好的山梨糖醇聚氧乙烯脂肪酸酯、脂肪酸蔗糖酯等非离子表面活性剂。

绿色果蔬清洗剂发明源自日本的最新高科技提取技术，该技术由日本化学专家川源博士研究而成，已在日本、美国、加拿大等国家获得发明专利。

21 世纪对于人类健康的提出更高要求，科学家根据扇贝壳的粉末具有除菌效果研制成功绿色果蔬清洗剂，并应用于人们的日常生活中。2011 年引入中国，2012 年在北京分装的绿色果蔬清洗剂将在未来替代传统果蔬清洗产品。

目前蔬菜水果上需清洗的污染物主要是残留的农药，这些农药对人体危害很大。一些效果很好的瓜果蔬菜洗涤剂对蔬菜水果上的虫卵、残留农药、微生物及污垢都有很好的去除作用。

绿色果蔬清洗剂未发明前，传统观点认为蔬菜、水果用水洗洗就够了，绝大部分的农药难溶于水。碱水浸泡法可溶性农药遇到碱可能发生化学反应，使农药毒性增强。去皮法，这种方法只限于一部分水果，而且破坏了营养成分。使用洗洁精，这类清洗剂都含有表面活性剂，去油能力比较强，是化学剂类，不但不能确定去农药效果，而且若长期摄入这类物质，则会对人体可能产生积蓄性毒害。残留农药会导致过敏皮肤及皮肤的粗糙，导致身体免疫力下降，可致癌，导致胃肠道疾病。

La001 绿色果蔬清洗剂

【英文名】 green fruit and vegetable cleaning agent

【别名】 天然扇贝壳清洗剂

【组成】 一般绿色果蔬清洗剂以天然扇贝壳为原料，采用日本高科技技术经高温烧制而成，不含有任何添加剂，为100%天然扇贝壳粉。

【产品特征】 主要通过负离子效应、微量矿物质效应及碱性效应去除残留农药及杀菌。可以快速去除农药残留，杀灭细菌，并且没有二次污染，从而达到彻底清除果菜农药残留及杀灭细菌的效果。

【产品特征】 ①安全天然素材。绿色果蔬清洗剂的原料为100%贝壳烧成粉末，无臭、无味、无氯、无消毒药物的刺激性气味。可以安全使用，不刺激。②残留农药、化肥、杀虫剂彻底清除。有效去除果蔬上残留的农药、有害化学物质、剥离蜡质的清除效果。③食材鲜度保持。浸后可保持食品的新鲜度，抑制细菌生长。碱性（pH12）可有效延长防止腐败、保存更长的时间。④强力除菌。100%贝壳烧成粉末是一种天然物质，其杀菌力强，7min内能杀死沙门氏菌、大肠杆菌，金葡球菌、霉菌、真菌等。除了对果蔬的杀菌效果以外、也可用于家中碗筷、婴儿玩具、衣服、器具、家具、卫生间的消毒。⑤环境友好型商品。环保无害，对大气、土壤等自然环境安全无二次污染。扇贝天然物质，不产生任何有害污染物和废物，是一种环保清洗剂。

【清洗方法】 ①在1.5～3L的水中放入一包绿色果蔬清洗剂轻轻搅拌；②将蔬菜、水果等在水溶液中浸泡10～15min；③附着的杂菌、农药颗粒等污垢浮起后，水变浑浊；④将蔬菜、水果取出，用水轻轻冲洗后，即可使用；⑤或存入塑料袋放置冰箱，使用绿色果蔬清洗剂后有保鲜作用。

【主要用途】 绿色果蔬清洗剂是专用果蔬的清洗剂，也可用于食品工业各类的清洗剂。

【应用特点】 绿色果蔬清洗剂由扇贝壳高温烧制100%纯天然制品，特定高温时煅烧钙产生氧化还原作用，有强烈的吸附作用、碱性杀菌、保鲜作用，为无毒级产品。可以有效迅速分解果蔬表面残留农药、化肥、蜡（油分）、添加剂等。强力杀菌、抗菌，延长食物保鲜期 提高口感，去除各种异味、消臭，环保型清洗剂，不破坏蔬果原有营养成分。绿色果蔬清洗剂专用于清洗各类水果蔬菜，也可用于清洗餐具。

【安全性】 ①绿色果蔬清洗剂对人体无害，但不是食物。当作清洗剂以及保鲜剂进行使用。超量使用并不能提高清洁能力。②保管绿色果蔬清洗剂时，请避免放在有直射阳光、高温、多湿的场所，并且在注明的使用期限内使用。③不小心吃下粉末时，大量饮水，不小心掉进眼睛时立即用流水冲洗干净。然后谨遵医嘱。皮肤容易干燥的使用时，戴上手套，并且在使用后用水仔细洗手。④将绿色果蔬清洗剂放在容器中进行使用时，使用以下材料的容器：玻璃商品/陶器/釉瓷/聚丙烯/聚乙烯系商品。⑤不要将用食盐清洗后的果蔬再用绿色果蔬清洗剂清洗，食盐和清洗剂会发生化学反应，从而失去除菌清洗效果。

La002 果蔬专用清洗剂

【英文名】 fruit and vegetable cleaning agen

【别名】 瓜果蔬菜洗涤剂；蔬菜水果清洗剂

【组成】 果蔬专用清洗剂由烷基苯磺酸铵、乙醇、保鲜剂及水等组成。

【配方】 详见表L-1～表L-4。

表 L-1　瓜果蔬菜洗涤剂配方

原料名称	组成(质量分数)/%
烷基苯磺酸铵	25
乙醇	16
保鲜剂	2
水	余量

表 L-2　蔬菜水果清洗剂配方/%

成　分	配方 1	配方 2
烷基苯磺酸铵盐	25.0	0
烷基苯磺酸钠盐	—	30.0
椰子油脂肪酸三乙醇胺盐	—	10.0
乙醇	16.0	12.5
皮肤粗糙防止剂	2.0	—
水	57.0	47.5
香料	少量	少量

一种含有非离子表面活性剂脂肪酸蔗糖酯的蔬菜水果的清洗剂参考配方见表 L-3。

表 L-3　含非离子表面活性剂的蔬菜瓜果清洗剂配方

原料成分	组成(质量分数)/%
十四碳酸蔗糖酯	15
柠檬酸钠	10
葡萄糖酸	5
丙二醇	1
乙醇	9
CMC	0.15
水	59.85

以天然原料制得的脂肪酸甘油酯、脂肪酸山梨糖醇酯和脂肪酸蔗糖酯这类非离子表面活性剂被认为是无毒的和可无限制地使用的。另外还有一些列在表 L-4 中的表面活性剂也被认为是毒性很低的。

表 L-4　表面活性剂洗涤剂参考配方　　单位：%

成　分	洗涤剂编号							
	1	2	3	4	5	6	7	8
蔗糖脂肪酸酯	8	8	3	4	12	5	5	15
山梨糖醇脂肪酸酯					12		12	
葡萄糖脂肪酸酯	10	15						
D,L-苹果酸钠					10			
柠檬酸钠				69				
碳酸钠	7	10						
三聚磷酸钠			35					
磷酸钙						37	15	10.6
磷酸(85%)						8.4	4	0.3
丙三醇	15	20					5	15
乙醇						2		
十水硫酸钠			2		25			
水	60	47	60	27	41	47.6	71	47.1

【性能指标】 虽然这些表面活性剂洗涤剂的去污力比清水要大，但是它们与以石油为原料制备的表面活性剂组成的洗涤剂相比，不仅去污力要差些而且价格也高，只有特殊情况下才能用。

【制法】 水果、蔬菜储存时产生的乙烯，有进一步催熟的作用，故影响保鲜时间，使储藏物过早成熟与腐烂，用 10g 高锰酸钾、10g 无水氯化钙均匀地负载于 10g 硅藻土上，对产生的乙烯具有清除作用，增加了果品蔬菜的保存时间。

【用途】 瓜果蔬菜洗涤剂及蔬菜水果清洗剂是专用果蔬的清洗剂，也可用于果蔬各类的清洗剂使用。

【应用特点】 瓜果蔬菜洗涤剂及蔬菜水果清洗剂是缩合蔬果清洁剂可有效去除蔬果表面的农药、蜡、泥土、污渍等有害物质。并且，在不使用任何防腐剂的前提下，有效锁住蔬果的味道、保持新鲜。不会污染环境；用后无任何过敏反应；可迅速降解，并不会对大气造成污染。

【安全性】 ①避免儿童自行取用，推荐储存温度 16～38℃。如不慎接触眼睛，用冷水冲洗 15min。如不慎吞服，需大量饮水稀释。②保管绿色果蔬清洗剂时，请避免放在有直射阳光、高温、多湿的场所，并且在注明的使用期限内使用。③不小心吃下粉末时，大量饮水，不小心溅入眼睛时立即用流水冲洗干净。然后谨遵医嘱。

【生产单位】 南京捷尔达清洗剂厂，广州经济技术开发区伟胜化工有限公司，北京江鸿科技发展有限公司。

La003 果蔬类原料的清洗过程及洗涤剂

【英文名】 cleaning process and detergent for raw materials of fruits and vegetables

【别名】 果蔬类原料洗涤剂；果蔬类清洗过程洗涤剂

【组成】 由植物原料、表面活性剂、食盐、甘油（源自植物）、钠羧甲基菊粉（植物原料螯合剂）、芦荟叶汁、甜橙皮提取物、甜橙油、葡萄柚籽提取物及小分子水等组成。

【配方】 参照 La002 果蔬专用清洗剂。

【果蔬类原料的清洗过程】

(1) 原料的分选与洗涤

①分选的目的　在于剔除不合适的和腐烂霉变的原料，并按原料的大小和质量（色泽、成熟度等）进行分级。原料的合理分级，不仅便于加工操作，提高劳动生产率，降低原料的消耗；更重要的是可以保证和提高产品的质量。

果蔬原料的分级除手工操作外，目前大多数采用振动筛式及滚筒式分级机。果蔬原料洗涤的目的是除去表面附着的尘土、泥沙、部分微生物以及可能残留的化学药品等。

②洗涤方法　洗涤方法有漂洗法、喷射洗法及转筒滚洗法等。杨梅、草莓等浆果类原料应采用小批量淘洗的方法，防止机械损伤及在水中浸泡过久，影响色泽和品味。蔬菜原料的洗涤完善，对于减少附着于原料表面的微生物，特别是耐热性芽孢，具有重要的意义，必须认真对待。凡喷洒过农药的果蔬，应先用稀盐酸（0.5%～1%）浸泡后，再用清水洗净。

(2) 原料的去皮及修整　凡果蔬表皮粗厚、坚硬、具有不良风味或在加工中容易引起不良后果的，都需要去皮。去皮方法有手工去皮、机械去皮、热力去皮和化学去皮等。

①机械去皮特点　机械去皮一般采用去皮机，去皮机的种类很多，但其方式不外乎两种：一种是利用机械作用，使原料在刀下转动去皮的旋皮机，如苹果、梨等去皮机；另一种是利用涂有金刚砂、表面粗糙的转筒或滚轴，借摩擦的作用擦除表皮的擦皮机，如马铃薯、荸荠等去皮机。

②热力去皮特点　热力去皮一般用高

压蒸汽或开水短时间加热，使果蔬表皮突然受热松软，与内部组织脱离，然后迅速冷却去皮。如成熟度高的桃、番茄及枇杷等果蔬常用蒸汽去皮。蒸汽或开水去皮机型有多种，其主要部分是蒸汽供应的装置。去皮时一般都采用接近100℃的蒸汽，这样可以在短时间内使果皮松软，以便分离。

③化学去皮特点　化学去皮通常用氢氧化钠或氢氧化钾或两者混合的热溶液去皮，如桃子去皮、橘子去囊衣等都采用化学去皮法。

此法是将果蔬置于一定浓度和温度的碱液中，处理一定时间后取出，再用清水冲洗残留的碱液，并擦去皮屑。去皮原理是利用碱液的腐蚀能力，将表皮与果肉间的果胶物质腐蚀溶解而进行去皮。若碱液去皮处理适当，仅使连接皮层细胞的中胶层受到作用而被溶解，则去皮薄且果肉光滑，反之表皮粗糙。果蔬表皮的组织结构，因原料的种类、成熟程度而异。去皮处理时碱液的浓度、温度及时间应灵活掌握。碱液的浓度大、温度高及处理时间长，都会增加皮层的松离及腐蚀的程度。适当增加任何一个因素的程度，都能加速去皮作用，相反则降低作用效果。碱液去皮应掌握上述三个因素的关联作用，原则是要以使原料表面不留有皮痕迹、皮层下肉质不腐蚀、用水冲洗略加搅动或搓擦即可脱皮为度。几种果蔬原料碱液去皮的条件如表L-5所示。

表L-5　几种果蔬原料碱液去皮的条件

种类	氢氧化钠含量/%	温度/℃	浸碱时间/s
桃	2～6	90以上	30～60
李	2～8	90以上	60～120
橘囊	0.8	60～75	15～30
杏	2～6	90以上	30～60
胡萝卜	4	90以上	65～120
马铃薯	10～11	90以上	2min左右

碱液法去皮应用方便，效率高，成本低，适应性广。配制碱液一般采用氢氧化钠，纯度应在95%以上。氢氧化钾虽然同样有效，但因价格较贵，应用很少。目前碱液去皮设备由简单的夹层锅发展到完全自动控制的去皮机，形式多样。去皮后的果蔬，应立即投入流动的水中，彻底漂洗，再用0.1%～0.3%的盐酸中和剩余的碱液并防止变色。红外线辐射去皮是利用红外线的照射，使果蔬表皮温度迅速提高，而使皮肉分离。根据艾氏等试验，将苹果通过红外线辐射炉，温度在454.4℃，时间在40～45s，取出后即用冷水去皮，效果甚佳，去皮损耗率仅3%～4%。实验证明，果蔬在辐照过程中，由于皮层的温度升高，皮层下水分汽化，因而压力骤增，使组织联系破坏，以致皮肉分离，而达到去皮的目的。近年来，国内外对果蔬去皮做了大量研究工作，如火焰去皮、冷冻去皮、酶法去皮等都收到一定的效果。不论采取那种去皮法，都以达到除尽外皮不可食部分、保持去皮后果蔬外表光洁为好，防止去皮过度，增加原料损耗及影响质量。

有些果蔬去皮后暴露在空气中，会发生色泽变褐或变红，因此去皮后必须快速浸入稀酸或稀食盐水中护色。需热烫的品种，应快速热烫后快速冷却，然后切块修整，尽量缩短去皮至装罐、密封、杀菌的时间。

有的果蔬原料不需去皮，如青刀豆、菇类等，这类原料只需去蒂柄或适当修整处理即可。

(3) 原料的热烫与漂洗　有些果蔬在装罐前需要热烫（或称预热）处理，所谓热烫是将果蔬放入沸水或蒸汽中进行短时间的加热处理，其目的主要是：①破坏酶的活性，稳定色泽，改善风味与组织；②软化组织，便于装罐，脱除水分，保持开罐时固形物稳定；③杀死部分附着于原料中的微生物，并对原料起一定的洗涤作用；④排除原料组织中的空气，可减弱空气中氧对镀锡薄板罐的腐蚀。

【果蔬热烫应用特点】 果蔬热烫的方法有热水处理和蒸汽处理两种。热水热烫的温度通常在沸点或沸点以下，此法的优点是设备简单、物料受热均匀，最大的缺点是可溶性物质的流失较大。蒸汽热烫是在密闭情况下，100℃左右喷射进行，优点是果蔬可溶性物质流失少，但要对设备要求较高。

热烫的温度和时间，应根据果蔬的种类、块形大小、工艺要求等条件而定，一般在不低于 90℃的温度下热烫 2～5min，烫至果蔬半生不熟、组织比较透明、失去鲜果蔬的硬度，但又不像煮熟后那样柔软则可。通常以果蔬中过氧化物酶活性的全部破坏为度。

果蔬热烫后，必须用冷水或冷风迅速冷却，以停止热处理的作用。热烫用水必须符合标准，硬水能使果蔬组织坚硬、粗糙。热烫水多次应用后，常含有具营养价值的物质，应加以综合利用。

近年来国外对果蔬原料热烫及冷却工艺作了大量的研究，如美国用热风热烫法来处理果蔬原料已获得成效，此法是使果蔬原料在不锈钢运输带上通过热风室，热风是利用天然气将空气加热，每小时300×10^4kcal（1kcal＝4.184kJ），热风最高温度达 155℃，风速约为每分钟 107m。因湿热抑制酶效果比干热好，故在热风室中喷入少量蒸汽以增进抑制酶效果，且能防止失重。此法的优点是：①基本上无废水，大大减少了污染；②成本低廉，据美国罐头协会估计，用热风热烫法，成本比一般方法低 30%；③保持果蔬营养成分，大大减少了营养成分流失，提高热烫的质量。

果蔬原料经热烫处理后，应立即冷却，以保持其脆嫩。一般是采用流动水漂洗冷却，这样大量的营养成分流失被冲走，装罐后质量下降，且产生大量废水。对此，美国研究采用空气冷却法代替冷水冷却，此法的优点是：①基本上无废水；②冷却效率高，热烫后物料在 45～60s 内从 93℃降到 21℃；③提高冷却质量，因不用水冲刷，原料中的糖分、淀粉不会流失，保持了原有香味，改进了风味，提高了质量。

【活性检查性能指标】 果蔬中过氧化物酶的活性检查，可用 1.5%愈创木酚（邻甲氧基苯酚）酒精液及 3%H_2O_2 等量混合后，将试样切片浸入其中，在数分钟内如不变色，即表示已破坏。反应机理是，愈创木酚可在过氧化物酶的催化下，被氧化成褐色的四愈木醌，反应如下：

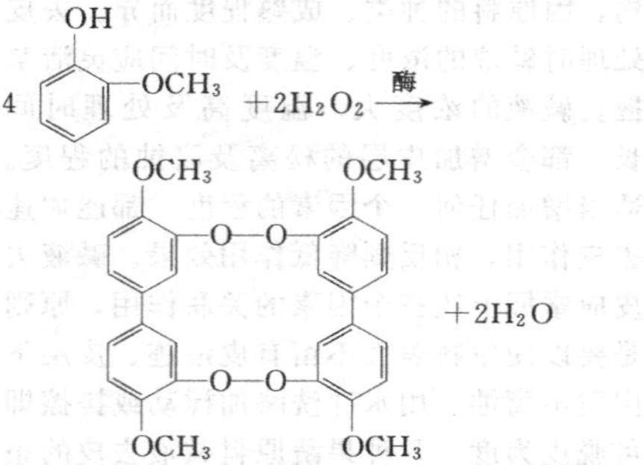

假如试剂是愈创木脂酸，则生成蓝色的愈创木脂酸过氧化物，其反应如下：

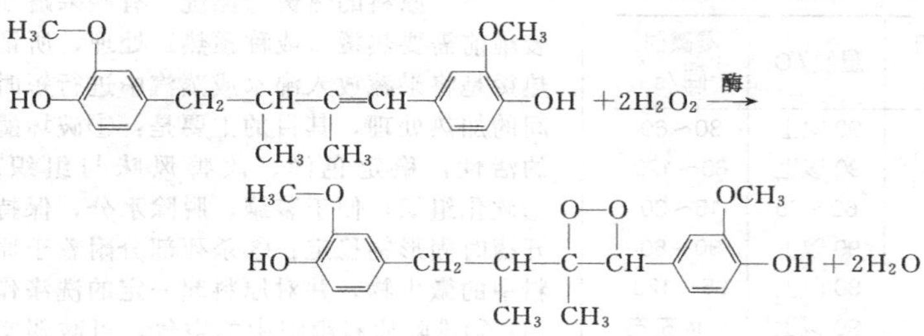

【清洗方法】 本品为浓缩产品，仅需使用少量即可有效去污。亦可根据个人习惯或油污严重程度用适量水稀释使用。

【清洗工艺】 ①浸泡清洗：清洗西兰花、生菜、葡萄等散状蔬果时，建议每500mL水中加入15mL蔬果清洗剂，浸泡2min后，将蔬果在水中来回搅拌，用水冲洗干净即可。②直接清洗：清洗苹果、西瓜、土豆、生肉、鸡蛋、菜板、食物容器等时，取适量清洁剂涂于蔬果表面全力搓洗，停留1min后冲洗干净即可。

【主要用途】 除果蔬清洗外，还用于食物储藏容器、菜板、冰箱、厨房操作台的清洁；洗手液。

【应用特点】 缩蔬果清洁剂可有效去除蔬果表面的农药、蜡、泥土、污渍等有害物质。并且，在不使用任何防腐剂的前提下，有效锁住蔬果的味道、保持新鲜。不会污染环境；用后无任何过敏反应；可迅速降解，并不会对大气造成污染。

【安全性】 使用避免儿童自行取用，推荐储存温度16～38℃。如不慎接触眼睛，用冷水冲洗15min。如不慎吞服，需大量饮水稀释。

【生产单位】 广州经济技术开发区伟胜化工有限公司，北京江鸿科技发展有限公司。

Lb 水产品加工中的清洗剂

水是清洗过程中使用最广泛、用量最大的溶剂或介质。水具有其他溶剂不同的独特性能，正因为水的这些特性使水在自然界和人类生活中起着巨大的作用，成为决定自然和人类环境的重要因素。

表面活性剂的洗涤去污原理是复杂的，是表面活性剂多种性能如吸附、润湿、渗透、乳化、悬浮分散、发泡、增溶等性能综合作用的结果。

流动液体的清洗作用是把清洗对象浸泡在液体中去除污垢时，如果使用的清洗液有良好的洗涤能力，那么只要把清洗对象放在清洗液中静置一定时间，污垢就会解离分散而有效地被去除。这种方法被称为静态处理。

水产品加工清洗剂（cleaning agent for aquatic products processing）一般包含上述三种水产品加工清洗剂。国家相关部门也正在对有机国家标准进行制订，但有机水产品加工的总体思路应不违背有机产品的宗旨，那就是健康、环保、安全。

(1) 水的清洗作用　水是一种可以从自然界大量得到的价格便宜的溶剂。不仅可以从江河湖泊和地下得到水，而且经过自来水厂加工净化处理的水价格也很便宜。把这种从自然界通过简单处理得到的无色透明、无臭无味的水叫清水，在家庭清洗和工业清洗过程中常使用清水。

水有很强的溶解力、分散力。水具有合适的冰点、沸点和蒸气压，这使得水有一定的挥发性，使物体用水清洗后较易被干燥。

水具有较大的比热容和汽化热，因此在生产和清洗过程中，水是冷却物体或储存、传热的优良载体介质。同时水有不燃、无毒等其他清洗剂不可代替的优点。然而水是一种强极性分子，因此它对于非极性的油性污染亲和力低，溶解力差。为了克服水的这种缺点，需要在水中加入碱类、表面活性剂或合成洗涤剂，以提高水溶液对油性污垢的溶解能力。水具有较大的表面张力是其作为清洗液的缺点之一。通常加入 0.1%～1.0% 的表面活性剂使其表面张力降至 30mN/m 左右，达到清洗、润湿、溶垢的效果。

(2) 表面活性剂水溶液的清洗作用　表面活性剂的洗涤去污原理是复杂的，是表面活性剂多种性能如吸附、润湿、渗透、乳化、悬浮分散、发泡、增溶等性能综合作用的结果。

①润湿、渗透作用　当固体与液体接触时，原来的固-气和液-气表面消失而形成新的固-液界面，这种现象叫润湿。如纺织纤维是一种多孔性物质，有着巨大的表面，当溶液沿着纤维铺展时会渗到纤维的空隙里并将空气驱赶出去，把原来的空气-纤维接触面变成液体与纤维的界面，这就是一个典型的润湿过程。而溶液同时会进入纤维内部，把这种过程叫渗透。把帮助溶液发生润湿和渗透所使用的表面活性剂叫润湿剂和渗透剂。通常可用液体在固体表面受力平衡时形成的接触角大小来判断润湿与不润湿。

把不同液体滴在固体表面可以看到两种情况：一种是液滴很快在固体表面铺展形成新的固-液界面，在气、液、固三相交界处的气-液界面与固-液界面之间的夹角叫接触角。在润湿情况下接触角是小于90°的。另一种情况是液滴不在固体表面上铺展，而是在固体表面上缩成一液珠，如同水滴加到固体石蜡表面时看到的现象，这种情况叫不润湿，不润湿时接触角是大于90°的。

当向水滴中加入表面活性剂之后，由于表面活性剂在界面上的吸附并降低液-气表面张力和液-固界面张力的作用，改变了界面上受力关系，结果水滴就可以在石蜡表面上铺展，由不润湿转变成润湿，表面活性剂的洗涤去污作用往往首先是从润湿洗涤物体表面开始的。

②乳化作用　乳化作用是指两种不相互混溶的液体（如油和水）中的一种以极小的粒子（粒径为1～10μm）均匀地分散到另一种液体中形成乳状液的作用。把油滴分散到水中称为水包油型乳状液（O/W），水滴分散到油中则称为油包水型乳状液（W/O），把能起乳化作用的表面活性剂称为乳化剂。作乳化剂使用的表面活性剂有两种主要作用。一是降低两种液体间界面张力的稳定作用。因为当油在水中分散成许多微小粒子时，就扩大了它与水的接触面积，因此它和水之间的斥力也随之增加而处于不稳定状态。当加入一些表面活性剂作乳化剂时，乳化剂分子的亲油基一端吸附在油滴微粒表面，而亲水基一端伸入水中，并在油滴表面定向排列组成一层亲水性分子膜，使油水界面张力降低，并且减少油滴之间相互吸引力，防止油滴聚集重新恢复水油两层的原状。二是保护作用，表面活性剂在油滴周围形成的定向排列亲水分子膜又是一层坚固的保护膜，能防止油滴碰撞时相互聚集。如果是由离子型表面活性剂形成的定向排列分子膜还会使油滴带有电荷，油滴带上同种电荷后斥力增加，也可防止油滴在频繁碰撞中发生聚集。

在湿法脱脂洗涤过程中和液状油性污垢的洗涤去除过程中，乳化剂有着十分重要的作用。附着在物体表面的液状油垢浸没在表面活性剂水溶液中，表面逐渐被润湿，原来在表面铺展开的油性薄膜被凝集在一个个被表面活性剂乳化的油滴，然后这些乳化的油滴离开物体表面被分散到水中。

有人把这种油性污垢被润湿、乳化解离的过程叫作卷缩过程。

(3) 清洗液的流动作用　清洗液的流动速度对超声波清洗机的清洗效果也有很大影响。最好是在清洗过程中液体静止不流动。这时泡的生长和闭合运动能够充分完成。如果清洗液的流速过快，则有些空化核会被流动的液体带走有些空化核则在没有达到生长闭合运动整过程时就离开声场，因而使总的空化强度降低。在实际清洗过程中有时为避免污物重新黏附在清洗件上，清洗液需要不断流动更新，此时应注意清洗液的流动速度不能过快，以免降低清洗效果。被清洗件的声学特性和在清洗槽中的排列对清洗效果也有较大的影响，吸声大的清洗件，如橡胶、布料等清洗效果差，而对声反射强的清洗件，如金属件，玻璃制品的清洗效果好。清洗件面积小的一面应朝声源排放，排列要有一定的间距。清洗件不能直接放在清洗槽底部，尤其是较重的清洗件，以免影槽底板的振动，也避免清洗件擦伤底板而加速空化腐蚀。清洗件最好是悬挂在槽中，或用金属箩筐盛好悬挂，但须注意要用金属丝做成，并尽可能用细丝做成空格较大的筐，以减少声的吸收和屏蔽。清洗液中气体的含量对超声波清洗效果也有影响。在清洗液中如果有残存气体（非空化核）会增加声传播损失，此外在空化泡运动过程中扩散到泡中的气体，在空化泡崩溃时会降低冲击波强度而削弱清洗作用。因此有些超声清洗设备具有除气功能，在开机时先进行低于空化阈值的功率水平作振动，以脉冲或间歇方式振动进行除气，然后功率加到正常清洗的功率水平进行超声清洗；有些超声清洗设备附有抽气装置（所谓真空脱气），其目的同样是减少清洗液中的残存气体。驻波的影响。清洗槽是有限空间，超声波由声源向液面传播时，在液体和气体的交界面会反射回来而形成驻波。驻波的特征是在液体空间的某些地方声压最小，而在另外一些地方声压最大，这样会造成清洗不均匀的现象。要减少驻波的影响，有时清洗槽特意做成不规则的形状以避免驻波的形成，有时在超声电源方面采取扫频的工方式，使声压最小处不固定在一个地方而是不断地移动，以达到较均匀的清洗。

水产品加工清洗企业应充分利用自身优势，进一步加快有机水产品加工的步伐，提高产品质量和安全水平，提升产品档次，突破“绿色贸易壁垒”，增强我国水产品在国际市场竞争力。

Lb001 鱼贝类清洗剂

【别名】 鱼类清洗剂；贝类清洗剂

【组成】 由蔗糖脂肪酸脂、二聚磷酸钠、磷酸钠、硫酸钠、CMC-Na、丁二酸二钠盐及小分子水等组成。

【性能指标】 水产品加工过程中所用的配料、添加剂和加工助剂性能指标：

①加工所用的配料必须是经过有机认证的有机原料、天然的或认证机构认

可的。这些有机配料在终产品中所占的质量或体积不得少于配料总量的95%；当有机配料无法满足需求时，允许使用非人工合成的常规配料，但不得超过所有配料总量的5%。一旦有条件获得有机配料时，应立即用有机配料替换。使用了非有机配料的加工厂都必须提交将其配料转换为100%有机配料的计划；同一种配料禁止同时含有有机、常规或转换成分。②配料用的水和食用盐，符合国家食品卫生标准。③允许使用GB 2760中所指定的天然色素、香精和添加剂及加工助剂。④禁止在有机加工过程中使用来自基因工程的配料、添加剂和加工助剂。

【配方】 通常用的鱼贝类外表清洗剂见表L-6，安全无毒，且具有防腐保鲜、清洗消毒功效。

表L-6 鱼贝类清洗剂

配方1		配方2	
名称	用量/g	名称	用量/g
蔗糖脂肪酸酯	5	蔗糖脂肪酸酯	2
三聚磷酸钠	40	三聚磷酸钠	20
磷酸钠	4	硫酸钠	45
CMC-Na	0.5	硫酸镁	20
硫酸钠	50.5	山梨糖醇酐脂肪酸酯	8
		丁二酸二钠盐	5

【制法】 将上述混合物溶于水中，把待清洗的鱼置于此溶液中浸泡数分钟，再用清水清洗干净即可。

【主要用途】 除鱼贝类清洗剂清洗外，还用于鱼类物储藏容器、菜板、冰箱、厨房操作台的清洁；洗手液等。

【应用特点】 鱼贝类清洗剂可有效去除鱼贝类表面的农药、蜡、泥土、污渍等有害物质。并且，在不使用任何防腐剂的前提下，有效锁住鱼贝类的味道、保持新鲜。①不会污染环境；②用后无任何过敏反应；③可迅速降解，并不会对大气造成污染。

【安全性】 ①避免自行取用，推荐储存温度16～38℃。如不慎接触眼睛，用冷水冲洗15min。如不慎吞服，需大量饮水稀释。②保管绿色果蔬清洗剂时，请避免放在有直射阳光、高温、多湿的场所，并且在注明的使用期限内使用。③不小心吃下粉末时，大量饮水，不小心溅入眼睛时立即用流水冲洗干净。然后谨遵医嘱。

【包装、储藏与运输】 ①提倡使用由木、竹、植物茎叶和纸制成的包装材料，允许使用符合卫生要求的其他包装材料；②禁止使用含有合成杀菌剂、防腐剂和熏蒸剂的及接触过禁用物质包装材料；③储藏产品的仓库必须干净、无虫害，无有害物质残留，在储存过程中不得受到其他物质的污染；④有机产品应单独存放，如果不得不与常规产品共同存放，必须在仓库内划出特定区域，并且有明显的标志以确保有机产品不与非认证产品混淆；⑤有机产品应标志清晰，不得在运输和装卸过程中受到损坏；⑥有机产品在运输过程中应避免与常规产品混杂和受到污染。

【生产单位】 中国科学院水生生物研究所，浙江大学公共卫生学院。

Lb002 杀菌、消毒、防腐剂

【英文名】 sterilization，disinfection，preservative

【别名】 杀菌剂；消毒剂；防腐剂

【组成】 一般由过氧化氢、胶质银离子、表面活性剂、钠羧甲基菊粉（植物原料螯合剂）及小分子水等组成。

【性能指标】 在水产品加工工业及一般生活中常用“杀菌”的名词，这不是专门术语，包括上述所称的灭菌及消毒。如海鲜的杀菌即指消毒；罐藏食品的杀菌是指商业灭菌。

防止或抑制微生物生长繁殖的方法就称为防腐或称为抑菌。用于防腐的物质称为防腐剂或抑菌剂。例如：许多药物可作为防腐剂，在一定的浓度时，可显示抑菌作用。但当防腐剂与微生物接触时间过长，或者把浓度提高，则对微生物的作用来说，就会从抑菌作用转为杀菌作用。抑菌作用和杀菌作用乃是抗菌效果在程度上的划分，因此，两者可总称为抗菌作用。

无菌即没有活的微生物存在的意思。例如，微生物实验室中的无菌操作技术、海鲜工厂的无菌包装、防止微生物污染的无菌室、经过灭菌或过滤后的无菌空气等。

杀菌剂、消毒剂、防腐剂的区分：

①消毒剂也常被称为化学消毒剂。消毒剂用于杀灭传播媒介上病原微生物，使其达到无害化要求，将病原微生物消灭于人体之外，切断传染病的传播途径，达到控制传染病的目的。消毒剂按照其作用的水平可分为灭菌剂、高效消毒剂、中效消毒剂、低效消毒剂。②杀菌剂是用来消灭已有病菌的病菌。③防腐剂是用来防止病菌产生的，本来就没有病菌，用了它病菌不容易产生。

【产品特性】 免水洗，集消毒、水产品加工清洗、节水、环保于一体的先进技术和高效杀菌杀菌防腐剂。

【清洗方法】 挤在手上1～3mL，揉搓至干爽，无须用水冲洗，即可达到消毒净手的目的。

瞬间杀菌：本品采用先进技术和高效杀菌配方，能在15s内迅速有效地杀灭手掌及指缝间的各种病毒病菌（禽流感病毒，乙型、丙型肝炎病毒，肠道致病菌，大肠杆菌，金黄色葡萄球菌，致病性酵母菌等），杀灭率99.999%以上。

【主要用途】 主要适合水产品加工清洗；也适用于医疗机构、银行、餐饮业、娱乐场所、学校、办公室等公共场所，以及居家、出差、旅游使用。

【安全性】 ①本品pH接近皮肤，对正常皮肤无毒无刺激，且有润肤作用，安全高效；②方便环保：免水冲洗，方便携带，随时随地可使用；③安全护肤：无刺激、无残留且富含保湿因子，有效滋润手部肌肤。

【生产单位】 武汉新大地环保材料有限公司，北京诺福生态科技有限公司（深圳分公司）。

Lb003 储藏设备的清洗剂

【英文名】 storage equipment cleaning agent

【别名】 冷凝器清洗剂；储藏设备清洗剂

【组成】 一般由 Na_3PO_4 +1% Na_2CO_3 溶液、5% HCl+缓蚀剂+助剂+NaOH等组成。

【产品特性】 这种冷凝器的清洗工程多采用化学清洗的方法。特殊水垢时也可采用高压水射流的物理清洗方法，但对冷凝器中间管束清洗效果差，容易造成死角。

【性能及清洗过程】 冷凝器的清洗过程：冷凝器与蒸发器都是制冷机的热交换器，它们是制冷机四大主件中的两大件。冷凝器的作用是使高压高温的过热蒸气冷却、冷凝成高压液氨，并将热量传递给周围介质（水或空气），冷凝器按结构及冷却介质的不同，可分为壳管式、淋水式、双管对流式、组合式、蒸发式、气冷式等。为了减少管间的距离，蛇形排管以单独的管子，将管端稍弯曲成斜角焊接而成。淋水式冷凝器传热系数 $k=800\sim1000\text{W}/(\text{m}^2\cdot\text{K})$，单位面积热负荷 $q_F=3500\sim4600\text{W}/\text{m}^2$，传热系数较高。由于氨气自底部进入冷凝器，使水与制冷剂之间基本上是对流的。润滑油几乎都能沉降于底部的管子（油膜会妨碍热传导）。及时地排出冷凝器中的液氨，使传热面积不会因有氨液的存在而受到影响，这样就大大地提高了冷凝器的传热效果。淋水式冷凝器有放油、放空气和混合气体出口等接头。最高工作压力为20atm。淋水式冷凝器适用于空气相对湿度较低，水源不足或水质特别差的条件。淋水式冷凝器应安装在室外通风良好的地方，有些工厂是布置在机房或冷库的平屋顶上面。

化学清洗方法是将整个冷却水系统构成闭合回路，进行模拟正常运行的循环清洗。如果为水泥凉水池，就需要联管断开或用塑料膜等保护处理。

常用的工艺步骤为：①水冲洗——冲洗浮尘，试运行循环回路；②碱洗转化处理——用2% Na_3PO_4 +1% Na_2CO_3 溶液加热至85℃喷淋循环清洗20～30h；③水冲洗——冲洗残留碱洗液，至pH=7～8合格；④酸洗溶垢——用5% HCl+缓蚀剂+助剂进行喷淋清洗，根据外表清洗情况确定终点；⑤中和水冲洗——酸洗结束后，用NaOH中和酸液，而后用pH=8的水冲洗至澄清，通常立即生产运行的设备不用钝化处理。

清洗前采取水垢样进行化验分析，确定配方、工艺，然后进行施工工作。

【保鲜、储藏设备的清洗与优点】 保鲜、储藏设备的清洗目的是为了更好冷冻（保鲜、储存），在食品工业中的应用是相当广泛的，它的作用是作为食品加工的手段和防止食品腐败。冷冻储藏食品，能延长食品保存期限，减少食品损耗，以及加工冷冻食品等。清洗后冷冻保藏具有以下几种优点。

①较好地保持食品原有的色、香、味和营养价值。冷冻保藏较长时间后，食品无显著的变化。②增加易腐食品的供应时间，解决季节性生产与常年消费之间的矛盾。特别是速冻方便食品，深受消费者的欢迎。③使用冷藏运输，长途输送易腐食品，保证质量良好。使产区和销区或加工厂有机地联系起来。④利用冷藏运输和冷藏库，可延长食品厂（如罐头厂等）的加工季节，解决淡、旺季之间的矛盾。

【主要用途】 主要适合水产品加工设备，也适合罐头厂、乳品厂、蛋品厂、糖果冷饮厂等食品工厂，几乎都有冷冻机房及冷藏库的设置。

【产品实施举例】 某冷库冷却系统换热器上的微生物污泥清洗，按传统方法常用氯气冲鼓的方法去除，但清洗效果不好。经对污泥成分分析，主要是含铁锈、泥砂和微生物的混合物，水垢含量很少。

按如下清洗工艺进行施工。①在冷却水中加入100mg/kg的防锈缓蚀剂。②加入100mg/kg的阳离子季铵盐表面活性剂循环约1h进行灭菌清洗，同时用浮游物网搜集在循环水中浮起的污泥。添加表面活性剂润湿剂有利于改善下一步剥离的润湿、渗透效果。③加入5000mg/kg的污泥剥离剂次氯酸钠，投料后循环2～5h。加入剥离剂后循环水立刻会明显混浊。④从管线最底部和冷却塔的泄料管排放循环水，排放速度与可能补充的水流速相同，进行2h排放清洗。⑤补充水恢复到冷却塔循环用水至正常水平；在加入剥离剂后排出的污泥量迅速增加，1h后达到最大值，而后逐渐减少。循环水中的微生物细菌数量在杀菌剂投入前为 2.3×10^4 个/cm^3，投入药后1h减为410个/cm^3。经过清洗，冷却器导热效率明显改善。

【应用特点】 主要适合水产品加工设备，尤其对保鲜、储藏设备的清洗有良好清洗作用，国内已逐步推广应用。

【安全性】 ①避免自行取用，推荐储存温度16～38℃。如不慎接触眼睛，用冷水冲洗15min。如不慎吞服，需大量饮水稀释。②保管绿色果蔬清洗剂时，请避免放在有直射阳光、高温、多湿的场所，并且注明的使用期限内使用。③不小心吃下粉末时，大量饮水，不小心掉进眼睛时立即用流水冲洗干净。然后谨遵医嘱。

【生产单位】 北京诺福生态科技有限公司（深圳分公司），陕西三桥精细化工有限公司，昆山申坤表面处理材料有限公司。

Lb004 蒸发器的清洗剂

【英文名】 evaporator cleaning agent

【别名】 热交换器清洗剂

【组成】 一般由氨基磺酸＋缓蚀剂、柠檬酸、新洁尔灭和次氯酸钠、Na_2CO_3 等组成。

【产品特性】 蒸发器是用以将被冷却介质的热量传递给制冷剂的热交换器。低压低温液体制冷剂进入蒸发器后，因吸热蒸发而变为蒸气。通常把冷却液体载冷剂的热交换器称为蒸发器，常用的蒸发器有立管式及卧式两种。蒸发器有氨液和盐水等分别作为介质的。蒸发器的清洗较多的采用化学清洗，并且严格控制、监督腐蚀是整个清洗过程中的重点，因为采用氯化钠盐水时蒸发器管组腐蚀快，点蚀、孔蚀经常出现。

【配方】 清洗配方为5％氨基磺酸＋缓蚀剂，如果有条件最好采用柠檬酸清洗，腐蚀问题较易控制。蒸发器的清洗必须另外建立回路，分流程清洗。

【产品实施举例-1】 某厂冷冻冷却水系统采取了不停车清洗工艺，步骤如下：杀菌灭藻→酸洗→中和→预膜。

① 杀菌灭藻清洗。杀菌灭藻清洗应选择杀菌效果好且有较好生物黏泥剥离能力的杀菌剂。选用次氯酸钠和1227具有良好的协同效应，2mg/L的新洁尔灭和2mg/L的次氯酸钠复配后其灭藻率达100％，并且对生物黏泥的剥离效果也很好。杀菌灭藻清洗一般时间比较长，在清洗过程中可每隔3～4h测定一次冷却水的浊度。当浊度曲线趋于平缓时，即可结束清洗。在杀菌灭藻后，若冷却水比较浑浊，可以通过在冷却塔底部水池补加水，从排污口排放冷却水的方式来稀释冷却水。

② 酸洗除垢、除锈。选择Lan826缓蚀剂和氨基磺酸作酸洗剂，先向冷却水系统中加入计量的缓蚀剂，待缓蚀剂在冷却水系统中循环均匀后就可加入酸洗剂。

采用滴加法向冷却塔池内加入酸洗剂，使冷却水的pH缓慢下降并维持在2.5～3.5之间。每30min测定一次pH，随时调整酸洗剂的滴加量。

在酸洗过程中，应经常测定冷却水中的Cu^{2+}、Fe^{2+}、Fe^{3+}浓度等。一般在清洗开始阶段，每4h一次，清洗中后期每2h测定一次。以总铁离子曲线趋于平缓作为酸洗终点。浊度曲线可作为辅助终点判断手段。

酸洗后向冷却水系统中补加新鲜水，同时从排污口排放酸洗废液，以降低冷却水系统中的浊度和铁离子浓度，同时加入少量Na_2CO_3中和残余的酸，为下一步的预膜处理打好基础。

③ 预膜。酸洗结束后，冲洗水pH＝5～6时，向系统中投加200mg/L的三聚磷酸钠或六偏磷酸钠预膜24～48h，按三聚磷酸钠与硫酸锌4∶1的比例投加硫酸锌，以缩短预膜时间和增加预膜效果。预膜结束后将高浓度的预膜水用补加水的方式稀释排放，控制总磷到10mg/L左右，然后转入正常的水处理。

经清洗后冷却效果明显增加。

【产品实施举例-2】 某厂制冷系统由于不慎污染，委托专业清洗队伍进行清洗。

采用三氟三氯乙烷（F113）清除压缩制冷系统中的水分，清洗系统由电薄膜泵、溶剂桶、过滤器、截止阀、干燥器组成，过滤器中装有活性氧化铝，清洗时干燥器定期开启，经进行 8h 的清洗后组装运行，效果明显。

【主要用途】 主要适合水产品加工制冷剂系统设备，也适合罐头厂、乳品厂、蛋品厂、糖果冷饮厂等食品工厂，几乎都有冷冻机房及冷藏库的设置。

【安全性】 清洗过程中需注意的是设备的腐蚀和水泥的腐蚀控制问题。①本品 pH 接近皮肤，对正常皮肤无毒无刺激，且有润肤作用，安全高效；②方便环保：免水冲洗，方便携带，随时随地可使用；③安全护肤：无刺激、无残留且富含保湿因子，有效滋润手部肌肤。

【生产单位】 中国康维集团公司，中国科学院水生生物研究所，浙江大学公共卫生学院。

Lc 罐藏食品加工中的清洗剂

罐头食品是食品保藏的方法之一。它是将食物原料去除不可食的部分，经过适当的工艺处理，再加上各种调料装于密封容器内，经排除容器内部分空气，密封杀菌后，使容器食品不受微生物的污染引起腐败变质，以达到较长时间保存食品的目的。

罐头食品不是绝对无菌，而是商业无菌，就是说在罐头中没有致病菌和正常的储存、运输、销售过程中生长的细菌。罐头杀菌主要是杀死肉毒梭状芽孢杆菌的芽孢，但是嗜热脂肪芽孢杆菌的芽孢并未被杀死，在杀菌后的冷却过程，如果不能使罐头迅速冷却到 40℃而在 50～60℃停留较长时间，就会导致嗜热脂肪芽孢杆菌的大量生长，从而造成产品腐败（酸败），但是由于嗜热脂肪芽孢杆菌不是致病菌，所以我们不把它作为需要控制的显著危害。

杀菌后的冷却过程中要用到大量的冷却水，对于采用机械式密封结构的金属罐来说，由于冷却过程中的罐内外压力差，会将部分冷却水通过密封结构中的微细通道吸入罐内，如果冷却水的余氯不进行控制，就会造成冷却水中的致病菌大量生长，从而最终造成致病微生物的后污染，这是一个需要进行控制的环节。但是考虑到在 SSOP 中对生产过程中的用水都已有明确的控制要求，所在我们也不把冷却作为控制致病微生物再污染的一个手段。

一般常用的罐藏容器，按其材料性质分，一般有金属罐和非金属罐两大类。金属罐中使用最广泛的是镀锡薄钢板罐，又称马口铁罐，此外有铝板罐、镀铬板罐等。非金属罐中，以玻璃罐所占的比重大。

罐头食品生产过程中，装罐前除按照食品种类、性质、产品要求以及有关规定合理选用容器（种类、形状和大小等）外，因容器在加工、运输和储存中常吸附有灰尘、微生物、油脂等污物及氧化锌残留物，必须清洗干净、消毒和沥干，保证容器的清洁卫生，提高杀菌的效率。

在小型企业中，容器一般都采用人工清洗，大多数先在热水中刷洗而后再用沸水消毒 30～60s。在大型企业中则用清洗机清洗，用沸水或蒸汽消毒。

一般化学清洗的方法处理：在均质机中把3%氨基磺酸、0.2%OP-10，0.1%JFC，2%助洗剂等药剂与水高速搅拌，制得水基清洗剂，然后加入小型中压机械清洗机中，加压至0.4MPa均匀冲刷、冲洗墙面，保留清洗剂10～20min，以确保清洗剂与污垢的接触时间。最后用清洗机清水冲洗墙面，洗净为止。

清洗后检查：除污垢率98%，铝塑复合板表面光洁如初。

本章节即以罐藏食品加工中的清洗剂如罐头食品清洗剂、空罐污物清洗剂、实罐表面清洗剂、罐头的杀菌清洁剂、罐头食品容器清洁剂、玻璃罐（瓶）清洗剂等品种，其中也介绍了罐藏食品加工中的部分有关清洗过程与技术方面的内容。

Lc001 罐头食品清洗剂

【英文名】 canned food cleaning agent

【别名】 罐头原料液体清洗剂；罐头原料固体清洗剂

【组成】 一般由表面活性剂、清洗剂、消毒剂、助剂、调节剂及蒸馏水等组成。

【罐头食品清洗】 一般罐头食品清洗前，食品原料成为罐头食品要经过如下几个环节。

（1）罐头食品原料验收　几乎所有的农副产品都可以用作罐头食品生产的原料。由于我国目前的农业生产体系还是以小规模的个体生产为主，因此在农药、兽药使用的控制上存在着诸多问题。近年来我国出口的蔬菜及肉禽类产品由于农药残留及兽药残留不符合进口国的要求而退货的情况时有发生，因此作为一种化学危害，农药残留或兽药残留是一种潜在的危害，但是它是否是一种显著危害，则应根据具体情况进行具体分析。如果工厂生产所用的原料来自于经过专业工厂加工的工业化产品，如浓缩果汁、冷冻猪肉等，这些专业加工厂经过罐头生产企业的合格供货方评审，并且他们对原料的验收有一套完善的体系，已经对农药残留、兽药残留进行了控制，那么在对这样的原料验收时，农药残留、兽药残留就可以被认为不是一个显著危害。如果罐头工厂所使用的原料直接来自于个体种植者或养殖者，由于对农药残留、兽药残留的使用和检测缺少系统的监控，在原料验收时，农药残留和兽药残留就应该认为是一个显著危害。

动物产品的疫病是原料验收过程中应注意的一个生物危害，虽然罐头食品的生产最终要杀菌，但是考虑到在生产加工过程中，疫病会传染，因此动物产品的疫病是一个显著的危害。

罐头原料中的物理危害情况比较复杂，一般要和种植、养殖、采摘、屠宰、加工、包装方式联系起来进行分析。如果原料在加工过程中使用了金属工具或设备，则金属碎片就是一个值得关注的物理危害；如果包装过程中使用了玻璃容器，则玻璃碎片就是一个值得关注的物理危害。至于这些危害究竟是否显著危害，则还要根据具体情况进行具体分析，如设备的保养情况、包装的方式等。

（2）罐头食品原料的处理及初加工　因产品的品种不同，罐头工厂的原料处理及初加工过程有很大的差异，一般包括原料的拣选、清洗、整形等过程。在这些过程中有一个很重要的因素就是加工时间的控制。致病微生物的繁殖和时间有很大的关系。一般每20～30min

就繁殖一次，如果在整个加工过程中，我们对原料的每一个环节停留的时间都进行明确的规定，那么对于致病微生物的生长起到很好的抑制效果。特别是对一些进行管道化生产的产品如果汁饮料罐头等，由于是连续生产，半成品在生产过程中也无停滞，因此可以认为致病微生物的繁殖不是个显著危害。如果是季节性的农副产品集中生产，由于原料到厂时间比较集中，加工过程中有较多的停滞，这样就会给致病菌的大量繁殖提供了所需要的时间，因此可以认为致病菌繁殖是一个显著的生物危害。在加工过程中食品原料和半成品会接触到工人的手、容器、工作台面，如果工人的手、容器、工作台面未进行有效的清洗消毒，就会带有致病性微生物，从而污染的食品的原料及半成品。但是考虑到工人的手、容器、工作台面的清洗消毒可以通过 SSOP 控制，一般我们不把它作为一个显著的生物危害。

(3) 罐头食品加热过程后的冷却 罐头生产中，有部分原辅材料或半成品要经过预煮或烹调这一加热工序，加热后的冷却是一个比较长的过程，特别是自然冷却过程。这样就会为原料中的嗜热脂肪芽孢杆菌的生长提供了一个有利的温度条件，如果温度在 50～60℃的温度范围内停留较长时间，嗜热脂肪芽孢杆菌就会大量繁殖，严重的话会造成原料或半成品的初期腐败（酸败）。这种情况下，我们要对冷却的时间加以严格控制，或者采用强制冷却的方法，这对于控制产品的质量是必需的。但是嗜热脂肪芽孢杆菌不是一个致病菌，它不会引起人体生病，所以从安全角度来说它不是一个显著的生物危害，它只是品质上的一个控制点。

(4) 罐头食品原料的容器、工作台面的清洗 与食品原料和半成品接触的容器、工作台面都要经过清洗和消毒。目前我们清洗和消毒都要使用一些清洗剂和浓度较高的消毒剂，如果这些清洗剂和消毒剂未漂洗干净的话，这些清洗剂消毒剂的残留就会污染食品的原料及半成品，因此这是一个潜在的危害。但是容器、工作台面的清洗消毒也可以通过 SSOP 控制，所在我们也不把它作为一个显著的化学危害。

(5) 罐头原料液体的处理

①液体型配方（质量分数/%）

直链伯醇(相对分子质量 488，64.8%EO)	5.0
五水合硅酸钠	5.0
焦磷酸钾	3.0
酸性磷酸酯盐(阴离子型，50%活性物)	5.0
丁基苯基溶纤剂	5.0
水、染料、香料	到 100.0

②性质指标 黏度（23℃）8mPa·s；相凝温度 57℃；pH 13.4。

③制备方法 使用稀释度 75～150g/L 水。

(6) 罐头原料固体的处理

①干粉型配方（质量分数/%）

直链伯醇(相对分子量 488，64.8%EO)	5.0
碳酸钠	36.5
氢氧化钠(片状)	21.3
五水合硅酸钠	18.6
焦磷酸钠	23.6

②制备方法 各种固体物料应混合完全，缓慢加入表面活性剂，并混合均匀。

③主要用途 主要适合罐头食品系统及罐头食品设备清洗，也适合罐头厂、乳品厂、蛋品厂、糖果冷饮厂等食品工厂，几乎都有冷冻机房及冷藏库的设置。

(7) 罐头食品安全性

① 罐头食品调酸过程控制 调配过

程中要关注的是调整pH。罐头食品杀菌的主要对象菌是肉毒梭状芽孢杆菌，肉毒梭状芽孢杆菌芽孢的耐热性较强，需要采用121℃高温杀菌才能杀灭。但是肉毒梭状芽孢杆菌芽孢在pH 4.6以下就不能生长。有些罐头品种由于产品的特性，本身pH高于4.6，但不能采用121℃高温杀菌（如某些蔬菜罐头高温杀菌后组织就会酥烂，而失去了商业价值），在这种情况下我们就要采取调整pH的方法，把产品的pH值降低到4.6以下，来抑制肉毒梭状芽孢杆菌的生长；这样我们就可以用杀死不耐热的霉菌和酵母菌的温度（一般在100℃以下）来杀菌，这样既保证了食品的安全性，又使产品的品质得到了保证。如果调酸过程发生偏差，而使产品最终的pH高于4.6以上，那么肉毒梭状芽孢杆菌的芽孢就会生长，产生肉毒素影响人体健康。所以调整pH对于肉毒梭状芽孢杆菌生长这个显著的生物危害来说是个有效的控制手段。

② 过滤、金属探测　过滤和金属探测都是用来消除物理性危害的重要手段。过滤主要用在液体中金属杂质和玻璃碎片的去除，金属探测可用于液体或固体中的金属杂质去除。如果在罐头食品的原料或辅料中或者加工过程中可能带入金属杂质或玻璃碎片，则过滤应作为消除金属杂质或玻璃碎片这一显著危害的手段。如果原辅料中或者加工过程中可能带入金属杂质，则金属探测应作为消除金属碎片这一显著物理危害的主要手段。如果原辅材料中或生产过程不会带入金属碎片和玻璃。即使生产过程中使用了过滤，也不作为控制的物理危害的手段，因为根本不存在物理性的显著危害。同时要注意的是，有时一个生产工艺过程会有几道过滤，我们并不需要把每道过滤都用来控制物理性危害，而一般以最小目数的过滤或最后的一道过滤作为控制物理性危害的手段。

③ 罐头食品内包装容器安全性的验收　这是一个比较容易被忽略而又对最终产品的安全性有很大关系的步骤。目前罐头食品所使用的内包装容器的材料有6种：镀锡薄板罐、镀铬板罐、铝合金罐、复合薄膜袋、玻璃瓶、利乐包。金属罐头中又分二片罐和三片罐，其中我们特别应关注的是金属三片罐的空罐验收。由于三片罐的密封是通过罐底密封、罐身密封、罐盖密封来实现的。如果空罐的罐底密封性能和罐身密封性能有问题，那么罐盖密封再好也不能起到完全密封的效果，罐头在杀菌后还是会泄漏，造成致病微生物的后污染，因此这是一个显著的生物性危害。

【应用特点】 一般罐头食品厂，由于所使用的清洗剂的广泛性、多样性、清洗过程的复杂性，没有相对统一，都根据罐头清洗安全性要求与实际需要进行清洗的；现该产品由于推广应用特点，做到规范，相对统一。

【生产单位】 天通科威临沂同泰食品机械制造有限公司，西安汉隆化工科技有限公司，青岛南翔工贸有限公司，陕西三桥精细化工有限公司，昆山申坤表面处理材料有限公司。

Lc002 空罐污物清洗剂

【英文名】 empty jar of dirt cleaner

【别名】 空罐头清洗剂；罐头污物清洗剂

【组成】 一般由表面活性剂，清洗剂、消毒剂、助剂、调节剂及蒸馏水等组成。

【罐头食品清洗】

(1) 铁罐清洗　用于清洗铁罐的洗罐机种类较多。一般清洗过程是先用热水冲洗而后再用蒸汽消毒30～60s，以达到清洗消毒的作用。

① 链带式洗罐机　它主要是采用链

带移动铁罐，进罐一端采用喷头从链带下面向罐内喷射热水进行冲洗，其末端则用蒸汽喷头向铁罐喷射蒸汽消毒，取出后倒置沥干。

② 滑动式洗罐机　机身内装有铁条构成的滑道，铁罐在滑道中借本身重力向前移动。开始时罐身横卧滚动，随着滑道结构的改向，逐渐使铁罐倒立滑动，同时开始用喷头冲洗和消毒，然后又随着滑道的改向逐渐再变成横卧移动滚出洗罐机。

③ 镀锡薄钢板空罐清洗机。

④ 铁罐清洗工艺　操作时，应注意空罐必须连续均匀地进入，而且全部罐口对准喷嘴。在动配合和其他摩擦部分应经常做好润滑工作，定期检查各封漏装置，随时调节送水量和送汽量。这种清洗机的生产能力与清洗时间和星形轮的齿数有关。清洗时间可根据罐的污染程度不同用实验方法决定。清洗时间是设计星形轮转数的依据。改变星形轮的转数即可改变清洗时间。因此，传动系统应设无级变速装置才能适应不同情况、不同要求时的清洗。

(2) 空罐罐头杀菌　罐头食品杀菌是保证罐头食品能长期保存的另一原因。容器密封后，外界的致病微生物污染消除了，但是罐头内的致病微生物必须通过有效的杀菌过程予以杀灭。根据目前国内罐头生产企业的杀菌设备来看，罐头杀菌主要有高压蒸汽杀菌、加压水杀菌、淋水式杀菌、旋转式杀菌等几种形式。由于杀菌方式的不同，在杀菌过程中需要控制的关键因素也各不相同，如高压蒸汽杀菌要控制排汽的温度、时间和恒温的温度时间；加压水杀菌要控制杀菌过程中的水位和恒温的温度时间；淋水式杀菌要控制喷淋水的流量和恒温的温度、时间；旋转式杀菌要控制转速、顶隙、恒温的温度和时间等。控制了这些关键因素，就是控制了杀菌的效果，就能有效地杀灭肉毒梭状芽孢杆菌的芽孢。所以高温杀菌是控制致病微生物残留这一显著微生物危害的有效手段。

对于 pH 小于 4.6 的高酸性食品，我们一般采用 100℃的水杀菌，它杀灭的对象菌主要是霉菌和酵母菌。霉菌和酵母菌都不属于致病菌，不会对人体造成伤害。所以可以不把杀菌作为控制致病微生物残留的手段。

(3) 固形物最大装罐量和杀菌初温　罐头食品的杀菌公式如果是用理论公式计算出来的话，固形物最大装罐量和初温是确定杀菌公式的两个重要的基本条件。不同的固形物最大装罐量和杀菌初温对应不同的杀菌公式，因为固形物最大装罐量和杀菌初温对产品杀菌的 F_0 值有着非常大的影响，而杀菌 F_0 值对杀灭的对象菌的效果来说至关重要，所以固形物最大装罐量和杀菌初温的测定对于消除致病微生物的残留这一显著生物危害是必须要控制的手段。目前我国罐头工厂的杀菌公式的来源情况比较复杂，其中大部分为经验公式，它是建立在实践的基础上的，当开发了一个新产品后，我们采用不同的杀菌时间对产品进行杀菌，然后对产品进行保温后比较不同杀菌时间的胖听率，选取胖听率为 0 的杀菌时间再加上一定的保险系数即得到一个杀菌公式，一般来说这些杀菌公式的安全性都是较高的。在这种情况下，固形物最大装罐量和杀菌初温就不是决定杀菌公式的关键因素，初温和最大装罐量的测量就可不作为控制致病微生物残留有余地的手段。

【生产配方】

组　分	w/%
高级脂肪醇聚乙二醇醚	0.5～3
三聚磷酸钠	5～13
偏硅酸钠	10～24

续表

组　分	w/%
硫酸钠	3～10
碳酸钠	余量

此清洗剂可用于循环清洗作业，使用温度 45～70℃。

【主要用途】 主要适合罐头食品系统及罐头食品设备清洗，也适合乳品厂、蛋品厂、糖果冷饮厂等食品工厂，几乎都有罐头设备的设置。

【应用特点】 主要适合罐头食品的加工设备，尤其对空罐罐头杀菌设备的清洗有良好清洗作用，国内已逐步推广应用。

【安全性】 清洁剂安全，环保，不会对人体的部位、眼睛接触伤害；如果长时间接触表面活性剂也会把皮肤表面的油脂、水分脱掉，造成皮肤干裂，而且对于眼睛也会造成很大的影响。

【生产单位】 广州新浪爱拓化工机械有限公司，临沂同泰食品机械制造有限公司，西安汉隆化工科技有限公司。

Lc003 实罐表面清洗剂

【英文名】 solid pot surface cleaners

【别名】 实罐清洗剂；实罐洗油污清洗剂

【组成】 一般由高级脂肪醇聚乙二醇醚、三聚磷酸钠、偏硅酸钠、氯胺、碳酸钠及蒸馏水等组成。

【空罐清洗】 一般先空罐经过清洗后本来内外都是清洁的。

【实罐清洗】 但经装罐，污物经冷却后会“硬化”而牢牢地附着在罐的表面。如午餐肉罐头，往往在其表面附着不少油脂、淀粉和肉糜等混合物，这些混合物经加热和冷却后会牢牢黏在罐的外表上。因此，在杀菌前或杀菌后必须进行清洗，不然，会使成品引起油污商标等质量事故。

【实罐表面清洗工艺】 一般经实罐，装罐、排气和封口、杀菌等工序后，常在表面黏附很多油脂、汤汁及罐头的内容物，这些东西经过高压杀菌后，会呈现暗黑色或黏性油腻的条纹和斑点，特别是在杀菌过程中有破罐存在，内容物及汤汁渗出罐外会弄脏很多完好的罐头的外表。

【配方】

组　分	w/%
高级脂肪醇聚乙二醇醚	2～4
三聚磷酸钠	15～40
偏硅酸钠	10～30
氯胺	25～30
碳酸钠	余量

这种清洗剂不适用高温及循环洗涤用。

【主要用途】 一般实罐表面清洗剂又称洗油污剂。主要适合罐头食品系统及罐头食品设备清洗，也适合罐头厂、乳品厂、蛋品厂、糖果冷饮厂等食品工厂，几乎都有罐头食品设备的设置。

【应用特点】 主要适合 罐头食品的加工设备，尤其对实罐罐头杀菌设备的清洗有良好清洗作用，国内已逐步推广应用。

【安全性】 清洁剂安全、环保，不会对人体的部位、眼睛接触伤害；如果长时间接触表面活性剂也会把皮肤表面的油脂、水分脱掉，造成皮肤干裂，而且对于眼睛也会造成很大的影响。

【生产单位】 广州新浪爱拓化工机械有限公司，陕西三桥精细化工有限公司，昆山申坤表面处理材料公司。

Lc004 罐头的杀菌清洁剂

【英文名】 canning sterilization cleaning agents

【别名】 杀菌清洁剂；罐头清洁剂

【组成】 一般由表面活性剂、清洗剂、消毒剂、助剂、调节剂及蒸馏水等组成。

【配方】

组　分	w/%
表面活性剂	8～12
三聚磷酸钠	15～25

续表

组分	w/%
偏硅酸钠	12～18
清洗剂	10～20
消毒剂	3～5
蒸馏水	余量

【主要用途】 一般罐头清杀菌洗剂又称洗油污剂。主要适合罐头食品系统及罐头食品设备杀菌清洗，也适合罐头厂、乳品厂、蛋品厂、糖果冷饮厂等食品工厂，几乎都有罐头食品设备的设置。

【应用特点】 主要适合罐头食品的加工设备，尤其对实罐罐头杀菌设备的清洗有良好清洗作用，国内已逐步推广应用。

【安全性】 清洁剂安全，环保，不会对人体的部位、眼睛接触伤害；如果长时间接触表面活性剂也会把皮肤表面的油脂、水分脱掉，造成皮肤干裂，而且对于眼睛也会造成很大的影响。

【生产单位】 天通科威有限公司，青岛南翔工贸有限公司，陕西三桥精细化工有限公司，昆山申坤表面处理材料有限公司。

Lc005 罐头食品容器清洁剂

【英文名】 canned food container cleaning agent

【别名】 容器清洁剂；罐头清洁剂

【组成】 一般由表面活性剂、清洗剂、消毒剂、助剂、调节剂及蒸馏水等组成。

【容器杀菌清洁】 罐头食品经加汁封罐后，为了抑制食品中腐败微生物的活动，使密封在罐内的食品能较长时期保存，必须趁内容物装料加汁后温度较高时，及时升温杀菌。杀菌清洁是罐头食品加工必要的一环。

(1) 杀菌设备的分类　由于罐头食品种类很多，要求罐型和杀菌工艺也各不相同。因此，相应的杀菌设备种类也很多。根据温度和操作方法的不同，大致可作如下分类。

- 杀菌设备
  - 常压式
    - 间歇式：立式开口器，浴槽式
    - 连续式：卧式链带杀菌机，螺旋式连续杀菌锅
  - 加压式
    - 间歇式：立式杀菌锅，卧式杀菌锅，回转式杀菌锅
    - 连续式：静水压杀菌机，水封式连续杀菌机

常压式杀菌设备的杀菌温度在100℃以下，用于pH＜4.5时的酸性产品杀菌。用巴氏杀菌。

原理设计的杀菌设备，亦属常压杀菌设备。加压杀菌设备一般是在一个密闭的容器里，杀菌时加进压缩空气，即所谓反压杀菌，杀菌设备内压力大于100kPa，杀菌温度常用120℃左右，用于肉类罐头的杀菌。

间歇式杀菌用于多品种、小批量的生产，是中小型罐头厂常用的杀菌设备。连续式杀菌设备多用于某一类品种，批量较大的杀菌。目前国内外的杀菌设备不断向连续化机械化和自动化方向发展。

根据杀菌设备所用热源的不同又可分为蒸汽直接加热杀菌、热水加热杀菌、火焰连续杀菌和辐射杀菌等。我国罐头厂绝大部分是用热水加热杀菌。

(2) 常用杀菌设备

①立式杀菌锅　是加压间歇式杀菌设备，不盖锅盖，也可以用于常压间歇杀菌。是国内中小型罐头厂普遍采用的杀菌设备之一。

②卧式杀菌锅　亦属间歇加压杀菌设备。

③卧式链带杀菌机　系常压连续杀菌设备，供果酱、果实、果汁及部分蔬菜类圆形罐头杀菌用。

杀菌锅上常装有各种管道。其中有蒸汽管、冷却水管。这种锅在长期使用后，受热表面容易形成水垢，造成锅体受热不均，或冷却水管结垢堵塞，常采

用化学清洗的方法进行处理。形成难溶性的水垢时还需转化处理，而后酸洗、钝化处理。市场上也有销售的多用水垢清洗剂应用于杀菌装置的清洗。

(3) 容器的密封　罐头食品容器的密封是保证罐头食品能够长期保存的原因之一。因为罐头密封后，隔绝了外界的空气水分，外界的致病微生物无法污染到罐头内的食品，杀菌后就能保证罐头处于商业无菌的状态。在空罐、空袋的密封性能得到保证的前提下，容器的最终密封操作的完好对于整个产品的最终密封起着决定性的作用。由于罐头食品包装材料的多样性，决定了容器密封控制的手段也各不相同。金属罐采用检测二重卷边的外观缺陷和测量二重卷边的紧密度、完整率、叠接率来控制；玻璃罐采用检测封瓶时的中心温度，真空度和液位检测的办法来控制；利乐包采用检测其纵封密封性能和横封密封性能来进行控制；复合薄膜袋采用检测封口部位的皱纹、气泡、封口部位的强度等方法来进行控制。这些控制手段都是用来消除致病微生物后污染这一显著生物性危害的有效措施。

【产品清洗实施举例-1】 某厂加热器严重结垢，根据材质和垢型，选用价廉的盐酸清洗，配方为6%～8% HCl＋0.3% Lan826缓蚀剂。施工条件水温26℃，经将加热器与全自动清洗功能车连接，强制循环清洗80min后污垢全部清除，满足了生产需求。

酸洗设备及工艺流程中汽车上的清洗槽为碳钢板内衬2层橡胶，外涂2～4层环氧氯磺化聚乙烯防腐涂料，清洗泵为离心清水泵（扬程39.5m，流量$50m^3/h$），连接管为耐压、耐酸胶管。

【产品清洗实施举例-2】 某罐头厂由于年久未对地下污水管道进行清洗，造成油污及沉渣堆积，管道内产生沼气，引起恶臭，聘请某专业化清洗公司用引进的乌克兰空气爆破装置——气动弹，进行清污，取得了良好的效果。

空气爆破除垢技术是利用气动弹的特殊气室结构，将压缩空气所储存的能量瞬间释放出来，形成空气波，使周围介质松动、破碎。空气爆破除垢技术能清洗管道中各种硬度的沉积物。其清洗工艺是将气动弹放入所要清洗的充满水的管道中，根据垢质的硬度和成分、管道承压能力计算出气弹供气压力。开启空气压缩机使气弹开始在管道中工作，并依靠排气时所产生的反作用力沿被清洗面自动向前，运动速度5～6m/min。气弹运行方向必须逆着水流方向向前清洗，这样有利于清洗下来的污垢被顺流排出。

【产品清洗实施举例-3】 某食品公司采用铝塑复合板作为生产操作间的装饰材料，以便防火、防潮。在长期的肉食类食品加工过程中，形成水分、灰分、油脂等污垢，并有大量的霉菌等微生物滋生，造成食品污染，严重影响食品的质量、品质和卫生。

【主要用途】 一般罐头食品容器清洁剂又称容器清洁剂。主要适合罐头食容器品系统及罐头容器设备杀菌清洗，也适合罐头厂、乳品厂、蛋品厂、糖果冷饮厂等食品工厂，几乎都有罐头容器设备的设置。

【应用特点】 主要适合罐头容器的加工设备，其对罐头容器设备的清洗有良好清洗作用，国内已逐步推广应用。

【安全性】 清洁剂安全，环保，不会对人体的部位、眼睛接触伤害；如果长时间接触表面活性剂也会把皮肤表面的油脂、水分脱掉，造成皮肤干裂，而且对于眼睛也会造成很大的影响。

【生产单位】 青岛南翔工贸有限公司，陕西三桥精细化工有限公司，昆山申坤表面处理材料有限公司。

Lc006 玻璃罐（瓶）清洗剂

【别名】 玻璃瓶清洗剂；瓶清洗剂

【组成】 由表面活性剂、清洗剂、消毒剂（漂白粉水溶液）、氢氧化钠、磷酸三钠、水玻璃及蒸馏水等组成。

【玻璃罐（瓶）清洗】

（1）玻璃罐（瓶）壁上的油脂和污物清洗　玻璃罐（瓶）壁上的油脂和污物过去常采用具有毛刷的机械刷洗，现在则常用高压水喷射清洗，有利于清洁卫生。水能与多种污物起作用，使污物吸水膨胀，有利于脱离玻璃壁。为此，清洗时首先用水浸泡，如用热水效果更好，而后再用高压水冲击罐壁，将更有利于清除污物。故清洗机除只采用喷射清洗法外也常采用浸泡清洗和喷射清洗相结合的清洗方式。

（2）回收的旧瓶清洗配方　清洗时常须使用洗涤剂才能有效地将有些污物和油污清洗干净。回收的旧瓶经常沾有食品碎屑和油脂，就需用2%～3%的氢氧化钠溶液，在40～50℃温度下浸泡5～10min，这不但可以将脂肪洗净，同时还能将贴商标的胶水洗去，使瓶子的内外都很清洁。碱液浓度有时高达5%，若是清洗新的瓶子，因油污较少，浓度可以低些，可用1%氢氧化钠溶液。此外还可采用无水碳酸钠（Na_2CO_3）和碳酸氢钠（$NaHCO_3$）等，也可用合成洗涤剂。

（3）最理想的洗涤剂配方　是既要求能去除油污，又要求能中和酸性液体，洗净有机物和无机物并消灭微生物。目前，还没有一种洗涤剂能满足上述全部要求，故最好能采用混合洗涤剂液，其中主要成分应为1%～3%氢氧化钠。

【国内产品清洗实施举例-1】 采用70℃的3%～4%氢氧化钠、1.5%磷酸三钠和2%～2.5%水玻璃组合而成的混合液，浸泡8～10min，效果极好。

【国内产品清洗实施举例-2】 采用漂白粉水溶液进行清洗以提高杀菌力。工业用漂白粉中含25%～30%有效氯，使用时可先将1份漂白粉和2份水充分混合成浓浆，再加5～6份水拌和，静置24h后取上层透明的绿色溶液依照所需浓度配制成溶液。其反应如下：

$$Ca(OCl)_2 + H_2O \longrightarrow Ca(OH)_2\downarrow + Cl_2$$

氯通过氧化反应或直接和细胞蛋白质结合而将微生物杀死。温度、pH和有机物质将影响其消毒效果。

【国外产品清洗实施举例】 根据卡冈（И. С. Каган）和瓦斯拉夫斯基（А. С. Ваппавский）研究所得的结果，对玻璃罐氯溶液消毒和清水冲洗后微生物残留量见表L-7。试验还发现消毒1000只1000g装玻璃罐有效氯的消耗量需40g，而1000g漂白粉中平均有效氯的含量为250g，则1000只罐需消耗漂白粉160～170g。

表 L-7　氯溶液消毒和清水冲洗后微生物残留量

单位：菌数/罐

未清洗前	氯溶液消毒后		清水冲洗后
	50mg/L	100mg/L	
65000000	—		－210000
10000000	—		－130000
18000000	4000	—	2600
14000000	—	1700	800

洗净的玻璃罐常需再用90～100℃热水进行短时冲洗，以除去碱的残液并进行补充消毒。补充消毒也可用蒸汽。但蒸汽消毒效果不如热水，因后者除杀菌外还能洗去仍然附着的微生物。玻璃罐一般在45～95℃热水中于101.4～406kPa（1～4kgf/cm^2）的压力下冲洗10～90s，就能使微生物数显著减少，如

用 65～85℃热水在 253～304kPa（2.5～3kgf/cm^2）压力下冲洗两次，每次各 25s，就能使微生物数从每罐几千万个下降到 200～300 个。

【主要用途】 在一般情况下玻璃罐（瓶）清洗剂除了广泛应用罐装食品外也在饮料罐装食品。

【应用特点】 喷洗式洗瓶。我国自制的洗瓶机，清洗能力达 6000 只/h，一般匈牙利普遍使用的“EBGV”型洗瓶机，清洗能力为 1200～2400 只/h。喷洗式洗瓶机仅适用于新瓶。

【安全性】 清洁剂安全，环保，不会对人体的部位、眼睛接触伤害；如果长时间接触表面活性剂也会把皮肤表面的油脂、水分脱掉，造成皮肤干裂，而且对于眼睛也会造成很大的影响。另外，玻璃瓶验收中应特别关注碎瓶的问题。在一般情况下，瓶子在用于罐装食品前还会有一道检瓶工序，但是如果碎瓶率较高的话，那么玻璃碎片污染到其他瓶子中的概率就增大，所以这是一个显著的物理危害。

【生产单位】 天通科威有限公司，青岛南翔工贸有限公司，陕西三桥精细化工有限公司。

Ld 饮料加工中的清洗剂

饮料是指能给人们补充身体必需的水分，且能消暑解渴、消除疲劳、帮助消化、促进新陈代谢、增进食欲、赋予一定营养的辅助食品，长期饮用有益于身体健康。在生活中，是宴会待客以及家庭饮用等方面必备的佳品。

饮料生产设备是伴随着饮料工业的产生而产生，并且伴随着饮料工业的发展而发展的。早在1890年美国就制造出了玻璃瓶灌装机。

饮料生产设备是伴随着饮料工业的产生而产生，并且伴随着饮料工业的发展而发展的。早在1890年美国就制造出了玻璃瓶灌装机。1912年又发明了皇冠盖压盖机，接着制造出了集灌装和压盖于一体的灌装压盖机组。在20世纪初德国也制造出了手动灌装机和压盖机。

饮料生产设备技术水平较高的国家有德国、美国、意大利和瑞典等。亚洲的日本虽起步较晚，但发展很快，在国际市场也占有一定地位。

无菌冷灌装技术在饮料生产中应用日益扩大。无菌冷灌装设备器源于英国，然后传播到美国和欧洲各国，主要应用于果汁行业，近十年已进入乳品和其他饮品灌装的市场。

我国饮料工业加工发展较快，如各种风味的汽水、碳酸饮料、果汁饮料、乳酸饮料、低热能饮料、营养饮料等。但大多数都为配制饮料，发酵营养饮料则很少在市场上见到。

所谓饮料就是经过一定的加工程序（包括配料、调制、灭菌、包装等）而成的液体食物。

一般饮料无菌包装产品，它是属于一个比较特殊的包装形式，包材的成型和灌装、封口在同一台机器内几乎是同时完成。由于产品最后没有杀菌过程，所以要求包装材料也要达到无菌状态。现在我们采用过氧化氢消毒剂对利乐包装纸进行消毒。过氧化氢的消毒效果和过氧化氢的浓度有非常重要的关系，一般在30%～50%为最佳，过低达不到消毒作用，过高则存在消毒剂残留问题，所以要求定时对过氧化氢的浓度进行检测。过氧化氢浓度检测就是控制利乐包装纸致病菌残留这一显著生物危害和消毒剂残留这一显著化学危害的有效手段。

由于人们生活水平的提高，对饮食生活趋向于享受化、方便化；由于饮料加工工业的发展，水源有不同程度的污染。因此，近年来人们对饮料的需求愈来愈多，饮料生产发展得很快。饮料除了有止渴的功能之外，还具有卫生安全性，以及具有各自独特的风味，可使人提神、兴奋、消除疲劳，有的还具有一定的营养价值和疗效。饮料一般分为如下几种。

(1) 含酒精饮料　是经过一定程度发酵，使其中含一定量的糖分及少量的酒精的饮料。其中有酒度较低的，例如啤酒、香槟酒，酒精含量3%～4%（质量分数），格瓦斯含酒精不足1%；有酒度较高的，例如葡萄酒及各种果酒，酒精含量10%～21%；有含二氧化碳的，例如啤酒、香槟酒、格瓦斯，各种人工充气的果酒；有不含二氧化碳的，例如葡萄酒及果酒。除了采用发酵方法制取含酒精饮料之外，还有用人工配制的含酒精饮料，即所谓汽酒及小香槟。

(2) 无酒精饮料

① 碳酸饮料。用人工配制并充二氧化碳而成的饮料。其主要配料为糖、香精、色素、酸及二氧化碳，亦有添加果汁的。各种汽水即属此类。

② 果蔬汁饮料。取水果、蔬菜，榨取其汁液。有原汁的，有加糖的，有经浓缩的，有稀释的，有干燥成粉末或颗粒的。各种果汁、菜汁即属此类。

③ 保健饮料。为了特殊需要，在饮料中含有为了维持正常新陈代谢的药物（化学药剂或天然药物）。例如运动员饮料及各种中草药配制的饮料即属此类。

(3) 其他饮料　包括茶叶饮料、咖啡饮料、牛奶及蛋白质饮料等。

(4) 矿泉水　近年来人们从卫生安全及保健的观点出发，对矿泉水特别感兴趣。所谓矿泉水就是从地下水源矿脉的天然露头引导出来的水。水中含有天然无机盐在1000mg/L以上，或者含游离二氧化碳在250mg/L以上。现在已出现许多矿泉水类型的饮用水。

① 天然矿泉水，简称矿泉水。系天然露头的地下矿脉涌出的水。常以其产地命名。在矿泉所在地直接包装。有时可按其中矿物质含量情况除去一部分矿物质，或添加一部分矿物质以适应消费者需要。

② 天然泉水，简称泉水。系天然露头的或用管子打入地下层引出的。一般矿化度较低。包装时标签上标明“天然泉水”。意即这种水并未经过任何加工，实际上亦有在包装前添加二氧化碳的。

③ 混合水。以几种矿泉水按其矿物质的组成，并根据消费者的需要，按一定比例将各种矿泉水混合出售的。

④ 仿制矿泉水。又名合成矿泉水。是以蒸馏水为基础，加入各种矿物盐使之溶解，模拟某种矿泉水。或充二氧化碳或不充二氧化碳。也有用自

来水代替蒸馏水的。

⑤ 自来水。取口味上或组织上比较好的自来水充二氧化碳或不充二氧化碳。这种水也称为静水。

⑥ 饮水。取自井水或优质自来水。多以大容器包装。

⑦ 苏打水。自来水充二氧化碳并加入矿物盐。

⑧ 软水。将低矿化度的矿泉水、自来水或井水经离子交换树脂处理，去除钠、钙、镁、盐等离子甚至除去某些阴离子。

⑨ 矿泉水饮料。以矿泉水为基础，添加各种果汁、糖、香精而制成的饮料。

饮料品种较多，其生产设备随其品种、原辅材料和生产工艺的不同而不尽相同。随着饮料工业的发展，其生产设备也在不断地改进，向高效、准确、卫生方向发展。饮料生产设备一般含有以下六类。

(1) 水处理设备　如砂棒过滤器、净水器等。水处理设备的选用，取决于水源状况。

(2) 糖浆调和设备　包括过滤器、饮料泵、化糖锅等。对一些较先进工艺，还可加板式热交换器（用于杀菌和冷却）、均质机等。

(3) 碳酸化设备及混合设备　如二氧化碳钢瓶、碳酸化器、储槽、制冷机、冷冻水池等。在某些生产线中，还有二氧化碳的处理设备，如高锰酸钾洗涤塔、活性炭吸附塔等。还可加真空脱气机，以在碳酸化前去除冷净水中的氧气。另外，在一次灌装生产线中，还要将糖浆和处理水按一定比例混合，这就要用到一些配比器。

(4) 洗瓶设备　浸泡机、刷瓶机、冲瓶机以及沥干机等。现在多以全自动洗瓶机代替以上各单机。

(5) 灌装压盖设备　如灌浆机、灌水机、压盖机。现也常用灌装压盖联合机，并在灌装机前设置混合机，使碳酸水与糖浆混合。

(6) 其他设备　如贴标机、卸箱机、洗箱机、装箱机等。

以上六类设备，不同的生产工艺，会有不同的流程，设备的自动化程度也会有很大差别。

水经过处理后直接可以市售饮用，如太空水、纯净水等。

水的净化设备清洗

① 过滤器的清洗　过滤器必须定时清洗，使滤料表面吸附的悬浮物剥落下来，以恢复滤料的净化和产水能力。若清洗不及时，会使过滤器的过滤能力下降，水头损失增大。

目前，清洗方法大多采用逆流水冲洗，即清洗水从底部以一定流量进入过滤器，把滤料冲成悬浮状，此时，由滤料间高速水流所产生的剪力，把悬浮物冲洗下来，并由冲洗水从上部带出。

冲洗效果取决于适宜的冲洗强度。冲洗强度过小，不能使滤料“松散”过度，也不能达到从滤料表面剥离杂质所需要的冲击力；若强度过大，则滤料“松散”过度，减小了反冲水程中单位体积内滤料间互相碰撞的机会，对冲洗不利，还会造成细小粒料的流失和浪费冲洗水。对于双层快滤池多采用 13（0.6mm 的砂粒）～16L/(m^2·s)（0.7mm 的砂粒）的冲洗强度。

这种单独用水冲洗的立式压力滤池所填装的滤料，其粒径和密度必须适应于为滤层膨胀所必须提供的反冲洗流量。滤层由连续的承托层承托，承托材料自上而下逐渐变粗，过滤后的水用埋在最粗层内的多支穿孔集水管收集。这种滤池通常填装单层砂料或无烟煤。也可以采用多层滤层。

对于这种滤池，过滤周期结束时的最大水头损失主要取决于滤层的细度和过滤速度。冲洗水流量也取决于粒径，它必须能使滤层膨胀起来，使其深度增加 15%～25%。在逆流水冲洗时，有时还兼用水力表面冲洗、压缩空气反冲等。水力表面冲洗：当反冲水把滤层冲成悬浮状时，在滤层上由喷嘴喷出表面冲洗水（在滤池上部有表面冲洗装置），喷嘴处压力约为 0.4MPa。这样，砂粒就得到了很好的搅动，悬浮物更易剥落。这种冲洗，虽说增加了表面冲洗水，但由于的反冲水用量减少，总用量还是可以节省一些。而且，滤料的清洗效果很好。压缩空气反冲：就是在滤层下面安置一套压缩空气管系统，以压缩空气使滤料悬浮并搅动。此时，通入反冲水，将悬浮物冲走。这种方法可节省较多的冲洗水。也有同时用气和水冲洗的单层均匀滤层滤池。滤床——其整个深度都是均匀的，位于穿孔金属底板上，底板上有许多拧装金属的或塑料的喷嘴环，喷嘴的选择，取决于待过滤液体的种类和温度。冲洗时，它们先用低速反洗水和空气冲洗，然后再用全速过滤水漂洗。这种滤池的正常特性如下：

a. 有效粒径：0.7～1.35mm；b. 需气量：50m^3/(m^2 滤池面积·h)；c. 喷气期间空气流量：5～7m^3/(m^2 滤池面积·h)；d. 漂洗水流量：15～25m^3/(m^2 滤池面积·h)。当冲洗强度较小或在逆流冲洗时出现截留的聚凝物和表面滤料在反冲洗时形成“泥球”，并且愈来愈大时，可以辅以表面水力冲洗、压缩空气冲洗等方法。酸性水溶液冲洗：由于滤料表面形成严重的水垢，不能用上述方法清洗干净时，多采用 0.1%～0.5% HCl 溶液或 pH＝1～2 的水溶液进行开路冲洗，就可达到清洁的目的。

② 反渗透膜的清洗　在运行过程中，由于水不断地透过膜，而水中所含的悬浮物、微生物、有机物等杂质易在膜表面结一层薄垢，影响膜的透水性能及操作压力，除了对原水要进行预处理，如过滤、石灰软化或在水中添加柠檬酸、酒石酸来防止铁盐、碳酸盐等结垢的形成外，对膜的清洗也是极为重要的。

膜的清洗方法有以下四种：a. 生物清洗——主要去除微生物；b. 物理

清洗——可以除去可见的杂质；c. 消毒——对所有的膜过程而言，一个符合卫生标准的环境是必不可少的；d. 化学清洗——是目前最主要的清洗方法。

a. 机械清洗（物理清洗） 在膜表面采用高剪切水流的机械清洗是很有效的。另外在压力作用下对渗透面进行间断的反冲洗，可以在某些型号的膜组件的清洗中。这种清洗方法的效果与被清洗的悬浮物及由此而引起的污垢有关，且还与反向压力的脉冲频率、振幅有关。

用海绵小球在管式膜上清除污垢的方法也曾被广泛采用过。

b. 化学清洗 化学清洗是沉淀物与清洗剂之间的一个多相的反应，根据布莱物的理论，化学清洗细分为以下 6 个过程：化学清洗前的机械清洗；清洗剂扩散到污垢表面；渗透扩散进入污垢层；清洗反应；清洗反应产物转移到内表面；产物转移至溶液中。

这 6 个过程并不是都会发生的，在一些特殊的情况下，有一些过程将不会发生，例如：当清洗油脂性污垢时，需要把油脂溶化，或者加除垢剂来乳化油脂，也可用合适的溶剂来溶解油脂。

c. 膜清洗的几个特征 松动并溶解垢；使垢分散在溶液中；避免生成新垢；不破坏膜和其他系统；对表面有消毒作用；化学稳定性；无毒、安全性；经济可行也是重要的因素之一。

d. 膜清洗过程通常采取的步骤 清除系统中的物质。物料应在操作温度下被清除出系统，某些物质在低温下冲洗很容易形成胶块。冲洗中产生的截留液和透过液都应排掉，直到截留液和透过液都呈中性并洁净为止。清除物质并冲洗后，将清除液排入容器中，然后恢复循环操作，清洗过程应在一定的压力、温度条件下进行，并延续一段时间。大型的膜装置清洗，通常采用分段清洗，并提出调查报告和清洗方案，进行必要的现场调查及小型实验。针对不同的膜材料和膜污染来选定不同的清洗剂（见表 L-8）含量、温度和清洗时间，不适宜的清洗剂或清洗方案必然导致膜的全部报废。

表 L-8 清洗剂、消毒剂的使用含量（质量分数） 单位：%

清洗剂/消毒剂	含量	清洗剂/消毒剂	含量
氢氧化钠	0.5～1.0	氯	0.002～0.02
EDTA 钠盐	0.5～1.0	过氧化氢	0.1
硝酸	0.3～0.5	亚硫酸氢钠	0.25

下面用一个典型的例子简单介绍一下浓缩牛奶蛋白质的超滤膜的清洗过程：

在正常操作温度下用清水漂洗 10min；在 60～75℃温度下碱洗 30～

60min；用清水漂洗 10min；在 50～60℃温度下酸洗 20～60min；用清水漂洗 10min；在 60～75℃温度下酸洗 15～30min；用清水漂洗 10min；消毒时通常在室温下加消毒剂循环 10～30min。

膜的清洗主要是要选择优良的清洗剂，经过配伍选择配方，确定清洗剂的操作工艺，在安装膜设备时，事先将清洗剂槽安装进去，就可方便地进行预防清洗或事故清洗了。这里以国内外目前常用的 3 种材料的反渗透膜为例，说明常用的反渗透膜清洗剂。

ⅰ. 聚酰胺类复合膜　聚酰胺类复合膜化学稳定性好，能适应较宽的 pH 范围（见表 L-9）。

表 L-9　用于聚酰胺类复合膜污垢清洗的清洗剂

污垢类型	清洗剂配方应用效果			
	①②⑩	①②③　④⑤	⑥　⑦	⑧　⑨
硫酸盐垢	可以			
碳酸盐垢	可以	可以		最好
金属氧化物垢		可以	较好	
无机淤泥		较好		
硅垢	可以			
生物黏泥	最好	较好	较好	
有机垢类	可以	较好	较好	

注：① 0.1% NaOH；② 0.1% EDTA-Na；③ 0.05% DDS-Na；④ 1.0% STPP；⑤ 1.0% TSP；⑥0.2%HCl；⑦0.5%H_3PO_4；⑧2.0%柠檬酸；⑨0.2%NH_2SO_3H；⑩1.0%$Na_2S_2O_4$。

此外，国外有些商品清洗剂；如 AR-ROW-TREAT2100、Dia707D 等，必要时也用于反渗透膜清洗。但在选用现成商品清洗剂时，务必谨慎，先做实验，符合上述几种特征时方可采用。

ⅱ. 醋酸纤维素类复合膜（CAB）　这种膜对 pH 范围要求较严格，清洗时 pH 不能超过规定范围（见表 L-10）。

表 L-10　适用于醋酸纤维素类复合膜的清洗剂

污　垢	清洗剂	pH
钙沉积物、金属氧化物垢	2%柠檬酸、0.1%曲拉通 X-100	用 NaOH 调 pH＝4
胶体淤泥垢、硫酸钙	2%STP，1%Na-EDTA，0.1%曲拉通 X-100	用 H_2SO_4 调 pH＝7.5
有机沉淀物	0.1%曲拉通 X-100，0.5%过硼酸钠	用 H_2SO_4 调 pH＝7.5
微生物垢	0.2%十二烷基苯磺酸钠	用 H_2SO_4 调 pH＝7.5

ⅲ. 聚乙烯类衍生膜（PVD）　这类膜勿使用碱性表面活性剂，否则将导致膜通量不可逆下降。适用于 PVD 清洗剂见表 L-11。

表 L-11 适用于 PVD 的清洗剂

污垢	清洗剂	pH
钙沉淀物、金属氧化物	2%柠檬酸	用氨水调到 pH=4
有机沉淀物、细菌污物	0.2%十二烷基苯磺酸钠	
	0.1%曲拉通 X-100	用 NaOH 调到 pH=8

经清洗后用恢复率的计算来评估清洗效果：

$$纯水通量恢复率=\frac{清洗后纯水通量}{新膜初始通量}\times 100\%$$

影响清洗效果的因素通常有：采用负压抽洗和反压冲洗比用正压冲洗恢复率高；清洗剂的选择十分重要；清洗液温度的升高与通量恢复率升高成正比；清洗时间也对恢复率有一定的影响。

CIP 清洗系统简介。

CIP 为 clean in place（洗涤定位）或 in-place cleaning（定位洗涤）的简称。其定义为：不用拆开或移动装置，即可用高温、高浓度的洗净液，对装置加以强力的作用，把与食品的接触面洗净的方法。

因此，CIP 即为完全不用拆开机械装置和管道，即可进行刷洗、清洗和杀菌。在清洁过程中并能合理地处理洗涤、清洗、杀菌与经济性，能源的节约等关系，是一种优化清洗管理技术。CIP 装置适用于流体物料直接接触的多管道杀菌机械装置，如果汁饮料、乳品、浓缩果汁、豆浆等。采用就地清洗（即 CIP 清洗）是饮料生产厂普遍使用的方法，是产品质量的保证。清洗的目的是清除设备及管壁上的残留物，保证达到卫生指标。在一般情况下，连续使用 6～8h 必须进行一次清洗。在特殊情况下，当发现生产能力显著降低时，应立即进行清洗。

清洗的目的是去除黏附于机械上的污垢，以防止微生物在其间滋长。要把污垢去掉，就必须使清洗系统能够供给克服污染物质所需的洗净能力。洗净能力的来源有三个方面，即从清洗液流动中产生的运动能，从洗涤剂产生的化学能，清洗液中的热能。这三种能力具有互补作用。同时，能力的因素与时间的因素有关。在同一状态下，洗涤时间越长则洗涤效果越好。

CIP 有如下优点：

① 能维持一定的清洗效果，以提高产品的安全性；

② 节约操作时间和提高效率，节省劳动力和保证操作安全，节约清洗用水和蒸汽；

③ 卫生水平稳定，节约清洗剂的用量；

④ 生产设备可大型化，自动化水平高；

⑤ 增加生产设备的耐用年限。

Ld001 饮料加工中的清洗剂

【英文名】 cleaning agent in beverage processing; washing bottle agent for carbonic acid drink's bottle

【别名】 碳酸饮料瓶洗瓶剂

【组成】 由聚醚、CP-1、Na_2CO_3、三聚磷酸钠、磷酸三钠、对甲苯磺酸钠、芒硝、氯化磷酸三钠等组成。

【配方】

成　分	质量份
烧碱(片状)	25.00～40.00
三聚磷酸钠	8.00～12.00
纯碱(轻质)	15.00～25.00
对甲苯磺酸钠	1.50～3.00
氯化磷酸三钠	0.05～0.10
磷酸三钠	6.00～9.00
偏硅酸钠	8.00～12.00
芒硝	8.00～10.00
CP-1	2.00～4.00
聚醚 P84	1.50～2.00

【制法】 采用直接冷拌法，设备是高速旋转叶片的立式混合器。

①将物料按配方比例准确称量，粉末状原料过 40～80 目筛网；②聚醚 P84 呈膏状，应加热熔化，CP-1 为液态，将两者混合，投入混合器中搅匀，再配以其他粉料；③各种原辅料投放顺序是一个比较重要的问题，虽然粉状洗瓶剂的主要质量指标仍然是洗涤性能，但粉体的某些物理性质对产品整体质量也有很大影响，如堆密度、粒度分布，溶解速度及流动性、储存性能等。经实践，按下列顺序投料：聚醚、CP-1、Na_2CO_3，三聚磷酸钠、磷酸三钠、对甲苯磺酸钠、芒硝、氯化磷酸三钠。混合搅拌均匀的粉料装入复合塑料编织袋。

【性能指标】 白色固体粉末状。

【主要用途】 满足灌装前的饮料加工生产清洗中的质量要求，以及饮料杀菌消毒的要求，清洗使饮料能经受长期保存的考验，即保证杀菌完全彻底，并能保证饮料的色、香、味及营养成分等。

【应用特点】 主要适合饮料加工中的清洗，尤其对饮料加工中的设备的清洗有良好清洗作用，国内已逐步推广应用。

【安全性】 清洁剂安全、环保，不会对人体的部位、眼睛接触伤害；如果长时间接触表面活性剂也会把皮肤表面的油脂、水分脱掉，造成皮肤干裂，而且对于眼睛也会造成很大的影响。

【生产单位】 郑州华美万邦清洗技术有限公司，杭州联悦机械设备有限公司。

Ld002 果汁加工生产中的清洗剂

【英文名】 cleaning agent in the production of fruit juice processing

【别名】 果汁加工用清洗剂

【组成】 由表面活性剂、清洗剂、消毒剂（漂白粉水溶液）、氢氧化钠、磷酸三钠、水玻璃及蒸馏水等组成。

【果汁加工清洗过程】 在饮料中加入一定量的果汁，则成为果汁汽水，而纯果汁通过一定的调制，也可直接包装饮用。各种各样的果汁饮料，正引起人们的越来越广泛的兴趣。果汁的制取过程为：原料选择—洗净和分选—破碎—打浆与压榨—澄清和过滤—均质—杀菌—装罐、密封。若生产直接饮用的果汁饮料，则一般在均质后杀菌前作脱气（除氧）处理；若作为浓缩果汁，则在包装前进行浓缩。

果汁杀菌消毒的要求：使果汁能经受长期保存的考验，即保证杀菌完全彻底，并能保证果汁的色、香、味及营养成分。所以现在都采用高温瞬时杀菌。高温瞬时杀菌所使用的装置很多，如管式的、板式的等。高温瞬时杀菌器使用一定时间常会在盘管壁面积垢，清洗是必须进行的步骤。

【清洗工艺】 一般情况下，该设备连续使

用 6～8h 必须清洗一次。清洗过程如下。①水洗：当操作即将结束时，用水清洗，以排除残余的物料，利于下一步洗涤。当设备中流出的水变清时，水洗即可停止。②碱洗：在循环储槽中将氢氧化钠制成2%浓度的水溶性碱性洗涤剂，加热至80℃，循环约 30min。③水洗：排除碱液后用水冲洗约 15min。④酸洗：将 2% HNO_3 添加缓蚀剂配制均匀，加热至60℃，循环约 30min。⑤水洗：排除酸液后用水冲洗约 15min。

冲洗完毕后，应将清水充满于设备中，直至下次操作。洗涤时，清水要求含氯量小于 50mg/L。洗涤剂不能用盐水配制。

【主要用途】 主要满足果汁加工生产中的清洗中的用途。

【应用特点】 满足灌装前的果汁加工生产清洗中的质量要求，以及果汁杀菌消毒的要求，清洗使果汁能经受长期保存的考验，即保证杀菌完全彻底，并能保证果汁的色、香、味及营养成分等。

【安全性】 清洁剂安全、环保，不会对人体的部位、眼睛接触伤害；如果长时间接触表面活性剂也会把皮肤表面的油脂、水分脱掉，造成皮肤干裂，而且对于眼睛也会造成很大的影响。

【生产单位】 郑州华美万邦清洗技术有限公司，杭州联悦机械设备有限公司。

Ld003 含气饮料生产中的清洗剂

【英文名】 cleaning agent for carbonated drink production

【别名】 饮料生产清洗剂；含气饮料清洗剂

【组成】 由表面活性剂、清洗剂、消毒剂（漂白粉水溶液）、氢氧化钠、磷酸三钠、水玻璃及蒸馏水等组成。

【含气饮料生产中的清洗】 在我国中小型企业、乡镇企业及某些产品的生产中，大多是采用糖浆和碳酸水分两次灌装。就是先将二氧化碳溶解于净水中，得到碳酸水，而糖浆和水的混合是在容器中完成的，在一些较先进的设备中，大多是采用糖浆和水先混合后碳酸化再灌装的一次灌装法，这就要用碳酸化装置。

饮料种类很多，所谓碳酸饮料是指含有 CO_2 的饮料，当 CO_2 溶于水时，能和一定的水结合成 H_2CO_3，故称作碳酸饮料。饮料中 CO_2 的来源一般有两种：一种是通过饮料本身发酵产生的，如格瓦斯、啤酒等；另一种是将经过处理的纯净的 CO_2，通过一定的装置充填到饮料中去的，如汽水、汽酒、小香槟等，二者统称含气饮料。

在一些较先进的饮料生产中，一般采用集脱气、冷却、混合、碳酸化于一体的联合装置。该装置中配有就地清洗机(CIP)，更换产品时或开机前，可以不打开设备而对整个装置内部进行彻底清洗和消毒。

为了防止细菌滋生污染食品，在食品工业中经常采用杀菌消毒清洗。常用的杀菌剂为次氯酸盐、过氧化物和季铵盐阳离子杀菌剂等。

在食品工业中首先考虑使用氧化剂作杀菌剂。季铵盐阳离子表面活性剂对人有一定毒性，一般使用较少。氧化物灭菌剂中又以次氯酸钠应用最广，它的杀菌力很强，市场上销售的一般都是次氯酸钠4%～6%的水溶液，在稀释 1000 倍条件下，它在 1min 内可杀灭大肠杆菌，稀释1 万倍条件下可在 5min 内杀灭大肠杆菌。

在中国消毒清洗还经常使用漂白粉。它是把氯气通入固体消石灰中制得的，成分为次氯酸钙、氯化钙、氢氧化钙混合物。商售产品有效氯含量在 28%～35%之间（一般不少于 25%）。

漂白粉吸湿性强、性质不稳定，在水、光、热的作用下会分解。其溶液可使石蕊试纸先变蓝色（显碱性）然后又漂白成无色，遇酸会放出氯气。漂白粉有很强的杀菌漂白作用。

使用方法是：先按 9kg 水加 1kg（有效氯 25%）漂白粉的比例在木质、搪瓷或陶瓷容器中配成 10%～20%浓度的漂白粉澄清液，这种澄清液在密闭容器中可保存 1～2 周（底部沉淀物应去除），使用时加水稀释 100 倍即成 0.1%浓度（有效氯含量 250mg/kg）消毒漂白液。一般消毒用 0.1%～0.5%浓度即可，对传染病消毒用 1%～3%浓度。

精制的漂白粉叫漂粉精，它的有效氯含量达 60%～75%，组成为 $3Ca(ClO_2)\cdot 2Ca(OH)_2\cdot 2H_2O$。它与漂白粉不同，无吸湿性不易分解，但曝晒或加热到 150℃以上会发生强烈燃烧或爆炸，它的杀菌漂白作用更强。作用时在 1kg 水中加入 0.3～0.4g 漂粉精即成有效氯 200mg/kg 的溶液。

食品加工车间及设备的清洗一个主要的目的是为了控制微生物繁殖。一般食品车间的清洗是在食品生产完毕之后进行，通常用喷射热水或高压水清洗。

CIP 清洗（又称定置清洗，就地清洗）是在不拆卸、不挪动机械设备的情况下，利用高浓度清洗液在封闭的清洗管线中流动，洗净机械和食品接触面上污垢的方法。

CIP 清洗技术具有减轻工人劳动强度，防止操作失误，提高清洗效率，安全可靠等优点，也大大提高生产管理水平。

过去食品机械的清洗主要靠人工，随着清洗技术的发展，食品生产设备，首先是饮料、乳制品的生产设备大量采用 CIP 清洗过程。通常分为预洗、碱洗、水洗、灭菌几个阶段。对于高温下运转的设备有时还要加酸洗和中和水洗阶段。

CIP 清洗装置是牛奶、饮料的生产设备与清洗-杀菌消毒设备连在一起的组成系统。这是一种以密闭的生产罐与配管为主体的制造设备。这套设备可保持高度的清洁性，它具有以下特点。

①在同一装置中同时进行清洗-杀菌，适合对生产缸体和配管同时进行清洗、消毒杀菌。在生产缸体中采用洗液喷射方法清洗，而在配管中洗液形成紊流效果的清洗。

②操作程序控制完全自动化，可随时启动、随时关闭，是一种需时短、省力、可靠性高的清洗-杀菌装置。

③经济效率高。这套装置设计使清洗用水、洗涤剂、杀菌剂以及蒸汽的消耗都保持最小。

只要把必要的控制程序输入控制器，并把生产缸与清洗-杀菌装置之间的阀门打开，清洗杀菌过程就自动进行。

整个程序包括以下几步。

(1) 预洗工序　将冷水或温水送入生产缸中，经过 10～15min 清洗，污垢被分散解离形成的废水被排出缸外。

(2) 洗涤工序　通常用氢氧化钠为主要成分，浓度为 0.2%～1%的强碱性水溶液清洗 20min，由于在预洗工序中大部分污垢已被清除，因此在此工序中碱性洗液的消耗很少，而且可把已用过的碱液回收，补充消耗掉的碱液，循环使用。

(3) 中间冲洗工序　把生产缸中附着的残留碱液用冷水冲洗干净，大约进行 20min，目的为减少杀菌液的负担。

(4) 杀菌工序　用有效氯浓度为 150～200mg/L 的次氯酸钠水溶液进行大约 15min 的杀菌。由于杀菌剂消耗很少，可以加以回收并适当补充，调整到原来的浓度，继续使用。

(5) 最终冲洗工序　再用清水冲洗 5min。全部清洗-杀菌工艺大约共需 1h。这是一种可靠性很高的清洗系统。

【主要用途】 主要满足含气饮料生产中清洗的用途。

【应用特点】 满足含气饮料生产中的清洗

前的质量要求，以及含气饮料杀菌消毒的要求，清洗使含气饮料能经受长期保存的考验，即保证杀菌完全彻底，并能保证含气饮料的色、香、味及营养成分等。

【安全性】清洁剂安全、环保，不会对人体的部位、眼睛接触伤害；如果长时间接触表面活性剂也会把皮肤表面的油脂、水分脱掉，造成皮肤干裂，而且对于眼睛也会造成很大的影响。

【生产单位】上海嘉迪机械有限公司，常州市第二干燥设备厂有限公司。

Ld004 HKM食品饮料管道超浓缩碱性清洗剂

【英文名】super concentrated alkaline cleaning agent for food and beverage pipeline

【别名】HKM食品清洗剂；超浓缩碱性清洗剂

【组成】主要由碱、螯合剂、润湿剂、渗透剂及蒸馏水等组成。

【产品特点】①洗涤效果好。在短时间内更彻底地去除黏性物质、油污和蛋白质等附着物。②绿色环保。无磷环保配方，避免因使用含磷洗涤剂导致周围环境富营养化和微生物群体增多。具备优异的水洗性，在去除碱液残留时，耗水更少。③安全友好。采用食品级原材料，安全无毒性，使用过程不产生泡沫，特别适合机械清洗。④性价比高。超浓缩配方，产品原液稀释200倍使用仍具有优良的洗涤效能，可大大降低用户的生产成本。

【生产配方】

组 分	w/%
碳酸钠	8～12
润湿剂	3～15
蒸馏水	25～70
螯合剂	3.6～5
渗透剂	0.5～1.2

【制法】上述原料搅拌与混合而成，这种清洗剂不适用高温及循环洗涤用，使用温度45～60℃。

【性能指标】

总活性物含量/%	≥1.5
有效物含量(以NaOH)/%	≥28
pH值(1%水溶液,25℃)	12.00～14.00
荧光增白剂	不得检出
砷(1%水溶液中以As计)/(mg/kg)	≤0.05
重金属(1%水溶液中以Pb计)/(mg/kg)	≤1.00

【清洗工艺】①将本品按1∶200溶解稀释，混合均匀即可用于机械喷洗或人工洗涤；②当清洗液循环使用时，当有效物含量低于0.1%时，应及时补加原液至有效物含量为0.15%，对于污染严重或清洗时间较短的目标，可将浓度提高至0.2%；③建议最佳清洗温度为50～70℃；④为保证达到最佳洗涤效果，建议每天彻底更换清洗液。

【主要用途】主要满足食品饮料管道超浓缩碱性生产中清洗的用途。

【应用特点】适合食品饮料管道和包装容器的清洗，以及饮料管道和包装容器清洗的杀菌消毒的要求，清洗使饮料管道和包装容器能经受长期保存的考验，即保证杀菌完全彻底，并能保证饮料管道和包装容器符合要求等。

【安全性】①经洗涤液清洗后的桶应立即用清水冲净；②工业用，请置于孩童不能触及之处；③密闭包装，储存于阴凉、通风处；④本品具有腐蚀性，操作时必须佩戴护目镜、耐酸碱手套，避免身体接触；⑤若误食，请饮水，勿引呕，速就医。

【生产单位】北京蓝星清洗有限公司。

Ld005 饮料瓶的清洗剂

【英文名】cleaning agent for beverage bottle

【别名】饮瓶清洗剂；瓶的清洗剂

【组成】 由表面活性剂、清洗剂、消毒剂（漂白粉水溶液）、氢氧化钠、磷酸三钠、水玻璃及蒸馏水等组成。

【饮料瓶的清洗】 对饮料生产来说，洗瓶是一个重要步骤，它将直接影响产品的品质及感官指标。饮料瓶大多是回收瓶，除了要完全去除瓶内的污垢外，还需除去旧商标等，因此洗瓶机是必需的，并要设计成高效优质的。

饮料的自动化灌装是饮料生产的最后一道工序，如若饮料瓶的清洗控制不良，将会使酿制或兑制成的质量良好的饮料受到严重损害。据此，在灌装前对饮料瓶应进行认真清洗和严格检查，确保不会对饮料产生污染。饮料瓶的机械化清洗可分为浸泡、刷洗或喷洗、淋洗或冲洗、沥水或吹水等步骤。其中还包括消毒杀菌步骤以保证饮料符合食品卫生要求。传统的方式是用液态烧碱作清洗剂，但长期使用对玻璃瓶腐蚀严重，洗后光泽差、反光减弱、透明度降低，同时消毒效果也不好。随着碳酸饮料工业的年产剧增、消费量上升、灌装自动线的迅速发展，以及大量回收饮料瓶的需要，使用以高温碱性溶液，配以润湿性能好，对碱稳定且可生物降解的、无泡的非离子表面活性剂，添加无机、有机洗涤助剂和杀菌剂，通过高速冷拌混合复配而成的清洗剂。

鉴于碳酸饮料的洗瓶剂，目前尚无国家标准，为达到清洗的质量要求，在选定主辅原材料时，应遵循下列原则。

① 国外关于碳酸饮料的洗瓶标准。美国规定使用碱度在600g/kg以上的氢氧化钠配成30g/kg的水溶液，液体温度为54℃，处理时间在5min以上。考虑到清洗质量、消毒、无泡、易过水及瓶子被腐蚀等诸多因素，经多次筛选实验，决定降低烧碱用量，并添加润湿作用良好，对碱稳定且可生物降解，HLB值超过11，无泡的非离子表面活性剂。

② 为增加清洗剂产品本身的防结块性能，提高流动性、手感的舒适性及清洗剂在水中的溶解度，选用了有机助剂对甲苯磺酸钠。

③ 清洗剂生产工艺系采用干混直接冷拌，为制得堆密度较轻的产品，应尽量选用多孔性固体物料，如轻质碳酸盐和磷酸盐等。

④ 为了螯合致硬盐（例如碳酸钙或碳酸氢钙），抑制瓶壁积垢，防止致硬盐在清洗机内表面沉积，减少杀菌消毒剂中有效氯的损失，添加了无机聚合磷酸盐。

⑤ 清洗剂最终配方的确定，要综合多方面的因素，其最后的清洗效果，并非各种成分的代数和，而是彼此存在共同作用和相互影响。因此，合理地选择原料是研制高去污力清洗剂的关键。

【洗瓶的基本工艺方法】 洗瓶的基本方法有：浸泡、喷射、刷洗三种。

（1）浸泡　将瓶子浸没于一定浓度、一定温度的洗涤剂或烧碱液中，利用它们化学能和热能来转化、乳化或溶解黏附于瓶上的不清洁物，并加以杀菌。此时，浸瓶时间对效果影响较大。浸瓶时应注意两点：①NaOH最高浓度为5%，温度65～75℃。超过此温度时，对玻璃瓶有损害（烧剥）。②当用多个浸泡槽时，各浸泡槽之间温度差必须在25℃以下，如温差过大会破瓶。浸泡后，要将瓶中污水倒去。

（2）喷射　洗涤剂或清水在一定的压力（0.2～0.5MPa）下，形成一定形状的喷嘴（喷嘴口径一般较小），对瓶内（外）进行喷射，利用洗涤剂的化学能和运动能来去除瓶内（外）污物。但若洗液流量太大，洗涤剂会发泡，要添加消泡剂。

（3）刷洗　用旋转刷将瓶内污物刷洗掉。由于是用机械方法直接接触污物，故去除效果好。刷洗易出现的问题是：①较难实现连续式洗瓶；②转刷遇到油污瓶，会污染刷子；③若遇到破瓶，会切断转刷的刷毛，使毛刷失效并污染其他净瓶；④需经常更换毛刷。

在食品机械清洗中使用最多的是通用碱性洗涤剂。有的碱性清洗剂对钢铁及有色金属有腐蚀作用，因此使用以硅酸钠为主要成分并配合其他碱剂、硬水软化剂、表面活性剂组成的清洁剂。

通常采用的方法是把 3%～5%的碱水溶液喷涂或用刷子涂布在机器表面。最简便而有效的方法是用喷射清洗，用卡车或手推车式的可移动喷射清洗装置，用较低浓度的洗液，在较高温度下清洗可获得较好的效果。有代表性的清洗剂参考配方如表 L-12、表 L-13 所示。

表 L-12　配方 1（重垢型）

原　料	含量/%
五水偏硅酸钠	40～50
焦磷酸钠	10～15
碳酸钠	30～40
表面活性剂	4～7

表 L-13　配方 2（轻垢型）

原　料	含量/%
壬基酚聚氧乙烯醚	15
焦磷酸钾	10
五水偏硅酸钠	5
倍半碳酸钠	40
硫酸钠	30

由配方 2 看出，轻垢洗涤剂中表面活性剂所占比例加大。同样此配方是指固体成分的质量分数，使用时配成一定浓度的水溶液。

在食品工业中常用塑料作饮料瓶和送货箱，塑料表面容易沾染油墨或涂料等污垢，清洗这类塑料制品为防止腐蚀一般不使用强碱性清洗剂，可选用由聚合磷酸盐等弱碱性盐与表面活性剂组成的 1%浓度洗涤剂，在 60～70℃温度下喷射清洗。当塑料特别脏时，可先蘸取上述洗涤液刷洗再用喷射清洗。

回收及新的饮料瓶都需经过消毒，清洁后才能使用，以下两种洗瓶剂见表 L-14、表 L-15 适于饮料瓶的清洗、消毒，并经水冲洗后无残留。

表 L-14　配方 3

原　料	含量/%
十二烷基苯磺酸钠	3
二乙醇月桂酸胺	2
水	95

表 L-15　配方 4

原　料	含量/%
聚山梨酸酯(20)	3
山梨醇酐月桂酸酯	2
氨水	2
磨料	10
煤油	15
水	68

有些实验报告表明了碱液的浓度、温度和接触时间的关系，可得出如下规律：

碱液浓度一定时，温度提高，接触时间可减少；温度一定时，碱液浓度增加，接触时间可减少；接触时间一定时，温度升高，浓度可减少。为了防止细菌滋生污染食品，在食品工业中经常采用杀菌消毒清洗。常用的杀菌剂为次氯酸盐、过氧化物和季铵盐阳离子杀菌剂等。

在食品工业中首先考虑使用氧化剂作杀菌剂。季铵盐阳离子表面活性剂对人有一定毒性，一般使用较少。氧化物灭菌剂中又以次氯酸钠应用最广，它的杀菌力很强，市场上销售的一般都是次氯酸钠 4%～6%的水溶液，在稀释 1000 倍条件下，它在 1min 内可杀灭大肠杆菌，稀释 1 万倍条件下可在 5min 内杀灭大肠杆菌。

因此，瓶子的污染程度；污染物的物理化学性质；污染物附在瓶子上的牢度；洗瓶机的类型；清洗液的性质及洗液的浓度；清洗液的压力及温度；所使用的水的情况等。对洗瓶机本身的设计来说，除洗瓶机的形式外，重要的是合理选择清洗液。清洗液应具有下面的特点：

①能迅速扩展到所有脏面并蘸湿残余层；②能将脂肪乳化；③能将黏着的污物弄松并使之悬浮；④能起到杀菌的作用。

动植物油包含甘油及脂肪酸，碱类洗涤剂溶液能将脂肪粒子分解成皂粒和甘油粒，它们都易溶于水。碱性亦能杀菌。一般采用氢氧化钠。洗涤剂中还包含有“保护剂”，可防止腐蚀或防止薄膜层附着在瓶子上。洗涤剂中加入少量表面活性物质后，洗涤效果会迅速提高。其作用是降低表面张力，同时使溶液很好地分布在污染物上并通过污染物层到玻璃壁，从而加快了清洗速度。但由于降低了表面张力，会生成更多的泡沫，反而影响清洗效果。因此，活性物质要加得适量。

【清洗剂配方实例 1】 某厂碳酸饮料瓶清洗剂配方见表 L-16。

表 L-16 洗瓶剂配方（质量分数）

原料	含量/%
NaOH	35
Na_2CO_3	20
Na_2SiO_3	10
OP-10	2.5
Na_3PO_4	10
三聚磷酸钠	12
芒硝	8
对甲苯磺酸钠	2.5

机洗和浸泡液的浓度为 3g/kg，洗涤液浓度 3～5g/kg，温度 60～65℃，处理时间 5～10min；手洗浓度 2g/kg，时间 10～15min。清洗后的饮料瓶按表 L-17 要求验收。

表 L-17 清洗后饮料瓶的技术要求及检验方法

饮料瓶清洗技术要求	检验方法
瓶内不积残水，经浸泡冲洗后不残留洗涤剂和泡沫	倒置瓶 5min，残水不超过 4 滴，与酚酞指示剂不发生显色反应
瓶内不得留有任何杂质（包括碎屑、包装纸、刷毛及其他杂物）	逐个检查，自动检测或目测，发现上述杂物应剔除、重新清洗
清洗后饮料瓶内壁不得再有油垢和霉斑	发现瓶内滞留水珠或灌入饮料后有大量气泡上升即为油垢，应重洗

经过常年的使用认为该产品满足自动化清洗机的工艺条件，各项指标均达到了生产与卫生要求，得到满意的效果，产生了巨大的经济效益和社会效益。

【清洗剂配方实例 2】 某饮料厂渗透膜由于沉淀物、微生物污染严重，出水率降低进行了清洗还原。清洗压力不超过 3.92×10^5 Pa，采用高流量低压清洗，准确计算系统的容积，把握清洗剂的加入量，采用 2%柠檬酸＋0.2%十二烷基苯磺酸钠，用 NaOH 调 pH 到 8.0 进行清洗。清洗工艺流程（清洗第一级膜组件）基本步骤如下：①用初级过滤水冲洗 5min；②配制清洗液；③清洗液加入系统、循环 1h；④浸泡 2～6h，如果每浸泡 30min，再循环 10～30min，浸泡时间可减少到 2h；⑤排出清洗液；⑥用过滤水冲洗 5min；⑦加入 0.1%～1%的甲醛溶液；⑧循环 40～60min 的后排出；⑨用过滤水冲洗，直至水变澄清，需 10～15min。为防止膜的重复污染，两级膜应该分别清洗，勿同时清洗。

【主要用途】 主要于饮料瓶的清洗用途。

【应用特点】 要严格按规定的 pH、温度、压力、流量进行操作，否则会造成不可逆的损伤。依次用两种以上清洗剂时，应先用低 pH 后再用高 pH 的清洗剂。先用酸性清洗剂去除上部污垢，并可松动下层胶体，再用碱性清洗剂，可快速达到清洗效果。加入清洗剂后，溶液马上变浑浊，应先排掉 15%，补充新液，以免污染膜。反渗透系统进行恰当的清洗后，迅速恢复膜通量，减少膜损伤，延长了膜的使用寿命，降低了运行成本，提高了经济效益。

【安全性】 清洁剂安全、环保，不会对人体的部位、眼睛接触伤害；如果长时间接触表面活性剂也会把皮肤表面的油脂、水分脱掉，造成皮肤干裂，而且对于眼睛也会造成很大的影响。

【生产单位】 宁波领航洗涤剂科技有限公司，四川省银泰精细化工有限责任公司。

Le 乳品及豆制品加工中的清洗剂

乳品工业是食品工业的重要支柱。乳中最常见的是牛乳，乳制品也多指以牛乳为原料的制品，为了改良乳制品的品质，通常在乳制品中加入豆类原料，来改善食品的色、香、味以及营养性。

常见的乳制品有以下几种：①乳粉；②消毒牛乳；③炼乳；④奶油；⑤其他乳制品；⑥豆奶制品。

Le001 乳及豆制品加工中的清洗剂

【英文名】 cleaning agent for milk and bean products during processing

【别名】 乳品清洗剂；豆制品清洗剂

【组成】 是一种新型、低泡、高效、环保型非离子表面活性剂。与各种表面活性剂、助剂、添加剂、溶剂配伍。

【配方】

组　分	w/%
碳酸钠	6～7
润湿剂	12～18
蒸馏水	25～70
螯合剂	2.8～3.8
渗透剂	0.5～1.2

【制法】 上述原料搅拌与混合而成，这种清洗剂不适用高温及循环洗涤用，使用温度45～68℃。

【性能指标】

外观	无色透明液体
气味	轻微碱性味
水溶性	不溶
污垢的清洗速度	快

【主要用途】 主要于乳及豆制品加工中的清洗用途。

【应用特点】 要严格按规定的pH、温度、压力、流量进行操作，否则会造成不可逆的损伤。依次用两种以上清洗剂时，应先用低pH后再用高pH的清洗剂。先用酸性清洗剂去除上部污垢，并可松动下层胶体，再用碱性清洗剂，可快速达到清洗效果。加入清洗剂后，溶液马上变浑浊，应先排掉15%，补充新液，以免污染膜。

【安全性】 清洁剂安全、环保，不会对人体的部位、眼睛接触伤害；如果长时间接触表面活性剂也会把皮肤表面的油脂、水分脱掉，造成皮肤干裂，而且对于眼睛也会造成很大的影响。

【生产单位】 中国包装和食品机械有限公司，新郑市实验化工厂，伊利集团冷饮事业部，冠生园有限公司。

Le002 形成污垢的设备的清洗剂

【英文名】 cleaning agent for fouling of equipment

【别名】 形成污垢清洗剂；污垢的清洗剂

【组成】 新型、低泡、高效、环保型非离子表面活性剂。与各种表面活性剂、助剂、添加剂、溶剂配伍。

【配方】

组　分	w/%
十二烷基苯磺酸钠	6～8
三聚磷酸钠	15～32
偏硅酸钠	10～26
氯胺	25～26
碳酸钠	余量
焦磷酸钾	3～5

【制法】 这种清洗剂不适用高温及循环洗涤用，使用温度 45～68℃。

【性能指标】 外观，无色透明液体；气味：轻微碱性味；水溶性：不溶；污垢的清洗速度：快。

【主要用途】 主要于形成污垢的乳品容器的清洗及加工中的清洗用途。

【应用特点】 要严格按规定的 pH、温度、压力、流量进行操作，否则会造成不可逆的损伤。依次用两种以上清洗剂时，应先用低 pH 后再用高 pH 的清洗剂。先用酸性清洗剂去除上部污垢，并可松动下层胶体，再用碱性清洗剂，可快速达到清洗效果。加入清洗剂后，溶液马上变浑浊，应先排掉 15%，补充新液，以免污染膜。

【安全性】 清洁剂安全、环保，不会对人体的部位、眼睛接触伤害；如果长时间接触表面活性剂也会把皮肤表面的油脂、水分脱掉，造成皮肤干裂，而且对于眼睛也会造成很大的影响。

【生产单位】 美晨集团股份有限公司，郑州华美万邦清洗技术有限公司，北京爱尔斯姆科技有限公司。

Le003 乳品容器的清洗剂

【英文名】 cleaning agent dairy container

【别名】 乳品清洗剂；容器清洗剂

【组成】 主要由高级脂肪醇聚乙二醇醚、硫酸钠、三聚磷酸钠、碳酸钠、偏硅酸钠及其他表面活性剂、渗透剂、乳化剂及其他助剂等组成。

【配方】

组　分	w/%
高级脂肪醇聚乙二醇醚	0.5～5
三聚磷酸钠	5～12
偏硅酸钠	10～25
硫酸钠	4～8
碳酸钠	余量

【制法】 此清洗剂可用于循环清洗作业，使用温度 60～70℃。

【性能指标】 外观：无色透明液体；气味：轻微碱性味；水溶性：不溶；污垢的清洗速度：快。

【主要用途】 主要于乳品容器的清洗及加工中的清洗用途。

【应用特点】 要严格按规定的 pH、温度、压力、流量进行操作，否则会造成不可逆的损伤。依次用两种以上清洗剂时，应先用低 pH 后再用高 pH 的清洗剂。先用酸性清洗剂去除上部污垢，并可松动下层胶体，再用碱性清洗剂，可快速达到清洗效果。加入清洗剂后，溶液马上变浑浊，应先排掉 15%，补充新液，以免污染膜。

【安全性】 清洁剂安全、环保，不会对人体的部位、眼睛接触伤害；如果长时间接触表面活性剂也会把皮肤表面的油脂、水分脱掉，造成皮肤干裂，而且对于眼睛也会造成很大的影响。

【生产单位】 北京爱尔斯姆科技有限公司，郑州华美万邦清洗技术有限公司，新郑市实验化工厂。

Le004 乳品的杀菌消毒的清洗剂

【英文名】 dairy disinfection cleaning agent

【别名】 乳品清洗剂；杀菌消毒清洗剂

【组成】 主要由表面活性剂、渗透剂、

乳化剂及其他助剂等组成。

【配方】

组　分	w/%
酸性磷酸酯盐(50%活性物)	2.5～6
三聚磷酸钠	8～12
偏硅酸钠	18～26
硫酸钠	5～6
碳酸钠	余量

【制法】 此清洗剂可用于循环清洗作业，使用温度 50～68℃。

【性能指标】 外观：无色透明液体；气味：轻微碱性味；水溶性：不溶；污垢的清洗速度：快。

【主要用途】 主要于乳及乳品的杀菌消毒及清洗用途。

【应用特点】 要严格按规定的 pH、温度、压力、流量进行操作，否则会造成不可逆的损伤。依次用两种以上清洗剂时，应先用低 pH 后再用高 pH 的清洗剂。先用酸性清洗剂去除上部污垢，并可松动下层胶体，再用碱性清洗剂，可快速达到清洗效果。加入清洗剂后，溶液马上变浑浊，应先排掉 15%，补充新液，以免污染膜。

【安全性】 清洁剂安全、环保，不会对人体的部位、眼睛接触伤害；如果长时间接触表面活性剂也会把皮肤表面的油脂、水分脱掉，造成皮肤干裂，而且对于眼睛也会造成很大的影响。

【生产单位】 蒙牛集团冰淇淋事业本部，北京爱尔斯姆科技有限公司，新郑市实验化工厂。

Le005 奶粉干燥设备的清洗剂

【英文名】 cleaning agent for milk powder drying equipment

【别名】 奶粉清洗剂；干燥设备清洗剂

【组成】 主要由表面活性剂、渗透剂、乳化剂及其他助剂等组成。

【配方】

组　分	w/%
高级脂肪醇聚乙二醇醚	2～5
三聚磷酸钠	15～35
氯胺	26～28
五水合硅酸钠	10～32

【制法】 上述原料搅拌与混合而成，这种清洗剂不适用高温及循环洗涤用。

【性能指标】 外观：无色透明液体；气味：轻微碱性味；水溶性：不溶；污垢的清洗速度：快。

【主要用途】 主要用于乳制品加工中设备的清洗。

【应用特点】 适合奶粉干燥设备的清洗。清洗剂去除乳制品加工中设备的污垢，并可快速达到清洗效果。加入清洗剂后，溶液马上变浑浊，应先排掉 15%，补充新液，以免污染膜。

【安全性】 清洁剂安全、环保，不会对人体的部位、眼睛接触伤害；如果长时间接触表面活性剂也会把皮肤表面的油脂、水分脱掉，造成皮肤干裂，而且对于眼睛也会造成很大的影响。

【生产单位】 郑州华美万邦清洗技术有限公司，蒙牛集团冰淇淋事业本部，北京义利食品公司，维益食品（苏州）有限公司，江南大学食品学院。

Lf 肉类食品加工中的清洗剂

肉类食品包括鲜（冻）的畜禽肉、内脏及其制品。肉制品按加工工艺不同可分为：干制品（肉干、肉松），腌制品（咸肉、火腿、腊肉、腊鸭、风鸡），灌肠制品（香肠、雪肠、红肠、肉肠、香肚），熟肉制品（酱肉、卤肉、烧烤肉等）。

畜、禽及鱼类的肌肉，就其化学组分来说，普遍地含有蛋白质、脂肪及一些无机盐和维生素。肉的组分变化不仅取决于肥肉与瘦肉的相对数量，也因动物种类、年龄、育肥程度及所取部位等不同而呈显著差异。这类食品经适当的烹调加工，不仅味道鲜美，也能为人体提供较多的热能，维持饱腹感，易于消化吸收，特别是蛋白质的重要来源。

肉类加工厂的清洗目的主要是保证食品的卫生、安全，确保人们健康食用。

1 肉类加工器具油污的形成及清洗

(1) 大气尘垢　长期暴露在大气中的肉类加工器具，由于尘埃不断降落而附着在表面，慢慢形成了尘垢。尘垢是由多种无机物混合而成的，因为有些组分可溶于水，有些组分难溶于水，所以具有部分溶于水的性质。

① 尘垢的形成　大气中尘埃的含量与空气的清新度，与是否有工业大气污染和风沙有关。洁净的大气中也总是含有少量的直径较小的尘埃颗粒，这是空气自然对流的必然结果。当有工业大气污染时，空气中尘埃的含量会增加许多倍，因而暴露在这样的大气中的物体的表面就较容易生成尘垢。另外当刮风时，由于空气流动的作用，大气中尘埃的颗粒数量与平均直径也要增大，特别是在风沙天气，大气中尘埃的数量与平均直径都要大大增加。暴露在这样的大气条件下的设备表面也较容易生成尘埃。

总之，大气中尘埃的存在是暴露在其中的物体表面生成尘埃的根本原因。尘埃物理吸附在物体表面上是生成牢固尘垢的先决条件，但不是充分条件，尘埃与基体的物理吸附结合力大小决定于尘粒与物体表面紧密接触的面积、尘粒的表面能（表面活性）、物体的表面能（表面活性）、尘粒与物体的极性大小和相互作用。当尘粒与物体表面紧密接触的面积越大，表面活性越高，它们的结合力越大。

② 尘垢的清洗方法　a. 机械擦拭法。由于短时间内形成的尘埃附着力不强，一般采用湿抹布就可以擦洗掉，或用扫把进行清扫。b. 水力机械冲洗。对于尘垢较厚或允许水作业的器具，可用带压力的喷射水流进行冲洗，达到除垢清洁的目的。c. 表面活性剂溶液清洗。尘埃的清洗主要是借助清洗液中表面活性剂的洗涤作用，其次才是清洗液对尘垢的溶解作用。因为尘垢成分比较复杂，很难找出能完全溶解尘垢的合适的溶剂。此外还要考虑溶剂对设备表面的腐蚀性，从这一点来说，清洗液还是要选择酸碱性比较弱的溶液，常用配方见表 L-18。

表 L-18　表面活性剂溶液清洗尘垢配方举例（质量分数）　　单位：%

原料名称	配方 1	配方 2	原料名称	配方 1	配方 2
十二烷基苯磺酸钠	0.5	0.2	碳酸钠	0.5	1
OP-10	—	0.5	水	98	97.8
三聚磷酸钠	1	0.5			

通常采用含表面活性剂，渗透性较好的水溶性清洗剂作为尘垢的清洗液。清洗时，清洗液与尘垢接触后首先能降低自由的物体表面和尘粒表面的不饱和极性（即表面能或表面张力），然后向物体与尘粒相接触吸附的界面内渗透，使它们相互之间的结合力大大降低，从而达到洗落的效果。为了把尘埃颗粒从表面上清除，常需加上冲、刷、喷等机械力作用。在表面活性剂的润湿、渗透作用下，再结合机械外力作用，使尘垢脱离设备表面，达到预期的清洗效果。

当尘垢中含有少量的油污时，可以考虑加上少量有机溶剂配成水包油性乳化液，以加强和加速对尘垢的油分溶解速度和润湿速度。

（2）油垢

① 油垢的形成　油垢是以黏质油为主体、混杂有一些固体尘粒或一些疏油性水溶液而形成的黏稠状富油沉淀或絮凝状乳化油泥。

油脂的黏度越高，越容易形成难以用水冲洗的油垢。这是因为：第一，油垢的疏水性；第二，油料自身的内凝力大，对尘粒的黏包力大。

肉类加工场所形成油垢主要是动物的脂肪堆积而形成的。动物脂肪多聚积于皮下、肠网膜、心肾周围结缔组织及肌间等，脂肪含量因动物种类、部位、育肥情况等而有不同。在畜肉中，一般猪、羊、肉脂肪较多，牛肉次之，兔肉的脂肪较少。禽类脂肪含量较肉低，特别是野禽，但火鸡和填鸭脂肪含量高。鱼的脂肪一般较少。

由于不同肉的加工决定了各个工厂、各车间所形成油垢的黏度、厚度、难清洗度不同。

肉类脂肪的主要成分为各种脂肪酸的三酰甘油酯及少量卵磷脂、胆固醇和游离脂肪酸。畜肉脂肪中多含饱和脂肪酸，呈现较高的熔点；禽肉脂肪中不饱和程度比畜肉类高，亚油酸含量约为20%，脂肪熔点较低。鱼类的脂肪多为不饱和脂肪酸组成、熔点低、常温下多为液态。

由于各类肉的脂肪成分不同，形成的污垢清洗难易程度也不同，决定了所需选择表面活性剂种类的差异和清洗工艺的难易。

这些堆积而成的油垢，如果不及时彻底地清洗，就会滋生大量的微生物，造成加工过程中肉品的污染，直至危害食用者的健康。

② 油垢的清除　机械铲除方法是常用的传统办法，用铁铲将附着在器具上的油垢铲掉，保持器具的清洁。清水喷射清洗是多数屠宰场所用的清洗方法，这种方法能及时、干净地清洗掉畜、禽、鱼等在宰杀过程中产生的大量含油性污物，防止了油垢的堆积形成。

对已形成的油垢也可以用水力喷射清洗，但最好配合使用专门配制的清洗剂效果更好，这些清洗剂在高温下使用效率更高。为了达到良好清洗效果喷射水的压力通常是可调解的，便于自由使用。

表 L-19 为家禽表皮清洗剂配方。

表 L-19　家禽表皮清洗剂配方

原料名称	含量/%	原料名称	含量/%
脂肪酸蔗糖酯	4	磷酸二钠	5
山梨醇脂肪酸酯	3	磷酸钠	1
丙二醇	5	水	82

以此清洗剂清洗退过毛的家禽表皮，可使表皮的细菌由未使此清洗剂的 99.5% 下降到 11.9%，细菌的绝对数目由原来的 133000 个下降到 16200 个。

以失水山梨醇脂肪酸酯与碱性盐复配的清洗剂可除去鱼贝类表面的脂肪和血液污垢（见表 L-20）。

表 L-20　鱼贝类洗涤剂配方（质量分数）

原料名称	含量/%	原料名称	含量/%
脂肪酸蔗糖酯	4	磷酸二钠	5
山梨醇脂肪酸酯	3	磷酸钠	1
丙二醇	5	水	82

蒸汽清洗机特别适用于黏性油泥污垢的清洗。特别适合对黏性油泥污垢的清洗和表面形状复杂的物体清洗。蒸汽清洗机是由电动机、水泵、油泵、洗涤剂槽、计量槽、储槽、燃烧室、缓冲器、安全阀、仪表、管线、

喷枪等部件组成的。水在燃烧室的管线内被加热成水蒸气，再经洗涤软管输送至洗涤喷枪，并被喷射至清洗物体上。操作压力比液体射流清洗机低，主要是借助热能的作用提高污垢在清洗液中的溶解性。减少污垢与物体间的结合力，再配合蒸汽的冲洗作用达到清洗目的。

常用的油垢清洗剂配方见表 L-21 和表 L-22。

表 L-21　铁器具表面清洗剂配方

原料名称	含量/%	原料名称	含量/%
C_{10}～C_{13}伯烷醇聚氧乙烯醚	7～9	原磷酸	10～15
CMC	1～3	脂肪酸	6～8
硫酸钠	5～7	钾皂	2～4
硫脲	2～4	水	余量

表 L-22　铝材器具清洗剂配方

原料名称	含量/%	原料名称	含量/%
水	90.3	蔗糖	3.6
氢氧化钾	4.2	OP-10	0.1
氯化钙	1.4	非离子消泡剂	0.4

该清洗剂用以浸泡清洗粘有油和蛋白质污垢的铝表面，可除去污垢而不损伤铝表面。

2　几种肉制品的生产及清洗应用

(1) 肉干制作方法

① 选料及整理　选新鲜牛肉的前腿或后腿瘦肉，除去脂肪及筋腱，然后用清水将瘦肉洗净沥干，切成 500g 左右的小块。

② 水煮　将肉块放入锅中，用清水煮 30min 左右，当刚煮沸时，撇去浮沫，将肉块捞出切成肉片、肉丁和肉条。

③ 复煮　取一部分原汤加入配料，用急火将汤煮沸，当有香味时改用文火，直到煮熟。

④ 烘干　捞出肉块，用温水冲刷清洗掉配料及肉末等，加入烘干器烘干。

(2) 咸干鱼制作方法

① 原料调理　除鱼体直接腌咸外，其他原料鱼的调理需经各道工序处理。对去除内藏的鱼筒产品从原料鱼的鳃部直接去除内脏，或者剖开腹部去除内脏。

② 水洗　调理后的原料渍浸在清水中或在缓慢流水中冲洗，通过水

洗，去除附着于原料上的污物外，尽量清除鱼体表面的黏液及血污。特别是血污对产品颜色和光泽有影响，所以去血必须十分彻底。

③ 腌咸　水洗，沥干后进行腌咸。腌咸的方法有把鱼浸渍在食盐水中的浸渍法，固体食盐撒在鱼体上或者涂在鱼体中的拌盐法，还有在摇动浓盐水中腌鱼的半浸渍法等。腌咸的目的是通过盐水中浸渍，使盐分渗入鱼体，同时，夺去鱼体中的水分，使原料具有适宜的盐味和特有的食味，同时延长保存时间。

④ 穿刺　当原料鱼体形较小时，可将数尾乃至 20 尾鱼，用竹棒、蒿芯、塑料制的细棒穿刺联结。

⑤ 去盐　腌咸过的原料和穿刺腌咸后的原料，直接浸渍在清水中或者在缓慢流水中浸渍冲洗，去除盐分。在去盐处理后进行干燥时，为了防止鱼体表层的盐分浓度过高、防止产品的颜色和色泽变劣，所以对用浸渍法腌咸的和半浸渍腌咸的，在干燥前应作水洗处理。

⑥ 干燥　去盐、水洗后原料平摊在箅子上，或者穿刺品直接挂在框架上进行干燥。

(3) 鱼糜制作方法　鱼糜制品品种繁多，各具特色，是水产加工业最大的行业。工艺流程为：原料处理→采肉→漂洗→脱水→碎肉→成型→加热杀菌→冷却成品。

① 原料选择　一般以鲜度好、弹性强、味道佳、色泽白的鱼为优质原料。

② 水洗原料去头去内脏，用清水冲洗腹腔内的血污、黑膜等污物。鱼肉极易腐败变质，必须及时处理。

③ 采肉　用采肉机将肉、皮、骨分离。

④ 漂洗　采肉后的碎鱼肉除弹性好、色泽白的优质鱼，一般需进行漂洗，漂洗的目的在于除去血液、尿素、色素、无机盐及部分水溶性物质，以增强鱼糜的弹性，改善制品的色泽、香气。对于弹性或鲜度较差的鱼种，这一工序是十分重要的，漂洗槽要用容量为 0.5～1t 圆形不锈钢、铝合金或铁制的槽，用水量一般为原料质量的 4～5 倍，反复漂洗 3～4 次。反复漂洗通常会增加肉的亲水性，使鱼肉膨胀，难以脱水，所以最好在最后一次漂洗时加入 0.01%～0.3% 的氯化钠，用硬水漂洗也可得到同样的效果。另外，在水洗过程中需注意控制水温在 10℃以下。

⑤ 擂溃成型　漂洗后的鱼肉经擂溃机处理后制成各种形状的制品。

⑥ 加热　加热完成凝胶成型全过程，同时杀死了肉中的细菌。

⑦ 冷却　迅速冷却，以利减少细菌的再污染。

Lf001 肉类加工中的清洗剂

【英文名】 cleaning agent in meat processing

【别名】 肉类清洗剂；加工清洗剂

【组成】 一般由非离子表面活性剂。与各种表面活性剂、添加剂、溶剂等复配而成。

【配方】

组分	w/%
碳酸钠	8～12
润湿剂	3～15
蒸馏水	25～70
螯合剂	3.6～5
渗透剂	0.5～1.2

【制法】 上述原料搅拌与混合而成，这种清洗剂不适用高温及循环洗涤用。

【清洗剂实例-1】 某肉联厂由于长年没有采取彻底地清洗、消毒等卫生措施，致使加工场所、工器具附着大量的油垢，滋生大量的霉菌，在卫生防疫系统检查时被勒令停产。

经专业的清洗队伍用高压射流水进行全面清洗后，采用84消毒液进行杀菌消毒，再复查时达到卫生要求标准，才恢复生产。

清洗过程中运用Simpson清洗系统公司的Water Shtgun高压清洗机，该清洗机有温水加热装置，可添加专用的清洗剂用于喷射清洗，在射流和表面活性剂共同作用下，对车间地坪、操作台、容器等进行了系统清洗，清洗结束后用稀释的84消毒液对各平面、工具进行喷洒消毒10h，在复查时达到卫生要求。

【清洗剂实例-2】 某肉制品加工厂从美国引进ADF990型零部件清洗机，该清洗机可以使用碱性清洗剂，并备有热水混合搅拌清洗槽，对加工器具和部分金属、塑料的容器可以喷射清洗，在一年的使用过程中认为效果良好，能够满足生产需要。

【清洗剂实例-3】 某肉食品加工厂在建筑中用普通涂料对加工车间进行了涂装，使用半年后由于油污的污染，大量霉菌生长在墙壁上，严重影响食品卫生。经研究筛选改用环氧橡胶改性防腐防霉涂料施工，使其具有耐酸、耐碱、耐热、耐油、防水、抗腐蚀、防霉菌的作用，并使墙壁光滑，便于清洗、消毒。加工车间改用环氧橡胶改性防腐防霉涂料涂装后，再未出现霉变现象。由于有防水作用，每个班次均采用饮用水进行喷射清洗工作环境，使操作台、工作间、地坪、墙壁干净、整洁、卫生，再没有发生霉菌滋生现象。

【性能指标】 黏度（23℃）8mPa·s；相凝温度57℃；pH 13.4。

【主要用途】 主要用于肉制品容器加工中设备的清洗。

【应用特点】 通常采用含表面活性剂，渗透性较好的水溶性清洗剂作为尘垢的清洗液。清洗时，清洗液与尘垢接触后首先能降低自由的物体表面和尘粒表面的不饱和极性（即表面能或表面张力），然后向物体与尘粒相接触吸附的界面内渗透，使它们相互之间的结合力大大降低，从而达到洗落的效果。为了把尘埃颗粒从表面上清除，常需加上冲、刷、喷等机械力作用。在表面活性剂的润湿、渗透作用下，再结合机械外力作用，使尘垢脱离设备表面，达到预期的清洗效果。当尘垢中含有少量的油污时，可以考虑加上少量有机溶剂配成水包油性乳化液，以加强和加速对尘垢的油分溶解速度和润湿速度。

【安全性】 清洁剂安全、环保，不会对人体的部位、眼睛接触伤害；如果长时间接触表面活性剂也会把皮肤表面的油脂、水分脱掉，造成皮肤干裂，而且对于眼睛也会造成很大的影响。

【生产单位】 山东永上医疗卫生科技发展有限公司，郑州华美万邦清洗技术有限公司。

Lf002 肉制品容器的清洗剂

【英文名】 cleaning agent for meat product container

【别名】 肉制品容器清洗剂；加工清洗剂；华美 HM-16 高泡清洗剂

【组成】 由非离子表面活性剂与各种表面活性剂、碱金属类氢氧化物、季铵盐类助剂、添加剂等复配而成。

【产品特点】 ①去除蛋白、油脂、黄垢、霉斑等有机污垢；②泡沫丰富，可以用泡沫机覆盖到设备表面，快速清洗；③去除动植物油脂和蛋白；④有效清除污垢斑点、气味、无残留。一般当尘垢中含有少量的油污时，可以考虑加上少量有机溶剂配成水包油性乳化液，以加强和加速对尘垢的油分溶解速度和润湿速度。

【配方】

组　分	w/%
非离子表面活性剂	5～6
表面活性剂	6～10
碱金属类氢氧化物	12～15
季铵盐类助剂①	3～6
添加剂	2～3
其他	余量

①因其含有复合季铵盐，德国奥杰 ® Desfoam A 具有广谱杀菌作用，它可以渗透到缝隙和凹凸不平的物体表面达到强大的消毒和清洗功能。

【性能指标】 氢氧化钠：20%；季铵盐：5%；pH 值（1%）：11；密度：1.11g/cm^3；泡沫行为：发泡性很强；原液温度稳定性：0～50℃下储存；腐蚀性：适合所有的材质，包括铝、有色金属和塑料。工作浓度：1%～5%的浓度作用 1～15min；工作温度：0～60℃；黏度（23℃）：8mPa•s；相凝温度：57℃。

【主要用途】 碱性泡沫清洗消毒剂，用于食品行业。主要用于肉制品容器加工中设备的清洗。

【应用特点】 主要用于所有设备和物体表面的清洗和消毒。通常应用特点采用含表面活性剂，渗透性较好的水溶性清洗剂作为尘垢的清洗液。清洗时，清洗液与尘垢接触后首先能降低自由的物体表面和尘粒表面的不饱和极性（即表面能或表面张力），然后向物体与尘粒相接触吸附的界面内渗透，使它们相互之间的结合力大大降低，从而达到洗落的效果。为了把尘埃颗粒从表面上清除，常需加上冲、刷、喷等机械力作用。在表面活性剂的润湿、渗透作用下，再结合机械外力作用，使尘垢脱离设备表面，达到预期的清洗效果。

【安全性】 清洁剂安全、环保，不会对人体的部位、眼睛接触伤害；如果长时间接触表面活性剂也会把皮肤表面的油脂、水分脱掉，造成皮肤干裂，而且对于眼睛也会造成很大的影响。

【生产单位】 山东永上医疗卫生科技发展有限公司，郑州华美万邦清洗技术有限公司，北京爱尔斯姆科技有限公司，新郑市实验化工厂。

Lg 面糖食品加工中的清洗剂

面糖食品的加工是最基本的加工工艺，随着工农业的发展和人民生活水平的提高，以面和糖来加工的食品种类繁多，花色各异。介绍几种常见的面糖食品加工及设备清洗。

制作糕点用的烤盘，长期使用后，会沉积一层褐色或黄色的污垢，这种污垢十分坚硬，通常很难彻底清除。表 L-23 的清洗剂对冷压钢板、普通钢板、镀锌板、马口铁等的烤盘、烤盒、烤板进行清洗，其除垢率达 98%，且完全无毒。

表 L-23 糕点烤盘污垢清洗剂

原料名称	质量/kg	原料名称	质量/kg
金属洗涤剂	1～4	磷酸钠	0.2～1
硅酸钠	0.2～1	焦磷酸钠	0.1～0.5
氢氧化钠	0.5～3	水	90～98

将有碳化物污垢的烤盘放在上述混合物的 5% 左右溶液中加热、浸泡，然后用清水冲洗，烘干，抹一层植物油，烘烤后即可使用。

这里介绍某学校食品加工室对几种食品机械清洗剂，就焙烤设备清洗效果的选择和评价结果。

蛋糕加工过程中，烤模上极易产生焦油、积炭等污物，这些污物影响蛋糕外形、颜色、口味，还会导致粘模、颜色不均。通常采用手工方法铲除污物，但污物铲除不均，也易损坏烤模。

①实验步骤按蛋糕加工流程：原料预处理→打蛋（分离蛋清）→加糖及辅料→搅拌→加面粉（搅拌成蛋糊）→入模→上盘→烘烤→出炉→成品。

将蛋糊涂于经称重的试片上，挂片于烘炉内，升温至 200～220℃，烘烤 15min，待冷却后取出称重。按 4 种清洗剂推荐浓度配制于烧杯，分别置入经烘烤有污物的金属试片，水浴至 80℃，30min 后取出吹干，称重，重复 3～4 次后分别按下式计算出平均除垢率：

$$\upsilon=\frac{g_0-g}{g_0}$$

式中 g_0——清洗前质量；

g——清洗除掉的垢质量。

②为考虑长期产生的污垢与实验的不吻合性，将实验型烤模分别进行 6 种清洗剂的除垢实验（除垢率比较结果见表 L-24），按除垢速度快慢排列如下：自制品Ⅱ＞LX 食品机械清洗剂＞自制品Ⅰ＞三星除炭剂＞美产刻立净＞LX 换气扇清洗剂。

表 L-24　6 种清洗剂实验除垢率比较

项　目	LX 食品机械清洗剂	LX 换气扇清洗剂	美产刻立净	三星除炭剂	自制品Ⅰ	自制品Ⅱ
除垢率/%	78.2	45.3	45.8	68.1	71.3	81.5
pH 值	13～14	12～13	12～13	11～12	12～13	13～14

③根据清洗剂的要求，对 6 种清洗剂对碳钢的腐蚀率进行了评价，结果均符合国家标准 10g/(m²·h)。对除垢率较好的自制品Ⅱ清洗剂进行了各种材质金属的腐蚀率实验，结果见表 L-25。

表 L-25　自制品Ⅱ清洗剂（含量为 10%）对不同材质的腐蚀数据

试片材质	腐蚀率/[g/(m²·h)]			试片表面状况
	常温	60℃	80℃	
碳钢	0	0	0	表面光亮如初
不锈钢	0	0	0	表面光亮如初
铸铁	0.04	0.07	0.08	表面光亮如初
铝	10.71	53.42	13.65	表面发乌，有明显腐蚀

④由于蛋糕生产直接关系着人们的身体健康，所使用的清洗剂就必须无毒，因此三星除炭剂和自制品Ⅰ均不能用于食品行业清洗。

经过大量的实验和应用，LX 食品机械清洗剂和自制品Ⅱ是理想的蛋糕烤模清洗剂。自制品Ⅱ配方（质量分数）如下：

表面活性剂 A	表面活性剂 B	碱性调节剂	丁基溶纤剂	氨基碱	水分
4%	1%	8%	4%	2%	余量

清洗操作工艺为：将配制的清洗剂进一步加水稀释 50%，将烤模浸泡其中；可加热至 60～80℃倾倒于烤模表面，反复多次，然后用自来水冲洗残留物。浸泡清洗时搅拌效果更好。

Lg001 面糖食品容器的清洗剂

【英文名】 surface cleaning agent for sugar food container

【别名】 面糖容器清洗剂；容器清洗剂

【组成】 一般由金属洗涤剂、硅酸钠、表面活性剂、水等复配而成。

【配方】

组　分	w/%
金属洗涤剂	2～2.5
表面活性剂	0.5～1.0
硅酸钠	1～2
水	95～96

【制法】 上述原料搅拌与混合而成，这种清洗剂不适用于高温及循环洗涤。

【主要用途】 主要用于糖食品容器的加工中设备的清洗。

【应用特点】 清洗应用的特点是去除黏附于机械上的污垢，以防止微生物在其间滋长。要把污垢去掉，就必须使清洗系统能够供给克服污染物质所需的洗净能力。

【安全性】 清洁剂安全、环保，一般不会对人体的部位、眼睛接触伤害；长时间接触表面活性剂也会把皮肤表面的油脂、水分脱掉，造成皮肤干裂，而且对于眼睛也会造成很大的影响。

【生产单位】 河北省隆尧县华龙食品城今麦郎食品有限公司，维益食品（苏州）有限公司。

Lg002 焙烤制品的清洗剂

【英文名】 cleaning agent of baked products

【别名】 焙烤品清洗剂；制品清洗剂

【组成】 一般由金属洗涤剂、硅酸钠、表面活性剂、水等复配而成。

【配方】

组　分	w/%
金属洗涤剂	1.0～2.0
表面活性剂	0.5～1.0
焦磷酸钠	1～1.5
水	95～96

【制法】 上述原料搅拌与混合而成，这种清洗剂不适用于高温及循环洗涤。

【主要用途】 主要用于焙烤制品的清洗加工中设备的清洗。

【应用特点】 通常采用含表面活性剂，渗透性较好的水溶性清洗剂作为尘垢的清洗液。清洗时，清洗液与尘垢接触后首先能降低自由的物体表面和尘粒表面的不饱和极性（即表面能或表面张力），然后向物体与尘粒相接触吸附的界面内渗透，使它们相互之间的结合力大大降低，从而达到洗落的效果。为了把尘埃颗粒从表面上清除，常需加上冲、刷、喷等机械力作用。在表面活性剂的润湿、渗透作用下，再结合机械外力作用，使尘垢脱离设备表面，达到预期的清洗效果。

当尘垢中含有少量的油污时，可以考虑加上少量有机溶剂配成水包油性乳化液，以加强和加速对尘垢的油分溶解速度和润湿速度。

【安全性】 清洁剂安全、环保，一般不会对人体的部位、眼睛接触伤害；长时间接触表面活性剂也会把皮肤表面的油脂、水分脱掉，造成皮肤干裂，而且对于眼睛也会造成很大的影响。

【生产单位】 北京市焙烤食品糖制品协会，伊利集团冷饮事业部，冠生园（集团）有限公司。

Lg003 方便食品容器的清洗剂

【英文名】 cleaning agent of convenience food container

【别名】 方便食品清洗剂；容器的清洗剂

【组成】 一般由金属洗涤剂、硅酸钠、表面活性剂、水等复配而成。

【配方】

组　分	w/%
氢氧化钠	1.5～1.8
焦磷酸钠	1.2～1.8
金属洗涤剂	2～2.5

续表

组　分	w/%
硅酸钠	1.5～2.0
表面活性剂	0.5～1.0
水	92～93

【制法】 上述原料搅拌与混合而成，这种清洗剂不适用于高温及循环洗涤。

【性能指标】 黏度（23℃）：8mPa·s；相凝温度：57℃；pH 13.4。

【主要用途】 主要用于方便食品容器的清洗、加工中设备的清洗。

【应用特点】 清洗应用的特点是去除黏附于机械上的污垢，以防止微生物在其间滋长。要把污垢去掉，就必须使清洗系统能够供给克服污染物质所需的洗净能力。

【安全性】 清洁剂安全、环保，一般不会对人体的部位、眼睛接触伤害；长时间接触表面活性剂也会把皮肤表面的油脂、水分脱掉，造成皮肤干裂，而且对于眼睛也会造成很大的影响。

【生产单位】 上海爱普香料有限公司。

Lg004 食糖容器的清洗剂

【英文名】 cleaning agent of convenience food container

【别名】 食糖用具清洗剂、容器清洗剂

【组成】 一般由金属洗涤剂、硅酸钠、表面活性剂、水等复配而成。

【配方】

组　分	w/%
金属洗涤剂	2～2.5
表面活性剂	0.5～1.0
三聚磷酸钠	0.5～2.2
硅酸钠	1～2
水	92～95

【制法】 上述原料搅拌与混合而成，这种清洗剂不适用于高温及循环洗涤。

【主要用途】 主要用于食糖容器的清洗、食品容器的清洗、加工中设备的清洗。

【应用特点】 通常采用含表面活性剂，渗透性较好的水溶性清洗剂作为尘垢的清洗液。清洗时，清洗液与尘垢接触后首先能降低自由的物体表面和尘粒表面的不饱和极性（即表面能或表面张力），然后向物体与尘粒相接触吸附的界面内渗透，使它们相互之间的结合力大大降低，从而达到洗落的效果。为了把尘埃颗粒从表面上清除，常需加上冲、刷、喷等机械力作用。在表面活性剂的润湿、渗透作用下，再结合机械外力作用，使尘垢脱离设备表面，达到预期的清洗效果。

当尘垢中含有少量的油污时，可以考虑加上少量有机溶剂配成水包油性乳化液，以加强和加速对尘垢的油分溶解速度和润湿速度。

【安全性】 清洁剂安全、环保，一般不会对人体的部位、眼睛接触伤害；长时间接触表面活性剂也会把皮肤表面的油脂、水分脱掉，造成皮肤干裂，而且对于眼睛也会造成很大的影响。

【生产单位】 西安安旗食品有限公司，蒙牛集团冰淇淋事业本部、江南大学食品学院。

Lh 发酵食品加工中的清洗剂

发酵食品是当今食品加工中发展最快速的食品品种之一，按发酵的不同原料可分为以下几类。

①发酵食品：酒、醋、格瓦斯、面包等；

②发酵豆类：酸奶、豆乳、豆豉、酱油；

③发酵果类：果酒、果汁、果醋；

④发酵肉：香肠、火腿、腊肉；

⑤发酵水产：蟹酱、虾油、鱼肉肠、酶香鱼等。

发酵工艺通常包括对原料蒸煮、糖化和培养基的灭菌，以及发酵产物的蒸发和结晶。当前传统概念的发酵技术已发展成为一门工程，即发酵工程（也称微生物工程），是利用微生物的生存与代谢活动，通过现代化工程技术手段进行工业规模生产的技术。它的主要内容包括工业生产菌种的选育、最佳发酵条件的选择和控制，生化反应器（发酵罐）的设计和产品的分离提取及精制等过程。发酵工程经历了传统发酵技术（主要从事酿酒、制醋等的生产）、近代深层厌氧发酵技术（酒精的生产）、深层通风发酵技术（氨基酸、核苷酸等的生产）和基因工程菌发酵技术（生产激素、干扰素等产品的生产）几个历史性阶段。随着科技的发展，它涉及的范围还会越来越广泛。

要实行一个发酵过程并得到发酵产品，一定要具备以下几个条件：①要有某种合适的微生物；②要保证或控制微生物进行代谢的各种条件（培养基组成、温度、溶氧浓度、pH 等）；③要有进行微生物发酵的设备；④要有将菌体或代谢产物提取出来，精制成产品的方法和设备。发酵过程是一系列复杂的生化反应过程，微生物分泌的酶起着决定性作用，没有酶就没有生命，也就没有发酵现象。因此，发酵工程、酶工程、细胞工程、基因工程、生化工程统称生物技术工程。

生物技术是探索生命现象和生物物质运动规律，并利用生物体的机能或模仿生物体的机能进行物质生产的技术，它与食品工业关系密切，在肉类加工行业中应用广泛，目前与清洗化学品又有千丝万缕的联系。业界普遍认为在目前乃至相当长的一段时间里，生物技术在食品工业中的应用，以期望实现产业化的主要还是氨基酸、有机酸、酶制剂等。

1 生物制剂在肉类食品保鲜中的应用

(1) 肉类食品与微生物　肉类是人们日常生活中必不可少的食品，由于肉类食品含有丰富的营养，在加工、储藏、运输销售过程中极易遭受微生物的污染而导致产品的腐败变质，不仅会造成了巨大的经济损失和严重的环境污染，更重要的是会危及消费者的健康甚至生命，因而肉类食品的保鲜及卫生安全性是长期业界人士关注的问题。从化学组成上讲，肉类食品主要是由蛋白质、脂肪、糖、水分及其他一些微量成分，如维生素、色素、风味化合物等组成，形成肉品特定的质构、颜色、风味等特征，当受某些因素的影响，使肉类食品出现变色、变味以及表面发黏等不良变化时，肉品就开始腐败。肉类食品的腐败变质是因肉中的酶以及微生物的作用，使蛋白质分解、脂肪氧化而引起的。微生物的大量繁殖是造成肉类食品腐败的最主要的原因，当肉品表面的细菌数达到 1077 个/cm^2 时，就会出现异味；细菌数达到 1088 个/cm^2 时，肉品表面就会出现黏液，我们可通过生物技术的手段来抑制肉类食品中微生物的生长，以达到延长保质期的目的。

(2) 天然植物素与肉类的保鲜　新鲜的肉在运输、包装、出售等过程中易受微生物污染，使肉发生腐败现象。为延长肉类食品的食用安全期，可利用天然植物素为原料，辅以适量的抗氧化剂，黏着剂、保鲜剂等配制出肉类的保鲜剂，其效果好、成本低、使用方便，这种保鲜剂可使鲜肉在25～30℃下保存 20～24h。

2 生物制剂在肉类加工中的应用

酶是一种由活细胞产生的生物催化剂，是一种蛋白质，在生物体的新陈代谢中起着非常重要的作用，它参与生物体大部分的化学反应，使新陈代谢有控制、有秩序地进行。动物肉类是人类生活中不可缺少的食品，在肉的全部质量特征中，嫩度是影响其食品质量的重要特征。嫩度的变化取决于许多因素，它是可以改变的，一般来说宰前因素对结缔组织的数量、分布和类型有作用，从而影响嫩度；动物屠宰后，肌肉可含蛋白酶类活力发生变化，嫩度受到影响，因此考虑外加蛋白酶促进肉类嫩度以满足消费者的要求。

(1) 蛋白酶可嫩化肉类　蛋白酶肉类嫩化剂是一种嫩化肉类的食品添加剂，其主要成分是蛋白酶，在适当温度条件下，能有效地降解胶质纤维和结缔组织中的蛋白质，使部分氨基酸与氨基酸之间的连接键发生断裂，破坏它们的分子结构，从而大大提高了肉的嫩度，使肉的品质变得柔软、适口、多汁和易于咀嚼，提高成品率和延长货架期。因而酶类嫩化剂多年来一直受到肉类加工行业的重视，国内外相继研究出肉类动物蛋白酶嫩化剂、肉类植物蛋白酶嫩化剂以及来自微生物的肉类蛋白酶嫩化剂，广泛应用，且效果较好。

① 肉类植物蛋白酶嫩化剂　肉类植物嫩化剂用蛋白酶，研究较多的植物蛋白酶有木瓜酶、生姜蛋白酶、菠萝蛋白酶、无花果蛋白酶、朝鲜梨蛋白酶以及猕猴桃蛋白酶等，这些植物蛋白酶对肌肉的纤维蛋白和胶原蛋白有强烈的水解作用，即使是老龄畜禽肉，经处理后都有嫩化效果。目前使用的肉类植物蛋白酶嫩化剂主要有猕猴桃蛋白酶肉类嫩化剂、生姜蛋白酶肉类嫩化剂、木瓜蛋白酶肉类嫩化剂。

② 肉类动物蛋白酶嫩化剂　猪胰酶对肌肉中的蛋白质具有降解作用，效果明显。胰酶制剂水溶液，处理牛后可使牛肉质地变软，对猪肉也有良好效果，处理后的猪肉质地变软，浸泡后股肉表面黏糊，纤维不清晰，肌肉块发生了不同程度肿胀，肌肉的嫩度有了明显的提高，嫩化后肌肉的非蛋白氮含量普遍提高。

③ 微生物蛋白酶嫩化剂　某些微生物蛋白酶也可作肉类嫩化剂，如培养枯草杆菌、米曲霉、黑曲霉、根霉，可分别获得枯草杆菌中性蛋白酶、米曲霉蛋白酶、黑曲霉蛋白酶、根霉蛋白酶，微生物蛋白酶对肉类的嫩化效果较植物蛋白酶差。用蛋白酶作为肉类嫩化剂，安全、卫生、无毒，而且有助于提高肉类的色、香、味，增加肉的营养价值，并且不产生任何不良风味，是一种报有前途的肉类嫩化剂。

(2) 脂肪酶可改良蛋白食品　脂肪酶广泛存在于动物的毛囊、脑、肝脏及某些植物和鱼类体内，脂肪酶可进一步提高胶体形成性蛋白的胶体形成性，对无胶体形成性蛋白可使其产生胶体形成性，同时可使形成的胶体有耐热、耐酸、耐水性等特性，因此脂肪酶具有改良食品蛋白的作用。于是，通过添加脂肪酶制剂等，可对大豆蛋白等食品蛋白进行改良，提高其液体化性、乳化性等。脂肪酶可作为许多肉类食品加工过程中的添加剂，以提高产品的品质。

Lh001 发酵食品容器的清洗剂

【英文名】 cleaning agent container fermented food

【别名】 发酵食品清洗剂；容器清洗剂

【组成】 一般由表面活性剂、润湿剂、渗透剂等复配而成。

【配方】

组　分	w/%
非离子表面活性剂	5～6
表面活性剂	6～10
碱金属类氢氧化物	12～15
渗透剂	3～5
润湿剂	2～3
蒸馏水	余量

【制法】 上述原料搅拌与混合而成，这种清洗剂不适用于高温及循环洗涤。

【性能指标】 黏度（23℃）8mPa·s；相凝温度 57℃；pH 13.4。

【主要用途】 主要用于发酵食品容器加工中设备的清洗。

【应用特点】 通常采用含表面活性剂，渗透性较好的水溶性清洗剂作为尘垢的清洗液。清洗时，清洗液与尘垢接触后首先能降低自由的物体表面和尘粒表面的不饱和极性（即表面能或表面张力），然后向物体与尘粒相接触吸附的界面内渗透，使它们相互之间的结合力大大降低，从而达到洗落的效果。为了把尘埃颗粒从表面上清除，常需加上冲、刷、喷等机械作用。在表面活性剂的润湿、渗透作用下，再结合机械外力作用，使尘垢脱离设备表面，达到预期的清洗效果。

当尘垢中含有少量的油污时，可以考虑加上少量有机溶剂配成水包油性乳化液，以加强和加速对尘垢的油分溶解速度和润湿速度。

【安全性】 清洁剂安全、环保，一般不会对人体的部位、眼睛接触伤害；长时间接触表面活性剂也会把皮肤表面的油脂、水分脱掉，造成皮肤干裂，而且对于眼睛也会造成很大的影响。

【生产单位】 江南大学食品学院。

Lh002 调味品容器的清洗剂

【英文名】 cleaning agent of seasoning container

【别名】 调味品清洗剂；容器清洗剂

【配方】

组　分	w/%
非离子表面活性剂	5～6
表面活性剂	6～8
三聚磷酸钠	0.5～2.2
助剂	3～4
添加剂	2～3
蒸馏水	82～86

【制法】 上述原料搅拌与混合而成，这种清洗剂不适用于高温及循环洗涤。

【性能指标】 澄清无色液体，黏度(23℃) 8～8.5mPa·s，自燃温度 200℃，pH 为 11～15。

调味品是能赋予食品甜、酸、苦、辣、咸、鲜、麻、涩等特殊味感的一类食品添加剂。无论是东方食品还是西方食品，调味品必不可少。

咸味主要来自食盐；辣味主要存在于蔬菜和香辛料中，如辣椒、蒜等；苦味物质有柚苷、啤酒花等；醋及食糖是常用的调味剂；鲜味剂以味精（谷氨酸钠）为主，是世界上除食盐之外，耗用量最多的调味剂。天然的谷氨酸钠以蛋白质组成成分或游离状态广泛存在于动植物组织中，经发酵制得谷氨酸后再与 NaOH 或碳酸钠中和脱色精制而成。

谷氨酸发酵主要以糖蜜和淀粉水解糖为原料，生产工艺为：

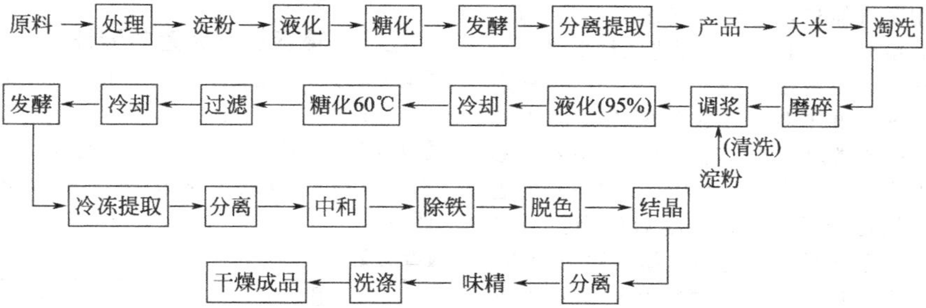

味精的生产装置在开车生产前应进行开车前化学清洗，经清洗的设备，可保证生产设备的干净，保证生产的味精品质优良。

调味品的卫生要求是严格的，首先要求无微生物的污染，其次严禁用工业化学晶勾兑醋、酱油、食盐等调味品，对盛装或生产调味品的容器要定时清洗消毒，对工器具、操作台应保持清洁卫生。

味精在发酵生产过程中，除生产用菌外，要严防杂菌污染，可采取有效的预防措施，杜绝种子染菌，消灭设备和管道死角，防止设备渗漏，加强空气净化灭菌，加强操作管理和厂区、车间以及设备的卫生管理制度，筛选抗药性菌种，染菌罐要加入甲醛熏蒸消毒保证正常发酵。

【主要用途】 主要用于调味品容器的清洗、加工中设备的清洗。

【应用特点】 清洗应用的特点是去除黏附于机械上的污垢，以防止微生物在其间滋长。要把污垢去掉，就必须使清洗系统能够供给克服污染物质所需的洗净能力。

【安全性】 清洁剂安全、环保，一般不会对人体的部位、眼睛接触伤害；长时间接触表面活性剂也会把皮肤表面的油脂、水分脱掉，造成皮肤干裂，而且对于眼睛也会造成很大的影响。

【生产单位】 中国食品发酵工业研究院。

Lh003 酒精容器的清洗剂

【英文名】 detergent alcohol container

【配方】

组　分	w/%
非离子表面活性剂	2～3.6
表面活性剂	4～8
碱金属类氢氧化物	12～15
季铵盐助剂	3～5
添加剂	2～3
蒸馏水	余量

【制法】 上述原料搅拌与混合而成，这种清洗剂不适用于高温及循环洗涤。

【性能指标】 澄清无色液体，闪点（闭口）ASTMD 56℃，沸程 150～200℃。

酒精发酵罐筒体为圆柱形，底盖和顶盖均为蝶形或锥形的立式金属容器，罐顶装有废气回收管、进料管、接种管、压力表和各种测量仪表接口管等，罐底装有排料、排污口，罐体上有取样口和温度计接口，一般罐顶装有供观察清洗和检修罐体内部的人孔，对于大型发酵罐，为了便于维修和清洗，往往在近罐底也装有人孔。

过去提取成品酒精都是在精馏塔最后的冷凝器，所得产品质量较差。因为初级杂质在高浓度酒精中挥发较快，故初级杂质多聚积于塔顶气相中，实践也证明精馏塔顶层以下 3～4 层塔板上酒精液中初级杂质含量比顶层气相中多。因此，在这几层塔板上引出酒精液，冷却为成品酒精，质量较好。

双塔式酒精连续精馏气相塔流程，一般是成熟醪经泵输送到醪液箱，流经预热器预热至 70℃，由粗馏塔顶层进塔。塔釜用蒸汽加热，酒精蒸气逐层上升加热，使酒精汽化。由粗馏塔顶进入精馏塔的酒精蒸气，经精馏段蒸馏提浓，上升至塔顶，进入预热器，被成熟醪冷凝成为液体，回流塔内，未冷凝气体大部分在分凝器内冷凝，一并回流塔内，少量未凝的酒精蒸气含杂质较多，冷凝后作为工业酒精。常温下不能冷凝的气体（初级杂质）从排醛器排出。成品酒精则从塔顶以下3～4层塔板上引出已脱除部分杂质的酒精液，经冷却器冷却入库。杂醇油的提取一般是液相提油。粗馏塔连接浮鼓式排糟器控制排糟。粗馏塔塔釜则连接U形管排液器，控制排除废液。

【主要用途】 主要用于酒精容器的清洗、加工中设备的清洗。

【应用特点】 通常采用含表面活性剂，渗透性较好的水溶性清洗剂作为尘垢的清洗液。清洗时，清洗液与尘垢接触后首先能降低自由的物体表面和尘粒表面的不饱和极性（即表面能或表面张力），然后向物体与尘粒相接触吸附的界面内渗透，使它们相互之间的结合力大大降低，从而达到洗落的效果。为了把尘埃颗粒从表面上清除，常需加上冲、刷、喷等机械力作用。在表面活性剂的润湿、渗透作用下，再结合机械外力作用，使尘垢脱离设备表面，达到预期的清洗效果。

当尘垢中含有少量的油污时，可以考虑加上少量有机溶剂配成水包油性乳化液，以加强和加速对尘垢的油分溶解速度和润湿速度。

【安全性】 清洁剂安全、环保，一般不会对人体的部位、眼睛接触伤害；长时间接触表面活性剂也会把皮肤表面的油脂、水分脱掉，造成皮肤干裂，而且对于眼睛也会造成很大的影响。

【生产单位】 北京义利食品公司，维益食品（苏州）有限公司，上海爱普香料有限公司，美晨集团股份有限公司。

Lh004 啤酒生产装置的清洗

【英文名】 cleaning device for beer production

【组成】 一般由柠檬酸、缓蚀剂、双氧水、磷酸三钠或氢氧化钠溶液等复配而成。

【配方】

组　分	w/%
金属洗涤剂	2～2.5
表面活性剂	0.5～1.0
硅酸钠	1～2
水	95～96

【制法】 上述原料搅拌与混合而成，这种清洗剂不适用于高温及循环洗涤。

【性能指标】 黏度（23℃）8mPa·s，相凝温度57℃，pH 13.4。

【酒精生产装置的清洗】

（1）开车前清洗　酒精设备、醋酸设备、味精设备等发酵装置，在安装过程中都会被铁锈、油脂、焊迹、砂石等污物污染，为了设备的正常生产和产品的品质合格，进行开车前清洗是必要的。

新装置的清洗通常采用以下的清洗步骤。

①脱脂碱洗。2%磷酸三钠+1%碳酸钠+1%氢氧化钠，适量添加表面活性剂，在加热条件下就可达到清除油脂的目的。

②酸洗除锈。3%～5%柠檬酸+0.3%Lan826缓蚀剂，也可添加其他助剂，在加热到清洗剂80℃以上循环清洗，既除锈又除油。

③漂洗钝化。新装置的钝化是必要的，有利于设备的防腐。漂洗可用0.5%柠檬酸和缓蚀剂；也可用氢氟酸或其他酸种。钝化可用双氧水、磷酸三钠或氢氧化钠溶液进行。

当前国内主要由中国蓝星化学清洗总公司承担此方面的施工任务，该公司可以用专有的自动化清洗设备将整个生产装置连接起来，进行全系统的彻底清洗。该项技术在国内很多大型装置上应用，收到了较大的经济效益和社会效益。

(2) 维护清洗　装置正常生产以后，会形成各种污垢，可采用化学清洗和机械清洗的方法来保持净洁。以上介绍的蒸发罐、精馏塔，以及装置里的热交换器都有结垢的可能，采用化学清洗的方法可以保持干净无污物。清洗的原料有盐酸、硝酸等；并按要求添加缓蚀剂，循环清洗 6～8h 就可达到目的。

近年来，用机械清洗装置，尤其是高压水射流清洗设备清洗换热器、各种污垢管道取得了很好的效果，引进装置 FLOW、URACA、WOMA、德高、杉野机械清洗设备的施工压力在 30～240MPa。可满足各种难度的施工作业，在各个工厂的检修清洗中应用广泛。

设备沉结了污垢，就要采取措施清洗，恢复原来的运行参数。

如果不进行清洗保洁，会导致设备腐蚀、停产，这种不文明的生产会造成更巨大的经济损失。

【主要用途】 主要用于乳制品加工中设备的清洗。

【应用特点】 清洗应用的特点是去除黏附于机械上的污垢，以防止微生物在其间滋长。要把污垢去掉，就必须使清洗系统能够供给克服污染物质所需的洗净能力。

【安全性】 清洁剂安全、环保，一般不会对人体的部位、眼睛接触伤害；长时间接触表面活性剂也会把皮肤表面的油脂、水分脱掉，造成皮肤干裂，而且对于眼睛也会造成很大的影响。

【生产单位】 冠生园（集团）有限公司，安琪酵母股份有限公司。

Lh005 啤酒瓶清洗剂

【英文名】 bottle washing agent

【别名】 啤酒用器清洗剂；酒瓶清洗剂

【组成】 一般由 AEO-9 活性剂、三乙醇胺、乙二醇单丁醚、烧碱、尼泊金甲酯、硬质酸、单甘酯、TX-10 活性剂、尼泊金乙酯等复配而成。

【配方】

组　分	w/%
AEO-9 活性剂	3～5
三乙醇胺	1～3
乙二醇单丁醚	1～3
烧碱	1～3
尼泊金甲酯	0.1～0.5
硬质酸	12～18
单甘酯	5～8
TX-10 活性剂	3～5
尼泊金乙酯	0.1～0.5
水	余量

【制法】 上述原料搅拌与混合而成，这种清洗剂不适用于高温及循环洗涤。

【啤酒瓶清洗】 是啤酒生产过程中的关键工序之一，清洗效果直接影响啤酒产品的内在质量和外观。现在国内啤酒生产厂家有 850 余家，年产啤酒约 800 万吨，除极个别啤酒厂全部使用新瓶外，其余生产厂家大多使用回收旧瓶。

传统的啤酒瓶洗涤均采用液碱、固碱或纯碱等，碱液浓度达到 4%以上。但洁瓶率不超过 94%，特别对带胶质、油脂、蛋白质、酒垢等污垢的重垢难洗瓶无能为力，并且存在瓶洗后外观模糊，洗涤费用高，运输、储存、使用不安全，易腐蚀人体皮肤，易使设备结水垢，验瓶工人操作劳动强度大，污染环境等问题。现在基本上已淘汰了单纯以碱作清洗剂。近几年国内有些厂家或研究单位已开发并生产出了专用啤酒瓶清洗剂应用于回收啤酒瓶洗涤。但这些产品基本上都是由低泡沫表面活性剂＋助洗剂（消泡剂）复配而成。尽管是低泡沫表面活性剂且含量较低，但经洗瓶机碱槽泵的长时间循环运动，也会起泡，这样，因洗液中泡沫多，会造成洁瓶率低，已洁瓶内残留水量过多，给啤酒质量带来许多隐患，就得添加消泡剂，消泡剂的抑泡时间也是有限的，且使产品成本升高。

低成本的洗瓶剂，洗涤力宜以化学反应力为主，诸如化学溶解力、皂化力、中和力、氧化还原力、螯合力、离子交换力等，包括 pH 的作用。可以选择 NaOH、Na_2CO_3、$NaHCO_3$、$Na_2SiO_3 \cdot 5H_2O$ 等碱性物质来实现，碱质对动植物油污的皂化脱污机理是众所周知的，同时，它们也能将蛋白质及淀粉类的高分子有机污垢水解成亲水的低分子物质，如蛋白质水解成肽及氨基酸，淀粉可水解成糊精，进而脱离玻璃瓶表面，达到去污效果，对于矿物油污，则应借助 $Na_2SiO_3 \cdot 5H_2O$ 及后面提及的磷酸盐类所提供的胶体性碱来帮助解离分散。

为了增强洗瓶剂的洗涤力，表面活性力作为辅助设计是不容忽视的，洗瓶剂的表面活性力宜由非离子表面活性剂提供，它们对矿物油污的“卷缩”脱除机理及对各种污渍的洗涤已是公认，但是，在低成本的洗瓶剂中，添加极少量的表面活性剂，目的仅在降低碱性洗瓶液的表面张力，因为上述的 NaOH、Na_2CO_3 等碱质虽可通过不同的途径脱除脏瓶上的污垢，可事实上它们比水的表面张力大。液体的表面张力大，至少对于污垢、瓶标和标胶的润湿和渗透不利，特别是在洗瓶线上清洗的 10～20min 内，加快润湿和渗透，提高浸泡、漂洗的效率是十分重要的。

在选择非离子型表面活性剂时，不光要参考它们的 CMC 值、HLB 值，还须考虑它们所适用的 pH 范围、盐浓度、温度、低泡性能和成本。

高 pH 可以增加表面负电荷，有利洗涤；回收的脏瓶上的酸性污垢及残留发酵酒液会中和消耗掉相应数量碱质，使洗瓶液的 pH 或碱度随着清洗时间而下降，不利于洗涤。因此，必要的缓冲系统应当设计。

常用的缓冲系统主要为磷酸盐及硅酸盐，在磷酸盐中，Na_3PO_4 所提供的 pH，对污垢的分散、乳化及漂洗等洗涤力，都好于 $Na_5P_3O_{10}$ 等，除了 pH 以外，Na_3PO_4 的这些性能也比 NaOH、Na_2CO_3 等要好得多，但是从螯合力即耐硬水和缓冲角度，$Na_5P_3O_{10}$ 又比 Na_3PO_4 要好些，加上 $Na_5P_3O_{10}$ 优良的防结块性能，宜将二者按一定配比设计。

需要指出的是，这里所设计的磷酸盐的比例用量应比一般的合成洗涤剂要低得多，以免造成磷盐污染。

最后的问题是消泡，自动洗瓶线排斥大量泡沫，因此消泡剂不可缺少，使用硅油类超浓缩消泡剂，它的特点是消泡速度快，高温下持续消泡时间长久无毒、安全。

①啤酒瓶清洗剂的要求　笔者查阅国内外有关文献资料，调查各啤酒厂洗瓶工艺实际情况，开发出来的啤酒瓶清洗剂应达到如下要求：a. 洗涤效果好，去污力强，洗瓶费用低；b. 渗透力好，脱标签、胶黏剂能力强；c. 无泡、无毒，生产使用简单、安全；d. 软化水能力强，能抑制设备水垢生成。

②技术路线构思　啤酒瓶灌装用玻璃瓶有新瓶旧瓶之分。新瓶污垢主要是玻璃瓶生产、运输及储存过程中吸附的固体颗粒和尘埃，故此类玻璃瓶清洗较易。然而多数待洗瓶为回收瓶，由于来源不同，其污垢组成相当复杂，有外界尘埃、泥垢、残余酒垢、动植物油垢，还有旧标签及胶黏剂等，该类玻璃瓶洗涤较难。啤酒瓶洗涤过程可简单表述如下：

机械力

↓

啤酒瓶(污垢＋标签)＋清洗剂 → 啤酒瓶＋清洗剂(污垢＋标签)

↑

加温

【主要用途】 主要用于啤酒生产装置加工中设备的清洗。

【应用特点】 清洗应用的特点是去除黏附于机械上的污垢，以防止微生物在其间滋长。要把污垢去掉，就必须使清洗系统能够供给克服污染物质所需的洗净能力。

【安全性】 清洁剂安全、环保，一般不会对人体的部位、眼睛接触伤害；如果长时间接触表面活性剂也会把皮肤表面的油脂、水分脱掉，造成皮肤干裂，而且对于眼睛也会造成很大的影响。

【生产单位】 安琪酵母股份有限公司，西安安旗食品有限公司，江南大学食品学院。

Li 植物袖脂加工中的清洗剂

食用油脂由植物性油脂和动物性油脂组成，通常把常态下为液体的称为油，为固态的称为脂。

食用油脂在食品的加工中起到了调解色、香、味的品质重要作用。

① 油脂是理想安全的导热介质，在食品加工中广泛应用。

② 通常在食品中添加不同种类、数量的油脂，可以改善食品的感官性状，在加工风味食品中是必备的。

③ 食用油脂在食品加工中是食品乳化剂的重要成分，是改变食品性能的优良添加剂。

④ 油脂的特殊性能和可食性决定了它是食品良好的阻隔剂，保证食品难于被微生物污染。

动物油脂包括动物体脂、乳脂及鱼类脂肪。

植物油脂有豆油，菜籽油、胡麻油、花生油、芝麻油、棉籽油、葵花籽油、亚麻油、核桃油、玉米油、米糠油、棕桐油等。

Li001 植物油脂容器的清洗剂

【英文名】 cleaning agent for vegetable oil container

【别名】 植物容器清洗剂；油脂容器清洗剂

【组成】 一般由金属洗涤剂、硅酸钠、表面活性剂、水等复配而成。

【配方】

组　分	w/%
金属洗涤剂	2～2.5
表面活性剂	0.5～1.0
硅酸钠	1～2
水	95～96

【制法】 上述原料搅拌与混合而成，这种清洗剂不适用于高温及循环洗涤。

【性能指标】 黏度（23℃）8mPa•s、相凝温度57℃、pH 13.4。

【油料的清理工艺】 油料的杂质可分为无机杂质和有机杂质两种，无机杂质主要有生长土壤中小细石粒和土粒；有机杂质多以混杂的其他种料及杂草料为主。通常用风选、筛选、密度分选、磁选法来对油料进行清理。油料中含有过多的土粒或霉粒时，水洗的方法可以很好地清理，土粒随着清洗水漂去。经搓洗霉粒也得到去毒，被污染的油籽用清水反复搓洗几遍，可除去大部分毒素；同时将皱缩、瘪油料经水洗挑拣出来，减少了油的不合格成分。谷物、豆类等体积小、密度小的食物常利用漂浮的清洗方法。

一般的具有很大动能的清水从清洗槽的下方喷射上升，使槽中的清洗对象处于漂浮状态并被清洗，这种方法需要的能量较多，但清洗效果较好。利用食物与污垢密度不同可以把杂质去除，如将沙土和植物性夹杂物与豌豆、菜籽等分开。如密度大的泥沙等污垢在清洗过程中沉降到池底并集中，定时从阀门排除。密度比豆类轻的植物性夹杂物，在洗槽上方边缘集中并去除。被洗净的豆类在右方出口处经过滤网时，经喷射水清洗与细小的污垢进一步分离。洗净后的豆类从部位流出，冲洗下来的污垢在滤网下边的部位排出，密度大的泥砂经阀门放出集中后从排放口排出。

一般的设计尺寸为高 1.2m，长 3.6m。设计流量为 1min 通过 200～500L。用这种装置清洗豆类需 4～10t 清水。如果在清洗中考虑到水的循环使用，充分利用水的清洗作用还可降低成本。

为了防止油料储存时生长霉菌，仓库储存温度应在 10℃以下，或采用化学熏蒸剂及 γ 射线照射的预防方法。

【主要用途】 主要用于植物油脂容器的清洗、加工中设备的清洗。

【应用特点】 清洗应用的特点是去除黏附于机械上的污垢，以防止微生物在其间滋长。要把污垢去掉，就必须使清洗系统能够供给克服污染物质所需的洗净能力。

【安全性】 清洁剂安全、环保，一般不会对人体的部位、眼睛接触伤害；如果长时间接触表面活性剂也会把皮肤表面的油脂、水分脱掉，造成皮肤干裂，而且对于眼睛也会造成很大的影响。

【生产单位】 郑州宝丽洁化工有限公司。

Li002 植物油设备清洗剂

【英文名】 vegetable oil equipment cleaning agent

【别名】 植物油清洗剂；设备清洗剂

【组成】 一般由金属洗涤剂、硅酸钠、表面活性剂、水等复配而成。

【配方】

组分	w/%
金属洗涤剂	2～2.5
表面活性剂	0.5～1.0
硅酸钠	1～2
水	95～96

【制法】 上述原料搅拌与混合而成，这种清洗剂不适用于高温及循环洗涤。

【植物油加工设备的清洗工艺】

(1) 浸出法制油装置开车前清洗

过去认为新安装的设备不需要在开车前进行化学清洗，但实践证明，开车前进行化学清洗对提高生产效率、避免污物对生产的影响、改善食用油的品质十分必要。

①清洗程序及工艺条件　要求准备好水、电、蒸汽及氮气、空气等公用工程，如使用的氮气要求纯度达到大于 99%、干燥无油、压力保持在 0.2～0.6MPa。按照生产工艺流程配制好清洗系统，也可分单元清洗，将清洗泵站与生产设备连接起来。

a. 清洗方式　根据设备具体情况可采用浸泡、循环清洗或喷淋清洗。采用浸泡、循环清洗时可用低点进液，高点回液的循环流程。并在高点设置排气孔，低点设置导淋点。采用喷淋清洗时可采用高点进液，低点回流的流程。

b. 清洗步骤　清洗工序一般为：水压检漏→脱脂→水冲洗→酸洗→水冲洗→漂洗→中和钝化→人工清理。水压检漏目的是检查临时系统的泄漏情况，同时清除系统中灰尘、泥沙、脱落金属氧化物、焊渣及其他污垢。首先应高位注水，低点排放，以便排尽杂物，控制进出水平衡，冲洗流速一般大于0.15m/s，必要时可作正反向切换。冲洗至出水目测透明无颗粒为止。然后将系统注满水、关闭出口阀门，升压至0.4～1.0MPa检查临时管线、法兰等连接处的泄漏情况并进行修补，合格后排尽系统内冲洗水，再注入加热至60～70℃的热水，然后用手摸法检查有无死角、气阻截流及串线等现象。

脱脂清洗目的是为了除去机械油、石墨脂、防锈油等保证酸洗均匀进行。常用清洗剂配方见表L-26和表L-27。

表 L-26 适用于碳钢、不锈钢等材质的脱脂清洗剂配方

原料名称	含量(质量分数)/%
烧碱	0.5～2.5
纯碱	0.5～2.0
磷酸钠	0.5～2.5
水玻璃	0.5～2.0
表面活性剂	0.05～1.0

表 L-27 适于铝等有色金属材质的脱脂清洗剂配方

原料名称	含量(质量分数)/%
磷酸三钠	0.5～2.0
水玻璃	0.5～2.5
三聚磷酸	0.5～1.5
表面活性剂	0.05～1.0

操作方法为排尽系统内冲洗水，用预热清水充满系统并循环加热，然后加入脱脂清洗剂保持(80±5)℃。每10min检查碱度、油含量、温度各一次。当系统脱脂液碱度、油含量基本趋于平衡；监测管段上的污垢全部除尽后即可结束脱脂，并用氮气将脱脂液压出。

脱脂后水冲洗的目的是除去系统内残留的碱性清洗剂，并使残留杂质脱离表面被带走。用氮气压出脱脂液后，及时注入温水冲洗，并每10min监测一次pH和浊度，使系统呈中性或微碱性为止，当pH趋于稳定，浊度达到要求时结束水冲洗，一般冲洗3～5h。

酸洗的目的是用酸性清洗剂将设备、管道中的铁锈、焊迹清除掉。常用的几种清洗剂配方见表L-28。

酸洗时应在放空和导淋处检查酸洗液是否充满，确认充满后再用泵进行循环清洗并定期切换方向，定期排污和放空，避免产生气阻和导淋堵塞，影响清洗效果。每30min检查一次酸浓度及清洗温度、铁离子含量，观察腐蚀挂片的变化。一般清洗过程进行4～8h。

酸洗后水冲洗的目的是去除残留的酸洗液和系统内经酸洗后脱落的固体颗粒，以利漂洗和钝化处理。一般采用开路水冲洗，将导淋全部打开冲洗。

表 L-28 常用酸洗除锈清洗剂配方

项　目	配方比例(质量分数)
适于碳钢	A. 盐酸6%～8%、缓蚀剂Lx901 0.1%～0.2% B. 盐酸6%～8%、氢氟酸0.2%～0.5%、缓蚀剂Lan826 0.3%～0.5%
适于不锈钢-碳钢	A. 硝酸5%～8%，氢氟酸0.5%～0.6%，缓蚀剂Lan826 0.3%～0.5% B. 氢氟酸1%～2%，缓蚀剂若丁Ⅱ0.6% C. 柠檬酸2%～3%，氨水调pH=3.5～4，缓蚀剂Lan826 0.3%～0.35%
适于铝、铜	氨基磺酸3%～5%，缓蚀剂Lan826 0.35%～0.3% 硝酸5%～7%，缓蚀剂Lan5 0.6%～0.8%

漂洗是利用柠檬酸单胺的络合作用

去除冲洗过程中产生的二次浮锈，保证钝化膜均匀形成。漂洗液通常是0.2%～0.5%柠檬酸用氨水调pH至3.5～4，加入缓蚀剂LX901 0.05%～0.1%，将此漂洗液泵入清洗系统，保持漂洗温度维持在（80±5)℃，漂洗2～3h，即可进入钝化阶段。

钝化是将经清洗的活跃的金属表面形成一层金属磁性氧化膜。防止产生锈蚀的过程。

食品工业钝化液常用配方为：1%～2%Na_3PO_4，0.5%～1%Na_2CO_3，用氨水调pH到9～10，钝化处理8～12h，即可达到目的。

清洗结束后进行人工检查，对局部钝化破损出现锈霜的进行修复处理，清理局部沉渣。移交生产单位投料生产。

（2）制油生产容器的清洗　油脂加工厂的汽提塔、储油罐、储渣罐经常受到油污的堆积，影响生产及油的品质。

水射流清洗对容器内表面的金属锈蚀、油污及凝结物有良好的效果。因为这些容器，多为小口径大容室，因此清洗作业主要使用旋转喷头借助专用的容器内壁清洗装置来完成。

目前用的旋转喷头有二维旋转喷头、多喷嘴旋转喷头、双喷嘴三维洗罐器（图L-1）。

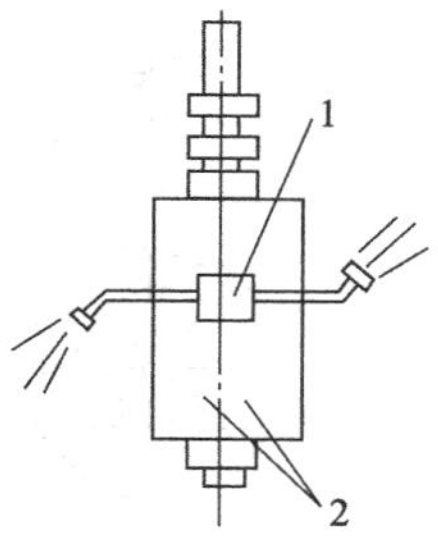

图L-1　双喷嘴三维洗罐器
1—回转器；2—调速装置

曲拐式三维旋转喷头等，见图L-2。清洗施工时还需配有容器清洗辅助装置（图L-3）来固定清洗喷头的位置。

如果用清水喷射清洗无法达到清洁效果，就可添加专用的清洗剂进行清洗，双喷嘴三维洗罐器，具有良好的兼容效果；洗罐器的工作特性直接影响射流的工作特性，对清洗效率与清洗质量有重大影响。回转器的转速可通过调速机构来完成。适当地增加回转器的转速能减少清洗时间。洗罐器的安放位置与工作点应根据容器的形状，被清洗物的特性以及射流的最佳清洗靶距确定。

【实例1】 兰州某油脂加工厂的冷凝器，是由铝、铜混串的冷凝器群，由于冷凝器垢下腐蚀严重，出现孔蚀、管壁破裂，致使油脂漏入冷却水中，形成油性污垢，致使冷却效果严重下降。

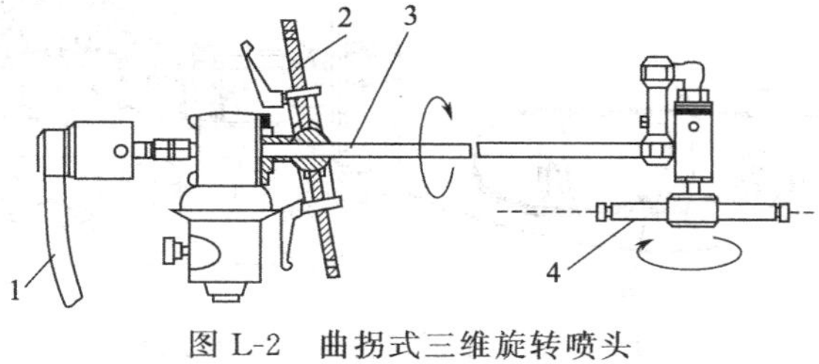

图L-2　曲拐式三维旋转喷头
1—高压软管；2—底板；3—喷杆；4—二维喷头

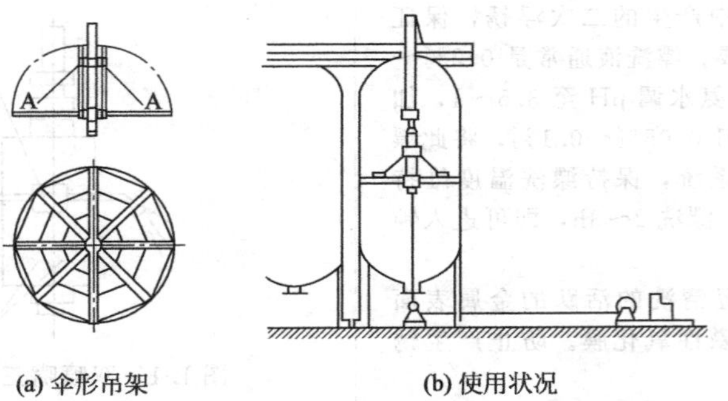

(a) 伞形吊架　　(b) 使用状况

图 L-3　伞形吊架清洗平台

经取样分析，确定整体清洗除垢的方案。

①将生产用冷凝水泵换成清洗泵站，冷凝水回液用临时管接入泵站。②添加2%Na_3PO_4、1%高锰酸钾，蒸汽加热清洗液至90～95℃，循环清洗12h。③80℃热清水冲洗至pH＝7～8，无明显混浊物为止。④用3%HNO_3＋0.1%OP-10乳化液，0.6%若丁缓蚀剂。循环清洗8h，最后用清水冲洗干净。

清洗结束修复穿孔或破裂管。冷却效果改善，生产能力大大提高。

【实例2】 某色拉油加工厂的保洁工作需每月彻底进行一次，委托于专业化的清洗公司。

该公司除运用德国进口的高压水射流装置——乌拉卡外，还用国产小型的清洗机为专用清洗设备。使用的清洗剂配方见表L-29。

表 L-29　油污清洗剂

原　料	含量(质量分数)/%
烧碱	1.0
纯碱	1.5
磷酸三钠	1.5
润湿剂 JFC	0.5
水	95.5

将清洗剂添加入清洗机的加药箱中对重点设备及部位进行喷射清洗，达到了很好的清洗质量标准。

对地面则采用高压水射流清洗装置的地板清洗机进行清扫，满足了生产要求。其结构示意见图L-4。

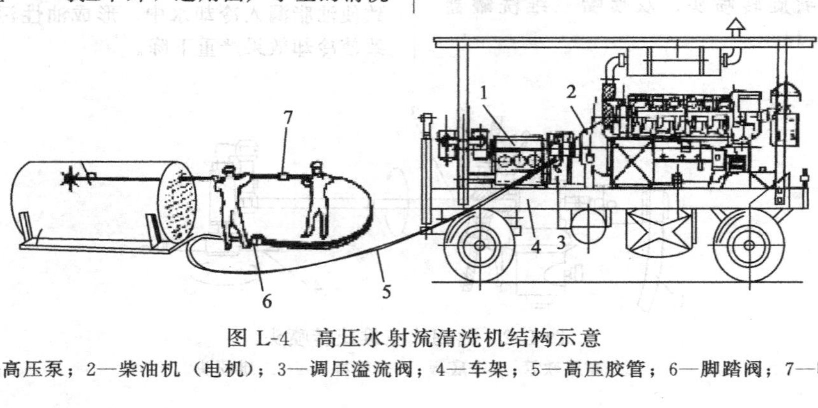

图 L-4　高压水射流清洗机结构示意

1—高压泵；2—柴油机（电机）；3—调压溢流阀；4—车架；5—高压胶管；6—脚踏阀；7—喷枪

【实例 3】 正大（天津）油脂公司的冷凝器 5～6 年没有进行清洗，30%的管束已被堵塞，严重影响生产。聘请蓝星清洗公司进行清洗除垢，该公司用进口的机械清洗装置 FLOW 清洗设备，对装置中的 18 台热交换器进行了高压水射流清洗，疏通率达到 100%，除垢率达到 96%以上，取得了良好的效果。

【实例 4】 某油脂加工公司的成品油储存罐是两台 $500m^3$ 的不锈钢储罐。经过 5～6 年的使用表面附着一层厚 10～20mm 的油垢，罐底沉积有 50～70mm 厚的油渣，已经影响成品油的品质，造成销售量的下降。

为了彻底清除罐内各种油污，委托某清洗公司进行化学清洗与物理清洗相结合的清洗施工，先用机械清洗的方法将底部料渣清除干净，然后用万向喷淋清洗器化学清洗罐壁，达到了良好效果。

先用人工铲除油渣，再用高压水射流清洗机清洗罐壁，将绝大部分污物清洗干净；最后用曲拐式喷射器进行喷射清洗，清洗时添加高效的金属油污清洗剂，喷淋清洗 8～9h 后达到了预期目标。总共清洗污物 15.3t。排干净清洗废水，用电加热板烘干罐内壁，交付使用。

【主要用途】 主要用于乳制品加工中设备的清洗。

【应用特点】 通常采用含表面活性剂，渗透性较好的水溶性清洗剂作为尘垢的清洗液。清洗时，清洗液与尘垢接触后首先能降低自由的物体表面和尘粒表面的不饱和极性（即表面能或表面张力），然后向物体与尘粒相接触吸附的界面内渗透，使它们相互之间的结合力大大降低，从而达到洗落的效果。为了把尘埃颗粒从表面上清除，常需加上冲、刷、喷等机械力作用。在表面活性剂的润湿、渗透作用下，再结合机械外力作用，使尘垢脱离设备表面，达到预期的清洗效果。

当尘垢中含有少量的油污时，可以考虑加上少量有机溶剂配成水包油性乳化液，以加强和加速对尘垢的油分溶解速度和润湿速度。

【安全性】 清洁剂安全、环保，一般不会对人体的部位、眼睛接触伤害；如果长时间接触表面活性剂也会把皮肤表面的油脂、水分脱掉，造成皮肤干裂，而且对于眼睛也会造成很大的影响。

【生产单位】 山东省科学院新材料研究所，郑州宝丽洁化工有限公司。

Lj 通用食品工业清洗剂

Lj001 通用食品清洗剂

【英文名】 general food cleaning agent

【别名】 重垢型食品清洗剂；轻垢型食品清洗剂

【组成】 一般由金属洗涤剂、硅酸钠、表面活性剂、水等复配而成。

【产品特点】 在食品机械清洗中使用最多的是通用碱性洗涤剂。有的碱性清洗剂对钢铁及有色金属有腐蚀作用，因此使用以硅酸钠为主要成分并配合其他碱剂、硬水软化剂、表面活性剂组成的碱剂。

通常采用的方法是把3%～5%的碱水溶液喷涂或用刷子涂布在机器表面。最简便而有效的方法是用喷射清洗，用卡车或手推车式的可移动喷射清洗装置，用较低浓度的洗液，在较高温度下清洗可获得较好的效果。有代表性的清洗剂参考配方如表L-30、表L-31所示。

【配方】

表 L-30 配方 1（重垢型）

原料	含量/%
五水偏硅酸钠	40～50
焦磷酸钠	10～15
磷酸钠	30～40
表面活性剂	4～7

表 L-31 配方 2（轻垢型）

原料	含量/%
壬基酚聚氧乙烯醚	15
焦磷酸钾	10
五水偏硅酸钠	5
倍半碳酸钠	40
硫酸钠	30

由配方2看出，轻垢洗涤剂中表面活性剂所占比例加大。同样此配方是指固体成分的质量分数，使用时配成一定浓度的水溶液。

在食品工业中常用塑料做饮料瓶和送货箱，塑料表面容易沾染油墨或涂料等污垢，清洗这类塑料制品为防止腐蚀一般不使用强碱性清洗剂，可选用由聚合磷酸盐等弱碱性盐与表面活性剂组成的1%浓度洗涤剂，在60～70℃温度下喷射清洗。当塑料特别脏时，可先蘸取上述洗涤液刷洗再用喷射清洗。

表 L-32 配方 3

原料	含量/%
十二烷基苯磺酸钠	3
二乙醇月桂酸胺	2
水	95

表 L-33　配方 4

原　料	含量/%
聚山梨酸酯(20)	3
山梨醇酐月桂酸酯	2
氨水	2
磨料	10
煤油	15
水	68

回收及新的饮料瓶都需经过消毒，清洁后才能使用，以下两种洗瓶剂见表 L-32、表 L-33 适于饮料瓶的清洗、消毒，并经水冲洗后无残留。

有些实验报告表明了碱液的浓度、温度和接触时间的关系，实验数据见表 L-34，可得出如下规律：碱液浓度一定时，温度提高，接触时间可减少；温度一定时，碱液浓度增加，接触时间可减少；接触时间一定时，温度升高，浓度可减少。

表 L-34　清洗液浓度、温度和清洗时间的关系　单位：/%

接触时间/min	温度/℃					
	43	49	55	60	66	71
1	11.8	7.9	5.3	3.5	2.4	1.5
3	6.4	4.7	2.9	1.9	1.3	0.9
5	4.8	3.2	2.2	1.4	1.0	0.6
7	4.0	2.7	1.8	1.2	0.8	0.5
9	3.5	2.3	1.6	1.0	0.7	0.5
11	3.1	2.1	1.4	0.9	0.6	0.4
13	2.8	1.9	1.3	0.8	0.6	0.4
15	2.6	1.7	1.2	0.8	0.5	0.3

但是，对洗液的浓度、温度和接触时间这三者之间应如何配合最恰当，目前仍有争论。有些国家规定碱液浓度为 3%，其中氢氧化钠不得少于 60%，接触时间最少 5min，温度不低于 54.5℃；有些国家则认为碱液浓度为 0.75%～1.0%，在 65～70℃ 中接触时间为 5～10min 最理想。

根据一些实验，在设计时，其最低标准可取如下数值：

碱液浓度 1.0%～1.5%，温度 70～80℃，接触时间 5～8min。

上面提到产生泡沫的问题，过多的泡沫对清洗是不利的，它可能导致：

a. 在浸泡时使清洗液不能充满瓶子；b. 泵输送清洗液时，输送的空气比清洗液还多；c. 残余物都聚集在泡沫上，附着在瓶套及链条带走，使热水带、温水带及冷水带造成污染；d. 微生物在泡沫层中被保护起来；e. 溢出的泡沫会影响机器表面涂料的使用寿命；f. 溢出的泡沫从槽内把清洗液带出造成损失。因此，必须找出泡沫过多的原因并设法防止。

泡沫形成有如下几个原因。

①机械影响所致　a. 泵。泵的作用是使清洗液通过加热器使之保持合适温度，给清洗标签的喷射器以动力，同时保持浸泡槽中清洗液有足够的循环量。但往往由于密封不良，空气被引入泵中，使浸泡槽中形成泡沫。b. 洗液的喷射冲洗。采用高压喷射法会形成泡沫。特别是喷射洗液浸泡槽出来的洗液时，更易形成堆积层性泡沫。c. 洗标喷射器。泡软的商标以喷射法除下后从瓶套落到洗液液面上，使洗液形成泡沫。

②外界物质影响所致　a. 商标。每 1000 个贴过商标的瓶子，会给洗液带来 100～500g 胶质，这些胶质会使洗液产生泡沫。印刷油墨中的结合物与散开物也易导致泡沫的形成。b. 轨道的润滑剂。每处理 1000 个瓶子有 5～20g 润滑剂带入洗液槽中，这种物质也易形成泡沫。c. 产品残余物。残余物中的糖、淀粉、蛋白质、果胶等，也会促使泡沫的形成。

③洗涤剂影响所致　洗涤剂常含有

表面活性剂，过多时会减小液体的表面张力而形成泡沫。洗液在清洗过程中总是受到污染的，因而逐步降低其清洗效果。据测定，每个瓶子带进浸泡槽的污染物有0.20～1.00g，如果洗瓶机的生产能力为12000瓶/h，浸泡槽的容积设为8000L，每天开机7h，只要运转3d，就大约有50.4kg污染物进入浸泡槽，折合洗液中污物含量为6.3kg/m^3，即0.63%。这是以每个瓶子带进0.2g污物来计算的。若以每个瓶子带进1g污物计算，在同样情况下，就有31.5kg污物沉淀下来。因此，在设计时，必须有经常加入新的洗液和排除污染洗液的装置，否则几天后清洗效果就将等于零。

【主要用途】 主要用于通用食品清洗、加工中设备的清洗。

【应用特点】 清洗应用的特点是去除黏附于机械上的污垢，以防止微生物在其间滋生。要把污垢去掉，就必须使清洗系统能够供给克服污染物质所需的洗净能力。

【安全性】 清洁剂安全、环保，一般不会对人体的部位、眼睛接触伤害；如果长时间接触表面活性剂也会把皮肤表面的油脂、水分脱掉，造成皮肤干裂，而且对于眼睛也会造成很大的影响。

【生产单位】 郑州宝丽洁化工有限公司。

Lj002 生鲜食品的清洗剂

【英文名】 cleaning agent for fresh food

【别名】 生鲜食品的清洗

【产品特点】 生鲜食品是以水和有机物为主要成分的，而且在一定条件下能保持生物活性，但也是一类很易受外界物理、化学变化而影响性质的脆弱物质。清洗生鲜食品既要保持食品的品质不受损害，又要去除食品上的杂质使之达到卫生标准的要求。

生鲜食品沾染的污垢包括泥土、农药、寄生虫卵和有害的微生物等，特别是会造成疾病和食品腐败的有害微生物是需要去除的重点。

生鲜食品常用以下几种方法清洗。

(1) 清水　在常温下用符合饮用标准的清水清洗是生鲜食品最安全的清洗方法，也是最广泛采用的方法。用这种方法可以方便地将泥土及附着的动、植物夹杂物去除干净，但要把油性污垢和附着在清洗对象物表面的寄生虫卵和微生物完全去除干净是困难的。可是，由于农作物上的有害微生物多是在土壤中生活的，当沾在食物上的土壤颗粒被去除之后，附着在土壤上的微生物也被大部分去除，所以经过清水清洗基本上能符合卫生和保持食品品质的要求。

在用清水清洗时为了提高效率，采用适当的物理作用相配合是非常重要的，但对于耐热品质差的食物不能采用这些方法。

①利用喷射的方法　利用喷射方法进行清洗食品的装置的主体是一个倾斜的金属网状圆柱形旋转体。在圆柱的中心轴部位装有一根带有许多喷嘴的喷射水管，把需要清洗的食品从圆柱的右上方送入。食品随着圆柱不停地转动同时受到喷射出的水流冲刷作用。被冲洗干净的食品从圆柱的左下方排出。圆柱的倾斜角度和旋转速度可根据需要随时进行调节。这种方法可用以清洗加工前的水果、马铃薯、山芋和未解体的鱼类等，但这种方法的缺点是可能造成清洗对象外表的损伤。

一种输送带式的喷射清洗装置。在装置的顶部有一根装有许多喷嘴的喷射管，在装置的下方装有许多滚柱，这些滚柱组成一条传送带，当滚柱逆时针方向转动时，带动外形近乎球形的食品沿顺时针方向转动并向右前方运动，起到使食品振动、转动和传送的作用。食品在运动过程中，所有表面都被喷射管射出的喷淋水洗净。如是一个浸泡和喷射结合的清洗番茄等食品的装置。

番茄在第一个水槽中浸泡去污，并从水槽的右边被送上传送带，在被传送带送到第二个水槽的过程中被喷射水进一步清洗，在第二个水槽中再次进行浸泡清洗。第二个水槽的清洗用水在去除所含固体物质后被送回到第一水槽中进行重复利用。第一个水槽中的污垢和泥砂沉积在槽的底部，残余的污水被排放。

在浸泡槽中污垢被水充分润湿浸透，再经过几次喷射清洗很容易从食品上去除，而相对密度大的泥沙也容易与水分离。除了番茄，其他蔬菜水果也可以使用这种方法清洗。

②利用摩擦力清洗　有一种利用摩擦力清洗番茄的超节水型的清洗装置。这种装置是在浸泡与喷射并用的装置中才有的。其特点为将番茄在浸泡槽中去除粗大污垢之后，通入一个狭长的通道，这个通道长 10m，宽只有 30cm，通道中间有一个可旋转的软质橡胶制的圆盘，圆盘以 450r/min 的转速运动。番茄在软橡胶圆盘的摩擦力作用下经过 5～15min 处理，附着的污垢可以被完全清除，清洗下来的污垢从通道的底部集中并被清除。仍沾有少量污垢的番茄可用清水再进行短时间喷射清洗。用普通的清洗方法洗 1t 番茄需 1～5m^3 清水，而用这种方法只需要 100L 即可。而土壤、细菌以及寄生虫卵的去除率分别达到 99%、94%及 97%。其他一些生鲜食品的清洗也可考虑使用这种方法。

③利用搅拌和研磨的方法　很早以前人们已经利用强力搅拌作用和研磨作用进行马铃薯剥皮和稻谷研磨脱皮。是一个清洗制糖原料甜菜的搅拌清洗装置。

甜菜在经传送带进入到清洗装置之前已经在流动水的作用下与粗大的砂土分离。整个清洗槽从侧面外形看好似 U 字形。槽的中心部位装有带搅拌叶片的旋转轴。清洗槽分成几个小室。清洗作用主要在室进行。旋转叶片与槽壁间隙较小，可充分发挥搅拌研磨作用。而室的旋转叶片与横壁间隙较大，主要起输送作用。在各室底部带孔的倾斜板把洗下来的砂土集中到底部定时排放。甜菜从装置的左方进入，从右方排出，而洗涤水的运动方向则与之相反，从右方进入、从左方排出，逆流运动可充分发挥水的清洗作用。

鼓风式清洗机的清洗原理，是用鼓风机把空气送进洗槽中，使清洗原料的水产生剧烈的翻动，物料就在空气对水的剧烈搅拌下进行清洗。利用空气进行搅拌，既可加速污物从原料上洗去，又能使原料在强烈的翻动下而不破坏其完整性，因而最适合于果蔬原料的清洗。

输送机的形式视不同原料而异，但其两边都用链条。而链条之间则有采用滚倚承载原料的（如番茄等），有用金属丝网的（如块茎类），有用平板上装刮板的（如水果类）……输送机借助星形轮、滚压轮和传动装置而运转。输送部分有两段为水平输送，一段为倾斜输送。下面的水平段处于清洗槽的水面之下，原料就在这里清洗；上面的水平段用于检查和修整原料之用；倾斜部分用于喷射水清洗。

鼓风机产生的空气由管道输送入吹泡管中，吹泡管安装于输送机的工作轨道之下。被浸洗的原料在带上沿着轨道移动，在移动过程中被吹泡管吹出的空气搅动而翻滚。由清洗槽溢出的水顺着两条斜槽排入下水道。鼓风机和输送机由同一个电动机带动，电动机的轴上装有带轮及带轮固定在转轴上，带轮及互相连接装在同一个轴上，这条轴是作为两个带轮支撑用的。输送机的轴由带及齿轮带动，在轴上安装有两个星形轮，驱动输送机的链带运动。污水可从排水管排出。

(2) 化学清洗

【配方-1】

组 分	w/%
直链伯醇(相对分子质量488,64.8%EO)	5～6
五水合硅酸钠	5～8
焦磷酸钾	3～4
酸性磷酸酯盐(50%活性物)	6～8
丁基苯基溶纤剂	3～5
水、染料、香料	到 100.0

使用稀释度 75～150g/L 水；黏度(23℃) 8mPa·s；相凝温度 57℃；pH 值 13.4。

【配方-2】

组 分	w/%
碳酸钠	8～15
润湿剂	3～16
蒸馏水	28～65
螯合剂	3.6～6.5
渗透剂	0.5～1.2

【制法】 上述原料搅拌与混合而成，这种清洗剂不适用于高温及循环洗涤。

主要成分为碱、螯合剂、润湿剂、渗透剂等，适合于食品饮料管道和包装容器的清洗。

效果特点：

①洗涤效果好 在短时间内更彻底地去除黏性物质、油污和蛋白质等附着物。

②绿色环保 无磷环保配方，避免因使用含磷洗涤剂导致周围环境富营养化和微生物群体增多。具备优异的水洗性，在去除碱液残留时，耗水更少。

③安全性好 采用食品级原材料，安全无毒性，使用过程不产生泡沫，特别适合机械清洗。

④性价比高 超浓缩配方，产品原液稀释 200 倍使用仍具有优良的洗涤效能，可大大降低用户的生产成本。

【性能指标】

总活性物含量/%	≥1.5
有效物含量(以 NaOH)/%	≥28
pH 值(1%水溶液,25℃)	12.00～14.00
荧光增白剂	不得检出
砷(1%水溶液中以 As 计)/(mg/kg)	≤0.05
重金属(1%水溶液中以 Pb 计)/(mg/kg)	≤1.00

①将本品按 1∶200 溶解稀释，混合均匀即可用于机械喷洗或人工洗涤。②当清洗液循环使用时，当有效物含量低于 0.1%时，应及时补加原液至有效物含量为 0.15%。对于污染严重或清洗时间较短的目标，可将浓度提高至 0.2%。③建议最佳清洗温度为 50～70℃。④为保证达到最佳洗涤效果，每天彻底更换清洗液。

【主要用途】 主要用于生鲜食品的清洗、加工中设备的清洗。

【应用特点】 清洗应用的特点是去除黏附于机械上的污垢，以防止微生物在其间滋长。要把污垢去掉，就必须使清洗系统能够供给克服污染物质所需的洗净能力。

【安全性】 ①经洗涤液清洗后的桶应立即用清水冲净。②工业用，请置于孩童不能触及之处。③密闭包装，储存于阴凉、通风处。④本品具有腐蚀性，操作时必须佩戴护目镜、耐酸碱手套，避免身体接触。⑤若误食，请饮水，勿引呕，速就医。

【生产单位】 深圳市银联通信息技术有限公司，深圳市希诺金科技有限公司，山东省科学院新材料研究所。

M 化学清洗剂材料与产品

因为目前物理清洗的局限性，化学清洗技术在国内仍然得到广泛的应用。目前世界上工业清洗已由传统的溶剂清洗、水洗和表面活性剂清洗方式，发展到精细清洗和绿色清洗阶段。随着精细有机合成技术、生物技术、检测技术等相关技术的进步，化学清洗技术也得到发展，正在向绿色环保方向发展：将合成具有生物降解能力和酶催化作用的绿色环保型化学清洗剂；弱酸性或中性的有机化合物将取代强酸强碱；直链型有机化合物和植物提取物将取代芳香基化合物；无磷、无氟清洗剂将取代含磷、含氟清洗剂；水基清洗剂将取代溶剂型和乳液型清洗剂；可生物降解的绿色环保型清洗剂将取代难分解的污染性清洗剂。绿色化学要求对环境的负作用尽可能小，它是一种理念，是人们应该尽力追求的目标。

由此，在应用工业化学清洗技术和研究清洗新技术中，工程技术人员应根据绿色化学的原则，选择采用无毒、无害的原料，提高原料的利用率，力争实现“零排放”。同时，在清洗过程中产生的清洗废液中含有的有毒、有害物质，必须经过处理达到国家有关排放标准方可排放。

不同的清洗剂，起作用的原理是不一样的，有的是因为化学性质反应掉杂质，有的是因为清洗剂的物理性质。当然，不同的情况选用的清洗剂也是不一样的，因为要求是不同的。

氯化烃类清洗剂的去污作用和其他溶剂的去污作用相同，都是对污垢的溶解作用。其溶解污垢能力的强弱与污垢的种类和分子结构有关。

氯化烃类清洗剂的比热容小，蒸发潜热也小，所以加热快，凝露也快，因此用它清洗主要是依靠它挥发出的气体，遇到冷的清洗件时，立即冷凝变为液体，并将油污溶解降落在清洗槽底部。接着又有新的气体与清洗件接触，冷凝为液体，如此反复，这样黏附油污的工件表面总是与清洁的清洗液接触。并且由于清洗剂蒸气可以到达被洗件的任意部位，所以清洗效果好。

1 原水的定义与含义

原水成分是确定适宜的水处理工艺、选择合理的水质处理流程、采用适当的化学药剂及其剂量、进行水处理设备计算的重要基础资料，其中也包括了进行水清洗。

(1) 含盐量和总固体

① 含盐量 水中的盐类一般指离解为离子状态的溶解固体，其阴、阳离子含量的总和称为含盐量。水的电导率与含盐量有关。

② 总固体 这是指水在一定温度下蒸发，烘干后剩留在器皿中的物质重量，包括悬浮固体（即截留在滤器上的全部残渣）和溶解固体（即通过滤器的全部残渣）。

(2) 酸度 它是指水中含有能与强碱（如 NaOH、KOH 等）起作用的酸性物质的含量。这类物质归纳起来包括以下三类：

① 能全部离解为氢离子的强酸，如盐酸、硫酸、硝酸等。

② 弱酸，如碳酸、硫化氢以及醋酸等有机酸等。

③ 强酸弱碱所组成的盐类，如铵、铁、铝等离子与强酸所组成的盐，这些盐类水解产生氢离子。

(3) 碱度 它是指水中含有能与强酸（如 0.1mol/L 的 HCl 标准溶液）作用的碱性物质的含量，碱度指标常用于评价水体的缓冲能力及金属在其中的溶解性和毒性。这类物质归纳起来包括以下三类：

① 重碳酸盐碱度（HCO_3^-）。

② 碳酸盐碱度（CO_3^{2-}）。

③ 氢氧化物碱度（OH^-）。

(4) 硬度 水的硬度分为碳酸盐硬度和非碳酸盐硬度两类，二者之和称为总硬度（H_o）。

① 碳酸盐硬度（H_z） 主要是指钙、镁离子与重碳酸根所组成的盐。由于水受热后，重碳酸盐分解为碳酸盐，溶解度降低后生成沉淀而析出。因此又称为暂时硬度。

② 非碳酸盐硬度（H_y） 主要是指钙和镁的硫酸盐、硝酸盐和氯化物等所形成的硬度。因为水在常压下加热至沸腾，它们不会生成沉淀，故称永久硬度。

(5) pH 值 pH 是指每升水中氢离子浓度的负对数，即 $-\lg[H^+]$。由实验测得，在 24℃时纯水中 H^+ 浓度和 OH^- 浓度均等于 10^{-7}mmol/L，即 $pH=pOH=-\lg[10^{-7}]=7$。因此，当 pH<7 时，表示溶液呈酸性；当 pH=7 时，表示溶液呈中性；当 pH>7 时，表示溶液呈碱性。

(6) 电导率 电导率是以数字表示溶液传导电流的能力。纯水电导率很小，当水中含无机酸、碱或盐时，溶液的电导率升高。电导率常用于间接推测水中金属离子成分的总浓度。水溶液的电导率取决于离子的性质和浓度、溶液的温度和黏度。温度每升高 1℃，电导率增加 2%～2.5%，通常规定 25℃为测定电导率的标准温度。

电导率的标准单位是 S/m（即西门子/米）。一般实际使用单位为 μS/cm。

(7) 浊度　ISO 国际标准将浊度定义为由于不溶性物质的存在而引起液体透明度的降低。

(8) 淤塞密度指数 SDI（与污染指数 FI 等同）　SDI 是测定在标准压力和标准时间间隔内，一定体积水样通过一特定微孔膜滤器的阻塞率。它表征水中胶体物和悬浮物含量的多少。与浊度相比，它是从不同的角度来表示水质，但是 SDI 要比浊度准确、可靠得多。

(9) 有机物　有机物种类繁多，在天然水中的组成成分千变万化，目前尚无准确地直接测定方法，而且和有机物有关的几项指标，如耗氧量、总固体残渣的灼烧减重、总有机碳等，皆不能准确地表示有机物的含量及其组分。

① 耗氧量　又分为化学需氧量（OCD）和生物需氧量（BOD）两种。化学需氧量是指 1L 水中所含还原性物质在给定条件下被强氧化剂氧化时所消耗氧的质量（mg），它是指示水体中还原性污染物的主要指标。

② 总固体残渣的灼烧减重　灼烧减重中，除有机物分解挥发外，还有碳酸盐、硝酸盐的分解，故一般灼烧减重大于有机物总含量。

③ 总有机碳（TOC）　是以碳的含量表示水体中有机物质总量的综合指标。由于 TOC 的测定采用燃烧法，能将有机物全部氧化，它比耗氧量更能直接表示有机物的总量，因此常被用来评价水体中有机物污染的程度。但同样不能表明水中有机物的组成。

④ 紫外线吸收光谱法　紫外线吸收光谱法是对在紫外区（一般为 200～1000nm）范围有吸收峰的物质的鉴定和结构分析。

(10) 碳酸的平衡　碳酸在水中一般以三种形态存在。

① 游离碳酸　即分子状的碳酸，包括水中溶解的二氧化碳和未离解的 H_2CO_3 分子。

② 碳酸盐类　即碳酸根离子（CO_3^{2-}）。

③ 重碳酸盐类：即重碳酸根离子（HCO_3^-）。

(11) 二氧化硅　天然水中普通含有二氧化硅，但含量的变化幅度很大，在 6～120mg/L 范围内，大部分天然水中的硅含量小于 20mg/L。地下水中二氧化硅的含量比地表水中的要多。二氧化硅溶于水中的形态比较复杂，其表示通式 $xSiO_2 \cdot yH_2O$。在天然水中呈溶解的和胶体的状态，形成不同形态的硅酸。不同形式硅酸的比例与 pH 有关。

2 溶剂与常用的溶剂清洗剂

清洗剂溶剂是一个很大的范畴，种类繁多，包括无机清洗和有机清洗两大类。有机清洗剂与无机清洗剂的区别简单地说，有机清诜剂就是含碳的化合物制成的清洗剂，无机清诜剂就是不含碳的化合物制成的清洗剂，因此它们属于无机物。清洗剂的分类方法也很多，各国都不尽相同，我们通常分成水系，半水系、非水系清洗剂三大类。

(1) 传统常用的溶剂工业清洗剂　清洗剂有很多种，每一种组分和细微变化都会影响到清洗剂产品的质量，进而影响金属加工的质量。所以拥有好的清洗剂配方能在金属加工市场立于不败之地。传统常用的溶剂工业清洗剂有如下：

① 烃类（石油类）类　如煤油、柴油、汽油、环保碳氢清洗剂等。

② 氯代烃类　如三氯乙烯、二氯甲烷以及四氯乙烯等。

③ 烷类　如正己烷、正庚烷等。

④ 氟代烃类　如氟利昂等。

⑤ 溴代烃类　如正溴丙烷（NPB）等。

⑥ 醇类　如乙醇、甲醇等。

⑦ 醚类　如乙醚、石油醚等。

⑧ 酮类　如 C_3H_6O、丁酮等。

(2) 水、溶剂等组成工业清洗剂　水、溶剂、酸或碱、氧化剂或还原剂、表面活性剂、缓蚀剂和钝化剂以及助剂。

(3) 水和非水溶剂的工业清洗剂　水和非水溶剂污垢的溶剂是指那些能把清洗对象的污垢以溶解或分散的形式剥离下来，且没有稳定的、化学组成确定的新物质生成的物质。它包括水及非水溶剂。

① 水　水是自然界存在的，也是最重要的溶剂。在工业清洗中，水既是多数化学清洗剂的溶剂，又是许多污垢的溶剂。在清洗中，凡是可以用水除去污垢的场合，就不用非水溶剂及各种添加剂。

② 非水溶剂　非水溶剂包括烃与卤化烃、醇、醚、酮、酯、酚等及其混合物。它主要用于溶解有机污垢，如油垢及某些有机化合物垢。

(4) 水和非水溶剂清洗的发展趋势　清洗历来为工矿企业废液排放的主要源头之一，当前的节能减排对其又提出了额外的要求。业界常见的关于清洗剂主张如下：

① 以水代油来清洗，减少煤油、汽油等溶剂的使用，降低清洗成本，并减少油性溶剂排放，改善清洗工段环境。

② 降低清洗过程的温度和增加清洗剂的洗净能力，减少清洗剂的浓度

(或换液频率)，实现节能减排。

③ 以植物基表面活性剂替代难降解的烷基酚聚氧乙烯醚表面活性剂(NP、OP 等，BASF、DOW 等公司均有其替代技术)，提高清洗剂的生物降解性能。

④ 控制清洗剂的 pH 在中性范围内，减缓清洗剂对清洗对象的腐蚀，减少清洗剂对环境的破坏，甚至省略废水处理设备。总之，随着全社会对安全、环保和效率等因素的要求程度的进一步提高，对安全、环保、高效、便捷等先进的清洗方式和多功能、高效、低毒和易生物降解的清洗剂产品的需求必将大大增强，而工业清洗倾向于规范、专业、品牌化。

3 水性清洗剂与溶剂清洗剂的区别

水性清洗剂是水性的，可以与水任意比例混溶；溶剂清洗剂不能兑水使用，直接使用，其特点是具有挥发性但也有快慢之分、如酒精、白电油替代品、碳氢清洗剂（挥发慢）等。

水性清洗剂使用浓度与清洗效果有很大关系，一般随着使用浓度的增加，去油污能力也相应增强。水性清洗剂一般浓度控制在 5%～8%为宜。如果是第一次使用，开始可以按 1：10 比例兑水使用，如果没有问题可以再提高比例；重油污可以比例大些，轻油污比例小些。

水性清洗剂的使用温度和使用时间介绍如下。

(1) 水性清洗剂的最佳使用温度　一般情况下，随着水性清洗剂温度的升高，其去污能力也随之提高，但超过一定温度后，去油污能力反而下降。所以，每一种水性清洗剂都有一个最适宜的温度范围，并不是温度越高越好。当加热到一定温度时，水性清洗剂便出现浑浊现象，此时的温度称为“浊点”，活性剂在水中的溶解度下降，某些成分因受热发生分解而失去作用，去污能力反而降低。因此，非离子型水性清洗剂的温度应控制在浊点以下。

(2) 清洗剂的使用时间　一次配制的水性清洗剂可以多次使用，其使用时间主要取决于清洗零件的数量与清洗剂的污染程度。为了节约水性清洗剂的用量，提高清洗质量，清洗时应按零件特征，合理安排清洗顺序。如先洗主要零件与不太脏的零件；后洗次要零件与比较脏的零件，这样可以延长水性清洗剂的使用时间。

Ma 水剂型工业清洗剂

Ma001 电子级水

【英文名】 electronic grade water

【别名】 原水；电子水

【组成】 一般以城市自来水为原水。

【产品特点】 采用反渗透膜技术可以去除水中溶解性无机盐、有机物、胶体、微生物、热原及病毒等。反渗透膜一般为醋酸纤维素、聚酰胺复合膜，其孔径为0.4～1.0nm，当施加压力超过自然渗透压时，原水中盐类、细菌及不溶物质被截留，而穿过半透膜为含盐量低的淡水，脱盐率可达95%以上。

离子交换混合床为去除无机离子的主要方法，可去除溶解的0.2～0.8nm大小无机盐，溶解的气体、SO_2、NH_3及微量元素，而达到净化水的目的。

【配方】 消耗定额（以生产每吨电子级水计）

原水	约为 1.8t

【制法】 一般城市自来水为原水，通常总含盐量在（200～500）$\times 10^{-6}$范围内，预处理可选无烟煤和石英砂作为多介质过滤器滤料和活性炭吸附，对原水机械杂质、有机物、细菌进行去除，而对无机离子效果不大。

【性能指标】 无色透明液体，无臭、无味。在4℃时密度为1.00g/mL，理论纯水电阻率（25℃）为18.25MΩ·cm，pH（25℃）为6.999。

水质标准如下表所示。

电子级水标准（GB 11446—89）

项　目	EW-Ⅰ	EW-Ⅱ	EW-Ⅲ	EW-Ⅳ	EW-Ⅴ
电阻率(25℃)/MΩ·cm	18（90%时间）最小 17	15（90%时间）最小 12	10（90%时间）最小 8	≥2	≥0.5
大于 1μm 颗粒数/(个/mL)	1	5	10	100	500
钠含量(最大值)/(μg/L)	0.5	5	10	200	1000
铁含量(最大值)/(μg/L)	0.5	5	10	100	500

【工艺流程】 电子超纯水一般工艺流程：

预处理→反渗透→水箱→阳床→阴床→混合床→纯化水箱→纯水泵→紫外线杀菌器→精制混床→精密过滤器→用水对象。

预处理→一级反渗透→加药机（pH调节）→中间水箱→第二级反渗透（正电荷反渗膜）→纯化水箱→纯水泵→紫外线杀菌器→0.2μm或0.5μm精密过滤器→用水对象。

预处理→二级反渗透→中间水箱→水泵→EDI装置→纯化水箱→纯水泵→紫外线杀菌器→0.2μm或0.5μm精密过滤器→用水对象。

预处理→二级反渗透→中间水箱→水泵→EDI装置→纯化水箱→纯水泵→紫外线杀菌器→精制混床→0.2μm或0.5μm精密过滤器→用水对象（应用场合）。

【主要用途】 半导体材料、器件、印刷电路板和集成电路；超纯材料和超纯化学试剂；实验室和中试车间；汽车、家电表面抛光处理；其他高科技精微产品。在微电子工业中或在超净高纯试剂制备中，作为清洗剂，使用极广，用量极大。

【应用特点】 流程说明（参见图M-1）。

将原水注入原水储罐中，经原水泵注入多介质过滤器，活性炭吸附罐，再进入反渗透装置，脱去原水中大部分盐类。经反渗透处理后的水，通过离子交换初混床去除无机离子，再经3μm过滤器进入初纯水槽。循环泵将初纯水槽的水注入离子交换精混床，并通过在线紫外杀菌器，进入精滤器。通过终端0.2μm微孔过滤的水，即为微电子工业用水或超净高纯试剂制备用水。

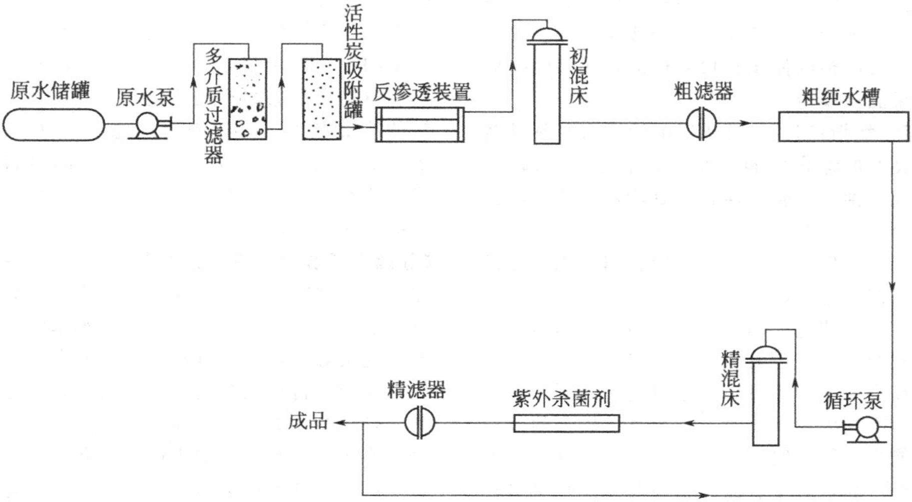

图M-1 电子级水制备生产流程图

【安全性】 微滤是制备电子级水关键技术之一，微孔过滤是目前应用最广泛的膜分离技术。通过0.1～10μm微孔膜过滤可以去除溶液中微粒、胶体、微生物和细菌。在电子级水制备工艺中，采用粗滤（3～10μm）过滤器和精滤（0.2μm或0.45μm）过滤器，可以去除水中微粒、树脂碎片、细菌等。精滤常用于水终端或用水再处理。在精处理系统中采用两级在线紫外杀菌器（一级为185nm杀菌器，二级为2540nm杀菌器），来杀灭水中细菌微生物。

【生产单位】 广州奥深水处理设备有限公司，靖江市恒信环保设备有限公司。

Ma002 除油除蜡水

【英文名】 oil and wax removing water

【别名】 除油水；除蜡水

【组成】 一般情况下，除蜡水清洗剂是由各种表面活性剂、助剂、缓蚀剂等合理复配而成。

【产品特点】 除蜡水清洗剂是用于电镀、钟表、工艺品、饰品等五金行业工件的抛光后清洗抛光蜡的清洗剂。除蜡水清洗剂通过降低表面张力，改善和加强润湿渗透性能和乳化、溶解、增溶等性能达到对蜡垢的溶解清洗除。

①适用于大多数的材料和抛光蜡品种；②除蜡速度快，可提高生产效率；③无毒无害达到环保要求；④清洗寿命长，降低成本，减少换槽频率；⑤不含有大量的磷、氮等元素，废液易处理；⑥有一套严格的使用和检测标准，保持除蜡效果品质稳定。

【性能指标】 一种优质的除蜡水必须具备良好的综合性能。如除蜡能力、低泡性、稳定性、无腐蚀性是评价除蜡水品质的几个主要指标。

①低泡性 由于目前普遍采用的除蜡工艺为超声波清洗，因此要求除蜡水必须有较低的泡沫高度，防止因过多的泡沫影响产品的使用效果。②稳定性 要求产品在高温下使用中不产生沉淀、絮凝、分层等不利因素。同时产品要具备较强的处理能力。③无腐蚀性 由于抛光工件多为光饰产品，对于表面的腐蚀及光泽度要求较高，因此，除蜡水必须具备对各类金属工件无腐蚀，不使工件变色的能力。

一般国内除蜡水清洗剂，适用于各类金属工件的除蜡；在除去金属表面蜡质时，对金属基体无腐蚀，且能保持抛光面原有的光泽；适合于超声波清洗，效果更佳；除蜡速度快捷且经济耐用。

【主要用途】 除蜡水作为目前常用的清洗产品而广泛应用于电镀、钟表、饰品及工艺品等五金行业工件抛光后的除蜡工艺。金属工件经过抛光蜡的抛光后，其表面的污垢成分主要为石蜡、脂肪酸、松香皂、金属氧化物、磨料、矿物油、动植物油、天然蜡以及一些打磨布碎片、打磨出来的金属基体的粉末及其氧化物。抛光后的工件上，蜡垢就会以机械吸附、分子间吸附和静电吸附等方式黏附在工件上。而这些蜡垢的颗粒直径小于 0.1μm 时就很难除去。除蜡水制备的关键就在于对各种表面活性剂、助剂、缓蚀剂、助溶剂等成分进行合理的复配。通过降低表面张力，改善润湿渗透性能和乳化、溶解、分散增溶性能，从而增强产品的渗透力和溶解力，以达到快速去除蜡垢的目的。

【除油除蜡水的作用】 除蜡水是一种水基的以表面活性剂为主，辅以对金属有缓蚀效果的组分以及溶剂等的多功能清洗剂，具有对蜡质污垢的抓爬乳化能力以及对油污的清洗能力。一般需要加温至 60℃ 以上浸泡或超声波清洗，1～10min 即可将蜡垢清除干净，它解决了对拉伸油、抛光蜡的乳化清除的问题。

【除蜡水清洗剂的综合性能】 目前，金属除蜡垢、脱脂、去油污的主要方法有：有机溶剂法、化学法、电化学法和水基清洗剂清洗法等。常用的有机溶剂不能完全去除抛光蜡，特别是金属表面上的金属氧化物、碳化物、磨光料不能被有效清洗掉。含氯溶剂不但有较大的毒性，且有水解的趋势，在湿性条件下对金属有腐蚀性。化学、电化学方法会使用强酸强碱，对金属有较强的腐蚀性，也不宜作金属除蜡的清洗。而针对抛光蜡成分而配制的除蜡水要求具有良好的润湿、渗透、乳化、分散等性能，配以搅拌和超声波除蜡，会加快蜡垢去除的速度，达到快速彻底的除蜡效果。由于其安全、高效、无毒而得到广泛应用。

【应用特点】 过去三氯乙烯清洗剂因其良

好的除油除蜡能力而广泛采用在电镀、钟表、饰品及工艺品等五金行业工件抛光后的除蜡工艺，随着其造成对环境的危害和对人身体健康的危害被发现而越来越被许多地区环保卫生组织和企业所禁用。各清洗剂厂家也在研发三氯乙烯替代品的产品，水基除蜡水被认为可目前最理想的替代品之一。如国内深圳裕满水基除蜡水WP-820是一种水基的以表面活性剂为主，辅以对金属有缓蚀效果的组分等的多功能清洗剂，具有对蜡质污垢的抓爬乳化能力以及对油污的清洗力；具有除蜡彻底、除油干净，对工件无腐蚀，清洗后不变色、不氧化生锈，比使用三氯乙烯更经济环保而且无毒。可采用超声波清洗、浸泡清洗应用于各类金属工件的除蜡。

【安全性】 除蜡水适用于不锈钢制品、铜、铝合金制品等金属制品除蜡，如表带及表壳、眼镜架、手机外壳、金属配件饰品等金属抛光工件。除蜡水的要求：除蜡水应具有渗透、溶解能力强，除蜡速度快，并要求不含氢氧化钠和无机盐，不伤底材，使用浓度低对油污容纳量高，并可作为除油脱脂产品使用，寿命长且经济实用。除此之外，还要求除蜡水把除蜡与除油两种功能有机结合起来，具有除蜡彻底，除油干净，干后无水印，对工件无腐蚀，清洗后不变色、不氧化生锈，经济环保而且比使用三氯乙烯更经济环保而且无毒。

【生产单位】 深圳市色彩之都化工涂料有限公司，中山市鑫汇化工有限公司。

Ma003 环保洗网水

【英文名】 green net washing water

【别名】 洗网水；网版水

【组成】 表面活性剂和环保溶剂调配而成。

【产品特点】 国内环保洗网水产品适合大中小型印刷网版清洗需求，调节产品的挥发速度，溶解能力强，气味小，不伤手，能够快速清洗印刷网版。无色透明液体、无悬浮沉淀物；环保、无毒性；溶解能力强；干网快、用量少；不伤丝网、不伤皮肤；清洗干净、彻底；可用来开油操作。

【清洗工艺】 ①已干固的丝网，采用浸泡后边洗边擦，直到擦洗涤干净即可。②在印制过程中，发现油墨堵网，用刮板刮去网上多余油墨，洗网纸巾或无尘纸浸上AS901两面擦干净即可继续印制。

【主要用途】 洗网水主要用于清洗网版。对塑料表面印刷油墨、有机玻璃表面印刷油墨及各种丝网印刷都有良好的效果，对工件无损害。

【应用特点】 环保、无异味；清洗时间短，干燥快。

【安全性】 ①操作员在使用完洗网水后，需要清水冲洗双手，醇类物质亲水性最强，极易冲洗干净，而苯类物质为非极性亲水物质，清水冲洗不能够完全去掉皮肤上附着的碱物质，长时间后会腐蚀皮肤。同样网板受弱碱类洗网水清洗后，酮类碱性太强，容易伤蚀网板上的线路菲林，苯类属非亲水物质，用清水冲洗后，易残留腐蚀性的物质，用醇类洗网水则无此顾虑。为了操作员的安全，请操作员使用洗网水时戴上橡胶手套。②避免阳光直接照射下及高温环境储存。

【生产单位】 上海庄益印刷器材有限公司，宁波市镇海临港化工有限公司。

Mb 溶剂型工业清洗剂

Mb001 溶剂型零件清洗剂

【英文名】 solvent cleaner for parts washing

【别名】 Dyna 143 零件清洗剂；ZEP 零件清洗剂

【组成】 一般常用的有机溶剂清洗剂有醇类、醚类、酮类、苯类等。

【产品特点】 常用的有机溶剂清洗剂有醇类、醚类、酮类、苯类等。

① 乙醇为无色透明液体，相对密度为 0.794，沸点 78.3℃，闪点 14℃。乙醇能溶解天然树脂和许多合成树脂，能与水、烃及蓖麻油完全互溶，是一种重要的有机溶剂。乙醇与乙酸作用，在强无机酸的催化下能生成乙酸乙酯，它也是一种重要的有机溶剂。乙醇可作为原料配制某些油漆层的脱漆剂。无水乙醇在要求严密的清洗工艺中常用作脱水剂，这是因为乙醇分子中羟基的存在，使其分子和水分子间彼此能形成氢键，起到携带水的作用。

② 乙醚为无色液体，微溶于水，沸点 34.5℃，相对密度 0.73。乙醚的主要用途是作溶剂，它能溶解许多有机化合物，适用于某些精密件的有机污物清洗。乙醚易挥发、易着火、易爆炸，使用时应远离火源。

③ 丙酮为无色液体，沸点 56.1℃，易燃、易挥发，能与水、乙醇、乙醚、氯仿等混溶，对树脂、油脂的溶解能力强，是脱漆剂的主要组成之一。

④ 苯及其同系物，均为无色液体，不溶于水，溶于汽油、乙醚、丙酮、四氯化碳等有机溶剂。对油性污垢的溶解能力较强，对活塞式发动机上的积炭有一定的去除作用，也是煤焦油沥青、天然沥青的良好溶剂。这类溶剂易燃，易挥发且毒性很大，在使用中应注意安全和避免吸入它的气体。

【性能指标】 外观：溶剂型液体；颜色：无色；气味：清香性气味；稳定性：良好；挥发性：易挥发；pH 值：6.5～7.5（1%，20℃）；相对密度：1.25；清洗效率（KB 值）：162；洗净力：99%。

【主要用途】 一般应用于制冷行业、空调行业、钢铁行业、汽车行业、机车车辆、船舶修造、精密机械加工等行业中金属零部件的除油脱脂；也适用于大型金属部件及结构件等除油脱脂。

【应用特点】 它可以快速安全地溶解各种油污、油脂、油垢和油焦。清洗效率是煤油的 6 倍左右，并且没有煤油的异味与安全隐患。使用简单方便，使用后可以回收再利用。

【安全性】 溶剂型零件清洗剂对金属表面无腐蚀（对各类常见碳钢、不锈钢、紫铜、铁等金属没有任何腐蚀和伤害，直接与皮肤接触也不会对皮肤有任何的刺激和伤害）。

【生产单位】 南通康迈化工有限公司，天津开发区爱尔工业有限公司。

Mb002 SP-401溶剂型清洗剂

【英文名】 SP-401 solvent-based cleaning agent

【别名】 SP-401清洗剂；功能清洗剂

【产品特点】 ①清除油污、重油垢能力极强，清洗效率是煤油的6倍，是ODS类清洗剂的理想替代品。②清洗快速有效，浸泡、擦洗、喷刷后不留残迹，表面干燥后，不留污渍。③应用范围无限制，不改变材料性能，无引火性危险。④使用安全，本产品不腐蚀被清洗物，刺激性小，不损伤皮肤，对各种表面均安全无伤害（对于不耐溶剂的橡胶、塑料部件不宜长时间浸泡在清洗剂中）。⑤清洗后对金属表面具有短期防锈作用。⑥满足各类清洗要求：如循环清洗、浸泡清洗、擦洗、喷淋清洗、超声波清洗等要求。⑦不可兑水使用，可以重复使用直至消耗完毕。

【性能指标】 外观：溶剂型液体；颜色：无色；气味：清香性气味；稳定性：良好；挥发性：易挥发；pH值：6.5～7.5（1%，20℃）；相对密度：1.25；清洗效率（KB值）：162；洗净力：99%。

【应用范围】 ①用于精密仪表、电子产品、集成电路、线路板机械零件、航空器材、五金冲压油以及各类金属表面油污的清洗；②用于清洗机械设备、机床表面的顽固重油污；③用于清洗煤焦油产生的结焦和结垢，可以快速安全地溶解各类煤焦油的结焦和结垢；④用于清洗焦化厂各类煤焦油管道和间冷器、油气分离器；⑤用于电镀行业的脱脂清洗；⑥用于汽车行业脱脂清洗；⑦用于超声波清洗；⑧用于清洗各类常见油脂，如润滑油、石蜡油、轻油、磺化油、石脑油、防锈油、凡士林、煤焦油、废气凝结物等油垢油焦的清洗。

【应用特点】 它可以快速安全地溶解各种油污、油脂、油垢和油焦。清洗效率是煤油的6倍左右，并且没有煤油的异味与安全隐患。使用简单方便，使用后可以回收再利用。

【安全性】 ①使用本产品后，若垢类未完全清除，一般为清洗剂用量不足或清洗时间不够导致。②使用时若不慎将清洗剂溅入眼中，用大量水冲洗即可。③使用时应尽量避免长时间接触皮肤；必要时戴耐溶剂的手套。④请勿加热使用，常温使用即可。⑤SP-401煤焦油清洗剂采用带内盖的塑料桶或钢桶包装。250kg/桶、25kg/桶。⑥应储存在清洁干燥、通风阴凉的仓库内，堆垛高度不得超过两层，远离火、热源。

【生产单位】 淄博尚普工业清洗剂有限公司，北京蓝星清洗有限公司，深圳市金沅成科技有限公司。

Mb003 SP-404煤焦油清洗剂（溶剂型）

【英文名】 SP-404 coal tar cleaning agent (solvent type)

【别名】 SP-404清洗剂；煤焦油清洗剂

【产品特点】 ①清除煤焦油油污、重油垢、结焦能力极强，清洗效率是汽油煤油6倍。②清洗快速有效，浸泡、擦洗、喷刷后不留残迹。③应用范围无限制，不改变材料性能，无引火性危险。④使用安全，不腐蚀被清洗物，对各种表面均安全无伤害（对于不耐溶剂的橡胶、塑料部件不宜长时间浸泡在清洗剂中）。⑤清洗后对金属表面具有短期防锈作用。⑥满足各类清洗要求：如循环清洗、浸泡清洗、擦洗、喷淋清洗、超声波清洗等要求。⑦不可兑水使用，可以重复使用直至消耗完毕。

【性能指标】

外观	溶剂型液体
颜色	无色
气味	清香性气味
稳定性	良好
挥发性	易挥发
pH 值	6.5～7.5(1%,20℃)
相对密度	1.25
清洗效率(KB 值)	162
洗净力	99%

【主要用途】①用于清洗煤焦油产生的结焦和结垢，可以快速安全地溶解各类煤焦油的结焦和结垢；②用于清洗焦化厂各类煤焦油管道、螺旋板换热器、间冷器、油气分离器；③用于煤气输送管道以及化工、钢铁、机械、冶金等行业使用的煤气管道、换热器、压缩机、空压机、真空泵等设备中焦油垢和稠环芳烃焦油垢的清洗；④用于电镀行业的脱脂清洗；⑤用于汽车行业脱脂清洗；⑥用于清洗各类常见油脂如：润滑油、石蜡油、轻油、磺化油、石脑油、防锈油、凡士林、煤焦油、原油、废气凝结物等油垢油焦的清洗。

【安全性】①使用本产品后，若垢类未完全清除，一般为清洗剂用量不足或清洗时间不够导致。②使用时若不慎将清洗剂溅入眼中，用大量水冲洗即可。③使用时应尽量避免长时间接触皮肤，必要时戴耐溶剂的手套。④请勿加热使用，常温使用即可。⑤SP-404 煤焦油清洗剂采用带内盖的塑料桶或钢桶包装。250kg/桶、25kg/桶。⑥应储存在清洁干燥、通风阴凉的仓库内，堆垛高度不得超过两层，远离火、热源。

【生产单位】淄博尚普工业清洗剂有限公司，北京蓝星清洗有限公司。

Mb004 溶剂洗板水

【英文名】solvent wash plate water

【别名】洗板水；水基型洗板水；碳氢溶剂洗板水；氯化溶剂洗板水

【组成】一般常用的有三氯乙烯、己烷、庚烷、二乙二醇二甲醚、异丙醇、丁二醇类等。

【配方】

组　分	投料量/(g/L)
三氯乙烯	250～350
己烷	00～200
庚烷	200～300
二乙二醇二甲醚	100～200
异丙醇	100～200
丁二醇	100～200

【产品特点】①氯化溶剂洗板水是以氯化溶剂与其他溶剂混合而成；其溶解松香和去除助焊剂速度快，清洗后无残留、易挥发无需烘干的特点。②碳氢溶剂洗板水，随着碳氢清洗剂的被广泛使用，碳氢溶剂也被用于 PCB 电路板的清洗。碳氢溶剂洗板水有快干型和慢干型；快干型清洗效果一般较好。碳氢溶剂洗板水具有环保、无毒、气味小、可蒸馏回收使用，其多用于高端精密类 PCB 电路板的清洗。③水基型洗板水，因水基清洗剂具有环保、安全、无毒、无刺激性气体挥发的特点，市场应用范围广。

【性能指标】

实体形态	液体
气味	淡溶剂味
颜色	清澈,无色
相对密度	0.79
闪点	华氏 143°(143℉,彭斯基·马顿实验)
pH 值	无
保质期	3 年
美国交通部分类海运标签	无规定

【主要用途】电路板经波峰焊或手工焊接后，表面会残留助焊剂和松香；洗板水也就是电路板清洗剂的简称，是指用于清

洗 PCB 电路板焊接过后表面残留的助焊剂与松香等用的化学工业清洗剂药水。

【应用特点】 ①单面或双面电路板；②有松香和助焊剂残留的 SMT 钢网均可。

【安全性】 ①使用本产品后，若垢类未完全清除，一般为清洗剂用量不足或清洗时间不够导致。②使用时若不慎将清洗剂溅入眼中，用大量水冲洗即可。③使用时应尽量避免长时间接触皮肤；必要时戴耐溶剂的手套。④请勿加热使用，常温使用即可。

【生产单位】 东莞市华夏联合石油化工有限公司，上海同博材料科技有限公司，武汉荣申化工有限公司。

Mb005 氯化溶剂洗板水

【英文名】 chlorinated solvent wash plate water

【别名】 氯化溶剂

【组成】 是以氯化溶剂与其他溶剂混合而成的。

【产品特点】 其溶解松香和去除助焊剂速度快，清洗后无残留易挥发无需烘干的特点。

【性能指标】

清洁剂、除油剂	高度精制的无味溶剂，可快速溶解并去除油脂、油污及其他污渍
低蒸发率	低蒸发率与蒸汽压力使蒸发损失和人员接触降至最低
高闪点	与一般闪点在 107℉ 的矿质油漆溶剂相比，本品闪点高达 143℉，可有效减少产品在车间使用与库房存储时的燃烧性危害
经济实惠	用于洁普的过滤清洗装置(如洁普 Dyna 清洁系统)时，本品溶剂可持续循环使用，不像其他微粒或油分堵在滤芯内，需进一步处理
多用	除在零件清洗机内使用，本品还可用于任一需要溶剂型清洁剂做一般除油的场合

【主要用途】 电路板经波峰焊或手工焊接后，表面会残留助焊剂和松香；洗板水也就是电路板清洗剂的简称，是指用于清洗 PCB 电路板焊接过后表面残留的助焊剂与松香等用的化学工业清洗剂药水。

【应用特点】 ①单面或双面电路板；②有松香和助焊剂残留的 SMT 钢网均可。

【安全性】 ①使用本产品后，若垢类未完全清除，一般为清洗剂用量不足或清洗时间不够导致。②使用时若不慎将清洗剂溅入眼中，用大量水冲洗即可。③使用时应尽量避免长时间接触皮肤；必要时戴耐溶剂的手套。④请勿加热使用，常温使用即可。

【包装方式】 ①因洗板水是具有一定酸性或者碱性的液体产品，所以一般都是用塑胶桶包装或者铁桶包装密封。②包装重量因客户需求与方便，常用包装方式：18L、20L、25L、200L 不等。密封储存于阴凉、干燥处。废液专桶收集，再交由政府许可的回收商回收。

【生产单位】 北京蓝星清洗有限公司，深圳市金沅成科技有限公司。

Mc 其他水、溶剂工业清洗剂

Mc001 FRB-143 碳氢溶剂洗板水

【英文名】 FRB-143 hydrocarbon solvent wash plate water

【别名】 FRB-143 洗板水；碳氢溶剂洗板水

【组成】 常用的三氯乙烯、己烷、庚烷、二乙二醇二甲醚、异丙醇、丁二醇类等。

【性能指标】 详见 Mb004 溶剂洗板水。

【主要用途】 电路板经波峰焊或手工焊接后，表面会残留助焊剂和松香；洗板水也就是电路板清洗剂的简称，是指用于清洗 PCB 电路板焊接过后表面残留的助焊剂与松香等用的化学工业清洗剂药水。

【清洗工艺】 FRB-143 碳氢溶剂洗板水是馏程在 170～180℃ 制成，闪点达到 52℃，气味小的高纯度碳氢类洗板水是代替对环境和人危害极大的氯乙烯、氯化溶剂、天那水洗板水的最佳选择。本品分为快干型和慢干型两种产品，本品可采用真空清洗干燥机、普通超声波清洗机和手工刷洗等工艺高效清洗电路板焊接后残留的助焊剂、松香、焊渣等污渍，对电子元件和金属零件无腐蚀，本品废液可回收蒸馏循环使用。

【应用特点】 碳氢溶剂是馏程在 140～190℃ 的正构和异构烷烃。一般是石油经粗蒸馏、加氢、精馏、异构化制成；具有清洗性能好、无毒、相容性好、可彻底挥发无残迹、不破坏环境等优点的环保清洗剂。

【安全性】 本品具有绝对的环保无毒性和极强的洗净力是一般洗板水所不及的，是款高端真正的环保洗板水，适用于高端精密电子电路板、芯片、集成电路清洗等高要求、高标准的电子清洗。

【生产单位】 深圳裕满碳氢溶剂有限公司。

Md 碱洗（碱煮）剂

一般碱洗清洗剂中常用的碱洗主剂主要有 NaOH、Na_2CO_3、Na_3PO_4、Na_2HPO_4、NaH_2PO_4，必要时加入表面活性剂。

(1) 碱性清洗剂的含义　碱性清洗剂是指 pH 大于 7 的清洗剂，其主要是以表面活性剂和其他原料复配而成的；因具有环保无毒、安全、经济成本低、清洗效果好的特点而被广泛运用。如裕满实业碱性清洗剂产品有 WP-660 pH 为 8、WHC-2 pH 为 9、WHC-5 和 WP-751 pH 都为 11、WP-753 pH 为 11、WP-630 pH 为 13、碱性除蜡水清洗剂 WP-820 pH 为 9.5。

(2) 碱性清洗剂的使用方法

① 喷淋清洗法。主要用的是低泡碱性清洗剂。

② 电解清洗法。得用专门的电解碱性清洗剂。

③ 浸泡加温法。

④ 超声波清洗法。

⑤ 机械搅拌。

Md001 碱性清洗剂的除油清洗剂

【英文名】 alkaline oil remover

【别名】 碱性清洗剂；除油清洗剂

【组成】 碱性清洗剂一般由碱以及表面活性剂等物质构成。

【产品特点】 碱性清洗剂是利用的皂化和乳化作用、浸透润湿作用机理来除去可皂化油脂（动植物油）和非皂化油脂（矿物油）等金属表面油脂。

【配方】

组　分	w/%
碱	3～5
甘油	2～4
表面活性剂	10～12
碱式盐	5～6
硬脂酸	3.5～4.5
助剂	2.6～3.8
水	余量

【制法】 上述原料搅拌与混合而成，这种清洗剂不适用于高温及循环洗涤，使用温度 45～60℃。

【性能指标】 性状：淡黄色黏稠液体。

pH 值	7～8
使用温度/℃	50～95
除油能力/%	≥98
高温稳定性	合格

【清洗工艺】

(1) 清洗条件　用同样的清洗剂清

洗同样的污物，若清洗条件（温度、时间、物理作用力等）不同也会得到不同的清洗效果。温度越高、时间越长，搅动或加超声波等物理作用力，则清洗效果越好。必须在与实际使用清洗机相同或更加严格的条件下先进行试验。

（2）清洗力的选择　如非水系清洗剂的原理部分所述，非水系清洗剂的清洗力依赖于溶解作用。污染物加工油是矿物油时也有不能溶解的物质。用选定的清洗剂能否溶解污物需事前试验，从而选择溶解性能好的清洗剂。

（3）手工清洗　如没有超声波设备，可以选用手工物理清洗，但是手工清洗一般选用低沸点挥发性较快的碳氢清洗剂才可以在产品清完后迅速干燥。

（4）超声波清洗　①一般超声波的干燥方式有两种：热风干燥和蒸汽干燥。②热风干燥的方式，沸点高和低的碳氢都适合使用。③蒸汽干燥的方式，一般选用低沸点的碳氢。

【主要用途】　碳钢、不锈钢、铜、铝等多种金属表面油污的清洗，并可作除积炭促进剂。

【应用特点】　①皂化作用　金属表面油脂中的动植物油（主要成分是硬脂酸），与碱性清洗剂中的碱生成硬脂酸钠（即肥皂）和甘油溶解进入碱性溶液，俗称皂化反应，以除去金属表面油脂。

②乳化作用　乳化剂为表面活性物质，吸附在界面上，憎水基团向着金属基体，亲水基团溶液方向，使金属与溶液间界面张力降低，从而在流体动力等因素的作用下，油膜破裂变成细小的珠状，脱离金属表面，到溶液中形成乳浊液。皂化与乳化作用是相辅相成的，相互配合才能彻底清除金属表面油污。

③浸透润湿作用　皂化与乳化作用均系从油污表面逐步进行，而使含碱性清洗剂的碱性溶液浸透油脂内部，达到并润湿工件表面，增进了脱脂除油的效果，这就是表面活性剂的浸透润湿作用。此外还仍具有分散作用，将从工件除下的油脂分散到溶液之中。

【安全性】　①经洗涤液清洗后的桶应立即用清水冲净；②工业用，请置于孩童不能触及之处；③密闭包装，储存于阴凉、通风处；④本品具有腐蚀性，操作时必须佩戴护目镜、耐酸碱手套，避免身体接触；⑤若误食，请饮水，勿引呕，速就医。

【包装储存】　包装：25kg/塑料桶；200kg/塑料桶。储存：密封储存于阴凉、干燥、通风处，保质期2年。

【生产单位】　北京蓝星清洗有限公司，淄博尚普环保科技有限公司，江西瑞思博化工有限公司。

Md002 用碱剂清洗剂

【英文名】　cleaning agent for alkaline agent

【别名】　碱剂清洗剂；水玻璃

【组成】　一般由多种优良的表面活性剂和洗涤助剂经科学复配而成。

【产品特点】　用碱剂清洗剂有许多优点，但应注意的是碱易被清洗对象表面吸附，难以被冲洗干净，特别是金属表面对碱有一定亲和力，易于形成碱的表面覆盖膜，不易被冲洗去除。而一些金属与碱反应生成的氢氧化物水溶性不好，也会沾污金属表面。这些都使清洗之后的冲洗工艺产生一些问题。为解决附残留的问题，可采用增加冲洗次数的方法。

【清洗方案】

（1）方案1　维持传统的手工清洗方法（在常温下用毛刷或棉纱擦洗），使用环保油污清洗剂，以提高清洗质量、减少环境污染、保证人员健康。

（2）方案2　利用现有的超声波清洗机，使用环保清洗剂，以提高清洗质量、减少环境污染、保证人员健康。为能够节省更多的生产成本及进一步加快清洗节拍，建议加装真空干燥和蒸馏再生设备。

【配方】

组　分	w/%
三聚磷酸钠	2～10
碳酸钠	2～12
焦磷酸钠	2～3
氢氧化钠	10～18
去离子水	其余

【制法】 上述原料搅拌与混合而成，这种清洗剂不适用于高温及循环洗涤，使用温度45～55℃。

【性能指标】

外观	白色固体粉末
密度	0.98～1.04g/cm^3
水不溶物	<1%
可燃性	不燃

【主要用途】 用于各种五金零部件、各种管材、机械设备零部件、塑料制品等油污清洗。

【应用特点】 本配方经济实用，制成的金属防锈钝化剂具有无毒、无刺激性、配伍性好、易生物降解、起泡性及去污能力强等应用特点。

【安全性】 ①本品易挥发，清洗现场必须通风，严禁使用明火或在清洗现场抽烟。②清洗完毕后将回收的清洗剂立即装入包装同密封，不得敞口放置。③如有分层现象，摇匀后使用，不影响清洗性能。

【包装储存】 2kg/袋，26kg/箱。储放于阴凉、干燥处，结块不影响性能，有效期2年。

【生产单位】 江西瑞思博化工有限公司，天津天化科威水处理技术有限公司。

Me 无机酸清洗剂

Me001 盐酸

【英文名】 hydrochloric acid

【别名】 氢氯酸；焊锡药水；盐镪水；muriatic acid

【分子式】 HCl

【登记号】 CAS［7647-01-0］

【性质】 本品为无色有刺激性水溶液，易挥发，有刺激性气味。由于含有微量铁（氧化铁）、游离氯或有机物时呈浅黄色。强酸，能与水和乙醇以任意比混合。有强腐蚀性，能与碱中和，与磷、硫等非金属物质均无作用。

【质量标准】 GB 320—2006

指标名称		优等品	一等品	合格品
外观		无色或浅黄色透明液体		
总酸度(以 HCl 计)/%	≥	31		
铁(以 Fe 计)/%	≤	0.002	0.008	0.01
灼烧残渣/%	≤	0.05	0.1	0.15
游离氯(以 Cl 计)/%	≤	0.004	0.008	0.01
砷(以 As 计)/%	≤	0.0011		
硫酸盐(以 SO_4^{2-} 计)/%	≤	0.005	0.03	—

注：砷指标为强制性。

【制法】 将氯碱工业中食盐电解制烧碱过程中产生的氢气和氯气通入合成炉进行燃烧，生成氯化氢气体，经冷却后用水吸收，制成盐酸。或者由食盐与 H_2SO_4 反应制得 HCl，用水吸收即可。

【用途】 以盐酸为主剂进行化学清洗具有作用力强、速度快、效果明显、使用方便、所需费用低等优点，适用于碳素钢、铜，但不能用于奥氏体不锈钢、钛等材质的化学清洗。

【安全性】 盐酸有毒，腐蚀性极强。浓盐酸接触人体能导致严重烧伤，溅入眼内会导致永远失明。接触皮肤会产生皮炎和光敏作用。吸入盐酸蒸气会引起咳嗽、咽下困难、恶心、呕吐、极度口渴、腹泻，及至发生循环性虚脱甚至死亡。接触和使用盐酸，特别是浓盐酸时，应穿戴规定的防护用具，保护眼睛和皮肤。应采取措施，防止氯化氢气体逸出而污染大气和进入体内。不可与硫酸、硝酸混放；不可与碱类、金属粉末、氧化剂、氰化物和遇水燃烧物共储混运。应按照有关危险货物运输规则的要求进行运输。

【生产单位】 山东东岳化工股份有限公司，河南开普集团有限公司，上海氯碱化工股份有限公司，广州昊天化学（集团）有限公司，徐州市建平化工有限公司，江苏三木集团有限公司，大连达凯染料化工有限公司，巴陵石油化工有限公司，天津渤海化工有限责任公司天津化工厂，中国石化集团南京化学工业有限公司化工厂，无锡百川化工股份有限公司，江苏方舟化工有限公司。

Me002 硫酸

【英文名】 sulfuric acid

【别名】 oil of vitriol

【分子式】 H_2SO_4

【登记号】 CAS [7664-93-9]

【性质】 无色透明油状液体。可与水和乙醇任意混溶，同时放出大量热。340℃分解为三氧化硫和水。含量98%的 H_2SO_4 相对密度为1.8318，熔点10.38℃，沸点280℃。

【质量标准】 GB/T 534—2002

指标名称		浓硫酸			发烟硫酸		
		优等品	一等品	合格品	优等品	一等品	合格品
硫酸(H_2SO_4)/%	≥	92.5或98.0	92.5或98.0	92.5或98.0	—	—	—
游离三氧化硫(SO_3)/%	≥	—	—	—	20.0或25.0	20.0或25.0	20.0或25.0
灰分/%	≤	0.02	0.03	0.10	0.02	0.03	0.10
铁(Fe)/%	≤	0.005	0.010	—	0.005	0.010	0.030
砷(As)/%	≤	0.0001	0.005	—	0.0001	0.0001	—
汞(Hg)/%	≤	0.001	0.01	—	—	—	—
铅(Pb)/%	≤	0.005	0.02	—	0.005	—	—
透明度/mm	≥	80	50	—	—	—	—
色度/mL	≤	2.0	2.0	—	—	—	—

【制法】 由硫黄制取二氧化硫气体，再将二氧化硫催化氧化，生成三氧化硫，最后将三氧化硫与水接触制取硫酸。

【用途】 可用作硬水的软化剂、离子交换再生剂、pH调节剂、氧化剂和洗涤剂等。还可用于化肥、农药、染料、颜料、塑料、化纤、炸药以及各种硫酸盐的制造。在石油的炼制、有色金属的冶炼、钢铁的酸洗处理、制革过程以及炼焦业、轻纺业、国防军工都有广泛的应用。

【安全性】 硫酸有极强的腐蚀性和吸水性，能严重烧伤人体，故接触或使用硫酸时，工作人员必须做好防护。含量低于76%的硫酸与金属反应时会放出氢气。应放置在阴凉、通风处，防止日晒雨淋，禁止接触火源，不得与爆炸物、氧化剂及有机物共储混运。运输时应严格遵守危险物品运输规则，搬运时应加倍小心，严防包装破损。失火时，应使用水雾浇灭，或用二氧化碳灭火器。不可使用高压水柱，以防硫酸飞溅。

【生产单位】 广西堂汉锌铟有限公司，重庆川东化工（集团）有限公司，天津市化学试剂一厂，苏州精细化工有限公司，高力集团，江苏永华精细化学品有限公司，江苏方舟化工有限公司，中国石化集团胜利石油管理局胜大化工一厂，兰州长兴石油化工厂，无锡百川化工股份有限公司，淄博市临淄辛龙化工有限公司。

Me003 硝酸

【英文名】 nitric acid

【别名】 aqua fortis；azotic acid

【分子式】 HNO_3

【登记号】 CAS [7697-37-2]

【性质】 无色或黄色发烟液体，有令人窒息的气味。在空气中形成黄色到棕红色的雾状气体。能与水任意混溶。相对密度1.503；熔点−42℃；沸点83℃。硝酸不稳定，遇光或热会分解而放出二氧化氮，从而呈现浅黄色。浓硝酸是强氧化剂，遇有机物、木屑等能引起燃烧。含有痕量氧化物的浓硝酸几乎能与除铝和含铬特殊钢之外的所有金属发生反应，而除铝和含铬特殊钢则能被浓硝酸钝化。与乙醇、松节油、焦炭、有机碎渣的反应非常剧烈。

【质量标准】

(1) GB/T 337.2—2002（工业稀硝酸）

指标名称		68 酸	62 酸	50 酸	40 酸
外观		无色或浅黄色液体			
硝酸(HNO_3)/%	≥	68.0	62.0	50.0	40.0
亚硝酸(HNO_2)/%	≤	0.20	0.20	0.20	0.20
灼烧残渣/%	≤	0.02	0.02	0.02	0.02

(2) GB/T 337.1—2002（工业硝酸 浓硝酸）

指标名称		98 酸	97 酸
外观		浅黄色透明液体	
硝酸(HNO_3)/%	≥	98.0	97.0
亚硝酸(HNO_2)/%	≤	0.50	1.00
硫酸(H_2SO_4)/%	≤	0.08	0.10
灼烧残渣/%	≤	0.02	0.02

注：硫酸含量的控制仅限于硫酸浓缩法制得的浓硝酸。

【制法】 以铂为催化剂，将氨氧化为一氧化氮，再用空气与浓硝酸全部氧化为二氧化氮，然后用浓硝酸吸收，生成发烟硝酸，再经过解吸而得。

【用途】 硝酸属于强氧化性酸，对大多数金属有腐蚀作用。高浓度硝酸对金属有钝化作用。硝酸用于清洗碳素钢、不锈钢、铜、黄铜、碳素钢-不锈钢组成的设备，可除去水垢、铁锈，对α-Fe_2O_3和磁性Fe_3O_4有良好的溶解力。在生物法污水处理过程中，可用作微生物养分中的氮源等。此外，硝酸广泛用于化肥、化纤、医药、染料、橡胶等的制造，在国防工业、冶金工业、印染工业以及其他工业部门中，也是不可缺少的重要的分析化学试剂。

【安全性】 硝酸有毒，食入会灼伤和腐蚀口、食管和胃，导致胸部触痛、休克及至死亡。长时间暴露于硝酸蒸气中，会引起慢性支气管炎、化学性肺炎。因此，在接触和使用硝酸时应做好防护，避免硝酸或其蒸气进入体内。硝酸在空气中的最高容许浓度5mg/m³。不得与有机物、氧化剂、易燃物、强碱、电石、金属粉末等共储混运。

【生产单位】 重庆川东化工（集团）有限公司，天津市化学试剂一厂，上海实验试剂有限公司，高力集团，江苏永华精细化学品有限公司，江苏方舟化工有限公司，淄博化学试剂厂有限公司，北京北化精细化学品有限责任公司，连云港中铭化工有限公司。

Me004 磷酸

【英文名】 phosphoric acid

【别名】 orthophosphoric acid

【分子式】 H_3PO_4

【登记号】 CAS [7664-38-2]

【性质】 透明无色黏稠溶液，无臭。一般含量85%～95%。继续浓缩可得无色柱状晶体，密度(18℃) 1.834g/cm³，熔点42.3℃，沸点158℃，凝固点21.1℃。150℃成为无水物，加热至215℃变为焦磷酸，约于300℃变为偏磷酸，蒸气压3.8Pa。潮解性强。可与水和乙醇混溶。

【质量标准】 GB/T 2091—2003

指标名称		85%			75%		
		优等品	一等品	合格品	优等品	一等品	合格品
外观		无色透明或略带浅黄色、黏稠液体			无色透明或略带浅黄色、黏稠液体		
色度(黑曾单位)	≤	20	30	40	20	30	40
磷酸(H_3PO_4)/%	≥	85.0	85.0	85.0	75.0	75.0	75.0
氯化物(Cl)/%	≤	0.0005	0.0005	0.0005	0.0005	0.0005	0.0005
硫酸盐(SO_4)/%	≤	0.003	0.005	0.01	0.003	0.005	0.01
铁(Fe)/%	≤	0.002	0.002	0.005	0.002	0.002	0.005
砷(As)/%	≤	0.0001	0.005	0.01	0.0001	0.005	0.01
重金属(Pb)/%	≤	0.001	0.001	0.05	0.001	0.001	0.05

【制法】 黄磷气化后导入空气或过热水蒸气使其氧化，生成五氧化磷，用水吸收、纯化制得。或者用硝酸氧化磷制得。还可以使磷酸三钙与稀硫酸共热，经分解后，滤出滤液，再浓缩制得。

【用途】 磷酸在水处理领域主要用作软水剂、水垢清洗剂，以及用作磷系水处理剂的生产原料等。磷酸还有许多其他用途，高纯磷酸可用于制作无氟饲料；在电镀工业中用作抛光剂；印刷工业中用作去污剂。乙烯合成与过氧化氢的精制过程中用作酸化剂；饮料生产中用作酸化剂和调味剂；染料工业中用作干燥剂。纺织印染业中用作印染媒染剂，丝绸的光泽剂；日化工业中用作洗涤剂助剂，用于安全火柴的制造；制糖业中用作澄清剂；分析化学中用作分析试剂等。

【安全性】 磷酸的浓溶液对皮肤和眼睛有刺激性，能腐蚀皮肤引起发炎。磷酸蒸气能导致鼻黏膜萎缩，可造成全身中毒。磷酸在空气中的最大容许浓度 $1mg/m^3$。如果不慎，皮肤接触了磷酸，应立即用大量清水冲洗，并擦涂红汞溶液或龙胆紫溶液，出现中毒现象应立即送医院。不可与碱性、有毒及腐蚀性物品共储混运。

【生产单位】 大连英特化工有限公司，罗地亚-恒昌（张家港）精细化工有限公司，重庆川东化工（集团）有限公司，天津市化学试剂一厂，四川川恒化工（集团）有限责任公司，河北众诚化工科技有限公司，天津碱厂，江苏永华精细化学品有限公司，连云港市德邦精细化工有限公司，湖北祥云（集团）化工股份有限公司，武汉无机盐化工厂，海南华荣化工有限公司。

Me005 氢氟酸

【英文名】 hydrofluoric acid

【别名】 氟氢酸；氟化氢溶液；fluohydric acid

【分子式】 HF

【登记号】 CAS [7664-39-3]

【性质】 无色澄清的发烟液体。为氟化氢气体的水溶液，在水溶液中以 H_2F_2 或 H_3F_2 形式存在。熔点 −83.7℃，沸点 19～20℃。有刺激性气味，有毒，能与水和乙醇任意混合。除金、铂、铅、蜡及聚乙烯塑料外，对许多金属有腐蚀作用。不燃。可侵蚀玻璃。

【质量标准】 GB 7744—1998

指 标 名 称		优等品	一等品		合格品	
			HF-40	HF-55	HF-40	HF-55
外观		无色透明液体				
氟化氢/%	≥	40.0	40.0	55.0	40.0	55.0
氟硅酸/%	≤	0.02	0.2	0.5	2.5	5.0
不挥发酸(以 H_2SO_4 计)/%	≤	0.02	0.05	0.08	1.0	2.0

【制法】 用硫酸分解萤石得氟化氢气体，再用水吸收而得。

【用途】 氢氟酸可用作不锈钢的清洗剂，用来除去金属表面的氧化物，增加不锈钢的耐腐蚀能力。氢氟酸是一种弱的无机酸，对金属腐蚀性低于硫酸、盐酸。氢氧酸常温除硅垢、铁垢的能力强，可清洗奥氏体不锈钢，不会产生应力腐蚀，清洗时时间短，清洗效率高，表面状态好。但氢氟酸对铸铁、钛等金属腐蚀严重。可与盐酸、硝酸混合使用，单独使用一般氢氟酸含量为1.0%～2.0%。

【安全性】 腐蚀性强，能腐蚀玻璃和指甲。应避免吸入蒸气。氢氟酸对眼睛、皮肤和黏膜有强腐蚀性，吸入会造成肺水肿。皮肤接触后引起红肿和烧灼感，眼睛会出现视力模糊，吸入后咽喉痛、咳嗽、呼吸困难。进入消化道后会引起腹痛、腹泻、呕吐。误食液体会导致食管和胃坏死，循环性虚脱，乃至死亡。接触氢氟酸的人员应穿好防护。当皮肤接触氢氟酸时，应立即用大量水冲洗，严重时应送医院治疗。工作现场应注意通风。应储存于通风的库房中。容器必须密封并避免日光直射。遇金属能放出氢气，遇火星易引起燃烧或爆炸，因而不可与金属粉末、氧化剂、碱、有机物等共储混运。

【生产单位】 福建省邵武市永飞化工有限公司，重庆川东化工（集团）有限公司，浙江三美化工有限公司，上海实验试剂有限公司，高力集团，济南化工厂分厂，天津市腾瑞氟盐化工有限公司，常熟市新华化工厂，河北省平泉长城化工有限公司，天津渤海化工集团公司，江西中氟化工有限公司，北京北化精细化学品有限责任公司。

Me006 三聚磷酸钠

【英文名】 sodium tripolyphosphate

【别名】 磷酸五钠；五钠；triphosphoric acid pentasodium salt; sodium triphosphate; tripolyphosphate; STPP; pentasodium triphosphate

【分子式】 $Na_5P_3O_{10}$

【性质】 白色粉末状，熔点622℃。易溶于水，其水溶液呈碱性，1%水溶液的pH为9.7。在水中逐渐水解生成正磷酸盐。能与钙、镁、铁等金属离子络合，生成可溶性络合物。

【质量标准】 GB/T 9983—2004

指 标 名 称		优级	一级	二级
白度/%	≥	90	85	80
五氧化二磷(P_2O_5)/%	≥	57.0	56.5	55.0
三聚磷酸钠($Na_5P_3O_{10}$)/%	≥	96	90	85
水不溶物/%	≤	0.10	0.10	0.15
铁(Fe)/%	≤	0.007	0.015	0.030
pH值(1%溶液)		9.2～10.0		
颗粒度		通过 1.00mm 试验筛的筛分率不低于 95%		

【制法】 在搅拌作用下将纯碱缓慢地加入到磷酸溶液中进行中和反应，中和产物正磷酸盐经干燥后，于350～450℃温度下进行聚合反应，生成三聚磷酸钠，经冷却、粉碎后，制得三聚磷酸钠成品。或者由萃取磷酸和纯碱进行中和反应。经过滤除去大量的铁、铝等杂质，调节pH、过滤，将所得的含一定比例的磷酸氢二钠和磷酸二氢钠溶液在蒸发器中浓缩到符合喷料聚合的要求。把料浆喷入回转聚合炉中，经热风喷粉干燥和聚合，再冷却、粉碎、过滤后，制得三聚磷酸钠成品。

【用途】 聚磷酸盐是使用最早、最广泛，而且最经济的冷却水缓蚀剂之一。聚磷酸盐除了作为缓蚀剂使用外，还可作为阻垢剂使用。单独使用聚磷酸盐，在pH为6.0～7.0时，使用浓度为20～40mg/L；在pH为7.5～8.5时，一般使用浓度为10～20mg/L。为了提高缓蚀效果和降低聚磷酸盐的用量，通常与锌盐、钼酸盐、有机磷酸盐等缓蚀剂配合使用。磷系配方要求冷却水中应有一定浓度的钙离子。从缓蚀角度考虑不宜小于30mg/L（以$CaCO_3$计），水中溶解氧要求在2mg/L以上，敞开式循环冷却水系统可以满足这一要求。聚磷酸盐适用于50℃以下的水温。在水中停留时间不宜太长。否则，聚磷酸盐水解生成正磷酸盐，会增加产生磷酸盐垢倾向。

【安全性】 三聚磷酸钠对皮肤和黏膜有轻度刺激，吸入或食入体内会引起严重腹泻。生产和使用三聚磷酸钠的工作人员穿戴防护用具，生产车间应安装送排风设备。应储存在阴凉、通风、干燥的库房内，不可露天堆放。勿使受潮变质，防高温，防有害物污染。装卸时应轻拿轻放，防止包装破损。

【生产单位】 青州市鑫胜化工有限公司，武汉无机盐化工厂，四川什邡市川鸿磷化工有限公司。

Me007 六偏磷酸钠

【英文名】 sodium hexametaphosphate

【别名】 格来汉氏盐

【分子式】 $(NaPO_3)_6$

【登记号】 CAS [10124-56-8]

【性质】 无色透明液体片状或白色粒状结晶。相对密度2.484，熔点616℃（分解）。易溶于水，不溶于有机溶剂。吸湿性强，与钙、镁等金属离子能生成可溶性配合物。在水中逐渐水解生成正磷酸盐。

【质量标准】 HG/T 2837—1997

指标名称		优等品	一等品	合格品
外观		白色细粒状物		
总磷酸盐(以P_2O_5计)/%	≥	68.0	67.0	65.0
非活性磷酸盐(以P_2O_5计)/%	≤	7.5	8.0	10.0
水不溶物/%	≤	0.05	0.10	0.15
铁(以Fe计)/%	≤	0.05	0.10	0.20
pH(1%水溶液)		5.8～7.3		
溶解性		合格	合格	合格
平均聚合度(n)		10～16	—	—

【制法】 将纯碱溶液与磷酸在80～100℃进行中和反应，生成的磷酸二氢钠溶液经蒸发浓缩、冷却结晶，制得二水磷酸二氢钠，加热至110～230℃脱去两个结晶水，继续加热脱去结构水，进一步加热至620℃时脱水，生成偏磷酸钠熔融物，并聚合成六偏磷酸钠。或者将黄磷在干燥空气流中燃烧氧化、冷却得到五氧化二磷，将其与纯碱按一定比例混合。将混合物粉碎后于石墨坩埚中，加热使其脱水熔聚，

生成的六偏磷酸钠熔体经骤冷制片、粉碎，制得六偏磷酸钠。

【用途】 最常用的聚磷酸有六偏磷酸钠和三聚磷酸钠。从缓蚀效果看，六偏磷酸钠优于三聚磷酸钠，因此，六偏磷酸钠使用更为广泛。

【安全性】 误服六聚偏磷酸钠，能引起严重的中毒现象，甚至死亡。最常见的中毒症状有休克、心律不齐、心跳过缓等。一旦中毒，应尽快到医院医治。六聚偏磷酸钠应储存在阴凉、通风、干燥、清洁、无毒的库房内。严禁与有毒害物品共储混运。

【生产单位】 四川什邡市川鸿磷化工有限公司，山东省青州广汇化工厂，武汉市楚江化工有限责任公司，徐州市敬安化工厂。

Me008 磷酸二氢钠（二水）

【英文名】 sodium phosphate monobasic dihydrate

【别名】 一盐基磷酸钠；二水合磷酸二氢钠；磷酸一钠；sodium biphosphate；sodium dihydrogen phosphate；acid sodium phosphate；monosodium orthophosphate；primary sodium phosphate

【分子式】 $NaH_2PO_4 \cdot 2H_2O$

【登记号】 CAS［13472-35-0］

【性质】 无色、无臭、稍有潮湿的斜方晶系结晶，相对密度 1.915，熔点 60℃，100℃时脱水成无水物；190～204℃时转化为酸式偏磷酸钠，204～244℃时变为偏磷酸钠，点燃后可直接转化成偏磷酸钠。

【质量标准】 HG/T 2767—1996

指标名称		优等品	一等品	合格品
主含量(以 $NaH_2PO_4 \cdot 2H_2O$ 计)/%	≥	98.5	98.0	97.0
水不溶物/%	≤	0.10	0.15	0.20
铁(Fe)/%	≤	0.05	0.10	—
砷(As)/%	≤	0.005	—	
碱度(以 Na_2O 计)		18.8～20.0	18.8～21.0	
硫酸盐(以 SO_4 计)/%	≤	0.3	0.5	—
氯化物(以 Cl 计)/%	≤	0.20	0.40	—
重金属(以 Pb 计)/%	≤	0.005	—	

【制法】 主要采用中和法。将萃取磷酸加于中和反应器中，在搅拌下缓慢加入纯碱(饱和) 溶液进行中和反应，生成磷酸二氢钠。经过滤除渣，滤液再蒸发浓缩、结晶，可得到成品。

【用途】 在水处理领域用作锅炉水的处理剂，其主要的用途是特别是在高压锅炉系统，为了保持锅炉内适当高的碱度，而又不使水中产生更多的 OH^-，便使用磷酸盐，主要是磷酸二氢钠和磷酸氢二钠。为了将炉水的 pH 控制在最佳范围，通常磷酸氢二钠与磷酸三钠或磷酸二氢钠复配使用。同时，再投加适量的分散剂以控制可能产生的沉积物。锅炉的补充水分应保证纯度高、水量足。磷酸二氢钠还是制造六偏磷酸钠和缩磷酸盐类的原料。

【安全性】 无水物对黏膜有轻度刺激，内服可引起腹泻，工作人员应作好防护，防止粉尘进入体内。工作环境应通风良好。应储存在阴凉、通风、干燥、清洁、无毒的库房内，不宜露天堆放。运输时要防雨淋、日晒，防潮，防风化。不得与潮湿物品或有毒物品、释放酸雾和氨气的物品共储混运。失火时可以水、沙土、二氧化碳灭火器扑灭。

【生产单位】 武汉无机盐化工厂，哈尔滨市哈东磷酸化工厂，广州市鑫镁化工有限公司，山东省青州市广汇化工厂，湖南株洲市中天磷酸盐化工有限责任公司。

Me009 磷酸氢二钠（十二水）

【英文名】 sodium phosphate dibasic dodecahydrate

【别名】 二盐基磷酸钠（十二水）；磷酸二钠（十二水）；十二水合磷酸氢二钠；磷酸氢二钠；dibasic sodium phosphate；disodium hydrogen phosphate；disodium orthophosphate；disodium phosphate；DSP；phosphate of soda；secondary sodium phosphate

【分子式】 $Na_2HPO_4 \cdot 12H_2O$

【登记号】 CAS［10039-32-4］

【性质】 半透明的单斜晶系结晶或颗粒。常温下露置于空气中易失去5个分子的水而变成七水合物。相对密度1.5235。不溶于乙醇。100℃时失去全部结晶水而成无水物，250℃时分解为焦磷酸钠。

【质量标准】 HG/T 2965—2000

指标名称		优等品	一等品
外观		白色均匀流沙状结晶	
磷酸氢二钠(以 $Na_2HPO_4 \cdot 12H_2O$ 计)/%	≥	97.0	96.0
硫酸盐(以 SO_4 计)/%	≤	0.7	1.2
氯化物(以 Cl 计)/%	≤	0.05	0.10
砷(As)/%	≤	0.005	—
氟化物(以 F 计)/%	≤	0.05	—
水不溶物/%	≤	0.05	0.10
pH 值(1%水溶液)		9.0±0.2	9.0±0.2

【制法】 将热法磷酸加入耐腐蚀的中和反应器中，在搅拌下缓慢加入适量的烧碱以调节pH在8.4～8.6。然后过滤，并向滤液送至冷却结晶器，冷却至25～27℃时便析出结晶，经分离、干燥后制得十二水磷酸氢二钠成品。或者将湿法磷酸加入耐腐蚀的中和反应器中，在搅拌下缓慢加入纯碱溶液进行中和反应，直到中和液呈微碱性。中和温度维持在90～100℃。然后过滤，滤液蒸发浓缩、冷却结晶、离心分离、干燥，制得十二水磷酸氢二钠成品。

【用途】 磷酸氢二钠在水处理领域中主要用作锅炉水的软水剂，用于防止结垢和去除已形成的沉垢。它与水中的硬盐作用，生成不溶性的絮状沉淀析出，从而使水得到软化处理。

【安全性】 无水物对黏膜有轻度刺激，内服可引起腹泻。故生产和使用人员在操作时应穿戴防护用具，防止粉尘进入体内。工作区域通风良好，防止粉尘飞扬，并应使用湿法吸尘。应储存在阴凉、通风干燥的库房内。储存和运输时要注意防水、防晒，防止包装破损。

【生产单位】 武汉无机盐化工厂，广州市鑫镁化工有限公司，山东省青州市广汇化工厂，湖南株洲市中天磷酸盐化工有限责任公司，河北省冀州市东风福利化工有限公司。

Me010 磷酸三钠（十二水）

【英文名】 sodium phosphate tribasic dodecahydrate

【别名】 十二水合磷酸三钠；正磷酸钠（十二水）；磷酸钠（十二水）；tertiarysodium phosphate dodecahydrate；trisodium orthophosphate dodecahydrate；trisodium phosphate dodecahydrate

【分子式】 $Na_3PO_4 \cdot 12H_2O$

【登记号】 CAS［10101-89-0］

【性质】 十二水合磷酸三钠为无色八面体立方晶系结晶，相对密度（20℃）1.62，熔点 73.40℃。在干燥空气中易风化。溶于本身结晶水中；不溶二硫化碳、乙醇。水溶液呈强碱性，1%溶液的 pH＝12.5。加热至 100℃时失去 11 个结晶水而变成一水合物；212℃时变成无水物。

【质量标准】 HG/T 2517—1993

指标名称		优等品	一等品	合格品
外观		白色或微黄色结晶		
磷酸三钠(以 $Na_3PO_4\cdot 12H_2O$ 计)/%	≥	98.5	98.0	95.0
甲基橙碱度(以 Na_2O 计)/%		16.5～19.0	16.0～19.0	15.5～19.0
不溶物/%	≤	0.05	0.10	
硫酸盐(以 SO_4 计)/%	≤	0.50		0.80
氯化物(以 Cl 计)/%	≤	0.30	0.40	0.50
铁(Fe)/%	≤	0.01	—	—
砷(As)/%	≤	0.005	—	—

【制法】 将湿法磷酸与碳酸钠溶液进行中和，反应完毕后，过滤、蒸发、浓缩、结晶、离心分离、干燥，制得成品。或者在热法磷酸中加入液体烧碱 NaOH 进行中和反应生成磷酸三钠。再经冷却结晶、离心分离、干制得磷酸三钠。

【安全性】 不燃。磷酸三钠粉末对眼睛黏膜和上呼吸道有刺激性，并能引起皮炎和湿疹。工作人员应做好防护，若接触皮肤，应立即用清水冲洗。应储存在阴凉、干燥处。储运过程中均应防止雨淋、日晒。

【生产单位】 哈尔滨市哈东磷酸化工厂，河北省冀州市东风福利化工有限公司，山东省青州市广汇化工厂。

Me011 焦磷酸钠（十水）

【英文名】 sodium pyrophosphate decahydrate

【别名】 十水合焦磷酸钠；十水合焦磷酸四钠；焦磷酸四钠（十水）；tetrasodium diphosphate decahydrate；tetrasodium pyrophosphate decahydrate；TSPP

【分子式】 $Na_4P_2O_7$（无水物）；$Na_4P_2O_7\cdot 10H_2O$（十水合物）

【登记号】 CAS［13472-36-1］（十水）；［7722-88-5］（无水）

【性质】 无水焦磷酸钠为无色透明晶体或白色粉末。相对密度 2.45，熔点 988℃。可溶于水，水溶液呈碱性。十水合焦磷酸钠为无色单斜结晶或结晶性粉末。相对密度 1.824，熔点 79.5℃。易溶于水，水溶液呈碱性，不溶于乙醇。在空气中易风化。加热至 100℃失去结晶水。

【质量标准】 HG/T 2968—1999

指标名称		无水焦磷酸钠($Na_4P_2O_7$)			十水合焦磷酸钠($Na_4P_2O_7\cdot 10H_2O$)
		优等品	一等品	合格品	
外观		白色粉末或结晶			
主含量/%	≥	97.5	96.5	95.5	98.0
水不溶物/%	≤	0.20			0.10
pH 值(10g/L 溶液)		9.9～10.7			
正磷酸钠		通过试验			

【制法】 将纯碱加入中和器中，在搅拌下加热溶解，然后加入磷酸进行中和反应，生成磷酸氢二钠，控制反应终点的 pH 为 8.2～8.6。经脱色过滤后，将磷酸氢二钠溶液浓缩、干燥，再送至刮片机制成薄片，然后送入聚合炉中加热聚合，生成焦磷酸钠。经过冷却、粉碎、筛分，制得无水焦磷酸钠成品。或者磷酸氢二钠在 200～300℃加热，得到无水焦磷酸钠。无水焦磷酸钠溶于水，浓缩得到结晶焦磷酸钠。

【用途】 焦碳酸钠在水处理领域用作软水剂、锅炉阻垢剂。

【安全性】 焦磷酸钠对皮肤和黏膜有轻度刺激。吸入或食入体内会引起严重腹泻。生产和使用焦磷酸钠的工作人员应穿戴防护用具。生产车间应安装送排风设备。应储存在干燥、通风的库房内。严防日晒和雨淋。不可与有毒、有害物品共储混运。

【生产单位】 武汉无机盐化工厂。

Mf 有机酸清洗剂

一般有机溶剂清洗剂中常用的有机酸包括柠檬酸（$C_6H_8O_7$）、EDTA、甲酸、氨基酸、羟基乙酸、草酸等。

有机溶剂清洗剂主要是指成分中不含有水的有机类溶剂，多以烃类(石油类)、氯代烃、氟代烃、溴代烃、醇类等作为清洗主体。有机溶剂主要用于溶解一些不溶于水的物质（如油脂、蜡、树脂、橡胶、染料等）和多种有机类污垢，其特点是在常温常压下呈液态，流动性好，黏度也较小，具有较大的挥发性，清洗过后在物质表面残留较少，在溶解过程中，溶质与溶剂的性质均无改变。

由于有机溶剂易挥发进入环境中，不仅污染了空气，又具有脂溶性，容易对人体造成毒害作用，因此近年来以不断地探索研发毒性更低、挥发性更弱的有机溶剂清洗剂为发展方向。

目前最具有争议的有机溶剂清洗剂是 ODS 类清洗剂。ODS 指的是对大气臭氧层有破坏作用或消耗臭氧层的物质，主要是指用作清洗剂的三氯三氟乙烷（CFC-113）、四氯化碳（CCl_4）、全氟氯烃（CFC）、1,1,1-三氯乙烷（CH_3CCl_3）、全溴烷烃以及溴化氟烃类物质。虽然这类物质具有良好的清洁效果和经济效益，但是其可破坏臭氧层，造成臭氧层空洞，严重危害地球安全。为了避免臭氧层受到进一步的破坏，目前已经禁止使用 ODS 类有机溶剂清洗剂，并逐步研发出了一系列可替代 ODS 的有机溶剂清洗剂。

Doyle 等认为可以用 HCFC（氢氯氟烃）类清洗剂作为过渡性的 ODS 清洗剂替代品。20 世纪末，以 HCFC 为原料的 HCFC-141b（CH_3Cl_2CF），HCFC-123（CH_3CHCl_2）、HCFC-225（$CF_3CF_2CHCl_2$，$CClF_2CF_2CHClF$）清洗剂被推荐作为三氯乙烷和 CFC 类清洗剂的替代品。通过实验研究对比，HCFC 与 CFC-113 的理化性能比较接近，在进行替代时不需要对原有清洗设备作大的改动，替代成本能够在一定程度上降低，对一些中小企业的替代非常有利，能够避免技术改革带来的资金过度消耗。虽然这类清洗剂中成分也含有氯，但氯的释放对臭氧层的破坏程度比 CFC 要小得多。尽管如此，HCFC 类清洗剂也将于 2020 年被全面禁止使用，只能临时性地替代 ODS 清洗剂。

为开发可长期替代氟氯烃的清洗剂，Scherrer 提出溴代烃类清洗剂 n-PB（C_3H_7Br）作为一种新的清洗剂，在适当条件下可以替代 ODS。n-PB 具有很强的溶解油脂的能力，结构性质类似于 1,1,1-三氯乙烷和三氯乙烯，可以替代一些过渡性的清洗溶剂如 HCFC-225、HCFC-141b 和其他一些可燃性的清洗溶剂。n-PB 的制造成本略低于 1,1,1-三氯乙烷，其清洗性能价格比较理想，但是该类清洗剂的毒性没有得到确定，可能存在一定的安全隐患。

Beu 等介绍了 PFC（C_5F_{12}～C_9F_{20}）类清洗剂用于半导体制造工业中等离子蚀刻和化学蒸汽沉积过程的清洗案例。该类清洗剂具有不可燃和不破坏臭氧层的特点，但本身的去油污能力较差，需与其他有机溶剂复配。另外该类清洗剂可能会对全球变暖产生影响，不宜大量使用。

Govaert 等介绍了 HFE（氢氟醚）类清洗剂作为替代 ODS 清洗剂的特点。HFE 类清洗剂的最大优点是在大气中的寿命短，对全球气候变暖的影响较小。另外 HFE 溶剂有较高的沸点，有利于减少清洗剂在使用过程中的挥发损失。但是 HFE 的价格昂贵，限制了使用的范围。目前 HFE 主要用于高附加值零件的清洗或其他特殊要求的清洗场合，且常与一些清洗能力较强的溶剂复配使用。

Tsai、Doerge 等、Zipfel 等对 HFC 类清洗剂（HFC-4310mee，HFC-365mfc 和 HFC-245fa）进行了相应的研究，发现 HFC 类清洗剂对臭氧层没有破坏作用，并且具有低毒性、低表面张力和良好的材料相容性，其性能与 CFC 和 HCFC 接近，因此可以替代 ODS 有机清洗剂。

上述多种用于暂时替代或长久替代 ODS 的各类非 ODS 清洗剂，这些技术逐渐成熟，有些得到广泛使用，但是仍有技术提升的空间，需要进一步向环保、高效、经济、方便的方向发展。

Mf001 柠檬酸

【英文名】 citric acid

【别名】 枸橼酸；2-羟基-1,2,3-丙三羧酸；2-hydroxy-1,2,3-propanetricarboxylic acid；β-hydroxytricarballylic acid

【登记号】 CAS [77-92-9]

【化学式】 $C_6H_8O_7$

【结构式】

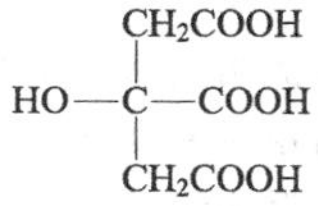

【性质】 柠檬酸分无水物和一水合物两种。半透明晶体或白色细粉结晶。无臭，有强酸味。干燥或加热到 40～50℃成为无水物，无水物在干燥空气中易风化，微有潮解性，75℃变软，100℃熔融。相对密度 1.542（一水合物）和 1.67（无水物）。易溶于水（一水合物 209g/100mL，25℃；无水物 59.2g/100mL，20℃；1% 溶液的 pH 为 2.31）和乙醇，溶于乙醚。天然品存在于柠檬等柑橘类水果中。粉体与空气可形成爆炸性混合物。遇明火、高热或与氧化剂接触，有引起燃烧爆炸的危险。

【质量标准】 GB/T 8269—2006

指标名称	无水柠檬酸		一水柠檬酸		
	优级	一级	优级	一级	二级
外观	无色或白色结晶状颗粒或粉末(二级略显灰黄色)				
鉴别试验	符合试验		符合试验		
柠檬酸/%	99.5～100.5		99.5～100.5		≥99.0
透光率/% ≥	98.0	96.0	98.0	95.0	—
水分/%	≤0.5		7.5～9.0		—
易炭化物/% ≤	1.0		1.0		—
硫酸灰分/% ≤	0.05		0.05		0.1
氯化物/% ≤	0.005		0.005		0.01
硫酸盐/% ≤	0.01		0.015		0.05
草酸盐/% ≤	0.01		0.01		—
钙盐/% ≤	0.02		0.02		—
铁/(mg/kg) ≤	5		5		—
砷盐/(mg/kg) ≤	1		1		—
重金属(以Pb计)/(mg/kg) ≤	5		5		—
水不溶物	滤膜基本不变色/目视可见杂色颗粒不超过3个				—

【制法】 以砂糖、糖蜜、淀粉、淀粉渣或葡萄糖为原料，经发酵、分离、提纯制得。

【用途】 柠檬酸有较强的螯合作用，它能够络合 Fe^{3+}，削弱 Fe^{3+} 对腐蚀的促进作用。可去除铁、铜等金属氧化物垢，操作简便、安全，适用于多种材质。由于分子中不含 Cl^-，故不会引起设备的应力腐蚀，用作清洗剂，柠檬酸比盐酸对钢铁腐蚀率小。柠檬酸以清除铁锈为主，对钙、镁、硅垢溶解性较差，故主要用于清洗新建的大型装置。柠檬酸不能清除钙镁水垢和硅酸盐水垢，但是，柠檬酸与氨基磺酸、羟基乙酸或甲酸混合使用，可用来清洗铁锈和钙镁垢，柠檬酸与EDTA混用，可用来清洗换热器。在柠檬酸清洗液中加入的缓蚀剂主要是硫脲，用量为0.1%，也可以用0.06%的硫脲与其他缓蚀剂混合使用。另外，还可以用于医药领域，柠檬酸钠盐可防止血液凝固，钙盐可用作胃的解酸剂，钡盐有毒。

【安全性】 小鼠、大鼠腹膜内注射 LD_{50}：5.0mmol/kg、4.6mmol/kg。柠檬酸浓溶液对黏膜有刺激作用。储存于阴凉、通风仓库内。远离火种、热源。容器密封。应与氧化剂分开存放。

【生产单位】 潍坊英轩实业有限公司，南通市飞宇精细化学品有限公司，大连英特化工有限公司，汕头市昊华化工原料有限公司，上海实验试剂有限公司，上海宏瑞化工有限公司。

Mf002 乙二酸

【英文名】 oxalic acid

【别名】 草酸；ethanedioic acid

【登记号】 CAS [144-62-7]

【结构式】 $(COOH)_2$

【性质】 无色透明晶体，常含两分子结晶水。二水物的相对密度 $d_4^{18.5}$ 1.653；熔点101～102℃。当加热到98～100℃时，草酸水合物即失去结晶水。无水草酸是具有潮解性的无色、无臭固体，有菱形和单斜晶形两种结晶形态。在室温下，菱形的草酸晶体在热力学上是稳定的，而单斜晶形的草酸晶体是热力学亚稳态。菱形草酸晶体的熔点和密度比单斜晶形草酸略高。无水草酸熔点 189.5℃（分解）。157℃开始部分分解；当加速加热，草酸全部分解时生成甲酸、一氧化碳和水。易溶于水和醇，微溶于乙醚，不溶于苯、氯仿和石油醚。遇高热、明火或与氧化剂接触，有引起燃烧的危险。加热分解产生毒性气体。

【质量标准】 GB/T 1626—2008

指标名称	优等品	一等品	合格品
外观	白色结晶		
草酸/% ≥	99.6	99.4	99.0
硫酸根(以 SO_4 计)/% ≤	0.08	0.10	0.20
灰分/% ≤	0.08	0.10	0.20
重金属(以 Pb 计)/% ≤	0.001	0.002	0.02
铁(以 Fe 计)/% ≤	0.0015	0.002	0.01
氯化物(以 Cl 计)/% ≤	0.003	0.004	0.01

【制法】 将炉煤气精制加压，与氢氧化钠溶液在一定温度下逆流接触，生成甲酸钠。甲酸钠水溶液经蒸发浓缩，离心分离而得到甲酸钠结晶。将甲酸钠在煅烧炉中转化为草酸钠，经水洗、过滤除去碳酸钠后，加入消石灰反应。生成的草酸钙滤出并用硫酸分解。滤出硫酸钙，所得草酸结晶用重结晶法精制。或者用含 30%～40%硫酸和 20%～25%硝酸的混合液及五氧化二钒催化剂，在一定温度和压力下氧化乙二醇制得。也可以葡萄糖、蔗糖、淀粉、糊精和糖浆等碳水化合物为原料，在钒催化剂存在下，通过硝酸-硫酸氧化而制得草酸。粗品用母液和热水再溶解，经脱脂、分离、过滤和重结晶制得。

【用途】 主要用作还原剂和漂白剂，印染工业的媒染剂，亦用于提炼稀有金属，合成各种草酸酯、草酸盐和草酰胺等。

【安全性】 5%溶液（二水物）大鼠经口 LD_{50}：9.5mL/kg。该品具有强烈刺激性和腐蚀性。其粉尘或浓溶液可导致皮肤、眼或黏膜的严重损害。具有较强毒性和腐蚀性。草酸对人的最低致死量为 71mg/kg，对成年人的致死量为 15～30g。人若口服 5g 草酸及草酸即发生胃肠道炎、虚脱、抽搐和休克等症状以至死亡。吸入草酸蒸气发生慢性中毒者，有极度虚弱、鼻黏膜溃疡、咳嗽、全身疼痛、呕吐及体重减轻等症状并在尿中出现蛋白。草酸在空气中的允许含量为 1g/m^3。工作人员应作好防护。储存温度一般不超过 40℃。储存于阴凉、通风仓库内。远离火种、热源。防止阳光直射。保持容器密封。应与氧化剂、碱类分开存放。

【生产单位】 福建省邵武精细化工厂，宁夏宁河民族化工股份有限公司，牡丹江鸿利化工有限责任公司，合肥东风化工总厂，武汉市华创化工有限公司。

Mf003 羟基丁二酸

【英文名】 malic acid

【别名】 苹果酸；2-羟基丁二酸，L-羟基琥珀酸；hydroxybutanedioic acid；hydroxysuccinic acid

【登记号】 CAS [6915-15-7]

【结构式】

$$HOOCCH_2\underset{\displaystyle |\atop \displaystyle OH}{CH}COOH$$

【性质】 无臭或稍有特殊气味的白色结晶，三斜晶系。由于分子中有一个不对称碳原子，有旋光性。以三种形式存在，即 D-苹果酸、L-苹果酸和其混合物 DL-苹果酸。

【质量标准】 参考标准

指标名称		指　标
外观		白色粉末或颗粒
含量/%	≥	99.0
熔点/℃		127～130
溶解度/(g/g)	≥	1.25
水不溶物/%	≤	0.1
灼烧残渣/%	≤	0.1
顺丁烯二酸/%	≤	0.05
反丁烯二酸/%	≤	1.0
重金属(以Pb计)/%	≤	0.002
铅/%	≤	0.001
砷/%	≤	0.003

【制法】 将苯催化氧化，得到马来酸和富马酸，然后在高温和加压下进行水合反应。反应生成物主要是苹果酸和少量反丁烯二酸，过滤分离出反丁烯二酸晶体，母液浓缩，离心分离固体，得粗苹果酸，再经精制结晶得成品。也可以利用发酵法或萃取法制得。

【用途】 苹果酸能与金属离子形成螯合物，可用于清除金属腐蚀产物（铁锈）。可单独或与其他有机酸配合使用，用作金属清洗剂。

【安全性】 DL-苹果酸与L-苹果酸是安全和无毒的物质，可用作香味增强剂、香味剂、辅助药物和pH控制剂。美国规定硬糖中不得超过6.9%，其他食品中约为0.7%，但这两种苹果酸不得用于婴儿食物。

【生产单位】 常茂生物化学工程股份有限公司，浙江康乐药业有限公司，汕头市昊华化工原料有限公司，枣庄麒彩手性药物化学有限公司，连云港中壹精细化工有限公司，天津市光复精细化工研究所。

Mf004 羟基乙酸

【英文名】 glycolic acid

【别名】 乙醇酸；羟基醋酸；甘醇酸；hydroxyacetic acid；hydroxyethanoic acid

【登记号】 CAS［79-14-1］

【结构式】 $HOCH_2COOH$

【性质】 无色晶体，略有吸湿性。熔点80℃；p*K*(25℃)3.83。溶于水，水溶液的pH为2.5(0.5%)、2.33(1.0%)、2.16(2.0%)、1.91(5.0%)、1.73(10.0%)。溶于甲醇、乙酮、乙酸、乙酸乙酯和醚，但几乎不溶于碳氢化合物溶剂。不易燃，无臭，毒性低，生物分解性强，水溶性高，是几乎不挥发的有机合成物。受高热分解，放出刺激性烟气。粉体与空气可形成爆炸性混合物，当达到一定的浓度时，遇火星会发生爆炸。

【质量标准】 参考标准

指标名称		指　标
含量/%	≥	58.0
燃烧残渣/%	≤	0.1
氯化物/%	≤	0.005
硫酸盐(以SO_4计)/%	≤	0.01
重金属(以Pb计)/%	≤	0.001
铁/%	≤	0.001

【制法】 由氯乙酸与氢氢化钠反应，在硫酸作用下，用甲醇酯化，再水解，经减压蒸馏回收甲醇得到羟基乙酸成品。或者甲醛和一氧化碳在硫酸或三氟化硼等酸性催化剂存在下，缩合生成羟基乙酸。

【用途】 用作清洗剂，能与设备中的锈垢、钙盐、镁盐等充分反应而达到除垢目的，很容易去除碳酸钙垢和铁垢，具有良好的处理效果。对材质的腐蚀性很低，且清洗时不会发生有机酸铁的沉淀。用羟基乙酸进行化学清洗危险性小，操作方便。

【安全性】 大鼠经口LD_{50}：1950mg/kg；豚鼠经口1920mg/kg。本品对眼睛、皮肤、黏膜和上呼吸道有刺激作用。对皮肤和眼睛有极剧烈的灼伤作用。纯羟基乙酸内服有轻微毒性，因其就有较强酸性，最好不要与皮肤接触，操作时应穿戴防酸服并戴防护镜。储存于阴凉、通风仓库内。远离火种、热源。包装要求密封，不可与空气接触。应与氧化剂、酸类、碱类分开存放。

【生产单位】 上海富蔗化工有限公司，成都市科龙化工试剂厂，江阴市海达精细化工厂，浙江杭州鑫富药业股份有限公司，天津市光复精细化工研究所。

Mf005 甲酸

【英文名】 formic acid

【别名】 蚁酸

【登记号】 CAS [64-18-6]

【结构式】 HCOOH

【性质】 无色透明发烟液体，有强烈的刺激性气味，属强酸类。bp_{760} 100.8℃；熔点 8.4℃；d^{20} 1.220；pK_a（20℃）3.75；n_D^{20} 1.3714；F_p（开杯）59℃；表面张力（20℃）为 37.67dyn/cm（1dyn = 10^{-5} N)；黏度（20℃）1.784×10^{-3} Pa·s；介电常数（20℃）57.9；蒸气压（20℃）33.55mmHg（1mmHg=133.322Pa）。能以任何比例与水互溶，并形成高于两者沸点的共沸混合物。能与许多有机溶剂互溶，但不溶于烃类。可燃，在 30℃以上长期存放时，甲酸会发生缓慢分解，放出一氧化碳。其蒸气与空气形成爆炸性混合物，遇明火、高热能引起燃烧爆炸。与强氧化剂可发生反应。具有较强的腐蚀性，腐蚀铝、铸铁、钢、某些塑料、橡胶和涂料。

【质量标准】 GB/T 2093—1993

指标名称		优等品	一等品	合格品
外观		无色透明,无悬浮物液体		
色度(铂-钴)/号	≤	10	20	—
甲酸含量/%	≥	90.0	85.0	85.0
稀释试验(酸+水=1+3)		不浑浊	合格	—
氯化物(以 Cl 计)/%	≤	0.003	0.005	0.020
硫酸根(以 SO_4 计)/%	≤	0.001	0.002	0.050
铁(以 Fe 计)/%	≤	0.0001	0.0005	0.0010
蒸发残渣/%	≤	0.006	0.020	0.080

【制法】 将脱硫和压缩后的一氧化碳通入盛有 20%～30%氢氧化钠溶液的反应釜，在 160～200℃、1.4～1.6MPa 条件下反应，生成甲酸钠，然后用稀硫酸处理即得 76%的甲酸-水共沸物，可进一步提浓精制。

【用途】 甲酸及其水溶液能溶解许多金属、金属氧化物、氢氧化物及盐，所生成的甲酸盐都能溶解于水，因而可作为化学清洗剂。甲酸不含氯离子，可用于含不锈钢材料的设备的清洗。甲酸挥发性好，清洗后容易彻底除去，因而可用于对残留物敏感的清洗工程。在清洗浓度下，甲酸对人体无毒无害，对金属的腐蚀不如无机酸强烈，因而是一种安全的清洗剂。

【安全性】 小鼠经口、静脉注射 LD_{50}：1100mg/kg、145mg/kg。吸入甲酸蒸气会严重刺激鼻子和口腔黏膜并导致发炎，具强腐蚀性、刺激性，可致人体灼伤。工作场所容许甲酸浓度 5g/m³。当处理浓甲酸时，必须作好防护，眼睛和皮肤接触到甲酸，应立即用水冲洗。储存于阴凉、干燥、通风处。远离火种、热源。保持容器密封。应与氧化剂、碱类分开存放。

【生产单位】 山东淄川精细化工厂，盐城市龙冈香料化工厂，天津市化学试剂一厂，上海实验试剂有限公司，上海新高化学试剂有限公司，天津科密欧化学试剂开发中心，天津运盛化学品有限公司，济南石化集团股份有限公司，山西省原平市化工有限责任公司。

Mf006 冰乙酸

【英文名】 acetic acid glacial

【别名】 冰醋酸；无水乙酸；ca. A；aci-Jel；AcOH；carboxylicacid C2；crytallizable acetic acid；ethanoic acid；methanecarboxylic acid

【登记号】 CAS [64-19-7]

【结构式】 CH_3COOH

【性质】 无色透明液体，低温下凝固为冰状晶体。有刺激性气味。能与水、乙醇、乙醚和四氯化碳等有机溶剂相混溶，不溶于二硫化碳。$d^{16.67}$（液体）1.053；$d^{16.60}$（固体）1.266；d_{25}^{25} 1.049；沸点 118℃；熔点 16.7℃；n_D^{20} 1.3718；F_p（闭杯）103℉（39℃）。易燃，具腐蚀性、强刺激性，可致人体灼伤。易燃，其蒸气与空气可形成爆炸性混合物，遇明火、高热能引起燃烧爆炸。与铬酸、过氧化钠、硝酸或其他氧化剂接触，有爆炸危险。

【质量标准】 GB/T 1628.1—2000

指标名称	优等品	一等品	合格品
外观	透明液体，无悬浮物、机械杂质		
色度(黑曾单位)(铂-钴) ≤	10	20	30
乙酸/% ≥	99.8	99.0	98.0
水分/% ≤	0.15	—	—
甲酸/% ≤	0.06	0.15	0.35
乙醛/%≤	0.05	0.05	0.10
蒸发残渣/% ≤	0.01	0.02	0.03
铁(以 Fe 计)/% ≤	0.00004	0.0002	0.0004
还原高锰酸钾物质/min ≥	30	5	—

【制法】 制备工艺有乙醛氧化法、甲醇羰基化法、液相氧化法，其中甲醇羰基化合成法应用最多。

【用途】 可用于工业酸洗。用于制备纤维、涂料、胶黏剂、共聚树脂等。

【安全性】 大鼠经口 LD_{50}：3530mg/kg；兔经皮 LD_{50}：1060mg/kg；小鼠吸入 1h LC_{50}：13791mg/m³。具有腐蚀性。吸入本品蒸气对鼻、喉和呼吸道有刺激性。对眼有强烈刺激作用。防护，流动清水冲洗。严禁与氧化剂、碱类、食用化学品等混装混运。储存于阴凉、通风仓库内。远离火种、热源。冬天要做好防冻工作，防止冻结。保持容器密封。应与氧化剂、碱类分开存放。

【生产单位】 南京扬子石化精细化工有限责任公司，江苏方舟化工有限公司，重庆川东化工（集团）有限公司，南通醋酸化工股份有限公司，汕头市昊华化工原料有限公司，中山市顺翔实业有限公司。

Mf007 次氮基三乙酸

【英文名】 nitrilotriacetic acid

【别名】 氮川三乙酸；三乙酸氨；特里隆 A；托立龙 A；氮三乙酸；*N*,*N*-Bis(carboxymethyl) glycine；triglycollamic acid；α,α',α''- trimethylaminetricarboxylic acid；tri(carboxymethyl)amine；triglycine；NTA

【登记号】 CAS [139-13-9]

【结构式】 $N(CH_2COOH)_3$

【性质】 白色菱形晶体。熔点 241.5℃（分解）。20℃时 pK_1 3.03，pK_2 3.07，pK_3 10.70。溶于氨水、氢氧化钠溶液。微溶于水，22.5℃时 1L 水可溶解 1.28g 氨基三乙酸，饱和水溶液 pH 为 2.3。不溶于多数有机溶液。易燃，遇明火、高热、氧化剂有引起燃烧的危险。

【制法】 由氯乙酸与氢氧化钠反应生成氯乙酸钠，然后与氯化铵反应生成氨基三乙酸钠，再经酸化即得成品。

【用途】 次氮基三乙酸是一种有机多元羧酸螯合剂，因为其分子小，可以螯合更多的金属且生物降解能力强。次氮基三乙酸中加入一定量的还原剂、pH 调节剂，去除 Fe_2O_3、赤铁氧化物效果优异。

【安全性】 大鼠经口 LD_{50}：1.47g/kg。吸入、摄入后对身体有害，能引起刺激作用。未见职业中毒的报道。储存于阴凉、通风仓库内。远离火种、热源。防止阳光直射。保持容器密封。应与氧化剂、酸类、碱类分开存放。氨基三乙酸无毒。储运中注意防潮、防火。

【生产单位】 广州慧之海（集团）科技发展有限公司，汕头西陇化工有限公司。

Mf008 乙二胺四乙酸

【英文名】 ethylenediamine tetraacetic acid

【别名】 乙底酸；维尔烯酸；依地酸；拉立龙；ethylenebis（iminodiacetic acid）；(ethylenedinitrilo) tetraacetic acid；*N*，*N*′-1，2-ethanediylbis[*N*-(carboxymethyl) glycine]；EDTA

【登记号】 CAS [60-00-4]

【化学式】 $C_{10}H_{16}N_2O_8$

【结构式】

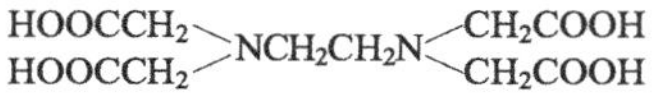

【性质】 白色结晶性粉末。熔点 240～241℃(分解)。溶于氢氧化钠、碳酸钠和氨水，不溶于一般有机溶剂。20℃时水中溶解度为 0.2g/100g。温度达到 150℃时则脱除羧基。

【质量标准】 HG/T 3457—2003(试剂级)

指标名称		分析纯	化学纯
外观		白色粉末	
含量[$C_{10}H_{16}N_2O_8$]/%	≥	99.5	98.5
碳酸钠溶液溶解试验		合格	合格
灼烧残渣(以硫酸盐计)/%	≤	0.1	0.3
氯化物(Cl)/%	≤	0.05	0.1
硫酸盐(SO_4)/%	≤	0.05	0.1
铁(Fe)/%	≤	0.001	0.001
重金属(以 Pb 计)/%	≤	0.001	0.001

【制法】 氯乙酸与乙二胺在氢氧化钠作用下反应生成 EDTA 钠盐，经分离后用硫酸进行酸化、过滤，得到成品 EDTA，再经氢氧化钠部分中和后，经过滤、冷却结晶、再过滤、水洗、烘干而得到 EDTA 二钠盐。或者乙二胺与甲醛、氰化钠反应得到 EDTA 钠盐，经分离后用硫酸进行酸化、过滤，得到成品 EDTA，再经过氢氧化钠部分中和后经过滤、冷却结晶、再过滤、水洗、烘干而得 EDTA 二钠盐。

【用途】 EDTA 是螯合剂的代表，对钙、镁、铁成垢离子有络合或螯合作用，溶垢效果好，对金属设施腐蚀性很小，无氢脆和晶间腐蚀，可在循环水系统进行不停车清洗，但是因为它价格高、常温下溶垢速度慢、不能清除硅垢等缺点，限制了它的应用。

【安全性】 EDTA 无毒，其盐可溶于水，能迅速排泄出体外。储存处阴凉、通风处，防潮、防晒，远离火源。

【生产单位】 广东省汕头市粤东精细化工厂，天津市化学试剂一厂，上海实验试剂有限公司，天津科密欧化学试剂开发中心，江苏永华精细化学品有限公司，洛阳市英东化工有限公司，上海试一化学试剂有限公司，无锡市展望化工试剂有限公司，淄博开发区三威化工厂。

Mf009 二亚乙基三胺五乙酸

【英文名】 pentetic acid

【别名】 *N*，*N*-bis[2-[bis(carboxymethyl) amino] ethyl] glycine；[[(carboxymethyl) imino] bis（ethylenenitrilo）] tetraacetic acid；pentacarboxymethyl diethylenetriamine；diethylenetriamine pentaacetic acid；DTPA

【登记号】 CAS [67-43-6]

【化学式】 $C_{14}H_{23}N_3O_{10}$

【结构式】

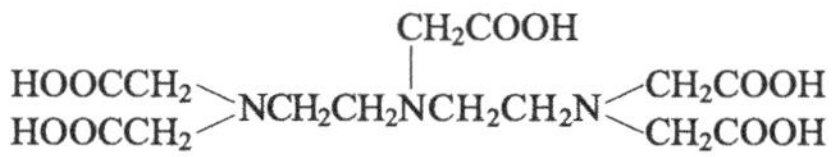

【性质】 无色或浅黄色液体。它对金属离子，尤其是高价态显色金属离子有较强的

螯合能力。

【质量标准】

指标名称		指 标
外观		细白色结晶粉末
纯度/%	≥	99
螯合值($CaCO_3$计)/(mg/g)		230
燃烧残留物/%	≤	0.1
挥发物(105℃)/%	≤	1.0
饱和水溶液的 pH 值		2.1～2.5

【制法】 将氯乙酸与氢氧化钠中和后，在低温下让氯化酸钠与二亚乙基三胺反应，生成的产物再经过净化处理最后得到产品DTPA。

【用途】 DTPA 是一种重要的氨基螯合剂，因而在清洗行业有着重要的应用。DTPA 对钙、镁、铁成垢离子有络合或螯合作用，溶液效果好。

【生产单位】 盐城市麦迪科化学品制造有限公司，上海南翔试剂有限公司，南京康满林化工实业有限公司。

Mg 碳氢清洗剂

碳氢清洗剂具有良好的环保特性和清洗能力，逐步成为一类重要的工业清洗剂之一。碳氢清洗剂按馏程范围分为：普通碳氢清洗剂和窄馏碳氢清洗剂。

普通碳氢清洗剂的馏程范围较宽，成分复杂，分子结构不规则，芳烃毒性大。其中的轻质分使清洗剂闪点降低，而重质分又使清洗力和干燥性变差。窄馏碳氢清洗剂的馏程在150～190℃之间，结合工业清洗中造成溶剂酸化的四大因素（空气、金属、水、杂质）添加了金属清洗剂专用稳定剂，能够预防溶剂分解，在产生分解的初期将酸中和，具有超强的抗酸能力，确保清洗材质不受腐蚀。

1 碳氢清洗剂

曾经被广泛使用的清洗行业的优秀清洗剂CFC-113（氟利昂）以及1,1,1-三氯乙烷（乙烷）已经被全面禁止生产、进口、使用。目前仍在使用的有氯系清洗剂（三氯乙烷、三氯乙烯、二氯甲烷等）、水系清洗剂及碳氢系清洗剂等替代品，面对于大多数用户而言，由于含氯系清洗剂可以通过对原有设备略加改造即可使用的优点，可以推测这些用户曾有一段时间均改为使用含氯清洗剂。

然而含氯清洗剂由于有毒，环境控制很严，且由于ISO14000系列对含氯清洗剂有限制要求，企业为了取得ISO14000证书，现在都开始改用碳氢系的清洗剂和水系清洗剂。而水系清洗剂的设备投资成本高、不易干燥，清洗后的产品常会生锈迹、斑点，还需考虑排水问题。在中国水资源缺乏等问题，现在各厂家已逐步开始研究其替代品。

另外，使用非水系清洗剂时需要分开考虑可燃性和不可燃性的问题。碳氢系有可燃性，而且与含氯系清洗剂相比具有不易干燥的弱点。但这些方面已逐步在清洗设备上得到补偿，从而预测碳氢系清洗剂将逐步成为当今替代清洗剂的主流。因此本节以碳氢清洗剂及设备为中心进行介绍。

2 碳氢系清洗剂的种类

通过蒸馏原油得到的馏分溶剂有石油系、石油系碳氢化合物、碳氢化合物系、烃（烃）、工业用汽油等称谓，其定义至今尚不明确。碳氢化合物顾名思义，只是由两种元素组成的化合物。以前曾简单将原油蒸馏精制得到的灯油直接作为清洗剂，由于有臭味、引火性以及从干燥性方面考虑以逐渐不被使用。

现在使用的大多数碳氢系清洗剂并不是原油简单蒸馏精制的产品，而是化学合成品或经过高级精炼处理的产品。将灯油馏分过分子筛萃取，蒸馏调整沸点。也有单一组分的物质。

异构烃：结构式为 C_nH_{2n+2} 的饱和链烃。与直链的正构烃相其化学结构上可以分为正构烃系、异构烃系、环烷烃和芳香烃四类。

正构烃：结构式为 C_nH_{2n+2} 的饱和链烃。直链烃的安定性好，与之相比异构烃具有支链，其安定性也好、臭味小。大多为合成制得。

环烷烃：结构式为 C_nH_{2n} 的饱和链烃。碳原子数不同，可有单纯的环状烷烃，具有侧链的环烷烃等。从结构上看比链烃的溶解性好，但安定性、臭味方面稍差。一般将含环烷烃多的原油蒸馏或向芳香系中加入蒸馏水制得。

芳香烃：含苯环，溶解力强，由于担心其毒性现在较少使用。

3 碳氢清洗剂的清洗原理

(1) 清洗机理　非水系清洗剂的清洗原理简单地说是依据溶剂的溶解力进行清洗。基于对油脂或油性污染的溶解性的脱脂机理是相似相溶原则。汽油、灯油等碳氢化合物容易溶解重油，其他烃类，易与相近的卤代烃（四氯化碳、三氯乙烷等）互溶。水能与具有与水结构相似 OH 的化合物如 R—COOH（低级脂肪酸）、R—OH（低级醇）等互溶也是基于此。异种液体间的溶解性与表面张力、界面张力有密切关系。例如，苯、环烷烃等溶剂的表面张力与焦油、润滑油的表面张力差别不大，两者间的界面张力值近似容易互溶。对于溶剂对油脂或油性污物的溶解性，不同溶剂一定温度下的溶液在冷却过程中，溶质分离的温度越低其对溶质的溶解度就越大。

(2) KB 值　KB 值是喷漆、涂料工业（如表示天那水的溶解力）而使用的值，指 25℃下从 120g 标准 kauri gum-丁醇溶液中析出 kauri gum 所需要稀释剂的体积（mL），KB 值越高溶解性越好。清洗用溶剂溶解力的判别曾以 KB 值作为指标，但 KB 值是指对树脂的溶解性，与清洗力无直接关系因而难于作为基准。

(3) SP值　清洗用溶剂的溶解性能指标有溶解度参数SP值。SP值用下式表示:

$$\delta = \Delta E/V$$

式中　ΔE——蒸发能;

V——摩尔体积。

SP值相近的物质具有相近的凝结能，因而易于互相溶解。此现象即相似相溶的经验规则。一般碳氢系清洗剂的SP值为7～8，此值因与加工油的SP值(7～8)一致，因此易于溶解，且有高的清洗力。但与树脂的SP值相距甚远，因而不易侵蚀这些材料。同时对于含树脂的污物、醇类的溶解性较差清洗效果不好。选择清洗剂时SP值可以作为一个指标，但仅以数值作为判断比较危险，必须用实际污染油等作清洗性能实验进行评价。

(4) 物理性　影响清洗力的因素除溶剂的溶解力外，还有热、搅拌、摩擦力、加压、减压、研磨、超声波等物理作用力的影响。不是只考虑其中的一种因素，而是将所有因素通盘考虑才能提高清洗效果。

4　典型环保碳氢清洗剂

本节重点介绍环保碳氢油污清洗剂是一种无水、低硫、低芳烃高纯度碳氢基溶液，具有无毒、低气味，不易燃，消耗低，挥发气体对人体及环境无害，通过国家标准达到绿色环保要求。是替代ODS类清洗剂的理想产品。油污清洗剂适用于清洗切削油、防锈油、冲压油、拉伸油、脱模剂、尘埃、微粒等油污杂质。

环保碳氢油污清洗剂适用清洗的材料有各种黑色、有色金属及其合金，氯基塑料，聚酯醛树脂，聚碳酸酯，聚乙烯树脂，聚丁烯树脂，特弗龙，环氧树脂，ABS，亚克力，尼龙，PPS，酚树脂，氟橡胶。注:聚氨酯树脂、聚乙烯可以使用但不宜长时间浸泡。由于各种零件材料构成复杂，在使用前先做浸泡试验。

(1) 环保碳氢清洗剂的特点

外观	透明无色液体	蒸气压(20℃,kPa)	0.6
气味	轻微	黏度(20℃,mm^2/s)	1.0
结构分子式	C_nH_{2n+2}	表面张力(20℃,dyn/cm)	24
相对密度	0.77(25℃)	芳香烃总含量/%(质量分数)	<0.01
对水溶解度	难溶		

(2) 环保碳氢清洗剂的优点

① 清洗性能好。碳氢清洗剂与大多数的润滑油、防锈油、机加工油同

为非极性的在石油馏分，根据相似相溶的原理，碳氢清洗剂清洗矿物油更好于卤代烃和水基清洗剂。

② 蒸发损失小。碳氢清洗溶剂沸点在150℃以上，在使用保管过程中挥发损失小，对包装物和设备的密封要求很低。

③ 毒性极低。经毒理试验，碳氢清洗剂的吸放毒性、经口毒性和皮肤接触毒性均为超低毒，且不属于致癌物质，清洗操作人员使用更安全。

④ 材料相容性好。碳氢清洗剂中不含水分和氯、硫等腐蚀物，对各种金属材料不会产生腐蚀和氧化。碳氢清洗剂又属于非极性溶剂，对大部分塑料和橡胶没有溶解、溶胀和脆化作用。

⑤ 清洗工艺流程简单。只需清洗→清洗→漂洗→漂洗→烘干（或晾干），对工件不存在腐蚀。

⑥ 可彻底挥发无残迹。碳氢清洗剂是非常纯净的精制溶剂，在常温和加热状态下均可完全挥发，没有任何残留。

⑦ 不破坏环境。碳氢清洗剂可以自动降解，清洗废液可以放入燃煤或燃油锅炉中焚烧，焚烧生成物主要为 CO_2 和水，对空气无污染。碳氢清洗剂中不含氯，对臭氧的破坏系数为零。

(3) 环保碳氢清洗剂应用范围　五金、首饰、钟表、电子、电气、液晶、半导体等行业，能有效去除各种油污、油脂及助焊树脂、抛光蜡。

(4) 环保碳氢清洗剂的原料选择　120#、160# 溶剂油，D40、D80 脱臭溶剂煤油，烷烃，醇类溶剂等。

5　汽车发动机积炭的清洗剂示例

(1) 积炭的生成及其性质　积炭是发动机燃油在高温和氧的作用下形成的异物。积炭产生后，润滑油也会参与燃烧，使积炭加剧形成。发动机工作时，由于燃烧室供氧不足，使燃油和渗入燃烧室中的润滑油不能完全燃烧，产生油烟和润滑油的焦灼微粒，混入润滑油中，在发动机内被氧化成一种稠胶状液体——羟基酸［分子中同时含有羟基（—OH）和羧基（—COOH）的化合物］，并进一步被氧化成一种半流动树脂状的胶质，牢固地黏附在发动机零件上。此后，在高温的不断作用下，胶质物又聚缩成更复杂的聚合物（单体聚合反应生成物），通常它们是沥青质（沥青的主要成分，不溶于低沸点烷烃，呈棕黑色，硬而脆）、油焦质（含碳物质经干馏而得的油状物，黑褐色，成分复杂）和炭青质，它们共同混合组成了积炭。

积炭中各组分的结构、性质和比例尚不完全清楚，看法也有分歧。但多数人认为是羟基酸的氧化聚合产物，相对密度大于1，能溶于醇、醚、苯、四氯甲烷和二硫化碳，不溶于汽油冷却后与氢氧化钠作用可分解为沥青质。羟基酸在一定温度下与氧作用，可以脱出水分缩合成黄色或棕色的酸性胶质，在温度和氧的继续作用下，会进一步聚合成沥青质（褐色或黑色的非晶态固体）。沥青质在高温和氧的继续作用下，将再次聚合变成油焦质（黑色固体），油焦质几乎不溶于任何溶剂。

积炭中的灰分来自燃料和润滑油，最常见的灰分有钙、镁、铁、二氧化硅等。使用加铅汽油的发动机，灰分中还有铅存在。积炭中的灰分往往和油焦质、沥青质混在一起。这种金属碳化物很难被一般溶剂所溶解。

积炭的化学组分，可分为挥发物质（如油、羟基酸）和不易挥发的物质（沥青质、油焦质、炭青质和灰分）。发动机工作温度越高，压力越大，易挥发物质含量越低，不挥发物质的含量越高，形成的积炭也就越硬，越致密，与金属粘接得越牢固。

影响积炭性质的主要因素有：发动机的结构、工作状况（温度、压力等）和燃油的种类和品质。其中，工况温度是主要的，如发动机活塞顶部、燃烧室、进（排）气门等部位，它们工况温度不同，其积炭性质、化学组分也有很大差异。

(2) 除炭剂的除炭机理　用化学方法去除发动机积炭，就是利用除炭剂（脱炭剂）的化学作用去掉零件表面的沉积物。此法有两个显著的优点：

① 提高了积炭清洗效率。

② 清洗干净，零件表面状况（如粗糙度）不受影响。

用除炭剂去除积炭，既有化学作用（如高分子聚合链被破坏），又有物理作用（如分子吸附、扩散、渗透）。除炭剂与积炭 接触后先后产生以下几个作用。

① 在积炭表面形成吸附层。除炭剂吸附在积炭表面，形成吸附层，由于分子间的运动和除炭剂分子之间的极性基相互作用，就会使除炭剂分子逐渐向积炭层内部扩散、渗透，并在积炭网状分子的极性基间产生链合，使网状分子间的极性力减弱。

② 破坏网状聚合物的有序排列。由于扩散、渗透的不断加强，就使得聚合物的结构逐渐松弛。

③ 溶解。当除炭剂与积炭分子间的作用力大于网状聚合物分子间的吸引力时，就会发生积炭网状聚合物的溶解，从而积炭脱落。

(3) 除炭剂的分类及配方

① 除炭剂的分类　目前，除炭剂有以下两种分类方法。

a. 按被清洗的金属零件材料分类　可分为钢铁材料除炭剂和铝合金材料除炭剂。这种分类方法主要考虑除炭剂的组分对被清洗金属材料的腐蚀性，以免造成腐蚀。

b. 按除炭剂组分性质分类

ⅰ. 无机除炭剂。它是用无机化合物配制，其毒性小，成本低，原材料易得，但除炭效果较差。

ⅱ. 有机除炭剂。这是用有机化合物配制，除炭能力强，但成本较高。多数除炭剂都由溶剂、稀释剂、表面活性剂和缓蚀剂等组成。

② 常用除炭剂配方 目前，常用的除炭剂和传统除炭方法是以氢氧化钠和碳酸钠为主进行高温浸泡、清洗。具体方法是：将有积炭的零件放入有除炭剂的溶液中，将溶液加热至80～90℃，浸泡至积炭软化；然后用毛刷或旧布擦拭干净；最后用热水冲净、干燥。

使用方法：将上述原料配成混合液，加热至90℃左右，把需除炭的零件放入清洗液中，浸泡2～3h，积炭软化后，用毛刷、抹布擦拭，热水冲洗，吹干。

Mg001 汽车发动机积炭的清洗剂

【英文名】 coke cleaning agent for automobile agent

【别名】 发动机积炭清洗剂；汽车积炭清洗剂

【组成】 发动机积炭清洗剂是用高效表面活性剂、助洗剂、缓蚀剂等多种助剂复配而成。

【产品特点】 ①适用于汽车零部件的脱脂清洗，清洗后光亮如新，保持金属材料原有的光亮度。②本产品属中性清洗剂，可快速清除金属表面的油污。③本清洗剂具有较强的清除发动机积炭的能力，可代替汽油、油以及有机溶剂，用于汽车发动机清洗，节省石油资源，而且不存在有机溶剂毒性对人体的危害。④用本脱脂剂配制的清洗液均匀透明，无悬浮、无沉淀、耐硬水。⑤用量少，溶解完全，使用寿命长，无残留，易漂洗，对基材无腐蚀。

(1) 有机除炭剂配方

【配方-1】

组 分	w/%
醋酸乙酯(或醋酸戊酯)	4.5
丙酮	1.5
乙醇	22
苯	40.8
石蜡	1.2
氨水(20%)	30

使用方法：配制好后将除炭剂盛入槽中，室温下浸泡2～3h，取出后将泡软的积炭用毛刷刷净。

注意：氨水对铜质零件有腐蚀，带铜的零件不能浸泡；清洗时要加强通风，以减少氨水气味。

【配方-2】

组 分	w/%
煤油	22
汽油	8
松节油	17
氨水(20%)	15
苯酚	30
油酸	8

①先将煤油、汽油、松节油混合。②单独混合苯酚与油酸。③将氨水倒入苯酚与油酸混合液中。④将①和③混合液混合，不断搅拌均匀，呈橙红色透明胶状即可。

注意：不可将油酸与氨水直接混合，也不可将所有成分配好后再加入油酸，配制时要注意通风。

【配方-3】

组 分	质量份
混合酚	220
软皂	150
萘	24
磷酸三钠	2
重铬酸钾	0.4
水	56

①将水加热至70～80℃，再把重铬酸钾溶于水中，依次加入磷酸三钠、软皂，进行混合，再将上述混合物加热至70～80℃。②将萘溶解于混合酚中。③将①和②两种液体混合均匀，即可使用。

使用方法：将工件放入上述除炭剂的密闭容器中，用蒸汽加热至90℃左右，浸泡2～3h，等积炭软化后，用毛刷刷掉，洗净。可连续使用40天左右。

（2）新型除炭剂配方

① 一号除炭剂（液体）

【组成】 A组分：二氯甲烷。

B组分：促进剂。

组 分	φ/%
乙醇	14
一乙醇胺	28
三乙醇胺	28
钾皂	21
润湿剂(JFC)	3.5
乳化剂(OP-10)	5.5

a. 将三乙醇胺加热至60～70℃，加入钾皂，使之完全溶解，搅拌成均匀透明物，为1号液体。

b. 将1号液体冷却至40℃，加入一乙醇胺、润湿剂、乳化剂、乙醇，搅拌均匀。

A组分与B组分混合：边搅拌边向上述液体中加入配方量二氯甲烷，混合成均匀透明乳白色液体即可。

使用方法：一般情况下使用原液，其除炭效果好，如积炭较少，也可按1∶1稀释。

② 二号除炭剂（固体）

【组成】 A组分：占80%。

组 分	质量分数
碳酸钠	55%
硅酸钠	27.5%
磷酸三钠	17.5%

B组分：促进剂，占20%。

组 分	质量分数
椰子油醇酰胺(6501)	10%
一乙醇胺	25%
三乙醇胺	10%
钾皂	35%
润湿剂(JFC)	5%
乳化剂(OP-10)	15%

a. 将A组分三种固体粉碎成40目粒度，混合均匀。

b. 将B组分（促进剂）分20～25次，加入A组分粉末中搅拌均匀，成白色粉末状。注意，不允许有大颗粒和未混合均匀的现象存在。

使用方法：使用时，将粉末加入水中，适宜浓度为10%。

③ 三号除炭剂(液体，体积分数，%)

【组成】 其组成基本与一号除炭剂相同，只是A组分不同。

A组分：轻柴油，80%。

B组分：促进剂，20%，与一号除炭剂相同。

①将轻柴油加热至100～120℃，保温24h，除掉其中的水分。②将促进剂加到轻柴油中，搅拌均匀即成为液状成品。

使用方法：一般是原液使用。

【清洗工艺】 ①使用本品时应详细阅读产品使用说明书，并在专业人员指导下进行使用。清洗方法可采用超声波、喷淋、热浸泡、手工擦拭等。②使用时，要根据油污的严重程度来调配清洗液的浓度，一般是将原液配成浓度为5%～8%的清洗液来使用，浓度提高可提高清洗能力。手工擦拭清洗时清洗剂浓度相对要高些。③在

55～80℃温度条件下清洗，效果最佳。

【性能指标】 外观：呈无色透明液体；使用浓度：3%～5%的浓度用水稀释；处理温度：50～80℃；处理方式：浸泡、超声波、喷淋、擦拭；处理时间：3～15min；洗净率：95%～99%。

【主要用途】 本清洗剂对矿物油、动植物油等各种油污具有极强的洗涤能力。

【应用特点】 汽车发动机由于燃烧不完全等因素，会在与燃烧室有关的零件上产生积炭。积炭的存在将减少燃烧室容积，影响散热，使燃烧过程中出现许多炽热点，引起混合气的先期燃烧，将活塞环黏附在活塞环槽中。或将气门黏附在气门座上。使发动机特性变坏，甚至无法工作。并且，积炭微粒的脱落还能污染发动机润滑系和油路，增加早期磨损。为了恢复发动机的正常工作性能，在大修时，必须彻底清除掉机件上的积炭。积炭是一种黑色漆状物，与零件黏附得十分牢固，很难清除。目前，维修时多用人工打磨，机械清除。此法不仅效率低，劳动强度大，而且清除质量差，不注意还会损坏机件。采用先进的化学洗车方法就可避免上述缺点。

【安全性】 ①根据油污轻重调整清洗液的浓度，清洗后的工件要漂洗干净。②及时将槽液表面的浮油排除，以免造成二次污染。③每天应定期添加1%～3%的清洗剂，如清洗能力经补充后不能达到原来水平，则可弃之更换新液。④请勿使本产品与眼睛接触，若不慎溅入眼睛，可提起眼睑，用流动清水或生理盐水冲洗干净。⑤为防止皮肤过度脱脂，操作时请戴耐化学品手套。⑥应避免清洗液长时间接触皮肤，防止皮肤脱脂而使皮肤干燥粗糙，防误食、防溅入眼内。工作场所要通风良好，用有味型产品时工作环境有排风装置。

【包装储存】 包装：50kg/塑料桶；200kg/铁桶。储存：密封储存于阴凉、干燥、通风处，保质期2年。

【生产单位】 北京蓝星清洗有限公司，天津天通科威工业设备清洗有限公司，江西瑞思博化工有限公司，北京科林威德航空技术有限公司。

Mh 氧化-还原剂

一般还原剂，是指自由基及活性氧的清除剂、阻断剂及修复剂等物质的总称。是在氧化还原反应里，失去电子或有电子偏离的物质。还原剂也是抗氧化剂，具有还原性，被氧化，其产物叫氧化产物。还原与氧化反应是同时进行的，即是说，还原剂在与被还原物进行氧化反应的同时，自身也被氧化，而成为氧化物。所含的某种物质的化合价升高的反应物是还原剂。

氧化剂是指化合价能降低的，而还原剂是指化合价能升高的。化合价能升高又能降低的既是氧化剂又是还原剂。

还原剂失去电子自身被氧化变成氧化产物，如用氢气还原氧化铜的反应，氢气失去电子被氧化变成水。还原剂在反应里表现还原性。还原能力强弱是还原剂失电子能力的强弱，如钠原子失电子数目比铝电子少，钠原子的还原能力比铝原子强。含有容易失去电子的元素的物质常用作还原剂，在分析具体反应时，常用元素化合价的升降进行判断：所含元素化合价升高的物质为还原剂。

应用在焊条及焊丝上，例如 Mn、Si、Al、Ti 及 Zr 等元素，可有效阻止氧的渗入使不致在焊道金属中形成氧化物及气孔。例如：

① 活泼的金属单质（如钠、镁、铝等）。

② 某些非金属单质（如 H_2、C 等）、非金属阴离子及其化合物、低价金属离子（如 Fe^{2+}）等还原剂。实验举例：氢气还原氧化铜、氧化铁（$H_2+CuO=Cu+H_2O$；$3H_2+Fe_2O_3=2Fe+3H_2O$）；碳还原氧化铜（$C+2CuO=2Cu+CO_2$）；一氧化碳还原氧化铜、氧化铁（$CO+CuO=Cu+CO_2$；$3CO+Fe_2O_3=2Fe+3CO_2$）。

硫酸亚铁是蓝绿色单斜结晶或颗粒，无气味，在干燥空气中风化。在潮湿空气中表面氧化成棕色的碱式硫酸铁。在 56.6℃ 成为四水合物，在 65℃时成为一水合物。溶于水，几乎不溶于乙醇。其水溶液冷时在空气中缓慢氧化，在热时较快氧化。加入碱或露光能加速其氧化。相对密度（d_{15}）1.897。半数致死量（小鼠，经口）1520mg/kg。有刺激性。无水硫酸亚铁是白色粉末，含结晶水的是浅绿色晶体，晶体俗称“绿矾”，溶于水，水溶液为浅绿色。用于色谱分析试剂。点滴分析测定铂、硒、亚硝酸盐和硝酸盐。还原剂。制造铁氧体。净水。聚合催化剂。照相制版。

硫酸亚铁的还原原理。

大量的硫酸亚铁被用作还原剂，主要还原水泥中的铬酸盐。

含六价铬废水一般采用铬还原法进行处理。

原理：在酸性条件下，投加还原剂硫酸亚铁、亚硫酸钠、亚硫酸氢钠、二氧化硫等，将六价铬还原成三价铬，然后投加氢氧化钠、氢氧化钙、石灰等调 pH，使其生成三价铬氢氧化物沉淀从废水中分离。

在该反应中，氧化剂是 Cl_2，还原剂也是 Cl_2，本反应是歧化反应。

Mh001 丙酮肟

【英文名】 acetoxime

【别名】 β-异亚硝基丙烷；二甲基酮肟；2-propanone oxime；acetone oxime；β-iso-nitrosopropane

【登记号】 CAS [127-06-0]

【化学式】 C_3H_7NO

【结构式】

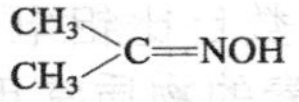

【性质】 白色棱晶、斜晶或粉末状，有芳香味。d_4^{62} 0.9113；mp 60℃；bp_{728} 134.8℃；n_D^{20} 1.4156。易溶于水、乙醇、乙醚、石油醚等有机溶剂。在稀酸中易水解。具有刺激性，在空气中挥发很快，是一种强还原剂，在常温下能使 $KMnO_4$ 褪色。遇明火可燃，高热分解放出氮氧化物气体。

【质量标准】

指标名称	优级品	一级品
熔点/℃	60～62	59～62
灵敏度	合格	—
乙醇溶解试验/%	合格	合格
灼烧残渣(硫酸盐)/%	0.1	0.2
氯化物(以 Cl^- 计)/%	0.002	0.01

【制法】 在氢氧化钠的作用下，由丙酮与羟胺作用制得。

【用途】 丙酮肟有较强的还原性，很容易与给水中的氧反应，降低给水中的溶解氧含量，阻止了铁垢和铜垢的生成。可用于中、高压锅炉上作锅炉给水除氧剂。使用时，控制给水中丙酮肟过剩量为15～40μg/L。

【安全性】 储存于通风、低温、干燥的库房内，与氧化剂、酸类分开存放。

【生产单位】 北京恒业中远化工有限公司，浙江衢州新未来化学品有限公司，北京化工厂，北京三盛腾达科技有限公司。

Mh002 吗啉

【英文名】 morpholine

【别名】 吗啡琳；对氧氮己环；1,4-氧氮六环；1,4-氧氮环己烷；tetrahydro-2*H*-1,4-oxazine；tetrahydro-1,4-oxazine；diethylene oximide；diethylene imidoxide

【登记号】 CAS [110-91-8]

【化学式】 C_4H_9ON

【结构式】

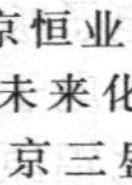

【性质】 无色油状液体，有氨味。mp −4.9℃；bp_{760} 128.9℃；bp_6 20.0℃；d_4^{20} 1.007℃；n_D^{20} 1.4540；F_p(开杯)

100℉(38℃)。显强碱性，溶于一般有机溶剂（丙酮、乙二醇、醚、油类等），能随水蒸气挥发，并与水形成共沸混合物，受高热后可分解为 N_2O。遇明火、高热或与氧化剂接触，有引起燃烧爆炸的危险。腐蚀铝、铜、铅、锡及其合金，腐蚀某些塑料、橡胶和涂料。

【质量标准】 HG/T 2817—1996

指标名称	一等品	合格品
外观	无机械杂质的透明无色或淡黄色液体	
1,4-氧氮杂环己烷/% ≥	99.0	98.0
沸程(5%～95%)/℃	126～129	126～130
密度/(g/cm³)	0.999～1.002	
色度/黑曾单位(铂-钴色号) ≤	10	15

【制法】 由二甘醇与氨在氢气和镍催化剂存在下于 30～40MPa 大气压和 150～400℃温度下反应制得。或者由二乙醇胺与过量的浓盐酸（或浓硫酸）作用制得。

【用途】 用作水处理缓蚀剂，由于其水溶液呈碱性，可以中和水中的游离二氧化碳提高锅炉给水 pH，减缓二氧化碳的腐蚀。可防止锅炉给水的高温酸性氧化物的腐蚀。

【安全性】 雌性大鼠 LD_{50}：1.05g/kg。摄入或吸入均会引起中毒。吸入本品蒸气或雾强烈腐蚀呼吸道黏膜，可引起支气管炎、肺炎、肺水肿。美国规定在空气中的容许浓度为 70mg/m³。操作时应穿工作服，若接触了眼或皮肤，立即用水冲洗。储存于阴凉、通风仓库内。远离火种、热源。防止阳光直射。保持容器密封。不宜大量或久存。应与氧化剂分开存放。

【生产单位】 安徽昊源化工集团有限公司，辽阳石油化纤公司英华化工厂，上海实验试剂有限公司，广州慧之海（集团）科技发展有限公司，海南华荣化工有限公司，吉林省龙腾精细化工有限责任公司，天津市光复精细化工研究所。

Mh003 环己胺

【英文名】 cyclohexylamine

【别名】 六氢苯胺；氨基环己烷；cyclohexanamine；aminocyclohexane；hexahydroaniline

【登记号】 CAS [108-91-8]

【化学式】 $C_6H_{13}N$

【结构式】

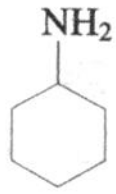

【性质】 无色或淡黄色液体。有鱼腥味。d_{25}^{25} 0.8647；mp－17.7℃；bp_{760} 134.5℃；bp_{15} 30.5℃；n_D^{25} 1.4565。显强碱性，溶于水、乙醇、乙醚、丙酮、酯、烃等有机试剂。受高热分解。放出有毒气体，与氧化剂反应剧烈。遇明火、高热易燃。与氧化剂能发生强烈反应。

【质量标准】 HG/T 2816—1996

指标名称	优等品	一等品	合格品
外观	无色或淡黄色透明液体，无可见杂质		
环己胺/% ≥	99.3	98.0	95.0
苯胺/% ≤	0.10	0.15	0.30
二环己胺/% ≤	0.10	—	—
水分/% ≤	0.20	0.50	1.0

【制法】 以镍或钴为催化剂，在高温、高压下由苯胺进行催化还原得到。也可由苯酚催化还原得到环己醇，氧化为环己酮，再与氨进行氨基化而得到环己胺。

【用途】 用作锅炉给水 pH 调节剂。环己胺属于挥发性物质，加药后很容易到达整个系统。若 pH 低于 8.5，对环己胺处理效果不利。

【安全性】 大鼠经口 LD_{50}：710mg/kg；

兔经皮 LD_{50}：227mg/kg。吸入蒸气可发生急性中毒。对皮肤、眼和黏膜有刺激性和腐蚀性，经皮肤吸收能引起过敏症。如溅入眼中或接触皮肤，应用大量清水冲洗。美国规定空气中的容许质量浓度为 $40mg/m^3$。应与氧化剂、热源隔离。储存于阴凉、通风仓库内。远离火种、热源。防止阳光直射。保持容器密封。应与氧化剂、酸类分开存放。

【生产单位】 上海启迪化工有限公司，南京同和化工有限公司，成都市联合化工试剂研究所。

Mh004 2-丁酮肟

【英文名】 2-butanone oxime

【别名】 甲乙基酮肟；ethyl methyl ketone oxime；methyl ethyl ketoxime

【登记号】 CAS［96-29-7］

【化学式】 C_4H_9NO

【结构式】

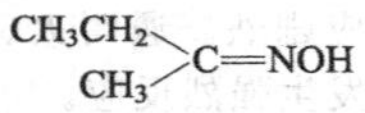

【性质】 丁酮肟为无色油状液体。相对密度（20℃）0.9392；熔点 −29.5℃；沸点 152℃；折射率 1.4428；闪点（开放式）69℃；表面张力 28.7×10^{-3} N/m（20～23℃）。溶于水，与醇、醚可混溶。具有很强的还原能力，可将铁离子和铜离子还原为亚铁离子和亚铜离子。

【制法】 以甲乙酮、氢氮化铵、硫酸为原料，反应制得。

【用途】 在锅炉水系统用作脱氧剂。用作醇酸树脂涂料的防结皮剂、硅固化剂。

【安全性】 丁酮肟的毒性较联氨低得多。避免直接接触，勿使进入体内，进入体内后，皮下发生轻度毒性反应。

【生产单位】 北京大兴兴福精细化学研究所，巨化集团公司锦纶厂，苏州市吴赣化工有限责任公司，上海邦成化工有限公司，北京三盛腾达科技有限公司，浙江东越化工有限公司，上海邦成化工有限公司。

Mh005 *N*,*N*,*N'*,*N'*-四甲基对苯二胺

【英文名】 *N*,*N*,*N'*,*N'*-tetramethyl-1,4-benzenediamine

【别名】 tetramethyl-*p*-phenylenediamine

【登记号】 CAS［100-22-1］

【化学式】 $C_{10}H_{16}N_2$

【结构式】

【性质】 为从石油醚析出的闪亮的片状结晶。熔点 51～52℃；沸点 260℃。微溶于冷水，较易溶于热水，极易溶于乙醇、氯仿、乙醚和石油醚。易挥发性，易升华。

【制法】 以对苯二胺为原料，与氯乙酸反应生成苯基二亚氨基四乙酸，然后进行脱羧反应，制得成品。

【用途】 在水处理领域中可用作锅炉水的除氧剂。其除氧能力优于氢醌。不但可用于锅炉补水中，也可加于运行中的锅炉水中。由于其所具有的高挥发性，还可用于锅炉凝结水系统的除氧。还用于彩色摄影的显影助剂及作测量空气中甲醛含量的试剂。

【安全性】 纯净的 *N*,*N*,*N'*,*N'*-四甲基对苯二胺，或其中间氧化产物均有毒。生产、使用该产品的工作人员，应做好防护。

【生产单位】 北京市大兴兴福精细化学研究所，北京恒业中远化工有限公司。

Mh006 *N*,*N*-二乙基羟胺

【英文名】 *N*,*N*-diethyl hydroxyl amine

【别名】 二乙基羟胺；二乙胺

【登记号】 CAS［3710-84-7］

【化学式】 $C_4H_{11}NO$

【结构式】

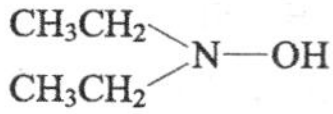

【性质】 二乙基羟胺常温下为液体。相对密度（20℃）1.867；熔点－25℃；沸点125～130℃；闪点45℃；折射率（20℃）1.4195。溶于水，水溶液呈弱碱性。高于570℃时因氧化而分解，分解产物有乙醛、二烷基胺类、乙酸铁和乙醛肟等，并有少量氨、硝酸盐和亚硝酸盐生成。遇热极易挥发。

【制法】 在催化剂镉盐（$CdCl_2 \cdot 2H_2O$）或锌盐（$ZnCl_2$）存在下，以过氧化氢水溶液氧化仲胺，或在钛硅质岩催化剂存在下，以过氧化氢水溶液氧化二烷基胺（RRNH）或三乙胺均可制得本品。

【用途】 用作蒸汽锅炉用水系统的除氧剂，不但适用于低温除氧，而且也适用于高温蒸汽凝结水循环系统的除氧。其除氧功能优于联氨和碳酰肼；当有催化剂存在时，其除氧功能更高。二乙基羟胺还用作设备水侧表面金属的钝化剂。此外，二乙基羟胺还可用作阻聚剂、链连移剂，用于醛类的测定，以及用作抗氧剂和金属设备的缓蚀剂等。

【生产单位】 常州市武进雪堰万寿化工有限公司，上海圣宇化工有限公司，嘉兴市金利化工有限责任公司，常州市孟达精细化工有限公司，淄博三鹏化工有限责任公司，淄博齐翔石油化工集团有限公司，无锡康爱特化工有限公司。

Mh007 对苯二酚

【英文名】 hydroquinone

【别名】 1,4′-二羟基苯；1,4-benzenediol；*p*-dihydroxybenzene；hydroquinol；quinol；1,4′-dihydroxybenzene；氢醌；hydroguinol；几奴尼；鸡纳酚；1,4-苯二酚

【登记号】 CAS［123-31-9］

【化学式】 $C_6H_6O_2$

【结构式】

【性质】 白色针状结晶。熔点170～171℃；d_{15} 1.332；沸点285～287℃；F_p 165.1℃；自燃温度516℃；饱和蒸气压0.13kPa(132.4℃)；燃烧热2849.8kJ/mol。易溶于醇和醚，可溶于水，微溶于苯。在空气中见光易变成浅红色。水溶液在空气中能氧化变成褐色。遇明火、高热可燃。与强氧化剂可发生反应。受高热分解放出有毒的气体。氢醌为弱酸。与大部分氧化剂反应而转化成邻苯醌和对苯醌。

氢醌有α、β和γ三种晶型。α型为三角针状或菱形结晶，从水中结晶而成，稳定。β型为三棱晶体，从甲醇中结晶而成，不稳定。γ型为单斜晶体，由升华法制得，不稳定。三种晶体均可摩擦而发出荧光。氢醌虽可燃，但闪点高，蒸气压较低，若无明火，危险性不大。

【质量标准】

指标名称	指　标
外观	深灰色或微带米黄色结晶粉末
含量/%	99.0
初熔点/℃	170.5
干燥失重/%	0.3
灰分(硫酸盐)/%	0.3

【制法】 在硫酸介质中用二氧化锰将苯胺氧化成对苯醌，再以铁粉还原生成氢醌。

【用途】 在水处理领域，将氢醌加于闭路加热和冷却系统的热水和冷却水中，对水侧金属能起缓蚀作用。氢醌用作锅炉水的除氧剂，在锅炉水预热除氧时将氢醌加入其中，以除去残余溶解氧。

【安全性】 大鼠经口 LD_{50}：320mg/kg。氢醌有毒，可燃。氢醌的还原性很强，

极易被氧化成对苯醌。氢醌有毒，可透过皮肤引起中毒。动物经口致死量为0.08～0.2g/kg。人若口服1g以上就会出现急性中毒症状，服用59g可致死。日本规定生产车间空气中氢醌的最高容许浓度为2mg/m³。当氢醌接触皮肤、眼睛时，立即以清水或生理食盐水冲洗。据有关资料，氢醌具有潜在的致癌作用。储存于阴凉、通风仓库内。远离火种、热源。防止阳光直射。保持容器密封。避光保存。应与氧化剂、酸类、食用化工原料分开存放。

【生产单位】 日本三井株式会社，汕头西陇化工有限公司，上海实验试剂有限公司，盐城经纬化工有限公司，温州市化学用料厂，上海新高化学试剂有限公司，成都市科龙化工试剂厂，上海试一化学试剂有限公司。

Mh008 碳酰肼

【英文名】 carbohydrazide

【别名】 1,3-二氨基脲；均二氨基脲；卡巴肼；carbonic dihydrazide；1,3-diaminourea

【登记号】 CAS [497-18-7]

【化学式】 CH_6N_4O

【结构式】

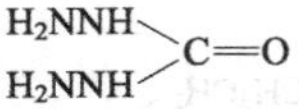

【性质】 白色结晶粉末，系由含水乙醇中结晶而得。熔点153℃，并于溶解时开始分解。极易溶于水，1%水溶液的pH为7.4。几乎不溶于醇、醚、氯仿和苯。与盐酸、硫酸、草酸、磷酸和硝酸反应均生成盐。生成的氯化物均极易溶于水，而生成的硫酸盐和草酸盐却只微溶于水，磷酸盐和硝酸盐则不能析出结晶。在有亚硝酸存在时，碳酰肼会转变成具有高爆炸性的化合物羰基叠氮化合物。碳酰肼的水溶液与酸或碱共热时会逐渐分解。

【用途】 碳酰肼在水处理领域可用作锅炉水的除氧剂，还用作金属表面的钝化剂，以降低金属的腐蚀速率。碳酰肼可与水中溶解氧反应生成二氧化碳、氮气和水。使用时，可直接将粉状碳酰肼放入水中，也可使用其水溶液。可单独使用，也可与氧化还原催化剂如氢醌或其他醌类，以及钴的配合物复配使用。碳酰肼适用的温度范围为87.8～176.7℃，亦即在水的汽化温度以下使用。

【生产单位】 潍坊万源化工有限公司，四川川安化工厂，扬州市奥鑫助剂厂。

Mi 表面活性剂

1 阴离子型

阴离子表面活性剂是品种最多、用量最大、应用十分广泛的一类表面活性剂，约占表面活性剂总量的40%。阴离子表面活性剂主要用作洗涤剂，另外，还广泛应用在纺织、石油化工、选矿、造纸等行业中作为乳化剂、扩散剂、凝胶剂、渗透剂、洗涤剂、发泡剂等。

阴离子表面活性剂按照亲水基结构主要分为羧酸盐型、磺酸盐型、硫酸酯盐型、磷酸酯盐型等。主要产品有直链烷基苯磺酸盐、直链烷烃磺酸盐、烯烃磺酸盐及脂肪醇硫酸盐、脂肪醇醚硫酸盐等。

国际表面活性剂领域当今的研究热点——烷基二苯醚二磺酸钠合成技术由美国和法国公司垄断的局面终于被打破。大连化工研究设计院自主创新开辟了一条全新的双子型（Gemini）表面活性剂烷基二苯醚二磺酸钠合成工艺路线，并已申请中国发明专利。他们采用这项创新技术建成了年产100～500t装置并试产成功，产品获国内用户认可。

进入21世纪，表面活性剂工业步入了一个全新的时代，许多功能性产品如Gemini型表面活性剂、螯合型表面活性剂、可裂解型表面活性剂、可聚合型表面活性剂等不断被推出并获得广泛应用。其中，Gemini型表面活性剂因其独特的结构，成为当前表面活性剂领域的研究热点。特别是烷基二苯醚二磺酸钠最为业界关注，并获得工业界的认同。然而该产品在全球市场上主要由美国氰特、法国罗地亚、美国陶氏化学三家公司垄断，国内每年进口量为3000～5000t。

大连化工研究设计院研究人员发现，文献报道中有关烷基二苯醚二磺酸钠的合成方法，都是以二苯醚与烷基化试剂为原料通过烷基化反应来制得，存在原料来源有限、烷基化过程中原料转化率较低、副反应影响产品质量并且烷基化过程对设备要求较高等缺点，国内也因难以克服这些技术难点至今未能实现该产品的工业化生产。为此该院开辟了一条全新的工艺路线，避免了烷基化反应，从而避免了影响产品质量副产物的生成，生产出纯度相当高的产品。

作为双子型表面活性剂，烷基二苯醚二磺酸钠分子中含有两个亲水亲油基团，具有卓越的抗硬水能力及优异的抗电解质能力，能够在恶劣环境下，如 34% H_2SO_4、20% HNO_3、27%的液碱中稳定使用。由于分子中有两个离子型亲水基，在水中的溶解度较大，因此漂洗能力优于传统的阴离子表面活性剂。

目前，烷基二苯醚二磺酸钠在乳化聚合工业上已得到了广泛应用，同时也用作印染、匀染剂，农药润湿剂、展着剂、渗透剂和流动剂，洗涤剂配方中的润湿剂、偶联剂和稳定剂等。特别是其具有的高温稳定性和抗电解质能力，使其在三次采油、土壤净化、亚表面修复等方面的潜在应用更引起人们的关注。

2 阳离子型

阳离子表面活性剂是分子中活性部分带正电荷的一类表面活性剂，它在结构上与阴离子表面活性剂相似，其疏水基与阴离子表面活性剂相似，不同之处在于它溶于水时，其亲水基呈现正电性。亲水基与疏水基可以直接相连，也可以通过酯键、醚键以及酰胺键相连。阳离子表面活性剂的生产及应用量相对较小，约占表面活性剂总产量的6%，但由于具有一些特殊的应用特性，其增长速度非常快，远远超过阴离子及非离子表面活性剂的增长速度。

阳离子表面活性剂由于在水溶液中同样能够形成胶束，降低表面张力，具有乳化、润湿、去污的性能。但是在日常生活中阳离子表面活性剂一般不作为洗涤剂用，主要原因是由于阳离子表面活性剂带正电荷，而一般的纤维织物、金属、玻璃、塑料、矿物、动物及人体组织都是带负电荷，阳离子表面活性剂对带负电荷的表面及人体组织等的吸附能力均大于阴离子和非离子表面活性剂，当使用阳离子表面活性剂洗涤时，由于阳离子活性剂与基质之间强的静电引力，活性剂会吸附于基质与水的表面，形成亲油基朝向水相，亲水基朝向油相的状态，不利于洗涤。但是这种比较特殊的吸附特性，赋予阳离子表面活性剂特殊的性能，由于在纤维表面的吸附，中和了纤维表面的电荷，减少了由于摩擦产生的自由电子，同时可以显著降低纤维表面的静摩擦系数，因此，可以作为织物的抗静电剂、柔软整理剂等。另外，阳离子表面活性剂还可以作为杀菌剂、沥青和石子的黏结促进剂、肥料的抗结块剂、矿石浮选剂、化妆品的乳化剂以及金属的防腐蚀剂等等。

常见的阳离子表面活性剂大都是有机含氮化合物的衍生物和鎓盐类阳离子表面活性剂，其中有机含氮化合物阳离子表面活性剂主要分为铵盐类和季铵盐类。胺类（有机伯、仲、叔胺）本身不带正电荷，但可以与质子结合而带正电性。

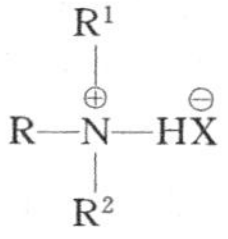

R—C_{10}～C_{18}烷基；
R^1，R^2—低分子的烷基、苄基或氢原子；
X—卤素、酸根

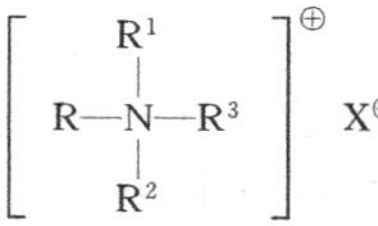

R—C_{10}～C_{18}烷基；
R^1，R^2，R^3—低分子的烷基（甲基、乙基），其中一个可以是苄基；
X—卤素、酸根

铵盐是弱碱性盐，只在酸性条件下具有表面活性，在碱性条件下容易游离出胺失去表面活性。而季铵盐类化合物本身带有正电荷，在酸性和碱性溶液中均能离解出带正电荷的表面活性离子。

Mi001 十二烷基硫酸钠

【英文名】 sodium dodecylsulfate

【别名】 月桂基硫酸钠；十二醇硫酸钠；月桂醇硫酸钠；K12；sodium lauryl sulfate；dodecyl sodium sulfate

【登记号】 CAS [151-21-3]

【化学式】 $C_{12}H_{25}NaO_4S$

【性质】 白色或淡黄色粉状或液体，略具有油脂物气味。易溶于水，可降低水溶液的表面张力，使油脂乳化。对碱和硬水不敏感，与阴离子、非离子复配伍性好。本品可燃，具刺激性、致敏性。遇明火、高热可燃。受热分解放出有毒气体。

【质量标准】 GB/T 15963—1995

指标名称		优等品	一等品	二等品	液体产品
外观		白色或微黄色粉状，不结团			浅黄透明液体
活性物/%	≥	90	86	82	28
石油醚可溶物/%	≤	2.0	3.0	4.0	2.0
无机盐（$NaCl+Na_2SO_4$）/%	≤	5.5	7.5	8.5	2.5
水分 /%	≤	3.0	3.0	5.0	—
pH值（1%活性物溶液）		7.5～9.5	7.5～9.5	7.0～10.0	7.5～9.5
白度（W_G）	≥	65	65	60	—
色度/黑曾单位	≤	—	—	—	50

【制法】 由十二醇（月桂醇）与三氧化硫或氯磺酸进行磺化反应后，再经碱中和、漂白、喷雾干燥而得。

【用途】 具有良好的乳化、发泡、渗透、去污和分散性能，生物降解性好。主要用作牙膏、洗发香波等的发泡剂。也可作乳化剂、灭火剂、发泡剂及纺织工业助剂、电镀添加剂等。商品为以十二烷基硫酸钠为主的烷基硫酸钠同系物混合物。

【安全性】 大鼠经口 LD_{50} 1300mg/kg，鱼半致死量（TML）24.5×10^{-6}。对黏膜和上呼吸道有刺激作用，对眼和皮肤有刺激作用。可引起呼吸系统过敏性反应。工作人员应作好防护。储存于阴凉、通风仓库内。远离火种、热源。防止阳光直射。保持容器密封。应与氧化剂、酸类、碱类分开存放。

【生产单位】 罗地亚-恒昌（张家港）精细化工有限公司，广州慧之海（集团）科技发展有限公司，上海试一化学试剂有限公司，高力集团（广东高力实业有限公司），北京华腾化工有限公司，淄博俱进化工有限公司，广州博羿化工有限公司。

Mi002 十二烷基苯磺酸钠

【英文名】 dodecyl benzene sulfonic acid

【别名】 sodium dodecyl-benzenesulfonate

【登记号】 CAS［25155-30-0］

【化学式】 $C_{18}H_{29}NaO_3S$

【性质】 棕色黏稠液体，呈弱酸性。溶于水。相对密度（20℃）1.05，黏度为1900mPa·s。具有去污、湿润、发泡、乳化、分散等性能。不属易燃物品，易溶于水，不溶于一般的有机溶剂。具有很强的吸水性，吸水后的磺酸呈黏稠的不透明液体。其生物降解度＞90%。遇明火、高热可燃。与氧化剂可发生反应。受高热分解放出有毒的气体。

【质量标准】 GB 8447—1995

指标名称		优级品	一级品	二级品
外观		棕色黏稠液体		
烷基苯磺酸/%	≥	97	96	95
游离油/%	≤	1.5	2.0	2.5
硫酸/%	≤	1.5	1.5	1.5
色度/Klett 值	≤	35	50	100

【制法】 十二烷基苯磺酸钠由工业烷基苯用 SO_3 或发烟硫酸磺化制得。

【用途】 大量用作洗涤剂原料，生产各种洗涤剂和乳化剂，如日用化工中的洗衣粉、餐具洗涤剂、纺织工业的清洗剂、染色剂、电镀工业及制革工业的脱脂剂、造纸工业的脱墨剂等。该产品是提高无机、有机易吸潮、结块的化工产品质量的高效添加剂。高级皮革的优良脱脂剂。

【安全性】 大鼠经口 LD_{50}：1288mg/kg。对黏膜和上呼吸道有刺激作用，对眼和皮肤有刺激作用。可引起呼吸系统过敏性反应。储存于阴凉、通风仓库内。远离火种、热源。防止阳光直射。保持容器密封。应与氧化剂、酸类、碱类分开存放。

【生产单位】 温州市化学用料厂，河南兴亚洗涤用品有限责任公司，成都市科龙化工试剂厂，淄博市临淄恒立助剂有限公司，无锡市展望化工试剂有限公司，安阳市兴亚洗涤用品有限公司，宜兴天鹏精细化工有限公司。

Mi003 脂肪醇聚氧乙烯醚硫酸钠

【英文名】 sodium POE fatty alcohol ether sulfate

【别名】 AES；乙氧基化烷基硫酸钠

【结构式】 $RO(CH_2CH_2O)_nSO_3Na$ ($R=C_{12}\sim C_{15}$ 或 $C_{12}\sim C_{14}$ 烷基，$n=2\sim3$)

【性质】 白色或淡黄色凝胶状膏体，易溶于水。具有优良的去污、乳化和发泡性能。易生物降解，生物降解度大于90%。

【质量标准】 GB/T 13529—2003

指标名称		70型	28型
外观(25℃)		白色或浅黄色凝胶状膏体	无色或浅黄色液体
气味		无异常气味	无异常气味
乙氧基化烷基硫酸钠/%		70±2	28±1
未硫酸化物/%	≤	3.5	1.5
硫酸钠/%	≤	1.5	0.6
pH值(1%水溶液)		6.5～9.5	6.5～9.5
色度(5%活性物水溶液)/黑曾单位	≤	30	30

【制法】 脂肪醇醚与 SO_3 或氯磺酸发生硫酸化反应后，再用 NaOH 中和制得。

【用途】 是液体洗涤剂、香波、泡沫浴剂、洗手剂等的主要原料之一，还可作纺织工业润滑剂、助染剂、清洗剂等。

【安全性】 无毒，低刺激性。大鼠经口 LD_{50}：1820mg/kg。储存于干燥、通风条件好的库房，室外存放应有相应的遮阳、防雨措施。在运输时防雨、防晒、防潮。

【生产单位】 浙江吉利达化工公司，北京罗地亚东方有限公司，白猫（辽宁）有限公司，淄博俱进化工有限公司。

Mi004 脂肪醇聚氧乙烯(n)醚硫酸铵

【英文名】 ammonium POE（n）fatty alcohol ether sulfate

【别名】 乙氧基化烷基硫酸铵；AESA；ammonium ethoxylated alkyl sulfate

【结构式】

$$RO(CH_2CH_2O)_nSO_3NH_4$$

$$(R=C_{12}\sim C_{15}烷基，n=2\sim3)$$

【性质】 浅黄色黏稠液体，泡沫丰富，去污力强，乳化力和溶解性好，具较低的皮肤刺激性，生物降解性好，可与多种表面活性剂配伍。热稳定性较差，在强酸和强碱条件下易水解。

【质量标准】 QB/T 2572—2002

指标名称	70型(高浓度)	25型(低浓度)
外观(25℃)	白色或淡黄色凝胶状膏体	白色或淡黄色液体
乙氧基化烷基硫酸铵/%	70±2	25±1
未硫酸化物/% ≤	3.5	1.5
硫酸铵/%	1.5	0.5
氯化铵/% ≤	0.5	0.2
铁含量/(mg/kg) ≤	5	5
pH值(1%水溶液)	5.5～7.0	5.5～7.0
色度(5%活性物水溶液)/黑曾单位 ≤	30	30

【制法】 以脂肪醇聚氧乙烯醚，如十二醇聚氧乙烯醚为原料，用三氧化硫酯化，再用氨水中和而得。

【用途】 具有去污、乳化和分散性能。具有良好的抗硬水性能；脱脂力适中；用于洗发剂，具有良好的梳理性和皮肤舒适感。广泛用于香波、泡沫浴剂、化妆品、家用液体洗涤剂及工业清洗剂如玻璃清洗剂、墙壁清洗剂、汽车车身清洗剂等。

【生产单位】 北京罗地亚东方公司，江苏天音化工有限公司，杭州电化集团助剂化工有限公司。

Mi005 烷基酚聚氧乙烯(n)醚磷酸酯

【英文名】 POE(n) alkylphenol phosphate

【别名】 GAFAC；TX-10 醚磷酸酯；DL-1 分散剂

【结构式】

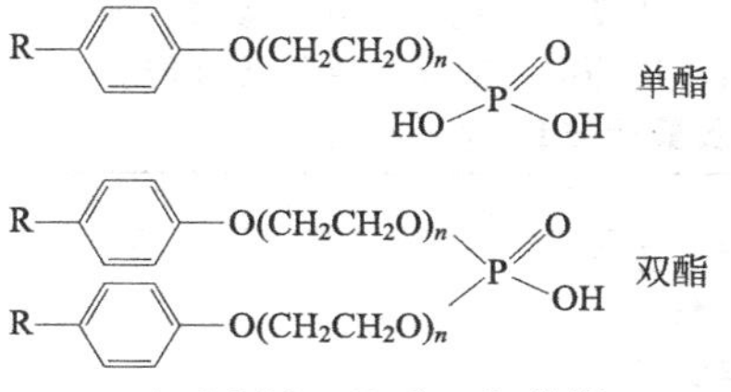

$(n=3,5,7,9,\cdots;R=C_8\sim C_{30}烷基)$

【性质】 具有良好的热稳定性、防锈性、水溶性、分散性、润湿性、洗涤性、乳化性和抗静电性等。

【质量标准】 企业标准

指标名称	指 标
外观	黄色或琥珀色黏稠液
活性物/%	100
水分/%	0.5
含磷/%	2.9～5.0
相对密度(25℃)	1.0～1.1
pH值(10%水溶液)	1.5～2.5

【制法】 烷基酚聚氧乙烯醚与磷酸化试剂(P_2O_5)反应制得。

【用途】 广泛用于磁性材料、油墨、油漆、合成纤维、农药、日用化工等产品中作分散剂、乳化剂和洗涤剂等。

【安全性】 毒性：无毒，刺激性低。钠盐产品：大鼠经口 LD_{50} 1280mg/kg。

【生产单位】 徐州成正精细化工有限公司，沧州鸿源农化有限公司，江苏海安县国力化工有限公司。

Mi006 脂肪醇聚氧乙烯醚磷酸单酯

【英文名】 fatty alcohol ether phosphate monoester

【别名】 PE910

【结构式】

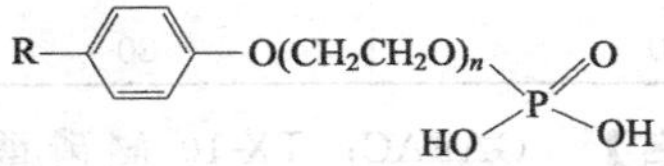

(n=3,5,7,9,…;R=C_8～C_{30}烷基)

【性质】 淡黄色黏稠液体，易生物降解。具有优良的乳化、润湿、渗透、增溶、洗涤、抗静电、防锈和除锈等性能。

【质量标准】 企业标准

指标名称		指 标
活性物/%	≥	87.0
单酯/%	≥	80
醇醚/%	≤	3.0
pH值(1%中性乙醇溶液)		2±1
磷酸/%	≤	10.0

【制法】 脂肪醇聚氧乙烯醚与 P_2O_5 进行酯化反应后，水解、漂白制得。

【用途】 可作乳化剂、洗涤剂、柔软剂、抗静电剂、防锈剂和增溶剂等。用作化妆品乳化剂和农药乳化剂、工业碱性清洗剂和干洗剂、金属加工、纺织油剂成分、乳液聚合、颜料分析剂、造纸助剂、助溶剂、油井钻井泥浆润滑分散剂以及工业和民用洗涤剂等。

【安全性】 无毒，酸型产品，轻度刺激皮肤，中和后几乎无刺激。

【生产单位】 南通泰利达化工有限公司，上海经纬化工有限公司，吉林拓普化工有限责任公司。

Mi007 钠磺基琥珀酸椰油酰胺基乙酯钠盐

【英文名】 sodium cocoanutfattyacyl monoethanolamido sodiosulfosuccinate

【结构式】

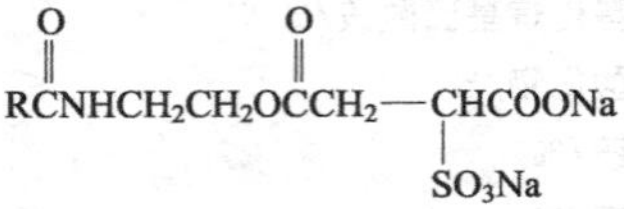

【性质】 黄色透明液体，溶于水。可与各类表面活性剂配伍。常温下稳定，不耐强酸和强碱。有良好的去污、润湿、柔软和稳泡等性能。

【质量标准】 企业标准

指标名称		指 标
活性物/%		30±2
Na_2SO_3/%	≤	1
pH值(1%水溶液)		6～8

【制法】 椰油酰胺与顺丁烯二酸酐进行酯化反应生成单酯后，用磺化剂($NaHSO_3$或硫酸盐)进行磺化，碱中和制得。

【用途】 可作洗涤剂、柔软剂和抗硬水剂等。用于配制洗涤用品、香波、浴液，在化妆品中作护肤剂，工业上作抗硬水剂，纺织工业作洗涤剂、柔软剂，橡胶胶乳系列作发泡剂，还可用于醋酸乙烯乳液聚合，油和蜡的上光用乳化剂等。

【安全性】 无毒，无刺激性。

【生产单位】 上海桑迪精细化工研究所有限公司，广州市天河蓝源表面活性剂厂。

Mi008 磷酸烷基酯

【英文名】 alkyl phosphate

【别名】 耐碱渗透剂 OPE；烷基磷酸酯

【结构式】

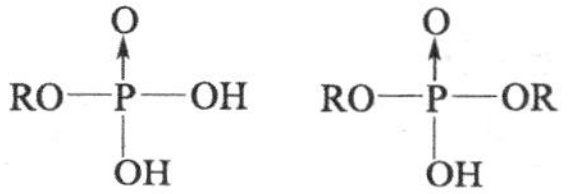

【性质】 易溶于水。具有润湿、乳化、渗透和抗静电性能。

【质量标准】 企业标准

指标名称		指　标
外观		浅黄色固体
游离酸/%	<	5
活性物/%		单酯>75，双酯约 25
pH 值		2.0±1.0

【制法】 反应釜中加入脂肪醇，在搅拌下逐渐加入 P_2O_5 制得。用 KOH 中和可制得其钾盐。

【用途】 可作乳化剂、洗涤剂、渗透剂和抗静电剂等。用于香波、浴液、家用和工业用洗涤剂中；在纺织和化纤油剂中作乳化剂和抗静电剂，还可用于塑料工业。

【生产单位】 中国日化院，天津先光化工有限公司，天津浩元精细化工公司，上海高维化学公司，丹东安康化学厂，上海牙膏厂有限公司，杭州银湖化工公司，丹东金海精细化工公司，广州大宇科技公司。

Mi009 脂肪醇聚氧乙烯醚钠磺基琥珀酸酯钠盐

【英文名】 sodiumPOE fatty alcohol ether sodiosulfosuccinate

【别名】 MES；醇醚磺基琥珀酸单酯二钠盐

【结构式】

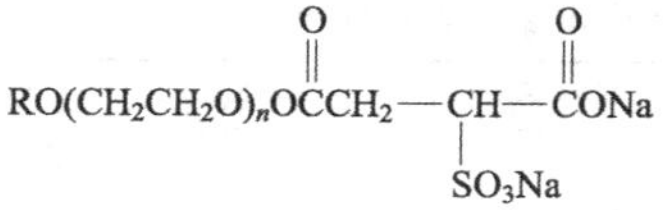

【性质】 无色至淡黄色黏稠液体，溶于水及乙醇中。具有良好的泡沫、去污、乳化和匀染性能，抗硬水性好，可生物降解。与其他阴离子表面活性剂复配可降低其刺激性。

【质量标准】 企业标准

指标名称		优级品	合格品
总固体/%		35±1	35±1
硫酸钠/%	≤	1.0	2.5
pH 值		5.5～7.5	5.5～7.5
色度(原液)		100	150

【制法】 脂肪醇聚氧乙烯醚与顺丁烯二酸酐酯化得到单酯，再与亚硫酸氢钠水溶液进行反应制得。

【用途】 用于配制高档低刺激香波，特别适于微酸性香波、儿童香波、浴液、洗面奶等；也可用于餐具洗涤剂、工业洗涤剂，在乙苯橡胶、丙烯酸酯乳液聚合中作乳化剂；还可用于稀有金属乳选剂、泡沫灭火剂和纺织用润湿剂和增溶剂等。

【安全性】 无毒，刺激性较低。

【生产单位】 上海经纬化工有限公司，杭州银湖化工有限公司。

Mi010 *N*-脂酰基谷氨酸钠

【英文名】 sodium *N*-fattyacylglutamate

【别名】 AGA 盐

【结构式】

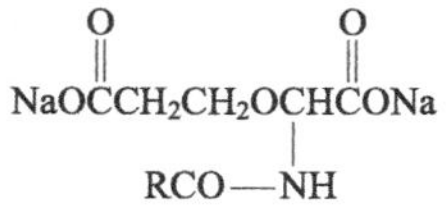

【性质】 白色或淡黄色粉末。泡沫适中，洗涤力强，耐硬水。具有良好的乳化性和润湿性，生物降解性好。比十二烷基硫酸

钠的刺激性小。

【质量标准】 企业标准

指标名称		一级品	二级品
活性物/%		90～95	85～90
水分/%	≤	3	3
氯/%	≤	0.5	0.5
游离脂肪酸/%	≤	6.5	6.5
砷/10^{-6}	≤	10	10
铅/10^{-6}	≤	40	40

【制法】 脂肪酰氯和谷氨酸在碱性条件下反应制得。

【用途】 作块状洗涤剂的基料，作肥皂改性剂，用量5%～10%。亦可用作香波基料、牙膏发泡剂、膏霜类化妆品的乳化剂；还可用作食品乳化剂、药物乳化剂和染色助剂；也可作化纤油剂、金属清洗剂及防锈剂等。

【生产单位】 上海经纬化工有限公司。

Mi011 表面活性剂清洗剂

【英文名】 cleaning agent for surface active agent

【别名】 活性剂清洗剂

【组成】 金属防锈清洗剂由缓蚀剂、表面活性剂、助洗剂及杀菌剂组成。

【产品特点】 阳离子表面活性剂由于在水溶液中同样能够形成胶束，降低表面张力，具有乳化、润湿、去污的特点。

【配方】

组　分	w/%
苯甲酸	13～23
膦酸三乙醇胺	8～15
钼酸盐	3～10
碳酸盐	25～40
三聚磷酸盐	3～10
还原剂	2～8
吐温80	3～10
硅酸盐	3～10
磷酸盐	3～10
杀菌剂	0.1～0.2

【配方分析】 金属防锈清洗剂由缓蚀剂、表面活性剂、助洗剂及杀菌剂组成。缓蚀剂由苯甲酸与还原剂反应制成，还原剂是乙醇、三乙醇胺、三乙醇酯的混合物，表面活性剂采用膦酸三乙醇胺和吐温80，助洗剂为钠盐，包括钼酸钠、硅酸钠、碳酸钠、磷酸钠和三聚磷酸钠，共占50%～60%。

实施方法示例一如下。

组　分	w/%
苯甲酸	18
磷酸三乙醇胺	12
钼酸钠	3
磷酸钠	6
杀菌剂	0.2
乙醇	6
吐温80	8
硅酸钠	8
三聚磷酸钠	10
碳酸钠	余量

将苯甲酸和还原剂混合加热至78℃，反应30min左右，再冷却至常温，得到缓蚀剂。将缓蚀剂和表面活性剂混合后，采用喷淋的方法与其他助剂搅拌均匀。

实施方法示例二如下。

组　分	w/%
亚硝酸钠	21
六亚苯甲基四胺	21
苯甲酸钠	8
蒸馏水(或冷开水)	50

实施方法示例三（金属防锈清洗剂）。

组　分	w/%
亚硝酸钠	20.3
尿素	20.3
苯甲酸钠	3.9
蒸馏水	55.5

本配方为露天存放金属材料防锈液。使用时可用喷雾器喷洒，可使金属半年不锈。

【性能指标】 金属防锈清洗剂为固体粉末状，其特点是生产工艺简单，包装运输和使用都很方便，对人体无毒无害，防锈效果明显。

【主要用途】 用于清洗黑色金属、不锈钢、铜、铝、镁、锌及其合金等有色金属零件表面机油、研磨油、切削液、防锈油、拉伸油、灰尘等污染物。

【安全性】 本金属防锈清洗剂，对金属材料表面积存污染物的清洗效果理想，清洗后的金属材料表面清洁度高，可以符合各种金属产品加工要求；其腐蚀性小，不会损坏金属材料表面，不腐蚀清洗设备，而且不含有 ODS，属于非破坏臭氧层物质，清洗后的废液便于处理排放，能够满足环保“三废”排放要求；制备工艺简单，成本较低，操作方便，使用安全可靠。

【生产单位】 上海晶沪化工有限公司。

Mi012 氯化十二烷基二甲基苄基铵

【英文名】 dodecyl dimethyl benzyl ammonium chloride

【别名】 1227；洁尔灭；苯扎氯铵；氯化十二烷基·二甲基·苄基铵；十二烷基二甲基苄基氯化铵；benzalkonium chloride；D1227

【登记号】 CAS [8001-54-5]

【化学式】 $C_{21}H_{38}ClN$

【结构式】

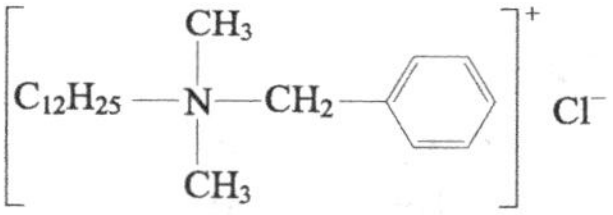

【性质】 具有芳香味淡黄色液体。易溶于水，有良好的泡沫性和化学稳定性，耐热，耐光，无挥发性。具有杀菌、抑菌、乳化、抗静电、柔软和调理等功能。pH 为 6.5～7。

【质量标准】 QB 1915—93

指标名称	优级品	一级品	合格品
外观	白色或淡黄色透明液体或固状物	淡黄色或黄色透明液体或固状物	黄色至棕黄色透明液体或固状物
活性物/% ≥	30	30	30
pH 值(10%水溶液)	4.0～8.5	4.0～8.5	4.0～8.5
游离胺(对活性物)/% ≤	1.0	2.0	3.0
灰分(对活性物)/% ≤	0.5		1.0
重金属(Pb 计)/(mg/kg) ≤	30		30
砷(As)/(mg/kg) ≤	3		3

【制法】 由十二烷基·二甲基叔胺与氯化苄季铵化缩合制得。或者采用十二醇和二甲胺为原料，在高效催化剂的作用下，催化氨化制得。

【用途】 可作杀菌剂、抗静电剂、匀染剂、稳定剂和消毒剂等。用于食品加工、医药、纺织、油田、石油化工、水处理和公共设施的消毒与杀菌。用作腈纶纤维染色的匀染剂及缓染剂，可提高坚牢度。对于阳离子染料有优异的分散性。还可作为化工设备的缓蚀剂和油田注水杀菌剂。

【安全性】 大鼠经口 LD_{50}：400mg/kg。有一定的腐蚀性和刺激性，刺激皮肤，严重刺激眼睛。操作人员在进行作业时应戴防护用具，避免直接接触。运输过程中，应轻装轻卸，避免撞击和日晒雨淋。避免露天堆放，防冻、防晒。

【生产单位】 飞翔化工（张家港）有限公司，南京化工学院常州市武进水质稳定剂厂，南通泰利达化工有限公司，天津碱厂，江苏江海化工有限公司，山东省泰和水处理有限公司，河南省新乡市聚星龙水处理厂，济源市清源水处理有限责任公司，广州慧之海（集团）科技发展有限公司。

Mi013　氯化双十六烷基二甲基铵

【英文名】　dicetyl dimethyl ammonium chloride

【别名】　D1621；双十六烷基二甲基氯化铵

【结构式】

$$\left[\begin{array}{c}C_{16}H_{33}\\C_{16}H_{33}\end{array}N\begin{array}{c}CH_3\\CH_3\end{array}\right]^{+}Cl^{-}$$

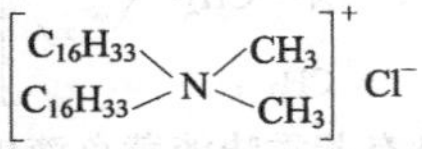

【性质】　白色或淡黄色膏体，溶于热水，易溶于极性溶剂。具有良好的化学稳定性、抗静电性、吸附性、柔软性和生物活性，与非、阴离子表面活性剂配伍性好。

【质量标准】　中国日化院标准

指标名称		指　标
活性物/%	≥	74
末反应胺/%	≤	2
pH值(1%水溶液)		4.5～6.5

【制法】　双十六烷基·甲基叔胺与氯甲烷进行季铵化反应制得。

【用途】　可作家用或工业用织物柔软剂、抗静电剂、皮肤和头发用调理剂、消毒杀菌剂。工业上用于矿物浮选、有机膨润土改进、钻井泥浆、油漆、油墨的流动性改进、糖用脱色剂、沥青乳化、纺织印染等。还用于化妆品及洗涤用品等。

【安全性】　无毒。

【生产单位】　飞翔化工（张家港）有限公司，博兴华润油脂化学有限公司，广州慧之海（集团）科技发展有限公司，厦门市

先端科技有限公司。

Mi014　氯化双十八烷基二甲基铵

【英文名】　distearyl dimethyl ammonium chloride

【别名】　D1821；双十八烷基二甲基氯化铵

【登记号】　CAS 107-64-2

【化学式】　$C_{38}H_{80}ClN$

【结构式】

$$\left[\begin{array}{c}C_{18}H_{37}\\C_{18}H_{37}\end{array}N\begin{array}{c}CH_3\\CH_3\end{array}\right]^{+}Cl^{-}$$

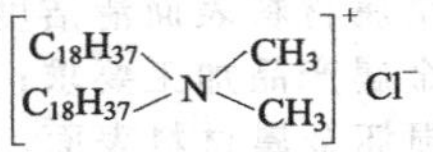

【性质】　白色或微黄色膏状体或固体。易溶于极性溶剂，微溶于水，加热可溶解。性能稳定，能与非离子及两性表面活性剂配伍。具有柔软、杀菌和抗静电等性能。

【质量标准】　中国日化院标准

指标名称		指　标
外观		白色固体
末反应胺/%	≤	2
活性物/%	≥	74
pH值(1%水溶液)		4.0～6.5

【制法】　用双十八烷基甲基叔胺与氯甲烷通过季铵化反应制得。

【用途】　可作柔软剂、抗静电剂、调理和杀菌剂等。用于织物柔软剂、头发调理剂、油井开采的杀菌剂、有机膨润土改性剂和矿物浮选剂等。

【安全性】　无毒。

【生产单位】　飞翔化工（张家港）有限公司，博兴华润油脂化学有限公司，广州慧之海（集团）科技发展有限公司，南京旋光科技有限公司，厦门市先端科技有限公司。

3 非离子型

非离子表面活性剂是分子中含有在水溶液中不离解的醚基为主要亲水基的表面活性剂，其表面活性由中性分子体现出来。非离子表面活性剂具有很高的表面活性，良好的增溶、洗涤、抗静电、钙皂分散等性能，刺激性小，还有优异的润湿和洗涤功能。可应用pH范围比一般离子型表面活性剂更宽广，也可与其他离子型表面活性剂共同使用，在离子型表面活性剂中添加少量非离子表面活性剂，可使该体系的表面活性提高。非离子表面活性剂按照亲水基的结构可以分为聚氧乙烯型、多元醇型、烷醇酰胺型、聚醚型、氧化胺型等。

Mi015 脂肪醇聚氧乙烯醚型非离子表面活性剂

【英文名】 fatty alcohol polyoxyethylene ether nonionic surfactant

【别名】 脂肪醇表面活性剂；聚氧乙烯醚表面活性剂

【产品特点】 非离子表面活性剂由于在水溶液中同样能够形成胶束，降低表面张力，具有乳化、润湿、去污的特点。脂肪醇聚氧乙烯醚（AEO）分子式为$C_mH_{2m+1}O(C_2H_4O)_nH$，是以去污力强、耐硬水、低温洗涤效果好、配伍能力强、生物降解快等优异的综合性能而得到迅猛发展的一类聚氧乙烯型非离子表面活性剂，也是非离子表面活性剂中品种最多、产量最大、地位最重要的一类，为目前最主要的工业和民用非离子表面活性剂原料，被广泛应用于乳化剂、分散剂、润湿剂和洗涤剂、化妆品等领域。

这种类型的表面活性剂又称聚乙二醇型，是环氧乙烷与含有活泼氢的化合物进行加成反应的产物。

(1) 合成方法　AEO的合成是由疏水性原料高级脂肪醇用亲水性的环氧乙烷（EO）乙氧基化制得，通过调整环氧乙烷的加成数可以得到一系列性质不同的非离子型产品。

合成脂肪醇聚氧乙烯醚的脂肪醇可以分为天然醇和合成醇，目前国内生产醇醚的主要原料脂肪醇有两种：一种是合成的$C_{12}\sim C_{15}$的醇；另一种是天然的$C_{12}\sim C_{14}$的醇，合成的醇有近30%为仲醇，天然醇全部是偶数碳伯醇。

工业上的乙氧基化工艺一般由原料准备、反应及后处理（包括中和、过滤等）三部分组成。不同工艺技术的区别主要表现在反应部分，而反应部分的核心则是反应器。生产聚氧乙烯型或聚氧丙烯型非离子表面活性剂的反应器主要有釜式反应器、管道反应器、BUSS公司双回路循环反应器、PRESS反应器等。

(2) PRESS工艺　PRESS反应器是意大利的PRESS公司在1962年推出的新的乙氧基化装置。该装置采用了全新乙氧基化新工艺，即在环氧乙烷（以下简称EO）或环氧丙烷（以下简称PO）气相中分布引发剂液相雾化的技术方式，以获得很高反应界面，从而大大地提高了反应速率，且操作安全，聚乙二醇副产物大大减少。图M-2所示为PRESS公司的第三代乙氧基化工艺。

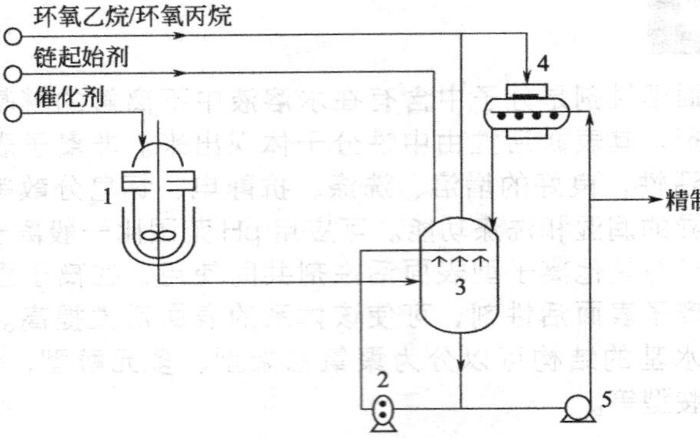

图 M-2 PRESS公司第三代乙氧基化工艺

1—催化剂制备釜；2—循环泵；3—主反应器；4—气液接触器；5—出料泵

PRESS工艺从根本上改变了传统的原理，传统原理是将气相分散于连续的液相中，而PRESS工艺是将液相分散于连续的EO气相氧化物中。该工艺可达到非常高的反应速率，而溶解于液相中的氧化物浓度相当少。在完成了如脱水、充氮、预热等准备工作后，经催化的起始剂用循环泵经换热器进行循环，借助反应器上部的特殊喷嘴达到良好的分散。随着反应的进行，相对分子质量不断增大，反应器下部也逐渐被产物所充满。反应热通过反应回路的换热器移除，EO在反应器顶部直接压力控制下反应并立即闪蒸而进入气相。

PRESS生产工艺主要特点是：①反应速度高、生产周期短，液相物料雾化后与气相环氧乙烷接触，极大地提高了传质速率，使环氧乙烷的消耗速率大于1200kg/(h·m³)；②相对分子质量分布窄、副产物少、产品质量高；③生产操作弹性大，高度安全。

【主要用途】 目前最主要的工业和民用非离子表面活性剂原料，被广泛应用于乳化剂、分散剂、润湿剂和洗涤剂、化妆品等领域。用于清洗黑色金属、不锈钢、铜、铝、镁、锌及其合金等有色金属零件表面机油、研磨油、切削液、防锈油、拉伸油、灰尘等污染物

【安全性】 本非离子表面活性剂清洗剂，对金属材料表面积存污染物的清洗效果理想，清洗后的金属材料表面清洁度高，可以符合各种金属产品加工要求；其腐蚀性小，不会损坏金属材料表面，不腐蚀清洗设备，而且不含有ODS，属于非破坏臭氧层物质，清洗后的废液便于处理排放，能够满足环保“三废”排放要求；制备工艺简单，成本较低，操作方便，使用安全可靠。

【生产单位】 广州市润华食品添加剂有限责任公司，南京表面活性剂厂。

Mi016 金属材料表面清洗剂

【英文名】 metal surface cleaning agent

【别名】 金属材料清洗剂；表面清洗剂

【组成】 一般由氧化剂、pH调节剂、表面活性剂、增溶剂、消泡剂、纯水等组成。

【配方】

组分	w/%
氧化剂	0.5～5
表面活性剂	5～15
消泡剂	2～7
pH 调节剂	3～12
增溶剂	1～10
纯水	余量

其中，氧化剂是过氧化氢、高锰酸钾或过氧磷酸盐。

pH 调节剂是有机碱、无机碱或者它们的组合，无机碱是氢氧化钠、氨水或氢氧化钾，有机碱是乙二胺、羟基乙二胺、三乙胺和四甲基氢氧化铵中的一种或是它们的组合。

表面活性剂是聚氧乙烯系非离子表面活性剂和高分子及元素有机系非离子表面活性剂中的一种或几种组合，聚氧乙烯系非离子型表面活性剂为聚氧乙烯醚、多元醇聚氧乙烯醚羧酸酯和烷基醇酰胺中的一种或者它们的组合，聚氧乙烯醚是脂肪醇聚氧乙烯醚，多元醇聚氧乙烯醚羧酸酯是失水山梨醇聚氧乙烯醚酯，烷基醇酰胺是月桂酰单乙醇胺；脂肪醇聚氧乙烯醚是聚合度为 15 的脂肪醇聚氧乙烯醚（O-15）、聚合度为 20 的脂肪醇聚氧乙烯醚（O-20）、聚合度为 25 的脂肪醇聚氧乙烯醚（O-25）或者聚合度为 40 的脂肪醇聚氧乙烯醚（O-40）；多元醇聚氧乙烯醚羧酸酯是聚合度为 7 的失水山梨醇聚氧乙烯醚酯（T-7，Tween-7）、聚合度为 9 的失水山梨醇聚氧乙烯醚酯（T-9，Tween-9）、聚合度为 80 的失水山梨醇聚氧乙烯醚酯（T-80，Tween-80）、聚合度为 81 的失水山梨醇聚氧乙烯醚酯（T-81，Tween-81）或者聚合度为 85 的失水山梨醇聚氧乙烯醚酯（T-85，Tween-85）；高分子及元素有机系非离子表面活性剂是三氟甲基环氧乙烷、甲基环氧氯丙烷、胆固醇、多元醇、太古油或者十六烷基膦酸。增溶剂是癸烷、已烷、丁烷、硅烷或者庚烷。消泡剂是聚脲、助剂添加型消泡抑泡剂（FRE-350）、广用型消泡剂（DSE-110）或者高分子有机硅乳液（YN-600）。

【配方分析】 活性成分的结构与残留在金属表面上的油污等有机污染物结构相近，根据溶胀的原理，可以提高油污等有机污染物的溶解度，并能够彻底去除金属表面的有机污染物及指纹等；清洗剂中含有的非离子表面活性剂能够降低溶液的表面张力，并且具有很强的渗透能力，能够渗透到金属表面和各种污染物之间，将污染物托起，使其脱离金属材料表面，达到去除的目的，而且可以实现优先吸附，并在金属材料表面形成保护层，可防止各种污染物的二次吸附，还可以降低对金属材料表面的损伤；清洗剂中的氧化剂，可以氧化难以去除的污染物，使其消耗或转化为易溶解的物质，以达到去除的目的。清洗剂中的消泡剂具有减少表面活性剂产生的大量泡沫，使清洗更加彻底，另外，还具有较强的吸附能力，可以吸附清洗液中的污染物，让清洗效果更加理想；选用增溶剂能够提高对油污等有机污染物的溶解度。

【制备方法】 在纯水中分别加入氧化剂、pH 调节剂、表面活性剂、增溶剂、消泡剂，加热至 40～60℃，搅拌至完全溶解，即得成品。

【工作原理】 清洗剂可以完全溶解于水，在超声作用下能够有效去除残留在金属材料表面上积存的各种污染物，且在超声水洗过程能够将残留在金属材料表面上的清洗剂和其他杂质去除，然后通过喷淋和烘干使金属材料表面洁净，通过放大镜观察，表面无明显油污、粉尘颗粒等污染物。

【参考配方】

组　分	质量分数/%	商品牌号/CAS号	备注
月桂醇聚氧乙醚-10	2～5	AEO-10	表面活性剂
α-烯烃磺酸钠(AOS)	6～10	AOS	表面活性剂
椰子油酰胺丙基甜菜碱	1～3		表面活性剂
十二烷基硫酸钠	2～5	K12	表面活性剂
柠檬酸钠	1～2		络合剂
尼泊金甲酯/尼泊金丙酯	0～0.10		防腐剂
香精	0～1		
高效活性酶	1～0.08		活性物质
水	余量		

【产品实施举例】 配制1kg清洗剂。

分别称取配制清洗剂质量为3%的过氧磷酸钠、10%的聚合度为20的聚氧乙烯脂肪醇醚[商业名称：平平加，结构式为：RO—$(CH_2CH_2O)_nH$]、5%的三乙胺、6%的正己烷以及2%的聚脲，余量为纯水，混合备用。本实施方法中使用的脂肪醇聚氧乙烯醚中脂肪醇的碳原子数为12～18。

在纯水中分别按比例加入已烷、聚氧乙烯脂肪醇醚、过氧磷酸钠、聚脲及三乙胺，然后加热至40℃搅拌至完全溶解，即可得到成品清洗剂。该清洗液的密度为$1.030g/cm^3$，pH为12.5。

【清洗步骤】 ①取清洗剂清洗，清洗剂加入10～20倍去离子水放入第一槽内，加热到60～80℃，将需清洗的金属材料放入第一槽，进行超声，超声频率控制在18～80kHz，超声时间控制在3～7min；②用去离子水超声，将去离子水放入第二槽，加热到40～50℃，将金属材料从一槽中取出，放入第二槽，进行超声，超声频率控制在18～80kHz，超声时间控制在1～3min；③用去离子水超声，将去离子水放入第三槽，无需加热，将金属材料从第二槽中取出，放入第三槽，进行超声，超声频率控制在18～80kHz，超声时间控制在1～3min；④喷淋，用常温的去离子水喷淋，时间为1～3min；⑤烘干，时间为3～5min，烘干方式可以采用热风或红外进行，本实施方法采用热风烘干。经过上述步骤清洗的金属材料，经过放大镜检测，表面洁净，无明显的油污、粉尘颗粒等污染物，一次通过率达到80%。

【性能指标】 详见Mi011表面活性剂清洗剂。

【主要用途】 目前最主要的工业和民用表面活性剂原料，被广泛应用于乳化剂、分散剂、润湿剂和洗涤剂、化妆品等领域。

【应用特点】 可溶解金属表面的有机污染物；加入的表面活性剂能够降低清洗剂的表面张力，增强清洗剂的渗透性，提高对金属表面的清洗效果；表面活性剂能够增强质量传递，保证清洗的均匀性，降低对精密金属表面的损伤；配合增溶剂、表面活性剂和消泡剂能够很好降低清洗剂的表面张力，同时具有水溶性好、渗透力强、无污染等优点。

【安全性】 本金属材料清洗剂，对金属材料表面积存污染物的清洗效果理想，清洗后的金属材料表面清洁度高，可以符合各种金属产品加工要求；其腐蚀性小，不会损坏金属材料表面，不腐蚀清洗设备，而且不含有ODS，属于非破坏臭氧层物质，清洗后的废液便于处理排放，能够满足环保“三废”排放要求；制备工艺简单，成本较低，操作方便，使用安全可靠。

【生产单位】 湖北鑫银合化工有限公司，深圳市启扬龙科技有限公司，佛山市宝丽洗涤用品厂。

Mi017 脂肪醇聚氧乙烯醚

【英文名】 fatty alcohol ether

【别名】 AEO；AE；MOA 乳化剂；聚乙氧基化脂肪醇

【结构式】 $RO(CH_2CH_2O)_nH$

（R = C_{12} ～ C_{16} 烷基，n = 2,3,7,9,10，15，…）

【性质】 白色液状至乳白色膏状物。具有良好的乳化、匀染、渗透、洗涤和润湿性能。

【质量标准】 QB/T 17829—1999

指标名称	M类，$n\leqslant3$			L类，$3<n<9$			A类，$n>9$		
	优等品	一等品	合格品	优等品	一等品	合格品	优等品	一等品	合格品
外观(25℃)	无色液体	微黄液体	浅黄色液体	无色或白色或膏体	无色至微黄液体或膏体	浅黄色液体或膏体	无色或白色或膏药体	无色至微黄液体或膏体	浅黄色液体或膏体
色度/黑曾单位 ≤	20	50	—	20	50	—	20	50	—
pH 值（10g/L 水溶液,25℃）	6.0～7.0	5.5～7.5	5.0～8.0	6.0～7.0	5.5～7.5	5.0～8.0	6.0～7.0	5.5～7.5	5.0～8.0
水分/% ≤	0.10	0.15	0.20	0.5	1.0	2.0	0.5	1.0	2.0
聚乙二醇/% ≤	1.0	1.5	2.0	3	5	10	5	10	—
平均加合数	$n\pm0.5$			$n\pm1$			$n\pm10\%n$		
羟值(HV)/(mg KOH/g)	视需要由厂家制定			视需要由厂家制定			视需要由厂家制定		

注：色泽以 100g/L 的 95% 乙醇溶液测定。

M类：为 $n\leqslant3$，常用作制备醇醚型阴离子表面活性剂的中间体。

L类：为 $3<n\leqslant9$，在各种合成洗涤剂（如洗衣粉、洗发液等）中作为一种重要活性成分。

A类：为 $n>9$，作为非离子表面活性剂在纺织、印染、石油、造纸、皮革等行业广泛应用。

【制法】 脂肪醇与环氧乙烷在碱性催化剂作用下进行加成反应制得。

【用途】 用作乳化剂、匀染剂、润湿剂、洗涤剂和脱脂剂。可用于羊毛脱脂剂、织物洗涤剂、一般工业乳化剂、纺织油剂组分、金属清洗剂、家用及工业用洗涤剂；纺织工业作染料匀染剂、剥色剂；还可用于棉、麻、毛纺织品作润湿剂、渗透剂，皮革涂色填充剂，农业用浸种渗透剂等。

【安全性】 无毒，低刺激性。

【生产单位】 飞翔化工（张家港）有限公司，杭州电化集团助剂化工有限公司，辽宁科隆化工实业有限公司，南通泰利达化工有限公司，邢台市蓝天精细化工有限公司，邢台蓝星助剂厂，邢台市助剂厂，中国石油抚顺石油化工公司合成洗涤剂厂，宜兴市宏博乳化剂有限公司，南通蓝科化工有限公司，辽阳华兴化学品有限公司。

Mi018 甘油聚氧乙烯聚氧丙烯醚

【英文名】 POE-POP glycerin ether

【别名】 泡敌；消泡剂 GPE

【结构式】

$$
\begin{array}{l}
CH_2—O(C_3H_6O)_{a1}(C_2H_4O)_{b1}C_2H_4OH \\
| \\
CH—O(C_3H_6O)_{a2}(C_2H_4O)_{b2}C_2H_4OH \\
| \\
CH_2—O(C_3H_6O)_{a3}(C_2H_4O)_{b3}C_2H_4OH
\end{array}
$$

【性质】 微黄色黏稠透明液体，难溶于水，溶于乙醇和苯。有良好的消泡作用。

【质量标准】 企业标准

指标名称		指 标
羟值		50±6
水分/%	≤	0.5
酸值/(mg KOH/g)	≤	0.3
浊点/℃	≥	17
相对密度(20/20℃)		1.020～1.025

【制法】 以甘油为原料，加温加压，在催化剂存在下与 EO 和 PO 进行嵌段聚合制得。

【用途】 可作消泡剂。用于各类水基钻井液中作消泡剂，还用于食品、医药、金属加工及低泡洗涤剂中。

【安全性】 无毒，无刺激性。

【生产单位】 上海齐沪化工有限公司。

Mi019 蓖麻油聚氧乙烯醚

【英文名】 POE castor oil ethoxylated

【别名】 乳化剂 BY；浮化剂 EL 系列产品；聚氧乙烯醚蓖麻油；乙氧基化蓖麻油；emulsifier BY；emusifier EL series；polyoxyethylene castor oil

【登记号】 CAS［61791-12-6］

【结构式】

$$
\begin{array}{l}
CH_2—O(C_3H_6O)_{a1}(C_2H_4O)_{b1}C_2H_4OH \\
| \\
CH—O(C_3H_6O)_{a2}(C_2H_4O)_{b2}C_2H_4OH \\
| \\
CH_2—O(C_3H_6O)_{a3}(C_2H_4O)_{b3}C_2H_4OH
\end{array}
$$

【性质】 淡黄色膏状物。溶于水，溶于脂肪酸、油脂、矿物油和多种有机溶剂。耐酸、耐硬水、耐无机盐，低温时耐碱，遇强碱则水解。有优良的乳化性能。

【质量标准】 企业标准

指标名称		指 标
pH 值		5.0～7.0
水分/%	≤	0.5
浊点/℃		80～90

【制法】 精制蓖麻油与环氧乙烷在催化剂作用下缩合制得。

【用途】 可作乳化剂、填充剂、增溶剂、润湿剂、消泡剂等。用于化妆品、油墨和农药作乳化剂；纺织工业中作化纤油剂、在化纤浆料中作柔软平滑剂，可消除合成浆料的泡沫；可作油田原油脱水的破乳剂；在皮革工业中作加脂剂。

【安全性】 无毒。

【生产单位】 辽宁科隆化工实业有限公司，上海多纶化工有限公司，邢台市蓝天精细化工有限公司，宜兴市宏博乳化剂有限公司，南京威尔化工有限公司。

Mi020 单硬脂酸甘油酯

【英文名】 glyceryl monostearate

【别名】 单甘油酯；十八酸甘油酯

【化学式】 $C_{21}H_{42}O_4$

【登记号】 CAS［31566-31-1］

【结构式】

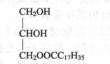

$$
\begin{array}{l}
CH_2OH \\
| \\
CHOH \\
| \\
CH_2OOCC_{17}H_{35}
\end{array}
$$

【性质】 乳白色至淡黄色片状或粉状物。熔点 58～59℃，相对密度 0.97。不溶于水，分散于热水中，为油包水型乳化剂，有良好的乳化性。能溶于热的有机溶剂如乙醇、苯、丙酮以及矿物油中。

【质量标准】 GB 15612—1995（食品级）

指标名称	指　标
外观	乳白色或浅黄色蜡状或粉状固体，无臭无味
单硬脂酸甘油/%　≥	90.0
碘值/(gI_2/100g)　≤	4.0
凝固点/℃	60.0～70.0
游离酸(以硬脂酸计)/%　≤	2.5
砷(As)/%　≤	0.0001
重金属(以 Pb 计)/%　≤	0.0005

【制法】 硬脂酸和甘油、催化剂加入反应釜中进行醇解反应后，除去未反应甘油，经压片或喷雾干燥制得。

【用途】 可作乳化剂、助乳化剂、稳定剂和保鲜剂等。用于工业丝油剂的乳化剂和纺织品的润滑剂；在塑料薄膜中用作流滴剂和防雾剂；在塑料加工中作润滑剂和抗静电剂；在医药工业中作栓剂基剂和药物载体等。还用于配制化妆品膏、霜及乳液，乳制品、人造奶油、糕点中参考用量0.3%～0.5%；酱油、豆乳和乳酸饮料的消泡剂用量0.1%。

【安全性】 无毒，无刺激性。

【生产单位】 宁波东方永宁化工科技有限公司，杭州金诚助剂有限公司，天津市汉沽区北方化工厂。

Mi021 山梨醇酐月桂酸酯

【英文名】 sorbitan monolaurate

【别名】 斯盘 20；S-20 乳化剂；失水山梨醇单月桂酸酯

【登记号】 CAS [1338-39-2]

【化学式】 $C_{18}H_{34}O_6$

【结构式】

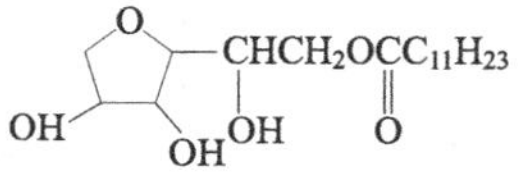

【性质】 琥珀色或棕褐色液体，分散于水中呈乳浊液。可与有机溶剂及油类混溶，具有很好的乳化、渗透、分散和去污性能。属油包水型表面活性剂。

【质量标准】 企业标准

指标名称	指　标
皂化值	160～175
酸值/(mg KOH/g)　≤	8
HLB 值	8.6
羟值/(mg KOH/g)	330～360
水分/%　≤	1.0
重金属(以 Pb 计)/%　≤	0.002

【制法】 以山梨醇为原料，经脱水闭环生成失水山梨醇后，再与月桂酸进行酯化反应制得。

【用途】 主要用于化妆品、医药、纺织业，作油包水型乳化剂、润湿剂及机械用润滑剂等。

【安全性】 无毒，无臭。ADI 0～25mg/kg。大鼠急性经口 LD_{50}：3700mg/kg。

【生产单位】 江苏凌飞化工有限公司，浙江劲光化工有限公司，北京恒业中远化工有限公司，山东淄博海杰化工有限公司，邢台蓝星助剂厂。

Mi022 山梨醇酐硬脂酸酯

【英文名】 sorbitan monostearate

【别名】 斯盘 60；S-60 乳化剂；失水山梨醇单硬脂酸酯；sorbitan stearate

【登记号】 CAS [1338-41-6]

【化学式】 $C_{24}H_{46}O_6$

【结构式】

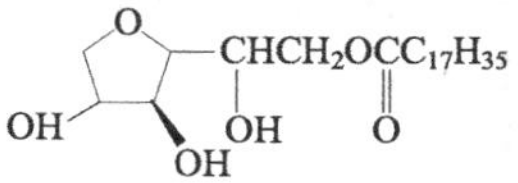

【性质】 棕黄色蜡状物，不溶于水，分散于热水呈乳状液。溶于热油、脂肪酸及各种有机溶剂。耐酸、耐碱，对金属离子有较好的化学稳定性。可与非离子、大多数阴离子及阳离子表面活性剂配伍。具有乳化、分散、增稠、润滑及防锈性能。

【质量标准】 GB 13481—92（食品级）

指标名称		指　标
脂肪酸/%		71～75
多元醇/%		29.5～33.5
酸值/(mg KOH/g)	≤	10
皂化值/(mg KOH/g)		147～157
羟值/(mg KOH/g)		235～260
水分/%	≤	1.5
砷(As)/%	≤	0.0003
重金属(Pb)/%	≤	0.001

【制法】 失水山梨醇与硬脂酸酯化制得。

【用途】 用作乳化剂、稳定剂。主要用于医药、化妆品、食品、农药、涂料及塑料工业；纺织工业作抗静电剂、柔软上油剂等。用于植物蛋白饮料、果汁型饮料、牛乳、奶糖、冰淇淋、面包、糕点、固体饮料、巧克力时最大使用量为 3.0g/kg；奶油、速溶咖啡、干酵母、氢化植物油中用量 10.0g/kg。

【安全性】 无毒，无臭。ADI 0～25mg/kg。

【生产单位】 宜兴市宏博乳化剂有限公司，广州慧之海（集团）科技发展有限公司，江苏凌飞化工有限公司，浙江劲光化工有限公司，山东淄博海杰化工有限公司，邢台蓝星助剂厂。

Mi023 失水山梨醇单油酸酯

【英文名】 sorbitan monooleate

【别名】 斯盘 80；S-80 乳化剂；Span 80

【登记号】 CAS [1338-43-8]

【化学式】 $C_{24}H_{44}O_6$

【结构式】

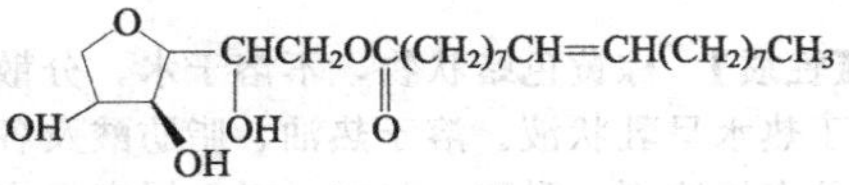

【性质】 琥珀色黏性油状物，不溶于水。溶于一般热油及有机溶剂；具有良好的乳化及分散力。属油包水型表面活性剂。

【质量标准】 GB 13482—92

指标名称		指　标
外观		琥珀色至棕色黏稠状液体
鉴别试验		合格
脂肪酸 /%		71～75
多元醇/%		29.5～33.5
酸值/(mg KOH/g)	≤	8
皂化值/(mg KOH/g)		145～160
羟值/(mg KOH/g)		193～210
水分/%	≤	2.0
砷(以 As 计)/%	≤	0.0003
重金属(以 Pb 计)/%	≤	0.001

【制法】 失水山梨醇与油酸进行酯化反应制得。

【用途】 用作乳化剂、增稠剂、分散剂和防锈剂等。在乳化炸药、纺织油剂中作乳化剂；油漆工业中作分散剂；石油产品中作防锈剂和助溶剂；钛白粉生产中作稳定剂。并广泛用于医药、食品及化妆品工业中。

【生产单位】 宜兴市宏博乳化剂有限公司，荆州市隆华石油化工有限公司，湖州康润化工有限公司，浙江劲光化工有限公司，山东淄博海杰化工有限公司，邢台蓝星助剂厂。

Mi024 蔗糖硬脂酸酯

【英文名】 sucrose stearate

【性质】 无色或微黄色黏稠液体或粉末，无味。有良好的分散、润湿、增溶和洗涤、杀菌作用。微溶于水，溶于乙醇。

【质量标准】 参考标准

指标名称		指　标
酸值	≤	5.0
游离糖/%	≤	10.0
灰分/%	≤	1.5
水分/%	≤	4.0
DMF/(mg/kg)	≤	50
砷(As)/(mg/kg)	≤	1.0
重金属(Pb)/(mg/kg)	≤	20

【制法】 将蔗糖与脂肪酸甲酯，加入二甲基甲酰胺溶剂中，用 K_2CO_3 作催化剂，于 90～95℃下进行反应后，除去甲醇及多余的蔗糖制得。

【用途】 可作乳化剂、润湿剂、分散剂、增溶剂和润肤剂等。用于化妆品、食品、医药工业的乳化剂，还可用于洗涤剂，纤维加工、农牧业及罐头制品等。在食品中用作乳化剂和保鲜剂时的用量为 1～1.5g/kg。

【安全性】 无毒，无刺激性。大鼠经口 LD_{50}：30000mg/kg。

【生产单位】 广州慧之海（集团）科技发展有限公司。

4 两性离子型

两性表面活性剂同时携带正负离子电荷，其表面活性离子的亲水基既具阴离子部分，又具阳离子部分。其结构既不同于阳离子表面活性剂，又不同于阴离子表面活性剂。它有许多优异的性能：低毒性和对皮肤、眼睛的低刺激性；极好的耐硬水性和耐高浓度的电解质性；良好的生物降解性；柔软性和抗静电性；有一定的杀菌性和抑霉性；良好的乳化性和分散性；可与几乎所有其他类型的表面活性剂配伍；有很好的润湿性和发泡性。它已广泛用于香波、沐浴液、气溶胶泡沫剃须剂、洗手凝胶、泡沫浴及透明皂的配制中。

两性表面活性剂是表面活性剂中开发较晚、品种和数量最少，但却是发展最快的类别。

1937 年美国专利首次报道了两性表面活性剂；20 世纪 40 年代，德国首次使氨基酸型两性表面活性剂实现商品化。到目前为止，全世界两性表面活性剂的品种已不下数百种。据资料统计，美国、日本、西欧的表面活性剂品种中，以两性表面活性剂发展最快，美国在 80 年代，就生产了 20 多种两性表面活性剂商品，并以 5%～6% 的年增长率增长，远远超过了当时工业表面活性剂 2% 的年平均增长率。日本的两性表面活性剂在 80 年代初，产量翻倍，到了 80 年代末期，则以 35% 的年增长率递增，总产量达 1.9 万吨，占当年表面活性剂生产总量的 1.9%，其品种数达到 176，占表面活性剂总数的 9.5%。进入 90 年代以来，两性表面活性剂仍在平稳发展，发达国家的两性表面活性剂的产量，占到表面活性剂总产量的 2%～3%，目前日本两性表面活性剂的品种数在 200 左右。

我国两性表面活性剂的起步较晚，从 20 世纪 70 年代才开始研究，发展也很慢，远远落后于其他发达国家的发展水平。据统计，1988 年我国两性表面活性剂产量只有 1000t，约占当年我国表面活性剂总产量的 1.2%，品种数约占当年表面活性剂品种总数的 1.5%。其中，甜菜碱型、咪唑啉型和氨基酸型的两性表面活性剂的产量分别为 200t、800t 和 50t。90 年代中期，我国两性表面活性剂的生产情况有所改观，但形成商品的品种只在

40～50 个之间，且真正在市场上销量较大的只有 10 种左右。近年来国内两性表面活性剂的总产量一直呈上升趋势，近几年，两性表面活性剂的年平均增长率较大。在我国，虽然两性表面活性剂的产量在表面活性剂总产量中占不到 1%，但其年平均增长率远远超过其他类型的表面活性剂。

我国两性表面活性剂品种中，生产量最大的为甜菜碱型，位居其次的是两性咪唑啉型。

据不完全统计，到 2010 年 7 月为止我国表面活性剂的总产量 148.6 万吨(不含肥皂)，其中阴离子表面活性剂 95 万吨，非离子表面活性剂 40.6 万吨，阳离子表面活性剂 8 万吨，两性表面活性剂 5 万吨。目前市场上的两性表面活性剂主要品种为 BS-12、CAB（椰油酰胺丙基甜菜碱）及椰油酰胺丙基羟磺甜菜碱。在两性表面活性剂的研究和应用方面，我国仍处于起步阶段。

目前，两性表面活性剂的研究与应用已形成热点，如表面活性剂与无机物、高聚物或表面活性剂之间复配等，其目的是提高含表面活性剂配方的性能，优化使用并提高经济效益。

长期以来，在表面活性剂复配应用过程中把阳离子型表面活性剂与阴离子型表面活性剂的复配视为禁忌，一般认为两者在水溶液中相互作用会产生沉淀或絮状络合物，从而产生负效应甚至使表面活性剂失去表面活性。研究发现，在一定条件下阴-阳离子表面活性剂复配体系具有很高的表面活性，显示出极大的增效作用，这样的复配体系已成功地用于实际。由于阴-阳离子表面活性剂复配在一起相互之间必然产生强烈的电性作用，因而使表面活性大大提高。有人认为阳离子型表面活性剂与阴离子型表面活性剂混合之后形成了“新的络合物”，并会表现出优异的表面活性和各方面的增效效应。

Mi025 十二烷基-二甲基乙内铵盐

【英文名】 dodecyl dimethyl betaine

【别名】 BS-12；十二烷基二甲基甜菜碱

【登记号】 CAS［61789-40-0］

【结构式】

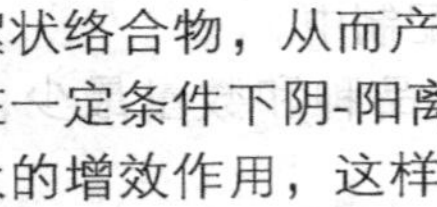

【性质】 无色或浅黄色透明黏稠液体，生物降解性好。密度（20℃）1.03g/cm^3。在酸性及碱性条件下均具有优良的稳定性，在酸性介质中呈阳离子性，在碱性介质中呈阴离子性。能与各种类型染料、表面活性剂及化妆品原料配伍，对次氯酸钠稳定，不宜在 100℃以上长时间加热。有优良的去污、柔软、发泡、湿润及抗静电性能，抗硬水性好，对金属有缓蚀性。

【质量标准】 QB/T 2344—1997

指标名称		指标
外观		无色至浅黄色透明黏稠液体
活性物/%	≥	30±2
未反应胺/%	≤	1.0
氯化钠/%	≤	8
pH 值(5%水溶液,25℃)		6～8

【制法】 将烷基·二甲基叔胺与氯乙酸钠水溶液混合 60～80℃反应数小时制得。

【用途】 有优良的发泡性能，能使毛发柔软，适用于制造无刺激的、对头发有调理性的香波、婴幼儿香波等。因耐硬水性好，用于制备硬水洗涤剂。还可作杀菌剂，用于杀灭包括结核菌在内的多种细菌，用作纤维柔软剂、缩绒剂。也用于生产染色助剂、防锈剂、金属表面加工助剂、抗静电剂。还用于橡胶工业及洗涤用品工业等。

【安全性】 低毒，对皮肤刺激性小。

【生产单位】 上海经纬化工公司，飞翔化工（张家港）有限公司，宜兴市化学厂，天津市兴光助剂厂，丹东金海精细化工有限公司。

Mi026 椰油酰胺丙基-二甲基-2-羟丙磺内铵盐

【英文名】 cocamidopropyl dimethyl 2-hydroxypropyl sultaine

【别名】 椰油酰胺丙基羟磺甜菜碱

【结构式】

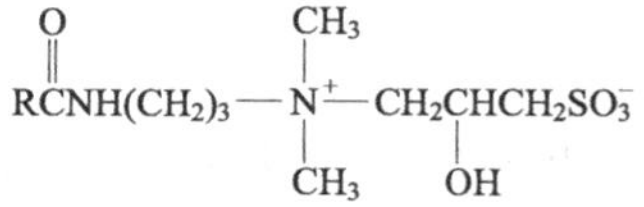

(RCO-椰油酰基)

【性质】 浅黄色低黏度清亮液体，水溶性好。可与其他表面活性剂配伍。对皮肤温和，能降低其他表面活性剂的刺激性，有丰富而细腻的泡沫，耐硬水性好，具有调理性和抗静电性。

【质量标准】 企业标准

指标名称		指　标
外观		无色至浅黄色透明黏稠液体
固体物/%	≥	50
游离胺/%	≤	0.5
氯化钠/%	≤	7
pH 值(1%溶液,25℃)		6.5～7.5

【制法】 椰油酰胺丙基二甲基叔胺与氯代羟丙基硫酸钠反应制得。

【用途】 具有柔软性、杀菌性及抗静电性能，是优异的头发调理剂。可配制精品洗发香波、浴剂、洗面奶（膏）及婴儿护肤用品；也是纺织印染行业中一种性能优良的柔软处理剂。能与阴离子、阳离子、非离子表面活性剂配伍而得到透明的液体或胶体；其泡沫稳定、细腻。在 pH＝5.5～6.5 条件下，能提高料体黏度，增稠效果明显。

【安全性】 无毒，低刺激性，对皮肤、眼黏膜无刺激、无过敏性反应。

【生产单位】 四川省花语精细化工有限公司，德宝精细化工有限公司。

Mi027 十一烷基咪唑啉

【英文名】 undecyl alkyl imidazoline

【性质】 琥珀色液体，溶于水，生物降解性好。有良好的柔软、抗静电和发泡性能，与阴、非及阳离子表面活性剂有良好的配伍性，在弱酸、弱碱和硬水中稳定。

【结构式】

（1）羧甲基型　即 1-羧甲基氧乙基-1-羧甲基-2-烷基咪唑啉钠盐，其结构式表示为

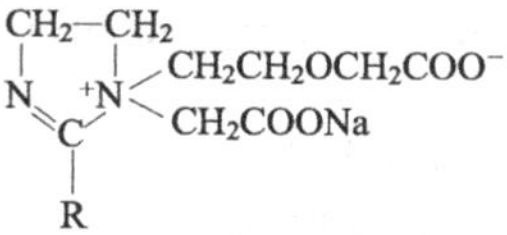

($R = C_{11}H_{23}$,主成分)

（2）羧乙基型　即 1-羟乙基-1-羧乙基-2-烷基咪唑啉钠盐，其结构式表示为

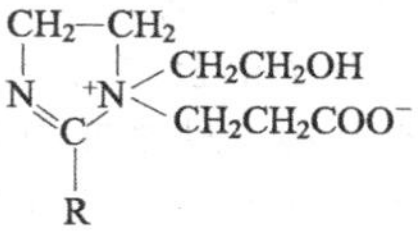

($R = C_{11}H_{23}$,主成分)

【质量标准】 QB/T 2118—1995

（1）羧甲基型十一烷基咪唑啉

指标名称	40 型			50 型		
	优级品	一级品	合格品	优级品	一级品	合格品
外观	琥珀色透明液体	琥珀色透明液体	琥珀色透明液体	琥珀色透明液体	琥珀色透明液体	琥珀色透明液体
总固体/% ≥	42.0	40.0	38.0	52.0	50.0	48.0
盐(NaCl)/% ≤	8.5	9.0	9.0	10.5	11.0	11.0
碘色度/(mg I_2/100mL) ≤	5	10	20	6	12	20
pH 值(10g/L 溶液)	8.0～9.0	8.0～9.5	8.0～9.5	8.0～9.0	8.0～9.5	8.0～9.5
发泡力(5min)/mL ≥		480			480	

注：也可以用总固体减去 NaCl 表示本产品的活性物。

(2) 羧乙基型十一烷基咪唑啉

指标名称	优级品	一级品	合格品
外观	琥珀色透明液体	琥珀色透明液体	琥珀色透明液体
总固体/% ≥	42.0	40.0	38.0
盐(NaCl)/% ≤	0.3	0.3	0.3
碘色度/(mgI_2/100mL) ≤	10	15	20

续表

指标名称	优级品	一级品	合格品
pH 值(10g/L 溶液)	9.5	9.5～11	9.5～11
发泡力(5min)/mL ≥		180	

【用途】 可作洗涤剂、柔软剂、乳化剂、抗静电剂，杀菌消毒剂等。用于香波、浴剂、洗涤用品；合成纤维、纺织印染工业作抗静电剂和柔软剂；还用于塑料加工、医药卫生及防腐防锈等。

【安全性】 无毒，无刺激性。

5 特殊（双子型）表面活性剂

Mi028 烷基二苯醚二磺酸钠

【英文名】 disodium hexadecyl diphenyl ether disulfonate

【别名】 双子型表面活性剂

【组成】 一般由表面活性剂、增溶剂、消泡剂、pH 调节剂、润湿剂、展着剂、渗透剂和流动剂、纯水等组成。

【产品特点】 作为双子型表面活性剂，烷基二苯醚二磺酸钠分子中含有两个亲水亲油基团，具有卓越的抗硬水能力及优异的抗电解质能力，能够在恶劣环境下，如 34% H_2SO_4、20% HNO_3、27% 的液碱中稳定使用。由于分子中有两个离子型亲水基，在水中的溶解度较大，因此漂洗能力优于传统的阴离子表面活性剂。

【主要用途】 烷基二苯醚二磺酸钠在乳化聚合工业上已得到了广泛应用，同时也用作印染、匀染剂，农药润湿剂、展着剂、渗透剂和流动剂，洗涤剂配方中的润湿剂、偶联剂和稳定剂等

【应用特点】 尤其具有的高温稳定性和抗电解质能力，使其在三次采油、土壤净化、亚表面修复等方面的潜在应用特点更引起人们的关注。

【安全性】 本双子型表面活性剂中的金属材料清洗剂，对金属材料表面积存污染物的清洗效果理想，清洗后的金属材料表面清洁度高，可以符合各种金属产

品加工要求；其腐蚀性小，不会损坏金属材料表面，不腐蚀清洗设备，而且不含有ODS，属于非破坏臭氧层物质，清洗后的废液便于处理排放，能够满足环保三废排放要求；制备工艺简单，成本较低，操作方便，使用安全可靠。

【生产单位】 罗地亚（Rhodia）公司，武汉市华威化工有限公司，武汉市创华工贸有限公司。

Mi029 常温无泡表面活性剂

【英文名】 non-foaming surfactant at room temperature

【别名】 常温表面活性剂；无泡表面活性剂

【产品特点】 ①常温下无泡，不含各种类型的消泡剂，不会产生使用消泡剂存在引起的各种问题。且原料自身消泡力极强，即使复配自身质量50%的其他高泡表面活性剂（如AES LAS等），依然常温无泡，具有非常高的配伍性和商业价值。②高效净洗性能，摆脱了无泡表活净洗乳化力低的问题。乳化力是NP10、AEO9的四倍，可完全替代NP-10、AEO-9等。③独有的高浊点，高亲水性，可加入更多固体助剂组分，耐碱力与持久力也大大优于市面现有的各类无泡表活。④凝固点低，拥有很好的流动状态，方便使用。⑤化学稳定性好，具有优良的耐酸碱性、耐氧化性。

【性能指标】 含量：85%±2%；浊点：77℃；HLB：13.8（理论值，仅供参考）；黏度：110（25℃/0.1Pa·s）；pH：6；表面张力：21（0.01dyn/cm）。

【主要用途】 广泛用于超高压力的常温、中温、高温喷淋清洗，内外循环清洗，啤酒瓶清洗等对泡沫有严格要求的场合。可完全替代NP、AEO。①金属清洗剂、电子元件清洗剂、各类工业喷淋清洗剂。②啤酒、食品和乳制品行业使用的洗涤剂。③宾馆、酒店使用自动洗碗机的清洗剂、催干剂。④其他需要喷淋清洗而不希望产生泡沫的场合等。

【应用特点】 壬基酚或异构醇醚二次封端表面活性剂，不含APEO，绿色环保。常温无泡，超高EO数，超高浊点，高亲水性。乳化力极强，渗透力佳，耐酸、耐碱、耐氯、耐过氧化物及高温。可溶于水，乙醇、丙酮、氯彷等各种溶剂中，水溶解性好，在任意含量下都可成为无色透明稳定的液体。与阴、非、阳离子均可配伍。

【安全性】 不燃，不爆，无毒，无刺激，无放射，无味。不挥发。非危险化学品。使用安全。

【包装、储存与运输】 25kg/桶，220kg塑桶。储存：按一般货物储存。无潜在危害。运输：非危险化学品。按一般货物运输。

【生产单位】 中山市东升镇威尔特表面技术厂，深圳市荣强科技有限公司，济南东润精化科技有限公司。

6 其他表面活性剂

Mi030 二甲基硅油

【英文名】 dimethyl silicone oil

【别名】 甲基硅油

【登记号】 CAS［63148-62-9］

【结构式】

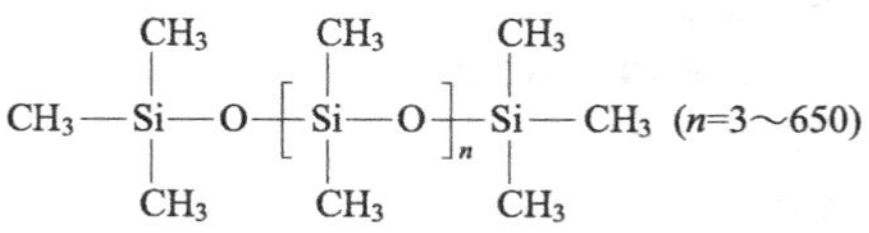

【性质】 透明液体至稠厚半固体。无色无味，分子量随聚合度不同而变化。相对密度 d_4^{20} 为 0.93～0.975；折射率 n_D^{20} 为 1.390～1.410。不溶于水、甲醇、植物油和石蜡烃，微溶于乙醇、丁醇和甘油，易溶于苯、甲苯、二甲苯、乙醚和氯代烷烃。黏温系数小，压缩率大，表面张力小，憎水防潮性好，比热容和热导率小。具有优异的电绝缘性能和耐热性，闪点高、凝固点低，可在－50～＋200℃温度范围内长期使用。

【质量标准】 HG/T 2366—92

指标名称		201-10		
		优等品	一等品	合格品
运动黏度(25℃)/(mm²/s)		10±1		10±2
黏温系数		0.55～0.59		—
倾点/℃	≤	－60		
闪点/℃	≥	165	160	150
密度(25℃)/(g/cm³)		0.931～0.939		
折射率(25℃)		1.3970～1.4010		1.3900～1.4010
相对介电常数(25℃,50Hz)		2.62～2.68		—
挥发分(150℃,3h)/%	≤	—		
酸值/(mg KOH/g)	≤	0.03	0.05	0.10

指标名称		201-200		
		优等品	一等品	合格品
运动黏度(25℃)/(mm²/s)		200±10		200±16
黏温系数		0.58～0.62		—
倾点/℃	≤	－50		
闪点/℃	≥	310	300	290
密度(25℃)/(g/cm³)		0.964～0.972		
折射率(25℃)		1.4013～1.4053		1.4000～1.4100
相对介电常数(25℃,50Hz)		2.72～2.78		—
挥发分(150℃,3h)/%	≤	0.5	1.0	1.5
酸值/(mg KOH/g)	≤	—		

指标名称		201-1000		
		优等品	一等品	合格品
运动黏度(25℃)/(mm²/s)		1000±50		1000±80
黏温系数		0.58～0.62		—
倾点/℃	≤	－47		
闪点/℃	≥	320	310	300
密度(25℃)/(g/cm³)		0.967～0.975		
折射率(25℃)		1.4013～1.4053		1.4000～1.4100
相对介电常数(25℃,50Hz)		2.72～2.78		—
挥发分(150℃,3h)/%	≤	0.5	1.0	1.5
酸值/(mg KOH/g)	≤	—		

续表

指标名称	201-10000		
	优等品	一等品	合格品
运动黏度(25℃)/(mm²/s)	10000±500		10000±860
黏温系数	0.59～0.63		
倾点/℃　≤	−45		
闪点/℃　≥	330	320	310
密度(25℃)/(g/cm³)	0.967～0.975		
折射率(25℃)	1.4015～1.4055		
相对介电常数(25℃,50Hz)	2.73～2.79		
挥发分(150℃,3h)/%　≤	0.5	1.0	1.5
酸值/(mg KOH/g)　≤	—		

【制法】 以二甲基二氯硅烷、水、溶剂为原料，经水解、中和、分馏得到八甲基环四硅氧烷。八甲基环四硅氧烷在催化剂作用下经聚合反应制得。

【用途】 在化学、制药、食品工业中用作消泡剂；化妆品工业中用作头油、发乳、美发剂、固发剂及防晒剂；塑料及橡胶的成型加工中用作高效脱模剂；用作汽车、家具、地板及皮革的抛光剂；在电器及电子工业中作耐高温介电液体。经本品处理过的玻璃、陶瓷、金属、纺织品、水泥制品等，不仅憎水，且抗腐蚀、防霉、表面光洁、手感滑爽。还可作多种材料间的高低温润滑剂及塑料制造的润滑剂及用作精密机械和仪器仪表的防震阻尼材料等。

【生产单位】 嘉兴银城精细化工有限公司，天津科密欧化学试剂开发中心，宁波润禾化学工业有限公司，广东硅氟精细化工研究所有限公司，上海启迪化工有限公司。

Mi031 水溶性硅油

【英文名】 water solube silicone oil

【别名】 聚硅氧烷-聚氧烷基嵌段共聚物；silicone oil, water soluble

【登记号】 CAS [63148-62-9]

【结构式】

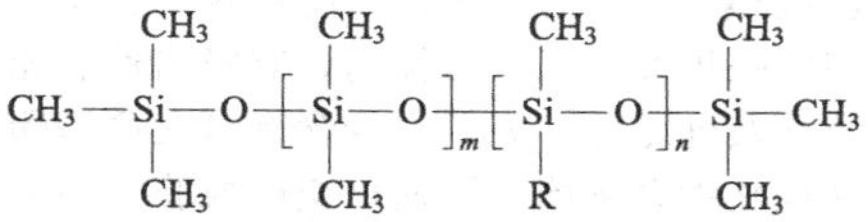

R为PO、EO嵌段共聚物

【性质】 溶于水、醇、酯等有机物，耐热、耐寒及耐氧化性均良好。具有柔软性、平滑性、透气性、亲水性和抗静电性。

【质量标准】 企业标准

指标名称	指　标
外观	无色至浅黄色透明黏稠液
活性物/%	100
相对密度(25℃)	0.98～1.02
稳定性	一年以上
黏度/mPa·s	3000±500

【制法】 由硅油与聚醚经催化反应制得。

【用途】 用作消泡剂，表面活性剂，表面涂层，静电剂等。用于化妆品的膏、霜、蜜及美容品中，用量1%～3%，能在皮肤上形成均匀透气的保护膜，达到润肤、防皱和美容目的。用于发用产品可赋予头发光泽、柔顺、梳理性好，达到防尘与抗静电的功效。一般用量1.0%～5.0%。在工业上还可作匀泡剂、泡沫灭火剂、染料分散剂、橡胶和塑料的脱模剂等。

【生产单位】 东莞市三川纺织助剂厂，上海实验试剂有限公司，广州道尔化工有限公司，广东标美硅氟精细化工研究所有限公司，成都市科龙化工试剂厂，上虞市精细化工厂。

Mi032 聚二甲基氨基硅氧烷

【英文名】 polyaminodimethylsilioxane

【结构式】

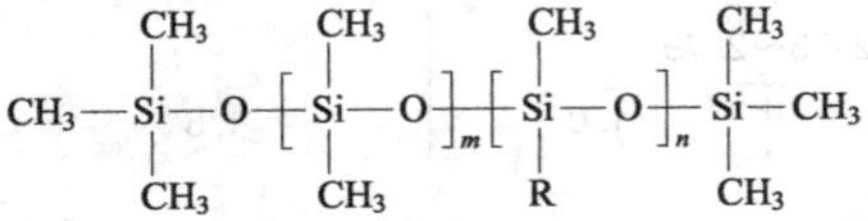

$$CH_3-\underset{\underset{CH_3}{|}}{\overset{\overset{CH_3}{|}}{Si}}-O-\left[\underset{\underset{CH_3}{|}}{\overset{\overset{CH_3}{|}}{Si}}-O\right]_m\left[\underset{\underset{R}{|}}{\overset{\overset{CH_3}{|}}{Si}}-O\right]_n\underset{\underset{CH_3}{|}}{\overset{\overset{CH_3}{|}}{Si}}-CH_3$$

R=NH$_2$CH$_2$CH$_2$NH(CH$_2$)$_3$

【性质】 无色透明液体，有氨味。由于氨基的强极性，反应活性高，有吸附性、相容性及乳化性。分子本身含有可交联基团和催化缩合基团，因而可交联成膜。易溶于醚类、芳烃类等有机溶剂，微溶于乙醇、异丙醇，不溶于水。

【制法】 由八甲基环四硅氧烷、氨基硅烷、六甲基二硅氧烷经催化剂作用反应制得。

【用途】 可作乳化剂、织物后整理剂、抛光剂和涂料添加剂等。用于织物后整理，可提高织物的弹性、耐洗性、耐磨性和干爽透气性，适于各类织物，尤其是化纤织物；用于香波、护发素、烫发液等，可使头发柔软、有光泽、易梳理，还可防止巯基乙酸和氧化剂烫发时对头发的化学损伤，起到保护头发作用；用于汽车、皮件、家具抛光，可提高光洁度及耐久性。还可用于涂料，在聚氨酯、丙烯酸、聚酯类的涂料中加入聚二甲基氨基硅氧烷，可防止涂料色泽不均匀而起皱，增加鲜艳性，并有防黏效果。

【生产单位】 上虞市助剂厂。

N 水处理化学清洗剂

水处理化学品包含水处理化学清洗剂，是工业用水、生活用水、废水处理过程中必需使用的化学药剂，经过这些化学药剂的使用，使水达到一定的质量要求。水处理剂的主要作用是控制水垢、污泥的形成，减少泡沫，减少与水接触的材料的腐蚀，除去水中的悬浮固体和有毒物质，除臭脱色，软化和稳定水质等。主要包括凝聚剂、絮凝剂、阻垢剂、缓蚀剂、分散剂、杀菌剂、清洗剂、预膜剂、消泡剂、脱色剂、螯合剂、除氧剂及离子交换树脂。一般性的化学药品，如用于调整水的 pH 的酸或碱，常常不被看作是水处理剂。因此水处理剂属于精细化工的范畴，相对于常用化学品，它具有精细化学品的许多特性，如生产规模一般不大，设备投资少，产量小；产品品种多，品种的更新换代快；附加价值大；技术服务必不可少；各种产品，尤其是复配产品，具有很强的专用性。

2010 年全球水处理化学品市场销售额达到 260 亿美元，但市场比较分散，数以万计的生产厂提供各类产品。世界最大的水处理化学品生产商纳尔科公司仅占 6.8%的市场份额，第二大公司 GE 水化学品公司仅占 3.2%。在水处理化学品市场中，缓蚀剂是最大的品种，约占 16%的销售额；其他主要品种按销售额排序，分别为有机絮凝剂、无机絮凝剂、阻垢剂、氧化剂、杀菌剂、气味控制剂、离子交换剂、活性炭、螯合剂及消泡剂；消费需求按行业排序，分别为城市污水处理厂、动力电厂、自来水厂、炼油厂、纸浆及造纸厂、油气生产厂、食品加工厂、金属加工公司，化学生产厂、电子生产厂以及矿物加工厂。美国是世界上最大的水处理剂消耗国，其次是日本和西欧。

我国是水资源短缺和污染比较严重的国家之一，目前城市缺水严重，已造成严重的经济损失和社会环境问题。缺水城市分布将由目前集中在三北（华北、东北、西北）地区及东部沿海城市逐渐向全国蔓延。因此，节约用水、治理污水和开发新水源具有同等重要的意义。

我国的水处理技术是 20 世纪 70 年代引进了大化肥和石油化工装置后才得以重视和发展的。目前，我国水处理剂的品种主要有阻垢剂、缓蚀剂、杀菌灭藻剂、无机凝聚剂、有机絮凝剂等几大类。还有与水处理技术配套的清洗剂、预膜剂、消泡剂、杀生增效剂、酸洗缓蚀剂、原水预处理用的絮凝剂等。

一般水处理剂是指用于水处理的化学药剂，广泛应用于化工、石油、轻工、日化、纺织、印染、建筑、冶金、机械、医药卫生、交通、城乡环保等行业，以达到节约用水和防止水源污染的目的。

水处理剂包括冷却水和锅炉水的处理、海水淡化、膜分离、生物处理、絮凝和离子交换等技术所需的药剂。如缓蚀剂、阻垢分散剂、杀菌灭藻剂、絮凝剂、离子交换树脂、净化剂、清洗剂、预膜剂等。

1 水处理化学品和化学技术节水

节水首先要抓住比较集中使用的工业用水。在工业用水中，冷却水占的比例最大，占 60%～70%，因此节约冷却水就成为工业节水最紧迫的任务。

冷却水循环使用后，大大节约了用水量。但由于冷却水不断蒸发，水中盐类被浓缩，加上冷却水与大气接触，溶解氧与细菌含量大大增加，导致循环冷却水出现严重的结垢、腐蚀和菌藻滋生三大弊病，使热交换率大为降低，检修频繁，威胁生产正常进行。

为此，必须在冷却水中加入阻垢剂、缓蚀剂、杀菌灭藻剂及与其配套的清洗剂、预膜剂、分散剂、消泡剂、絮凝剂等。这种加入化学药剂以防止循环水结垢、腐蚀、菌藻滋生的一套技术叫做化学水处理技术，它包括预处理、清洗、酸洗、预膜、正常投加、杀菌等工序。污水处理中的一级处理使用凝聚剂和絮凝剂也是回收利用污水的重要手段。化学水处理技术是当前国内外公认的工业节水最普遍的有效手段。

2 水处理化学品和水处理化学清洗技术的主要类型

根据不同的用途和处理过程划分，水处理制剂以及清洗水处理技术的主要类型有下面几种。

(1) 反渗透纯水系统水处理制剂（反渗透清洗水处理技术） 采用具有良好的协同处理效应的复合制剂，能有效防止水垢、微生物黏体的形成、提高系统的脱盐率、产水量；延长 RO 膜的使用寿命。

(2) 循环冷却水处理（循环水系统清洗技术）专用阻垢清洗剂 保证冷却水塔、冷水机台等设备处于最佳的运行状态，有效地控制微生物菌群、抑制水垢的产生、预防管道设备的腐蚀，达到降低能耗、延长设备的使用寿命的目的。专案制定水处理方案，采用专业的复合水处理制剂及完善的技术服务体系。

(3) 杀菌灭藻剂（杀菌灭藻净化技术） 锅炉水处理制剂，采用具有良好协同处理效应的复合制剂，防止锅炉的腐蚀与结垢，稳定锅炉水质保证锅炉的正常运行，降低锅炉本体的消耗、延长其使用寿命。

(4) 复合锅炉水处理制剂（锅炉水处理净化技术） ①清罐剂。②碱度调整剂。

(5) 喷漆房循环水处理制剂（喷漆房循环水系统净化技术） 药剂属于复合制剂具有广普的分散能力，其处理的油漆渣脱水性良好，处理的漆渣为无黏性团状，便于打捞等下一阶段的处理。药剂的环境界面友好、处理效能稳定。能有效地防止油漆黏附在管道设备所带来的困扰，同时降低水体中 COD 含量，除去异味，改善环境，延长循环水的使用寿命。

(6) 机油漆树脂分散剂（漆雾凝聚净化技术）

① 悬浮剂功能特性

a. 除去水濂喷房循环水中溶存之油漆及漆渣粘性，并使漆渣完全上浮便于清除。

b. 使循环水变得清澈、透明、无臭味、可长时间使用不需经常换水，延长使用周期。

c. 可降低水中 COD 含量避免微生物快速生长产生臭味，同时大弧度降低废水处理的费用。

d. 漆渣不黏稠，方便废弃物处理，不会产生二次公害，可降低运送费用。

e. 无腐蚀性，管路及系统不会堵塞，可延长设备（管路、水泵、抽风机）使用寿命，节省换件维修成本。

f. 可提高喷漆品质，降低重喷率，提高产量及效益。

g. 保持喷房空气清新，可降低工安事件发生，且有利于维持喷房内气压平衡，借以提高生产力。

h. 可利用自动加药系统加药剂，节省药剂用量并降低人工成本。

i. 有助于喷漆房达到环保要求及 ISO14000 的申请认证。

② 悬浮剂加药量及成本分析：用药量＝落漆量×1/10；去漆剂∶悬浮剂＝1∶1

③ 加药方法

a. 新增建浴量为 0.1%（只添加去漆剂）。

b. 在生产中，加药泵小流量泵入去漆剂，最多量为落漆量的 10～20∶1，去漆剂应加入循环水马达入口处。

c. 去漆剂加入后与水中油漆反应一段时间再添加悬浮剂。

d. 添加悬浮剂时，先用 pH 试纸测试水中 pH 值，用 Na_2CO_3 调整至 7～8 最佳，然后再加悬浮剂至循环马达出水口，悬浮剂的最多量为落漆量的1/10。

e. 喷台水质管理方法：观察水中悬浮物的多少，应经常打捞水中悬浮物。每次停线后，待未启动循环马达前，应将水中悬浮物去除。

(7) 废水处理制剂（废水处理系统清洗技术） 采用合理的水处理工艺，配合水的深度处理，处理水可达到GB 5084—92、CdCS 61—94中水回收用水标准等，可以长时间循环使用，节约大量水资源。如环保型COD专用除去剂、重金属捕捉剂。

3 化学水处理剂处理技术

化学处理就是用化学药剂来消除及防止结垢、腐蚀和菌藻滋生及进行水质净化的处理技术。它使用凝聚剂去除原水中的机械杂质，用阻垢剂防止结垢，用缓蚀剂抑制腐蚀，用杀菌剂阻止有害微生物的滋生，用清洗剂去除锈渣、老垢、油污等。

水处理剂中用量较大的有三类：絮凝剂、杀菌灭藻剂、阻垢缓蚀剂。絮凝剂亦称混凝剂，其作用是澄凝水中的悬浮物，降低水的浊度，通常用无机盐絮凝剂添加少量有机高分子絮凝剂，溶于水中与所处理水均匀混合而使悬浮物大部沉降。杀菌灭藻剂亦称杀生剂，其作用是控制或清除水中的细菌和水藻。阻垢缓蚀剂主要用于循环冷却水中，以提高水的浓缩倍数，降低排污量以实现节水，并降低换热器和管道的结垢和腐蚀。

本章仅就国内已有产品供应或已进行过试验研究并有较好的发展前景的四类产品：絮凝剂、杀菌灭藻剂、阻垢缓蚀剂、水垢清洗剂等近100个品种，介绍于后，供读者参考。

Na 絮凝剂

工业水处理絮凝剂用是非常复杂的物理、化学过程。现在多数人认为工业水处理絮凝剂的作用机理是凝聚和絮凝两种作用过程。凝聚过程是胶体颗粒脱稳并形成细小的凝聚体的过程：而絮凝过程是所形成的细小的凝聚体在絮凝剂的桥连下生成大体积的絮凝物的过程。

最近把凝聚作用定义为：中和胶体和悬浮物颗粒表面电荷，使其克服胶体和悬浮物颗粒间的静电排斥力，从而使颗粒脱稳的过程称作凝聚作用。它与颗粒的性质、使用的凝聚剂和脱稳后颗粒是否能形成大的聚集体有关，这里所指的高效絮凝剂是无机盐、电解质，不包括有机高分子絮凝剂，他又给絮凝作用定义为：胶体和悬浮物颗粒在高分子絮凝剂的作用下、桥连成为粗大的絮凝体的过程，在絮凝过程中伴随着粗大的絮凝体的形成，也存在电荷中和作用。例如，一些有机高分了絮凝和同时具有电荷的中和作用扣颗粒间的桥连形成粗大的絮凝体的桥连作用。

还有其他的一些说法，但是除了颗粒大小和颗粒表面带有电荷已被实验所证实外。其他说法和理论都是假设的．尚须用实验证实。

实际上，絮凝作用都是微小的胶体颗粒和悬浮物颗粒在胶体物质或者电解质的作用下，中和颗粒表面电荷，降低或消除颗粒之间的排斥力，使颗粒结合在一起，体积不断变大，当颗粒聚集使体积达到一定程度时（粒径大约为 0.01cm 时）。便从水中分离出来，这就是我们所观察到的絮状沉淀物——絮凝体。

当使用高分子化合物作为工业水处理絮凝剂时，胶体颗粒和悬浮物颗粒与高分子化合物的极性基团或带电荷基团作用，颗粒与高分子化合物结合。形成体积庞大的絮状沉淀物。因为高分子化合物作为高效絮凝剂的极性或带电荷的基团很多，能够在短时间内向许多个颗粒结合，使体积增大的速度快、因此，形成絮凝体的速度快，絮凝作用明显。

可以认为凝聚作用是颗粒由小到大的量变过程，而絮凝作用是量变过程达到一定程度时的质变过程 絮凝作用是由若干个凝集作用组成的、是凝聚作用的结果。而凝聚作用是絮凝作用的原因。通常把研究絮凝作用的机理、絮凝剂的性质、胶体或悬浮物的性质以及影响絮凝作用的各种条件的科学叫做絮凝化学。

Na001 TH-058A 漆雾絮凝剂A剂

【英文名】 TH-058A coating mist Flocculant A

【别名】 TH-058A 絮凝剂

【组成】 一般由无机盐类及多种化合物等组成。

【产品特点】 作为工业水处理絮凝剂时，胶体颗粒和悬浮物颗粒与高分子化合物的极性基团或带电荷基团作用，颗粒与高分子化合物结合。形成体积庞大的絮状沉淀物。

【使用方法】 先将A剂按0.3%～0.5%浓度将凝聚剂投入喷漆室循环水中，使循环水的pH在9～10之间。添加：工作时按油漆过喷量的4%～5%向循环水槽中连续补加。针对每一特定设备的具体情况，现场服务工程师根据实践确定添加量。

【性能指标】 外观：半透明液体；相对密度：1.20（20℃）。

【主要用途】 适用于各类水性或溶剂性油漆，使漆雾凝聚成疏松的絮状体，并使其上浮。

【应用特点】 高分子化合物作为高效絮凝剂的极性或带电荷的基团很多，能够在短时间内向许多个颗粒结合，使体积增大的速度快、因此，形成絮凝体的速度快，絮凝作用明显。

【安全性】 漆雾絮凝作为工业水处理剂等没有任何腐蚀和伤害，直接与皮肤接触，也不会对皮肤有任何的刺激和伤害。

【储存】 室温，原始封闭容器，12个月。

【生产单位】 无锡点汇科技有限公司。

Na002 无机有机高分子絮凝剂

【英文名】 organic inorganic high molecular flocculant

【组成】 聚合铁，聚丙烯酰胺。

【性质】 本品为红棕色黏稠状液体。是复合高分子絮凝剂，具有聚合铁的强吸附能力和聚丙烯酰胺的高度架桥能力。混凝时间短、矾花大、沉降速度、净水速度快。

【质量标准】

外观	红棕色黏稠状液体
铁含量/(g/L)	98
聚丙烯酰胺含量/(g/L)	0.06
相对密度	1.45
pH值	2～3

【制法】 在聚合铁，聚丙烯酰胺不能发生化学反应和净水性能互不制约的前提下，使二者以有效的配比和最佳的浓度混合在一起，制得无机和有机高分子复合絮凝剂。

【安全性】 不能与阳离子物共混。

塑料桶包装，每桶25kg或根据用户需要确定；要求在室内阴凉、通风处储藏，防潮、严防曝晒，储存期10个月。

【用途】 作絮凝剂主要用于印染、造纸、化工等工业污水的净化处理。对低浓度或高浓度水质、有色废水、多种工业废水都有良好的净水作用，而且污泥脱水性能好。在原水质pH在8～12范围内有良好絮凝作用，具有去除原水中悬浮物耗氧作用，特别对高浓度含铁废水有较好去除效果。在相同条件下，用药量比单独使用聚合铁和聚丙烯酰胺降低20%以上。净化水可以直接排入河流对水中的鱼和其他的动物无影响。

【生产单位】 大连力佳化学制品公司，上海仙河水处理有限公司，北京新大禹精细化学品公司，山东滨州嘉源环保有限公司。

Na003 絮凝剂FIQ-C

【英文名】 flocculant FIQ-C

【别名】 天然高分子改性阳离子絮凝剂

【组成】 季铵盐醚化天然高分子植物胶粉。

【性质】 本品是以天然高分子F691粉（F691主要成分为水溶性多聚糖、纤维素、木质素、单宁）为原料合成的阳离子絮凝剂。具有良好的絮凝性能。与PAC复配使用时，对工业废水处理效果最好，废水处理后可达标排放。

【质量标准】

平均分子量	106
相对黏度	3.5
阳离子取代度/%	52

【制法】 在一定量F691粉中，加入95%乙醇润湿分散，在搅拌下加入30%的NaOH碱化30min，然后加入季铵盐醚化剂，在50℃下反应3h，即可制得FIQ-C。

【安全性】 无毒。

塑料桶包装每桶25kg或根据用户需要确定；要求在室内阴凉、通风处储藏，防潮、严防曝晒，储存期10个月。

【用途】 作造纸、油田、印染废水的絮凝剂，对水中悬浮颗粒具有较好的去除效果，絮凝性能好于阳离子聚丙烯酰胺PAM-C，且药剂FIQ-C受水样pH影响较小。与PAC复配使用效果更佳，处理后的废水可达标排放。

【生产单位】 广州广宁环保化工厂，河北沧州恒利化工厂，江苏常州市全球化工有限公司，广东广州市金康源经贸有限公司。

Na004 絮凝剂MU

【英文名】 flocculant MU

【组成】 尿素与乙二醛、双氰胺、胺盐共缩聚物

【性质】 絮凝剂MU为易溶于水的凝胶状无色物，分子中含有与水溶性染料反应的基团，生成絮体的粒径增大，絮体的沉降速度提高，稳定性较好。pH使用范围较广，是处理高浓度水溶性染料废水的理想絮凝剂。

【质量标准】

外观	无色凝胶
固含量/%	50
分子量	6500
水溶液pH值(10%)	4.5

【制法】 乙二醛，双氰胺，尿素，铵盐，丙烯酰胺在90℃反应5h得共缩聚物。

【安全性】 低毒。

塑料桶包装每桶25kg或根据用户需要确定；要求在室内阴凉、通风处储藏，防潮、严防曝晒，储存期10个月。

【用途】 用作絮凝剂，适应范围较大效果良好。活性艳红X-3B（COD为280mg/L、色度为4096倍）脱色率95.0%～99.7%，COD_{CR}去除率67.3%～75.6%。酸性大红GR（COD为420mg/L、色度为2048倍）脱色率99.0%～99.9%，COD去除率71.5%～83.2%。染化废水（COD为3700mg/L、色度为8192倍）脱色率99.2%，COD去除率81.0%。

【生产单位】 广州广宁环保化工厂，河北沧州恒利化工厂，江苏常州市全球化工有限公司，广东广州市金康源经贸有限公司。

Na005 絮凝剂TYX-800

【英文名】 flocculant TYX-800

【组成】 复方改性聚合硫酸铁

【性质】 外观为红棕色液体，与水无限混溶，相对密度≥1.4，絮凝性良好。

【质量标准】

外观	红棕色液体
pH值(1%水溶液)	2.0～3.0
总铁含量/%	≥11.0

【制法】 首先卤代烷与丙烯酰胺、有机胺反应合成阳离子中间体，然后加入聚合硫酸铁在80℃下反应4h合成TYX-800。

【安全性】 无毒。

塑料桶包装，每桶25kg或根据用户需要确定；要求在室内阴凉、通风处储藏，防潮、严防曝晒，储存期10个月。

【用途】 TYX-800是一种前景广阔的复方改性含铁盐絮凝剂。水矾花大、沉降速度快、絮凝效果好。对原水pH有较强的适应性，在pH4～12范围内，除浊率均大于90%，对铁离子、氨氮及COD有一定的去除作用。

【生产单位】 新疆博乐农五师电力公司发电公司，山西天禹轻化有限公司，天津泰伦特化学有限公司，浙江衢州门捷化工有限公司。

Na006 絮凝剂PDMDAAC

【英文名】 flocculant PDMDAAC

【别名】 聚氯化二甲基二烯丙基铵

【结构式】

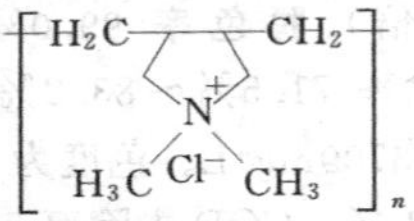

【性质】 本品为无色胶体，为阳离子型有机高分子絮凝剂。正电荷密度高，水溶性好，在水处理中可同时发挥电中和及吸附架桥的功能，具有用量少，高效无毒的优点。

【质量标准】

特性黏度/(dL/g)	1.96
阳离子度/%	10
固含量/%	50

【制法】 一步法，首先合成氯化二甲基二烯丙基铵，然后在40℃下用复合引发剂引发采用水溶液自由基聚合方式，得到阳离子型高分子絮凝剂PDMDAAC。

【安全性】 无毒。

塑料桶包装，每桶25kg或根据用户需要确定；要求在室内阴凉、通风处储藏，防潮、严防曝晒，储存期10个月。

【用途】 广泛应用于石油开采、增稠剂，吸水聚合物，采油，蛋白酶的固定，酸性压裂流体造纸、采矿、纺织印染及日用化工等领。用量少，高效无毒。环保效果相当显著。

【生产单位】 中国科学院生态环境研究中心环境水化学国家重点实验室，山东枣庄市泰和化工厂。

Na007 絮凝剂P

【英文名】 flocculants P

【别名】 两性高分子絮凝剂P；丙烯酰胺；氯化二甲基二烯丙基铵；马来酸共聚物

【结构式】

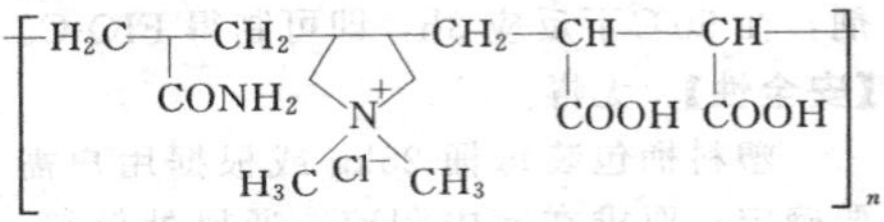

【性质】 两性高分子絮凝剂兼有阴、阳离子性基团的特点，在不同介质条件下所带离子类型不同，适于处理带不同电荷的污染物，用于污泥脱水通过电性中和，吸附架桥，分子间的“缠绕”包裹作用，使污泥颗粒粗大。黏度高、溶解性、脱水性好。适用范围广，使用时不受酸、碱影响。

【质量标准】

黏度(200℃)/Pa·s	30
固含量/%	63
pH值	6.7～9.3

【制法】 在引发剂存在下丙烯酰胺(AM)、氯化二甲基二烯丙基铵（DM)、马来酸（MA）在乳液中三元共聚，得两性共聚物P。

【安全性】 基本无毒。

塑料桶包装，每桶25kg或根据用户需要确定；要求在室内阴凉、通风处储藏，防潮、严防曝晒，储存期10个月。

【用途】 两性共聚物P在工业污水处理中有良好的絮凝效果，加入量为8mg/L时透光率97.5%。COD去除率70%，脱色率99.9%。无毒，无污染。

【生产单位】 辽宁大连三达奥克化学品有限公司，江苏无锡美华化工有限公司，江苏武进市三河口益民化工厂。

Na008 PPAFS 絮凝剂

【英文名】 flocculant PPAFS

【结构式】

$[FeAl(OH)_n(SO_4)_{3-(n+x)/2}(PO_4)_{x/3}]_m$

【性质】 本品是一种新型无机高分子聚合物 PPAFS（聚合磷硫酸铝铁），它以 OH 交联形成多核络离子，保留了铝铁各自均聚物的优点，沉降速度快、残余量少、稳定性好、价廉、低毒。

【质量标准】

外观	红棕色固体
固含量/%	>95

【制法】 在室温下，把 $FeSO_4$ 配制成溶液加入反应釜，搅拌下加入定量 $Al_2(SO_4)_3$、浓 H_2SO_4、$NaClO_3$ 溶液，氧化反应进行 10～30min，再加入适量的 $Al_2(SO_4)_3$ 聚合时间为 10～30min，最后加入 Na_3PO_4 搅拌 40min。

$FeSO_4$ ∶ $Al_2(SO_4)_3$ ∶ H_2SO_4 ∶ $NaClO_3$ ∶ Na_3PO_4 的摩尔比为1∶1∶0.2∶0.8∶0.2。得液态聚合磷硫酸铝铁，冷却结晶，过滤，50～60℃烘干则得红棕色固体产品。

(1) 氧化反应

$$6FeSO_4 + NaClO_3 + 3H_2SO_4 \longrightarrow 3Fe_2(SO_4)_3 + 3H_2O + NaCl$$

(2) 水解反应

$$Fe_2(SO_4)_3 + Al_2(SO_4)_3 + nH_2O \longrightarrow 2FeAl(OH)_n(SO_4)_{3-n/2}$$

(3) 聚合反应

$$m[FeAl(OH)_n(SO_4)_{3-n/2}] + mx/3Na_3PO_4 \longrightarrow [FeAl(OH)_n(SO_4)_{3-(n+x)/2}(PO_4)_{x/3}]_m + mx/2Na_2SO_4$$

【安全性】 低毒。

塑料桶包装，每桶 25kg 或根据用户需要确定；要求在室内阴凉、通风处储藏，防潮、严防曝晒，储存期 10 个月。

【用途】 作石油废水的处理絮凝剂，透光度可从 32.4%提高到 98. 6%，处理水样 COD 去除率为 81.7%。

【生产单位】 内蒙古科安水处理技术设备有限公司，河南沃特化学清洗有限公司，北京海洁尔水环境科技公司，江苏武进溢达化工厂，江苏常州新朝化工有限公司，广东佛山市电化总厂。

Na009 两性天然高分子絮凝剂

【英文名】 amphoteric natural high molecule flocculant

【组成】 淀粉氯化二甲基二烯丙基铵、丙烯酰胺、甲基丙烯酸共聚物

【性质】 本品是以淀粉为基材的环保型两性天然高分子絮凝剂。既带有阴离子基团又带有阳离子基团，在处理污水时不仅可以利用淀粉的半刚性链和柔性支链将污水中悬浮的颗粒通过架桥作用絮凝沉降下来，絮体较大，沉降速度较快，絮体密实。又因其带有的极性基团，通过化学和物理作用降低污水中的 COD、BOD 负荷。其阳离子捕捉水中的有机悬浮杂质，阴离子促进无机悬浮物的沉降。

【质量标准】

固含量/%	28.23
接枝率/%	122.46
接枝效率/%	93.84
阳离子化度/%	18.97
阴离子化度/%	8.6

【制法】 用淀粉为基材，淀粉、氯化二甲基二烯丙基铵、丙烯酰胺、甲基丙烯酸利用反相乳液聚合技术，采用四元聚合的方法接枝共聚。

【安全性】 低毒。

塑料桶包装，每桶 25kg 或根据用户

需要确定；要求在室内阴凉、通风处储藏，防潮、严防曝晒，储存期10个月。

【用途】 淀粉是一种六元环状的天然高分子。它含有许多羟基，表现出较活泼的化学性质，通过羟基的酯化、醚化、氧化、交联、接枝共聚等化学改性，其活性基团大大增加，聚合物呈枝化结构，分散了絮凝基团，对悬浮体系中颗粒物有更强的捕捉与促沉作用。用于处理其他絮凝剂难以处理的水质较复杂的污水，尤其是在污泥脱水，消化污泥处理上有很好的效果。

【生产单位】 内蒙古科安水处理技术设备有限公司，河南沃特化学清洗有限公司，北京海洁尔水环境科技公司，江苏武进溢达化工厂，江苏常州新朝化工有限公司，广东佛山市电化总厂。

Na010 阳离子型天然高分子絮凝剂

【英文名】 cationic natural high molecule flocculant

【组成】 淀粉二甲基二烯、丙基氯化铵、丙烯酰胺接枝共聚物。

【性质】 本品是改性淀粉化合物，具有无毒、易溶于水、可生物降解、价廉等优点。阳离子型絮凝剂对带负阴电荷物质有亲和性，对带电负性的无机或有机悬浮物有极好的絮凝效果。

【质量标准】

接枝率/%	126.67
接枝效率/%	94.52
固含量/%	37.56

【制法】 用淀粉作为基材，石蜡油为油相，尿素混合物为引发剂，淀粉二甲基二烯、丙基氯化铵、丙烯酰胺在45℃接枝共聚。

【安全性】 低毒。

塑料桶包装，每桶25kg或根据用户需要确定；要求在室内阴凉、通风处储藏，防潮、严防曝晒，储存期10个月。

【用途】 淀粉接枝物可用作絮凝剂、增稠剂、黏合剂、造纸助留剂等。对油污处理能力强，对含色污水处理效果好，絮凝速度快，COD去除率高。杀菌剂性能好。

【生产单位】 内蒙古科安水处理技术设备有限公司，河南沃特化学清洗有限公司，北京海洁尔水环境科技公司，山东胜利油田井下胜苑化工公司，江苏常州市江海化工厂，河南中原大化集团有限公司，天津警青化工厂，福建厦门精化科技有限公司。

Na011 粉状絮凝剂

【英文名】 flocculant powder

【性质】 本品为水溶性固体粉末，使用方便。

【组成】 共聚阳离子聚丙烯酰胺。

【质量标准】

外观	白色或黄白色结晶粉末
固含量/%	90.0
溶解性	<4h
黏度(1%溶液)/mPa·s	15000～20000

【制法】 将单体DMC 32份、SMC 8份、AM 25份和无离子水溶解均匀后投入反应器中，通入氮气保持15min而后加入引发剂水溶液，升温至47℃保温，在一定反应温度下维持正常反应4.5h，然后降温。将凝胶状的物料造粒、干燥、粉碎即得产品。

【安全性】 低毒。

塑料桶包装，每桶25kg或根据用户需要确定；要求在室内阴凉、通风处储藏，防潮、严防曝晒，储存期10个月。

【用途】 作絮凝剂，能使工业废水排放达到环保要求。

【生产单位】 江苏武进溢达化工厂，江苏常州新朝化工有限公司，广东佛山市电化总厂，内蒙古科安水处理技术设备有限公司，河南沃特化学清洗有限公司，北京海洁尔水环境科技公司。

Na012 CTS-PFS复合型絮凝剂

【英文名】 CTS-PFS compound flocculant

【组成】 CTS-PFS复合共聚物。

【性质】 CTS-PFS复合共聚物是在较低的反应温度下将金属盐聚合物和天然有机高分子物质（壳聚糖）经过溶液、溶胶阶段而制备的。在溶液状态，当 H^+ 浓度与 OH^- 浓度的相对比例降低时，铁的各种聚合体中配位水的数目易发生变化，同时其水解产物发生缩聚反应，两个相邻的羟基之间发生架桥聚合作用。而壳聚糖分子中由于具有氨基氮和羟基氧，存在孤对电子，在酸性溶液中使溶胶形成。特别是壳聚糖分子上的伯羟基和仲羟基都较易氧化，使其具有明显的电泳能力。本复合共聚物质（CTS-PFS）具有壳聚糖良好的除浊、除色、降COD及除金属离子的能力和聚铁价廉易得且凝聚沉淀速度快、无残毒的优势，克服壳聚糖电荷密度较小，沉降速度慢且成本高和聚铁水解聚合速度过快而不易控制，易使水的色度、味感变差的缺陷。其沉淀淤泥易自行降解，可用作肥料，没有二次污染是绿色环保型水处理剂。

【制法】 称量壳聚糖3.53kg溶于200L 1%的醋酸溶液（质量分数1.73%）中备用。准确量取5L（相对密度=1.19）聚合硫酸铁，加去离子水稀释50倍（质量分数2.32%）。为防止产生沉淀，用稀盐酸控制溶液的pH≤2。以EDTA标液标定其铁浓度，备用。

取20L壳聚糖溶液加入反应器中，在搅拌下加入20L聚铁溶液，滴加稀盐酸调节pH在1.5～1.9之间，剧烈搅拌使之混合均匀。静置反应2h后，缓缓加热至60～80℃之间，此时，反应体系颜色由淡黄色逐渐变深为橙黄色。将该体系在室温下静置反应24h，则有稳定均一的复合共聚胶体生成。

【安全性】 低毒。

塑料桶包装，每桶25kg或根据用户需要确定；要求在室内阴凉、通风处储藏，防潮、严防曝晒，储存期10个月。

【用途】 作水处理絮凝剂。从絮凝剂的结构特点分析，聚合铁具有最强的电价中和能力，其吸附架桥作用相对差得多，只对天然水样有较强的絮凝能力，对污水处理效果不佳。壳聚糖分子量很大，分子中带有孤电子对的氮、氧原子具有强配位能力，可以发挥良好的吸附架桥作用，但由于其本身为电中性，不具备电荷中和能力，只表现出良好的除浊效果，而对天然水处理效果则弱得多。CTS-PFS综合了壳聚糖和聚铁在两个方面的优势，即以壳聚糖长链大分子作为母体，通过聚合作用“嫁接”上聚铁基团之后，使其本身在溶液中具有良好的架桥、吸附、电价中和和卷扫作用，絮凝、除浊能力得到进一步增强，其所产生沉淀的沉降速度也比壳聚糖更快，成为具有特定功能的新型天然无机复合絮凝剂，特别适用于那些既有带电胶体又有不带电微粒的多来源混合型污水的净化处理。

【生产单位】 江苏武进溢达化工厂，江苏常州新朝化工有限公司，广东佛山市电化总厂，内蒙古科安水处理技术设备有限公司，河南沃特化学清洗有限公司，北京海洁尔水环境科技公司。

Na013 阳离子聚丙烯酰胺絮凝剂

【英文名】 cationic polyacrylamide flocculant PAM

【组成】 阳离子聚丙烯酰胺。

【性质】 本品是由在丙烯酰胺单体及共聚阳离子单体在水溶液中用中浓度和高浓度自由基溶液聚合法制备的共聚阳离子聚丙烯酰胺干粉。阳离子聚丙烯酰胺絮凝剂对絮体的形成不仅有桥连作用，而且有包络作用。发生桥连和包络的高分子，还能靠相互作用，形成三维网状结构的大絮团，有助于沉降分离。无甲醛残留，能用于给水处理。

【质量标准】

外观	白色或黄白色结晶粉末
固含量/%	90.0
溶解性	<4h
黏度(1%溶液)/mPa·s	15000～20000

【制法】 将称20份氯化甲基丙烯酰乙基三甲基铵(DMC-80)、20份氯化丙烯酰乙基三甲基铵(SMC-80H)、20～30份丙烯酰胺(AM)和38～50份无离子水加入反应釜搅拌溶解均匀后通入氮气保持15min而后加入引发剂水溶液(过硫酸钾0.001份用去离子水溶解),升温至47℃保温,在一定反应温度下维持正常反应4.5h,然后降温。将凝胶状的物料造粒、干燥、粉碎即得产品。

【安全性】 低毒。

塑料桶包装,每桶25kg或根据用户需要确定;要求在室内阴凉、通风处储藏,防潮、严防曝晒,储存期10个月。

【用途】 作絮凝剂。阳离子聚丙烯酰酰胺溶解时间短,有良好的脱色絮凝作用,其净化效果可达99%。

【生产单位】 江苏武进溢达化工厂,江苏常州新朝化工有限公司,广东佛山市电化总厂,内蒙古科安水处理技术设备有限公司,河南沃特化学清洗有限公司,北京海洁尔水环境科技公司。

Na014 水处理结晶氯化铝

【英文名】 aluminium chloride crystalline for water treatment

【登记号】 CAS [7784-13-6]

【结构式】 $AlCl_3 \cdot 6H_2O$

【分子量】 241.43

【性质】 无色斜方晶系结晶。工业品为淡黄色或深黄色。相对密度2.398。加热到100℃分解释放出氯化氢。溶于水、乙醚,水溶液呈酸性,微溶于盐酸。吸湿性强,易潮解,在湿空气中水解生成氯化氢白色烟雾。

【质量标准】

指标名称		一等品	合格品
外观		橙黄色或淡黄色晶体	
结晶氯化铝($AlCl_3 \cdot 6H_2O$)/%	≥	95.0	88.5
铁(Fe)/%	≤	0.25	1.0
不溶物/%	≤	0.10	0.10
砷(As)/%	≤	0.0005	0.0005
重金属(以Pb计)/%	≤	0.002	0.002
pH值(1%水溶液)	≥	2.5	2.5

【制法】 将粒度<8mm的煤矸石粉加入沸腾焙烧炉,在700℃焙烧约半小时,再经粉碎,加入反应器中与20%盐酸在110℃反应1h,生成的反应物送到澄清槽,加入聚丙烯酰胺絮凝剂,用压缩空气搅拌后静置,沉淀析出后将清液进行蒸发浓缩,析出晶体,合并两次结晶制得结晶氯化铝成品。其反应式如下:

$$Al_2O_3 + 6HCl + 3H_2O \longrightarrow 2AlCl_3 \cdot 6H_2O$$

【安全性】 铝盐中含有的铝元素能直接破坏神经系统功能,大量摄入铝盐对人体不利。严禁与食品接触。

用塑料桶包装,每桶25kg或250kg。储存于室内阴凉处。储存期12个月。

【用途】 主要用于饮用水,含高氟水,工业水的处理,以及含油污水的净化。亦可用作精密铸造模壳的硬化剂，木材防腐剂，造纸施胶沉淀剂。

【生产单位】 辽宁南票矿务局化工厂，浙江温州电化厂，南宁市永新化工厂，江苏泰兴县左溪化工厂，黑龙江依兰县化工厂。

Na015 聚合氯化铝

【英文名】 aluminium polychloride

【别名】 碱式氯化铝；聚合铝

【结构式】

$$[Al_2(OH)_nCl_{6-n}\cdot xH_2O]_m$$

$$m\leqslant 10 \quad n=1\sim 5$$

【性质】 无色或黄色树脂状固体，其溶液为无色或黄褐色透明液体。易溶于水。水解过程中伴随有电化学、凝聚、吸附和沉淀等物理化学过程，有腐蚀性。

【质量标准】

日本工业标准 JISK 1475—78

指标名称	指标(自来水厂用)
外观	无色透明或淡黄色液体
氧化铝(Al_2O_3)/%	10.0～11.0
pH 值(1%溶液)	3.5～5.0
盐基度/%	45.0～65.0
硫酸根(以 SO_4^{2-} 计)/%	≤3.5
氨态氮(N)/%	≤0.01
砷(As)/%	≤0.0005
铁(Fe)/%	≤0.01
锰(Mn)/%	≤0.0025
镉(Cd)/%	≤0.0002
铅(Pb)/%	≤0.001
汞(Hg)/%	≤0.00002
铬(Cr)/%	≤0.001
相对密度(20℃)	≥1.19

【制法】

(1) 将结晶氯化铝在 170℃ 下进行沸腾热解，放出的氯化氢用水吸收制成 20%盐酸回收。然后加水在 60℃ 以上进行熟化聚合，再经固化、干燥、破碎制得固体聚合氯化铝成品。其反应式如下：

$$AlCl_3\cdot 6H_2O \longrightarrow$$
$$Al_2(OH)_nCl_{6-n}+(6-n)H_2O+nHCl$$

$$mAl_2(OH)_nCl_{6-n}+(m+x)H_2O \longrightarrow$$
$$[Al_2(OH)_nCl_{6-n}\cdot xH_2O]_m$$

(2) 将铝灰（主要成分为氧化铝和金属铝）按一定配比加入预先加入洗涤水的反应器中，在搅拌下缓缓加入盐酸进行缩聚反应，经熟化聚合至 pH 4.2～4.5，溶液相对密度为 1.2 左右进行沉降，得到液体聚合氯化铝。液体产品稀释过滤，蒸发、浓缩、干燥得固体聚合氯化铝成品。其反应式如下：

$$Al_2O_3+6HCl+3H_2O \longrightarrow$$
$$2AlCl_3\cdot 6H_2O \longrightarrow$$
$$Al_2(OH)_nCl_{6-n}+(12-n)H_2O+nHCl$$
$$\xrightarrow{(m+x)H_2O}[Al_2(OH)_nCl_{6-n}\cdot xH_2O]_m$$

【安全性】 铝盐中含有的铝元素能直接破坏神经系统功能，大量摄入铝盐对人体不利。严禁与食品接触。

用塑料桶包装，每桶 25kg 或 250kg。储存于室内阴凉处。储存期 12 个月。

【用途】 作为絮凝剂主要用于净化饮用水和给水的特殊水质处理，如除铁、氟、镉、放射性污染。除漂浮油等。亦可用于工业废水处理，如印染废水。此外还用于精密铸造、医药、造纸、制革。

【生产单位】 重庆南岸明矾厂，南京化学公司磷肥厂，江苏常州水处理厂，杭州硫酸厂，广东佛山电化厂，沈阳市化工七厂，长春市自来水公司化工厂，河南省科学院密县聚合铝厂。

Na016 硫酸铝

【英文名】 aluminium sulfate

【登记号】 CAS [7784-31-8]

【结构式】 $Al_2(SO_4)_3\cdot 18H_2O$

【分子量】 666.4

【性质】 无色单斜结晶。相对密度 1.69(17℃)。熔点 86.5℃(分解)。溶于水、酸和碱，不溶于醇。水溶液呈酸性。加热至770℃时开始分解为氧化铝，三氧化硫，二氧化硫和水蒸气。水解后生成氢氧化铝。外观为白色片状或粒状，含低铁盐($FeSO_4$)而带有淡绿色，又因低价铁盐被氧化而使产品表面发黄。有涩味。水溶液长时间沸腾可生成碱式硫酸铝。

【质量标准】 HG 222J-9

指标名称		一等品	合格品	溶液
外观		白色粒状或微灰色粒状，片状		微绿或微灰黄
氧化铝含量/%	≥	15.60	15.60	7.80
铁含量/%	≤	0.52	0.70	0.25
水不溶物/%	≤	0.15	0.15	0.15
pH值(1%水溶液)	≤	3.0	3.0	3.0
砷含量/%	≤	0.0005	0.0005	0.0003
重金属(以Pb计)含量/%	≤	0.002	0.002	0.00

【制法】

(1) 用硫酸分解铝土矿 将铝土矿粉碎至60目，在加压条件下与60%左右的硫酸水溶液反应7h左右。对反应液进行沉降分离，蒸发浓缩，将澄清液用稀酸中和至中性，冷却制成片状或粒状。反应式如下：

$$Al_2O_3+3H_2SO_4 \longrightarrow Al_2(SO_4)_3+3H_2O$$

(2) 硫酸与氢氧化铝反应 稀硫酸与氢氧化铝反应，反应液经沉降，浓缩冷却加工成片状或粒状。反应式如下：

$$3H_2SO_4+2Al(OH)_3 \longrightarrow Al_2(SO_4)_3+6H_2O$$

(3) 明矾石法 将明矾石煅烧，粉碎后用稀硫酸溶解，过滤去掉不溶物得到硫酸铝和钾明矾混合溶液，迅速冷却结晶除去钾明矾，浓缩母液，冷却加工成片状。

【安全性】 铝盐中含有的铝元素能直接破坏神经系统功能，大量摄入铝盐对人体不利。严禁与食品接触。

用塑料桶包装，每桶25kg或250kg。储存于室内阴凉处。储存期12个月。

【用途】 用于净水和造纸，在造纸方面作助剂，可增加纸张硬度，亦可作着色剂，消泡剂。在净水方面用作絮凝剂。印染工业用作媒染剂和印花的防渗色剂。油脂工业用作澄清剂。石油工业用作除臭脱色剂。木材工业用作防腐剂。医药上用作收敛剂。颜料工业用于生产铬黄并作沉淀剂。

【生产单位】 天津市塘沽化工厂，河北唐山市前进化工厂，河南鹤壁市化工厂，哈尔滨化工十三厂，长沙湘江化工厂，陕西铜川化工厂。

Na017 聚合硫酸铝

【英文名】 aluminium polysulfate

【别名】 碱式硫酸铝；PAS

【结构式】 $[Al_2(OH)_n(SO_4)_{3-n/2}]_m$

$m\leqslant10;1\leqslant n\leqslant6$

【性质】 本品有固体产品和液体产品两种。固体产品为白色粉末。液体产品为无色或淡黄色透明液体。pH在3.5～5。相对密度大于1.20。

对水中细悬浮物及胶体粒子具有较强的絮凝性。聚沉速度快，用量少，无毒。

【质量标准】

指标名称	固体	液体
外观	白色粉末	无色或淡黄色液体
Al_2O_3 含量/%	25～35	8～12
盐基度/%	46～65	45～65
pH值		3.5～5

【制法】 工艺流程包括：粉碎、成盐、沉降、聚合、熟化、干燥。

铝土矿（Al_2O_3 含量 50%）为原料，将其粉碎成 60 目。在 0.88 MPa 下，145～158℃下与硫酸反应 6h。反应后加入助沉剂使渣沉淀，分出清液，调节 OH^-/Al 的摩尔比，控制 pH 在 3.5～5。聚合反应完成后，熟化，得聚硫酸铝液体产品。将其喷雾干燥得固体产品。反应式：

$$Al_2O_3+3H_2SO_4 \longrightarrow Al_2(SO_4)_3+3H_2O$$

$$mAl_2(SO_4)_3+mnOH^- \longrightarrow [Al_2(OH)_n(SO_4)_{3-n/2}]_m$$

【安全性】 铝盐中含有的铝元素能直接破坏神经系统功能，大量摄入铝盐对人体不利。严禁与食品接触。

液体用塑料桶包装，每桶 25kg 或 250kg。固体采用复合塑编袋包装或符合出口环保要求的包装，每袋净重 25kg，储于室内阴凉处，储存期 10 个月。

【生产单位】 南京油脂化工厂，武汉供水厂，首都钢铁公司，河南新乡市东风化工厂，辽宁鞍钢给排水公司，河南密县丽晶化工厂，重庆南岸明矾厂，湖北新州磷肥厂，成都化工三厂。

Na018 复合聚合氯化铝铁

【英文名】 ferric aluminium polychloride

【别名】 复合碱式氯化铝铁

【结构式】

$$[Al_2(OH)_nCl_{6-n}]_m \cdot [Fe_2(OH)_nCl_{6-n}]_m$$

$$n \leqslant 5; m \leqslant 10$$

【性质】 本品有液体产品和固体产品两种。液体产品为橙色透明液体，固体产品为橙黄色结晶粉末。比氯化铝净水能力强，用量少，吸附力强，形成的絮体大，沉降速度快。

【质量标准】

指标名称		液体	固体
外观		橙黄色透明液体	橙黄色结晶粉末
相对密度	≥	1.19	
$Al_2O_3+Fe_2O_3$/%	≥	10	30
盐基度/%		50～70	50～70
pH(1%溶液)		3.3～5.0	3.3～5.0
氨气(以N计)/%	<	0.05	0.05
Hg(汞)/(mg/kg)	≤	0.2	0.6
Cd/(mg/kg)	≤	1.5	5
As/(mg/kg)	≤	4	12
Pb/(mg/kg)	≤	10	30
Cr/(mg/kg)	≤	10	30
Mn/(mg/kg)	≤	25	75

【制法】 将铝土矿经粉碎后，加入反应釜中，再加入浓盐酸和水（摩尔比为 1：6：9），立即搅拌，升温，升压，在反应点恒温 2h。然后降压，压滤，除去不溶物，得到相对密度为 1.22～1.24 的滤液。用活性氧化铝和石灰进行熟化，当溶液相对密度增加到 1.24～1.28，pH 为 3 即得液体产品，将其干燥得固体。反应式如下：

$$Al_2O_3+6HCl+9H_2O \longrightarrow 2[Al(H_2O)_6]Cl_3$$

$$Fe_2O_3+6HCl+9H_2O \longrightarrow 2[Fe(H_2O)_6]Cl_3$$

$$[Al(H_2O)_6]Cl_3+H_2O \longrightarrow [Al_2(OH)_nCl_{6-n}]_m$$

$$[Fe(H_2O)_6]Cl_3+H_2O \longrightarrow [Fe_2(OH)_nCl_{6-n}]_m$$

【安全性】 铝盐中含有的铝元素能直接破坏神经系统功能，大量摄入铝盐对人体不利。严禁与食品接触。

液体用塑料桶包装，每桶 25kg 或 250kg。固体采用复合塑编袋包装或符合出口环保要求的包装。每袋净重 25kg，储于室内阴凉处，储存期 10 个月。

【用途】 本品主要用于饮用水的净化。工

业用水和污水的处理。其优点是絮凝性强，又有强大的电荷中和作用，又有聚合氯化铁的吸附性、沉淀速度快之优点，是理想的水处理絮凝剂。如处理浊度为100～120原水，投药量为2～4mg/L，处理后水的浊度为1°。因含铁元素对人体有益，所以更适宜饮用水的净化，但对于生产白度较高的产品的工业用水受到一定的限制。

【生产单位】 江苏常州水处理厂，沈阳市化工厂，长春市自来水公司化工厂，天津市化工研究院，广东佛山电化厂。

Na019 聚硫氯化铝

【英文名】 polyalumnium sulfate chloride

【结构式】 $[Al_4(OH)_{2n}Cl_{10-2n}(SO_4)]_m$
$m \leqslant 5, n=2 \sim 6$

【性质】 本品为黄棕色透明液体。味涩，具有一定的黏滞性。呈微酸性。无毒。加水稀释后生成具有络离子结构的碱性多核络合物。最终以氢氧化铝析出。

【质量标准】

Al_2O_3 含量/%	15
碱化度/%	60～80
水不溶物/%	1.0
pH值	3.5～4.5

【制法】 将计量的硫酸铝和氨水依次投入水解锅中，在搅拌下加热于60～70℃，加盐酸水解4h后，过滤。滤饼压干。计量后加入聚合釜再加入盐酸进行聚合反应。

【安全性】 铝盐中含有的铝元素能直接破坏神经系统功能，大量摄入铝盐对人体不利。严禁与食品接触。

液体用塑料桶包装，每桶25kg或250kg。固体采用复合塑编袋包装或符合出口环保要求的包装，每袋净重25kg，储于室内阴凉处，储存期10个月。

【用途】 作为絮凝剂主要用于净化饮用水和给水的特殊水质处理，如除铁，氟，镉，放射性污染。除漂浮油等。亦可用于工业废水处理，如印染废水。此外还用于精密铸造，医药，造纸，制革。

【生产单位】 杭州硫酸厂，河南省科学院密县聚合铝厂，江苏常熟水处理厂，沈阳市化工七厂。

Na020 聚合磷硫酸铁

【英文名】 polyferric phophate sulfate

【组成】 硫酸铁与磷酸钠的混聚物。

【性质】 本品为红棕色液体，相对密度(20℃)1.46，黏度(20℃)11～13mPa·s。

【质量标准】

外观	红棕色液体
Fe^{3+} 含量/(g/L)	≥160
pH值(原液)	1.4～1.6
Fe^{2+} 含量/(g/L)	≤1
碱化度/%	≥25

【制法】 将1mL钛白粉副产品 $FeSO_4 \cdot 7H_2O$ 加入反应釜中，加入0.4mol浓硫酸(98%)。在搅拌下加入1.2mol双氧水(30%)，在80℃下反应2h。然后加入0.5mol磷酸钠，升温至80℃，搅拌1h。即得液体产品。

【安全性】 Fe^{3+} 易被还原成 Fe^{2+}，产生二次污染，严禁与还原剂接触。

用塑料桶包装，每桶25kg或250kg。储存于室内阴凉处。储存期12个月。

【用途】 本品是无机高分子净水剂。其絮凝性优于聚硫酸铁。用于工业用水和污水处理。

【生产单位】 天津化工研究院等。

Na021 聚合硫酸铁

【英文名】 polyferric sulfate

【别名】 PFS

【结构式】 $[Fe_2(OH)_n(SO_4)_{3-n/2}]_m$
$1 \leqslant n \leqslant 6, m=f(n)$

【性质】 本品为红棕色黏稠液。在水溶液中能提供大量的 $Fe(H_2O)_6{}^{3+}$，$Fe_2(OH)_4{}^{2+}$，$Fe_2(OH)_2{}^{4+}$，$[Fe_8(OH)_{20}]^{4+}$ 等聚合离子及羟基桥联形成的多核络合离子。具有极高的絮凝能力。沉降速度快。适用范围广。

【质量标准】

外观	红棕色黏稠液
碱化度/%	10～13
Fe^{3+}/(g/L)	≥160
Fe^{2+}/(g/L)	≤1
砷(As)	$\leqslant 2\times10^{-6}$
铅(Pb)	$\leqslant 10\times10^{-6}$
pH值	0.5～1.0

【制法】 将硫酸亚铁（$FeSO_4\cdot7H_2O$）和硫酸依次加入反应釜中，加水在搅拌下配成18%～20%的水溶液。升温至50℃通入氧气，使反应压力达到 3.03×10^5 Pa。然后分批加入亚硝酸钠（相当于投料量的0.4%～1.0%）。碘化钠作助催化剂，反应2～3h。冷却出料即为液体产品。液体产品经减压蒸发，过滤，干燥，粉碎得固体。

【安全性】 Fe^{3+} 易被还原成 Fe^{2+}，产生二次污染，严禁与还原剂接触。

用塑料桶包装，每桶25kg或250kg。储存于室内阴凉处。储存期12个月。

【用途】 用于原水净化，污水处理，油水分离，废银回收，医药、制革、制糖工业。

【生产单位】 南京油脂化工厂，武汉供水厂，首都钢铁公司，辽宁鞍钢给排水公司，成都化工三厂。

Na022 聚硅酸絮凝剂

【英文名】 polymetasilicic coagulant

【登记号】 CAS [7699-41-4]

【别名】 活性硅絮凝剂

【结构式】

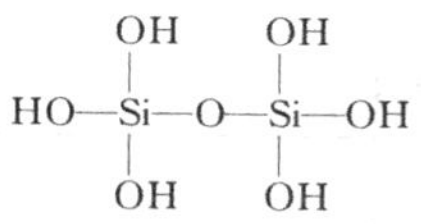

【分子式】 $H_6O_7Si_2$

【分子量】 174.20

【性质】 本品为球形颗粒，等电点pH 4～5范围内。

【质量标准】

外观	球形颗粒
玻璃化度/%	70～90
pH值	6.0～11.0

【制法】 将一定量的水玻璃（SiO_2 22.9%～39%，Na_2O 8.6%～14.6%）加入反应釜中，再在搅拌下加少量硫酸充分溶解，然后再加入一定量的硫酸铝（Si/Al摩尔比为2∶5）。加水稀释至 SiO_2 含量为制备含量的0.5%～1.0%。充分搅拌，静止陈化1.5h即可得到活性硅絮凝剂。

【安全性】 本品属复合型无机净水剂，符合现代水处理行业对净水剂的卫生要求。

采用复合塑编袋包装或符合出口环保要求的包装，每袋净重25kg，储于室内阴凉处，储存期10个月。

【用途】 本品作混凝剂，在天然水和污水处理中能强化混凝效果。可单独使用，也可与其他水解混凝剂配合使用。配合使用时，能增加悬浮物的密度，加速絮凝和絮状物的沉淀。

【生产单位】 山东腾州净水剂厂，重庆南岸明矾厂，四川德阳孝泉化工厂，河南密县丽晶化工厂。

Na023 硫酸铝铵

【英文名】 ammonium aluminium sulfate

【结构式】

$$(NH_4)_2SO_4\cdot Al_2(SO_4)_3\cdot24H_2O$$

【性质】 本品为白色透明结晶硬块。相对密度1.64，溶于水、甘油，不溶于乙醇。水溶液呈弱酸性。随温度升高，脱去结晶水，产生晶变。

【质量标准】

含量/%	≥99.0
水不溶物/%	≤0.10
砷(As计)/%	≤0.0002
附着水/%	≤4.0
重金属(Pb计)/%	≤0.002

【制法】

(1) 间接法 用硫酸分解铝土矿。

(2) 氢氧化铝法 将氢氧化铝与硫酸反应加入硫酸铵，经浓缩，冷却结晶，离心脱水，干燥而得。

(3) 直接合成法 由工业硫酸铝和硫酸铵加水溶解后直接合成而得。

将铝土矿加入分解槽中加硫酸分解，经静置，沉降，吸取清液精制后得纯度较高的硫酸铝溶液。将其相对密度调至(19℃) 1.230～1.306。$Al_2(SO_4)_3$ 含量20%～26%后送入反应槽内，在加热下搅拌，以 $Al_2(SO_4)_3 : (NH_4)_2SO_4 = 1 : 0.42$ 的摩尔比加入硫酸铵。在100℃下搅拌至硫酸铵全部溶解。然后，冷却，结晶，过滤，洗涤结晶，干燥得成品。反应式如下：

$$Al_2(SO_4)_3 + (NH_4)_2SO_4 + H_2O \longrightarrow (NH_4)_2SO_4 \cdot Al_2(SO_4)_3 \cdot 24H_2O$$

【安全性】 采用复合塑编袋包装或符合出口环保要求的包装，每袋净重25kg，储于室内阴凉处，储存期10个月。

【用途】 用于原水和地下水的净化以及工业用水处理。

【生产单位】 重庆市南岸明矾厂等。

Na024 絮凝剂 TX-203

【英文名】 coagulant TX-203

【别名】 聚合硅硫酸铝钾

【组成】 硫酸钾铝与二氧化硅的混聚物。

【性质】 本品为轻微混浊液体。相对密度1.25～1.40。其絮凝效果优于聚氯化铝和聚硫酸铁。并且对阴离子染料有较强的脱色作用。

【质量标准】

外观	轻微混浊液体
铝含量(Al_2O_3)/%	8.0～12
固含量/%	≥30
钾含量(K_2O)/%	≤0.5
碱化度/%	45～60
pH值	3.2～3.7

【制法】 将计量的硫酸铝、硫酸铝钾、硅酸钠依次加入预混器中，混合后加入聚合釜。再加入去离子水，助催化剂，催化剂在搅拌下加热回流，然后再加入一定量的去离子水进行水解。冷却出料即为成品。

【安全性】 本品属复合型无机净水剂，符合现代水处理行业对净水剂的卫生要求。

采用复合塑编袋包装或符合出口环保要求的包装，每袋净重25kg，储于室内阴凉处，储存期10个月。

【用途】 作为絮凝剂用于水处理。其优点是：残余铝量低，沉淀速度快，适应pH范围宽。有较好的缓蚀作用。

【生产单位】 天津市化工设计院。

Na025 絮凝剂 ST

【英文名】 coagulant ST

【别名】 聚氯化二甲基二烯丙基铵

【结构式】

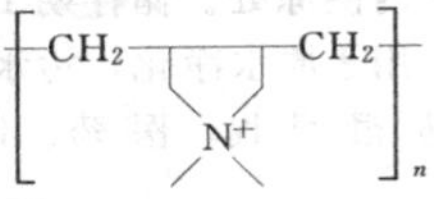

【分子量范围】 $4\times10^4 \sim 300\times10^4$

【性质】 本品为白色固体或浅黄色黏稠液。易溶于水，无毒，不燃烧，不爆炸，水解稳定性好。

【质量指标】

外观	白色固体或浅黄色黏稠液
离子度/%	50
固含量/%	≥95 或 35
特性黏度/(mL/g)	40

【制法】 将氯丙烯水洗除杂后，加入反应釜中，再加入二甲胺水溶液和氢氧化钠水溶液。在 45℃ 反应 45h 后，用四氯化碳萃取。分出水层，四氯化碳层放入蒸馏釜中，先常压蒸出四氯化碳，再减压蒸出 N,N-二甲基烯丙胺。将 N,N-二甲基烯丙胺加入聚合釜中，加入水溶解，用过硫酸铵作引发剂，Na_2 EDTA 作助催化剂，往釜中充氮气置换空气。抽真空聚合，在 70～80℃ 下反应 4h。冷却至 10℃ 左右用甲醇稀释后，用丙酮析晶，静置 1h，减压过滤，真空干燥得固体产品。反应式如下：

$$(CH_3)_2NH + 2CH_2\!=\!CHCH_2Cl \longrightarrow$$

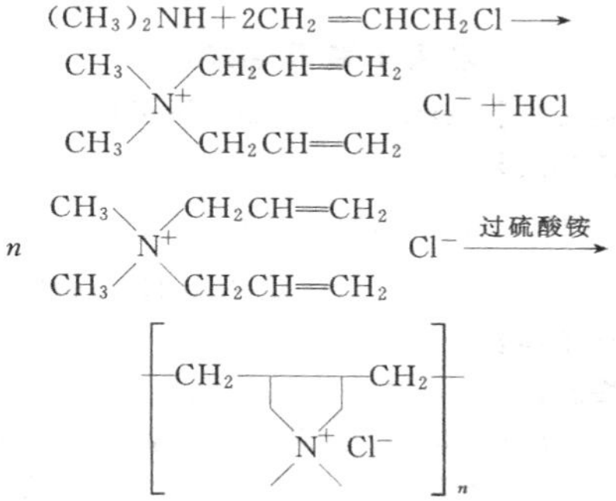

【安全性】 本品属合成高分子有机净水剂，高效，无毒。

用塑料桶包装，每桶 25kg 或 250kg。储存于室内阴凉处。储存期 12 个月。

【用途】 本品属有机高分子絮凝剂。用于工业水处理，其特点是用量小，处理效率高，适应范围广。

【生产单位】 天津市化工研究院。

Na026 高分子量聚丙烯酸钠

【英文名】 high molecular polyacrylate sodium

【别名】 KS-01 絮凝剂；flocculant KS-01

【结构式】

$$-\!\!\begin{array}{c}[CH_2\!-\!CH]_n\\ \ \ \ \ \ \ \ |\\ \ \ \ \ \ \ COONa\end{array}$$

【分子式】 $(C_3H_3NaO_2)_n$

【分子量】 $>8\times10^6$

【性质】 本品为白色固体或微黄色透明胶体。水中溶解速度小于 4h。属阳离子型高分子絮凝剂。

【质量标准】

外观	白色或微黄色透明液
单体含量/%	≤3
固含量/%	36±1
pH 值	10～12

【制法】 将聚丙烯酸投入反应釜中加热溶解。在搅拌下滴加 30% 的 NaOH 水溶液。pH 调至 10～12 时停止滴加。在 40℃ 左右搅拌 1h。得成品。反应式如下：

$$-\!\!\begin{array}{c}[CH_2\!-\!CH]_n\\ \ \ \ \ |\\ \ \ \ COOH\end{array}\ \ \xrightarrow{\ \ NaOH\ \ }\ \ -\!\!\begin{array}{c}[CH_2\!-\!CH]_n\\ \ \ \ \ \ |\\ \ \ \ \ COONa\end{array}$$

【安全性】 本品属合成高分子有机净水剂，高效，无毒。

液体用塑料桶包装，每桶 25kg 或 250kg。储存于室内阴凉处。固体采用复合塑编袋包装成符合出口环保要求的包装，每袋净重 25kg，储于室内阴凉处，储存期 10 个月。

【用途】 作工业给水城市废水的絮凝剂，制氯化铝中分解赤泥。

【生产单位】 北京东方技术开发服务公司，云燕化工厂等。

Na027 阳离子型絮凝剂 PDA

【英文名】 flocculant PDA of cationic type

【结构式】

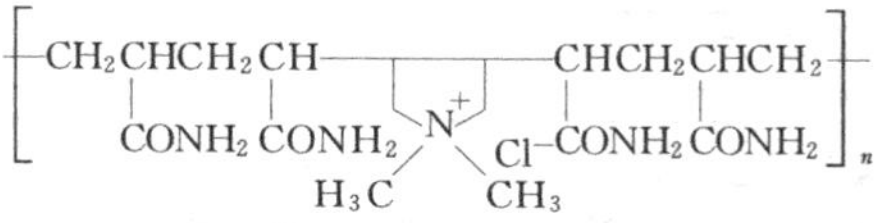

【分子量】 7300

【性质】 本品为白色乳状液。当含量为 5mg/L 时，25℃ 在 1mol NaOH 水溶液中，乌氏黏度为 854.2g/cm³。具有良好的水溶性，絮凝能力强，在污水处理中用量小，不污染环境。

【质量标准】

外观	白色乳状液
溶解时间/s	≤180
固含量/%	≥43.5
丙烯酰胺含量/%	≤0.3

【制法】 将己烷、复合乳化剂依次加入反应釜中，再加入二甲基二烯丙基氯化钠水溶液和丙烯酰胺水溶液（二者摩尔比为1∶4），用超高速剪切乳化机乳化。然后用 N_2 驱尽空气后加入过硫酸铵作引发剂（单体总量的10%左右），在30～60℃下反应4～6h。脱出溶剂己烷，降温出料。即得成品。反应式如下：

$$n(CH_3)_2N(C_3H_5)_2Cl+4nC_2H_3CONH_2 \xrightarrow{\text{引发剂}} \text{本品}$$

【安全性】 本品属合成高分子有机净水剂,高效,无毒。

用塑料桶包装,每桶25kg或250kg。储存于室内阴凉处。储存期12个月。

【用途】 本品属阳离子型絮凝剂。用于石油化工,纺织印染,造纸行业的污水处理。用药量5 mg/L则可达到回用水要求。并且对污泥脱水效果良好。

Na028 高分子絮凝剂

【英文名】 macromolecular flocculant

【组成】 淀粉接枝共聚物。

【性质】 本品为白色粉末。有极强的吸水能力和絮凝能力。

【质量标准】

水分/%	≤14
黏液稳定性	≥24

【制法】 将170kg丙烯酸钠、26kg丙烯酸、4kg *N*-羟甲基丙烯酰胺依次加入混合釜中，搅拌混匀。再加入相当于物料总量4倍的去离子水，搅拌溶解，并加入0.06%的过硫酸钾，升温至70℃，恒温搅拌反应3h左右，得黏稠状溶液放出备用。另将400kg小麦淀粉加入溶液槽中，加入3600kg去离子水，在搅拌下加热至90℃，使成为糊备用。将上述两产品按质量比1∶2的比例混合均匀，在60℃下减压干燥3～4h，粉碎过150目筛，得成品。

【安全性】 本品属合成高分子有机净水剂，高效，无毒。

采用复合塑编袋包装或符合出口环保要求的包装，每袋净重25kg，储于室内阴凉处，储存期12个月。

【用途】 作絮凝剂用于工业废水处理。亦可作土壤保水剂。

【生产单位】 北京市工业助剂科技开发中心。

Na029 阳离子聚丙烯酰胺

【英文名】 cationic polyacrylamide

【结构式】

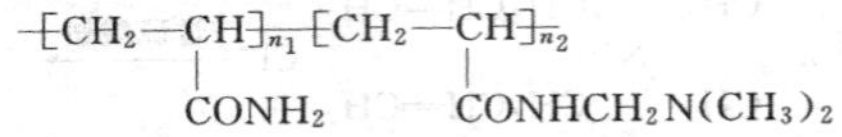

【分子量】 $50\times10^4\sim600\times10^4$

【性质】 本品为无色或淡黄色胶体,水溶液是高分子电解质,常有正电荷。对悬浮的有机胶体和颗粒能有效絮凝。并能强化固-液分离过程。

【质量标准】

含量/%	20
游离单体(AM)/%	<0.5

【制法】 将150.0kg聚丙烯酰胺加水稀释，在搅拌下升温至40～45℃，开始滴加37%的甲醛水溶液15.0kg。加毕后在90～100℃下反应4h。反应毕后，降温至60℃开始滴加二甲胺19 kg，滴毕后加40%的NaOH水溶液60kg。在70℃下，反应2h。最后加800kg水稀释，搅匀即为成品。反应式如下：

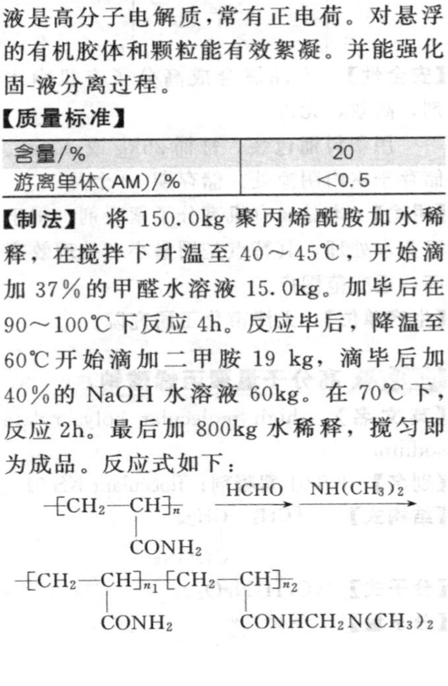

【安全性】 聚丙烯酰胺的毒性主要来自残留的丙烯酰胺单体及生产过程中带来的重金属，其中丙烯酰胺单体是神经性致毒剂，也是积累性致毒危害物，因此聚丙烯酰胺的安全性决定于丙烯酰胺单体在PAM中的含量。

用塑料桶包装，每桶25kg或250kg。储存于室内阴凉处。储存期12个月。

【用途】 用于城市污水处理或污泥脱水。

【生产单位】 天津市有机化工实验厂，江苏苏州安利化工厂。

Na030 聚丙烯酰胺乳液

【英文名】 polyacrylamide emulsifier

【组成】 聚丙烯酰胺的复配物。

【性质】 本品为无色或微黄色稠厚胶体。无臭，中性。溶于水，不溶于乙醇、丙酮。高于120℃易分解，具有絮凝、沉降、补强作用。

【质量标准】

含量/%	≥30
pH值(3%乳液)	7.0～7.5

【制法】 将相对分子质量2000的聚乙烯乙二醇46kg和651kg液体石蜡依次投入混合器中搅拌均匀后，在快速搅拌下将310kg聚丙烯酰胺粉末分批加入混合物中，搅拌成均一的乳状液即为产品。

【安全性】 聚丙烯酰胺的毒性主要来自残留的丙烯酰胺单体及生产过程中带来的重金属，其中丙烯酰胺单体是神经性致毒剂，也是积累性致毒危害物，因此聚丙烯酰胺的安全性决定于丙烯酰胺单体在PAM中的含量。

用塑料桶包装，每桶25kg或250kg。储存于室内阴凉处。储存期12个月。

【用途】 本品用于废水处理，作絮凝剂。

【生产单位】 上海市创新酰胺厂等。

Na031 氨基塑料、聚丙烯酰胺絮凝剂

【英文名】 amino plastic materials, polyacrylamide flocculant

【组成】 复配物。

【性质】 本品为无色液体。絮凝性好，应用范围广，处理水介质中的无机悬浮固体时，脱水速度快。能够絮凝磷酸盐矿石、碱式二氧化钠、高岭土、蒙脱土、石棉、硫酸铁、硫酸铝、碳酸钙、碳酸氢钠以及化工、造纸等行业中的一些副产物的残渣。

【质量标准】

含量/%	30～40
pH值	7.0～7.5

【制法】 将610kg的聚丙烯酰胺水溶液和40kg正丁醇混合均匀后，在搅拌下缓缓加入350kg氨基塑料水溶液。全部加完后继续搅拌20min左右，即得成品。

【安全性】 聚丙烯酰胺的毒性主要来自残留的丙烯酰胺单体及生产过程中带来的重金属，其中丙烯酰胺单体是神经性致毒剂，也是积累性致毒危害物，因此聚丙烯酰胺的安全性决定于丙烯酰胺单体在PAM中的含量。

用塑料桶包装，每桶25kg或250kg。储存于室内阴凉处。储存期12个月。

【用途】 作絮凝剂，能使水介质中悬浮固体迅速絮凝。亦可作造纸工业中的干强剂和填料保留助剂。

【生产单位】 天津有机化工实验厂。

Na032 絮凝剂FN-A

【英文名】 flocculant FN-A

【别名】 阳离子型改性天然高分子化合物。

【性质】 本品为棕黄色胶状物。水溶性良好。

【质量标准】

有效成分/%	≥12
取代度	0.5～0.65
相对黏度(0.5%水溶液)/mPa·s	3.0～4.0

【制法】 由天然高分子化合物经化学处理而得。

【安全性】 本品属天然改性高分子有机净水剂高效，无毒。

用塑料桶包装，每桶 25kg 或 250kg。储存于室内阴凉处。储存期 12 个月。

【用途】 用于氯碱厂的精盐水精制方面，效果比 CMC、苷化麸皮、聚丙烯酰胺好，成本低。在油田废水处理方面，本产品可与聚合铝并用，可降低成本。亦可用于饮水处理，洗煤废水处理，造纸白水处理，印染废水处理，电镀废水处理。

【生产单位】 广东佛山市电化厂。

Na033 TH-058B 漆雾絮凝剂 B 剂

【英文名】 TH-058B coating mist Flocculant B

【别名】 TH-058B 漆雾絮凝剂

【组成】 一般由无机盐类及多种化合物等组成。

【产品特点】 作为工业水处理絮凝剂时，胶体颗粒和悬浮物颗粒与高分子化合物的极性基团或带电荷基团作用，颗粒与高分子化合物结合。形成体积庞大的絮状沉淀物。

【使用方法】 先将 TH-058 B 剂按 0.3%～0.5%浓度投入喷漆室循环水中，使循环水的 pH 在 9～10 之间。

添加：工作时按油漆过喷量的10%～20%向循环水槽中多点连续补加；在投加溶液的时候采用多点连续投加方式，以充分发挥该产品的絮凝作用。

针对每一特定设备和水质的具体情况，服务工程师根据实践确定槽液最佳工作范围。

【性能指标】 外观：无色液体；相对密度：1.024（20℃）。

【主要用途】 适用于各种溶剂性醇酸、聚氨酯类油漆；使漆雾凝聚，促进向上悬浮。

【应用特点】 高分子化合物作为高效絮凝剂的极性或带电荷的基团很多，能够在短时间内向许多个颗粒结合，使体积增大的速度快。因此，形成絮凝体的速度快，絮凝作用明显。

【安全性】 漆雾絮凝作为工业水处理剂等没有任何腐蚀和伤害，直接与皮肤接触，也不会对皮肤有任何的刺激和伤害。

【储存】 室温，原始封闭容器，12 个月。

【生产单位】 无锡点汇科技有限公司。

Na034 氯化铝（六水）

【英文名】 aluminum chloride hexahydrate

【别名】 三氯化铝六水；六水合氯化铝；结晶三氯化铝；结晶氯化铝；aluminum chloride hydrated；aluminum chloride crystal

【分子式】 $AlCl_3 \cdot 6H_2O$

【登记号】 CAS [7784-13-6]

【性质】 工业品为淡黄色或深黄色。吸湿性很强，易潮解，在湿空气中水解生成氯化氢白色烟雾，加热分解放出水和氯化氢。溶于水、乙醇和甘油中，微溶于盐酸。其水溶液为酸性。

【质量标准】 HG/T 3541—2003

指标名称		一等品	合格品
外观		橙黄色或浅黄色晶体	
结晶氯化铝($AlCl_3 \cdot 6H_2O$)/%	≥	95.0	88.5
铁(Fe)/%	≤	0.10	1.1
不溶物/%	≤	0.10	0.10
pH 值(1%水溶液)	≥	2.5	2.5
砷(As)/%	≤	0.0005	0.0005
铅(Pb)/%	≤	0.002	0.002
镉(Cd)/%	≤	0.0005	0.0005
汞(Hg)/%	≤	0.00001	0.00001
六价铬(Cr^{6+})/%	≤	0.0005	0.0005

【制法】 用铝锭和氯气直接反应制取。将氯气用导管导入铝液层下，由于反应是放热反应，使铝锭不断熔化，使铝液保持一定液位与氯气发生反应，生成三氯化铝气体，在一定温度下呈结晶析出。或者以铝氧粉、氯气为原料，以碳作还原剂，在一定温度下反应生成三氯化铝。

【用途】 用于饮用水、含高氟水、工业水的处理，含油污水净化，尤其对高氟水有较好的处理效果，可以有效地降低氟含量。絮凝过程 pH 对处理效果影响很大。一般需配制成5%～10%溶液投加，有效投药量约为20～60mg/L。氯化铝还可用作石油化工催化剂、油品的精制、香料、试剂、农药、涂料等方面。

【安全性】 氯化铝可干扰人体内蛋白质磷酸化过程，食入体内过多时，易引起吸入性中毒，导致人的情绪紧张、呼吸失调、抽搐、高血糖等。因此，工作人员应作好防护。密封储存于通风、干燥的库房内。储运中严防有毒物质污染、雨淋和受潮。

【生产单位】 江苏宏大总公司，汕头西陇化工有限公司，天津科密欧化学试剂开发中心，广东省台山市化工厂有限公司，杭州大华化工有限公司，天津市光复精细化工研究所，天津市环通精细化工有限公司，巩义市宇清净水材料有限公司。

Na035 硫酸亚铁（七水）

【英文名】 iron (Ⅱ) sulfate heptahydrate

【别名】 七水合硫酸亚铁；铁矾；绿矾；青矾；黑矾；皂矾；copperas；feosol；feospan；fesofor；fesotyme；green copperas；green vitriol；haemofort；ironate；irosul；iron vitriol；presfersul；sulferrous；ferrous sulfate heptahydrate

【分子式】 $FeSO_4 \cdot 7H_2O$

【登记号】 CAS [7782-63-0]

【性质】 蓝绿色单斜结晶或颗粒，无臭无味。相对密度1.89，熔点为64℃。溶于水，微溶于醇，溶于无水甲醇。温度到56.6℃时，失去3个分子结晶水；65～90℃时变为一水合物；300℃时变为白色粉末的无水物；温度至480℃时开始分解。

【质量标准】 GB 10531—2006

指标名称		Ⅰ类	Ⅱ类
外观		淡绿色或浅黄绿色结晶	
硫酸亚铁($FeSO_4 \cdot 7H_2O$)/%	≥	90.0	90.0
二氧化钛(TiO_2)/%	≤	0.75	1.00
水不溶物/%	≤	0.50	0.50
游离酸(以 H_2SO_4 计)/%	≤	1.00	—
砷(As)/%	≤	0.001	—
铅(Pb)/%	≤	0.005	—

【制法】 由稀硫酸和铁反应得到硫酸亚铁。或者由硫酸法制备钛白粉过程中的副产物制得硫酸亚铁。

【用途】 硫酸亚铁可作为净水剂、氧化铁类颜料的生产原料，也可作为碱性土壤的改良剂；水处理级可作为饮用水、工业污水、废水的水处理混凝剂。使用的 pH 范围为5.5～9.6，水温对其絮凝作用的影响较小，絮凝效果良好，但有较大的腐蚀性。硫酸亚铁还是一种微量元素肥料，具有加速水稻、甜菜返青，中和碱性土壤，促进农家肥料腐熟，改善植物的生长条件等作用。

【安全性】 属于低毒产品。误服会引起胃肠道紊乱。幼儿误食入后会引起呕吐、呕血、肝损害等。工作人员应作好防护。储运中严防有毒物质污染、日晒、雨淋和受潮。

【生产单位】 上海绿源精细化工厂，天津碱厂，南京市化学工业总公司精细化工厂（南京钛白化工有限责任公司），宜兴市江山生物科技有限公司，北京恒业中远化工有限公司，湖北仙隆化工股份有限公司，浙江巨化新联化工有限公司。

Na036 硫酸铁

【英文名】 ferric sulfate

【别名】 硫酸高铁；ferric persulfate；ferric sesquisulfate；ferric tersulfate；iron (Ⅲ) sulfide；iron persulfate；iron sesquisulfate；iron tersulfate

【分子式】 $Fe_2(SO_4)_3$

【登记号】 CAS [10028-22-5]

【性质】 硫酸铁为微黄色的白色粉末或单斜结晶。相对密度（d^{18}）3.097。易吸潮，溶于水，水溶液呈酸性反应。微溶于乙醇，不溶于丙酮、乙酸乙酯。在水溶液中缓慢地水解。硫酸铁从水溶液中结晶出带有12个、10个、9个、7个、6个或3个水分子的水合物结晶体。九水合物为黄色，相对密度2.1，480℃分解，极易溶于水，20℃时100g水中能溶解440g。水合物在空气中极易风化。

【制法】 将三氧化二铁溶于含量为75%～80%的沸腾硫酸中得到硫酸铁。或者用硝酸氧化黄铁矿。

【用途】 硫酸铁在水处理领域用作净水的混凝剂和污泥处理剂，主要用于饮用水的净化处理以及工业用水、各种工业废水、城市污水等的净化处理。具有优良的除浊、脱色、脱油、除臭、除菌、除藻、除磷、去除油脂，去除COD、BOD及重金属离子等功效。使用硫酸铁与氯化铁的混合剂以及氢氧化钙来处理污水处理厂排出的污泥，可减少污泥量。硫酸铁也可用作制造矾及其他铁盐和颜料的原料，铝质器件的蚀刻剂及某些工业气体的净化剂，还可用作杀生剂，也可用于金属特别是不锈钢和铜件的酸洗处理。酸性溶液用作从矿石中提取有用组分的氧化介质。

【安全性】 属于低毒产品，其酸性溶液对皮肤有刺激作用。接触皮肤时，可用清水冲洗，不燃不爆。储运中严防有毒物质污染、雨淋和受潮。

【生产单位】 邵阳佑华净水材料有限公司，上海实验试剂有限公司，上海明太化工发展有限公司，深圳市绿环化工实业有限公司，成都市科龙化工试剂厂，上海试一化学试剂有限公司，温州瓯海精细化工有限公司，天津市光复精细化工研究所。

Na037 三氯化铁（六水）

【英文名】 ferric chloride hexahydrate

【别名】 氯化高铁（六水）；六水合三氯化铁；六水合氯化高铁；结晶氯化铁；氯化铁（六水）；iron (Ⅲ) chloride crystal；ferric chloride hydrated；ferric sesquichloride；ferric trichloride；flores martis；iron perchloride；iron trichloride；molysite；ferric chloride hexahydrate

【分子式】 $FeCl_3 \cdot 6H_2O$

【登记号】 CAS [10025-77-1]

【性质】 固体产品为褐色晶体。熔点约37℃；相对密度1.82。在空气中极易吸收水分而潮解。液体产品为红棕色溶液。易溶于水、乙醇、甘油、乙醚和丙酮，难溶于苯。

【质量标准】 GB 4482—93

指标名称		Ⅰ类			Ⅱ类		
		优等品	一等品	合格品	优等品	一等品	合格品
氯化铁($FeCl_3$)/%	≥	98.7	96.0	93.0	44.0	41.0	38.0
氯化亚铁($FeCl_2$)/%	≤	0.70	2.0	3.5	0.20	0.30	0.40
不溶物/%	≤	0.50	1.5	3.0	0.40	0.50	
游离酸(以 HCl 计)/%	≤	—			0.25	0.40	0.50
砷(As)/%	≤	0.0020			0.0020		
铅(Pb)/%	≤	0.0040			0.0040		

【制法】 以铁屑或铁粉、盐酸为原料，反应完毕后，经冷却结晶，析出棕黄色粒状三氯化铁结晶。

【用途】 在饮用水及工业给水净化处理中用作絮凝剂。具有良好的溶解性能及优良的絮凝效果。可用于活性污泥脱水。使用的 pH 范围为 6.0～11.0，最佳的 pH 范围为 6.0～8.4。通常的用量为 5～100mg/L。形成的絮凝体粗大，沉淀速度快，不受温度的影响。用它来处理浊度高的废水，效果更显著。三氯化铁的腐蚀性比硫酸亚铁的腐蚀性强，投加设备需进行防腐处理。当它溶解于水时，产生氯化氢气体，污染周围环境。此外，三氯化铁也可作防水剂、印刷制版的腐蚀剂、染料工业的氧化剂和媒染剂、有机合成的催化剂以及制造其他铁盐等。

【安全性】 不燃，有腐蚀性，可刺激皮肤、眼睛。吸入会引起咽痛、腹痛、腹泻、恶心等。工作人员应作好防护。误服后，应用清水清洗口腔，多喝牛奶。生产车间要通风良好，设备要密封。储运中严防有毒物质污染、雨淋和受潮。

【生产单位】 天津天水净水材料有限责任公司，天津市聚鑫源水处理技术开发有限公司，福州琪宁精细化工有限公司，天津市化学试剂一厂，上海实验试剂有限公司，高力集团，昆山日尔化工有限公司，深圳市绿环化工实业有限公司，济南润原化工有限责任公司，北京北化精细化学品有限责任公司，上海试一化学试剂有限公司。

Na038 聚丙烯酰胺

【英文名】 polyacrylamide

【别名】 polyacrylamide (PAM); polyacrylamide PAM

【登记号】 CAS [9003-05-8]

【化学式】 $(C_3H_5NO)_n$

【结构式】

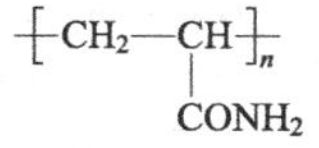

【性质】 白色或略带黄色粉末，液态为无色黏稠胶体状。分子量在 400×10^4～1800×10^4 之间，易溶于水，温度超过 120℃时易分解。胶体产品为无色透明、无毒、无腐蚀。不同品种、不同分子量的产品有不同的性质。可以通过化学改性得到阴离子型、阳离子型、非离子型、复合离子型的聚丙烯酰胺。

【质量标准】 GB 17514—1998

指标名称		饮用水用	污水处理用	
		优等品	一等品	合格品
外观		固体状为白色或微黄色颗粒或粉粒；胶体状为无色或微黄色透明胶体		
固含量(固体)/%	≥	90.0	90.0	87.0
分子量相对偏差/%	≤	10		
水解度绝对偏差/%	≤	2(非离子型为5)		
丙烯酰胺单体(干基)/%	≤	0.05	0.10	0.20
溶解时间(阴离子型)/min	≤	60	90	120
溶解时间(非离子型)/min	≤	90	150	240
筛选物(1.00mm 筛网)/%	≤	5	10	10
筛选物(180μm 筛网)/%	≥	85	80	80

注：1. 胶体聚丙烯酰胺的固含量应不小于标称值。
2. 用户对产品粒度有特殊要求时，可另定协议。

【用途】 在合成的有机高分子絮凝剂中，聚丙烯酰胺的应用最多。聚丙烯酰胺中的酰氨基可与许多物质亲和、吸附，使之在被吸附的粒子间形成“桥联”作用，产生絮团，加速粒子的下沉。聚丙烯酰胺可以通过化学改性形成阴离子型、阳离子型、非离子型、复合离子型，用于各种不同水质的絮凝剂。聚丙烯酰胺类絮凝剂能适应多种絮凝对象，用量少，效率高，生成的泥渣少，便于后处理。

【安全性】 聚丙烯酰胺的毒性主要来自于残余单体丙烯酰胺，丙烯酰胺是神经性致毒剂。因此对于不同水处理要求的聚丙烯酰胺应严格控制质量指标。储存时应保持通风，防止高温，避免曝晒。

【生产单位】 南京化工学院常州市武进水质稳定剂厂，北京恒业中远化工有限公司，克拉玛依新科澳化工（集团）有限责任公司，广东高力集团，上海石化环保净化剂厂，成都市科龙化工试剂厂，上海试一化学试剂有限公司，山东顺通化工集团有限公司，河南省新乡市聚星龙水处理厂

Na039 聚氯化二甲基二丙烯基铵

【英文名】 polydimethyldiallyl ammonium chloride

【别名】 絮凝剂 PDADMAC

【性质】 无色胶体。正电荷密度高，水溶性好，在水处理中可同时发挥电中和及吸附架桥的功能，用量少，且高效无毒。

【制法】 先合成氯化二甲基二烯丙基铵，再于40℃下利用引发剂引发制得。

【用途】 阳离子型高分子化合物，广泛用于石油开采、增稠剂、吸水聚合物、蛋白酶的固定、纺织印染及日用化工领域。用于水处理，能获得比目前较常用的无机高分子絮凝剂和有机高分子混凝剂聚丙烯酰胺更好的处理效果，可单独使用，也可与无机混凝剂并用。

【生产单位】 山东省泰和水处理有限公司。

Nb 杀菌灭藻剂

中国是水资源短缺和水污染比较严重的国家之一。全国农业用水基本持平，而工业和城镇生活用水正在持续上涨。从全国的情况来看，目前城市缺水比较严重，已造成严重的经济损失和社会环境问题。缺水城市分布就目前哪个在三北地区及东部沿海城市逐渐向全国蔓延。所以，节约用水，治理污水和开发新水源具有同等的重要意义。水处理药剂生产厂家大力发展水处理化学品对节约用水，治理污水起着重要的作用。

水处理杀菌灭藻剂分类：

目前常用的水处理杀菌灭藻剂主要有两大类，即氧化型杀菌剂和非氧化型杀菌剂。

氧化型杀菌剂中应用最广泛的是氯及其制品，如 NaOCl、$Ca(OCl)_2$ 等，近年来 ClO_2 和氯胺的应用有所增加，臭氧和溴化物的应用也值得重视。

另一类为非氧化型杀菌剂，目前国内使用较普遍的是季铵盐如十二烷基二甲基苄基氯化铵，其商品名称为“1227”。二硫氰基甲烷和戊二醛是另外两类常用的非氧化型杀菌剂。

杀茵灭藻剂的特点：

① 能有效地控制或杀死范围很广的微生物——细菌、真菌和藻类，特别是形成黏泥的微生物即它应该是一种广谱的杀菌剂。

② 在不同的冷却水条件下，它易于分解或被生物降解，即理想的杀菌剂应该是一旦它在冷水系统中完成了杀菌任务，并被排放人环境中后，应该能被水解或通过生化处理而失去毒性。

③ 在游离活性氯存在时，具有抗氧化性，以保持其杀菌效率不受损失。

④ 在使用浓度下，与冷却水中的一些缓蚀剂和阻垢剂能彼此相容。

⑤ 在冷却水系统运行的 pH 值范围内，有效而不分解。

⑥ 在对付微生物黏泥时，具有穿透黏泥和分散或剥离黏泥的能力。

我国水处理药剂的生产和应用虽然起步较晚，但由于不同水处理领域发展和历史背景不同，因此，就目前国内情况与国外差距不能一概而论。由于我国水处理起步较晚，经费有限，所以具有基础薄弱，技术落后，整体水平较低的特点，但是，在国家的重视程度来看，快速，成熟发展指日可待。

Nb001 LX-W057 杀菌灭藻剂

【英文名】 biocide

【别名】 LX-W057 灭藻剂；LXK-灭藻片

【组成】 灭藻剂一般由有机季铵盐组成。灭藻片一般由二氯异氰尿酸钠、羧甲基纤维素、食用香精等复配而成。

【产品特点】 灭藻剂高效广谱，性能稳定，在循环水中保持时间长。灭藻片是针对空调风机盘管冷凝水托盘菌藻滋生而开发的杀菌灭藻片剂，能够有效杀灭冷凝水托盘内滋生的菌藻并防止其再生。

【性能指标】

外观	淡黄色液体
pH 值	6～8
密度/(g/cm^3)	1.0
有效含量/%	≥30.0

【主要用途】 适用于大中型敞开式循环水系统，作为杀菌灭藻及生物黏泥剥离剂，对循环水中的细菌、真菌及藻类有着较高的杀灭和控制能力。空调风机盘管冷凝水托盘抑制菌藻滋生、杀菌灭藻、净化空气等。

【应用特点】 灭藻片缓慢溶解于冷凝水中，抑制菌藻滋生，操作简便。高效、低毒、广谱、对设备无腐蚀。

【安全性】 本品具有长效杀菌力，能有效杀灭多种细菌、霉菌、酵母菌等，有良好生物降解性，对环境影响小，毒性低，使用安全，水溶性好，在广泛 pH 范围内均有杀菌效果。

【包装规格】 12.5L 塑料桶。包装规格：100 片/袋（20g±1g）。

【生产单位】 上海利洁科技有限公司。

Nb002 异噻唑啉酮杀菌灭藻剂

【英文名】 isothiazolone biocide

【别名】 杀菌灭藻剂

【组成】 一般由异噻唑啉酮、增效剂组成。

【产品特点】 本品是 20 世纪 80 年代末开发的广谱性高效杀菌灭藻剂，对异养菌、真菌、藻类等各种微生物有较好的杀灭和抑制作用。

【性能指标】 外观：淡绿色或淡黄色透明液体；密度（20℃）：10～1.1g/cm^3；pH 值：2.0～5.0（1%水溶液）；活性组分：≥1.5%。

【应用特点】 持效时间长，在 72h 甚至更长时间内都有效。使用浓度低，0.5mg/L（有效成分）就有效。适用范围广，在碱性水中更有效。无泡沫生成。低毒性，在推荐使用浓度下对人体和牲畜无害。相容性好，不影响阻垢缓蚀剂的使用效果。

【安全性】 本品具有长效杀菌力，能有效杀灭多种细菌、霉菌、酵母菌等，有良好生物降解性，对环境影响小，毒性低，使用安全，水溶性好，在广泛 pH 范围内均有杀菌效果。

【生产单位】 上海利洁科技有限公司，廊坊喜鹊精细化工有限公司，天津天化科威水处理技术有限公司。

Nb003 液态氯

【英文名】 chlorine

【分子式】 Cl_2

【登记号】 CAS [7782-50-5]

【性质】 液态氯为黄绿色透明液体。d^{20}（6.864atm）1.4085（液态）；d^{-35}（0.9949atm）1.5649（液态）；沸点−34.6℃；熔点−100.98℃。1kg 液氯气化后可得到 300L 常压下的气体氯，气体的临界温度 144℃；临界压力 76.1atm（1atm = 101325Pa）；临界相对密度

0.573。具有强烈刺激性和腐蚀性。性质非常活泼，能溶于水，溶解度随水温的升高而减少；虽不自燃，但可以助燃，在日光下与其他易燃气体混合时会发生燃烧和爆炸，可以和大多数元素或化合物起反应。具有强氧化性。

【质量标准】 GB 5138—2006

指标名称		优等品	一等品	合格品
氯的体积分数/%	≥	99.8	99.6	99.6
水分的质量分数/%	≤	0.01	0.03	0.04
三氯化氮的质量分数/%	≤	0.002	0.004	0.004
蒸发残渣的质量分数/%	≤	0.015	0.10	—

注：水分、三氯化氮指标强制。

【制法】 一般采用电解食盐水溶液制得氯气，然后将氯气冷却制得液氯。

【用途】 氯是一种强氧化剂，它能不同程度地氧化冷却水中的某些有机缓蚀阻垢剂。氯还能与水中的有机烃类反应生成氯代烃，该类物质已被证明具有致癌性，而且排放的废水中游离余氯对水生生物有毒害作用。最好与非氧化型杀菌剂、黏泥剥离剂配合使用。

【安全性】 具有强烈的刺激性臭味和腐蚀性，有剧毒，特别对呼吸器官有刺激作用。刺激黏膜，导致眼睛流泪，使眼、鼻、咽部有烧灼、刺痛和窒息感。吸入后可引起恶心、呕吐、上腹痛、腹泻等。吸入过多，可导致呼吸系统障碍，直至死亡。可助燃。生产环境空气中最高容许浓度 $2mg/m^3$。盛放氯的钢瓶应严格密封、防止漏气。液氯储存应低温冷藏、地面通风。

【生产单位】 上海氯碱化工股份有限公司，浙江巨化集团公司，山东恒通化工股份有限公司，太化股份，江苏安邦集团，沈阳化工股份有限公司，济宁中银电化有限公司，浙江善高化学有限公司，山东塑料制品试验厂有限公司，江东化工股份有限公司，山东金岭化工（集团）股份有限公司，安徽氯碱化工集团有限责任公司。

Nb004 二氧化氯

【英文名】 chlorine dioxide

【别名】 过氧化氯；chlorine peroxide

【分子式】 ClO_2

【登记号】 CAS［10049-04-4］

【性质】 室温下二氧化氯是一种从黄绿色到橙色的气体，与氯一样有刺激性气味。熔点 −59℃；沸点 11℃；d^0（液态）1.642。二氧化氯在水中的溶解度是氯的 5 倍，20℃、10kPa 分压时达 8.3g/L，25℃、34.5mmHg（1mmHg＝133.322Pa）在水中溶解 3.01g/L。在水中溶解成黄色的溶液。与氯气不同，它在水中不水解，也不聚合，在 pH2～9 范围内以一种溶解的气体存在，具有一定的挥发性。将二氧化氯溶解于含碳酸钠、过碳酸钠、硼酸盐、过硼酸盐的水溶液中，浓度在百分之几时可稳定存在，这就是所谓稳定的 ClO_2 溶液。该溶液为无色或淡黄色、无味、无臭的透明溶液，不易燃、不挥发、不易分解，性质稳定，能在 −5～95℃下储存 2 年之久而不变性。但不论液体还是气体都不稳定。二氧化氯是一种极活泼的化合物，稍经受热，就会迅速爆炸而分解为氯气和氧气。

【质量标准】 GB/T 20783—2006（稳定性二氧化氯溶液）

指标名称		Ⅰ类	Ⅱ类
外观		无色或淡黄色透明液体	无色或淡黄色透明液体
二氧化氯(ClO_2)/%	≥	2.0	2.0
密度(20℃)/(g/cm³)		1.020～1.060	1.020～1.060
pH 值		8.2～9.2	8.2～9.2
砷(As)/%	≤	0.0001	0.0003
铅(Pb)/%	≤	0.0005	0.002

注：Ⅰ类为生活饮用水及医疗卫生、公共环境、食品加工、畜牧与水产养殖、种植业等领域用。Ⅱ类为工业用水、废水和污水处理用。

【制法】 二氧化氯极其不稳定，有爆发危险，无法以任何手段储存或运输，因此必须在使用地点制造。ClO_2 的制备方法有化学法和电化学法。化学法是在强酸介质中，用不同的还原剂还原氯酸盐或在酸性介质中用氧化剂氧化亚氯酸盐而制得；电化学法则是通过直接电解亚氯酸盐或氯酸盐而制得。

【用途】 二氧化氯作为一种强氧化剂，它能有效破坏水体中的微量有机污染物，如苯并芘、蒽醌、氯仿、四氯化碳、酚、氯酚、氰化物、硫化氢及有机硫化物，氧化有机物时不发生氯代反应。由于 ClO_2 高效、安全、无毒，在美国，ClO_2 用于饮用水处理已有半个世纪之多。二氧化氯的杀生能力较氯强，约为氯的 2.5 倍，特别适合应用于合成氨厂替代氯进行杀菌灭藻处理。它可以杀灭一切微生物，包括细菌繁殖体、细菌芽孢、真菌、分枝杆菌和病毒等。二氧化氯对微生物细胞壁有较强的吸附穿透能力，可有效地氧化细胞内含巯基的酶，还可以快速地抑制微生物蛋白质的合成来破坏微生物。作为一个强氧化剂，它还具有除藻、剥泥、防腐、抗霉、保鲜、除臭、氯化及漂白等多方面的功能。本品主要用于工业循环水、自来水、冷却水、游泳池、油田注井水、城市污水及工业废水的杀菌灭藻，能快速杀灭水中的微生物、原虫和藻类，减少贝类沉积，清除水中致癌物质。也可以用于餐具消毒、冰箱除臭、汽车除臭消毒、纸浆漂白、皮革脱毛、水果保鲜、水产养殖、食品饮料添加。并在家庭、宾馆、医院和医药工业等领域中也有广泛应用。

【安全性】 二氧化氯具有比氯气更大的刺激性和毒性，毒性为氯气的 40 倍。空气中的体积浓度超过 10%便有爆炸性，但在水溶液中却是十分安全的。有毒性和刺激性，可严重烧伤皮肤和呼吸道黏膜，吸入后，可导致肺部水肿。实验表明其对血红细胞有损害，干扰碘的吸收和代谢，并容易导致血液中胆固醇升高。在生产和使用中，不能接触有机物，以免发生爆炸。

【生产单位】 山东省泰和水处理有限公司，淄博科宇化工有限公司，江苏江海化工有限公司，南京扬子石化精细化工有限责任公司，大连三星五洲化工有限公司，天津市瑞福鑫化工有限公司，河南省新乡市聚星龙水处理厂。

Nb005 次氯酸钠

【英文名】 sodium hypochlorite

【别名】 漂白水；sodium hypochlorous acid

【分子式】 NaClO

【登记号】 CAS [7681-52-9]

【性质】 次氯酸钠为白色粉末。工业品次氯酸钠是无色或淡黄色的液体。熔点

18℃。在空气中极不稳定，分解产生二氧化碳。受热后迅速分解，在碱性状态时较稳定。次氯酸钠易溶于水，溶于水后生成烧碱及次氯酸，0℃时 100mL H_2O 溶解 29.3g 次氯酸钠。次氯酸再分解生成氯化氢和新生氧，新生氧的氧化能力很强，所以次氯酸钠也是强氧化剂。其稳定度受光、热、重金属离子和 pH 的影响。具有刺激性气味。

【质量标准】 GB 19106—2003

指标名称		型号规格				
		A[a]		B[b]		
		Ⅰ	Ⅱ	Ⅰ	Ⅱ	Ⅲ
有效氯(以 Cl 计)/%	≥	10.0	5.0	13.0	10.0	5.0
游离碱(以 NaOH 计)/%		0.1～1.0		0.1～1.0		
铁(Fe)/%	≤	0.005		—		
重金属(以 Pb 计)/%	≤	0.001		—		
砷(以 As 计)/%	≤	0.0001		—		

注：A[a] 型适用于消毒、杀菌和水处理等；B[b] 型仅适于一般工业用。

【制法】 次氯酸钠的制备方法有多种，工业上常用的方法为液碱氯化法。将一定量的液碱，加入适量的水，配成 30%以下氢氧化钠溶液，在 35℃以下通入氯气进行反应，待反应溶液中次氯酸钠含量达到一定浓度时，即得次氯酸钠产品。

【用途】 是一种氧化性杀菌剂，其杀菌机理与液氯相似。工业循环水中一般用次氯酸钠溶液。同时次氯酸钠使循环水的 pH 有所提高。因此，在以液氯为杀菌剂的循环水体系中，余氯难以达到指标，在 pH 下降严重的情况下，用较大剂量的次氯酸钠冲击投加，即可保证余氯和 pH 的指标。

【安全性】 小鼠经口 LD_{50}：8500mg/kg。具有强氧化性和腐蚀性。皮肤接触会引起烧伤。进入体内会导致黏膜腐蚀、食管或气管穿孔、咽喉水肿。吸入肺内会引起支气管严重烧伤和肺内水肿。接触和使用的工作人员应做好防护，防止次氯酸铵溶液进入人体内和皮肤。

【生产单位】 重庆川东化工（集团）有限公司，浙江嘉化集团股份有限公司，高力集团，济南润原化工有限责任公司，上海统亚化工科技发展有限公司。

Nb006 次氯酸钙

【英文名】 calcium hypochlorite

【别 名】 漂白粉；hypochlorous acid calcium salt

【分子式】 $Ca(ClO)_2$

【登记号】 CAS [7778-54-3]

【性质】 白色粉末，具有类似氯气的臭味。溶解于水，其水溶液呈碱性。暴露于空气中，易吸收水分、二氧化碳而分解放出次氯酸和氯气，次氯酸随取出分解生成氯化氢和气态氧。易吸潮，性质极不稳定；日光、受热、酸度均使其变质而降低有效氯成分。与有机物、易燃液体混合能发热自燃，受高热会发生爆炸，有毒。

【质量标准】 GB/T 10666—1995

指标名称		钙法			钠法		
		优等品	一等品	合格品	优等品	一等品	合格品
外观		白色或微灰色的粉状、粒状及粉粒状固体					
有效氯/%	≥	65.0	60.0	55.0	70.0	67.0	62.0
水分/%	≤	3.0	4.0	4.0	—	—	—
稳定性检验有效率损失/%	≤	8.0	10.0	12.0	—	—	—
粒度(粒状 355μm～2mm)	≥	90.0	—	—	—	—	—

注：粉状、粉粒状产品的粒度为协调指标。

【制法】 将石灰（主要成分为碳酸钙）与白煤经煅烧、消化、分离，通入氯气即得到漂白粉。

【用途】 一种氧化性杀菌剂，其杀菌机理与液氯相似。长期使用该产品会增加体系 Ca^{2+} 浓度。

【安全性】 有毒，刺激皮肤和眼睛，进入可导致鼻塞、喉痛。接触和使用的工作人员应穿戴规定的用具，防止次氯酸铵溶液进入人体和皮肤，如果不慎进入体内，应立即用清水冲洗。皮肤被灼烧时，应使用硫代硫酸钠稀溶液冲洗和清水冲洗，再涂上橄榄油。次氯酸钙遇有机物、易燃物品后，能自燃。不得与有机物、酸类、油类及还原剂共储存混运。

【生产单位】 滨州市津滨精细化工有限公司，高力集团，山东鄄城康泰化工有限公司，天津碱厂，成都市科龙化工试剂厂，宜兴天鹏精细化工有限公司，山东宝沣化工集团公司，河南东方华宇实业有限公司，天津市光复精细化工研究所。

Nb007 过氧化氢

【英文名】 hydrogen peroxide

【别名】 双氧水；hydrogen dioxide；hydroperoxide

【分子式】 H_2O_2

【登记号】 CAS [7722-84-1]

【性质】 纯的过氧化氢为无色透明液体。$d^0$1.463；熔点 −0.43℃；沸点 152℃。溶于水、乙醇、乙醚；化学性质较活泼，遇热、光、重金属及其他杂质会引起分解，具有强氧化性和腐蚀性，在特殊情况下也具有还原性。过氧化氢分解时放出热量和氧，如遇有机氧化剂存在，极易发生爆炸。

【质量标准】 GB 1616—2003

指标名称		27.5%		30%	35%	50%	70%
		优等品	合格品				
外观		无色透明液体					
过氧化氢/%	≥	27.5	27.5	30.0	35.0	50.0	70.0
游离酸(以 H_2SO_4 计)/%	≤	0.040	0.050	0.040	0.040	0.040	0.050
不挥发物/%	≤	0.08	0.10	0.08	0.08	0.08	0.12
稳定度/%	≥	97.0	90.0	97.0	97.0	97.0	97.0
总碳(以 C 计)/%	≤	0.030	0.040	0.025	0.025	0.035	0.050
硝酸盐(以 NO_3 计)/%	≤	0.020	0.020	0.020	0.020	0.025	0.030

注：过氧化氢的质量分数、游离酸、不挥发物、稳定度为强制性要求。

【制法】 工业上一般采用有机法，即蒽醌法，即2-乙基蒽醌催化加氢、氧化、萃取、稀释成所需产品浓度即可。

【用途】 该产品作杀菌消毒剂。由于成本较高，在工业循环水中除小型系统外使用不多，小型系统中常用剂量为100mg/L左右。还可用作纺织印染及造纸工业漂白剂及食品工业中漂白保鲜剂。

【安全性】 高浓度的过氧化氢溶液和蒸气对人体都有较强的刺激性作用和腐蚀性。含量在30%以上的溶液接触皮肤，会使之变白并有刺痛感；接触眼睛能引起炎症，甚至灼伤。含量在50mg/kg以上的蒸气能强烈刺激眼睛和黏膜，并引起呼吸器官障碍。人体在过氧化氢蒸气中短时间暴露的浓度界限为75mg/kg，超过100mg/kg时则有生命危险。应使用大量水冲洗身体接触部位。浓度低于86%的工业过氧化氢，只要条件符合要求，在常温下是不会爆炸的。浓度高于86%的产品，也只有存在高能引发源时才能发生爆炸。蒸气相过氧化氢在一条件下会发生爆炸。其在大气压力下的爆炸极限浓度约为$26mol/m^3$。含有90% H_2O_2的气相，只要保持在115℃以下是安全的。应避免过氧化氢与某些无机药剂接触，远离可燃物。不与有机和无机等氧化性物质共储。

【生产单位】 杭州大自然有机化工实业有限公司，重庆川东化工（集团）有限公司，上海远大过氧化物有限公司，高力集团，河北众诚化工科技有限公司，宜兴天鹏精细化工有限公司，河南宏业化工有限公司，江苏永华精细化学品有限公司，建德新化化工有限责任公司，山东顺通化工集团有限公司。

Nc 缓蚀剂

缓蚀剂——化学清洗技术的核心，缓蚀剂是添加到腐蚀介质中能抑制或降低金属腐蚀过程的一类化学物质。缓蚀剂通常用于冷却水处理、化学研磨、电解、电镀、酸洗等行业。缓蚀剂的种类很多，按成膜机理可分为钝化膜型、沉淀膜型、吸附膜型。钝化膜型缓蚀剂包括铬盐型（因有毒已被禁用或限制使用）、钼酸盐、钨酸盐。沉淀膜型缓蚀剂包括磷酸盐、锌盐、苯并噻唑、三氮唑等。吸附膜型缓蚀剂包括有机胺、硫醇类、木质素类葡萄糖酸盐等。在世界水处理技术中缓蚀剂品种发展最快的是聚合物化学。主要产品是马来酸和膦羧酸型及羟膦乙酸缓蚀剂。

添加到水溶液介质中能抑制或降低金属和合金腐蚀速度，改变金属和合金腐蚀电极过程的一类添加剂称为缓蚀剂或腐蚀抑制剂。其缓蚀机理一般有两种，第一种是将水由酸性调为中性或碱性，从而达到缓蚀的目的，这类缓蚀剂一般为有机胺类，在水处理界特称之为“中和胺”；第二种机理，也是大多数缓蚀剂的缓蚀机理，是在与水接触的金属表面上形成一层或薄或厚的膜，将金属表面与水环境隔离，从而达到缓蚀的目的。

水溶液介质中使用的缓蚀剂有很多种类，可按照不同的分类方法进行分类。

根据化合物的组成和性质不同，缓蚀剂可分为无机缓蚀剂和有机缓蚀剂图如下所示。

- 缓蚀剂
  - 无机缓蚀剂
    - 铬酸盐，重铬酸盐
    - 硝酸盐，亚硝酸盐
    - 磷酸盐，聚磷酸盐
    - 钼酸盐
    - 硅酸盐
    - 其他
  - 有机缓蚀剂
    - 胺类
    - 醛类
    - 膦类
    - 硫化物
    - 杂环化合物
    - 其他

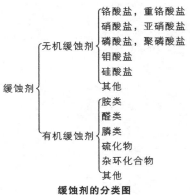

缓蚀剂的分类图

根据缓蚀剂缓蚀反应发生的是阴极反应、阳极反应或二者兼有，可分为阴极型缓蚀剂、阳极型缓蚀剂和混合型缓蚀剂。

按照缓蚀剂在金属表面形成保护膜的成膜机理不同，分为钝化膜型、沉淀膜型和吸附膜型缓蚀剂（见下表）。

缓蚀类型		缓蚀剂	保护膜特征
钝化膜型		铬酸盐、亚硝酸盐、钼酸盐、钨酸盐	致密，膜较薄（3～30nm）与金属结合紧密
沉淀膜型	水中离子型	聚磷酸盐、锌盐	多孔、膜厚，与金属结合不太紧密
	金属离子型	巯基并噻唑、苯并三氮唑	较致密，膜较薄
吸附膜型		有机胺、硫醇类、某些表面活性剂、木质素类、葡萄糖酸盐	在非清洁表面吸附差

（1）钝化膜型缓蚀剂　钝化膜型缓蚀剂简称钝化剂，是无机强氧化剂。如铬酸盐、亚硝酸盐、钼酸盐、钨酸盐等。钝化剂作用于金属表面时，将其氧化成一层耐腐蚀的致密膜，使金属的阳极电位增加十分之几伏至1V的阳极超电压，使阳极电位接近阴极电位而大大减少腐蚀电流。因此，钝化剂是阳极极化剂，对金属材料起阳极保护作用。

还有一些缓蚀剂如聚磷酸盐和苯甲酸盐，会改变金属材料表面附近的环境，使氧吸附到金属表面以实现钝化。

在冷却水处理中，钝化剂的浓度必须超过临界浓度才能实现钝化，否则有加速腐蚀的倾向。因此，作钝化剂的缓蚀剂浓度一般要高些。

（2）沉淀膜型缓蚀剂　沉淀膜型缓蚀剂添加到冷却水中后，会和水中的组分如钙、铁、CO_3^{2-} 和 OH^- 等结合，在金属表面生成一层膜，将金属表面和腐蚀性环境隔开，从而减少金属的腐蚀。

沉淀膜一般覆盖在阴极，起阴极极化作用。巯基苯并噻唑、苯并三氮唑等和阳极溶出的金属离子形成不溶性的金属盐为主体的防腐蚀膜，通过阴极极化而起作用。

沉淀膜型缓蚀剂种类很多，常用的有聚磷酸盐、硅酸盐、锌盐、磷酸盐等。低浓度的铬酸盐也可以通过生成沉淀防腐膜起缓蚀作用，所以也属于沉淀膜型。

（3）吸附膜型缓蚀剂　大多数吸附膜型缓蚀剂都是有机缓蚀剂，分子中含有亲水基团，如—OH、—NH、═N—、—COOH等，又具有亲油基团，如烷基、苯基等。此类缓蚀剂在水中分布时，亲水基吸附在金属表面，亲油基朝向腐蚀环境，因而形成吸附膜，将金属和腐蚀环境分开而起缓蚀作用。亲水基团在金属表面吸附的难易程度和吸附力决定吸附膜的稳定性。吸附膜越稳定，缓蚀效果越好。亲油基团起遮蔽作用，亲油基团越大，遮蔽腐蚀物质侵蚀的效果越好。一般 C_8～C_{18} 直链脂肪胺对防止铁金属腐蚀有相当好的效果。

Nc001 无机缓蚀剂

【英文名】 inorganic (corrosion) inhibitor

【生产工艺】 无机盐类是相当重要的一类缓蚀剂品种。目前采用的铬系、磷系、锌系、硅系、钼系、钨系配方，分别指在配方中采用了铬酸盐、磷酸盐、硫酸锌、硅酸盐、钼酸盐、钨酸盐和有机磷酸盐。

（1）铬酸盐　铬酸盐包括铬酸（H_2CrO_4）和重铬酸（$H_2Cr_2O_7$）的可溶性钠盐、钾盐、铵盐等，是最早使用的缓蚀剂，在碳钢中显示出良好的缓蚀效果。铬酸盐能在金属表面形成钝化膜抑制腐蚀，具有效率高、对不同水质适应性强、无细菌繁殖、价格低等优点，但毒性很大，易对环境造成严重污染，因而使用受到限制。

铬酸钠的分子式为 $Na_2CrO_4 \cdot 4H_2O$，常温下为黄色半透明结晶四水合物。用重铬酸钠母液中和铬酸钠碱性溶液即可得到铬酸钠。其生产工艺流程为：

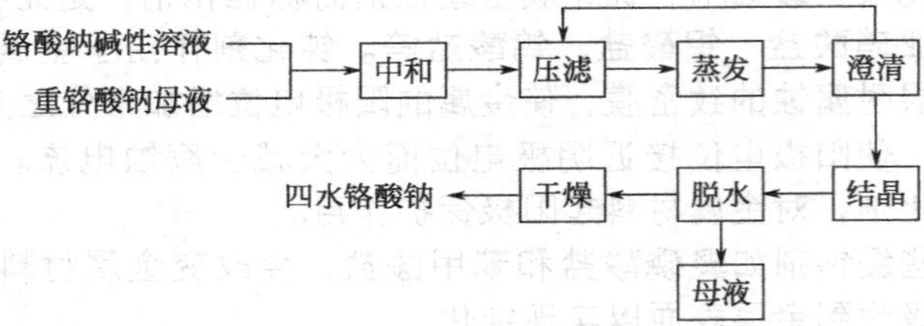

（2）钼酸盐和钨酸盐　钼酸盐氧化性低于铬酸盐，但价格较高。目前将钼酸盐作缓蚀剂主要有两种复配形式：一种是以较高量的钼酸盐为基础，同时含有较低浓度的有机磷酸盐；另一种是利用低浓度的钼酸盐，同时使用有机磷酸盐或锌盐。以上两种处理配方中均可加入各种聚羧酸或有机酸盐，以增加分散和抑制结垢的能力。

钨酸盐水处理剂无毒无公害，加上我国钨矿资源丰富，因此开发前景广阔，市场潜力很大。

钨酸钠是最常用的钨系缓蚀剂，外观为无色或白色斜方晶体。

制备方法如下：

$$MnWO_4 + FeWO_4 + 4NaOH \longrightarrow 2Na_2WO_4 + Fe(OH)_2 \cdot Mn(OH)_2$$

$$Na_2WO_4 + CaCl_2 \longrightarrow CaWO_4 + 2NaCl$$

$$CaWO_4 + 2HCl \longrightarrow CaCl_2 + H_2WO_4$$

$$H_2WO_4 + 2NaOH \longrightarrow Na_2WO_4 \cdot 2H_2O$$

生产工艺流程为：

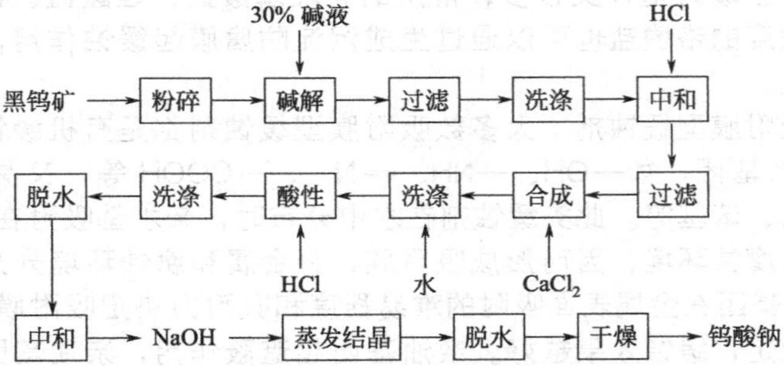

(3) 聚磷酸盐　聚磷酸盐是目前国内外广泛使用的一种水处理剂，它具有阳极极化和阴极极化的双重缓蚀性能，是一种非氧化剂型的钝化剂。加入到水中之后，其很容易吸附在金属表面上，并且置换出吸附在金属表面的一部分 H^+ 和 H_2O，降低了溶解氧与 H^+ 及 H_2O 反应的可能性。而且，它使溶解氧更容易吸附在金属表面。当足量的氧吸附在金属表面时，氧使金属表面钝化，所以，聚磷酸盐必须在溶解氧存在下才能表现出阳极极化的缓蚀性能。

聚磷酸盐和水中存在的二价金属离子，如钙、铁、锌等离子结合，在金属表面形成一层沉积物膜，起阴极极化作用，抑制金属的腐蚀，所以，它又是阴极型缓蚀剂。

常用的聚磷酸盐是六偏磷酸钠和三聚磷酸钠。

六偏磷酸钠又名格雷哈姆盐 (crahamssalt)，是一种重要的聚合磷酸盐缓蚀剂，分子式为 $(NaPO_3)_6$，工业产品为白色粉末状晶体，是偏磷酸钠 ($NaPO_3$) 聚合体的一种。

六偏磷酸钠水处理剂的生产方法有磷酸二氢钠法和五氧化二磷法。其中，磷酸二氢钠法的反应式为：

$$Na_2CO_3+3H_2O+2H_3PO_4 \xrightarrow{80\sim100℃} 2NaH_2PO_4\cdot 2H_2O+CO_2\uparrow$$

$$NaH_2PO_4\cdot 2H_2O \xrightarrow{110\sim230℃} NaH_2PO_4+2H_2O$$

$$2NaH_2PO_4 \longrightarrow Na_2H_2P_2O_7+H_2O$$

$$Na_2H_2P_2O_7 \xrightarrow{62℃} 2NaPO_3+H_2O$$

$$6NaPO_3 \longrightarrow (NaPO_3)_6$$

最后一步是把偏磷酸钠熔融聚合，将熔融物急冷至 60～80℃，粉碎后即为水处理剂六偏磷酸钠。

聚磷酸盐含磷，是微生物生长繁殖的养料，在水中的聚磷酸盐会被许多微生物分解而降低缓蚀性能，导致局部腐蚀并造成微生物污染。

Nc002 有机缓蚀剂

由于自身缺陷的存在，水处理缓蚀剂从最初的铬酸盐、聚磷酸盐到有机磷酸盐；从高磷、含金属的配方到低磷、全有机配方；从单一配方到复合配方，显示出水处理缓蚀剂正朝着多品种、高效率、低毒性等方向发展。

全有机配方不采用无机盐，特别是重金属无机盐，以降低药剂对环境的污染。在全有机配方中常以有机磷酸盐作缓蚀剂。芳香唑类是用于铜及其合金的缓蚀剂，国内常用的是苯并三氮唑和巯基苯并三唑。

近几年来，国内外研究学者不断研究开发出新品种、新配方。有机磷酸类是阴极型缓蚀剂，是目前研究最多的一个系列；有机磷羧酸共聚物同时含有膦酰基和羧基，兼具有阻垢、分散、缓蚀性能。该系列已形成 HCDP 和 ATMP，2-膦酸丁烷-1,2,4-三羧酸 (PBTCA)，2-羟基膦基乙酸 (HPA) 和 POCA 四代产品。

(1) PBTCA　PBTCA 是 20 世纪 70 年代后期开发应用的水处理剂。PBTCA 分子中同时引入—PO_3H_2 基团和—COOH 基团，因此具有独特的缓蚀阻垢性能。其缓蚀效果、耐氧化性均优于 HCDP 和 ATMP 等第一代产品，且稳定性能高，并具有优异的稳定锌离子作用。

国外传统的合成 PBTCA 的方法涉及剧毒的氰化物，对环境造成二次污染，且工艺路线复杂，反应条件苛刻。国内殷德宏等以亚磷酸二乙酯、顺丁烯二酸二乙酯及丙烯酸乙酯为原料，在强碱性催化条件下，用一步法合成 PBTCA。该反应条件温和、工艺流程简单、无毒。

(2) HPA　HPA 化学稳定性好，不易分解成正磷酸盐。同时它能在水中形成金属保护膜，有效防止金属腐蚀，与 HCDP 和 PBTCA 相比，缓蚀能力大大提高。它能适用于软水、低硬度水，毒性低，相溶性好，与 Zn 复配增效作用明显。HPA 是目前缓蚀性能最好的膦系产品。国外合成过程因涉及剧毒的氰化物，易造成环境污染；且工艺路线复杂，反应条件苛刻。殷德宏等以二烷基亚磷酸酯与乙醛酸为原料，经一步反应得到 HPA。合成路线为：

$$
(RO)_2\overset{\overset{O}{\|}}{P}H + H\overset{\overset{O}{\|}}{C}—COOH \longrightarrow
$$

$$
HOOC—\underset{\underset{OH}{|}}{C}H—\overset{\overset{O}{\|}}{P}(OR)_2 \xrightarrow{H^+,H_2O}
$$

$$
HOOC—\underset{\underset{OH}{|}}{C}H—\overset{\overset{O}{\|}}{P}(OH)_2
$$

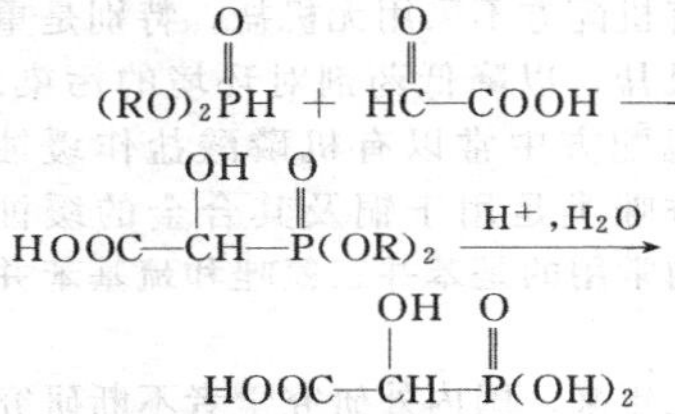

该反应条件温和，生产操作易控制，无毒，产品化学稳定性好，不易水解，不易被酸碱所破坏，使用含量低，缓蚀效果好。

(3) POCA POCA 是 20 世纪 90 年代开发的一种大分子有机磷酸。其结构特点是将具有缓蚀性能的膦酰基和具有阻垢分散性能的羧基、酯基和磺酸基等官能团，通过自由基共聚反应引入到同一分子中，是一种兼具阻垢和缓蚀的多功能的低磷水处理化学品，同时也是一种有效的锌盐稳定剂。

目前，将膦酰基团引入到羧酸类聚合物高分子主链上有两种方法，其中以不饱和有机磷酸为基本单体，辅助其他不饱和羧酸或不饱和磺酸单体通过自由基共聚反应而得的方法较常用。

(4) 有机胺类 有机胺类化合物作为缓蚀剂主要应用于锅炉水处理、油田注水或污水回用以及酸性介质中材料与设备的缓蚀保护。常用的有机胺类缓蚀剂按结构可分为胺类、环烷类、酰胺类和酰胺羧酸类等。

十八胺是一种常用的有机缓蚀剂，主要用作酸洗缓蚀剂，也可用作中性介质的缓蚀剂。例如添加到蒸汽凝结水中，能防止氧、二氧化碳等对金属的腐蚀。但该品对皮肤、黏膜、眼睛有刺激性和腐蚀性，所以使用时应注意防护。由于十八胺疏水的直链烷烃过长，在酸中溶解困难，影响了缓蚀效果。为此，在十八胺的结构上接上亲水基团，以提高其在水溶液中的性能，改性后的分子称为 MODA，结构式如下：

$$
CH_3(CH_2)_{17}N\overset{\diagup (CH_2CH_2O)_mH}{\diagdown (CH_2CH_2O)_nH}
$$

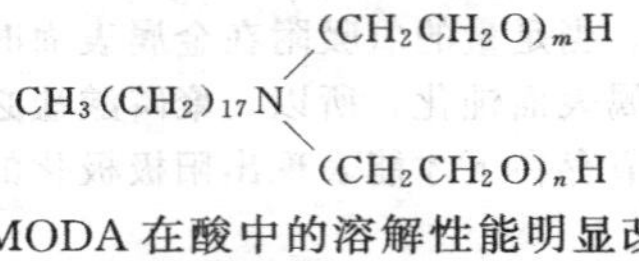

MODA 在酸中的溶解性能明显改善。

(5) 共聚物缓蚀剂 人们发现某些共聚物不但具有阻垢分散作用，而且还具有缓蚀作用，因此近年来国外大力研究共聚物缓蚀剂，以代替无机磷酸盐、锌盐、有机磷酸盐或磷酸酯等缓蚀剂，用于配制不含有机磷的全有机配方。如粟田公司的马来酸/戊烯共聚物、不饱和酚/不饱和磺酸/不饱和羧酸共聚物；片山公司的聚烷亚基二醇丙烯醚/不饱和羧酸共聚物。

除以上所述新型缓蚀剂外，还有氨基磷酸、烷基环氧羧酸酯、无磷钨系缓蚀剂、有机硅缓蚀剂等。

Nc003 聚合物类缓蚀剂

【英文名】 polymer-based corrosion inhibitor

【别名】 六偏磷酸钠

【质量标准】

指标名称	优级品	一级品	合格品
总磷酸盐（以≥ P_2O_5 计）/%	68.0	66.0	65.0
非活性磷酸盐（P_2O_5）≤/%	7.5	8.0	10.0
铁（Fe）/% ≤	0.05	0.10	0.20
水不溶物/% <	0.06	0.10	0.15
pH值（1%水溶液）	5.8～7.3	5.8～7.3	5.8～7.3
溶解性	合格	合格	合格

【制法】(1) 磷酸二氢钠法 将磷酸二氢钠加入聚合釜中，加热到700℃，脱水15～30min。然后用冷水骤冷，加工成型即得。反应式如下：

$$NaH_2PO_4 \xrightarrow{\triangle} NaPO_3 + H_2O$$

$$6NaPO_3 \xrightarrow{\text{聚合}} (NaPO_3)_6$$

(2) 磷酸酐法 黄磷经熔融槽加热熔化后，流入燃烧炉，磷氧化后经沉淀、冷却，取出磷酐（P_2O_5）。将磷酐与纯碱按1∶0.8（摩尔比）配比在搅拌器中混合后进入石墨坩埚。在750～800℃下间接加热，脱水聚合后，得六偏磷酸钠的熔融体。将其放入冷却盘中骤冷，即得透明玻璃状六偏磷酸钠。反应式如下：

$$P_2 \xrightarrow{O_2} P_2O_5 \xrightarrow{Na_2CO_3} NaPO_3 + CO_2\uparrow$$

$$6NaPO_3 \xrightarrow{\text{聚合}} (NaPO_3)_6$$

【安全性】 酸性，应避免与眼睛、皮肤接触，一旦溅到身上，应立即用大量水冲洗。

【包装】 用塑料桶包装，每桶25kg或根据用户需要确定。储于室内阴凉处，储存期为10个月。运输防止碰撞，防止日晒雨琳。

【用途】 用作发电站、机车车辆、锅炉及化肥厂冷却水处理的高效软水剂。对Ca^{2+}络合能力强，每100g能络合19.5g钙，而且由于其螯合作用和吸附分散作用破坏了磷酸钙等晶体的正常生长过程，阻止磷酸钙垢的形成。用量0.5mg/L，防止结垢率达95%～100%。

【生产单位】 辽宁鞍钢给排水公司，山东腾州净水剂厂，北京海洁尔水环境科技公司，内蒙古科安水处理技术设备有限公司，河南沃特化学清洗有限公司。

Nc004 WP 缓蚀剂

【英文名】 corrosion inhibitor WP

【组成】 钨磷酸盐、聚合物。

【性质】 本品为微黄色澄清液，相对密度（20℃）1.35～1.37。有黏稠感，偏碱性，无臭，无毒，易溶于水。

【质量标准】

外观	淡黄色稠状液体
pH 值	9～10
固含量	≥70%

【制法】 由钨酸盐、聚羧酸盐、一元羧酸按一定比例混配、复合而成。

【用途】 适用于化工、医药、冶金、轻工、食品纺织等行业的循环冷却水系统的缓蚀阻垢，特别适用于偏碱性的循环水系统。缓蚀率90%以上。污垢热阻$0.6\times10^{-6}W/(m^2\cdot K)$。

【生产单位】 江苏吴江玻璃钢厂。

Nc005 NL-304 缓蚀剂

【英文名】 corrosion inhibitor NJ-304

【组成】 六偏磷酸钠和硫酸锌。

【性质】 本品为白色粉末。相对密度（10%水溶液）1.3。在水中的溶解度比聚磷酸盐大。与水中的两价金属离子螯合，能在金属表面形成致密的保护膜。为阳极型异型高效缓蚀剂。

【质量标准】

总磷含量/%	＞40
易溶含量/%	7
溶解度/%	24
pH值(10%水溶液)	2.6～3.2

【制法】 将六偏磷酸钠和硫酸锌以9∶1（质量比）的比例依次加入混合器内，搅拌均匀即可。

【用途】 在各种循环冷水中作预膜剂或缓蚀剂。

Nc006 六偏磷酸钠

【英文名】 sodium hexametaphosphate

【登记号】 CAS［50813-16-6］

【别名】 多磷酸钠

【结构式】 $(NaPO_3)_6$

【分子式】 $Na_6O_{18}P_6$

【分子量】 611.77

【性质】 本品为透明玻璃片粉末或白色粒状晶体。熔点 640℃。相对密度（20℃）2.484。在空气中易潮解。易溶于水。

【质量标准】

指标名称	优级品	一级品	合格品
总磷酸盐(以 P_2O_5 计)/% ≥	68.0	66.0	65.0
非活性磷酸盐(P_2O_5)/% ≤	7.5	8.0	10.0
铁(Fe)/% ≤	0.05	0.10	0.20
水不溶物/% <	0.06	0.10	0.15
pH 值(1%水溶液)	5.8~7.3	5.8~7.3	5.8~7.3
溶解性	合格	合格	合格

【制法】

（1）磷酸二氢钠法 将磷酸二氢钠加入聚合釜中，加热到 700℃，脱水 15～30min。然后用冷水骤冷，加工成型即得。反应式如下：

$$NaH_2PO_4 \xrightarrow{\triangle} NaPO_3 + H_2O$$

$$6NaPO_3 \xrightarrow{\text{聚合}} (NaPO_3)_6$$

（2）磷酸酐法 黄磷经熔融槽加热融化后，流入燃烧炉，磷氧化后经沉淀、冷却，取出磷酐（P_2O_5）。将磷酐与纯碱按 1∶0.8（摩尔比）配比在搅拌器中混合后进入石墨坩埚。于750～800℃下间接加热，脱水聚合后，得六偏磷酸钠的熔融体。将其放入冷却盘中骤冷，即得透明玻璃状六偏磷酸钠。反应式如下：

$$P_2 \xrightarrow{O_2} P_2O_5 \xrightarrow{Na_2CO_3} NaPO_3 + CO_2\uparrow$$

$$6NaPO_3 \xrightarrow{\text{聚合}} (NaPO_3)_6$$

【安全性】 酸性，应避免与眼睛、皮肤接触，一旦溅到身上，应立即用大量水冲洗。

用塑料桶包装，每桶 25kg 或根据用户需要确定。储于室内阴凉处，储存期为 10 个月。运输防止碰撞，防止日晒雨淋。

【用途】 用作发电站，机车车辆，锅炉及化肥厂冷却水处理的高效软水剂。对 Ca^{2+} 络合能力强，每 100g 能络合 19.5g 钙，而且由于其螯合作用和吸附分散作用破坏了磷酸钙等晶体的正常生长过程，阻止磷酸钙垢的形成。用量 0.5mg/L，防止结垢率达95%～100%。

【生产单位】 辽宁鞍钢给排水公司，山东腾州净水剂厂，北京海洁尔水环境科技公司，内蒙古科安水处理技术设备有限公司，河南沃特化学清洗有限公司。

Nc007 WP 缓蚀剂

【英文名】 corrosion inhibitor WP

【组成】 钨磷酸盐、聚合物。

【性质】 本品为微黄色澄清液，相对密度（20℃）1.35～1.37。有黏稠感，偏碱性，无臭，无毒，易溶于水。

【质量标准】

外观	淡黄色稠状液体
pH 值	9～10
固含量/%	≥70

【制法】 由钨酸盐，聚羧酸盐，一元羧酸按一定比例混配、复合而成。

【安全性】 见 Nc006。

【用途】 适用于化工，医药，冶金，轻工，食品纺织等行业的循环冷却水系统的缓蚀阻垢，特别适用于偏碱性的循环水系统。缓蚀率 90%以上。污垢热阻 $0.6\times10^{-6}W/(m^2\cdot K)$。

【生产单位】 江苏吴江玻璃钢厂。

Nc008 NJ-304 缓蚀剂

【英文名】 corrosion inhibitor NJ-304

【组成】 六偏磷酸钠和硫酸锌。

【性质】 本品为白色粉末。相对密度（10%水溶液）1.3。在水中的溶解度比聚磷酸盐大。与水中的两价金属离子螯合，能在金属表面形成致密的保护膜。为阳极型异型高效缓蚀剂。

【质量标准】

总磷含量/%	≥40
易溶含量/%	7
溶解度/%	24
pH 值(10%水溶液)	2.6～3.2

【制法】 将六偏磷酸钠和硫酸锌以 9∶1（质量比）的比例依次加入混合器内，搅拌均匀即可。

【用途】 在各种循环冷水中作预膜剂或缓蚀剂。

Nc009 PTX-4 缓蚀剂

【英文名】 corrosion inhibitor PTX-4

【组成】 烷基苯聚氧乙烯醚磷酸酯。

【性质】 本品为橙黄色油状黏稠液体。对铜铝等有缓蚀性。正常条件下对碳钢腐蚀率＜50.8×10^{-6} m/a，对铜＜50.8×10^{-6} m/a。

【质量标准】

外观	橙黄色油状黏稠液体
pH 值	6.0～8.0
固含量/%	≥20

【制法】 将聚氧乙烯烷基苯基醚加入反应釜中，于 40℃左右加入0.2%～0.3%的亚磷酸（配成 50%的溶液）。然后滴加 P_2O_5（每 1min 加 1kg，滴加 1.5h 左右）。滴毕后，升温至 80～90 ℃。搅拌 4h。酯化结束后，用 NaOH 水溶液调 pH 至 6.0～8.0。如果产品颜色深，可加双氧水脱色。反应式如下：

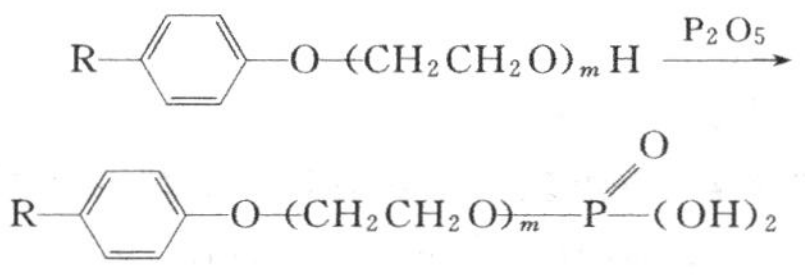

【用途】 在化工、石油、冶金、车船内燃机等密封式循环冷却水系统中作缓蚀剂。一般使用含量 3.5×10^{-4}。

Nc010 PTX-CS 缓蚀剂

【英文名】 corrosion inhibitor PTX-CS

【组成】 烷基苯聚氧乙烯醚磷酸酯，锌盐。

【性质】 本品为橙黄或淡黄色液体。相对密度（20℃）0.980～1.101。易溶于水，对不锈钢、铜、铝等金属具有良好的缓蚀性能。对磷钢的腐蚀速率≤2×10^{-6} m/a。

【质量标准】

含固量/%	≥20
有机磷酸盐(以 PO_4^{3-} 计)/%	≥1.40
无机磷酸盐(以 PO_4^{3-} 计)/%	≤0.30
pH 值	7.0～8.0

【制法】 由烷基苯聚氧乙烯醚磷酸盐，锌盐，铜缓蚀剂按一定比例混配而成。

【用途】 在化工、石油、冶金、车船内燃机等密封式循环冷却水系统中作缓蚀剂。一般使用含量 3.5×10^{-4}。

Nc011 WT-305-2 缓蚀剂

【英文名】 corrosion inhibitor WT-305-2

【组成】 唑类化合物（例如苯并三氮唑）。

【性质】 本品为微黄色方针状固体。熔点 90～95℃，水溶液呈酸性。

【质量标准】

外观	微黄色针状结晶
pH 值(1%水溶液)	4.0～5.0

【制法】 由聚丙烯酸（相对分子质量 2000）、磺化聚苯乙烯、苯并三氮唑按一定比例依次加入聚合釜，在特定条件下聚合而成。

【用途】 本剂用循环水系统可获得较好的缓蚀阻垢效果。腐蚀抑制率达 96%左右，亦适用于全铜、铝及其合金设备的单台设备清洗。

Nc012 4502缓蚀剂

【英文名】 corrosion inhibitor 4502

【组成】 氯化烷基吡啶铵盐。

【性质】 黑色液体至黑色黏稠膏状物。溶于水和低碳醇。水溶液呈微酸性。能在金属表面形成定向排列的分子膜。有氨臭味。

【质量标准】

外观	黑色黏稠液
含量/%	30～50

【制法】 由氯化烷基吡啶铵盐与乙醇按2∶8（质量比）混配而成。

【用途】 用于冷却水循环系统作缓蚀剂。与ATMP复配后，用于设备酸洗的缓蚀剂，用量为酸液的0.3%～0.4%。亦可作油田油井的酸化液。

Nc013 581缓蚀剂

【英文名】 corrosion inhibitor 581

【别名】 咪唑啉系化合物

【结构式】

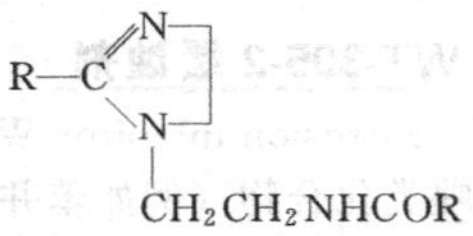

【性质】 本品为深褐色煤油溶液。相对密度（20℃）0.8810。具有抗乳化，去垢，防氢脆功能。

【质量标准】

黏度(24 ℃)/(Pa·s)	180～240
缓蚀率	合格
pH值	8～9

【制法】 将环烷酸，二亚乙基三胺以1∶1.7的摩尔比投入反应釜，经酰化后在真空下脱水，温度控制在100～180℃，反应时间6h左右。脱水环合后得咪唑啉化合物。冷却至40～50℃，用煤油稀释得产品。

【用途】 在乙烯裂解中作循环水的缓蚀剂。

Nc014 硝酸酸洗缓蚀剂LAN-5

【英文名】 nitric acid pickling inhibitor LAN-5

【组成】 苯胺，乌洛托品，硫氰化钾。

【性质】 本品由A，B两组分组成。A为白色结晶粉末。B为棕色透明液体。

【质量标准】

总固物/%	≥20
pH值	8.0～9.0

【制法】 由苯胺，乌洛托品，硫氰化钾按一定比例混配而成。

【用途】 在金属管道、设备中的水垢清洗中作添加剂。

Nc015 PBTCA类缓蚀剂

【英文名】 corrosion inhibitor PBTCA-type

配方1

【组成】 2-膦酰基-1，2，4-三羧酸丁烷（PBTCA）。

【性质】 本品为黄色黏稠液，含磷量低。能以高浓缩倍数使用，耐高温，适应的pH范围宽。

【质量标准】

总有效物/%	≥20
pH值	7.5～8.5

【制法】 将4份2-膦酰基-1，2，4-三羧酸丁烷加入反应釜中，加水搅拌溶解。再加入10份季铵盐（含量50%）和10份3-异噻唑，搅拌均匀即可。

【用途】 用于循环水处理作缓蚀阻垢剂。使用含量100mg/L。

配方2

【组成】 PBTCA。

【性质】 黄色黏稠液具有良好的缓蚀阻垢作用。在磷酸钙含量135mg/L，氯离子含量48mg/L的水中碳钢挂片实验（水温80℃，实验7d），缓蚀率97.5%，阻垢率98.5%。

【制法】 将PBTCA 20份加入反应釜中，

加水搅拌溶解后，再加入30份异丁烯-马来酸共聚物、15份巯基苯并噻唑、35份硫酸锌（配成水溶液），搅拌即可。

【用途】 冷却水循环系统缓蚀阻垢剂。

配方3

【组成】 PBTCA

【性质】 黄色黏稠液。

【制法】 将7份PBTCA加入反应釜中，加水溶解再加入36份聚磷酸、2份水解聚马来酸酐、0.5份苯并三氮唑、37.5份氢氧化钠（20%水溶液），搅匀即可。

【用途】 用作循环水冷却系统的阻垢缓蚀剂。用量10～40mg/L。

配方4

【组成】 PBTCA

【性质】 本品为高效阻垢缓蚀剂。适用性强。

【制法】 将50份磷酸胍、30份2-膦酰基-1,2,4-三羧酸丁烷、15份七水硫酸锌、5份聚丙烯酰胺加入混配器中混匀即可。

【用途】 用作冷却水循环系统的阻垢缓蚀剂。适用于低浓缩和高浓缩的淡水和海水。在pH为8，全硬度为415mg/L，浓缩倍数为10的水中，用量40mg/L具有明显的阻垢效果。

Nc016 2-巯基苯并噻唑

【英文名】 2-mercaptobenzothiazole

【登记号】 CAS［149-30-4］

【别名】 MBT；2-苯并噻唑硫醇

【结构式】

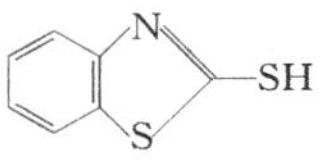

【分子式】 $C_7H_5NS_2$

【分子量】 150.20

【性质】 本品为淡黄色粉末。有微臭和苦味。熔点178～180℃。堆积密度1.42 g/cm³。对铜有缓蚀作用。

【质量标准】

外观	淡黄色粉末
含量/%	≥95
水分/%	≤0.5
灰分/%	≤0.3

【制法】 将苯胺、二硫化碳、硫黄依次加入缩合釜中。其投料比为（摩尔比）：1∶0.96∶0.36。在8.1MPa下加热至260℃左右。2h后缩合反应结束。得2-巯基苯并噻唑粗品。冷却降温，将其转移到中和釜中。加7～8°Bé的碱液中和，过滤，弃除杂质，滤液转入酸化釜内，加10°Bé的硫酸酸化至pH为6～7。过滤，滤饼用水洗两次，干燥，粉碎，过筛包装得成品。反应式如下：

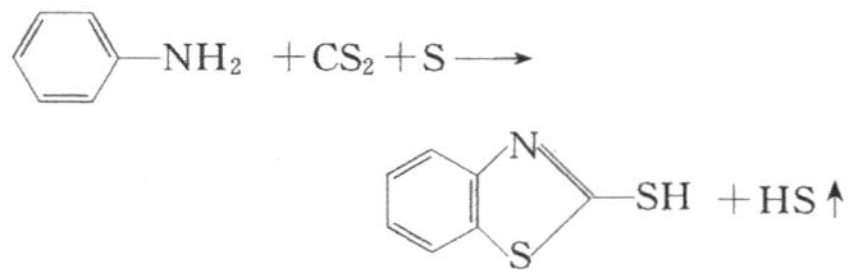

【用途】 本品是铜或铜合金的有效缓蚀剂之一，凡冷却系统中含有铜设备和原水中含在一定量的铜离子时，可加入本品，以防铜的腐蚀。

Nc017 苯并三唑

【英文名】 benzotriazole

【登记号】 CAS［95-14-7］

【结构式】

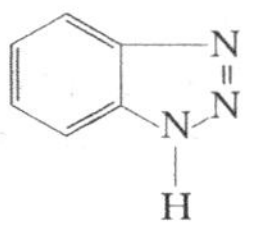

【分子式】 $C_6H_5N_3$

【分子量】 119.13

【性质】 本品为无色针状结晶，熔点

100℃，98～100℃升华。沸点210～204℃（2.0kPa）。微溶于冷水、乙醇、乙醚，在空气中氧化逐渐变红。

【质量标准】

含量/%	≥96
水分/%	>0.5
灰分/%	≤1
堆密度/(g/cm³)	350～500

【制法】 在反应釜中预先加入一定量的水，加热至50℃。然后加入1mol邻苯二胺、2.01mol冰醋酸，搅拌溶解后冷却至0℃，滴加1mol亚硝酸钠。滴毕后逐渐升温至73℃，反应2h。静置过夜。过滤，滤饼水洗两次，干燥、粉碎、过筛得成品。反应式如下：

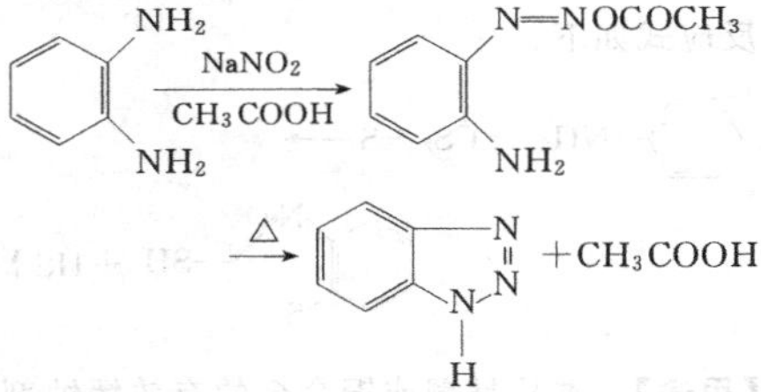

【用途】 广泛用于铜、银质设备的缓蚀，防锈。亦可用于照相防灰、防雾剂，气相防锈剂的制备。

Nc018 CT2-7缓蚀剂

【英文名】 corrosion inhibitor CT2-7

【组成】 有机胺盐。

【性质】 本品为棕红色透明液体。相对密度（20℃）0.98～1.00。在水中呈均匀透明状。具有良好的缓蚀效果。在水中腐蚀速率$<76\times10^{-6}$m/a，基本无局部腐蚀。

【质量标准】

外观	棕红色透明液
pH值	10～11

【制法】 将脂肪酸与多亚乙基多胺按一定比例投入反应釜中，在70～80℃下中和2h。再加入适量的异丙醇和非离子表面活性剂水溶液，搅匀即可。

【用途】 用于油田注水及其他工业水中，防止金属设备及管道的腐蚀。

Nc019 HS-13缓蚀剂

【英文名】 corrosion inhibitor HS-13

【组成】 油酰肌氨酸盐。

【性质】 本品为浅黄色液体。相对密度0.97±0.02，下层有少量絮状物。

【质量标准】

有机胺含量/%	≥25
pH值	7.0～8.0

【制法】

(1) 油酰肌酸盐的制备 将550kg油酰氯、196kg肌氨酸依次加入反应釜中，在搅拌下加入NaOH水溶液作催化剂。在50～55℃下反应4h。然后加一定量的盐酸，得油酰肌氨酸盐酸盐。

(2) 复配 将上述制得的油酰肌氨酸盐，加乙醇搅拌溶解即得产品。

【用途】 主要用于工业水处理，作缓蚀剂。使用时先摇匀，然后稀释成1%～2%的水溶液。

Nc020 SH-1缓蚀剂

【英文名】 corrosion inhibitor SH-1

【组成】 聚磷酸盐、锌盐及其他。

【性质】 本品为白色粉末。相对密度（40%水溶液）1.2～1.4。为阴极型缓蚀剂。

【质量标准】

总锌含量/%	9.0～10.0
pH值(1%水溶液)	2.2～2.8

【制法】 往聚磷酸盐中加入10%～20%的锌盐混匀即可。

【用途】 锌盐与聚磷酸盐复配，可在金属

表面上快速成膜，从而抑制了初期的高速度腐蚀，快速成膜加上聚磷酸盐缓蚀膜的耐久性，可收到复合增效的作用，适用于各种循环冷水系统作缓蚀剂。还可作清洗剂。

Nc021 DCI-01 复合阻垢缓蚀剂

【英文名】 complex formulation of corrsion and scale control DCI-01

【组成】 三元醇磷酸酯，锌盐。

【性质】 本品为褐色液体。相对密度（20℃）1.30～1.40。黏度（20℃）（15.0±2.5）Pa•s。

【质量标准】

有机磷酸盐/%	9.0
无机磷酸盐/%	3.5
氯化锌/%	20.5±1
pH值(1%水溶液)	2.0±0.5

【制法】 将三元醇磷酸酯，氯化锌，磺化木质素按一定比例混配而成。

【用途】 本品具有良好的阻垢、缓蚀、分散作用，作为阻垢缓蚀剂适应的水质范围宽，容度大（$Ca^{2+}\leqslant$400mg/L，$Cl^{-}\leqslant$710mg/L)，广泛应用于化工、炼油、冶金、石油、纺织、发电、空调等工业部门的敞开循环冷却水系统。一般使用$35\times10^{-6}\sim45\times10^{-6}$。

Nc022 NS 系列缓蚀阻垢剂

【英文名】 corrosion and scale inhibitor NS series

【别名】 NS-105；NS-106；NS-107；NS-108；NS-109；NS-110；NS-111；NS-112；NS-113；NS-114；NS-115

【组成】 羟基亚乙基二膦酸，聚马来酸酐，聚丙烯酸钠。

【性质】 黄色或棕色液体。相对密度（20℃）1.10～1.20，黏度（25℃）≥3Pa•s。

【质量标准】

外观	黄色或棕色液体
pH值(1%水溶液)	≤3

【制法】 将聚马来酸酐投入反应釜中，加水溶解，再加入计量的羟基亚乙基二膦酸，搅拌均匀后加入聚丙烯酸钠和NS-A。最后用异丙醇调制成溶液。

【用途】 用于开路或闭路冷却循环水处理。有效防止换热设备的腐蚀或结垢。一般用量为20～60mg/L。

Nc023 JN-1 分散性缓蚀剂

【英文名】 dispersive antiscale corrosion inhibitors JN-1

【组成】 多元醇磷酸酯，木质素磺酸钠，锌盐。

【性质】 本品为深棕色液体，具有氨的刺激性气味。相对密度（20℃）1.30～1.40。黏度（25℃）$14\times10^{-3}\sim23\times10^{-3}$Pa•s。

【质量标准】

活性组分含量/%	≥80
锌盐含量/%	10.0～10.2
pH值(1%水溶液)	2.0～3.0
有机磷含量/%	10.0±0.2
静态阻垢率	≥500

【制法】 将多元醇磷酸盐、木质素碳酸盐按一定比例加到复配器中，加溶剂溶解后再加入锌盐水溶液。搅拌均匀即可。

【用途】 在炼油厂，石油化工厂、钢铁厂等循环冷水中作缓蚀阻垢剂。本品能在金属表面形成一层均匀的保护膜，从而防止换热器腐蚀。能分散氧化铁和污泥。正常使用30～150mg/L，用量提高到100mg/L可代替预膜剂。

Nc024 W-331 新型阻垢缓蚀剂

【英文名】 new scale corrosion inhibitor W-331

【组成】 多元聚羧酸。

【性质】 本品为淡黄色透明液体。相对密度（20℃）为1.10～1.20。凝固点－3.5℃。

【质量标准】

固含量/%	≥22
亚磷酸含量/%	≤0.7
苯并三氮唑含量/%	≥0.45
阻碳钙垢含量/%	>90
总磷酸盐含量/%	6.4~7.8
磷酸含量/%	≤0.142
极限黏度(30℃)/Pa·s	0.06~0.09
年腐蚀率/(m/a)	2.0

【制法】 将聚磷酸盐，膦酸盐，苯并三氮唑按一定比例加入混合器，加入 NaOH 水溶液将 pH 调至 3.5~4.5。

【用途】 本品在碱性条件下有良好的缓蚀性能和阻垢性能，是多功能复合水稳定剂，本品不含重金属离子，含磷量低，无环境污染物，与其他水处理药剂相溶性好，适用于各种工业水处理。适宜的 pH 7.5~9.3，Ca^{2+} 60~240 mg/L，Cl^- 和 SO_4^{2-} 总和 1000mg/L 以下，SiO_2 130mg/L 以下，浊度 20 度以下。停留时间 300h 以内。正常使用含量 40~60 mg/L。

Nc025 NJ-213 缓蚀阻垢剂

【英文名】 corrosion and scale inhibitor NJ-213

【组成】 聚羧酸，有机磷化合物。

【性质】 本品为淡黄色液体，相对密度(20℃)≥1.10，凝固点−3.5℃。

【质量标准】

固含量/%	≥25
pH 值	2~4
总磷量(以 PO_4^{3-} 计)/%	7.1±0.7

【制法】 将聚磷酸盐和聚羧酸盐按比例加入反应釜中，加水溶解即可。

【用途】 本品在工业水处理中作缓蚀阻垢剂，能有效阻止循环水中磷酸钙等难溶盐在换热设备及管道中析出。本品无重金属，对环境减少污染。一般用量 40~100mg/L，即有明显的缓蚀阻垢效果。

Nc026 HW-钨系阻垢缓蚀剂

【英文名】 scale and corrosion inhibitor HW

【组成】 钨酸盐，有机羧酸。

【性质】 淡黄色黏稠液。相对密度(20℃) 1.35~1.37，易溶于水，无臭。

【质量标准】

固含量/%	≥70
pH 值	9.0~10.0

【制法】 将钨酸盐，聚羧酸盐及一元羧酸按一定比例加入反应釜中，加溶剂搅拌均匀。

【用途】 用于化工，医药，冶金，轻工，食品，纺织等行业循环冷却水系统的阻垢缓蚀剂。特别适用于偏碱性的循环水系统。缓蚀率 90%以上，污垢热阻达 0.6×10^{-4} m·h·K/kcal(1cal=4.18J)。

Nc027 高效复合阻垢缓蚀剂

【英文名】 efficient complex formulation of corrosion and scale control

【组成】 聚羧酸，有机磷酸盐，聚磷酸盐等。

【性质】 本品具有良好的化学稳定性，不易水解和降解。对成垢离子有良好的络合、增溶效应，晶格畸变、分散协同效应。

【制法】 将聚丙烯酸、羟基亚乙基二膦酸、聚磷酸钠、无机锌盐、苯并三氮唑按一定比例加入混合器中，搅匀即可。

【用途】 用于工业水处理，具有阻垢，缓蚀和剥离老垢的作用。根据用户的水质条件及工艺运行状况，选择合理复配方案，可与多种药剂相溶。一般用量 20~50mg/L。

Nc028 中环 102-CM 复合型高效水质稳定剂

【英文名】 water quality stabilizer Zhonghuan 102-CW

【组成】 聚羧酸和有机磷酸盐。

【性质】 本品为淡黄色透明液，具有良好的热稳定性。

【质量标准】

外观	淡黄色透明液
pH 值	2

【制法】 将聚羧酸与有机磷酸盐按一定比例混合后，加助剂复配而成。

【用途】 在工业水处理中作阻垢，缓蚀，分散剂。适用的水质硬度（以 $CaCO_3$ 计）220～470mg/L，温度 20～100 ℃。一般用量 250mL/t。

Nc029 水质稳定剂 DDF-1

【英文名】 water quality stabilizer DDF-1

【组成】 有机磷酸盐。

【性质】 本品为棕褐色黏稠液体。化学性质稳定，不易水解，有耐氯稳定性及耐高温。

【质量标准】

活性物含量/%	≥40
正磷酸含量(以 P_2O_5 计)/%	≤2

【制法】 由有机磷酸与氢氧化钠水溶液中和而得。

【用途】 本品能与 Ca^{2+}、Mg^{2+} 进行螯合，对碳酸钙、硫酸钙等结晶具有低限效应的晶格畸变作用。适合火力发电厂、化肥、石油、化工、冶金等行业的循环水处理，作阻垢分散剂。一般用量 1.2～2.0 mg/L，与铜缓蚀剂配伍性良好。

Nc030 WT-304 阻垢缓蚀剂

【英文名】 corrosion and scale inhibitor WT-304

【组成】 有机磷酸酯，聚羧酸盐，WT-1#。

【性质】 本品为淡黄色液体。相对密度 1.25±0.04，本品属全有机配方。具有高温下不水解，不产生第二次垢害的优点。

【质量标准】

活性物含量/%	34±2
阻垢率/%	>90
碳钢腐蚀率/(m/a)	$<50.8\times10^{-6}$
pH 值	≤2

【制法】 将 WT-1# 加到有机磷酸盐中，搅拌均匀后加入聚羧酸盐水溶液，在50～70 ℃下搅拌 2 h。滤出不溶物，得淡黄色液体，即为产品。

【用途】 作工业水处理中的阻垢缓蚀剂，适用于高硬度和高温度的冷却水系统。当使用含量为 25～35mg/L 时，可维持循环水的极限碳酸盐硬度在 6×10^{-3} mol/L。可与其他水处理剂配合使用。

Nc031 HAS 型水质稳定剂

【英文名】 water quality stabilizer HAS

【组成】 腐殖酸钠，聚羧酸和有机酸。

【性质】 本品为灰褐色或黄棕色粉末。易溶于水。在 30℃以下不易分解。具有良好的阻垢性。易吸潮，但吸潮后药性不变。

【质量标准】

外观	褐色粉末
pH 值(1%水溶液)	≥10

【制法】 将腐殖酸、聚羧酸、有机磷酸按一定比例混合均匀后，真空干燥即可。

【用途】 本品适用于中性或偏碱性的水质，在硬度<8mg/L（碳酸钙）的水中，表现出优良的阻垢缓蚀性。一般用药量 20～40mg/L。并且对水藻、菌类、青苔有明显的抑制作用。

Nc032 CW-2120 缓蚀阻垢剂

【英文名】 corrosion and scale inhibitor CW-2120

【组成】 聚羧酸盐，有机磷酸盐。

【性质】 本品为淡黄色液体。

【质量标准】

固含量/%	≥35
阻垢率/%	≥98.6
pH 值	1.0～2.0
缓蚀率/(m/a)	56.04×10^{-6}

【制法】 将聚羧盐、有机磷酸盐按一定比例加入混配釜中，加入适量的水，搅拌混溶即可。

【用途】 用作工业水处理阻垢、缓蚀，可直接加到循环水中，防止设备结垢和腐蚀。对碳酸钙垢有很好的分散能力。在汽车制造厂和日化厂循环水系统中应用，收到良好效果。

Nc033 CW-1901 缓蚀阻垢剂

【英文名】 corrosion and scale inhibitor CW-1901

【组成】 聚羧酸共聚物。

【性质】 橘红色液体。相对密度（20℃）1.18～1.22。易溶于水，化学稳定性及热稳定性高。对 Ca^{2+} 和 Mg^{2+} 螯合，分散能力强。

【质量标准】

外观	橘红色液体
pH 值	2

【制法】 以聚羧酸共聚物（例如丙烯酸与丙烯酰胺共聚物）为主，与其他助剂复配而成。

【用途】 本品用于高硬度水处理，兼有缓蚀、阻垢双重作用。一般用量≤20mg/L。

Nc034 改性聚丙烯酸

【英文名】 modified polyacrylic acid

【组成】 以丙烯酸为主的二元共聚物与其他聚合物。

【性质】 淡黄色液体。相对密度（25℃）1.130，化学性质稳定，呈酸性，有腐蚀性。

【质量标准】

黏度(25℃)/(Pa·s)	≥8.5
pH 值	1～3
有效成分含量/%	30±2

【制法】 将丙烯酸二元聚合物，与其他聚合物按一定比例复配而得。

【用途】 本品能阻止碳酸钙垢和磷酸钙垢的产生，在高 pH（8.5～9）范围内效果明显。

Nc035 CW-1002 水质稳定剂

【英文名】 water quality stabilizer CW-102

【组成】 有机磷酸盐，聚羧酸共聚物和无机磷酸盐。

【性质】 本品为黑色液体。相对密度（25℃）1.25。对碳酸钙、磷酸钙有良好的阻垢性。

【质量标准】

外观	棕黑色液体
含量/%	≥25

【制法】 由有机磷酸盐、聚羧酸共聚物、无机磷酸盐按一定比例混配而成。

【用途】 可用于集中供热系统作水质稳定剂。一般用量 20～125mg/L。

Nc036 CW-1103 缓蚀阻垢剂

【英文名】 corrosion and scale inhibitor CW-1103

【组成】 有机磷酸盐，多元聚羧酸，聚羧酸盐。

【性质】 本品为棕色黏稠体。相对密度 1.20～1.25。有很强的螯合及分散钙镁离子的能力。

【质量标准】

有效物含量/%	22～25
pH 值(20℃)	9～10

【制法】 将有机磷酸盐、多元聚羧酸、聚羧酸盐按一定比例混合，再加一定量助剂而成。

【用途】 本品作为缓蚀阻垢剂，适合蒸发量小于 20t 的低压锅炉使用。有阻垢、缓蚀、避免汽水共沸的作用，用于锅炉内水直接处理时，需加 2～3kg/t。

Nc037 水质稳定剂 YSS-93

【英文名】 water stabilizing agent YSS-93

【结构式】

$$\left[CH_2-CH \atop \quad\quad COOH \right]_m \left[CH_2-CH \atop \quad\quad COO(C_3H_6OH) \right]_n$$

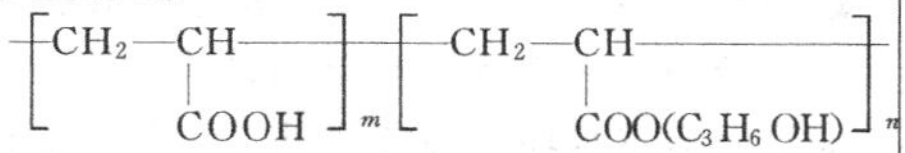

【性质】 本品为淡黄色黏稠液体。相对密度（20℃）1.05～1.15。特性黏度 0.060～0.095Pa·s。本品既具有强的螯合功能，又有高分散性能，是新型高效水质稳定剂。

【质量标准】

外观	淡黄色黏稠液
游离单体/%	≤0.6
固含量/%	≥40
pH 值（1% 水溶液）	2.5～3.5

【制法】 将次亚磷酸钠加入反应釜中，加水溶解。升温 80～90℃。开始滴加引发剂过硫酸铵水溶液和单体丙烯酸及丙烯酸羟丙酯的混合液。滴毕后，继续搅拌 3～4h。冷却至 40℃ 左右得共聚物 YSS-93。反应式如下：

$$m CH_2{=}CH \atop \quad\quad COOH \quad + \quad n CH_2{=}CH \atop \quad\quad COO(C_3H_6OH) \xrightarrow{\text{引发剂}}$$

$$\left[CH_2-CH \atop \quad\quad COOH \right]_m \left[CH_2-CH \atop \quad\quad COO(C_3H_6OH) \right]_n$$

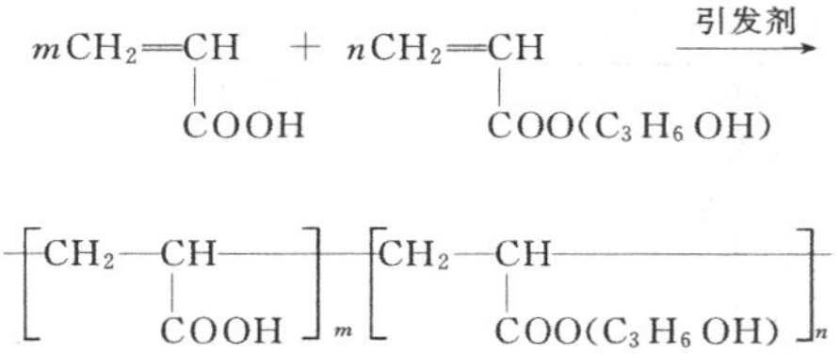

【用途】 本品用作水质稳定剂。对碳酸钙垢、磷酸钙垢有优良的阻止能力。并且有一定的缓蚀性能。与锌盐、磷酸盐和有机磷酸盐复配后显示出较好的增效作用。其性能优于常用的 HEDP 和 T-255。本品可用于钢铁、电力、化肥、石油化工等行业的循环冷却水及锅炉用水，油田注水等。

【安全性】【生产单位】 见 Nc006。

Nc038 QⅠ-105 阻垢剂

【英文名】 scale agent QⅠ-105

【组成】 羟基亚乙基二膦酸（HEDPA）。

【性质】 深黄色黏稠液。

【制法】 将 15 份羟亚乙基二膦酸加入反应釜中，加水溶解后在搅拌下加入 8 份聚丙烯酸钠，2 份巯基苯并噻唑。搅匀后用 NaOH 水溶液调 pH 至 7.5～8.0，即得成品。

【用途】 用于冷却水处理具有较好的消垢、防腐、防黏泥效果。

Nc039 LH BOZS 水质稳定剂

【英文名】 water stabilizing agent LH BOZS

【别名】 聚丙烯酸钠

【结构式】

$$\left[CH_2-CH \atop \quad\quad COONa \right]_n$$

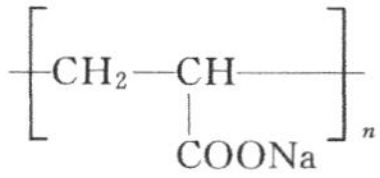

【分子式】 $(C_3H_3NaO_2)_n$

【分子量】 1000～3000

【质量标准】

外观	浅黄色液体
pH 值	8.0～9.0
固含量/%	≥30

【制法】 将相对分子质量为 1000～3000 的聚丙烯酸钠加入反应釜中，配成 30% 的水溶液即可。

【用途】 本剂用于铜材质设备的循环冷水处理，其阻垢效果良好。用量 100mg/L 时，能与中等硬度水中的成垢离子形成螯合物随水流动，并能防止氧化铁垢的形成。

Nc040 多元醇磷酸酯

【英文名】 polyhydric alcohol phosphate ester

【别名】 PAPE

【结构式】

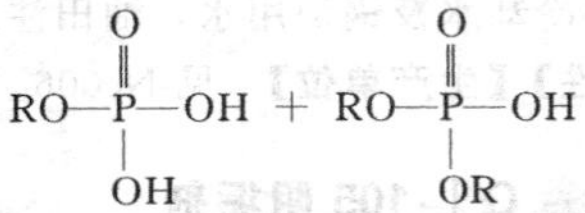

【性质】 本品为棕色膏状物或酱黑色黏稠液体。对季铵盐类杀菌剂相容。具有良好的缓蚀阻垢性能。

【质量标准】

指标名称	膏状产品	液体产品
有机磷酸酯含量/%≥	33.5	32.0
无机磷酸/%≤	8.0	10.0
pH 值(1%水溶液)	1.5～2.5	

【制法】 将 2mol 甘油聚乙醚、三乙醇胺加入反应釜中，加热熔融后分批加入 1mol P_2O_5。酯化反应结束后，将生成物转入调整槽中加助剂，调整得成品。

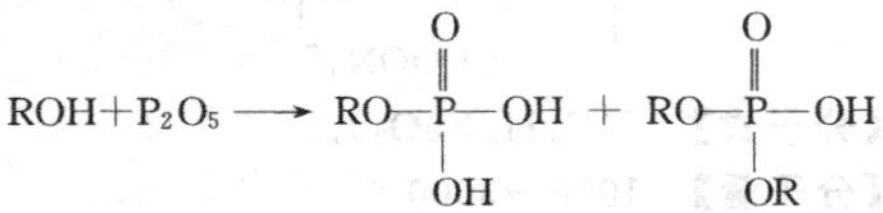

【用途】 用作工业水处理，作阻垢缓蚀剂。亦用于油田注水。

Nc041 TS-104 阻垢剂

【英文名】 scale inhibitor and dispersant TS-104

【组成】 羟基亚乙基二磷酸盐，聚丙烯酸钠。

【性质】 本品为淡黄色液体。相对密度 1.30。具有很好的螯合、分散、阻垢性能。

【质量标准】

外观	淡黄色液体
pH 值	11～12

【制法】 将羟基亚乙基二磷酸盐，聚丙烯酸钠和巯基苯并噻唑按一定比例加入反应釜中，高速搅拌成均相体系，即为成品。

【安全性】 低毒。

每桶 25kg 或根据用户需要确定；在室内阴凉、通风处储藏，防潮。严防曝晒，储存期 10 个月。

【用途】 本品在工业水处理中作缓蚀阻垢剂，能低限抑制品格畸变，阻止成垢，与聚磷酸盐等复合使用，具有良好的缓蚀性。对碳钢设备效果明显。

【生产单位】 内蒙古科安水处理技术设备有限公司，河南沃特化学清洗有限公司，北京海洁尔水环境科技公司，天津市化工研究院等。

Nc042 KRH 缓蚀剂

【英文名】 corrosion inhibitors KRH

【组成】 含磷化合物及有机物的复配物。

【性质】 KRH 缓蚀剂为无色透明液体，凝固点－18℃，化学稳定性好，易降解，成膜牢、吸附力强。缓蚀剂分子中的阻垢基团在水中解离后，阴离子可与成垢阳离子络合产生稳定的水溶性的环状结构，降低污水中成垢离子浓度，起到阻垢作用。缓蚀剂分子中的阻垢基团在垢面吸附后，能形成扩散双电层，使垢面带电，抑制了垢晶体间的聚结，阻垢成分也在结垢表面吸附，形成同样的扩散双电层，兼有阻垢缓蚀双重功效。

【质量标准】

外观	无色透明液体
有效成分/%	55
相对密度(25℃)	1.37
pH 值	6～7
凝固点/℃	－18

【制法】 将含磷化合物和有机物按一定比例复配。

【安全性】 低毒。

每桶 25kg 或根据用户需要确定；要

求在室内阴凉通风处储藏，防潮。严防曝晒，储存期10个月。

【用途】 缓蚀阻垢剂，性能稳定，长时间放置无固体析出，易溶于水，与KRS-1杀菌剂的配伍性良好。符合生态环境要求。

【生产单位】 内蒙古科安水处理技术设备有限公司，河南沃特化学清洗有限公司，北京海洁尔水环境科技公司，新疆新克澳化工有限责任公司，河南洛阳强龙精细化工总厂，上海芬德国际贸易有限公司，浙江杭州银湖化工有限公司。

Nc043 缓蚀剂 NYZ-2

【英文名】 corrosion inhibitor NYZ-2

【组成】 羧酸酰胺、钼酸钠。

【性质】 本品为奶黄色乳状液，不含亚硝酸盐，用量低在盐水中缓蚀性好。适应pH和温度范围宽、控制弹性大。

【质量标准】

外观	奶黄色乳状液
有效成分/%	>20
$Na_2MoO_4 \cdot 2H_2O$/%	9.5～10
相对密度	1.05～1.1
pH值	9.5～10

【制法】 由有机酸、无机酸、有机胺在适当的催化剂和温度下合成的羧酸酰胺与钼酸钠复配。

【安全性】 低毒。

塑料桶包装，每桶25kg或根据用户需要确定；在室内阴凉、通风处储藏，防潮、严防曝晒，储存期10个月。

【用途】 盐水缓蚀剂MYN-2，具有用量低、缓蚀性能好。锡酸钠10mg/L、羧酸酰胺10mg/L缓蚀率>98%。不能在含Cl^-水质中使用。

【生产单位】 内蒙古科安水处理技术设备有限公司，河南沃特化学清洗有限公司，北京海洁尔水环境科技公司。

Nc044 缓蚀剂 FM

【英文名】 corrosion inhibitor FM

【组成】 乙氧基化咪唑啉

【性质】 本品为深褐色液体，通过控制阳极反应，切断腐蚀反应的途径，对H_2S腐蚀有理想的抑制作用。

【质量标准】

外观	深褐色液体
有效含量/%	100
相对密度(20℃)	>1.12

【制法】 咪唑啉与环氧乙烷（摩尔比1∶7）反应得缓蚀剂FM。

【安全性】 低毒。

塑料桶包装，每桶25kg或根据用户需要确定；在室内阴凉通风处储藏，防潮、严防曝晒，储存期10个月。

【用途】 在高含硫量的污水处理中作缓蚀剂。

【生产单位】 内蒙科安水处理技术设备有限公司，河南沃特化学清洗有限公司，北京海洁尔水环境科技公司，浙江佳磁集团净水剂公司，北京普兰达水处理制品有限公司，山东青岛金港湾工贸有限公司。

Nc045 缓蚀剂 FMO

【英文名】 corrosion inhibitor FMO

【组成】 季铵化咪唑啉。

【性质】 本品为深褐色液体，通过控制阳极反应，切断腐蚀反应的途径，对H_2S腐蚀有理想的抑制作用。

【质量标准】

外观	深褐色液体
有效含量/%	100
相对密度(20℃)	>1.08

【制法】 咪唑啉与氯化苄（摩尔比1∶1）反应得缓蚀剂FMO。

【安全性】 低毒。

塑料桶包装。每桶 25kg 或根据用户需要确定；要求在室内阴凉、通风处储藏，防潮、严防曝晒，储存期 10 个月。

【用途】 在高含硫量的污水处理中作缓蚀剂。对 H_2S-3% NaCl 水体系中碳钢的腐蚀有良好的抑制效果。

【生产单位】 内蒙古科安水处理技术设备有限公司，河南沃特化学清洗有限公司，北京海洁尔水环境科技公司，大连广汇化学有限公司，辽宁沈阳荣泰化工制剂有限公司，江苏南京化学工业研究设计院。

Nc046 聚天冬氨酸-膦系水处理剂阻垢缓蚀剂

【英文名】 scale and corrosion inhibitor of mixture of polyaspartic (PAsp) and phosphorous water treatment agent

【组成】 聚天冬氨酸和膦系水处理剂的混合物。

【性质】 聚天冬氨酸 (PAsp) 相对分子质量大约 $6\times10^4\sim7\times10^4$，分子中不含磷，可生物降解，具有较好的阻垢分散性能，与少量膦系水处理剂复合使用阻垢缓蚀效果明显提高，具有高效、低磷、可部分生物降解对环境友好的优势。

【质量标准】

聚天冬氨酸的黏均分子量	3500
固含量/%	55

【制法】 PAsp 的合成

(1) 取一定量 1,3,5-三甲基苯和环丁砜加入反应釜，在搅拌下加入 L-天冬氨酸于磷酸催化下，在一定温度下进行热缩聚反应，反应完成后，用氢氧化钠溶液水解缩聚产物，得到红棕色液体，即为 PAsp 溶液。

(2) 将马来酸酐水解得到的浆状混合物冷却到一定温度，在水浴加热下，滴加 25%的氨水（MA：NH_3 为 1：3），滴加完毕后升温。80℃搅拌 6h，将胺化产物在真空下油浴加热，在 230℃下反应 3h，即得产物聚琥珀酰亚胺。向聚合产物聚琥珀酰亚胺中加入浓碱液，搅拌下加热至 50℃，待聚合物全部溶解后，调 pH 为 8～10，继续搅拌 30min。测固含量，配成符合要求的聚天冬氨酸钠水溶液。

【安全性】 无毒。

塑料桶包装，每桶 25kg 或根据用户需要确定；在室内阴凉通风处储藏，防潮、严防曝晒，储存期 10 个月。

【用途】 用作阻垢缓蚀剂，阻垢率达到 83%，缓蚀率可以达到 95%以上。可避免全有机膦系水处理剂引起周围水域的富营养化，促进菌藻的滋长形成“赤潮”，污染环境。PAsp 与膦系水处理剂的复合取膦系阻垢缓蚀剂膦酸基丁烷 1,2,4 三羧酸（PBTCA）按 1：2 的比例加入到 PAsp 溶液中，配制成二元复合溶液，即得到相应的复合水处理剂。

【生产单位】 内蒙古科安水处理技术设备有限公司，河南沃特化学清洗有限公司，北京海洁尔水环境科技公司。

Nc047 PPSA 水处理剂

【英文名】 water treatment agent PPSA

【组成】 PPSA 是含磷酰基和磺酸基的部分水解的聚丙烯酰胺。

【性质】 本品溶于水，具有阻垢和缓蚀的双重功能。

【制法】 在搅拌下将 100 份聚丙烯酰胺(PHP)、50 份磺化剂、50 份磷化剂加入反应釜中，待固体物料完全溶解后，加入蒸馏水用盐酸调节 pH 至 1～5，然后开始升温温度升到 100℃时开始滴加甲醛，反应 1～4h 停止加热冷却至常温即得产品。

【质量标准】

固含量/%	25～30
pH 值	1～5

【安全性】 低毒。

塑料桶包装，每桶 25kg 或根据用户需要确定；要求在室内阴凉通风处储藏，防潮、严防曝晒，储存期 10 个月。

【用途】 作水处理剂，具有良好的缓蚀性能腐蚀率仅为 0.021～0.028mm/a，缓蚀率＞88.3%，稳定钙离子浓度达到 25mg/L。

【生产单位】 内蒙古科安水处理技术设备有限公司，河南沃特化学清洗有限公司，北京海洁尔水环境科技公司。

Nc048 多元醇磷酸酯 PAPE

【英文名】 polyhydric alcohol phosphate ester

【结构式】

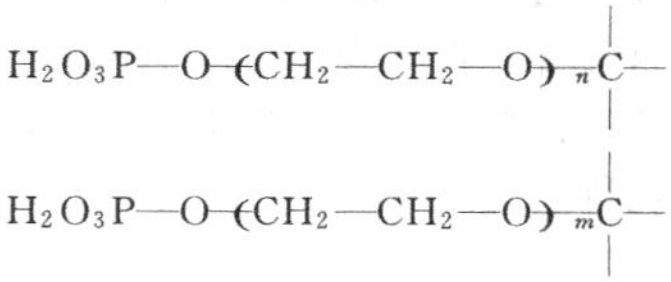

【性质】 多元醇磷酸酯是一种新型的水处理药剂，具有良好的阻垢和缓蚀性能。由于分子中引入了多个聚氧乙烯基，不仅提高了缓蚀性能，也提高了对钙垢的阻垢和泥沙的分散能力。对国内现有阻垢剂所无法控制的水中钡、锶垢沉积有着优良的抑制作用，对水中的碳酸钙、硫酸钙等难溶盐沉积亦有着优良的阻垢作用，对钢材具有阴极保护作用，缓蚀效果优于国内现有的同类产品。多元醇磷酸酯与聚羧酸盐、有机磷酸盐、无机磷酸盐、锌盐等水稳定剂混溶良好。

【质量标准】

外观	无色或黄色透明液体
总磷含量(以 PO_4^{3-} 计)/%	≥30.0
pH 值（1%水溶液）	2.0～3.0
固含量/%	≥50.0
有机磷磷含量(以 PO_4^{3-} 计)/%	≥15.0

【制法】 多元醇与磷酸在酸性离子交换树脂催化下进行酯化反应而得。

【安全性】 低毒。多元醇磷酸酯为酸性液体，具有一定的腐蚀性，使用时应注意防护。

多元醇磷酸酯采用塑料桶包装，每桶净重 25kg 或 200kg。多元醇磷酸酯储存于阴凉、干燥处，储存期 10 个月。

【用途】 多元醇磷酸酯工业冷却水处理的缓蚀阻垢剂和油田注水采集的阻垢剂，因水质和工艺条件不同而异。多元醇磷酸酯用作阻垢剂。一般用量小于 15mg/L，用作密闭循环缓蚀剂时可高至 150mg/L 以上。

【生产单位】 北京普兰达水处理制品有限公司，上海同纳环保科技有限公司，上海维思化学有限公司，黑龙江大庆华顺化工有限公司。

Nc049 *N*,*N*-二甲基-*N*-十六烷基季氨基丁基硫酸酯

【英文名】 *N*-dimethyl-*N*-hexadecyl quarternary ammonium butyl sulfate

【登记号】 CAS [58930-15-7]

【结构式】

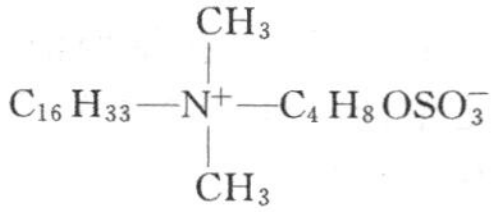

【分子式】 $C_{22}H_{47}NO_4S$

【分子量】 493.0

【性质】 本品为白色固体，红外特征吸收 1270～1220cm^{-1}，对 pH 不敏感，溶于水。在所有 pH 范围内均具有润湿、发泡、杀菌、洗涤、缓凝性能。

【质量标准】

含量/%	≥95
Cl^- 含量/%	≤0.5

【制法】 把氯化二甲基十六烷基羟丁基铵

加入反应釜中，加二氯甲烷溶解，在搅拌下冷却降温至－30℃后，开始滴加氯磺酸（理论量）。滴毕后，缓缓升温至10℃左右搅拌1h，再在20℃左右搅拌1h，然后冷却降温至－30℃。加入冷的甲醇-氢氧化钠水溶液回流1h，静置，待无机盐沉淀后滤出，滤液冷却至－30℃，结晶得粗产品。将粗产品用乙醇重结晶得纯品。反应式如下：

$$C_{16}H_{33}N^{+}(CH_3)_2C_4H_8OHCl^{-}\xrightarrow[NaOH]{HSO_3Cl}C_{16}H_{33}N^{+}(CH_3)_2C_4H_8OSO_3^{-}$$

【安全性】 不能与阴离子物共混。密封防潮。

塑料桶包装，每桶25kg或根据用户需要确定；要求在室内阴凉、通风处储藏，防潮、严防曝晒，储存期10个月。

【用途】 水处理中用作钙皂分散剂。

【生产单位】 内蒙古科安水处理技术设备有限公司，河南沃特化学清洗有限公司，北京海洁尔水环境科技公司。

Nc050 聚氧乙烯脂肪酰胺

【英文名】 polyoxyethylene fatty acid amide

【结构式】 $RCON(CH_2CH_2O)_nH$

【性质】 本品为琥珀色黏稠液，水溶性好，可稳定泡沫，具有增稠作用，对皮肤有柔软和保护作用。

【质量标准】

外观	琥珀色黏稠油状物
游离碱/%	≥20
pH值(1%水溶液)	8.0～8.5

【制法】 将1mol脂肪醇酰胺和催化剂量的KOH投入反应釜，用氮气驱尽釜中空气，然后逐渐升温加入环氧乙烷，通环氧乙烷阶段温度为160～180℃。通完环氧乙烷后继续反应1h，取样测游离碱量在20%左右反应完毕。加冰醋酸调pH至8.0～8.5，加适量双氧水脱色，冷却出料包装得成品。反应式如下：

$$RCON(CH_2CH_2OH)_2 + n\ \underset{\diagdown O \diagup}{CH_2—CH_2} \xrightarrow{KOH} RCON(CH_2CH_2O)_nH$$

【安全性】 低刺激性，注意防护。

塑料桶包装，每桶25kg或根据用户需要确定；要求在室内阴凉通风处储藏，防潮、严防曝晒，储存期10个月。

【用途】 本品用于水处理有良好的洗涤效果。具有提高泡沫的稳定性能，增强去污的协同作用及对钙皂的稳定性，对金属表面有防锈功能。

【生产单位】 天津助剂厂，北京市洗涤剂厂，内蒙科安水处理技术设备有限公司，河南沃特化学清洗有限公司，北京海洁尔水环境科技公司。

Nc051 十八胺

【英文名】 octadecylamine

【别名】 硬脂胺；1-氨基十八烷；正十八胺；1-十八胺；十八烷胺；氢化牛脂基伯胺；十八烷基伯胺；1-aminooctadecane；1-octadecylamine

【登记号】 CAS [124-30-1]

【结构式】 $CH_3(CH_2)_{16}CH_2NH_2$

【性质】 白色结晶或颗粒。熔点53.1℃；沸点（101.3kPa）348.8℃；闪点（闭杯）148℃；相对密度（d_4^{20}）0.8618。折射率（n_D^{20}）1.4522。极易溶于氯仿，溶于乙醇、乙醚和苯，微溶于丙酮，不溶于水。

【质量标准】 HG/T 3503—1989

指标名称		一等品	合格品
外观		白色	浅黄色
凝固点/℃	≥	37.0	35.0
总胺值/(mg KOH/g)	≥	195	187
碘值/%	≤	3.0	4.0

【制法】 硬脂酸和氨连续定量地在反应塔

内进行氨化反应得到十八胺腈。经水洗精制入高压釜内，在镍催化剂作用下加氯生成十八胺。

【用途】 十八胺对铁、铜都有良好的防蚀效果。可用于低压锅炉碱的给水、冷凝水系统以及其他水系统和循环冷却水的缓蚀剂。亦是有机合成中间体。

【安全性】 有腐蚀性。对皮肤眼睛和黏膜有刺激性，长期高浓度接触会严重烧伤皮肤和眼睛。工作人员应作好防护。储运时应避免与酸性气体或酸直接接触，勿受阳光直晒。

【生产单位】 博兴华润油脂化学有限公司，上海南翔试剂有限公司，洛阳市英东化工有限公司，天津市光复精细化工研究所，广州慧之海（集团）科技发展有限公司，杭州龙山化工有限公司。

Nc052 苯胺

【英文名】 aniline

【别名】 阿尼林；安尼林；氨基苯；benzenamine；aniline oil；phenylamine；aminobenzene；aminophen；kyanol

【登记号】 CAS [62-53-3]

【结构式】 $C_6H_5NH_2$

【性质】 无色或浅黄色的透明状液体。纯净苯胺系无色透明液体，有特殊气味。d_{20}^{20} 1.022；沸点 184～186℃；F_p 169℉ (76℃)；n_D^{20} 1.5863；pK_b 9.30。1g 该品能溶于 28.6mL 水、15.7mL 沸水，能与乙醇、乙醚、苯和其他有机溶剂相混溶，能随水蒸气挥发。苯胺在水中溶解度随温度升高而增大，当温度高于 167.5℃时，苯胺与水能以任意比例互溶。苯胺在苯胺盐中的溶解度很大，50%的苯胺盐酸盐能与苯胺以任意比例互溶。在空气中氧、光照射或高温下，苯胺易被氧化。遇高热、明火或与氧化剂接触，有引起燃烧的危险。与空气能形成爆炸性混合物。

【质量标准】 GB 2961—2006

指标名称	优等品	一等品	合格品
外观	无色至浅黄色透明液体，贮存时允许颜色变深		
苯胺/% ≥	99.80	99.60	99.40
干品结晶点/℃ ≥	−6.2	−6.4	−6.6
水分/% ≤	0.10	0.30	0.50
硝基苯/% ≤	0.002	0.010	0.015
低沸物/% ≤	0.005	0.007	0.010
高沸物/% ≤	0.01	0.03	0.05

【制法】 将硝基苯、氯化亚铁溶液（或氯化铵溶液）以及碎铁粉加入反应釜中，不断搅拌，进行还原反应制得。或者由氢气还原硝基苯制得。

【用途】 可与硫氰酸钾、乌洛托品配制硝酸酸洗缓蚀剂。也可直接用作盐酸、硫酸等无机酸的缓蚀剂。

【安全性】 吸入苯胺蒸气或皮肤吸收会引起中毒。工作环境中苯胺含量不应超过 $0.1mg/m^3$。操作人员应作好防护。当苯胺溅及皮肤时，应立即用冷水或温水冲洗干净。工作场所应有良好的通风条件。储运中注意防水、防潮、防晒。

【生产单位】 辽宁庆阳化工（集团）有限公司，汕头西陇化工有限公司，天津市化学试剂一厂，上海实验试剂有限公司，中国石化集团南京化学工业有限公司化工厂，金田企业（南京）有限公司，淄博鲁中化工轻工有限公司，江苏方舟化工有限公司，上海试一化学试剂有限公司，中国石油兰州石油化工公司，江苏永华精细化学品有限公司，北京化工厂。

Nc053 吡啶

【英文名】 pyridine

【别名】 一氮三烯六环；氮杂苯；氮环；杂氮苯

【登记号】 CAS [110-86-1]

【化学式】 C_5H_5N

【结构式】

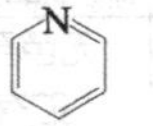

【性质】 淡黄或无色液体，有恶臭。相对密度 0.978；熔点 -42.0℃；沸点 115.5℃；折射率（20℃）1.5092；着火点 482℃。溶于水、乙醇、苯、石油醚和油脂，是许多有机化合物的优良溶剂，并能溶解许多无机盐类。对酸和氧化剂稳定，显碱性。遇火种、高温、氧化剂有发生火灾的危险。其蒸气与空气形成爆炸性混合物。若遇高热，容器内压增大，有开裂和爆炸的危险。强酸能引发剧烈溅射。腐蚀某些塑料、橡胶和涂料。

【质量标准】

指标名称	指　标
色度(Pt-Co)	40
相对密度	0.980～0.984
馏程(0.1MPa)/℃	114.5～116.5
水分/%	0.20

【制法】 以醛或酮、氨为原料，在催化剂的作用下合成得到。或者对焦化过程中生成的焦炉气中的吡啶碱进行回收处理得到吡啶。

【用途】 用作缓蚀剂，吡啶对金属起到缓蚀作用，可直接加到酸洗液中，利用其吸附作用达到缓蚀作用。

【安全性】 有强烈刺激性；能麻醉中枢神经系统。对眼及上呼吸道有刺激作用。误服可致死。长期吸入可发生肝肾损害。可致多发性神经病。工作人员应作好防护，避免吡啶与人体直接接触。生产现场保持良好通风。

【生产单位】 上海宝钢化工有限公司，江都市银江化工有限公司，辽宁鞍山市贝达合成化工厂，天津市化学试剂一厂，常州市越兴化工有限公司，上海实验试剂有限公司，上海试一化学试剂有限公司，盐城市德瑞化工有限公司，台州市永丰化工有限公司，济南华尔沃化工有限公司，北京化工厂。

Nc054 六亚甲基四胺

【英文名】 methenamine

【别名】 六亚甲基苯胺；乌洛托品；四氮六甲环；胺仿；六胺；环六亚甲基四胺；促进剂 H；海克山明；hexamethylenetetramine；HMT；HMTA；hexamine；1,3,5,7-tetraazaadamantane；hexamethylenamine

【登记号】 CAS［100-97-0］

【结构式】 $(CH_2)_6N_4$

【性质】 白色至淡黄色结晶粉末。可燃。几乎无臭，味甜而苦。相对密度 1.331（20/4℃）；闪点 250℃；熔点 263℃。易溶于水、乙醇、氯仿等有机溶剂，难溶于苯、四氯化碳，不溶于乙醚、汽油。升温至 300℃时放出氰化氢，继续升温，则分解为甲烷、氢和氮。在弱酸溶液中分解为氨及甲醛。与火焰接触时，立即燃烧并产生无烟火焰。有挥发性。遇明火、高热可燃。与氧化剂混合能形成有爆炸性的混合物。与硝酸纤维大面积接触会引起燃烧。与过氧化钠接触剧烈反应。其蒸气比空气重，易在低处聚集。

【质量标准】 GB/T 9015—1998

指标名称		优等品	一等品	合格品
外观		白色或略带色调的结晶，无可见杂质		
纯度/%	≥	99.3	99.0	98.0
水分/%	≤	0.5		1.0
灰分/%	≤	0.03	0.05	0.08
水溶液外观		合格		—
重金属(以 Pb 计)/%	≤	0.001		—
氯化物(以 Cl 计)/%	≤	0.015		—
硫酸盐(SO_4^{2-})/%	≤	0.02		—
铵盐(以 NH_4^+ 计)/%	≤	0.001		—

【制法】 由甲醛与过量氨水在一定条件下发生缩合反应，反应完毕后，经沉降、过滤、滤液真空蒸发至糊状，抽滤、干燥即可。

【用途】 大型锅炉的盐酸酸洗常用缓蚀剂之一。能够很好地吸附在金属表面，形成一层保护膜，抑制盐酸液对金属的腐蚀作用。用于盐酸洗缓蚀剂时，单独使用量为 0.5%。

【安全性】 大鼠静脉注射 LD_{50}：9200mg/kg。刺激皮肤并引起皮炎。工作人员应作好防护，工作场所应保持良好通风，当皮肤接触时，应用大量水冲洗。储存于阴凉、通风仓库内，远离火种、热源，防止阳光直射，保持容器密封，应与氧化剂、酸类分开存放。

【生产单位】 上海溶剂厂，山东瑞星化工有限公司，兰州石化公司化肥厂，吉化集团化工助剂有限公司，上海实验试剂有限公司，苏州精细化工有限公司，北京化工厂，天津市光复精细化工研究所，无锡市展望化工试剂有限公司。

Nc055 硫脲

【性质】 白色斜方或针状结晶，味苦。相对密度 1.405；熔点 180～204℃；150～160℃升华。微溶于冷水，易溶于热水，室温下微溶于甲醇、乙醇、乙酸和石脑油等。遇明火、高热可燃。受热分解，放出氮、硫的氧化物等毒性气体。与氧化剂能发生强烈反应。

【质量标准】 HG/T 3266—2002

指标名称		优等品	一等品	合格品
外观		白色结晶		
硫脲含量/%	≥	99.0	98.5	98.0
加热减量/%	≤	0.40	0.50	1.0
水不溶物含量/%	≤	0.02	0.05	0.10
硫氰酸盐(以CNS计)含量/%	≤	0.02	0.05	0.10
熔点/℃	≥	171	170	—
灰分/%	≤	0.10	0.15	0.30

【制法】 由氰胺类与硫醇类反应制得。或者由胺类与二硫化碳反应制得。

【用途】 用作缓蚀剂。用于柠檬酸酸洗缓蚀剂、氢氟酸酸洗缓蚀剂、酸洗除铜剂等。

【安全性】 其粉尘对眼和上呼吸道有刺激性，吸入后引起咳嗽、胸部不适。可经皮肤吸收。该品反复作用时可抑制甲状腺和造血器官的机能。操作人员应作好防护。储存于阴凉、通风仓库内，远离火种、热源，防止阳光直射，保持容器密封，应与氧化剂、酸类、碱类分开存放。

【生产单位】 河南宏业化工有限公司，天津市化学试剂一厂，淄博市临淄万通精细化工厂，天津科密欧化学试剂开发中心，成都市科龙化工试剂厂，江苏永华精细化学品有限公司，上海试一化学试剂有限公司，石家庄市中汇化工有限公司，山东邦德化工有限责任公司，连云港中壹精细化工有限公司，北京化工厂。

Nc056 *N*,*N*′-二乙基硫脲

【英文名】 *N*,*N*-diethyl thiourea

【别名】 1,3-二乙基硫脲；二乙基硫脲；1,3-diethyl thiourea

【登记号】 CAS [105-55-5]

【化学式】 $CS(NHC_2H_5)_2$

【结构式】

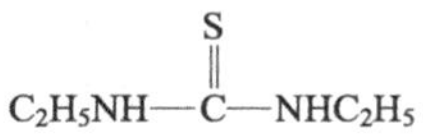

【性质】 白色或淡黄色粉末。熔点大于70℃。有吸湿性。易溶乙醇、丙酮，可溶于水，难溶于汽油。遇高热、明火或与氧化剂接触，有引起燃烧的危险。

【质量标准】

指标名称		指标
外观		白色至淡黄色粉末
纯度/%	≥	95
熔点/℃		70

续表

指标名称	指　标
灰分/%　　　　≤	0.3
加热失重/%　　≤	0.5
溶解性	合格

【制法】乙胺水溶液与二硫化碳在20～30℃条件下进行反应，生成*N*-乙基二硫代氨基甲酸乙胺盐。该物质在96～100℃分解，放出硫化氢气体后，再经分离、水洗、结晶、粉碎、干燥即得成品。

【用途】高效缓蚀剂，可以单独加入酸溶液中用作黑色金属的缓蚀剂，也可与氨基磺酸和柠檬酸配合，制成固体清洗剂。还用于铜溶解促进剂。

【安全性】储存于阴凉、通风仓库内。远离火种、热源。防止阳光直射。保持容器密封。应与氧化剂、酸类、食用化工原料分开存放。

【生产单位】青岛联昊化工有限公司，淄博天堂山化工有限公司，山东泮田化工有限公司。

Nc057 甲基苯并三氮唑

【英文名】methylbenxotriaxole

【别名】甲苯基三氮唑；甲苯基三唑

【登记号】CAS［136-85-6］

【化学式】$C_7H_7N_3$

【结构式】

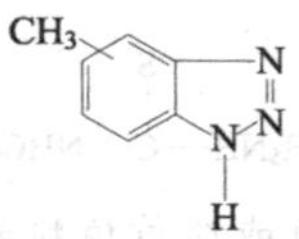

【性质】浅棕色粉末，熔点82.83℃；沸点（2kPa）201～204℃；98～100℃升华。易溶解于甲醇、丙酮、环己烷、乙醚等，难溶于水和石油系溶剂。水溶液呈弱酸性，pH为5.5～6.5。对酸、碱稳定，与碱金属离子可以生成稳定的金属盐。

【质量标准】

指标名称	指　标
外观	浅棕色粉末
熔点/℃	90～95
pH	5.5～6.5
酸溶解试验	透明，无不溶物

【制法】将甲苯二胺重氮化，在乙酸中环化、再经减压蒸馏得到粗甲基苯并三唑，经重结晶、精制、干燥，即可制得较纯的甲基苯并三唑。还有以甲基邻苯二胺和亚硝酸乙基己酯为原料，以乙基己醇为溶剂，不经精馏即可制得较纯甲基苯并三唑的方法。

【用途】甲基苯并三氮唑对铜及铜合金有缓蚀作用，既可复配其他有机缓蚀剂，也可以单独投加。甲基苯并三氮唑的使用浓度为2～10mg/L。

【安全性】大鼠经口LD_{50}：675mg/kg。操作时应做好防护。储运中应防潮、防潮、通风。

【生产单位】南京顺恒信化工有限公司，江阴市农药二厂有限公司，山东省泰和水处理有限公司。

Nc058 巯基苯并噻唑

【英文名】mercaptobenzothiaole

【别名】2-巯基-1,3-硫氮茚；促进剂M

【登记号】CAS［149-30-4］

【化学式】$C_7H_5NS_2$

【结构式】

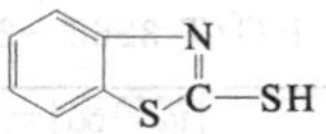

【性质】淡黄色针状或片状单斜晶体，有难闻气味和特殊苦味。相对密度1.42，熔点180.2～181.7℃（工业级产品熔点为170～175℃）。不溶于水，25℃时在乙醇中的溶解度为2g/100mL，在丙酮中为10g/100mL，在四氯化碳中小于0.2g/100mL，在冰乙酸中有中等溶解度，溶于碱和碱金属的碳酸盐溶液中。

闪点 515～520℃，遇明火可燃烧。受高热分解，放出有毒的烟气。

【质量标准】 GB/T 11407—2003

指标名称	优等品	一等品	合格品
外观	浅黄色或灰白色粉末、粒状		
初熔点/℃ ≥	173.0	171.0	170.0
加热减量/% ≤	0.30	0.40	0.50
灰分/% ≤	0.30	0.30	0.30
筛选物①/% ≤	0.0	0.1	0.1

① 筛余物不适用于粒状产品。

【制法】 将苯胺、二硫化碳和硫黄在高温高压下反应制得。或者将硫化钠、硫黄制成多硫化钠，然后将多硫化钠、邻硝基氯苯、二硫化碳在 100～130℃ 和低于 0.34mPa 压力下反应制得。

【用途】 用于水处理，一般使用其钠盐。在水中容易被氧化，如氯、氯胺及铬酸盐都可以氧化它，当用氯等作为杀菌剂时应该先加入本品，再加入杀菌剂，以防止被氧化而失去缓释作用。可将其制成碱溶液与其他水处理剂配合在一起使用。使用的质量浓度通常为 1～10mg/L，当 pH 低于 7 左右时最低剂量为 2mg/L。

【安全性】 大鼠经口 LD_{50}：1680mg/kg；家兔经口 LD_{50} 为 500mg/kg。吸入、摄入或经皮肤吸收后对身体有害。可能引起呼吸系统和皮肤的过敏反应。对皮肤和黏膜有刺激作用，引起皮炎及难治的皮肤溃疡。操作中应做好防护。储存于干燥、通风仓库中，避免与明火接触。按有毒化学品规定储运。远离火种、热源，包装密封，防潮、防晒，应与氧化剂分开存放。操作现场不得吸烟、饮水、进食。

【生产单位】 浙江黄岩浙东橡胶助剂有限公司，北京恒业中远化工有限公司，中国石化集团南京化学工业有限公司化工厂，广州慧之海（集团）科技发展有限公司，天津市光复精细化工研究所。

Nc059 丙炔醇

【英文名】 propargyl alcohol

【别名】 2-丙炔-1-醇；2-propyn-1-ol

【登记号】 CAS [107-19-7]

【结构式】 $CH \equiv CCH_2OH$

【质量标准】 工业品一般纯度在 97%以上，水分小于 0.05%。

【制法】 以丁炔铜为催化剂，由乙炔与甲醛于 110～120℃ 反应，得丁炔二醇粗产物。反应产物经浓缩精制得丁炔二醇，同时副产丙炔醇。选择适当的工艺条件，可提高丙炔醇收率。

【用途】 可单独使用作为缓蚀剂，最好能同其产生协同效应的物质复配，以获得更高的缓蚀效率。如为了增加炔醇在稀硫酸溶液中的缓蚀效果，推荐再加入氯化钠、氯化钾、氯化钙、溴化钾、碘化钾或者氯化锌等。

【安全性】 大鼠、小鼠经口 LD_{50}：20mg/kg、50mg/kg。对皮肤和眼睛有严重的刺激作用。避免与碱或强酸一起加热。储存于阴凉、通风仓库内，远离火种、热源，仓温不宜超过 30℃，防止阳光直射。包装要求密封，不可与空气接触。不宜大量久存。应与氧化剂分开存放。

【生产单位】 东北制药总厂抚顺分厂，淄博安兴化工有限公司，东北制药集团公司，淄博市临淄冰清精细化工厂，浙江联盛化学工业有限公司。

Nc060 2-羟基膦酰基乙酸

【英文名】 2-hydroxyphosphonoacetic acid

【别名】 HPAA

【登记号】 CAS [23783-26-8]

【化学式】 $C_2H_5O_6P$

【结构式】

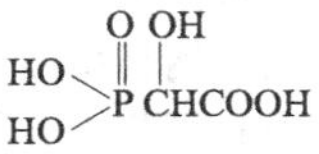

【性质】 白色晶体，含磷量19.8%，熔点165～167.5℃。1%水溶液pH为1，能与水以任意比例混溶。

【质量标准】 HG/T 3926—2007

指标名称	指 标
外观	为暗棕色液体
固体/% ≥	50.0
有机酯/% ≥	25.0
磷酸(以 PO_4^{3-} 计)/% ≤	1.5
亚磷酸(以 PO_3^{3-} 计)/% ≤	3.0
密度(20℃)/(g/cm³)	1.30
pH值(10g/L水溶液)	3.0

【用途】 用作缓蚀剂。HPAA具有优异的缓蚀性能，尤其用于低硬度、低碱度、强腐蚀性水质中，显示出极强的缓蚀作用。HPAA与二价离子有很好的螯合作用，可作为金属离子稳定剂，有效地稳定水中的 Fe^{2+}、Fe^{3+}、Mn^{2+}、Al^{3+} 等离子，减少腐蚀与结垢；HPAA能显著降低碳酸钙、二氧化硅的沉积，具有较好的阻垢性能，但HPAA对硫酸钙垢的阻垢性能稍差。为了避免氧化型杀菌剂对HPAA的分解，可采用保护剂，但在间歇式加氯的冷却水系统中受余氯（0.5～1.0mg/L）的影响较小。HPAA与锌盐复合使用，有明显的协同缓蚀作用。推荐浓度一般为5～30mg/L。加药设备应耐酸性腐蚀。

【安全性】 大鼠经口 LD_{50}：2700mg/kg。具有腐蚀性，工作人员应作好防护，避免吞食或与身体接触。工作场所应有较好的通风条件。若不慎接触了皮肤、眼睛，立即用大量清水冲洗。该品较难生物降解，应注意对水体的影响。储存于阴凉、通风处，避免阳光直接照射。不可与强碱、亚硝酸盐或亚硫酸盐等物质共储共运。长期贮存时，由于其中所含杂质可释放出二氧化碳，应定期释放压力。

【生产单位】 南京纳科精细化工技术发展公司，大连星原精细化工有限公司，江苏江海化工有限公司，常州市武进水质稳定剂厂，淄博市兴鲁化工有限公司，山东省泰和水处理有限公司，济源市清源水处理有限责任公司。

Nc061 苯并三氮唑

【英文名】 benzotriazole

【别名】 1,2,3-苯并三氮唑；苯并三氮杂茂；连三氮杂茚；苯三唑；苯并三唑；1,2,3-benzotriazole；1*H*-benzotriazole；azimidobenzene；BTA

【登记号】 CAS [95-14-7]

【化学式】 $C_6H_5N_3$

【结构式】

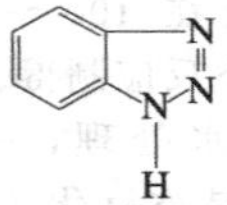

【性质】 白色到浅褐色针状结晶性粉末。在空气中因氧化逐渐变红。熔点98.5℃；bp_{15} 204℃；$bp_{2.0}$ 159℃。易溶于甲醇、丙酮、环己烷、乙醚等，难溶于水和石油系溶剂。水溶液呈弱酸性，pH为5.5～6.5。遇明火、高热可燃。受高热分解，放出有毒的烟气。

【质量标准】 企业标准

指标名称	指 标
外观	白色至黄色针状晶体
含量/% ≥	98.0
熔点/℃	96～100
pH值	5～6
灼烧残渣/% ≤	0.1

【制法】 邻苯二胺重氮化法。将邻苯二胺重氮化，再在乙酸中环合制得粗苯并三氮唑，再重结晶法精制、真空干燥，即可制得较纯的苯并三氮唑。

【用途】 苯并三氮唑对铜、铝、铸铁、镍、锌等金属材料有防蚀作用。可与多种缓蚀剂配合，如与铬酸盐、聚合磷酸盐、钼酸盐、硅酸盐、亚硝酸盐、ATMP、

HEDP、EDTMP 等并用，可提高缓蚀效果。在密闭循环冷却水系统中缓蚀效果甚佳。可以和多种阻垢剂、杀菌灭藻剂配合使用，苯并三氮唑对聚磷酸盐的缓蚀作用不干扰，对氧化作用的抵抗力很强。但是当它与自由性氯同时存在时，则丧失了对铜的缓蚀作用，而在氯消失后，其缓蚀作用又得到恢复。其使用浓度一般为 1～2mg/L，在 pH 5.5～10 的范围内缓蚀作用都很好，但在 pH 低的介质中缓蚀作用降低。

【安全性】 对眼睛有强烈刺激作用，对皮肤有中等程度的刺激性，误服会中毒。工作人员应作好防护，生产车间应有良好通风条件。储存于阴凉、通风仓库内，远离火种、热源，保持容器密封，避光保存，应与氧化剂、食用化工原料分开存放。

【生产单位】 天津市塘沽滨海化工厂，沈阳市试剂三厂，西安化学试剂厂，重庆川东化工集团有限公司化学试剂厂，南京顺恒信化工有限公司，常州市武进水质稳定剂厂，上海实验试剂有限公司，兰州大洋化学有限责任公司，常州市科威精细化工厂，江苏永华精细化学品有限公司，江苏江海化工有限公司，上海试一化学试剂有限公司，石家庄市中汇化工有限公司，南京永庆化工有限责任公司，天津市光复精细化工研究所。

Nc062 葡萄糖酸钠

【英文名】 gluconic acid sodium salt

【别名】 葡酸钠;五羟基已酸钠；sodium gluconate

【登记号】 CAS [527-07-1]

【化学式】 $C_6H_{11}O_7Na$

【结构式】

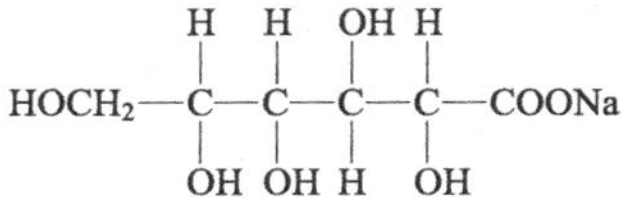

【性质】 白色或淡黄色结晶粉末。有芬芳味。在水中的溶解度 20℃ 时为 60%，50℃时为 85%，80℃时为 133%，100℃时为 160%。微溶于醇，不溶于醚。于水中加热至沸，短时间内不会分解。与金属离子形成的螯合物，其稳定性随 pH 的增高而增高。

【质量标准】

指标名称	指 标
外观	白色或淡黄色结晶粉末
含量/%	95
水/%	4
氯化物/%	0.2
pH 值(1%水溶液)	8～9
还原糖	微量

【制法】 工业上一般以含葡萄糖的物质（例如谷物）为原料，采用发酵法先由葡萄糖制得葡萄糖酸，再用氢氧化钠中和，即可制得葡萄糖酸钠。也可以由葡萄糖经化学氧化或催化氧化方法制得葡萄糖酸，但产率低，精制困难。

【用途】 葡萄糖酸钠是一种多羟基酸型的缓蚀阻垢剂，在水溶液中对铁、钙、铜等离子具有极好的配位能力，并对这些离子的许多盐类有很好的去垢作用。不仅具有阻垢功能，也具有缓蚀功能。可用于工业循环冷却水、低压锅炉内水处理以及内燃机冷却水系统的水处理。它可以和许多缓蚀剂配合，而呈现协同效应，适用于硅系、钼系、磷系、硼系、钨系、亚硝酸盐系及一些有机缓蚀剂系列，葡萄糖酸钠与有机羧酸缓蚀也有很好的协同作用。是一种绿色多功能水处理化学品。组成碱性清洗配方，则可用作金属表面除垢除锈，水泥速凝的阻抑剂，纺织加工助剂以及金属离子携带剂等。

【生产单位】 浙江瑞邦药业有限公司，济南华明生化有限公司，浙江黄岩精细化学品集团有限公司，高力集团（广东高力实业有限公司），天津科密欧化学试剂开发中心，成都市科龙化工试剂厂，大连英特化工有限公司，山东凯翔生物化工有限公司，天津市光复精细化工研究所。

Nc063 一乙醇胺

【英文名】 ethanolamine

【别名】 氨基乙醇；2-羟基乙胺；胆胺；单乙醇胺；2-aminoethanol；monoethanolamine；β-aminoethyl alcohol；2-hydroxyethylamine；β-hydroxyethylamine；ethylolamine；colamine

【登记号】 CAS [141-43-5]

【结构式】 $H_2NCH_2CH_2OH$

【性质】 常温下为无色透明黏稠的液体，具有吸湿性和氨臭味。d_4^{25} 1.0117；d_4^{60} 0.9844；黏度 18.95×10^{-3} Pa·s(25℃)、5.03×10^{-3} Pa·s(60℃)；熔点 10.3℃；bp_{760} 170.8℃；bp_{12} 70～72℃；pK_a(25℃)9.4。水溶液 pH 为 12.1(25%)、12.05(0.1mol/L)。n_D^{20} 1.4539。F_P195℉。能与水、乙醇和丙酮等混溶，微溶于苯、乙醚、四氯化碳、乙醇和氯仿。与硫酸、硝酸、盐酸等强酸发生剧烈反应。与无机酸和有机酸反应生成酯；可燃，遇高温、明火或与氧化剂接触时有燃烧的危险性。

【质量标准】 HG/T 2915—1997

指标名称		Ⅰ型	Ⅱ型	Ⅲ型
外观		透明淡黄色黏性液体，无悬浮物		
总胺量(以一乙醇胺计)	≥	99.0	95.0	80.0
蒸馏试验(0℃,101325Pa),168～174℃馏出体积/mL	≥	95	65	45
水分/%	≤	1.0	—	—
密度 ρ_{20}/(g/cm³)		1.014～1.019	—	—
色度/黑曾单位	≤	25	—	—

【制法】 乙醇胺的制备采用环氧乙烷氨化工艺，可分为连续和间歇两种方法，同时可得到一乙醇胺、二乙醇胺和三乙醇胺三种产品。通常采用改变氨与环氧乙烷的物质的量的比来调整三种产品的产出量。在连续生产过程中，原料氨和环氧乙烷经管式反应器反应后，再经脱氨塔、脱水塔和蒸馏塔进行脱氨、脱水和减压精馏处理，即可分别得到一乙醇胺、二乙醇胺和三乙醇胺成品。

【用途】 一乙醇胺是重要的缓蚀剂，在锅炉水处理、汽车引擎的冷却剂、钻井和切削油以及其他各类润滑油中起缓蚀作用。但一乙醇胺不宜与亚硝酸盐类缓蚀剂复配使用，以防止亚硝胺致癌物的形成。

【安全性】 低毒，大鼠经口 LD_{50}：10.20g/kg。乙醇胺蒸气对人体的眼睛和呼吸道有强烈的刺激作用，若误食后会产生严重的毒性反应。操作过程应做好防护。若不慎接触皮肤、眼睛应立用流动水冲洗。应存放在阴凉、干燥、通风良好的不燃材料库房内，远离火种、热源、防止阳光直射。不可与酸类、氧化剂共储运。

【生产单位】 武汉有机实业股份有限公司，江苏银燕化工股份有限公司，中国石化集团公司清江石化公司，上海高桥石油化工公司精细化工厂，抚顺华丰化学有限公司，天津市化学试剂一厂，上海实验试剂有限公司，成都市科龙化工试剂厂，宜兴市中正化工有限公司，常州市太华化工原料有限公司，江苏方舟化工有限公司，上海试一化学试剂有限公司，成都市联合化工试剂研究所。

Nc064 二乙醇胺

【英文名】 diethanolamine

【别名】 2,2′-亚氨基二乙醇；2,2-二羟基二乙胺；2,2′-iminobisethanol；2,2′-iminodiethanol；diethylolamine；bis(hydroxyethyl)amine；2,2′-dihydroxydiethylamine

【登记号】 CAS [111-42-2]

【结构式】 $(HOCH_2CH_2)_2NH$

【性质】 在常温下，二乙醇胺为无色结晶固体。有轻微的氨味。d_4^{30} 1.0881；d_4^{60} 1.0693；黏度 351.9×10^{-3} Pa·s(30℃)、53.85×10^{-3} Pa·s(60℃)；bp_{760} 268.8℃。$bp_{0.01}$ 20℃；n_d^{30} 1.4753；F_p300℉。易溶于水和醇，可溶于丙酮，微溶于乙醚和苯，难溶于四氯化碳和庚烷。二乙醇胺能吸收空气中的水和二氧化碳，与水混合后其凝固点明显降低。二乙醇胺可燃。爆炸下限 1.6%(体积分数)，自燃温度 662℃。遇明火、高热可燃。与强氧化剂可发生反应。受热分解放出有毒的氧化氮烟气。

【质量标准】 HG/T 2916—1997

指标名称	Ⅰ型	Ⅱ型
外观	30℃以上为淡黄色黏性液体	
二乙醇胺/% ≥	98.0	90.0
一乙醇胺+三乙醇胺/% ≤	2.5	4.0
相对密度 d_{20}^{30}	1.090～1.095	—
水分/% ≤	1.0	—

【制法】 参见一乙醇胺。

【用途】 二乙醇胺是重要的缓蚀剂，可用于锅炉水处理、汽车引擎的冷却剂，钻井和切削油以及其他各类润滑油中起缓蚀作用。还在天然气中用作净化酸性气体的吸收剂。在各种化妆品和药品中用作乳化剂。在纺织工业中作润滑剂，还可作润湿剂和软化剂以及其他的有机合成原料。

【安全性】 大鼠经口 LD_{50}：12.76g/kg。吸入本品蒸气或雾，刺激呼吸道，高浓度吸入可出现咳嗽、头痛、恶心、呕吐、昏迷症状。蒸气对眼睛有强烈刺激性，可使眼睛受到严重伤害，甚至失明。长时间接触皮肤，可致灼伤。长期接触本品可导致肝肾损害。应存放在阴凉、干燥、通风良好的库房内，远离火种、热源、防止阳光直射。要与酸类、氧化剂分开储运。

【生产单位】 武汉有机实业股份有限公司，江苏银燕化工股份有限公司，中国石化集团公司清江石化公司，上海高桥石油化工公司精细化工厂，抚顺华丰化学有限公司，天津市化学试剂一厂，上海实验试剂有限公司，成都市科龙化工试剂厂，宜兴市中正化工有限公司，常州市太华化工原料有限公司，江苏方舟化工有限公司，上海试一化学试剂有限公司，成都市联合化工试剂研究所。

Nc065 三乙醇胺

【英文名】 triethanolamine

【别名】 2,2,2-三羟基三乙胺；2,2,2-次氮基三乙醇；2,2′,2″-nitrilotrisethanol；trihydroxytriethylamine；tris(hydroxyethyl)amine；triethylolamine；trolamine

【登记号】 CAS [102-71-6]

【结构式】 $N(CH_2CH_2OH)_3$

【性质】 在常温下为无色透明黏稠液体，有轻微的氨味。d_4^{20} 1.1242；d_4^{60} 1.0985。mp 21.57℃；bp_{760} 335.4℃；n_D^{20} 1.4852；F_p 365℉；黏度（cP）：590.5（25℃）、65.7(60℃)；pK(25℃)9.50。具有吸湿性，可以吸收空气中的水分和二氧化碳。能与水和醇任意混合，溶于氯仿，微溶于苯和醚。0.1mol/L 溶液的 pH 为 10.5。遇高热、明火或与氧化剂接触，有引起燃烧的危险。其水溶液有腐蚀性。

【质量标准】 HG/T 3268—2002

指标名称	Ⅰ型	Ⅱ型
外观	透明、黏稠液体，无悬浮物	
三乙醇胺/% ≥	99.0	75.0
二乙醇胺/% ≤	0.50	由供需双方协商确定
一乙醇胺/% ≤	0.50	由供需双方协商确定
水分/% ≤	0.20	由供需双方协商确定
色度/黑曾单位 ≤	50	80
密度/(g/cm³)	1.122～1.127	—

【制法】 参见一乙醇胺。

【用途】 用作缓蚀剂，三乙醇胺是锅炉水处理、汽车引擎冷却剂、钻井和切削油剂的重要缓蚀剂组分。还可用于表面活性剂、纺织专用品、蜡、抛光剂、除草剂、石油破乳剂、化妆品、水泥添加剂、切削油等。

【安全性】 三乙醇胺对眼睛有刺激性，但比一乙醇胺弱，对皮肤的刺激性也很小。应存放在阴凉、干燥、通风良好的不燃材料库房内，远离火种、热源、防止阳光直射。要与酸类、氧化剂分开储运。

【生产单位】 武汉有机实业股份有限公司，江苏银燕化工股份有限公司，中国石化集团公司清江石化公司，上海高桥石油化工公司精细化工厂，抚顺华丰化学有限公司，天津市化学试剂一厂，上海实验试剂有限公司，成都市科龙化工试剂厂，宜兴市中正化工有限公司，常州市太华化工原料有限公司，江苏方舟化工有限公司，上海试一化学试剂有限公司，成都市联合化工试剂研究所。

Nc066 二乙氨基乙醇

【英文名】 2-diethylaminoethanol

【别名】 *N*,*N*-二乙基乙醇胺；二乙基-2-羟基乙胺；二乙基氨基乙醇；羟基三乙胺；*β*-diethylaminoethyl alcohol；2-hydro-xytriethylamine

【登记号】 CAS ［100-37-8］

【化学式】 $C_6H_{15}NO$

【结构式】

$$\begin{matrix} CH_3CH_2 \\ CH_3CH_2 \end{matrix} > N-CH_2CH_2OH$$

【性质】 无色液体，略具氨味。d^{25} 0.8800；bp_{760} 163℃；bp_{10} 55℃；n_d^{25} 1.4389。易溶于醇、水、酮、乙二醇、甘油和乙二醇醚。难溶于或不溶于非极性溶剂如脂肪烃等。可与水形成共沸物。具有吸湿性，置于空气中能吸收二氧化碳。长期储存或40℃以上的温度环境中容易变色。易燃，遇明火、高热能引起燃烧爆炸。与强氧化剂发生反应，可引起燃烧，燃烧产物有一氧化碳、二氧化碳和氧化氮。

【质量标准】

指标名称	指 标
含量/% ≥	99.0
沸程/℃	161.5～163
水分/%	0.5
色度(APHA)/号 ≤	20

【制法】 以二乙胺和环氧乙烷原料，将环氧乙烷加入二乙胺中，在一定温度下反应，所得粗品经减压蒸馏成纯品。

【用途】 是有效的除氧剂和钝化剂。可与二乙基羟胺复配用于锅炉水处理中，二乙氨基乙醇还可用作合成树脂固化剂、纺织品软化剂、酸性介质和乳化剂、防锈剂组分。

【安全性】 对眼睛、皮肤和呼吸道黏膜有腐蚀性。可由呼吸道和消化道以及皮肤吸收，影响神经系统。皮肤、眼睛接触后立即用大量流动水洗涤。贮存于阴凉、通风仓库内，应远离火种、热源，防止阳光直射。不可与氧化剂、酸类物质共储运。

【生产单位】 上海南翔试剂有限公司，浙江省建德市新德化工有限公司，北京马氏精细化学品有限公司，北京三盛腾达科技有限公司，上海实验试剂有限公司。

Nc067 3-甲氧基丙胺

【英文名】 3-methoxypropylamine

【别名】 MOPA；1-amino-3-methoxypropane；3-methoxy-1-aminopropane；3-methoxypropyl-1-amine

【登记号】 CAS ［5332-73-0］

【化学式】 $C_4H_{11}NO$

【结构式】 $CH_3OCH_2CH_2CH_2NH_2$

【性质】 在常温下为无色透明液体。有氨味。熔点小于－70℃；沸点 118℃；折射率 1.4159；闪点 27℃；着火温度 270℃。

能吸水及二氧化碳。溶于水、醇、酮、乙二醇、甘油和乙二醇醚，微溶于脂肪烃或芳香烷和乙醚。

指标名称		指　标
含量/%	≥	99.0
相对密度		0.871～0.873
沸程/℃		117～119
色度(APHA)/号	≤	20

【制法】 链烯腈、一元醇与氨气在一定的温度和压力下进行缩合反应得到3-烷氧基丙腈，再经加氢催化反应，即可制得烷氧基丙胺。

【用途】 用作缓蚀剂，甲氧基丙胺在蒸汽锅炉生产过程，特别是在冷凝系统中作为缓蚀剂，能有效地抑制二氧化碳对凝结水段所造成的酸性腐蚀。还可用于谷物保护剂、乳化剂、润湿剂、药品和染料等。

【安全性】 大鼠经口 LD_{50} 为 6260mg/kg。在含本品饱和蒸气的环境中，大鼠吸入 1h，即出现急性吸入危险（AIH）。兔经皮 5min 后腐蚀，并对兔的眼睛有刺激腐蚀作用。

【生产单位】 飞翔化工（张家港）有限公司，上海陵尔化工有限公司。

Nc068 三亚乙基二胺

【英文名】 triethylenediamine

【别名】 二氮杂双环辛烷；三乙烯二胺（旧误称）；1,4-乙烯哌嗪；1,4-diazabicyclo[2.2.2]octane；1,4-ethylenepiperazine；1,4-diazabicyclooctane

【登记号】 CAS [280-57-9]

【化学式】 $C_6H_{12}N_2$

【结构式】

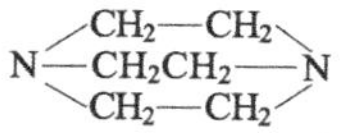

【性质】 无色吸湿性结晶，有强烈的氨味，在室温下迅速升华。熔点 158℃；沸点 174℃；pK_{a_1} 3.0；pK_{a_2} 8.7。具有高对称分子笼形结构。三亚乙基二胺在水、丙酮、苯、乙醇和丁酮的溶解度（g/100g）45、13、51、77 和 26.1。接触过氧化氢会发生爆炸。与碳在 230℃时能发生自燃。与硝酸纤维素接触发生反应。

【质量标准】 三亚乙基二胺外观白色结晶，纯度大于 95%。

【制法】 以羟乙基哌嗪或双羟乙基哌嗪为原料，在催化剂作用下，高温进行环化反应，制取三亚乙基二胺。

【用途】 在锅炉水处理中用作缓蚀剂。还用作聚氨酯发泡和聚合的催化剂，环氧树脂固化的促进剂，丙烯腈、乙烯和烷乙烯氧化物的催化剂。

【安全性】 强碱性，其蒸气对眼睛、鼻孔、咽喉和呼吸器官有刺激性，是过敏原，可能引起过敏和哮喘，并能引起疼痛。使用时避免接触。避免吸入蒸气和雾状液滴。若不慎接触皮肤及眼睛，应立即用大量流动清水冲洗。易吸潮，应存放在干燥处，切勿受热。不可与酸性物一同储运。

【生产单位】 常州山峰化工有限公司，新乡市巨晶化工有限责任公司，江都市大江化工厂，河南延化化工有限责任公司，成都市科龙化工试剂厂，建德新化化工有限责任公司，宜兴市洋溪徐渎化工厂，天津市光复精细化工研究所。

Nd 缓释剂

Nd001 碘化钾

【英文名】 potassium iodide

【别名】 灰碘；jodid；thyroblock；thyrojod

【分子式】 KI

【登记号】 CAS [7681-11-0]

【性质】 无色或白色立方晶体。无臭，具浓苦咸味。相对密度 3.12。熔点 680℃。沸点 1420℃。在湿空气中易潮解。遇光及空气能析出游离碘而呈黄色，在酸性水溶液中更易变黄。易溶于水，溶解时显著吸收热量，溶于乙醇、丙酮、甲醇、甘油和液氨，微溶于乙醚。碘化钾水溶液呈中性或微碱性。

【质量标准】 GB/T 1272—1988

指标名称		优级纯	分析纯	化学纯
含量/%	≥	99.5	98.5	98.0
pH(50g/L,25℃)		6.0～8.0	6.0～8.0	6.0～8.0
澄清度试验		合格	合格	合格
水不溶物/%	≤	0.005	0.01	0.02
碘酸盐及碘(以 IO_3 计)/%	≤	0.0003	0.02	0.05
氯化物及溴化物(Cl)/%	≤	0.01	0.02	0.05
硫酸盐(SO_4^{2-})/%	≤	0.002	0.005	0.01
磷酸盐(PO_4^{3-})/%	≤	0.001	0.002	—
总氮量(N)/%	≤	0.001	0.002	0.002
钠(Na)/%	≤	0.05	0.1	—
镁(Mg)/%	≤	0.001	0.002	0.005
钙(Ca)/%	≤	0.001	0.002	0.005
铁(Fe)/%	≤	0.0001	0.0003	0.0005
砷(As)/%	≤	0.00001	0.00002	—
钡(Ba)/%	≤	0.001	0.002	0.004
重金属(以 Pb 计)/%	≤	0.0002	0.0005	0.001
还原性物质		合格	合格	—

【制法】 将铁屑与碘作用，生成八碘化三铁，然后加入碳酸钾，加热浓缩、冷却、结晶、干燥，即得成品。或者将碘与氢氧化钾作用生成碘酸钾，再用甲酸或木炭还原制得。也可以将氢碘酸与碳酸钾在氢气流中反应而得。还可以由硫酸钾与硫化钡作用，生成硫化钾，再用硫化钾和碘反应，除去硫黄，浓缩，干燥，即得成品。

【用途】 碘化钾常用作钢铁酸洗缓蚀剂

或者其他缓蚀剂的增效剂。碘化钾是制备碘化物和染料的原料。用作照相感光乳化剂、食品添加剂，在医药上用作祛痰剂、利尿剂，甲状腺肿防治和甲状腺功能亢进手术前用药物，也用作分析试剂。

【安全性】 无毒。棕色玻璃磨口瓶包装，瓶口用蜡密封，应避免密封保存。

【生产单位】 广东省汕头市粤东精细化工厂，天津市化学试剂一厂，上海实验试剂有限公司，浙江海川化学品有限公司，成都市科龙化工试剂厂，天津科密欧化学试剂开发中心，江苏永华精细化学品有限公司。

Nd002 硫氰酸钠

【英文名】 thiocyanate sodium

【别名】 硫氰化钠；sodium sulfocyanate；sodium rhodanide；sodium thiocyanate

【分子式】 NaSCN

【登记号】 CAS [540-72-7]

【性质】 白色斜方晶系结晶或粉末。熔点约 300℃。在空气中易潮解。对光敏感。易溶于水、乙醇、丙酮等溶剂中。水溶液呈中性。

【质量标准】 HG/T 3812—2006

指标名称		晶体			液体
		优等品	一等品	合格品	
外观		晶体产品为白色至浅黄色结晶；液体产品为透明无明显杂质的溶液			
硫氰酸钠(NaSCN)/%	≥	99.0(干基)	97.0(干基)	96.0(干基)	51.0
铁(Fe)/%	≤	0.0002	0.0003	0.0004	0.0001
水不溶物/%	≤	0.005			0.001
铵盐(以 NH_4^+ 计)/%	≤	0.02			0.03
105℃时的挥发物/%	≤	0.5	1.0	2.0	—
卤化物(以 Cl 计)/%	≤	0.02	0.03	0.04	0.01
硫化物(以 S 计)/%	≤	0.001			
重金属(以 Pb 计)/%	≤	0.002			
pH 值(50g/L 溶液)		6~8			
硫酸盐(以 SO_4^{2-} 计)/%	≤	0.02	0.03	0.04	0.01

【制法】 用氰化钠与硫黄反应，生成硫氰酸钠，再加硫氰酸钡，除去杂质，经过滤、蒸发、结晶而制得。

【用途】 常用作酸洗缓蚀剂，与其他组分产生协同效应。为了提高缓蚀效率，许多工业酸洗缓蚀剂成品中都含有硫氰酸盐，一些专利酸洗缓蚀剂配方中也有硫氰酸盐组分。硫氰酸盐还具有防止高价金属离子腐蚀的作用。化学清洗时，由于腐蚀机理不同，普通酸洗缓蚀剂难以防止高价金属离子对结构金属的加速腐蚀，此时可向系统中加入硫氰酸盐，高价金属离子即被还原为相对无害的离子。也用作聚丙烯腈纤维抽丝溶剂、化学分析试剂、彩色电影胶片冲洗剂、某些植物脱叶剂以及机场道路除莠剂。硫氰酸钠还可用于制药、印染、橡胶处理、黑色镀镍以及制造人造芥子油等。

【安全性】 操作人员应穿戴防护用具。密封储存于室内干燥处。

【生产单位】 淇县天水化工厂，宜兴市燎原化工有限公司，广东兴宁市精细化工厂有限公司，上海实验试剂有限公司，南通市如东顺达化工有限公司苏州分公司，江阴市利港第二化工有限公司，天津市光复精细化工研究所。

Nd003 磷酸氢二铵

【英文名】 ammonium phosphate dibasic

【别名】 二盐基磷酸铵；secondary ammonium phosphate；diammonium hydrogen phosphate

【分子式】 $(NH_4)_2HPO_4$

【登记号】 CAS［7783-28-0］

【性质】 磷酸氢二铵为无色透明单斜晶体或白色粉末。相对密度 1.619；熔点 190℃。易溶于水，水溶液呈碱性，1%水溶液的 pH 为 8，其 0.1mol/L 溶液的 pH 值为 7.8。不溶于醇和丙酮。露置于空气不会逐渐失去约 8%的氨气，而变成磷酸二氢铵。能与氨水反应生成磷酸三铵。

【质量标准】 HG/T 3465—1999

指标名称		分析纯	化学纯
$(NH_4)_2HPO_4$/%	≥	99.0	98.0
pH 值(50g,25℃)		7.8～8.2	7.8～8.2
澄清度试验		合格	合格
水不溶物/%	≤	0.005	0.01
氯化物(Cl)/%	≤	0.0005	0.004
硫化合物(以 SO_4^{2-} 计)/%	≤	0.005	0.01
硝酸盐(NO_3)/%	≤	0.0005	0.001
钠(Na)/%	≤	0.01	0.02
钾(K)/%	≤	0.005	0.01
铁(Fe)/%	≤	0.0005	0.002
砷(As)/%	≤	0.0005	0.002
重金属(以 Pb 计)/%	≤	0.0005	0.001

【制法】 工业上主要采用中和法，一种是热法磷酸和液氨进行中和反应，其工艺过程比较简单；另一种是湿法磷酸和液氨进行中和反应。该方法首先在湿法萃取磷酸中加入一定量的过氧化氢，使磷酸中的二价铁氧化，然后再与氨气进行中的反应，经压滤、浓缩、冷却结晶、离心分离、干燥，制得磷酸氢二铵。

【用途】 在水处理领域主要作为缓蚀剂以及废水的生化处理中的细菌养料，也用作锅炉水的软水剂组分。还可用作干粉灭火剂、焊接熔料、酵母的培养养料、制造发酵食品及面包的膨松剂。在织物、纸张、木材和植物纤维中有阻燃的作用。此外，还用于肥料、饲料添加剂、印刷制版、制药、电子管制造业及陶瓷与搪瓷业等领域。

【安全性】 对皮肤和黏膜有轻度刺激，吸入或食入体内会引起严重腹泻。应储存在阴凉、通风、干燥的库房内，不可露天堆放。勿使受潮变质，防高温，防有害物污染。储运时注意防潮、防晒，通风良好，装卸时注意勿使包装破损。

【生产单位】 四川什邡市川鸿磷化工有限公司，宜兴天鹏精细化工有限公司，常熟市金星化工有限公司，云南澄江东泰磷肥有限公司，四川川恒化工（集团）有限责任公司，湖北祥云（集团）化工股份有限公司，连云港市德邦精细化工有限公司，武汉无机盐化工厂，大连英特化工有限公司。

Nd004 磷酸二氢铵

【英文名】 ammonium phosphate monobasic

【别名】 一盐基磷酸铵；ADP；ammonium biphosphate；ammonium dihydrogen phosphate；primary ammonium phosphate

【分子式】 $NH_4H_2PO_4$

【登记号】 CAS［7722-76-1］

【性质】 磷酸二氢铵为无色透明的正方晶系粗大或细小晶体。相对密度（19℃）1.803，熔点 150℃。易溶于水，微溶于醇，不溶于酮。在空气中稳定，加热到 100～110℃不会失去氨；加热到 130℃以上时开始分解，并逐步放出氨和水，生成偏磷酸铵和磷酸的混合物。其水溶液呈酸性，1%溶液的 pH 为 4.5。

【质量标准】 HG/T 3466—1999

指标名称		分析纯	化学纯
$(NH_4)H_2PO_4$/%	≥	99.0	98.5
pH值(50g,25℃)		4.0～4.5	4.0～4.5
澄清度试验		合格	合格
水不溶物/%	≤	0.005	0.01
氯化物(Cl)/%	≤	0.0005	0.001
硫化合物(以 SO_4^{2-} 计)/%	≤	0.005	0.01
硝酸盐(NO_3)/%	≤	0.001	0.002
钠(Na)/%	≤	0.005	0.01
钾(K)/%	≤	0.005	0.01
铁(Fe)/%	≤	0.001	0.003
砷(As)/%	≤	0.0005	0.002
重金属(以 Pb 计)/%	≤	0.0005	0.001

【制法】 将85%的热法磷酸加以适当稀释后，通入文氏管式气流混合反应器中，再通入氨气进行混合反应，反应完毕后进行过滤。滤液在冷却结晶器中冷至26℃以下，析出结晶，再经分离脱水、干燥，制得成品。或者将稀释至50%～55%的稀磷酸计量加入带有搅拌器和夹套的搪瓷釜中，在搅拌下利用氨分布器缓慢通入氨气进行中和反应，反应完毕后进行冷却结晶，经分离脱水和干燥后，得到磷酸二氢铵成品。还可以先将磷酸二氢钙和硫酸铵分别制成低于饱和浓度的溶液。将磷酸二氢钙溶液加入反应器中，并于搅拌下通蒸汽升温至95℃以上，再缓慢加入硫酸铵溶液进行复分解反应，生成磷酸二氢铵和硫酸钙。将反应液过滤，滤液送入蒸发器蒸发至沸点，然后放入冷却结晶器内冷至40℃以下析出结晶，经离心分离、干燥后，制得磷酸二氢铵。

【用途】 在循环水和锅炉水处理中，可用作阳极缓蚀剂，磷酸二氢铵和铬酸盐一样，能在金属表面上形成一层相当坚硬的保护膜。在水的生物化学处理中，磷酸二氢铵可用作生物的培养剂。

【安全性】 储存和运输时要注意防水、防晒，防止包装破损。

【生产单位】 湖北祥云（集团）化工股份有限公司，什邡安达化工有限公司，宜兴天鹏精细化工有限公司，常熟市金星化工有限公司，云南澄江东泰磷肥有限公司，四川川恒化工（集团）有限责任公司，湖北祥云（集团）化工股份有限公司，连云港市德邦精细化工有限公司，武汉无机盐化工厂，大连英特化工有限公司。

Nd005 氯化锌

【英文名】 zinc chloride

【别名】 butter of zinc

【分子式】 $ZnCl_2$

【登记号】 CAS [7646-85-7]

【性质】 白色结晶性粉末。相对密度2.911，熔点100℃，沸点732℃。极易潮解，极易溶于水、乙醇、乙醚等溶剂，也易溶于脂肪胺、吡啶、苯胺等含氮溶剂，不溶于液氨和酮。

【质量标准】 HG/T 2323—2004

项目		Ⅰ型		Ⅱ型		Ⅲ型
		优等品	一等品	一等品	合格品	
外观		白色粉末或小颗粒				无色透明的水溶液
氯化锌($ZnCl_2$)/%	≥	96.0	95.0	95.0	93.0	40.0
酸不溶物/%	≤	0.01	0.02	0.05		—
碱式盐(以 ZnO 计)/%	≤	2.0		2.0		0.85
硫酸盐(以 SO_4^{2-} 计)/%	≤	0.01		0.01	0.05	0.004
铁(Fe)/%	≤	0.0005		0.001	0.003	0.0002
铅(Pb)/%	≤	0.0005		0.001		0.0002
碱和碱土金属/%	≤	1.0		1.5		0.5
锌片腐蚀试验		通过		—		通过
pH值		—		—		3～4

【制法】 将计量配比的氧化锌加入盛有一定量盐酸的反应器中进行反应，生成氯化锌溶液。经静置沉淀、提纯、过滤后，滤液经蒸发浓缩、结晶，制得氯化锌。

【用途】 水处理缓蚀剂。氯化锌易溶于水，在水中水解产生不溶性胶粒，使得复合缓蚀剂呈胶状浑浊而不澄清透明，随时间延长，这些不溶性的胶粒逐渐聚集而沉淀。为了抑制复合缓蚀剂中锌盐析出，通常加少量 H_2SO_4、HCl、H_3PO_4 或冰乙酸等酸性物质。

【安全性】 不燃。对皮肤、黏膜有刺激性。无水物及浓溶液可引起皮肤溃疡。吸入粉尘可引起呼吸困难。消化及循环系统功能异常。皮肤接触后，可用 2% 的碳酸氢钠溶液冲洗。生产和使用硫酸锌的工作人员必须穿戴个人防护用具。应储存于阴凉干燥处，防止雨淋、受潮，防止日晒。不得与酸、碱及有色物质共储混运。

【生产单位】 天津市南平化工有限公司，坊隆裕化工工业有限公司，大连英特化工有限公司，高力集团，河北众诚化工科技有限公司，山东聊城大明化学有限公司。

Nd006 硫酸锌（七水）

【英文名】 zinc sulfate heptahydrate

【别名】 七水合硫酸锌；皓矾；white vitriol；zinc vitriol；collazin；Redeema；Solvazinc；Solvezink；zincate

【分子式】 $ZnSO_4 \cdot 7H_2O$

【登记号】 CAS [7446-20-0]

【性质】 无色或白色结晶性粉末。相对密度 1.975；熔点 100℃。在干燥空气中易风化。易溶于水和胺类，微溶乙醇和甘油，不溶于液氨和酮。加热到 30℃失去 1 分子结晶水，100℃失去 6 分子结晶水，280℃失去 7 分子结晶水，767℃分解成 ZnO 和 SO_3。

【质量标准】 HG/T 2326—2005

指标名称			Ⅰ类			Ⅱ类		
			优等品	一等品	合格品	优等品	一等品	合格品
主含量	以 Zn 计/%	≥	35.7	35.34	34.61	22.51	22.06	20.92
	以 $ZnSO_4 \cdot H_2O$ 计/%	≥	98.0	97.0	95.0	—	—	—
	以 $ZnSO_4 \cdot 7H_2O$ 计/%	≥	—	—	—	99.0	97.0	92.0
不溶物/%		≤	0.020	0.050	0.10	0.02	0.050	0.10
pH 值(50g/L 溶液)		≥	4.0	4.0	—	3.0	3.0	—
氯化物(以 Cl 计)/%		≤	0.20	0.60	—	0.20	0.60	—
铅(Pb)/%		≤	0.002	0.007	0.010	0.001	0.010	0.010
铁(Fe)/%		≤	0.008	0.020	0.060	0.003	0.020	0.060
锰(Mn)/%		≤	0.01	0.03	0.05	0.005	0.10	—
镉(Cd)/%		≤	0.002	0.007	0.010	0.001	0.010	—

【制法】 在带搅拌器的耐酸反应釜中，先加入少量氧化锌和一定量硫酸形成硫酸锌稀溶液，然后在搅拌下加入氧化锌调成浆状，再加入硫酸控制 pH 为 5.1，即为反

应终点。反应液过滤，滤液加热至80℃，加入锌粉将铜、镉、镍等置换出来，再过滤，滤液加热至80℃以上，加入高锰酸钾（或漂白粉）并加热至沸，将铁、锰等杂质氧化。滤液经澄清、蒸发、冷却结晶，离心脱水、干燥制得七水硫酸锌。

【用途】 在冷却水系统中，锌盐是最常用的阴极型缓蚀剂，主要由锌离子起缓蚀作用。但不宜单独使用，而是和聚磷酸盐、有机磷酸盐、多元醇磷酸酯、钼酸盐等复配起增效作用，并可降低它们的用量。锌离子在复合缓蚀剂中常用量为2～4mg/L。锌盐用量增加，腐蚀速度降低，但超过一定浓度后，锌离子用量继续增加，对腐蚀速度的影响不太明显，反而会增加运行成本和排污水中的锌离子浓度。

【安全性】 不燃。对皮肤、黏膜有刺激性。无水物及浓溶液可引起皮肤溃疡。吸入粉尘可引起呼吸、消化及循环系统功能异常。工作人员应作好防护。本品应储存于阴凉干燥处，防止雨淋、受潮，防止日晒、受热。不得与酸、碱及有色物质共储混运。

【生产单位】 连云港中铭化工有限公司，河北澳鑫锌业有限公司，湖南长沙蓝天化工实业有限公司，高力集团，天津碱厂，四川省化学工业研究设计院，石家庄市中汇化工有限公司，大连英特化工有限公司。

Nd007 钼酸钠

【英文名】 sodium molybdate（Ⅵ）dihydrate

【别名】 二水合钼酸钠，钼酸钠二水；sodium molybdate；（*T*-4)-disodium molybdate（MoO_4^{2-}）；sodium molybdenum oxide；molybdic acid sodium salt dihydrate

【分子式】 $Na_2MoO_4 \cdot 2H_2O$

【登记号】 CAS［10102-40-6］

【性质】 白色菱形结晶。微溶于1.7份冷水、0.9份热水，25℃时5%的水溶液pH 9.0～10.0，不溶于丙酮。加热至100℃失去结晶水变成无水物。

【质量标准】 $Na_2MoO_4 \cdot 2H_2O \geq 99\%$（一级品）；98%（二级品）。

【制法】 钼精矿（主要组分为MoS_2）经氧化焙烧生成三氧化钼，再用碱液浸取，得钼酸钠溶液，浸出液经抽滤、蒸发浓缩。浓缩液经冷却结晶、离心分离、干燥，即得钼酸钠。

【用途】 钼酸盐毒性较低，对环境污染污染程度低，是目前应用较多的一种新型水处理剂。为了获得较好的缓蚀效果，钼酸盐常与聚磷酸盐、葡萄糖酸盐、锌盐、苯并三氮唑复配使用，这样不仅可以减少钼酸盐的使用量，而且可以提高缓蚀效果，复配后钼酸盐的用量由200～500mg/L下降至4～6mg/L。钼酸盐成膜过程中，必须要有溶解氧存在，而无需钙离子（或其他二价金属离子）。钼酸盐热稳定性高，可用于热流密度高及局部过热的循环水系统。

【安全性】 钼酸钠有毒，但属低毒化合物。钼中毒会引起关节疼痛，造成血压偏低和血压波动，神经功能紊乱，代谢过程出现障碍。可溶性钼化物气溶胶最高容许浓度为2mg/m³，粉尘为4mg/m³。接触和使用钼酸钠时，要穿戴规定的防护用具。注意防潮。运输时须防雨淋、日晒。

【生产单位】 姜堰市安达有色金属有限公司，杭州萧山天钼化工有限公司，上海绿源精细化工厂，天津市化学试剂一厂，高力集团，杭州常青化工有限公司，上海试一化学试剂有限公司，科美化工有限公司，北京北化精细化学品有限责任公司，天津市光复精细化工研究所，成都市联合化工试剂研究所，杜邦公司（美国），埃克森公司（美国），片山化学工业株式会社（日本）。

Nd008 钨酸钠

【英文名】 sodium tungstate（Ⅵ）

【别名】 sodium tungstate；(*T*-4)-disodium tungstate（WO_4^{2-}）

【分子式】 $Na_2WO_4 \cdot 2H_2O$

【登记号】 CAS［10213-10-2］

【性质】 无色或白色结晶。相对密度 3.25，熔点 665℃。不溶于乙醇，微溶于氨。在干燥空气中风化。溶于 1.1 份水，呈微碱性，pH8～9。遇强酸分解成不溶于水的钨酸。加热到 100℃失去结晶水成无水物。

【质量标准】 参考标准

指标名称	指标
钨酸钠($Na_2WO_4 \cdot 2H_2O$)/% ≥	99.0
硝酸盐/% ≤	0.01
氯化物/% ≤	0.03
钼/% ≤	0.03
铁/% ≤	0.002
砷/% ≤	0.002
硫酸盐/% ≤	0.02
水不溶物/% ≤	0.02
重金属(以 Pb 计)/% ≤	0.02

【制法】 以钨矿石为原料进行碱解。将黑钨矿（主要成分为 $MnWO_4 \cdot FeWO_4$）粉碎至 320 目，与 30%氢氧化钠加入反应器中进行碱解，碱解后与氯化钙作用合成钨酸钙，钨酸钙与盐酸反应生成钨酸，再与氢氧化钠反应生成钨酸钠，经蒸发结晶，离心脱水、干燥，即得钨酸钠成品。

【用途】 钨酸钠属阳极钝化膜型缓蚀剂，其缓蚀性能优于钼系及磷系。对碳素钢、紫铜、铜合金、铝、锌均有较好的缓蚀效果。单一钨酸钠为缓蚀剂时加药量较大，约需 WO_4^{2-} 200mg/L 以上，费用高。

【安全性】 钨化合物有毒，尤其是钨酸钠的毒性更大。兔肌内注射（mg 钨酸盐/kg）LD_{50}：105；大鼠皮下注射（mg 钨酸盐/kg）LD_{50}：240。接触钨化合物后，人的上呼吸道和深呼吸道受到刺激，受粉尘作用患支气管哮喘，胃肠功能紊乱。接触皮肤后，使皮肤上出现鳞屑。美国规定，钨及其可溶性化合物在空气中的最高容许浓度（以钨计）为 1mg/m³，不溶性化合物（以钨计）为 5mg/m³。工作人员应做好防护。本品应储存在阴凉、干燥的库房内，并注意防潮。储运时保持包装完好无损。不可与酸类物品共储混运。运输时要防止日晒和雨淋。

【生产单位】 姜堰市安达有色金属有限公司，杭州萧山天钼化工有限公司，上海绿源精细化工厂，上海实验试剂有限公司，上海新高化学试剂有限公司，科美化工有限公司，北京北化精细化学品有限责任公司，天津市光复精细化工研究所，成都市联合化工试剂研究所。

Nd009 硅酸钠

【英文名】 sodium silicate

【别名】 水玻璃；泡花碱；water glass；soluble glass

【分子式】 Na_2SiO_3

【登记号】 CAS［1344-09-8］

【性质】 工业硅酸钠因分子中氧化钠与二氧化硅比值不同其性质亦不同。氧化钠与二氧化硅的分子摩尔比称为模数，模数在 3 以上的称为中性水玻璃，模数 3 以下的称为碱性水玻璃。其产品通常有固体水玻璃，水合水玻璃和液体水玻璃之分。硅酸钠为无色、淡黄色或青灰色透明的黏稠液体。溶于水呈碱性。遇酸分解而析出硅酸的胶质沉淀，属于玻璃体物质，无固定熔点，水处理用一般模数为 2.5～3.0。

【质量标准】 GB 4209—1996

(1) 工业液体硅酸钠

指标名称 \ 型号级别	液-1			液-2			液-3			液-4			液-5		
指标	优等品	一等品	合格品	优等品	一等品	合格品	优等品	一等品	合格品	优等品	一等品	合格品	优等品	一等品	合格品
铁(Fe)/% ≤	0.02	0.05	—	0.02	0.05	—	0.02	0.05	—	0.02	0.05	—	0.02	0.05	—
水不溶物/% ≤	0.20	0.40	0.50	0.20	0.40	0.50	0.20	0.60	0.80	0.20	0.40	0.50	0.20	0.80	1.00
密度(20℃)/(g/cm^3)	1.318～1.342			1.368～1.394			1.436～1.465			1.368～1.394			1.526～1.599		
氧化钠(Na_2O)/% ≥	7.0			8.2			10.2			9.5			12.8		
二氧化硅(SiO_2)/% ≥	24.6			26.0			25.7			22.1			29.2		
模数(M)	3.5～6.7			3.1～3.4			2.6～2.9			2.2～2.5			2.2～2.5		

（2）工业固体硅酸钠

指标名称 \ 型号级别	固-1		固-2		固-3		固-4	
指标	一等品	合格品	一等品	合格品	一等品	合格品	一等品	合格品
可溶固体/% ≥	97.0	95.0	97.0	95.0	97.0	95.0	97.0	95.0
Fe/% ≤	0.12	—	0.12	—	0.12	—	0.10	—
模数(M)	3.5 ～ 3.7		3.1 ～ 3.4		2.6 ～ 2.9		2.2 ～ 2.5	

【制法】 干法：将纯碱、硅按一定比例均匀混合，熔融反应。加热溶解，沉降、浓缩制得。或者将硫酸钠（芒硝）、煤粉混匀再加入硅砂反应制得。也可以将天然碱、硅砂、煤粉按比例混合，熔融反应制得。湿法是将液体烧碱、硅砂在反应釜内加热反应，产物经过滤、浓缩制得。

【用途】 硅酸盐作为缓蚀剂，最早应用于生活用水管道的防腐。之后，国内外研究人员研究制备的以硅酸盐为主要缓蚀剂的复合配方，使硅酸盐的缓蚀性能得到进一步提高。硅酸盐既可在清洁的金属表面上，也可在有锈的金属表面上生成保护膜，但这些保护膜是多孔性的，因此单独使用硅酸盐缓蚀性能较差，硅酸盐常与聚磷酸盐、有机磷酸盐、钼酸盐、锌盐等缓蚀剂复配，起增效作用。目前开发和研制硅系复合剂已成为新的发展趋势。硅酸盐不但可以抑制冷却水中钢铁的腐蚀，而且还可抑制非铁金属-铝和铜及其合金、铅、镀锌层的腐蚀，特别适宜于控制黄铜脱锌。硅酸盐能有效地防止 Cl^- 的侵蚀，因此可用于用海水作补充水或含高 Cl^- 的循环水系统。有循环冷却水中，一般硅酸盐使用浓度为 40～60mg/L（以 SiO_2 计），最低 25mg/L。最佳运行 pH 8.0～9.5。用硅酸盐作缓蚀剂时，冷却水中必须有足够的氧，金属才能得到有效的保护。

【安全性】 硅酸钠属于低毒品，对皮肤和黏膜有刺激作用。若食人体内，可引起呕吐和腹泻。接触和使用硅酸钠时，应作好防护。容器应密封，储存于通风良好的库房内。不可与酸类物品共储混运。

【生产单位】 浙江省嘉善县助剂一厂，南京合一化工有限责任公司，大连达凯染料化工有限公司，温州市东升化工试剂厂，中国核工业建峰化工总厂，上海明太化工发展有限公司，天津碱厂，上海试一化学试剂有限公司，江苏永华精细化学品有限公司，无锡市展望化工试剂有限公司。

Nd010 亚硝酸钠

【英文名】 sodium nitrite

【别名】 nitrous acid sodium salt; erinitrit; diazotizing salt

【分子式】 $NaNO_2$

【登记号】 CAS [7632-00-0]

【性质】 白色或微带黄色斜方晶体或粉末。有咸味，外观类似于食盐。相对密度2.168；熔点271℃，在320℃时分解生成氧、氮、氧化氮和氧化钠。吸湿，易溶于水，水溶液稳定。微溶于甲醇、乙醇、乙醚。可从空气中吸收氧气，并形成硝酸钠。露置于空气中缓慢氧化成硝酸钠。与有机物接触易发生燃烧和爆炸，燃烧时放出有毒的氧化氮气体。

【质量标准】 GB 2367—2006

指标名称		优等品	一等品	合格品
亚硝酸钠(以干基计)/%	≥	99.0	98.5	98.0
硝酸钠(以干基计)/%	≤	0.8	1.0	1.9
氯化物(以 NaCl 计,以干基计)/%	≤	0.10	0.17	—
水不溶物(以干基计)/%	≤	0.05	0.06	0.10
水分/%	≤	1.4	2.0	2.5
松散度(以不结块物含量计)/%	≥	85		

注：松散度指标为添加剂产品控制的指标名称，在用户要求时进行测定。

【用途】 $NaNO_2$ 是一种氧化性缓蚀剂，适用于低硬度或超低硬度的水质处理。本品有毒，故主要用于密闭循环冷却水系统，属危险性缓蚀剂，使用浓度不足时，不仅无缓蚀作用，反而加速腐蚀，使用浓度通常为300～500mg/L。水质pH最佳范围在8～10，故常与300～600mg/L的Na_2CO_3共同使用。水质pH<6时，分解，起不到缓蚀作用。常与钼酸钠复配，一方面起增效作用，另一方面降低两者的用量。仅适用于黑色金属防锈，对铜等有色金属无效，甚至有腐蚀作用。

【安全性】 亚硝酸钠有毒，具致癌性，人致死量3g。皮肤接触亚硝酸钠的最高浓度为1.5%，高于此浓度时，会使皮肤发炎，出现斑疹。接触或使用亚硝酸钠的工作人员，必须穿戴规定的防护用具，以防止接触皮肤和进入体内。不得与有机物、食品等共储混运，以免发生爆炸、燃烧，以及污染食品。使用带护栏的运输工具运输。

【生产单位】 太原欣力化学品有限公司，文通钾盐集团有限公司，天津市化学试剂一厂，上海绿源精细化工厂，上海实验试剂有限公司，高力集团，山东天信化工有限公司，天津碱厂，宜兴天鹏精细化工有限公司，江苏方舟化工有限公司，科美化工有限公司。

Nd011 硝酸钠

【英文名】 sodium nitrate

【别名】 智利硝；Chile saltpeter; cubic niter; soda niter

【分子式】 $NaNO_3$

【登记号】 CAS [7631-99-4]

【性质】 硝酸钠在室温下为无色透明的菱形结晶，或白色或微带黄色的颗粒或粉末。味咸，略苦。在湿空气中易潮解。相对密度2.257，熔点308℃，沸点308℃，并在沸腾时分解而生成 $NaNO_2$ 和 O_2。极易溶于水、液氨和甘油，难溶于乙醇、甲醇，极难溶于丙酮。400～600℃时放出 N_2 和 O_2；热至 700℃时放出 NO；775～865℃时有少量 NO_2 和 N_2O 生成。分解后的残留物为 N_2O。在溶解于水中时，水温下降，水溶液呈中性。硝酸钠是一种氧化剂，与木屑、布、油类等有机物接触时，能引起燃烧和爆炸。

【质量标准】 GB/T 4553—2002

指标名称		优等品	一等品	合格品
外观		白色细小结晶，允许带浅灰色或浅黄色		
硝酸钠(以干基计)/%	≥	99.7	99.3	98.5
水分/%	≤	1.0	1.5	2.0
水不溶物/%	≤	0.03	0.06	—
氯化物(NaCl)/%	≤	0.25	0.30	—
亚硝酸钠(以干基计)/%	≤	0.01	0.02	0.15
碳酸钠(以干基计)/%	≤	0.05	≤0.10	
铁(Fe)/%	≤	0.005	—	
松散度	≥	90		

注：1. 水分以出厂检验为准。

2. 松散度为加防结块剂产品控制指标名称。

【制法】 用纯碱溶液吸收硝酸生产尾气中的氮氧化物，得中和液，再将中和液送入转化器中，加硝酸将亚硝酸钠氧化成硝酸钠。用纯碱溶液中和转化后溶液中的游离酸，在常压下蒸发后，进行冷却结晶、离心分离、干燥等步骤，制得硝酸钠成品。或利用硝酸与纯碱或烧碱进行反应制得硝酸钠。还可以用离子交换法，以 NaCl 和 NH_4NO_3 为原料，分别配成一定含量的溶液，经过离子交换树脂床，制得硝酸钠和氯化铵溶液，再分别进行浓缩、冷却结晶、离心分离、干燥、包装，得到产品硝酸钠和副产品氯化铵。

【用途】 硝酸钠在水处理领域主要用作缓蚀剂、锅炉金属脆化的抑制剂。硝酸钠用作金属脆化抑制剂时，需与氢氧化钠复配使用，并保持一定的比例。在低压锅炉系统内加入硝酸钠可防止金属材料脆化。此外，其他领域的用途也很广。

【安全性】 硝酸钠为强氧化剂，遇可燃物着火时能助长火势。与易氧化物质、硫黄、还原剂和强酸接触时，能引起燃烧和爆炸。燃烧时有黄色火焰，产生有毒和刺激性的氮氧化物气体，对皮肤有刺激作用。人经口大量摄入能产生肠胃炎、腹痛、呕吐、心律不齐、脉搏不匀等症状，严重者痉挛而至死亡。人的致死量 LD 为 15.3g。眼睛和皮肤接触硝酸钠后，应以大量水冲洗。不得与有机物，酸、碱类和其他易燃物同储共运。运输时严防日晒和雨淋。

【生产单位】 太原欣力化学品有限公司，青岛恒源化工有限公司，山东海化华龙硝铵有限公司，吉林化学工业股份有限公司，石家庄化肥集团有限责任公司，重庆川东化工（集团）有限公司，上海绿源精细化工厂，高力集团，山东天信化工有限公司，文通钾盐集团有限公司，太原市欣吉达化工有限公司，山西丰喜肥业（集团）股份有限公司。

Nd012 铬酸钠

【英文名】 sodium chromate (Ⅵ)

【别名】 neutral sodium chromate; chromic of soda; chromium disodium oxide

【分子式】 Na_2CrO_4

【登记号】 CAS [7775-11-3]

【性质】 无水铬酸钠为黄色粉末状结晶。相对密度 2.723，熔点 792℃。易溶于水，水溶液呈碱性。铬酸钠在 19.52℃以下时自水溶液中结晶出十水合物，后者为单斜晶体，相对密度 1.483，极易吸潮，且不稳定；在 19.52～26.6 结晶出六水合物 $Na_2CrO_4 \cdot 6H_2O$；在 26.6～62.8℃结晶出四水合物 $Na_2CrO_4 \cdot 4H_2O$；62.8℃以上则生成无水斜方晶体 α-Na_2CrO_4；在 413℃时便转变成熔点为 792℃的六角晶系的 β-Na_2CrO_4。

【制法】 在铬酸钠碱性溶液中加入重铬酸钠母液进行中和反应。经过滤、澄清、冷却、分离制得。

【用途】 铬酸盐是一种最有效的腐蚀抑制剂，用作循环冷却水系统缓蚀剂，其缓蚀率可达到 95%以上。通常都是与磷酸盐、锌盐以及聚丙烯酰胺等缓蚀组分复配使用。在冷却水处理中，当铬酸钠以较高的质量分数（250～700mg/kg）单独使用时，对钢材的缓蚀效果极好。

【安全性】 六价铬化合物及其盐类是铬化合物中毒性最大者，家兔皮下注射 LD_{50} 为 243mg/kg。生产环境空气中铬酸盐（钠、钾）粉尘的最高容许浓度 0.1mg/m³。铬酸盐沾污皮肤，可引起皮肤瘙痒，产生红色丘疹或疱疹，及至形成溃疡，黏膜会受到严重伤害。工作人员应作好防护。

【生产单位】 上海实验试剂有限公司，天津科密欧化学试剂开发中心，天津市北辰区津生工贸有限公司，无锡市展望化工试剂有限公司，天津市光复精细化工研究所，成都市联合化工试剂研究所。

Nd013 重铬酸钠（二水）

【英文名】 sodium dichromate dihydrate

【别名】 二水合重铬酸钠；红矾钠；bichromate of soda; sodium bichromate dehydrate; sodium dichromate (Ⅵ) dehydrate

【分子式】 $Na_2Cr_2O_7 \cdot 2H_2O$

【登记号】 CAS [7789-12-0]

【性质】 二水合重铬酸钠为浅红色至浅橙色的单斜棱锥状或细针装结晶。相对密度 2.348（25℃）。在高于 84.6℃时失去结晶水变为无水结晶。极易吸潮，在空气中会潮解，易溶于水，在水中溶解度 20℃时为 73.18%，100℃时 91.48%，水溶液呈酸性。不溶于醇。无水物的熔点 356.7℃；在大约 400℃时开始分解；低于 84.6℃时在空气中又变成二水合物。为强氧化剂。与有机物摩擦、撞击能引起燃烧。有腐蚀性。

【质量标准】 GB/T 1611—2003

指标名称		优等品	一等品	合格品
外观		鲜艳橙红色针状或小粒状结晶		
重铬酸钠(以 $Na_2Cr_2O_7 \cdot 2H_2O$ 计)/%	≥	99.5	98.3	98.0
硫酸盐(以 SO_4^{2-} 计)/%	≤	0.20	0.30	0.40
氯化物(以 Cl 计)/%	≤	0.07	0.10	0.20

注：如用户对铁含量有要求，按本标准规定的方法进行测定。

【制法】 最常用的方法是以铬铁矿、白云石、石灰石、矿渣为原料，经过粉碎之后，再与纯碱混合均匀，送入转窑中，在 1000～1150℃下进行氧化焙烧，再经硫酸处理，转变成重铬酸钠。也可以将铬酸钠水溶液预先在加压下进行碳酸化，使60%～70%的铬酸钠转化成重铬酸钠，然后再于压力下进行二次碳酸化。

【用途】 用作循环冷却水系统缓蚀剂。通常与磷酸盐、锌盐以及聚丙烯酰胺等缓蚀剂复配使用。

【安全性】 重铬酸钠不易燃，但毒性较大。其粉尘和气溶胶对皮肤和呼吸器官、胃肠道具有刺激和腐蚀作用。粉尘进入体内会引起严重的中毒现象。生产和使用重铬酸钠的操作人员工作时，必须做好防护。本品应远离火种和热源。不得与有机物、易燃物、过氧化物、强酸共储混运。运送时要防雨淋、日晒，严防碰撞。

【生产单位】 上海实验试剂有限公司，天津科密欧化学试剂开发中心，天津市北辰区津生工贸有限公司，无锡市展望化工试剂有限公司，天津市光复精细化工研究所，成都市联合化工试剂研究所，天津市富强化工厂，甘肃锦世化工有限责任公司。

Ne 水垢清洗剂

1 水垢的形成及危害

(1) 水垢的形成

① 对于锅炉等热交换设备，含有溶解盐类的水受热后，由于钙、镁盐类的溶解度随温度升高而降低及碳酸氢盐受热分解产生沉积物，即水垢。

② 对于冷却循环水，水垢是由过饱和的水溶性组分形成的。当冷却水中溶解的重碳酸盐较多时，水流通过换热器表面，特别是温度较高的表面，就会受热分解。

当循环水通过冷却塔，溶解在水中的 CO_2 会逸出，水的 pH 升高，此时，重碳酸盐在碱性条件下也会发生如下的反应：

$$Ca(HCO_3)_2 + 2OH^- \longrightarrow CaCO_3 \downarrow + CO_3^{2-} + 2H_2O$$

水垢基本上有下列成分组成为：碳酸钙、硫酸钙、磷酸钙、镁盐和硅酸盐等。

(2) 硬水的危害

① 硬水作为工业生产用的冷却水，会使热交换器结水垢，严重的不仅会阻碍水流通道，使热交换效果大大降低，影响生产顺利进行。结垢还会产生垢下腐蚀，会使热交换器损坏，增加设备投资费用，浪费材料。水垢的导热性能只是钢材的 1/200，在锅炉内结垢之后，如果仍要达到无水垢时同样的炉水温度，势必要提高受热面的壁温，从而浪费能源（例如结有 1.5mm 硫酸盐水垢，会浪费燃料 10% 以上），还会增加材料应力，导致损坏。

② 结水垢之后，必须经常清洗，不仅影响生产，而且降低锅炉等设备的使用寿命，还要耗费人力物力，因此硬水对工业生产的危害极大。

(3) 水垢的处理方法

① 化学方法

a. 清洗　采用酸性或中性除垢剂去除设备中的水垢。

b. 软化水质　采用离子交换方式，去除循环水硬度，也就是去除水中导致水垢的金属离子。

② 物理方法

a. 除垢　采用超声波设备或机械方法去除水中的水垢。

b. 电法水处理　利用设备产生电磁振荡，改变水的物理特性，使水对水垢成分的溶解度（或溶度积）提高，进而起到除垢和防垢的目的。

除垢剂的主要成分都是弱酸，HAc（乙酸）是一种无“三废”（无毒无污染无腐蚀）的绿色有机化合物，HAc 的水溶性极好，对水中的 Ca、Mg、Fe 等金属离子络合和螯合能力极强。它在锅炉和循环冷却水处理过程中，对 Ca、Mg 络合、螯合作用形成较细的、黏度小、流动性增强的水渣随排污排除，从而有效地避免水垢的形成。在碱性条件下，在锅炉金属热面上形成 HAc 有机保护膜，起缓蚀作用，还可渗透到水垢和金属结合面上，与钙、镁盐发生复分解作用，降低老水垢与金属接触面的附着力而使老垢脱落。加药后的水呈茶色，因此，还可以防止热水锅炉人为失水。在锅炉、循环冷却水系统防垢，防腐蚀（氧腐蚀）、杜绝人为失水，除垢效果良好，经济安全可靠。

2　水垢清洗剂

水垢清洗剂为安全环保型强力除垢剂，可生物降解。由多种活性剂、酸式盐、有机酸、渗透剂等组分复配，可快速清除溶解各种换热设备、锅炉和管道中的水垢、锈垢和其他沉积物，同时，在金属表面形成保护膜，防止金属腐蚀和水垢的快速形成；对各种设备和卫生设施表面的水泥薄层，污垢菌藻、蚀斑有极佳的清除作用。

(1) 应用范围　广泛用于管道、锅炉、中央空调、换热器、冷凝器、蒸发器、制冷机、空压机、反应釜、冶炼炉、采暖系统以及陶瓷、塑料等非金属设备，对环境无污染，不会对设备和操作者造成损害，可生物降解，使用方便、经济安全。

(2) 适用材质

RT-8281 型：用于碳钢设备。

RT-8282 型：用于碳钢、铜及其合金设备。

RT-8283 型：用于碳钢、铜、不锈钢及其合金设备。

RT-8284 型：用于塑料、陶瓷等非金属设备。

RT-8285 型：用于碳钢、铜、不锈钢及其合金设备（清除混合型水垢和铁锈等）。

(3) 使用方法

① 确定设备无严重腐蚀和泄漏后方可清洗。

② 将泵、清洗槽和被清洗设备连成独立循环系统，按10%～20%的浓度配制清洗液进行循环清洗。(无循环条件也可浸泡清洗或擦洗)；加热可提高清洗速度，但液温不要超过60℃。

③ 依据结垢程度和设备类型，视反应程度，清洗1～6h不等；排放后用清水进行冲洗。

④ 可选用RT-306钝化剂进行漂洗钝化处理及水冲洗。

(4) 包装储存 5kg、25kg、200kg塑料桶装，存于阴凉处，保质期三年。

(5) 注意事项 不宜长时间接触破损皮肤，如不慎溅入眼中应立即用清水冲洗。

RT-8283型长时间放置会产生沉淀，非整桶使用时需摇动均匀。

3 无腐蚀型水垢清洗剂

只要有水循环的地方，就会有矿物质水垢，这些矿物质水垢沉积得非常快（往往不超过三周)，即使是很薄的一层，也会起到绝缘的作用，从而导致装置系统生产效率下降、能耗物耗增加，严重时能使流程中断，装置被迫停产，造成严重经济损失，甚至发生恶性的爆炸事件。这些问题已经在工业、商业、民用、军用等各个领域表现得非常突出。

随着工业现代化的发展，工业设备逐渐向自动化、连续化和集群化发展，众多企业为了提高效率和降低成本及能耗，都引进了带有先进和精密装置的换热设备；受水质、温度、环境、时间等因素的影响，各种冷凝器、交换器、压缩机、真空泵、蒸煮器、气冷机、化学洗涤器、过滤器或者其他水冷、水加热、水运行设备都极易产生水垢。

但由于受传统思维观念及清洗技术资源匮乏和缺失等因素的影响，大多数企业及个人对结垢的影响及清除工艺还停留在机械、高压水、化学酸洗等传统的“破坏性”工艺和观念方面；而且简单地认为设备清洗只有在严重影响生产的情况下才会考虑，其不知水垢的生成在不断影响着企业的能耗，吞噬着企业的利润。而且，单一为了降低清洗的费用，选择了对设备有损害和腐蚀的清洗方法，造成设备的报废和生产的停滞，付出了比清洗剂高几百倍甚至上千倍的代价。如某大型钢铁集团，采用草酸自行清洗油冷器的冷却装置，结果造成管壁的腐蚀穿孔，造成油水混合，直接造成17万余元的油品的浪费；而且系统设备也被迫停产，间接损失达到200余万元。另外，某水泥集团，采用草酸清洗换热器，每次清洗时间都不敢超过2h，因清洗的不够彻底，所以清洗时间有以前的一年一次变为现在的一年三次，增加了两次的停机停产时间，间接地给企业造成了损失。

福世泰克是全球首款以清除所有水垢、石灰、泥浆、锈渍和水处理设备及系统中形成的其他污垢沉积物而专门设计全合成的高科技液体除垢剂。无腐蚀、溶垢快、易操作、安全环保，此一集诸多世界领先技术于一身的全新清洗产品，将使广大工业企业告别工业换热设备清洗难题。

4 无腐蚀型水垢清洗剂特点

多功能：本产品不但能清洗碳钢、不锈钢和紫铜等常规材质的设备，同时能清洗铝质设备和某些镀层设备。原液及稀释液均可以直接使用，对设备无腐蚀，无损害。

溶垢效率高：每千克原液可以清除4kg水垢。如果需要用水稀释后清洗，溶垢性能也不会下降，只是清洗时间会延长。

操作简单：福世泰克的使用非常简单，只需一个开式循环泵和水桶装置就可以实现从设备底部循环到设备顶部的彻底清洗。

清洗时间短：大部分的清洗工作可以在2～3h内完成。

安全环保：由于主要成分采用先进的生物制剂所以可生物降解，且无毒害，无腐蚀，以及不易燃，如垢质中不含有害物质，清洗废液可以直接排放。

Nf 其他水处理药剂

在水处理剂中，除以上介绍的产品外，还有一些专门用剂，例如锅炉用阻垢缓蚀剂，金属管道及设备的清洗剂。这类产品一般为复配物。常用品介绍如下。

Nf001 G-1锅炉阻垢剂

【英文名】 boiler scale inhibitor G-1

【组成】 有机磷酸盐，聚羧酸盐，消泡剂。

【性质】 本品为淡黄色油状物。相对密度(20℃) 1.10。

【制法】 将有机磷酸盐，聚羧酸盐，消泡剂和分散剂按比例混合后搅匀即可。

【安全性】 用洁净、干燥、镀锌铁桶包装，每桶净含量25kg、200kg或250kg。储运：本系列产品储运时应防雨、防潮、避免曝晒、由于本品为可燃物，故储运时应严防火种。储存于室内阴凉处。储存期12个月。按一般化学品运输管理。

【用途】 适用于各种类型的低压锅炉。特别适用于出口蒸汽压力小于1.27MPa，蒸汽量小于4t/h的水管锅炉。亦适用于蒸汽发生器，生产蒸馏水的蒸发器和各种水冷设备。一般用量4g/t汽。

【生产单位】 广东省化工研究所、山东烟台第四化工厂等。

Nf002 SG型高效锅炉阻垢剂

【英文名】 efficient boiler scale inhibitor type SG

【组成】 有机磷酸盐，聚羧酸盐。

【性质】 本品为红棕色液体。相对密度(20℃) 1.25。水溶性极好。无腐蚀性。

【质量标准】

外观	红棕色液体
pH值(1%水溶液)	≥9

【制法】 将有机磷酸盐，聚羧酸盐按一定比例混合后加水溶解搅匀即可。

【安全性】 见G-1锅炉阻垢剂。

【用途】 用于低压锅炉内水处理。用量较小。蒸汽锅炉10mL/t汽。热水锅炉50mL/t水。用法简便。

【生产单位】 陕西省化学工业研究所等。

Nf003 SR-1025低压锅炉软化给水溶解氧腐蚀抑制剂

【英文名】 corrosion inhibitor for low-pressure boiler SR-1025

【组成】 有机磷酸盐，无机磷酸盐。

【性质】 本品为浅黄色液体。相对密度(20℃) 1.25。水溶性极好。

【质量标准】

固含量/%	≥35
pH值(1%溶液)	≥5

【制法】 将有机膦酸盐，无机膦酸盐按一定比例混合加水溶解，搅匀即可。

【安全性】 见G-1锅炉阻垢剂。

【用途】 适用于软水锅炉作溶氧解腐蚀抑

制剂。一般用量热水锅炉 15～20mL/t 水，蒸汽锅炉 15mL/t 汽。

【生产单位】 陕西省化学工业研究所等。

Nf004 CW1101(B)锅炉阻垢缓蚀剂

【英文名】 boiler scale and corrosion inhibitor CW1101 (B)

【组成】 有机磷酸，聚羧酸。

【性质】 本品为淡黄色液体，相对密度(20℃) 1.020。

【质量标准】

固含量/%	>20
pH 值	1～2

【制法】 将有机磷酸，聚羧酸按一定比例混合。加入水和助溶剂，搅拌溶解即可。

【安全性】 见 Nf001。

【用途】 用于小型锅炉的内水处理，作阻垢缓蚀剂。使用方便，可以不用软水设备，直接投入锅炉内防止结垢和腐蚀。

【生产单位】 北京通州水处理剂厂等。

Nf005 NS-401 锅炉水处理剂

【英文名】 boiler water treatment agent NS-401

【组成】 乙二胺四亚甲基膦酸，聚马来酸。

【性质】 本品为浅黄色液体。相对密度(20 ℃) 1.01～1.02。

【质量标准】

绝对黏度(30℃)/(Pa·s)	1.4603
挥发度/%	3.84
凝固点/℃	−1.5
pH 值	5.9～8.0

【制法】 将乙二胺四亚甲基膦酸、聚马来酸按一定比例混合后，再加入 NS-B 和 NaOH 水溶液，搅拌溶解即得产品。

【安全性】 见 Nf001。

【用途】 作为锅炉水处理剂，特别适宜高硬度水质处理。一般用量 40mL/t 水。投药方式可采用直接加入水箱或滴加。用本品，工业锅炉运转一年后，炉内老垢以疏松状态脱落，水的各项指标基本达到 GB76—79 标准。

【生产单位】 南京市化工研究院水处理工业公司水处理剂厂等。

Nf006 NS-402 锅炉水处理剂

【英文名】 boiler water treatment agent NS-402

【组成】 乙二胺四亚甲基膦酸，聚马来酸。

【性质】 本品为浅黄色液体。相对密度(20℃) 1.09～1.14。

【质量标准】

绝对黏度(30 ℃)/(Pa·s)	1.45
pH 值	7.0～7.5

【制法】 将乙二胺四亚甲基膦酸、聚马来酸按一定比例混合后，加入 NaOH 水溶液搅拌溶解再用 NS-B 调 pH 至 7.0 左右。

【安全性】 见 Nf001。

【用途】 适合硬度≤3×10^{-3} mol/m^3 的各类锅炉给水的内部处理。也可以作小氮肥厂的造气变换，碳化等工段的工艺用水的软化剂及换热设备用水的阻垢缓蚀剂。一般用量为 50g/t 水。

【生产单位】 南京市化工研究设计院水处理公司水处理剂厂等。

Nf007 NS-404 锅炉水处理剂

【英文名】 boiler water treatment agent NS-404

【组成】 乙二胺四亚甲基膦酸，聚马来酸。

【性质】 本品为浅黄色透明液体。相对密度(20℃) 1.1301。

【质量标准】

相对黏度(25℃)/(Pa·s)	4.10
pH 值	1.0～2.0

【制法】 将乙二胺四亚甲基膦酸、聚马来酸混合均匀，然后加入 NaOH 水溶液搅拌溶解，再加 NS-B 混匀即可。

【安全性】 见 Nf001。

【用途】 作为锅炉内水处理剂。对于硬度大的水质有良好的缓蚀性和阻垢性。一般用量 50g/t 水。

【生产单位】 南京市化工研究设计院水处理工业公司水处理剂厂等。

Nf008 HAC 型锅炉防垢剂

【英文名】 boiler scale inhibitor type HAC

【组成】 腐殖酸钠，聚羧酸。

【性质】 本品为黑褐色粉末。易溶于水。相对密度（25℃）1.50。

【质量标准】

细度/目	40
pH 值（1%水溶液）	≥10

【制法】 将相对分子质量 2000～50000 的聚羧酸与腐殖酸钠按比例混合即得成品。

【安全性】 见 Nf001。

【用途】 作为锅炉内水处理剂，特别适于蒸汽量小于 6t/h，工作压力小于 1.5MPa的各种立式、卧式、快装、水管、火管蒸汽锅炉。无毒，产品安全可靠。炉水控制指标总碱度≥10mL/m³，总硬度≤0.5mol/m³，溶解固形物<500g/m³。

【生产单位】 江西省萍乡腐殖酸工业公司等。

Nf009 TS-101 清洗剂

【英文名】 cleaning agent TS-101

【组成】 磺化琥珀酸异辛酯钠盐，异丙醇。

【性质】 本品为淡黄色透明液体。能与水以任何比例互溶，不含腐蚀性酸碱。

【质量标准】

含量/%	≥50
pH 值（1%水溶液）	≥5.0～6.5

【制法】 将 18 份磺化琥珀酸异辛酯钠盐，32 份异丙醇、2 份乙酸、50 份水加到混配釜中，在搅拌下加热溶解即可。

【安全性】 见 Nf001。

【用途】 本品具有高渗透性及去污力，可以渗透到湿润污垢的内部，使油脂性污垢易于脱落。从而容易提高金属表面的洁净度和预膜效果。使用量一般为 40 g/t 水。

【生产单位】 天津市化工研究院等。

Nf010 CW-0401 清洗剂

【英文名】 cleaning agent CW-0401

【组成】 磺化顺丁烯二酸二异辛酯钠盐。

【性质】 本品为淡黄色透明液体。与水可以任意比例互溶。不含腐蚀性酸和碱。

【质量标准】

有效物含量/%	≥25
pH 值（1%水溶液）	7.5～8.58

【制法】 将磺化顺丁烯二酸二异辛酯钠盐加入混配釜中，加异丙醇和水，溶解即可。

【安全性】 见 Nf001。

【用途】 用作机械清洗及装置开车前的系统清洗，具有较强的渗透剥离作用。能较好地去除油脂和生物黏性。一般用量 500～800g/m³。

【生产单位】 南京第一精细化工公司合成化工厂等。

Nf011 WT-301-1 型清洗剂

【英文名】 cleaning agent type WT-301-1

【组成】 有机磷酸盐，聚合物及表面活性剂。

【性质】 本品为淡黄色液体，对污物、铁锈、油脂、水垢去除率达 90%。

【制法】 将有机磷酸盐、表面活性剂按比例加入混配釜中，加水溶解，再加入聚羧酸盐，搅匀即可。

【安全性】 见 Nf001。

【用途】 本品用于各种循环水系统开车前清洗和停车后酸洗。pH4.0～5.0，去污效果极佳。用量1kg/m³。清洗时间24h。

【生产单位】 湖北仙桃市水质稳定剂厂等。

Nf012 WT-301-2 铜管清洗剂

【英文名】 copper tube cleaning agent WT-301-2

【组成】 铜缓蚀剂，有机酸及表面活性剂。

【性质】 黄色液体。

【质量标准】

有效物含量/%	≥20
pH 值	7.0～7.50

【制法】 将表面活性剂加入混配釜中，加水搅拌，加热溶解，再加入有机磷酸、铜缓蚀剂搅拌均匀即可。

【安全性】 见 Nf001。

【用途】 适用于各行各业的铜管换热器的除垢清洗。最佳清洗条件 50℃，处理4～8h。

【生产单位】 湖北仙桃市水质稳定剂厂等。

Nf013 WT-301-3 油垢清洗剂

【英文名】 oil foulant cleaning agent WT-301-3

【组成】 有机磷酸，表面活性剂，有机溶剂。

【性质】 本品为无色透明液体。

【质量标准】

外观	无色透明液体
pH 值	6.0～8.0

【制法】 将有机磷酸和非离子表面活性剂按一定比例加入混配釜中，搅匀，再加入煤油，搅拌溶解即可。

【安全性】 见 Nf001。

【用途】 作为清洗剂可用于轻纺，机械，煤油系统去脂，脱油处理。用量一般为200g/m³，在 pH 6～8，处理 20h。当煤油系统发生漏油后，作溢油处理剂用量100g/m³。

【生产单位】 湖北仙桃市水质稳定剂厂等。

Nf014 JC-832 铜清洗剂

【英文名】 copper cleaning agent JC-832

【组成】 聚羧酸，螯合剂及缓蚀剂。

【制法】 将聚羧酸，钼酸盐及螯合剂按一定比例复配而成。

【安全性】 见 Nf001。

【用途】 此产品在室温下有高效清洗作用。在 50～55℃下清洗效果更佳。清洗中对设备腐蚀很小。由于含有钼酸盐在除垢后能自行钝化。本品广泛用于吸热制冷机换热器，海水蒸发器，发电厂铜管换热器，火车车厢闭路水暖系统，蒸汽锅炉炉体上的磷酸钙垢，氧化铁垢的清洗。

【生产单位】 江苏常州武进精细化工厂等。

Nf015 JC-861 清洗预膜剂

【英文名】 cleaning and prefilming agent JC-861

【组成】 聚磷酸盐和非离子型表面活性剂。

【性质】 本品为淡黄色糊状物。稍有刺激味。相对密度（25℃）1.24，易溶于水。

【质量标准】

磷酸盐含量(以 PO_4^{3-} 计)/%	25
pH 值	9～10

【制法】 由聚磷酸盐，非离子表面活性剂按一定比例复配而成。

【安全性】 见 Nf001。

【用途】 适用于有色金属材质，尤其适用于炼油厂清洗和不停车清洗。一般用量

800g/m³。能迅速除去交换器中油垢和铁锈。并在金属表面形成均匀防蚀膜。膜厚500～700nm。适用于冷却水系统设备管道的清洗预膜。冷态运行预膜时间48h。当水温小于27℃时，总无机磷控制在280g/m³。当铁锈和钙垢严重时，pH调至5.5～6.0。一般情况下pH在6.0～6.5。

【生产单位】 江苏常州市武进精细化工厂等。

Nf016 JS-204 预膜缓蚀剂

【英文名】 prefilming agent-corrosion inhibitor JS-204

【组成】 聚磷酸盐和锌盐。

【性质】 本品为白色粉末。相对密度1.30～1.70。易吸潮结块。

【质量标准】

外观	白色粉末
pH值(1%水溶液)	2.6～3.2

【制法】 由聚磷酸盐和锌盐按一定比例复配。混合均匀即可。

【安全性】 见Nf001。

【用途】 作为预膜缓蚀剂适用于循环冷却水系统对碳钢、不锈钢等换热器，输油管线中管道表面预膜。

【生产单位】 南京工业大学武进水质稳定剂厂等。

Nf017 NJ-302 预膜剂

【英文名】 prefilming agent NJ-302

【组成】 磷酸盐，锌盐等。

【性质】 本品为浅黄色液体。相对密度(20℃) 1.50±0.05。

【质量标准】

含量/%	50
总磷含量/%	13±1
pH值(1%水溶液)	<2

【制法】 将磷酸盐和锌盐按一定比例混配后加水溶解即可。

【安全性】 见Nf001。

【用途】 用作预膜剂与二价离子能很好螯合。在金属表面快速形成保护膜。预膜在常温无热负荷的条件下进行，pH控制在6.0～7.0，预膜剂加量80g/m³，预膜时间48 h。

【生产单位】 南京第一精细化工公司合成化工厂等。

Nf018 WT-302-1 预膜剂

【英文名】 prefilming agent WT-302-1

【组成】 磷酸盐和聚磷酸盐。

【性质】 本品为白色粉末状固体，易溶于水。

【质量标准】

含量/%	≥90
pH值(1%水溶液)	6.0～7.0

【制法】 将磷酸盐和聚磷酸盐按一定比例混合均匀，干燥包装即可。

【安全性】 见Nf001。

【用途】 可用于各行各业循环水系统的开车清洗后的预膜处理。钙离子含量20～150g/m³，预膜时间30h。

【生产单位】 湖北仙桃市水质稳定剂厂等。

Nf019 CW-0601 消泡剂

【英文名】 defoaming agent CW-0601

【组成】 液体石蜡，硬脂肪酸，表面活性剂。

【性质】 本品为乳白色液体，能以任意比例分散在水中。

【质量标准】

外观	乳白色液体
乳液稳定性	合格

【制法】 将硬脂酸酯，表面活性剂按一定比例混合加入液体石蜡快速搅拌乳化即可。

【安全性】 见Nf001。

【用途】 在对循环冷却水设备和管道进行清洗时加入，防止泡沫产生。

【生产单位】 北京通州水处理剂厂，江苏常州武进精细化工厂等。

Nf020 JC-863 消泡剂

【英文名】 defoaming agent JC-863

【组成】 多种表面活性剂。

【性质】 本品为淡黄色浑浊液体。在10℃为软固体。闪点 127℃。相对密度（20℃）0.80～0.85。

【制法】 由多种表面活性剂按一定比例复配而成。

【安全性】 见 Nf001。

【用途】 作为消泡剂可在泡沫液中迅速扩散，能很快除去泡沫。并能在广泛 pH 范围内使用。

【生产单位】 湖北仙桃市水质稳定剂厂等。

Nf021 JC-5 高效消泡剂

【英文名】 efficient defoaming agent JC-5

【组成】 聚乙二醇，脂肪酸型表面活性剂。

【性质】 本品为淡黄色液体。相对密度（20℃）0.81～0.82，黏度（25℃）4.0～5.0Pa·s。在较宽 pH 值范围内可以控制工业过程的泡沫。

【制法】 将聚乙二醇，脂肪酸表面活性剂，乳化剂按一定比例混配，加水快速乳化成稳定乳液即可。

【安全性】 见 Nf001。

【用途】 用于造纸，涂料，还原染料，石膏，水泥原料，酸化及洗衣粉生产中废水消泡处理。用量 100g/m^3。

【生产单位】 南京工业大学武进水质稳定剂厂等。

Nf022 TS-103 消泡剂

【英文名】 defoaming agent TS-103

【组成】 液体石蜡，硬脂酸等。

【性质】 本品为乳白色液体。极易分散到任何比例的水中。具有高效消泡能力。

【制法】 将 82～84 份液体石蜡、3 份硬脂酸、1 份异丙醇、6 份聚乙二醇硬脂酸酯，在混合釜中复配而成。

【安全性】 见 Nf001。

【用途】 主要用于工业循环冷却水系统的清洗及预膜过程中作止泡剂。使用量一般为 4～10g/m^3。

【生产单位】 天津市化工研究院等。

Nf023 WT-309 消泡剂

【英文名】 defoaming agent WT-309

【组成】 有机硅系化合物。

【性质】 本品为液体。无腐蚀性，热稳定性好。

【制法】 由硅和非离子表面活性剂复配而成。

【安全性】 见 Nf001。

【用途】 广泛用于循环水系统的消泡及石油，印染，纺织，造纸等行业的污水处理。

【生产单位】 湖北仙桃市水质稳定剂厂等。

Nf024 HAF-101 印染废水处理剂

【英文名】 dying waste water treatment agent HAF-101

【组成】 腐殖酸钠，铁盐，铝盐。

【性质】 本品为黑色粉末。相对密度（20℃）1.50。易溶于水。具有絮凝性强，易潮解。

【质量标准】

主要成分相对分子质量	2000～5000
水分/%	≤10
粒度/目	≤40

【制法】 将腐殖酸钠、铁盐、铝盐按一定比例复配，干燥、包装即可。

【安全性】 见 Nf001。

【用途】 适用于印染、纺织企业的废水处理。对棉织印染染料，含淀粉废水有脱色、降COD的作用。其用法：将本品溶于被处理的废水中，搅拌3～5min，静置让其絮凝沉淀分离，上层为清水，下层为污泥。污泥用压力机挤干另行处理。适用水质pH为6～9。普通印染废水加药量200～1000g/m³时COD由100～2500g/m³降至20～150 g/m³。色度由深色变为透明。产品有絮凝，络合，吸附，破乳等性能。可使含油量为5000～30000g/m³的乳化液处理为50～150g/m³的清水。

【生产单位】江西萍乡市腐殖酸工业公司等。

Nf025 HAF-301含油废水处理剂

【英文名】oil-contained waste water treatment agent HAF-301

【组成】腐殖酸钠。

【性质】黑色粉末，溶于水。

【质量标准】

主要成分相对分子质量	2000～5000
水分/%	≤10
粒度/目	≤40

【制法】由腐殖酸钠和盐类复配而得。

【安全性】见Nf001。

【用途】适用于印染、纺织企业的废水处理。对棉织印染染料，含淀粉废水有脱色、降COD的作用。其用法：将本品溶于被处理的废水中，搅拌3～5min，静置让其絮凝沉淀分离，上层为清水，下层为污泥。污泥用压力机挤干另行处理。适用水质pH为6～9。普通印染废水加药量200～1000g/m³时COD由100～2500g/m³降至20～150g/m³。色度由深色变为透明。产品有絮凝，络合，吸附，破乳等性能。可使含油量为5000～30000g/m³的乳化液处理为50～150g/m³的清水。

【生产单位】江西萍乡市腐殖酸工业公司等。

Nf026 水合肼

【英文名】hydrazine hydrate

【登记号】CAS［10217-52-4］

【别名】水合联氨。

【结构式】

$$NH_2—NH_2 \cdot H_2O$$

【分子量】50

【分子式】N_2H_6O

【性质】本品为液体，有臭味。熔点<－40℃，沸点118.5℃（98.668Pa）。相对密度（20℃）1.03。能与水和乙醇混溶，不溶于乙醚和氯仿。有强还原作用和腐蚀性。对玻璃，皮革，软木有侵蚀性。

【质量标准】

含量/%	≥35
氯化物/%	≤0.001
铁/%	≤0.0005
灼烧残渣/%	≤0.01
硫酸盐/%	≤0.0005
重金属/%	≤0.0005

【制法】（1）次氯酸钠的制备　将30%的液碱加水稀释至20%左右，在30℃以下按一定流量通入氯气，使有效率达8%～10%即可。冷却备用。

（2）稀水合肼的制备　将次氯酸钠溶液加入氧化锅中，再加入适量的30%氢氧化钠液及0.2%的高锰酸钾，然后一次迅速倾入尿素溶液（含量50%），加热搅拌，在104℃下反应几小时即得稀水合肼。

（3）水合肼的浓缩　将稀水合肼减压蒸馏，分去无机盐，浓缩至32%～40%即得产品。

【安全性】见Nf001。

【用途】本品是重要的锅炉水处理系统脱氧剂，在高压锅炉中普遍使用。亦可作电镀工业的优良还原剂，为农药，染料，塑料加工的重要化工原料。

【生产单位】 上海向阳化工厂，四川宜宾化工厂等。

Nf027 烷基咪唑啉磷酸盐

【英文名】 alkyl imidazoline phosphate

【结构式】

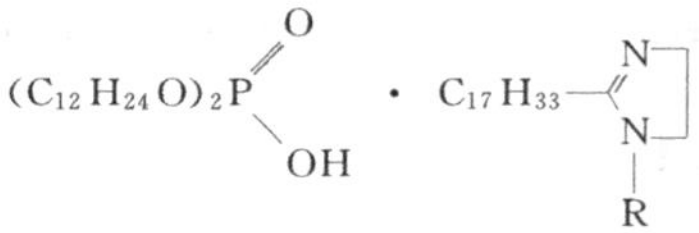

$R=C_2H_4NHC_2H_4NHC_2H_4NH_2$

【分子式】 $C_{50}H_{102}N_5O_4P$

【分子量】 867.0

【性质】 本品为棕色黏稠液。具有良好的去污力、乳化能力、抗静电能力，泡沫丰富，防腐杀菌等性能和耐硬水性好，对酸碱金属离子不敏感。

【质量标准】

酸值/(mg KOH/g)	≤30
氮含量/%	>7
铜 H62	1 级
四球级试验 PK 值	≥686.7(N)
磷含量/%	>3
湿式试验 45 号钢	0 级
紫铜(全浸)	1 级

【制法】 将十二醇加入反应釜中，在搅拌下加入相当于醇量 1% 的次磷酸（抑制氧化反应，防止产品颜色太深）。加热到 40℃，开始滴加 P_2O_5，滴毕后在 60℃下反应 3～4h，得脂肪醇磷酸酯。

将等摩尔的硬脂酸和四亚乙基五胺投入反应釜中，在 N_2 保护下加热熔融。120℃左右脱水生成硬脂酰胺，再加热到 200～210℃进一步脱水闭环，形成 2-十七烷基-*N*-(2-二亚乙基三胺）乙基咪唑啉。将上述二产物在中和釜中于 60～70℃中和得产物。

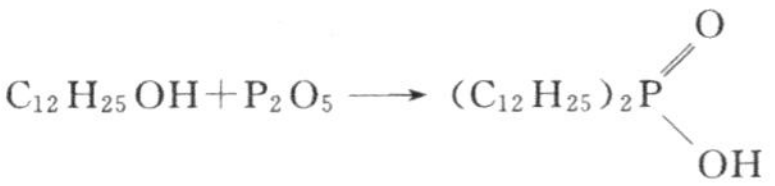

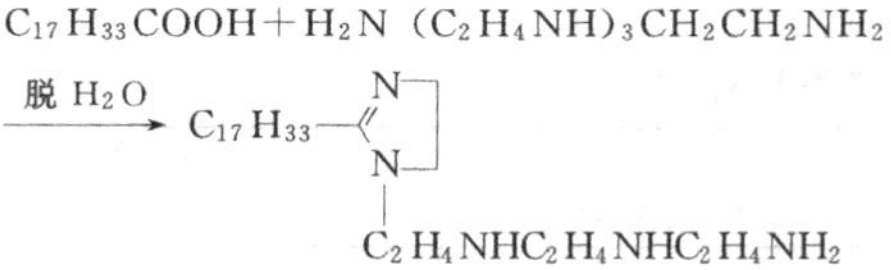

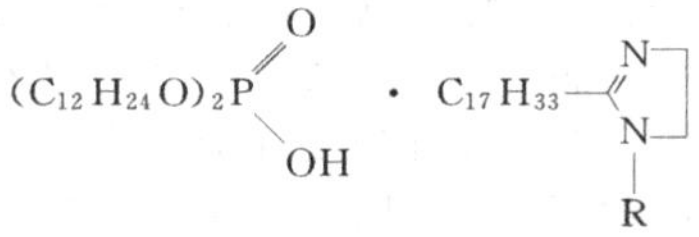

$R=C_2H_4NHC_2H_4NHC_2H_4NH_2$

【安全性】 低毒。

塑料桶包装，每桶 25kg 或根据用户需要确定；要求在室内阴凉通风处储藏，防潮、严防曝晒，储存期 10 个月。

【用途】 本品对钢、铜、铸铁和镁均有防锈效果，耐湿热性能优良，兼有一定的极压性能。用作水处理防锈剂。

【生产单位】 内蒙古科安水处理技术设备有限公司，河南沃特化学清洗有限公司，北京海洁尔水环境科技公司，上海开纳杰化工研究所，河北沧州恒利化工厂，深圳莱索思环境技术有限公司。

Nf028 咪唑啉季铵盐表面活性剂

【英文名】 imidazoline quaternary surfactant

【结构式】

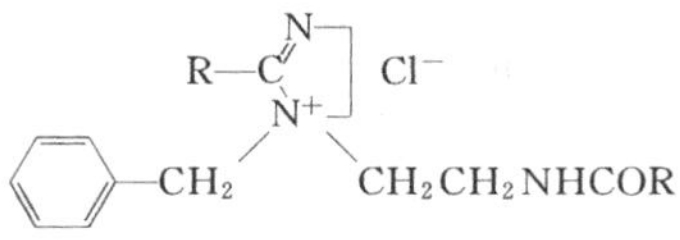

$R=C_{17}H_{35}$、$C_{17}H_{33}$、$C_{11}H_{23}$、C_6H_5

【性质】 季铵盐型阳离子咪唑啉表面活性剂分子中含有阴、阳两种离子基，具有优异的去污、起泡、乳化等性能，对钢铁、铜、铝等多种金属有优良的缓蚀性能。易溶于乙醇、丙酮等极性有机溶剂，能溶于 40℃热水中，用苯甲酸合成的咪唑啉季铵盐溶于水后为深褐色液体，用其他苯有机酸合成的咪唑啉季铵盐溶于水后为土黄色乳状液。

【质量标准】

外观	黄褐色固体
咪唑啉的质量分数/%	88～92

【制法】

(1) 咪唑啉的合成　将有机羧酸与二亚乙基三胺（摩尔比 2∶1.05）加入反应器中，不断搅拌使之充分混合。将反应物冷却至 100℃以下。开动真空泵抽真空至 101kPa，在 120℃反应 3h 得酰基化产物。然后减压至 63kPa 升温至 240℃，保持温度反应约 2h。停止加热让中间产物自然冷却至 120℃左右，趁热将产物倒入结晶釜，冷却凝结成淡黄色固体。

(2) 咪唑啉的季铵化　将咪唑啉加入反应器中，加热至 100～110℃，慢慢加入氯化苄（咪唑啉与氯化苄摩尔比 1∶1）在搅拌下保温 3h 后，降温至室温，得到季铵化的咪唑啉季铵盐。

$RCOOH + NH_2(CH_2)_2NH(CH_2)_2NH_2 \xrightarrow{\triangle}$

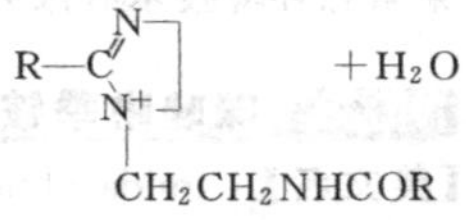

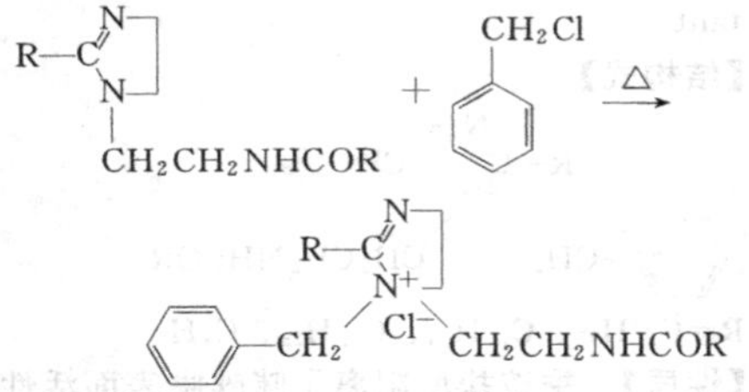

【安全性】 低毒。

塑料桶包装，每桶 25kg 或根据用户需要确定；要求在室内阴凉通风处储藏，防潮、严防曝晒，储存期 10 个月。

【用途】 用于水处理作防锈剂。

【生产单位】 大连广汇化学有限公司，辽宁沈阳荣泰化工制剂有限公司，江苏南京化学工业研究设计院，内蒙古科安水处理技术设备有限公司，河南沃特化学清洗有限公司，北京海洁尔水环境科技公司。

Nf029 咪唑啉羧酸铵

【英文名】 imidazoline carboxylammonium

【结构式】

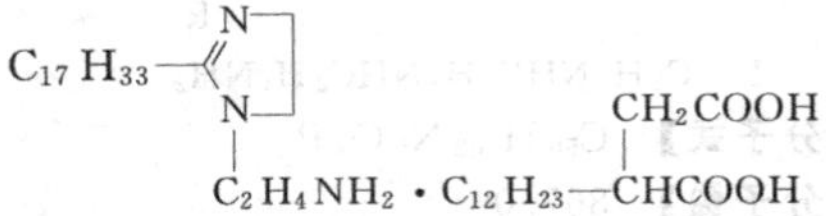

【分子式】 $C_{38}H_{71}N_3O_4$

【分子量】 633.0

【性质】 本品为红棕色半固体。易溶于水和乙醇等极性溶剂，有良好的洗涤性、润湿性和发泡性。

【质量标准】

指标名称	一级品	二级品
碱氮/%	0.8～2.0	0.8～2.0
酸值/(mg KOH/g)	30～65	30～80
水溶性酸碱	中性或碱性	中性或碱性
机械杂质/%	0.1	0.2
油溶性	透明	透明
防锈性 45 号铜片(2h)级	＜2.0	2.0

【制法】 将等物质的量的油酸和二亚乙基三胺投入反应釜中，加热熔融。在 150℃左右脱水生成油酰胺，再加热到 240～250℃进一步脱水闭环，形成 2-十七烯基-*N*-氨乙基咪唑啉。然后冷却移入成盐釜，在 100℃左右与十二烷基丁二酸中和成盐，以酸值达到 30～80mg KOH/g 为终点，趁热出料包装得成品。反应式如下：

$C_{17}H_{33}COOH + H_2NCH_2CH_2NHCH_2CH_2NH_2$

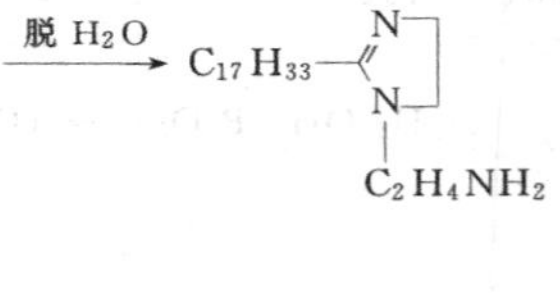

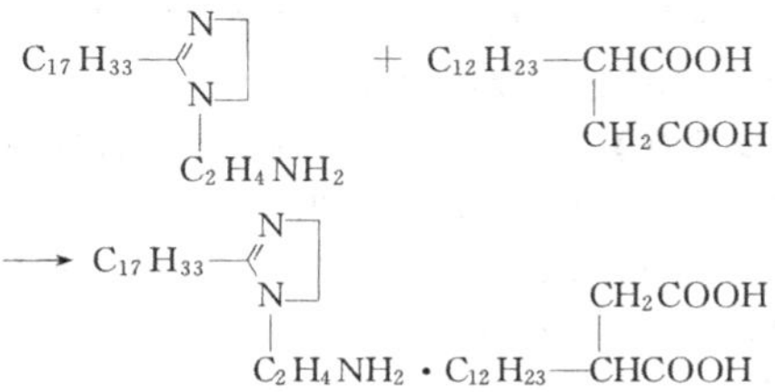

$$C_{17}H_{33} \diagup\!\!\!\!\diagdown \begin{matrix} N \\ N \end{matrix}\!\!\!\!\diagdown + C_{12}H_{23}-CHCOOH$$
$$\underset{C_2H_4NH_2}{\,} \qquad\qquad CH_2COOH$$

$$\longrightarrow C_{17}H_{33}\diagup\!\!\!\!\diagdown\begin{matrix}N\\N\end{matrix}\!\!\!\!\diagdown \qquad\qquad CH_2COOH$$
$$\underset{C_2H_4NH_2 \cdot C_{12}H_{23}-CHCOOH}{\,}$$

【安全性】 低毒。

　　塑料桶包装，每桶 25kg 或根据用户需要确定；要求在室内阴凉、通风处储藏，防潮、严防曝晒，储存期 10 个月。

【用途】 本品在水处理中作金属螯合剂、钙皂分散剂、缓蚀剂和乳化剂。

【生产单位】 内蒙古科安水处理技术设备有限公司，河南沃特化学清洗有限公司，北京海洁尔水环境科技公司。

Nf030　TH-503B 型锅炉清洗剂

【英文名】 boiler cleaning agent TH-503B

【组成】 聚羧酸复合物

【性质】 TH-503B 型高效锅炉除垢剂具有清洗和缓蚀的双重作用，在应用过程中具有清洗速度快、清洗效果好、腐蚀率低等优点。本除垢剂主要靠螯合与分散作用将炉内形成的水垢剥离分散到水中，对锅炉炉体及附件的损害小，不会因为加药量多或清洗时间长而造成过洗，不同于通常的盐酸清洗，不受水中的铁、铜等有害离子的干扰。

【质量标准】

外 观	琥珀色液体
固含量/%	≥40.0
密度(20℃)/(g/cm³)	1.1～1.3
pH 值(1% 水溶液)	1.9～2.1

【制法】 由有机磷酸和聚羧酸等高聚物复合而成。

【安全性】 无毒，但为酸性液体，若接触皮肤应立即用大量清水冲洗。

　　塑料桶包装，每桶 25kg 或根据用户需要。储存于阴凉处，储存期 12 个月。

【用途】 适用于中低压锅炉的清洗。用量根据锅炉的容积及垢的数量决定，加药浓度一般为锅炉容积的 1‰～3‰。

【生产单位】 内蒙古科安水处理技术设备有限公司，河南沃特化学清洗有限公司，北京海洁尔水环境科技公司。

Nf031　TH-601 型缓蚀阻垢剂

【英文名】 scale and corrosion inhibitor TH-601

【组成】 聚羧酸复合物

【性质】 琥珀色液体密度 （20℃）≥ 1.10g/cm³。对水中的碳酸钙、磷酸钙等均有很好的螯合分散作用并且对碳钢具有良好的缓蚀效果。

【质量标准】

外 观	琥珀色液体
固含量/%	≥30.0
总磷含量(以 PO_4^{3-} 计)/%	≥15.0
pH 值(1% 水溶液)	1.9～2.1

【制法】 由有机磷酸、聚羧酸、碳钢缓蚀剂等复配而成。

【安全性】 无毒，但为酸性液体，若接触皮肤应立即用大量清水冲洗。

　　塑料桶包装，25kg/桶、200kg/桶或根据用户需要确定；储存于阴凉、干燥处，储存期 10 个月。

【用途】 主要用于钢铁厂循环冷却水系统的缓蚀阻垢，其缓蚀效果好、阻垢力强。加药浓度一般为 5～20mg/kg。亦可根据用户提供的水质等工艺参数作有效的配方调整。

Nf032　TH-604 缓蚀阻垢剂

【英文名】 scale and corrosion inhibitor TH-604

【组成】 聚羧酸复合物。

【性质】 琥珀色液体密度 （20℃）≥ 1.15g/cm³。TH-604 有缓蚀阻垢作用，对水中的碳酸钙、硫酸钙、磷酸钙等均有很好的螯合分散作用并且对碳钢、铜具有良好的缓蚀效果。

【质量标准】 DL/806—2002

外观	琥珀色液体
固含量/%	≥30.0
唑类(以 $C_6H_5N_3$ 计)/% ≥	1.0～3.0
膦酸盐(以 PO_4^{3-} 计)/% ≥	6.8
亚磷酸(以 PO_3^{3-} 计)/% ≤	2.25
正磷酸(以 PO_4^{3-} 计)/% ≤	0.85
pH 值(1%水溶液)	3.0±1.5

【制法】 由有机磷酸、聚羧酸、碳钢缓蚀剂及铜缓蚀剂复配而成。

【安全性】 无毒，但为酸性液体，若接触皮肤应立即用大量清水冲洗。

塑料桶包装，25kg/桶、200kg/桶或根据用户需要确定；储存于阴凉、干燥处，储存期 12 个月。

【用途】 主要用于电厂、化工厂、石化、钢铁等循环冷却水系统缓蚀阻垢，缓蚀效果好、阻垢力强。加药浓度一般为 5～20mg/kg（以补充水量计）。

参考文献

[1] 赵晨阳. 化工产品手册——精细有机化工产品. 第5版. 北京：化学工业出版社，2008.
[2] 朱领地，黎钢. 化工产品手册——精细化工助剂. 第5版. 北京：化学工业出版社，2008.
[3] 赵晨阳. 化工产品手册——精细无机化工产品. 第5版. 北京：化学工业出版社，2008.
[4] 李东光. 化工产品手册——专用化学品. 第5版. 北京：化学工业出版社，2008.
[5] 康维. 食品工业清洗技术. 北京：化学工业出版社，2003.
[6] 窦照英. 工业清洗及实例精选. 北京：化学工业出版社，2012.
[7] 顾大明，刘辉，刘李丽. 工业清洗剂——示例•配方•制备方法.北京：化学工业出版社，2013.
[8] 吴洪特，等. 新型低磷水处理剂的合成及性能研究. 工业水处理，2005，25 (2)：21-23.
[9] 朱维军. 面制品加工工艺与配方. 北京：科学技术文献出版社，2001.
[10] 李萍，等. TYX-800 含铁盐絮凝剂的生产及应用效果评价. 工业水处理，2002，22 (5)：27-29.
[11] 张志强. 啤酒酿造技术概要. 北京：中国轻工业出版社，1999.
[12] 谢林. 玉米酒精生产新技术. 北京：中国轻工业出版社，2000.
[13] 李小平. 粮油食品加工技术. 北京：中国轻工业出版社，2000.
[14] 张英雄，许树华. 含磷聚合物水处理剂 PPSA 的合成. 工业水处理，2005，25 (2)：43-44.
[15] 张英雄，许树华，羡广场. 含磷聚马来酸水处理剂的合成. 化工环保，2005，25 (3)：228-230.
[16] 李卓美. 解聚马来酸酐的绿色合成技术. 工业水处理，2001，21 (5)：12-142.
[17] 屈人伟，等. 高含硫污水缓蚀剂 PM 和 PMO 的研究. 油田化学，2001，17 (3)：253-255.
[18] 石顺存，等. 环烷基咪唑啉衍生物多功能水处理剂的研究. 工业水处理，2005，25 (1)：29-32.
[19] 刘程，等. 表面活性剂应用手册. 第二版. 北京：化学工业出版社，1996.
[20] 天津轻工学院，无锡轻工学院. 食品工艺学. 北京：中国轻工业出版社，1999.
[21] 赵虹. KRH 缓蚀剂的研究和应用. 新疆石油科技，2002，12 (2)：4-43.
[22] 舒幅昌，等. 403 油田注水缓蚀剂的合成及性能评价. 湖北化工，2000，1：27-28.
[23] 吴宇峰. 缓蚀剂的研制及性能研究. 工业水处理，1999，19 (3)：30-31.
[24] 无锡轻工学院，天津轻工学院. 食品工厂机械与设备. 北京：中国轻工业出版社，1985.
[25] 田世平. 果蔬产品产后贮藏加工与包装技术指南. 北京：中国农业出版社，2000.
[26] 袁慧新等. 食品加工与保藏技术. 北京：化学工业出版社，2000.
[27]《食品卫生学》编写组. 食品卫生学. 北京：中国轻工业出版社，1999.
[28] 武建新. 乳品技术装备. 北京：中国轻工出版社，2000.
[29] 张富新. 畜产品加工技术. 北京：中国轻工出版社，2000.
[30] 任建新，等. 物理清洗 . 北京：化学工业出版社，2000.
[31] 张跃军，顾学芳，等. 阳离子絮凝剂 PDA 的合成与应用研究. 南京理工大学学报，2001，25

(2)：205-207.
[32] 马希晨，曹亚峰，邵玉雷. 以淀粉为基础的两性天然高分子絮凝剂的合成. 大连轻工业学院学报，2002，3 (21)：157-1592.
[33] 阚英伟，陈玉璞. 无机有机高分子絮凝剂的研制. 沈阳师范学院学报：自然科学版，2002，220：121-123.
[34] 冉千平，马俊涛，黄荣华. 两性高分子絮凝剂 P 合成及性能评价. 油田化学，2002，19 (1)：85-87.
[35] 卞华松，墙方娅，张仲燕. 絮凝剂 MU 的研制与开发. 化学世界，2000，3：91.
[36] 赵华章，等. 阳离子型高分子絮凝剂 PDMDAAC 与 P(DMDAAC-AM) 的合成及分析. 精细化工，2001，18 (11).
[37] 马希晨，邵玉雷. S-DMDAAC-AM 强阳离子型天然高分子絮凝剂的合成. 精细石油化工，2002，2：13-15.
[38] 张利辉. 天冬氨酸及其与磷系水处理剂复合阻垢缓蚀研究. 河北省科学院学报，2005，22 (3)：52-54.
[39] 潘碌亭，等. 天然高分子改性阳离子絮凝剂的合成及对工艺废水的处理. 环境污染与防治，2002，24 (3)：159-161.

产品名称中文索引

D

E

G

H

J

K

L

P

Q

R

S

T

W

X

Y

Z

产品名称英文索引

A

B

C

D

E

F

G

H

L

M

N

O

P

Q

R

S